国外电子与通信教材系列

无 线 通 信
（第二版）

Wireless Communications
Second Edition

［美］ Andreas F. Molisch 著

田 斌 帖 翊 任光亮 译

电子工业出版社
Publishing House of Electronics Industry
北京·BEIJING

内 容 简 介

本书系统地讲解了无线通信原理、技术和系统设计所涉及的各个方面。全书内容共五部分(合计29章),包括无线传播信道的机制、特性、建模与探测,通信收发信机的调制、分集、信道编码、语音编码和均衡技术,多址与蜂窝、OFDM、扩频技术、多天线技术、认知无线电、中继与协作通信、视频编码,以及当前主流技术标准。本书既包含无线通信的通用处理技术,又包含新兴主题,如MIMO系统和认知无线电等。全书将数学描述与直观的物理解释相结合,使读者对概念的理解一目了然;给出的大量例题和习题(为第30章)来源于当前主流无线通信系统和标准的实际案例。本书已根据作者提供的勘误表(2014年10月版)进行了更正。

本书适合作为通信工程和电子信息类相关专业高年级本科生、研究生和实践工程师的教材,更可作为无线通信工程师和科研人员案头必备的参考书。

Wireless Communications, Second Edition, 9780470741870, Andreas F. Molisch

Copyright © 2011 John Wiley & Sons Ltd.

All Rights Reserved. Authorised translation from the English language edition published by John Wiley & Sons Limited. Responsibility for the accuracy of the translation rests solely with Publishing House of Electronics Industry Co., Ltd. and is not the responsibility of John Wiley & Sons Limited. No part of this book may be reproduced in any form without the written permission of the original copyright holder, John Wiley & Sons Limited.

本书简体中文字版专有翻译出版权由John Wiley & Sons Limited授予电子工业出版社。未经许可,不得以任何手段和形式复制或抄袭本书内容。

版权贸易合同登记号　图字:01-2011-3070

图书在版编目(CIP)数据

无线通信:第二版/(美)安德烈亚斯·F. 莫利斯(Andreas F. Molisch)著;田斌,帖翊,任光亮译.
北京:电子工业出版社,2020. 6
(国外电子与通信教材系列)
书名原文:Wireless Communications, Second Edition
ISBN 978-7-121-35995-8

I. ①无… II. ①安… ②田… ③帖… ④任… III. ①无线电通信-高等学校-教材 IV. ①TN92

中国版本图书馆CIP数据核字(2020)第093606号

责任编辑:马　岚
印　　刷:三河市鑫金马印装有限公司
装　　订:三河市鑫金马印装有限公司
出版发行:电子工业出版社
　　　　　北京市海淀区万寿路173信箱　邮编　100036
开　本:787×1092　1/16　印张:45　字数:1152千字
版　次:2008年1月第1版
　　　　2020年6月第2版
印　次:2022年11月第3次印刷
定　价:149.00元

凡所购买电子工业出版社图书有缺损问题,请向购买书店调换。若书店售缺,请与本社发行部联系,联系及邮购电话:(010)88254888,88258888。

质量投诉请发邮件至zlts@phei.com.cn,盗版侵权举报请发邮件至dbqq@phei.com.cn。

本书咨询联系方式:classic-series-info@phei.com.cn。

译 者 序

无线通信近十余年来获得了蓬勃的发展，已成为社会信息化最重要的推动力量之一，也是当前信息产业的重要支柱。无线通信技术极大地影响着人们的工作方式、生活方式和娱乐方式，个人通信的梦想指日可待。无线通信已经成为通信工程相关专业的一门重要课程，相关研究文献、论著、教材不断问世。无线通信领域的顶级专家、美国南加州大学 Molisch 教授的这本《无线通信》无疑是这方面的上乘之作。

该书于 2005 年底出版了第一版，当时已堪称最全面清晰的集大成之作之一，中译本于 2008 年初出版。全书共五部分，第一部分讲述无线业务的应用和需求，无线通信的技术挑战，以及噪声受限和干扰受限系统；第二部分介绍无线传播信道，包括传播机制、无线信道的统计描述、宽带和方向性信道的特性、信道模型、信道探测及天线，体现了无线通信信道传播的所有方面；第三部分讨论无线系统的收发信机设计和信号处理，包括无线通信链路结构、调制、解调、分集、信道编码、语音编码和均衡器；第四部分则讨论多址和高级收发信机方案，讲述了多址和蜂窝原理、扩展频谱系统、正交频分复用及多天线系统等新专题；第五部分则描述了当前主流的无线通信系统和标准。

第二版紧跟技术发展，新增了关于认知无线电、协作通信与中继、视频编码、3GPP 长期演进和 WiMAX 等的几章，以及关于多用户 MIMO、IEEE 802.11n 和信息论等的重要的几节，并结合当前技术发展对全书其他部分做了进一步修订和补充。有些章节尽管内容变化不大，却补充了大量习题，对于理解内容及实践应用有很大帮助。同时，从方便阅读的角度做了不少修改，比如将许多缩略词用全称代替(第一版翻译时也做过一些类似的处理)。专业术语较多的几章，已将专业术语的缩略词表附在该章后面。除此之外，作者花了较大心力进行推敲和润色，有的地方看似仅仅改动了一个虚词、换了一个近义词、增加了一个修饰语，或者增删了一些说明，文字的语气和表达的含义却有了明显变化。我们在翻译时也都逐字逐句核对了这些细微变化，反复推敲译文，以求精确表达作者的本意。

第二版保持并强化了第一版内容系统完整、概念清晰、理论严谨而又直观形象的特色，突出了技术发展的最新成果，涵盖了无线通信的最新研究内容与前沿领域，既是通信工程领域的本科和研究生的教材，也可作为无线通信领域研究人员和工程技术人员案头必备的参考书。

本书第 4 章至第 7 章、第 14 章、第 15 章、第 21 章、第 23 章和第 26 章由田斌翻译；第 1 章至第 3 章、第 8 章、第 9 章、第 17 章、第 18 章、第 22 章、第 24 章和第 25 章由帖翊翻译；第 10 章至第 13 章、第 16 章、第 19 章、第 20 章，以及第 27 章至第 29 章由任光亮翻译；第 30 章为前面各章的习题，其译文由相应各章的译者分别完成；田斌负责统筹全书。除了作者已给出的勘误，对于原书疑似有误的地方，译文中大多以译者注形式进行了说明，以便读者阅读原著时对照参考。对于公式中的个别错误则直接进行了更正。本书作者 Molisch 教授非常重视本书的翻译工作，多次和译者进行邮件交流。本书所有中文译稿都寄给过他，他邀请的中国学生和学者阅读后再和他交流，提出了不少有益的建议。西安电子科技大学研究生王奇伟、成波、丛犁、任晓娜、沈东阳、彭任斌、闵泉云、李奕洋、李慕菡、吴迪、龚阳雪、李林甫、冯妙琨和白渊玲等协助做了大量工作。借此机会，一并表示诚挚的谢意。尽管译者尽了最大努力，但由于译者水平和时间所限，肯定存在疏漏和不当之处，敬请读者不吝指正。我们发现错误会及时在 http://web.xidian.edu.cn/btian 提供勘误表。

田斌
西安电子科技大学教授，博士，综合业务网国家重点实验室研究人员，陕西省创造学会专家咨询委员会委员。出版和翻译教材 3 部，发表论文 60 余篇。主要研究方向：无线通信、卫星通信、通信信号处理等。

帖翊
西安电子科技大学副教授。通信工程学院教师，现工作于综合业务网国家重点实验室。主要研究方向：军用无线通信，跳频、扩频通信等。

任光亮
西安电子科技大学教授，IEEE 会员，博士研究生导师。出版教材 3 部，在国内外重要期刊和国际会议发表论文 50 多篇，获得国家发明专利 20 余项。主要研究方向：信息传输、无线通信与信号处理等。

前言和致谢

从 2005 年本书推出第一版至今，无线通信的研究与技术持续处于势不可挡的进步中。这一发展状况以及本书第一版所获得的积极回应，促成了第二版的问世。新版本将涵盖近年来出现的一些新课题，这样就能使它与现代化无线通信工程所涉及主题的宽广程度仍保持一致。

新版本中有超过 150 页[①]的新内容，涵盖了以下几方面：

- 认知无线电(新增的第 21 章)；
- 中断、多跳和协作通信(新增的第 22 章)；
- 视频编码(新增的第 23 章)；
- 3GPP 长期演进(新增的第 27 章)；
- WiMAX/IEEE 802.16(新增的第 28 章)。

此外，新版本对以下内容做了扩充和增补：

- MIMO(见第 20 章)，尤其是关于多用户 MIMO，新增了一节(20.3 节)；
- IEEE 802.11n(高吞吐量 WiFi，见 29.3 节)；
- 编码(比特交织编码调制，见 14.5 节)；
- 在 14.1 节、14.9 节及附录 17(见配套网站)中介绍了信息论；
- 附录 7(见配套网站)包含对标准化信道模型的更新内容；
- 许多处小改动和重新阐释(其中有一些基于本书的读者和教师的反馈)。

这些扩充对学生(及研究者)学习"新潮"技术至关重要。绝大多数增补内容对于有关高级无线概念和技术的研究生课程应当是最适合不过的了。此外，关于 LTE(或 WiMAX)的内容，在更基础的课程中，也非常适合作为标准化系统的示例(例如取代关于 GSM 或 WCDMA 系统的讨论)。

本书配套网站 www.wiley.com/go/molisch 包括勘误表、内容更新和补充材料等。采用本书作为教材的教师还可获得演示幻灯片和习题解答手册[②]。

作者为新增内容的撰写付出了大量心血，同时也得到了南加州大学电气工程系主任 Sandy Sawchuk 的鼎力支持。特别感谢 Anthony Vetro 撰写关于视频编码的第 23 章。还要感谢那些热心评阅新增内容的专家们：Honggang Zhang 和 Natasha Devroye(第 21 章)，Gerhard Kramer, Mike Neely 和 Bhaskar Krishnamachari(第 22 章)，Erik Dahlman(第 27 章)，Yang-Seok Choi Hujun Jin 和 V. Shashidar(第 28 章)，Guiseppe Caire(第 14 章和第 17 章的新增内容)，Robert Heath 和 Claude Oestges(第 20 章的新增内容)，以及 Eldad Perahia(29.3 节)。若有任何残存错误，由作者本人负责。

我也非常感谢南加利福尼亚大学(USC)参加我的多门课程的学生们，同样感谢世界各地的读者和学生们，他们曾提出过有助于内容更正和改进的各种建议。新增章节的习题由 Junyang Shen、Hao Fang 和 Christian Mehlfuehrer 编写。感谢 Neelesh B. Mehta 提供了关于 LTE 的多幅图片。

---

① 指英文原著。——编者注

② 读者也可登录华信教育资源网(www.hxedu.com.cn)，注册后免费下载本书附录等补充资源。
采用本书作为教材的教师可联系 te_service@ phei.com.cn 获得相关教辅资源。——编者注

第一版前言

1994 年，当我以讲义的形式为一门无线课程撰写本书的初稿时，其前言是以论证开设这样一门课程的必要性开始的。我详尽地解释了理解无线系统（尤其是数字蜂窝系统）对于通信工程师的重要程度。现在，10 多年过去了，这样的论证看上去稍微有些离奇和过时了。无线产业已成为电信产业中增长最快的部分，并且在世界上几乎没有人不是某种形式的无线技术用户。从普遍存在的蜂窝电话到无线局域网，到正在快速增长的无线传感器，人们被无线通信设备包围着。

学习无线通信的关键性挑战之一就是影响这一领域的令人惊奇的宽广主题。传统意义上，通信工程师主要关注诸如数字调制和编码理论这样的内容，而天线与电波传播的研究领域是与之完全分离的，人们甚至以为"这是两条永不相交的平行线"。然而，这种各行其道的方式对于无线通信的学习并不适用。我们需要理解影响系统性能的所有方面，并能使整个系统得以运作。本书就试图提供这样的概括——关注无线通信物理层的运作。

另一个挑战在于，不仅是实际的无线系统，作为无线技术基础的科学也处于持续不断的变化中。常常有人认为，无线系统快速地变化，而无线通信的科学基础保持不变，因而工程师们可以依靠以前获取的知识来应付许多轮的系统革新，仅需对他们的一套技能进行微小调整。这种想法听上去很好，遗憾的是它错了。例如，10 年以前，诸如多天线系统、OFDM、Turbo 码和 LDPC 码及多用户检测这样的主题通常只被学术界关注，最多只能作为博士阶段的课程内容；今天，它们不仅支配着主流的研究和系统发展，还代表着学生和从业工程师们必须掌握的至关重要的基础知识。我希望通过对新的方面和更多"经典"主题的兼顾处理，本书可以向目前的学生和研究人员提供将来仍有价值的知识和工具。

本书是为高年级本科生和研究生，以及从业工程师和研究人员撰写的。尽管在本书相应章节的开始处会简短回顾有关领域的通信基础知识，但我们仍假定读者对通信基本理论（如调制、解调）和电磁场理论的基本内容有所了解。本书的核心材料试图将学生提升到能阅读更高级的专题文章甚至研究论文的程度；对于所有想要更深入学习的读者，大多数章节都包括"深入阅读"小节，其中列举了最重要的参考文献。本教材既包括数学公式，又给出直观的解释。我坚信这种"双管齐下"的方式可以引导学生更深入理解内容。除了作为教材，我也希望本书能成为研究人员和从业者的参考工具书。为了达此目的，我尝试使每个孤立章节更容易阅读，缩略语在每章中第一次出现时会给予解释，并将公式中的常见符号及其含义列于符号表中。频繁地交互引用也将有助于实现这一目的。

本书结构

本书分为五部分。

第一部分（引言）对无线通信给出了高层次的综述。第 1 章首先对不同无线业务进行了分类，并描述了各种不同应用在数据速率、覆盖范围、电能消耗等方面所形成的种种要求。这一章也包括简要的历史回顾，以及对无线通信的经济和社会因素的讨论。第 2 章描述了无线通信的基本挑战，例如多径传播和受限的频谱资源。第 3 章讨论了噪声和干扰如何限制无线系统的通信能力，以及链路预算如何作为简单的系统规划工具来提供关于可达覆盖范围和性能的初步设计依据。

第二部分描述无线传播信道和天线的各个方面。由于传播信道是通信得以发生的媒介，理解它对本书其余内容的理解是至关重要的。第 4 章描述了基本传播过程：自由空间传播、反射、绕射、散射和波导效应。人们发现信号从发射机到接收机可能有不同的传播路径，涉及一种或多种上述传播过程，从而产生了许多的多径分量。对多径传播效应采用统计描述的方式往往是比较适宜的。第 5 章针对窄带系统给出了一个统计表示，解释了小尺度（瑞利）衰落和大尺度衰落。第 6 章讨论了宽带系统的一些表示方法，以及在发射机和接收机处可以辨别多径成分方向的系统。第 7 章介绍了不同传播环境中的传播信道的特定模型，涵盖了路径损耗模型、宽带模型和方向性模型。因为所有的实际信道模型都是基于测量（或者为测量所证实）的，第 8 章总结了用于测量信道冲激响应的多种技术。最后，第 9 章简要地讨论了无线应用中使用的天线，特别探讨了在基站和移动台处的不同限制。

第三部分讨论无线收发信机的结构和理论。第 10 章对射频收发信机的组件进行了简短概述，第 11 章描述无线应用中用到的不同调制制式。对调制制式的讨论不仅包括数学公式和信号空间表示，也包括了针对各种应用目的，其优缺点的评估。第 12 章的主题是所有这些调制解调器在平坦衰落信道和频率选择性信道中的性能，得到的一个关键性结论是：衰落会导致差错概率急剧上升，而且增加发射功率并不是改善性能的适宜方式。随后两章以改善这种情况下的性能为动机，分别讨论了分集和信道编码，这两种措施对降低衰落信道下的差错概率非常有效。有关编码的章节也包括了对近年来获得广泛关注的接近香农极限的编码（Turbo 码和 LDPC 码）的讨论。由于语音通信仍然是蜂窝电话和类似设备的最重要的应用，第 15 章讨论了语音数字化的不同方式，通过压缩信息可使语音在无线信道上高效传输。最后，第 16 章讨论了均衡器，它被用来降低宽带频率选择性无线信道的有害效应。本部分所有章节都讨论单个链路，即一个发射机与一个接收机之间的链路。

然后，第四部分考虑在给定区域内同时运作多条无线链路的客观需求。这个称为多址（multiple-access）的问题有许多不同的解决方案。第 17 章讨论频率域的多址（FDMA）和时间域的多址（TDMA），以及分组无线电，后者对数据传输的重要性不断增长。这一章也讨论了蜂窝原理和频率重用概念，这一概念构成了蜂窝系统以及许多其他大容量无线系统的技术基础。第 18 章描述了扩展频谱技术，尤其是采用不同扩频序列来区分不同用户的码分多址（CDMA）。这一章讨论的多用户检测是一种可大幅降低多址干扰影响的非常先进的接收机方案。第四部分的另一个主题是"高级收发信机技术"。第 19 章描述了 OFDM（正交频分复用），这种调制方式可在较大延迟扩展的信道中支持非常高的数据速率。最后，第 20 章讨论了多天线技术，其中"智能天线"通常被设置在基站处，是一种具备复杂信号处理能力的多天线单元，可用来降低干扰（其众多优点之一），因而也就增加了蜂窝系统的容量。而 MIMO（多输入多输出）系统更进一步，允许通过发射机的多天线单元来传输并行数据流，然后由接收机处的多天线单元接收和解调。这些系统相对于单个链路来说可以获得巨大的容量提升。

本书最后一部分描述标准化的无线系统。标准化至关重要，因为这样可使不同厂商的设备能够协作，并能支持用户跨越国界时系统的无缝隙运作。本书在第 21 章至第 23 章分别描述了最成功的蜂窝无线标准，即 GSM（全球移动通信系统），IS-95 及其高级形式 CDMA 2000 和宽带 CDMA（又称为 UMTS）。进而，第 24 章描述了最重要的无线局域网标准，即 IEEE 802.11。

本书配套网站（www.wiley.com/go/molisch）包括一些作者认为有用但放入本书会使之过于庞大的材料，各章的附录以及关于 DECT（数字增强型无绳电话）系统的无绳电话标准等补充材料，都可以在这里找到。

课程实施建议

本书涵盖了无线通信的全部内容，从非常基本的主题到相当高级的主题，所提供的素材远超一个学期课程能讲解的内容。教师可以根据学生的不同水平和兴趣，自由定制教学内容。书中包含了精选的例题，并在书末给出了大量的课后习题。教师可通过本书配套网站获得习题答案和授课用幻灯片。

以下包括几种不同要求的课程的内容组织建议：

- 入门性课程：
  ○ 引言（第 1 章至第 3 章）；
  ○ 无线信道基础（4.1 节至 4.3 节、5.1 节至 5.4 节、6.1 节、6.2 节、7.1 节至 7.3 节）；
  ○ 初级信号处理（第 10 章、第 11 章和 12.1 节、12.2.1 节、12.3.1 节、13.1 节、13.2 节、13.4 节、14.1 节至 14.3 节、16.1 节和 16.2 节）；
  ○ 多址和系统设计（第 17 章、第 22 章和 18.2 节、18.3 节、21.1 节至 21.7 节）。
- 无线传播
  ○ 引言（第 2 章）；
  ○ 基本传播效应（第 4 章）；
  ○ 统计信道描述（第 5 章和第 6 章）；
  ○ 信道建模和测量（第 7 章和第 8 章）；
  ○ 天线（第 9 章）。

此课程也可以结合更多的电磁场理论和天线的基本素材。

- 无线通信的高级主题
  ○ 引言和复习：教师应根据听众的具体情况进行内容选择；
  ○ CDMA 和多用户检测（18.2 节至 18.4 节）；
  ○ OFDM（第 19 章）；
  ○ 超宽带通信（18.5 节和 6.6 节）；
  ○ 多天线系统（6.7 节、7.4 节、8.5 节、13.5 节、13.6 节和第 20 章）；
  ○ 高级编码（14.5 节和 14.6 节）。

- 当前的无线系统
  - 基于 TDMA 的蜂窝系统(第 21 章);
  - 基于 CDMA 的蜂窝系统(第 22 章和第 23 章);
  - 无绳系统(配套网站上的补充材料);
  - 无线局域网(第 24 章);
  - 依据读者的知识水平从之前章节中选出的有关基本理论的素材。

第一版致谢

这本书是我在无线通信领域多年教学和研究的结晶。多年来,我在两所大学[奥地利的维也纳理工大学(TUV)和瑞典的隆德大学(LU)]任教,还曾在三个工业研究实验室[奥地利维也纳的 FTW 电信研究中心,美国新泽西州 AT&T 贝尔研究实验室,美国麻省剑桥的三菱电气研究实验室(MERL)]工作过,与许多同行共事,同时还与在欧洲、美国和日本的其他机构工作的众多研究人员合作过。所有这些人都深深影响了我对无线通信的认识,其影响所及都体现在本书中。我对他们都深怀感激之情。首先,我第一个想要感谢的是奥地利无线通信的先驱和前辈 Ernst Bonek,是他开启了这项计划。我曾与他进行过不计其数的探讨,这些讨论涉及本书以及先于本书的讲稿(这些讲稿曾用于在维也纳理工大学我们共同任教的课程)在理论内容和教学方法上的方方面面。没有他的建议和鼓励,这本书永远不可能付梓。我还要对我在维也纳理工大学时的同事和学生,特别是 Paulina Eratuuli、Josef Fuhl、Alexander Kuchar、Juha Laurila、Gottfried Magerl、Markus Mayer、Thomas Neubauer、Heinz Novak、Berhard P. Oehry、Mario Paier、Helmut Rauscha、Alexander Schneider、Gerhard Schultes 和 Martin Steinbauer 所给予的帮助深表谢意。我在隆德大学的同事和学生同样为本书做出了非常大的贡献,他们是:Peter Almers、Ove Edfors、Fredrik Floren、Anders Johanson、Johan Karedal、Vincent Lau、Andre Stranne、Fredrik Tufvesson 和 Shurjeel Wyne。他们的贡献不仅在于就素材如何组织表达方面给出过许多颇具建设性的建议,而且书中用到的图示和例子都出自他们之手,尤其是书中大多数习题及其解答都是由他们完成的,19.5 节的内容正是基于 Ove Edfors 的思想。特别感谢格拉茨理工大学(GUT)的 Gernot Kubin,他完成了关于语音编码的第 15 章。我在 FTW、AT&T 和 MERL 的同事和上司:Markus Kommenda、Christoph Mecklenbraueker、Helmut Hofstetter、Jack Winters、Len Cimini、Moe Win、Martin Clark、Yang-Seok Choi、Justin Chuang、Jin Zhang、Kent Wittenburg、Richard Waters、Neelesh Mehta、Phil Orlik、Zafer Sahinoglu、Daqin Gu(他对第 24 章做出了很大贡献)、Giovanni Vanucci、Jonathan Yedidia、Yves-Paul Nakache 和 Hongyuan Zhang 同样深深地影响了本书。除了许多具体的帮助和建议,更为他对本书的积极关注和给出的弥足珍贵的意见,我向 Larry Greenstein 致以特别的谢意和感激之情。

同样特别感谢本书的诸位评阅人。原稿曾被出版社选定的匿名专家们和我的几个在不同研究机构任职的朋友和同事严谨地审读过:John B. Anderson(第 11 章至第 13 章)、Anders Derneryd(第 9 章)、Larry Greenstein(第 1 章至第 3 章、第 7 章、第 17 章至第 19 章);Steve Howard(第 22 章)、Thomas Kaiser(第 20 章)、Achilles Kogantis(第 23 章)、Gerhard Kristensson

（第4章）、Thomas Kuerner（第21章）、Gerald Matz（第5章和第6章）、Neelesh B. Mehta（第20章）、Bob O'Hara（第24章）、Phil Orlik（17.4节）、John Proakis（第16章）、Said Tatesh（第23章）、Reiner Thomae（第8章）、Chintha Tellambura（第11章至第13章）、Giorgia Vitetta（第16章）、Jonathan Yedidia（第14章）。我向所有这些人都致以至深的感激之情。当然，我应对仍可能存在的任何错漏负全责。

出版人 Mark Hammond、项目编辑 Sarah Hinton 以及助理编辑 Olivia Underhill 都来自 John Wiley & Sons 有限公司，他们曾以专业水平的建议和极大的耐心指导着本书的写作。Manuela Heigl 和 Katalin Stibli 充满激情而又小心谨慎地完成了大量录入和制图工作，Originator 公司非常专业地对文稿进行了排版。

目　　录

第一部分　引　　言

第二部分　无线传播信道

第三部分 收发信机设计和信号处理

第四部分　多址和高级收发信机方案

第五部分 标准的无线通信系统

第一部分 引 言

本书第一部分介绍无线通信的基本应用，以及这种通信形式的内在技术问题。第1章在简要介绍了无线通信发展史之后，对不同类型的无线业务进行了描述，并指出了它们的主要差别。1.3节将从另一个不同角度来审视同一问题：实际系统中应采用怎样的数据速率、覆盖范围等等，尤其是需要将这些性能措施进行怎样的搭配(例如，短距离时应采用怎样的数据速率发送，长距离时需要怎样的数据速率)？第2章描述了无线通信所面临的技术挑战，特别强调了衰落和同道干扰。第3章描述了设计一个无线系统的最基本问题，即在噪声受限或者干扰受限系统中进行链路预算。

学习了本书这一部分以后，读者将会对不同类型的无线业务有一个概括性的了解，并能理解这些业务中的每一种所涉及的技术挑战。应对这些挑战的措施将在本书后面的各部分中予以描述。

第1章　无线业务的应用和需求

　　无线通信是近25年间在工程领域里获得巨大成功的传奇之一——不仅从科学的角度讲，其进展有目共睹，而且在市场规模和社会影响方面也是如此。25年前一些默默无闻的公司，由于它们的无线产品，其公司名现在已在世界范围内家喻户晓。并且，在某些国家里，无线产业正支配着整个国民经济。工作习惯甚至人与人之间更为一般的交流方式，都随着可以在"任何地点、任何时间"进行通话的可能性而发生了巨大的变化。

　　长期以来，人们都将无线通信与蜂窝电话关联起来，因为它具有最大的市场份额，并且对日常生活具有最大的影响力。近来，无线计算机网络也已在人们的工作习惯和用户移动性方面带来了显著的改变，比如在咖啡店里回复电子邮件已成为家常便饭。但是，除了这些被广泛宣传的应用，还有大量人们无法清晰地意识到的应用也已开发出来，并且正在开始改变我们的生活。用无线传感器网络监测工厂，以无线链路代替计算机和键盘之间的线缆，用无线定位系统监视卡车（装载有通过无线射频标签来识别的货物）的位置。对无线工程师们来说，这些各式各样的新应用所形成的技术挑战与日俱增，本书旨在对目前及未来所面临技术挑战的应对措施予以全面论述。

　　开发新的技术解决方案一般有两条途径：工程驱动和市场驱动。在第一条途径下，工程师们提出一个卓越的科学见解，但并未考虑到直接的应用。随着时间的推进，市场需求可以帮助发现由这一见解所指引并使之成为可能的应用①。在另一条途径下，市场需要某种特定的产品，由工程师们试着开发出满足这种需求的技术解决方案。本章将描述这些市场需求。我们从无线通信简史开始，旨在向人们传递关于过去100年里科学和市场如何发展的感受。然后描述一些构成当前无线市场主体的业务类型。这些业务类型中的每一种都在数据速率、覆盖范围、用户数目、能量消耗和移动性等方面满足着特定的应用需求。1.3节将讨论所有这些方面。这一节末尾将描述无线设备工程与（由其所引发的）社会人群行为变化的互动关系。

1.1　历史

1.1.1　一切是如何开始的

　　当我们回首通信的发展历史时，会发现无线通信实际上是最古老的通信形式，因为当吼叫声和丛林鼓声发挥传递信息的作用时无须任何电线或线缆。甚至最古老的"电磁"（光）通信也是无线的，因为通过烟雾传递信息的方式正是基于光信号沿视距（line of sight）线路传播的原理。然而，我们所知的无线通信却肇始于麦克斯韦（Maxwell）和赫兹（Hertz）的努力，他们为我们理解电磁波的传输奠定了基础。在他们开创性的工作之后不久，特斯拉（Tesla）就向人们演

---

① 随后，第2章给出了对无线通信中主要技术挑战的总结——工程驱动的解决方案的理论基础。第3章至第23章讨论了这些挑战的技术细节和科学基础，而第24章至第29章详细说明了近些年来已开发的一些特定的系统。

示了借助于电波的信息传输，即实质上的第一个无线通信系统。1898 年，马可尼(Marconi)进行了从一条船上到英吉利海峡怀特(Wight)岛的为世人瞩目的无线通信演示。值得注意的是，虽然特斯拉是在这一至关重要的尝试中第一个取得成功的，马可尼却具有更好的公众影响力，从而被广泛地引证为无线通信的发明者，并因此获得了 1909 年的诺贝尔奖①。

在随后的年月里，广播的应用(及后来的电视)逐渐遍及全世界。虽然在目前"通行的"意义上我们经常不把广播或电视理解为"无线通信"，但从科学意义上，它们的确应归入此范畴，因为同样是借助于电磁波将信息从一个地方传送到另一个地方。如汽车电台所证实的，甚至可以将它们视为"移动通信"。大量的基础性研究，尤其是关于无线传播信道的研究，最初都是为了娱乐广播的有效传播而开展的。到了 20 世纪 30 年代后期，一个无线信息传输的广大网络(尽管是单向的)已然就位。

1.1.2　第一个系统

与此同时，双向移动通信的需求开始显现。在警察局和军队中，这种双向通信有着显而易见的应用前景，并且它们也是最先将无线系统用于封闭的用户群的机构。第二次世界大战期间及其结束后不久，军事应用带动了许多研究。这也是通信的许多理论基础基本奠定的时期。克劳德·香农(Claude Shannon)的开创性著作 *A Mathematical Theory of Communications*(《通信的数学理论》)就出现于这一时期，它明确指出了在数据速率和信噪比受限情况下进行无差错传输的可能性。该著作中的某些提议，比如在频率选择信道中采用最优功率分配，时至今日才刚刚被引入无线系统中。

无线通信在 20 世纪 40 年代和 20 世纪 50 年代有几个重要进展。公民波段(CB)电台的应用得到普及，从而建立起公路上汽车与汽车之间新的通信方式。采用这些系统进行的通信，对于传送至关重要的交通信息，以及在拥有这些设备的司机们所组成的封闭群体内部传递有关情况，都是非常有用的，但却缺少与公用电话系统的接口，通信距离也被限制在大约 100 km，这取决于(移动)发射机的发射功率。1946 年，第一个移动电话系统在美国圣路易斯投入使用。这一系统具有与公共电话交换网络(PSTN)这一陆上有线电话系统之间的接口，尽管这一接口不是自动的，还需要人工电话接线员。然而，由于整座城市总共只有 6 个语音信道，这个系统很快就遭遇到用户容量的限制。这就激发了人们去研究即使所分配的频谱受限，也能提升可同时服务的用户数目的方法。美国电话电报公司(AT&T)公司贝尔实验室的研究人员找到了答案：蜂窝原理，将地理区域划分为许多小区，不同小区内可以使用相同频率。时至今日，这一原理构成了绝大多数无线通信的基础。

尽管理论上取得了突破，蜂窝电话在 20 世纪 60 年代并没有经历显著的增长。然而，在另一条不同的阵线上，人们取得了鼓舞人心的进展：1957 年，苏联发射了第一颗人造卫星(Sputnik)，美国紧随其后。这一进展预示着卫星通信这一新的研究领域的出现②。许多基本问题亟待解决，包括大气传播效应、太阳风暴的影响、为卫星设计太阳能板及其他长效电源等问题。如今，卫星通信已成为无线通信的一个重要领域(尽管不是本书要专门讨论的问题)。其最为普及的应用是卫星电视的传送。

---

① 实际上，马可尼的专利在 20 世纪 40 年代被撤消了。
② 卫星通信，特别是通过静止轨道卫星进行的通信，早在 20 世纪 40 年代就已经被科幻小说家科拉克(Arthur C. Clark)提到过。

1.1.3　模拟蜂窝系统

20 世纪 70 年代，人们重新拾起对蜂窝通信的兴趣。在科学研究方面，这些年中，针对路径损耗、多普勒谱、衰落统计量，以及决定模拟电话系统性能的其他参量建立了模型，并实现了公式化。这方面工作的集大成者是杰克斯(Jakes)所著的 *Microwave Mobile Radio* 一书[Jakes 1974]，它总结了当时这一领域内的技术发展水平。20 世纪 60 年代和 20 世纪 70 年代也出现了许多最初专门为陆上有线通信进行的基础研究，后来亦被证明同样有助于无线通信。例如，自适应均衡器的基本理论以及当时逐渐形成的多载波通信的概念。

就无线电话走向实用而言，设备小型化方面的进展使人们对"便携式"设备的想象日趋现实。像摩托罗拉(Motorola)和 AT&T 这样的公司为争夺该领域的领先地位而相互竞争，并且为促进其发展做出了重大贡献。日本电话和电报(NTT)公司 1979 年在东京建成了商用蜂窝电话系统。然而，却是由一家瑞典公司建立起了第一个具有大的覆盖范围和自动交换功能的系统：直到这时，爱立信 AB(Ericsson AB)公司主要以其电话交换设备为人们所熟悉，人们原以为该公司对无线通信不感兴趣。可是，正是在交换技术方面的专业经验和采用数字交换技术的决定(在那时是比较大胆的)，使其能将一个大区域内的不同小区整合到单个网络中，并建立起北欧移动电话(NMT)系统[Meurling and Jeans 1994]。要注意的是，虽然交换技术是数字的，但射频传输技术仍然是模拟的，因而仍称为模拟系统。后来，其他一些国家开发出了自己的模拟电话标准，例如美国的系统称为高级移动电话系统(AMPS)。

NMT 系统的调查还确立了一种估算市场规模的有趣方法：在瑞典，商业顾问们将可能的移动电话用户数目和梅赛德斯 600(Mercedes 600，那时的顶级豪华轿车)的数目等同起来。移动电话永远不可能成为一个规模巨大的市场，这似乎是显而易见的。同样的想法也出现在蜂窝电话的发明者(AT&T)的管理层。根据一家咨询公司的建议，他们认定移动电话永远不可能吸引数量巨大的使用者，并停止了蜂窝通信的商业活动①。

模拟系统为无线革命铺平了道路。20 世纪 80 年代期间，它们以激动人心的步伐得到了发展，在欧洲，其市场占有率已高达 10%，尽管在美国其影响力要稍差一些。在 20 世纪 80 年代初，电话是"便携式的"，而绝非手持的。在大多数语言里，它们仅仅被称为"车载电话(carphones)"，因为电池和发射机装载于汽车的行李箱里，由于过于沉重而不能随身携带。但到了 20 世纪 80 年代末，具有良好的通话质量和令人十分满意的电池使用时间的手持电话已经比比皆是。模拟手机质量之优异以至于数字电话在一些市场领域难以立足，似乎完全没有进一步发展的必要性。

1.1.4　GSM 及世界范围的蜂窝革命

尽管公众并未意识到从模拟向数字转变的必要性，网络的运营者却更清楚这一点。模拟电话具有较差的频谱效率(第 3 章将讨论其原因)，并且由于蜂窝市场的快速增长，网络运营者对于为更多用户提供可用频谱有很高的兴致。此外，通信领域的研究已经开始不可逆转地转向了数字通信，而且还包括数字无线通信。20 世纪 70 年代后期和整个 20 世纪 80 年代，在遍及全世界的许多研究实验室中，人们都在进行着这方面的探索，研究内容涉及频谱的高效调

---

① 当人们逐渐意识到原先的决定的荒唐之处时，这些商业活动在 20 世纪 90 年代初期得到重新启动。AT&T 随即花了超过 100 亿美元收购麦克考(McCaw)公司，并将它重新命名为 AT&T Wireless。

制方式、信道失真与时变性对数字信号的影响、多址方案及更多其他问题。因此，对于该领域的那些行家而言，实际系统随着研究的深入将很快变为现实已经是非常明了的事情了。

　　欧洲再一次走在了前头。欧洲电信标准协会(ETSI)的下设小组开始研究制定全欧洲强制性的数字蜂窝标准，并且该标准后来被世界上绝大多数国家所采用，这就是全球移动通信系统(GSM)。该系统的开发贯穿于整个 20 世纪 80 年代，于 20 世纪 90 年代初期开始实际的部署，并且立即为用户所接受。由于其附加特性、更好的语音质量及安全通信的潜力，基于 GSM 业务的市场份额在其引入市场的两年内就超越了模拟业务。在美国，向数字系统的转变稍微慢了一些，但截至 20 世纪 90 年代末，这个国家的通信业务也基本上完全数字化了。

　　数字电话使得已经迈上成功之路的蜂窝通信变成了一颗"重磅炸弹"。2004 年，蜂窝数字电话在西欧的市场占有率已超过 80%，而在斯堪迪纳维亚半岛上的某些国家，其市场占有率则接近了 100%(许多人拥有两部或三部手机)。在美国其占有率也超过了 50%，在日本则达到约 70%。以绝对数目而论，中国已成为最大的独立市场，在 2004 年就拥有了约 3 亿数字电话用户。

　　无线系统的发展也使人们清楚地意识到了标准化的必要性。只有相互兼容，并且每一部接收机能够"理解"每一部发射机，即它们遵从同样的标准，设备之间才能交流。但应该如何来确立这些标准呢？不同的国家提出了不同的处置方式。美国采用的是"不插手(hands-off)"的处置方式：准许各种不同标准投入使用，由市场来决定谁是最后的赢家(或几个赢家)。20 世纪 90 年代，当用于数字蜂窝通信的频率被拍卖时，频谱牌照的购买者可以选择他们想采用的系统标准。因此，如今在美国有 3 个不同的标准同时被采用。日本采用了类似的方式，有两种不同的系统为争夺其第二代(2G)蜂窝系统的市场而相互竞争。在日本和美国，同一地理区域上可以运作基于不同标准的多个网络，这就允许用户在不同技术标准之间进行选择。

　　欧洲的情况就不同了。当数字通信引入时，每个国家通常只有一家运营商(一般就是当时的公共电话运营商)存在。如果这些运营商各自采用不同的标准，就会导致严重的市场分裂(即每个标准只拥有一个小市场)，这对运营商之间的相互竞争没有好处。此外，由于欧洲的地理区域划分比美国和日本频繁得多，因此国家之间的漫游是经常性的，若各自采用不同的标准，将不可能实现漫游。因而，为整个欧洲设定单一的共同标准是理所当然的。这一决定总的来说被证明对无线通信的发展有利，因为它扩大了经济规模并且降低了新业务的成本，从而提高了新业务的可接受程度。

1.1.5　新无线系统及电信泡沫的爆裂

　　尽管蜂窝通信在一般人群中为无线通信勾画出了美好的发展图景，但 20 世纪 90 年代还是有各种不同层次的新业务陆续进入市场。无绳电话开始取代许多家庭里的"常规"电话。这些无绳电话的最初版本采用的都是模拟技术；然而，对于这一应用，数字技术同样被证明是更为优越的。在其他方面，模拟通话被窃听的可能性、邻近的非法使用者"劫持"了模拟无绳基站并进行非法通话却由他人付费的可能性，导致必须转向数字通信。然而无绳电话从来就未能取得蜂窝电话那样壮观的市场规模，它们只占有一个固定的市场。

　　20 世纪 90 年代充满希望的另一个市场是固定无线接入和无线本地环路(WLL)，也就是将通向用户住所的铜线替换为无线链路，但它并没有移动性所具有的特殊好处。这期间提出了许多技术方案，但最终无一例外地都失败了。究其原因，经济、政治方面的因素不比技术因素少。无线本地环路的原始动机是使另外的电话业务提供商可以争取到用户，同时又绕开了属于当前业务提供商的用于接入的铜线。然而，20世纪90年代中期，全世界所有的电信管理者都规定现有的有线业务提供商必须向其他的业务提供商租借其线路，通常出租价格还非常优惠。这就消除了无线本地环路大部分的经济基础。类似地，固定无线接入被作为以具有竞争力的价格来提供宽带数据接入的方案加以推广。然而，与数字用户线(DSL)技术和电缆电视之间的价格战已经大大减弱了这种接入方式的经济吸引力。

因此，最大的宝藏似乎在于创建"第三代(3G)"系统(在模拟系统和诸如GSM之类的2G系统之后)[Bi et al. 2002]，使蜂窝系统得以进一步的发展。2G系统基本上是纯话音传输系统，尽管也包括一些简单的数据业务，如短消息(SMS)。新的系统将在时速达到500 km/h的情况下，提供可与运气不佳的综合业务数字网(ISDN)相比的数据速率(144 kbps)，甚至高达2 Mbps。经过漫长的商讨以后，订立了两个标准：3GPP(第三代伙伴计划，受到欧洲、日本和一些美国公司支持)和3GPP2(受到另一部分美国公司支持)。在世界绝大多数地区，新的标准还需要新的频谱划分，而且对这些频谱使用权的销售已成为一些国家的国库收入的一个重要来源。

3GPP的发展及早前美国对IS-95 CDMA(码分多址)的引入，触发了关于码分多址和用于无线通信的其他扩频技术(见第18章)的大量研究；到20世纪90年代末，多载波技术(见第19章)也已在研究界取得了强势的地位。多用户检测，即利用多址干扰的结构信息，能够大大减轻其影响，特别是在20世纪90年代初期，多用户检测就已经是许多研究者关注的另一个领域了。最后，多天线系统(见第20章)领域从1995年起有了迅猛发展，有时该领域的研究论文数几乎占无线通信物理层设计研究领域发表论文总数的一半之多。

3G蜂窝系统频谱的销售及一些以无线业务为主导的公司的首次公开募股(IPO)，昭示着20世纪90年代的"电信泡沫"已经登峰造极了。2000年和2001年，市场在狂跌之下终于崩溃了。随着其倡导者的破产，许多新的无线系统(如固定无线)的发展停滞了，同时另一些系统(包括3G蜂窝系统)的部署也大大放缓。最令人不安的是，许多公司减缓甚至完全停止了研究，整个经济的萎靡不振也导致学术研究的资金匮乏。

1.1.6　无线通信的复兴

从2003年起，几个方面的发展使得人们重拾起对无线通信的兴趣。第一个就是2G和2.5G蜂窝通信在新兴市场和新应用的刺激下所取得的持续性增长。只需举出一例：2008年，甚至在其第一个3G网络正式投入运营之前，中国已拥有了超过5亿的手机用户。世界范围内，2008年，在用手机大约有35亿部，其中绝大多数是基于2G和2.5G标准的。

此外，尤其在日本、欧洲和美国，3G网络已实现了广泛的覆盖并广受欢迎(2008年，在西欧，总的手机市场渗透率超过了100%；在美国，这个数字则接近了90%)。与有线方式具有可比性的数据传输速率(5 Mbps)得以实现。继而，这一进展带动了相应设备的层出不穷，这些设备不仅支持语音通话，也能够支持互联网浏览和流媒体形式的音频和视频接收。这类设备之一的iPhone，首次推出时即获得了公众的巨大关注，而实际上还有很多手机都具有相似的性能。在美国，这些被称为"智能手机"的设备占有了20%的手机市场。所有这些进展导致了针对手机的数据传输业已成为一个规模庞大的市场。

甚至是在3G网络刚刚开始部署时，就已经开始了下一代(有时称为4G或3.9G)系统的开发。大多数基础设施制造商正集中精力于主流 3G 标准的长期演进(LTE)方面的研发。一种植根于固定无线接入系统的替代性标准也已开始部署。另外，用手机收看电视节目(无论是直播电视还是预录制的剧集)正在变得越来越普及。对 4G 网络和电视传输而言，多输入多输出的正交频分复用(MIMO-OFDM)(见第 19 章和第 20 章)成为选定的调制方式，已推动了这一领域的研究。

第二个重要进展是无线计算机网络，即无线局域网(WLAN)取得了意想不到的成功。符合 IEEE 802.11 标准(见第 29 章)的设备已使计算机几乎可以像手机那样灵活而机动地使用。这一标准化进程早在 20 世纪 90 年代中期就已经启动了，却形成了几个不同的版本，而制造商之间的深度竞争最终影响了如今的大规模生产和应用。目前，无线接入点比比皆是，不仅在家庭和办公室，在机场、咖啡店和其他类似场所也都可以进行无线接入。因此，依靠便携式电脑和互联网接入办公的许多人士在选择何时何地进行工作时拥有了更大的自由度。

第三方面的进展在于，无线传感器网络为从远端站点对工厂甚至住所的监测与控制提供了新的可能性，并且在军事和安全监控领域也可以得到应用。对传感器网络的兴趣激发了对 ad hoc 和 P2P(peer to peer)网络的研究热潮。这类网络无须专门的基础结构。如果信源和信宿之间的距离过于遥远，则网络中的其他节点将为信息最终到达信宿提供传递信息的帮助。由于它们的网络结构与传统的蜂窝网络有很大的不同，需要进行大量的新的研究。

总的来说，"无线通信的复兴"基于以下 3 种趋势：(i) 产品类型的宽泛化；(ii) 已有产品数据传输的高速率化；(iii) 用户密度的高密集化。这些趋势决定了该领域的研究走向，也为许多晚近的科学开发提供了原动力。

1.2　业务类型

1.2.1　广播

第一种无线业务是广播电台。在此项业务中，信息传送给不同的，也可能是移动的用户(见图 1.1)。将广播电台与诸如蜂窝电话这样的业务区分开的属性有如下 4 个。

1. 信息仅在一个方向上传送。只有广播电台(或电视台)将信息发送到广播(或电视)的接收者；听众(或观众)不向电台发送任何信息。
2. 向所有用户传送的信息都是一样的。
3. 信息是连续发送的。
4. 许多情况下，多部发射机发送相同的信息。在欧洲尤其如此，在那里由国家广播网络完成整个国家的覆盖，并在国家的各个角落播出同样的节目[①]。

上述属性极大地简化了广播电台网络的设计。设计发射机时不必对接收机有更多的概念或考虑过多，也无须提供双工信道(不需要将信息从用户接收机传送到电台发射机)。该业务的可能用户数目也对发射机的结构不构成影响，即不必操心是有上百万用户还是只有一个用户，发射机都发送出同样的信息。

以上描述对于传统的模拟广播电视和电台而言基本上是正确的。卫星电视和广播就有所

---

① 美国的情形略有不同，在那里通常是"地方台"只完成单个大城市地区的覆盖，而且常常只有一部发射机。

不同了,因为其发射常常只面向所有可能用户的一小部分(付费电视或者依观看次数计费的用户),因此需要对播放内容加密,以阻止未经授权的观看。然而,要注意的是此处的"保密性"问题不同于常见的蜂窝电话。对于付费电视,授权用户群中的所有成员都应能方便地获取相关内容(多播,multicast),而对于蜂窝电话,每个呼叫仅能由呼叫本身所针对的那个用户听到(单播,unicast),而不让其网络提供商的所有用户都听到。

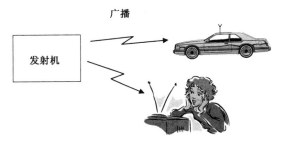

图1.1　广播发送原理

　　尽管它们在经济上具有毋庸置疑的重要性,但广播网络不是本书的关注重点,篇幅的限制影响了本书对其进行更详尽的讨论。虽然如此,记住它们是无线信息传送的一种特殊情况仍然是有意义的,并且诸如同播(simulcast)数字电视和交互式电视,尤其是诸如供计算机和手机接收的流媒体电视之类的一些新进展,趋向于使广播和蜂窝电话之间的差别进一步模糊化。

1.2.2　寻呼

　　与广播相似,寻呼系统也是单向无线通信系统。这些系统具有以下特点(见图1.2)。

1. 用户只能接收信息,不能发送信息。所以,一个"寻呼"(信息)只能由寻呼中心发起,而不能由用户发起。
2. 信息的发送目标和接收方都只限于一个单独的用户。
3. 发送信息的数量非常小。刚开始时,接收信息由单比特信息构成,向用户指示"有人发送了一条信息给你"。然后用户必须打一个电话(常常是公用电话)到寻呼中心,在那里由一个寻呼服务人员重复之前保留的信息内容。后来,寻呼系统变得更加复杂,允许传送短消息。例如,给出需要用户回复的另一个电话号码或者一个紧急事件的即时状况,但能提供的信息量很有限。

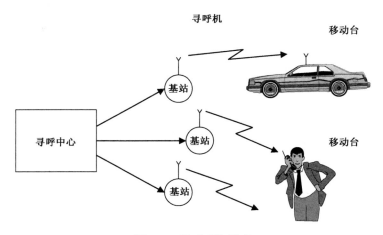

图1.2　寻呼系统原理

由于通信的单向性及信息量较少,此业务所需带宽较小。这就允许该项业务工作在较低载频上(如 150 MHz), 这一频段只有少量频谱可供使用。稍后将会了解到, 这样的较低载频更容易做到, 只用很少的发射机来完成一个大区域的良好覆盖。

寻呼机在 20 世纪 80 年代至 20 世纪 90 年代早期非常流行。对于某些专业群体(如医生), 寻呼机是该群体的必备工具, 使他们可以在较短的时间内响应紧急事件。然而, 蜂窝电话技术的成功大大降低了寻呼的吸引力。蜂窝电话可以提供寻呼机的所有业务, 此外还增加了许多其他特性。2000 年后寻呼系统的主要吸引力就在于其可达到的更好的区域覆盖。

1.2.3　蜂窝电话

蜂窝电话是经济上最重要的无线通信形式, 具有以下特征。

1. 信息流是双向的。用户可以同时发送和接收信息。
2. 用户可以位于(全国性的或国际性的)网络的任何一个地方。他(她)或者通话双方都不必知道用户的位置, 网络必须考虑到用户的移动性。
3. 一次呼叫可以由网络发起, 也可以由用户发起。换句话说, 蜂窝用户可以被呼, 也可以主呼。
4. 一个通话仅针对某单个用户, 其他网络用户不应该听到这一通话内容。
5. 用户的高度移动性。在一次通话期间用户位置可能会显著变化。

图 1.3 示意了蜂窝系统的原理。移动用户同与其建立了良好无线连接的基站通信。各个基站都连接到移动交换中心, 移动交换中心与公共有线电话系统相连。

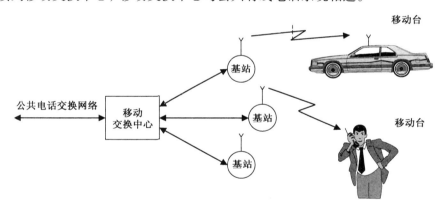

图 1.3　蜂窝系统的原理

由于每个用户都想要发送或接收不同的信息, 一个蜂窝网络中的有效用户数是受限的。可用带宽必须在不同用户之间共享, 这可以通过不同的"多址"方案加以实现(见第 17 章至第 20 章)。这是与广播系统的一个重要差别。在广播系统中, 用户(接收机)的数目是没有限制的, 因为所有的接收机接收同样的信息。

为增加可能用户的数目, 采用了蜂窝原理: 一家网络提供商的服务区域被分成许多子区域, 称为小区(cell)。在每个小区内, 不同用户必须分享可用带宽, 以下考虑每个用户占用不同载频的情况。即使是相邻小区也必须使用不同的频率, 以使同道干扰足够低。但对于相互之间距离足够远的小区, 可以使用相同的频率, 这是因为各自发射机发出的信号随着传输距离的增加就会变得更弱。因此, 在一个国家里, 可能有成百上千的小区使用着相同的频率。

蜂窝电话技术的另一个重要方面是不限制用户的移动性。为了能实现通信, 用户可以位于网络覆盖区域的任何位置(即,并不限制用户在特定小区内)。而且,他(她)也可以在通话期间从一个小区移动到另一个小区。蜂窝网络具有与公共电话交换网络及其他无线系统的接口。

正如无线通信简史回顾中所指出的,蜂窝电话在 20 世纪 80 年代开始流行起来,现已成为在全世界拥有超过 10 亿用户的最具优势的通信形式。正是由于这个原因,本书将经常从蜂窝电话技术里提炼示例,尽管所阐明的一般原理同样适用于其他无线系统。第 24 章至第 28 章将对最流行的蜂窝系统进行详尽的描述。

1.2.4 集群无线电

集群无线电系统是蜂窝电话的一种重要变形,这种无线系统和公共电话交换网络之间没有连接,因此它支持封闭用户群之间的通信。显而易见的应用包括警察局、消防局、出租车和其他类似业务。封闭用户群使一般蜂窝系统不可能(或者很难)实现的如下几项技术革新成为可能。

1. 群呼。可同时与多个用户通信,或者可以实现系统中多个用户之间的会议通话。
2. 呼叫优先级。一般蜂窝系统运作的基本程序是"先到先服务"。一旦建立起一个呼叫,就不能中断该呼叫①。在蜂窝系统下这是合情合理的,因为网络运营者不能确定呼叫的重要性或紧迫程度。然而,对于集群无线电系统,如用于消防部门的系统,这一程序是不可行的。有关紧急事件的通知必须传达到受其影响的群体中,尽管这样做意味着中断正在进行中的优先级较低的呼叫。因而,集群无线电系统必须能决定呼叫的优先级,并允许为支持高优先级的呼叫而挂断低优先级的呼叫。
3. 中继网络。网络的覆盖范围可以通过将每个移动台都作为其他移动台的中继站来获得延伸。因此,在基站覆盖范围以外的移动台可以向基站覆盖范围内的另一移动台发送信息,由后者将消息传递给基站;为了最终将消息传递到基站,系统甚至可以采用多次中继的方式。这种方式增加了网络的有效覆盖区域和可靠性。然而,此方式却只能用于集群无线电系统,而不能用于蜂窝系统,因为一般的蜂窝用户都不愿接受为其他用户中继消息所必然造成的对其电池能量的消耗。

1.2.5 无绳电话

无绳电话技术所描述的无线链路是手持机和直接与公共有线电话系统相连的基站之间的链路。与蜂窝电话的主要差别是,与无绳电话相关联并且可以与之通信的仅仅是一个孤立的基站(见图 1.4)。因此,不存在移动交换中心;反之,基站直接与公共电话交换网络相连。这样就出现了以下几种重要结果。

1. 基站无须具备任何网络功能。当出现来自公共电话交换网络的呼叫时,没必要查找移动台的位置,同样也没必要提供不同基站之间的切换。
2. 无中心系统。用户一般在其居所或办公地点有一个基站,但该基站不会影响任何其他基站。因为这个原因,没必要(也不可能)进行频率规划。
3. 无绳电话由用户控制的事实也意味着不同的计费模式。不存在可以为移动台和基站的

---

① 除了因技术问题导致的通话中断,比如用户移动到了覆盖区域之外。

连接计费的网络运营商；反之，唯一出现的费用是由基站接入公共电话交换网络的费用。

在其他许多方面，无绳电话与蜂窝电话是相似的。无绳电话支持呼叫区内的移动性；信息流是双向的；呼叫既可以由公共电话交换网络发起，也可以由移动用户发起，并且还必须具有使呼叫不被非法用户截获或侦听，以及禁止非法呼叫的措施。

无绳系统还演变为无线专用自动小交换机（PABX）（见图 1.5）。在其最简形式下，一个专用自动小交换机配备有一个基站，可以同时服务于几部手持机，既可以将它们连接到公共电话交换网络，又可以将它们（同一公司或房间内的呼叫）相互连接。在其更高级的形式下，专用小交换机包含有连接至一个中心控制站的多个基站。这种系统基本上具备了与蜂窝系统一样的功能，仅能根据覆盖范围的大小来区分这种全功能专用小交换机和蜂窝网络。

　　　　图 1.4　简单无绳电话的原理　　　　　图 1.5　无线专用自动小交换机（PABX）的原理

第一个无绳电话系统是仅可建立手持机和基站之间的简单无线链路的模拟系统。通常，它们甚至不能提供起码的安全性（即阻止非法呼叫）。目前的系统是数字的，并可提供更复杂的功能。在欧洲，增强型数字无绳电话（DECT）系统（见配套网站 www.wiley.com/go/molisch）是最重要的标准；日本有一个类似的系统，称为个人手持电话系统（PHS），它提供了无绳电话及蜂窝系统的替代系统（全功能的专用自动小交换机系统覆盖了日本的绝大部分地区，并可以提供公共接入）的可能性。这两种系统都工作在 1800 MHz 频段，使用的是专门为无绳应用预留的频谱。在美国，数字无绳电话主要工作在与其他无线业务共享的 2.45 GHz ISM（工业、科学和医疗）频段。

1.2.6　无线局域网

无线局域网（WLAN）的功能属性与无绳电话非常相似，将单个移动用户设备连接到公共陆上有线系统（public landline system）。这种情况下，"移动用户设备"通常是便携式电脑，而公共陆上有线系统指的是 Internet。无绳电话系统最主要的好处是其支持用户的移动性，从而方便了用户。无线局域网甚至对将固定位置的电脑（台式机）连接到 Internet 也是有用的，因为可以节省敷设电缆到计算机所在位置的费用。

无线局域网和无绳电话之间最重要的差别是所需数据速率的不同。无绳电话传送（数字）语音，最多需要 64 kbps，而无线局域网至少要与其所连接的 Internet 速度一样快。对于个体用户（家庭）应用，这意味着速率要在 700 kbps（美国的 DSL 速率）至 3～5 Mbps（美国和欧洲的电视电缆接入提供商支持的速率），以及 20 Mbps 或更高（日本的 DSL 速率）之间。对于具有更高速互联网连接的公司，速率要求相应地也更高。现已开发出许多标准以满足这些高数据速率的需求,并且所有这些标准都带有 IEEE 802.11 标识。最原始的 IEEE 802.11 标准支持以 1 Mbps 的速率传输;最流行的 802.11b 标准(即人们熟知的 WiFi)支持高达 11 Mbps 的速率, 802.11a 标准将速率提升到 55 Mbps。2008 年/2009 年推出的 802.11n 标准已经能够实现更高的传输速率。

在原理上,无线局域网设备可以连接到任何采用相同标准的基站(接入点)。然而,接入点的拥有者可以对接入进行限制(如通过适当的安全设置)。

1.2.7　个域网

当网络覆盖区域变得比无线局域网更小时称之为个域网(Personal Area Network,PAN)。此类网络多数是为了达到简单的"电缆替代"效果。例如,符合蓝牙(Bluetooth)标准的设备支持手机和头戴式免持耳机之间的无电缆的无线连接,这种情况下的两设备之间距离小于 1 m。在这类应用中,数据速率相当低(小于 1 Mbps)。近来,娱乐系统的组件之间(DVD 播放器到电视)、计算机与其外设(打印机,鼠标)之间,以及其他类似的应用受到了重视,并且许多个域网标准已由 IEEE 802.15 小组开发完成。这些应用采用了超过100 Mbps的数据速率。

用于更短距离的网络称为体域网(Body Area Network,BAN),这种网络使置于用户身体不同部位的设备之间的通信成为可能。这类体域网在患者健康和医疗设备(如心脏起搏器)的监测领域扮演着日渐重要的角色。

最后要指出,个域网和体域网既可以采用类似于蜂窝方式的网络结构,也可以形成 1.2.9 节将讨论的 ad hoc 网络。

1.2.8　固定无线接入

固定无线接入也可以看成无绳电话或无线局域网的演化形式,它从根本上替代了用户和陆上有线系统之间的专用线缆连接。与无绳系统的主要差别在于:(i)用户设备不具移动性; (ii)基站几乎总是服务于多个用户。此外,通过固定无线接入设备中继之后的传输距离(在 100 m 到几十 km 之间)要比通过无绳电话中继后的传输距离长得多。

固定无线接入的目的在于:不必从中心交换局到用户所在的办公室或居所敷设电缆,就能向用户提供电话和数据连接。考虑到敷设电缆施工所需的高昂劳动力成本,这种接入方式应该是一种较经济的方式。然而,值得关注的是,绝大多数建筑(尤其是在发达国家的市区)都已经存在现成的某种形式的线缆,普通电话线、电视电缆甚至光纤。不同的国家电信主管部门的管理条例均强调拥有这些线缆的运营商必须允许与之竞争的公司使用其线缆。结果,固定无线接入的主要市场就在于向农村地区提供覆盖,以及在不具备任何有线基础设施的发展中国家建立连接。总之,固定无线接入的商业运行状况已经很让人失望(见 1.1.5 节)。IEEE 802.16(WiMAX)标准试图通过在系统中引入某些有限的移动性来缓解这一问题,因而也就模糊了与蜂窝电话技术之间的界限。

1.2.9　ad hoc 网络和传感器网络

到目前为止,我们已讨论过"基于基础设施"的无线网络,在这种网络中,特定的设施(基站、电视发射机等)被有计划地刻意设置在固定的地点,以进行网络控制并实现与其他网络之间的接口。网络的尺寸可能各不相同(从仅可覆盖一间公寓的局域网到能够覆盖整个国家的蜂窝网络），但区分"基础设施"和"用户设备"是它们共同的核心原则。然而，存在着另一种网络，其中只有一类设备并且所有的设备都可以移动，它们根据位置和需要自行组织起来形成网络。这类网络称为 ad hoc 网络（见图 1.6）。在一个 ad hoc 网络中仍然可以存在"控制器"，但选择哪个设备作为主终端和选择哪个设备作为从终端，都是在网络形成时相机而定的。ad hoc 网络也不分等级。实际的数据传输（即物理层通信）几乎与基于基础设施的网络完全相同，但在媒体接入和网络功能上都是非常不同的。

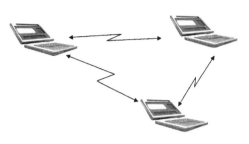

ad hoc 网络的好处在于低成本（因为无须基础设施）和高度灵活性。缺点则包括效率较低、通信范围较小，以及可以囊括进网络的设备数目受限。ad hoc 网络在目前传感器网络的迅速发展中发挥着重要作用，后者用于支持楼宇控制（基于传感数据对空调、灯光等进行控制）、工厂自动化、安全监控等领域设备之间的通信。ad hoc 网络在应急通信（当基础设施被毁坏时，比如遭地震毁坏）和军事通信领域也发挥着相应的作用。

图 1.6　　ad hoc 网络的原理

1.2.10　卫星蜂窝通信

除了在卫星市场创造最大收益的电视，蜂窝通信是卫星的第二个重要应用。卫星蜂窝通信与陆基蜂窝通信虽然有着同样的工作原理，但却存在着重要的差别。

"基站"（即卫星）距移动台的距离相当远。对于静止轨道卫星，距离为 36 000 km；对于近地轨道（LEO）卫星，距离为几百千米。因此，需要更大的发射功率，卫星上必须使用高增益天线（许多情况下移动台也用这种天线），并且若用户在建筑物内部，则通信几乎无法进行。

另一个与陆基蜂窝系统的重要差别在于蜂窝尺寸。由于卫星与地球之间的遥远距离，即使对近地轨道卫星而言，蜂窝直径小于 100 km 也是不可能的；对静止轨道卫星，蜂窝区域会更大。这样大的蜂窝尺寸对卫星系统而言，既是最大的优点也是最大的缺点。积极的一面在于，即使针对地广人稀的区域，也容易做到良好的覆盖，单个小区就可以覆盖撒哈拉地区的绝大部分。另一方面，这个区域内的频谱效率非常低，也就意味着（假定分配给这项业务的频谱有限）只有很少的人可以同时通信。

建立一个"基站"（即卫星）的费用比为陆基系统建造基站的费用高得多。不仅通信卫星的发射非常昂贵，而且还必须为作为卫星和公共电话交换网络之间链接点的地面站建造适用的基础设施。

以上所有问题所产生的后果就是，卫星通信系统的商业状况迥异于其他系统，该系统定位于以昂贵的价格向少量用户提供必不可少的通信手段。灾区和战区的救护工人与记者、船基通信，以及远离海岸的石油钻井平台上的工人，都是这种系统的典型用户。国际海事卫星（INMARSAT）系统是这种通信的最主要的提供者。20 世纪 90 年代后期，铱（IRIDIUM）计划试图通过 60 多颗近地轨道卫星向人们提供更低价格的卫星通信服务，但最后以破产告终。

1.3　业务需求

理解无线设计的关键在于，要明确不同应用在数据速率、覆盖范围、移动性、能量消耗等方面有不同的需求。设计用户以 500 km/h 速度移动时还能在 100 km 范围内支持 Gbps 数据速率的系统是完全没有必要的。之所以强调这一事实是因为在工程师中有一种不良趋向,即意图设计"可以做除洗碗以外的任何事"的系统;而诉诸于科学的观点,这样的系统势必是价格昂贵且频谱效率低下的。下面将罗列系统设计中将遇到的种种需求的变动范围,还将列举哪些需求会出现在哪些不同的应用之中。

1.3.1　数据速率

无线业务的数据速率取决于具体的应用,覆盖了从几 bps 到几 Gbps 的广大范围。

- 传感器网络通常要求的数据速率从几 bps 到大约 1 kbps。一般来说,传感器测量某种关键性参数,比如温度和速度等,然后以范围从毫秒级到小时级的一定间隔发送当前数值(仅对应于几比特)。从大量传感器搜集信息再将其传送出去以便进一步处理的传感器网络,其中心节点往往需要较高的数据速率。这种情况下,可能需要高达10 Mbps 的数据速率。这些"中心节点"显示出与无线局域网或固定无线接入更多的相似性。
- 语音通信通常需要 5 ~ 64 kbps 的速率,这取决于所需的音质和压缩的程度。对于需要较高频谱效率的蜂窝系统,标准的信源数据速率约为 10 kbps。对于无绳电话,由于无须复杂的语音压缩,因此可采用更高的数据速率(32 kbps)。
- 基本的数据业务需要 10 ~ 100 kbps 的数据速率。这些业务中有一类是采用手机的显示屏来提供类互联网信息的。由于显示屏较小,所需数据速率通常也低于传统互联网应用的速率。另一类数据业务提供了到便携式电脑的无线移动连接。这种情况下,大多数用户需要至少与拨号上网相当的速率(约50 kbps),尽管基本业务有时也采用10 kbps 的速率(利用事先为语音准备的同类通信信道)。在美国、欧洲和日本,基本数据业务基本上已被高速数据业务所替代,但在世界的其他地方它仍发挥着重要作用。
- 计算机外设与类似设备之间的通信。为了取代连接计算机外设(如鼠标和键盘)和主机的线缆(对于手机也有类似的情况),使用约 1 Mbps 数据速率的无线链路。这些链路在功能特性上与以前流行的红外连接相似,但通常可以提供更高的可靠性。
- 高速数据业务。无线局域网和 3G 蜂窝系统用于提供快速互联网接入,速率范围为 0.5 ~ 100 Mbps(目前仍处于开发之中)。
- 个域网主要用于明确这种无线网络的覆盖范围(至多 10 m),但常常也含有高数据速率(超过 100 Mbps)的意思。大多用于连接消费娱乐系统的各个组件(从计算机或 DVD 播放器向电视输送视频)或者高速的计算机连接(无线 USB)。

1.3.2　覆盖范围和用户数目

不同网络之间的另一明显差异在于覆盖范围和所服务的用户数目。这里所说的"覆盖范围"是指一对发射机和接收机之间的距离。在大型网络中,一个系统可以提供的覆盖区域是通过大量基站共同作用实现的,而这与此处所说的覆盖范围几乎无关。

- 体域网(BAN)完成附着于身体的不同设备之间的通信覆盖,如从腰际皮套里的手机到挂于耳际的耳机。因此,覆盖范围是 1 m 级的。体域网一般包含于个域网中。
- 个域网包括那些可以达到约 10 m 距离的网络,覆盖了一个用户的"个人空间"。连接计算机组件的网络和家庭娱乐系统网络都是个域网的实例。由于较小的覆盖范围,个域网内的设备数目较少,并且都与单个的"主设备"相关联。同时,相重叠的个域网(即共享相同的空间或房屋)数目也不多,通常少于 5 个。这就使小区规划和多址更加简单。

- 无线局域网和无绳电话覆盖更大的范围,无线局域网的覆盖范围可以达到 100 m。用户数通常限制在 10 个左右。当用户数增多的情况(如会议或集会)发生时,每个用户的数据速率会有所下降。无绳电话可以达到 300 m 的覆盖范围,与一个基站连接的用户数与无线局域网是同一数量级的。注意,无线专用自动小交换机却可以覆盖更大的范围和容纳更多的用户,如前所述,基本上可以把它看成小型专用的蜂窝系统。
- 蜂窝系统的覆盖范围要大于无线局域网之类的系统。微小区的典型覆盖半径为 500 m,而宏小区的覆盖半径可以是 10 km 或 30 km。小区内的有效用户数目常在 5 ~ 50 之间,这取决于可用带宽和多址方案。如果系统向某个用户提供高速数据业务,那么有效用户数目一般会有所减少。
- 固定无线接入业务的覆盖范围与蜂窝系统接近,即在 100 m 到几十 km 之间。同时,用户数目也与蜂窝系统有着相近的数量级。
- 卫星系统提供相当大的蜂窝尺寸,常常覆盖若干个国家甚至若干个洲的全部区域。小区尺寸完全取决于卫星的轨道,静止轨道卫星提供比近地轨道卫星更大的小区尺寸(半径为 1000 km)。

图 1.7 是不同应用情况下的数据速率和覆盖范围的关系图。显然,如果所需覆盖范围较小,则比较容易达到更高的数据速率。固定无线接入是一个例外,它在相当长的传输距离上需要高的数据速率。

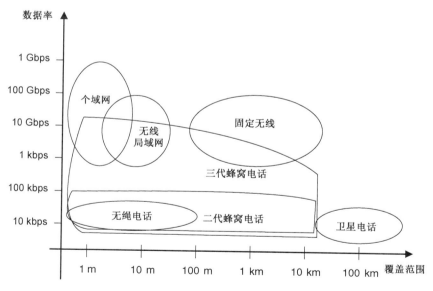

图 1.7　不同应用情况下的数据速率和覆盖范围的关系

1.3.3　移动性

无线系统还在对用户移动程度的支持上存在差别。无线通信对用户的主要吸引力之一在于允许用户在通信过程中到处移动。然而,对移动性的需求存在如下不同等级。

- 固定设备的安装一次到位,随后无论与基站通信还是彼此之间通信,其位置都是固定不变的。对这些设备而言,采用无线传输技术的主要动机在于避免敷设线缆。尽管这些设备不移动,它们所使用的传播信道却可能是时变的:既可能是由于有人走过,又可能是因为环境的变化(机器、家具等重新摆放)。固定无线接入是典型的例子。还要注意所有有线通信(如公共电话交换网络)都可归入此类。

- 游牧型设备。游牧型设备在特定位置停留一定的时间(若干分钟到若干小时),然后会移动到另一不同的位置。这意味着,在一次"降落"(设备摆放妥当)期间,可认为设备是固定设备,然而从一次降落到下一次降落,环境可能发生彻底的变化。便携式电脑是典型的例子:人们不会在走来走去时操作他们的便携式电脑,而是将它们放置在桌面上使用。他们可能会将电脑携带至另一位置,然后在那里继续使用。

- 低移动性。许多通信设备会在步行速度下使用。步行用户操作的无绳电话和蜂窝电话是典型的例子。低移动性产生的效应是信道变化得相当慢,并且在多基站系统中,从一个小区到另一个小区的切换很少发生。

- 高移动性通常描述的是速度范围约 30 ~ 150 km/h 的情形。在行驶中的汽车里,人们所操作的蜂窝电话是一个典型的例子。

- 极高移动性以高速列车和飞机为代表,速度为 300 ~ 1000 km/h。这样的速度对物理层设计(多普勒频移,见第 5 章)和小区间切换这两方面形成了前所未有的挑战。

图 1.8 显示了不同应用情况下的移动性和数据率之间的关系。

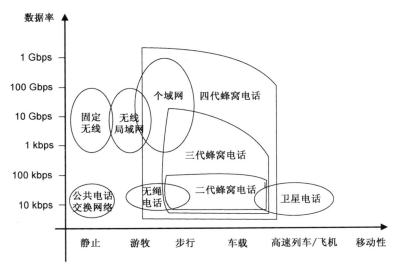

图 1.8　不同应用情况下的移动性和数据率之间的关系

1.3.4　能量消耗

能量消耗是无线设备的一个关键问题。大多数无线设备使用(一次性或可充电)电池,因为无线设备应不受任何形式的线缆的束缚,无论是用于通信的线缆,还是用于提供电能的连线。

- 可充电电池。游牧型和移动设备,如便携式电脑、蜂窝电话和无绳电话,常借助于可充电电池来工作。待机时间和使用时间是用户满意度的决定性因素之一。能量消耗一方面取决于数据传送的距离(记住,必须维持一个最小的信噪比),另一方面取决于所传送的数据数量(信噪比正比于每比特能量)。过去 100 年间,电池的能量密度增加缓慢,以至于在使用和待机时间方面的主要进展来自尽可能地降低设备的电能消耗。对于蜂窝电话,最低要求是通话时间应超过 2 h,而待机时间应超过 48 h。对于便携式电脑,电池能量的消耗并非主要由无线发射机所决定,而相反主要是由硬盘使用和处理器速度之类的其他因素所决定。

● 一次性电池。传感器网络的节点通常使用价格低廉又可提供较高能量密度的一次性电池。而且,通常不考虑更换电池,一般是在电池用尽以后就把包括电池和无线收发信机的传感器废弃不用。显然,与使用可充电电池的设备相比,在这种情形下能量高效的操作就显得更为重要了。

● 电力电源。可以将基站和固定设备连接到电力电源,所以能量消耗对于它们而言并非主要的关注点。因此,如果可能,将尽可能多的功能特性的实现(及由此带来的能量消耗)由移动台转移到基站是人们所希望的。

用户对于电池的需求也是重要的市场卖点,尤其是在蜂窝手机市场。

● 电池占了一部移动台重量的绝大部分(70% ~ 80%)。手机的重量和尺寸都是重要的卖点。20 世纪 80 年代中期,蜂窝电话一般称为"车载电话",因为移动台只能放在汽车行李箱内运输,并通过汽车电池供电。到 20 世纪 80 年代末,电池的重量和尺寸下降到约 2 kg,以至于用户可以用背包携带它。到 2000 年,电池重量已减少到约 200 g。这一进展部分源于更高效的电池技术,但更大程度上源于手机功耗的降低。

● 手机(原材料)的成本也在相当大的程度上取决于电池。

● 用户既要求几天的待机时间,又要求在再次充电之前至少可以通话 2 h。

这些"商业"因素决定了电池的最大尺寸(及电能容量),因此也决定了待机和通话期间的允许能耗。

1.3.5　频谱的使用

频谱的分配可以是基于专用的,也可以是基于共享的。这在很大程度上决定了多址方案和系统所必须提供的抗干扰能力。

● 业务和运营商专用频谱。在这种情况下,一部分确定的电磁波谱以专用的方式分配给某业务提供商。主要的例证就是蜂窝电话,网络运营者以专用的方式购买或者租用(价格一般非常高)频谱。由于是专用的分配方式,运营者对分得的频谱有完全控制权,也就可以去规划将频谱的不同部分用于不同的区域,以使干扰最小化。

● 允许存在多个运营商的频谱。

　○ 业务专用频谱。在这种情况下,频谱只能供特定业务使用,而不是分配给特定的运营商。相反,用户可在无须牌照的情况下建造符合规格的设施。这种方式无须(或不允许)干扰规划,而是按照能够避免相同区域上其他用户所带来干扰的思路进行系统设计。由于唯一的干扰源来自相同类型的设施,相对而言,不同设备之间的相互协调就比较简单。对发射功率加以限制(对所有用户均加以限制),是这种方式得以有效实现的关键所在。否则,如果每个用户都仅为压过其他的干扰而盲目增加功率,那么势必导致一场用户之间的"军备竞赛"。

○ 分配给不同业务和不同运营者的免费频谱。2.45 GHz 的 ISM 频段是最广为人知的例子。这一频段允许使用微波炉、WiFi 局域网和蓝牙无线连接，以及其他许多应用。对于这种情况，也要求每个用户必须遵守严格的发射功率限制，以便不对其他系统和用户造成太大的干扰。然而，用户间的相互协调(以最小化干扰)变得几乎不可能实现，因为不同系统之间无法交换协同工作的信息，甚至常常无法确定干扰的确切属性(带宽、占空比)。

2000 年以后，两项新的频谱使用举措已经公布，但至今仍未能真正广泛应用。

- 超宽带系统将信息扩展到非常宽的带宽，同时具有非常低的功率谱密度。因此，传输频段可以包括那些已分配给其他业务使用的频段，而不会造成明显的干扰。
- 自适应频谱占用。先确定某特定频段当前的使用情况，然后使用频谱中尚未占用的部分。

1.3.6　传输方向

并非所有的无线业务都需要在两个方向上传递信息。

- 单工系统仅在一个方向上发送信息，例如广播系统和寻呼系统。
- 半双工系统可以在两个方向上发送信息。然而，在任何时刻只允许一个方向的发送。步话机(Walkie-talkies)在讲话时需要用户按下一个按键，是这类系统的典型例子。注意，在使用中，一方用户在结束其发送时必须向另一方用户示意，例如表达"通话完毕"来结束本次通话，这样另一方的用户就知道自己现在可以发送了。
- 全双工系统允许同时在两个方向上传输，例如蜂窝电话和无绳电话。
- 非对称双工系统。就数据传输而言，我们常常发现一个方向(常常是下行链路)的数据速率要比另一个方向高得多。即便如此，它仍然保持着全双工的能力。

1.3.7　服务质量

不同无线业务对服务质量的要求也有着很大的差别。服务质量的第一个重要指标是针对语音业务的语音质量和针对数据业务的文件传送速度。常采用平均印象分值(MOS)来度量语音质量，它表示了对接收语音质量的大量(主观)个人判断(按 1 到 5 分的分值来衡量)的平均值(见第 15 章)。数据传输的速率简单地以 bps 来度量，显然速率越高越好。

业务的可获得性也是一个相当重要的指标。对于蜂窝电话和其他语音业务，服务质量常按照对"阻塞呼叫[1]比例加上中途掉话的呼叫比例的 10 倍"取补[2]的方式来计算。这个公式考虑到了一个正在进行的通话被中断要比根本无法打通一个电话更使人困扰的事实。对于欧洲和日本的蜂窝系统，这项服务质量的测量值常常可以超过 95%，而这个值在美国相当低[3]。

对于紧急业务和军事应用而言，服务质量按对"阻塞呼叫比例加上中途掉话的呼叫比例"取补来测算更好一些。在紧急情况下，打不通电话的情况与正在进行的通话被中断的情况一样使人困扰。并且系统必须以更加牢靠的程度来规划，因为这时需要服务质量高于 99%。对

---

① 这里，"阻塞呼叫"包括了所有不成功的呼叫尝试，既包括那些由于信号强度不够所造成的不成功呼叫，也包括因网络容量不足所造成的那些。
② 取补即用 1 去减。——译者注
③ 造成这种差异的原因部分源于历史和经济因素，部分源于地理因素。

于诸如工厂自动化系统这样的应用，需要"超可靠(ultrareliable)系统"，这类系统要求服务质量超过 99.99%。

还有一个相关的指标是通信的允许延迟(等待时间)。对于话音通信，从一个人讲出到另一个人听到信息的延迟应该不超过约 100 ms。对于视频和音乐流，延迟可以更大一些，因为对大多数用户而言数据流的缓冲(至多几十秒)是可接受的。在话音和视频流通信中，先发送的数据先被接收者收到这一点是很重要的。对于数据文件，可接受的延迟常常会更大一些，并且数据到达接收端的顺序并不重要(例如，在从服务器下载电子邮件时，是第 1 封还是第 7 封邮件先到达客户端对用户而言并不重要)。然而，对某些数据应用而言，即使很小的延迟也是致命的，例如对于控制类应用、保安和安全监控等。

1.4　经济和社会因素

1.4.1　构建无线通信系统的经济条件

无线系统的设计不仅要着眼于针对特定的应用取得优化的性能，还应在合理成本的前提下达到上述目的。由于经济因素影响着系统设计，所以科学家和工程师必须至少对市场和销售环节所施加的约束有基本的认识。无线设备设计的一些指导原则如下。

- 将尽可能多的功能由采用(更昂贵的)模拟器件实现转变为采用数字电路实现。数字电路的造价与模拟电路的造价相比，前者随时间而降低的速度要快得多。
- 对大批量市场应用，要设法将尽可能多的元件集成到单个芯片上。大多数系统力求仅采用两片芯片，一片用于模拟射频电路，一片用于数字(基带)处理。进一步将其集成到单个芯片(片上系统)上去是人们所希望的。为利基(niche)市场所生产的产品就不同了，这些产品一般都试图采用通用处理器、专用集成电路(ASIC)或者有现货供应的器件，因为在这种市场应用场合，售出器件的数量有限，更高集成度芯片的设计显得得不偿失。
- 由于人工劳动力非常昂贵，应避免需要人力介入的任何形式的电路(如射频元件的调谐)。而且，这一点对于大批量市场产品的生产更为重要。
- 为提高开发过程及生产的效率，应将同样的芯片用到尽可能多的系统中。

谈及无线系统和业务的设计，必须辨别如下两种不同的类型。

- 对于那些移动性对其系统本身具有重要性的系统，例如蜂窝电话技术。这些业务会向用户收取额外的费用，即收费会比可获得同样通信效果的有线系统更昂贵。蜂窝电话就是一个恰当的例子。在过去，其每分钟价格一直高于陆上有线电话，并且看来还将持续高于后者，尤其是在与基于 IP 协议的话音(VoIP)电话业务相比时。尽管存在这一事实，如果价格差别不太大，这些业务就仍能与传统的有线业务竞争，并最终超过有线业务。20 世纪 90 年以来的发展状况无疑已经使人们看到了这一趋势，因为许多消费者(甚至许多公司)不再使用有线业务，而仅仅依靠蜂窝电话技术进行通信。
- 无线接入仅被当成廉价的线缆替代方案，却不具有附加属性的那些业务，例如固定无线接入。这些系统必定相当注重经费的多少，因为无线基础设施的构建成本必须低于敷设新的有线连接线路或购买现有线路的使用权所需的费用。

1.4.2 无线通信市场

蜂窝电话是一个已取得巨大增长的充满活力的市场。然而，在不同的国家，其市场占有率是不同的。影响市场占有率的一些因素如下。

- 所提供业务的价格。业务价格依次受到竞争程度、运营商为获得更大市场占有率而接受一些损失的意愿，以及运营商的额外成本投入(特别是频谱执照的购买费用)的影响。然而，业务的价格并不总是市场占有率的决定性因素，斯堪迪纳维亚半岛虽然有着相对高的价格，但仍然具有世界上最高的市场占有率。

- 移动台的价格。如果消费者同意订立长期合同，则移动台通常由运营商赞助，并且要么是免费的，要么只以象征性的价格销售。"预付费"业务是例外情况，这种情况下用户购买指定的若干分钟的业务使用权(此时，手机以全价卖给消费者)。在市场分布的另一端，高端设备通常需要由消费者进行数目不小的共同支付。

- 所提供业务的吸引力。许多市场中，由不同网络运营商提供的业务的价格几乎是相同的。运营商们试图通过不同的特性(如更好的覆盖、文字和图片消息业务等)来区分彼此。由于允许用户来确定符合自己需要的业务，这些改进特性的提供一般也有助于扩大市场规模。

- 普遍的经济状况。显然，良好的普遍经济状况为一般客户在诸如移动通信业务之类的"非基本需求"上消费更多创造了条件。在那些收入的很大比例用来满足诸如食物和居住之类基本需求的国家，蜂窝电话市场显然就很有限了。

- 现有电信基础设施。在那些现有陆上有线电信基础设施缺乏的国家和地区，蜂窝电话和其他无线业务可能是通信的唯一方式。这将导致高的市场占有率。遗憾的是，这些地区往往又是上面提到的经济状况糟糕的地区(大部分收入都被用来满足基本需求)。这样的事实状况尤其对固定无线接入的发展形成了阻碍[①]。

- 大众的倾向性。有一些可以扩大蜂窝市场的社会因素：(i)人们对新技术(新发明)抱有积极的态度，例如在日本和斯堪迪纳维亚半岛；(ii)人们认为通信是生活中必不可少的组成部分，例如在中国；(iii)人们的高度移动性，由于人们在一天绝大部分时间里都不在其办公室或家里，就像在美国那样。

无线通信已经成了一个如此巨大的市场，以至于这一行业中绝大多数公司甚至都不为大多数消费者所知。消费者容易了解网络运营商和手机制造商。然而，零部件提供商和其他辅助行业比比皆是。

- 蜂窝电话基础设施制造商。大多数手机制造商同时也向网络运营商提供基础设施(基站、交换机等)。

- 零部件制造商。大多数手机制造商从外部提供商那里购买芯片、电池、天线等零部件。随着许多制造商和系统集成商剥离了他们的半导体部门，这一外购趋势得到了进一步的加速。甚至有些手机公司根本就不制造任何东西，而仅仅从事设计和市场运作。

- 软件提供商。软件及应用正在成为市场中日益重要的部分。例如，手机铃声业已成就

---

① 简单明了地说："这一产品的市场是那些负担不起该费用的人群。"

了数十亿欧元的市场。类似地，由于手机要具备越来越多的个人数字助理(PDA)的功能，手机操作系统和应用软件变得愈加重要了。

- 系统集成商。无线局域网和传感器网络要么需要集成到大网络中，要么需要与其他硬件结合使用(例如，传感器网络必须集成到工厂的自动化系统中)。这就为原始设备制造商(OEM)和系统集成商提供了新的行业领域。

1.4.3　行为影响力

　　工程技术并非凭空出现的，人们的需求改变着工程师们的研发内容，而他们的劳动成果也影响着人们的行为。蜂窝电话使我们可以随时进行通信联系，大多数人希望如此。然而应该意识到，这种应用改变了我们的生活方式。从前，我们不可能去呼叫某个个人，而是去呼叫某个位置。那意味着职业或个人生活之间基本上是完全隔离的。正是由于蜂窝电话，我们可以在任何时间呼叫到任何一个人，既可能在夜晚被工作中的同事呼叫，也可能在会议进行中被自己的熟人呼叫；换句话说，职业和私人生活会掺杂在一起。较积极的一面是这样还会带来新的更便利的工作形式，以及更大的灵活性。

　　另一重要的行为影响力在于蜂窝电话礼节的发展(或者缺失)。大多数人倾向于认同在欣赏歌剧表演期间听到手机振铃是令人不愉快的事情，同时仍然有相当数量的人在同样场景下不愿意将他们的电话转入"静音"模式。此外，人们看上去并不情愿对已经振铃的手机全然不顾。人们往往愿意打断正在进行的任何事情来接听手机。主叫识别、自动应答功能等是工程师们所提供的用于缓解这些问题的方案。

　　更值得关注的严肃事情是，无线设备尤其是蜂窝电话有时可能会关乎生死。登山事故发生以后能够在野外打出求助电话无疑是一种救生方法。用于雪崩幸存者的定位设备具有类似的作用。不利的一面是，被电话交谈分散注意力的司机对公路交通构成了严重的危险。佐治亚理工大学最近的研究表明，在驾驶中进行手机通话(即使使用了免提设备)，所造成的危险性与酒驾无异。驾驶中收发短消息的情况更糟。本书作者希望读者在记住书中所呈现的许多技术知识的同时，从本书中汲取的最最重要的启示就是：千万不要在驾驶中发送短消息或通话!!! 再强调一次，这个问题并非纯技术问题，尽管已提出大量方案(包括"关机"按键)来试图解决这一问题。这是一个用户应改善行为的问题，也是工程师可以做些什么来促进这一改善的问题。

第 2 章　无线通信的技术挑战

前一章已从应用和用户需求的角度描述了对各种无线通信系统的不同要求，本章将对无线通信系统所面临的实际挑战给出高层次的描述。最值得注意的几种挑战如下所示。

- 多径传播。即发射信号可借助不同的路径到达接收机，例如从不同的房屋或山体反射后到达接收机。
- 频谱限制。
- 能量限制。
- 用户移动性。

这将是本书的其余部分的基础，后面将会详细讨论这些挑战及其应对措施。

作为第一步，研究有线和无线通信的差别是有必要的。表 2.1 首先回顾了有线和无线系统的一些重要属性。

表 2.1　有线和无线通信

有 线 通 信	无 线 通 信
通信的发生借助于相对而言较为稳定的媒体，如铜线或光纤。媒体的属性可以明确界定并且是时不变的	由于用户的移动性和多径传播，传输媒介随时间剧烈变化
可通过在已有线缆上使用一个不同的频率来增加传输容量，亦或敷设新的线缆	当可用频谱的数量受限时，增加容量必须借助于更复杂的收发信机概念和更小的小区尺寸（在蜂窝系统中）完成
无转发站点时，通信可达范围主要受限于媒体（及相应噪声）引起的衰减；对于光纤通信，传输脉冲的失真也会限制数据传输的速率	覆盖范围既受到传输媒介（衰减、衰落和信号失真）的限制，又受到频谱效率（小区尺寸）要求的限制
来自其他用户的干扰和串话要么不会发生，要么干扰属性是不变的	来自其他用户的干扰和串话是蜂窝通信的原理本身所固有的。由于用户的移动性，它们还是时变的
传输过程中的延迟也是常数，决定于线缆长度和可能要采用的转发放大器的群延迟	传输延迟部分取决于基站和移动台之间的距离，因而是时变的
增加信噪比（SNR）可以使误比特率（BER）大幅度下降（近似为指数规律）。这意味着相对小的发射功率提升可以大大降低误码率	就简单的系统而言，平均误比特率在增加平均信噪比的情况下只会缓慢下降（线性规律）。增加发射功率一般不会导致误比特率的明显降低。不过，更复杂的信号处理会有助于误比特率的进一步降低
由于传输媒介的性能稳定，有线传输的质量一般较高	由于令人困扰的传输媒介，不采取特殊应对措施的情况下，传输质量一般较低
在未经网络运营者许可的情况下，对有线传输进行干扰和截获几乎是不可能做到的[a]	除非采取特殊措施，否则对无线链路的干扰是直截了当的。截获空中的信号是可能的。因此，加密就成了阻止未经授权的信息使用的必要措施
链路的建立是基于位置的。换句话说，从一个节点到另一个节点来建立链路，而不管与节点连接的是谁	无线连接的建立是基于移动设备的，而设备一般又与特定的人相关联。连接与固定位置无关
电源要么来自通信网络本身（如传统的陆上传输线电话），要么来自传统的电源专线（如传真）。在这两种情况下，能量的消耗都不是设备的设计者主要关注的问题	移动台使用可充电或一次性电池。能量效率因此成为主要关注的问题

a　但是，由于有线互联网这一特殊通信协议的设计，对这种通信方式的截获是容易做到的。

2.1　多径传播

无线通信的传输媒介是发射机和接收机之间的无线信道。信号从发射机到达接收机可以借助许多不同的传播路径。某些情况下，在发射机和接收机之间会存在视距(LOS)路径。此外，电波传播环境中存在着各种不同的相互作用体(IO，房屋、户外环境下的山体、窗户和墙壁等)，信号由发射机到达接收机的过程还可以借助于在这些相互作用体表面所发生的反射或受其阻挡而发生的绕射来实现。这些可能的传播路径数目众多。如图 2.1 所示，信号经每条路径传输后的幅度、延迟(信号的传播延迟)、各条路径信号在发射机处的出发方向，以及在接收机处的到达方向都不相同；最重要的是，各个多径分量(MPC)相互之间有着不同的相移。接下来将在系统设计层面上就多径传播的一些结论展开研讨。

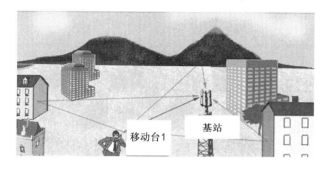

图 2.1　多径传播

2.1.1　衰落

简单的接收机无法辨别不同的多径分量，而仅仅是将其相加，以至于它们彼此之间相互干涉。这种干涉可能是相长的，也可能是相消的，取决于各个多径分量的相位状态(见图 2.2)。相位状态反过来主要取决于相应多径分量的传播路径长度，因而取决于移动台及相互作用体的位置。因此，如果发射机、接收机或相互作用体处于运动中，那么干涉信号及相应的合成信号幅度都会随时间而变化。这种效应，即由于不同多径分量的相互干涉而引起的合成信号幅度的变化，称为小尺度衰落(small-scale fading)。2 GHz载频下，小于 10 cm 的移动已经足以引起从相长干涉到相消干涉，再从相消干涉到相长干涉的整整一轮变化了。换句话说，即使很小的移动也可能使信号幅度发生很大的变化。所有车载电台的用户都了解这类效应，汽车小于 1 m 的移动(例如，遇到被迫停下、启动时的行车状况)就能非常明显地影响接收信号质量。就蜂窝电话而言，为了改善接收信号质量，常常是走开一步就足够了。

作为一种附加效应，每个单独多径分量的幅度随时间(或随位置)而变化。阻挡物会造成对一个或几个多径分量的遮蔽。例如，假设图 2.3 中的移动台最初(在位置 A 处)与基站之间存在视距传输路径。当移动台移动到高层建筑的后面(在位置 B 处)时，基站与移动台之间沿直接路径(视距)传播的分量幅度会大大降低。这是由如下事实所决定的：移动台目前位于高层建筑物形成的无线电阴影中，任何穿过或者绕过该建筑物的电波都将被大大衰减，这一效应称为阴影效应(shadowing)。当然，阴影效应不仅可能对视距分量起作用，也可能对其他任何多径分量起作用。而且还要注意，阻挡物所投射的并不是"尖锐"的阴影，从"光明"(即视距不被遮蔽)区域到

"黑暗"(即视距被遮蔽)区域的转变是逐渐的①。从光明区域进入黑暗区域,移动台必定要在较长的距离(从几米到几百米)上移动。因此,阴影效应导致大尺度衰落(large-scale fading)。

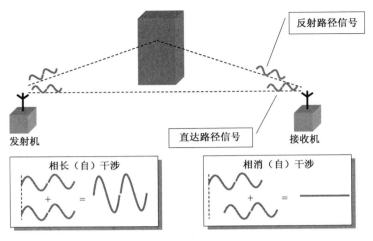

图 2.2　小尺度衰落原理

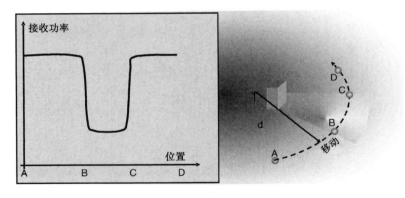

图 2.3　阴影效应原理

　　大尺度衰落和小尺度衰落重叠在一起,以至于接收信号看上去如图 2.4 所示。显然,在信号幅度较低时(或位置),传输质量也会较差。这将导致糟糕的话音质量(对话音通信而言)、高的误比特率及低的数据速率(对数据传输而言),并且如果传输质量在较长的持续时间内只能维持过低的水平,就会导致传输中断。

　　对于非衰落的通信链路,若不采取特殊措施,误比特率将随着信噪比的增加而呈近似指数规律的下降,这在常规的数字通信里是众所周知的。然而,在衰落信道里,信噪比不保持恒定;相反地,链路处于衰落深陷(fading dip,即处在低信噪比位置的情况)的概率决定了误比特率的表现。由于这个原因,随着平均信噪比的增加,平均误比特率仅呈现出线性规律的下降。因此,通过简单地增加发射功率,常常并不能实现对误比特率的改善。反之,必须通过采用更复杂的发射机和接收机方案来达到改善信噪比的目的。本书第三部分和第四部分的绝大多数内容(第 13 章、第 14 章、第 16 章、第 18 章至第 22 章)专注于讨论这样一些技术。

---

　　① 这是由于(i)绕射效应(将在第 4 章更详细地解释);(ii)诸如房屋之类的二级辐射源在空间上会被扩展(可类比于长的荧光管从不会投射出狭窄的阴影)。

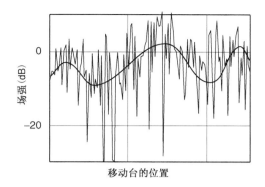

图 2.4　衰落的典型示例。细线表示归一化的瞬时场强；粗线表示每 1 m 距离上的平均场强

　　由于衰落的存在，准确地预测特定位置的接收信号幅度几乎是不可能的。就系统开发和布置的许多方面而言，人们认为对平均幅度及围绕平均值波动的统计规律进行预测就已经足够了。对信号幅度的完全确定性预测，如通过求解麦克斯韦方程组①在给定环境下的近似式，常常呈现出 3 ~ 10 dB 的误差（对于总的合成信号幅度），并且就单个多径分量的特性而言，这种预测可靠性更低。有关衰落的更多细节可以在第 5 章至第 7 章找到。

2.1.2　符号间干扰

　　不同多径分量的传播时间是不同的。前面已经指出，这会导致多径分量之间的不同相位，从而造成窄带系统中的干扰。在具有较大带宽因而有着较好时间域分辨率的系统中②，多径传播的主要后果是信号扩展。换句话说，信道冲激响应不是单个 δ 脉冲，而更确切地说是一系列脉冲（对应于不同的多径分量），其中每个脉冲除了具有不同的幅度和相位，还具有不同的到达时间（见图 2.5）。这种信号扩展在接收端导致了符号间干扰（Inter Symbol Interference，ISI），又称为码间干扰。具有较长传播时间并携带着第 k 比特信息的多径分量与具有较短传播时间并携带着第 $k+1$ 比特信息的多径分量同时到达接收端，相互形成干扰（见图 2.6）。若不采取特殊措施③，则这种符号间干扰导致的差错无法简单地通过增加发射功率来消除，因而常把这种错误称为不可减轻错误（irreducible error）。

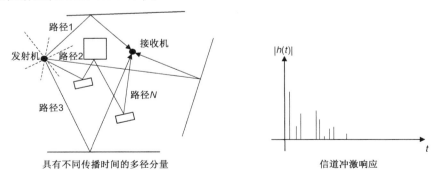

图 2.5　多径传播及其所引起的冲激响应

---

① 最流行的确定性预测工具是"射线跟踪（ray tracing）"和"射线发射（ray launching）"，将在第 7 章中讨论。
② 严格地说，这里提到的是延迟域的分辨率。时间域和延迟域的差别将在第 5 章和第 6 章给出解释。
③ 特殊措施包括均衡器（见第 16 章）、Rake 接收机（见第 18 章）和 OFDM（见第 19 章）。

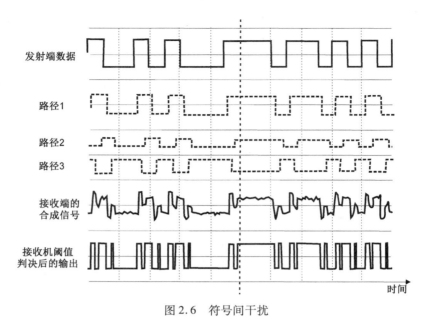

发射端数据

路径1

路径2

路径3

接收端的
合成信号

接收机阈值
判决后的输出

时间

图 2.6　符号间干扰

　　符号间干扰本质上是由符号持续时间和信道冲激响应的持续时间之比所决定的。这意味着符号间干扰不仅对高数据传输速率很重要,而且对于会导致峰值发送速率增加的那些多址方式(如时分多址,见第 17 章)也相当重要。最后,值得注意的是,当冲激响应持续时间相对短(并非特别短)于比特持续时间时,符号间干扰甚至也起着不小的作用(见第 12 章和第 16 章)。

2.2　频谱限制

　　无线通信业务的可用频谱是受限制的,并且通过国际协议来管制。因此,频谱必须以高效的方式使用。频谱的使用有两个途径:受管制的频谱使用(单个网络运营商具有频谱使用的控制权)和不受管制的频谱(每个用户可以不受额外控制地发射,只要他(或她)遵守关于发射功率和带宽的一定的限制)。下面首先回顾分配给不同通信业务的频率范围。然后,讨论受管制和不受管制接入的频率重用基本原理。

2.2.1　频率的分配

　　联合国(UN)的分支机构之一,即国际电信联盟(ITU)负责管理为不同无线业务分配频率的相关事务。在其三年一次的会议(世界无线电通信大会,WRC)上,确立不同地区和国家使用频谱的世界性指导原则。进一步的规定由各个国家的频率管理机构发布,这些机构包括美国联邦通信委员会(FCC)、日本无线工业及商业协会(ARIB)和欧洲邮政电信管理会议(CEPT)等。虽然确切的频率分配存在差异,但整个世界范围内针对相同的业务还是倾向于采用同一频率范围,如下所示。

- 100 MHz 以下。在这些频率上,存在公民波段(CB)电台、寻呼机和模拟无绳电话。
- 100 ~ 800 MHz。这些频率主要用于广播(无线电台和电视)业务。
- 400 ~ 500 MHz。许多蜂窝和集群无线系统使用此频段。通常是那些需要良好覆盖但又呈现出低用户密度的系统。

- 800 ~ 1000 MHz。几个蜂窝系统使用此频段(模拟系统和第二代蜂窝系统)。也有一些应急通信系统(集群无线电)使用此频段。
- 1.8 ~ 2.1 GHz。这是蜂窝通信的主要频段。目前的(第二代)蜂窝系统工作于此频段,绝大多数第三代系统也工作于此频段。许多无绳系统也工作于此频段。
- 2.4 ~ 2.5 GHz。工业、科学和医疗(ISM)频段。无绳电话、无线局域网和无线个域网工作于此频段;它们与其他的许多设备(包括微波炉)分享这一频段。
- 3.3 ~ 3.8 GHz。为固定无线接入系统预留。
- 4.8 ~ 5.8 GHz。此范围内,可找到大多数的无线局域网。5.7 ~ 5.8 GHz 之间的频率范围也可用于固定无线接入,以补充 3 GHz 频段。汽车之间的通信也工作在这一频段。
- 11 ~ 15 GHz。此范围内可以找到最普及的卫星电视业务,这些业务将 14.0 ~ 14.5 GHz 用于上行链路,将 11.7 ~ 12.2 GHz 用于下行链路。

特定业务所使用的确切频率的更多细节可以从国家的频率管理机构和 ITU 处获得。

针对不同的应用,不同的频率范围得到了最优化的使用。低载频通常更容易传播(见第 4 章),以至于单个基站可以覆盖一个大的区域。另一方面,低频段的可划分绝对带宽更小,较低频率的频率重用也不像更高频率那样有效[1]。因此,低频段最适合于那些需要良好的覆盖,却具有较小的交互信息总速率的业务。典型的应用实例是寻呼系统和电视,寻呼之所以合适是因为发送给每个用户的信息量都较小,而电视系统只存在要传送到所有用户的单向信息流。就蜂窝系统而言,低载频对于覆盖那些低用户密度的广袤地区(美国中东部乡村地区和俄罗斯乡村地区、斯堪迪纳维亚半岛北部地区、阿尔卑斯山区等)再合适不过了。而对于较高用户密度的蜂窝系统和无线局域网,更高的载频通常是人们所期望的[2]。

分配给不同业务的频谱数量并不总是服从于技术需求,有时更服从于历史的演进。例如,许多年来,分配给电视台使用的宝贵的低端频谱数量比按技术需求所确定的数量多得多。如果使用适宜的频率规划和不同的传送技术(包括同播),1 GHz 以下的相当一部分频谱就能释放出来用于其他用途。2008 年至 2009 年前后,在美国和欧洲已采取了这一措施,但在其他国家这一措施的落实可能还需要更长的时间。电视台反对这一改进,因为这将要求他们对其发射机进行必要的更改。由于这些电视台有着相当大的大众舆论影响力并具备游说上层的能力,所以频率管理机构在推进合理的规则改进方面就有些犹豫不决了。

另外,值得注意的是,为不同业务分配频谱的财政条款在各个国家和各种业务之间存在着巨大的差异,有时甚至取决于频谱分配的时机。显然,分配给公共安全业务(警察、消防部门、军事)的频谱是不计成本的。甚至电视台分配到的频谱通常也是免费的。20 世纪 80 年代,蜂窝电话业务常常只需支付相当少的费用就能获得频谱,那是为了鼓励这一在当时还很新的业务的发展。20 世纪 90 年代中后期,一些国家将拍卖频谱作为增加国家收入的一种方式(可回顾 1995 年美国对个人通信系统,即 PCS 频段的拍卖,以及 2000 年前后英国和德国对通用移动通信系统,即 UMTS 频段的拍卖)。其他一些国家则选择了基于"选美比赛"的竞争方式来分配频谱——频谱的申请者为了获得牌照,必须保证在业务质量和覆盖等方面满足一定的条件。诸如无线局域网之类不受管制的业务则可以免费获得频谱。

---

[1]　正如将在下一节看到的,频率重用要求:分配给小区的信号在小区以外被大大地衰减。然而,低载频导致良好的传播,以至于信号在其被分配的小区之外很远的地方仍能保持较强的电平。

[2]　然而,载频不应该过高,极高的载频甚至难以覆盖很小的区域。

2.2.2　受管制频谱的频率重用

因为频谱是有限的,所以对不同位置的不同无线连接不得不使用相同的频谱。为简化讨论,以下考虑这样一种蜂窝系统:不同的连接(不同用户)通过所使用的频道(以一个特定载频为中心的频带)来区分。如果一个区域得到单个基站的服务,则可用频谱可以划分成 N 个频道,从而可以同时服务于 N 个用户。如果要服务的用户数超过 N 个,就需要多个基站,并且频道必须在不同位置重复使用。

为达到这一目的,我们将一个区域(可能是一个地区、一个国家或整个洲)划分成许多个小区(cell),并将可用频道划分成几个组,然后将频道组分配到小区。重要的是频道组可以在多个小区使用。唯一的要求就是使用相同频道组的小区彼此之间不会形成明显的干扰[1]。显然,同一载频可以在诸如罗马(Rome)和斯德哥尔摩(Stockholm)这样两个不同的地方同时用于不同的连接。两座城市之间遥远的距离保证了斯德哥尔摩的移动台发出的信号无法到达罗马的基站,因而也就根本不会造成任何干扰。但是,为了获得较高的效率,实际上必须更频繁地重复使用频率,典型情况是每个城市里重复使用好几次。结果,小区间干扰(又称为同道干扰,co-channel interference)成了制约传输质量的主要因素。关于同道干扰的更多细节可在本书第四部分找到。

频谱效率描述了频率重用的有效程度,即每单位带宽和单位面积可以达到的业务密度。因而对于话音业务,频谱效率的单位为 $Erlang/(Hz \cdot m^2)$,对数据业务则为 $bit/(s \cdot Hz \cdot m^2)$。由于一个网络提供商的覆盖区域和可用带宽是固定不变的,所以增加可服务的用户数目的唯一方式就是增加频谱效率,同时也可增加收益。因而,增加频谱效率的各种方法就成了无线通信研究的核心问题。

因为网络运营商购买了频谱的使用牌照,所以就能按照自己的规划来使用相应的频谱,即网络规划可以确保不同小区相互之间不形成明显的干扰。网络运营商可以根据需要使用足够大的发射功率,还能规定不同用户的移动台的发射功率限制[2]。网络运营商还可以保证网络中的干扰仅由网络自身和其中的用户产生。

2.2.3　非管制频谱的频率重用

相对于管制频谱,有几种业务使用一般公众均可使用的频段。例如,某些无线局域网工作于分配给 ISM 业务的 2.45 GHz 频段。任何人都可以在这些频段发射,只要他们(i)限制其发射功率为规定数值;(ii)遵守关于信号形状和带宽的一定规则;(iii)按照频率管理者约定好的(有相当宽泛的定义)用途来使用频段。

结果,无线局域网的接收机会面对大量的干扰。干扰或者来自其他无线局域网发射机,或者来自微波炉、无绳电话及其他工作于 ISM 频段的设备。因此,一个无线局域网链路必须具备对付干扰的能力。可以通过选用 ISM 频段中干扰较少的频段并采用扩展频谱技术(见第 18 章)或者其他适宜的技术来达到这一目的。

还有将频谱分配给特定业务(如 DECT)而不是分配给特定运营商的情况。这种情况下,接收机仍将不得不面对强烈的干扰,只是这种干扰的结构是已知的。这就允许采用特别的干

---

[1]　有效干扰的阈值(即允许的信号干扰比值)由调制和接收方案及传播条件共同决定。

[2]　此规则有一些例外情况。例如,出于对健康的关注来规定对发射功率的限制,以及由运营商采用的系统标准(如 GSM)所强加的限制。

扰减轻技术，如动态频率分配，读者可参考配套网站(www.wiley.com/go/molisch)关于 DECT 的资料。

动态频率分配可以看成认知无线电(cognitive radio)(见第 21 章)的一种特殊情形。在认知无线电中，发射机侦测所关心位置处的当前哪一部分频谱未被使用，并据此动态地调整发射频率。

2.3　能量限制

真实的无线通信不仅需要将信息发送到空中(而非借助于线缆)，而且要求采用一次性的或者可充电的电池向移动台供电，否则移动台就要受到电源"线"的束缚。而电池反过来又对设备的功耗施加了限制。低能耗的要求导致了以下几方面的技术制约。

- 发射机中的功率放大器必须具有高的效率。在移动台中，功率放大器占用了相当大比例的功率消耗，所以基本上必须采用效率大于 50% 的放大器。这些放大器，特别是 C 类或 F 类放大器，是高度非线性的[1]。结果，无线通信就趋向于采用对非线性失真不敏感的调制方式。例如，恒包络信号常被优先选用(见第 11 章)。
- 必须以节能的方式来完成信号处理。这意味着对于移动台，数字逻辑的实施宜采用互补金属氧化物半导体(CMOS)这样的低功耗半导体技术，而射极耦合逻辑(ECL)这样的虽高速但功耗却更高的实现方式就不适合了。这一限制对于干扰抵消、对抗符号间干扰等方面所能采用的算法带来了重大的影响。
- 接收机(尤其在基站处)必须具有很高的灵敏度。例如，全球移动通信系统(GSM)这样规定：即使接收信号功率为 −100 dBm，也应该能得到满意的传输质量。这样的接收机比电视接收机在接收信号幅度上敏感好几个数量级。假设 GSM 标准早已规定好 −80 dBm 的接收机灵敏度，则为达到相同的覆盖范围，发射功率必须比目前高 100 倍。这同时又意味着，为了支持相等的通话时间，电池体积也将是现在的 100 倍，即质量将是 20 kg 而不是现在的 200 g。但是，对接收机灵敏度的高要求将对接收机结构(为全面利用接收信号，就要采用低噪放大器和复杂的信号处理)和网络规划带来重大影响。
- 只应在需要时才使用最大发射功率发射。换句话说，发射功率应该适应信道状态，而后者又取决于发射端和接收端之间的距离(应依此进行功率控制)。如果移动台靠近基站，则信道衰减将会很小，应该保持较低的发射功率。此外，对于话音传输，移动台应该只在用户讲话时才发射，而实际讲话时间仅占全部通信时间的 50%(非连续传输，DTX)。
- 必须定义节能的"待机"或"睡眠"模式，对于蜂窝电话要这样做，对传感器网络更应如此。

以上提到的要求中有几种是相互矛盾的。例如，构造高灵敏度接收机(因而需要复杂的信号处理)的要求与低功耗信号处理的要求恰恰相反。这就要求进行工程上的折中处理。

---

[1]　线性放大器(例如 A 类、B 类或 AB 类)所具有的效率均低于 30%。

2.4　用户移动性

移动性是绝大多数无线系统的固有特性,对系统设计有着重要的影响。与移动性紧密关联的衰落已在 2.1.1 节讨论过。在蜂窝系统中,特别针对移动用户的第二种重要影响是:无论任何时候,系统都必须知道用户位于哪个小区中[①]。

- 如果对某一移动台(用户)有呼入的呼叫,网络就必须知道用户目前位于哪个小区。第一个要求是移动台应以固定间隔发射一个信号,用于通知附近的基站,它目前位于邻近区域。然后有两个数据库使用这一信息:归属位置寄存器(HLR)和访问位置寄存器(VLR)。HLR 是跟踪用户当前所在位置的中央数据库;VLR 是与特定基站有关的数据库,用于记录目前位于特定基站覆盖区域内的所有用户。假设用户 A 在旧金山(San Francisco)注册,但目前位于洛杉矶(Los Angeles)。该用户会通知离得最近的(在洛杉矶的)基站目前正位于其覆盖区域内;基站将这一信息输入进 VLR。同时,信息被传递到中央 HLR(比如,位于纽约)。现在如果有人呼叫用户 A,一条询问命令被发送到 HLR,以找出用户的当前位置。在收到应答以后,呼叫将被路由至洛杉矶。对于洛杉矶的基站而言,用户 A 仅仅是一个"常规"用户,其数据都保存在 VLR 中。

- 如果移动台移动穿越小区边界,则有一个不同的基站成为向其提供服务的新基站;换句话说,移动台从一个基站切换至另一个基站。这样的切换必须在不打断通话的前提下完成;事实上,用户根本就不应该察觉到这一变化。这将需要复杂的信令。不同的切换形式将在第 18 章(对于 CDMA 系统)和第 24 章(对于 GSM 系统)加以描述。

---

① 也有无须考虑这种影响的情况。例如,对于简单的无绳系统,某个用户或者位于基站(一个且仅有一个)覆盖范围之内,或者位于其覆盖范围之外。

第3章 噪声受限和干扰受限系统

3.1 引言

本章解释链路预算的原理，以及单用户或多用户无线系统的规划问题。3.2 节将讨论噪声受限系统的链路预算，并且计算不存在干扰时的最小可用发射功率（或可以达到的最大覆盖范围）。这些计算不仅能使我们对无线系统的基本能力有初步了解，而且还具有实用价值。例如，在附近不存在其他基站的情况下，无线局域网和无绳电话通常工作在噪声受限模式。如果用户密度较低（例如网络建设初期），那么甚至蜂窝系统有时也工作在此模式下。

3.3 节将讨论干扰受限系统。正如前两章所述，不受管制的频谱使用导致用户无法控制干扰。当频谱受到管制时，网络运营商可以决定各个基站的位置，从而能够影响信号干扰比（SIR）。对于这两种情况，在进行链路预算时，将干扰的存在考虑在内是很重要的；3.3 节将描述这些链路预算。第 17 章将讨论这些计算是如何与蜂窝原理及不同小区上的频率重用联系在一起的。

3.2 噪声受限系统

无线系统应该向用户提供一定的最低传输质量保障（见 1.3 节）。要获得这一传输质量，就要求在接收机（RX）处达到最小的信噪比。现在考虑只有单个基站发送而且只有一个移动台接收的情形，此时系统性能仅由（有用）信号和噪声的强度决定。当移动台逐渐远离基站时，其接收信号功率会逐渐减小，并且在达到某个特定距离时，信噪比就会达不到维持可靠通信所需的阈值。因此，系统的覆盖范围是噪声受限的（noise-limited），同样也可以称为信号功率受限（signal-power-limited）。这要看如何解释了，因为糟糕的链路质量正是由过大的噪声或者过低的信号功率造成的。

暂且假定接收功率按基站与移动台之间距离的平方（d^2）规律衰减。更确切地讲，接收功率 P_{RX} 可表示为

$$P_{RX} = P_{TX} G_{RX} G_{TX} \left(\frac{\lambda}{4\pi d} \right)^2 \tag{3.1}$$

其中，G_{RX} 和 G_{TX} 分别是接收天线和发射天线的增益[①]，λ 是波长，P_{TX} 是发射功率（这一公式的推导和更多细节见第 4 章）。

噪声对信号的扰乱可能由以下几种成分组成。

1. 热噪声。热噪声的功率谱密度取决于天线"所见的"环境温度 T_e。地表温度大约是 300 K，而（寒冷）天空的温度近似地取 $T_e \approx 4$ K（当然，太阳照射到的方向上温度会更

---

① 粗略地讲，"接收天线增益"是在一个确定方向上，与采用各向同性天线相比，使用某特定天线可以多接收到的功率的度量。发射天线增益的定义是类似的。更多细节见第 9 章或 Sutzman and Thiele[1997]。

高)。通常,作为一级近似,我们假定环境温度是 300 K,且各个方向都是相同的。则噪声功率谱密度为

$$N_0 = k_B T_e \tag{3.2}$$

其中,k_B 是玻尔兹曼(Boltzmann)常数,$k_B = 1.38 \times 10^{-23} \text{J/K}$,噪声功率为

$$P_n = N_0 B \tag{3.3}$$

其中,B 是接收机带宽(单位为 Hz)。通常采用对数单位[功率 P 用 dBm 单位来表示,即 $10\log_{10}(P/1 \text{ mW})$]。将式(3.2)写成

$$N_0 = -174 \text{dBm/Hz} \tag{3.4}$$

这意味着每 1 Hz 带宽包含 -174 dBm 的噪声功率。在带宽 B 中包含的噪声功率为

$$-174 + 10\log_{10}(B) \text{dBm} \tag{3.5}$$

带宽 B 的对数,即 $10\log_{10}(B)$,其单位为 dBHz。

2. 人为噪声。我们可以区分如下两种类型的人为噪声。

(a) 杂散发射。许多电子设备和其他频段的无线发射机(TX)会在很宽的带宽上(将无线通信系统工作的频率范围包括在内)存在杂散发射。就城市室外环境而言,汽车点火和其他脉冲源是影响相当大的噪声源。与热噪声相反,脉冲源产生的噪声随频率的增加而减弱(见图 3.1)。在 150 MHz,它比热噪声强 20 dB;在 900 MHz,一般要强 10 dB。在通用移动通信系统(UMTS)工作频段,Neubauer et al.[2001]测得城市环境下的人为噪声有 5 dB 的噪声增强作用,乡村环境的噪声增强作用约为 1 dB。值得注意的是,大多数国家的频率管理者都对所有电子设备的"杂散"或"带外"发射进行了限制。此外,对于已获得牌照频段上的通信,这类杂散发射是唯一的人为噪声来源。在需要许可牌照的频段(通常使用权已被牌照持有者购买了)是不允许其他人为设置的发射机工作的,而人为噪声天生存在于这些频段里。相对于热噪声而言,人为噪声未必是服从高斯分布的。然而,为简便起见,大多数系统规划工具和理论设计中都假定其分布具有高斯性。

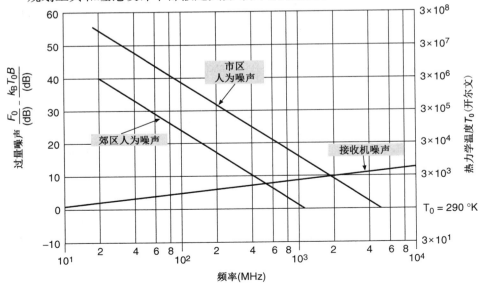

图 3.1　噪声随频率的变化(其中 F_0 指测量的环境噪声功率)。引自 Jakes[1974]© IEEE

（b）其他故意发射源。几种无线通信系统工作于无须牌照的频段上。每个人只要服从关于发射功率等的一些特定约束条件，就可以使用这些频段（在其上发射电磁波）。这些频段中最重要的就是 2.45 GHz 的工业、科学和医疗（ISM）频段。这些频段上的干扰数量相当可观。

3. 接收机噪声。接收机中的放大器和混频器是会引入噪声的，因而就增加了总的噪声功率。这种效应用噪声因子 F 描述，F 定义为接收机输入信噪比除以接收机输出（一般指下变换到基带后）信噪比。由于放大器具有增益，接收机中后面各环节所引入的噪声不如第一个环节引入的噪声的影响那么大。一系列级联部件的总噪声因子 F_{eq} 的数学表达式为

$$F_{eq} = F_1 + \frac{F_2 - 1}{G_1} + \frac{F_3 - 1}{G_1 G_2} + \cdots \tag{3.6}$$

其中，F_i 和 G_i 是单个处理环节的噪声因子和增益，以绝对量值（而非 dB）计。无源器件的噪声因子等于它们的损耗（以 dB 计）。

对于一个数字系统，常采用误比特率（BER）来描述传输质量。对于每种数字通信系统，信噪比与误比特率之间有一定的关系，这取决于调制方案、编码及一定范围内的其他因素（将在本书第三部分讨论）。这样，最低传输质量就可以与最小信噪比 SNR_{min} 通过图 3.2 所示的映射关系联系起来。从而，在噪声受限环境下，所有模拟和数字链路的规划方法都是相同的，目的就在于确定最小信号功率 P_S：

$$P_S = SNR_{min} + P_n \tag{3.7}$$

这里所有的量值都以 dB 计。然而，应当注意，实际数值因系统不同而异。

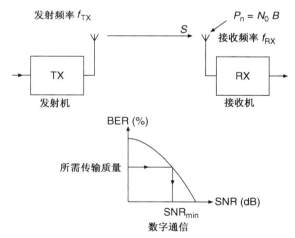

图 3.2　噪声受限系统。引自 Oehrvik［1994］© Ericsson AB

3.2.1　链路预算

链路预算是计算发射机所需发射功率的最清楚、最直观的方式。它将联系发射功率和接收信噪比的所有关系式列成表格。由于大多数影响信噪比的因素以乘积形式引入，将所有关系式按对数形式表达更方便，即用 dB（分贝）来表达。然而，还必须注意到，链路预算只是就总的信噪比给出了一个近似（通常是对某种最坏情况的估计），这是因为它并没有考虑不同效

应之间的某些相互作用。

在给出一些例子之前,先要强调以下几点。

- 第 4 章和第 7 章将对路径损耗,即发射机和接收机之间由于传播效应带来的衰减进行深入讨论。为了达到本章的目的,这里采用一个简单的模型,即所谓"断点"模型。对于距离 $d < d_{\text{break}}$ 的情况,根据式(3.1),功率正比于 d^{-2}。超过断点,功率正比于 d^{-n},其中 n 一般为 3.5 ~ 4.5。因此接收功率表示为

$$P_{\text{RX}}(d) = P_{\text{RX}}(d_{\text{break}}) \left(\frac{d}{d_{\text{break}}} \right)^{-n}, \qquad d > d_{\text{break}} \tag{3.8}$$

- 无线系统,尤其是移动系统,所面对的是时间和空间均存在变化的传输信道(衰落)(见 2.1 节)。换句话说,即使距离近似不变,接收功率也可能随着发射机和/或接收机的微小移动而发生显著变化。式(3.8)计算得到的功率仅仅是一个平均值。发射功率和这一平均接收功率的比值也称为路径损耗(路径增益的倒数)。

  如果用平均接收功率作为链路预算的基础,则只有大约 50% 的时间和位置上的传输质量可以超过这一阈值[1]。这是完全不能接受的服务质量。因此,我们必须追加一个衰落余量(fading margin),以确保在所有接收情况中,至少有比如 90% 的情况,超过最小接收功率(见图 3.3)。衰落余量的数值取决于衰落的幅度统计量,更多细节将在第 5 章讨论。

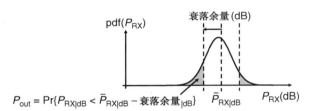

图 3.3　确保一定中断概率的衰落余量

- 天线端口处的电压和电流是互易的,在这个意义上,上行链路(移动台到基站)和下行链路(基站到移动台)也是互易的(只要上、下行链路采用相同的载频)。然而,基站和移动台的噪声因子一般会差别很大。因为移动台必须要大批量生产,所以使用低成本器件来制造更为可取。这些器件一般具有更高的噪声因子。此外,对电池使用时间的考虑决定了基站可以比移动台发射更大的功率。最后,基站和移动台在天线分集、与干扰的接近程度等方面也存在差异。因此,上行和下行链路的链路预算是不同的。

例 3.1　链路预算

考虑 GSM 系统的下行链路(见第 24 章)。载波频率为 950 MHz,接收机灵敏度(依据 GSM 规范)为 -102 dBm。发射机放大器的输出功率为 30 W。发射天线的天线增益为 10 dB,连接器和合并器等的总衰减为 5 dB。衰落余量为 12 dB,断点 d_{break} 在距离 100 m 处。那么可以覆盖的距离是多少呢?

---

[1]　如果式(3.8)表示中值功率,则意味着接收功率超过这一阈值的情况正好占所有可能接收情况的 50%。

解:

发射侧:			
发射功率	P_{TX}	30 W	45 dBm
天线增益	G_{TX}	10	10 dB
损耗(合并器、连接器等)	L_f		− 5 dB
等效各向同性辐射功率(EIRP)			50 dBm
接收侧:			
接收机灵敏度:	P_{min}		− 102 dBm
衰落余量:			12 dB
最小接收功率(均值)			− 90 dBm
允许的路径损耗(EIRP 与最小接收功率的差值)			140 dB
断点 $d_{break} = 100$ m 处的路径损耗	$[\lambda(4\pi d)]^2$		72 dB
断点以外的路径损耗	$\propto d^{-n}$		68 dB

取决于路径损耗指数:

$$n = 1.5 \quad \cdots \quad 2.5 (视距)[1]$$
$$n = 3.5 \quad \cdots \quad 4.5 (非视距)$$

可以得到覆盖距离:

$$d_{cov} = 100 \times 10^{68/(10n)} \text{ m} \tag{3.9}$$

例如,假定 $n = 3.5$,则覆盖距离为 8.8 km。

这个例子非常简单,因为接收机灵敏度由系统规范所规定。要是得不到灵敏度的数据,接收端的计算会变得更复杂一些,如下例所示。

例3.2 链路预算

考虑载频为 900 MHz 的移动无线系统,带宽为 25 kHz,仅受到热噪声的影响(环境温度 $T_e = 300$ K)。发射机和接收机的天线增益分别为 8 dB 和 − 2 dB[2]。发送端在线缆、合并器等处的损耗为 2 dB。接收机噪声因子为 7 dB,信号的 3 dB 带宽为 25 kHz。所需的工作信噪比为 18 dB,期望的覆盖范围是 2 km。断点在 10 m 距离处;断点以外,路径损耗指数为 3.8,且衰落余量为 10 dB。则最小发射功率是多少?

解:

对这一问题的陈述方式让我们觉得以从接收端向发送端反推的方式进行求解更便捷。

噪声功率谱密度	$k_B T_e$	− 174 dBm/Hz
带宽		44 dBHz
⋮		
接收端热噪声功率		− 130 dBm

---

[1] 注意,即使传播环境中不存在建筑物或山体的阻挡,超过一定距离之后,视距路径也将不再存在。地球曲率造成在某距离以外视距路径被阻断,该距离大小取决于基站和移动台的高度。

[2] 在大多数链路预算中,假定移动台的天线增益为 0 dB。然而,近来的一些测试表明,用户头部和身体对电波的吸收及反射会降低天线增益,所引起的损耗可达 10 dB。更多细节将在第 9 章中讨论。

接收机附加噪声		7 dB
所需信噪比		18 dB
⋮		
所需接收功率		−105 dBm
从 10 m 到 2 km 距离上的路径损耗	$(200^{3.8})$	87 dB
发射机到 10 m 断点处的路径损耗	$[\lambda(4\pi d)]^2$	52 dB
移动台天线增益 G_{RX}	(2 dB 损耗)	−(−2) dB
衰落余量		10 dB
所需 EIRP		46 dBm
发射天线增益 G_{TX}	(8 dB 增益)	−8 dB
发射端在线缆、合并器等处的损耗	L_f	2 dB
所需发射功率(放大器输出)		40 dBm

因此,所需发射功率等于 40 dBm,也就是 10 W。图 3.4 同样表示了这一链路预算过程。

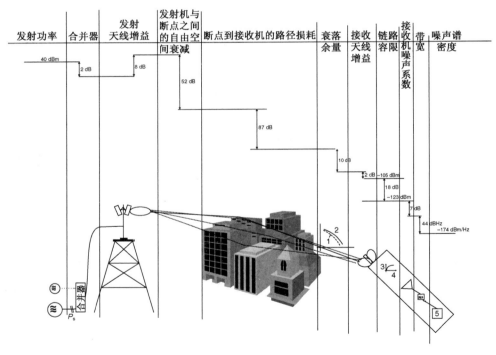

图 3.4　例 3.2 的链路预算。1 代表 10%,即十分位;2 代表中值;3 代表平均印象分值;4 代表信噪比;5 代表检测器

3.3　干扰受限系统

现在考虑的情况是干扰强大到完全决定了系统的性能,以至于噪声可以被忽略。假定基站覆盖的区域(小区)可以近似描述为一个以基站位置为圆心、半径为 R 的圆面。另外,距离"目标"基站为 D 处存在一个工作在相同频率且发射功率也相同的干扰发射机。那么,假定移

动台位于小区边界(最坏的情形),为保证 90% 的时间达到满意的传输质量,距离 D 应该取多大? 此处的计算可以仿照前一节的链路预算计算。作为一级近似,我们把干扰看成高斯型的。这就允许我们将干扰看成等效噪声,而且最小信干比 SIR_{min} 也就具有了和噪声受限情况下的最小信噪比 SNR_{min} 相同的数值。

    干扰和噪声的一个不同之处在于干扰会经历衰落,而噪声功率一般是常数(在一个短时间间隔内取平均)。因此,为确定衰落余量,必须考虑如下事实:(i) 所需信号在一半的时间内小于它的中值;(ii) 干扰信号在一半的时间里大于它的中值。从数学角度讲,即信干比的累积分布函数就是在所有可能情况里,信号与干扰这两个随机变量的比值大于某给定数值的概率,以 $x\%$ 来表示(x 是可以得到满意传输质量的位置占所有可能位置的百分数值,见第 5 章)。作为一级近似,我们可以为所需信号追加衰落余量(即发射时必须增加的额外功率,以确保所需信号的电平超过某给定值的时间达到 $x\%$,而不是 50%),并添加对干扰衰落余量的考虑,即减小功率来保证只有 $(100-x)\%$(而不是 50%)的时间干扰超过某个确定数值(见图 3.5)。这样做会过高地估计真实的衰落余量,因此在系统规划中采用这个数据(指距离 D)是很稳妥的。

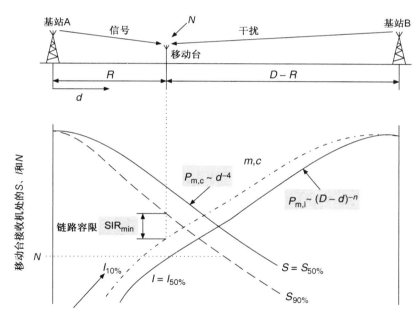

图 3.5　小区半径和重用距离的关系。实线代表中值;虚线代表所需信号的 90% 十分位;点划线代表干扰信号的 10% 十分位。引自 Oehrvik[1994]© Ericsson AB

第二部分 无线传播信道

无线传播信道是连接发射机和接收机的媒介。其特性决定了信息论容量，即无线通信的最终性能限制，也决定了特定无线系统的表现。因此，知道和理解无线信道并将这些知识应用于系统设计是非常必要的。本书第二部分的目的就是为了帮助读者理解无线信道。

无线信道与有线信道的区别在于多径传播（见第2章），即从发射机到接收机存在多条路径，信号在其传播过程中，可能经过反射、绕射或散射。理解信道的一种方法就是考虑所有这些不同的传播现象，以及它们如何影响每一个多径分量（Multi Path Component，MPC）。传播现象是第4章的核心。7.5节将解释如何将这些知识应用于确定信道模型和预测（射线跟踪）。

另一种思路是从现象入手。考虑重要的信道参数，如接收功率并分析其统计特性。换句话说，我们不关心信道在特定位置看起来如何，或者它如何被特定的多径分量影响，而是关注描述信道参数达到某个值的概率。最感兴趣的参数为接收功率或场强，它决定着窄带系统在噪声受限和干扰受限（见第3章）情况下的性能。读者将发现，平均接收功率随着距离而减弱。这种减弱的物理原因在4.1节和4.2节描述，模型则在7.1节详述。然而，围绕着这个均值存在着变化，这些变化可以用随机的方法建模。这些随机变化在第5章进行详细描述。

不同多径分量产生的干扰不仅产生衰落（即接收功率随时间和/或空间变化），还产生延迟色散。延迟色散指的是，如果传输一个持续时间为 T 的信号，则接收信号的持续时间将是一个更长的 T'。很自然，这将引起符号间干扰（ISI，又称码间干扰）。这种作用对早期的模拟系统关系不大，但在数字系统如全球移动通信系统中却非常重要。第三代和第四代蜂窝系统及无线局域网更受无线信道延迟色散或许还有角度特性的影响。正如第6章所述，这要求引入新的参数和描述方法来量化这些特性。7.3节和7.4节给出了这些参数在室外和室内环境下的典型值。

为了理解传播现象并描述信道的随机统计特性，需要进行测量。第8章描述测量设备及如何处理设备的输出。测量接收功率相当直截了当，但获取信道的延迟色散并确定角度特性相当棘手。最后，第9章描述无线信道的天线。天线代表收发信机和传播信道的接口，决定着信号如何送到传播信道及如何从信道中得到信号。

第4章 传播机制

这一章讨论几个影响电磁波传播的机制，重点放在它们与无线通信相关的几个方面。最简单的情况是自由空间传播。换句话说，即一个发射天线和一个接收天线存在于自由空间中。在更为实际的情况下，还存在绝缘和导电的障碍物，即相互作用体（Interacting Object，IO）。如果这些相互作用体有光滑的表面，电磁波就会被反射，而另一部分能量则穿透相互作用体传播。如果相互作用体表面粗糙，电磁波就会发生散射，最终电磁波将在相互作用体边缘发生绕射。这些作用将在下文逐一讨论[①]。

4.1 自由空间衰减

首先讨论可能的最简单情况：自由空间中单发单收天线的情形，导出接收功率随距离变化的函数关系。

能量守恒表明，对围绕发射天线的任何一个闭合表面上的能量密度积分，都应该等于发射功率。假设某一闭合表面是以发射机天线为圆心的半径为 d 的球面，并且假设发射天线的辐射各向同性，那么该表面的能量密度为 $P_{TX}/(4\pi d^2)$。接收机天线有一个"有效面积" A_{RX}。可以认为撞击到该区域的所有能量都被接收天线收集到 [Stutzman and Thiele 1997]，于是接收能量为

$$P_{RX}(d) = P_{TX}\frac{1}{4\pi d^2}A_{RX}$$

如果发射天线不是各向同性的，那么能量密度必须乘以接收天线方向上的天线增益 G_{TX}[②]，即

$$P_{RX}(d) = P_{TX}G_{TX}\frac{1}{4\pi d^2}A_{RX} \tag{4.1}$$

发射功率与所考虑方向增益的乘积也称为等效各向同性辐射功率（EIRP）。

对于给定的功率密度，有效天线面积正比于从天线连接处收到的功率。例如，对于一个抛物面天线，有效天线面积大约是表面的几何面积。然而，也有可能天线的几何面积非常小（如偶极子天线），却有相当大的有效面积。

可以证明天线有效面积与天线增益有一个简单的关系式 [Stutzman and Thiele 1997]：

$$G_{RX} = \frac{4\pi}{\lambda^2}A_{RX} \tag{4.2}$$

上式中最值得注意的事实是，对于一个固定的天线面积，天线增益随频率增加而增长。这是很直观的，因为天线的方向性取决于由波长确定的尺寸。

将式（4.2）代入式（4.1），得到接收功率 P_{RX} 为以自由空间距离 d 为变量的函数，也称为 Friis 定律：

---

① 本书中，相互作用体经常称为散射体，即使相互作用过程不是散射的。
② 除非特别说明，本书总是将天线增益定义成与各向同性辐射体相比的增益，天线特性的深入讨论参见第9章。

$$P_{RX}(d) = P_{TX}G_{TX}G_{RX}\left(\frac{\lambda}{4\pi d}\right)^2 \qquad (4.3)$$

因子$(\lambda/4\pi d)^2$也称为自由空间损耗因子。

Friis 定律似乎指出自由空间中的"衰减"随频率增加而变大。这与直观不符，因为能量并没有丢失，而是在$4\pi d^2$的球形表面上进行重新分配。这个机制必须独立于波长。这个表面上的矛盾就是由假设发射天线增益与波长相独立这一事实造成的。另一方面，如果假设接收天线的有效天线面积区域独立于频率，那么接收功率也和频率相独立，见式(4.1)。对于无线系统来说，假定恒定增益通常很有用，因为不同的系统(例如，工作于 900 MHz 和 1800 MHz 的系统)使用相同的天线类型(例如 $\lambda/2$ 偶极子或单极子)，而不是采用相同的天线尺寸。

Friis 定律适用于天线远场，例如发射天线和接收天线至少要间隔一个瑞利距离。瑞利距离(也称为费琅禾费距离)定义如下：

$$d_R = \frac{2L_a^2}{\lambda} \qquad (4.4)$$

其中 L_a 是天线的最大尺寸，并且远场要求 $d \gg \lambda$ 且 $d \ll L_a$。

例 4.1 计算 20 dB 增益的方形天线的瑞利距离。

解：

增益在线性刻度下是 100。这样，有效面积约为

$$A_{RX} = \frac{\lambda^2}{4\pi}G_{RX} = 8\lambda^2 \qquad (4.5)$$

对于一个方形天线，$A_{RX} = L_a^2$，瑞利距离为

$$d_R = \frac{2\times 8\lambda^2}{\lambda} = 16\lambda \qquad (4.6)$$

为了确定链路预算，最好将 Friis 定律写成对数刻度，那么式(4.3)变为

$$P_{RX}|_{dBm} = P_{TX}|_{dBm} + G_{TX}|_{dB} + G_{RX}|_{dB} + 20\log\left(\frac{\lambda}{4\pi d}\right) \qquad (4.7)$$

其中"$|_{dB}$"表示"以 dB 为单位"。为了更好地指出距离相关，最好先计算 1 m 距离处的接收功率

$$P_{RX}(1\ m) = P_{TX}|_{dBm} + G_{TX}|_{dB} + G_{RX}|_{dB} + 20\log\left(\frac{\lambda|_m}{4\pi\times 1}\right) \qquad (4.8)$$

式(4.8)右边最后一项在 900 MHz 时约为 -32 dB，在 1800 MHz 时约为 -38 dB。距离为 d(单位为 m)时的实际接收功率为

$$P_{RX}(d) = P_{RX}(1\ m) - 20\log(d|_m) \qquad (4.9)$$

4.2 反射和透射

4.2.1 斯涅尔(Snell)定律

电磁波在到达接收机之前通常被一个或多个相互作用体所反射。相互作用体的反射系数和反射发生的方向，决定了到达接收机处的功率。这一节讨论镜面反射。这种反射发生在当光波射向光滑、巨大(相对于波长)的物体时。一个相关的机制是波的透射，例如入射波射入

和穿过某个相互作用体。透射对于波在建筑物内的传播非常重要。如果基站在建筑物以外，或在另一个房间里，波就要穿透一座墙(绝缘层)到达接收机。

现在推导均匀平面波入射到电介质半空间的反射和透射系数。绝缘物质用介电常数 $\varepsilon = \varepsilon_0 \varepsilon_r$ 和电导率 σ_e 来描述，其中 ε_0 是真空介电常数，为 8.854×10^{-12} Farad/m(法拉第/米)，ε_r 是物质的相对介电常数。此外，还假设材料各向均质，相对磁导率 $\mu_r = 1$[①]。介电常数和电导率可合并成一个参数，即复介电常数：

$$\delta = \varepsilon_0 \delta_r = \varepsilon - j\frac{\sigma_e}{2\pi f_c} \tag{4.10}$$

其中，f_c 是载波频率，j 是虚数单位。虽然这个定义仅对单一频率严格正确，但实际上可用于所有窄带系统，只要带宽远小于载波频率，同时也应该远小于 σ_e 和 ε 发生显著变化时的带宽[②]。

平面波以入射角 Θ_e 射向半空间，Θ_e 定义为波矢量 $\mathbf{k}$ 与垂直于电介质边界的单位矢量之间的夹角。我们必须辨明横向磁性(TM)情形和横向电性(TE)情形。在 TM 的情况下，磁场分量方向平行于两个电介质的交界面，而在 TE 的情况下则是电场分量平行于该交界面(见图4.1)。

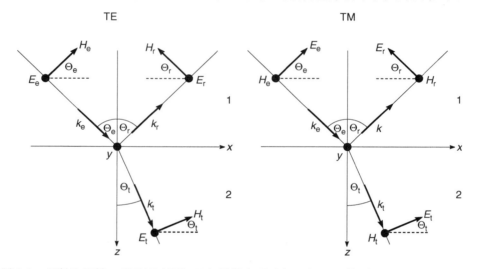

图4.1　反射和透射。对于 TE 情形，$\mathbf{E}$ 矢量指向页面内；对于 TM 情形，$\mathbf{H}$ 矢量指向页面外

从假定的入射情况、反射和透射的平面波，以及强加了交界面处的连贯性条件，可以计算出反射和透射系数，参见 Ramo et al.[1967]。基于这些考虑，得到了斯涅尔定律，即入射角与反射角相同：

$$\Theta_r = \Theta_e \tag{4.11}$$

且透射波的角度由下式给出：

$$\frac{\sin \Theta_t}{\sin \Theta_e} = \frac{\sqrt{\delta_1}}{\sqrt{\delta_2}} \tag{4.12}$$

其中下标1和下标2表示相应的媒介。

---

① 这对影响移动无线电波传播的大多数物质近似正确。

② 注意，这是指在射频意义下的"窄带"。下面将遇到窄带的另一种不同定义，它和无线信道的延迟色散相关。

对于 TE 和 TM 情形来说，反射和透射系数是不同的。对于 TM 极化：

$$\rho_{TM} = \frac{\sqrt{\delta_2}\cos\Theta_e - \sqrt{\delta_1}\cos(\Theta_t)}{\sqrt{\delta_2}\cos\Theta_e + \sqrt{\delta_1}\cos(\Theta_t)} \tag{4.13}$$

$$T_{TM} = \frac{2\sqrt{\delta_1}\cos(\Theta_e)}{\sqrt{\delta_2}\cos\Theta_e + \sqrt{\delta_1}\cos(\Theta_t)} \tag{4.14}$$

对于 TE 极化：

$$\rho_{TE} = \frac{\sqrt{\delta_1}\cos(\Theta_e) - \sqrt{\delta_2}\cos(\Theta_t)}{\sqrt{\delta_1}\cos(\Theta_e) + \sqrt{\delta_2}\cos(\Theta_t)} \tag{4.15}$$

$$T_{TE} = \frac{2\sqrt{\delta_1}\cos(\Theta_e)}{\sqrt{\delta_1}\cos(\Theta_e) + \sqrt{\delta_2}\cos(\Theta_t)} \tag{4.16}$$

其中，$\rho_{TM} = E_r/E_e$，$T_{TM} = E_t/E_e$（ρ_{TE} 和 T_{TE} 是类似的）。注意，反射系数既有幅度又有相位。图 4.2 给出了一个复介电常数 $\delta = (4 - 0.25j)\varepsilon_0$ 的介电物质的幅度和相位。值得注意的是，TE 和 TM 波的反射系数在掠入射（$\Theta_e \to 90°$）时变为 -1（幅度为 1，相移为 $180°$）。这与发生在理想导体表面的反射具有相同的反射系数。稍后读者会看到这将对无线系统中的地面反射波的影响有重要的意义。

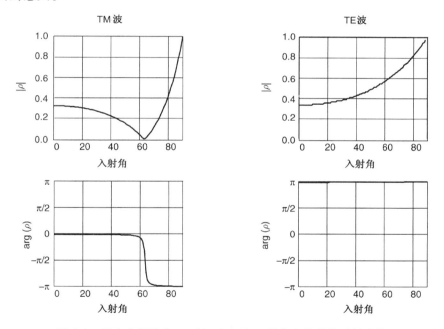

图 4.2　复介电常数为 $\delta = (4 - 0.25j)\varepsilon_0$ 的介电物质的反射系数

在高损耗的物质中，透射波不再是各向同质的平面波，所以斯涅尔定律将不再适用，而是在电介质交界面产生一个导波。然而，这些因素多是在理论上而非实际上有用。

4.2.2　分层电介质结构的反射和透射

前一节讨论过电介质半空间中的反射和透射。这很有意义，例如，对地面反射及山体等地形特征引起的反射研究就很有价值。一个相关的问题是穿过介电层的透射问题。这种情况通常发生在建筑物内的一个用户正与户外的基站通信，或者发生在一个微微小区（picocell）中当移动台和基站处于不同房间时。在这种情况下,我们关心一个波穿越墙壁所产生的衰减和相移。幸运的是,介电层的基本问题在电气工程的其他领域已经非常清楚,如光学薄膜技术[Heavens 1965],其结果可以很容易地应用到无线通信中。

最简单也是实际中最重要的情况发生在介电层两侧被空气包围时。反射和透射系数可以用部分波之和确定,导致总的透射系数为

$$T = \frac{T_1 T_2 e^{-j\alpha}}{1 + \rho_1 \rho_2 e^{-2j\alpha}} \tag{4.17}$$

反射系数为

$$\rho = \frac{\rho_1 + \rho_2 e^{-j2\alpha}}{1 + \rho_1 \rho_2 e^{-2j\alpha}} \tag{4.18}$$

其中,T_1 是波从空气到介电半空间(与考察的层有相同的介电特性)的透射系数,T_2 是波从介电层到空气的透射系数,它们都可以由 4.2.1 节的结果计算。对于与介电层 Θ_t 成某角度的波来说,量 α 是介电层的电气长度:

$$\alpha = \frac{2\pi}{\lambda} \sqrt{\varepsilon_{r,2}} d_{\text{layer}} \cos(\Theta_t) \tag{4.19}$$

其中,d_{layer} 是介电层的几何长度。注意,损耗材料中有一个波导效应(见前一节的讨论),因此这一节的结果并不严格适用于有损电介质。

在多层结构中,问题变得相当复杂[Heavens 1965]。然而在实际中,即使多层结构也可以用"有效"介电常数或反射/透射常数来描述。可以直接测量复合结构的参数。相反,如果单独测量每一层的介电特性,再计算最终的有效介电常数,就很容易出错,因为不同层的测量误差将累加起来。

例 4.2 计算 4 GHz 载波的垂直入射波穿透 50 cm 砖墙时的有效 ρ 和 T。

解:

既然 $\Theta_e = 0$,则由式(4.11)和式(4.12)得出 $\Theta_r = \Theta_t = 0$。在 $f = 4$ GHz($\lambda = 7.5$ cm)时,砖的相对介电常数 $\varepsilon_r = 4.44$ [Rappaport 1996],此处忽略了电导率。在空气中有 $\varepsilon_{\text{air}} = \varepsilon_1 = \varepsilon_0$,式(4.13)至式(4.16)给出了空气和砖表面的反射和透射系数:

$$\left.\begin{array}{l} \rho_{1,\text{TM}} = \dfrac{\sqrt{\varepsilon_2} - \sqrt{\varepsilon_1}}{\sqrt{\varepsilon_2} + \sqrt{\varepsilon_1}} = 0.36 \\[2mm] \rho_{1,\text{TE}} = \dfrac{\sqrt{\varepsilon_1} - \sqrt{\varepsilon_2}}{\sqrt{\varepsilon_2} + \sqrt{\varepsilon_1}} = -0.36 \\[2mm] T_{1,\text{TM}} = \dfrac{2\sqrt{\varepsilon_1}}{\sqrt{\varepsilon_2} + \sqrt{\varepsilon_1}} = 0.64 \\[2mm] T_{1,\text{TE}} = \dfrac{2\sqrt{\varepsilon_1}}{\sqrt{\varepsilon_2} + \sqrt{\varepsilon_1}} = 0.64 \end{array}\right\} \tag{4.20}$$

砖表面和空气之间的反射和透射系数为

$$\left.\begin{array}{l} \rho_{2,\text{TM}} = \rho_{1,\text{TE}} \\[2mm] \rho_{2,\text{TE}} = \rho_{1,\text{TM}} \\[2mm] T_{2,\text{TM}} = T_{1,\text{TE}} \cdot \sqrt{\varepsilon_2/\varepsilon_1} = 1.36 \\[2mm] T_{2,\text{TE}} = T_{1,\text{TM}} \cdot \sqrt{\varepsilon_2/\varepsilon_1} = 1.36 \end{array}\right\} \tag{4.21}$$

注意，透射系数可能大于1（例如 $T_{2,\text{TE}}$）。这并不违反能量守恒：透射系数定义为入射与透射场的幅度比值。能量守恒仅仅指出反射和透射场的磁通（能量）密度与入射场的密度相等。

墙的电气长度 α 由式（4.19）确定：

$$\alpha = \frac{2\pi}{\lambda}\sqrt{\varepsilon_r}\, d = \frac{2\pi}{0.075}\sqrt{4.44} \times 0.5 = 88.26 \tag{4.22}$$

最终，总的反射和透射系数可以由式（4.17）和式（4.18）确定，为

$$\left.\begin{aligned}
T_{\text{TM}} &= \frac{T_{1,\text{TM}}T_{2,\text{TM}}e^{-j\alpha}}{1 + \rho_{1,\text{TM}}\rho_{2,\text{TM}}e^{-2j\alpha}} = \frac{0.64 \cdot 1.356e^{-j88.26}}{1 - 0.36^2 e^{-j176.53}} = 0.90 - 0.36j \\[2mm]
\rho_{\text{TM}} &= \frac{\rho_{1,\text{TM}} + \rho_{2,\text{TM}}e^{-2j\alpha}}{1 + \rho_{1,\text{TM}}\rho_{2,\text{TM}}e^{-2j\alpha}} = \frac{0.36(1 - e^{-j176.53})}{1 - 0.36^2 e^{-j176.53}} = 0.086 + 0.22j \\[2mm]
T_{\text{TE}} &= \frac{T_{1,\text{TE}}T_{2,\text{TE}}e^{-j\alpha}}{1 + \rho_{1,\text{TE}}\rho_{2,\text{TE}}e^{-2j\alpha}} = \frac{T_{2,\text{TM}}T_{1,\text{TM}}e^{-j\alpha}}{1 + \rho_{2,\text{TM}}\rho_{1,\text{TM}}e^{-2j\alpha}} = T_{\text{TM}} \\[2mm]
\rho_{\text{TE}} &= \frac{\rho_{1,\text{TE}} + \rho_{2,\text{TE}}e^{-2j\alpha}}{1 + \rho_{1,\text{TE}}\rho_{2,\text{TE}}e^{-2j\alpha}} = \frac{\rho_{2,\text{TM}} + \rho_{1,\text{TM}}e^{-2j\alpha}}{1 + \rho_{2,\text{TM}}\rho_{1,\text{TM}}e^{-2j\alpha}} = \frac{-\rho_{1,\text{TM}} - \rho_{2,\text{TM}}e^{-2j\alpha}}{1 + \rho_{2,\text{TM}}\rho_{1,\text{TM}}e^{-2j\alpha}} = -\rho_{\text{TM}}
\end{aligned}\right\} \tag{4.23}$$

很容易验证两种情况下都有 $|\rho|^2 + |T|^2 = 1$。

4.2.3 d^{-4} 功率定律

无线通信的一个"民间定律"是指，接收信号功率与收发天线距离的四次方成反比。这个定律通常可以通过计算只有一个直接的（视距）波加一个地面反射波情况下的接收功率来证明其有效性。对于这种特殊情况，可以推出以下等式，细节参见附录4.A（www.wiley.com/go/molisch）：

$$P_{\text{RX}}(d) \approx P_{\text{TX}}G_{\text{TX}}G_{\text{RX}}\left(\frac{h_{\text{TX}}h_{\text{RX}}}{d^2}\right)^2 \tag{4.24}$$

其中，h_{TX} 和 h_{RX} 分别是发射天线和接收天线的高度。该公式在距离大于如下值时有效：

$$d_{\text{break}'} \gtrsim \frac{4h_{\text{TX}}h_{\text{RX}}}{\lambda} \tag{4.25}$$

其中，"$\gtrsim$"表示"大约大于"。该式替代了标准的 Friis 定律，表明接收功率变得独立于频率。而且，从式（4.24）中可以看出，接收功率随着基站和移动台高度的平方而增加。对于小于 $d_{\text{break}'}$ 的距离，斯涅尔定律保持近似有效。注意，d_{break} 与 $d_{\text{break}0}$ 不同，$d_{\text{break}0}$ 通过直射路径和地面反射路径的相位差来定义，d_{break} 通过拟合曲线 d^{-2} 和拟合曲线 d^{-4} 的交点来定义。

用对数刻度重写功率定律对链路预算是很有用的。假设功率以 d^{-2} 衰减，到断点 d_{break} 之后以 d^{-n} 衰减，那么接收功率变为（见第3章）：

$$P_{\text{RX}}(d) = P_{\text{RX}}(1\,\text{m}) - 20\log(d_{\text{break}}|\text{m}) - n10\log(d/d_{\text{break}}) \tag{4.26}$$

图4.3表明了存在一个直射波和一个地面反射波时的接收功率，这都是从严格的方程（见附录4.A）和式（4.24）得出的。可以发现，衰减系数 $n=2$ 和 $n=4$ 之间的变化实际上并不是明显的断点，而是很平滑。因此对 d^{-4} 法则进行严格试验不太可能。根据式（4.25），断点应该在 $d=90$ m 处。从图上看，这似乎是近似合理的。

上面推导的几个公式（及附录4.A中的公式）是一致的，但必须强调的是，它们并不是对无线信道的通用描述。毕竟，传播不总是发生在平坦的地面上，而是存在多条传播路径的可能性，视距路径经常被相互作用体遮挡等等。因此，推导的理论在几个方面都与实际信道中的测量结果不符。

1. $n=4$ 并不是一个在较大距离时普遍适用的衰减指数。更确切地讲，$1.5 < n < 5.5$ 内的值都测到过，并且实际的值在很大程度上取决于周围的环境。$n=4$ 最多是对各种环境的一个平均值。

2. $n=2$ 和 $n=4$ 之间的变化几乎不发生在式(4.25)的预测值 d_{break} 处。

3. 测量也表明还会有第二个断点，超过断点后适用指数 $n > 6$。上面的模型中根本没有预测到这种效果。对于某些情形，这种效果可以用无线电地平线(即地球的曲率)来解释，这没有包括在上面的模型中[Parsons 1992]。

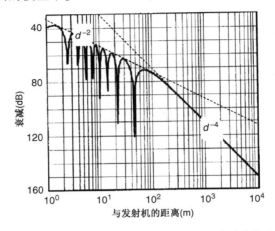

图 4.3　理想反射地面的传播。基站的高度为 5 m；移动台的高度为 1.5 m

4.3　绕射

到现在为止，推导的所有公式都是针对无限延伸的相互作用体的。然而，真正的相互作用体(比如大楼、汽车等)都是空间有限的。而有限大小的物体并不会产生尖锐的阴影(这一点可以通过几何光学证明)，而是发生绕射，这是由于电磁波辐射的波特性决定的。只有在波长非常小(高频率)的限制下，几何光学才变得准确。

接下来，首先考虑两个经典的绕射问题：(i) 一个均匀平面波被刀刃或屏绕射；(ii) 一个均匀平面波被一个楔形物绕射。首先推导其绕射系数，这将反映出一个障碍物之后的阴影区域里可以接收到多少功率；其次考虑多屏级联所产生的影响。

4.3.1　单屏或楔形绕射

绕射系数

最简单的绕射问题是一束均匀平面波被一个半无限的屏所绕射，如图 4.4 所示。根据惠更斯原理，可以这样理解绕射：波阵面的每一点都可以看成球面波的源点。对一个均匀平面波来说，多个球面波的叠加产生了另一个均匀平面波，如图 4.4 中平面 A′ 到 B′ 之间的变化所示。然而，如果屏阻挡住一部分点源(及其所关联的球面波)，产生的波阵面就不再是平面波了，如图 4.4 中平面 B′ 到 C′ 之间的变化。相长和相消干涉发生在不同的方向[1]。

---

① 出于更精确的考虑，值得注意的是惠更斯原理并不严密。一个根据麦克斯韦方程的推导，同时包括了必要假设的讨论，可以参阅 Marcuse[1991]等书。

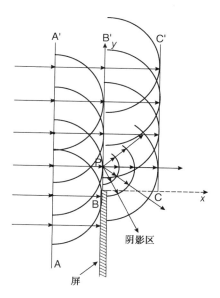

图 4.4　惠更斯原理

远场中$(x \gg \lambda)$任意点的电场可用仅包含一个标准积分的形式表示，即菲涅尔（Fresnel）积分。如果屏不在，则获得的场用 $\exp(-jk_0x)$ 表示，总的场变为[Vaughan and Andersen 2003]：

$$E_{\text{total}} = \exp(-jk_0x)\left(\frac{1}{2} - \frac{\exp(j\pi/4)}{\sqrt{2}}F(\nu_F)\right) = \exp(-jk_0x)\tilde{F}(\nu_F) \qquad (4.27)$$

其中 $\nu_F = -y\sqrt{2/(\lambda x)}$，并且菲涅尔积分 $F(\nu_F)$ 定义为

$$F(\nu_F) = \int_0^{\nu_F} \exp\left(-j\pi\frac{t^2}{2}\right)dt \qquad (4.28)$$

图 4.5 画出了这个函数。有意思的是，对于 ν_F 的某些值，$\tilde{F}(\nu_F)$ 的取值将会变得大于 1。这暗示某些特定位置的接收功率实际上可能由于屏的出现而增加了。此外，惠更斯原理也提供如下解释：在特定位置通常会产生相消干涉的球面波被屏蔽掉了。但是，要注意到全部能量（对全部波阵面进行积分）不会因为屏的存在而增加。

现在考虑图 4.6 所示的更一般的几何图形。发射天线高度为 h_{TX}，接收天线高度为 h_{RX}，屏从 $-\infty$ 扩展到 h_s。那么绕射角 θ_d 就是

$$\theta_d = \arctan\left(\frac{h_s - h_{\text{TX}}}{d_{\text{TX}}}\right) + \arctan\left(\frac{h_s - h_{\text{RX}}}{d_{\text{RX}}}\right) \qquad (4.29)$$

菲涅尔参数 ν_F 可以根据 θ_d 求得

$$\nu_F = \theta_d\sqrt{\frac{2d_{\text{TX}}d_{\text{RX}}}{\lambda(d_{\text{TX}} + d_{\text{RX}})}} \qquad (4.30)$$

其中，要求 d_{TR} 和 d_{RX} 远大于 h 和 λ。可以再次用式（4.27）计算场强，其中菲涅尔参数用式（4.30）来计算。

注意，上面给出的结果是近似合理的，它忽略了入射场的极化。对 TE 和 TM 两种情况的精确公式可以在 Bowman et al.[1987]中找到。

菲涅尔积分 $\widetilde{F}(\nu)$

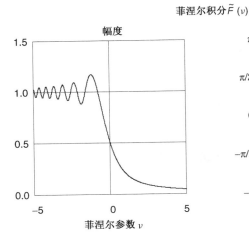
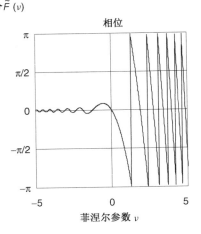

图 4.5　菲涅尔积分

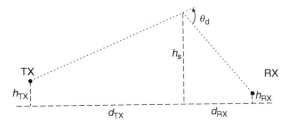

图 4.6　计算菲涅尔参数的几何图形

例 4.3 计算绕射系数。考虑由一个屏阻挡产生的绕射,$d_{TX} = 200$ m,$d_{RX} = 50$ m,$h_{TX} = 20$ m,$h_{RX} = 1.5$ m,$h_s = 40$ m,中心频率为 900 MHz。计算其绕射系数。

解:

中心频率为 900 MHz 意味着波长 $\lambda = 1/3$ m。用式(4.29)计算绕射角 θ_d 可得

$$
\begin{aligned}
\theta_d &= \arctan\left(\frac{h_s - h_{TX}}{d_{TX}}\right) + \arctan\left(\frac{h_s - h_{RX}}{d_{RX}}\right) \\
&= \arctan\left(\frac{40 - 20}{200}\right) + \arctan\left(\frac{40 - 1.5}{50}\right) = 0.756 \,\text{rad}
\end{aligned} \tag{4.31}
$$

再用式(4.30)计算菲涅尔参数如下:

$$
\nu_F = \theta_d \sqrt{\frac{2 d_{TX} d_{RX}}{\lambda(d_{TX} + d_{RX})}} = 0.756 \sqrt{\frac{2 \times 200 \times 50}{1/3 \times (200 + 50)}} = 11.71 \tag{4.32}
$$

计算式(4.28),用 MATLAB 或根据参考文献 Abramowitz and Stegun[1965] 可得

$$
F(11.71) = \int_0^{\nu_F} \exp\left(-j\pi \frac{t^2}{2}\right) dt \approx 0.527 - j0.505 \tag{4.33}
$$

最后,式(4.27)给出了总的接收场如下:

$$E_{\text{total}} = \exp(-jk_0x)\left(\frac{1}{2} - \frac{\exp(j\pi/4)}{\sqrt{2}}F(11.71)\right)$$

$$= \exp(-jk_0x)\left(\frac{1}{2} - \frac{\exp(j\pi/4)}{\sqrt{2}}(0.527 - j0.505)\right) \tag{4.34}$$

$$= (-0.016 - j0.011)\exp(-jk_0x)$$

菲涅尔环带

按照菲涅尔环带的概念,一个障碍物的影响可以定性地、直观地估算出来。图4.7 示出了其基本原理。以基站和移动台为焦点画一个椭球,根据椭球的定义,被椭球上任意一点反射的光线有相同的路径长度(相同的传播时间)。椭球的偏心率决定与视距(即两个焦点之间的直接连接)相比增加的路径长度。附加距离为λ/2 的整数倍的椭球称为"菲涅尔椭球"。附加路径也会导致一个附加相移,所以椭球也可以用它们引起的相移来描述。更明确地说,第 i 个菲涅尔椭球引起的相移为 $i \cdot \pi$。

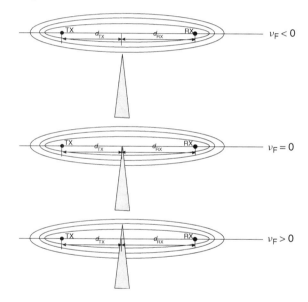

图4.7 菲涅尔椭球原理

菲涅尔环带也可以用来解释 d^{-4} 法则。传输遵循自由空间法则,直到第一个菲涅尔椭球接触到地面的距离。在这个距离上,也就是断点距离上,直射波与反射波的相位差为 π。

楔形物绕射

半无限的吸收屏是解释绕射的一个有用工具,因为它是可能的最简单结构。然而,市区环境中的许多障碍物用楔形结构表示会更好,如图4.8 所示。楔形物绕射问题已经讨论了大约100 年,并且现在仍是一个活跃的研究领域。根据边界条件,可以获得适用于任意观察点的精确解,或者仅适用于远场(即远离楔形物)的近似解。后者通常简单得多,这里也只考虑这种情况。

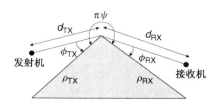

图4.8 楔形物绕射的几何结构

　　由绕射产生的场的部分可以写成入射场与以下 3 项的乘积：一个相位因子 $\exp(-jk_0 d_{RX})$、一个几何因子 $A(d_{TX}, d_{RX})$ 和一个绕射系数 $D(\phi_{TX}, \phi_{RX})$，其中几何因子仅仅取决于发射机和接收机距离楔形物的距离，绕射系数取决于绕射角[Vaughan and Andersen 2003]：

$$E_{\text{diff}} = E_{\text{inc},0} D(\phi_{TX}, \phi_{RX}) A(d_{TX}, d_{RX}) \exp(-jk_0 d_{RX}) \tag{4.35}$$

绕射场必须加到由几何光学①计算出的场上。

　　几何参量的定义如图 4.8 所示。几何因子由下式给出：

$$A(d_{TX}, d_{RX}) = \sqrt{\frac{d_{TX}}{d_{RX}(d_{TX} + d_{RX})}} \tag{4.36}$$

绕射系数 D 取决于边界条件，即反射系数 ρ_{TX} 和 ρ_{RX}。明确的公式在附录 4.B 中给出(www.wiley.com/go/molisch)。

4.3.2　多屏绕射

　　单屏绕射已被广泛研究，因为它可以用闭式数学来计算，并且构成了解决其他更复杂问题的基础。实际上，我们通常会遇到发射机和接收机之间有多个相互作用体的情况，比如越过市区环境的房顶传播时，正如在图 4.9 中所看到的，这种情况可以用多屏绕射来很好地近似。遗憾的是，多屏绕射是一个非常具有挑战性的数学问题，并且除了几种特殊的情况，没有求精确解的一般方法。尽管如此，文献中还是提出了大量的近似方法，在这一节的余下部分会给出概述。

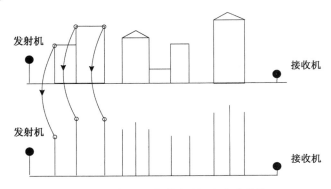

图 4.9　采用一系列屏近似多个建筑物

Bullington 方法

　　Bullington 方法是用一个"等效"的单屏来替代多屏。这个等效屏是用如下方法推导的：从发射机出发作各个实际障碍物的切线，并且选择最陡峭的那一条(即上升角最大的那一条)，那么所有的障碍物或者与这条直线相接触，或者在这条直线以下。类似地，从接收机出发作各个障碍物的切线，选择最陡峭的那一条。等效屏就取决于最陡峭的发射机切线和最陡峭的接收机切线的交界面(见图 4.10)，在该单屏处由绕射造成的场就可以用 4.3.1 节的方法来计算。

　　Bullington 方法最大的吸引力就是简单。然而，这种简单性同样也带来了相当大的不准确性。物理存在的大多数屏不会影响等效屏的位置，甚至是最高的障碍物也不会产生影响。考

---

①　如果楔形物上的入射场可以写成 $E_{\text{inc},0} = E_0(-jk_0 d_{TX})/d_{TX}$，上式就变得完全关于 d_{TX} 和 d_{RX} 对称。

察图 4.10，如果最高的障碍物位于屏 O1 和屏 O2 之间，它就能位于切线以下，即使它比屏 O1 和屏 O2 都高，也不会影响等效屏。在实际中，这些高的障碍物确实会对传输损耗产生影响并且产生一个附加的衰减。这样，Bullington 方法给出的往往是接收功率的乐观预测。

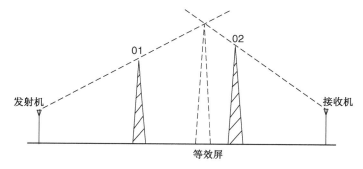

图 4.10 按照 Bulington 方法得到的等效屏。引自 Parsons[1992] © John Wiley & Sons，Ltd

Epstein-Petersen 方法

Bullington 方法的低精度源于仅仅两个障碍物就决定了等效屏从而也决定了绕射系数的这一事实。这个问题可以由 Epstein-Petersen 方法稍微缓解[Epstein and Petersen 1953]。这种方法单独计算每个屏的绕射损耗。要计算某一特定屏的衰减，可分别在与其相邻的左右两个屏的顶端放置虚拟的发射机(TX)和接收机(RX)(见图 4.11)。这个屏的绕射系数和衰减可以用 4.3.1 节的原理很容易地计算出来。然后把不同屏引起的衰减相加(以对数刻度)。因而这种方法包含了所有屏的影响。

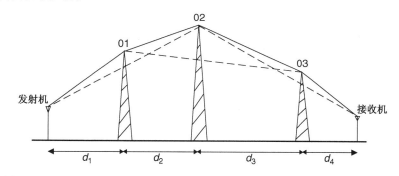

图 4.11 Epstein-Petersen 方法。引自 Parsons[1992] © John Wiley & Sons，Ltd

虽然这是一个更精确的模型，但这种方法仍然只是近似。它使用的绕射衰减式(4.27)基于发射机在屏远场的假设。然而，如果两个屏距离很近，与该假设相违背，就会发生显著的误差。

"远场假设"引起的不准确可以用斜面绕射方法来进行改善。在这种方法中，场展开成泰勒级数。除了加强屏处电场的连续性的零阶项(远场)，还要考察一阶项，用来加强场的一次导数的连续性。这导致改进的系数 A 和 D 由递归式来确定[Andersen 1997]。

Deygout 方法

Deygout 方法的体系与 Epstein-Petersen 方法近似，因为它也是要把每个屏引起的衰减相加[Deygout 1960]。然而 Deygout 方法中的绕射角是用不同的算法来定义的。

- 第一步，确定当只有第 i 个屏存在时发射机和接收机之间的衰减。
- 引起最大衰减的屏定义为"主屏"，其索引定义为 i_{ms}。
- 计算发射机与主屏尖端由第 j 个屏引起的衰减（j 从 1 到 i_{ms}）。引起最大衰减的屏定义为"次主屏"。类似地，计算主屏与接收机由第 j 个屏引起的衰减（$j > i_{\mathrm{ms}}+1$）。
- 作为可选步骤，重复该过程以产生"辅屏"，等等。
- 把所有考虑的屏产生的损耗相加（以 dB 为单位）。

如果实际上有一个屏起主导作用，大部分损耗是由它引起的，则 Deygout 方法会工作得很好，否则就会产生相当大的误差。

例 4.4　有三个屏，相互间隔为 20 m，高度分别为 30 m、40 m 和 25 m。第一个屏距离发射机 30 m 远，最后一个屏距离接收机 100 m 远。发射机高度为 1.5 m，接收机高度为 30 m。用 Deygout 方法计算 900 MHz 绕射时所引起的衰减。

解：

由某一屏引起的衰减 L 如下：

$$L = -20\log\tilde{F}(\nu_{\mathrm{F}}) \tag{4.37}$$

其中，$\tilde{F}(\nu_{\mathrm{F}})$ 根据式（4.27）定义为

$$\tilde{F}(\nu_{\mathrm{F}}) = \frac{1}{2} - \frac{\exp(\mathrm{j}\pi/4)}{\sqrt{2}}F(\nu_{\mathrm{F}}) \tag{4.38}$$

首先，确定屏 1 引起的衰减，绕射角为 θ_{d}，菲涅尔参数为 ν_{F}，衰减 L_1 如下：

$$\left.\begin{aligned}
\theta_{\mathrm{d}} &= \arctan\left(\frac{30-1.5}{30}\right) + \arctan\left(\frac{30-30}{140}\right) = 0.760\,\mathrm{rad} \\[2mm]
\nu_{\mathrm{F}} &= 0.760\sqrt{\frac{2\times30\times140}{1/3\times(30+140)}} = 9.25 \\[2mm]
L_1 &= -20\log\left(\left|\frac{1}{2} - \frac{\exp(\mathrm{j}\pi/4)}{\sqrt{2}}F(9.25)\right|\right) \\[2mm]
&\approx -20\log\left(\left|\frac{1}{2} - \frac{\exp(\mathrm{j}\pi/4)}{\sqrt{2}}\times(0.522-\mathrm{j}0.527)\right|\right) = 32.28\,\mathrm{dB}
\end{aligned}\right\} \tag{4.39}$$

其中菲涅尔积分 $F(\nu_{\mathrm{F}})$ 是数值估计。类似地，屏 2 和屏 3 所引起的衰减分别为 $L_2 = 33.59$ dB 和 $L_3 = 25.64$ dB。因此，主要衰减如果是由屏 2 造成的，屏 2 就成为"主屏"。

接下来，计算发射机与屏 2 尖端之间的衰减是由屏 1 引起的。绕射角 θ_{d}、菲涅尔参数 ν_{F} 及衰减 L_4 变为

$$\left.\begin{aligned}
\theta_{\mathrm{d}} &= \arctan\left(\frac{30-1.5}{30}\right) + \arctan\left(\frac{30-40}{20}\right) = 0.296\,\mathrm{rad} \\[2mm]
\nu_{\mathrm{F}} &= 0.296\sqrt{\frac{2\times30\times20}{1/3\times(30+20)}} = 2.51 \\[2mm]
L_4 &= -20\log\left(\frac{1}{2} - \frac{\exp(-\mathrm{j}\pi/4)}{\sqrt{2}}F(2.51)\right) \\[2mm]
&\approx -20\log\left(\frac{1}{2} - \frac{\exp(-\mathrm{j}\pi/4)}{\sqrt{2}}\times(0.446-\mathrm{j}0.614)\right) = 21.01\,\mathrm{dB}
\end{aligned}\right\} \tag{4.40}$$

类似地，屏 2 尖端到接收机之间由屏 3 引起的衰减为 $L_5 = 0.17$ dB。绕射所引起的总衰减就是所有衰减之和，即

$$L_{\text{total}} = L_2 + L_4 + L_5$$
$$= 33.59 + 21.01 + 0.17 = 54.77\,\text{dB}$$

经验模型

国际电信联盟提出了一个非常简单的半经验模型来计算绕射损耗（除自由空间衰减以外的损耗）：

$$L_{\text{total}} = \sum_{i=1}^{N} L_i + 20 \log C_{\text{N}} \tag{4.41}$$

其中，L_i 是每个单独的屏的绕射损耗（以 dB 为单位），C_{N} 的定义如下：

$$C_{\text{N}} = \sqrt{\frac{P_{\text{a}}}{P_{\text{b}}}} \tag{4.42}$$

其中，

$$\left. \begin{aligned} P_{\text{a}} &= d_{\text{p1}} \prod_{i=1}^{N} d_{\text{n}i} \left(d_{\text{p1}} + \sum_{j=1}^{N} d_{\text{n}j} \right) \\ P_{\text{b}} &= d_{\text{p1}} d_{\text{n}N} \prod_{i=1}^{N} (d_{\text{p}i} + d_{\text{n}i}) \end{aligned} \right\} \tag{4.43}$$

其中，$d_{\text{p}i}$ 是（地理上）到前面屏顶端的距离，$d_{\text{n}i}$ 是到其后面的一个屏的距离。Li et al.［1997］说明这个公式会产生大的误差并提出了一个改进的定义：

$$C_{\text{N}} = \frac{P_{\text{a}}}{P_{\text{b}}} \tag{4.44}$$

不同方法之间的比较

仅在一种特殊的情况下能够很容易地求出精确解，即所有屏有相同的高度，并且与发射机和接收机天线的高度相同。在这种情况下，绕射损耗（在线性刻度下！）与屏数成比例，为 $1/(N_{\text{screen}} + 1)$。让我们检查一下上面的近似方法能否给出这个结果（见图 4.12）。

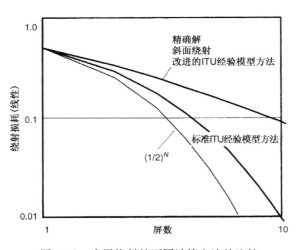

图 4.12 多屏绕射的不同计算方法的比较

- Bullington 方法独立于屏数,因而显然地给出了错误的函数依赖关系。
- Epstein-Petersen 方法在对数刻度上对衰减求和,因而导致了线性刻度上总的衰减呈指数增长。
- 类似地,Deygout 方法和 ITU 经验模型方法得到的总损耗与屏数呈指数增长。
- 斜面绕射方法(15 屏以下)和改进的 ITU 经验模型方法导致总的衰减呈线性增长,因而正确预测了这一趋势。

然而,要注意上面的比较是基于一个特定的有限制的情形。对于少量不等高屏,Deygout 和 Epstein-Petersen 方法都可以成功地运用。

4.4 粗糙表面的散射

粗糙表面的散射(见图 4.13)对于无线通信来讲是一个非常重要的过程。散射理论通常假设粗糙程度是随机的。但是在无线通信中,通常也会把确定的或周期性的结构(如书架或窗沿)定义为粗糙的。对射线跟踪预测来说(见 7.5 节),"粗糙"描述了所有(物理存在的)未包含在地图和建筑设计图中的物体。使用这种方法的理由有些是启发式的:(i)在射线跟踪预测中,产生的误差小于其他误差源;(ii)没有更好的选择余地。

既然是这样,这一节余下的部分将会讨论真实粗糙表面的数学处理方法。过去 30 年中,人们在这一领域进行了大量的研究,主要由于它对雷达技术具有重要意义。由此发展出了两个主要理论:基尔霍夫(Kirchhoff)理论和微扰理论。

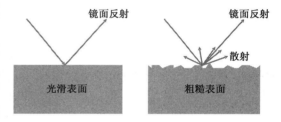

图 4.13　粗糙表面的散射

4.4.1 基尔霍夫理论

基尔霍夫理论的概念非常简单,并且只需很少量的信息,即平面振幅(高度)的概率密度函数。这个理论假设高度变化很小,以至于平面上的不同散射点并不会相互影响。换句话说,平面上的一点并不会给平面上的另一点"投下阴影"。这个假设在无线通信中实际上并不能很好地满足。

假设上面的条件实际上已经满足,表面粗糙导致镜面反射光线的功率减小,因为光线同时被散射到了其他方向(见图 4.13 的右边)。这种功率减小可以用有效反射系数 ρ_{rough} 来描述。在高斯高度分布状态的情况下,该反射系数变为

$$\rho_{\text{rough}} = \rho_{\text{smooth}} \exp\left[-2(k_0\sigma_h \sin\psi)^2\right] \tag{4.45}$$

其中,σ_h 是高度分布的标准偏差,k_0 是波数 $2\pi/\lambda$,ψ 是入射角(定义为波矢量和平面之间的夹角)。其中,$k_0\sigma_h \sin\psi$ 这一项也就是通常所说的瑞利粗糙。注意,对于掠入射($\psi \approx 0$)来说,粗糙的影响消失了,反射又成为镜面反射。

4.4.2 微扰理论

微扰理论(perturbation theory)推广了基尔霍夫理论,不仅使用了表面高度的概率密度函数,还有它的空间相关函数。换句话说,它考虑了这样一个问题:当沿着表面移动某一距离

时，高度变化有多快（见图 4.14）？

数学上，空间相关函数定义为

$$\sigma_h^2 W(\Delta_r) = E_r\{h(\mathbf{r})h(\mathbf{r}+\Delta_r)\} \qquad (4.46)$$

其中，$\mathbf{r}$ 和 Δ_r 是（二维的）位置矢量，E_r 是关于 $\mathbf{r}$ 的期望值。需要利用这个信息来找出是否表面上的一点会在表面上的另一点"投下阴影"。如果允许非常快速的振幅变化，投影的情况就更加平

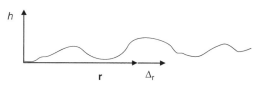

图 4.14　粗糙表面的微扰理论的几何表示

常。上面的定义加强了空间统计量的平稳性，即相关性独立于绝对位置 $\mathbf{r}$。相关长度 L_c 定义为使 $W(L_c)=0.5 \cdot W(0)$ 的距离[①]。

表面粗糙度对于镜面反射波振幅的影响可以用一个"有效"（复数的）介电常数 δ_{eff} 来描述，该常数进而引出"有效"反射系数，正如斯涅尔定律所计算的那样[②]。对于垂直极化，δ_{eff} 表示如下［Vaughan and Andersen 2003］：

$$\frac{1}{\sqrt{\delta_{\mathrm{r,eff}}}} = \begin{cases} \dfrac{1}{\sqrt{\varepsilon_r}} + \mathrm{j}\dfrac{k_0\sigma_h^2\sin(2\psi)}{2L_c}\displaystyle\int_0^\infty \dfrac{1}{x}\dfrac{\mathrm{d}\hat{W}(x)}{\mathrm{d}x}\,\mathrm{d}x, & k_0L_c \ll 1 \\[3mm] \dfrac{1}{\sqrt{\varepsilon_r}} + (k_0\sigma_h)^2(\sin\psi)^3, & k_0L_c \gg 1,\ \psi \gg \dfrac{1}{\sqrt{k_0L_c}} \\[3mm] \dfrac{1}{\sqrt{\varepsilon_r}} - \dfrac{\sigma_h^2}{2L_c}\dfrac{\sqrt{k_0L_c}}{\sqrt{2\pi}}\exp(\mathrm{j}\pi/4)\displaystyle\int_0^\infty \dfrac{1}{x\sqrt{x}}\dfrac{\mathrm{d}\hat{W}(x)}{\mathrm{d}x}\,\mathrm{d}x, & k_0L_c \gg 1,\ \psi \ll \dfrac{1}{\sqrt{k_0L_c}} \end{cases} \quad (4.47)$$

其中，$\hat{W}(x) = W(x/L_c)$。对于水平极化，则为

$$\frac{1}{\sqrt{\delta_{\mathrm{r,eff}}}} = \begin{cases} \dfrac{1}{\sqrt{\varepsilon_r}} + \mathrm{j}\dfrac{k_0\sigma_h^2}{2L_c}\displaystyle\int_0^\infty \dfrac{1}{x}\dfrac{\mathrm{d}\hat{W}(x)}{\mathrm{d}x}\,\mathrm{d}x, & k_0L_c \ll 1 \\[3mm] \dfrac{1}{\sqrt{\varepsilon_r}} + (k_0\sigma_h)^2\sin\psi, & k_0L_c \gg 1,\ \psi \gg \dfrac{1}{\sqrt{k_0L_c}} \\[3mm] \dfrac{1}{\sqrt{\varepsilon_r}} - \dfrac{(k_0\sigma_h)^2}{\sqrt{k_0L_c}}\dfrac{2}{\sqrt{2\pi}}\exp(-\mathrm{j}\pi/4)\displaystyle\int_0^\infty \dfrac{1}{\sqrt{x}}\dfrac{\mathrm{d}\hat{W}(x)}{\mathrm{d}x}\,\mathrm{d}x, & \sqrt{k_0L_c} \gg 1,\ \psi \ll \dfrac{1}{\sqrt{k_0L_c}} \end{cases} \quad (4.48)$$

把这些结果与基尔霍夫理论相比，可发现在 $k_0L_c \gg 1$，$\psi \gg 1/\sqrt{k_0L_c}$ 的情况下两者吻合得很好。这刚好符合了前面讨论的关于基尔霍夫理论的局限性：假设相关长度大于波长，表面上不可能有一个突然的"刺"引起绕射。并且，只要满足 $\psi \gg 1/\sqrt{k_0L_c}$，就能保证一个小于 y 的入射角的波不会在该表面的其他点上产生阴影。

4.5　波导

另一个重要过程是在（电介质）波导中的传播。这个过程模拟在街道峡谷、走廊、隧道中的传播。电介质波导的基本公式已经很完善地建立起来，参见 Collin［1991］和 Marcuse［1991］。然而，那些发生在无线通信中的波导偏离了理论形式的理想化假设，原因如下。

---

① 数学期望值和相关函数的详细讨论将在第 6 章给出。

② 这里假设材料是不可导的，$\sigma_e = 0$。虚部的贡献由表面粗糙性产生。

- 材料是有损耗的。
- 街道峡谷(及大多数走廊)没有连续的墙,而是会被十字路口分割成或多或少的有秩序的间隔。而且,街道缺少波导的"上面的"墙面。
- 表面是粗糙的(窗沿等)。
- 波导管是非空的,而是充满了金属的(汽车)和非传导性的(步行者)相互作用体。

传播预测既可以通过计算波导模式来进行,也可以通过几何光学近似来进行。如果波导的横截面及内部的相互作用体比波长还长得多,第二种方法就会给出更好的结果[Klemenschits and Bonek 1994]。

传统的波导理论预测传播损耗随距离呈指数增长。一些在走廊的测量观察到类似的表现。然而,大多数测量都符合 d^{-n} 规则,其中 n 在 1.5 到 5 之间变化。注意,一个指数小于 2 的损耗不与能量守恒或其他物理定律相矛盾。自由空间传播的 d^{-2} 法则源于"随着距离的增加,能量将会扩展到更大的表面上"这一事实。如果可以引导能量,那么即使是 d^0 在理论上也是有可能的。

4.6 附录

请访问 www.wiley.com/go/molisch。

深入阅读

如下几本关于无线传播过程的书给出了本章讨论的所有现象综述:Bertoni[2000],Blaunstein[1999],Parsons[1992],Vaughan and Andersen[2003],Haslett[2008]和 Barclay[2002];这些过程的 MATLAB 仿真程序可参考 Fontan and Espineira[2008]。基本的传播过程,特别是反射和透射,在许多电磁场的经典教材中都描述过,例如 Ramo et al.[1967],这是本书作者本人最喜欢的,但还有很多其他教材。更复杂的结果可参考 Bowman et al.[1987]和 Felsen and Marcuvitz[1973]。Heavens[1965]中讨论了透过多层介电薄膜的传输。绕射的几何理论最早由 Keller[1962]提出,在 Kouyoumjian and Pathak[1974]中扩展为统一的绕射理论,在 McNamara et al.[1990]中给出总结。多重刀刃绕射的不同理论在 Parsons[1992]中进行了很好的总结。然而,关于该主题的研究一直在持续进行,进一步的解决方案不断发表,如 Bergljung[1994]。粗糙表面的散射大多受启发于雷达问题,在 Bass and Fuks[1979],de Santo and Brown[1986]和 Ogilvie[1991]中给出了描述,一个极好的总结可以见 Vaughan and Andersen[2003]。电介质波导的理论在 Collin[1991],Marcuse[1991]和 Ramo et al.[1967]中进行了描述。

第5章 无线信道的统计描述

5.1 引言

在许多环境中,要描述决定不同多径分量的所有的反射、绕射和散射是极其复杂的。通常,可取的方法是描述信道某一参数取某个值的概率。最重要的参数是信道增益,因为它决定接收功率和场强,它将是这一章要研究的中心。

为了达到对信道的更好理解,首先来看一个典型的描述接收功率和距离的函数关系的图形(见图5.1)。显然,接收功率可以有很大的变化,100 dB 或者更多。其次可注意到变化发生在不同的空间尺度上。

- 在距离很短的范围内,功率围绕一个(局部的)平均值上下波动,这一点从图5.1的小插图中可以看出。这些波动发生在大约一个波长的范围内,因此称为小尺度衰落。这些波动产生的原因是不同多径分量之间的干涉(见第2章)。场强的波动可以很好地进行统计描述,即通过功率的(局部)平均值和围绕这个平均值的波动统计量来进行描述。

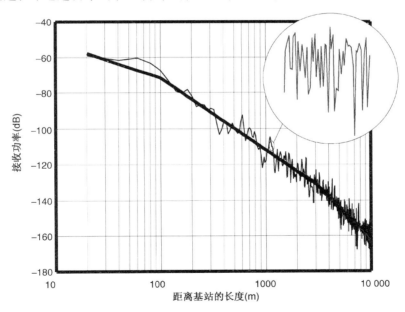

图 5.1 接收功率与发射机、接收机间距的关系

- 平均功率,在大约 10 个波长上的平均,它本身也显示了波动性。这些波动发生在更大的空间距离上,典型地为几百个波长。当围绕着发射机移动一个圆环时,这种变化可以看得很清楚(见图5.2)。引起这些变化的原因是大型物体的阴影效应(见第2章),这与引起小尺度衰落的干涉在本质上是不同的。但是,这种大尺度衰落也可以用平均值和围绕这个平均值的波动统计量来描述。

- 大尺度平均值本身单调地依赖于发射机和接收机之间的距离。这种效应与自由空间路径损耗及其变化形式有关。这种效应通常采用确定的方式描述,并且已经在第 4 章中讨论过(更多细节和模型参见第 7 章)。

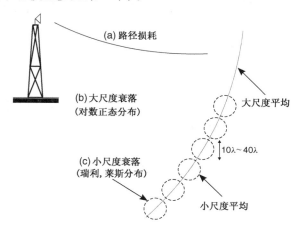

图 5.2　接收功率变化的类型

第 5 章仅关注信道增益的统计变化,延迟色散及其他效应将在以后讨论。对这一章来说,考虑一个非调制的(正弦)载波信号的信道增益就足够了,虽然这种考虑同样适用于窄带系统(如 6.1 节所定义的)。5.2 节和 5.3 节解释两径模型,即解释小尺度衰落效应时最简单的模型。5.4 节和 5.5 节把这些考虑因素推广到更实际的信道模型中,并且给出了各种情形下接收场强的统计量。随后两节描述衰落深陷(Fading dip,接收功率非常低的情形)的统计量,它们发生的频率及其平均延续时间。最后,由于阴影效应所导致的统计变化在 5.8 节中讨论。

5.2　时不变两径模型

作为"多径传播和衰落"这一复杂主题的入门,这里考察可能的最简单情况,即沿两条路径的时不变传播。发送一个正弦波形,来确定在接收机位置处的(复数)传输函数。

首先,考察一个单一的波形。设发送信号为正弦波:

$$E_{\text{TX}}(t) \propto \cos(2\pi f_c t) \tag{5.1}$$

让接收信号近似为一个同类的平面波。如果发射机和接收机之间的路径长度为 d,则接收信号可以表示为

$$E(t) = E_0 \cdot \cos(2\pi f_c t - k_0 d) \tag{5.2}$$

其中,符号 k_0 是波数 $2\pi/\lambda$。使用复基带符号[①],可以写成

$$E = E_0 \exp(-jk_0 d) \tag{5.3}$$

注意,在用复数表示时,场的实部 $\text{Re}\{E\}$ 就等于场强在时间 $t=0$ 时的瞬时值。

现在考虑发送信号经过两条不同传输路径到达接收机的情形,由两个不同的相互作用体(IO,见图 5.3)引起。这些路径有不同的传播时间:

$$\tau_1 = d_1/c_0, \qquad \tau_2 = d_2/c_0 \tag{5.4}$$

---

① 带通信号,即物理上存在的信号,与复基带(低通)表示的关系为 $s_{\text{BP}}(t) = \text{Re}\{s_{\text{LP}}(t) \exp[j2\pi f_c t]\}$(见 11.1 节)。

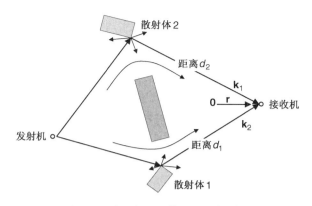

图5.3　时不变两径模型的几何结构

接收机在相互作用体的远场,因此到达波是均匀的平面波。进一步假设两路波都是垂直极化的,在参考位置 $\mathbf{r} = 0$(坐标系统原点)处的振幅为 E_1 和 E_2。得到两个平面波叠加的表达式如下:

$$E(\mathbf{r}) = E_1 \exp(-j\mathbf{k}_1\mathbf{r}) + E_2 \exp(-j\mathbf{k}_2\mathbf{r}) \tag{5.5}$$

其中,$\mathbf{k}_1$ 是矢量值的波数(即绝对值为 k_0,指向第 1 路波的方向)。

这里假设到达接收机位置 $\mathbf{r}$ 处的是两个绝对振幅不随接收位置而变化的平面波(仅仅在小于 10λ 直径的范围内变化接收机的位置)。

图5.4 的上半部分描绘了 $E(\mathbf{r})$ 的实部,下半部分显示了振幅,振幅与接收功率的平方根成正比。下面看看相长和相消干涉的位置,即位置取决于衰落。在由于不同延迟而引起的相差为 180°的位置处,存在衰落深陷。如果接收机处于相消干涉的位置处,就能看到一个总振幅为组成波振幅之差的信号。如果组成波振幅相等,相消干涉就会很彻底。在相长干涉的位置处,总的振幅是组成波振幅之和。这个现象可以在图5.4 的右下角看到。

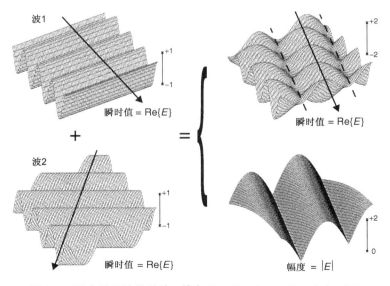

图5.4　两个平面波的干涉,其中 $E_1 = E_2 = 1$,$\arg(\mathbf{k}_1, \mathbf{k}_2) = 30°$

5.3　时变两径模型

通常,不同传播路径之间的延迟(路径长度)差异随时间变化。这种变化可以由发射机、接收机、相互作用体的移动及其组合而引起。为了简化讨论,今后将假设只有接收机移动。于是接收机可以"看到"一个时变干涉模式,假设接收机沿着场强图上的"山峰和沟壑"移动。空间变化衰落成了时间变化衰落。因为衰落深陷的间隔大约为半个波长(当载波频率为 900 MHz 时对应为 16 cm),所以这种衰落称为小尺度衰落,也称为短时衰落或者快衰落[①]。衰落率(每秒内的衰落深陷的数目)取决于接收机的移动速度。

接收机的移动也引起了接收频率的偏移,称为多普勒频移。为了解释这一现象,首先回顾单一正弦波到达接收机的情形,并考虑实的带通表示法。如果接收机以速度 $v(v = |\mathbf{v}|)$ 远离发射机,那么两者之间的距离 d 随着该速度增长,则有

$$
\begin{aligned}
E(t) &= E_0 \cdot \cos(2\pi f_c t - k_0[d_0 + vt]) \\
&= E_0 \cdot \cos\left(2\pi t\left[f_c - \frac{v}{\lambda}\right] - k_0 d_0\right)
\end{aligned} \tag{5.6}
$$

其中,d_0 是 $t = 0$ 时刻的距离,接收机振荡的频率因此减少了 v/λ。换句话说,多普勒频移为

$$
\nu = -\frac{v}{\lambda} = -f_c \cdot \frac{v}{c_0} \tag{5.7}
$$

注意,在发射机和接收机相互远离时,多普勒频移是负值。由于移动的速度总是比光速小,所以多普勒频移相对也较小。

在上面的例子中,已经假设发射机的运动方向与波传播的方向成一条直线。如果不是这一情况,多普勒频移就由波传播方向的那个速度分量来决定,即分量 $v\cos(\gamma)$ (见图 5.5)。多普勒频移变为

$$
\nu = -\frac{v}{\lambda}\cos(\gamma) = -f_c \cdot \frac{v}{c_0}\cos(\gamma) = -\nu_{\max}\cos(\gamma) \tag{5.8}
$$

最大多普勒频移 $\nu_{\max}$ 的典型值为 1 Hz ~ 1 kHz。注意,通常关系式 $\nu_{\max} = f_c \cdot v/c_0$ 是基于几种假设的,如静止相互作用体,移动物体上没有双反射,等等。

既然多普勒频移这么小,那么很自然会问到它们会不会对无线链路产生显著影响。如果所有组成波有相同的多普勒频移,如 100 Hz,那么它对无线链路的影响实际上可以忽略,因为接收机的本地振动可以很容易地补偿这个频率偏移。重要的一点是,不同的多径分量有不同的多普勒频移。具有多普勒频移的几个波叠加产生了衰落深陷序列。再者,这可以用两径模型来演示。随着接收机的移动,它接收到的两个波形都产生了多普勒频移,只是偏移量不同。通过傅里叶

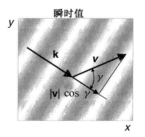

图 5.5　速度矢量 $\mathbf{v}$ 投影到传播方向 $\mathbf{k}$ 上

---

① 遗憾的是,快衰落经常用于表示两种完全不同的现象。一方面,它是小尺度衰落的同义词,独立于实际衰落的时间尺度(其取决于发射机、接收机和相互作用体的运动速度)。另一方面,它用于表示信道在一个符号长度持续时间的变化(与"准静态"信道相对比)。这样,我们更愿意称干涉效应引起的衰落为小尺度衰落,因为它含义明确。

逆变换到时域,得到了两个频率有轻微差别的振动引起的波拍效应(见图5.6)。差拍包络的频率等于两个载波的频率差,即两个多普勒频移的差异。这样接收机看到一个振幅周期变化的信号,这正是在图5.4所示场强图中的"山峰和沟壑"上移动而产生的快衰落。

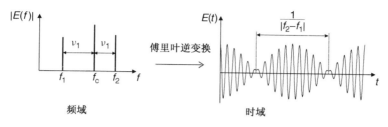

图 5.6　两个不同频率的载波相叠加(差拍)

总而言之,可以通过两个等价的因素来获得两径模型的衰落率。

1. 叠加两个入射波。绘出产生的干涉模式(场强的"山峰和沟壑"),数出当接收机沿着该模式移动时看到的每秒钟的衰落深陷的数目。

2. 另一种选择是考虑在接收天线处两个具有不同的多普勒频移的信号叠加,从波拍频率来确定衰落率,即两个波的多普勒频移的差异。

多普勒频率是信道的一个重要参数,即使它的数值很小。

- 多普勒频率是信道变化速率的一个度量,正如上面所讨论的。
- 很多轻微的多普勒频移信号的叠加导致了总的接收信号的相移,而且这一相移可以破坏角度调制信号的接收(见第11章和第12章)。这些相移导致了接收信号的随机频率调制(FM)(见5.7节),并且对于低比特率的信号尤为重要。

5.4　不含主导分量的小尺度衰落

遵循这些利用两径模型的基本考虑,现在研究多径传播的更一般性的情况。考虑有很多相互作用体和一个移动发射机的无线信道。由于相互作用体的数目比较大,对无线信道的确定性描述已经不再有效,这也是求助于统计描述方法的原因。这种统计描述对于无线通信的整个领域都是必不可少的,因而这里给出相当详细的解释。首先以5.4.1节的一个计算机实验开始,接着在5.4.2节给出一种更一般的数学推导。

5.4.1　一个计算机实验

考虑如下简单的计算机实验。信号从几个相互作用体射向在小范围内移动的接收机。相互作用体近似均匀分布在接收区域的周围。假设它们的距离足够远,从而使所有接收波都是均匀平面波,并且接收机在考察范围内移动时不会改变这些波的振幅。通过给每个波分配一个随机相位和随机振幅,来考虑相互影响的不同距离和强度。这里产生了 8 个组成波 E_i,其绝对相位为 $|a_i|$,入射角(关于 x 轴)为 ϕ_i,相位为 φ_i。

	$\|a_i\|$	ϕ_i	φ_i
$E_1(x, y) = 1.0 \exp[-jk_0(x \cos(169°) + y \sin(169°))] \exp(j311°)$	1.0	169°	311°
$E_2(x, y) = 0.8 \exp[-jk_0(x \cos(213°) + y \sin(213°))] \exp(j32°)$	0.8	213°	32°
$E_3(x, y) = 1.1 \exp[-jk_0(x \cos(87°) + y \sin(87°))] \exp(j161°)$	1.1	87°	161°
$E_4(x, y) = 1.3 \exp[-jk_0(x \cos(256°) + y \sin(256°))] \exp(j356°)$	1.3	256°	356°
$E_5(x, y) = 0.9 \exp[-jk_0(x \cos(17°) + y \sin(17°))] \exp(j191°)$	0.9	17°	191°
$E_6(x, y) = 0.5 \exp[-jk_0(x \cos(126°) + y \sin(126°))] \exp(j56°)$	0.5	126°	56°
$E_7(x, y) = 0.7 \exp[-jk_0(x \cos(343°) + y \sin(343°))] \exp(j268°)$	0.7	343°	268°
$E_8(x, y) = 0.9 \exp[-jk_0(x \cos(297°) + y \sin(297°))] \exp(j131°)$	0.9	297°	131°

现在叠加这些组成波，再次使用复数基带表示。总的复数场强 E 就是各个组成波复数场强之和。也可以把它理解为随机相位复矢量之和。图 5.7 显示了在大小为 $5\lambda \times 5\lambda$ 的区域内 $t=0$ 时刻总场强的瞬时值，即 $\mathrm{Re}\{E\}$。

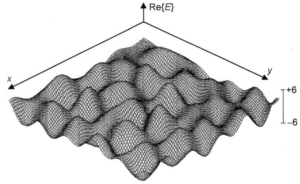

图 5.7　场强在 $t=0$ 时刻的瞬时值，即 $\mathrm{Re}\{E\}$。8 个组成波在区域 $0 < x < 5\lambda$，$0 < y < 5\lambda$ 的叠加

现在考虑发生在这一区域内的场强的统计量。从图 5.8 的直方图可看出，$\mathrm{Re}\{E\}$ 的值很好地近似于零均值高斯分布。这是中心极限定律的结果：叠加 N 个统计独立的随机变量，其中没有一个占主导地位，与之相关的概率密度函数当 $N \to \infty$ 时趋于正态分布，更精确的表述参见附录 5.A(www.wiley.com/go/molisch)。中心极限定律的有效性条件近似地满足：8 个组成波有随机的入射角和相位，并且没有一个占主导地位。图 5.9 和图 5.10 示出了场强的虚部，$\mathrm{Im}\{E\}$，也是正态分布的[①]。

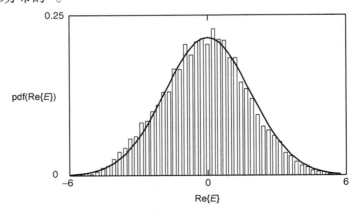

图 5.8　图 5.7 的场强的直方图。高斯概率密度函数用于进行对比

---

①　虚部表示在对应于无线频率振荡的 1/4 周期的时刻，即 $\omega t = \pi/2$ 时，场强的瞬时值。

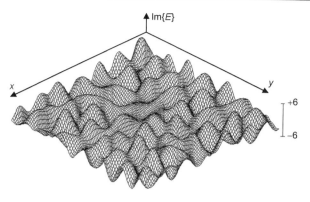

图 5.9　E 的虚部

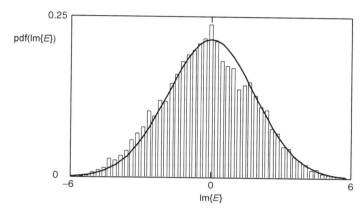

图 5.10　图 5.9 的场强的直方图。高斯概率密度函数用于进行对比

　　大多数接收机的性能取决于接收（绝对）振幅（幅度）。因而有必要研究接收信号包络的分布，其对应于（复数的）场强相位矢量的幅度。图 5.11 显示了接收机沿着图 5.7 或图 5.8 中的 y 轴移动时的场强。图 5.12 的左侧显示了场强的复相位矢量，右侧是接收信号的绝对振幅。

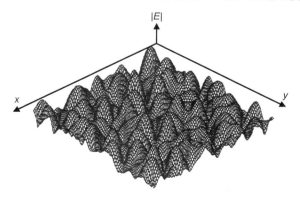

图 5.11　场强的振幅

　　图 5.11 和图 5.13 分别是振幅的三维表示及该区域振幅的统计量。图 5.13 也展示了瑞利概率密度函数的图形。瑞利分布描述了一个实部和虚部都是正态分布的复数随机变量的幅度，更多的细节在下面给出。图 5.14 说明了相位近似地服从均匀分布。

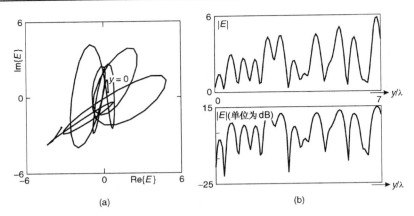

图 5.12　(a)场强的复相位矢量；(b)接收机沿 y 轴移动时接收信号的绝对振幅$|E|$

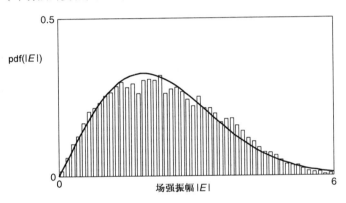

图 5.13　接收振幅的概率密度函数

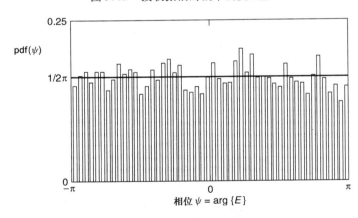

图 5.14　接收相位的概率密度函数

5.4.2　振幅与相位统计量的数学推导

　　在这些人为设计的实验之后，转向一个更详细并从数学意义上讲更彻底的瑞利分布的推导。考虑这样一种情形：由不同的相互作用体反射/散射而产生了 N 个均匀平面波(多径分量)。相互作用体和发射机静止不动，接收机以速度 v 移动。与前面一样，假设多径分量的绝对振幅在观察区域内不变。

这样，振幅平方和为

$$\sum_{i=1}^{N} |a_i|^2 = C_P \tag{5.9}$$

其中，C_P 是常量，然而相位 φ_i 变化很强烈，可以近似为在 $[0, 2\pi]$ 均匀分布的随机变量。由第 i 个多径分量引起的接收机场强的实部就是 $|a_i|\cos(\varphi_i)$，虚部是 $|a_i|\sin(\varphi_i)$。

而且，为了计算总场强 $E(t)$，要考虑到多普勒频移。如果考虑非调制载波，则可得（采用实带通表示）

$$E(t) = \sum_{i=1}^{N} |a_i|\cos[2\pi f_c t - 2\pi \nu_{max}\cos(\gamma_i)t + \varphi_i] \tag{5.10}$$

将该式用实带通符号的同相分量和正交分量来表示，可得

$$E_{BP}(t) = I(t) \cdot \cos(2\pi f_c t) - Q(t) \cdot \sin(2\pi f_c t) \tag{5.11}$$

其中，

$$I(t) = \sum_{i=1}^{N} |a_i|\cos[-2\pi \nu_{max}\cos(\gamma_i)t + \varphi_i] \tag{5.12}$$

$$Q(t) = \sum_{i=1}^{N} |a_i|\sin[-2\pi \nu_{max}\cos(\gamma_i)t + \varphi_i] \tag{5.13}$$

$I(t)$ 和 $Q(t)$ 都是许多随机变量之和，其中没有一个占主导地位（即 $|a_i| \ll C_P$）。遵循中心极限定律，这种变量之和的概率密度函数是正态（高斯）分布，与组成波振幅的具体概率密度函数无关，即无须 a_i 或其分布的知识！更详细的内容参见附录 5.A（www.wiley.com/go/molisch）。一个零均值的高斯随机变量的概率密度函数为

$$pdf_x(x) = \frac{1}{\sqrt{2\pi}\sigma}\exp\left(-\frac{x^2}{2\sigma^2}\right) \tag{5.14}$$

其中，σ^2 表示方差。

由实部和虚部的统计量出发，附录 5.B 推导出了接收信号振幅和相位的统计量。得出了 ψ 的概率密度函数，即一个均匀分布：

$$pdf_\psi(\psi) = \frac{1}{2\pi}, \qquad -\pi < \psi \leqslant \pi \tag{5.15}$$

以及 r 的概率密度函数，即一个瑞利分布：

$$pdf_r(r) = \frac{r}{\sigma^2} \cdot \exp\left[-\frac{r^2}{2\sigma^2}\right], \qquad 0 \leqslant r < \infty \tag{5.16}$$

$r < 0$ 时的概率密度为零，因为振幅只能取正数。

5.4.3 瑞利分布的性质

一个瑞利分布有如下性质，这些性质同时在图 5.15 中给出：

$$\left.\begin{array}{l}
\textbf{均值 } \bar{r} = \sigma\sqrt{\frac{\pi}{2}} \\[4pt]
\textbf{均方值 } \overline{r^2} = 2\sigma^2 \\[4pt]
\textbf{方差 } \overline{r^2} - (\bar{r})^2 = 2\sigma^2 - \sigma^2\frac{\pi}{2} = 0.429\sigma^2 \\[4pt]
\textbf{中值 } r_{50} = \sigma\sqrt{2 \cdot \ln 2} = 1.18\sigma \\[4pt]
\textbf{最大值 } \max\{pdf(r)\}\text{发生在 } r = \sigma \text{ 时}
\end{array}\right\} \tag{5.17}$$

其中，字母上的横线代表期望值，不采用通常的符号 $E\{\}$，是为了避免与场强 E 相混淆。

累积分布函数 cdf (x) 定义为随机变量小于 x 的概率。因而累积分布函数是概率密度函数的积分：

$$cdf(r) = \int_{-\infty}^{r} pdf(u)\,du \qquad (5.18)$$

对瑞利概率密度函数应用这个公式，可得

$$cdf(r) = 1 - \exp\left(-\frac{r^2}{2\sigma^2}\right) \qquad (5.19)$$

当 r 值很小时，上式可以近似为

$$cdf(r) \approx \frac{r^2}{2\sigma^2} \qquad (5.20)$$

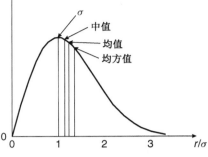

图 5.15　瑞利分布的概率密度函数

检查测量的场强值是否整体服从瑞利分布是很直接的：实验的累积概率分布值画在所谓的 Weibull 纸上(见图 5.16)。瑞利分布的累积概率分布是图上的那条直线。r 值很小时，r 值增加 10 dB，则累积分布函数的值也增加 10 dB。通过变量变换，很容易看到平方根幅度，通过扩展得到的功率服从指数分布，其概率密度函数 $pdf_P(P) = \dfrac{1}{\overline{\Omega}}\exp(-P/\overline{\Omega})$，其中 $\overline{\Omega}$ 为平均功率[1]。

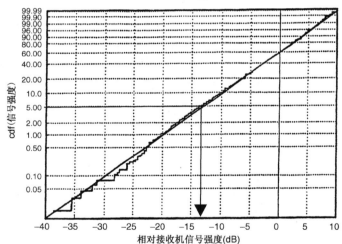

图 5.16　一个室内无视距情况下的(正态)接收功率的测量累积概率分布[Gahleitner 1993]

瑞利分布广泛运用在无线通信中，有以下几方面原因。

- 在许多实际应用的情形中，它都是一个极好的近似，这已经被大量测量所证实。然而，值得注意的是仍然存在不适用的情形。这种情况可以发生在比如视距的情况下、一些室内的情况下和一些(超)宽带的情况下(见第 6 章和第 7 章)。
- 它描述了在没有主导信号分量的前提下的最差情形，因而存在大量的衰落深陷。这种最差情形假设对于设计一个稳健的系统很有用[2]。

---

① 为简化讨论，本章不区分平方根幅度与功率，虽然它们实际上是通过一个比例常数相关的。
② 正如后面将看到的，存在一些衰落分布表现出更多的衰落深陷，例如 $m < 1$ 时的 Nakagami 分布。而且，对于某些特定系统而言，大量的多径分量也可能是一种优势(见 20.2 节)。

- 它仅取决于一个单一的参数：平均接收功率。一旦知道了这个参数，就知道了整个信号的统计特性。用测量或者确定的预测方法获得这一单一参数比在其他复杂的信道模型中获得多个参数容易得多，出错的机会也少。

- 便于以数学方式实现。当场强分布为瑞利分布时，差错概率和其他参数的计算通常可以用闭式完成。

5.4.4　瑞利分布场强的衰落余量

衰落统计量的知识对于无线系统的设计极其重要。在第 3 章中可看到，对于噪声受限信号，接收场强决定了性能。因为场强是随机变量，即使是大的场强均值也不能保证所有时刻成功地通信。相反，仅在一定百分比的情况下，场强才超过最小值。因此，现在的任务就变成回答这样一个问题："给定成功通信所需的最小功率或者场强，平均功率有多大才能保证通信在所有情况下有不超过 $x\%$ 的失败率？"换句话说，衰落余量要留多大？

根据定义，累积分布函数给出了某一场强电平不会被超过的概率。为了达到 $x\%$ 的中断概率，可以确定：

$$x = \mathrm{cdf}\,(r_{\min}) \approx \frac{r_{\min}^2}{2\sigma^2} \tag{5.21}$$

其中右边遵从式(5.20)。这样就能立即计算出场强的均方值 $2\sigma^2$，因为 $2\sigma^2 = r_{\min}^2/x$。

例 5.1　对于一个振幅为瑞利分布的信号，接收信号功率比平均功率至少低 20 dB，6 dB 和 3 dB 的概率是多少？比较精确结果和用近似公式(5.20)得出的结果。

解：

根据瑞利分布的信号包络 r，

$$\overline{r^2} = 2\sigma^2 \tag{5.22}$$

功率水平低于平均功率 20 dB 对应于 $\dfrac{r_{\min}^2}{2\sigma^2} = \dfrac{1}{100}$：

$$\Pr\{r < r_{\min}\} = 1 - \exp\left(-\frac{1}{100}\right) = 9.95 \times 10^{-3} \tag{5.23}$$

类似地，6 dB 和 3 dB 时的精确结果分别为 0.221 和 0.393。

近似公式(5.20)分别给出 $\dfrac{r_{\min}^2}{2\sigma^2} = \dfrac{1}{100} = 0.01$，0.25 和 0.5。因此这对于低于平均功率 6 dB 的功率水平是相当精确的，但对于 $r_{\min}$ 的更高值就不准确了。

对于干扰受限的情形，情况变得有点更复杂了：不仅有用信号有衰落，干扰源也有衰落。为了计算信号和干扰幅度比的统计特性，注意期望信号和干扰都是瑞利衰落的，因此需要两个随机变量之比的概率密度函数，其中每一个都是瑞利分布的［Molisch et al. 1996］：

$$\mathrm{pdf}\,(r) = \frac{2\tilde\sigma^2 r}{(\tilde\sigma^2 + r^2)^2}, \qquad r \geqslant 0 \tag{5.24}$$

其中，$\tilde\sigma^2 = \sigma_1^2/\sigma_2^2$ 是平均信号功率与平均干扰功率之比。相应的累积概率密度是

$$\text{cdf}(r) = 1 - \frac{\tilde{\sigma}^2}{(\tilde{\sigma}^2 + r^2)}, \qquad r \geqslant 0 \tag{5.25}$$

这个公式在计算重用距离时是必要的(见第3章和第17章)。

5.5　含有主导分量的小尺度衰落

5.5.1　一个计算机实验

当一个主导的多径分量(如一个视距分量或一个主导的镜面反射分量)存在时,衰落统计量会发生变化。重复5.4.1节的计算机实验,可以获得一些启示,但是现在加上了一个(主导的)振幅为5的附加波:

	$|a_9|$	ϕ_9	φ_9
$E_9(x, y) = 5.0 \exp[-\mathrm{j}k_0(x\cos(0°) + y\sin(0°))]\exp(\mathrm{j}0°)$	5.0	0°	0°

图5.17给出了E的实部,主导分量带来的贡献很明显,图5.18给出了E的绝对值。场强绝对值的直方图参见图5.19。很明显,深衰落的概率比瑞利衰落情形中的小得多。

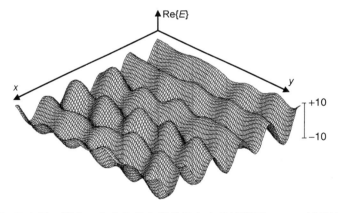

图5.17　Re{E},即在一个主导的多径分量存在的情况下,$t=0$时刻的瞬时值

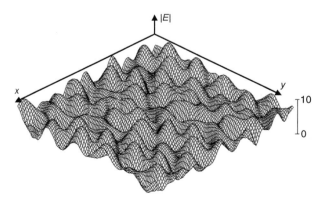

图5.18　在例子的区域内,场强的幅度$|E|$,即在一个主导的多径分量存在的情况下,$t=0$时刻的瞬时值

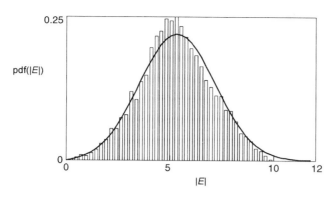

图 5.19　一个主导的多径分量存在的情况下，振幅的直方图

5.5.2　振幅和相位分布的推导

振幅的概率密度函数可用类似于推导瑞利分布的方法来计算，参见附录 5.B（www.wiley. com/go/molisch）。没有一般性的限制，假设视距分量为零相位，所以它是纯实数。因而实部是一个非零均值的高斯分布，但虚部是一个零均值的高斯分布。执行附录 5.B 中给出的变量变换，可得到振幅 r 和相位 ψ 的联合概率密度函数［Rice 1947］:

$$\mathrm{pdf}_{r,\psi}(r, \psi) = \frac{r}{2\pi\sigma^2} \exp\left(-\frac{r^2 + A^2 - 2rA\cos(\psi)}{2\sigma^2}\right), \quad r \geqslant 0, \quad -\pi < \psi \leqslant \pi \tag{5.26}$$

其中，A 是主导分量的振幅。与瑞利情形相反，这种分布是不可分离的。实际上，必须对相位积分而得到振幅的概率密度函数，反之亦然。

振幅的概率密度函数由莱斯分布给出（图 5.19 中的实线）:

$$\mathrm{pdf}_r(r) = \frac{r}{\sigma^2} \cdot \exp\left[-\frac{r^2 + A^2}{2\sigma^2}\right] \cdot I_0\left(\frac{rA}{\sigma^2}\right), \quad 0 \leqslant r < \infty \tag{5.27}$$

$I_0(x)$ 是第一类修正贝塞尔函数，阶数为 0［Abramowitz and Stegun 1965］。莱斯分布随机变量的均方值是

$$\overline{r^2} = 2\sigma^2 + A^2 \tag{5.28}$$

视距分量功率与漫射分量功率之比 $A^2/(2\sigma^2)$，称为莱斯因子 K_r。

图 5.20 给出了莱斯因子取 3 个不同值时的莱斯分布。视距分量越强，发生深衰落的机会越少。当 K_r 趋于零时，莱斯分布变为瑞利分布，但对于大的 K_r 值则近似成均值为 A 的高斯分布。

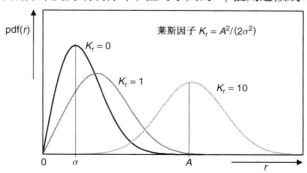

图 5.20　K_r（即视距分量功率与漫射分量功率之比）取 3 个不同值时的莱斯分布

例5.2 分别计算 $K_r = 0.3$ dB，3 dB 和 20 dB 时，使中断概率小于 5% 的莱斯分布衰落余量。

解：

回顾前述内容，中断概率可以用莱斯包络的累积分布函数表示：

$$P_{\text{out}} = \text{cdf}(r_{\text{min}}) \tag{5.29}$$

对于莱斯分布，累积分布函数如下：

$$\text{cdf}(r_{\text{min}}) = \int_0^{r_{\text{min}}} \frac{r}{\sigma^2} \cdot \exp\left[-\frac{r^2 + A^2}{2\sigma^2}\right] \cdot I_0\left(\frac{rA}{\sigma^2}\right) \mathrm{d}r, \qquad 0 \leqslant r_{\text{min}} < \infty$$

$$= 1 - Q_{\text{M}}\left(\frac{A}{\sigma}, \frac{r_{\text{min}}}{\sigma}\right) \tag{5.30}$$

其中，$Q_{\text{M}}(a, b)$ 是 Marcum Q 函数（见第 12 章），即

$$Q_{\text{M}}(a, b) = \mathrm{e}^{-(a^2 + b^2)/2} \sum_{n=0}^{\infty} \left(\frac{a}{b}\right)^n I_n(ab) \tag{5.31}$$

$I_n(\cdot)$ 是 n 阶第一类修正贝塞尔函数。衰落余量为

$$\frac{\overline{r^2}}{r_{\text{min}}^2} = \frac{2\sigma^2(1 + K_r)}{r_{\text{min}}^2} \tag{5.32}$$

莱斯功率累积分布函数如图 5.21 所示，为归一化包络的函数。不同的 K_r 所需的衰落余量在图中为 11.5 dB，9.7 dB 和 1.1 dB，分别对应于莱斯因子 0.3 dB，3 dB 和 20 dB。

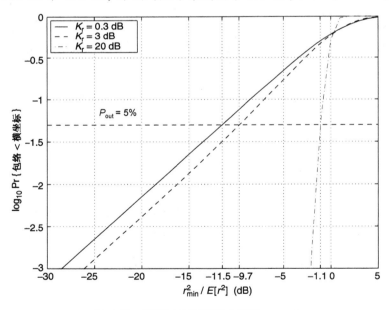

图 5.21 莱斯功率累积分布函数，$\sigma = 1$

主导分量的出现也改变了相位分布。设想一个非常强的主导分量，总的信号相位一定非常接近主导分量的相位。换句话说，相位分布收敛于 δ 函数，这一点很直观。对于一般情况（已定义视距分量的相位 $\psi = 0$），相位的概率密度函数可以由 r 和 ψ 的联合概率密度函数求得，变为 [Lustmann and Porrat 2010]

$$\text{pdf}(\psi) = \frac{1 + \sqrt{\pi K_r} \mathrm{e}^{K_r \cos^2(\psi)} \cos(\psi) \left(1 + \text{erf}\left[\sqrt{K_r} \cos(\psi)\right]\right)}{2\pi \mathrm{e}^{K_r}}, \qquad -\pi < \psi \leqslant \pi \tag{5.33}$$

其中 erf (x) 是误差函数［Abramowitz and Stegun 1965］，即

$$\mathrm{erf}(x) = (2/\sqrt{\pi}) \int_0^x \exp(-t^2)\,\mathrm{d}t$$

图 5.22 给出了 $\sigma = 1$，A 取不同值时的相位分布。

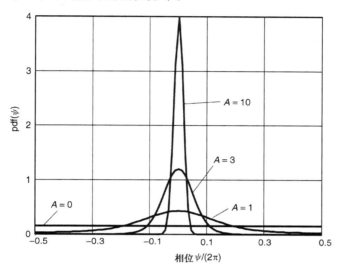

图 5.22　非零均值复高斯分布的概率密度函数，$\sigma = 1$，$A = 0$，1，3，10

功率的概率密度函数为

$$\mathrm{pdf}_P(P) = \frac{1 + K_r}{\overline{\Omega}} \exp\left(-K_r - \frac{(K_r + 1)P}{\overline{\Omega}}\right) I_0\left(2\sqrt{\frac{K_r(K_r + 1)P}{\overline{\Omega}}}\right), \qquad P \geqslant 0 \qquad (5.34)$$

第一类 n 阶修正贝塞尔函数由 $I_n(x) = \dfrac{1}{2\pi} \displaystyle\int_0^{2\pi} \exp(x\cos\theta)\cos(n\theta)\,\mathrm{d}\theta$ 给出，其中 n 为整数。从历史的角度看，有意思的是，有关莱斯分布的工作都是在未考虑无线信道的前提下进行的。经典的莱斯论文［Rice 1947］考虑了正弦波在加性高斯噪声下传播的问题。然而，从数学的角度看，这仅仅是一个确定的相位复矢量(引起非零均值)加上一个零均值复高斯分布的问题，几乎与场强计算中的问题相同。现有的结果需要无线工程师来重新解释。这个事实令人感兴趣，因为可能有其他无线问题也能通过这种"重新解释"的方法来解决。

5.5.3　Nakagami 分布

另一个广泛应用的场强概率分布是 Nakagami m 分布，其概率密度函数如下：

$$\mathrm{pdf}_r(r) = \frac{2}{\Gamma(m)}\left(\frac{m}{\overline{\Omega}}\right)^m r^{2m-1} \exp\left(-\frac{m}{\overline{\Omega}}r^2\right), \qquad r \geqslant 0 \qquad (5.35)$$

其中 $r \geqslant 0$，$m \geqslant 1/2$；欧拉的伽马函数［Abramowitz and Stegun 1965］定义为 $\Gamma(x) = \displaystyle\int_0^{\inf} t^{x-1}\exp(-t)\,\mathrm{d}t$，对于整数值 x，该函数简化为 $\Gamma(x) = (x-1)$。参数 $\overline{\Omega}$ 是均方值，$\overline{\Omega} = \overline{r^2}$，参数 m 为

$$m = \frac{\overline{\Omega}^2}{(r^2 - \overline{\Omega})^2} \qquad (5.36)$$

可以从测量值中直接提取这些参数。如果振幅是 Nakagami 衰落,那么功率服从伽马分布:

$$\text{pdf}_P(P) = \frac{m}{\overline{\Omega}\Gamma(m)}\left(\frac{mP}{\overline{\Omega}}\right)^{m-1}\exp\left(-\frac{mP}{\overline{\Omega}}\right), \qquad P \geqslant 0 \qquad (5.37)$$

Nakagami 分布和莱斯分布的形状非常相似,其中一个可以用来近似另一个。对于 $m > 1$, m 因子可以用 K_r 算出[Stueber 1996]:

$$m = \frac{(K_r + 1)^2}{(2K_r + 1)} \qquad (5.38)$$

反之,有

$$K_r = \frac{\sqrt{m^2 - m}}{m - \sqrt{m^2 - m}} \qquad (5.39)$$

虽然 Nakagami 和莱斯的概率密度表现了很好的"大体"一致,但其趋于 $r = 0$ 的斜率不同。这进而会影响可达到的分集阶数(见第 13 章)。

两个概率密度函数的主要差别在于,莱斯分布给出了非零均值复高斯分布振幅的精确分布,这意味着出现一个主导分量及大量非主导分量。Nakagami 分布以近似的方式描述了一个矢量过程的振幅分布,在该矢量过程中,中心极限定律不再是必须有效的(比如超宽带信道,见第 7 章)。

5.6　多普勒谱

5.6.1　移动中的移动台的时变性

5.3 节给出了由于运动引起的频率偏移的物理解释,即多普勒效应。如果移动台移动,多径分量以不同方向到达移动台,从而引起不同的频率偏移,就会导致接收频谱的扩展。这一节的目标是假设发送的信号是正弦信号(即窄带情况)来推导这个频谱。宽带传输信号的更一般的情况在第 6 章中讨论。

当一个波仅从单一方向到来时,重写多普勒频移的表达式。γ 表示移动台的速度矢量 $\mathbf{v}$ 与移动台处波方向之间的夹角。如式(5.8)所示,多普勒效应导致接收频率偏移了大小 ν,因此接收频率为

$$f = f_c\left[1 - \frac{v}{c_0}\cos(\gamma)\right] = f_c - \nu \qquad (5.40)$$

其中,$v = |\mathbf{v}|$。很显然,频率偏移取决于波的方向,而且一定在范围 $f_c - \nu_{max} \sim f_c + \nu_{max}$ 之内,其中 $\nu_{max} = f_c v/c_0$。

如果有多个多径分量,就需要知道入射波功率随 γ 变化的函数分布。因为对接收信号的统计分布感兴趣,所以考虑接收功率的概率密度函数 $\text{pdf}_\gamma(\gamma)$。作为略带滥用的表示法,我们称之为入射波的概率密度函数。到达接收机的多径分量以移动台的天线模式加权。因此,以方向 γ 到达的多径分量必须乘以模式 $G(\gamma)$。这样,接收功率谱为方向的函数:

$$S(\gamma) = \overline{\Omega}\left[\text{pdf}_\gamma(\gamma)G(\gamma)\right] \qquad (5.41)$$

其中,$\overline{\Omega}$ 是那些需要用全向天线接收的到达场的平均功率。我们需要进一步考虑一个事实,即 γ 和 $-\gamma$ 方向的来波导致了相同的多普勒频移,因此从导出多普勒谱的目的来讲无须区分来波。

在最后一步，必须执行变量变换，$\gamma \rightarrow \nu$。雅可比矩阵可以确定为

$$\left| \frac{\mathrm{d}\gamma}{\mathrm{d}\nu} \right| = \left| \frac{1}{\frac{\mathrm{d}\nu}{\mathrm{d}\gamma}} \right| = \frac{1}{|\frac{\nu}{c_0} f_c \sin(\gamma)|} = \frac{1}{\sqrt{\left(f_c \frac{\nu}{c_0} \right)^2 - (f - f_c)^2}} = \frac{1}{\sqrt{\nu_{max}^2 - \nu^2}}, \qquad -\nu_{max} \leqslant \nu \leqslant \nu_{max} \qquad (5.42)$$

因此多普勒谱变为

$$S_D(\nu) = \begin{cases} \overline{\Omega}[\mathrm{pdf}_\gamma(\gamma)G(\gamma) + \mathrm{pdf}_\gamma(-\gamma)G(-\gamma)]\frac{1}{\sqrt{\nu_{max}^2 - \nu^2}}, & -\nu_{max} \leqslant \nu \leqslant \nu_{max} \\ 0, & \text{其他} \end{cases} \qquad (5.43)$$

为了进一步运用，同时定义：

$$\Omega_n = (2\pi)^n \int_{-\nu_{max}}^{\nu_{max}} S_D(\nu)\nu^n \, \mathrm{d}\nu \qquad (5.44)$$

为多普勒谱的 n 阶矩。

特定的角度分布和天线模式对应其特定的公式。移动台处角度频谱的一个广泛采用的模型是波均匀地从所有方位角方向入射，并且都到达水平平面，因此

$$\mathrm{pdf}_\gamma(\gamma) = \frac{1}{2\pi}, \qquad -\nu_{max} \leqslant \gamma \leqslant n\nu_{max} \qquad (5.45)$$

上式对应于无视距连接的情形，并且大量相互作用体均匀分布在移动台周围（见第 7 章）。进一步假设天线是垂直 Hertzian 偶极子天线，天线模式 $G(\gamma) = 1.5$（见第 9 章），多普勒谱变为

$$S_D(\nu) = \frac{1.5\overline{\Omega}}{\pi \sqrt{\nu_{max}^2 - \nu^2}}, \qquad -\pi < \nu \leqslant \pi \qquad (5.46)$$

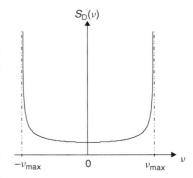

图 5.23 经典多普勒谱

这种频谱就是经典谱或 Jakes 频谱，如图 5.23 所示。它有一个很典型的"浴缸"（Jakes）形状，在最小和最大多普勒频率 $\nu = \pm \nu_{max} = \pm f_c \nu/c_0$ 处存在（积分）奇点。这些奇点对应移动台的移动方向，或其反方向。注意，均匀的方位角分布导致了一个高度非均匀的多普勒谱。

自然地，测量的多普勒谱并不会出现奇点。即使模型和假设条件都严格有效，也需要进行无穷多次测量样本，才能到达一个奇点。即使这样，经典多普勒谱仍是使用最广泛的模型。其他模型还有：

- Aulin 模型[Parsons 1992]，它在接近奇异点处限制 Jakes 谱的振幅；
- 高斯谱；
- 均匀谱（对应于所有波从全部三维空间均匀入射并且天线是各向同性模式）。

正如 5.2 节提到的，多普勒谱有如下两个重要的解释。

1. 它描述了频率色散。对于窄带系统和正交频分复用（OFDM），这种频率色散能够导致传输差错（将在第 12 章和第 19 章中详细讨论）。然而，它对大多数其他宽带系统没有直接影响，比如单载波时分多址（TDMA）或码分多址（CDMA）系统。
2. 它是信道时变性的量度标准，因此对所有系统都很重要。

衰落的时间依赖可以用衰落的自相关函数来很好地描述。t 时刻同相分量与 $t + \Delta t$ 时刻同相分量的归一化相关为

$$\frac{\overline{I(t)I(t+\Delta t)}}{\overline{I(t)^2}} = J_0(2\pi\nu_{max}\Delta t) \tag{5.47}$$

它与多普勒谱 $S_D(\nu)$ 的傅里叶变换成反比,而对于所有 Δt 值, $\overline{I(t)Q(t+\Delta t)}=0$。因此,包络的归一化相关函数近似为

$$\frac{\overline{r(t)r(t+\Delta t)} - \overline{r(t)}^2}{\overline{r(t)^2} - \overline{r(t)}^2} = J_0^2(2\pi\nu_{max}\Delta t) \tag{5.48}$$

关于自相关函数的更详细内容,参见第 6 章和第 13 章。

例 5.3 假设一个移动台位于衰落深陷处。平均来看,这个移动台最少要移动多少距离才能不再受衰落深陷的影响?

解:

当以速度 v 通过一个静态环境时,时间相关函数完全等价于空间相关函数发生(空间上的)$v\Delta t$ 的位移。首先,画出包络的相关函数[见式(5.48)]的图形,如图 5.24 所示。如果现在定义"不再受影响"为"包络相关系数等于 0.5",则可以看出接收机(平均)必须移动 0.18 λ。如果想要与衰落深陷完全不相关,则必须移动 0.38 λ。

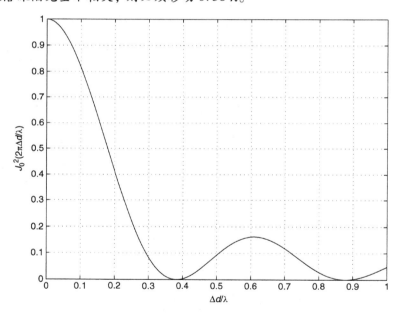

图 5.24　振幅相关与接收机位移的函数关系

5.6.2　固定无线系统中的时变性

在一个固定无线系统,即移动台不动的系统中[Anderson 2003],时变性可仅由相互作用体产生,因而产生的衰落导致时域信道的考虑和不同的建模方式。在一个移动链路中,当移动台移动时跟踪空间衰落,即图 5.11 中的"地形"。这样,空间和时域衰落可以互相映射,比例系数为移动速度 v。在固定无线链路中,变化的原因在这里变成一些散射物体的移动,最好的例子是汽车或者风吹的叶子。

测量表明,在很多情况下,衰落的幅度统计特性(取不同时间观测值的集合)为莱斯的。

然而，现在的莱斯系数表示时不变多径分量功率与时变多径分量功率之比。换句话说，时域莱斯因子和视距（或者其他主导）分量没有关系：在一个纯的非视距并有很多相同强度分量的情况下，如果所有多径分量是时不变的，则莱斯因子可趋于无穷大。

这样一个系统的多普勒谱包含一个在 $\nu = 0$ 时的 δ 脉冲，和一个取决于相互作用体的运动和位置的连续谱。各种测量活动表明，这个散开的谱是近似高斯的。

5.7　衰落的时间依赖性

5.7.1　电平通过率

多普勒谱完全刻画了衰落的时间统计量。然而，通常仍需要一个能对系统性能更一目了然的不同表示方法。衰落深陷的发生率是一个能衡量系统的参数，这个发生率称为电平通过率（LCR）。显然，它取决于所考察的那个电平，即衰落深陷是怎样定义的：低于均值 30 dB 的情形要比低于均值 3 dB 的情形少得多。衰落深陷的允许深度取决于平均场强及所考察的系统，我们希望获得任意电平（即衰落深陷的深度）的电平通过率。

假如给出了数学表达式，电平通过率定义为接收场强在正方向穿过某一电平 r 的通过率的期望值，也可写成

$$N_R(r) = \int_0^\infty \dot{r} \cdot \text{pdf}_{r,\dot{r}}(r,\dot{r})\, d\dot{r}, \qquad r \geqslant 0 \tag{5.49}$$

其中，$\dot{r} = dr/dt$ 是时间导数，$\text{pdf}_{r,\dot{r}}$ 是 r 和 $\dot{r}$ 的联合概率密度函数。

在附录 5.C（ www.wiley.com/go/molisch ）中，推导电平通过率为

$$N_R(r) = \sqrt{\frac{\Omega_2}{\pi \Omega_0}} \frac{r}{\sqrt{2\Omega_0}} \exp\left(-\frac{r^2}{2\Omega_0}\right), \qquad r \geqslant 0 \tag{5.50}$$

注意，$\sqrt{2\Omega_0}$ 是振幅值的均方根。图 5.25 给出了瑞利衰落振幅和 Jakes 多普勒谱的电平通过率。

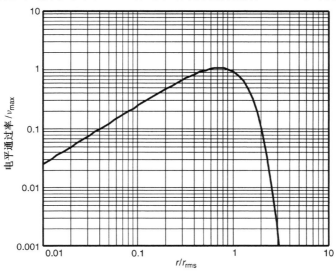

图 5.25　瑞利衰落振幅和 Jakes 多普勒谱情况下，用最大多普勒频率归一化的电平通过率与归一化的电平 r/r_{rms} 的函数关系

5.7.2　平均衰落持续时间

另一个感兴趣的参数是平均衰落持续时间(ADF)。前几节已经推导出场强低于考察阈值时的速率(即电平通过率),以及场强低于这个阈值的时间百分比(即场强的累积分布函数)。平均衰落持续时间可以很容易地由两个量的商计算出来:

$$\text{ADF}(r) = \frac{\text{cdf}_r(r)}{N_R(r)}, \qquad r \geqslant 0 \tag{5.51}$$

平均衰落持续时间的图形如图 5.26 所示。

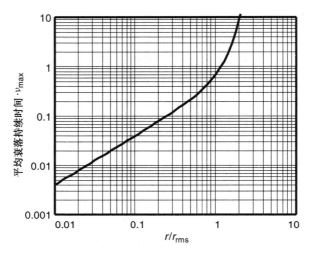

图 5.26　瑞利衰落振幅和 Jakes 多普勒谱情况下,用最大多普勒频率归
一化的平均衰落持续时间与归一化的电平 r/r_{rms} 的函数关系

例 5.4　假设一个多径环境,接收信号服从瑞利分布,多普勒谱是经典浴缸(Jakes)形状。计算最大多普勒频率为 $\nu_{\text{max}} = 50$ Hz 时的电平通过率和平均衰落持续时间,振幅阈值为

$$r_{\text{min}} = \frac{\sqrt{2\Omega_0}}{10}, \frac{\sqrt{2\Omega_0}}{2}, \sqrt{2\Omega_0}$$

解:

由式(5.50)计算电平通过率。对于 Jakes 情形,多普勒谱的二阶矩如下:

$$\Omega_2 = \frac{1}{2}\Omega_0(2\pi\nu_{\text{max}})^2 \tag{5.52}$$

因此,

$$N_R(r_{\text{min}}) = \sqrt{2\pi} \cdot \nu_{\text{max}} \cdot \frac{r_{\text{min}}}{\sqrt{2\Omega_0}} \exp\left(-\frac{r_{\text{min}}^2}{2\Omega_0}\right) \tag{5.53}$$

平均衰落持续时间由式(5.51)计算,其中

$$\text{cdf}(r_{\text{min}}) = 1 - \exp\left(-\left(\frac{r_{\text{min}}}{\sqrt{2\Omega_0}}\right)^2\right) \tag{5.54}$$

代入不同的阈值 r_{min},所得结果如表 5.1 所示。

表 5.1　阈值对平均衰落持续时间和电平通过率的影响

r_{min}	$N_R(r_{min})$	cdf(r_{min})	ADF(ms)
$\dfrac{\sqrt{2\Omega_0}}{10}$	12.4	0.01	0.8
$\dfrac{\sqrt{2\Omega_0}}{2}$	48.8	0.22	4.5
$\sqrt{2\Omega_0}$	46.1	0.63	13.7

5.7.3　随机频率调制

随机信道会导致接收信号的随机相位偏移。在一个时变信道中，这种相位偏移也是时变的。根据定义，时变的相偏就是频率调制。本节计算这种随机频率调制。

瞬时角频率 $\dot{\psi}$ 的概率密度函数可以用附录 5.C（www.wiley.com/go/molisch）中的联合概率密度函数 $\mathrm{pdf}_{r,\dot{r},\psi,\dot{\psi}}$ 来计算。对变量 r，$\dot{r}$ 和 ψ 求积分，结果为

$$\mathrm{pdf}_{\dot{\psi}}(\dot{\psi}) = \frac{1}{2}\sqrt{\frac{\Omega_0}{\Omega_2}}\left(1 + \frac{\Omega_0}{\Omega_2}\dot{\psi}^2\right)^{-3/2} \tag{5.55}$$

这是有两个自由度的"学生 t 分布"[Mardia et al. 1979]（见图 5.27）。累积分布为

$$\mathrm{cdf}_{\dot{\psi}}(\dot{\psi}) = \frac{1}{2}\left[1 + \sqrt{\frac{\Omega_0}{\Omega_2}}\dot{\psi}\left(1 + \frac{\Omega_0}{\Omega_2}\dot{\psi}^2\right)^{-1/2}\right] \tag{5.56}$$

值得注意的是，瞬时频率值遍布于 $-\infty$ 到 $+\infty$ 之间，它们并没有被限制在可能的多普勒频率范围内！

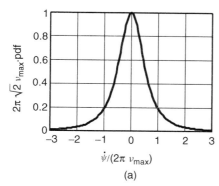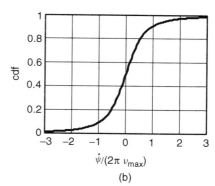

图 5.27　随机频率调制的(a)归一化概率密度函数和(b)累积分布函数

强的频率调制很可能发生在衰落深陷中：如果信号电平低，则可能发生非常强的相对变化。振幅水平为 r_0 的条件下[Jakes 1974]，瞬时频率的概率密度的数学表达式展示了一些直观上合意的结果：

$$\mathrm{pdf}(\dot{\psi}|r_0) = \frac{r_0}{\sqrt{2\pi\Omega_2}}\exp\left(-r_0^2\frac{\dot{\psi}^2}{2\Omega_2}\right) \tag{5.57}$$

这是方差为 Ω_2/r_0^2 的零均值高斯分布。信号电平越高，方差越小。

可以看出，衰落深陷以两种方式产生误差：一方面，信号电平越低，对噪声的敏感度越高。另一方面，它们增加了强的随机调频的概率，这就会在任何依靠传输信号相位来传递信息的系统中引入误差。另外，第 12 章会讨论到衰落深陷也与符号间干扰有关。

5.8　大尺度衰落

由不同的多径分量叠加产生的小尺度衰落,在几个波长的空间范围内快速变化。如果场强在一个小的区域内(比如, 10 个波长×10 个波长)进行平均,则可得到小尺度平均(SSA)场强[1]。前面几节把小尺度平均场强当成常数。然而,正如本书第一部分"引言"所解释的,当我们在一个大的空间尺度内考虑问题时,小尺度平均场强由于相互作用体造成的多径分量的阴影而变化。

许多实验研究表明,小尺度平均场强 F 用对数刻度来描绘时,是均值为 μ 的高斯分布。这样的分布是对数正态分布,它的概率密度函数是

$$\text{pdf}_F(F) = \frac{20/\ln(10)}{F\sigma_F\sqrt{2\pi}} \cdot \exp\left[-\frac{(20\log_{10}(F) - \mu_{\text{dB}})^2}{2 \cdot \sigma_F^2}\right], \qquad F \geqslant 0 \tag{5.58}$$

其中, σ_F 是 F 的标准差, μ_{dB} 是 F 以 dB 为单位的平均值。类似地,功率也是对数正态分布。然而,有一个非常重要的细节:将小尺度平均功率的对数拟合到一个正态分布时,可发现该分布的中值 $\mu_{\text{P,dB}}$ 与场强分布的中值 μ_{dB} 相关, $\mu_{\text{P,dB}} = \mu_{\text{dB}} + 10\log(4/\pi)$ dB。该功率的概率密度函数因此为

$$\text{pdf}_P(P) = \frac{10/\ln(10)}{P\sigma_P\sqrt{2\pi}} \cdot \exp\left[-\frac{(10\log_{10}(P) - \mu_{\text{P, dB}})^2}{2 \cdot \sigma_P^2}\right], \qquad P \geqslant 0 \tag{5.59}$$

其中, $\sigma_P = \sigma_F$。 σ_F 的典型值为 4 ~ 10 dB。

对数正态分布的另一个有趣特性是:对数正态分布值的总和也近似服从对数正态分布。根据合成分布参数计算和的均值和方差有各种方法。适合各种特殊情况的方法可以参见 Stueber [1996];最近由 Mehta et al. [2007] 导出了一个一般的灵活方法。同时还要注意,对数正态随机变量的乘积正好服从对数正态分布。

F 的对数正态方差通常要归因于阴影效应。考察图 5.28 中的情形。如果移动台移动,它就改变了角度 γ,继而改变绕射系数 ν_F。如果边缘与移动台之间的距离很大,那么移动台必然要移动一个大的距离(比如,几十个波长),才能使场强发生显著变化。注意,这种效应改变了多径分量的绝对振幅 $|a|$,并且与干涉效应没有关系。现在考虑这样一种情况,一个多径分量在从发射机到接收机的路程中,经历了若干个这样或类似的过程,每一个过程都引发了一定的衰减。接收场强就取决于这些衰减的乘积。在对数刻度下,就是这些衰减之和。因此可以把这种效果建模为对数刻度上的随机变量之和,即一个对数正态分布。然而,刚才描述的这种机制并不是在所有物理状态都必然有效[2]。

现在考虑基于大范围内的样本(即,包括对数正态衰落和干涉效应)的场强的统计量。这些样本的概率密度函数由所谓的 Suzuki 分布给出,它遵循条件统计直接推导的结果。小区域内场强的均值为 $\bar{r} = \sigma\sqrt{\pi/2}$,而且场强的局部值的分布是 σ 的条件分布[与式(5.17)对比]:

$$\text{pdf}(r|\bar{r}) = \frac{\pi r}{2\bar{r}^2} \exp\left(-\frac{\pi r^2}{4\bar{r}^2}\right), \qquad r \geqslant 0 \tag{5.60}$$

局部均值(即上面用的期望值)依据对数正态统计量分布。无条件化得到场强的概率密度函数:

---

[1]　严格地讲,这只是小尺度平均场强的一个近似,因为在用来取平均的有限区域内,可能只有有限个统计独立的样本值。

[2]　另一种解释,基于双散射函数由 Andersen[2002] 提出。但是,独立于其产生机制,大量测量证实, F 的概率密度函数由对数正态函数很好地近似。

$$\text{pdf}_r(r) = \int_0^\infty \frac{\pi r}{2\bar{r}^2} \exp\left(-\frac{\pi r^2}{4\bar{r}^2}\right) \frac{20/\ln(10)}{\bar{r}\sigma_F\sqrt{2\pi}} \exp\left(-\frac{(20\log_{10}(\bar{r}) - \mu_{\text{dB}})^2}{2\sigma_F^2}\right) \text{d}\bar{r}, \qquad r \geq 0 \quad (5.61)$$

这个概率密度函数也称为 Suzuki 分布。图 5.29 给出了一个例子。如果小尺度统计是莱斯分布或者 Nakagami 分布,则可以定义一个类似的函数。注意,当小尺度统计不是瑞利分布时,μ_{dB} 和 $\mu_{\text{P, dB}}$ 的关系是不同的。

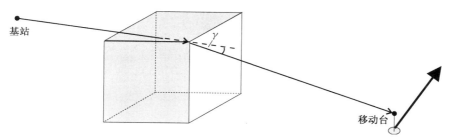

图 5.28　被建筑物遮挡

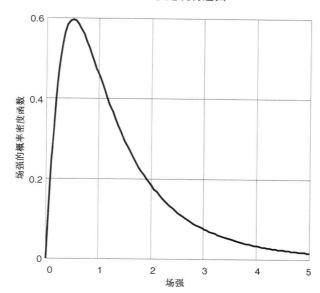

图 5.29　Suzuki 分布, $\sigma_F = 5.6$ dB, $\mu = 1.4$ dB

功率的概率密度函数为

$$\text{pdf}_P(P) = \int_0^\infty \frac{1}{\Omega} \exp\left(-\frac{P}{\Omega}\right) \frac{10/\ln(10)}{\Omega\sigma_P\sqrt{2\pi}} \exp\left(-\frac{(10\log_{10}(\Omega) - \mu_{\text{P, dB}})^2}{2\sigma_P^2}\right) \text{d}\Omega, \qquad P \geq 0 \quad (5.62)$$

既然实际情况中大尺度和小尺度衰落都会发生,衰落余量必须要考虑两个效果的结合(见第 3 章)。一种可能性是将瑞利分布的衰落余量与对数正态分布的衰落余量相加。由于其简单性,这种方法经常采用,但是它过高地估计了所需的衰落余量。更准确的方法基于 Suzuki 分布的累积概率函数,可以令式(5.59)从 $-\infty$ 到 x 的积分得到。这样就可以计算出,在给定允许中断概率(比如 0.05)的情况下,必要的平均场强 r_0,具体过程参见下面的例题。

例 5.5　考虑一个信道,其 $\sigma_F = 6$ dB, $\mu = 0$ dB。计算为使中断概率小于 5% 的相对于阴影的 dB 均值的 Suzuki 分布的衰落余量。再分别计算瑞利分布和阴影分布的衰落余量。

解：

对于 Suzuki 分布：

$$P_{\text{out}} = \text{cdf}(r_{\min}) = \int_0^{r_{\min}} \text{pdf}_r(r)\,\mathrm{d}r$$

$$= \int_0^\infty \left(1 - \exp\left(-\frac{\pi r_{\min}^2}{4\bar{r}^2}\right)\right) \frac{20/\ln(10)}{\bar{r}\sigma_{\text{F}}\sqrt{2\pi}} \exp\left(-\frac{(20\log_{10}\bar{r} - \mu_{\text{dB}})^2}{2\sigma_{\text{F}}^2}\right) \mathrm{d}\bar{r} \tag{5.63}$$

代入 $\sigma_{\text{F}} = 6$ dB，$\mu_{\text{dB}} = 0$ dB，累积分布函数可以表示为

$$\text{cdf}(r_{\min}) = \frac{20/\ln 10}{\sqrt{2\pi} \times 6} \int_0^\infty \frac{1}{\bar{r}} \exp\left(-\frac{(20\log\bar{r} - 0)^2}{2\times 36}\right) \left(1 - \exp\left(-\frac{\pi}{4}\cdot\frac{r_{\min}^2}{\bar{r}^2}\right)\right) \mathrm{d}\bar{r} \tag{5.64}$$

衰落余量定义为

$$M = \frac{\mu^2}{r_{\min}^2} \tag{5.65}$$

对于 $r_{\min}$ 的不同值，计算式（5.65），可以得到累积分布函数的图形（见图 5.30）。中断概率为 5% 时，需要的衰落余量为 15.5 dB。

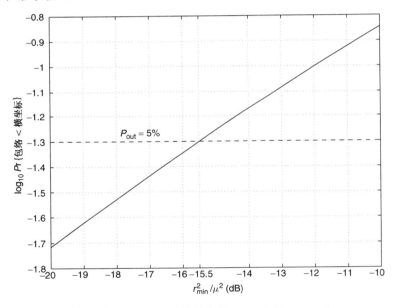

图 5.30　Suzuki 累积概率分布，$\sigma_{\text{F}} = 6$ dB，$\mu_{\text{dB}} = 0$

只有瑞利衰落时的中断概率计算如下：

$$P_{\text{out}} = \text{cdf}(r_{\min}) = 1 - \exp\left(-\frac{r_{\min}^2}{2\sigma^2}\right)$$

$$= 1 - \exp(-1/M) \tag{5.66}$$

经过一些操作，可得

$$M_{\text{Rayleigh, dB}} = -10\log_{10}(-\ln(1 - P_{\text{out}}))$$

$$= 12.9\,\text{dB} \tag{5.67}$$

对于阴影衰落，以 dB 为单位的场强值的概率密度函数是标准的高斯分布。因此 cdf 的补（即 1 减去 cdf）由 Q 函数定义为

$$Q(a) = \frac{1}{\sqrt{2\pi}} \int_a^\infty \exp\left(-\frac{x^2}{2}\right) dx$$

中断概率为

$$P_{\text{out}} = Q\left(\frac{M_{\text{large-scale}_{\text{dB}}}}{\sigma_F}\right) \tag{5.68}$$

将 $\sigma_F = 6\ \text{dB}$ 和 $P_{\text{out}} = 0.05$ 代入式(5.68)，可得

$$\begin{aligned} M_{\text{large-scale}_{\text{dB}}} &= 6 \times Q^{-1}(0.05) \\ &= 9.9\,\text{dB} \end{aligned} \tag{5.69}$$

将瑞利衰落与阴影衰落余量之和作为计算的衰落余量，可得

$$M_{\text{dB}} = 12.9 + 9.9\,\text{dB} = 22.8\,\text{dB} \tag{5.70}$$

与通过 Suzuki 分布计算的结果相比，可以看到这是一种更保守的估计。

结论是，Suzuki 分布可以合理地由对数正态分布很好地近似，其中近似对数正态分布的参数仅与阴影的参数(如瑞利衰落不相关)通过下式相关：

$$\mu_{\text{approx, dB}} = \mu_{\text{shadow, dB}} - 1.5 \tag{5.71}$$

$$\sigma_{\text{dB}}^2 = \sigma_{\text{shadow, dB}}^2 + 13 \tag{5.72}$$

最后变成单独阴影的空间相关(与小尺度衰落无关)。阴影的值仅随着移动台的位置缓慢变化。这样，在相距 Δx 的距离测量的阴影场强(或者功率)的实现是相关的。最一般的模型是指数相关模型，即 $E_x\{F(x)F(x + \Delta x)\} = \exp(-\Delta x/\overline{x})$，其中去相关距离典型地在 5 ~ 50 m 的范围，具体值取决于环境。

5.9 附录

请访问 www.wiley.com/go/molisch。

深入阅读

本章推导的数学基础在许多统计和随机过程的权威教材中都进行了论述，特别是经典教材 Papoulis[1991]。振幅分布的统计模型和多普勒谱首先在 Clarke[1968]中描述。信道统计的全面阐述，瑞利情况下的多普勒谱、电平通过率和平均衰落持续时间的推导，都可在 Jakes[1974]中找到。因为瑞利衰落基于 I 分量和 Q 分量的高斯衰落，许多文献是关于高斯多变量分析的[Muirhead 1982]。Nakagami 分布的推导及其统计特性可在 Nakagami[1960]中找到；物理解释在 Braun and Dersch[1991]中给出；莱斯分布在 Rice[1947]中给出推导。Suzuki 分布在 Suzuki[1977]中给出推导。对数正态分布的更详细信息，特别是几个对数正态分布的变量之和，可以在 Stueber[1996]，Cardieri and Rappaport[2001]和 Mehta et al.[2007]中找到。Nakagami 小尺度衰落和对数正态阴影的结合在 Thjung and Chai[1999]中进行了处理。衰落统计量，包括 Nakagami 和莱斯分布的平均衰落持续时间和电平通过率，在 Abdi et al.[2000]中进行了总结。统计信道描述的另一个重要方面是根据指定的多普勒谱产生随机变量，Paetzold[2002]给出了该领域的一个广泛的描述。

第 6 章 宽带和方向性信道的特性

6.1 引言

在上一章中，传输信号为纯正弦信号时，考虑了多径传播对接收场强和时变性的影响。这些考虑对于所有发送信号的带宽"非常小"（更精确的定义见下文）的系统都是正确的。然而，大多数现在和未来的无线系统采用很大的宽带，或者是因为它们要满足高的数据速率，或者是因为它们的多址接入技术方案（见第 17 章至第 19 章），因此必须要能描述在大宽带信道的变化。本章讨论的就是这些描述方法。

多径传播在宽带系统中的影响可以采用两种不同的方式来解释：（i）信道传输函数随带宽而变化（这称为信道的频率选择性）；（ii）信道的冲激响应不是 δ 函数，换句话说，到达信号的持续时间比发送信号的长（又称为延迟色散）。这两种解释是等价的，可以通过延迟（时）域转换和频域之间的傅里叶变换来说明。

这一章首先再次采用最简单的信道，即二径信道，解释宽带信道的基本概念。然后给出宽带时变信道的最一般化的统计描述公式（见 6.3 节），并讨论它最普遍的特殊形式，即广义平稳非相关散射（WSSUS）模型（见 6.4 节）。由于这些描述方法相当复杂，经常采用精简参数进行更简洁的描述（见 6.5 节）。6.6 节考虑这样一种情况，即信道不仅足够宽，能够表示传输函数可测量的变化，甚至宽到带宽和载波频率相当的程度，这种情况称为"超宽带"。

在宽带信道上工作的系统有如下一些重要的性质。

- 存在符号间干扰。很容易从延迟色散的角度来理解这一点。如果发送一个长度为 T_{S} 的符号，则该符号相应的接收信号有较长的持续时间，因而会干扰下一个符号（见第 2 章）。12.3 节描述在没有采取任何措施的情况下，这种符号间干扰对误比特率的影响。第 16 章将描述均衡器的结构，它可以有效地抵消这种符号间干扰的有害影响。
- 可以减少衰落的有害影响。这个作用在频域很容易理解：即使发送信号的部分频谱衰落很严重，其他频率并没有衰减。适当的编码和信号处理可以利用这一事实（将在第 16 章、第 18 章和第 19 章中详述）。

信道特性的变化不仅取决于所考察的频率，也取决于位置。后者的作用与信道的方向性有关，即多径分量是从哪个方向入射的。6.7 节讨论这些方向特性的随机描述方法，这对天线的分集（见第 13 章）和多元天线特别重要（见第 20 章）。

6.2 延迟色散的成因

6.2.1 两径模型

为什么信道表现出延迟色散，或者在给定的频率范围内总是变化的？正如第 5 章开始所介绍的，最简单的情况是两径模型。发送信号通过两个不同的传播路径到达接收机，这两条路

径的延迟分别为

$$\tau_1 = d_1/c_0 \quad 和 \quad \tau_2 = d_2/c_0 \tag{6.1}$$

现在假设这两个延迟不随时间变化,这种情况发生在发射机、接收机和相互作用体都不移动时。因此,信道是线性和时不变的,其冲激响应为[在复基带表示时,也可以和式(11.1)对比]

$$h(\tau) = a_1 \delta(\tau - \tau_1) + a_2 \delta(\tau - \tau_2) \tag{6.2}$$

这里再次采用复数幅度 $a = |a| \exp(\mathrm{j}\varphi)$。很明显,这样的信道表现出延迟色散特性;冲激响应的支撑(持续时间)有一个有限的扩展范围,即 $\tau_2 - \tau_1$。冲激响应的傅里叶变换可以得到传输函数 $H(\mathrm{j}\omega)$:

$$H(f) = \int_{-\infty}^{\infty} h(\tau) \exp[-\mathrm{j}2\pi f\tau] \mathrm{d}\tau = a_1 \exp[-\mathrm{j}2\pi f\tau_1] + a_2 \exp[-\mathrm{j}2\pi f\tau_2] \tag{6.3}$$

传输函数的幅度为

$$|H(f)| = \sqrt{|a_1|^2 + |a_2|^2 + 2|a_1||a_2| \cos(2\pi f \cdot \Delta\tau - \Delta\varphi)} \tag{6.4}$$

其中,$\Delta\tau = \tau_2 - \tau_1$,$\Delta\varphi = \varphi_2 - \varphi_1$。

图 6.1 是一个典型情况的传输函数。可以看到,传输函数取决于频率,因而有频率选择性衰落信道。还可以看到,传输函数在所谓的槽口频率处有深陷点(凹点)。在两径模型中,当接收到的两个到达波的相位差 180° 时就会出现槽口频率。两个相邻槽口频率的频率差为

$$\Delta f_{\mathrm{Notch}} = \frac{1}{\Delta\tau} \tag{6.5}$$

两个波形的幅度越相近,它们之间的相消干涉就越严重。

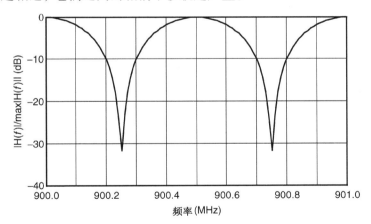

图 6.1 载波频率 900 MHz 处的归一化传输函数,其中 $|a_1| = 1.0$,$|a_2| = 0.95$,$\Delta\varphi = 0$,$\tau_1 = 4\ \mu s$,$\tau_2 = 6\ \mu s$

有衰落深陷的信道不仅幅度失真,信号的相位也会失真。这可以通过考察群延迟清楚地看到,群延迟定义为信道传输函数相位 $\phi_{\mathrm{H}} = \arg(H(f))$ 的导数:

$$\tau_{\mathrm{Gr}} = -\frac{1}{2\pi} \frac{\mathrm{d}\phi_{\mathrm{H}}}{\mathrm{d}f} \tag{6.6}$$

从图 6.2 中可以看到,在衰落深陷处群延迟变得很大。后面的章节将会讨论到群延迟与符号间干扰有关。

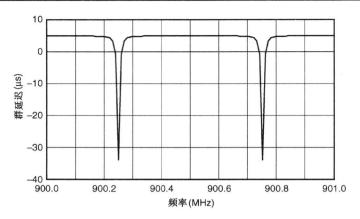

图 6.2　群延迟和频率的关系(参数与图 6.1 的相同)

6.2.2　一般的情况

　　讨论了简单的两径模型之后,现在讨论更一般的情况,相互作用体可以在平面的任何地方。再次假设场景是静态的,发射机、接收机和相互作用体都不动。现在画一个椭球,其焦点为发射机和接收机,它的离心率决定了延迟[①]。与同一特定椭球上的相互作用体发生一次相互作用的所有射线同时达到接收机。与不同椭球上的相互作用体发生相互作用的射线,将在不同时刻到达接收机。因此,如果环境中的相互作用体不是全部位于同一个椭球上,信道就是延迟色散的。

　　很显然,在实际环境中相互作用体不可能都精确地位于同一个椭球上。下一个问题是:这种"单个椭球"条件必须怎样严格满足,才能保证信道仍然是"实际上"非延迟色散的? 答案取决于系统的带宽。当 $\Delta\tau \ll 1/W$ 时,带宽为 W 的接收机无法区分在 τ 和 $\tau + \Delta\tau$ 时刻到达的回波(对很多定性的考虑,结合 $\Delta\tau = 1/W$ 考虑上述条件是充分的)。因此,在圆环形区域内反射的回波,到达时刻在 τ 和 $\tau + \Delta\tau$ 之间时,可认为"实际上"同时到达(见图 6.3)。

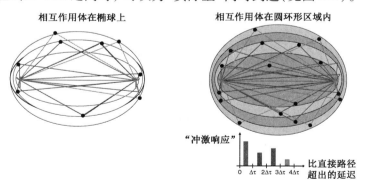

图 6.3　位于同一椭球上的散射体导致同样的延迟

　　宽带信道的冲激响应的时域离散近似可以通过把冲激响应分成宽度为 $\Delta\tau$ 的小块,然后计算在每个小块内的回波之和得到。如果在每一个圆环形区域内有足够多的非主导的相互作用体,则落在每一个延迟小块内的多径分量满足中心极限定理。在这种情况下,每个小块的幅度

[①]　这些椭球和第 4 章描述的菲涅尔椭球很相似。不同的是,第 4 章关注引入 $i \cdot \pi$ 的相位偏移的超出延迟,这里关注的延迟通常大得多。

可以统计地描述，而且这个幅度的概率密度函数是瑞利分布或莱斯分布。因此，第 5 章中的所有公式仍然成立，但是它们适用于一个延迟小块内的场强。进一步定义最小延迟为基站和移动台之间的直接路径的延迟 d/C_0，定义最大延迟为基站和移动台之间通过最远的"有效"相互作用体时的延迟，即能够对冲激响应产生可测量的贡献的最远的作用体的延迟。最大超出延迟 τ_{max} 定义为最小延迟和最大延迟之间的差值。

以上考虑同时给出了时域角度的窄带和宽带的数学表述：如果系统带宽的倒数 $1/W$ 远远大于 τ_{max}，该系统就是窄带系统。在这种情况下，所有的回波都落在同一个延迟块内，延迟块的幅度为 $\alpha(t)$。在其他所有情况下，系统是宽带的。在宽带系统中，接收到的信号形状和持续时间与发送的信号是不同的。在窄带系统中，它们是相同的。

如果冲激响应是有限长度的，根据傅里叶变换理论就能得出传输函数是频域依赖的，即 $\mathcal{F}\{h(\tau)\} = H(f)$。这样，延迟色散等同于频率选择性。一个频率选择性信道不能用一个简单的衰减系数来描述，而是必须为传输函数的细节建模。注意，如果在一个足够大的带宽上分析，那么任何实际信道都是频率选择性的。在实际的系统中，的确是这样吗？这等价于比较最大超出延迟和系统带宽的倒数。图 6.4 描绘了这些关系，展示了宽带系统在延迟和频域的变化。

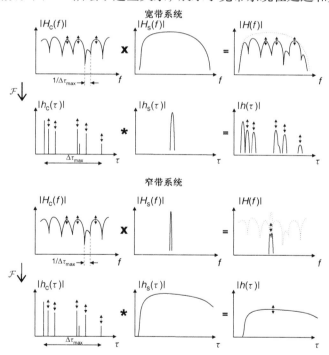

图 6.4　窄带和宽带系统。$H_c(f)$ 为信道传输函数；$h_c(\tau)$ 为信道冲激响应。$h_s(\tau)$ 描述"系统冲激响应"，包含想要传输的它们的"基本脉冲形状"及滤波效应。引自 Molisch[2000] © Prentice Hall

要强调的是，宽带无线系统的定义与射频工程师定义的"宽带"有根本的区别。宽带的射频定义意味着系统带宽与载波频率相当[①]。而在无线通信中，将信道的性质和系统的性质相比较。因此，一个系统对一个信道来说是宽带系统，而同一个系统对另一个信道来说是窄带系统。

---

①　在无线通信中，通常把带宽大于载波频率的 20% 的系统称为超宽带（UWB）系统（见 6.6 节）。这个定义和宽带的射频定义相似。

6.3   无线信道的系统理论描述

如前面的章节所述，无线信道可以描述为冲激响应，因而可以解释为线性滤波器。若基站、移动台和相互作用体是静态的，则信道是时不变的，冲激响应为 $h(\tau)$。在这种情况下，可以应用熟知的线性时不变(LTI)系统[Oppenheim and Schafer 1985]的理论。然而，在一般情况下，无线信道是时变的，冲激响应 $h(t,\tau)$ 是随时间变化的，我们必须区分开时间 t 和延迟 τ，因此必须用到线性时变系统(LTV)理论。这并不仅仅是线性时不变系统的简单扩展，而是有了大量的理论上的挑战，并破坏了很多直观上的概念。幸运的是，许多无线信道可以归到慢时变系统，也称为准静态信道。在这种情况下，线性时不变系统的许多概念可以保留，只需做一些小的修改。

6.3.1   确定性线性时变系统的特性

由于时变系统的冲激响应 $h(t,\tau)$ 取决于两个变量 τ 和 t，可以关于两者之一(或两者)进行傅里叶变换，得到 4 种不同但等价的表示方法。这一节研究这些表示方法及其优缺点。

从系统理论角度讲，最简单明了的表示就是将系统的输入信号(发送信号) $x(t)$ 和输出信号(接收信号) $y(t)$ 之间的关系写成下式：

$$y(t) = \int_{-\infty}^{\infty} x(\tau)K(t,\tau)\,\mathrm{d}\tau \tag{6.7}$$

其中 $K(t,\tau)$ 是积分方程的核，它与冲激响应有关。对于线性时不变系统，关系 $K(t,\tau) = h(t-\tau)$ 成立。一般地，定义时变冲激响应为

$$h(t,\tau) = K(t,t-\tau) \tag{6.8}$$

因此有

$$y(t) = \int_{-\infty}^{\infty} x(t-\tau)h(t,\tau)\,\mathrm{d}\tau \tag{6.9}$$

当冲激响应随时间变化比较慢时，准确地说，当冲激响应(信号)的持续时间比信道发生明显变化的时间短时，就可以进行直观的解释。可以认为在时刻 t，系统的行为就像一个线性时不变系统。变量 t 可以认为是用于参数化冲激响应的"绝对"时间，即表明哪个(从一个大的集合中)冲激响应 $h(\tau)$ 现在是有效的。这样的系统又称为准静态系统。

关于变量 τ 的冲激响应的傅里叶变换可以得到时变传输函数 $H(t,f)$：

$$H(t,f) = \int_{-\infty}^{\infty} h(t,\tau)\exp(-\mathrm{j}2\pi f\tau)\,\mathrm{d}\tau \tag{6.10}$$

输入输出关系可以表示为

$$y(t) = \int_{-\infty}^{\infty} X(f)H(t,f)\exp(\mathrm{j}2\pi ft)\,\mathrm{d}f \tag{6.11}$$

对准静态系统的解释很直观：输入信号的频谱乘以"当前有效"的传输函数的频谱，可以得到输出信号的频谱。然而，如果信道随时间变化较快，则式(6.11)只是纯粹的数学关系式。输出信号的频谱是一个二重积分：

$$Y(\tilde{f}) = \int_{-\infty}^{\infty}\int_{-\infty}^{\infty} X(f)H(t,f)\exp(\mathrm{j}2\pi ft)\exp(-\mathrm{j}2\pi \tilde{f}t)\,\mathrm{d}f\,\mathrm{d}t \tag{6.12}$$

而不能简化为 $Y(f) = H(f)X(f)$ [Matz and Hlawatsch 1998]。

冲激响应关于变量 t 的傅里叶变换则得到一种不同的表示方法，也就是多普勒变化冲激响

应, 更一般地称为扩展函数:

$$s(v, \tau) = \int_{-\infty}^{\infty} h(t, \tau) \exp(-j2\pi v t) \, dt \qquad (6.13)$$

这个函数描述了输入信号在延迟和多普勒域的扩展。

最后, 函数 $s(v, \tau)$ 可以关于变量进行变换, 得到多普勒变化的传输函数 $B(v, f)$:

$$B(v, f) = \int_{-\infty}^{\infty} s(v, \tau) \exp(-j2\pi f\tau) \, d\tau \qquad (6.14)$$

图 6.5 总结了系统函数之间的相互关系, 图 6.6 给出了一个测量的冲激响应的例子, 图 6.7 给出了基于图 6.6 给出的数据计算得到的扩展函数。

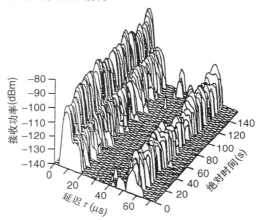

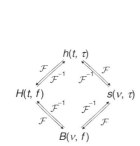

图 6.5　确定系统函数之间的关系

图 6.6　德国达姆施塔特附近的多山地区测量的冲激响应的平方幅度 $|h(t, \tau)|^2$。测量持续时间 140 s, 中心频率 900 MHz, τ 表示超出延迟。引自 Liebenow and Kuhlmann[1993] © U. Liebenow

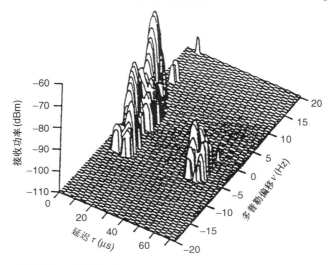

图 6.7　根据图 6.6 给出的数据计算得到的扩展函数。U. Liebenow 授权使用

6.3.2　随机系统函数

现在转到无线信道的随机描述。把它们解释为时变的随机系统, 一个完整的描述需要冲激

响应的多维概率密度函数，比如任何可能时刻和延迟下的复数幅度的联合概率密度函数。然而，这在实际中往往过于复杂。因此这里只限于二阶描述，也就是自相关函数(ACF)。

首先回顾一维随机过程的自相关函数(即只取决于一个参数 t 的过程)。随机过程 y 的自相关函数定义为

$$R_{yy}(t, t') = E\{y^*(t)y(t')\} \tag{6.15}$$

其中，期望值在所有可能实现的集合上求取。该集合的定义见附录 6.A(www.wiley.com/go/molisch)。自相关函数描述了信号 y 在不同时刻的幅度的概率密度函数的二阶矩之间的关系。如果概率密度函数是零均值的高斯过程，那么二阶描述包括了要求的所有信息。如果概率密度函数是非零均值的高斯过程，则均值

$$\overline{y}(t) = E\{y(t)\} \tag{6.16}$$

和自相关函数

$$\tilde{R}_{yy}(t, t') = E\{[y(t) - \overline{y}(t)]^*[y(t') - \overline{y}(t')]\} \tag{6.17}$$

就构成了一个完整的描述。如果信道是非高斯信道，那么一阶和二阶统计量并不是信道的完整描述。以下主要研究零均值的高斯信道。

现在回到信道的随机描述这一问题上。把输入输出关系代入式(6.15)中，可以得到接收信号的自相关函数的如下表达式：

$$R_{yy}(t, t') = E\left\{\int_{-\infty}^{\infty} x^*(t - \tau)h^*(t, \tau)\,d\tau \int_{-\infty}^{\infty} x(t' - \tau')h(t', \tau')\,d\tau'\right\} \tag{6.18}$$

系统是线性的，那么期望与积分可以互换。而且，发送信号可以理解为与信道独立的随机过程，因此发送信号的期望和信道的期望可以独立完成。所以，接收信号的自相关函数为

$$R_{yy}(t, t') = \int_{-\infty}^{\infty} \int_{-\infty}^{\infty} E\{x^*(t - \tau)x(t' - \tau')\}E\{h^*(t, \tau)h(t', \tau')\}\,d\tau\,d\tau'$$
$$= \int_{-\infty}^{\infty} \int_{-\infty}^{\infty} R_{xx}(t - \tau, t' - \tau')R_h(t, t', \tau, \tau')\,d\tau\,d\tau' \tag{6.19}$$

即发送信号的自相关函数和信道的自相关函数相结合，而后者为

$$R_h(t, t', \tau, \tau') = E\{h^*(t, \tau)h(t', \tau')\} \tag{6.20}$$

注意，信道的自相关函数由于内在的随机过程是二维的，因此取决于 4 个变量。

可以看出信道的自相关函数和确定信道的冲激响应在形式上的相似性：通过傅里叶变换可以得到随机系统函数。与确定情况下不同，现在必须进行关于变量对 t, t' 或者 τ, τ' 的双重傅里叶变换，从而用基本方式得到了输入和输出信号的不同自相关函数表达式之间的关系，如 $R_s(\nu, \nu', \tau, \tau') = E\{s^*(\nu, \tau)s(\nu', \tau')\} = \iint R_h(t, t', \tau, \tau') \cdot \exp(+j2\pi \nu t)\exp(-j2\pi \nu' t')\,dt\,dt'$。

6.4　WSSUS 模型

相关函数取决于 4 个变量，对信道的刻画来说是相当复杂的形式。通过进一步假设信道的物理特性，可以简化相关函数。最常用的假设是所谓的广义平稳(WSS)假设和非相关散射(US)假设。基于这两个假设的一种模型称为广义平稳非相关散射(WSSUS)模型。

6.4.1　广义平稳

广义平稳的数学定义为：自相关函数与变量 t, t' 无关，而是取决于两者的差 $t - t'$。因此，

二阶幅度的统计特性不再随时间变化[①]。因而有下式：

$$R_h(t, t', \tau, \tau') = R_h(t, t + \Delta t, \tau, \tau') = R_h(\Delta t, \tau, \tau') \tag{6.21}$$

按一般规律来讲，广义平稳意味着信道的统计特性不随时间变化。不能将其与静态信道相混淆，在静态信道中，信道衰落是不随时间变化的。对于平坦瑞利衰落这一简单情况，广义平稳意味着平均功率和时间自相关函数都不随时间变化，而瞬时幅度是可以随时间变化的。

根据数学定义，广义平稳必须对所有的任意时刻 t 都是满足的。在实际中，这是不可能的，因为移动台移动的距离较大，由于阴影效应和路径损失的变化，平均接收功率也在变化。当然，广义平稳典型的情况是指直径约为 10λ（可与 5.1 节比较）的区域内是满足的。这样可以定义有限时间间隔内的准静态（与移动台移动的距离有关），在这一时间内，统计特性没有明显的变化。

广义平稳也意味着不同多普勒频移的分量经历不相关衰落。这可以通过考虑多普勒变化冲激响应 $s(\nu, \tau)$ 来证明。把式（6.21）代入 R_s 的定义中，可得到

$$R_s(\nu, \nu', \tau, \tau') = \int_{-\infty}^{\infty} \int_{-\infty}^{\infty} R_h(t, t + \Delta t, \tau, \tau') \exp[2\pi j(\nu t - \nu'(t + \Delta t))] \, dt \, \Delta t \tag{6.22}$$

可以重写为

$$R_s(\nu, \nu', \tau, \tau') = \int_{-\infty}^{\infty} \exp[2\pi j t(\nu - \nu')] \, dt \int_{-\infty}^{\infty} R_h(\Delta t, \tau, \tau') \exp[-2\pi j \nu' \Delta t] \, d\Delta t \tag{6.23}$$

第一个积分是 $\delta(\nu - \nu')$ 的积分表达式，因此可以分解为

$$R_s(\nu, \nu', \tau, \tau') = \tilde{\tilde{P}}_s(\nu, \tau, \tau') \delta(\nu - \nu') \tag{6.24}$$

这表明，如果它们有不同的多普勒频移，则所经历的衰落是不相关的。下文将详细讨论式（6.24）中定义的函数 $\tilde{P}_s(\ )$。

类似地，将 R_B 记为

$$R_B(\nu, \nu', f, f') = P_B(\nu, f, f') \delta(\nu - \nu') \tag{6.25}$$

6.4.2　非相关散射

非相关散射假设的定义是：具有不同延迟的贡献是不相关的。用数学公式可以表示为

$$R_h(t, t', \tau, \tau') = P_h(t, t', \tau) \delta(\tau - \tau') \tag{6.26}$$

或者对于 R_s 有

$$R_s(\nu, \nu', \tau, \tau') = \tilde{P}_s(\nu, \nu', \tau) \delta(\tau - \tau') \tag{6.27}$$

当一个多径分量不包含不同延迟的另一个多径分量的任何相位信息时，就满足非相关散射条件。如果散射体在空间中是随机分布的，那么即使移动台移动了很小的距离，相位也是以不相关的方式变化的。

对于传输函数来说，非相关散射条件意味着 R_H 与频率的绝对值无关，而只与频率差有关[②]：

$$R_H(t, t', f, f + \Delta f) = R_H(t, t', \Delta f) \tag{6.28}$$

6.4.3　WSSUS 假设

非相关散射（US）假设和广义平稳（WSS）假设是双重的：非相关散射假设定义散射体的不

---

① 狭义平稳（严平稳）指任意阶的衰落统计量都不随时间变化。对于高斯信道，广义平稳即狭义平稳。

② 证明作为练习留给读者。

同延迟之间是不相关的,而广义平稳假设散射体的不同多普勒频移之间是不相关的。另外,我们认为非相关散射假设的 R_H 只与频率差有关,而广义平稳假设的 R_H 仅与时间差有关。

自然,结合这两种定义就是 WSSUS 条件,因此,自相关函数必须满足如下条件:

$$R_h(t, t+\Delta t, \tau, \tau') = P_h(\Delta t, \tau)\,\delta(\tau-\tau') \tag{6.29}$$

$$R_H(t, t+\Delta t, f, f+\Delta f) = R_H(\Delta t, \Delta f) \tag{6.30}$$

$$R_s(\nu, \nu', \tau, \tau') = P_s(\nu, \tau)\,\delta(\nu-\nu')\,\delta(\tau-\tau') \tag{6.31}$$

$$R_B(\nu, \nu', f, f+\Delta f) = P_B(\nu, \Delta f)\,\delta(\nu-\nu') \tag{6.32}$$

与取决于 4 个变量的自相关函数不同,公式右边的 P 函数仅取决于两个变量。在进一步的推导中可以大大简化其形式化描述、参数和应用。由于它们的重要性,因此定义不同的名字。根据 Kattenbach[1997],定义:

- $P_h(\Delta t, \tau)$ 为延迟互功率谱密度;
- $R_H(\Delta t, \Delta f)$ 为时频相关函数;
- $P_s(\nu, \tau)$ 为散射函数;
- $P_B(\nu, \Delta f)$ 为多普勒互功率谱密度。

散射函数有特殊的重要性,因为它的物理解释比较容易。如果只有单个相互作用发生,那么散射函数的每一个微分元对应于一个物理存在的相互作用体。从多普勒频移可以确定到达方向角(DOA),延迟可以确定散射存在的椭圆的半径。

WSSUS 假设非常普遍,但在实际中难以实现。附录 6.A(www.wiley.com/go/molisch)详细讨论了该假设及其有效性。

6.4.4 抽头延迟线模型

WSSUS 信道可以用抽头延迟线模型来表示,其中与每个抽头的输出相乘的系数随时间变化。这样,冲激响应可写为

$$h(t, \tau) = \sum_{i=1}^{N} c_i(t)\delta(\tau-\tau_i) \tag{6.33}$$

其中,N 为抽头数,$c_i(t)$ 是抽头的取决于时间的复系数,τ_i 是第 i 个抽头的延迟。对于每一个抽头,多普勒谱确定了系数随时间的变化情况。每个抽头的谱可以是不同的,虽然许多模型认为所有抽头的多普勒谱是相同的(见第 7 章)。

抽头延迟线的一种解释可作为信道中的多径传播的物理表示。N 个分量中的每一个对应于一组相距很近的多径分量:只有当到达信号由来自离散的相互作用体的完全可分辨的回波组成时,这个模型才是完全确定的。然而,在多数的实际情况下,接收机的分辨率还不能分辨所有的多径分量。因此,冲激响应可写成

$$h(t, \tau) = \sum_{i=1}^{N}\sum_{k} a_{i,k}(t)\delta(\tau-\tau_i) = \sum_{i=1}^{N} c_i(t)\delta(\tau-\tau_i) \tag{6.34}$$

注意,只有在带宽受限的系统中,公式中第二部分才有意义。在这种情况下,每个复系数 $c_i(t)$ 代表几条衰落多径分量之和。WSSUS 意味着所有抽头的衰落是独立的,且其功率与时间无关。

抽头延迟线的另一种解释基于采样定理。我们感兴趣的任何无线系统及其信道都是带限的。因此,冲激响应可以表示为连续冲激响应的采样形式 $\tilde{h}_{b1}(t, \tau) = \sum A_\ell(t)\delta(\tau-\tau_\ell)$。类似地,散射函数和相关函数等都可用其采样形式来表示。通常采样是等距离的,$\tau_\ell = \ell \cdot \Delta\tilde{\tau}$,

其中的采样间隔 $\Delta\tilde{\tau}$ 由奈奎斯特定理确定。冲激响应的连续形式可以通过插值恢复为

$$h_{\mathrm{bl}}(t, \tau) = \sum_\ell A_\ell(t) \, \mathrm{sinc} \, (W(\tau - \tau_\ell)) \tag{6.35}$$

其中，W 为带宽。注意，如果物理的相互作用体满足广义平稳非相关散射条件，但不是等间隔的，那么抽头权重 $A_\ell(t)$ 不必是广义平稳非相关散射的。

许多无线信道的标准模型(见第 7 章)都是专门为特定系统及系统带宽而开发的。为了进行离散仿真，经常有必要将抽头的位置调整到不同的采样格，也就是说，离散仿真需要信道表示 $h(t, \tau) = \sum A_\ell(t) \delta(\tau - \ell T_{\mathrm{S}})$，但 $\tau_\ell / T_{\mathrm{S}}$ 是非整数。以下的方法得到了广泛采用。

1. 取最接近的整数。这个方法导致误差，新采样率越高，误差越小。
2. 分割抽头能量。划分两个相邻抽头 $kT_{\mathrm{S}} < \tau < (k+1)T_{\mathrm{S}}$ 之间的能量，大小可用与原始的抽头之间的距离加权。
3. 重采样。这可以通过内插公式完成，即以需要的速率对式(6.35)中的 $h_{\mathrm{bl}}(t, \tau)$ 重采样。另一种方法是在频域描述信道，然后以需要的抽头间隔变换回来(采用离散傅里叶变换)。

6.5 精简参数

用相关函数来描述无线信道有些麻烦。即使采用广义平稳非相关散射假设，仍然是两个变量的函数。一种更可取的表示应该是一个变量的函数，甚至更好，仅用一个参数。显然，这样表述信道会严重丢失一些信息，但是为了简化表述，这样的代价有时是可接受的。

6.5.1 相关函数的积分

把两个变量变成一个变量的最直接方法就是对其中一个进行积分。对散射函数的多普勒频移 ν 进行积分，得到延迟多普勒功率谱密度 $P_{\mathrm{h}}(\tau)$，更常用的称法是功率延迟分布(PDP)。功率延迟分布表示在 $[\tau, \tau + \mathrm{d}\tau]$ 内到达接收机的信号功率强度(发送单位能量 δ 脉冲时)，与多普勒频移无关。功率延迟分布可以从复冲激响应 $h(t, \tau)$ 得到：

$$P_{\mathrm{h}}(\tau) = \lim_{T \to \infty} \frac{1}{2T} \int_{-\mathrm{T}}^{\mathrm{T}} |h(t, \tau)|^2 \, \mathrm{d}t \tag{6.36}$$

当然，需要具备各态历经性。注意，在实际中应用中，积分不是对无限时间上的积分，而是在一定的准静态有效的时间间隔内(见上文)。

类似地，散射函数关于 τ 的积分可以得到多普勒功率谱密度 $P_{\mathrm{B}}(\nu)$。

令时频相关函数的 $\Delta t = 0$，就可以得到频率相关函数，即 $R_{\mathrm{H}}(\Delta f) = R_{\mathrm{H}}(0, \Delta f)$。很明显，频率相关函数是功率延迟分布的傅里叶变换。时间相关函数 $R_{\mathrm{H}}(\Delta t) = R_{\mathrm{H}}(\Delta t, 0)$ 是多普勒功率谱密度的傅里叶逆变换。

6.5.2 功率延迟分布的矩

功率延迟分布是一个函数，但为了快速得到测量结果的概貌，最好将每一个测量活动都用单个参数描述。当有很多可能的参数时，最常用的方法是功率延迟分布的归一化矩。

以计算零阶矩开始，即功率在时间上的积分：

$$P_{\mathrm{m}} = \int_{-\infty}^{\infty} P_{\mathrm{h}}(\tau) \, \mathrm{d}\tau \tag{6.37}$$

归一化一阶矩（平均延迟）为

$$T_{\mathrm{m}} = \frac{\int_{-\infty}^{\infty} P_{\mathrm{h}}(\tau)\tau\,\mathrm{d}\tau}{P_{\mathrm{m}}} \tag{6.38}$$

归一化二阶中心矩，也就是均方根延迟扩展为

$$S_{\tau} = \sqrt{\frac{\int_{-\infty}^{\infty} P_{\mathrm{h}}(\tau)\tau^2\,\mathrm{d}\tau}{P_{\mathrm{m}}} - T_{\mathrm{m}}^2} \tag{6.39}$$

均方根延迟扩展在所有参数中有着特殊的地位。已经证明，在某些特定的环境下，由于延迟色散引起的差错概率仅与均方根延迟扩展成正比（见第 12 章），而功率延迟分布的形状对其没有明显影响。在这种情况下，S_{τ} 即为需要知道的环境的所有信息。不得不强调，这在特定条件下是成立的，而且均方根延迟扩展不是"万能钥匙"。值得注意的是，不是任何可实现物理信号的 S_{τ} 都是有限值。信道 $P_{\mathrm{h}}(\tau) \propto 1/(1+\tau^2)$，$\tau > 0$ 是物理上可实现的，也不与能量守恒相矛盾，但是 $\int_{-\infty}^{\infty} P_{\mathrm{h}}(\tau)\tau^2\mathrm{d}\tau$ 不收敛。

例 6.1　计算功率延迟分布为两个尖峰的均方根延迟扩展 $P_{\mathrm{h}}(\tau) = \delta(\tau - 10\ \mu\mathrm{s}) + 0.3\delta(\tau - 17\ \mu\mathrm{s})$。

　　解：

　　功率在时间上的积分可以由式（6.37）得到：

$$\begin{aligned} P_{\mathrm{m}} &= \int_{-\infty}^{\infty} (\delta(\tau - 10^{-5}) + 0.3\delta(\tau - 1.7\times10^{-5}))\,\mathrm{d}\tau \\ &= 1.30 \end{aligned} \tag{6.40}$$

平均延迟可以由式（6.38）得到：

$$\begin{aligned} T_{\mathrm{m}} &= \int_{-\infty}^{\infty} (\delta(\tau - 10^{-5}) + 0.3\delta(\tau - 1.7\times10^{-5}))\tau\,\mathrm{d}\tau / P_{\mathrm{m}} \\ &= (10^{-5} + 0.3\times1.7\times10^{-5})/1.3 = 1.16\times10^{-5}\ \mathrm{s} \end{aligned} \tag{6.41}$$

最后，根据式（6.39）计算均方根延迟扩展：

$$\begin{aligned} S_{\tau} &= \sqrt{\frac{\int_{-\infty}^{\infty}(\delta(\tau - 10^{-5}) + 0.3\delta(\tau - 1.7\times10^{-5}))\tau^2\,\mathrm{d}\tau}{P_{\mathrm{m}}} - T_{\mathrm{m}}^2} \\ &= \sqrt{\frac{(10^{-5})^2 + 0.3(1.7\times10^{-5})^2}{1.3} - (1.16\times10^{-5})^2} = 3\,\mu\mathrm{s} \end{aligned} \tag{6.42}$$

6.5.3　多普勒谱的矩

　　多普勒谱的矩的计算完全类似于功率延迟分布的矩。积分功率为

$$P_{\mathrm{B,m}} = \int_{-\infty}^{\infty} P_{\mathrm{B}}(\nu)\,\mathrm{d}\nu \tag{6.43}$$

其中，显然 $P_{\mathrm{B,m}} = P_{\mathrm{m}}$。平均多普勒频移为

$$\nu_{\mathrm{m}} = \frac{\int_{-\infty}^{\infty} P_{\mathrm{B}}(\nu)\nu\,\mathrm{d}\nu}{P_{\mathrm{B,m}}} \tag{6.44}$$

均方根多普勒扩展为

$$S_{\nu} = \sqrt{\frac{\int_{-\infty}^{\infty} P_{\mathrm{B}}(\nu)\nu^2\,\mathrm{d}\nu}{P_{\mathrm{B,m}}} - \nu_{\mathrm{m}}^2} \tag{6.45}$$

6.5.4 相干带宽和相干时间

在频率选择性信道中，不同的频率分量衰落不同。显然，不同频率之间的距离越远，衰落的相关性就越小。相干带宽 B_{coh} 定义为相关系数小于一定阈值的频率差。

在广义平稳非相关散射假设下，B_{coh} 的准确数学定义可以由频率相关函数 $R_H(0, \Delta f)$ 得到（见图 6.8 的例子），相干带宽定义为

$$B_{coh} = \frac{1}{2}\left[\arg\max_{\Delta f > 0}\left(\frac{|R_H(0, \Delta f)|}{R_H(0, 0)} = 0.5\right) - \arg\min_{\Delta f < 0}\left(\frac{|R_H(0, \Delta f)|}{R_H(0, 0)} = 0.5\right)\right] \quad (6.46)$$

由于 $R_H(0, \Delta f)$ 是实函数（PDP）的傅里叶变换，所以它是厄米特对称的，它的绝对值是关于 f 的偶函数。这样就能将上式简化为

$$B_{coh} = \arg\max_{\Delta f > 0}\left(\frac{R_H(0, \Delta f)}{R_H(0, 0)} = 0.5\right)$$

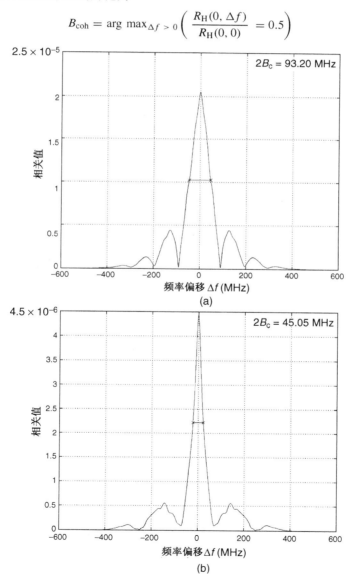

图 6.8 典型的频率相关函数。引自 Kattenbach[1997] © Shaker Verlag

这本质上是相关函数的半峰半宽带宽。这稍显复杂的公式表示源于相关函数不一定单调递减。更确切地讲，可能存在局部最大值超过阈值的情况。因此用包含了超过相关函数阈值的所有部分的带宽来准确地定义①。

均方根延迟扩展 S_τ 和相干带宽 B_{coh} 显然是相关联的：S_τ 是由功率延迟分布 $P_h(\tau)$ 得到的，而 B_{coh} 是由频率相关函数得到的。频率相关函数是功率延迟分布的傅里叶变换。基于这一认识，Fleury[1996]导出一个"不确定性关系式"：

$$B_{\text{coh}} \gtrsim \frac{1}{2\pi S_\tau} \tag{6.47}$$

式(6.47)是一个不等式，因此不可能从一个变量得到另一个变量。这样就引出一个问题：是 B_{coh} 还是 S_τ 能更好地反映信道特性？这个问题的答案要考虑特定的系统。对于一个没有均衡器的频分多址或时分多址系统，其均方根延迟扩展是我们关心的，因为它与误比特率有关（见第 12 章），虽然一般来说它过于强调大的延迟回波。在正交频分复用系统中（见第 19 章），信息在不同的并行子载波上传输，相干带宽是一个很好的度量标准。

时间相关函数是用来度量信道变化快慢的。相干时间 T_{coh} 的定义类似于相干带宽，它也与均方根多普勒扩展存在不确定性关系。

图 6.9 总结了系统函数、相关函数和精简参数之间的关系，整个图中假设各态历经性成立。

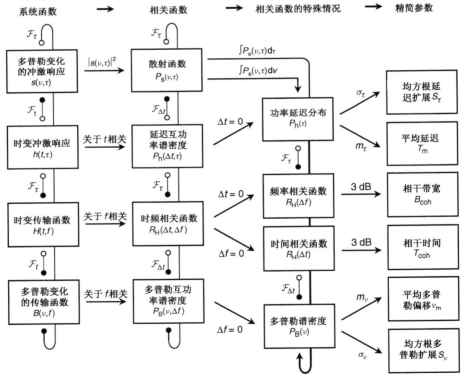

图6.9　各态历经信道冲激响应的系统函数、相关函数和精简参数之间的关系。从第一列到第二列的精确关系由式(6.29)至式(6.32)给出。引自Kattenbach[1997]© Shaker Verlag

---

① 另一种定义把相干带宽定义为相关函数的二阶中心矩，避开了局部最大值的所有问题。遗憾的是，这个二阶矩在一种很重要的实际情况下变为无限值，即相关函数为洛伦兹函数，即 $1/(1+\Delta f^2)$ 时，这对应着一个指数功率延迟分布。

6.5.5　窗参数

　　另一组有用的参数称为窗参数[de Weck 1992]，更确切地说是干扰因子 Q_T 和延迟窗 W_Q。它们用来度量在一定延迟间隔内到达的平均功率延迟分布占总能量的百分比。与延迟扩展和相干带宽不同，窗函数需要在特定系统的上下文中进行定义。

　　干扰因子 Q_T 是在持续时间为 T 的窗内到达的信号功率和到达窗外的信号功率之比。延迟窗表征了由于延迟色散引起的自干扰特性。例如，如果一个系统有一个均衡器可以处理延迟为 T 的多径分量，那么该窗内的每个多径分量都是"有用的"，而窗外的能量则会引起干扰，因此这些分量携带的比特信息就不能得到处理，从而成为不可避免的干扰[1]。对于全球移动通信系统(见第 24 章)，其规范就要求采用长度为 4 个符号持续时间的均衡器，也就是对应 16 μs 的延迟。因此，通常定义一个参数 Q_{16}，即当 $T = 16$ μs 时的干扰因子。

　　干扰因子的数学定义为

$$Q_T = \frac{\int_{t_0}^{t_0+T} P_h(\tau)\,\mathrm{d}\tau}{P_m - \int_{t_0}^{t_0+T} P_h(\tau)\,\mathrm{d}\tau} \tag{6.48}$$

这个因子不仅与功率延迟分布和持续时间 T 有关，而且与窗的起始延迟 t_0 有关。通常可以通过设置起始延迟为最小超出延迟(即第一个决定窗的起始的多径分量) $t_0 = \tau_{\min}$ 的方式，消除与窗起始延迟的依赖关系。或者，选择使得 Q_T 最大的 t_0：

$$Q_T = \max_{t_0} \left\{ \frac{\int_{t_0}^{t_0+T} P_h(\tau)\,\mathrm{d}\tau}{P_m - \int_{t_0}^{t_0+T} P_h(\tau)\,\mathrm{d}\tau} \right\} \tag{6.49}$$

由于接收机可以经常调整均衡器的定时以优化性能，所以上述定义是有意义的。

　　另一个参数是延迟窗 W_Q(见图 6.10)。它定义了窗的长度应该为多长才能使窗内的功率是窗外功率的 Q 倍，其数学定义公式和干扰因子的定义相同。区别在于现在 T 是变量，而 Q 成为定值。

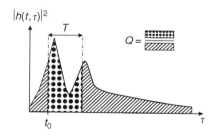

图 6.10　窗参数的定义。引自 Molisch[2000]© Prentice Hall

例 6.2　对于一个指数的功率延迟分布，$P_h(\tau) = \exp(-\tau/2 \text{ μs})$，计算延迟窗，使干扰因子分别为 10 dB 和 20 dB，即 91% 和 99% 的能量包含在窗内。对于两个尖峰谱 $\delta(\tau - 10 \text{ μs}) + 0.3\delta(\tau - 17 \text{ μs})$ 重新计算以上问题。

---

[1]　这只是一种近似的解释。当多径分量的延迟超过均衡器的长度时，不存在从"有用"到"干扰"的急剧"跳跃"。更确切地讲，是一种平滑过渡，与非均衡系统中的延迟色散很相似，关于这一点可参考第 12 章。

解:

令起始延迟为最小超出延迟。对于指数的功率延迟分布,由式(6.48)可以得到干扰因子为

$$Q_T = \frac{\int_0^T e^{-\tau/2\times10^{-6}} d\tau}{\int_0^\infty e^{-\tau/2\times10^{-6}} d\tau - \int_0^T e^{-\tau/2\times10^{-6}} d\tau}$$

求得 T 为

$$T = 2\times10^{-6}\ln(Q_T + 1)$$

对于91%的窗和99%的窗,有 $T_{91\%} = 4.8~\mu s$ 和 $T_{99\%} = 9.2~\mu s$。对于两个尖峰谱,起始延迟为 $t_0 = 10^{-5}$,在窗内的能量为

$$\int_{10^{-5}}^{T+10^{-5}} (\delta(\tau - 10^{-5}) + 0.3\delta(\tau - 1.7\times10^{-5})) d\tau = \begin{cases} 1, & 0 < T < 7~\mu s \\ 1.3, & T > 7~\mu s \\ 0, & \text{其他} \end{cases}$$

因此,对于 $T > 7~\mu s$ 的情况,干扰因子分别大于 10 dB 和/或 20 dB。

6.6 超宽带信道

6.6.1 具有大相对带宽的超宽带信号

从多径传播引起的延迟色散的角度讲,以上的模型是宽带的。然而,它们还基于下面的假设:

1. 认为相互作用体(IO)的反射、透射和绕射系数在所研究的带宽内是常数。
2. 系统的相对带宽(带宽除以载波频率)远小于1。

注意,这些条件对目前使用的大多数无线系统是满足的。然而,超宽带(UWB)传输技术(见第18章)在近几年备受关注。超宽带系统的相对带宽大于20%。这样,发送信号中的不同频率分量能"看到"不同的传输环境。例如,在建筑物拐角处频率为100 MHz的绕射系数与频率为1 GHz的不同。类似地,墙壁和家具的反射系数也随频率的不同而不同。于是,信道冲激实现表示为

$$h(\tau) = \sum_{i=1}^{N} a_i \chi_i(\tau) \otimes \delta(\tau - \tau_i) \tag{6.50}$$

其中,$\chi_i(\tau)$ 表示由相互作用体的频率选择性引起的第 i 条多径分量的失真。这些失真的表达式见 Molisch[2005]和 Qiu[2002]。图6.11给出一个短脉冲由一个屏引起的绕射产生失真的例子。

对于超宽带系统,传播效应也会表现出频率相关性。正如第4章所解释的,如果天线的增益是常数,那么路径损耗是频率的函数。类似地,绕射和反射也只与频率相关。因此,由于天线和信道的结合,发送信号中越高的频率分量通常衰减得越严重。这种效应导致各自多径分量的失真,因为任何频率相关的传输函数都会导致延迟色散,从而引起一个多径分量的失真。

作为频率依赖失真的一个结果,统计信道模型也需要改变。首先,路径损耗需要根据 $G_{pr}(d, f) = E\left\{\int_{f-\Delta f/2}^{f+\Delta f/2} |H(f, d)|^2 df\right\}$ 重新定义,其中数学期望包含小尺度和大尺度,Δ 为足

够小的带宽，以便其中所有传播效应保持为常数。而且，当冲激响应表示为抽头延迟线时，不同抽头的衰落变得相关。多径分量失真将使一个多径影响到接下来的几个抽头。这样，一个分量的衰落影响了几个抽头的幅度，因此引起相关性。

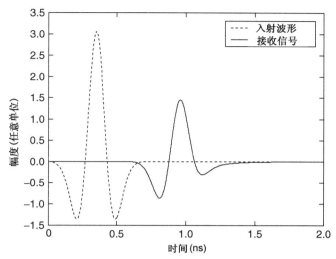

图 6.11　超宽带脉冲经一个半无限的屏绕射。引自 *Qiu*［2002］© *IEEE*

6.6.2　具有大绝对带宽的超宽带信号

超宽带信号的另一种定义是其具有超过 500 MHz 的绝对带宽。除了超宽带系统的高时间分辨率，仍存在一定的概率使得多个多径分量落在一个可分辨延迟的间隔内并相加；换句话讲，即使在超宽带中，也存在衰落。与传统系统的不同主要在于一个间隔内的多径分量数。该数量受环境的影响：环境中物体越多，多径分量越多。例如，住宅环境倾向于比工业环境有更少的多径分量。而且，所考虑间隔的延迟起着重要作用：对大的超出延迟，有更多的可能路径产生该特定延迟。这样，衰落深度随着延迟的增加而增加。依赖于这些因素，幅度的瑞利分布可能适用也可能不适用。建议采用 Nakagami 分布、莱斯分布或者对数正态分布。

在高绝对带宽的情况下，不是每个可分辨间隔都包含多径分量，因此包含多径分量的延迟间隔不断被"空"延迟间隔分开。这导致功率延迟分布（PDP）是"稀疏的"。发生这些现象所需的带宽取决于环境。这样的冲激响应经常用 Saleh-Valenzuela 模型描述（详见 7.3.3 节）。

6.7　方向性描述

现在转向考虑多径分量的方向（除了它们的幅度和延迟）的信道描述。由于如下两个原因，这样的描述是有益的。

- 对于空间分集（见第 13 章）和多元天线（见第 20 章）来说，方向性是非常重要的。
- 它容许从天线的影响中分离出传播效应。注意，在传统的宽带表示中，如前面各节所采用的，冲激响应包含了加权多径分量之和，其中权重取决于所用的天线。因此，改变了天线就改变了冲激响应，即使真正的传播信道没有改变。

由于这些原因,采用双向冲激响应(DDIR)[1]是有益的,它是由多径分量的贡献之和组成的:

$$h(t, \tau, \Omega, \Psi) = \sum_{\ell=1}^{N(t)} h_\ell(t, \tau, \Omega, \Psi) \tag{6.51}$$

DDIR 取决于特定时刻的时间 t,延迟 τ,出发方向角(DOD)Ω,到达方向角(DOA)Ψ,和多径分量数 $N(t)$;对位置的依赖没有显式写出。注意,Ω 和 Ψ 是空间角度,描述方位角和仰角。$h_\ell(t, \tau, \Omega, \Psi)$ 是第 ℓ 条多径分量的贡献,可以建模为

$$h_\ell(t, \tau, \Omega, \Psi) = |a_\ell| e^{j\varphi_\ell} \delta(\tau - \tau_\ell) \delta(\Omega - \Omega_\ell) \delta(\Psi - \Psi_\ell) \tag{6.52}$$

它本质上是在抽头延迟线模型中加上方向特性。除了绝对幅度和延迟,到达方向角和出发方向角变化也很慢(跨越很多波长),而相位 φ 变化很快。

单向冲激响应可以通过对双向冲激响应(以发射天线的模式加权)在出发方向角上的积分得到。在到达方向角上对单向冲激响应(以接收天线的模式加权)的积分可以得到传统的冲激响应。

方向性信道的随机描述与无方向信道的情况类似。冲激响应的自相关函数(ACF)可以推广为与方向相关,因而它取决于 6 个或 8 个变量。也可以引入一种"一般化的广义平稳非相关散射条件",以使来自不同方向衰减的贡献是独立的。注意,移动台处的多径分量的方向和多普勒扩展是相关联的,因此 ν 和 Ψ 不再是独立的变量(以下假设 Ψ 为移动台处的方向)。

类似于无方向的情况,可以定义无线信道的精简描述。首先定义:

$$E\{s^*(\Omega, \Psi, \tau, \nu) s(\Omega', \Psi', \tau', \nu')\} = P_s(\Omega, \Psi, \tau, \nu) \delta(\Omega - \Omega') \delta(\Psi - \Psi') \delta(\tau - \tau') \delta(\nu - \nu') \tag{6.53}$$

从而可以得到双向延迟功率谱(DDDPS)为

$$\text{DDDPS}(\Omega, \Psi, \tau) = \int P_s(\Psi, \Omega, \tau, \nu) \, d\nu \tag{6.54}$$

由此,可以建立从基站天线角度看到的角延迟功率谱(ADPS):

$$\text{ADPS}(\Omega, \tau) = \int \text{DDDPS}(\Psi, \Omega, \tau) G_{\text{MS}}(\Psi) \, d\Psi \tag{6.55}$$

其中,G_{MS} 是移动台的天线功率模式。角延迟功率谱经常归一化为

$$\int \int \text{ADPS}(\tau, \Omega) \, d\tau \, d\Omega = 1 \tag{6.56}$$

角功率谱(APS)由下式给出:

$$\text{APS}(\Omega) = \int \text{ADPS}(\Omega, \tau) \, d\tau \tag{6.57}$$

注意,在 Ω 上对角延迟功率谱积分可以恢复原来的功率延迟分布。

如果所有的多径分量在水平面入射,以至于 $\Omega = \phi$,则方位角扩展定义为角功率谱的二阶中心矩。在许多论文中,它的定义类似于式(6.39)的形式,即

$$S_\phi = \sqrt{\frac{\int \text{APS}(\phi) \phi^2 \, d\phi}{\int \text{APS}(\phi) \, d\phi} - \left(\frac{\int \text{APS}(\phi) \phi \, d\phi}{\int \text{APS}(\phi) \, d\phi} \right)^2} \tag{6.58}$$

然而,由于方位角的周期性使得它的定义是模糊的:根据定义,$\text{APS} = \delta(\phi - \pi/10) + \delta(\phi -$

---

[1] 要达到完全的一般化,应该包含关于极化情况的描述。但是,为了避免麻烦的矩阵符号,这里省去了这种情况,只在 7.4.4 节进行简要讨论。

$19\pi/10$）将有一个不同的角度扩展形式 APS $= \delta(\phi - 3\pi/10) + \delta(\phi - \pi/10)$，即使这两个角功率谱仅仅相差一个常数偏差。在 Fleury[2000] 中有更好的定义：

$$S_\phi = \sqrt{\frac{\int |\exp(j\phi) - \mu_\phi|^2 \mathrm{APS}(\phi)\, \mathrm{d}\phi}{\int \mathrm{APS}(\phi)\, \mathrm{d}\phi}} \tag{6.59}$$

其中，

$$\mu_\phi = \frac{\int \exp(j\phi)\mathrm{APS}(\phi)\, \mathrm{d}\phi}{\int \mathrm{APS}(\phi)\, \mathrm{d}\phi} \tag{6.60}$$

例6.3　对 $0° < \varphi < 90°$ 和 $340° < \varphi < 360°$，考虑将角功率谱定义为 APS $= 1$，分别根据式(6.58)和式(6.59)的定义计算角度扩展。

解：

根据式(6.58)有

$$S_\phi = \sqrt{\frac{\int_0^{\pi/2} \phi^2\, \mathrm{d}\phi + \int_{17\pi/9}^{2\pi} \phi^2\, \mathrm{d}\phi}{\int_0^{\pi/2} \mathrm{d}\phi + \int_{17\pi/9}^{2\pi} \mathrm{d}\phi} - \left(\frac{\int_0^{\pi/2} \phi\, \mathrm{d}\phi + \int_{17\pi/9}^{2\pi} \phi\, \mathrm{d}\phi}{\int_0^{\pi/2} \mathrm{d}\phi + \int_{17\pi/9}^{2\pi} \mathrm{d}\phi}\right)^2} \tag{6.61}$$
$$= 2.09\,\mathrm{rad} = 119.7°$$

另一方面，从式(6.59)和式(6.60)可得

$$\left.\begin{array}{l}
\mu_\phi = \dfrac{18}{11\pi} \displaystyle\int_{-\pi/9}^{\pi/2} \exp(j\phi)\, \mathrm{d}\phi = 0.7 + 0.49j \\[4mm]
S_\phi = \sqrt{\dfrac{18}{11\pi} \displaystyle\int_{-\pi/9}^{\pi/2} (\cos(\phi) - \mathrm{Re}(\mu_\phi))^2 + (\sin(\phi) - \mathrm{Im}(\mu_\phi))^2\, \mathrm{d}\phi} \\[4mm]
\qquad = 0.521\,\mathrm{rad} = 29.9°
\end{array}\right\} \tag{6.62}$$

这两种方法得到的结果完全不同。很容易看出第二个值 $29.9°$ 更有道理：角功率谱是 $-20°$ 到 $90°$ 之间的连续值。一个角功率谱范围为 $0°$ 到 $111°$ 的扩展也应该与之相同。把修正的角功率谱代入式(6.58)中，可得到角扩展为 $32°$，而从式(6.59)得到的值仍为 $29.9°$。有意思的是这个值接近于 $(\phi_{\max} - \phi_{\min})/(2\sqrt{3})$，而对于一个矩形功率延迟分布而言，它的均方根延迟扩展和最大超出延迟之间的关系也为 $S_\tau = (\tau_{\max} - \tau_{\min})/(2\sqrt{3})$。

与延迟扩展类似，角度扩展也只是角度色散的部分描述。已经证明，一个标准线性阵列单元处信号的相关性仅与均方根角度扩展有关，而与角功率谱的形状无关。然而，这只在一些特定的假设下有效。

方向性信道描述在多天线系统中是非常有价值的（见第 20 章）。这种情况下希望得到不同天线元处的联合冲激响应。如果在链路两端都有天线阵，冲激响应就会变为一个矩阵。分别表示发送元和接收元的坐标为 $\mathbf{r}_{\mathrm{TX}}^{(1)}$，$\mathbf{r}_{\mathrm{TX}}^{(2)}$，$\cdots$，$\mathbf{r}_{\mathrm{TX}}^{(N_t)}$ 和 $\mathbf{r}_{\mathrm{RX}}^{(1)}$，$\mathbf{r}_{\mathrm{RX}}^{(2)}$，$\cdots$，$\mathbf{r}_{\mathrm{RX}}^{(N_r)}$，则从第 i 个发送元到第 j 个接收元的冲激响应为

$$\begin{aligned}
h_{ij} &= h\left(\mathbf{r}_{\mathrm{TX}}^{(j)}, \mathbf{r}_{\mathrm{RX}}^{(i)}\right) \\
&= \sum_\ell h_\ell\left(\mathbf{r}_{\mathrm{TX}}^{(1)}, \mathbf{r}_{\mathrm{RX}}^{(1)}, \tau, \Omega_\ell, \Psi_\ell\right) \tilde{G}_{\mathrm{TX}}(\Omega_\ell) \tilde{G}_{\mathrm{RX}}(\Psi_\ell) \exp\left(j\langle \mathbf{k}(\Omega_\ell), (\mathbf{r}_{\mathrm{TX}}^{(j)} - \mathbf{r}_{\mathrm{TX}}^{(1)})\rangle\right) \\
&\quad \times \exp\left(-j\langle \mathbf{k}(\Psi_\ell), (\mathbf{r}_{\mathrm{RX}}^{(i)} - \mathbf{r}_{\mathrm{RX}}^{(1)})\rangle\right)
\end{aligned} \tag{6.63}$$

其中，明确写出冲激响应对位置的依赖，利用了位置 $\mathbf{r}_{\mathrm{TX}}^{(j)}$ 的第 ℓ 条多径分量与参考天线元位置

$\mathbf{r}_{\text{TX}}^{(1)}$ 的冲激响应通过一个相移相关这一事实。而且,令 h_ℓ 依赖于参考天线元 $\mathbf{r}_{\text{TX}}^{(1)}$ 和 $\mathbf{r}_{\text{RX}}^{(1)}$ 的位置而不是绝对时间 t。这里的 $\tilde{G}_{\text{TX}}$ 和 $\tilde{G}_{\text{RX}}$ 分别为发送和接收天线元的复(幅度)方向图。$\{\mathbf{k}\}$ 是第 ℓ 个到达方向角或出发方向角方向的单位波矢量。$<\cdot,\cdot>$ 表示点乘。这样就总是可以由双向冲激响应来得到冲激响应矩阵。

如果接收阵是标准线性阵,则可以把式(6.63)写为

$$\mathbf{H} = \int\int h(\tau, \Omega, \Psi)\tilde{G}_{\text{TX}}(\Omega)\tilde{G}_{\text{RX}}(\Psi)\boldsymbol{\alpha}_{\text{RX}}(\Psi)\boldsymbol{\alpha}_{\text{TX}}^\dagger(\Omega)\mathrm{d}\Psi\mathrm{d}\Omega \tag{6.64}$$

其中用到的导向矢量为

$$\boldsymbol{\alpha}_{\text{TX}}(\Omega) = \frac{1}{\sqrt{N_{\text{t}}}}\left[1, \exp(-\mathrm{j}2\pi\frac{d_a}{\lambda}\sin(\Omega)), \cdots, \exp(-\mathrm{j}2\pi(N_{\text{t}}-1)\frac{d_a}{\lambda}\sin(\Omega))\right]^{\text{T}}$$

类似地,可定义 $\boldsymbol{\alpha}_{\text{RX}}(\Psi)$。$\Omega$ 和 Ψ 是从天线宽边测量得到的。

6.8　附录

请访问网站 www.wiley.com/go/molisch。

深入阅读

线性时变系统的理论可以参阅经典文章 Bello[1963],进一步的细节参见 Kozek[1997]和 Matz and Hlawatsch[1998]。WSSUS 系统理论在 Bello[1963]中建立,其进一步的研究可以参考 Hoeher[1992],Kattenbach[1997],Molnar et al.[1996]和 Paetzold[2002];无线通信中 WSSUS 的有效性的更多考虑可以参考 Fleury[1990],Kattenbach[1997],Kozek[1997]和 Molisch and Steinbauer[1999]。刻画非 WSSUS 信道特性的一种方法在 Matz[2003]中做了描述。Molisch and Steinbauer[1999]综述了包括延迟扩展在内的精简参数。超宽带信道的一般性描述可以在 Molisch[2005],Molisch[2009]和 Qiu[2004]中找到。Durgin[2003],Ertel et al.[1998],Molisch[2002]和 Yu and Ottersten[2002]中讨论了空间信道的描述方法。Fleury[2002]和 Kattenbach[2002]讨论了如何将 WSSUS 方法扩展到方向性模型。

第7章 信道模型

7.1 引言

我们需要建立传播信道的模型来进行无线系统的设计、仿真和规划。前面几章已经讨论了无线信道的一些基本性质及其数学描述，如幅度衰落统计、散射函数和延迟扩展等。这一章更具体地讨论如何将这些数学描述转变成一般的仿真模型，以及如何确定这些模型的参数。

信道模型有如下两个主要应用。

1. 无线系统的设计、测试和定型，需要简单的信道模型反映信道传播的一些重要性质，即会影响系统性能的性质。这一般通过对以参数形式描述的冲激响应的统计特性的信道模型进行简化得到，参数个数较少，且与特定位置无关。由于信道参数和系统性能之间的闭式关系，这些模型有时能得到关于系统的内在认识。而且，这种模型对系统设计人员而言很容易实现，以达到测试的目的。

2. 无线网络的设计人员对优化某一地理区域内的特定系统比较感兴趣。基站的位置及其他网络设计参数都通过计算机而不是实地试验进行优化。对于这样的应用，需要一种能够充分利用已知地理信息和形态信息的位置特定的信道模型。但是，模型必须稳健，因为在地理数据库中可能存在小的误差。

以下是用于上述应用的3种建模方法。

1. 存储信道冲激响应。信道探测仪（见第8章）对冲激响应 $h(t, \tau)$ 测量、数字化并存储。这种方法的主要优点是所得的冲激响应比较接近实际，而且用存储数据进行系统仿真具有再生性，因为数据可以无限期地再利用，甚至可用于不同系统的仿真。这是不同于整个系统实地试验的一个重要方面，在实地试验中不能保证冲激响应随时间保持不变。使用存储冲激响应的缺点是：（i）获取和存储数据需要大量工作；（ii）数据只能表征某个区域，一个传播环境不必具备典型性。

2. 确定信道模型。这种模型利用数据库的地理和形态信息确定麦克斯韦方程组的解或其近似解。其基本思想和存储冲激响应相同：确定某个地理位置的冲激响应。因此这两种方法都属于特定区域的模型。与存储冲激响应（测量得到）相比，确定性信道模型（计算得到）的缺点是：（i）计算量大；（ii）由于原始数据的不精确性及计算方法的近似性，使得结果不是很精确。这种模型的主要优点在于计算机仿真比测量容易得多，而且某些估计方法（如射线跟踪，见7.5节）允许不同传播机理的影响彼此独立。

3. 随机信道模型。这些模型建模信道冲激响应的概率密度函数。这种方法不是要准确地预知一个特定位置的信道冲激响应，而是要预测一个大范围内的概率密度函数。最简单的例子就是瑞利衰落模型，它不是要准确地得到每个位置的场强，而是试图准确地描述大范围内场强的概率密度函数。同理可以建立随机宽带模型。

一般而言，随机模型更多地用于系统的设计和比较，而特定区域模型则更适合于网络的规划和系统的开发。确定性和随机方法可以结合起来提高模型的效率。例如,通过确定性模型可以得到大尺度平均功率,而求平均的区域内的变化则用随机模型描述。

　　显然,上述模型没有一个可以达到完全精确,因此建立一个"令人满意的精确度"的标准很重要。

- 从纯科学角度看,任何误差都不能令人满意。但是,从工程角度看,模型准确度在达到一定的值之前,提高模型的精度是没有意义的[①]。
- 对于确定性建模方法,原始数据的错误导致不可避免的误差。对于由测量导出的随机模型,测量点数有限及测量误差都会限制精度。理想情况下,由特定建模方法导致的误差应该小于那些不可避免的误差。
- 以下准则可以进一步降低对建模精确度的要求:模型误差不应该"明显地"改变系统设计或开发规划。根据这个定义,系统设计人员必须确定什么是"明显的"。

7.2　窄带模型

7.2.1　小尺度和大尺度衰落模型

　　对于一个窄带信道,其冲激响应是一个时变衰减的函数,对于慢时变信道:

$$h(t, \tau) = \alpha(t)\delta(\tau) \tag{7.1}$$

正如第5章提到的,小范围内的幅度变化一般建模为一个随机过程,其自相关函数由多普勒谱确定。复数幅度建模为一个零均值、循环对称的复高斯随机变量。由此产生了服从瑞利分布的绝对幅度,因此简单地称这种情况为"瑞利衰落"。

　　当考虑更大范围内的变化时,小尺度内的平均幅度 F 服从标准差为 σ_F 的对数正态分布,σ_F 的典型值为 $4 \sim 10$ dB。对数正态阴影的空间自相关函数一般假设为双边指数分布,其相关距离为 $5 \sim 100$ m,取决于具体的环境。

7.2.2　路径损耗模型

　　接下来考虑对小尺度和大尺度衰落取平均的接收场强的模型。这类模型的最简单例子是自由空间路径损耗模型和"断点"模型($n = 2$ 对距离 $d < d_{break}$ 有效,$n = 4$ 对 $d > d_{break}$ 有效,见第4章)。在后面所描述的更复杂的模型中,路径损耗不仅取决于距离,还取决于一些附加的外部参数,如建筑物高度和测量环境(如郊区环境)等。

Okumura-Hata 模型

　　Okumura-Hata 模型是到目前为止应用最广泛的模型,其路径损耗(以 dB 为单位)为

$$PL = A + B \log(d) + C \tag{7.2}$$

其中,A,B 和 C 为取决于频率和天线高度的因子。A 随着载波频率的增加而增加,随着基站和移动台高度的增加而减小。路径损耗指数(与 B 成正比)随着基站高度的增加而减小。附

[①] 很多研究论文采用"令人满意的精度"作为修饰语强调新模型的价值。如果一个方法把理论与测量值之间的偏差从 12 dB 降低到 9 dB,就会认为 9 dB 是"令人满意的"。后来的一篇论文把误差降低到 6 dB,将会认为同一个 9 dB 是"令人不满意的"。

录 7.A(www.wiley.com/go/molisch)具体给出了这些修正因子。这种模型仅适用于大区制系统,其基站高度超过周围的屋顶。

COST 231-Walfish-Ikegami 模型

COST(European COoperation in the field of Scientific and Technical research,欧洲科技领域研究合作组织) 231-Walfish-Ikegami 模型也适合于微小区和小的宏小区,因为它对基站和移动台之间的距离和天线高度有限制(见图 7.1)。

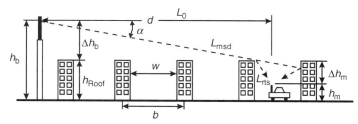

图 7.1　COST 231-Walfish-Ikegami 模型中的参数。引自 Damosso and Correia[1999]© European Union

在这个模型中,总路径损耗包括自由空间路径损耗 PL_0、沿着传播路径的多屏损耗 L_{msd},以及最后一个屋顶边沿到移动台的衰减 L_{rts}(屋顶到街道的绕射和散射损失)(见图 7.1)。自由空间损耗取决于载波频率和距离,而屋顶到街道的绕射损耗取决于频率、街道宽度、移动台的高度,以及街道相对于基站-移动台连线的方位。多屏损耗取决于建筑物之间的距离、基站和移动台之间的距离,以及载波频率、基站高度和屋顶高度。该模型假设 Manhatten 街道呈栅格状(街道以直角相交)、建筑物高度恒定且地形平坦。而且,该模型不包括通过街道峡谷(street canyons)的波导效应,而这将会导致低估接收场强。有关该模型的细节可参见附录 7.B(www.wiley.com/go/molisch)。

Motley-Keenan 模型

对于室内环境,墙壁的衰减起着非常重要的作用。考虑到这个因素,Motley-Keenan 模型假设路径损耗(以 dB 表示)可以写为[Motley and Keenan 1988]

$$PL = PL_0 + 10n \log(d/d_0) + F_{wall} + F_{floor}$$

其中,F_{wall} 为多径分量从发送端到接收端由于穿过墙壁所引起的衰减总和。同理,F_{floor} 表示位于基站与移动台之间的地面引起的衰减总和。墙壁的衰减与建筑物材料有关,在 300 MHz ~ 5 GHz 频率范围内衰减可达 1 ~ 20 dB,频率越高则衰减更大。

Motley-Keenan 模型是一种特定地点模型,因为它需要基站和移动台的位置信息及建筑物的设计图。但它并不很准确,因为忽略了沿墙"走来走去"的传播路径。例如,两个远远分开的办公室之间的传播或者通过很多墙壁(准视距路径),或者通过走廊(信号离开办公室,沿着走廊传播,并进入办公室内的接收端)。后者形式的传播路径往往更加有效,但是在 Motley-Keenan 模型中并未考虑。

7.3　宽带模型

7.3.1　抽头延迟线模型

最常采用的宽带模型是 N 抽头瑞利衰落模型。这是一个相当普遍的结构,它基本上是第 6 章介绍的抽头延迟线结构,只是加上了所有抽头的幅度服从瑞利衰落的限制。增加一个

视距路径分量并不困难，冲激响应变为

$$h(t, \tau) = a_0\delta(\tau - \tau_0) + \sum_{i=1}^{N} c_i(t)\delta(\tau - \tau_i) \tag{7.3}$$

其中，视距分量 a_0 不随时间变化，$c_i(t)$ 为零均值的复高斯随机过程，其自相关函数取决于相应的多普勒谱(如 Jakes 谱)。在大多数情况下，$\tau_0 = \tau_1$，因此第一个抽头的幅度是服从莱斯分布的。

当抽头数限制为 $N = 2$ 且没有视距路径时，该模型进一步简化，这是表现延迟色散[①]的最简单的随机衰落信道，因此经常用于理论分析。它也可以称为 2 径信道，2 延迟信道，或者 2 峰信道。

另一个常见的信道模型包括一个纯的确定性的视距分量加上一个衰落抽头($N = 1$)，该抽头的延迟 τ_0 可以与 τ_1 不同。这个模型广泛用于卫星信道，在这些信道中，几乎总有一个视距连接，且接收端附近的建筑物的反射会产生一个延迟衰落分量。当 $\tau_0 = \tau_1$ 时信道变为平坦衰落的莱斯信道。

7.3.2 功率延迟分布模型

通过大量的测量发现，功率延迟分布可以近似地表示为单边指数函数：

$$P_h(\tau) = P_{sc}(\tau) = \begin{cases} \exp(-\tau/S_\tau), & \tau \geq 0 \\ 0, & \text{其他} \end{cases} \tag{7.4}$$

在更一般的模型中(见 7.3.3 节)，功率延迟分布是几个延迟指数函数的和，对应于多簇相互作用体，即

$$P_h(\tau) = \sum_{\ell} \frac{P_l^c}{S_{\tau,l}^c} P_{sc}(\tau - \tau_{0,l}^c) \tag{7.5}$$

其中，P_l^c，$\tau_{0,l}^c$ 和 $S_{\tau,l}^c$ 分别为第 l 簇的功率、延迟和延迟扩展，所有簇的功率之和为 7.2 节描述的窄带功率。

对于式(7.4)的功率延迟分布形式，均方根延迟扩展表征为延迟色散。对于式(7.5)中的多个簇的情况，均方根延迟扩展是数学上的定义，但经常存在有限的物理意义。现有的大多数测量还是用这个参数来表征延迟色散。

不同的环境下，延迟扩展的典型值如下所示，详细内容可参见 Molisch and Tufvesson [2004]。

- 室内住宅楼。典型值为 5 ~ 10 ns，最大曾测到过 30 ns。
- 室内办公环境。典型延迟扩展值介于 10 ~ 100 ns 之间，但是也测到过 300 ns。房间大小对延迟扩展有明显的影响，建筑物的大小和形状也对其有影响。
- 工厂和机场大厅。延迟扩展范围为 50 ~ 200 ns。
- 微小区。延迟扩展范围约为 5 ~ 100 ns(视距情况)或 100 ~ 500 ns(非视距情况)。
- 隧道和矿井。空隧道的延迟扩展一般比较小(20 ns 的量级)，而车辆较多的隧道的延迟扩展较大(可达 100 ns)。
- 典型市区和郊区环境。延迟扩展介于 100 ~ 800 ns 之间，尽管也有过 3 μs 这么大的值。

---

① 注意，这个信道的每一个抽头表现出瑞利衰落，因此该信道与第 5 章、第 6 章为纯粹教学目的采用的两径模型不同。

- 差的市区和丘陵地区环境显然是多个簇的例子,导致其延迟扩展较大,达到 18 μs。在欧洲各城市测量过的簇延迟高达 50 μs,美国城市的测量值会稍小一些,山区地形存在高达 100 μs 的簇延迟。

延迟扩展是基站与移动台之间距离的函数,随距离近似为以 d^ε 增加,其中市区和郊区环境 $\varepsilon = 0.5$,山区 $\varepsilon = 1$。延迟扩展的变化也是很大的,有些论文指出延迟扩展服从对数正态分布,在城区和郊区环境下其方差的典型值为 2 ~ 3 dB。Greenstein et al. [1997] 首次提出了包括所有效应的完整模型。

7.3.3　射线和簇到达时间模型

前一节讨论了功率延迟分布的模型,所建立的功率延迟分布都是关于延迟的连续函数,这意味着接收端的带宽非常小,以至于离散的多径分量不能分离,而是成了一个连续的功率延迟分布。对于带宽较大的系统,多径分量可以分离。在这种情况下,用多径分量到达时间描述功率延迟分布更为有利,加上一个“包络”函数,用于描述多径分量的功率,其为延迟的函数。

为了建立多径分量到达时间的统计模型,一阶近似假定在城区内引起反射的物体的空间位置是随机的,这样将使超出延迟呈泊松分布。但是,测量显示多径分量倾向于分组(“簇”)到达。已经研究出两种模型来反映这种情况:Δ-K 模型和 Saleh-Valenzuela(SV)模型。

Δ-K 模型有两个状态:S_1 和 S_2,前者的平均到达率为 $\lambda_0(t)$,后者的平均到达率为 $K\lambda_0(t)$。整个过程从状态 S_1 开始。假设一个多径分量在 t 时刻到达,在间隔 $[t, t+\Delta]$ 内转换到状态 S_2。如果在这个间隔内没有其他路径到达,则在间隔结束时返回到 S_1,注意 $K = 1$ 或 $\Delta = 0$ 时,上述过程回到标准的泊松过程。

Saleh-Valenzuela(SV)模型的过程略有不同。它先验假设存在簇。在每个簇内,多径分量按照泊松分布到达,簇自身的到达时间也服从泊松分布(但时间间隔常量不同)。而且,簇内多径分量的功率随延迟呈指数下降,簇的功率服从另一个(不同的)指数分布(见图 7.2)。

时域冲激响应的数学描述如下:

$$h(\tau) = \sum_{l=0}^{L} \sum_{k=0}^{K} c_{k,l}(\tau)\delta(\tau - T_l - \tau_{k,l})$$

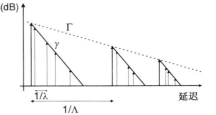

图 7.2　Saleh-Valenzuela 模型

其中,簇的到达时间和射线的到达时间的分布如下:

$$\mathrm{pdf}(T_l|T_{l-1}) = \Lambda \exp[-\Lambda(T_l - T_{l-1})], \qquad l > 0$$

$$\mathrm{pdf}(\tau_{k,l}|\tau_{(k-1),l}) = \lambda \exp[-\lambda(\tau_{k,l} - \tau_{(k-1),l})], \quad k > 0$$

其中,T_l 为第 l 个簇的第一条路径的到达时间,$\tau_{k,l}$ 为第 l 个簇内的第 k 条路径相对于第一条路径到达时间的延迟(根据定义有 $\tau_{0,l} = 0$),Λ 为簇到达率,λ 为射线到达率,即每个簇内路径的到达率。在上面的公式中,参数对绝对时间的依赖已经被抵消。

每个簇内的功率延迟分布为

$$E\{|c_{k,l}|^2\} \propto P_l^c \exp(-\tau_{k,l}/\gamma) \tag{7.6}$$

其中,P_l^c 为第 l 个簇的能量,γ 为簇内衰减时间常量,簇功率也呈指数下降:

$$P_l^c \propto \exp(-T_l/\Gamma) \tag{7.7}$$

7.3.4　标准化的信道模型

　　抽头延迟线模型的一个特殊情况是 COST 207 模型,在 4 种典型环境下指定了功率延迟分布或抽头权值及多普勒谱。这些功率延迟分布是依据在欧洲进行的大量野外测量推导出来的。该模型分 4 种不同的大蜂窝环境:典型市区(TU)、差的市区(BU)、乡村地区(RA)和丘陵地区(HT)。根据环境不同,功率延迟分布可能是单指数衰减或包含两个彼此有延迟的单指数函数(簇)(见图 7.3)。第二个簇对应着远处的充当有效相互作用体的高层建筑或山体,因此会产生一组具有相当大功率延迟的多径分量。详细内容可参考附录 7.C(www.wiley.com/go/molisch)。

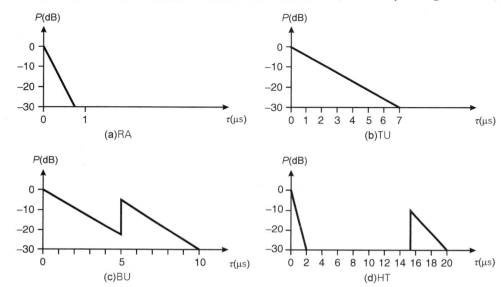

图 7.3　COST 207 模型的功率延迟分布。引自 Molisch[2000]© Prentice Hall

　　COST 207 模型是基于相当窄的带宽测量的,且仅适于 200 kHz 带宽或更窄的系统。对于第三代蜂窝系统(带宽为 5 MHz)的仿真,国际电信联盟指定了另一组考虑到大带宽的模型。该模型区分步行、车载和室内环境。详细内容可参考附录 7.D(www.wiley.com/go/molisch)。另外,室内无线局域网和个域网也建立了抽头延迟线模型,综述可参见 Molisch and Tufvesson[2004]。

7.4　方向性模型

7.4.1　一般模型结构及因子分解

　　第 6 章已经讨论论过,一个相当一般化的模型是基于双向延迟功率谱(DDDPS)的,它取决于 3 个变量:出发方向角、到达方向角和延迟。如果双向延迟功率谱可以分解为 3 个函数,每个函数仅取决于 1 个参数,则可以得到一个重要的简化形式:

$$\mathrm{DDDPS}(\Omega, \Psi, \tau) = \mathrm{APS}^{\mathrm{BS}}(\Omega)\mathrm{APS}^{\mathrm{MS}}(\Psi)P_h(\tau) \tag{7.8}$$

这表明基站和移动台处的角功率谱(APS)与延迟无关,移动台处的角功率谱与基站发送的方向也无关,反之亦然。

这种因子分解大大简化了理论计算和信道模型的参数化。然而，这不一定总是与实际情况相符。更一般化的一种模型是，假设双向延迟功率谱包括几个簇，每个簇有可分离的双向延迟功率谱：

$$\text{DDDPS}(\Omega, \Psi, \tau) = \sum_l P_l^c \text{APS}_l^{c,\text{BS}}(\Omega) \text{APS}_l^{c,\text{MS}}(\Psi) P_{h,l}^c(\tau) \tag{7.9}$$

其中，上标"c"表示"簇"，l 为第 l 个簇的编号。显然，当且仅当只有一个簇存在时，该模型变为式(7.8)所描述的模型。

在本节余下部分假设因子分解是可能的，只描述角功率谱模型 $\text{APS}_l^{c,\text{BS}}$ 和 $\text{APS}_l^{c,\text{MS}}(\Psi)$，即因子分解的组成部分(功率延迟分布已经在 7.3 节讨论过)。

7.4.2　基站处的角度色散

基站处的角功率谱的最常用模型是其方位角服从拉普拉斯分布[Pedersen et al. 1997]：

$$\text{APS}(\phi) \propto \exp\left[-\sqrt{2}\frac{|\phi - \phi_0|}{S_\phi}\right] \tag{7.10}$$

其中，ϕ_0 是方位角的均值。仰角谱的模型一般是 δ 函数(即所有发射线在水平面入射)，因此有 $\Omega = \phi$。也可以建模为拉普拉斯函数。

均方根角度扩展(见 6.7 节)和簇角度扩展的典型值如下所示[Molisch and Tufvesson 2004]。

- 室内办公环境。对于非视距情况，均方根簇角度扩展在 $10° \sim 20°$ 之间，视距情况下的典型值约为 $5°$。
- 工业环境。非视距情况下的均方根角度扩展为 $20° \sim 30°$。
- 微小区。视距情况下的均方根角度扩展为 $5° \sim 20°$。非视距情况下的均方根角度扩展为 $10° \sim 40°$。
- 典型城区和郊区环境。测得人口密集城区的均方根角度扩展为 $3° \sim 20°$ 的量级。在郊区环境，由于经常出现视距情况，所以其值会小一些。
- 差的市区和丘陵地区环境。由于存在多个簇，均方根角度扩展为 $20°$ 或者更大。
- 乡村地区。均方根角度扩展为 $1° \sim 5°$。

在室外环境，角度扩展在大区域内的分布服从对数正态分布且与延迟扩展有关。这使得扩展的对数可以看成相关的高斯随机变量。角度扩展对距离的依赖关系仍需讨论。

7.4.3　移动台处的角度色散

对于室外环境，一般假设射线是从所有方位入射到移动台的，因为移动台被"本地相互作用体"(汽车、人群和房屋等)所包围。这个模型早在 20 世纪 70 年代就提出来了，但是最近的研究表明方位角的扩展可以非常小，尤其在街道峡谷处，所以角功率谱又可以近似为拉普拉斯函数，而簇角度扩展一般认为是 $20°$ 的量级。而且，角度分布是延迟的函数。对于无视距的位于街道峡谷处的移动台，屋顶上方的传播延迟较小，从而有较大的角度扩展，较晚的分量沿街道传播使得角度范围更小。在存在(准)视距的室内环境，较早的分量具有很小的角度扩展，而较大延迟分量有几乎均匀的角功率谱。

对于室外仰角谱，屋顶上方传播的多径分量的仰角谱服从零到能看到屋顶的最大角度之间的均匀分布。较晚到达的分量穿过街道峡谷，仰角服从拉普拉斯分布。

7.4.4 极化

大部分信道模型仅仅分析垂直极化的传播,对应于发射和接收都使用垂直极化天线的情况。但是,人们对极化分集的兴趣越来越高,即天线是同址的,但是接收波的极化方式不同。为了仿真这样的系统,需要双极化辐射的传播模型。

一个垂直极化的天线的传输会经历相互作用,导致到达接收端之前,能量会泄漏到水平极化分量,反之亦然。多径分量的衰落系数可写成 2×2 的极化矩阵,复数幅度 $\mathbf{a}_\ell$ 为

$$\mathbf{a}_\ell = \begin{pmatrix} a_\ell^{\mathrm{VV}} & a_\ell^{\mathrm{VH}} \\ a_\ell^{\mathrm{HV}} & a_\ell^{\mathrm{HH}} \end{pmatrix} \tag{7.11}$$

其中,V 和 H 分别表示垂直极化和水平极化。

最常用的极化矩阵信道模型假设矩阵中的元素是统计独立的复高斯衰落变量。假设 VV 和 HH 分量的平均功率相同,类似地,VH 和 HV 分量的平均功率也相同。互极化率(XPD)是 VV 和 VH 分量的平均功率之比(用 dB 表示),建模为高斯随机变量。互极化率的均值和方差可能与传播环境有关,甚至还与考察分量的延迟有关,其均值的典型值为 $0 \sim 12$ dB,方差约为 $3 \sim 6$ dB[Shafi et al. 2006]。

7.4.5 模型实现

前几节讨论了角度谱的连续模型,为了利用计算机实现,通常需要离散模型。方向性信道模型(DCM)的实现方法之一是广义抽头延迟线。与 6.4 节描述的原理相同,在这种方法中,双向延迟功率谱是离散的。

另一种方法是所谓的几何随机信道模型(GSCM),这种方法并不是指多径分量的方向和强度具有随机性,而是指相互作用体的位置和作用过程的强度具有随机性(见图 7.4)。另外,假设只发生一个相互作用过程。方向分解后的冲激响应可以通过如下两个步骤得到。

1. 根据相互作用体所在处的概率密度函数指定其位置。
2. 在单一作用的前提下,确定相互作用体对双向冲激响应的贡献,每个多径分量(对应一个相互作用体)有唯一的到达方向角、出发方向角、幅度延迟和相位偏移。

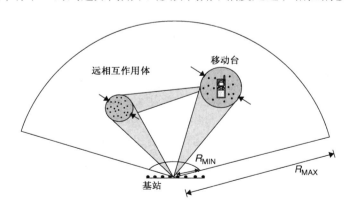

图 7.4 几何随机信道模型建模原理

最简单的模型是假设所有相关的相互作用体都在移动台附近。这种情况是存在的,例如郊区环境中建筑物结构比较规则的宏小区。在这种情况下,来自移动台的射线与其周围的相

互作用体相互作用,但无须与基站附近的那些物体发生进一步相互作用。如果移动台周围的相互作用体分布不同,则模型也不同。

- 有些论文将相互作用体呈圆形分布于移动台周围,参见 Lee[1973]。
- 还有些论文建议在一个圆盘内均匀分布。当移动台移动时,移动台周围的圆盘随之移动。这样,有些相互作用体会"掉出"相互作用体圆盘,而另一些新的相互作用体则会进入圆盘(见图 7.5)。这与物理现实中远离移动台的相互作用体的贡献较小(虽然它们仍然物理地存在着)相对应。
- 也有人提出单边高斯分布 pdf $(r) = \exp(-r^2/2\sigma^2)$, $r \geqslant 0$。根据该分布计算功率延迟分布和角功率谱,则可得到图 7.6 和图 7.7 所示的结果。可以发现,这些结果与指数功率延迟分布和拉普拉斯角功率谱很相似。

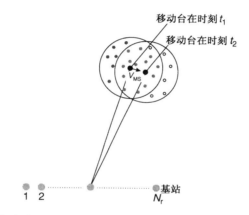

图 7.5   当移动台移动时,相互作用体的"消失"和"出现"。假定所有的相互作用体都在围绕移动台的一个圆盘内。散射体只有在 $t_1(t_2)$ 起作用时标为黑(空)圈,散射体在两个时刻都起作用时标为灰圈。引自 Fuhl et al.[1998] © IEE

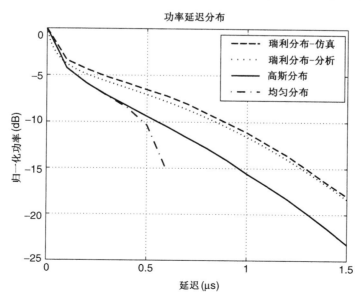

图 7.6   散射体不同分布下的功率延迟分布。引自 Laurila et al.[1998] © IEEE

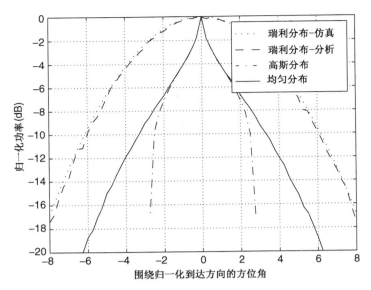

图 7.7　散射体不同分布下的角功率谱。引自 Laurila et al.[1998]© IEEE

当所有相互作用体都在移动台附近时,这种情况属于"单簇"情况,此时角延迟功率谱(ADPS)近似为

$$\mathrm{ADPS}(\tau, \phi) \propto \exp(-\tau/S_\tau)\exp(-\sqrt{2}|\phi - \phi_0|/S_\phi)$$

其推广包括所谓的远相互作用体(也称为远散射体),对应于高层建筑或山体。一个远相互作用体可以建模为一个单面反射镜(对应于带有光滑玻璃面的高层建筑)或者一簇相互作用体。与移动台周围的相互作用体不同,远相互作用体的位置在整个仿真过程中是保持不变的。

几何信道模型在进行运动仿真时更有优势。无论什么时候,只要移动台移动,多径分量的参数调整都是自动进行的。因此,从移动过程中可以自动得到正确的衰落相关性,同时也考虑了移动台处到达方向角与多普勒频移之间的相关性。由移动台大尺度运动引起的到达方向角、出发方向角和延迟的任何改变都会自动包括在内,而这些在抽头延迟线模型中是很难建模的。

7.4.6　标准化方向性模型

欧洲的研究倡导者 COST 259 建立了一个方向性信道模型(DCM)并得到普遍接受。该模型非常切合实际,结合了很多不同环境下的大量效应及其相互影响。由于该模型非常复杂,本节仅给出一些基本特征。在 Steinbauer and Molisch[2001]中有该模型第一版的具体描述,完整的说明在 Asplund et al.[2006]和 Molisch et al.[2006]中可以找到。

COST 259 DCM 包括信道的小尺度变化和连续的大尺度变化。这通过区分 3 种不同层来有效实现。

1. 在顶层,不同无线环境(RE),即具有相似传播特征的环境类别(如"典型城区")之间是有差别的。总而言之,一共有 13 种无线环境,其中包括 4 个宏蜂窝无线环境(即基站高度在屋顶之上)、4 个微蜂窝(室外,基站高度低于屋顶)无线环境和 5 个微微蜂窝(室内)无线环境。

2. 大尺度效应由概率密度函数描述,不同的无线环境的参数也不同。例如,当移动台在大距离内移动时，延迟扩展、角度扩展、阴影和莱斯因子也随着改变。每一个大尺度衰落参数的实现确定一个双向延迟功率谱。

3. 在第三层，双向冲激响应为双向延迟功率谱的实现，由小尺度衰落产生。

大尺度效应的描述采用几何-随机的混合方式，并应用了上述相互作用体簇的概念。在仿真开始时，相互作用体簇（围绕移动台的一个本地簇和几个远距离的相互作用体簇）随机分布在覆盖区域内，这是随机部分。在仿真过程中，簇之间的延迟和角度可根据它们的位置及基站和移动台的位置，采用确定的方式得到，这是几何部分。每个簇有个小尺度平均的双向延迟功率谱，其延迟服从指数分布，基站处的方位角和仰角服从拉普拉斯分布，移动台处的方位角和仰角服从均匀分布或拉普拉斯分布。可以直接从平均角延迟功率谱得到双向复冲激响应，也可以将它映射到相互作用体分布，再用几何方法得到冲激响应。

在宏小区里，簇的位置是随机的。而在微小区或微微小区内，利用虚拟蜂窝部署区域（VCDA）的概念，簇的位置是确定的。一个 VCDA 是一幅虚拟城镇或办公楼的地图，规定了移动台的路径。这种方法与射线跟踪方法类似，但是有两个重要区别：（i）"城市地图"无须反映实际城市，这样可以制成对很多城市具有"代表性"；（ii）只有簇的位置由射线跟踪确定，而簇内的行为采用随机的方式处理。

其他标准化的模型在"深入阅读"节及附录中描述。

7.4.7 多输入多输出矩阵模型

前面几节已经描述了包含多径分量方位信息的模型。多天线系统的另一个常用概念是用随机的方法建模多输入多输出（MIMO）信道的冲激响应矩阵（见 6.7 节）。在这种情况下，信道的特点不仅仅表现为矩阵元素（一般服从瑞利或莱斯分布）的幅度统计特性，还包括这些元素之间的相关性。相关矩阵（对每个延迟抽头）的定义如下：首先将信道矩阵中所有元素"堆叠"成一个矢量，$\mathbf{h}_{\text{stack}} = [h_{1,1}, h_{2,1}, \cdots, h_{N_r,1}, h_{1,2}, \cdots, h_{N_r,N_t}]^{\text{T}}$，然后计算相关矩阵 $\mathbf{R} = E\{\mathbf{h}_{\text{stack}} \mathbf{h}_{\text{stack}}^{\dagger}\}$，其中上标 $\dagger$ 表示厄米特共轭转置。一种流行的简行模型假设相关矩阵可以写成克罗内克（Kronecker）乘积 $\mathbf{R} = \mathbf{R}_{\text{TX}} \otimes \mathbf{R}_{\text{RX}}$，其中 $\mathbf{R}_{\text{TX}} = E\{\mathbf{H}^{\dagger}\mathbf{H}^*\}$，$\mathbf{R}_{\text{RX}} = E\{\mathbf{H}\mathbf{H}^{\dagger}\}$。该模型表明接收端的相关矩阵独立于传输的方向。这等价于假设双向延迟功率谱可以分解为基站处和移动台处的独立的角功率谱。在这种情况下，得到信道传输函数的矩阵为

$$\mathbf{H} = \frac{1}{E\{\text{tr}(\mathbf{H}\mathbf{H}^{\dagger})\}} \mathbf{R}_{\text{RX}}^{1/2} \mathbf{G}_G \mathbf{R}_{\text{TX}}^{1/2} \tag{7.12}$$

其中，$\mathbf{G}_G$ 为一个具有独立同分布（iid）复高斯元素的矩阵。

7.5 确定性信道建模方法

从原理上讲，无线传播信道可以看成确定性信道。根据麦克斯韦方程组及电磁场的边界条件（包括所有物体的位置、形状、介电和传导性质），可以确定所有点在所有时刻的场强。对于室外环境，这种纯确定性信道模型必须考虑传输环境的所有地理特征和形态特征；对于室内环境，建筑物结构、墙壁特性甚至家具都应考虑。本节在这种确定性观点基础上概述信道模型的基本原理。

为了使确定性模型成为一种可行选择，必须克服两个主要挑战：（i）大量的计算时间；

(ii)需要确切的边界条件知识。由于计算时间和存储量极高而不能实际应用，这种状况一直持续到大约1990年。之后就发生了变化。一方面，计算机技术发展得如此之快，以至于有些在20世纪90年代就算使用超级计算机也不可能实现的任务，现在用个人计算机就能实现。另一方面，更为有效的确定性算法的发展也改善了条件。边界条件的准确知识对于确定性模型的成功应用是必须的。这意味着需要知道整个"相关"环境的位置和电磁性质(后面会讨论"相关"的意思)。最近几年，在卫星图像和建筑规划的基础上产生的数字地形图、城市规划等也取得了很大的进展。

最准确的解(给定环境数据库)是麦克斯韦方程组的"强力"解，用的是积分方程或微分方程。积分方程大多是著名的矩方法的变形，相互作用体内引起的未知电流可由一组基本函数表示。其最简单的形式是矩形函数，延续一个波长的几分之一。微分方程包括有限元法(FEM)和越来越普遍的时域有限差分法(FDTD)。

所有这些方法都具有很高的精确度，但是在大多数环境下计算量需求受限制。因此更多的是使用麦克斯韦方程组的近似值作为基本解。应用最广泛的近似解是高频近似(又称射线近似)[①]。在该近似中，电磁波建模为遵循几何光学准则的射线(反射和透射的斯涅尔定律)。更进一步的改进允许采用近似方法将绕射、散射也包括在内。在本节的其余部分将重点讨论基于射线方案的各种实现。

7.5.1　射线发射

在射线发射过程中，发射天线向不同方向发送(发射)射线。典型地，空间总角度4π可以分为N个相同大小的单元，每条射线的发射方向对应一个这样的单元中心(即空间角度均匀采样)(见图7.8)。射线的数目应该是该方法精确度和计算时间的折中。

该算法跟随每条射线的传播，直到它抵达接收端或者变得太弱而不重要(如降到噪声强度之下)。跟随射线时需要考虑如下很多影响。

- 自由空间衰减。由于每条射线代表某一空间角度，单位面积的能量沿射线路径按d^{-2}下降；
- 反射改变射线的方向，并导致额外的衰减。反射系数可以由斯涅尔定律计算得到(见第4章)，与入射角有关，或许还与入射线的极化方式有关。
- 绕射和散射包含在更高级的模型中。这些情况下，一条射线入射到一个相互作用体后，会产生几条新的射线。绕射射线的幅度一般可以根据几何学和绕射理论计算得到，这在第4章中已经讲过。

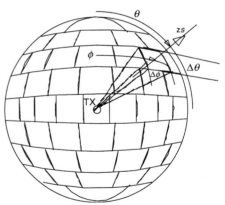

图7.8　射线发射原理。引自Damosso and Correia[1999] © European Union

射线分裂算法是该方法在精确度方面的一个重要改进。该算法假设射线的有效交叉部分不超过一定尺寸(例如典型相互作用体的尺寸)。因此，如果射线传播得离发射端太远，就可

---

① 文献中，这些方法经常称为射线跟踪。但是，"射线跟踪"也常用于表示一种特定实现方法(在后面描述)。对于一般的算法类别，我们将坚持"高频近似"的称法。

以分裂为两条射线。下面结合图 7.9 具体介绍其原理。为了简化讨论,仅考虑二维情况。每条射线并不仅仅代表一个角度,而是一个宽为 ϕ 的角度范围(对应于两条发射射线的角度)。该夹角与半径为 d 的圆的交叉部分的长度约为 ϕd(对于三维情况,设想用"横截面"代替"长度")。因此,离发射端越远,射线覆盖的区域越大。为了模拟的高精确度,这个长度不能太大。当长度达到 $\overline{L}$ 时,射线就被分裂(从而长度减小为 $\overline{L}/2$),得到的子射线(重新代表一个宽为 ϕ 的角度范围)继续传输,直到其长度达到 $\overline{L}$,如此继续。

射线发射给出了整个环境(即很多不同的发射端位置和一个给定的接收端位置)的信道特征。换句话说,一旦确定了基站的位置,就可以计算出整个小区预想范围内的覆盖、延迟扩展和其他信道特征。而且,预处理技术允许包括多个发射端位置。环境(相互作用体)又可以分解为"片"(大小有限的

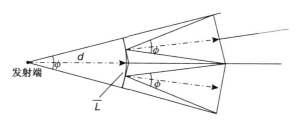

图 7.9　射线分裂原理

区域,一般与射线的最大有效面积相同),所有片的相互作用可以计算出来。那么,对于每个发射端位置,只需要计算接收端与作为最初的相互作用体的片的相互作用[Hoppe et al. 2003]。

7.5.2　射线跟踪

经典的射线跟踪决定所有可以从一个发射端位置到一个接收端位置的射线,该方法包括如下两个步骤。

1. 首先,确定可以把能量从发射端传输到接收端的所有射线。这一般通过映像原理实现。通过反射到达接收端的射线,表现出与虚拟源发出的射线相同的行为,该虚拟源位于原始源的映像(相对于反射面)所在的位置(见图 7.10)。
2. 第二步,计算出自由空间传播和有限反射系数引起的衰减,从而给出所有多径分量的参数。

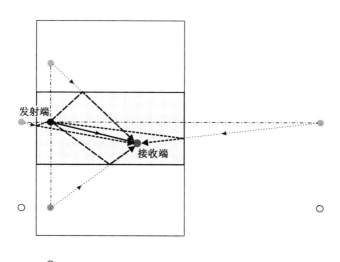

图 7.10　映像原理。灰圈对应于单个反射的虚拟源,白圈对应于双反射的虚拟源。点线
代表从虚拟源到接收端的射线,虚线代表实际反射线,实线代表视距线

射线跟踪可以实现单反射和双反射过程的快速运算，也无须射线分裂。但不利因素是，仿真中所付出的努力随着包括的反射阶数呈指数增长。而且，散射和绕射也并非无关紧要的。最后，该模型对大范围内信道特征的计算不如射线发射有效。

7.5.3　有效性考虑

无论是射线发射还是射线跟踪，都不可能准确地预测到达射线的相位。这种预测需要一个在几分之一波长内准确的地理和建筑物数据库。因此，不妨假设所有射线有均匀分布的相位。在这种情况下，仅仅有可能预测出信道特征在小范围内的统计特性，冲激响应的实现可以通过将随机相位赋给多径分量得到。这是在本章开头提到过的确定－随机混合方法的另一种形式。

进一步减少计算量的方法是射线跟踪不在所有三维上进行，而仅在二维上进行。这种简化方法是否可用取决于如下传输环境。

- 室内。室内环境总是需要考虑实际三维情况，甚至当基站和移动台在同一平面上时，地板和天花板的反射也是重要的传播路径。
- 宏小区。根据定义，基站天线比屋顶高出很多。这样，传输大多通过屋顶上方到达移动台附近的点。从这些点出发经过绕射或对面房屋墙壁的反射到达移动台。有些情况下，只要垂直面的射线跟踪就足够了，尤其是当射线跟踪仅需预测接收功率和延迟扩展时。另一方面，这种只有垂直射线跟踪的方法不能准确地预测移动台处射线的方向。
- 微小区，小距离基站-移动台。由于基站和移动台的天线均低于屋顶，屋顶上方传播的绕射损耗很大。穿过街道峡谷这种水平面上的传输过程更有效。在这些情况下，仅仅水平面上的射线跟踪就足够了。
- 微小区，大距离基站-移动台。在这种情况下，水平面上的射线传播(与屋顶上方部分相比)的相关功率很小，水平分量经历了多个绕射和反射过程，而通过屋顶上方的分量的损耗大部分由基站和移动台附近的绕射损耗决定，因此受距离影响较小。这种情况下，可以使用所谓的 2.5 维模型。一方面只有水平面的传播，另一方面只有垂直面的仿真，两部分的贡献加在一起。

2.5 维模型也可用于宏小区。但是，当宏小区和微小区内的基站天线与屋顶高度相近时，2.5 维的射线跟踪不能准确地为某些传播过程建模。例如，在这种方法中无法考虑一个远处的相互作用体簇(高层建筑)(见图 7.11)。

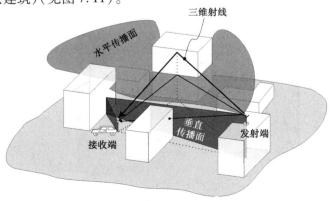

图 7.11　二维和三维建模

7.5.4 地理数据库

所有确定性方法的基础是关于环境的地理和形态信息，信息的准确性决定了确定性信道模型能达到的精确度。

对于室内环境，这些信息可以从建筑物设计图得到，现在的建筑物设计图经常可以得到其数字形式。

在乡村地区，可以得到 10 ~ 100 m 分辨率的地理数据库，这些数据库往往通过卫星观测的手段产生。在很多国家，形态信息（土地利用）也是可以得到的。但是，采用自动的和一致的方式获取该信息具有很大的挑战性。

在城区，数字数据库使用两种类型的数据：矢量数据和像素数据。对于矢量数据，建筑物端点的实际位置被存储起来。对于像素数据，有规则的栅格点叠加到区域上，并对每个像素点说明它是落入"自由空间"（街道、公园等）还是被建筑物覆盖。在两种情况下，建筑物高度和材料都可能包含在数据库中。

7.6 附录

请访问 www.wiley.com/go/molisch。

深入阅读

关于信道模型方面的文献有很多。除了文中已提到的原创性著作，Andersen et al.［1995］和 Molisch and Tufvsson［2004］对不同模型进行了综述。对于抽头延迟线模型的实现，推荐 Paetzold［2002］。Xu et al.［2002］提出了将抽头延迟线模型推广到 MIMO 信道的方法。Turin et al.［1972］研究了到达时间的泊松近似，后来 Suzuki［1977］和 Hashemi［1979］又做了进一步的研究和扩展。Saleh and Valenzuela［1987］首次提出了 Saleh-Valenzuela 模型。Delta-K 模型在 Hashemi［1993］中给出了描述。各种模型的参数化在 Molisch and Tufvsson［2004］中进行了综述；MIMO 信道模型的参数见 Almers et al.［2007］；车辆间传播信道模型的参数见 Molisch et al.［2009］。

Okumura-Hata 模型基于 Okumura et al.［1968］在日本的大量测量，并由 Hata［1980］提出适用于计算机仿真的形式。利用地形轮廓的扩展在 Badsberg et al.［1995］中进行了讨论。

COST 231-Walfish-Ikegami 模型是在 Walfish and Bertoni［1988］和 Ikegami et al.［1984］研究的基础上，由 COST 231［Damosso and Correia 1999］研究与标准化组织提出的。

Blanz and Jung［1998］，Fuhl et al.［1998］，Norklit and Andersen［1998］，Petrus et al.［2002］和 Libert and Rappaport［1996］以各种方式提出了几何随机信道模型。Molisch et al.［2003］具体介绍了几何随机信道模型的有效实现，Molisch［2004］和 Molisch and Hofstetter［2006］进行了到多相互作用过程的推广。方位功率谱的拉普拉斯结构首先在 Pedersen et al.［1997］中提出，虽然对其有效性存在一些争论，但如今仍获得了广泛的应用。

利用转移函数矩阵描述 MIMO 信道的思想来源于经典著作 Foschini and Gans［1998］和 Winters［1987］。Kermoal et al.［2002］提出了 Kronecker 假设；Weichselberger et al.［2006］引入

了包含到达方向角和出发方向角之间的相关性的更一般化的模型；Gesbert et al. [2002]和
Sayeed[2002]提出了其他广义模型。方向性信道建模方法及典型的参数化在 Almers et al.
[2007]中给出了综述。

　　矩方法在 Harrington[1993]中有经典描述。可以增加其效率的特殊方法包括自然基集
[Moroney and Cullen 1995]、快速多极算法[Rokhlin 1990]及列表相互作用法[Brennan and
Cullen 1998]。Zienkiewicz and Taylor[2000]描述了有限元法，Kunz and Luebbers[1993]描述了
时域有限差分法。

　　射线跟踪最初来自计算机图形学领域，且有很多可参考的著作，如 Glassner[1989]；它的
无线系统应用在 Valenzuela[1993]中进行了描述。射线发射算法的描述可以在 Lawton and Mc-
Geehan[1994]中找到。射线分裂在 Kreuzgruber et al. [1993]中引入。也有很多利用射线跟踪
进行无线信道预测的商用软件程序。

　　至于标准化模型，最近发展了很多包括方向信息或有更大带宽的模型。COST 259 模型在
Molisch et al. [2006b]和 Asplund et al. [2006]中描述，而 IEEE 802.11n 模型包括了室内环境的
空间模型[Erceg et al. 2004]。IEEE 802.15.3a 和 IEEE 802.15.4a 信道模型[Molisch et al.
2003a, 2004a]描述了超宽带情况的信道模型。

　　另一种双向信道模型由第三代合作伙伴计划(3GPP)和 3GPP2 标准化，二者都是第三代蜂
窝系统的标准化组织(见第 26 章)。该模型与 COST 259 类似，在附录及 Calcev et al. [2007]中
有详细描述。更进一步的双向模型由 COST 273(Molisch and Hofstetter[2006])，欧洲 WINNER
计划(Winner[2007])及国际电信联盟(ITU[2008])发布。

第8章 信道探测

8.1 引言

8.1.1 信道探测的必要性

无线信道属性(冲激响应)的测量,更多地被称为信道探测(channel sounding),是无线通信工程的一项基本任务,因为任何信道模型都是基于测量数据的。对于统计信道模型,要通过大量的测试活动来获取参数值,而对于确定性模型,则必须通过理论数据与实际测量数据的比较来检验预测质量。

由于系统和所需信道模型日渐复杂,信道探测的任务也变得愈加复杂了。20世纪60年代,测试设备仅用于测量接收场强。随着无线通信系统逐渐过渡到宽带系统,研发可以进行冲激响应(即延迟色散)测量的一类新的信道探测器就显得非常必要了。由于人们对多天线系统的兴趣日益增长,20世纪90年代,人们开始重点关注方向性传播属性的测量,这同样对信道探测器的发展带来了影响。目前,一般要求这些信道探测器必须能够测量双向冲激响应。

除了测量内容有所改变,进行测试的环境也在发生着变化。到1990年为止,测试活动通常在宏蜂窝中进行。之后,微蜂窝、尤其是室内传播成了人们的兴趣焦点。

下面讨论一些最重要的信道探测方法。在对宽带测试的基本要求进行讨论之后,将描述不同类型的信道探测器。并以对空间可分辨信道探测的概括性介绍来结束本章内容。

8.1.2 通用探测器结构

"信道探测器"一词对这一测量设备的功能给予了形象化的描述。发射机发送信号作用于信道,也就是我们所说的"探测"(sound)信号。信道的输出由接收机检测("监听")并存储。从发射信号和接收信号的情况可以获得信道的时变冲激响应,或者得到相应的(确定性)系统函数中的某一个。

图8.1给出了概念上最简单的信道探测器原理框图。

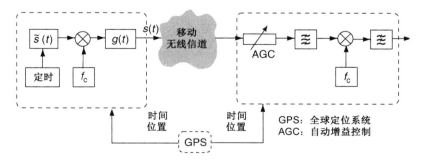

图8.1 信道探测器原理框图。发射机和接收机之间的正确同步尤为重要

发射机发送一个信号 $s(t)$,该信号由周期性重复脉冲 $p(t)$ 组成:

$$s(t) = \sum_{i=0}^{N-1} p(t - iT_{\text{rep}}) \tag{8.1}$$

其中，T_{rep} 代表发送脉冲的重复间隔。一次完整测量包括以固定间隔发送的 N 个脉冲。这些脉冲是基本脉冲 $\tilde{s}(t)$(由脉冲发生器产生)与发送滤波器相卷积的结果：

$$p(t) = \tilde{s}(t) * g(t) \tag{8.2}$$

其中，$g(t)$ 是发送滤波器的冲激响应。信道探测时采用的 $p(t)$ 波形因探测器的类型而定，并且，与工作于频域的探测器相比，工作于时域的探测器所用的 $p(t)$ 波形可能有很大不同，这两种类型的探测器将分别在 8.2 节和 8.3 节讨论到。

上述框图是探测器的通用形式；探测器的性能则主要取决于探测信号的选择。为实现有效的测量，探测信号应满足以下要求。

- 较宽的带宽。带宽与探测信号中最短的时间变化量成反比，因而也就决定了可以达到的延迟分辨率。
- 较大的时间带宽积。当探测信号的持续时间大于其带宽的倒数时(即时间带宽积 TW 大于 1)，往往是会带来好处的。在许多系统中，发射功率是受限制的。这种情况下，较大的 TW 就能支持在探测信号中发送更多的能量，从而在接收端获得较高的信噪比。大 TW 值的探测方案与扩频系统有关(见第 18 章)。在接收端，需要进行专门的信号处理(解扩)来发挥出大 TW 值所带来的好处。
- 信号持续时间。信号的有效持续时间必须适应于信道特性。一方面，长探测信号可以给出大的时间带宽积，这是有好处的(如上所述)。另一方面，探测信号的长度不能大于信道的相干时间，即传输探测信号期间可近似认为信道恒定不变。出于实际的考虑，脉冲重复间隔 T_{rep} 应大于探测信号的构成脉冲 $p(t)$ 的持续时间，也应大于信道的最大附加延迟。
- 功率谱密度。探测信号的功率谱密度 $|P_{\text{TX}}(j\omega)|^2$ 应在待测带宽上保持不变。这样就允许在所有频率上获得相同质量的信道估计结果。出于效率的考虑，在待测带宽之外，所传送的信号能量应尽可能地少。
- 较低的峰值因子(crest factor)。峰值因子的定义如下：

$$C_{\text{crest}} = \frac{\text{峰值幅度}}{\text{均方根幅度}} = \frac{\max\{s(t)\}}{\sqrt{\overline{s^2(t)}}} \tag{8.3}$$

较低的信号峰值因子将有利于发射功率放大器高效地发挥作用。任意信号峰值因子的大致估计可以从 Felhauer et al. [1993] 中得到：

$$1 < C_{\text{crest}} \leqslant \sqrt{TW} \tag{8.4}$$

- 良好的相关特性。基于相关的信道探测器要求信号的自相关函数具有较高的峰值对次峰值比(Peak to Off Peak ratio，POP)，并且信号均值为零。后一性质支持无偏估计(见 8.4.2 节)。相关特性对于那些直接利用相关函数的信道估计方法来说至关重要，而对基于参数的估计技术(见 8.5 节)而言就显得不那么重要了。

因此，最佳数字合成探测信号的设计可以按照以下步骤进行。

1. 依据信道相干时间和所要求的时间带宽积选定探测信号的持续时间。
2. 为得到恒定的功率谱密度，所有频率分量必须具有相同的绝对值。

3. 至此所剩下的唯一未定参数是各频率分量的相位。可以通过调整这些参数来获得较低的峰值因子。

8.1.3 无线信道的可辨识性

无线信道的时变性对于能否唯一地辨识(测量)信道具有一定的影响。

我们总可以借助适当的测量手段来识别时不变带限信道,此时对接收机的唯一要求就是满足延迟域的奈奎斯特定理[Proakis 2005],即以足够快的速率来采样接收信号。

在时变系统中,探测脉冲 $p(t)$ 的重复周期 T_{rep} 十分重要。任一激励脉冲 $p(t)$ 的信道响应都可以看成信道的一幅"快照"(样本)(见图8.2)。为了跟踪信道的变化,就应该足够频繁地获取这些快照。显然,T_{rep} 必须小于信道变化时间。通过建立相应的时域采样定理,可将这一直观见解形式化。正如想要分辨频谱带限信号,就必须保证一个最低采样速率,想要辨别具有带限多普勒谱的时变过程,也必须保证一个最低的时间采样速率。因此,时间采样频率必须至少是最大多普勒频率 $\nu_{\max}$ 的两倍:

$$f_{\text{rep}} \geq 2\nu_{\max} \tag{8.5}$$

将式(8.5)两边同时取倒数,并应用移动台的移动速率和多普勒频率之间的关系式 $\nu_{\max} = f_{\text{c}}v_{\max}/c_0$[见式(5.8)],脉冲的重复周期可以表示成

$$T_{\text{rep}} \leq \frac{c_0}{2f_{\text{c}}v_{\max}} \tag{8.6}$$

这样就有

$$\frac{v}{\Delta x_{\text{s}}} \geq 2\frac{v_{\max}}{\lambda_{\text{c}}} \tag{8.7}$$

成立,因此需要探测的位置之间的距离 Δx_{s} 就具有如下的上界:

$$\Delta x_{\text{s}} \leq \frac{v}{v_{\max}}\frac{\lambda}{2} \leq \frac{\lambda}{2} \tag{8.8}$$

所以,式(8.8)表明,要实现无混叠的测量,每波长距离上至少需要两次快照。

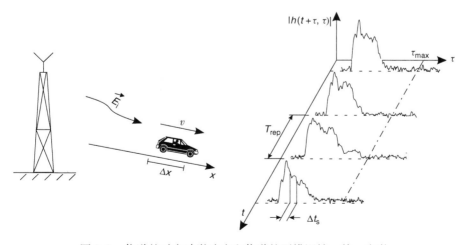

图 8.2 信道的时变冲激响应和信道的可辨识性。前一次激
励的冲激响应已经消失之后,才能获取新的快照

　　严重时变信道基本上是不可分辨的,因为探测信号的设计要求可能会变得有些自相矛盾。一方面,重复周期 T_{rep} 必须大于信道的最大附加延迟 τ_{max},否则不同激励脉冲的冲激响应就会开始产生重叠。另一方面,我们刚刚指出重复周期必须满足 $T_{rep} \leqslant 1/2\nu_{max}$。因此,只有当信道参数满足

$$2\tau_{max}\nu_{max} \leqslant 1 \qquad\qquad (8.9)$$

时,才可能以某种确定方式识别信道。满足这些要求的信道称为次扩展(underspread)信道。如果不满足式(8.9),则仅在有特定假设的情况下(例如,一个定参模型),信道才是可识别的。幸运的是,几乎所有无线信道都是次扩展的;许多情况下,甚至可以满足 $2\tau_{max}\nu_{max} \ll 1$ 的条件。后面的讨论中都假定满足次扩展条件。这同时意味着信道是慢时变的(见第 6 章),因此可以将 $h(t,\tau)$ 理解为在给定的(固定不变的)时刻 t 成立的冲激响应 $h(\tau)$[①]。

例 8.1　汽车沿街道以 36 km/h 速率行驶,车中装有信道探测器。探测器在 2 GHz 载频上测量信道的冲激响应。它必须以多大的间隔进行测量?要使信道仍然保持次扩展状态,可以有多大的最大附加延迟?

　　解:

$$\left.\begin{array}{l} v = 36\,km/h = 10\,m/s \\[1mm] \lambda_c = \dfrac{c_0}{f_c} = \dfrac{3\times10^8}{2\times10^9} = 0.15\,m \end{array}\right\} \qquad (8.10)$$

必须以两倍于最大多普勒频移的最小速率在时域进行信道的采样。利用式(8.5)可得

$$f_{rep} = 2 \cdot \nu_{max} = 2 \cdot \frac{v}{\lambda_c} \qquad\qquad (8.11)$$

采样间隔 T_{rep} 为

$$T_{rep} = \frac{1}{f_{rep}} = \frac{\lambda_c}{2 \cdot v} = 7.5\,ms \qquad (8.12)$$

在移动台速率为 36 km/h 时,这就相当于每 75 mm 要获取一次信道快照。至于最大附加延迟 τ_{max} 的计算,应用上面得到的结论:可识别信道必须是次扩展的。从而由式(8.9)可得

$$\left.\begin{array}{l} 2 \cdot \tau_{max} \cdot \nu_{max} = 1 \\[1mm] \tau_{max} = \dfrac{1}{2 \cdot \nu_{max}} = T_{rep} = 7.5\,ms \end{array}\right\} \qquad (8.13)$$

这一数值比典型无线信道中出现的最大附加延迟高出几个数量级(见第 7 章)。然而,应该注意到,这只是仍可保证可识别性的理论最大延迟扩展值。对于这样大的 τ_{max} 值,相关信道探测器的估计质量会有明显的下降。

　　如果 τ_{max} 更小一些,则探测脉冲的重复周期 T_{rep} 应该有所减小,这样就允许对探测样本进行平均,从而也就改善了信噪比。

8.1.4　对测量数据的影响

　　进行测量时必须意识到所测量的冲激响应中也包含不需要的成分。这些成分主要包括:

- 由同样在使用信道的其他(独立)信号源所形成的干扰;
- 加性高斯白噪声。

---

① 严格地讲,"慢时变"概念还要求探测信号具有远小于信道相干时间的持续时间。在后面的讨论中也假定满足这一条件。

当进行测量的环境中已经有其他无线系统在同一频率范围运作时,尤其会引发干扰。例如,2 GHz 范围的宽带测量就变得十分困难,因为这些频段被不同的系统高密度地使用着。如果干扰源的数目比较大,则常可将总的干扰近似为高斯噪声。这一等效噪声提升了噪声基底(noise floor),从而降低了动态范围。

8.2 时域测量

时域测量直接测量信道的(时变)冲激响应。假定信道是慢时变的,所测得的冲激响应等于实际信道冲激响应和探测器冲激响应的卷积:

$$h_{\mathrm{meas}}(t_i, \tau) = \tilde{p}(\tau) * h(t_i, \tau) \tag{8.14}$$

其中,探测器的等效冲激响应 $\tilde{p}(\tau)$ 等于发送脉冲波形和接收机滤波器冲激响应的卷积:

$$\tilde{p}(\tau) = p_{\mathrm{TX}}(\tau) * p_{\mathrm{RX}}(\tau) \tag{8.15}$$

上式是在假定信道和收发信机都呈线性的前提下得到的[①]。探测器的冲激响应应该尽可能地接近于理想的 δ(狄拉克)函数[②]。这样可以使测量系统对结果的影响最小化。如果探测器的冲激响应不是 δ 函数,就必须通过解卷积步骤从所测得的冲激响应中消去探测器的冲激响应,这样做会导致噪声增强和其他额外的误差。

8.2.1 冲激探测器

与冲激雷达类似,这一类型的信道探测器发出短脉冲序列 $p_{\mathrm{TX}}(\tau)$。这些脉冲应该尽可能地短,以便获得良好的空间分辨率,但同时又应该包含尽可能多的能量,以获得较高的信噪比。图 8.3 给出了一个粗略的示意图,包括发送脉冲和这一脉冲经过信道传播之后的接收信号。

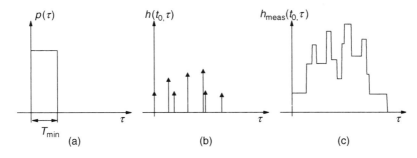

图 8.3 基于脉冲的测量原理。(a)发送脉冲的一个样例,整个发送序列由这样的脉冲周期性重复组成;(b)信道的冲激响应;(c)接收机测量到的信道输出

接收滤波器为带通滤波器,即它在待测频率范围具有恒定幅度的频谱。我们可以理想化地认为 $p_{\mathrm{RX}}(\tau)$ 不带来任何影响,这样就有

$$p(\tau) = p_{\mathrm{TX}}(\tau) \tag{8.16}$$

---

① 严格地讲,由于存在像温度漂移这样的次级效应,探测器冲激响应也是时变的。然而,在使用过程中经常需要对探测器进行重新校准(recalibrate),所以在下一次重新校准前都可将探测器的冲激响应看成时不变的。

② 这对应于在所有频率上一样平坦的频谱。在实用意义上,频谱在待测带宽上是平坦的就足够了。

当将这个探测信号与8.1.2节对探测信号的要求进行对照时，就会发现这个信号具有小的时间带宽积、短的信号持续时间及高峰值因子。高脉冲能量和短的发送脉冲持续时间这两项要求，意味着这些脉冲具有非常高的峰值功率。为如此高的峰值功率所设计的放大器和其他射频部件都将是价格不菲的，可能还会伴有其他的严重缺陷，例如非线性。脉冲探测器的一个更严重的缺陷是其较低的抗干扰能力。由于这种探测器直接把接收信号当成信道的冲激响应，所以任何一种干扰信号，比如在待测频段工作的蜂窝电话所引发的干扰，都被认为是信道冲激响应的一个部分。

8.2.2　相关探测器

通过采用相关信道探测器可以增大时间带宽积。式(8.14)和式(8.15)表明，测量系统对所观测的冲激响应的影响并非单独取决于发送脉冲波形。反之，这种影响体现为 $p_{TX}(\tau)$ 和 $p_{RX}(\tau)$ 的卷积。这就为发送信号的设计提供了额外的自由度，而最终可以在低峰值因子下达到高延迟分辨率。

第一个步骤就是确定所需的 $p_{TX}(\tau)$ 与 $p_{RX}(\tau)$ 之间的总体关系。正如数字通信理论中众所周知的结论：当接收滤波器是相对于发送波形的匹配滤波器时，接收滤波器的输出信噪比最大[Barry et al. 2003，Proakis 2005][1]。此时，发送滤波器和接收滤波器的级联系统就具有了等于发送滤波器自相关函数的冲激响应：

$$\tilde{p}(\tau) = p_{TX}(\tau) * p_{RX}(\tau) = R_{p_{TX}}(\tau) \tag{8.17}$$

因此，探测脉冲应该具有一个能很好地逼近于 δ 函数的自相关函数；换句话说，探测脉冲应该具有高自相关峰值 $R_{p_{rx}}(0)$ 和低自相关函数旁瓣。自相关峰值和最大旁瓣高度的比值称为峰值对次峰值比(POP)，这是相关探测信号的一个重要特征量。图8.4给出了一个自相关函数的例子，而且借助这样一个信号就可以得到延迟分辨率[de Weck 1992]。

实际上，伪噪声(PN)序列或线性调频信号(chirp信号)已成为最常采用的探测序列。最大长度伪噪声序列(m 序列)可以用带反馈的移位寄存器来产生，应用得尤其广泛。这类序列在码分多址(CDMA)系统里是众所周知的，并且在数学和通信工程文献中都已进行过深入的研究(更多细节见第18章)。周期为 M_c 的 m 序列的自相关函数只有唯一的相关峰，峰高为 M_c，并且 POP = M_c。沿用

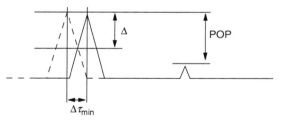

图8.4　峰值对次峰值比和延迟分辨率 $\Delta\tau_{min}$ 的定义(Δ = 6 dB)

CDMA文献中使用的术语，我们将这类序列的 M_c 个序列元素中的每一个都称为一个码片(chip)。

码片持续时间恒定时，加大 m 序列的长度可以使 POP 和时间带宽积都有所增加：信号持续时间随着 M_c 的增大而线性增加，而带宽(近似地等于码片持续时间的倒数)则保持不变。增大时间带宽积将有助于提升抗噪声和抗干扰能力。更确切地说，噪声和干扰被抑制为原来的

---

① 严格地讲，接收滤波器与接收机天线连接器处实际收到的信号相匹配时，接收匹配滤波器的输出信噪比才能达到最大值。然而，这就要求知道信道冲激响应方面的信息，这正是我们需要测量的。因此，将滤波器与发送信号相匹配就是我们可以做到的极致了。

M_c 分之一。由于相关探测的原理与直接序列 CDMA 的原理完全一样，获得上述性能改善的原因将在第 18 章详细讨论。

在信道时变的情况下，对相关信道探测器的阐释要多加小心。相关信道探测器的基本原理就建立在将 $p_{TX}(\tau) * h(t, \tau) * p_{RX}(\tau)$ 与 $[p_{TX}(\tau) * p_{RX}(\tau)] * h(t, \tau)$ 视为等价的基础上。也就是说，我们要求从伪噪声序列开始到其结束的过程中，信道状况没有变化。这对慢时变信道而言是一个不错的近似。然而，如果不能满足上述信道状况条件，就必须采取一些修正措施[Matz et al. 2002]。

8.3　频域分析

上一节描述的技术都是在时域直接估计信道的冲激响应。除此而外，还可以尝试直接估计信道的传输函数，即在频域进行测量。式(8.1)的基本关系仍然成立。然而，波形 $p(t)$ 的形状在此时会有所不同。这里 $p(t)$ 的主要设计准则就是：在待测带宽上，探测脉冲 $p(t)$ 应具有近似不变的功率谱 $|P(j\omega)|^2$，并能够支持直接在频域对测量结果进行解释。

频域分析的一种方法是基于线性调频(chirping)的。发送波形由下式给定：

$$p(t) = \exp\left[2\pi j\left(f_0 t + \Delta f \frac{t^2}{2T_{chirp}}\right)\right], \qquad 0 \leqslant t \leqslant T_{chirp} \qquad (8.18)$$

因此，瞬时频率为

$$f_0 + \Delta f \frac{t}{T_{chirp}} \qquad (8.19)$$

可以看出，瞬时频率随时间呈线性变化，并且其变化覆盖了整个待测频率范围(用 Δf 表示)。接收滤波器仍然是匹配滤波器。形象地说，chirp 滤波器"扫过"各个不同的频率，在不同的时刻对不同的频率进行测量。

除此以外，还可以同时在不同频率上探测信道。概念上最简单的方式就是先产生具有不同权值、相位和频率的若干个不同的正弦探测信号，然后同时从发射天线将它们发送出去：

$$p(t) = \sum_{i=1}^{N_{tones}} a_i \cdot \exp[2\pi j t(f_0 + i\Delta f/N_{tones}) + j\varphi_i], \qquad 0 \leqslant t \leqslant T_s \qquad (8.20)$$

由于成本、调校等方面的问题，$p(t)$ 的模拟产生方式(即采用多部振荡器生成多个频率)并不实用。然而，以数字方式产生 $p(t)$ 是可以做到的，与第 19 章描述的正交频分复用原理相似，基带信号产生以后就可以通过唯一的一部振荡器将信号上变换至所需的通带(并且接收端的处理也是相似的)。

8.4　改进的测量方法

8.4.1　扫描延迟互相关器

扫描延迟互相关器(STDCC)是相关信道探测器的改进版本，旨在降低接收端的采样速率。常规相关信道探测器要求在奈奎斯特速率上进行采样。与之不同，扫描延迟互相关器以速率 T_{rep} 进行采样，即对于每个 m 序列，扫描延迟互相关器只采用唯一的一个采样值，也就是在自相关函数最大值处采样。通过相对于发射端来改变接收端的时间基准，对于 m 序列的每一次重复，这一最大值的位置都会改变。从而，m 序列的 K_{scal} 次传输就给出了单个冲激响应 $h(\tau_i)$

的一系列采样值，$i = 1$，$\cdots$，K_{scal}。所以，延迟分辨率是采样率倒数的 K_{scal} 分之一。这样做可以使采样率大幅度减低，同时也可以大大降低对后续处理及冲激响应存储的要求。这种方法的缺点在于，每次测量的持续时间会增大为原来的 K_{scal} 倍。

在扫描延迟互相关器中，关于后续的对探测信号的多次重复，自相关函数最大值位置的移动是通过在接收端和发送端采用不同的时间基准来实现的。接收端相关器(与发送序列相比)有所延迟的时间基准是通过采用比发送码片速率小 Δf 的码片速率(码片间隔的倒数)来实现的，这样就造成了发送和接收序列之间缓慢的相对移动。在每次序列重复期间，相关最大值对应于一个不同的延迟。经过以下持续时间以后：

$$T_{slip} = \frac{1}{f_{TX} - f_{RX}} = \frac{1}{\Delta f} \tag{8.21}$$

发送和接收信号就再次完全对齐了，即自相关函数的最大值再次出现在延迟 $\tau = 0$ 处。这意味着(对静态信道而言)采样器的输出将依照所谓滑动速率(slip rate)：

$$f_{slip} = f_{TX} - f_{RX} \tag{8.22}$$

呈现周期性的变化，而比值

$$K_{scal} = \frac{f_{TX}}{f_{slip}} \gg 1 \tag{8.23}$$

就是冲激响应的时间尺度换算因子 K_{scal}。实际冲激响应可以由测量到的采样值获得，如下式所示：

$$\hat{h}(t_i, k\Delta\tau) = C \cdot h_{STDCC}(t_i, k\Delta\tau K_{scal}) \tag{8.24}$$

其中，C 是比例常数。

这一测量方法的缺点在于延长了测量持续时间。之前曾经指出，只有次扩展信道(即 $2\nu_{max}\tau_{max} < 1$，无线信道通常都能满足这一条件)才是可识别的。就扫描延迟互相关器而言，这个要求改变为 $2K_{scal}\nu_{max}\tau_{max} < 1$，许多室外信道和 K_{scal} 的一些典型取值都不满足这一关系式。

例 8.2 假定一个扫描延迟互相关器在具有 500 Hz 最大多普勒频移和 1 μs 最大附加延迟的环境中实施测量。探测器可以支持的最大采样率为 1 Msample/s。这一探测器可以达到的最大延迟分辨率(带宽的倒数)是多少？

解：

采用扫描延迟互相关器进行测量时，为保证信道是可识别的(次扩展的)，必须满足如下条件：

$$2 \cdot K_{scal} \cdot \tau_{max} \cdot \nu_{max} = 1$$

$$K_{scal} = 1/(2 \cdot \tau_{max} \cdot \nu_{max}) = 1000$$

探测脉冲每重复一次，探测器就可以得到一个采样值，即每微秒一个采样值。因此，这一扫描延迟互相关器探测器可以分辨延迟为 1 μs/1000 = 1 ns 的多径分量。

8.4.2 逆滤波

在某些情况下，采用虽不能与发送信号理想匹配但却能优化峰值对次峰值比的滤波器，将是有所助益的。乍看起来，会觉得在接收端采用不能与发送信号理想匹配的滤波器有些荒谬，而且因此会得到较差的信噪比。然而，我们可以为采取这种方式找到合乎实际的恰当理由。通常，信噪比的微小变动并不比自相关函数的旁瓣重要。虽然可以通过适当的解卷积步骤来消除旁瓣,但这些处理也会造成额外的误码。因此,针对峰值对次峰值比而不是信噪比来优化接收滤波器也是有意义的。

下面特别考虑逆滤波,并将其与匹配滤波进行比较。就匹配滤波器而言,选择$P_{TX}^*(f)$作为接收滤波器的传输函数,从而总的滤波器传输函数$P_{MF}(f)$(发送和接收滤波器的级联)由下式给定:

$$P_{MF}(f) = P_{TX}(f) \cdot P_{TX}^*(f) \tag{8.25}$$

就逆滤波而言,在待测带宽上选择$1/P_{TX}(f)$作为接收滤波器的传输函数,从而使总的传输函数尽可能地接近于 1:

$$P_{IF}(f) = P_{TX}(f) \cdot \frac{1}{P_{TX}(f)} \approx 1 \tag{8.26}$$

因此,逆滤波器本质上就是一个迫零均衡器(见第 16 章),用来补偿由发送滤波器引起的失真。发送频谱P_{TX}在待测带宽上不存在任何零点的前提条件是很重要的。逆滤波器会导致噪声增强,因此其信噪比要比匹配滤波器差。好在逆滤波器是无偏的,所以估计误差的均值为零。

8.4.3　平均

通常都要对相继记录的几个传输函数的冲激响应取平均。假设在整个测量时间里信道是不变的,并且对不同测量而言噪声是统计独立的,则对M次测量结果取平均能使信噪比增强$10\log_{10}M$ dB。但是,应当注意到,可测量的最大多普勒频率将减少为原来的$1/M$[①]。

以往人们常采用对信道的不同实现取平均的方式来获得诸如小尺度平均(SSA)功率这样的信道参数。

例 8.3　一个移动台沿一条直线运动,并且每隔 15 cm 就能测得一个统计独立的信道冲激响应样本。测量在 1.5 m 的距离上进行,因此在此距离上可以认为阴影的影响是恒定不变的。目的在于,在小尺度衰落下,通过对测量结果取平均来估计信道增益(或衰减)。先假定测量仅在单一频率上进行。信道增益估计的标准偏差是多少?估计子(estimator)偏离 20% 以上的概率是多少?

解:

因为测量仅在单一频率上进行,所以可假定信道为平坦衰落信道且平均功率为$\bar{P}$。于是,冲激响应功率的每个样本都是平均功率为$\bar{P}$的指数分布随机变量。平均功率的一个合理估计为

$$\hat{\bar{P}} = \frac{1}{N} \sum_{k=1}^{N} P_k$$

其中,P_k是冲激响应功率的第k个样本,N是样本数。我们选择归一化标准偏差$\sigma_{\hat{P}}/\bar{P}$作为误差度量。由于各P_k是独立同分布的,可得

$$\frac{\sigma_{\hat{\bar{P}}}}{\bar{P}} = \frac{1}{\bar{P}} \sqrt{\mathrm{Var}\left(\frac{1}{N} \sum_{k=1}^{N} P_k\right)} = \frac{1}{\bar{P}} \sqrt{\frac{1}{N^2} N \bar{P}^2} = \frac{1}{\sqrt{N}}$$

按题设情况共采用 11 个样本,则相对的标准偏差为 0.3。假定估计子的概率密度函数近似地呈高斯型,并具有均值和方差$\bar{P}^2/N$,则估计子偏离 20% 以上的概率为

---

①　由于总测量时间至少为原来的M倍。——译者注

$$1 - \Pr(0.8\overline{P} < \hat{\overline{P}} < 1.2\overline{P}) = 2\,Q(0.2\sqrt{N}) \tag{8.27}$$

当 $N=11$ 时，概率为 0.5。

例 8.4　现在考虑宽带测量的情况，测量在 10 个衰落相互独立的频率上进行。结果将如何变化？

解：

具体测量的目标仍然是窄带信道衰减（小尺度衰落下，通过对测量结果的平均来获得），所谓宽带测量仅意味着现在要进行 $N=110$ 次测量。将 $N=110$ 代入式(8.27)，就会发现，偏离 20% 以上的概率此时会减小至 0.036。

8.4.4　同步

发射和接收的同步是无线信道探测的关键性问题。这就要求在距离可能达几千米的一对发射机和接收机之间建立频率和时间的同步。由于存在多径传播和信道的时变性，这项工作变得愈加困难。目前采用的同步方式如下所示。

1. 室内环境中，可以采用线缆实现同步。对于距离达到大约 10 m 的情形，可以用同轴电缆；对于更长的距离，光纤更为合适。两种情况下，同步信号均是在属性确知的媒体上从发射端传送到接收端。

2. 对于许多室外环境，全球定位系统(GPS)为建立共同的时间和频率参考提供了解决方案。信道探测器所需的参考信号是 GPS 卫星发送信号的当然组成部分。这种方式的一个额外好处在于测量位置也是被自动记录的。缺点则在于要求发射和接收两端都具有到 GPS 卫星的视距连接；这一要求在微蜂窝和室内应用场合很少能够满足。

3. 发射和接收端的铷(Rubidium)钟是 GPS 信号的一种替代方案。它们可以在一次测量活动开始时实现同步；由于铷钟极其稳定（通常只有 10^{-11} 的相对漂移），同步保持时间可达几小时。

4. 不存在同步信号的测量。借助无线链路自身也可以实现同步，也就是在接收端当接收信号超过特定阈值时，自动触发信号的记录过程。这一技术的优点在于简单易行。然而，它却有以下两方面缺陷：(i) 噪声或干扰可能错误地触发接收机；(ii) 无法确定绝对延迟。

8.4.5　矢量网络分析仪测量

8.2 节和 8.3 节所描述的测量技术（包括频域测量技术在内）都需要可能十分昂贵的专用设备，特别是由于生成短脉冲或短码片持续时间序列都需要高速器件支持。另有一种基于频域慢扫描的测量技术。下面讨论借助矢量网络分析仪进行的测量，因为许多射频实验室中都有这些设备。

矢量网络分析仪用于测量待测设备(DUT)的 S 参数。待测设备可以是无线信道，这种情况下参数 S_{21} 就是信道传输函数在用于激励信道的频率处的取值。通过使激励信号在整个待测频段上扫描或者步进变化，就可以得到传输函数 $H(t,f)$ 的连续形式或者采样版本。

为减小网络分析仪自身对测量结果的影响，必须进行背对背(back-to-back)校准。对所有类型的信道探测器来说，都有进行校准的必要性，而校准也的确是有效测量过程的一项基本原则。通常，专门用于网络分析仪的校准类型是 SOLT[①]（短路、开路、负载、直通）校准。这种校准方式将会设立若干个参考面，然后去测量网络分析仪的频率响应。在后续测量期间，网络分

---

① SOLT：正确的含义应该是短路(Short)、开路(Open)、负载(Load)、直通(Through)，指用于网络分析仪校准的 4 种形式的校准件。

析仪补偿这一频率响应，因此测量到的就只是待测设备的频率响应。应当注意校准对象并不包括天线。如果把天线作为信道的一部分来考虑，就不成问题。可是，如果想消除天线的影响，就必须进行单独的天线校准，并在进行测量估算期间将其考虑在内[①]。

通常，用矢量网络分析仪得到的测量结果是较为精确的，并能以直截了当的方式进行测量。可是，这种方式也存在某些严重缺陷：

- 这类测量进行得比较缓慢，其重复测量的频率一般无法超过若干赫兹。由于我们要求一次测量期间信道无明显变化，网络分析仪测量仅限于静态环境。
- 发射机和接收机常置于同一外壳内。这就限定了发射和接收天线可以分离开的距离。

这些限制决定了网络分析仪基本上只适用于室内测量。

8.5 可分辨方向测量

可分辨方向信道测量及基于这些测量的模型对于多天线系统的设计和仿真都很重要（见第 6 章和第 7 章）。在本节的前三小节将讨论如何进行接收机处的可分辨方向测量。然后，在本节结束时会就多输入多输出测量（在链路两端都应该是可分辨方向的）来推广这些概念。

好在我们不必从头进行方向性信道探测器的设计。更确切地说，只须对现有设备进行某种巧妙组合就足以支持方向性测量。我们可以区分两种基本的测量方式：用方向性天线测量和用天线阵列测量。

- 用方向性天线测量。具高度方向性的天线被设置于接收端。这种天线则与一个"常规"信道探测器的接收机相连接。因而，接收机的输出就是信道与指向某特定方向的接收天线所构成的组合系统的冲激响应；即

$$h(t, \tau, \phi_i) = \int h(t, \tau, \phi) \tilde{G}_{RX}(\phi - \phi_i) \, d\phi \qquad (8.28)$$

此处，ϕ_i 表示接收天线方向图的最大值所指向的方向。通过调节天线指向，逐步取遍不同的 ϕ_i 值，就可以得到可分辨方向冲激响应的某种近似。这种测量的一个前提条件是，信道在整个测量持续时间内保持恒定，整个测量持续时间包括了针对所有不同 ϕ_i 的测量。当天线必须通过机械方式旋转来指向新的方向时，整个测量持续时间可达几秒甚至几分钟。方向分辨率越高，测量持续时间就越长。

- 用天线阵列测量。一个天线阵列由许多个天线单元组成，其中每个单元都具有较弱的方向性（或不具方向性），它们之间的间隔距离 d_a 大约等于一个波长。在所有这些天线单元处同时（或基本上同时）进行冲激响应的测量。冲激响应的结果矢量可以直接利用（如用于分集性能的预测），或者借助恰当的信号处理技术（阵列处理）从该矢量中提取出方向性冲激响应。

  不同天线单元处冲激响应的测量可采用如下 3 种不同方式来完成（见图 8.5）。

  ○ 真实阵列。这种情况下每个接收天线单元都有一个解调器电路。因此冲激响应测量真正在所有天线单元处同时发生。其缺点在于高昂的造价，并且必须对多个解调器电路进行校准。

---

① 注意，只有在各个多径分量的方向为已知的情况下，才可能校正天线的方向图（见 8.5 节）。

○ 复用阵列。在这项技术中存在多个天线单元,但只有一个解调器电路。不同天线单元通过一个快速射频开关[Thomae et al. 2000]与解调器电路相连(传统信道探测器)。因此,接收机先测量第一个天线单元处的冲激响应,然后将开关连接到第二个天线单元,测量其冲激响应,以此类推。

○ 虚拟阵列。在这项技术中,仅存在单个天线单元,该天线单元机械地从一个位置移动到另一个位置,依次测量不同天线单元处的冲激响应。

测量数据能用于信道估算的一个基本假设仍然是整个测量期间环境不发生变化。因此,"虚拟阵列"(由于必须以机械方式移动天线,这种方式的一次完整的测量过程需要几秒甚至几分钟)仅可用于静态环境。这还不包括汽车或处于运动状态的人成为明显的相互作用体的情形。在非静态环境中,复用阵列通常是在测量速度和硬件成本之间达成最好折中的方式。频率漂移和收发之间的同步丢失是一个相关的重要问题,测量持续时间越长,这些负面因素的影响就越大。

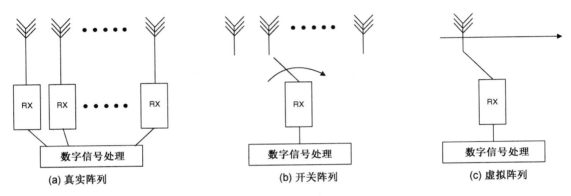

图 8.5 用于信道探测的天线阵列类型。引自 Molisch and Tufvesson[2005] © Hindawi

现在将问题转到如何从阵列测量中提取方向性信息。8.5.1 节描述基本数据模型,8.5.2 节和 8.5.3 节讨论信号处理方法的不同类型。

8.5.1 接收阵列的数据模型

下面建立阵列和入射信号的数学模型。对均匀线性阵列(Uniform Linear Array,ULA)的情形进行分析,该阵列包含 N_r 个单元,其中第 n 个单元处所检测的信号为 $r_n(t)$。为简化讨论,假定所有的波都在水平面上传播。

现在考虑当平面波从 N 个不同的方向入射到阵列时的情况(见图 8.6),这里用到达方向角 ϕ_i 来描述每个波。入射信号 s_i 和它在第一个天线单元处产生的信号之间的关系可简单表示为

$$r_1(t) = \sum_i a_{i,1} s_i(t - \tau_{i,1}) + n_1(t) \tag{8.29}$$

其中,$\tau_{i,1}$ 表示从第 i 个信号的入射源到第一个天线单元之间的传播时间,$a_{i,1}$ 是信号的(复)幅度,而 $n_1(t)$ 是第一个天线单元处的噪声。

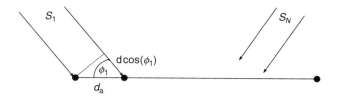

图 8.6 以角度 $\phi_1, \cdots, \phi_N$ 入射到均匀线性阵列的 N 个平面波

再来考虑第二个天线单元。该处的接收信号为

$$r_2(t) = \sum_i a_{i,2} s_i(t - \tau_{i,2}) + n_2(t) \tag{8.30}$$

如果第 i 个入射源位于远场，则有 $|a_{i,2}| = |a_{i,1}|$，并且

$$s_i(t - \tau_{i,2}) = s_i(t - \tau_{i,1}) \exp(-\mathrm{j}(\tau_{i,2} - \tau_{i,1}) 2\pi f_c) \tag{8.31}$$

上式假定在射频意义上信号是窄带的，即信号带宽远小于载频。这一事实的物理解释就是，天线位置的唯一影响在于因额外的传播时间造成的相移。传播时间差为

$$\tau_{i,2} - \tau_{i,1} = (d_a/c_0) \cos(\phi_i) \tag{8.32}$$

因此，r_1、r_2 与 s 之间的关系就可表示为

$$r_1(t) = \sum_i \tilde{s}_i(t) + n_1(t) \tag{8.33}$$

$$r_2(t) = \sum_i \tilde{s}_i(t) \exp(-\mathrm{j}2\pi d_a \cos(\phi_i)/\lambda_0) + n_2(t) \tag{8.34}$$

其中，$\tilde{s}_i(t) = a_{i,1} s_i(t - \tau_{i,1})$。对于下一个天线单元，可得

$$r_3(t) = \sum_i \tilde{s}_i(t) \exp(-\mathrm{j}2\pi 2d_a \cos(\phi_i)/\lambda_0) + n_3(t) \tag{8.35}$$

根据以上这些，可得 r 和 s 之间的一般关系：

$$\mathbf{r}(t) = \mathbf{A}\mathbf{s}(t) + \mathbf{n}(t) \tag{8.36}$$

其中，$\mathbf{r}(t) = [r_1(t), r_2(t), \cdots, r_{N_r}(t)]^{\mathrm{T}}$，$\mathbf{s}(t) = [s_1(t), s_2(t), \cdots, s_N(t)]^{\mathrm{T}}$，$\mathbf{n}(t) = [n_1(t), n_2(t), \cdots, n_{N_r}(t)]^{\mathrm{T}}$，并且

$$\mathbf{A} = \begin{pmatrix} 1 & 1 & \cdots & 1 \\ \exp(-\mathrm{j}k_0 d_a \cos(\phi_1)) & \exp(-\mathrm{j}k_0 d_a \cos(\phi_2)) & \cdots & \exp(-\mathrm{j}k_0 d_a \cos(\phi_N)) \\ \exp(-\mathrm{j}2k_0 d_a \cos(\phi_1)) & \exp(-\mathrm{j}2k_0 d_a \cos(\phi_2)) & \cdots & \exp(-\mathrm{j}2k_0 d_a \cos(\phi_N)) \\ \vdots & \vdots & \vdots & \vdots \\ \exp(-\mathrm{j}(N_r-1)k_0 d_a \cos(\phi_1)) & \exp(-\mathrm{j}(N_r-1)k_0 d_a \cos(\phi_2)) & \cdots & \exp(-\mathrm{j}(N_r-1)k_0 d_a \cos(\phi_N)) \end{pmatrix} \tag{8.37}$$

是控制矩阵（steering matrix）。

此外，假定不同天线单元处的噪声相互独立（空间上呈白特性），这样噪声的相关矩阵就是主对角线上的项为 δ_n^2 的对角矩阵。

8.5.2 波束成形

确定入射角度的最简单方法是对信号矢量 $\mathbf{r}$ 进行傅里叶变换。阵列的相位分辨率由阵列的大小决定，约为 $2\pi = N_r$。对于大的 N_r，对应的角分辨率为 $\lambda = (N_r d_a)$。此方法的优点在于简单易行（只须进行快速傅里叶变换），缺点则在于较低的分辨率。

更确切地，角度谱 $P_{\mathrm{BF}}(\phi)$ 由下式给出：

$$P_{\mathrm{BF}}(\phi) = \frac{\boldsymbol{\alpha}^{\dagger}(\phi)\mathbf{R}_{\mathrm{rr}}\boldsymbol{\alpha}(\phi)}{\boldsymbol{\alpha}^{\dagger}(\phi)\boldsymbol{\alpha}(\phi)} \qquad (8.38)$$

其中，$\mathbf{R}_{\mathrm{rr}}$ 是入射信号的相关矩阵，并且

$$\boldsymbol{\alpha}_{\mathrm{RX}}(\phi) = \begin{pmatrix} 1 \\ \exp(-\mathrm{j}k_0 d_a\cos(\phi)) \\ \exp(-\mathrm{j}2k_0 d_a\cos(\phi)) \\ \vdots \\ \exp(-\mathrm{j}(N_r-1)k_0 d_a\cos(\phi)) \end{pmatrix} \qquad (8.39)$$

是方向 ϕ 上的控制矢量，可以与式(8.37)进行对照。

8.5.3　高分辨率算法

低分辨率问题可以借助所谓高分辨率方法予以消除。这些方法的分辨率不受天线阵列尺寸的限制，而仅受限于建模误差和噪声。这些方法带来的好处是以高的计算复杂度为代价的。而且，这些方法往往会对方向待估的多径分量的数目施加一定的限制。

高分辨率方法包括如下几种。

- ESPRIT。这种方法确定信号子空间，进而以闭合形式提取出到达方向。这种算法主要适用于均匀线性阵列，对该算法的描述将在附录 8.A 中给出(www.wiley.com/go/molisch)。
- 多信号分类(MUltiple SIgnal Classification，MUSIC)。这种算法也需要确定信号和噪声子空间，但随后却采用了谱搜索的方法来找到到达方向。
- 最小方差方法(MVM：Capon 波束成形器)。这种方法是一种纯谱搜索方法，用来确定一个角度谱，对于所考虑的每一个方向而言，这个谱都能使来自其他方向的噪声和干扰的总和最小化。改进后的角度谱是易于计算的，其表达式如下：

$$P_{\mathrm{MVM}}(\phi) = \frac{1}{\boldsymbol{\alpha}^{\dagger}(\phi)\mathbf{R}_{\mathrm{rr}}^{-1}\boldsymbol{\alpha}(\phi)} \qquad (8.40)$$

- 入射波参数的最大似然估计。最大似然参数提取的问题在于高计算复杂度。空间交替广义期望最大化(SAGE)算法是最大似然估计的一种高效迭代实现方法。从 2000 年起，这种方法成为最流行的信道探测计算方法。其缺点在于迭代可能收敛于一个局部最优值，而未必能收敛于全局最优值。

阵列校准是所有算法共同的问题。绝大多数算法都采用了关于阵列的某些假设：所有单元的天线方向图相同，天线单元之间不存在互耦合，并且所有相邻天线单元之间的距离相等。如果实际阵列不满足这些假设，就必须进行校准，以便对测量进行适当的修正。这种校准必须经常性地反复进行，因为温度漂移、器件老化等因素总是会对校准构成破坏。

许多高分辨率算法(包括基于子空间的算法)都要求相关矩阵是非奇异的。如果不同方向到达波的波源相关，一般就会出现这种奇异的 $\mathbf{R}_{\mathrm{rr}}$。对于信道探测而言，通常所有的信号都来自于同一个源，所以它们是完全相关的。那么，必须采用子阵列平均("空间平滑"或"前向-后向"平均)来得到合乎要求的相关矩阵[Harrdt and Nossek 1995]。子阵列平均的缺点在于减小了阵列的有效尺寸。

例 8.5 3 个相互独立的信号, 幅度为 1、0.8 和 0.2, 入射方向分别为 $10°$、$45°$ 和 $72°$。由噪声电平引起的第一个信号的信噪比为 15 dB。对于五单元线性阵列(天线单元相隔 $\lambda/2$), 先计算相关矩阵和控制矢量, 再画出 $P_{BF}(\phi)$ 和 $P_{MVM}(\phi)$。

解:

首先假定 3 个信号到达线性阵列的初始相位均为 0。因此, 对于这 3 个多径分量, 可以得到如下参数:

$$a_1 = 1 \cdot e^{j \cdot 0}, \quad \phi_1 = 10\pi/180 \, \text{rad}$$
$$a_2 = 0.8 \cdot e^{j \cdot 0}, \quad \phi_2 = 45\pi/180 \, \text{rad} \tag{8.41}$$
$$a_3 = 0.2 \cdot e^{j \cdot 0}, \quad \phi_3 = 72\pi/180 \, \text{rad}$$

假定测量噪声服从复高斯分布, 且在空间上呈白特性。噪声样本的公共方差 σ_n^2 如下:

$$\sigma_n^2 = \frac{1}{10^{\frac{15}{10}}} = 0.032 \tag{8.42}$$

按照式(8.37), 单元间隔为 $\lambda/2$ 的五单元线性阵列的控制矩阵如下:

$$\mathbf{A} = \begin{bmatrix} 1 & 1 & 1 \\ \exp(-j \cdot \pi \cdot \cos(\phi_1)) & \exp(-j \cdot \pi \cdot \cos(\phi_2)) & \exp(-j \cdot \pi \cdot \cos(\phi_3)) \\ \exp(-j \cdot 2 \cdot \pi \cdot \cos(\phi_1)) & \exp(-j \cdot 2 \cdot \pi \cdot \cos(\phi_2)) & \exp(-j \cdot 2 \cdot \pi \cdot \cos(\phi_3)) \\ \exp(-j \cdot 3 \cdot \pi \cdot \cos(\phi_1)) & \exp(-j \cdot 3 \cdot \pi \cdot \cos(\phi_2)) & \exp(-j \cdot 3 \cdot \pi \cdot \cos(\phi_3)) \\ \exp(-j \cdot 4 \cdot \pi \cdot \cos(\phi_1)) & \exp(-j \cdot 4 \cdot \pi \cdot \cos(\phi_2)) & \exp(-j \cdot 4 \cdot \pi \cdot \cos(\phi_3)) \end{bmatrix} \tag{8.43}$$

注意, 此矩阵中的各列就是各个多径分量对应的控制矢量。将到达方向角数值代入后得到

$$\mathbf{A} = \begin{bmatrix} 1 & 1 & 1 \\ -0.9989 - 0.0477j & -0.6057 - 0.7957j & 0.5646 - 0.8253j \\ 0.9954 + 0.0953j & -0.2663 + 0.9639j & -0.3624 - 0.9320j \\ -0.9898 - 0.1427j & 0.9282 - 0.3720j & -0.9739 - 0.2272j \\ 0.9818 + 0.1898j & -0.8582 - 0.5133j & -0.7374 + 0.6755j \end{bmatrix} \tag{8.44}$$

由这 3 个入射信号确定的被观测阵列响应如下:

$$\mathbf{r}(t) = \mathbf{A} \cdot \mathbf{s}(t) + \mathbf{n}(t) \tag{8.45}$$

此处, $\mathbf{s}(t) = \begin{bmatrix} 1 & 0.8 & 0.2 \end{bmatrix}^T$, $\mathbf{n}(t)$ 为加性噪声样本矢量。就 10 000 次实现的结果(对应于彼此独立的实现[①], 在它们的控制矩阵中, 同一控制矢量列可能具有不同的相位 ϕ_i) 来计算相关矩阵 $\mathbf{R}_{rr} = E[\mathbf{r}(t)\mathbf{r}^\dagger(t)]$, 从而有

$$\mathbf{R}_{rr} = \begin{bmatrix} 1.7295 & -1.3776 + 0.5941j & 0.8098 - 0.6763j & -0.4378 + 0.3755j & 0.4118 + 0.1286j \\ -1.3776 - 0.5941j & 1.7244 & -1.3621 + 0.5957j & 0.7993 - 0.6642j & -0.4275 + 0.3666j \\ 0.8098 + 0.6763j & -1.3621 - 0.5957j & 1.7080 & -1.3493 + 0.5850j & 0.7932 - 0.6599j \\ -0.4378 - 0.3755j & 0.7993 + 0.6642j & -1.3493 - 0.5850j & 1.6903 & -1.3439 + 0.5780j \\ 0.4118 - 0.1286j & -0.4275 - 0.3666j & 0.7932 + 0.6599j & -1.3439 - 0.5780j & 1.6875 \end{bmatrix}$$

$$\tag{8.46}$$

普通波束成形器的角度谱由式(8.38)给出, 并以虚线形式绘制于图 8.7 中。注意普通波束成形器无法分辨 3 个入射信号。MVM 方法(Capon 波束成形器)的角度谱由式(8.40)给定; 结果以实线形式绘制于图 8.7 中。在实际到达角 $10°$、$45°$ 和 $72°$ 的附近可以分辨出 3 个尖峰。

---

① 此处假定可以达成不同的实现。正如上面讨论过的, 许多信道探测应用需要采取某些辅助手段(如子阵列平均)来得到那些实现的最后结果。

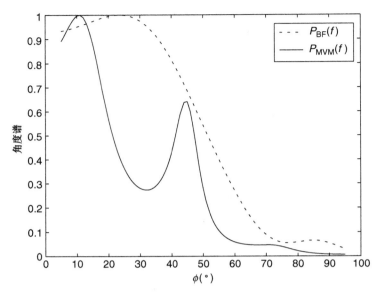

图 8.7　对于五单元线性阵列,传统波束成形器和 MVM 所得角度谱的比较。实际到达角为 10°、45° 和 72°

8.5.4　多输入多输出测量

　　前面描述的方法都是为了在链路的一端获得到达方向。很容易将它们推广应用到双向测量或多输入多输出(MIMO)测量中。链路两端都可以采用天线阵列。在这种情况下,所采用的发送信号必须满足以下条件:接收机可以判断出某发送信号是由哪个天线发送的。这一点是可以做到的。例如,在不同时刻发送或以不同载频发送,或用不同码字调制后再发送信号(见图 8.8)。这些方法中,采用不同时刻发送所要求的硬件成本最低,因而在商用 MIMO 信道探测器中得到了广泛应用。判定链路两端方向性的信号处理技术也和单端情形所采用的技术相当地相似。

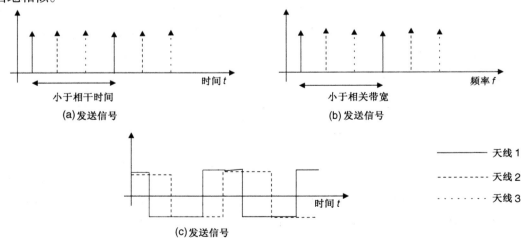

图 8.8　不同天线处探测信号的发送。(a)信号在时间上正交;(b)信号在频率上正交;
(c)用于调制的码字相互正交。引自 Molisch and Tufvesson[2005] © Hindawi

8.6 附录

请访问 www.wiley.com/go/molisch。

深入阅读

Parsons[1992]和 Parsons et al.[1991]中对不同的信道探测技术进行了综述。Cullen et al.[1993]重点讨论相关信道探测器;Cox[1972]第一次引入了扫描延迟互相关器,并对这一方法进行了详尽的描述。Matz et al.[2002]讨论了信道时变性对测量结果的影响。大多数发布测量结果的论文(特别是一对一校准和解卷积)也会涉及测量步骤。就方向性属性的测量而言,人们对采用旋转方向性天线的替代方案有所讨论[Pajusco 1998]。

在 Haardt and Nossek[1995]与 Roy et al.[1986]中描述了 ESPRIT 算法;Schmidt[1986]中描述了 MUSIC 算法;要进一步了解 MVM(Capon 波束成形器),可参阅 Krim and Viberg[1996];Fleury et al.[1999]中描述了 SAGE。SAGE 算法与梯度方法的巧妙结合在 Thomae et al.[2005]中有所描述。Richter[2006]中讨论了怎样将扩散辐射(diffuse radiation)结合到信息提取中。其他高分辨率算法包括非常适合于分析超宽带信号的 CLEAN 算法[Cramer et al. 2002]、JADE 算法[van der Veen et al. 1997]和其他许多算法。Salmi et al.[2009]讨论了通过一系列的测量来达成对多径分量的跟踪。

第9章 天　　线

9.1　引言

9.1.1　天线的系统集成

天线是无线传播信道与发射机和接收机之间的接口，从而对无线系统的性能有着重要的影响。因此，本章将讨论无线系统天线(包括基站天线和移动台天线)的某些重要特性。讨论的重点主要是专门用于实际无线系统的天线。

无线通信的天线设计受两个因素的影响：(i)性能因素；(ii)尺寸和造价因素。后者对于移动台天线显得尤为重要。移动台天线不仅必须体现出优良的电磁性能，而且必须尺寸小、坚固耐用且易于制造。此外，移动台天线的性能受到起固定作用的机壳及操作手机的人的影响。另一方面，基站天线更类似于"传统"天线。在尺寸和造价上都没有过于严格的约束，并且(至少就室外应用而言)天线附近的环境无障碍物(这种规则的某些例外情况也将在本章讨论)。

因此，本章其余部分会区分移动台天线和基站天线。我们将讨论不同类型的天线，同时也将讨论环境对天线性能的影响。

9.1.2　天线参量特征

效率

几种不同的现象都可能导致天线损耗。首先，由于天线材料的有限传导特性会导致电阻损耗。其次，接收天线和入射的辐射场之间的极化态可能不匹配(参见以下关于"极化"的内容)。最后，电路的不完全匹配也会造成损耗。因此，效率可以表达为下式：

$$\eta = \frac{R_{\text{rad}}}{R_{\text{rad}} + R_{\text{ohmic}} + R_{\text{match}}} \tag{9.1}$$

其中，R_{rad} 是辐射电阻，它的定义是：与天线等效的网络元件中的电阻值。通过这种等效可以将辐射功率 P_{rad} 写成 $0.5|I_0|^2 R_{\text{rad}}$ 的形式，其中 I_0 是激励电流的幅度值。例如，半波偶极子的输入阻抗为 $Z_0 = 73 + \text{j}42$ Ω，所以其辐射电阻为 $R_{\text{rad}} = 73$ Ω。

就仅仅工作在单一频率上的天线而言，完全匹配是可以做到的。然而，在更宽的频段上，要实现很好的天线匹配则存在着诸多限制。对于天线阻抗可以建模为一个电阻和一个电容相串联的情形，所谓的 Fano 界表示为

$$\int \frac{1}{(2\pi f_c)^2} \ln\left(\frac{1}{|\rho(f)|}\right) \text{d}f < \pi RC \tag{9.2}$$

其中，ρ 是反射系数，而 R 和 C 分别表示电阻值和电容值。

高效率对于任何无线天线而言都是关键性指标。从发射天线的角度，高效率意味着达到特定场强所需的放大器输出功率可以降低。从接收天线的角度，可达到的信噪比与天线效率完全成正比。因此，天线效率决定了移动台的电池使用时间及链路的传输质量。然而，很难就

天线效率定义一个绝对的指标。最理想地，在整个感兴趣的带宽上应该都能取得 $\eta = 1$ 的效率值。然而，必须指出的是，近年来移动台天线的天线效率有所下降。这主要是出于装饰性的外在原因(也就是要减小天线尺寸)而牺牲了效率。

影响辐射效率的另一个因素是在移动台附近有绝缘及导电材质(即用户)存在。在计算可用于链路预算的天线增益时，必须将这一材质的影响考虑在内，因为它会造成天线方向图的严重变形，并会吸收部分能量。因此，当考虑到这些效应时，辐射效率会有所下降。为了消除任一用户在个性特征上的差异(手持手机时，相对于用户头部呈现什么角度? 用户惯用右手还是左手操作? 持机的手部的绝缘特性怎么样? 等等)，必须针对大量用户分析有效增益。图 9.1 展示了一个贴片天线和一个螺旋天线的典型累积分布函数。注意，有效天线增益和理论值之间的差值可能超过 10 dB。这一点对网络规划具有很大的影响。

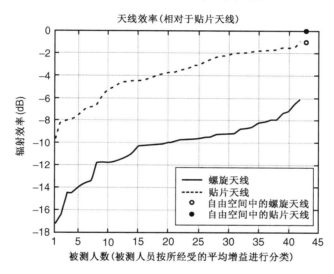

图 9.1　靠近人体的移动台天线的效率(相对于自由空间中天线的效率)。在测试样本集
　　　　合中，采用了不同用户和移动台位置的样本。引自 Pedersen et al. [1998] © IEEE

方向因子

天线的方向因子 D 是发射天线在特定方向的集中辐射程度(或者是接收天线从特定方向集中接受的辐射程度)的度量值。更确切地，将其定义为[Vaughan and Andersen 2003]

$$D(\Omega) = \frac{\text{在方向 } \Omega \text{ 上每单位立体角度的总辐射功率}}{\text{每单位立体角度的平均辐射功率}} \tag{9.3}$$

根据互易原理，发送和接收情况下的方向因子是相同的。它与远场天线功率方向图 $G(\Omega)$ 有关①。值得一提的是，天线的功率方向图是归一化的，因此有

$$\frac{1}{4\pi} \int G(\Omega) \, \mathrm{d}\Omega = 1 \tag{9.4}$$

在许多情形下，针对不同的极化情况，天线具有不同的方向图。就这些情形而言，

---

① 注意，$G(\Omega)$ 指的是天线的功率值，当我们将 $\widetilde{G}(\Omega)$ 定义为复幅度增益时，就有 $G(\Omega) = |\widetilde{G}(\Omega)|^2$。这两个量都是就天线远场定义的。

$$D(\phi_0, \theta_0) = \frac{G_\phi(\phi_0, \theta_0) + G_\theta(\phi_0, \theta_0)}{\frac{1}{4\pi} \int \int (G_\phi(\phi, \theta) + G_\theta(\phi, \theta)) \sin(\theta) \, d\theta \, d\phi} \tag{9.5}$$

其中，θ 和 ϕ 分别是垂直方位角(elevation，也称为极角)和水平方位角(azimuth，也称为方位角)，而 G_θ 和 G_ϕ 分别是辐射被分解到 θ 和 ϕ 所在平面之后各自的功率增益。

特定方向上的天线增益与方向因子有关。然而，增益数值的确定还必须考虑到损耗，如电阻损耗。注意，在参考文献中，"增益"和"方向性"这两个术语通常是同义的；有些此类情况已体现在前面的公式中(使用符号 G 表示方向性)，在本书的其余部分也会做类似的处理。

品质因子

天线的基本数量参数是其品质因子(简称为 Q 因子)，它的定义为[Vaughan and Andersen 2003]

$$Q = 2\pi \frac{\text{储备的能量}}{\text{每周期所消耗的能量}} \tag{9.6}$$

Q 因子可以与输入阻抗联系起来：

$$Q = \frac{f_c}{2R} \frac{\partial X}{\partial f} \tag{9.7}$$

其中，输入阻抗为 $Z = R + jX$。对于包含在直径为 L_a 的球面内的天线，Q 因子由下式给出：

$$Q \geqslant \frac{1}{(k_0 L_a/2)^3} + \frac{1}{k_0 L_a/2} \tag{9.8}$$

此处 k_0 仍然等于 $2\pi/\lambda$。

平均有效增益

天线的方向图及其所表示的天线的方向性都是针对远场区(即假定在这样的区域内存在均匀平面波)定义的，同时它们还是所讨论的方向的函数。方向图是在吸波室(anechoic chamber)中进行测量的，这种测试环境中去除了天线周边的所有障碍物及可能造成方向图变形的物体。这种方式下测得的方向图和增益与任何一本天线理论书给出的数字相当接近，例如一个赫兹偶极子的增益为 1.5。当天线工作于一个随机散射环境时，考察其平均有效增益(MEG)就显得很有意义了。平均有效增益是在天线入射波的众多方向由一个随机环境所确定的情况下，不同方向增益的平均值[Andersen and Hansen 1977, Taga 1990]。平均有效增益定义为：移动台天线接收到的平均功率与各向同性天线接收到的垂直和水平极化波平均功率的总和之比。

极化

在某些无线系统(如卫星电视)中，到达波的极化和接收天线的极化必须非常小心地匹配。这种匹配程度可以通过庞加莱(Poincaré)球来度量。每一个极化态都与球面上的一个点有关：右旋圆极化和左旋圆极化分别对应于球的北极和南极，而不同的线性极化态则对应于球的赤道；其他所有的点都对应于椭圆极化。球面上两点之间的角度是它们的不匹配程度的度量。

非视距应用场合一般对天线的特定极化没有非常严格的要求。即使在发射天线以单一极化波发射为主的情况下，无线信道中的传播也会引起去极化现象(见第 7 章)，以至于接收机处的交叉极化很少高于 10 dB。在许多实际应用环境下，这一事实的存在可以带来好处：由于移动台天线的方位是不可预测的(不同用户的持机方式不同)，天线对入射波极化的低敏感度及入射波的均匀极化往往是有益的。

要求天线具有良好的交叉极化分离能力的一种情况是采用极化分集(见第 13 章)的场合,此时天线的绝对极化形式并非关键所在,而两个天线单元的交叉极化分离能力却显得至关重要。

带宽

天线带宽定义为天线特性(反射系数、天线增益等)满足其规格要求情况下的带宽。绝大多数无线系统都具有大约 10% 的相对带宽。这个数字业已成为绝大多数系统采用频分双工(FDD,见第 17 章),即收发采用不同频率的原因。例如,在 GSM 1800[①] 系统(见第 21 章)中,带宽约为 200 MHz,而载频位于 1800 MHz 附近。由于人们希望针对收发两种情形只使用一个天线,天线带宽就必须大到足以把收发频段都包括在内。如同在前面所指出的,大的带宽意味着匹配电路不再能做到完全匹配。天线的物理尺寸越小,这种作用就越明显。

另一引人注意的具体案例与双模或多模设备有关。例如,大多数 GSM 手机必须能够工作在 900 MHz 和 1800 MHz 的载频上。这种设备的天线就必须按在整个 0.9 ~ 2 GHz 频段都能达到良好性能的要求进行设计。然而,采用这种具有 50% 相对带宽的天线显得有些"矫枉过正"了,因为 1 ~ 1.7 GHz 的频率范围根本没有必要覆盖。因此,仅针对所需频段设计具有良好性能的天线要更好些;如果不同载频彼此呈整数倍关系,则这一目标将更容易达到。尽管如此,设计可以覆盖两个或更多个频段的高效率天线仍然是相当具有挑战性的工作。就基站天线而言,从技术角度出发,通常更愿意对不同的频段采用不同的天线。然而,出于美观的原因和降低视觉影响的目的,有时也愿意采用多波段天线。

9.2　移动台天线

9.2.1　单极子和偶极子天线

线天线是用于移动台的"经典"天线,长久以来决定着这些移动设备的典型"样貌"。最常见的一种是安置于导电表面(机壳)上的电单极子,以及偶极子。沿 z 轴布置的短(赫兹)偶极子的天线方向图对水平方位角具有均匀性,而对极角 θ(该角度从 z 轴量起)则呈正弦曲线状:

$$\tilde{G}(\varphi,\theta) \propto \sin(\theta) \qquad (9.9)$$

并具有如下最大增益:

$$G_{\max} = 1.5 \qquad (9.10)$$

$\lambda/2$ 偶极子具有以下性质(见图 9.2):

$$\tilde{G}(\varphi,\theta) \propto \frac{\cos\left(\frac{\pi}{2}\cos(\theta)\right)}{\sin(\theta)} \qquad (9.11)$$

和如下的最大增益:

$$G_{\max} = 1.64 \qquad (9.12)$$

于是,可以看出 $\lambda/2$ 偶极子和赫兹偶极子的方向图差别并不显著。然而,辐射电阻却可能差得很远。对于电流均匀分布的偶极子,辐射电阻等于

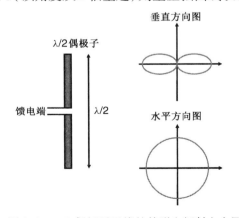

图 9.2　$\lambda/2$ 偶极子天线的外形和辐射方向图

---

①　工作于 1800 MHz 频段的全球移动通信系统(GSM)。

$$R_{\mathrm{rad}}^{\mathrm{uniform}} = 80\pi^2 (L_a/\lambda)^2 \tag{9.13}$$

对于呈锥形电流分布(馈电端电流最大,朝向天线末端电流呈线性递减)的偶极子,辐射电阻为 $0.25\, R_{\mathrm{rad}}^{\mathrm{uniform}}$。

　　由镜像原理可以得出以下结论:位于一个导电平面上方的单极子与位于上半平面的偶极子天线有完全一样的辐射方向图。由于单极子发射到上半空间($0 \le \theta \le \pi/2$)的能量二倍于偶极子,所以最大增益是偶极子的两倍,而辐射电阻是偶极子的一半。可是应当注意到,镜像原理仅在导电平面延伸至无穷大时才有效,这并非移动台机壳的情形。因此,可以预料到即使是单极子天线也会有相当一部分辐射进入了下半空间。

　　通常我们不希望减小辐射电阻,因为这样会使匹配变得更困难,并导致由电阻损耗造成的效率下降。不增加天线的物理尺寸的前提下,提升效率的一种方式是采用折合偶极子。折合偶极子由一对在非馈电端连接起来的半波长导线构成[Vaughan and Andersen 2003],这样就加大了输入阻抗。

　　单极子和偶极子天线的最大优点就是便于制作和价格低廉。相对带宽足以支持单天线系统的绝大多数应用。缺点在于移动台机壳上必须连接一根相对较长的金属杆。在 900 MHz 频段,一个 $\lambda/4$ 单极子的长度为 8 cm,常常比移动台机身还要长。即使以可伸缩单元的形式来实现,也很容易受到损坏。基于上述原因,更短的或内置的低效率天线正在获得日益广泛的应用。在通常覆盖程度较好的欧洲和日本,这一点并不是个重要问题。但是,在美国及其他那些在国内许多地区呈现出不规则覆盖状况的国家,这一点会在性能方面带来相当大的影响。

9.2.2　螺旋天线

　　螺旋天线的外形略图如图 9.3 所示。螺旋天线可以看成环天线和线天线的混合体,因此也就具有两种工作模式。天线的尺寸决定了它工作于何种模式。如果螺旋天线的尺寸远小于一个波长,则天线工作在常规模式。这时其表现类似于线天线,并具有集中成形于辐射方向的波瓣。这就是应用于移动台天线的工作状况。一般而言,极化形式是椭圆极化,而当比值 $2\lambda d/(\pi D)^2 = 1$ 时,会变为圆极化[Balanis 2005]。如果将螺旋天线放置于导电平面上,由于实际天线的水平分量与其镜像互相抵

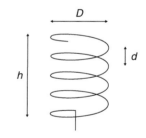

图 9.3　螺旋天线的外形略图

消,极化形式就会变成垂直极化。当螺旋天线的周长接近于一个波长时,天线方向图将会沿螺旋轴向呈现最大辐射,而极化形式也接近于圆极化。

　　由于处于常规模式的螺旋天线类似于线天线,天线的螺旋数目不会对天线方向图产生影响。而带宽、效率和辐射电阻将随 h 的增加而增加。一般而言,螺旋天线相对于单极子天线具有较窄的带宽和较小的输入阻抗;然而,通过采用适当的匹配电路,可以达到 10% 的相对带宽。螺旋天线的最大好处就是其更小的尺寸,这一点使它(与线天线一起)成为应用最广泛的移动台外置天线。

9.2.3　微带天线

　　微带天线(贴片天线)由一面覆盖着薄导电材料层(接地面),另一面附着着导电材料贴片的薄电介质底层构成,其外形略图如图 9.4 所示[Fujimoto 2008]。

微带天线的属性由金属贴片的形状和尺寸决定，也取决于所采用底层的介电特性。实质上，贴片就是一个尺寸必须为有效介质波长倍数的谐振器。因此，高介电常数的底层可以支持构造小天线。最常采用的贴片形状是矩形、圆形和三角形。

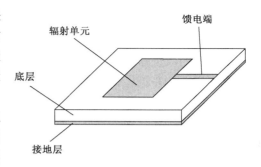

图 9.4　微带天线的外形略图

通常采用同轴电缆或者微带线向贴片馈电。也可能通过电磁耦合向贴片馈电。后一种情况所采用的是接地层夹在两层电介质材料之间的底层。一层材料之上有贴片，馈线则位于另一层电介质之下。耦合是通过接地层上的一个槽（缺口）来起作用的。因此，这些天线又称为缺口耦合贴片天线。这种设计的好处在于根据贴片和馈线的需要，可以选择两层介电特性不同的电介质材料作为底层。此外，这种设计具有比传统贴片天线更宽的带宽。

如同上面指出的，微带天线的尺寸和效率取决于电介质底层的参数。大的 ε_r 可以减小天线尺寸。由谐振贴片的单边长度必须服从下式可以立即得出这一结论：

$$L = 0.5\lambda_{\text{substrate}} \tag{9.14}$$

其中，

$$\lambda_{\text{substrate}} = \lambda_0 / \sqrt{\varepsilon_r} \tag{9.15}$$

遗憾的是，物理尺寸的减小也导致了更窄的带宽（这常常是我们所不希望的）。基于这一原因，实践中用到的底层一般都有很小的 ε_r，很多时候甚至用空气作为底层。进一步减小贴片天线尺寸的可能性在于使用短路谐振器，它将贴片谐振器所需尺寸从 $\lambda/2$ 减小到 $\lambda/4$（见图 9.5）。

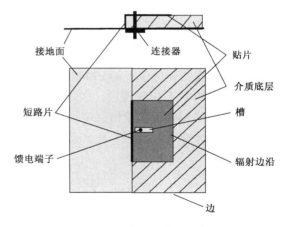

采用各种不同措施都可以增加微带天线的带宽。最直接的一种就是增大天线的体积，即采用具有较小 ε_r 的厚底层。另外还可以采用匹配电路和应用寄生单元。

微带天线在无线应用上有几个重要好处：（i）尺寸小并能以低廉的成本制造；（ii）馈线可

图 9.5　短路 $\lambda/4$ 贴片天线

以与天线一样制作在同一底层上；（iii）可以将它们集成到移动台内部，而无须伸出机壳。

可是，微带天线也有严重缺陷：带宽较低（常常只是载波频率的百分之几）并且效率低。

9.2.4　平面倒 F 形天线

微带天线的某些问题可以通过采用平面倒 F 形天线（PIFA）来得到缓解。平面倒 F 形天线的形状与 $\lambda/4$ 短路微带天线相似（见图 9.6）。一个平面状的辐射单元平行于接地面固定。此单元在距离为 W 的一段上短路到地。如果所选择的 W 等于边沿长度 L，则可以得到 $\lambda/4$ 短路微带天线。如果所选定的 W 更小一些，则谐振长度会有所增加，并且辐射单元上的电流分布也会有所变化。

9.2.5　辐射耦合双 L 形天线

进一步的改进通过所谓辐射耦合双 L 形天线(RCDLA)来实现(见图 9.7 及 Rasinger et al. [1990])。它由两个 L 形直角构件组成,其中只有一个被直接馈电(传导式馈电)。另一个 L 形构件则由第一个 L 形构件以辐射耦合的形式馈电。这就增加了整个装置的带宽。通过将这种天线最佳地置于机壳上以后,可以达到至多 10% 的相对带宽,约为平面倒 F 形天线带宽的两倍。

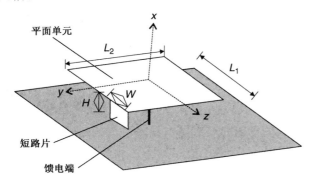

图 9.6　平面倒 F 形天线　　　　　　图 9.7　辐射耦合双 L 形天线

9.2.6　多波段天线

人们期待时髦的蜂窝手机可以支持不同的通信频率。如同 9.2.2 节讨论过的,例如,GSM 手机在绝大多数国家必须至少可以支持标准所预先规定的 900 MHz 和 1800 MHz 通信。许多手机还必须支持美国使用的 1900 MHz 模式,以及在需要蓝牙连接(如手机到无线耳机的连接)的情况下支持 2.4 GHz 频段,这就进一步加大了困难。支持 GSM 和宽带码分多址(WCDMA, 见第 26 章)的双模手机使情况变得更加复杂。设计内置的多波段天线是十分复杂的,几乎不存在闭式设计准则。图 9.8 显示了一个多波段微带天线的例子。

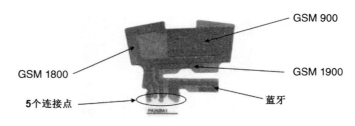

图 9.8　集成多波段微带天线。引自 Ying and Anderson[2003] © Z. Ying

9.2.7　移动台天线的安置

天线并非在空荡荡的空间中工作,而是要被安装在可看成辐射器一部分的机壳上。此外, 天线的特性参数也会受到用户手部和头部的影响;天线在移动台上的装配情况也会对天线参数产生影响。因此,勘察可供选择的安置天线的不同位置,并确定相应的安置方式可能对性能产生的影响,就显得很重要了。

线天线和螺旋天线通常置于机壳顶部的窄面之上，即它们从机壳的这一部分伸出去。这主要是出于人机工程学的考虑，如果它们从底面伸出去，用户就会感到不适，而且用户手部常常会盖住天线，导致额外的衰减。

就微带天线、平面倒 F 形天线（PIFA）及辐射耦合双 L 形天线（RCDLA）而言，可以有更多可供选择的安置位置。这些天线常常用来作为内置天线，即将其与机壳合并，或者封闭于机壳内。这样就大大降低了机械损伤的危险性。然而，用户手部置于天线上的可能性却有所增长，从而也就增加了对电磁能量的吸收，并因此使链路性能变差了［Erätuuli and Bonek 1997］。辐射耦合双 L 形天线安装于机壳不同位置的示例在图 9.9 中可以见到；其他类型的微带天线也可以采用类似的安置方式。

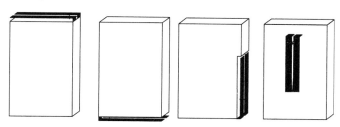

图 9.9　辐射耦合双 L 形天线在移动台机壳上的不同安装方式

9.3　基站天线

9.3.1　天线类型

基站天线和移动台天线的设计要求是不同的。由于基站的造价已经相当昂贵，天线的成本就成了相对影响较小的因素。同时，对天线尺寸的约束也没有那么严苛，就宏蜂窝而言，仅仅要求：（i）天线支架的机械强度必须足够，尤其在受到风力作用时；（ii）对周围环境“美观”的影响必须足够小。就微蜂窝和微微蜂窝而言，由于天线被安装在建筑物表面、街灯或办公室墙上，天线应当尽量更小一些。基站天线与移动台天线相比，所要求的天线方向图十分不同。当基站天线的方位和布局确定以后，就应该按照不损失任何能量的方式来对方向图进行成形（见 9.3.3 节）。这种方向图成形可借助多单元天线最便利地加以实现。

基于上述原因，宏蜂窝天线一般为天线阵列或由线天线单元构成的八木天线。而对于微蜂窝和微微蜂窝，贴片天线组成的天线阵列相当普遍。除了对尺寸的要求（与移动台天线相比，这方面的要求已放宽了许多），9.2 节关于带宽、效率等的全部论断仍然有效。

9.3.2　阵列天线

阵列天线通常用于基站天线。采用阵列天线可以更容易地实现天线方向图的成形。这种成形能按预先确定的方式实现（见 9.3.3 节），也可以以自适应方式实现（见第 13 章和第 20 章）。天线阵列的方向图可以表示成单个单元方向图和阵列因子 $M(\phi, \theta)$ 的乘积。在阵列天线平面上，均匀线阵的阵列因子为（可与 8.5.1 节比较）［Stutzman and Thiele 1997］

$$M(\phi) = \sum_{n=0}^{N_r-1} w_n \exp[-j\cos(\phi)2\pi d_a n/\lambda] \tag{9.16}$$

其中,d_a 是天线单元之间的距离[①],而 w_n 是单元激励的复权值。对于 $|w_n|=1$ 对所有 n 值均成立,而 $\arg(w_n)=n\Delta$ 的情形,阵列因子变成了

$$|M(\phi)| = \left| \frac{\sin\left[\frac{N_r}{2}\left(\frac{2\pi}{\lambda}d_a\cos\phi - \Delta\right)\right]}{\sin\left[\frac{1}{2}\left(\frac{2\pi}{\lambda}d_a\cos\phi - \Delta\right)\right]} \right| \tag{9.17}$$

馈电电流的相移 Δ 决定了天线主瓣的方向。在相控阵天线理论中,这一原理是众所周知的([Hansen 1998],见第 8 章)。通过迫使 $\varphi_n=n\Delta$,自由度已减小为 1;与此同时主瓣就可以指向任意方向,而旁瓣和零点的分布将唯一地取决于已指定的主瓣方向。

例9.1 假定基站天线安装在 51 m 的高度,向半径为 1 km 的小区提供覆盖。天线由 8 个垂直叠放的短偶极子组成,相邻偶极子之间的距离为 $\lambda/2$。要使最大点(干涉相长点)位于小区边缘 1 m 高的移动台处,相移 Δ 应该等于多少?

解:

为了在方向 θ_0 处获得由来自不同天线的众多分量形成的相长干涉,角度 Δ 必须满足:

$$\Delta = \frac{2\pi}{\lambda}d_a\cos\theta_0 \tag{9.18}$$

很明显,当 $\theta_0=\pi/2$ 时 $\Delta=0$,即不必有相移。由此例题设,现在可以得到一个倾角:

$$\theta_0 = \frac{\pi}{2} + \arctan\left(\frac{51-1}{1000}\right) = \frac{\pi}{2} + 0.05 \tag{9.19}$$

因此,相移必须满足:

$$\Delta = \frac{2\pi}{\lambda}d_a\cos\left(\frac{\pi}{2} + 0.05\right) = -0.05\pi \tag{9.20}$$

单元方向图的影响可以忽略。

9.3.3 改进天线方向图

基站天线呈各向同性的辐射是我们所不希望的。辐射被投射到一个具有大仰角的方向上(即投射到天空中)不仅带来能量的浪费,而且实际上增加了对其他系统的干扰。若能做到在整个小区内接收功率处处为常数,而小区外完全没有功率,就得到了最佳的天线方向图。下面的问题就是如何合成这样的垂直方向图。通过阵列天线可以近似做到这一点,其复权值将按照使方向图的均方误差最小化的方式来选取。一种更简单的措施是采用 $w_n=1$ 的天线阵列,而将主瓣下倾 5°左右。这种下倾既可以通过机械方式(通过下倾整个天线阵列)完成,也可以通过电子方式实现。

所需的水平天线方向图或者是全向的,即在 $[0,2\pi]$ 上处处一致,或在一个扇区内保持一致,而在扇区外则为零。扇区的角度通常是 60°或 120°。农村地区的宏小区多采用全向天线,由线天线来实现全向覆盖。线性阵列中天线的排布仅沿竖直轴展开。扇区天线可以采用带有适当的成形反射器的线天线,或者可以采用微带天线(具备固有的非一致天线方向图)。

---

① 通常选定 $d_a=\lambda/2$($d_a \leqslant \lambda/2$ 是必须的,以避免天线方向图的周期性带来的空间混叠)。后面假定线阵列的各个单元都位于 x 轴。显然,当天线单元竖直地叠放起来时,同一原理仍然有效,并应当对阵列的垂直方向图进行成形。

9.3.4 环境对天线方向图的影响

基站天线方向图的定义往往针对天线位于自由空间的情形，或者天线位于理想导电平面上的情形。这正是在吸波室中测到的东西，也是最容易计算的。然而，在其实际工作位置上，基站天线被有限大小和有限导电性的不同物体包围着。如此环境下的天线方向图与理论方向图之间存在明显的偏差。天线支架通常是金属的，并因此具有较强的导电能力，会造成方向图变形。类似地，用某些特定建筑材料(例如钢筋混凝土)建造的屋顶也会造成方向图的变形(见图 9.10)。

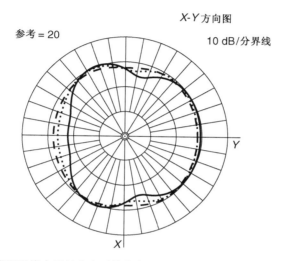

图 9.10　靠近天线支架的全向天线方向图。与天线支架之间的距离为 30 cm。
支架的直径分别为：非常小(实线)、5 cm(虚线)和 10 cm
(点状线)。引自 Molisch et al. [1995] © EMA(欧洲微波协会)

垂直方向图的变形绘制于图 9.11 中。这种变形源于两方面的作用：(有限大小)的屋顶比地面更接近于天线，以及屋顶的介电属性与地面的不同。

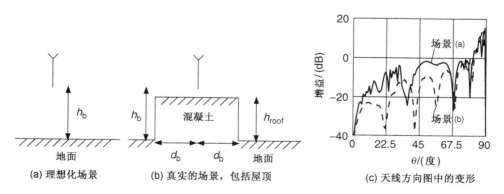

图 9.11　垂直方向图的变形。所有材料的属性：相对介电常数 $\varepsilon_r = 2$；
传导率 0.01 S/m；$d_b = 20$ m。引自 Molisch et al. [1995] © EMA

人体的存在也会造成天线方向图的失真。对这一状况加以考虑的一种方式就是将天线和人体视为一个"超级天线"(superantenna),可以用与"常规"天线完全相同的方式来对它的特征量(效率、辐射方向图)进行测量和表征。图9.12给出了存在人的头部和身体时天线方向图测量结果的示例。

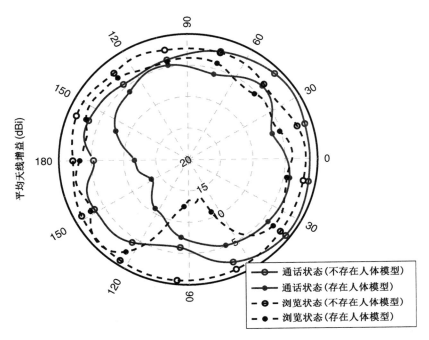

图9.12　在通话和数据浏览状态下,人体造成的天线方
向图失真。引自Harryson et al.[2010]© IEEE

深入阅读

就天线理论的一般性介绍而言,上文已提到了许多优秀的天线理论著作:Balanis[2005],Kraus and Marhefka[2002],Ramo et al.[1967]及Stutzman and Thiele[1997],也包括Collin[1985]这样的更深入一些的教材;后者还专门辟出单独一章讨论接收天线的特性。无线通信专用天线的更多细节可参考Godara[2001]与Vaughan and Andersen[2003]。移动台天线在Fujimoto[2008]及Hirasawa and Haneishi[1991]中有所讨论。基站天线的设计在著作Chen and Luk[2009]和会议论文Beckman and Lindmark[2007]中进行了综述。最后,在Hansen[1998]与Mailloux[1994]中详尽讨论了相控阵天线。有关波束下倾的讨论在Manholm et al.[2003]中可以找到。人的头部和身体对天线特征量的影响也被讨论过,如Ogawa and Matsuyoshi[2001],Kivekaes et al.[2004]和Harryson et al.[2010]所述。

第三部分　收发信机和信号处理

　　无线通信系统最终的性能极限取决于前面所讨论的无线传播信道。实际收发信机设计的主要任务包括寻找合适的调制方案、编码和信号处理算法，使其性能尽可能趋于极限值，同时要在性能和软硬件的实现之间寻求平衡。随着技术的进步，我们能够实现的方案越来越复杂。例如，第三代蜂窝电话的计算能力与(2000 年)个人计算机相当，其所完成的信号处理算法在 20 世纪 90 年代中期是不可想象的。因此，这部分将不过多关注算法的复杂度，因为目前看起来非常复杂的算法，有可能是若干年后的标准解决方案。

　　本部分首先在第 10 章介绍收发信机的一般结构，以及发射机和接收机框图中的各部分，并给出了可用于系统仿真或设计的简化模型。第 11 章讨论了不同的调制方式及其应用于无线系统时的优缺点。例如，恒包络调制对于电池供电的发射机而言非常有用，因为此时发射机可以使用高效率的放大器。第 12 章通过对这些调制方式进行数学分析，阐述了它们在不同类型的衰落信道中的误比特率性能。可以发现，某种调制方式的性能主要受到两个因素的影响，即衰落和延迟色散。通过分集可明显减弱衰落的影响，所谓的分集就是通过不同的路径传输同一信号。第 13 章介绍了获得不同路径的多种方法，如采用多个天线，在不同的频率或时间重复发送信号等。这一章同时讨论分集对不同调制方案性能的影响。延迟色散的不利影响通过分集也可得到一定的改善，当然更有效的方法是采用均衡。均衡器不但可以克服由延迟信号产生的码间干扰(又称符号间干扰)，而且可以利用这些延迟信号中所包含的能量，因而均衡技术可使系统的性能得到相当大的改善，尤其是高数据速率的系统和/或信道具有较大延迟扩展的系统。第 16 章介绍了各种均衡器的结构，从简单的线性均衡器到最佳的(但高复杂度)最大似然序列检测器。

　　分集和均衡并不总能充分或有效地降低差错概率。在很多情况下，编码能显著地增强系统性能，从而使之满足某一具体应用所需的传输质量要求。第 14 章概述了无线通信中最常用的各种编码方案，包括从 20 世纪 90 年代初期就开始受到广泛关注的准最佳 Turbo 码和低密度奇偶校验(LDPC)码。这些编码方案用来纠正由传播信道引入的误码。同时本章也介绍信息论基本知识，这些是建立理想码所能达到最终性能极限的基础。另一种不同类型的编码是信源编码，它把来自信源的消息转换成能在无线信道中进行最有效传输的比特流。第 15 章概述了语音编码，它是无线应用中最重要的信源编码类型。最后，第 16 章介绍了均衡，即信道延迟色散的补偿方法。

一般来讲，无线通信中的调制、编码和均衡当然与数字通信有很大的关系，但是因为本书的这部分并不是侧重数字通信的教科书，所以假设读者或者通过以前的课程，或者通过某一本经典教科书，例如 Barry et. al[2003]，Proakis[1995]，Sklar[2001]和 Anderson[2005]，已经对上述知识比较熟悉。本书将简明扼要地给出一些最关键的内容，仅为帮助读者回顾和复习。

第 10 章　无线通信链路结构

10.1　收发信机结构

这一节将给出无线通信链路的框图，并对各个模块进行简要介绍。更具体的内容将在后面第三部分和第四部分的章节中予以介绍。下面首先概述各个模块的功能，随后介绍侧重于不同硬件元件的框图。

图 10.1 给出了一个通信链路功能框图。在许多情况下，无线链路的作用就是将来自模拟信源(麦克风、录像机)的信息经过一个模拟无线传播信道传到模拟信宿(扩音器、电视屏幕)，信息的数字化仅仅是为了增加链路的可靠度。第 15 章将介绍语音编码，它代表了数字化模拟信息的一种最常见形式。第 23 章介绍了视频编码。对于其他传输(如文件传输)，它的信息已经是数字化的。

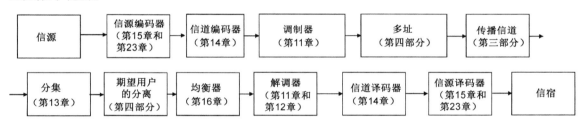

图 10.1　通信链路功能框图，标明各个模块对应于哪一章

为了更易于抵抗由信道引发的错误，发射机以前向纠错码的方式来增加冗余(注意，虽然绝大部分无线系统都进行这种编码，但并不是所有的)。随后将这种已编码的数据作为调制器的输入，调制器将其映射成适于传输的输出波形。通过在特定频率或特定时间发送这些符号，可以区分不同的用户[①]。然后，信号被发送到传播信道，会产生衰减和失真，并引入噪声，正如第二部分所介绍的。

在接收机中可采用一副或多副天线(关于如何合并来自多个天线的信号的讨论见第 13 章)来接收信号，不同的用户被分离(例如，仅在某个特定频率接收信号)。如果信道是延迟色散信道，就可以采用均衡器来抵消这种色散，消除码间干扰。接下来，对信号进行解调，并用信道译码器消除比特流中的(大部分)错误。最后，信源译码器将该比特流映射成模拟信息流，并送入信宿(扩音器、电视屏幕，等等)；当然，如果信息一开始就是数字的，则可以省略最后一步。

以上关于各模块的描述当然是过于简化了，并且模块的划分不必太确切，尤其是在接收机中。最佳接收机将使用采样后的接收信号作为其输入，并且从中计算出以最大似然发送的信号。然而对于很多应用来说，最大似然的计算量仍然太大，所以在文献中已经研究了联合译码和解调及其他类似方案。

---

① 　不同的多址方法在第 18 章至第 22 章中介绍。

图 10.2 和图 10.3 给出了更具体的数字发射机和接收机框图,着重强调了硬件部分和模拟与数字器件的接口。

- 信源提供模拟源信号,并且送入信源模数转换器(ADC)。模数转换器首先对来自模拟信源的信号进行带限处理(如果有必要),然后以某一采样速率和分辨率(每个样值的比特数)把信号转变为数字数据流。例如,语音信号典型的采样速率为 8 k 个样值/秒,分辨率为 8 比特,可以得到 64 kbps 的数据流。对于数字数据的传输,这些步骤可以省略,数字信源直接提供图 10.2 中接口"G"的输入。

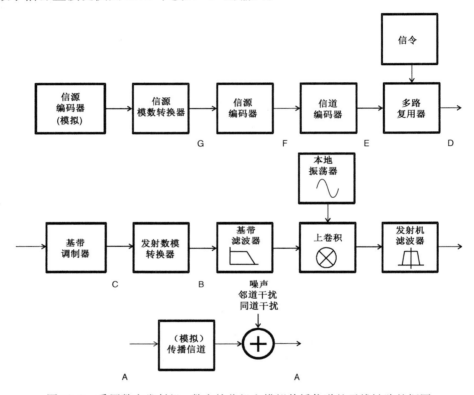

图 10.2 采用数字发射机、数字接收机和模拟传播信道的无线链路的框图

- 信源编码器利用信源数据性质的先验信息,以减小信源信号的冗余度,从而减少了需要传输的信源数据量,也减小了所需的传输时间和/或带宽。例如,全球移动通信系统的语音编码把信源数据率从上面提到的 64 kbps 减小到 13 kbps。对于音乐和视频(MPEG标准)来说,类似的减小也是可能的。传真信息也能被显著压缩。1000 个连续的字符"00"(代表"白"颜色),必须要用 2000 比特来表示,它可以用以下描述来取代:"现在紧接着的是 1000 个 00 字符",而它仅需要 12 比特。对于一个典型的传真,可以获得 10 倍的压缩效果。信源编码器增加了接口 F 处数据的信息熵(每比特的信息量);因此比特错误会产生较大的影响。对于某些应用,信源数据需要进行加密,以防止未授权的偷听。

- 信道编码器通过增加冗余度来保护数据,减小传输错误的影响。这增大了接口 E 处发送数据的速率。例如,全球移动通信系统信道编码把数据率从 13 kbps 增加到 22.8 kbps。信道编码器常常利用信道中的错误源(噪声功率,干扰的统计特性)的统计信息来设计信道码，该信道码特别适用于特定的信道类型（如，Reed-Solomon 码主要用来抵抗突发错误）。数据可以根据其重要性进行排序，比较重要的比特可获得更强的保护，进而可以用交织拆散突发错误。值得注意的是，交织和信道编码组合使用将非常有效。

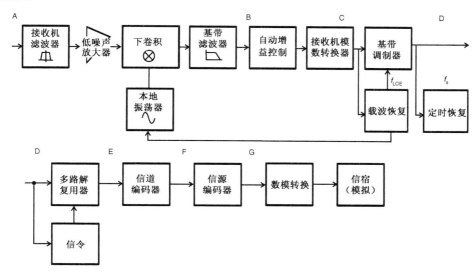

图 10.3　用于移动通信的数字接收机框图

- 信令是为建立和终止连接、与正确用户联系信息、同步等施加的控制信息。信令信息通常采用纠错码进行严格保护。
- 多路复用器合并用户数据和信令信息，并合并来自多个用户的数据[①]。如果采用时分复用，则需要进行一些时间压缩。在全球移动通信系统中，对于 8 个参与者的标准情况，多址复用把数据率从 22.8 kbps 增加到了 182.4 kbps（8×22.8）。信令信息的加入使数据率增加到 271 kbps。
- 基带调制器将总数据比特（接口 D 处的用户数据和信令）分配到基带的复发送符号。这一步确定了频谱性质、码间干扰、峰平比和发送信号的其他性质。基带调制器的输出（接口 C）以过采样形式提供了时间和振幅都离散的发送符号。

  过采样和量化决定混叠和量化噪声。因此，希望系统具有高的分辨率，并且基带调制器输出端的数据率应远高于输入端的数据率。对于一个全球移动通信系统，过采样参数为 16，8 比特振幅分辨率的数据率约为 70 Mbps。
- 发射机的数模转换器产生一对模拟的离散振幅的电压，分别对应于发射字符的实部和虚部。
- 发射机中的模拟低通滤波器滤除（不可避免的）所需传输带宽以外的频率分量。这些成分由（理想）基带调制器的带外辐射产生，它由所选调制方式的性质决定。此外，基带调制器和数模转换器的非理想性产生了附加的杂散辐射，它必须通过发射机滤波器来抑制。

---

① 实际上，只有基站的多路复用器真正将不同用户的数据进行合并，以进行发射。在移动台，多路复用器仅仅确保基站的接收机能区分来自不同用户的数据流。

- 发射机本地振荡器提供一个未调制的正弦信号,对应于所考虑系统可接受的一个中心频率。对于频率稳定性、相位噪声和各频率之间切换速度的要求,取决于调制和多址方法。

- 上变频器通过与本地振荡器的信号混频,把一个模拟的滤波后的基带信号转换成一个带通信号。上变频既可以一步完成,也可以分几步完成。最后,需要在射频进行放大。

- 射频发射机滤波器滤除射频的带外辐射。即使低通滤波器成功地滤除了所有的带外发射,上变频仍然会导致附加的带外成分的产生。特别是混频器和放大器的非线性引起了互调产物和频谱再生,即产生了额外的带外辐射。

- (模拟)传播信道使信号受到衰减,导致延迟和频率色散。另外,环境还会引入噪声(加性高斯白噪声)和同道干扰。

- 接收机滤波器可以粗略地选择接收带宽。滤波器的带宽对应于某一业务所分配的总带宽,因此它可以覆盖同一业务的多个通信信道。

- 低噪声放大器对信号进行放大,因此降低了由接收链路之后的器件产生的噪声对信噪比的影响。在后续下变频的步骤中,信号还将被进一步放大。自动增益控制减小了信号的动态波动范围。

- 接收机本地振荡器产生的正弦信号与发射机本地振荡器的可能输出信号相对应。本地振荡器的振荡频率可通过载波恢复算法(见下文)进行精确调谐,以保证发射机和接收机的本地振荡器具有相同的频率和相位。

- 接收机下变频器把接收信号(用一步或几步)变到基带。在基带,信号是以模拟复信号的形式存在的。

- 接收机低通滤波器为某一特定用户提供所需频带的选择(它区别于接收机通带滤波器,后者选择设备工作的频率范围)。该滤波器滤除了邻道干扰和噪声,对所需信号的影响应该尽可能小。

- 自动增益控制放大信号,使其电平达到使下面的模数转换器能更好地进行量化。

- 接收机模数转换器把模拟信号转换成时间和幅度都离散的数值。模数转换器所需的分辨率本质上是由后续信号处理的动态范围决定的。采样速率只要满足了采样定理就可以了。过采样提高了对模数转换器的要求,但是简化了后续的信号处理。

- 载波恢复决定接收信号中载波的频率和相位,并用来调整接收机的本地振荡器。

- 基带解调器从数字基带数据处获得软判决数据,并且送入译码器。基带解调器可以是最佳的相干解调器,也可以是一个简化的差分或非相干解调器。这一步也可以包含进一步的信号处理,比如均衡。

- 如果存在多个天线,那么接收机或者选择其中的一路信号进行进一步的处理,或者将所有天线上的信号都进行处理(滤波、放大、下变频)。在后一种情况下,基带信号或者在送入传统的基带解调器之前进行合并,或者直接送入联合解调器,这样可以利用来自不同天线信号的信息。

- 符号定时恢复利用解调后的数据来估计符号的持续时间,并且利用它来精确调整采样时间间隔。

- 译码器利用来自解调器的软估计来确定原始(数字)数据源。在最简单的未编码系统中,译码器只是一个硬判决(阈值)器件。对于卷积码,采用最大似然序列估计器(MLSE,

例如维特比译码器)。最近,提出了一种联合解调和译码的迭代接收机。剩余误码或者进行数据包重传(自动重传请求,即 ARQ),或者被忽略。后一种方案通常用在语音通信中,因为重传带来的延迟是不可接受的。

- 信令恢复是指在数据中识别出表示信令信息的那一部分,并由它来控制后面的解复用器。
- 解复用器将用户数据和信令信息分开,并且恢复由发射机复用器可能引入的时间压缩。值得注意的是,在传输过程中解复用器的位置可以提前。它的最佳位置取决于具体的复用和多址方式。
- 信源译码器根据信源编码规则来重构源信号。如果源数据是数字的,输出信号就送到信宿。否则,数据就送入数模转换器,它把发送的信息转换成模拟信号,再交给信宿。

10.2 简化模型

通常人们更喜欢使用链路的简化模型。图 10.4 给出了用于调制方法分析的数学链路模型。发射机中,从信源到复用器输出之间的各部分都被归入数字数据源的“黑盒子”中。模拟无线信道、上变频器、下变频器、射频元件(滤波器,放大器)及所有的噪声和干扰信号都被归入等效时间离散低通信道中,可采用时变的冲激响应和加性干扰的统计特性来描述。评价调制方式质量的标准是从发端接口 D 到收端接口 D 之间的误比特率。

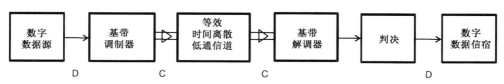

图 10.4　用于调制方法分析的数学链路模型

采用数字化信道(例如二进制对称信道)的其他简化模型主要适用于编码方案的分析。

深入阅读

本章简要地介绍了发射机和接收机的总体结构。在后续章节中将讨论数字信号处理的多个方面,关于这些内容,下面给读者推荐一些详细的参考文献。

数模和模数转换器是高速无线设备的功耗和制造成本的一个重要方面,van de Plassche [2003]详细介绍了用 CMOS 技术实现的数模和模数转换器,该技术被大部分厂商所采用。射频硬件,包括放大器、混频器和合成器在 Pozar[2000],Razavi[1997]和 Sayre[2001]中有详细的介绍。在 Gonzalez[1984]中讨论了放大器的设计。另一个重要的主题,即同步,在 Mengali and D'Andrea[1997],Meyr and Ascheid[1990]及 Meyr et al.[1997]中进行了讨论。

第 11 章 调　　制

11.1　引言

　　数字调制是将数据比特映射为能够在(模拟)信道中传输的信号波形。如前一章所述，在无线信道中，传输的数据是数字的，这是因为需要传输的可能是数据文件，也可能是信源消息经过信源编码后的数字形式。另一方面，无线信道是模拟介质，在其中只能传输模拟信号波形。基于此，发射机中的数字调制器需要将数字信源数据转换为模拟信号波形。在接收端，解调器尽可能从接收到的波形中恢复出数据比特。本章将简要介绍数字调制方式，并重点介绍调制的结果。若读者想了解更详细的内容，可参考本章末的"深入阅读"一节。第 12 章将介绍最佳和次最佳解调器及其在无线信道中的性能。

　　根据调制类型，一个波形可以表示一个或一组比特。二进制调制是最简单的调制方式，其中 +1 用一个特定波形表示，而 −1 用另一个不同的特定波形表示。更一般的情况是，一组 K 个比特代表一个符号，每个符号分别与 $M = 2^K$ 个波形之一相对应，这种情况称为 M 进制调制、高阶调制、多电平调制或者大小为 M 的符号集调制。无论怎样，不同调制方案的区别在于不同的传输波形，以及数据比特与信号波形的映射方式。通常与一个符号相关的波形限定在时间段 T_S 内，与不同符号对应的信号波形一个接一个地传输。显然数据速率(即比特速率)是符号速率(即信号速率)的 K 倍。

　　在无线通信系统中，选择某一种调制方案的最终目的是为了在特定的传输质量(即误比特率)和信道带宽限定下，以特定的能量传输尽可能多的信息。根据这一基本需求，在选择调制方案时应遵循以下准则。

- 调制方案的频谱效率应尽可能高。这可以通过采用高阶的调制方式来实现。这使得在传输中，每个符号承载多个数据比特。
- 相邻信道的干扰应尽可能小。这就要求信号频谱在带外滚降要快，而且信号在传输前必须进行滤波处理。
- 对噪声的敏感度要低。这可以通过使用低阶的调制方式获得，这样可以使各个信号波形之间的差异(假设平均功率相同)达到最大。
- 对延迟和多普勒扩展的稳健性应尽可能大。因为滤波引起的延迟色散会使系统对信道引入的延迟色散更敏感，所以对传输信号应尽可能少地滤波。
- 波形应便于硬件实现，易于产生，并具有较高的功率效率。这些需求源于无线发送设备的实际要求。为了能够使用高效的 C 类(或 E 类和 F 类)放大器，通常采用具有恒包络特性的调制方式。另一方面，如果调制方式对信号包络畸变非常敏感，发送设备就必须使用线性放大器(A 类或 B 类)。前者的功率效率可达 80%，而后者却不到 40%。这对电池的使用寿命影响很大。

　　上面的各点中有一些是相互冲突的，这就是无线通信中没有"理想"调制方案的原因。而且调制方案应该根据特定系统和应用的需求来选择。

11.2　基本概念

本章的其余部分采用一种等效基带表示方法来描述调制方式的等效基带形式。带通信号，即实际物理信号，可写成复基带表示形式[①]：

$$s_{BP}(t) = \mathrm{Re}\{s_{LP}(t)\exp[\mathrm{j}2\pi f_c t]\} \tag{11.1}$$

11.2.1　脉冲幅度调制

许多调制方式都可以归为脉冲幅度调制（PAM），这种调制方式以一定的调制系数 c_i 对基带脉冲 $g(t)$ 加权求和得到

$$s_{LP}(t) = \sum_{i=-\infty}^{\infty} c_i g(t - iT_S) \tag{11.2}$$

其中，T_S 为码元间隔。这就是说，发射的模拟信号波形 s 包含一系列由（复）标量线性加权的时移基本脉冲，这个加权标量与发射的符号相关。各个基本脉冲的调制相互独立。

不同脉冲幅度调制方式的区别在于其数据比特 b 和调制系数 c_i 的映射方式，这将在后续章节中详细分析。现在转而研究各种可能的基带脉冲 $g(t)$ 及其对信号频谱的影响。假设基带脉冲均归一化为具有单位平均能量，即

$$\int_{-\infty}^{\infty} |g(t)|^2 \mathrm{d}t = \int_{-\infty}^{\infty} |G(f)|^2 \mathrm{d}f = T \tag{11.3}$$

式中第二个等式服从帕斯瓦尔关系。

矩形基带脉冲

最简单的基带脉冲即为矩形脉冲，图 11.1 和图 11.2 分别给出了其时域波形和相应的频谱：

$$\left.\begin{aligned} g_R(t, T) &= \begin{cases} 1, & 0 \leqslant t \leqslant T \\ 0, & \text{其他} \end{cases} \\ G_R(f, T) &= \mathcal{F}\{g_R(t, T)\} = T\,\mathrm{sinc}(\pi f T)\exp(-\mathrm{j}\pi f T) \end{aligned}\right\} \tag{11.4}$$

其中 $\mathrm{sinc}(x) = \sin(x)/x$[②]。

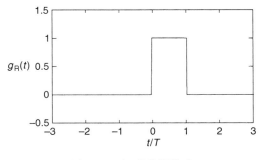

图 11.1　矩形基带脉冲

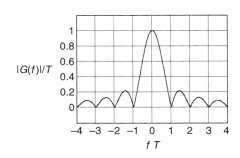

图 11.2　矩形基带脉冲的频谱

[①]　注意，定义式（11.1）导致带通信号的能量为基带信号能量的一半。为了获得同等的能量，就必须定义 $E = \|s_{BP}\|^2 = 0.5\|s_{LP}\|^2$。而且要求通带内滤波器的冲激响应 $h_{\mathrm{filter, BP}}(t)$ 的等效基带表示形式为 $h_{\mathrm{filter, BP}}(t) = 2\mathrm{Re}\{h_{\mathrm{filter, LP}}(t)\exp[\mathrm{j}2\pi f_c t]\}$，从而确保了滤波器的输出具有和输入信号同样的能量标准。尽管这样使用有些不符合逻辑，但这种表示方法在文献中使用较为广泛。也有一些文献，如 Barry et al.［2003］使用 $s_{BP}(t) = \sqrt{2}\mathrm{Re}\{s_{LP}(t)\exp[\mathrm{j}2\pi f_c t]\}$。

[②]　注意，一些书中定义 $\mathrm{sinc}(x) = \sin(\pi x)/(\pi x)$。

奈奎斯特脉冲

矩形脉冲的频谱分布在很宽的带宽上,其第一个旁瓣峰值仅比主瓣峰值衰减 13 dB,这导致邻道干扰很大,从而使蜂窝系统的频谱效率大大降低,因此通常需要一个在频域具有较大滚降的脉冲波形。最常见的具有较大频谱滚降的一类基带脉冲是奈奎斯特脉冲,即满足奈奎斯特准则的一类脉冲,这样就不会引起码间干扰[1]。

下面以升余弦脉冲为例加以介绍(见图 11.3)。该脉冲的频谱具有余弦滚降特性,决定频谱衰减陡度的参数称为滚降系数 α。定义函数为

$$G_{N0}(f, \alpha, T) = \begin{cases} 1, & 0 \leqslant |2\pi f| \leqslant (1-\alpha)\dfrac{\pi}{T} \\ \dfrac{1}{2} \cdot \left(1 - \sin\left(\dfrac{T}{2\alpha}\left(|2\pi f| - \dfrac{\pi}{T}\right)\right)\right), & (1-\alpha)\dfrac{\pi}{T} \leqslant |2\pi f| \leqslant (1+\alpha)\dfrac{\pi}{T} \\ 0, & (1+\alpha)\dfrac{\pi}{T} \leqslant |2\pi f| \end{cases} \tag{11.5}$$

升余弦脉冲的频谱[2]可以表示为

$$G_N(f, \alpha, T) = \frac{T}{\sqrt{1-\alpha/4}} \cdot G_{N0}(f, \alpha, T) \exp(-\mathrm{j}\pi f T_S) \tag{11.6}$$

其中,归一化因子 $\dfrac{T}{\sqrt{1-\alpha/4}}$ 来源于式(11.3)。

在实际应用中,发射端滤波器和接收端滤波器级联即可产生升余弦脉冲,因此接收端滤波器之后观察到的脉冲形状满足奈奎斯特准则。由于接收端滤波器必须和发送波形匹配,所以发射端和接收端滤波器的频谱必须都是升余弦滤波器频谱的平方根,这种滤波器就称为平方根升余弦滤波器,用下标 NR 表示。

升余弦脉冲和平方根升余弦脉冲可从傅里叶逆变换中得出(见图 11.4),其时域完整表达式可在 Chennakeshu and Saulnier[1993] 中找到。

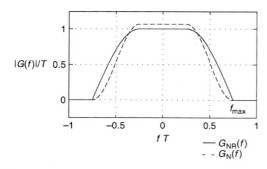

图 11.3　升余弦脉冲 G_N 和平方根升余弦脉冲 G_{NR} 的频谱

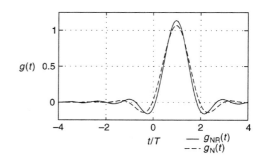

图 11.4　升余弦脉冲和平方根升余弦脉冲

例 11.1 计算升余弦脉冲和平方根升余弦脉冲在 $\alpha = 0.5$ 时的信号功率与邻信道干扰功率比,其中心频率分别为 0 和 $1.25/T$。

---

[1] 更准确地说,奈奎斯特脉冲不会在理想的采样时刻产生码间干扰(假设没有其他的传输/信道/接收链中的延迟色散源)。

[2] 这是信号傅里叶变换意义上的频谱。能量谱需要取平方。

解：

两个信号在滚降域具有微小的重叠，且由 $\alpha = 0.5$ 可知，信号在 $-0.75/T \leqslant f \leqslant 0.75/T$ 范围内具有频谱分量，在区间 $0.5/T \leqslant f \leqslant 0.75/T$ 范围内存在干扰，不失一般性可假设 $T = 1$。对于升余弦脉冲，假设在接收端采用匹配滤波器，则信号能量正比于（信号和干扰中产生的下降归一化因子）：

$$
\begin{aligned}
S &= 2 \int_{f=0}^{0.75/T} |G_N(f, \alpha, T)|^2 \, df \\
&= 2 \int_{f=0}^{0.25} |1|^4 \, df + 2 \int_{f=0.25}^{0.75} \left| \frac{1}{2} \cdot \left(1 - \sin\left(\frac{2\pi}{2\alpha} \left(|f| - \frac{1}{2} \right) \right) \right) \right|^4 \, df \\
&= 0.77
\end{aligned}
\tag{11.7}
$$

干扰信号能量（假设上下相邻信道均有干扰）正比于：

$$
\begin{aligned}
I &= 2 \int_{f=0.5}^{f=0.75} |G_N(f, \alpha, T) G_N(f-1.25, \alpha, T)|^2 \, df \\
&= 2 \int_{f=0.5}^{f=0.75} \left| \frac{1}{2} \cdot \left(1 - \sin\left[2\pi \left(|f| - \frac{1}{2} \right) \right] \right) \frac{1}{2} \cdot \left(1 - \sin\left[2\pi \left(|f-1.25| - \frac{1}{2} \right) \right] \right) \right|^2 \, df \\
&= 0.9 \times 10^{-4}
\end{aligned}
\tag{11.8}
$$

则信干比为 $10\log_{10}(S/I) \approx 39$ dB。对于平方根升余弦脉冲，信号能量为

$$
S = 2 \int_{f=0}^{f=0.75/T} |G_N(f, \alpha, T)|^2 \, df = 0.875
\tag{11.9}
$$

干扰能量为

$$
\begin{aligned}
I &= 2 \int_{f=0.5}^{f=0.75} |G_N(f, \alpha, T) G_N(f-1.25, \alpha, T)| \, df \\
&= 2 \int_{f=0.5}^{f=0.75} \left| \left| \frac{1}{2} \cdot \left(1 - \sin\left[2\pi \left(|f| - \frac{1}{2} \right) \right] \right) \right| \left| \frac{1}{2} \cdot \left(1 - \sin\left[2\pi \left(|f-1.25| - \frac{1}{2} \right) \right] \right) \right| \right| \, df \\
&= 5.6 \times 10^{-3}
\end{aligned}
\tag{11.10}
$$

则信干比为 $10\log_{10}(S/I) \approx 22$ dB。显然，在频域衰减较为平坦的平方根升余弦滤波器导致了更差的信干比。

11.2.2 多脉冲调制和连续相位调制

脉冲幅度调制可以进一步推广为多脉冲调制，其信号由一组基带脉冲组成，待传输的脉冲取决于调制系数 c_i：

$$
s_{LP}(t) = \sum_{i=-\infty}^{\infty} g_{c_i}(t - iT)
\tag{11.11}
$$

M 阶频移键控(MFSK)就是一个例子:其基带脉冲与载波频率之间的频率偏移量为 $f_{mod} = i \triangle f/2$, $i = \pm 1$, $\pm 3, \cdots$, $\pm (M-1)$。通常选择一组正交的或双正交的脉冲,以简化检测器。

在连续相位频移键控(CPFSK)中,在某一时间发射的波形不仅与当前符号有关,而且与发射信号的历史有关。尤其是调制符号之间的相互作用应按照某种方式变化,以保证整个信号的相位是连续的。整个信号具有恒定包络,其相位 $\Phi(t)$ 可以表示为

$$\Phi_{\text{CPFSK}}(t) = 2\pi h_{\text{mod}} \sum_{i=-\infty}^{\infty} c_i \int_{-\infty}^{t} \tilde{g}(u-iT)\,\mathrm{d}u \tag{11.12}$$

其中,u 为积分变量,h_{mod} 为调制指数,$\tilde{g}(t)$ 为基带脉冲波形,归一化为

$$\int_{-\infty}^{\infty} \tilde{g}(t)\,\mathrm{d}t = 1/2 \tag{11.13}$$

需要指出的是,归一化后的基本相位脉冲与脉冲幅度调制中的基本脉冲本质上不同,与信号的能量无关。

高斯基带脉冲

高斯基带脉冲为矩形脉冲和高斯函数的卷积。换句话说,高斯基带脉冲就是一个具有高斯冲激响应的滤波器在输入为矩形波形时的输出(见图11.5)。矩形脉冲波形由式(11.4)给出,高斯滤波器的冲激响应在数学上可表示为

$$\frac{1}{\sqrt{2\pi}\sigma_G T} \exp\left(-\frac{t^2}{2\sigma_G^2 T^2}\right) \tag{11.14}$$

其中,

$$\sigma_G = \frac{\sqrt{\ln(2)}}{2\pi B_G T} \tag{11.15}$$

B_G 为高斯滤波器的 3 dB 带宽。高斯滤波器的传输函数为

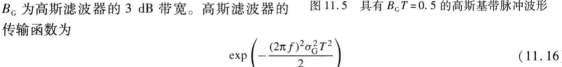

图 11.5　具有 $B_G T = 0.5$ 的高斯基带脉冲波形

$$\exp\left(-\frac{(2\pi f)^2 \sigma_G^2 T^2}{2}\right) \tag{11.16}$$

应用式(11.13)中的归一化条件,得到

$$\tilde{g}_G(t) = \frac{1}{4T}\left[\text{erfc}\left(\frac{2\pi}{\sqrt{2\ln(2)}} B_G T\left(-\frac{t}{T}\right)\right) - \text{erfc}\left(\frac{2\pi}{\sqrt{2\ln(2)}} B_G T\left(1-\frac{t}{T}\right)\right)\right] \tag{11.17}$$

其中,erfc(x)为互补误差函数:

$$\text{erfc}(x) = \frac{2}{\sqrt{\pi}} \int_{x}^{\infty} \exp(-t^2)\,\mathrm{d}t \tag{11.18}$$

11.2.3　功率谱

占用带宽

传输信号的带宽是调制方式的一个重要参数,对于频谱资源非常珍贵的无线信号更是如此。在进行深入讨论前,首先需要讲清楚"带宽"的概念,这是因为对于带宽有如下多种不同的定义。

- 噪声带宽定义为一个具有矩形传输函数$|H_{rect}(f)|$[且恒定的峰值振幅为 $\max(|H(f)|)$]的系统的带宽，且其噪声功率与实际系统接收噪声功率相同。
- 3 dB 带宽定义为$|H(f)|^2$下降到比峰值低 3 dB 时的带宽。
- 90%能量带宽定义为包含整个发射能量 90%的带宽；类似地，可以定义 99%能量带宽或者包含其他百分比能量的带宽。

频带利用率定义为数据(比特)速率和所占带宽之比。

循环平稳随机过程的功率谱密度

循环平稳随机过程 $x(t)$ 定义为一类均值函数和自相关函数都以 T_{per} 为周期的随机过程，即

$$\left.\begin{array}{rcl} E\{x(t+T_{per})\} & = & E\{x(t)\} \\ R_{xx}(t+T_{per}+\tau, t+T_{per}) & = & R_{xx}(t+\tau, t) \end{array}\right\} \tag{11.19}$$

大多数调制方式都具有这些特性，周期 T_{per} 即为符号周期 T_s。这样一个脉冲幅度调制已调信号的功率谱密度就可以由基带脉冲的能量谱$|S_G(f)|^2$和数据的谱密度 σ_s^2 乘积确定：

$$S_{LP}(f) = \frac{1}{T_{per}} \cdot |S_G(f)|^2 \sigma_S^2(f) \tag{11.20}$$

基带脉冲的能量谱密度就是基带脉冲 $g(t)$ 的傅里叶变换 $G(f)$ 的模平方：

$$|S_G(f)|^2 = |G(f)|^2 \tag{11.21}$$

带通信号的功率谱密度为

$$S_{BP}(f) = \frac{1}{2}[S_{LP}(f-f_c) + S_{LP}(-f-f_c)] \tag{11.22}$$

进一步假设数据符号的均值为零且不相关，则此时的数据符号的功率谱密度为均匀的，$\sigma_s(f) = \sigma_s$[①]。注意，连续相位频移键控信号具有记忆性，且因此使其码元之间具有相关性，所以其功率谱密度的计算将更为复杂。详细介绍见 Proakis[2005]。

11.2.4 信号空间图

信号空间图用模拟发送符号表示有限维空间中的矢量(点)，它是分析调制方式的非常重要的工具之一，它对各种不同的调制方式得到的信号进行了直观和统一的图形表示。第 12 章将详细讨论如何通过信号空间图计算误比特率。现在主要将其作为一种简便的方法来表示各种不同的调制方式。

为了便于说明，假设基带脉冲为矩形基带脉冲 $g(t) = g_R(t, T)$。在第 i 个码元期间，$iT_s < t < (i+1)T_s$ 的信号 $s(t)$ 组成了一个有限函数集(不失一般性，下面均假设 $i = 0$)。这个有限集的大小为 M。这种表示方法同样适用于脉冲幅度调制和多脉冲调制。

现在选取一个定义在区间$[0, T_s]$上的正交扩展函数[②] $\varphi_n(t)$ 集(大小为 N)。扩展函数集必须是完备的，这样才能保证传输信号都能够用扩展函数的线性组合表示。这种完备的扩展函数集可以通过一种 Gram-Schmidt 正交化过程得到(Wozencraft and Jacobs [1965]给出了示例)。

---

① 未编码数据通常假定是不相关的。数据编码增加了数据之间的相关性(见第 14 章)。许多系统采用扰码(采用伪随机数据与编码数据相乘)来消除发送符号之间的相关性。

② 扩展函数通常又称为"基函数"。我们没有使用"基函数"这个名字是为了避免与"基脉冲"混淆。很显然，扩展函数都是定义为正交形式的，而基脉冲却不一定必须是正交的。

给定一组扩展函数集 $\{\varphi_n(t)\}$，任一复(基带)传输信号 $s_m(t)$ 都可以表示为一个矢量 $\mathbf{s}_m = (s_{m,1}, s_{m,2}, \cdots, s_{m,N})$，其中

$$s_{m,n} = \int_0^{T_S} s_m(t)\varphi_n^*(t)\,\mathrm{d}t \tag{11.23}$$

其中，上标 $*$ 表示复共轭。而带通信号的矢量分量为

$$s_{\mathrm{BP},m,n} = \int_0^{T_S} s_{\mathrm{BP},m}(t)\varphi_{\mathrm{BP},n}(t)\,\mathrm{d}t \tag{11.24}$$

那么实际传输的信号可以从矢量分量(无论是通带信号还是基带信号)中获得：

$$s_m(t) = \sum_{n=1}^{N} s_{m,n}\varphi_n(t) \tag{11.25}$$

由于每个信号均可以通过矢量 $\mathbf{s}_m$ 表示，所以可在所谓的信号空间图[①]上画出这些矢量。当 $N=2$ 时，用图形表示这些点非常方便，而 $N=2$ 包括了多数重要的调制方式。

对于带通表示，具有矩形基本脉冲波形的脉冲幅度调制的扩展函数为

$$\left.\begin{aligned}\varphi_{\mathrm{BP},1}(t) &= \sqrt{\frac{2}{T_s}}\cos(2\pi f_c t)\\\varphi_{\mathrm{BP},2}(t) &= \sqrt{\frac{2}{T_s}}\sin(2\pi f_c t)\end{aligned}\right\}\quad iT_S \le t < (i+1)T_S;\qquad 0\quad\text{其他} \tag{11.26}$$

其中假设 $f_c \gg 1/T_s$。这就意味着所有包含 $\cos(2\cdot 2\pi f_c t)$ 的乘积项都被忽略或被滤波器滤除。

例如，对于二进制双极信号(二进制相移键控，见 11.3.1 节)，可以表示为

$$s_{\mathrm{BP},\frac{1}{2}} = \pm\sqrt{\frac{2E_S}{T_S}}\cos(2\pi f_c t) \tag{11.27}$$

其在信号空间图上的点位于 $\pm\sqrt{E_S}$，E_S 为码元能量。

一般地，一个码元内的能量可以通过带通信号计算出来：

$$E_{S,m} = \int_0^{T_S} s_{\mathrm{BP},m}{}^2(t)\,\mathrm{d}t = \|\mathbf{s}_{\mathrm{BP},m}\|^2 \tag{11.28}$$

其中，$\|\mathbf{s}\|$ 表示 $\mathbf{s}$ 的 L_2 范数(欧氏范数)。值得注意的是，对于很多调制方式(例如二进制相移键控)来说，E_S 与 m 无关。

$s_m(t)$ 和 $s_k(t)$ 之间的相关系数在带通形式时可以计算如下：

$$\mathrm{Re}\{\rho_{k,m}\} = \frac{\mathbf{s}_{\mathrm{BP},m}\mathbf{s}_{\mathrm{BP},k}}{\|\mathbf{s}_{\mathrm{BP},m}\|\cdot\|\mathbf{s}_{\mathrm{BP},k}\|} \tag{11.29}$$

两信号之间的欧氏距离的平方为

$$d_{k,m}^2 = [E_{S,m} + E_{S,k} - 2\sqrt{E_{S,m}E_{S,k}}\mathrm{Re}\{\rho_{k,m}\}] \tag{11.30}$$

后面将会看到这个距离对于计算误比特率非常重要。

如果使用复基带表示，那么信号的空间图可以通过扩展函数得到：

$$\left.\begin{aligned}\varphi_1(t) &= \sqrt{\frac{1}{T_S}}\cdot 1\\\varphi_2(t) &= \sqrt{\frac{1}{T_S}}\cdot\mathrm{j}\end{aligned}\right\}\quad iT_S \le t < (i+1)T_S;\qquad 0\quad\text{其他} \tag{11.31}$$

---

① 更准确地讲，矢量的端点从系统的坐标原点开始。

注意，使用 1 和 j 作为不同的扩展函数，只有当扩展系数被限制为实数时才有意义。如果采用复系数，则应该用单一的扩展函数 $\sqrt{1/T_S}$。很重要的一点是，带通和低通情况下得到的信号空间图存在一个 $\sqrt{2}$ 的因子差异。因而，信号的能量可以表示为

$$E_{S,m} = \frac{1}{2} \int_0^{T_S} |s_{LP,m}(t)|^2 \, dt \approx \frac{1}{2} \|\mathbf{s}_{LP,m}\|^2 \tag{11.32}$$

$\mathbf{s}_{LP,m}$ 就是从等效基带表示中得到的信号矢量。相关系数为

$$\rho_{k,m} = \frac{\mathbf{s}_{LP,m}(\mathbf{s}_{LP,k})^*}{\|\mathbf{s}_{LP,m}\| \cdot \|\mathbf{s}_{LP,k}\|} \tag{11.33}$$

11.3　几种重要的调制

本节将简要总结不同数字调制方案的重要性质。对于每一种调制方案将给出如下几项信息：

- 带通及基带信号的时域函数；
- 脉冲幅度调制或多脉冲调制的表示方式；
- 信号空间图；
- 频谱效率。

11.3.1　二进制相移键控

二进制相移键控（BPSK）是一种最简单的调制方法：根据所发送的码元 a 为 $+1$ 还是 -1，载波相位改变 $\pm\pi/2$[①]。尽管二进制相移键控非常简单，但却有两种不同的表示方法。一种是将其看成相位调制，此时数据流影响传输信号的相位，根据数据比特 b_i，发射信号的相位为 $\pi/2$ 或 $-\pi/2$。

另一种更常用的表示方法是将 BPSK 看成脉冲幅度调制，其基带脉冲为幅度为 1 的矩形脉冲，因此有

$$s_{BP}(t) = \sqrt{2E_B/T_B}\, p_D(t) \cos\left(2\pi f_c t + \frac{\pi}{2}\right)$$

其中，

$$p_D(t) = \sum_{i=-\infty}^{\infty} b_i g(t - iT) = [b_i \delta(t - iT_S)] * g(t) \tag{11.34}$$

且

$$g(t) = g_R(t, T_B) \tag{11.35}$$

图 11.6 给出了信号的时域波形，图 11.7 给出了信号空间图。在等效基带表示中，复调制符号为 $\pm j$：

$$c_i = j \cdot b_i \tag{11.36}$$

则信号的实部为

$$\text{Re}\{s_{LP}(t)\} = 0 \tag{11.37}$$

虚部为

$$\text{Im}\{s_{LP}(t)\} = \sqrt{\frac{2E_B}{T_B}}\, p_D(t) \tag{11.38}$$

除了 $t = iT_B$ 时刻，信号包络具有恒定幅度。由于使用的是未经滤波的矩形脉冲作为基带脉冲，

---

① 严格地讲，参考相位 φ 也必须给出，这决定了 $t=0$ 时刻的相位。一般没有限定时均假设 $\varphi_{S,0}=0$。

所以信号频谱的滚降非常缓慢。考虑90%能量带宽时，带宽效率可达 0.59 bps/Hz；但当考虑 99%能量带宽时，带宽效率仅为 0.05 bps/Hz(见图 11.8)。

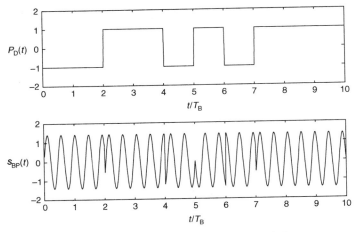

图 11.6　二进制相移键控信号的时域波形

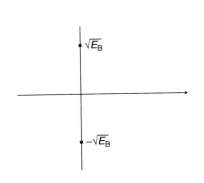

图 11.7　二进制频移键控信号空间图　　　　　图 11.8　二进制频移键控信号的归一化功率谱密度

　　由于矩形脉冲的带宽效率太低，实际的发送端通常使用奈奎斯特脉冲作为基带脉冲①。即使采用 $\alpha = 0.5$ 的相对缓慢的滤波，都会使频谱效率得到很大提高：对于90%和99%的能量带宽，频谱利用率分别达到 1.02 bps/Hz 和 0.79 bps/Hz，但另一方面却使信号不再具有恒定包络(见图 11.9 和图 11.10)。

　　相移键控的一个重要的改进就是差分相移键控(DPSK)。其基本思想就是传输的相位不是仅由当前码元决定，而是等于前一码元的相位加上当前码元引起的相位增量。对于二进制相移键控，这种变换就是一种特别简单的形式，首先将数据比特进行如下编码：

$$\tilde{b}_i = b_i \widetilde{b_{i-1}} \tag{11.39}$$

再用 $\tilde{b}_i$ 替换式(11.34)中的 b_i。

　　差分编码的优点是能够应用差分解码器，而差分解码器只需要比较前后两个码元的相位就能解调接收到的信号。第 i 比特的估计可通过 $\tilde{b}_i \widetilde{b_{i-1}}$ 得到。这样就避免了要恢复接收信号绝对相位的难题，从而简化了接收机，降低了制造成本。

---

　　①　值得注意的是，以奈奎斯特脉冲为基带脉冲的脉冲幅度调制和以奈奎斯特脉冲为相位脉冲的相位调制是不同的。以后只考虑以奈奎斯特脉冲为基带脉冲的脉冲幅度调制，并简记为 BAM(Binary Amplitude Modulation，二进制幅度调制)。

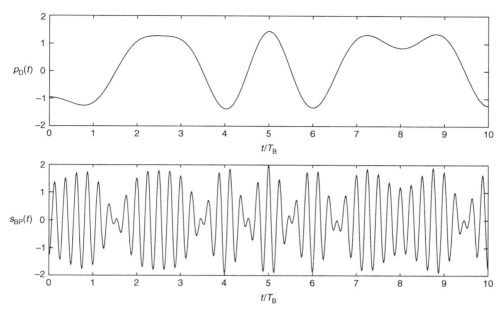

图 11.9 二进制幅度调制信号的时域波形(滚降系数 $\alpha=0.5$)

11.3.2 正交相移键控

正交相移键控(QPSK)已调信号是同相分量和正交分量在每个符号期间各承载 1 比特信息的一种脉冲幅度调制。原始的数据流被分成 $b1_i$ 和 $b2_i$ 两个数据流:

$$\left.\begin{array}{l} b1_i = b_{2i} \\ b2_i = b_{2i+1} \end{array}\right\} \tag{11.40}$$

每个数据流的数据速率都是原来数据流速率的一半:

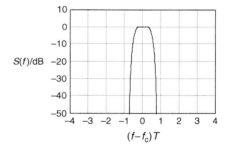

图 11.10 二进制幅度调制信号的归一化功率谱密度(滚降系数 $\alpha=0.5$)

$$R_S = 1/T_S = R_B/2 = 1/(2T_B) \tag{11.41}$$

首先考虑基带脉冲为矩形脉冲的情况,即 $g(t)=g_R(t,T_S)$。这时可以将正交相移键控信号看成一种相位调制或脉冲幅度调制。首先定义两个序列的矩形脉冲(见图 11.11):

$$\left.\begin{array}{l} p1_D(t) = \displaystyle\sum_{i=-\infty}^{\infty} b1_i g(t-iT_S) = b1_i * g(t) \\ p2_D(t) = \displaystyle\sum_{i=-\infty}^{\infty} b2_i g(t-iT_S) = b2_i * g(t) \end{array}\right\} \tag{11.42}$$

将正交相移键控看成脉冲幅度调制时,带通信号可表示为

$$s_{BP}(t) = \sqrt{E_B/T_B}[p1_D(t)\cos(2\pi f_c t) - p2_D(t)\sin(2\pi f_c t)] \tag{11.43}$$

一个码元间隔内的能量归一化为 $\int_0^{T_S} s_{BP}(t)^2 dt = 2E_B$,其中 E_B 指传输 1 比特所需的能量。图 11.12 给出了信号空间图,基带信号为

$$s_{LP}(t) = [p1_D(t) + \mathrm{j}p2_D(t)]\sqrt{E_B/T_B} \tag{11.44}$$

若将正交相移键控解释为相位调制,则低通信号可以表示为 $\sqrt{2E_B/T_B}\exp(\mathrm{j}\varPhi_S(t))$,且

$$\varPhi_S(t) = \pi \cdot \left[\frac{1}{2} \cdot p2_D(t) - \frac{1}{4} \cdot p1_D(t) \cdot p2_D(t)\right] \tag{11.45}$$

从上式显然可以看出,传输信号除转换时刻 $t = iT_S$ 以外都具有恒包络(见图 11.13)。

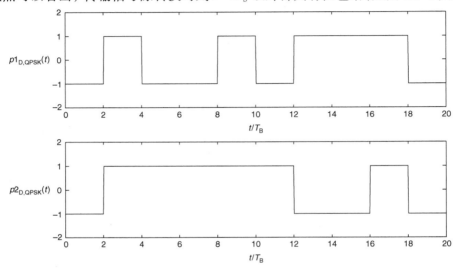

图 11.11　正交相移键控信号的同相数据分量和正交数据分量

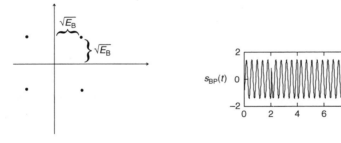

图 11.12　正交相移键控信号空间图

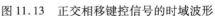

图 11.13　正交相移键控信号的时域波形

正交相移键控信号的频谱效率是二进制相移键控的两倍,这是因为正交相移键控信号的同相分量和正交分量都被用于信息传输。这意味着考虑 90% 能量带宽时,正交相移键控信号的带宽效率为 1.1 bps/Hz;考虑 99% 能量带宽时,带宽效率为 0.1 bps/Hz(见图 11.14)。与二进制相移键控相似,缓慢的频谱滚降问题使系统需要采用升余弦基带脉冲(见图 11.15)。下面将讲到的采用升余弦基带脉冲的正交幅度调制方式,其频谱效率分别增加到 2.04 bps/Hz 和 1.58 bps/Hz(见图 11.16)。但是,信号包络却起伏较大(见图 11.17)。

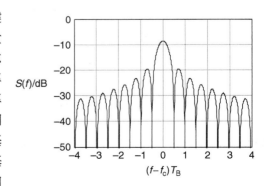

图 11.14　正交相移键控信号的
归一化功率谱密度

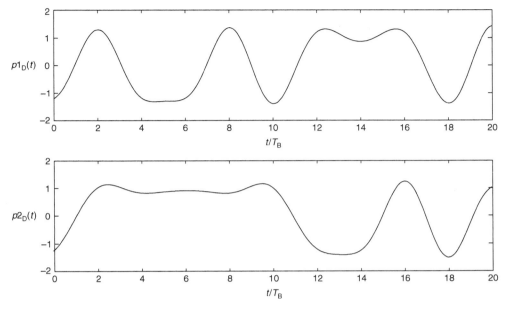

图 11.15 正交幅度调制的脉冲序列

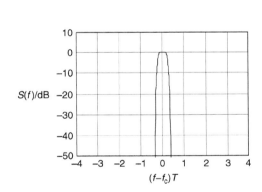

图 11.16 $\alpha = 0.5$ 的正交幅度调制升余
弦脉冲的归一化功率谱密度

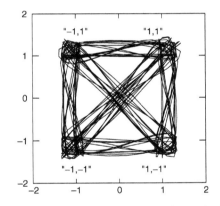

图 11.17 正交幅度调制的升余弦脉冲 I-Q 分量眼图。
同时给出了归一化信号空间图中的4个归一
化点 $(1,1)$, $(1,-1)$, $(-1,-1)$ 和 $(-1,1)$

11.3.3 $\pi/4$-DQPSK

尽管正交相移键控看上去是一种恒包络调制，但其幅度在比特转换点仍然存在凹陷点，这也可以从 I-Q 眼图中有一些比特转换时通过原点的轨迹看出。当使用非矩形基带脉冲时，衰减持续的时间将更长。信号包络的这种变化是不希望出现的，因为这会使相配的放大器设计非常困难。解决这一问题的一种可行方法是使用 $\pi/4$-DQPSK。这种调制对于第二代蜂窝通信是非常重要的，已经在北美的一些标准（如 IS-54，IS-136 和 PWT）、日本的蜂窝电话（JDC）和无绳电话（PHS）标准，以及欧洲的陆地集群无线标准（TETRA）中得到了应用。

$\pi/4$-DQPSK 的原理可以从差分正交相移键控的信号空间图来理解（见图 11.18）。这里存在两组信号星座:(0°，90°，180°，270°)和(45°，135°，225°，315°)。具有偶时序号的所有码元选择第一组，奇时序号的所有码元则选择第二组。也就是说，无论 t 是不是码元间隔的整数倍，传输信号的相位都以 $\pi/4$ 增加，而且相位的变化只取决于传输码元。所以前后信号星座点的转移从不经过原点(见图 11.19)，从物理意义上讲，这就意味着信号包络具有较小的起伏。

信号的相位为

$$\Phi_s(t) = \pi\left[\frac{1}{2}p2_D(t) - \frac{1}{4}p1_D(t)p2_D(t) + \frac{1}{4}\left\lfloor\frac{t}{T_S}\right\rfloor\right] \tag{11.46}$$

其中，$\lfloor x\rfloor$ 表示小于或等于 x 的最大整数。与式(11.45)比较，可以明显看出 T_S 的各个整数倍时刻的相位变化。图 11.20 给出了基本的数据序列，图 11.21 画出了使用矩形基带脉冲和升余弦基带脉冲得到的最终带通信号波形。

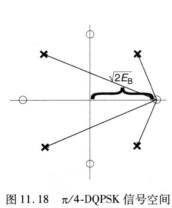

图 11.18　$\pi/4$-DQPSK 信号空间
图中允许的所有转移

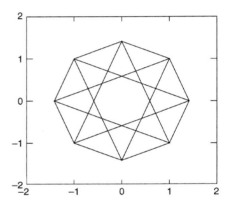

图 11.19　采用矩形基带脉冲的
$\pi/4$-DQPSK 的 I-Q 眼图

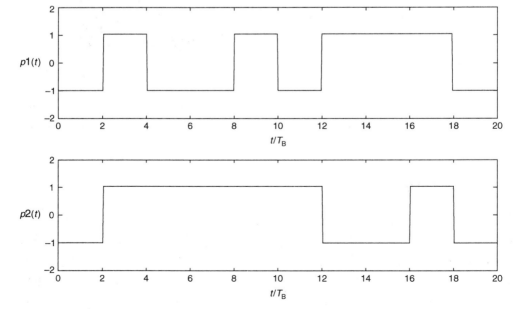

图 11.20　$\pi/4$-DQPSK 的基脉冲序列

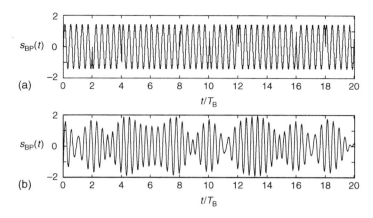

图 11.21 采用(a)矩形基带脉冲和(b)升余弦基带脉冲的 $\pi/4$-DQPSK 时域波形

11.3.4 偏移正交相移键控

另一种提高正交相移键控的峰平比的方法是，确保同相分量和正交分量的比特传输在不同的时刻，这种方法就是偏移正交相移键控(OQPSK)。通过调制，使同相和正交分量的数据流之间偏移半个码元间隔(见图 11.22)，这样同相分量的传输发生在码元间隔的整数倍时刻(比特间隔的偶数倍)，而正交分量的传输延迟半个码元间隔(即 1 比特间隔)。所以传输的脉冲流就是

$$\left. \begin{array}{l} p1_{\mathrm{D}}(t) = \sum_{i=-\infty}^{\infty} b1_i g(t - iT_{\mathrm{S}}) = b1_i * g(t) \\ p2_{\mathrm{D}}(t) = \sum_{i=-\infty}^{\infty} b2_i g\left(t - \left(i+\tfrac{1}{2}\right)T_{\mathrm{S}}\right) = b2_i * g\left(t - \dfrac{T_{\mathrm{S}}}{2}\right) \end{array} \right\} \tag{11.47}$$

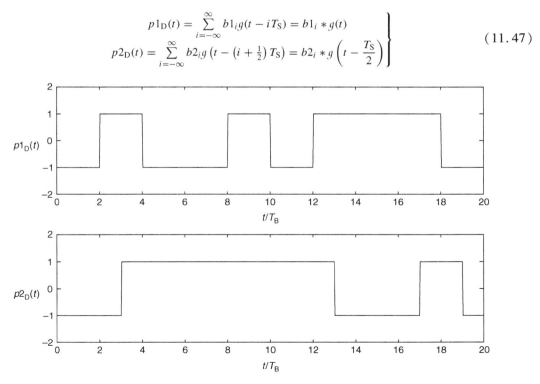

图 11.22 偏移正交相移键控的基脉冲序列

　　这些数据流也可以表示为脉冲幅度调制[见式(11.44)]或相位调制[见式(11.45)]。得到的最终带通信号如图 11.23 所示。

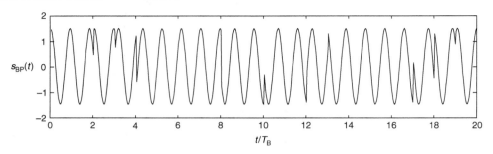

图 11.23　偏移正交相移键控信号的时域波形

　　在信号包络图(见图 11.24)中,可以清楚地看到没有传输信号通过坐标原点,因此这种调制方式能够较好地抵抗包络波动。

　　和一般的正交相移键控一样,也可以使用升余弦基带脉冲等平滑的基带脉冲来改善频谱效率。图 11.25 给出了采用升余弦基带脉冲波形的 I-Q 眼图。

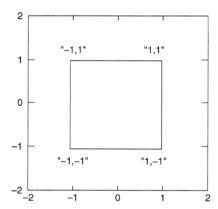

图 11.24　采用矩形基带脉冲的偏移正交相移键控的 I-Q 图。同时给出了归一化信号空间图中的四个归一化点 (1,1),(1,-1),(-1,-1) 和 (-1,1)

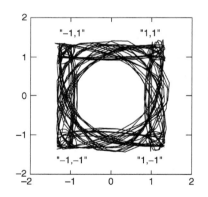

图 11.25　采用升余弦脉冲的偏移正交相移键控的 I-Q 眼图

11.3.5　高阶调制

　　前面研究了每个码元间隔最多传输 2 比特的调制方式。本节将讨论如何将这些调制方式推广,使其在每个码元间隔中传输更多的信息,这样可以获得更高的频谱效率,但也对噪声和干扰更加敏感,所以它们在以前的无线通信中并不常用。然而,多电平正交幅度调制只是在最近才应用于无线局域网标准(见第 29 章)和第四代蜂窝系统(见第 27 章和第 28 章)中。

高阶正交幅度调制

　　高阶正交幅度调制(QAM)在同相和正交分量上发送多个比特。它通过在每个分量上传输具有正负极性的多个电平信号来实现。高阶正交幅度调制的数学表示类似于 4-QAM,只是在式(11.42)中的脉冲序列的电平不仅仅是 ± 1,而是 $2m - 1 - \sqrt{M}$,其中 $m = 1, \cdots, \sqrt{M}$。

　　16-QAM 的信号空间图如图 11.26 所示。64-QAM 和 256-QAM 之类的更大的星座图也可以按相同的原理构造出来。一般星座图越大，输出信号的峰平比就越大。

例 11.2 求 16-QAM 信号的平均能量与其空间图中相邻两点之间距离的平方的关系。

解:

这里只考虑信号空间图的第一象限。假设信号点位于 $d + jd$，$d + j3d$，$3d + j$ 和 $3d + j3d$，则信号平均能量为 $E_S = \dfrac{d^2}{4}(2 + 10 + 10 + 18) = 10d^2$，两点之间距离的平方为 $4d^2$，其比值为 2.5。

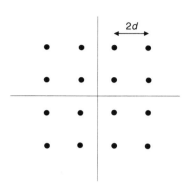

图 11.26 16-QAM 的信号空间图

高阶相位调制

高阶正交幅度调制的缺点是输出信号幅度具有较大的波动，这就要求系统必须使用线性放大器。另一种选择就是使用高阶相移键控，其发射信号可以表示为

$$s_{BP}(t) = \sum_i \sqrt{2E_S/T_S} \cos\left(2\pi f_c t + \frac{2\pi}{M}(c_m - 1)\right) g(t - iT_S), \quad m = 1, 2, \cdots, M \quad (11.48)$$

这是指发送端选择 M 个可能传输相位中的一个(见图 11.27)，注意，这里按照码元能量和码元间隔对信号能量进行了归一化。等效的低通信号为

$$s_{LP}(t) = \sum_i \sqrt{2E_S/T_S} \cos\left(j\frac{2\pi}{M}(c_m - 1)\right) g(t - iT_S) \quad (11.49)$$

两个信号的相关系数为

$$\rho_{km} = \exp\left(j\frac{2\pi}{M}(m - k)\right) \quad (11.50)$$

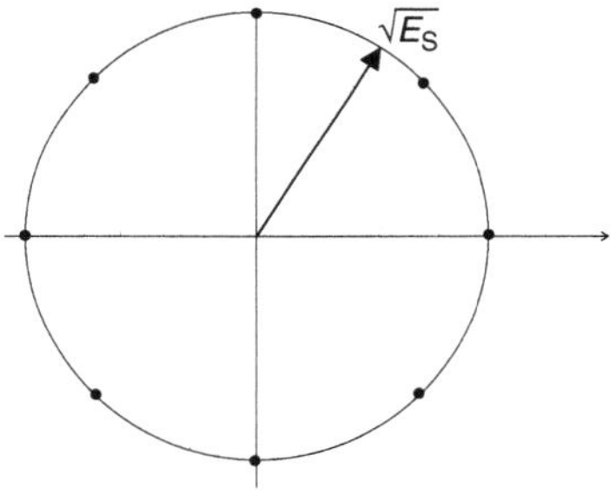

图 11.27 8-PSK 包络图和信号空间图中的8个点

11.3.6 二进制频移键控

在频移键控(FSK)中，每个码元通过传输一个正弦信号(持续时间为 T_S)来表示，而其频率取决于所传输的码元。频移键控不能用脉冲幅度调制信号形式表示，却可以采用多脉冲调制方式表示：由待传输比特确定中心频率的不同基带脉冲信号(见图 11.28)为

$$g_m(t) = \cos[(2\pi f_c + b_m 2\pi f_{mod})t/T + \psi], \quad 0 \leqslant t \leqslant T \quad (11.51)$$

注意，发射信号的相位在比特转换时刻可能存在突跳，从而导致非理想谱特性。

频移键控的功率谱包含离散部分(谱线)和连续部分：

$$S(f) = S_{cont}(f) + S_{disc}(f) \quad (11.52)$$

式中(见 Benedetto and Biglieri[1999])：

$$S_{cont}(f) = \frac{1}{2T}\left\{\sum_{m=1}^{2} |G_m(f)|^2 - \frac{1}{2}\left|\sum_{m=1}^{2} G_m(f)\right|^2\right\} \quad (11.53)$$

且

$$S_{\text{disc}}(f) = \frac{1}{(2T)^2} \left| \sum_{m=1}^{2} G_m(f) \right|^2 \sum_{n} \delta\left(f - \frac{n}{T}\right) \tag{11.54}$$

其中，$G_m(f)$ 为 $g_m(t)$ 的傅里叶变换，图 11.29 给出了一个例子。

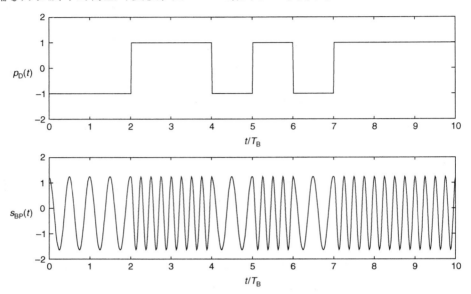

图 11.28   频移键控信号的时域波形

连续相位频移键控(CPFSK)信号在比特转换时刻使相位变化平滑，其相位为

$$\Phi_S(t) = 2\pi h_{\text{mod}} \int_{-\infty}^{t} \tilde{p}_{\text{D,FSK}}(\tau)\, d\tau \tag{11.55}$$

连续相位频移键控信号具有恒定包络，其中 h_{mod} 为调制指数。使用相位脉冲的归一化形式[见式(11.13)]，并假设使用的是矩形相位基带脉冲：

$$\tilde{g}_{\text{FSK}}(t) = \frac{1}{2T_B} g_R(t, T_B) \tag{11.56}$$

相位脉冲序列为

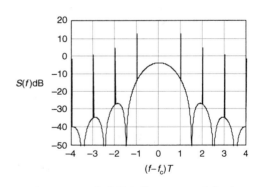

图 11.29   (非连续相位)$h_{\text{mod}} = 1$ 的频移键控调制信号的功率谱密度

$$\tilde{p}_{\text{D,FSK}}(t) = \sum_{i=-\infty}^{\infty} b_i \tilde{g}_{\text{FSK}}(t - iT_B) = b_i * \tilde{g}_{\text{FSK}}(t) \tag{11.57}$$

瞬时频率就是

$$f(t) = f_c + b_i f_{\text{mod}}(t) = f_c + f_D(t) = f_c + \frac{1}{2\pi} \frac{d\Phi_S(t)}{dt} \tag{11.58}$$

等效的复基带信号的实部和虚部如下：

$$\text{Re}(s_{\text{LP}}(t)) = \sqrt{2E_B/T_B} \cos\left[2\pi h_{\text{mod}} \int_{-\infty}^{t} \tilde{p}_{\text{D,FSK}}(\tau)\, d\tau\right] \tag{11.59}$$

$$\mathrm{Im}(s_{\mathrm{LP}}(t)) = \sqrt{2E_{\mathrm{B}}/T_{\mathrm{B}}}\,\sin\left[2\pi h_{\mathrm{mod}}\int_{-\infty}^{t}\tilde{p}_{\mathrm{D,FSK}}(\tau)\,\mathrm{d}\tau\right] \tag{11.60}$$

连续相位频移键控信号具有一定的记忆，在时间 t 时刻的信号与前面发送的比特相关。

连续相位频移键控信号的空间图，有如下两种不同的表示形式。

1. 使用在两个可能信号频率 $f_{\mathrm{c}} \pm f_{\mathrm{mod}}$ 上振荡的正弦振荡器，采用相位脉冲的形式来表示，（通带的）展开函数基为

$$\left.\begin{array}{l}\varphi_{\mathrm{BP,1}}(t) = \sqrt{2/T_{\mathrm{B}}}\,\cos(2\pi f_{\mathrm{c}}t + 2\pi f_{\mathrm{mod}}t)\\[4pt]\varphi_{\mathrm{BP,2}}(t) = \sqrt{2/T_{\mathrm{B}}}\,\cos(2\pi f_{\mathrm{c}}t - 2\pi f_{\mathrm{mod}}t)\end{array}\right\} \tag{11.61}$$

　　　在这种情况下，信号空间图中垂直的两个坐标轴上存在两个点（见图 11.30）。注意，这里隐含着 $\varphi_{\mathrm{BP,1}}(t)$ 和 $\varphi_{\mathrm{BP,2}}(t)$ 两个信号相互正交的假设。

2. 使用中心频率为 f_{c} 的信号同相分量和正交分量。在这种情况下，信号的包络图不再表现为离散的点，而是表现为连续的轨迹，即一个圆（见图 11.31）。在任何时刻，传输的信号与图中不同的点相对应。

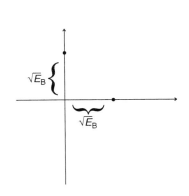

图 11.30　使用基函数 $\cos[2\pi(f_{\mathrm{c}} \pm f_{\mathrm{D}})t]$ 的 频 移 键 控 信 号 空 间 图

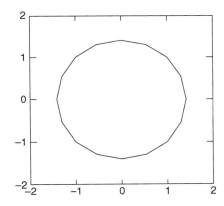

图 11.31　频移键控包络眼图，这等同于使用 $\cos(2\pi f_{\mathrm{c}}t)$ 和 $\sin(2\pi f_{\mathrm{c}}t)$ 基函数的频移键控信号空间图

11.3.7　最小频移键控

最小频移键控（MSK）是无线通信中最重要的调制方式之一。然而最小频移键控存在多种不同的表示方式，容易引起混淆。

1. 第一种表示方式是具有以下调制指数的连续相位频移键控：

$$h_{\mathrm{mod}} = 0.5, \qquad f_{\mathrm{mod}} = 1/4T \tag{11.62}$$

　　　这表示相位在 1 比特间隔的时间内变化 $\pm\pi/2$（见图 11.32）。最小频移键控的带通信号如图 11.33 所示。

2. 另一种方式是将最小频移键控表示为偏移正交幅度调制。如附录 11.A（www.wiley.com/go/molisch）所述，其基带脉冲为扩展到 $2T_{\mathrm{B}}$ 时间间隔内的半个正弦波（见图 11.34）：

$$g(t) = \sin(2\pi f_{\mathrm{mod}}(t + T_{\mathrm{B}}))g_{\mathrm{R}}(t, 2T_{\mathrm{B}}) \tag{11.63}$$

证明见附录 11.A。

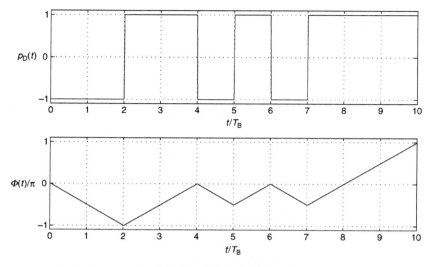

图 11.32 最小频移键控信号的相位脉冲及其相位函数波形

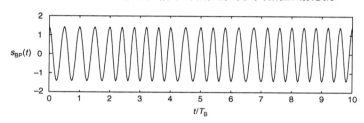

图 11.33 最小频移键控已调信号

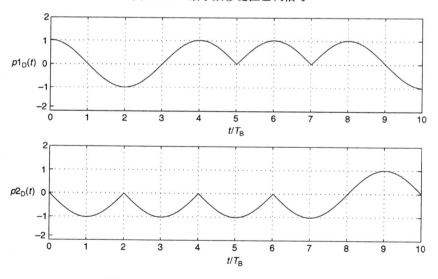

图 11.34 由半波正弦合成的最小频移键控

由于使用了平滑的基带脉冲，最小频移键控的频谱下降速度比采用矩形脉冲的偏移正交相移键控更快：

$$S(f) = \frac{16T_B}{\pi^2} \left(\frac{\cos(2\pi f T_B)}{1 - 16 f^2 T_B^2} \right)^2 \tag{11.64}$$

在图 11.35 中也可看到这一点。另一方面，最小频移键控仅为一种二进制调制，但偏移正交相移键控的一个码元间隔传输 2 比特。因而，当考虑 90% 能量带宽时，最小频移键控的频谱效率低（1.29 bps/Hz），但是当考虑 99% 能量的带宽时，最小频移键控的频谱效率（0.85 bps/Hz）仍然较好。

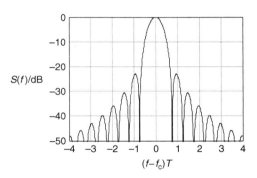

图 11.35 MSK 的功率谱密度曲线

例 11.3 比较最小频移键控和采用矩形脉冲的正交相移键控的功率谱密度。考虑具有相同比特间隔的系统，并求出在 $1/T_B$，$2/T_B$ 和 $3/T_B$ 点的带外能量。

解：

最小频移键控的功率谱密度表达式为

$$S_{MSK}(f) = \frac{16 T_B}{\pi^2} \left(\frac{\cos(2\pi f T_B)}{1 - 16 f^2 T_B^2} \right)^2 \tag{11.65}$$

而采用矩形脉冲的正交相移键控的功率谱密度和普通的正交幅度调制相同（注意，通过归一化使功率谱密度的积分变为 1）：

$$S_{OQPSK}(f) = (1/T_S)(T_S \ \text{sinc}(\pi f T_S))^2 \tag{11.66}$$

必须注意，对于正交相移键控，$T_S = 2T_B$。对于最小频移键控，当 $T_B = 1$ 时，带外功率为

$$P_{out}(f_0) = 2 \int_{f=f_0}^{\infty} S(f)\,\mathrm{d}f = 2 \int_1^{\infty} \frac{16}{\pi^2} \left(\frac{\cos(2\pi f)}{1 - 16 f^2} \right)^2 \mathrm{d}f$$
$$= \frac{32}{\pi^2} \int_1^{\infty} \frac{\cos^2 2\pi f}{256 f^4 - 32 f^2 + 1}\,\mathrm{d}f = \frac{32}{\pi^2} \int_1^{\infty} \frac{\frac{1}{2}\cos 4\pi f + \frac{1}{2}}{256 f^4 - 32 f^2 + 1}\,\mathrm{d}f \tag{11.67}$$

对于正交相移键控，当 $T_B = 1$ 时，带外功率为

$$P_{out}(f_0) = \int_1^{\infty} \left(2 \frac{\sin(2\pi f)}{(2\pi f)} \right)^2 \mathrm{d}f \tag{11.68}$$

在 T_B 整数倍时刻的各个带外能量如下：

	$1/T_B$	$2/T_B$	$3/T_B$
QPSK	0.050	0.025	0.017
MSK	0.0024	2.8×10^{-4}	7.7×10^{-5}

11.3.8 最小频移键控的解调

对于最小频移键控的不同表示方式不仅有利于深入了解这种调制方案，而且也有利于构造解调器。不同的解调器和不同的表示方式相对应。

- 鉴频检测。由于最小频移键控是一种频移键控，这样就能直接通过检测瞬时频率是否大于或者小于载波频率（在等效的基带则是和 0 比较）来解调数据。瞬时频率可在比特的中间采样，或者在（部分）比特周期内进行积分，以减少噪声的影响。这种接收机结构都很简单，但不是最佳的，这是因为它没有利用到传输比特之间的连续相位特性。
- 差分检测。在一个比特周期内信号 $+\pi/2$ 或 $-\pi/2$ 的相位改变取决于所传输的比特。为

了判决，接收端只需判断信号在 iT 和 $(i+1)T$ 时刻的相位。显然无须对传输的信号进行差分编码，且在一个采样时刻对相位的错判会造成两个（但不会更多）比特出错。

- 匹配滤波器接收。众所周知，匹配滤波器接收是最佳的（见第 12 章）。这对于最小频移键控和偏移正交相移键控也一样，此时将其看成多脉冲调制。然而，必须注意最小频移键控是一种具有记忆特性的调制，所以逐比特检测也是次最佳的：信号空间图中存在 4 个可能的星座点（在 $0°$，$90°$，$180°$ 和 $270°$），对于逐比特检测，判决界就是第一个和第二个主对角线。信号星座位置和判决界之间的距离为 $\sqrt{E}/\sqrt{2}$，这和二进制相移键控相比差了 3 dB。但是，这种判决方法没有利用从系统记忆得到的信息：如果前一个星座点已经在 $0°$，后续的信号星座点就只能在 $90°$ 或者 $270°$。判决界也就是 x 轴，星座到判决界的距离就是 $\sqrt{E}$，这和二进制相移键控相同。可以利用记忆信息，即可以利用最大似然序列估计进行检测（见 14.3 节）[1]。

11.3.9　高斯最小频移键控

高斯最小频移键控（GMSK）是调制指数 $h_{\mathrm{mod}}=0.5$ 的连续相位频移键控，其高斯相位基带脉冲为

$$\tilde{g}(t) = g_{\mathrm{G}}(t, T_{\mathrm{B}}, B_{\mathrm{G}}T_{\mathrm{B}}) \tag{11.69}$$

其中，高斯基本脉冲由式（11.17）给出。因此，传输的相位脉冲序列（见图 11.36）为

$$p_{\mathrm{D}}(t) = \sum_{i=-\infty}^{\infty} b_i \tilde{g}(t - iT_{\mathrm{B}}) = b_i * \tilde{g}(t) \tag{11.70}$$

图 11.37 给出了其频谱图。可以看到，高斯最小频移键控可获得比最小频移键控更好的谱特性，因其采用了比最小频移键控更平滑的高斯相位基本脉冲。

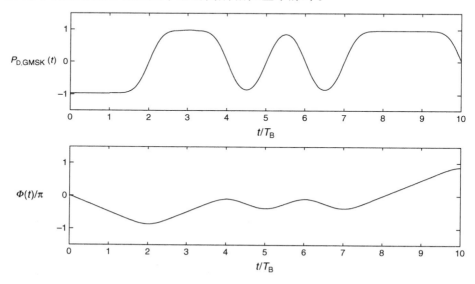

图 11.36　高斯最小频移键控信号的脉冲序列和相位

---

① 对于最大似然序列检测，只有 3 个采样值能影响到对特定比特的判决［Benedetto and Biglieri 1999］。

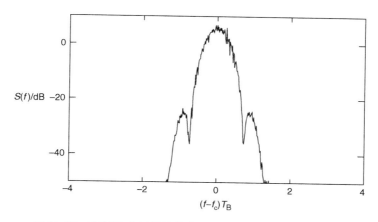

图 11.37　高斯最小频移键控信号的功率谱密度(基于仿真)

　　高斯最小频移键控是欧洲应用最广泛的调制方式,并用于全球蜂窝移动通信系统($B_\mathrm{c}T = 0.3$)和无绳电话 DECT($B_\mathrm{c}T = 0.5$)的标准(分别见第 24 章和关于 DECT 的附录)。高斯最小频移键控也用于无线个人局域网的蓝牙(IEEE 802.15.1)标准[①]。

　　值得注意的是,高斯最小频移键控不能表示为脉冲幅度调制方式,但是 Laurent[1986]推导出了将高斯最小频移键控表示为具有有限记忆的脉冲幅度调制方式的公式。

11.3.10　脉冲位置调制

　　脉冲位置调制(PPM)是另一种多脉冲调制方式。前面的频移键控使用具有不同中心频率的基带脉冲,而脉冲位置调制则使用具有不同延迟的基带脉冲。下面将考虑 M 进制脉冲位置调制:

$$s_{\mathrm{LP}}(t) = \sqrt{\frac{2E_\mathrm{B}}{T_\mathrm{B}}} \sum_{i=-\infty}^{\infty} g_{c_i}(t - iT) \tag{11.71}$$

$$= \sqrt{\frac{2E_\mathrm{B}}{T_\mathrm{B}}} \sum_i g_{\mathrm{PPM}}(t - iT - c_i T_\mathrm{d}) \tag{11.72}$$

其中,T_d 为调制延迟(见图 11.38)。由于待调制的码元都是直接映射到脉冲延迟的,所以其已调信号是实信号。

　　脉冲位置调制的包络具有很大的波动,但可以用非线性放大器,这是因为其输出只允许有两个幅度电平。

　　由于脉冲位置调制是一种非线性调制,所以其频谱不能由式(11.20)计算出,而是由复杂的多脉冲调制频谱表达式给出[见式(11.52)]:

$$S(f) = \frac{1}{M^2 T_\mathrm{S}^2} \sum_{i=-\infty}^{+\infty} \left(\left| \sum_{m=0}^{M-1} G_m(f) \right|^2 \delta\left(f - \frac{i}{T_\mathrm{S}}\right) \right) + \frac{1}{T_\mathrm{S}} \left(\sum_{m=0}^{M-1} \frac{1}{M} |G_m(f)|^2 - \left| \sum_{m=0}^{M-1} \frac{1}{M} G_m(f) \right|^2 \right)$$

$$\tag{11.73}$$

注意其频谱存在一些离散的谱线。

---

① 严格来讲,DECT 和蓝牙使用调制指数为 0.5 的高斯频移键控,这可以等效为高斯最小频移键控,由调制指数引起的偏差是可容忍的。

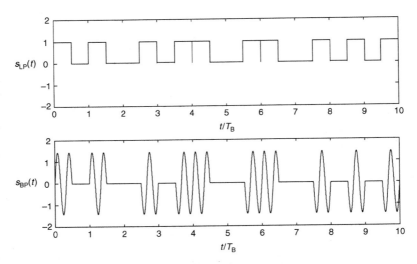

图 11.38　脉冲位置调制在低通和带通域的瞬时信号波形

　　到目前为止，我们一直假设传输脉冲为矩形脉冲，至于相互之间的偏移则仅限于一个脉冲宽度。但因为矩形脉冲频谱比较宽，所以这样并不能获得较高的频谱效率。也可以使用其他波形的脉冲，而这些不同脉冲的性能取决于检测的方法。当使用相干检测时，性能好坏的关键因素取决于代表 +1 和 −1 的脉冲波形之间的相关性（假设为二进制脉冲位置调制）：

$$\rho = \frac{\int g(t)g^*(t - T_d)\,dt}{\int |g(t)|^2\,dt} \tag{11.74}$$

　　若 $\rho = 0$，则类似于使用矩形脉冲，当 $T_d > T_B$ 时调制是正交的。实际上应尽可能选择使 $\rho < 0$ 的脉冲波形，这不仅能获得较好的频谱效率，而且能获得较好的性能。然而当接收端使用非相干（能量）检测，脉冲之间没有重叠时将获得最好的性能。此时的相关系数为

$$\rho_{\text{env}} = \frac{\int |g(t)||g(t - T_d)|\,dt}{\int |g(t)|^2\,dt} \tag{11.75}$$

脉冲位置调制可以和其他调制混合使用，例如二进制脉冲位置调制可以和二进制相移键控组合，这样每个码元表示 2 比特（1 比特由传输脉冲的相位确定，另 1 比特则由位置确定）。

　　例 11.4　对于一个 $g(t) = \sin(t/T)/t$ 的脉冲位置调制系统，求当 T_d 为（i）T，（ii）$5T$ 时的相关系数和包络的相关系数。

　　解：

　　相关系数的表达式为

$$\rho = \frac{\int g(t)g(t - T_d)\,dt}{\int |g(t)|^2\,dt} \tag{11.76}$$

假设 $T = 1$，则上式的分母就是

$$\int |g(t)|^2\,dt = \int_{-\infty}^{\infty} \frac{\sin^2(t)}{t^2}\,dt = \pi \tag{11.77}$$

　　对于 $T_d = 1$，计算数值积分，分子为

$$\int g(t)g(t - T_d)\,dt = \int_{-\infty}^{\infty} \frac{\sin(t)}{t}\frac{\sin(t-1)}{t-1}\,dt \approx 2.63 \tag{11.78}$$

则相关系数就是 $\rho \approx 0.84$。对于 $T_d = 5$，计算积分，分子为

$$\int g(t)g(t - T_d)\,dt = \int_{-\infty}^{\infty} \frac{\sin(t)}{t} \frac{\sin(t-5)}{t-5}\,dt \approx -0.61 \qquad (11.79)$$

则相关系数就是 $\rho \approx -0.2$。对于 $T_d = 1$，包络相关系数的分子为

$$\rho \int_{-\infty}^{\infty} \left| \frac{\sin(t)}{t} \right| \left| \frac{\sin(t-1)}{t-1} \right| dt \approx 2.73 \qquad (11.80)$$

则包络相关系数就是 $\rho \approx 0.87$。对于 $T_d = 5$，包络相关系数的分子为

$$\rho \int_{-\infty}^{\infty} \left| \frac{\sin(t)}{t} \right| \left| \frac{\sin(t-5)}{t-5} \right| dt \approx 1.04 \qquad (11.81)$$

则包络相关系数就是 $\rho \approx 0.33$。

脉冲位置调制在无线通信系统中并不常用，这是因为其相对较低的频谱效率和延迟色散对系统的影响。但脉冲位置调制仍然在一些新兴技术中得到了应用，特别是在脉冲无线电中（见 18.5 节）。

11.3.11 频谱效率小结

表 11.1 总结了不同调制方式的频谱效率和包络变化，假定占用带宽分别定义为包含信号总能量的 90% 和 99%。

表 11.1 不同调制方式的频谱效率和包络变化

调制方式	90%能量带宽对应的 频谱效率(bps/Hz)	99%能量带宽对应的 频谱效率(bps/Hz)
BPSK	0.59	0.05
BAM($\alpha = 0.5$)	1.02	0.79
QPSK, OQPSK	1.18	0.10
MSK	1.29	0.85
GMSK($B_G = 0.5$)	1.45	0.97
QAM($\alpha = 0.5$)	2.04	1.58

11.4 附录

请访问 www.wiley.com/go/molisch。

深入阅读

不同调制方式的描述和信号空间图，在许多关于数字通信的教材中都可以找到，如 Andersen［2005］，Barry et al.［2003］，Proakis［2005］，Sklar［2001］，Wilson［1996］和 Xiong ［2006］。专门介绍无线通信的调制方式的书是 Burr［2001］。Hanzo et al.［2000］深入介绍了正交幅度调制。最小频移键控的多种不同表示形式和对应的解调器结构在 Benedetto 和 Biglieri ［1999］中可以找到。Murota 和 Hirade 发明了高斯最小频移键控。Anderson et al.［1986］对连续相位调制的不同表示形式给出了权威性的表述。

第12章 解　　调

本章将介绍接收信号的解调方式，并讨论不同解调方案在加性高斯白噪声（AWGN）信道、平坦衰落信道和色散信道中的性能。

12.1　加性高斯白噪声信道中的解调器结构和差错率

本节主要介绍与第 11 章的调制方式相对应的解调器基本结构，以及在加性高斯白噪声信道中误比特率（BER）和符号差错率（SER）的计算。与前面的章节一样，我们侧重于重要结论的介绍，更多详细的推导可参考 Anderson[2005]，Benedetto and Biglieri[1999]，Proakis[2005]和 Sklar[2001]等文献。

12.1.1　信道模型和噪声

加性高斯白噪声信道使传输信号产生衰减，使信号的相位产生旋转，并会叠加高斯噪声。衰减和相位旋转都是时不变的，所以容易计算。因此，接收信号（复基带形式）为

$$r_{\mathrm{LP}}(t) = \alpha s_{\mathrm{LP}}(t) + n_{\mathrm{LP}}(t) \tag{12.1}$$

其中，α 为（复）衰减系数 $|\alpha|\exp(\mathrm{j}\varphi)$，$n(t)$ 是（复）高斯噪声过程。

为了推导噪声的性质，首先考虑带通系统中的噪声。假设在有用带宽中噪声功率谱密度是恒定的，噪声的双边功率谱密度为 $N_0/2$，如图 12.1（a）所示。（复）等效低通噪声功率谱密度[见图 12.1（b）]为

$$S_{\mathrm{n,LP}}(f) = \begin{cases} N_0, & |f| \leqslant B/2 \\ 0, & \text{其他} \end{cases} \tag{12.2}$$

注意，$S_{\mathrm{n,LP}}(f)$ 关于 f 是对称的，即 $S_{\mathrm{n,LP}}(f) = S_{\mathrm{n,LP}}(-f)$。

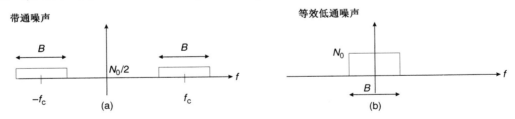

图 12.1　带通噪声及等效低通噪声功率谱

在时域中，噪声用其自相关函数 $R_{\mathrm{LP},nn}(\tau) = (1/2)E\{n_{\mathrm{LP}}^*(t)n_{\mathrm{LP}}(t+\tau)\}$[1]来描述。对于频带限制在[$-B/2$，$B/2$]的系统，噪声的自相关函数为

$$R_{\mathrm{LP},nn}(\tau) = N_0 \frac{\sin(\pi B\tau)}{\pi\tau} \tag{12.3}$$

---

[1]　自相关函数的定义与第 6 章提到的自相关函数相差一个因子 2。这里用这种修正后的定义，是因为在通信理论中计算误比特率时通常这样使用。

当带宽 B 趋于无穷大时，自相关函数变为

$$R_{\text{LP},nn}(\tau) = N_0\delta(\tau) \tag{12.4}$$

还应注意，当噪声的同相分量和正交分量的互相关为零时，其同相分量和正交分量的相关函数都可以表示为 $R_{\text{LP},nn}(\tau)$，因为 $S_{\text{n},\text{LP}}(\cdot)$ 是偶函数。

带通信号的自相关函数为

$$R_{\text{BP},nn}(\tau) = \text{Re}\{R_{\text{LP},nn}(\tau)\exp(\text{j}2\pi f_{\text{c}}\tau)\} \tag{12.5}$$

12.1.2　信号空间图及最佳接收机

下面推导数字调制的最佳接收机结构。在推导过程中，还会发现使用信号空间图的另一个目的。推导中，做如下假设：

1. 所有符号都是等概率发送的；
2. 调制方式是无记忆的；
3. 信道是高斯白噪声信道，衰减和相位旋转都已知。为了不失一般性，假设相位旋转已被完全补偿，这样信道的衰减系数就是实数。

理想判决器称为最大后验概率（MAP）判决器。它可用来解决如下问题：如果接收到的信号为 $r(t)$，则最有可能发送的是哪一个信号 $s_m(t)$？换句话说，也就是哪个信号 $s_m(t)$ 使下面的概率取最大值：

$$\Pr[s_m(t)|r(t)] \tag{12.6}$$

可以用贝叶斯准则将此表示为（即找到满足下面条件的信号 m）：

$$\max_m \Pr[n(t) = r(t) - \alpha s_m(t)]\Pr[s_m(t)] \tag{12.7}$$

由于已经假定所有信号都是等概率发送的，所以最大后验概率判决实际上变成了最大似然判决：

$$\max_m \Pr[n(t) = r(t) - \alpha s_m(t)] \tag{12.8}$$

第 11 章介绍了表示已调发送信号的信号空间图，其中仅把信号空间图作为一种较方便的表示方法，本章中将给出收发信号之间的关联，以及如何利用信号空间图来计算差错率。

发射信号可以表示为下面的形式[①]：

$$s_m(t) = \sum_{n=1}^N s_{m,n}\varphi_n(t) \tag{12.9}$$

其中，

$$s_{m,n} = \int_0^{T_{\text{S}}} s_m(t)\varphi_n^*(t)\,\text{d}t \tag{12.10}$$

此处可发现接收信号能用类似的展开式表示。采用相同的基函数 $\varphi_n(t)$，可得

$$r(t) = \sum_{n=1}^{\infty} r_n\varphi_n(t) \tag{12.11}$$

其中，

---

① 注意，这些式子对于基带和带通信号的表示形式都有效，仅需插入正确的展开函数。

$$r_n = \int_0^{T_S} r(t)\varphi_n^*(t)\,\mathrm{d}t \tag{12.12}$$

由于收到的信号中包含噪声，所以初看起来在展开式中需要更多的项，或无穷多项，以使展开式更精确。然而，可以发现把展开式分成两部分很有用：

$$r(t) = \sum_{n=1}^{N} r_n\varphi_n(t) + \sum_{n=N+1}^{\infty} r_n\varphi_n(t) \tag{12.13}$$

类似地有

$$n(t) = \sum_{n=1}^{N} n_n\varphi_n(t) + \sum_{n=N+1}^{\infty} n_n\varphi_n(t) \tag{12.14}$$

利用这些展开式，使最大似然接收机最大化的表达式可以写成

$$\max_m \Pr[\mathbf{n} = \mathbf{r} - \alpha\mathbf{s}_m] \tag{12.15}$$

其中，接收信号矢量为 $\mathbf{r} = (r_1, r_2, \cdots)^{\mathrm{T}}$，$\mathbf{n}$ 可采用类似的表示形式。由于噪声分量是独立的，若发射信号为 $\mathbf{s}_m$，则接收信号矢量 $\mathbf{r}$ 的概率密度为

$$p(\mathbf{r}_{\mathrm{LP}}|\alpha\mathbf{s}_{\mathrm{LP},m}) \propto \exp\left\{-\frac{1}{2N_0}\|\mathbf{r} - \alpha\mathbf{s}_m\|^2\right\} \tag{12.16}$$

$$= \prod_{n=1}^{\infty} \exp\left\{-\frac{1}{2N_0}(r_n - \alpha s_{m,n})^2\right\} \tag{12.17}$$

仅当 $n \le N$ 时，$s_{m,n}$ 是非零的，最大似然检测器就是寻找：

$$\max_m \prod_{n=1}^{N} \exp\left\{-\frac{1}{2N_0}(r_n - \alpha s_{m,n})^2\right\} \prod_{n=N+1}^{\infty} \exp\left\{-\frac{1}{2N_0}(r_n)^2\right\} \tag{12.18}$$

现在的关键是要认识到式(12.18)中的第二项与 s_m 无关，所以该项不影响判决结果。这是不在发射信号空间中的噪声分量(接收信号中的)与检测器判决无关的另一种说法(Wozencraft 的不相关理论)。最后，由于 $\exp(\cdot)$ 是单调函数，可以发现使距离最小化是充分的：

$$\mu(\mathbf{s}_{\mathrm{LP},m}) = \|\mathbf{r}_{\mathrm{LP}} - \alpha\mathbf{s}_{\mathrm{LP},m}\|^2 \tag{12.19}$$

从几何角度讲，这表示最大似然接收机将与接收矢量 $\mathbf{r}_{\mathrm{LP}}$ 具有最小欧氏距离的发射矢量 $\mathbf{s}_{\mathrm{LP},m}$ 判为符号 m。需要记住，这仅是无记忆未编码系统的最佳判决方法。矢量 $\mathbf{r}$ 包含的"软"信息，也就是接收机对它的判决有多大把握。这些软信息，在寻找最近相邻点的判决过程中丢失了。当一个比特不能表达关于其他比特的任何信息时，这些软信息是无用的。然而，对于编码系统和有记忆的系统(见第 14 章和第 16 章)，这些软信息将是非常有用的。

距离 $\mu(\mathbf{s}_{\mathrm{LP},m})$ 可以重写成

$$\mu(\mathbf{s}_{\mathrm{LP},m}) = \|\mathbf{r}_{\mathrm{LP}}\|^2 + \|\alpha\mathbf{s}_{\mathrm{LP},m}\|^2 - 2\alpha\mathrm{Re}\{\mathbf{r}_{\mathrm{LP}}\mathbf{s}_{\mathrm{LP},m}^*\} \tag{12.20}$$

由于 $\|\mathbf{r}_{\mathrm{LP}}\|^2$ 项与所考察的 $\mathbf{s}_{\mathrm{LP},m}$ 无关，距离函数 $\mu(\mathbf{s}_{\mathrm{LP},m})$ 的最小化等价于下式的最大化：

$$\mathrm{Re}\{\mathbf{r}_{\mathrm{LP}}\mathbf{s}_{\mathrm{LP},m}^*\} - \alpha E_m \tag{12.21}$$

记住，$E_m = \|\mathbf{s}_{\mathrm{LP},m}\|^2/2$(见第 11 章)。

判决准则的一个重要条件是接收机需要知道信道的衰减因子 α。对于无线系统，尤其是信道特性快速变化时，这将是非常困难的(见本书第二部分)。因此最好采用无须该信息的调制

与解调方法。特别是，当所有信号等能量传输，即 $E_m = E$ 时，不必知道信道的衰减值。如果采用非相干解调或差分解调，就可以忽略信道的相位旋转（α 的角度）。

上述推导的好处是它与实际的调制方案无关。在信号空间图中表示的发射信号，给出了所有的相关信息。图 12.2 所示的接收机结构，对于在信号空间图中表示的任意调制符号，都可实现最佳接收。唯一的前提就是必须满足本章前面提到的条件。这种接收机可以用相关器来实现，或者用与可能的不同发射波形相匹配的匹配滤波器来实现。

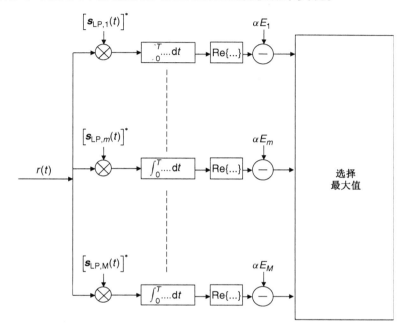

图 12.2　最佳接收机的一般结构

接下来将会发现，在信号空间图中两点之间的欧氏距离是调制方案的重要参数。第 11 章假设等能量传输信号的带通表达式中，欧氏距离与信号分量的能量关系为

$$d_{12}^2 = 2E(1 - \text{Re}\{\rho_{12}\}) \tag{12.22}$$

式中，ρ_{jk} 为相关系数，定义与第 11 章中的相同：

$$\text{Re}\{\rho_{k,m}\} = \frac{\mathbf{s}_k \mathbf{s}_m}{|\mathbf{s}_k||\mathbf{s}_m|} \tag{12.23}$$

12.1.3　差错概率的计算方法

这一节讨论如何计算最佳接收机所能获得的性能。在详细分析之前，先定义几个重要的参数：误比特率（bit error rate），顾名思义是个速率，它描述的是单位时间内的错误比特数，量纲是 s^{-1}；误比特比率（bit error ratio）是用错误的比特数除以传输的比特数，因此它是无量纲的。当传输无穷多的比特时，就变成了误比特概率。在这本书中，这三种表达趋向于混合表示。特别是很多书的作者常用误比特率表示误比特概率，这种混用非常普遍，本书也将如此。

上一章已经介绍了大量的调制方式，在信号空间图的架构下，它们可以简单地分为如下几类。

1. 二进制相移键控（BPSK）是双极性信号。

2. 二进制频移键控（BFSK）和二进制脉冲位置调制（BPPM）是正交信号。

3. 正交相移键控（QPSK），差分正交相移键控（π/4-DQPSK）和偏移正交相移键控（OQPSK）
是双正交信号。

相干接收机的差错概率（一般情况）

如前面所讲，相干接收机通过载波恢复来补偿信道的相位旋转。此外，假设信道增益 α
是已知的，并且已经作用于接收信号，所以在无噪声的情况下，$\mathbf{r} = \mathbf{s}$。与符号 $\mathbf{s}_k$ 的欧氏距离为
d_{jk} 的信号 $\mathbf{s}_j$ 误判成 $\mathbf{s}_k$ 的概率（成对出错概率）为

$$\Pr_{\text{pair}}(\mathbf{s}_j, \mathbf{s}_k) = Q\left(\sqrt{\frac{d_{jk}^2}{2N_0}}\right) = Q\left(\sqrt{\frac{E}{N_0}(1 - \text{Re}\{\rho_{jk}\})}\right) \qquad (12.24)$$

其中，Q 函数定义为

$$Q(x) = \frac{1}{\sqrt{2\pi}} \int_x^\infty \exp(-t^2/2)\, dt \qquad (12.25)$$

它与互补误差函数的关系为

$$Q(x) = \frac{1}{2}\text{erfc}\left(\frac{x}{\sqrt{2}}\right) \qquad (12.26)$$

和

$$\text{erfc}(x) = 2Q(\sqrt{2}x) \qquad (12.27)$$

式（12.24）用来计算发送信号为 $\mathbf{s}_j$，而噪声大到使接收信号在信号空间图中的几何位置接近点
$\mathbf{s}_k$ 时的概率。

相干接收机的差错概率（二进制正交信号）

由第 11 章可知，许多重要的调制方式都可以
看成二进制正交信号。最明显的是二进制频移键
控和二进制脉冲位置调制。图 12.3 给出的就是
这种情况下的信号空间图。该图也给出了判决
界：如果接收信号点落入阴影区域，发送符号就
判为 +1，否则判为 -1。

符号的信噪比定义为 $\gamma_S = E_S/N_0$，可得

$$\Pr_{\text{pair}}(\mathbf{s}_j, \mathbf{s}_k) = Q\left(\sqrt{\gamma_S(1 - \text{Re}\{\rho_{jk}\})}\right) \quad (12.28)$$

$$= Q(\sqrt{\gamma_S}) \qquad (12.29)$$

注意，对于二进制信号，满足 $\gamma_S = \gamma_B$。

相干接收机的差错概率（双极信号）

对于双极信号，成对差错概率为

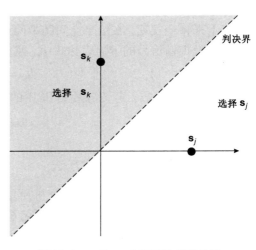

图 12.3　$\mathbf{s}_j$ 和 $\mathbf{s}_k$ 之间判决界的选取

$$\Pr_{\text{pair}}(\mathbf{s}_j, \mathbf{s}_k) = Q\left(\sqrt{\gamma_S(1 - \text{Re}\{\rho_{jk}\})}\right) \qquad (12.30)$$

$$= Q(\sqrt{2\gamma_S}) \qquad (12.31)$$

对等概率发送的二进制信号，成对差错概率等于符号差错率，也等于误比特率。例如二进制相移键控和具有理想相干检测的最小频移键控(见第 11 章)就是这种情况，误比特率由式(12.30)给出。注意，最小频移键控可与频移键控采用类似的检测方法，但它没有利用相位的连续性。在此情况下，最小频移键控可视为正交调制方式，误比特率由式(12.29)给出，这意味着使有效信噪比下降了 3 dB。

联合界和双正交信号

对于 M 进制调制方法，误比特率的精确计算困难得多，所以其误比特率经常是使用联合界方法得到的上界。图 12.4 给出了这种定界方法的原理。在信号空间图中，引起错误判决的区域由局部区域组成，每一个区域表示一对错误，即把正确符号混淆成另一个符号。符号差错率可记为这些成对差错概率之和。因为成对错误区域有重叠，所以它表示的是实际符号差错概率的上边界。尽管重叠区域有一些小的影响，但由于符号差错率主要是由接近判决界的区域决定的，所以随着信噪比的提高，近似值也会得到改善。

使用高阶调制方式的误比特率公式时要多加注意。可能存在以下几点易犯的错误。

- 公式给出的是符号差错率还是误比特率？例如图 12.4 的 4-QAM，若星座图的编码采用的是格雷码，则 4 个点表示的是比特组合 00，01，11 和 10(顺时针方向)。两个相邻的信号星座点之间存在很高的出错率。一个符号错误(在发送符号中)对应于一个比特错误(两个传输比特之间的一个错误)，因而误比特概率仅为符号差错率的一半[1]。

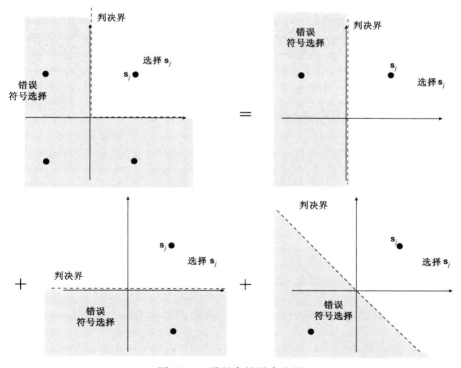

图 12.4　误码率的联合边界

---

① 这表明了将"误比特概率"和"误比特率"相混淆的缺点。在上面的例子中，误比特率与符号差错率相同，而误比特概率仅为符号差错率的一半。

- 信噪比的计算利用的是比特能量还是符号能量？对不同调制方式进行公平比较，都应基于 E_B/N_0。
- 一些书的作者定义原点与信号星座点(等能量)之间的距离不是 $\sqrt{E}$，而是 $\sqrt{2E}$。这与扩展函数的不同归一化方式有关，可通过不同数值对 n_n 进行补偿。虽然最终结果没有变化，但这使得不同源的中间结果组合变得复杂得多。

作为例子，接下来计算 4-QAM 的误比特率。由于它是一个 4 状态调制方式(每符号 2 比特)，所以每个符号需占用 2 比特的能量。信号点与原点之间的欧氏距离为 $d^2 = E_S = 2E_B$；信号星座图中的点的坐标是 $\sqrt{E_B}(\pm 1, \pm j)$；两相邻点之间的距离是 $d_{jk}^2 = 4E_B$。

下面讨论两种类型的联合界。

1. 对于"全"联合界，计算所有可能信号星座点的成对差错概率，然后加起来。如图 12.4 所示。
2. 仅用相邻点计算成对差错概率。这样，可以在计算中省略图 12.4 中最后的判决区域。可以看到，前两个区域的联合(最近相邻点的成对差错概率)已经覆盖整个"错误判决区域"。下面将应用这种类型的联合界。

例 12.1　计算正交相移键控的误比特率和符号差错率。

　　解：

　　由式(12.24)得到成对差错概率为

$$Q\left(\sqrt{2\frac{E_B}{N_0}}\right) = Q(\sqrt{2\gamma_B}) \tag{12.32}$$

根据图 12.4，由联合界计算的符号差错率是成对差错概率的 2 倍：

$$\text{SER} \approx 2Q(\sqrt{2\gamma_B}) \tag{12.33}$$

由上面所得，误比特率是符号差错率的一半：

$$\text{BER} = Q(\sqrt{2\gamma_B}) \tag{12.34}$$

它与二进制相移键控的误比特率相等。

对于正交相移键控，也可精确计算出其符号差错率：正确判决的概率(见图 12.4)是位于右半平面[此事件的概率是 $1 - Q(\sqrt{2\gamma_B})$]的概率与位于上半平面[此事件的概率与处于右半平面的概率是独立的，也是 $1 - Q(\sqrt{2\gamma_B})$]的概率的乘积。因而，总的符号差错率为 $1 - [1 - Q(\sqrt{2\gamma_B})]^2$，即

$$\text{SER} = 2Q(\sqrt{2\gamma_B})\left[1 - \frac{1}{2}Q(\sqrt{2\gamma_B})\right] \tag{12.35}$$

该式说明了由联合界引起的错误率的量级。相对符号差错率是 $0.5Q(\sqrt{2\gamma_B})$，随着 γ_B 趋于无穷而趋于零。

高阶调制方式的符号差错率或者误比特率的精确计算是非常复杂的，而联合界提供了简单且非常精确(尤其对高信噪比)的近似。

差分检测的差错概率

载波恢复是一个非常具有挑战性的问题[Meyr et al. 1997, Proakis 1995]，这使得在许多情

况下很难进行相干检测，因而差分检测是一种替代相干检测的非常有吸引力的选择，因其摒弃了接收信号的绝对相位。在这种方案中，接收机只需比较两个连续符号之间的相位（也可能是幅度）来恢复符号中包含的信息。相位差与绝对相位无关。如果由信道引入的相位旋转是缓慢时变的（因此对两个连续符号也是如此），那么它只改变绝对相位，所以在判决过程中无须考虑它。

对于差分检测的相移键控，在发送端需要进行差分编码。对于二进制对称相移键控，第 i 个比特的发送相位 Φ_i 是

$$\Phi_i = \Phi_{i-1} + \begin{cases} +\dfrac{\pi}{2}, & b_i = +1 \\ -\dfrac{\pi}{2}, & b_i = -1 \end{cases} \tag{12.36}$$

比较两个连续采样比特之间的相位差，从而决定传输的比特 b_i 是 $+1$，还是 -1[1]。

对于连续相位频移键控（CPFSK），可避免差分编码。在最小频移键控（无差分编码）中，1 比特持续时间内的相位旋转是 $\pm\pi/2$。因此可以利用两个连续采样点的相位计算差值，来判决传输的是哪个比特。这也可以解释为发射信号相位是未编码比特序列的积分。计算相位差是求导的最好近似（如果相位是线性变化的，则是精确的），是积分的逆变换。

对于二进制正交信号，差分检测的误比特率为 [Proakis 1995]：

$$\text{BER} = \frac{1}{2}\exp(-\gamma_b/2) \tag{12.37}$$

采用格雷编码的 4-PSK，误比特率为

$$\text{BER} = Q_M(a, b) - \frac{1}{2}I_0(ab)\exp\left(-\frac{1}{2}(a^2 + b^2)\right) \tag{12.38}$$

其中，

$$a = \sqrt{2\gamma_B\left(1 - \frac{1}{\sqrt{2}}\right)}, \quad b = \sqrt{2\gamma_B\left(1 + \frac{1}{\sqrt{2}}\right)} \tag{12.39}$$

$Q_M(a, b)$ 是 Marcum Q 函数：

$$Q_M(a, b) = \int_b^\infty x\exp\left[-\frac{a^2 + x^2}{2}\right]I_0(ax)\,\mathrm{d}x \tag{12.40}$$

其级数表示形式见式（5.31）。

非相干检测的差错概率

当载波相位完全未知时，差分检测不是一种好的选择，那么可以采用非相干检测。对于等能量信号，检测器就是尽量使下式最大：

$$|\mathbf{r}_{\text{LP}}\mathbf{s}_{\text{LP},m}^*| \tag{12.41}$$

最佳接收机的结构如图 12.5 所示。

在实际实现中，当 $r(t)$ 是带通信号时，图 12.5 中每一个支路将分成两个支路，对所获得的 I 和 Q 支路分开处理；在输出至"最大值选择"模块之前，对 I 支路和 Q 支路取"绝对值"平方后相加（可能还要对和取平方根）。

在这种情况下，对于二进制信号，误比特率可用式（12.37）来计算，

---

[1]　从理论上讲，非编码信号也可采用差分检测，但是一个误码会引起一连串误码。

$$\text{BER} = \frac{1}{2}\exp(-\gamma_b/2)$$

但是参数 a 和 b 的定义有所不同:

$$a = \sqrt{\frac{\gamma_B}{2}\left(1 - \sqrt{1-|\rho|^2}\right)}, \quad b = \sqrt{\frac{\gamma_B}{2}\left(1 + \sqrt{1-|\rho|^2}\right)} \tag{12.42}$$

当 $\rho = 0$,即信号正交时,接收机可以达到最佳性能。当 $|\rho| = 1$ 时,对于相移键控信号,包括二进制相移键控和 4-QAM 信号,会出现这种情况,此时误比特率为 0.5。

例 12.2　在 $\gamma_B = 5$ dB 的加性高斯白噪声信道中,计算二进制频移键控的误比特率,并与差分二进制相移键控和二进制相移键控进行比较。

解:

对于加性高斯白噪声信道中的二进制频移键控,误比特率由式(12.29)得到,且 $\gamma_S = \gamma_B$。因此,当 $\gamma_B = 5$ dB 时,有

$$\text{BER}_{\text{BFSK}} = Q(\sqrt{\gamma_B}) \tag{12.43}$$
$$= 0.038$$

对于二进制相移键控,其误比特率由式(12.31)决定,因此有

$$\text{BER}_{\text{BPSK}} = Q(\sqrt{2\gamma_B}) \tag{12.44}$$
$$= 0.006$$

最后,对于差分二进制相移键控,由式(12.34)得到结果:

$$\text{BER}_{\text{DBPSK}} = (1/2)e^{-\gamma_B} \tag{12.45}$$
$$= 0.021$$

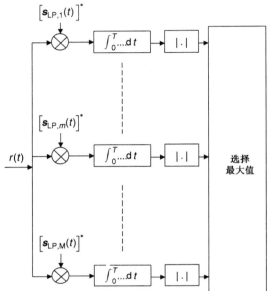

图 12.5　非相干检测的最佳接收机的结构

12.2　平坦衰落信道中的差错概率

12.2.1　平均误比特率(经典的计算方法)

在衰落信道中,接收信号的功率(和信噪比)不是常数,随着信道衰落的变化而变化。在许多情况下,我们关注的是在不同衰落状态下衰落信道的平均误比特率。在这种信道中,为了从数学上计算其误比特率,需要按照如下 3 个步骤进行。

1. 确定任意信噪比时的误比特率。
2. 确定在此信道中,某一信噪比出现的概率,换句话说,就是确定信道中功率增益的概率密度函数。
3. 利用信噪比的概率分布,求平均误比特率。

在加性高斯白噪声信道中,误比特率随着信噪比的提高近似呈指数级迅速减小。对于二

进制调制方式,信噪比为 10 dB 时,误比特率为 10^{-4} 量级,信噪比为 15 dB 时,误比特率在 10^{-8} 以下。相反,下面可以看到,在衰落信道中,误比特率随(平均)信噪比的增加线性减小。初看起来,这令人惊异:衰落会使信噪比有时高有时低,但平均数值不变,它本该假定这些高低数值能相互补偿。重要的一点是(瞬时)误比特率和(瞬时)信噪比之间具有很强的非线性关系。因而低信噪比的情况从根本上决定整个系统的误比特率。

例 12.3 两状态衰落信道中的误比特率。

解:

考虑下面一个简单的例子:一个衰落信道的平均信噪比为 10 dB,其中衰落使信噪比在一半时间内为 $-\infty$,而在其余时间内为 13 dB。与这两种信道状态相对应的误比特率分别为 0.5 和 10^{-9}。则平均误比特率 $\overline{BER} = 0.5 \times 0.5 + 0.5 \times 10^{-9} = 0.25$。而在信噪比为 10 dB 的加性高斯白噪声信道中,误比特率为 2×10^{-5}。

在这些直观解释之后,我们来研究上述三步中的数学细节。第一步,确定任意给定信噪比的误比特率,这在 12.1 节中已经给出。第二步,要求计算信噪比的分布。第 5 章主要研究幅度 $r = |r(t)|$ 的分布,现在要将其转换为接收功率 $P_{\text{inst}} = r^2$ 的分布。这种变换可采用雅可比行列式来实现。作为一个例子,下面给出接收信号幅度为瑞利分布时变换的情况:

$$\text{pdf}_r(r) = \frac{r}{\sigma^2} \exp\left(-\frac{r^2}{2\sigma^2}\right), \qquad r \geqslant 0 \tag{12.46}$$

平均功率为 $P_m = 2\sigma^2$。利用雅可比式 $|dP_{\text{inst}}/dr| = 2r$,接收信号功率的概率密度函数为

$$\text{pdf}_{P_{\text{inst}}}(P_{\text{inst}}) = \frac{1}{P_m} \exp\left(-\frac{P_{\text{inst}}}{P_m}\right), \qquad P_{\text{inst}} \geqslant 0 \tag{12.47}$$

由于信噪比是接收功率除以噪声功率,因而信噪比的概率密度函数为

$$\text{pdf}_{\gamma_B}(\gamma_B) = \frac{1}{\overline{\gamma_B}} \exp\left(-\frac{\gamma_B}{\overline{\gamma_B}}\right) \tag{12.48}$$

其中,$\overline{\gamma_B}$ 是平均信噪比。对于莱斯衰落信道,有类似的表示式,但更复杂,其信噪比概率密度函数为 [Rappaport 1996]

$$\text{pdf}_{\gamma_B}(\gamma_B) = \frac{1 + K_r}{\overline{\gamma_B}} \exp\left(-\frac{\gamma_B(1 + K_r) + K_r\overline{\gamma_B}}{\overline{\gamma_B}}\right) I_0\left(\sqrt{\frac{4(1 + K_r)K_r\gamma_B}{\overline{\gamma_B}}}\right) \tag{12.49}$$

其中,K_r 是莱斯因子。对于其他幅度分布,可采用类似的计算。

最后一步,基于信噪比概率分布的平均误比特率为

$$\overline{BER} = \int \text{pdf}_{\gamma_B}(\gamma_B)BER(\gamma_B)d\gamma_B \tag{12.50}$$

对于瑞利衰落,对于多种调制方式可以得到式(12.50)的闭式表示形式。利用

$$2\int_0^\infty Q\left(\sqrt{2x}\right) a \exp(-ax)\, dx = 1 - \sqrt{\frac{1}{1 + a}} \tag{12.51}$$

二进制双极信号相干检测的平均误比特率为

$$\overline{BER} = \frac{1}{2}\left[1 - \sqrt{\frac{\overline{\gamma_B}}{1 + \overline{\gamma_B}}}\right] \approx \frac{1}{4\overline{\gamma_B}} \tag{12.52}$$

而二进制正交信号相干检测的平均误比特率为

$$\overline{BER} = \frac{1}{2}\left[1 - \sqrt{\frac{\gamma_B}{2 + \gamma_B}}\right] \approx \frac{1}{2\gamma_B} \tag{12.53}$$

这些误比特率的曲线如图12.6所示。

对于差分检测,由于其误比特率曲线是指数函数,所以求平均的过程更简单。对于二进制双极信号,有

$$\overline{BER} = \frac{1}{2(1 + \overline{\gamma_B})} \approx \frac{1}{2\overline{\gamma_B}} \tag{12.54}$$

对于二进制正交信号,有

$$\overline{BER} = \frac{1}{2 + \overline{\gamma_B}} \approx \frac{1}{\overline{\gamma_B}} \tag{12.55}$$

对于差分检测,在莱斯信道中误比特率也可得到闭合形式。对于双极信号,有

$$\overline{BER} = \frac{1 + K_r}{2(1 + K_r + \overline{\gamma_B})} \exp\left(-\frac{K_r\overline{\gamma_B}}{1 + K_r + \overline{\gamma_B}}\right) \tag{12.56}$$

对于正交信号,有

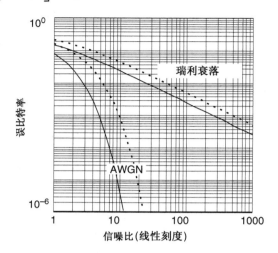

图12.6　二进制信号相干检测的误比特率。实线代表双极信号,虚线代表正交信号

$$\overline{BER} = \frac{1 + K_r}{(2 + 2K_r + \overline{\gamma_B})} \exp\left(-\frac{K_r\overline{\gamma_B}}{2 + 2K_r + \overline{\gamma_B}}\right) \tag{12.57}$$

例12.4　$\overline{\gamma_B} = 12$ dB, $K_r = -3$ dB, 0 dB, 10 dB 时,计算差分二进制相移键控的误比特率。

解:

由误比特率公式(12.56),当 $K_r = -3$ dB 时,可得

$$\overline{BER} = \frac{1 + K_r}{2(1 + K_r + \overline{\gamma_B})} \exp\left(-\frac{K_r\overline{\gamma_B}}{1 + K_r + \overline{\gamma_B}}\right) \tag{12.58}$$
$$= 0.027$$

当 $K_r = 0$ dB 时, $\overline{BER} = 0.023$；当 $K_r = 10$ dB 时, $\overline{BER} = 0.000\ 56$。注意,当莱斯因子较大时,即使保持信噪比为常数,误比特率也会急剧下降。

12.2.2　计算平均差错概率的另一种方法

20世纪90年代末期,提出了一种新的计算平均误比特率的方法,并已被证明非常有效。该方法基于 Q 函数的另一种表示形式,允许对不同的衰落分布进行更简单的平均[Annamalai et al. 2000, Simon and Alouini 2004]。

Q 函数的另一种表示形式

Q 函数的经典定义为

$$Q(x) = \frac{1}{\sqrt{2\pi}} \int_x^\infty \exp(-t^2/2)\,dt \tag{12.59}$$

这个定义的问题在于 Q 函数的变量在积分限上,而不是在被积函数中,从而使 Q 函数积分的计算非常困难,尤其是不能用多重积分中的积分次序交换的策略来求解。这个问题与误比特率的计算密切相关,可利用 Q 函数的另一种形式来解决:

$$Q(x) = \frac{1}{\pi} \int_0^{\pi/2} \exp\left(-\frac{x^2}{2\sin^2\theta}\right) d\theta, \qquad x > 0 \tag{12.60}$$

现在，在这个表达式中，自变量处于被积函数中，即高斯形式 $\exp(-x^2)$，并且积分区间是有限的。下面将会看到，这极大地简化了差错概率的计算。

由式(12.40)定义的 Marcum 的 Q 函数也可以表示为

$$Q_M(a,b) = \begin{cases} \dfrac{1}{2\pi} \displaystyle\int_{-\pi}^{\pi} \dfrac{b^2 + ab\sin\theta}{b^2 + 2ab\sin\theta + a^2} \exp(-\tfrac{1}{2}(b^2 + 2ab\sin\theta + a^2))\,d\theta, & b > a \geqslant 0 \\[3mm] 1 + \dfrac{1}{2\pi} \displaystyle\int_{-\pi}^{\pi} \dfrac{b^2 + ab\sin\theta}{b^2 + 2ab\sin\theta + a^2} \exp(-\tfrac{1}{2}(b^2 + 2ab\sin\theta + a^2))\,d\theta, & a > b \geqslant 0 \end{cases} \tag{12.61}$$

加性高斯白噪声信道中的差错概率

为了计算加性高斯白噪声信道中的误比特率，首先将二进制相移键控的误比特率写为[与式(12.30)对比]

$$\mathrm{BER} = Q(\sqrt{2\gamma_S}) \tag{12.62}$$

$$= \frac{1}{\pi} \int_0^{\pi/2} \exp\left(-\frac{\gamma_S}{\sin^2\theta}\right) d\theta \tag{12.63}$$

对于正交相移键控，符号差错率的计算为[与式(12.35)对比]

$$\mathrm{SER} = 2Q(\sqrt{\gamma_S}) - Q^2(\sqrt{\gamma_S}) \tag{12.64}$$

$$= \frac{1}{\pi} \int_0^{3\pi/4} \exp\left(-\frac{\gamma_S}{\sin^2\theta}\sin^2(\pi/4)\right) d\theta \tag{12.65}$$

更为一般的多进制相移键控为

$$\mathrm{SER} = \frac{1}{\pi} \int_0^{(M-1)\pi/M} \exp\left(-\frac{\gamma_S}{\sin^2\theta}\sin^2(\pi/M)\right) d\theta \tag{12.66}$$

对于二进制正交频移键控，可以表示为

$$\mathrm{BER} = Q(\sqrt{\gamma_S}) \tag{12.67}$$

$$= \frac{1}{\pi} \int_0^{\pi/2} \exp\left(-\frac{\gamma_S}{2\sin^2\theta}\right) d\theta \tag{12.68}$$

例 12.5　在 $\gamma_S = 3$ dB 和 10 dB 时，比较分别由式(12.66)和联合界确定的 8-PSK 的平均符号差错率。

解：

首先，由式(12.66)可知，当 $M = 8$，$\gamma_S = 3$ dB 时，得到

$$\mathrm{SER} = \frac{1}{\pi} \int_0^{(M-1)\pi/M} \exp\left(-\frac{\gamma_S}{\sin^2\theta}\sin^2(\pi/M)\right) d\theta$$
$$= 0.442 \tag{12.69}$$

在 $\gamma_S = 10$ dB 时，SER $= 0.087$。式中积分采用数值积分计算。

8-PSK 星座图中的最小距离为 $d_{\min} = 2\sqrt{E_S}\sin(\pi/8)$。与符号差错率的最近联合界为

$$\begin{aligned}
\text{SER}_{\text{union-bound}} &= 2 \cdot Q\left(\frac{d_{\min}}{\sqrt{2N_0}}\right) \\
&= 2 \cdot Q\left(\frac{2\sqrt{E_S}\sin(\pi/8)}{\sqrt{2N_0}}\right) \qquad (12.70) \\
&= 2 \cdot Q\left(\sqrt{2\gamma_S}\sin(\pi/8)\right)
\end{aligned}$$

因此，当 $\gamma_S = 3$ dB 时，可得 $\text{SER}_{\text{union-bound}} = 0.445$，而当 $\gamma_S = 10$ dB 时，$\text{SER}_{\text{union-bound}} = 0.087$。在这个例子中，即使信噪比低到 3 dB，联合界也给出了很精确的近似。

衰落信道中的差错概率

对于加性高斯白噪声信道来说，Q 函数的另一种表示方法的优势是有限的。它虽然为高阶调制方式提供了更简单的公式，但是对于实际应用中的各种不同调制，却并没有绝对的优势。当这种表示形式作为衰落信道中误比特率计算的基础时，$\text{pdf}_r(r)$ 才展现出其真正的优势。如式(12.50)中所述，平均误比特率需要对信噪比的概率密度函数进行统计平均。现在可以发现，Q 函数的另一种表达式能把符号差错率（对某一给定的信噪比）写成一般形式：

$$\text{SER}(\gamma) = \int_{\theta_1}^{\theta_2} f_1(\theta)\exp(-\gamma f_2(\theta))\,\mathrm{d}\theta \qquad (12.71)$$

因此，平均符号差错率变为

$$\overline{\text{SER}} = \int_0^\infty \text{pdf}_\gamma(\gamma)\text{SER}(\gamma)\,\mathrm{d}\gamma \qquad (12.72)$$

$$= \int_0^\infty \text{pdf}_\gamma(\gamma)\int_{\theta_1}^{\theta_2} f_1(\theta)\exp(-\gamma f_2(\theta))\,\mathrm{d}\theta\,\mathrm{d}\gamma \qquad (12.73)$$

$$= \int_{\theta_1}^{\theta_2} f_1(\theta)\int_0^\infty \text{pdf}_\gamma(\gamma)\exp(-\gamma f_2(\theta))\,\mathrm{d}\gamma\,\mathrm{d}\theta \qquad (12.74)$$

进一步研究内部积分：

$$\int_0^\infty \text{pdf}_\gamma(\gamma)\exp(-\gamma f_2(\theta))\,\mathrm{d}\gamma \qquad (12.75)$$

可以发现这个积分是 $\text{pdf}_\gamma(\gamma)$ 在点 $-f_2(\theta)$ 的矩生成函数值。矩生成函数定义为 γ 的概率密度函数的拉普拉斯变换（参考 Papoulis[1991]）：

$$M_\gamma(s) = \int_0^\infty \text{pdf}_\gamma(\gamma)\exp(\gamma s)\,\mathrm{d}\gamma \qquad (12.76)$$

平均信噪比是其在 $s=0$ 处的一阶导数：

$$\overline{\gamma} = \left.\frac{\mathrm{d}M_\gamma(s)}{\mathrm{d}s}\right|_{s=0} \qquad (12.77)$$

总之，平均符号差错率可以计算如下：

$$\overline{\text{SER}} = \int_{\theta_1}^{\theta_2} f_1(\theta)M_\gamma(-f_2(\theta))\,\mathrm{d}\theta \qquad (12.78)$$

下一步要找出信噪比分布的矩生成函数。不去细究推导过程，可发现当信号幅度服从瑞利分布时，其信噪比分布的矩生成函数为

$$M_\gamma(s) = \frac{1}{1 - s\overline{\gamma}} \qquad (12.79)$$

对于莱斯分布，信噪比分布的矩生成函数为

$$M_\gamma(s) = \frac{1 + K_r}{1 + K_r - s\overline{\gamma}} \exp\left[\frac{K_r s\overline{\gamma}}{1 + K_r - s\overline{\gamma}}\right] \tag{12.80}$$

对于参数为 m 的 Nakagami 分布，则为

$$M_\gamma(s) = \left(1 - \frac{s\overline{\gamma}}{m}\right)^{-m} \tag{12.81}$$

已知符号差错率[见式(12.78)]和矩生成函数的一般形式，差错概率的计算就变得简单明了(即使有时有一点冗长)。

例 12.6 计算瑞利衰落信道中二进制相移键控的误比特率。

解：

作为一个例子，下面计算瑞利衰落信道中二进制相移键控的平均误比特率，这是个由式(12.52)已经可以得到结果的问题。根据式(12.63)，可以发现 $\theta_1 = 0$，$\theta_2 = \pi/2$：

$$f_1(\theta) = \frac{1}{\pi} \tag{12.82}$$

$$f_2(\theta) = \frac{1}{\sin^2(\theta)} \tag{12.83}$$

考虑瑞利衰落

$$M_\gamma(-f_2(\theta)) = \frac{1}{1 + \frac{\overline{\gamma}}{\sin^2(\theta)}} \tag{12.84}$$

所以根据式(12.78)，可以得到总的符号差错率为

$$\overline{\mathrm{SER}} = \frac{1}{\pi} \int_0^{\pi/2} \frac{\sin^2(\theta)}{\sin^2(\theta) + \overline{\gamma}} \, \mathrm{d}\theta \tag{12.85}$$

可以证明与式(12.52)中的第一个(精确)表示式一致，即

$$\overline{\mathrm{BER}} = \frac{1}{2}\left[1 - \sqrt{\frac{\overline{\gamma}}{1 + \overline{\gamma}}}\right] \tag{12.86}$$

很多调制方式与衰落分布都可以用类似的方法处理。Simon and Alouini[2004]中列出了在不同类型的信道中，相干检测、非相干检测和部分相干检测的分析结果。

12.2.3 中断概率与平均差错概率

前一节介绍了平均误比特率的计算，而这种平均是对小尺度衰落的平均。类似地，也可以对这种分布在大尺度衰落下进行平均(所用到的数学方法类似)。但是，这些平均值的物理意义是什么呢？为了理解正在计算的量和平均的意义，首先要看一看无线通信系统中不同的工作环境。

第一步，比较系统的"记忆"长度和信道的相干时间。系统的"记忆"由如下原因引起：

1. 人类耳朵的感知(在几毫秒左右或更小数量级的突发错误，通过人类的耳朵被"平滑掉")；
2. 无线链路中传输的典型数据结构的尺寸；
3. 编码可增大记忆长度(分组码的分组长度或卷积码的约束长度决定记忆持续时间)，并且交织的长度决定记忆长度(见第 14 章)。

现在先考虑接收机或发射机移动的情况。信道会在一段有限的时间内发生变化,这样系统记忆就会延伸到信道的许多次实现。这样的系统记忆通常能经历信道的多尺度实现,包括信道的大尺度变化。想要了解文件传输的平均误比特率时,需要在文件传输时间内对误比特率求平均,因而利用该持续时间内的信噪比分布对其求平均①。其误比特率是单一确定性的数值。

下面再考虑系统记忆时间远小于相干时间的情况。例如,从一个(静止的)微型计算机传输文件,并且环境中的物体都是不动的,那么在传输持续时间内,无线连接的信道可认为是静态的。因此,在解调器中的信噪比为常量,但随着位置变化而随机变化。为了了解在百分之多少的位置上可以得到某一信噪比,研究信噪比的概率密度函数是有意义的。对于每一个位置,即信噪比的每一实现,仅根据其特定的信噪比,采用加性高斯白噪声信道中的误比特率公式来计算其误比特率。以这样一种方式也可得到误比特率的分布,注意这种分布是在发射功率固定的情况下的分布。

由上面这些讨论可以得到中断概率的概念。对于很多实际应用,只要误比特率始终低于某个特定的阈值即可,而其准确值并不重要。例如,只要原始误比特率小到纠错编码可以纠正的范围,换句话说就是只要不超过原始误比特率的某一阈值(典型阈值在百分之几的数量级),则一个文件可以成功传输;因此确定无法成功传输文件的百分比是非常有意义的,这个百分比就是中断概率。

在一些情况下,系统有足够长的记忆时间,可以观察到小尺度衰落的多个实现,但只能观察到大尺度衰落一个实现。在这种情况下,当小尺度的平均误比特率大于某一阈值时,就产生了中断。这个中断产生的概率仅由大尺度衰落的统计特性决定。

为了使系统正常工作,如果定义的不是最大误比特率,而是最小信噪比 γ_0,则中断概率的计算将会简单得多。中断概率为

$$\mathrm{Pr}_{\mathrm{out}} = P(\gamma < \gamma_0) = \int_0^{\gamma_0} \mathrm{pdf}_{\gamma}(\gamma)\mathrm{d}\gamma \tag{12.87}$$

中断概率还可以看成确定衰落余量的另一种方法,但需要找到保证特定中断概率的平均信噪比。

12.3　延迟及频率色散衰落信道中的差错概率

12.3.1　差错基底的物理原因

在无线传播信道中,传输错误不仅仅是由噪声引起的,而且还与信号失真有关。这些失真一方面由延迟色散引起(也就是具有不同到达延迟的发射信号回波),另一方面是由频率色散引起的(多普勒效应,也就是具有不同多普勒频移的信号分量)。对于高数据速率,延迟色散是信号失真的主要原因;而对于低数据速率,频率色散是主要原因。在任何一种情况下,增大发射信号功率都不会减小误比特率;因此,这种差错通常称为差错基底或不可减小的错误。当然,通过其他方法而不是增加功率(例如均衡,分集等),也可以减小或消除这些错误。这一节仅研究接收机没有采取任何对策的情况,因而色散将会导致差错率的增加。后面的章节将详

---

① 对于编码长度大于信道相干时间的编码系统,计算有一点棘手(如第14章所讨论的)。

细介绍如果采用特殊的接收机结构，那么色散实际上会带来好处。

频率色散

下面首先考察由频率色散引起的错误。对于频移键控，由频率色散引起的错误是很明显的：随机频率调制（见 5.7.3 节）导致接收信号产生频移，可以将 1 比特移至判决阈值以外。假设发送的为 +1（也就是频率为 $f_c + f_{mod}$），由于随机频率调制效应，接收到的频率为 $f_c + f_{mod} + f_{inst}$。如果这个频率小于 f_c，接收机就会将信号判决为 -1。注意，即使随机频率调制是由信道多普勒谱决定的，瞬时频率偏移也可能远大于最大多普勒频移。但是，考虑下面的瞬时频率公式：

$$f_{inst}(t) = \frac{\mathrm{Im}\left(r^*(t)\frac{\mathrm{d}r(t)}{\mathrm{d}t}\right)}{|r(t)|^2} \tag{12.88}$$

显然，如果幅度变小，则瞬时频率将变得很大。换句话说，深度衰落导致大的瞬时频率的偏移，因而产生更高的差错概率。

对于差分检测，可以给出稍有不同的解释。前面提到过，差分检测假设信道在相邻信号之间无变化。然而，如果信道存在一个有限的多普勒频移，信道就会发生变化。多普勒谱是对信道变化的统计描述。因此，非零多普勒效应意味着差分检测中存在错误的参考相位。如果多普勒效应非常强烈，将会引起错误判决。在深衰落点[1]附近通常会出现信道剧烈变化的情况。

对于差分检测的最小频移键控，Hirade et al. [1997]给出了由于多普勒效应引起的误比特率：

$$\overline{\mathrm{BER}}_{Doppler} = \frac{1}{2}(1 - \xi_s(T_B)) \tag{12.89}$$

其中，$\xi_s(t)$ 为信道的归一化自相关函数 $[\xi_s(0) = 1]$，也就是归一化多普勒谱的傅里叶变换。对于小的 $v_{max}T_B$，得到的误比特率和多普勒频移与比特周期之积的平方成正比：

$$\overline{\mathrm{BER}}_{Doppler} = \frac{1}{2}\pi^2(v_{max}T_B)^2 \tag{12.90}$$

对于其他多普勒谱与调制方式，这个基本函数关系也成立，只是比例常数需要进行相应变化。

由这个关系可以发现，频率色散引起的差错对于低数据速率传输的系统具有非常重要的影响。例如，传输速率在 1 kbps 数量级的寻呼系统和传感器网络，当多普勒频移可以达到几百 Hz 时，其差错基底很容易达到 10^{-2} 数量级。对这些系统设计编码时必须考虑这种情况。对于高数据速率系统（包括几乎所有当前的蜂窝、无绳和无线局域网系统），由频率色散引起的误差并不起主要作用[2]。即使是日本的 JDC 蜂窝系统，其符号周期为 50 μs，由频率色散引起的误比特率仅为 10^{-4} 数量级，与由噪声引起的差错相比可以忽略不计。

延迟色散

与频率色散相反，延迟色散对高数据速率系统有非常大的影响。这可从下述现象明显看出：在非均衡系统中，差错由受到符号间干扰的符号持续时间与符号未受干扰部分的比值决定。信道冲激响应的最大附加延迟由环境决定，与系统无关。下面，假设最大附加延迟为

---

① 对于一般的正交幅度调制，参考相位和参考振幅都有关。但是在下面的内容中，将对相移键控和频移键控的条件加以限制，这样就可以忽略幅度的失真。

② 这并不意味着信道中的时变特性对这样的系统不重要。信道变化也会对编码和信道检测的有效性等产生影响。

1 μs。在一个系统中，若符号持续时间为 20 μs，则符号间干扰会干扰每个符号的 5%，但如果符号持续时间为 5 μs，符号间干扰就会干扰每个符号的 20%。

理论和实验研究表明：由延迟色散引起的差错基底可由下式给出：

$$\overline{\mathrm{BER}} = K \left(\frac{S_\tau}{T_B} \right)^2 \tag{12.91}$$

其中，S_τ 为信道的均方根(rms)延迟扩展(见第 6 章)。与频率色散类似，差错主要出现在深度衰落(见第 5 章)附近。12.3.2 节将用深衰落附近达到最大值的群延迟来解释这个问题。

式(12.91)仅在信道的最大附加延迟远小于符号周期，且信道是瑞利衰落的情况下才有效。比例常数 K 与调制方法、发射机和接收机的滤波器、平均冲激响应的形式及采样时刻的选择有关，下面将讨论这些内容。

采样时刻的选择

在平坦衰落信道中，显然采样时刻应选在判决部分中信噪比最大的时刻，这个时刻通常出现在比特转换或比特转换中间，在这两种情况下都称其为 $t_s = 0$。

对于具有延迟色散的信道来说，采样时刻的选择就不再那么清晰了。理论上的推导通常假定 $t_s = 0$(即在最小附加延迟处采样)[1]或者在平均延迟处采样。后者实际上也就是针对某些功率延迟分布(PDP，见第 6 章)的最佳采样时刻，如图 12.7 所示。

当根据信道的瞬时状态对采样时刻进行自适应地选择时，可以使误差基底明显减小，而且在无滤波系统中甚至可以消除。

功率延迟分布形状的影响

最初并未将延迟色散的影响仅近似归结为均方根(rms)延迟扩展对误比特率的影响。然而进一步的研究表明，功率延迟分布的实际形状对误比特率也有影响。因为在不同功率延迟分布(相同的

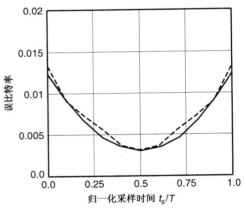

图 12.7   在双峰信道中，由延迟色散引起的误比特率与采样时刻选择的关系。引自 Molisch[2000] © Prentice Hall

S_τ)下，误比特率的变化因子通常小于 2，所以经常被忽略。图 12.8 表明，矩形功率延迟分布的误比特率略大于双峰值功率延迟分布的误比特率，差值为 75%。

指数功率延迟分布导致更大的差错基底，并且对于这个形状，在平均延迟处的采样不是最佳的。

滤波

在发射机和/或接收机中，滤波也会产生信号失真，因而使信号更易受到由信道失真引起的差错的影响。滤波器带宽越窄，差错基底就越大。图 12.9 给出了滤波对升余弦(RC)滤波器正交幅度调制的影响。

---

[1]   如果没有其他约束，就假设 $\tau_0 = 0$。

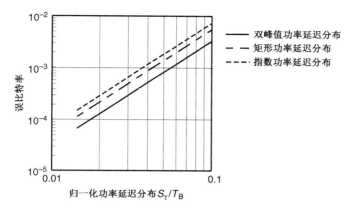

图 12.8 不同功率延迟分布形状对延迟色散引起的差错基底的影响。调制方法
为差分检测的最小频移键控。引自 Molisch [2000] © Prentice Hall

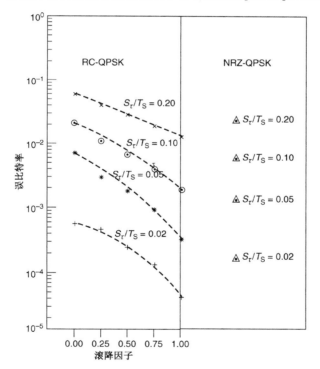

图 12.9 采用升余弦滤波器和相干检测的正交相移键控(QPSK)的差错基底,其中升余弦滤波器
是滚降因子的函数。为了便于比较,图中还给出了常规 QPSK 的误比特率。注意升余
弦(RC)QPSK还原为常规非归零(NRZ)QPSK时无滚降系数。引自 Chuang [1987] © IEEE

现在的问题是找到最佳滤波带宽。窄带滤波器(带宽在码元周期的倒数的数量级或更小)
本身会带来很大的符号间干扰。在没有其他干扰的情况下,即使所有判决都正确,这类滤波器
也会使系统对信道引入的符号间干扰和噪声变得更敏感。而对于宽带滤波器,大部分噪声可
以通过滤波器,这也将导致高的差错率。最佳滤波器带宽取决于延迟色散与噪声之比。图 12.10
举例说明了这种折中的一个例子。

调制方法

调制方法对差错基底也有一定的影响：信号星座图上信号点离得越近，调制方式对信道引起的失真就越敏感。当均方根延迟扩展用同样的符号周期进行归一化时，正交相移键控的差错基底要高于二进制相移键控的(见图 12.11)。当比特持续时间假设相同时，高阶调制方式的性能较好。

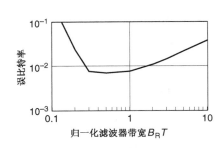

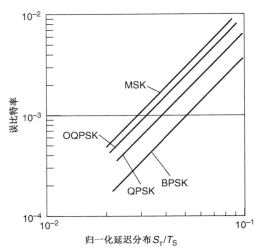

图 12.10 　采用差分检测的滤波最小频移键控的误比特率。归一化均方根延迟扩展为0.1，信噪比为12 dB。引自Molisch[2000] © Prentice Hall

图 12.11 　不同调制方式的差错基底随归一化均方根延迟扩展的变化曲线(用符号周期进行归一化)。引自Chuang[1987] © IEEE

12.3.2　采用群延迟方法计算差错基底

这一节用一种简单方法来近似计算由延迟色散引起的误比特率。Andersen[1991]中分析相移键控，Crohn et al.[1993]中分析最小频移键控时都曾介绍过该方法。接下来，将这种方法用于差分检测的最小频移键控。群延迟 T_g 定义为

$$T_g = -\frac{\partial \Phi_c}{\partial \omega}\bigg|_{\omega=0} \tag{12.92}$$

其中，ω 是角频率。$\Phi_c(\omega)$ 是信道传输函数的相位，可以展开为泰勒级数：

$$\Phi_c(\omega) = \Phi_c(0) + \omega\,\frac{\partial \Phi_c}{\partial \omega}\bigg|_{\omega=0} + \frac{1}{2}\omega^2\,\frac{\partial^2 \Phi_c}{\partial \omega^2}\bigg|_{\omega=0} + \cdots \tag{12.93}$$

级数的第一项是平均延迟，如果采样时刻是在平均延迟处，则可以省略。略去泰勒级数线性项后面的项，可得

$$\Phi_c(\omega) = -\omega T_g \tag{12.94}$$

很明显，采样时刻的相位失真取决于采样时刻的瞬时频率。如果传输的是 +1，则瞬时频率为 $\pi/(2T_B)$，否则频率为 $-\pi/(2T_B)$。当发送相同的比特(例如，当前一个传的是 +1，后一个也是 +1 时，或当前一个传的是 -1，后一个也是 -1 时)，相位差 $\Delta\Phi = 0$；当发送不同的比特时，则

$$\Delta\Phi = \pm\frac{\pi}{T_{\mathrm{B}}}T_{\mathrm{g}} \tag{12.95}$$

当由信道引起的相位失真（或采样时刻引起的相位偏差）大于 $\pi/2$，即

$$|T_{\mathrm{g}}| > T_{\mathrm{B}}/2 \tag{12.96}$$

时，会产生判决错误。众所周知，在瑞利衰落中，群延迟的统计特性服从所谓的"学生 t 分布"

$$\mathrm{pdf}_{T_{\mathrm{g}}}(T_{\mathrm{g}}) = \frac{1}{2S_{\tau}} \frac{1}{\left[1 + (T_{\mathrm{g}}/S_{\tau})^2\right]^{3/2}} \tag{12.97}$$

因此，误比特率可以通过式（12.97）很容易地计算出来，而且对可能出现的不同比特组合求平均时，可得

$$\mathrm{BER} = \frac{4}{9}\left(\frac{S_{\tau}}{T_{\mathrm{B}}}\right)^2 \approx \frac{1}{2}\left(\frac{S_{\tau}}{T_{\mathrm{B}}}\right)^2 \tag{12.98}$$

例 12.7 考察采用差分检测的最小频移键控系统，其中 $T_{\mathrm{B}} = 35\ \mu\mathrm{s}$，工作频率为 900 MHz，以 360 km/h（高速列车）的速度运动，指数功率延迟分布，$S_{\tau} = 10\ \mu\mathrm{s}$。计算由频率色散和延迟色散引起的误比特率。

解：

为了计算频率色散引起的误比特率，首先要计算最大多普勒频移：

$$\nu_{\max} = f_{\mathrm{c}}\frac{v}{c_0} = 9\times10^8\frac{100}{3\times10^8} = 300\ \mathrm{Hz} \tag{12.99}$$

对于差分检测的最小频移键控，假设具有经典的 Jake 多普勒谱，频率色散引起的误比特率由式（12.90）给出，因此

$$\overline{\mathrm{BER}}_{\mathrm{Doppler}} = \frac{1}{2}\pi^2(\nu_{\max}T_{\mathrm{B}})^2 \tag{12.100}$$
$$= 5.4\times10^{-4}$$

由延迟色散引起的误比特率由式（12.98）给出，即

$$\overline{\mathrm{BER}}_{\mathrm{Delay}} = \frac{4}{9}\left(\frac{S_{\tau}}{T_{\mathrm{B}}}\right)^2 \tag{12.101}$$
$$= 3.6\times10^{-2}$$

12.3.3 一般衰落信道：二次型高斯变量法

计算色散衰落信道的误比特率的一般方法称为二次型高斯变量（QFGV）法[①]。该信道存在瑞利和莱斯衰落，并受到频率色散和延迟色散的影响，还存在加性高斯白噪声。

从数学上讲，QFGV 法决定了变量 $D < 0$ 的概率，D 为

$$D = A|X|^2 + B|Y|^2 + CXY^* + C^*X^*Y \tag{12.102}$$

其中，X 和 Y 是复高斯变量，A 和 B 是实常量，C 是复常量。按如下方式定义辅助变量：

---

① 该方法是基于高斯变量某二次型的计算。该方法在具有奠基性的论文 Bello and Nelin［1963］和 Proakis［1968］之后命名。

$$w = \frac{AR_{xx} + BR_{yy} + CR_{xy}^* + C^*R_{xy}}{4(R_{xx}R_{yy} - |R_{xy}|^2)(|C|^2 - AB)}$$

$$v_{1,2} = \sqrt{w^2 + \frac{1}{4(R_{xx}R_{yy} - |R_{xy}|^2)(|C|^2 - AB)}} \mp w$$

$$\alpha_1 = 2(|C|^2 - AB)(|\overline{X}|^2 R_{yy} + |\overline{Y}|^2 R_{xx} - \overline{X}^*\overline{Y}R_{xy} - \overline{X}\overline{Y}^* R_{xy}^*)$$

$$\alpha_2 = A|\overline{X}|^2 + B|\overline{Y}|^2 + C\overline{X}^*\overline{Y} + C^*\overline{X}\overline{Y}^*$$

$$p_1 = \frac{\sqrt{2v_1^2 v_2(\alpha_1 v_2 - \alpha_2)}}{|v_1 + v_2|}$$

$$p_2 = \frac{\sqrt{2v_1 v_2^2(\alpha_1 v_1 + \alpha_2)}}{|v_1 + v_2|}$$

$$(12.103)$$

其中，R_{xy} 是二阶中心矩，$R_{xy} = \frac{1}{2}E\{(X - \overline{X})(Y - \overline{Y})^*\}$，差错概率变为

$$P\{D < 0\} = Q_M(p_1, p_2) - \frac{v_2/v_1}{1 + v_2/v_1}I_0(p_1 p_2)\exp\left(-\frac{p_1^2 + p_2^2}{2}\right) \quad (12.104)$$

其中，Q_M 是式(12.40)定义的 Marcum Q 函数，若只有瑞利衰落，而没有色散，则 $\alpha_1 = \alpha_2 = 0$，所以 $P(D > 0) = v_1/(v_1 + v_2)$。通常，最大的问题是如何用公式表示差错概率 $P\{D < 0\}$，下面将对此进行讨论。

典型的接收机

　　将不同的接收机结构简化成一个"典型的"接收机[Suzuki 1982]通常是很有用的，其结构如图 12.12 所示。接收信号(经过带通滤波器)与参考信号相乘：一个与同相参考信号相乘，另一个与经过 $\pi/2$ 相移得到的正交参考信号相乘。所得到的信号经过低通滤波器后，被送到采样判决器。在相干解调中，这一参考信号是经过一个载波恢复电路得到的相干载波，而在非相干解调中，这一信号是由输入信号的延迟得到的。

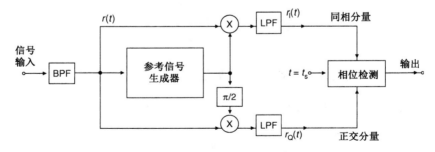

图 12.12　典型的接收机结构

　　以最小频移键控非相干解调为例，用 $D < 0$ 方式很容易描述系统的比特错误。如果发送的是 $+1$，但在采样时刻，信号 $X = r(t_s)$，$Y = r(t_s - T)$ 的相位差在 π 和 2π 之间，这时就会产生一个错码，因而错误的条件与下式等同：

$$\text{Re}\{b_0 XY^* \exp(-j\pi/2)\} < 0 \quad (12.105)$$

其中，b_0 是发送比特。因为 $\text{Re}\{Z\} = (Z + Z^*)/2$，所以当 $A = B = 0$ 时，式(12.105)就可以表示成 D 的二次方程。

12.3.4　误比特率

在差分检测中，应用 QFGV 方法的第一步就是计算 $X = r(t_s)$ 和 $Y = r(t_s - T)$ 的相关系数。对于采用鉴频器的检测，定义 X 为采样值 $r(t_s)$，Y 为 $t = t_s$ 时刻的斜率 $\mathrm{d}r(t)/\mathrm{d}t$，相关系数的计算公式在 Adachi and Parsons[1989] 和 Molisch[2000] 中给出。

当求出相关系数后，通过式(12.104)求出误比特率的均值。在瑞利衰落条件下，采用二进制频移键控差分检测的平均误比特率可简化为

$$\overline{\mathrm{BER}} = \frac{1}{2} - \frac{1}{2} \frac{b_0 \,\mathrm{Im}\{\rho_{XY}\}}{\sqrt{\mathrm{Im}\{\rho_{XY}\}^2 + (1 - |\rho_{XY}|^2)}} \qquad (12.106)$$

对于 $\pi/4$-DQPSK 有

$$\overline{\mathrm{BER}} = \frac{1}{2} - \frac{1}{4} \left\{ \frac{b_0 \mathrm{Re}\{\rho_{XY}\}}{\sqrt{(\mathrm{Re}\{\rho_{XY}\})^2 + (1 - |\rho_{XY}|^2)}} + \frac{b_0' \mathrm{Im}\{\rho_{XY}\}}{\sqrt{(\mathrm{Im}\{\rho_{XY}\}^2) + (1 - |\rho_{XY}|^2)}} \right\} \qquad (12.107)$$

其中，b_0 和 b_0' 是构成符号的数据比特。

总结上面的讨论，可以将误比特率的计算步骤归纳如下。

1. 将实际接收机简化为典型结构；
2. 用式子表示 $D < 0$ 情况下出现错误的条件；
3. 计算 X 和 Y 的均值和相关系数；
4. 可以根据一般表示式(12.104)和式(12.103)来计算误比特率，也可以根据简化式(12.107)或式(12.106)来计算瑞利衰落条件下，最小频移键控和 $\pi/4$-DQPSK 的误比特率。

深入阅读

本章介绍了数百篇论文都曾涉及的数字调制误比特率的计算。对于加性高斯白噪声信道中误比特率的计算，再次建议读者参考数字通信教材 Anderson［2005］，Barry et al.［2003］，Proakis［2005］和 Sklar［2001］；Gallagher［2008］给出了极其严格的数学推导；Rice［2008］则采用了一种时间离散的方法。Pawula et al.［1982］，Proakis［1968］和 Stein［1964］介绍了适用于非衰落和衰落信道的误比特率的基本计算方法。在很多论文中，对平坦衰落信道中的差错概率计算都进行了介绍。实际上，每种调制方式，与信道的幅度统计特性相结合，都至少有一篇文章给出了其结果。在瑞利衰落信道中有一些重要的例子，包括 Chennakeshu and Saulnier［1993］分析的 $\pi/4$-DQPSK，Varshney and Kumar［1991］和 Yongacoglu et al.［1988］分析的高斯最小频移键控，以及 Divsalar and Simon［1990］分析的差分检测的 M 阶相移键控。

误比特率的另一些经典计算方法有 Simon and Alouini［2000］中给出的通过矩生成函数的计算方法，或 Annamalai et al.［1990］中给出的通过特征函数的计算方法。Simon and Alouini［2000］中针对不同的调制方式、信道特性和接收机结构给出了相应的误比特率计算公式。

对于延迟色散信道，已经提出了许多不同的计算方法。本章主要介绍了 QFGV 方法［Adachi and Parsons 1989，Proakis 1968］和群延迟方法［Andersen 1991，Crohn et al. 1993］。此外有许多论文采用了 Pawula et al.［1982］推导的高斯矢量之间角的分布函数来计算。Chuang［1987］是一篇可读性很强的文章，对不同的调制方式进行了对比。很多论文也致力于研究非均衡系统中能减小延迟色散影响的调制方式和检测方法。Molisch［2000］中总结了这些方法，并给出一些更新的文献。

第 13 章　分　　集

13.1　引言

13.1.1　分集的原理

前一章研究了在衰落信道中发送未编码比特流的常规的收发信机。对于加性高斯白噪声信道，这种收发信机的性能很不错，其误比特率随着信噪比的增加呈指数下降，且信噪比为 10 dB 时，误比特率在 10^{-4} 数量级。然而，在瑞利衰落信道中，误比特率随着信噪比线性减小，因而为了获得 10^{-4} 的误比特率，信噪比需达到 40 dB 数量级，这显然不实际。这两种情况的性能不同的主要原因是信道的衰落特性：误比特率主要取决于信道中深衰落的概率，因为此时的瞬时信噪比很低。因此改善误比特率的一种途径是改变信道的统计特性，即确保低信噪比的概率比较小。分集就是这样一种技术。

分集的基本原理是使同一信息通过多个统计独立的信道到达接收机。考虑一种简单情况：带有两个天线的接收机，且假设两个天线之间距离足够远，以确保两个天线所收到信号的小尺度衰落是相互独立的。接收机通常选择瞬时接收功率较大的天线支路[①]。由于两个天线收到的信号是统计独立的，所以两个天线的信号同时处于深衰落的概率非常小（当然小于一个天线的信号处于深衰落的概率），因此分集改变了检测器输入端信噪比的统计特性。

例 13.1　两状态衰落信道的分集接收。

解：

为了量化分集的作用，考虑一个简单的数值计算的例子：在射频滤波器带宽中的噪声功率为 50 pW，平均接收信号功率是 1 nW，因而信噪比是 13 dB。采用差分检测的频移键控，在加性高斯白噪声信道中的误比特率为 10^{-9}。在衰落信道中，若 90% 时间内接收到的信号平均功率为 1.11 nW，其信噪比为 13.5 dB，其余时间接收到的信号平均功率为 0，则在这种衰落信道中，90% 时间的误比特率为 10^{-10}，其余时间的误比特率为 0.5，因而其平均误比特率为

$$0.9 \times 10^{-10} + 0.1 \times 0.5 = 0.05 \tag{13.1}$$

采用双天线分集时，两个天线的接收信号功率同时为 0 的概率为 $0.1 \times 0.1 = 0.01$，同时为 1.11 nW 的概率为 $0.9 \times 0.9 = 0.81$，一个天线接收信号功率为 0，另一个天线接收信号功率为 1.11 nW 的概率为 0.18。在后面的两种情况下，检测器的输入信噪比为 13.5 dB，因而总的误比特率为

$$0.01 \times 0.5 + 0.99 \times 10^{-10} = 0.005 \tag{13.2}$$

这近似为单天线系统的误比特率的平方。如采用 3 个天线进行分集接收，则 3 个天线接收信号功率同时为 0 的概率为 0.1^3，总的误比特率为 $0.5 \times 0.001 + 0.999 \times 10^{-10} = 0.0005$；近似为单天线系统的误比特率的三次方。

---

① 在后面会看到这只是众多不同的分集方案之一。

后续章节将给出在瑞利衰落信道中采用分集技术时误比特率的精确计算公式,然而分集概念与上面这个简单的例子是一样的。采用 N_r 个分集天线,可得误比特率与 $\mathrm{BER}_{oc}^{N_r}$ 呈正比,其中 BER_{oc} 是单天线系统的误比特率[1]。

下面首先介绍不同传输信道之间相关系数的特性,然后综述如何实现在多个独立的信道中传输(上面介绍的空间天线分集是一种方法,但当然不是唯一方法)。最后,介绍来自不同信道信号的最佳合并方式和不同合并方式的性能。

13.1.2　相关系数的定义

当不同的信道(又称分集支路)传输衰落特性相互独立的同一信号时,分集是最有效的一种技术。这意味着场强(或功率)的联合概率密度函数 $\mathrm{pdf}_{r_1,r_2,\cdots}(r_1,r_2,\cdots)$ 等于信道的边缘概率密度函数 $\mathrm{pdf}_{r_1}(r_1)$,$\mathrm{pdf}_{r_2}(r_2)$,$\cdots$的乘积。信道衰落之间的任何相关都会降低分集的效果。

相关系数表征不同分集支路信号之间的相关性,已有许多不同的定义来描述这个重要的量,如复相关系数或相位相关系数等。最重要的是信号的包络 x 和 y 的相关系数:

$$\rho_{xy} = \frac{E\{x \cdot y\} - E\{x\} \cdot E\{y\}}{\sqrt{(E\{x^2\} - E\{x\}^2) \cdot (E\{y^2\} - E\{y\}^2)}} \tag{13.3}$$

对于两个统计独立的信号,式 $E\{x \cdot y\} = E\{x\}E\{y\}$ 成立,因而相关系数为 0。当相关系数低于某一阈值(典型数值为 0.5 或 0.7)时,信号一般视为被有效地去相关。

13.2　微分集

正如本章引言所提到的,分集的基本原理是接收机收到发射信号的多个副本,每个副本都经历了衰落特性统计独立的信道传输。本节介绍得到这些统计独立副本的几种不同方法,其中重点介绍用于克服小尺度衰落的方法,因而也称为"微分集"。5 种最常用的方法如下。

1. 空间分集:利用空间分离的多个天线。
2. 时间分集:在不同的时刻接收发射信号。
3. 频率分集:在不同载频上传输信号。
4. 角度分集:使用不同天线方向图的多个天线(空间分离或不分离)。
5. 极化分集:多个天线接收不同极化方向的信号(如垂直极化和水平极化)。

当提到天线分集时,指的是在接收机中有多个天线。仅在 13.6 节(和第 20 章)中讨论如何使用多个发射天线来提高系统性能。

在分集中经常会用到的一个重要关系式为:假设两个信号的时间间隔为 τ,频率间隔为 $f_1 - f_2$,如附录 13.A(www.wiley.com/go/molisch)所示,则其相关系数为

$$\rho_{xy} = \frac{J_0^2(k_0 v \tau)}{1 + (2\pi)^2 S_\tau^2 (f_2 - f_1)^2} \tag{13.4}$$

注意,对于正在移动的移动台,时间间隔很容易转化为空间间隔,因此时间分集和空间分集在数学上是等价的。在这种意义上,式(13.4)可用于空间分集、时间分集和频率分集。然而,在推导

---

[1]　在瑞利衰落信道中,$\mathrm{BER}_{oc} \propto \mathrm{SNR}^{-1}$,可发现,在有 N_r 个独立衰落信道的分集系统中,$\mathrm{BER} \propto \mathrm{SNR}^{-N_r}$。在采用分集的衰落信道中,一般情况下,$\mathrm{BER} \propto \mathrm{SNR}^{-d_{\mathrm{div}}}$,其中 d_{div} 是分集阶数。

该式时进行了一些假设：(i) 信道模型是广义平稳非相关散射(WSSUS)模型；(ii) 不存在视距传播；(iii) 指数功率延迟分布；(iv) 入射功率各向同性分布；(v) 使用全向天线。

例 13.2　在 COST[①] 207 信道模型中定义的"典型城市"环境中，分别计算两频率间隔为下列数值时的相关系数：(i) 30 kHz；(ii) 200 kHz；(iii) 5 MHz。

解：

对于零时间间隔，式(13.4)中的贝塞尔函数是 1，因此相关系数只取决于均方根延迟扩展和频率间隔。均方根延迟扩展可以根据式(6.39)计算，7.6.3 节给出了 COST 207 典型城市信道模型中的功率延迟分布。因此，可得

$$S_\tau = \sqrt{\frac{\int_0^{7\times10^{-6}} e^{-\tau/10^{-6}} \tau^2 \, d\tau}{\int_0^{7\times10^{-6}} e^{-\tau/10^{-6}} \, d\tau} - \left(\frac{\int_0^{7\times10^{-6}} e^{-\tau/10^{-6}} \tau \, d\tau}{\int_0^{7\times10^{-6}} e^{-\tau/10^{-6}} \, d\tau}\right)^2} \tag{13.5}$$

$$= 0.977\,\mu s$$

相关函数为

$$\rho_{xy} = \frac{1}{1 + (2\pi)^2 (0.977\times10^{-6})^2 (f_1 - f_2)^2}$$

$$= \begin{cases} 0.97, & f_1 - f_2 = 30\,\text{kHz} \\ 0.4, & f_1 - f_2 = 200\,\text{kHz} \\ 1\times10^{-3}, & f_1 - f_2 = 5\,\text{MHz} \end{cases} \tag{13.6}$$

可以看出，相邻间隔为 30 kHz 的两个信道(例如在 IS-136[②] 时分多址蜂窝系统中采用 30 kHz 的信道间隔)的相关系数很大；相邻间隔超过 200 kHz(在全球移动通信系统中两相邻信道间隔 200 kHz，见第 24 章)时，相关系数仍然较大。但在这种环境中，宽带码分多址的两相邻信道(间隔 5 MHz)是不相关的。此外，在全球移动通信系统中，基站-移动台和移动台-基站之间采用频分双工，收发间隔为 45 MHz，收发载波之间的信道是完全不相关的(见第 17 章和第 24 章)。

13.2.1　空间分集

空间分集是最早并且最简单的分集方式，尽管(或因为)如此，它还是应用最广泛的一种分集方式。在空间分集中，发射信号被多个天线接收，然后天线接收到的这些信号会根据将在 13.4 节中介绍的方法被进一步处理。但是，无论使用何种处理方法，其性能都会受到各天线接收信号之间的相关性的影响。我们不希望接收信号之间具有很强的相关性，因为这会降低分集的效果。设计分集天线的第一个重要步骤就是建立天线间距和相关系数之间的关系。对于基站天线与移动台天线而言，这种关系是不同的，因此必须分别对待。

1. 蜂窝和无绳系统中的移动台。通常，假设电波从各个方向进入移动台(见第 5 章)。因此，建设性的和破坏性的多径分量干扰的位置(也就是接收功率高和接收功率低的点)大约相距 $\lambda/4$，这是实现接收信号之间去相关所需的距离。这种直观的认识与通过严格的数学推导得出的结果是一致的[式(13.4)中，$f_2 - f_1 = 0$ 时]。在图 13.1 中，若定义 $\rho = 0.5$ 时去相关，则当天线间距为 $\lambda/4$ 时，可以去相关，也可与例 5.3 进行比较。

上面的讨论意味着在全球移动通信系统(900 MHz)中，各个天线之间的最小距离约

---

① 欧洲科技领域研究合作组织。

② IS-136 是使用时分多址技术的第二代蜂窝系统(现已基本不用)。

为 8 cm，而对于工作在 1800 MHz 频段的各种无绳和蜂窝系统，最小距离约为 4 cm。对于无线局域网(在 2.4 GHz 和 5 GHz 频段)，此距离会更小。显然，在蜂窝系统中的一个移动台上放置两个天线是可行的。

2. 无绳系统和无线局域网中的基站。首先近似认为，在室内基站，入射波在各个角度均匀分布。也就是说，来自各个方向的入射波是等强度的，这对于移动台同样适用。

3. 蜂窝系统中的基站。对于蜂窝系统中的基站，在各个方向均匀入射的假设不再成立。相互作用体集中在移动台周围(如图 13.2 所示，见第 7 章)。由于所有的波基本上从一个方向入射，相关系数(对于给定的天线之间的距离 d_a)会大得多。因为表现出的特性不同，所以实现充分去相关所需的天线间距会增加。

为了得到直观的认识，从一个简单的例子开始：只有两个多径分量，多径分量的波矢量夹角为 α(如图 13.3 所示，见第 5 章)。显然，α 越小，干涉图中最大值和最小值之间的距离就越大。对于很小的 α，天线之间的连线落在干涉图的"脊"上，天线之间则完全相关。相关系数的数值与天线之间距离的函数关系如图 13.4 所示。第一列表示功率谱均匀分布的结果；高斯分布的结果如第二列所示。我们可以看出，角度扩展在 $1° \sim 5°$ 之间变化时，天线之间的距离需 $2 \sim 20$ 个波长，才能达到去相关。我们还可以看出，主要是均方根角扩展决定了天线之间所需的距离，而角度功率谱的形状只产生极小的影响。

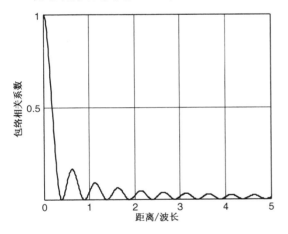

图 13.1　包络相关系数与天线之间距离的函数关系

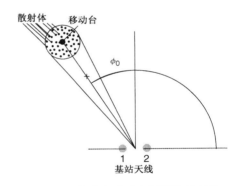

图 13.2　集中在移动台周围的散射体

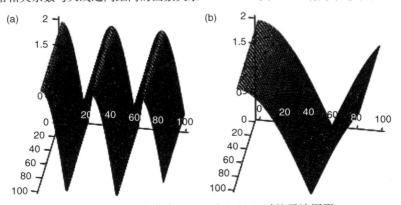

图 13.3　两波夹角为(a)45°和(b)15°时的干涉图形

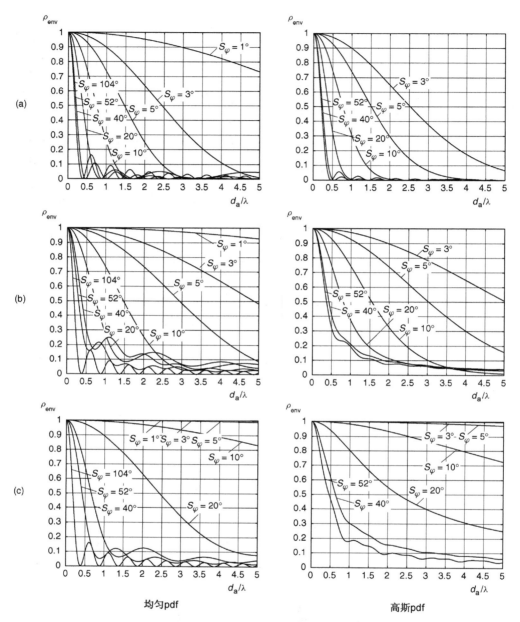

图 13.4   到达方向的概率密度函数(pdf)分别为均匀(左)和高斯(右)分布时,基站信号的包络相关系数,ϕ_0 为到达方向角,(a)$\phi_0 = 90°$,(b)$\phi_0 = 45°$,(c)$\phi_0 = 10°$,S_φ 为角度扩展。引自Fuhl et al.[1998]© IEEE

13.2.2   时间分集

由于无线传播信道是时变的,所以在不同时刻接收到的信号是不相关的。要想"充分"地去相关,时间间隔必须至少为 $1/2\nu_{max}$,其中 ν_{max} 为最大多普勒频移。在静态信道中,无论是发射机、接收机还是相互作用体都是静止的,因此信道状态在任何时刻都是恒定的;例如,对于无线局域网,就会出现这种情况。此时,对于所有的时间间隔,相关系数 $\rho = 1$,所以时间分集是无效的。

时间分集可以采用以下几种不同的实现方法。

1. 重复编码。这是最简单的一种形式。信号重复发送多次，而重复时间间隔要足够大，以达到去相关。这显然能获得分集，但也会大大降低带宽效率。频谱效率降低的因子就等于信号重复发送的次数。

2. 自动重传请求（ARQ）。这种情况下，接收机会给发射机发送一个信息，表明它是否以足够的质量收到了数据，参阅附录 14.A（www.wiley.com/go/molisch）。如果不满足要求，发射机就会重新发送数据（在经过一段可以达到去相关的等待时间后）。自动重传请求的频谱效率要比重复编码好，因为只有在第一次传输遇到严重衰落时，才需要多次发送，而重复编码则会一直重复发送。在下行信道中，自动重传请求需要反馈信道。

3. 交织和编码的结合。一种更高级的重复编码方案是带交织的前向纠错编码。一个码字的不同符号在不同的时间传输，这样其中一些符号以较高信噪比到达接收机的概率就会增加。发送码字在接收端会被重建。更详细的内容可参阅第 14 章。

13.2.3　频率分集

在频率分集中，同一信号在两个（或以上）不同的频率上传输。如果这些频率之间的间隔大于信道的相关带宽，则这些频率上的衰落近似是相互独立的，因此信号在两个频率上同时出现深度衰落的概率很小。对于指数形式的功率延迟分布，通过设置式（13.4）中的分子为 1，可以得到同一时刻的两个不同频率信号的相关系数，即

$$\rho = \frac{1}{1 + (2\pi)^2 S_\tau^2 (f_2 - f_1)^2} \qquad (13.7)$$

这再次证明了两信号之间必须至少间隔一个相关带宽。图 13.5 给出了 ρ 与两个频率间隔之间的函数关系。关于频率相关性更全面的讨论可参阅第 6 章。

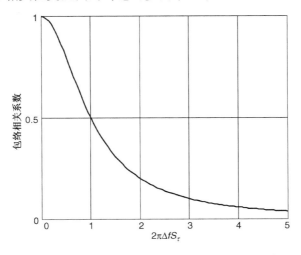

图 13.5　包络相关系数与归一化频率间隔的函数关系

在两个不同频率上重复传输相同的信息实际上并不常用，因为这会大大降低频谱效率。然而，可将信息扩展到较大的带宽上，这样各部分信息就能通过不同的频率分量进行传输。然后，接收机会综合不同频率分量上的信息，从而恢复原始信息。

这种扩展有以下几种不同的实现方法。

- 在时间上压缩信息，也就是发送占用很大带宽的短突发，即时分多址(见第 17 章)；
- 码分多址(CDMA)见 18.2 节；
- 多载波 CDMA(见 19.9 节)和编码正交频分复用(见 19.4.3 节)；
- 带编码的跳频，即在不同的载波频率上传送码字的不同部分(见 18.1 节)。

这些方法可以传输信息，且不浪费带宽，第 17 章至第 19 章将进行更详细的介绍。目前，我们只强调了采用频率分集要求信道是频率选择性信道。换句话说，频率分集(延迟色散)可使系统更健壮，降低衰落的影响。这似乎与第 12 章的结果矛盾，因为在第 12 章中提到频率选择性会增大误比特率，甚至会产生差错基底。产生这种矛盾的原因是，第 12 章只考虑了一种简单的接收机，它不采取任何措施来减小频率选择性的影响。

13.2.4 角度分集

当来自不同方向的多径分量之间发生相消干涉时，将产生深度衰落。如果这些电波中的一部分被衰减或消除，则深度衰落的位置会改变。也就是说，两个方向图不同但在同一位置的天线对多径分量的增益不同，因此多径分量对两个天线的干扰不同。这就是角度分集的原理(又称模式分集)。

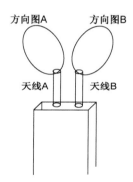

角度分集经常与空间分集结合使用；角度分集可增强距离很近的天线接收信号之间的去相关性。不同的天线方向图是很容易实现的。当然，不同类型的天线具有不同的方向图。但是，当两个天线安装得很近时，即使相同的天线也可以有不同的方向图(见图 13.6)。产生这种结果的原因是两个天线之间的相互耦合：天线 B 作为天线 A 的反射器，天线 A 的方向图因此向左倾斜[①]。与之类似，由于来自天线 A 的反射，天线 B 的方向图向右倾斜。因此，两个天线的方向图是不同的。

图 13.6 距离很近的天线的角度分集

当天线固定在机壳的不同部分时，方向图的不同更明显。偶极天线一般限用于机壳的顶部，而贴片天线和倒 F 形天线(见第 9 章)能放置在机壳的任何部分(见图 13.7)。在所有这些情况下，即使天线彼此放置得很近，也会有很好的去相关特性。

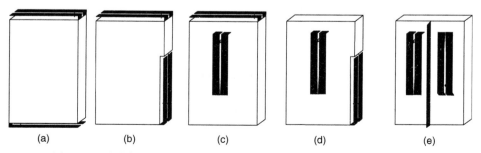

(a)   (b)   (c)   (d)   (e)

图 13.7 移动台分集天线的结构。引自 Erätuuli and Bonek[1997]© IEEE

---

① 这种排列也可以看成 Yagi 天线，无论天线 B 是导向器还是反射器，以及方向图向哪个方向倾斜，它都取决于两个天线之间的距离。

13.2.5　极化分集

水平和垂直极化的多径分量在无线信道中的传播是不同的[1]，这是由于反射和绕射过程与极化方式有关(见第 4 章和第 7 章)。虽然发射天线只发射单一极化的信号，但信道传播特性的影响会导致去极化，因此会有两个极化方式的信号到达接收机。极化方式不同的信号，其衰落是统计独立的。因此，用双极化天线接收两个极化方式的信号，并分别对信号进行处理，就能实现分集。这种分集的实现对于天线之间的最小间距没有任何要求。

考虑一种更具体的情况，在垂直极化方向上发射信号，而在垂直和水平极化两个方向上接收。在这种情况下，两个接收信号之间的衰落是统计独立的，但在两个分集支路上的平均接收信号强度是不同的。由于环境的影响，水平极化方向(即横向极化)的分量的强度要比垂直极化方向(即互极化)的分量低 3 ~ 20 dB。后面将会看到，这对分集方案的有效性有很重要的影响。目前已提出多种天线排列方式来解决这个问题。

已经证明极化分集的分集阶数可达到 6 阶：E 域的 3 个分量和 H 域的 3 个分量都可以利用[Andrews et al. 2001][2]。然而，电波的传播特性和实际情况会使分集达不到其最高阶数，尤其是在室外环境。对于分集系统来说，这不是一个严重的限制，后面将会看到，从 1 阶分集(即无分集)到 2 阶分集所得到的性能改善要优于从 2 阶分集到更高阶数的分集所得到的改善。但是，对于多输入多输出系统(MIMO)，这是一个重要的问题(见 20.2 节)。

13.3　宏分集和同播

前一节介绍了克服小尺度衰落(也就是由相互干扰影响引起的衰落)的分集方法。然而，并不是所有分集方法都适合用来克服阴影效应引起的大尺度衰落。阴影对于发射频率和极化基本上是独立的，因此频率分集或极化分集无效。而空间分集(或者相当于有移动发射机/接收机的时间分集)可以使用，但需要知道大尺度衰落的相关距离是在十米还是百米的数量级上。也就是说，如果发射机和接收机之间有一座山，在基站或移动台增加天线也无法消除这座山的阴影影响。反之，可以利用一个独立的基站(BS2)，且 BS2 的位置应该使这座山不在移动台和 BS2 之间的连线上。这就意味着 BS1 和 BS2 之间会有很大的距离，这就是"宏分集"的由来。

最简单的宏分集方法是使用频率中继器，中继器用来接收信号，进行放大后再发送出去。同播与这种方法很相似：不同的基站同时发送相同信号。在蜂窝应用中，这两个基站必须同步，使发送给某一用户的两个信号波几乎同时到达接收机(定时超前)[3]。必须指出，只有信号从两个基站到移动台的传播时间已知，才能实现同步。总的来讲，希望同步误差不要大于接收机所能处理的延迟色散。更重要的是，在接收机所在的区域，来自两个基站的信号的强度必须近似相等。

在广播中，尤其是数字电视，同播同样得到了广泛应用。在这种情况下，所有可能的接收机实现精确同步是不可能的，因为每个接收机需要从发射机中得到不同的定时超前。

---

① 为了简便，称其为水平极化和垂直极化，但是这对于任何两个正交的极化都是成立的。
② 注意，这个结果存在一定的争议，对于能否仅仅通过极化分集达到 6 阶分集，至本书落笔时科学界还没有达成统一的认识。
③ 若接收机不易处理延迟色散，就要求两个信号到达接收机的时间严格相同。对于高级的接收机(见第 16 章至第 19 章)，可以允许有少量延迟色散；若能准确得到基站定时和信号从发射机到接收机的时间，则也可以实现这一点。

　　同播的一个缺点是大量的信令信息需要通过通信电缆传输。同步信息及发送数据也需要通信电缆(或者微波链路)传输到基站。在数字移动电话的早期,这曾经是一个比较严重的问题,但目前光纤链路的广泛应用使这个问题很容易解决。

　　由于无须同步,所以频率中继器的使用比同播简单一些。但另一方面,使用中继器会导致延迟色散更大,因为,(i)信号从基站到中继器和从中继器到移动台的传输时间较长(与从另一个基站到移动台的传输时间相比);(ii)由于电子器件、滤波器等存在延迟,中继器本身也会产生附加的延迟。

13.4　信号的合并

　　下面重点讨论如何利用分集信号来提高检测信号的总质量。为了简化问题,这里只介绍接收机如何合并来自不同天线的信号。当然,这些数学方法对于其他类型的分集信号仍然有效。总的来讲,可将多个分集支路信号的处理方法分为如下两种。

1. 选择式分集。选择并处理(解调和解码)"最佳"信号副本,其余的副本全部丢弃。对于"最佳"信号的判断有多个不同的标准。
2. 合并分集。合并所有的信号副本(在解调器之前或之后),再对合并的信号进行解码。对于信号的合并也有多种不同的算法。

　　由于利用了全部可用的信息,所以合并分集具有更好的性能。在下行链路中,合并分集比选择式分集需要更复杂的接收机。在大多数接收机中,所有的处理都是在基带完成的。因此,采用合并分集的接收机需要对所有可用信号都进行下变频,然后在基带进行适当的合并,因此它需要 N_r 个天线分量和 N_r 个完整的射频(下变频)链路。而采用选择式分集的接收机在一个时刻只处理单个接收信号,所以它只需要一个射频链路。

　　下面会更详细地介绍选择(合并)规则和算法。假设不同信号副本经历了统计独立的衰落,这会大大简化关于信号合并的直观解释和数学分析。关于有限相关系数的影响将在13.5节讨论。

　　除了这些,还必须记住多个天线的增益有两部分:分集增益和波束成形增益。分集增益反映了多个天线接收的信号同时经历深度衰落是几乎不可能的;因此通过使用多个天线,信号出现很低电平的概率会减小。波束成形增益反映了合并器对不同天线上的噪声进行平均的效果(对于合并分集)。因此,即使所有天线上的信号电平都一样,合并器的输出信噪比要比只单个天线时的信噪比大。

13.4.1　选择式分集

接收信号强度指示驱动分集

　　在这种方法中,接收机选择瞬时接收功率(或接收信号强度指示,RSSI)最大的信号,并做进一步处理。这种方法需要 N_r 个天线, N_r 个接收信号强度指示传感器,以及一个 $N_r{:}1$ 转换开关,但只需要一个射频链路(见图13.8)。即使在快衰落信道中,此方法也可采用简单的选择准则进行跟踪。因此,只要接收信号强度指示变得较大,就可以切换到一个较好的天线。

1. 如果误比特率由噪声决定,接收信号强度指示驱动分集就是最好的选择式分集方法,因为接收信号强度指示的最大值也是信噪比的最大值。

2. 如果误比特率由信道之间的相互干扰决定,接收信号强度指示就不再是一个好的选择准则。高电平的干扰会产生高的接收功率,因此接收信号强度指示准则会使系统选择信干比较小的支路。当干扰主要由一个占主导作用的干扰源决定时,这种情况尤为严重,这是频分多址或时分多址系统的一种典型情况。

3. 类似地,如果差错是由信道的频率选择性引起的,接收信号强度指示驱动分集就是次最佳的。但它仍是一种合理的近似方法,因为,在第 12 章讲过,由信号失真引起的差错主要出现在信道的深度衰落中。但这只是一种近似方法,可以证明,与最佳分集(误比特率驱动分集)相比,接收信号强度指示驱动分集系统(无编码、非均衡)的误比特率仅高了一个常数因子。

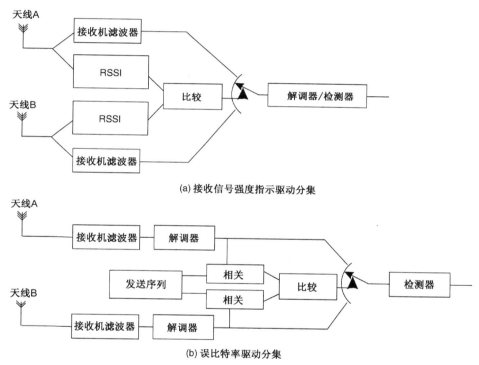

(a) 接收信号强度指示驱动分集

(b) 误比特率驱动分集

图 13.8　选择式分集的原理

为了得到准确的性能估计(见 13.5 节),确定选择器的输出信噪比分布是很重要的。假设信号瞬时幅度是瑞利分布,则第 n 个分集支路的信噪比 γ_n 为[见式(12.48)]

$$\text{pdf}_{\gamma_n}(\gamma_n) = \frac{1}{\bar{\gamma}} \exp\left(-\frac{\gamma_n}{\bar{\gamma}}\right) \tag{13.8}$$

其中,$\bar{\gamma}$ 为支路平均信噪比(假设对所有分集支路是相同的)。那么累积分布函数(cdf)为

$$\text{cdf}_{\gamma_n}(\gamma_n) = 1 - \exp\left(-\frac{\gamma_n}{\bar{\gamma}}\right) \tag{13.9}$$

根据定义,累积分布函数为瞬时信噪比低于给定阈值的概率。由于接收机选择信噪比最大的支路,所以所选信号信噪比低于给定阈值的概率等于每个支路的信噪比低于给定阈值的概率

的乘积。也就是说，被选信号的累积分布函数是每个支路的累积分布函数的乘积：

$$\text{cdf}_\gamma(\gamma) = \left[1 - \exp\left(-\frac{\gamma}{\bar{\gamma}}\right)\right]^{N_r} \tag{13.10}$$

例 13.3 一个选择式分集系统，当使用的天线个数分别为 $N_r = 1, 2, 4$ 时，计算其输出功率低于每个支路平均功率 5 dB 的概率。

解：

阈值 $\gamma_{|dB} = \bar{\gamma}_{|dB} - 5$ dB，即线性表示为 $\gamma = \bar{\gamma} \times 10^{-0.5}$。利用式(13.10)，输出功率低于 $\bar{\gamma} \times 10^{-0.5}$ 的概率为

$$\text{cdf}_\gamma(\bar{\gamma} \times 10^{-0.5}) = [1 - \exp(-10^{-0.5})]^{N_r}$$

$$= \begin{cases} 0.27, & N_r = 1 \\ 7.4 \times 10^{-2}, & N_r = 2 \\ 5.4 \times 10^{-3}, & N_r = 4 \end{cases} \tag{13.11}$$

例 13.4 假设 $N_r = 2$，两个支路的平均功率分别为 $1.5\bar{\gamma}$ 和 $0.5\bar{\gamma}$，结果会有什么变化？

解：

在此条件下，概率为

$$\text{cdf}_\gamma(\bar{\gamma} \times 10^{-0.5}) = \left[1 - \exp\left(-\frac{1}{1.5} \times 10^{-0.5}\right)\right]\left[1 - \exp\left(-\frac{1}{0.5} \times 10^{-0.5}\right)\right] \tag{13.12}$$

$$= 8.9 \times 10^{-2} \tag{13.13}$$

由此可以证明，当各支路的平均功率不同时，分集的性能会降低。

误比特率驱动分集

对于误比特率驱动分集，首先发送一个训练序列，即接收机已知的一个比特序列。然后接收机分别解调每个天线接收到的信号，并与发射信号进行比较。信号具有最小误比特率的天线被判为"最佳"，并用于后面数据信号的接收。另一种类似的方法是利用"软判决"解调信号的均方差，或者利用发射信号和接收信号的相关性。

如果信道是时变的，那么训练序列需要定期重复发送，并且需要重新选择最佳天线。所需的重复速率由信道的相干时间决定。

误比特率驱动分集有如下几个缺点。

1. 接收机需要 N_r 个射频链路和解调器(这会使接收机变得复杂)，或训练序列需要重复发送 N_r 次(这会降低频谱效率)，这样所有天线上的信号质量才能估计出来。

2. 如果接收机只有一个解调器，就不可能持续监测所有分集支路的选择标准(即误比特率)。特别是当信道变化很快时，这一点尤其严重。

3. 由于训练序列的持续时间是有限的，所以选择的标准(误比特率)是不能精确确定的。当训练序列的持续时间增加时，误比特率围绕其真实均值的方差会减小。因而，在选择标准的错误判决导致的性能损失与较长训练序列导致的频谱效率降低之间，需要进行折中考虑。

13.4.2 开关分集

选择式分集的主要缺点是，为了确定选择另一个不同天线的时刻，需要监视所有分集支路

的选择标准(例如功率,误比特率等)。如上所述,这会增加硬件的工作量或降低频谱效率。避免这些缺点的解决方案之一就是开关分集。在开关分集中,只需监视有效分集支路的选择标准。当所选支路的质量低于某一阈值时,接收机则转向另一个天线支路①。开关转换只取决于有效支路的质量,与其余支路是否提供更好质量的信号无关。

如果两个支路的信号质量都低于阈值,开关分集就会出现问题。这时,接收机会在两个支路之间来回切换。利用一段滞后或保持时间可以避免这种情况,因此新的分集支路通常被使用一段时间,这段时间与实际的信号质量无关。这里有两个自由参数:开关阈值和滞后时间。这些参数需要认真选取,如果阈值选得太低,那么当选择某一个分集支路时,另一个天线也许能提供更好的质量;如果阈值选得太高,那么接收机切换到的支路提供的信号质量可能低于当前的有效支路。如果滞后时间选得太长,就有可能在很长时间内使用较差的分集支路;如果滞后时间选得太短,接收机就会浪费全部时间在两个支路之间来回切换。

总之,开关分集的性能要低于选择式分集的性能,因此我们不再深入地进行讨论。

13.4.3 合并分集

基本原理

选择式分集丢弃了 $N_r - 1$ 个接收信号的副本,浪费了信号的能量。而合并分集克服了这个缺点,利用了全部可用的信号副本。每个信号副本乘以一个 w_n^*(复值)权重,然后相加。每个复值权重可看成由校正相位②和幅度的(实)权重组成。

- 相位校正使信号幅度相加,但是另一方面,噪声也会非相干地相加,从而噪声功率也会加起来。
- 对于幅度加权,应用较广泛的有两种方法:最大比值合并(MRC)将所有信号副本的幅度进行加权,(在一定的假设下)可以证明这是最佳的合并策略。另一种方法是等增益合并(EGC),其所有的幅度权重都相同(换句话说,就是不对信号进行加权,只进行相位校正)。这两种方法如图 13.9 所示。

最大比值合并

最大比值合并方法是根据不同天线支路信号的信噪比,对其进行相位补偿和加权。如果几个假设都满足,则这是合并不同分集支路的最佳方法。假设传播信道是平坦慢衰落信道,那么唯一的干扰是加性高斯白噪声。在这些假设下,每个信道实现可看成一个时不变滤波器,其冲激响应为

$$h_n(\tau) = \alpha_n \delta(\tau) \tag{13.14}$$

其中,α_n 是分集支路 n 的(瞬时)衰减。信号的不同支路乘以不同的权重 w_n^* 并相加,因此信噪比变为

$$\frac{\left| \sum_{n=1}^{N} w_n^* \alpha_n \right|^2}{P_n \sum_{n=1}^{N} |w_n|^2} \tag{13.15}$$

---

① 这种方法主要用于有两个分集支路可用的情况。
② 注意,在我们的注释中,信号的权重是 w 的复共轭;这将会简化后续的注释。

其中, P_n 是每个支路的噪声功率(假定每个支路的都相同)。根据柯西-施瓦兹不等式 $\left|\sum_{n=1}^{N} w_n^* \alpha_n\right|^2 \le \sum_{n=1}^{N} |w_n^*|^2 \sum_{n=1}^{N} |\alpha_n|^2$, 其中当且仅当 $w_n = \alpha_n$ 时等式成立。从而, 当选择权重如下时信噪比有最大值:

$$w_{\mathrm{MRC}} = \alpha_n \tag{13.16}$$

例如, 信号相位校正(注意接收信号要乘以 w^*)并且幅度加权。很容易看出, 分集合并器输出的信噪比是各个支路信噪比之和:

$$\gamma_{\mathrm{MRC}} = \sum_{n=1}^{N_r} \gamma_n \tag{13.17}$$

如果各支路是统计独立的, 那么总的信噪比的矩生成函数可看成各支路信噪比的特征函数的乘积。此外, 如果各支路的信噪比服从指数分布(对应于瑞利衰落), 并且所有支路有相同的平均信噪比, $\overline{\gamma}_n = \overline{\gamma}$, 通过计算就可以得到

$$\mathrm{pdf}_\gamma(\gamma) = \frac{1}{(N_r - 1)!} \frac{\gamma^{N_r - 1}}{\overline{\gamma}^{N_r}} \exp\left(-\frac{\gamma}{\overline{\gamma}}\right) \tag{13.18}$$

合并器输出的平均信噪比是支路平均信噪比与分集支路个数的乘积:

$$\overline{\gamma}_{\mathrm{MRC}} = N_r \overline{\gamma} \tag{13.19}$$

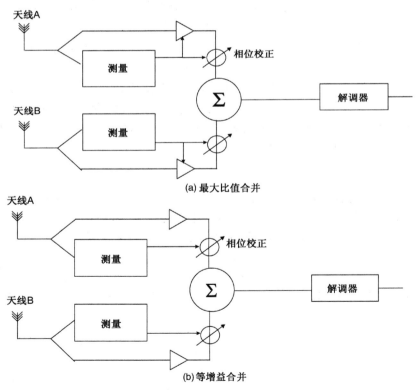

图 13.9　合并分集的原理

　　图 13.10 比较了接收信号强度指示驱动选择式分集和最大比值合并的信噪比的统计特性。当 $N_r = 1$ 时, 没有采用分集, 两者自然没有区别。从图中可进一步看出, 对于最大比值合并和选择式分集, 信噪比分布的斜率是一样的, 但随着 N_r 的增加, 均值之间的差值就会增大。由

于选择式分集丢弃了 $N_r - 1$ 个信号副本($N_r - 1$ 的增加与 N_r 是一致的),所以这种区别是很明显的。对于 $N_r = 3$,两种分集之间仅仅相差大约 2 dB。

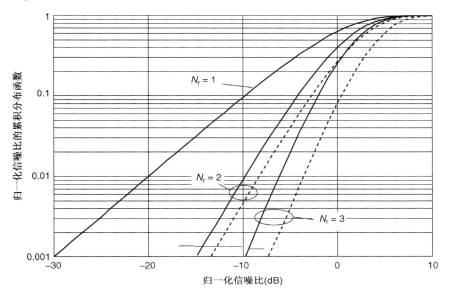

图 13.10　$N_r = 1$,2,3 时,归一化瞬时信噪比 $\gamma / \overline{\gamma}$ 的累积分布函数,实线表示接收信号
强度指示驱动选择式分集,虚线表示最大比值合并。对于 $N_r = 1$,两者无区别

等增益合并

对于等增益合并,合并器的输出信噪比为

$$\gamma_{\text{ECG}} = \frac{\left(\sum_{n=1}^{N_r} \sqrt{\gamma_n} \right)^2}{N_r} \tag{13.20}$$

这里假设所有分集支路的噪声电平是相同的。如果所有支路都经历了平均信噪比为 $\overline{\gamma}$ 的瑞利衰落,则可证明合并器输出的平均信噪比为

$$\overline{\gamma}_{\text{EGC}} = \overline{\gamma} \left(1 + (N_r - 1) \frac{\pi}{4} \right) \tag{13.21}$$

这里只假设所有支路的平均信噪比相同,而支路的瞬时信噪比(表示不同的信道实现)可以不同。值得注意的是,等增益合并的性能只比最大比值合并差一个因子 $\pi/4$(采用平均信噪比)。当各支路的平均信噪比也不同时,等增益合并和最大比值合并之间的性能差别会更大。

信噪比的概率密度函数可以由式(13.20)导出,但是变得很复杂(结果可在 Lee[1982] 中找到)。

最佳合并

在最大比值合并的推导中,均假设信号只受加性高斯白噪声的干扰。如果干扰成为决定信号质量的因素,那么最大比值合并不再是最佳方案。为了使信干噪比(SINR)有最大值,这时权重需根据一种称为最佳合并的方案确定,该方案最早在标志性论文 Winters[1984] 中推导出来。第一步先确定不同天线的干扰和噪声的相关矩阵:

$$\mathbf{R} = \sigma_n^2 \mathbf{I} + \sum_{k=1}^{K} E\{\mathbf{r}_k \mathbf{r}_k^\dagger\} \tag{13.22}$$

其中，期望是在信道保持不变的一段时间内的取值，$\mathbf{r}_k$ 是第 k 个干扰源的接收信号矢量。此外，还需 N_r 个分集支路的复传输函数(由于假定信道平坦衰落，为复衰减)；这些都包含在矢量 $\mathbf{h}_d$ 中。包含最佳接收权重的矢量为

$$\mathbf{w}_{opt} = \mathbf{R}^{-1}\mathbf{h}_d \tag{13.23}$$

当信道改变时，这些权重也要进行相应的调整。很容易看出，对于一个噪声受限的系统，相关矩阵就变成了(成比例的)单位矩阵，最佳合并就简化为最大比值合并。

更为有趣的是，最小化均方误差等同于最大化信干噪比，可以写成下式：

$$\text{SINR} = ((\mathbf{w}^\dagger \mathbf{h}_d \mathbf{h}_d^\dagger \mathbf{w})/(\mathbf{w}^\dagger \mathbf{R}\, \mathbf{w})) \tag{13.24}$$

这个信干噪比值是归一化瑞利商，可以通过最大化下式中的最大归一特征矢量对应的特征值来得到：

$$\mathbf{h}_d \mathbf{h}_d^\dagger \mathbf{w} = \lambda \mathbf{R}\, \mathbf{w} \tag{13.25}$$

通过归一化特征值问题得到的权重矢量与式(13.22)中得到的相同。

N_r 个分集支路信号的最佳合并能提供 N_r 个自由度。这可以消除 $N_r - 1$ 个干扰源的干扰，也就是说，能消除 $N_s \leq N_r - 1$ 个干扰，剩余 $N_r - N_s$ 个"正常"的天线可用来降低噪声。这看似简单的描述对无线系统的设计产生了巨大影响！如第 3 章所述，许多无线系统是干扰受限的。通过适当的分集合并，至少能消除部分干扰源的干扰，这极大地提高了此类系统的链路质量，或提高了系统的容量(详见 20.1 节)。

例 13.5 假设一个期望的二进制相移键控信号在频率平坦信道中传播，$\mathbf{h}_d = [1,\ 0.5+0.7\mathrm{j}]^T$，有一个同步二进制相移键控干扰信号，$\mathbf{h}_{int} = [0.3,\ -0.2+1.7\mathrm{j}]^T$。噪声方差为 $\sigma_n^2 = 0.01$。试说明对接收信号用式(13.23)计算的权重进行加权就能够减轻干扰。

解：

令期望的发射信号为 $s_d(t)$，干扰信号为 $s_{int}(t)$，$n_1(t)$ 和 $n_2(t)$ 是相互独立的零均值噪声。假设期望信号和干扰信号是不相关的，并且 $E\{s_d s_d^*\} = 1$，$E\{s_{int} s_{int}^*\} = 1$。

根据式(13.22)，计算噪声加干扰的相关矩阵为

$$\mathbf{R} = \sigma_n^2 \mathbf{I} + \sum_{k=1}^{K} E\{\mathbf{r}_k \mathbf{r}_k^\dagger\} \tag{13.26}$$

$$= 0.01 \begin{pmatrix} 1 & 0 \\ 0 & 1 \end{pmatrix} + \begin{pmatrix} 0.3 \\ -0.2+1.7\mathrm{j} \end{pmatrix} (0.3 \quad -0.2-1.7\mathrm{j}) \tag{13.27}$$

$$= \begin{pmatrix} 0.1 & -0.06-0.51\mathrm{j} \\ -0.06+0.51\mathrm{j} & 2.94 \end{pmatrix} \tag{13.28}$$

利用式(13.23)，并对权重进行归一化，可得

$$\mathbf{w} = \frac{\mathbf{R}^{-1}\mathbf{h}_d}{|\mathbf{R}^{-1}\mathbf{h}_d|} \tag{13.29}$$

$$= \begin{pmatrix} 0.979+0.111\mathrm{j} \\ 0.041-0.165\mathrm{j} \end{pmatrix} \tag{13.30}$$

将这个值代入式(13.24)中的 $\mathbf{w}$，可得 SINR = 78。这个值可以与 SNR = 100(在接收端无须抑制干扰时可以得到这个值)相比较，而在单天线时 SINR = 0.6。

混合选择/最大比值合并

选择式分集和全信号合并之间折中的方案是所谓的混合选择方案，即先选择 N_r 个天线信号中最佳的 L 个，然后进行下变频和处理。这使所需的射频链路由 N_r 个减少到 L 个，这样可以大大节约成本。与全信号合并系统相比，这种节约是以（通常很小）性能降低为代价的。这种方法称为混合选择/最大比值合并（H-S/MRC），有时也称为广义选择合并（GSC）。

众所周知，最大比值合并的输出信噪比是各个不同接收天线的信噪比之和。对于 H-S/MRC，瞬时输出信噪比与最大比值合并看似很像，即

$$\gamma_{\text{H-S/MRC}} = \sum_{n=1}^{L} \gamma_{(n)} \tag{13.31}$$

与最大比值合并的主要不同是 $\gamma_{(n)}$ 为有序的信噪比，即 $\gamma_{(1)} > \gamma_{(2)} > \cdots > \gamma_{(N_r)}$。这会导致不同的性能，并对性能分析提出了新的数学挑战。特别是需引入顺序统计的概念。选择式分集（只选择 N_r 个天线之一）和最大比值合并分别是 H-S/MRC 对应于 $L=1$ 和 $L=N_r$ 的特殊情况。

由于 H-S/MRC 方案选择最好的天线支路用于合并，因而它能提供好的分集增益。实际上，这种方案得到的分集阶数与 N_r 成比例，而不是与 L 成比例。然而，这并不能提供全部的波束成形增益。如果所有天线的信号完全相关，那么 H-S/MRC 的信噪比增益只有 L，而最大比值合并方案的增益为 N_r。

H-S/MRC 的分析是基于已选的有序支路的，但由于有序支路的信噪比的统计值不是相互独立的，这就显得很复杂。但是，通过把有序的支路变量转换为一个新的随机变量集合，就可以简化这个问题的复杂性。可以找到一种能产生独立分布的随机变量（称为虚支路变量）的变换，使合并器的输出信噪比可以采用独立同分布（iid）的虚支路变量来表示，这会大大简化系统性能的分析。例如，对于非编码 H-S/MRC 系统，符号差错概率（SEP）的推导通常需要计算 N 重积分，实质上可简化为计算有限区间的单重积分。

对于 H-S/MRC，输出信噪比的均值和方差分别为

$$\overline{\gamma}_{\text{H-S/MRC}} = L\left(1 + \sum_{n=L+1}^{N_r} \frac{1}{n}\right)\overline{\gamma} \tag{13.32}$$

和

$$\sigma_{\text{H-S/MRC}}^2 = L\left(1 + L\sum_{n=L+1}^{N_r} \frac{1}{n^2}\right)\overline{\gamma}^2 \tag{13.33}$$

13.5　在衰落信道中分集接收的差错概率

这一节计算接收机采用分集接收时，在衰落信道中的符号差错率（SER）。从平坦衰落信道开始，计算接收功率和误比特率的统计值，然后再研究色散信道，分析分集如何减轻色散信道对简单接收机的有害影响。

13.5.1　平坦衰落信道中的差错概率

经典计算方法

与第 12 章类似，可以由信噪比的分布通过求平均条件差错概率（在一定信噪比条件下）来计算分集系统的差错概率：

$$\overline{\text{SER}} = \int_0^\infty \text{pdf}_\gamma(\gamma) \text{SER}(\gamma) \, \mathrm{d}\gamma \tag{13.34}$$

下面以计算有 N_r 个分集支路最大比值合并的二进制相移键控的性能为例,在加性高斯白噪声信道中,二进制相移键控的符号差错率为(见第 12 章):

$$\text{SER}(\gamma) = Q(\sqrt{2\gamma}) \tag{13.35}$$

将此原理用于最大比值合并的情形。把式(13.18)和式(13.35)代入式(13.34),可得到一个用于计算分析的式子:

$$\overline{\text{SER}} = \left(\frac{1-b}{2}\right)^{N_r} \sum_{n=0}^{N_r-1} \binom{N_r - 1 + n}{n} \left(\frac{1+b}{2}\right)^n \tag{13.36}$$

其中,b 定义为

$$b = \sqrt{\frac{\overline{\gamma}}{1+\overline{\gamma}}} \tag{13.37}$$

对于较大的 $\overline{\gamma}$,可以近似为

$$\overline{\text{SER}} = \left(\frac{1}{4\overline{\gamma}}\right)^{N_r} \binom{2N_r - 1}{N_r} \tag{13.38}$$

由此可以看出,误比特率(系统有 N_r 个分集天线)随着信噪比的 N_r 次方增加而下降。

通过矩生成函数计算

前一节利用 Q 函数的典型表示,利用信噪比的分布对误比特率求平均。第 12 章已经介绍过,Q 函数还有另一种定义,可以很容易与信噪比的矩生成函数 $M_\gamma(s)$ 联合使用。在给定的信噪比条件下,符号差错率可表示为(见第 12 章):

$$\text{SER}(\gamma) = \int_{\theta_1}^{\theta_2} f_1(\theta) \exp(-\gamma_{\text{MRC}} f_2(\theta)) \, \mathrm{d}\theta \tag{13.39}$$

由于

$$\gamma_{\text{MRC}} = \sum_{n=1}^{N_r} \gamma_n \tag{13.40}$$

符号差错率可写为

$$\text{SER}(\gamma) = \int_{\theta_1}^{\theta_2} f_1(\theta) \prod_{n=1}^{N_r} \exp(-\gamma_n f_2(\theta)) \, \mathrm{d}\theta \tag{13.41}$$

通过对不同支路的信噪比求平均,可得

$$\overline{\text{SER}} = \int \mathrm{d}\gamma_1 \text{pdf}_{\gamma_1}(\gamma_1) \int \mathrm{d}\gamma_2 \text{pdf}_{\gamma_2}(\gamma_2) \cdots \int \mathrm{d}\gamma_{N_r} \text{pdf}_{\gamma_{N_r}}(\gamma_{N_r}) \int_{\theta_1}^{\theta_2} \mathrm{d}\theta f_1(\theta) \prod_{n=1}^{N_r} \exp(-\gamma_n f_2(\theta)) \tag{13.42}$$

$$= \int_{\theta_1}^{\theta_2} \mathrm{d}\theta f_1(\theta) \prod_{n=1}^{N_r} \int \mathrm{d}\gamma_n \text{pdf}_{\gamma_n}(\gamma_n) \exp(-\gamma_n f_2(\theta)) \tag{13.43}$$

$$= \int_{\theta_1}^{\theta_2} \mathrm{d}\theta f_1(\theta) \prod_{n=1}^{N_r} M_\gamma(-f_2(\theta)) \tag{13.44}$$

$$= \int_{\theta_1}^{\theta_2} \mathrm{d}\theta f_1(\theta) [M_\gamma(-f_2(\theta))]^{N_r} \tag{13.45}$$

由此，可写出瑞利衰落信道中二进制相移键控的差错率：

$$\overline{\text{SER}} = \frac{1}{\pi} \int_0^{\pi/2} \left[\frac{\sin^2(\theta)}{\sin^2(\theta) + \overline{\gamma}} \right]^{N_{\text{r}}} \text{d}\theta \tag{13.46}$$

例 13.6 8-PSK 系统有 4 个天线，信噪比为 10 dB，比较 H-S/MRC 中，$L=1, 2, 4$ 时的符号差错率。

解：

对于 H-S/MRC，M 进制相移键控的符号差错率为

$$\overline{\text{SER}}_{e,\text{H-S/MRC}}^{\text{MPSK}} = \frac{1}{\pi} \int_0^{\pi(M-1)/M} \left[\frac{\sin^2 \theta}{\sin^2(\pi/M)\overline{\gamma} + \sin^2 \theta} \right]^L \prod_{n=L+1}^{N_{\text{r}}} \left[\frac{\sin^2 \theta}{\sin^2(\pi/M)\overline{\gamma}\frac{L}{n} + \sin^2 \theta} \right] \text{d}\theta \tag{13.47}$$

将 $M=8$，$\overline{\gamma} = 10$ dB，$N_{\text{r}} = 4$，$L = 1, 2, 4$ 分别代入式（13.47），可得

L	$\overline{\text{SER}}_{e,\text{H-S/MRC}}^{\text{MPSK}}$
1	0.0442
2	0.0168
4	0.0090

13.5.2 频率选择性衰落信道中的符号差错率

现在研究在受延迟色散和频率色散影响信道中的符号差错率。假设频移键控用差分相位检测，分析时利用了第 12 章讨论过的两个采样时刻信号之间的相关系数 ρ_{XY}。

对于采用选择式分集的二进制频移键控信号：

$$\overline{\text{SER}} = \frac{1}{2} - \frac{1}{2} \sum_{n=1}^{N_{\text{r}}} \binom{N_{\text{r}}}{n} (-1)^{n+1} \frac{b_0 \,\text{Im}\{\rho_{XY}\}}{\sqrt{(\text{Im}\{\rho_{XY}\})^2 + n(1 - |\rho_{XY}|^2)}} \tag{13.48}$$

其中，b_0 为发射比特。这可近似为

$$\overline{\text{SER}} = \frac{(2N_{\text{r}} - 1)!!}{2} \left(\frac{1 - |\rho_{XY}|^2}{2(\text{Im}\{\rho_{XY}\})^2} \right)^{N_{\text{r}}} \tag{13.49}$$

其中，$(2N_{\text{r}} - 1)!! = 1 \times 3 \times 5 \times \cdots \times (2N_{\text{r}} - 1)$。

对于采用最大比值合并的二进制频移键控：

$$\overline{\text{SER}} = \frac{1}{2} - \frac{1}{2} \frac{b_0 \text{Im}\{\rho_{XY}\}}{\sqrt{1 - (\text{Re}\{\rho_{XY}\})^2}} \sum_{n=0}^{N_{\text{r}}-1} \frac{(2n-1)!!}{(2n)!!} \left(1 - \frac{(\text{Im}\{\rho_{XY}\})^2}{1 - (\text{Re}\{\rho_{XY}\})^2} \right)^n \tag{13.50}$$

可近似为

$$\overline{\text{SER}} = \frac{(2N_{\text{r}} - 1)!!}{2(N_{\text{r}}!)} \left(\frac{1 - |\rho_{XY}|^2}{2(\text{Im}\{\rho_{XY}\})^2} \right)^{N_{\text{r}}} \tag{13.51}$$

上式说明，与选择式分集相比，最大比值合并将符号差错率提高了 $N_{\text{r}}!$ 倍。一个更重要的结论是，由延迟色散和随机频率调制引起的误差和由噪声引起的误差同样被降低了。圆括号内表达式的 N_{r} 次方就说明了这个问题。这些项把误差都归因于各种不同的影响。分集时的符号差错率大约是无分集时符号差错率的 N_{r} 次方（见图 13.11 至图 13.13）。

对于采用选择式分集的差分正交相移键控，平均误比特率为

$$\overline{\text{BER}} = \frac{1}{2} - \frac{1}{4} \sum_{n=1}^{N_{\text{r}}} \binom{N_{\text{r}}}{n} (-1)^{n+1} \left[\frac{b_0 \text{Re}\{\rho_{XY}\}}{\sqrt{(\text{Re}\{\rho_{XY}\})^2 + n(1 - |\rho_{XY}|^2)}} + \frac{b_0' \text{Im}\{\rho_{XY}\}}{\sqrt{(\text{Im}\{\rho_{XY}\})^2 + n(1 - |\rho_{XY}|^2)}} \right] \tag{13.52}$$

其中，b_0 和 b_0' 为发射符号。

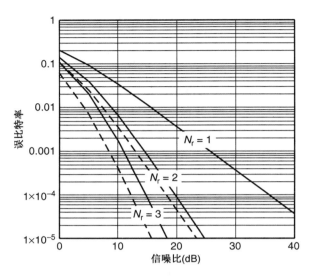

图 13.11 采用 N_r 个分集天线时,最小频移键控的误比特率与信噪比的函数关系,其中实线表示接收信号强度指示驱动选择式分集,虚线表示最大比值合并。引自Molisch[2000]© Prentice Hall

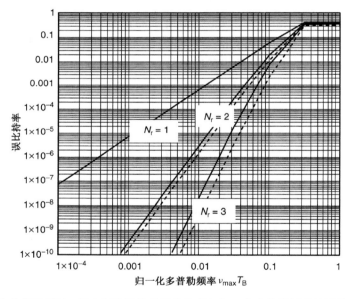

图 13.12 采用 N_r 个分集天线时,最小频移键控的误比特率与归一化多普勒频率的函数关系,其中实线表示接收信号强度指示驱动选择式分集,虚线表示最大比值合并。引自Molisch[2000]© Prentice Hall

对于采用最大比值合并的差分正交相移键控,平均误比特率为

$$
\overline{BER} = \frac{1}{2} - \frac{1}{4} \sum_{n=0}^{N_r-1} \frac{(2n-1)!!}{(2n)!!} \left[\frac{b_0 \mathrm{Re}\{\rho_{XY}\}}{\sqrt{1 - (\mathrm{Im}\{\rho_{XY}\})^2}} \left(\frac{1 - |\rho_{XY}|^2}{1 - (\mathrm{Im}\{\rho_{XY}\})^2} \right)^n \right.
$$
$$
\left. + \frac{b_0' \mathrm{Im}\{\rho_{XY}\}}{\sqrt{1 - (\mathrm{Re}\{\rho_{XY}\})^2}} \left(\frac{1 - |\rho_{XY}|^2}{1 - (\mathrm{Re}\{\rho_{XY}\})^2} \right)^n \right]
\tag{13.53}
$$

更一般的情况下,可采用二次型高斯变量(QFGV)方法(见 12.3.3 节)处理,其中式(12.103)可由下式替换:

$$P(D<0) = Q_M(p_1, p_2) - I_0(p_1 p_2) \exp\left[-\frac{1}{2}(p_1^2 + p_2^2)\right]$$

$$+ \frac{I_0(p_1 p_2) \exp\left[-\frac{1}{2}(p_1^2 + p_2^2)\right]}{(1 + v_2/v_1)^{2N_r - 1}} \sum_{n=0}^{N_r - 1} \binom{2N_r - 1}{n} \left(\frac{v_2}{v_1}\right)^n$$

$$+ \frac{\exp\left[-\frac{1}{2}(p_1^2 + p_2^2)\right]}{(1 + v_2/v_1)^{2N_r - 1}} \cdot \sum_{n=1}^{N_r - 1} I_n(p_1 p_2) \sum_{k=0}^{N_r - 1 - n} \binom{2N_r - 1}{k} \tag{13.54}$$

$$\times \left[\left(\frac{p_2}{p_1}\right)^n \left(\frac{v_2}{v_1}\right)^k - \left(\frac{p_1}{p_2}\right)^n \left(\frac{v_2}{v_1}\right)^{2N_r - 1 - k}\right]$$

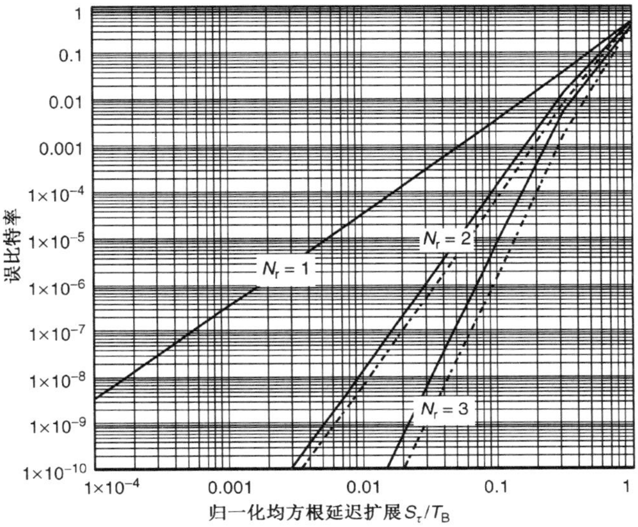

图 13.13　采用 N_r 个分集天线时，最小频移键控的误比特率与归一化均方根延迟扩展的函数关系，其中实线表示接收信号强度指示驱动选择式分集，虚线表示最大比值合并。引自 Molisch[2000] © Prentice Hall

当误差主要由频率选择性和时间选择性引起时，接收信号强度指示驱动选择式分集不是最佳的选择策略。因为它只关注幅度最大的信号，而不是失真最小的信号[1]。在这些情况下，误比特率驱动选择式分集更可取。对于 $N_r = 2$，差分检测的最小频移键控的误比特率为

$$\overline{BER} \approx \left(\frac{\pi}{4}\right)^4 \left(\frac{S_\tau}{T_B}\right)^4 \tag{13.55}$$

接收信号强度指示驱动选择式分集的误比特率为

$$\overline{BER} \approx 3\left(\frac{\pi}{4}\right)^4 \left(\frac{S_\tau}{T_B}\right)^4 \tag{13.56}$$

13.6　发射分集

对于许多情况，只在链路的一端（通常在基站）安装多个天线。对于从移动台到基站的上行链路传输，多个天线相当于接收分集支路。对于下行链路，任意可能的分集都源于发射机。

---

[1]　由于类似的原因，最大比值合并不是最佳合并方案。

本节将讨论从多个发射机天线发射信号和获得分集的方法。本节专门讨论天线分集（包括空间分集、模式分集和极化分集）。时间分集和天线分集是发射机固有的，所以在此不必再讨论。

关于多个天线的发射分集如何在接收机合并的问题将在第 20 章中讨论。

13.6.1　具有信道状态信息的发射机分集

我们分析的第一种情况是发射机完全知道信道信息。这些信息可从接收机的反馈或互易原理中获得；关于此问题的更详细讨论见 20.1.6 节。在这种情况下，可以发现发射分集和接收分集之间是完全等价的（至少对于噪声受限的情况）。换句话说，最佳发射方案根据从发射天线到单个接收天线之间的信道传输函数的复共轭，对从不同天线发射的信号进行线性加权。这种方法称为最大比值发射。

13.6.2　无信道状态信息的发射机分集

在许多情况下，信道状态信息（CSI）在发射机中是不可知的，因而不能简单地用不同发射天线发射同一信号的加权副本，因为不知道这些副本在接收机中是如何叠加的。不同分量的叠加是增强还是减弱是等可能的，换句话说，我们只是将具有不同随机相位的多径分量叠加起来，这就会产生瑞利衰落。因此，就不会得到任何分集（或波束成形）。

为了获得益处，不同天线的发射信号应该使接收机能区分出不同的发射信号分量。一种方式是延迟分集。在这种方案中，不同天线的发射信号是不同延迟的信号副本。这样，即使信道本身是平坦衰落的，也可以确保有效冲激响应是延迟色散的。因而在平坦衰落信道中，每个发射天线经过一个符号持续时间的延迟（与前面的天线有关）再发射数据流。信道的有效冲激响应为

$$h(\tau) = \frac{1}{\sqrt{N_r}} \sum_{n=1}^{N_t} h_n \delta(\tau - n T_s) \tag{13.57}$$

其中，h_n 为从第 n 个发射天线到接收天线之间的衰减，冲激响应已被归一化，因此总的发射功率与天线的数量无关。从不同发射天线到接收机的信号相当于经延迟的多径分量。如果天线之间的距离足够远，这些系数就具有独立衰落特性。对于延迟色散信道，采用恰当的接收机，例如第 16 章介绍的均衡器，或第 18 章介绍的 Rake 接收机，就能得到与天线数量相等的分集阶数。

如果从单个发射天线到接收机之间的信道已经是延迟色散的，那么这种方案仍然有效，但为不同的天线选择延迟的时候应该注意，不同天线的发射信号之间的延迟应至少与信道的最大附加延迟一样大。

另一种方法是相位扫描分集。当只有两个天线时，这种方法非常有用，两个天线发射相同的信号。但是，其中一个天线的信号需要经历时变的相移。这意味着，在接收机接收信号时需要以时变的方式叠加；也就是说，我们在信道中人为地引入了时变特性。这样做的原因是，即使发射机、接收机和相互作用体是静止的，在深度衰落中信号也不是保持不变的。如果此方案与合适的编码或交织相结合，性能就会提高。

另外一种实现发射分集的方法是空时编码。这种方法将在第 20 章中进行讨论。

13.7 附录

请访问 www.wiley.com/go/molisch。

深入阅读

空间(天线)分集是一种最早的分集方式,在有关无线传播信道的书中都进行了讨论,如 Vaughan and Anderson[2003]。对于不同的角度谱,天线相关系数的估计可在 Fuhl et al. [2001]及 Roy and Fortier[2004]中找到。关于手机天线的相应情况,Ogawa et al.[2001]给出了结果。Taga[2004]也介绍了相互耦合对模式分集和相关系数的影响,在 MIMO 系统中的相关内容有一系列相关的论文[Waldschmidt et al. 2004,Wallace and Jensen 2004]。Narayanan et al.[2004]和 Shafi et al.[2006]对极化分集做了更详细的讨论;Dietrich et al.[2001]介绍了联合天线分集、极化分集及模式分集(角度分集)。Proakis[2005]和许多基础文献中介绍了天线信号的不同合并策略,以及引起的信道统计特性。这种情况与第 12 章提到的是类似的:每一种衰落特性和每一种合并策略都至少有一篇论文。在利用这些衰落特性来计算误比特率方面,已经发表了大量论文。Simon and Alouini[2004]针对不同的调制方式、不同的衰落特性和天线合并策略,介绍了一种较好的统一处理方法。对于瑞利衰落或莱斯衰落可采用 Proakis[1968]中的二次型高斯变量的经典方法;Adachi and Ohno[1991]和 Adachi and Parsons[1989]分别计算了差分正交相移键控和频移键控的性能。Win and Winters[1999]介绍了对于 HS-MRC 的虚路径方法;Simon and Alouini[2004]也研究了这种情况。有关有序统计的一般数学特性可在 David and Nagaraja[2003]中找到。对于频率选择性信道中的系统,分集影响的讨论可在 Molisch[2000]的第 13 章中找到。Lo[1999]最早提出了最大比值发射。Winters[1994]和 Wittneben[1993]提出了延迟分集。多种发射分集技术的概述可在 Hottinen et al.[2003]中找到。

第14章 信道编码

14.1 编码与信息论基础

14.1.1 编码历史与动机

第 12 章证明了在无线系统中的典型信噪比情况下，可以发生 10^{-2} 数量级的误比特率。高的误比特率大多是由多径传播效应引起的。先进的接收机结构有助于减小误比特率：分集技术可以抗衰落骤降，而均衡和 Rake 接收机（见第 16 章和第 18 章）可以改进频率选择性信道下的性能。但是，即使采用这些先进的接收机，对误比特率的降低可能仍然不够。数据通信经常需要误比特率达到 $10^{-6} \sim 10^{-9}$ 数量级。这么低的值只有采用数据的编码才能实现，即在传输中引入冗余。纠错码[1]的作用是减少误比特率，或者说产生编码增益 G_c，即与未编码系统相比，我们可以发送小 G_c dB 的功率，达到目标误比特率[2]。

编码的历史开始于克劳德·香农[Shannon 1948]关于通信的数学理论的开创性工作。他指出只要比特率小于信道容量，无误的传输数据是可能的。无误码可以通过使用"适当"的编码来实现。香农证明了（无限长的）随机码可以达到容量。遗憾的是，这种编码在实际中无法采用，因为其解码需要庞大的工作量。50 多年来，编码理论家的主要工作就是寻找逼近香农极限的实用码，即以接近信道容量的信息速率进行通信。

本章的后续部分会对纠错码进行简单的概述。基本的编码理论对时不变信道和时变信道均适用，所以 14.2 节至 14.7 节并不区分这两种情况，而是给出了很多重要类别的编码/译码的理论背景：分组码、卷积码、网格编码调制（TCM）、Turbo 码及低密度奇偶校验（LDPC）码。14.8 节和 14.9 节专门讲了衰落信道的特性，并描述了编码结构如何适应这种情况。

14.1.2 信息论的基础概念

香农开创性的工作是信息论的基础，探索了最佳通信系统理论上的性能限。信息理论限的知识对系统设计者是有用的，因为它标示着一个真实的系统有多大的提升空间。我们面对的核心概念是：(i) 关于信息的数学意义上的严格定义；(ii) 信道容量，它描述了在给定的信道条件下，信息最多能以多大的速率传输。我们将会发现通信需要合适的编码来趋近信道容量。

作为第一步，首先定义离散无记忆信道（DMC）。假设有一个发射符号的符号集合 $\mathcal{X}$（集合的大小是 $|\mathcal{X}|$），集合中的每一个元素的发射概率是已知的。此外还有一个接收符号的符号集合 $\mathcal{Y}$，大小为 $|\mathcal{Y}|$。最后，也是非常重要的一点，离散无记忆信道定义了从每一个发射符号到每一个接收符号的转移概率。最常见的形式是二元对称信道，特征为 $|\mathcal{X}| = |\mathcal{Y}| = 2$，转移概率

---

[1] 本章的余下部分使用编码表示纠错码。注意，这与第 15 章和第 23 章不同，那里编码将指信源编码。

[2] 注意，编码增益取决于目标差错率。编码导致误比特率-信噪比曲线形状的变化。

为 p。例如，如果发送的是 $\mathcal{X} = +1$，那么接收符号 $\mathcal{Y} = +1$ 的概率为 $1-p$，接收符号 $\mathcal{Y} = -1$ 的概率为 p；类似地，如果发送的是 $\mathcal{X} = -1$，那么接收 -1 的概率为 p，接收 $+1$ 的概率为 $1-p$。无记忆信道具有的另一个特征是，如果发送符号序列 $\mathbf{x} = \{x_1, x_2, \cdots, x_N\}$，观察输出符号序列 $\mathbf{y} = \{y_1, y_2, \cdots, y_N\}$，那么

$$Pr(\mathbf{y}|\mathbf{x}) = \prod_{n=1}^{N} Pr(y_n|x_n) \tag{14.1}$$

换句话说，没有符号间干扰(又称码间干扰)。

离散无记忆信道可以用来描述，比如，二进制相移键控调制器、加性高斯白噪声信道，以及硬判决输出的解调器的串联。那么，变量 X 对应于发送符号 $+1/-1$，变量 Y 对应于解调器/判决器的输出，也是 $+1/-1$。噪声的大小决定了符号差错概率(如第 12 章中计算得到)，在这种情况下等同于转移概率 p。如果想要避免硬判决解调器的限制，可用的信道模型就是离散时间加性高斯白噪声信道(如第 11 章至第 13 章所采用的)，为

$$y_n = x_n + n_n \tag{14.2}$$

其中，n_n 是高斯分布随机变量，方差为 σ^2，输入变量受限于平均功率约束：$E\{X^2\} \leqslant P$[①]。

现在定义两个离散随机变量 X，Y 之间的互信息。如果观察 Y 的某个特定实现，比如 $Y = y$，互信息就是通过这次观察所知关于出现事件 $X = x$ 的信息的量度，实现 x 和 y 之间的互信息定义为

$$I(x; y) = \log \frac{Pr(x|y)}{Pr(x)} \tag{14.3}$$

其中，$Pr(x|y)$ 是 y 出现的条件下 x 的概率。上式中的对数既可以 2 为底，这种情况下的互信息以比特为单位；也可以 e 为底，这种情况下的 I 的单位为奈特。随机变量 X 和 Y 之间的互信息是 $I(x; y)$ 的均值，即

$$I(X; Y) = \sum_x \sum_y Pr(X = x, Y = y) \log \frac{Pr(x|y)}{Pr(x)} \tag{14.4}$$

$$= \sum_x \sum_y Pr(X = x, Y = y) \log \frac{Pr(x, y)}{Pr(x) Pr(y)} \tag{14.5}$$

当 y 和/或 x 是连续变量时，求和以积分代替。

对互信息的直观解释依据离散无记忆信道得出：再次将 X，Y 分别与发送符号和接收符号相关联。如果 X 和 Y 是统计独立的，也就是接收一个特定的符号并未给出有关发送哪个符号的任何信息，那么互信息为 0；这种情况发生在信噪比非常低的信道中，在一个二元对称信道中，这对应于 $p = 0.5$。如果接收到一个特定符号，比如 $+1$，以很大的概率告诉我们发送的是哪个符号，那么互信息很大。这种情况发生在具有小的转移概率 p 的信道中，或者换句话说，在几乎没有噪声的信道中。注意，互信息永远不可能大于 $\min[\log|\mathcal{X}|, \log|\mathcal{Y}|]$。如果 $X = Y$，那么对于离散符号集

$$I(X; Y) = -\sum_x \sum_y Pr(X = x, Y = y) \log[Pr(x)] \tag{14.6}$$

$$= -\sum_x Pr(X = x) \log[Pr(x)] \tag{14.7}$$

---

① 注意 P 是功率，p 是转移概率。

被称为熵 $H(X)$。熵表示随机变量 X 的信息量，对于离散无记忆源，如果符号集中的所有符号等概率，则熵取最大值。

一般的互信息也可以写成接收符号的熵 $H(Y)$ 和条件熵 $H(Y|X) = -\sum\limits_{x,y} \Pr(x,y)\log[\Pr(y|x)]$ 的形式：

$$I(X;Y) = H(Y) - H(Y|X) = H(X) - H(X|Y) \tag{14.8}$$

14.1.3 信道容量

对于任何经过离散无记忆信道的通信，以下定理都成立：可靠的通信(也就是差错概率趋于零的通信)是可能的，当且仅当通信速率 $R < C$，C 是信道容量

$$C = \max_{\Pr(x)} I(X;Y) \tag{14.9}$$

也就是 X 和 Y 的互信息在所有输入分布下的最大值。如果速率高于容量，则可靠的通信是不可能的。

到达或者至少趋近信道容量的关键是对长码字编码的使用。如同本章引言中提到的，编码引进了冗余，以便即使码字中的一些比特被错误地接收，仍有可能还原原始的码字。考虑长度为 N 的码字在二元对称信道的传输：当 $N \to \infty$ 时，接收约等于 Np 个错误的概率趋于 1。

$$\binom{N}{Np} = \frac{N!}{(Np)!(N(1-p)!)} \tag{14.10}$$

$$\approx \frac{\sqrt{2\pi N}N^N e^{-N}}{\left[\sqrt{2\pi Np}(Np)^{Np}e^{-Np}\right]\left[\sqrt{2\pi N(1-p)}(N(1-p))^{N(1-p)}e^{-N(1-p)}\right]} \tag{14.11}$$

$$\approx \frac{1}{2^{N[p\log(p)]}2^{N[(1-p)\log(1-p)]}} \tag{14.12}$$

$$= 2^{NH_b(p)} \tag{14.13}$$

共有上式给出的这么多个不同的码字具有 Np 个错误；第一个近似依据 Sterling 准则得出，而第二个是用 $p = 2^{\log(p)}$ 重新排列所得。最后一个等号则简单地为二进制熵函数的定义，$H_b(p) = -p\log(p) - [(1-p)\log(1-p)]$。长度为 N 的所有序列的总数为 2^N。那么可确切分辨的序列的数目为 $M = 2^{N(1-H_b(p))}$。所以，用 N 个符号可以传输 M 种不同的信息，进而有 $\log(M)$ 位信息比特。可能的码率为

$$R = \frac{\log(M)}{N} = 1 - H_b(p) \tag{14.14}$$

对于加性高斯白噪声信道，可以进行类似的证明。对于长的码字，可知以高概率有

$$\frac{1}{N}\sum_n |n_n|^2 \to \sigma^2 \tag{14.15}$$

于是接收的信号矢量 $\mathbf{y}$ 位于一个围绕发射信号矢量 $\mathbf{x}$ 的接近半径为 $\sqrt{N\sigma^2}$ 的球体(称为噪声球体)的表面。只要与不同的码字相关联的球体不相互重叠，即每个接收信号点可以唯一地对应于一个特定的发射信号点，可靠通信就是可能的。另一方面，由于平均功率 $\sqrt{N(P+\sigma^2)}$ 的限制，可知所有接收信号点必须位于一个半径为 $\sqrt{N(P+\sigma^2)}$ 的球体内部。可以得出结论，能够被可靠译码的不同接收序列的数目等于装进半径为 $\sqrt{N(P+\sigma)^2}$ 的球体

的噪声球体的个数。因为半径为 ρ 的 N 维球体体积与 ρ^N 成正比，因此能够用长度为 N 的码字进行通信的不同信息的个数为

$$M = \frac{[N(P + \sigma^2)]^{N/2}}{[N\sigma^2]^{N/2}} \qquad (14.16)$$

于是通信的可能速率为

$$R = \frac{\log(M)}{N} = \frac{1}{2} \log \left[1 + \frac{P}{\sigma^2} \right] \qquad (14.17)$$

这等于加性高斯白噪声信道的容量。省却推导，这里声明这个容量是在当传输符号集是高斯的（也是连续的）时得到的。

值得注意的是，式（14.17）是对于一个实的调制符号表和信道的每次信道使用（也就是每个传输的基本符号）的容量。当使用复调制时，每单位带宽的容量为

$$C_{\text{AWGN}} = 2 \times \frac{1}{2} \log \left[1 + \frac{P}{N_0 B} \right] \qquad \text{bps/Hz} \qquad (14.18)$$

它可以用信噪比的形式表示为

$$C_{\text{AWGN}} = \log \left[1 + \gamma \right] \qquad \text{bps/Hz} \qquad (14.19)$$

值得注意的是，容量随信噪比仅以对数形式增长。这意味着对于加性高斯白噪声信道，提高发射功率仅能获得有限的信道容量提升。还记得这一表述与第 12 章和第 13 章中所获得的见解是不同的吗？在那里讲过对于一个给定的传输速率，提高发射功率对于降低加性高斯白噪声信道中未编码传输的误码率是非常有效的。此处要说明，对于一个理想的编码系统（根据定义，没有符号错误），提高发射功率对于提高传输速率不是一种有效途径。然而，很清楚，可接受的传输速率随着有效带宽的增加而线性提高。

14.1.4 功率与带宽的关系

从容量公式可知，也可以在一个传输的频谱效率和功率效率之间取折中。已知发送速率必须小于归一化带宽与投入带宽之积

$$R < B \log \left[1 + \frac{P}{N_0 B} \right] \qquad (14.20)$$

进一步，每传输信息比特消耗的能量为

$$E_{\text{b}} = \frac{P T_{\text{seq}}}{\log(M)} = \frac{P}{\frac{\log(M)}{T_{\text{seq}}}} = \frac{P}{R} \qquad (14.21)$$

其中，T_{seq} 是长度为 N 的符号序列的持续时间。R/B 表示为频谱效率 r，重写式（14.20）为

$$r < \log \left(1 + r \frac{E_{\text{b}}}{N_0} \right) \qquad (14.22)$$

于是

$$\frac{E_{\text{b}}}{N_0} > \frac{2^r - 1}{r} \qquad (14.23)$$

这个公式表示了每比特能量与频谱效率之间的折中。当频谱效率降低时，对 E_b/N_0 的要求也会降低。以频谱效率极限零为例，$E_b/N_0 \to \ln(2) = -1.59$ dB，由洛必达法则所得的这个 -1.59 dB

是可能可靠通信的 E_b/N_0 的最小值。注意,具有很大维数的正交调制,如频移键控或者脉冲位置调制)近似于这种情况。

14.1.5　与实际系统的关系

以上对信道容量的推导均使用无限长的码。而且,以上产生的结果并没有给出如何得到具有上述特点的好码的构造性方法。香农的推导证明随机码能达到信道容量;然而,真正随机码的唯一译码方法是列表译码,当 N 很大时,列表很快变得难以操纵。下面将讨论的实际编码方法虽然性能差于随机码,但是具有通过有限的代价而实际上可译码的好处。对于分组码和卷积码尤其如此,它们已经被应用多年,但是由于相对短的码长,并不接近理论的性能限。20 世纪 90 年代终于有了实际上可译码,同时又具有大的码字有效长度,进而接近最佳性能的方法:Turbo 码和 LDPC 码距香农极限均不足 1 dB(见 14.6 节和 14.7 节)。

14.1.6　实际编码的分类

编码的一种分类方法是分为分组码和卷积码,前者是在一组数据后添加冗余,而后者则是连续地添加冗余。分组码可以很好地纠正突发错误,这在无线通信中经常出现,但是突发错误也可以通过交织技术转变成随机错误。卷积编码的优点是其解码通过维特比译码很容易实现,用同样的算法还能进行联合译码和均衡。Turbo 编码和 LDPC 编码可以很容易地归入这种分类。在 14.6 节将会看到,Turbo 码使用了两个并行交织的卷积码对信息进行编码。但是,由于编码器的记忆长度,采用了不同的译码器结构。LDPC 编码也类似:正如其名字所示,它属于分组编码,但是其分组太大,所以需要不一样的译码结构。正因为这些原因,将其单列一节进行讨论。

最近几年的研究实际上"模糊"了分组码和卷积码的界限。已经证明维特比译码器(卷积码的经典解决方案)可以用于检测分组码[Wolf 1978],而置信传播算法[Loeliger 2004](常用来对分组码进行译码)可以推广成对卷积码进行译码。然而,这都属于比较复杂的论题,这里不进行深入讨论,感兴趣的读者可以参考所引论文。

编码的另一种分类方法基于其编码器输入/输出是硬信息还是软信息。硬信息只是表达对一个比特进行检测时的(二元的)值,而软信息表达判决这个比特时的置信信息。

例 14.1　循环码的软/硬信息。

解:

考虑一个简单的例子:重复码重复一个比特 3 次,设发送比特序列为 1　1　1,接收端的解调信号为 -0.05,-0.1,1.0。现在,一种方法是译码前对每个比特做硬判决,判决后的比特序列为 -1　-1　1,译码器根据这些硬译码器的输入,由多数判决确定发送的是 -1,但是软译码器可能会将解调信号相加①,得到 0.85 作为软译码器输入,对这个值做硬判决会得出发送的是 $+1$。

对于有些应用(如迭代和级联译码器),译码器不仅使用软输入信息,输出也会在硬比特信息之外,输出软信息。无论如何,与硬输入信息相比,使用软输入信息总是会提高系统性能。

---

① 这纯粹是为了演示目的。我们将在后面讨论更智能的软合并策略。

14.2　分组编码

14.2.1　引言

分组编码是把数据源进行分组，根据分组内的比特值计算出一个更长的码字进行传输。码率(消息序列长度与码字长度之比)越低，冗余度越高，错误被纠正的概率也越高。最简单的码是分组长度为 1 的重复码：输入"分组"为 x，输出分组为 xxx(码率为 1/3 的重复码)。

在这样的直观介绍之后，下面给出更精确的描述。首先定义一些重要的术语和概念。

- 分组码。数据源每 K 个符号分成一组，每个未编码的数据块对应一个长为 N 个符号的码字。
- 码率。比值 K/N 称为码率 R_c(假设编码前后符号集相同)。
- 二进制码。当符号集是二进制值时产生的是二进制码，取值只能是"0"和"1"。几乎所有实用的分组码都是二进制码，RS 码例外(见下文)。如无特别声明，后面章节中提到的都是二进制码，因此后面的"和"意味着"模 2 和"，"+"意味着"模 2 加"。
- 汉明距离。两个码字间的汉明距离 $d_H(\mathbf{x}, \mathbf{y})$ 是指它们之间不同的比特数：

$$d_H(\mathbf{x}, \mathbf{y}) = \sum_n |x_n - y_n| \qquad (14.24)$$

其中 $\mathbf{x}$ 和 $\mathbf{y}$ 为码矢量，$\mathbf{x} = \begin{bmatrix} x_1 & x_2 & \cdots & x_N \end{bmatrix}$，$x_n \in \{0, 1\}$。例如，码字 01001011 和 11101011 之间的汉明距离为 2。注意，在编码理论中，经常用到的是行矢量，而通信理论中经常用列矢量。为了简化对其他编码书籍的交叉参考，本章中也遵循这一用法。

- 欧氏距离。两个码字之间的平方欧氏距离是指码矢量 $\mathbf{x}$ 和 $\mathbf{y}$ 之间的几何距离的平方和：

$$d_E^2(\mathbf{x}, \mathbf{y}) = \sum_n |x_n - y_n|^2 \qquad (14.25)$$

- 最小距离。码字的最小距离 d_{min} 是指最小汉明距离(d_H)，这里的"最小"是对码中任意两个码字的所有可能组合求最小。注意，这里的最小距离与奇偶校验矩阵(见后面)中线性独立的列数相等。
- 权重。码字的权重是指码字中"1"的个数，例如码字 01001011 的权重为 4。
- 系统码。在系统码中，原始信息位明显地出现在固定位置，校验(冗余)位由信息位计算出来，在不同(也是固定)的位置。理想传输时(无噪声非失真信道)，无须奇偶校验位的任何信息就可以确定码字。一个(7, 4)系统分组码按如下方式生成：

k	k	k	k	m	m	m

其中，k 表示信息符号，m 表示奇偶校验符号。

- 线性码(群码)。对于这些码，任意两个码字的和都是一个有效码字，因此有如下重要性质：
  (i) 全 0 码是一个有效码字；
  (ii) 所有码字(全 0 码除外)的权重都大于或等于 d_{min}；
  (iii) 距离(即有效码字之间的汉明距离)的分布与码权重的分布相同；
  (iv) 所有码字都可以由基本码字(生成码)的线性组合表示。

- 循环码(见 14.2.6 节)。循环码是一种特殊的线性码,其任一码字的循环移位依然是个有效码字,循环码可以由码矢量表示,也可以由码字多项式(多项式次数 $\leq N-1$, N 为码字长度)表示,其中非零系数对应码矢量中的非零元素, x 是虚拟变量。
  例如,码字 011010 的两种表示分别为

$$\mathbf{x} = [0\ 1\ 1\ 0\ 1\ 0] \tag{14.26}$$

$$X(x) = 0 \cdot x^5 + 1 \cdot x^4 + 1 \cdot x^3 + 0 \cdot x^2 + 1 \cdot x^1 + 0 \cdot x^0 \tag{14.27}$$

- 伽罗华域。一个伽罗华域 GF(p) 是有 p 个元素的一个有限域,其中 p 为素数,域中定义了元素之间的加法和乘法运算,且这些运算都具有封闭性(即两个元素的和与积仍是有效元素);这两种运算具有幺元和逆元,并满足结合律、交换率和分配律。最重要的例子是 GF(2),它包括元素 0 和 1,是最小的有限域,其加法和乘法表如下:

+	0	1		×	0	1
0	0	1		0	0	0
1	1	0		1	0	1

经常使用 GF(2) 编码,是因为在计算机中很容易只用 1 比特表示,也可以定义扩域 GF(p^m),其中 p 为素数, m 为任意整数。

- 本原多项式。定义 N 次不可约多项式为不能被任何次数小于 N 且大于 0 的多项式整除的多项式。如果一个 m 次多项式 $g(x)$ 是不可约的,且能被 $g(x)$ 整除的 (x^N+1) 中整数 N 的最小值为 $N = 2^m - 1$,则它被定义为本原多项式。

14.2.2　编码

最直接的编码是通过映射表:任意长为 K 的消息对应一个长为 N 的码字,表格只需要核对输入并输出相应的码字。但是,这种方法效率很低,因为它需要存储 2^K 个码字。

对于线性码,任意码字都可以通过其他码字的线性组合生成,这样只需存储码字的一个子集就足够了。例如,一个长为 K 的消息码, 2^K 个码字中只有 K 个是线性独立的,因此只需存储 K 个码字。最好选择前 K 个位置只有一个 1 的那些码字。这样的选择会自动生成系统码,则编码过程表示为矩阵相乘:

$$\mathbf{x} = \mathbf{u}\mathbf{G} \tag{14.28}$$

其中, $\mathbf{x}$ 为 N 维码矢量, $\mathbf{u}$ 为 K 维信息矢量, $\mathbf{G}$ 为 $K \times N$ 维的生成矩阵。对于系统码,生成矩阵中左边 K 列为一个 $K \times K$ 的单位阵,右边 $N-K$ 列表示奇偶校验比特。 $\mathbf{x}$ 中开始的 K 比特与 $\mathbf{u}$ 相同。要注意的是,前面已经说过,我们使用行矢量来表示码矢量,将行矢量左乘矩阵得到该矢量与矩阵的乘积。

例 14.2 (7,4)汉明码的编码。

解:

为了解得更具体,来看一个(7,4)码的例子。对信源码字 $[1\quad 0\quad 1\quad 1]$ 编码,生成矩阵为

$$\mathbf{G} = \begin{bmatrix} 1 & 0 & 0 & 0 & 1 & 1 & 0 \\ 0 & 1 & 0 & 0 & 1 & 0 & 1 \\ 0 & 0 & 1 & 0 & 0 & 1 & 1 \\ 0 & 0 & 0 & 1 & 1 & 1 & 1 \end{bmatrix} \tag{14.29}$$

计算 $\mathbf{x} = \mathbf{u}\mathbf{G}$:

$$\mathbf{x} = \begin{bmatrix} 1 & 0 & 1 & 1 \end{bmatrix} \begin{bmatrix} 1 & 0 & 0 & 0 & 1 & 1 & 0 \\ 0 & 1 & 0 & 0 & 1 & 0 & 1 \\ 0 & 0 & 1 & 0 & 0 & 1 & 1 \\ 0 & 0 & 0 & 1 & 1 & 1 & 1 \end{bmatrix} \tag{14.30}$$

则码字为

$$\mathbf{x} = \begin{bmatrix} 1 & 0 & 1 & 1 & 0 & 1 & 0 \end{bmatrix} \tag{14.31}$$

14.2.3 译码

为了判断接收码字是否为一个有效码字,可用奇偶校验矩阵 $\mathbf{H}$ 与码字相乘,得到一个 $N-K$ 维的伴随矢量 $\mathbf{s}_{\text{synd}}$。如果该矢量有全 0 项,则接收码字有效。

例 14.3 $(7,4)$ 汉明码的伴随式。

解:

利用上面给出的例子演示伴随式的计算过程。设接收到的比特序列(硬判决之后)为

$$\hat{\mathbf{x}} = \begin{bmatrix} 1 & 0 & 0 & 0 & 1 & 0 & 1 \end{bmatrix} \tag{14.32}$$

例 14.2 中,码的奇偶校验矩阵为(下面将描述从 $\mathbf{G}$ 得到 $\mathbf{H}$ 的构造方法)

$$\mathbf{H} = \begin{bmatrix} 1 & 1 & 0 & 1 & 1 & 0 & 0 \\ 1 & 0 & 1 & 1 & 0 & 1 & 0 \\ 0 & 1 & 1 & 1 & 0 & 0 & 1 \end{bmatrix} \tag{14.33}$$

现在计算表达式 $\mathbf{s}_{\text{synd}} = \hat{\mathbf{x}}\mathbf{H}^{\text{T}}$。逐个写出表达式的各个组成部分,得到 3 个奇偶校验方程,对应 3 个奇偶校验比特:

$$\mathbf{s}_{\text{synd}}^{\text{T}} = \hat{\mathbf{x}}\mathbf{H}^{\text{T}} = \begin{bmatrix} 0 & 1 & 1 \end{bmatrix} \tag{14.34}$$

这样,伴随式的计算可以解释如下:

* 接收到信息,即 1000;
* 计算出奇偶校验比特,即 110(校验位由接收到的系统比特计算得到);
* 接收到的奇偶校验比特为 101;
* 得到伴随式 011。

下面讨论如何求 $\mathbf{H}$ 矩阵。由于生成矩阵的每一行都是一个有效码字,与奇偶校验矩阵相乘的结果为 0[①],所以关系式 $\mathbf{H} \cdot \mathbf{G}^{\text{T}} = \mathbf{0}$ 成立,将 $\mathbf{G}$ 表示成

$$\mathbf{G} = (\mathbf{I} \ \mathbf{P}) \tag{14.35}$$

关系 $\mathbf{H} \cdot \mathbf{G}^{\text{T}} = \mathbf{0}$ 可简化为

$$\mathbf{H} \cdot \mathbf{G}^{\text{T}} = (\mathbf{H}_1 \quad \mathbf{H}_2) \begin{pmatrix} \mathbf{I} \\ \mathbf{P}^{\text{T}} \end{pmatrix} = (\mathbf{H}_1 + \mathbf{H}_2\mathbf{P}^{\text{T}}) = \mathbf{0} \tag{14.36}$$

如果现在选择 $\mathbf{H}_2 = \mathbf{I}$, $\mathbf{H}_1 = -\mathbf{P}^{\text{T}}$,则上式完全满足:两个相同的矩阵相减结果为全 0 矩阵。注意,对每个生成矩阵可以存在不同的奇偶校验矩阵,上述构造性方法只给出一种可能方案。

---

① 换句话说, $\mathbf{G}$ 是码空间, $\mathbf{H}$ 是对应的零空间。

例 14.4　计算汉明码的奇偶校验矩阵。

　　解：

　　(7, 4)汉明码(事实上可为任何系统码)的奇偶校验矩阵的计算过程可描述如下。首先得到生成矩阵中最右边 $N-K$ 列：

$$\begin{bmatrix} 1 & 1 & 0 \\ 1 & 0 & 1 \\ 0 & 1 & 1 \\ 1 & 1 & 1 \end{bmatrix} \tag{14.37}$$

并进行转置运算，注意在模 2 运算里加和减没有区别，然后添加一个 $(N-K) \times (N-K)$ 的单位矩阵得到 $\mathbf{H}$：

$$\mathbf{H} = \begin{bmatrix} 1 & 1 & 0 & 1 & 1 & 0 & 0 \\ 1 & 0 & 1 & 1 & 0 & 1 & 0 \\ 0 & 1 & 1 & 1 & 0 & 0 & 1 \end{bmatrix} \tag{14.38}$$

　　线性码中著名的一类是汉明码。汉明码可以简单地由其奇偶校验矩阵来定义。$\mathbf{H}$ 中的各列包括了除全 0 码字以外的 2^{N-K} 个所有可能的长度为 K 的位组合。因而 $\mathbf{H}$ 中所有的列是独特的。容易验证，式(14.38)中的奇偶校验矩阵满足该条件。汉明码的大小为 $(2^m - 1, 2^m - 1 - m)$，其中 m 为一个正整数。

14.2.4　差错识别和纠正

　　由于码的线性特性，每个接收码字都可以表示成码字 $\mathbf{x}$ 和错误图样 $\boldsymbol{\varepsilon}$ 的和，这意味着伴随式仅与错误图样有关，而与发送码字无关。设接收矢量为 $\hat{\mathbf{x}}$，则在接收端计算伴随矢量得：

$$\mathbf{s}_{\text{synd}} = \hat{\mathbf{x}} \mathbf{H}^{\text{T}} = (\mathbf{x} + \boldsymbol{\varepsilon}) \mathbf{H}^{\text{T}} = \mathbf{x} \mathbf{H}^{\text{T}} + \boldsymbol{\varepsilon} \mathbf{H}^{\text{T}} = \mathbf{0} + \boldsymbol{\varepsilon} \mathbf{H}^{\text{T}} = \boldsymbol{\varepsilon} \mathbf{H}^{\text{T}} \tag{14.39}$$

伴随式不为 0 表示发生了错误($\boldsymbol{\varepsilon} \neq 0$)。译码就是需要找出"正确"的 $\boldsymbol{\varepsilon}$，从 $\hat{\mathbf{x}}$ 中减去 $\boldsymbol{\varepsilon}$ 即可得到正确的码字。然而，很显然相同的伴随式对应很多组错误图样 $\boldsymbol{\varepsilon}$，这些错误图样称为一个陪集。这样，目标就是找出与所得伴随式相对应的最有可能的 $\boldsymbol{\varepsilon}$。在"合理的"信道中，一个比特正确到达的概率比错误到达的概率大，因此在给定陪集中具有最小权重的 $\boldsymbol{\varepsilon}$ 就是最有可能的 $\boldsymbol{\varepsilon}$。

　　另一种解释是估计可检测与可修正错误的个数，以码空间的表示(见图 14.1)开始：二进制 (N, K) 分组码中共有 2^N 个可能的比特组合，每一个对应码空间中的一个点。其中 2^K 种组合对应着有效码字，码字之间的最小距离为 $d_{\min}$。其他比特组合可以解释为位于有效码字周围的"校正球"内的点。校正球的最小尺寸 t 值决定了可纠正的错误个数。

　　对于小的分组码可以通过查表法进行译码，也就是说，所有可能的伴随式及其相应的最小权重错误图样都存储在要查找的表中。对于每个接收码字，利用这个表确定发送的码字。遗憾的是，小的分组码的性能往往很差。正是由于这个原因，可以用于更大码的译码技术得到很好的研究。最重要的一个是置信传播算法，在 14.7 节将会详细描述。而且，一些允许简化译码的特殊的线性码，如循环码，可能更优越。

　　综上所述，可得出以下结论：最小距离为 $d_{\min}$ 的码总是允许码字中检测到 $d_{\min} - 1$ 个错误。只有影响到 $d_{\min}$ 比特的错误才会导致另一个有效码字。或者，这种码字可以纠正 $\lfloor (d_{\min} - 1)/2 \rfloor$ 个错误，也就是说，接收到的比特序列必须位于真实码字的校正球内($\lfloor x \rfloor$ 表示小于 x 的最大整数)。如果所有的比特组合可以被唯一划入一个校正球内，则称该码是完备(perfect)的。

对于一个汉明码，单个错误的位置可被唯一地确定。由于奇偶校验矩阵的所有列互不相同且线性独立，并且汉明码可以正好纠正一个错误，所以伴随式表明了错误的位置。

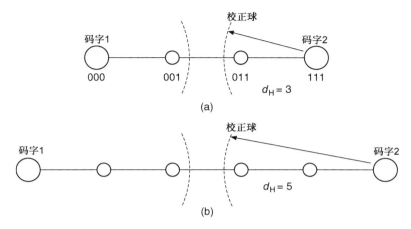

图 14.1　（a）$d_H = 3$ 的码字和（b）$d_H = 5$ 的码字的码空间切分及校正球略图

14.2.5　级联码

使用两个码可以增强差错防护能力。一个是所谓的内编码，按平常的方法保护数据，如前面所述。但是仍然会存在一些错误（当接收码位于错误的校正球内时）。可以把信道和内编码结合起来成为超信道，它比原来的信道有更低的误比特率，外编码为这些错误提供保护（见图 14.2）。超信道的错误往往是突发产生的；如果内编码是 (N, K) 分组码，则突发的长度为 K 比特，因此外编码一般是特别适合于抗突发错误的码。RS 码是这种应用中有效的码[①]。

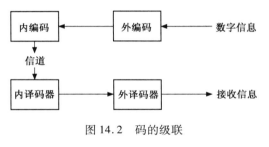

图 14.2　码的级联

将码进行恰当的级联是项相当困难的工作，特别是两层码的相对性能需要仔细地权衡。内编码如果不够强就没有用，而且甚至可能提高需要由外编码处理的误比特率。

14.3　卷积码

14.3.1　卷积码原理

卷积码并不会将（源）数据流分组，而是以连续的方式添加冗余。卷积编码器包括一个有 L 个存储单元的移位寄存器和 N 个模 2 加法器（见图 14.3）。假设开始时明确定义了存储单元的状态，即全为 0。当第一个数据比特进入编码器时，它被放入移位寄存器的第一个存储单元（其他 0 右移，最右边的 0 移出寄存器）。由多路复用器读出所有加法器 $n = 1, 2, 3$ 的输出，从而对每个输入比特可得到 3 个输出比特。然后下一个数据比特被放入寄存器（所有存储单元

---

① 码级联也可以应用于内码为卷积码的情况，见下文。

内的值右移一个单元),加法器产生新的输出,并由多路复用器读出。这个过程一直继续到最后一个源数据比特进入寄存器,接着,0又作为寄存器的输入,直到寄存器输出最后一个源数据比特,存储单元又再次进入明确定义的(全零)状态。

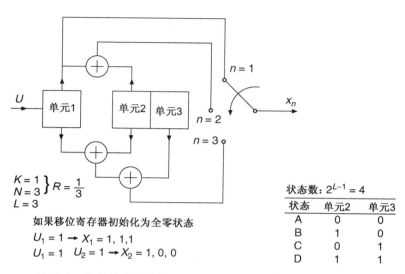

状态数:$2^{L-1}=4$

状态	单元2	单元3
A	0	0
B	1	0
C	0	1
D	1	1

$K=1$, $N=3$, $L=3$ } $R=\dfrac{1}{3}$

如果移位寄存器初始化为全零状态

$U_1=1 \rightarrow X_1=1,1,1$

$U_1=1 \quad U_2=1 \rightarrow X_2=1,0,0$

图14.3 卷积编码器的例子。引自 Oehrvik [1994] © Ericsson AB

所以,一个卷积编码器可以由一组移位寄存器和加法器表示,加法器由其与存储单元的连接来表示。在图14.3的例子中,只有元素 $l=1$ 与输出 $n=1$ 相连,以使源数据比特直接映射到编码器输出;第二个输出为存储单元 $l=1,2$ 内的值相加;第三个输出为 $l=1,2,3$ 存储单元内的值的组合。

编码器结构可以用不同方法表示,一种方法是通过发生器序列,产生 N 个长为 L 的矢量。如果第 l 个移位寄存器的元素与第 n 个加法器有连接,则第 n 个矢量的第 l 个元素的值为1,否则为0。发生器序列可以直接地解释编码器的构造过程。

对于译码器,格图是一种更有用的描述方式。在该表示中,编码器的状态由存储单元的内容表征,格图表明输入了什么值使移位寄存器进入了什么状态,结果又产生了什么输出值。作为例子,图14.4所示为图14.3的卷积编码器的格图。只有单元 $2,\cdots,L$ 的状态需要描述,因为单元1的内容和输入(信息)比特相同。因为这个原因,需要区分的状态数量为 $2^{L-1}=4$。每个状态引出两条线,上面的代表源数据比特为0,下面的代表源数据比特为1,每个状态直接进入所有其他状态是不可能的。例如,状态A只能到达状态A或B(但是不能到达C或D)。译码过程中的冗余信息可以减少误码率。还可以看出,格图是周期重复的,因此没有必要画出无限长的格图,尽管输入数据序列是无限长的。

如果接收到的数据序列与发送的数据相同,译码就会很简单。知道了接收到的已编码序列后,只需要沿着格图从它产生的地方追溯源数据即可。当有加性噪声时,在接收比特序列中会存在误差,需要从受干扰的接收数据中找出最有可能发散的序列,即最大似然序列估计(MLSE)。实际中,这种估计经常用到维特比算法,这将在下一节进行讨论。还有一些其他实现方法,如 Fano 算法、栈式算法及反馈算法[Lin and Costello 2004,McEliece 2004]。

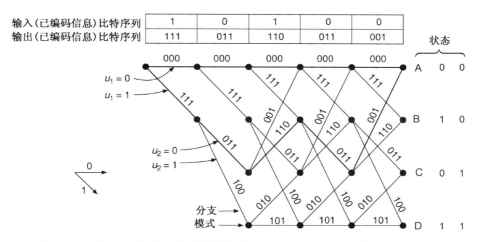

图 14.4　图 14.3 所示卷积编码器的格图。引自 Oehrvik ［1994］© Ericsson AB

14.3.2　维特比译码（经典表示）

维特比算法［Viterbi 1967］是最大似然序列估计的最常用的算法。算法的目的是在接收序列为 r 的情况下找到最有可能发送的序列 $\hat{s}$[①]：

$$\hat{s} = \max_s \Pr(\mathbf{r}|\mathbf{s})\qquad(14.40)$$

即在所有可能的发送序列 $\mathbf{s}$ 范围内求最大值。如果噪声对接收符号的干扰统计独立[②]，则序列的概率 $\Pr(\mathbf{r}|\hat{s})$ 可以分解为每个符号概率的乘积：

$$\hat{s} = \max_s \prod_i \Pr(r_i|s_i)\qquad(14.41)$$

现在，不求上式乘积的最大值，而是求其对数的最大值也可以找到最佳序列，因为对数运算是严格的单调函数：

$$\hat{s} = \max_s \sum_i \log[\Pr(r_i|s_i)]\qquad(14.42)$$

对数转移函数 $\log[\Pr(r_i|s_i)]$ 也称为分支量度；在这种情况下，译码器仅输出"硬判决"（估计发送的是哪个编码比特），$r_i = \pm 1$，分支量度为 r_i 与 s_i 之间的汉明距离。

最大似然序列估计确定格图上的所有可能路径（即所有可能的输入）的总量度 $\sum_i d_H(r_i - s_i)$，最后选择具有最小量度的路径。这种优化过程需要很大的计算量，因为可能路径的数目随输入比特数呈指数增加。维特比译码的核心思想是：不是计算格图上所有可能路径的量度（自顶向下工作），而是采取"自左向右"通过格图的方式工作。准确地说，从移位寄存器的一组可能的状态（A_i，B_i，C_i，D_i，其中 i 表示时刻或输入比特）出发。现在考虑所有进入状态 A 的路径（从左边）。对所有的可能路径 $\mathbf{s}^{(1)}$，如果在状态 A_i 遇到了比它具有更小量度的路径 $\mathbf{s}^{(2)}$，则将 $\mathbf{s}^{(1)}$ 丢弃。路径经过格图上的同一状态时，从后面状态的角度无法区分这些路径，因此挑选一个具有最好性能的。同理，选择经过状态 B_i，C_i 和 D_i 的最佳路径。确定了状态 i 的幸存路径

---

① 这是最大后验（MAP）检测的定义。但是，对于等概率序列，它等价于最大似然序列估计（见第 12 章）。

② 如果是有色噪声，即不同样本之间相关，接收机就必须采用所谓的"白化滤波器"（见第 16 章）。

后，继续进行到状态 $i + 1$（或者进入状态组 A_{i+1}，B_{i+1}，C_{i+1}，D_{i+1}）并重复该过程。最终，格图上的所有路径合并为一个定义明确的点，即全零状态[①]。在这一点只有一条幸存路径，即概率最大的发送序列。

例 14.5 维特比译码举例。

解：

图 14.5 给出了该算法的一个例子。格图的基本结构如图 14.5(a)所示，要发送的比特序列如图 14.5(b)所示。显示的量度是接收序列的汉明距离，接收序列为与格图中理论上可能的比特序列进行比较并做硬判决之后的序列。

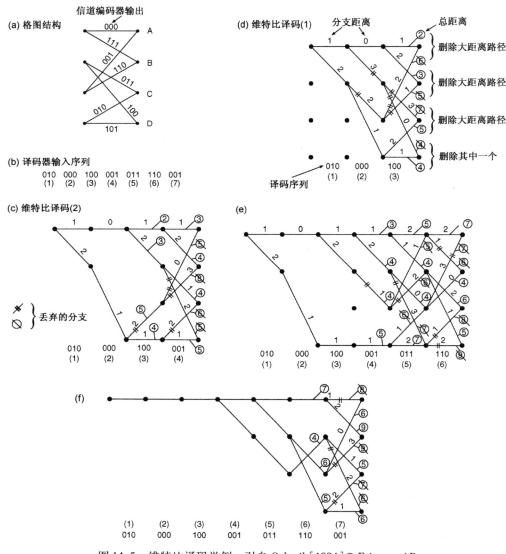

图 14.5 维特比译码举例。引自 Oehrvik[1994]© Ericsson AB

---

① 实际上，这只发生在对卷积编码器的源数据序列添加了足够多的零(尾比特)以迫使编码器进入规定状态的情况下。如果不进行这种处理，译码器就不得不考虑所有的可能结束状态，并比较结束在每一个状态的路径的量度值。

假设开始时移位寄存器处于全零状态。图 14.5(c)给出了最初 3 比特的格图，从状态 A_0 到状态 A_4 有两种可能：发送的源数据序列为 0, 0, 0（相应地编码后的序列为 000, 000, 000, 经过状态 A_2 和 A_3）；或者发送的源数据序列为 100（编码后的序列为 111, 011, 001, 通过状态 B_2 和 C_3）。前者中分支量度为 2，后者为 6，于是立刻排除了第二种可能性。同理，（根据最大似然度）可发现从状态 A_0 到 B_4 是通过发送序列 0, 0, 1 产生的，而不是 1, 1, 0。图 14.5 后面的子图给出了该过程是如何随输入比特而重复进行的。

通过排除非幸存路径，维特比算法极大地降低了存储需求，但该需求依然相当可观。因此要等到源数据的最后比特才来判断发送的是哪个序列显然是不合需求的。更合适的是，该算法对"充分"过去的比特进行判决。更确切地说，在考虑状态 A_i，B_i，C_i，D_i 期间，对状态组 $A_{i-L_{Tr}}$，$B_{i-L_{Tr}}$，$C_{i-L_{Tr}}$，$D_{i-L_{Tr}}$ 的符号进行判决，其中 L_{Tr} 为截尾长度。该原理如图 14.6 所示。位于长为 L_{Tr} 的窗中的数据被存储起来，当移到格图中的下一组时，最左边的状态组移出窗口，这时需要做出发送的比特是哪一个的最后判决。这

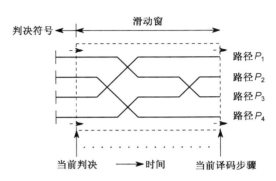

图 14.6　采用有限长度滑动窗的判决原理。引自 Mayr[1996]© B. Mayr

种判决是依据当前观察状态（位于窗的最右边的状态）中包含最小量度路径的状态做出的。虽然这个过程是次优的，但是明智地选择窗的长度可以使性能损失保持很小。在实际中，长度

$$L_{Tr} = 6L \tag{14.43}$$

是个很好的折中。

14.3.3　维特比算法的改进

软译码

上面的例子中将接收符号与可能符号之间的汉明距离作为量度，这意味着接收符号在判决过程之前首先要经过硬判决，所以这种算法利用了码的冗余度（并不是所有的比特组合都是有效码字），但是没有利用接收比特的可靠性知识。在有些情况下，比特可能与判决边界很接近，它们对最终所选序列的影响应该比距判决边界较远的时候小一些。在维特比算法中，通过利用另一种量度，可以将"软信息"考虑在内。可以证明，在加性高斯白噪声信道和平坦衰落信道下，它们与信号空间图中的欧氏距离 $d_i^2 = |r_i - s_i|^2$ 成正比。比例系数是多少并不重要，因为它们并不影响寻找最佳量度：

$$\hat{\mathbf{s}} = \min_{\mathbf{s}} \sum_i |r_i - s_i|^2 \tag{14.44}$$

该式假设信道对所有接收符号的衰减相同，且信道衰减在接收机中已得到补偿，否则需要按下式求最小值：

$$\min_{\mathbf{s}} \sum_i |r_i - \alpha_i s_i|^2 \tag{14.45}$$

其中，α_i 为第 i 个符号的衰减。第 16 章给出了利用软信息的维特比算法的具体例子（可看到最大似然序列估计均衡也能通过该算法实现）。

尾比特

正如前面提到的，如果编码器在发送数据序列的最后回到固定状态，经常是全零状态，就是最好的结果。这样，选择哪条幸存路径是很明显的。图14.7表明这种方法大大减小了序列中最后部分比特的差错概率。该方法的缺点是损失了频谱效率，因为要传输不携带信息的符号(结尾添加的零)。这可能成为很短的分组持续时间系统中的一个问题。

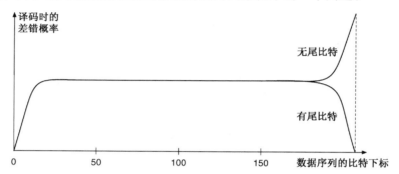

图14.7　当采用尾比特时的差错概率。引自 Oehrvik [1994]© Ericsson AB

如果要传输的数据块很长，那么尾比特原理也可用于块内：在预先定义的特定位置处发送一串零，从而迫使移位寄存器(及格图)进入一个固定状态。格图上的这种腰状结构减小了差错概率。

删余

一般的卷积编码只能达到一定的码率，如 $R_c = 1/2$，$1/3$，$1/4$。但是，在很多应用中，需要由信源速率和可用带宽决定的不同码率，例如，WiMedia 超宽带标准采用 11/32 的码率作为默认模式。

调整码率的一种简单方法是对码进行删余。如果码率不够要求，则删除已编码序列中的某些比特。因为码中包含大量的冗余信息，所以这并不是个问题，这与实际中因衰落导致一些码比特不见了的情况类似。删除的比特在整个码字中只需有适当的分布即可，不要把某个比特的所有信息都删除。

14.4　网格编码调制

14.4.1　基本原理

编码的一个主要问题是降低了频谱效率。因为我们需要传输更多的比特，添加了校验位，带宽需求也更大了。这个问题可以通过使用在相同带宽内传输更多比特数的高阶调制方式来避免，也就是说，使用1/3 的码率，同时将调制方式从二进制相移键控改为 8-PSK，单位时间内传输的符号数是不变的。

正如第12章讨论过的，增加符号集会导致差错率增加；但是另一方面，引入编码可以减少差错概率。解决频谱效率问题的一种简单方法是给数据比特添加奇偶校验位，并将编码后的数据映射到高阶调制符号。但是，这往往得不到好的结果。不同的是，网格编码调制(TCM)通过增加信号空间的维数来添加码的冗余，在扩展的信号空间内不接受某些符号序列。这里最重要的方面是调制和编码作为一个联合过程来设计，这允许设计一种调制器加编码器，它在相同频谱效率的情况下比未编码系统有更好的抗噪声能力。

例 14.6   简单的网格编码调制。

解:

为了理解网格编码调制的基本原理，先看加性高斯白噪声信道的一个简单例子。比较一个未编码系统和网格编码调制系统，二者在每个符号持续时间内都传输 2 比特。在未编码系统中，使用的调制方式为正交相移键控（见图 14.8），每 2 比特的组合对应信号星座图中的一个点，每比特能量为 E_B，星座图中点之间的距离为 $2\sqrt{E_B}$。这样，加性高斯白噪声信道下的误比特率可以表示为（见第 12 章）

$$\text{BER} \approx Q(\sqrt{2\gamma_B}) \tag{14.46}$$

对于网格编码调制，使用更大的符号集，即使用高阶调制方式（这里用 8-PSK）。由于每个符号可以传输 3 比特，所以码率为 $R_c = 2/3$。可用符号序列由移位寄存器的结构决定，与卷积码的情况是类似的。与任何其他卷积码一样，（编码过的）传输符号由当前比特及存储器的当前状态决定。在这个例子中，存储器有 2 比特，因此有 4 种可能的状态：00，01，10，11。传输的是由状态比特和源比特决定的不同的 8-PSK 符号。

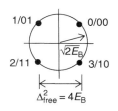

图 14.8   正交相移键控
信号星座图

图 14.9 给出了可能的状态转移图。例如，若存储器在状态 11，要传输的信息符号为 01，则传输的 PSK 符号是 3，存储器结束于状态 10。从图中可以看到所谓的并行转移也是可能的。可以通过传输不同的 8-PSK 符号从状态 A 转到状态 B。但是，不是所有状态和 8-PSK 符号的组合都是可能的：当在状态 11 时，只有符号 1，3，5，7 才有可能传输。图 14.10 是这个系统的编码器和网格图。

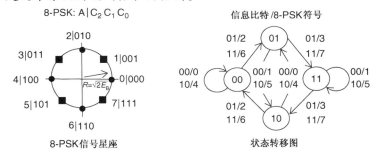

图 14.9   8-PSK 信号星座及 2/3 码率 8-PSK 网格编码调
制的状态转移图。引自 Mayr[1996] © B. Mayr

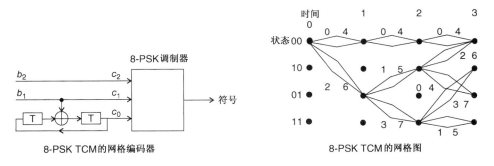

图 14.10   2/3 码率，具有 4 个网格状态的 8-PSK 网格编码调
制的编码器和网格图。引自 Mayr[1996] © B. Mayr

网格图也可以确定网格编码调制的误比特率。第一步,确定可能导致错误的符号序列之间的最小平方欧氏距离。看网格图的一部分,可以找到 0 时刻从 00 状态出发,在 3 时刻到达状态 00 的所有允许的路径。可能的第一对是使用 PSK 符号 0 和 4 的并行传输(从时刻 0 的 00 状态到时刻 1 的 00 状态;后续符号无须不同),这两个符号之间的平方欧氏距离为 $d^2 = 8E_B$。网格中只向右移动一步的其他转移都是不可能的,而是需要整个序列。例如,通过传输 PSK 符号 0–0–0 或者 2–1–6 都可以从状态 $A_0(00)$ 转移到状态 $A_3(00)$。符号 0 与 2 的平方欧氏距离为 $d^2 = 4E_B$,0 与 1 之间为 $2E_B[2\sin(\pi/8)]^2$,0 与 6 之间也是 $4E_B$。两条路径之间的距离之幅度平方和为 $(4 + 1.17 + 4) = 9.17$。可能导致错误的其他序列也可用类似方法找到。可以发现,在同一状态开始和结束的序列之间的最小平方欧氏距离为 $d^2_{\text{coded}} = 8E_B$,这是未编码系统中该距离的两倍。

一般地,可以定义渐近编码增益,即高信噪比时的编码增益:

$$G_{\text{coded}} = 10\log_{10}\left(\frac{d^2_{\text{coded}}}{d^2_{\text{uncoded}}}\right) \tag{14.47}$$

上例中的渐近编码增益可达到 3 dB。也就是说,对于相同的带宽需求,相同的源数据速率,相同的目标误比特率,系统的发射功率需少 3 dB。对于有限的目标差错概率,编码增益会稍微小一些;对于 10^{-5} 的误比特率,编码增益只有 2.5 dB(见图 14.11)。但是,同样需要注意的是,在低信噪比时,系统性能要比未编码系统差。

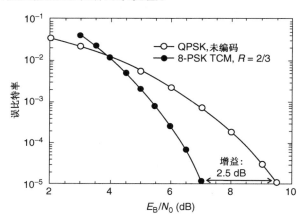

图 14.11   加性高斯白噪声信道下未编码正交相移键控和 2/3 码率 8-PSK 网格编码调制的仿真差错概率。引自 Mayr[1996]© B. Mayr

14.4.2   集分割

上文给出了网格编码调制的优点,但其所用的码是无规则的。对于 8-PSK,这种无规则构建方法还是可行的,并能得到好的结果,但是对高阶调制方式就变得不可能了。Ungerboeck [1982]提出了一种构造好码的启发式方法,即所谓的集分割。该方法的基本原理为:

1. 将调制符号集加倍;
2. 选择允许的转移,使序列之间的最小平方欧氏距离极大化。

为了距离的极大化,符号集分几步分割,在每一步中,分割集中的符号之间的最小距离都要有最大的增加。

例 14.7　集分割。

解:

这个原理有点抽象,最好通过例子来解释。考虑前一节中的 8-PSK 星座图:信号星座图中相邻两点之间的距离为 $d = \sqrt{E_B} \left[2\sqrt{2}\sin(\pi/8) \right] = 1.08\sqrt{E_B}$。第一步,将现有的符号集分为两个集合(见图 14.12)。为了使元素之间的距离最大,每个集合是一个正交相移键控星座,其中一个由另一个旋转 45° 得到,这使得集内的欧氏距离增加到 $2\sqrt{E_B}$,再也没有比该星座具有更大最小距离的其他星座。下一步,正交相移键控星座被分割成两个相位相差 90° 的二进制相移键控星座,其欧氏距离为 $2\sqrt{2E_B}$,至此完成了集分割。

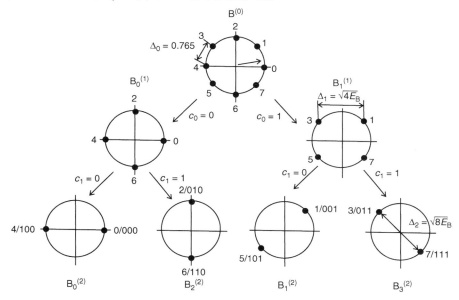

图 14.12　8-PSK 的分割

图 14.13 给出了采用这种集分割的网格编码调制编码器的结构。我们要区分 N_{symb} 与 $\tilde{N}$,前者为每个符号传输的比特数,后者为经速率 $R_c = \tilde{N}/(\tilde{N}+1)$ 的卷积编码器映射后的编码比特数。在编码过程中,源比特 u_1 $\cdots$ $u_{\tilde{N}}$ 映射到编码比特 x_0 $\cdots$ $x_{\tilde{N}}$。剩下的源比特 $u_{\tilde{N}+1}$ $\cdots$ $u_{N_{symb}}$ 直接映射到“未编码”比特 $x_{\tilde{N}+1}$ $\cdots$ $x_{N_{symb}}$。未编码比特用来选择信号在子集内的星座点,这些点之间有很大的欧氏距离,从而不会出现错误。其他比特用于选择子集。未编码的比特数越少,并行传输的可能性也就越小。译码通过维特比译码器实现(见 14.3.2 节)。

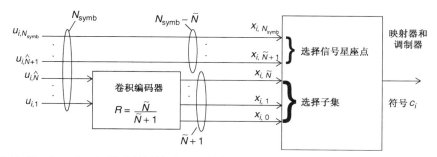

图 14.13　Ungerboeck 给出的网格编码调制编码器的结构。引自 Mayr［1996］© B. Mayr

14.5　比特交织编码调制

另一种结合编码与更高阶调制的方法是比特交织编码调制（BICM）。在这种方法中，信道编码器和调制器被交织器分开。因此，经过编码处理的比特被映射到暂时分开的符号（这可能提高分集，见 14.8 节），而且能够提供对于噪声毛刺更强的稳健性。

图 14.14 给出了比特交织编码调制器框图。比特进行编码（通过任何二进制编码器），由交织器进行交织 Π。经过编码和交织的比特最后被映射到属于符号表 $\mathcal{X}$ 的调制符号上。二进制的标号方案（后面会详细讨论）决定了什么样的比特组合（正如在交织器之后所看到的）与哪个调制符号相对应。接下来，这些符号经过信道传输，接收到的信号被送入解映射器，它计算估计信号可靠性量度 L[对数似然比（LLR），见下文]。解交织器提供"软信息"输入译码器。作为一种选择，译码器的输出可以被再次交织并反馈，以帮助符号解映射器改善其对对数似然比的估计。这种迭代的译码提高了性能，但提高了复杂度。其精神实质与将在 14.6 节讨论的 Turbo 码相似，本节不再赘述。

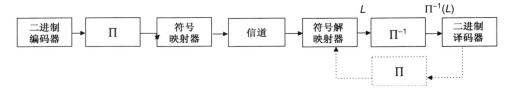

图 14.14　比特交织编码调制器框图。译码器中的反馈为可选项

二进制标号对于比特交织编码调制的性能至关重要。假定下面使用高阶调制（至少采用正交相移键控）。数值研究和理论论证均表明对于中等到高的信噪比值，二进制反射格雷码映射是最佳的。对于低信噪比，集分割映射是最佳的。

解映射器计算每个特定（编码过的）比特的软估计；更精确地说，是对数似然比

$$L_i = \log\left[\frac{\Pr(b_i = +1|r)}{\Pr(b_i = -1|r)}\right] \tag{14.48}$$

$$= \log\left[\frac{\Pr(r|b_i = +1)}{\Pr(r|b_i = -1)}\right] + \log\left[\frac{\Pr(b_i = +1)}{\Pr(b_i = -1)}\right] \tag{14.49}$$

即信号 r 被接收的条件下，比特 b_i 为 +1 或者 −1 的概率比的对数值。如果进一步假定等先验概率，及一个加性高斯白噪声信道模型，则对数似然比可以计算为

$$L_i = \log\left[\frac{\sum_{\mathbf{s}\in X_{i,1}} \exp\left(-\gamma|\mathbf{r} - \alpha\mathbf{s}|^2\right)}{\sum_{\mathbf{s}\in X_{i,0}} \exp\left(-\gamma|\mathbf{r} - \alpha\mathbf{s}|^2\right)}\right] \tag{14.50}$$

α 是（复）信道增益 $\mathbf{s}\in X_{i,1}$，表示对应二进制表示（在二进制标号中）的第 i 个比特为 +1 的调制符号。

已经证明，比特交织编码调制尤其在与迭代译码结合使用时具有优越的性能。它因而广泛应用于实际的无线系统中。编码与调制的分离允许非常灵活的设计（实现起来比网格编码调制更简单灵活），并使自适应调制和编码的简单实现成为可能（比如，调制星座随信号发生的信道的质量变化）。

14.6 Turbo 码

14.6.1 引言

Turbo 码是自编码领域建立以来编码理论中最重要的发展之一。正如 14.1 节已经提到的，一个非常长的码可以达到香农极限（信道容量）。但是，对如此长的码进行强力译码的复杂度超乎想象。Turbo 码是实际应用中第一个只需做适当的努力就能接近香农极限的码。Berrou et al. [1993] 通过将几个并行的简单码组合起来生成很长的码，这些码通过伪随机交织器进行交织。最重要的技巧在于译码器：因为这个码是几个短码的组合，译码器也可以分解成几个简单的译码器，它们交换关于译码比特的软信息，并如此反复迭代得到结果。

码中的随机交织器可以近似地实现一个随机码的思想，从而整个码字几乎没有结构。其优点如下。

- 交织增加了组合码的有效码长。也就是说，决定码长的是交织器（其逆操作也很简单），而不是分量码。这就使得用简单的编码器结构可以构造出很长的码。
- 整个码的特殊结构（即分离的分量码的组合）使译码的复杂度本质上由分量码决定，从而使译码成为可能。

14.6.2 编码器

正如上面所说的，Turbo 码使用几个码的组合。一种组合方法是串行级联，14.2 节已经讨论过。本节讨论码的并行级联，其原理如图 14.15 所示。源数据流直接输出，同时送到几个编码器分支。每个分支首先包括一个交织器且各分支都不同，经过交织器后，每个并行分支上的数据流通过卷积编码器，将信息矢量 $\mathbf{u}$ 映射到输出。原则上，并行编码器的数量是任意的，考虑到数据速率，最常用的是两个编码器（其码率为 1/3）。

用递归系统卷积码（RSC）对每个分支进行编码是有优势的，其结构大致如图 14.16 所示。一个带反馈的移位寄存器用于计算编码比特。由于这种码是系统码，所以有一个输出是直接把源比特映射到输出的。这些比特实际上不进行传输，因为 Turbo 码总是能够传输原始数据序列的（见图 14.15 中最上边的分支），只发送编码后的比特。因此，这样构成的编码器的速率为 1，即对每个源比特输出 1 比特[①]（见图 14.17）。

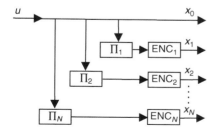

图 14.15 Turbo 编码器的结构，其中 Π 表示交织器。引自 Valenti [1999] © M. Valenti

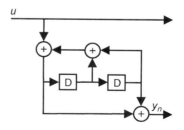

图 14.16 递归系统卷积编码器的结构，其中 D 表示延迟单元。引自 Valenti [1995] © M. Valenti

① 如果只是把该编码器用来作为正常的卷积编码器，码率则为 1/2，因为编码器对每个输入比特都将输出信源比特和冗余比特。

综上所述，对于其中一个编码器(直通分支)，使用原始数据序列作为输入，而对其他编码器，序列首先进行交织。序列(原始序列加上来自其他编码器的冗余比特)经过多路复用，最后得到的码是系统码，因为它仍然包括原始序列。由于系统部分只传输一次，整个系统的码率为 $1/(N+1)$。

除了这个基本结构，Turbo 编码器还有很多其他结构。由于这个领域的研究还很活跃，这里不再给出编码器结构的分类。

上述编码器的码率为 $R_c = 1/3$，但是可以通过删余增加码率。例如，输出 x_1 和 x_2 可以作为多路复用器的输入，既可以使用来自第一个编码器的比特 x_1，丢弃编码器 2 的比特 x_2，也可以使用 x_2 而丢弃 x_1，这样编码器的码率变为 $R_c = 1/2$。

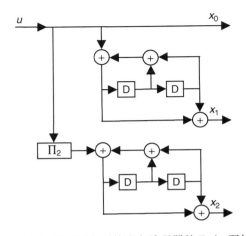

图 14.17　基于递归系统卷积编码器的 Turbo 码结构。引自 Valenti[1999]© M. Valenti

14.6.3　Turbo 译码器

编码往往是个简单的过程，而译码过程中却经常会出现一些问题。译码器中的强力实现，将组合的码看成一个单一的复杂的码，就会需要极高的计算量。而 Turbo 码有着明显的优点，可以对两个分量码分开解码，然后将来自两个译码器的信息结合起来。

Turbo 码迭代译码，通过交换分量译码器的软信息完成。图 14.18 是 Turbo 译码器的框图，它包括两个软输入软输出(SISO)译码器、一个交织器和两个解交织器。SISO 译码器不仅输出不同的比特，同时还有判决的置信信息。这种置信度可由对数似然比描述，由 Bahl et al. [1974]提出的类维特比的算法计算，即众所周知的 BCJR 算法。对数似然比定义为

$$\log\left[\frac{\Pr(b_i = +1|r)}{\Pr(b_i = -1|r)}\right] \tag{14.51}$$

即接收到 r 后比特 b_i 为 +1 和 −1 的条件概率之比的对数值，可见对数似然比包括三部分：

- 比特先验概率的对数似然比(由于所有比特等概率出现，对数似然比一般为 0)；
- 来自接收到的原始数据(即直接观测值)的信息，该对数似然比与信噪比有关；
- 外来对数似然度，包括来自译码的信息，第二个译码器协助第一个译码器的外部信息，第一个译码器协助第二个译码器的外部信息。

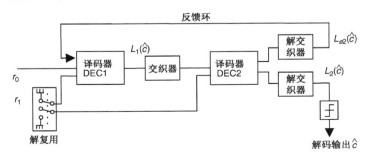

图 14.18　Turbo 译码器结构。引自 Sklar[1997]© IEEE

前两部分在未编码系统中也存在，最后一个是来自于其他分量码译码的贡献。重要的是，一个分量译码器的外部信息与译码器 1 的输入无关，否则外部信息与直接观测信息之间会有很强的相关性，译码器 1 只确定自己的意见。

假设迭代开始时，对数似然比外部信息为 0，译码器 1 像"普通"的卷积译码器一样（虽然是软输出）对接收信号译码，接收机根据软输出计算译码器 2 处的对数似然比外部信息。由译码器 2 的输出计算得到的外部信息用于译码器 1 的下一次迭代。同理，译码器 1 在下一次迭代的对数似然比外部信息用于译码器 2 的后续迭代。重复该过程直到它收敛。

增加迭代次数可以改进误比特率性能。在加性高斯白噪声信道中，迭代次数 $N_{it} = 5$ 一般就足以达到收敛，而在衰落信道中一般需要 $N_{it} = 10$ 次迭代。每个信息比特的运算次数可以估计出来：

$$N_{op} \leqslant N_{it}(62 + 8/R_c) \tag{14.52}$$

每信息比特需要的典型运算次数为 400～800。这就是直到 21 世纪以来 Turbo 码才被广泛采用的原因，因为 400 kbps 的传输速率的译码要求高达 300 MIPS（百万指令每秒），如此大量的信号处理能力只有在这个时间点之后才能达到。

Turbo 码可以近似接近信道容量。作为一个例子，图 14.19 给出了码率为 1/2 的 Turbo 编码器在加性高斯白噪声信道中的误比特率。显然，6 次迭代就足以接近收敛值，18 次迭代后，在信噪比为 0.7 dB 时，误比特率达到 10^{-5}。

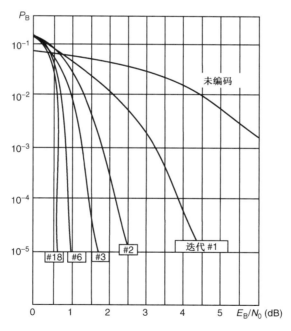

图 14.19　$R_c = 1/2$ 的 Turbo 码在不同迭代次数下的误比特率，交织器长度为 64 000，信道为加性高斯白噪声信道。引自 Sklar[1997] © IEEE

14.7　低密度奇偶校验码

1993 年出现 Turbo 码时，立刻引起了大量的关注，似乎人们第一次见到可以用实际的码接近香农极限。但事实上早在 20 世纪 60 年代就已经解决了这个问题！Gallagher 于 1961 年在他的博士论文中设计了可以接近香农极限的线性分组码，称为低密度奇偶校验(LDPC)码，还提出了有效的迭代译码机制。但是，由于在当时迭代译码超出了计算机的能力，这篇文章被完全忽视了。20 世纪 90 年代中期的几篇文章又重新发现了这些码，直到那时，曾经认为不可能的译码复杂度看起来已经很合理了。从那时开始，发表了大量论文，也提出了很多的改进。

14.7.1 低密度奇偶校验码的定义

低密度奇偶校验码是线性分组码(如 14.2 节所讨论的)，要注意的是它们不是通过生成矩阵 **G** 来定义的，而是通过奇偶校验矩阵 **H** 来定义的。这是个关键技巧，因为一般引起最大问题的是译码而不是编码。因此，定义一个译码简单的结构有重要的意义！分组大小及相应的校验矩阵的维数很大，但是矩阵中的非零元素个数保持很低。准确地说，非零元素个数与元素总个数的比值很小，这就是为什么称为"低密度"码的原因。和 Gallagher 一样，我们定义一个码长为 N 的 (N, p, q) 低密度奇偶校验码，其奇偶校验矩阵中每列有 p 个 1，每行有 q 个 1。为了使码具有好的性质，一般需要满足 $p \geqslant 3$。如果所有行线性独立，则码率为 $(q-p)/q$。

可以根据一些简单规则构造出好的奇偶校验矩阵。首先，将矩阵水平地分成 p 个相同大小的子阵，然后将一个"1"插入子阵的每一列。例如，将第一个子阵定义为 q 个级联单位阵，或者如下的结构：

$$
\begin{bmatrix}
1 & 1 & 1 & 1 & 0 & 0 & 0 & 0 & 0 & 0 & 0 & 0 & 0 & 0 & 0 & 0 & 0 & 0 & 0 & 0 \\
0 & 0 & 0 & 0 & 1 & 1 & 1 & 1 & 0 & 0 & 0 & 0 & 0 & 0 & 0 & 0 & 0 & 0 & 0 & 0 \\
0 & 0 & 0 & 0 & 0 & 0 & 0 & 0 & 1 & 1 & 1 & 1 & 0 & 0 & 0 & 0 & 0 & 0 & 0 & 0 \\
0 & 0 & 0 & 0 & 0 & 0 & 0 & 0 & 0 & 0 & 0 & 0 & 1 & 1 & 1 & 1 & 0 & 0 & 0 & 0 \\
0 & 0 & 0 & 0 & 0 & 0 & 0 & 0 & 0 & 0 & 0 & 0 & 0 & 0 & 0 & 0 & 1 & 1 & 1 & 1
\end{bmatrix}
\tag{14.53}
$$

然后，其他子阵由第一个子阵进行随机的列置换得到。例如，可以得到如下所示的 $(20, 3, 4)$ 码[Davey 1999]：

$$
\mathbf{H} = \begin{bmatrix}
1 & 1 & 1 & 1 & 0 & 0 & 0 & 0 & 0 & 0 & 0 & 0 & 0 & 0 & 0 & 0 & 0 & 0 & 0 & 0 \\
0 & 0 & 0 & 0 & 1 & 1 & 1 & 1 & 0 & 0 & 0 & 0 & 0 & 0 & 0 & 0 & 0 & 0 & 0 & 0 \\
0 & 0 & 0 & 0 & 0 & 0 & 0 & 0 & 1 & 1 & 1 & 1 & 0 & 0 & 0 & 0 & 0 & 0 & 0 & 0 \\
0 & 0 & 0 & 0 & 0 & 0 & 0 & 0 & 0 & 0 & 0 & 0 & 1 & 1 & 1 & 1 & 0 & 0 & 0 & 0 \\
0 & 0 & 0 & 0 & 0 & 0 & 0 & 0 & 0 & 0 & 0 & 0 & 0 & 0 & 0 & 0 & 1 & 1 & 1 & 1 \\
1 & 0 & 0 & 0 & 1 & 0 & 0 & 0 & 1 & 0 & 0 & 0 & 1 & 0 & 0 & 0 & 1 & 0 & 0 & 0 \\
0 & 1 & 0 & 0 & 0 & 1 & 0 & 0 & 0 & 1 & 0 & 0 & 0 & 1 & 0 & 0 & 0 & 1 & 0 & 0 \\
0 & 0 & 1 & 0 & 0 & 1 & 0 & 0 & 0 & 0 & 0 & 1 & 0 & 0 & 1 & 0 & 0 & 1 & 0 & 0 \\
0 & 0 & 1 & 0 & 0 & 0 & 1 & 0 & 0 & 0 & 1 & 0 & 0 & 1 & 0 & 0 & 0 & 0 & 1 & 0 \\
0 & 0 & 0 & 1 & 0 & 0 & 1 & 0 & 0 & 1 & 0 & 0 & 0 & 0 & 1 & 0 & 0 & 0 & 1 & 0 \\
1 & 0 & 0 & 0 & 0 & 0 & 1 & 0 & 0 & 0 & 0 & 1 & 0 & 1 & 0 & 0 & 0 & 0 & 1 & 0 \\
0 & 1 & 0 & 0 & 0 & 0 & 0 & 1 & 0 & 0 & 0 & 1 & 0 & 0 & 0 & 1 & 0 & 0 & 1 & 0 \\
0 & 0 & 1 & 0 & 0 & 0 & 0 & 1 & 0 & 0 & 0 & 1 & 0 & 0 & 0 & 1 & 0 & 0 & 0 & 1 \\
0 & 0 & 0 & 1 & 0 & 0 & 0 & 0 & 1 & 0 & 0 & 1 & 0 & 0 & 1 & 0 & 0 & 0 & 0 & 1 \\
0 & 0 & 0 & 1 & 0 & 1 & 0 & 0 & 0 & 0 & 1 & 0 & 0 & 0 & 1 & 0 & 0 & 0 & 0 & 1
\end{bmatrix}
\tag{14.54}
$$

显然这个结构满足每列有 p 个 1，每行有 q 个 1，通过观察可以发现该结构是随机的。

14.7.2 低密度奇偶校验码的编码

由于低密度奇偶校验码是由奇偶校验矩阵定义的，其编码过程比"正常"的分组码复杂一些。在一般的分组码中，只需将码字矢量与生成矩阵相乘。但是，对于低密度奇偶校验码，生成矩阵是未知的。幸运的是其计算不是很难：通过高斯消元和列的重排，可以把奇偶校验矩阵排成以下形式：

$$\tilde{\mathbf{H}} = (-\mathbf{P}^{\mathrm{T}} \quad \mathbf{I}) \tag{14.55}$$

则相应的生成矩阵为

$$\mathbf{G} = (\mathbf{I} \quad \mathbf{P}) \tag{14.56}$$

注意，由于高斯消元过程，生成矩阵一般不是稀疏的，这也就表示编码过程需要更多的运算。不过，幸运的是，这些都是离散的已知比特的运算，因此都很简单，所以编码的复杂性一般不成问题。

14.7.3　低密度奇偶校验码的译码

正如前面提到过的，奇偶校验矩阵的稀疏结构是能够进行合理复杂度的译码的关键，但是这还远远不够！完成一个最大似然译码是个 N-P 难题（也就是说，需要检验所有可能的码字，并与接收信号进行比较）。因此常用到称为置信传播的迭代算法。下面具体描述这个算法[1]。

设接收信号矢量为 $\mathbf{r}$。我们将奇偶校验方程转换成图示形式。在所谓的"Tanner 图"中（见图 14.20）[2]，区分下面两种节点。

1. 变量（比特）节点。每个变量节点对应一个比特，其状态可以是 0 或 1。变量节点对应奇偶校验矩阵中的列，图中用圆圈来表示这些节点。
2. 约束节点。约束节点（校验节点）描述奇偶校验方程。如果没有错误，则约束节点的输入合计应为 0。这是由伴随式的定义得到的，没有错误时伴随式为 0。约束节点与奇偶校验矩阵的行对应。图中用正方形来表示这些节点。

因为有两种不同类型的节点，并且相同类型的节点之间没有连接，所以这种图称为"二分图"。除了约束节点和变量节点，还有通过接收信号的观测值得到的外部信息，它们会影响判决。

如果奇偶校验矩阵中的某个元素为 1，则表示有相应的约束节点与变量节点相连，即如果 $H_{ij} = 1$，则约束节点 i 与变量节点 j 相连。来自观测信号的软信息（即外部信息）与变量节点连接，还需要知道变量幅度的概率密度函数，即变量节点在已知外部信息条件下有某种状态的概率。

在这种图上的译码过程通过消息传递或置信传播实现。每个节点收集进来的信息，按照所谓的"局部规则"进行计算，并将计算结果传递给其他节点。本质上，给定外部信息 r_j 和来自其他约束节点的信息，第 j 个变量节点告诉自己所连接的约束节点，它认为的（变量节点）的值是什么，这个消息用 λ_{ij} 表示。反过来，给定约束节点所有来自其他变量节点的信息，第 i 个约束节点告诉第 j 个变量节点它认为该变量节点应该是什么，该消息为 μ_{ij}。这个过程如图 14.21 所示。

下面从数学角度描述加性高斯白噪声信道中的译码方法。

1. 首先，仅给定外部信息 $\mathbf{r}$ 时，数据比特决定自己认为是什么值。已知噪声的统计特性后，变量节点很容易分别计算出它们为 0 和 1 的概率，把这些信息传递给约束节点。但是反过来，约束节点暂时还没有传递有意义的信息给变量节点，因而有

---

① 注意，译码过程可以基于伴随矢量（这里将选择这种方法）和数据矢量。
② 有两种图形表示法，这里用的是"Tanner 图"和"Forney 因子图"［Loeliger 2004］。

$$\mu_{i,j}^{(0)} = 0, \qquad 对所有 i \tag{14.57}$$

$$\lambda_{i,j}^{(0)} = (2/\sigma_{\mathrm{n}}^2)r_j, \quad 对所有 j \tag{14.58}$$

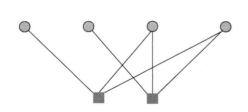

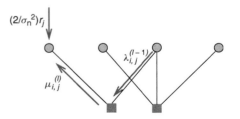

图 14.20　奇偶校验矩阵 $\mathbf{H} = \begin{bmatrix} 1 & 0 & 1 & 1 \\ 0 & 1 & 1 & 1 \end{bmatrix}$ 的 Tanner 图

图 14.21　因子图中的消息传递

2. 然后，约束节点给每个变量节点传递一个不同的信息。为了详细说明上述原理，来看约束节点 i：假设一组连线结束于节点 i，它们来自一个变量节点的集合 $A(i)$。现在，每个校验节点都包含两部分重要的信息：(i) 它知道与该节点连接的所有数据比特的值(或概率)；(ii) 它还知道进入该节点的所有比特之和模 2 为 0(这是奇偶校验矩阵的基本点)。根据这些信息可以计算出它认为第 j 个数据比特应该有的值的概率。由于是加性高斯白噪声信道，有连续的输出，且不是二进制信道，所以必须使用对数似然比代替简单的比特被逆转的概率，从而消息变为

$$\mu_{i,j}^{(l)} = 2\mathrm{atanh}\left(\prod_{k \in A(i)-j} \tanh\left(\frac{\lambda_{i,k}^{(l-1)}}{2} \right) \right) \tag{14.59}$$

其中 $A(i)-j$ 表示"集合 $A(i)$ 中除 j 以外的所有元素"，即与第 i 个变量节点连接的除第 j 个节点以外的所有其他约束节点。上标 $(l-1)$ 表示第 $(l-1)$ 次迭代，即利用前一次迭代的结果。

3. 接下来，根据约束节点传递的信息及外部信息更新对比特节点的看法。这个规则很简单：

$$\lambda_{i,j}^{(l)} = (2/\sigma_{\mathrm{n}}^2)r_j + \sum_{k \in B(j)-i} \mu_{k,j}^{(l)} \tag{14.60}$$

其中，$B(j)-i$ 表示与第 j 个约束节点连接的除第 i 个节点以外的所有其他变量节点。

4. 从以上结果，可以计算出比特为 0 或 1 的伪后验概率：

$$L_j = (2/\sigma_{\mathrm{n}}^2)r_j + \sum_i \mu_{i,j}^{(l)} \tag{14.61}$$

在此基础上试着判决码字。如果码字是一致的，即伴随式为 0，则停止译码。

例 14.8　一个低密度奇偶校验码的译码。

　　解：

　　考虑该算法的一个非常简单的例子。设奇偶校验矩阵为

$$\mathbf{H} = \begin{bmatrix} 0 & 0 & 1 & 1 & 1 & 1 \\ 1 & 1 & 1 & 1 & 0 & 0 \\ 1 & 1 & 0 & 0 & 1 & 1 \end{bmatrix} \tag{14.62}$$

令码字为

$$\overline{y} = [0 \quad 1 \quad 1 \quad 0 \quad 1 \quad 0] \tag{14.63}$$

经过一个加性高斯白噪声信道，其 $\sigma_n^2 = 0.237$ 对应于 $\gamma = 6.25$ dB。接收码字为

$$\overline{r} = [-0.71 \quad 0.71 \quad 0.99 \quad -1.03 \quad -0.61 \quad -0.93] \tag{14.64}$$

然后按照步骤 1（如上所述），由外部信息计算出似然度为

$$\overline{\lambda^{(0)}} = [-6.0 \quad 6.0 \quad 8.3 \quad -8.7 \quad -5.2 \quad -7.9] \tag{14.65}$$

对接收似然值采用硬阈值会引起码字中第 5 位出现错误：

$$[0 \quad 1 \quad 1 \quad 0 \quad 0 \quad 0] \tag{14.66}$$

图 14.22 给出了消息传递算法是如何根据上述方法进行迭代而得到正确解的。

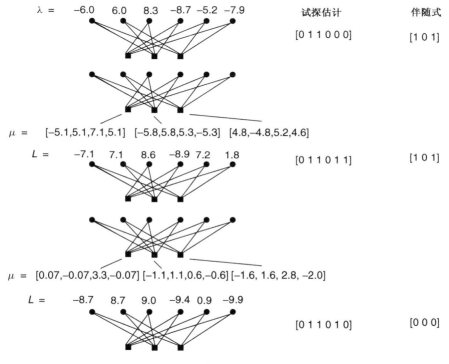

图 14.22 低密度奇偶校验消息传递的迭代举例

14.7.4 性能改进

可以看出，如果 Tanner 图能卷成树结构，即每个节点都是另一个节点的"父"节点或"子"节点，但不能同时都成立，则置信传播算法总是收敛于最大似然解。也就是说，在 Tanner 图中不会出现循环。短循环（见图 14.23）会引起收敛的问题：如果节点从错误的置信出发，那么它们只会在自己内部加强它，而不能被来自其他变量节点的信息改变对自己的估计。在低密度奇偶校验码的设计中，构造没有短循环的码是最重要也最有挑战性的任务。但是，能化简为纯树结构的码往往不是好码，尽管它们可以通过置信传播算法准确地译码。

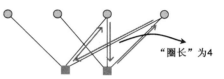

图 14.23 来自图 14.20 的 Tanner 图，示出了一个短循环（"圈长"为 4）

改进收敛性和性能的另一个重要领域是使用非规则码。这意味着行和列权重是不固定的，

这与我们到现在为止所做的假设不同,而是我们只规定平均权重,允许有些列有更高的权重。与这些权重更高的列关联的节点经常收敛得更快,且可以将其"可靠"信息传播给其他节点,进而也改进了其他节点的收敛性。

低密度奇偶校验码可以达到的性能是很惊人的,(长分组)能够以零点几分贝的差距逼近香农容量。在低密度奇偶校验译码过程中还有一个有趣的计算复杂度的规则:当速率趋于香农容量的$(1-\delta)$时,每比特的复杂度趋于$(1/\delta)\log_2(1/\delta)$[Richardson and Urbanke 2008]。对于其他大多数码,复杂度以指数$\exp(1/\delta)$增长。

14.8　衰落信道的编码

衰落信道中的错误结构和加性高斯白噪声信道中的是不同的。突发错误的存在不可忽略:当信道由于多径分量的相消干涉而呈现(瞬时)大衰落时,其差错概率会比在相长干涉时大得多。这些突发错误的纠正可以通过使用专门用于纠正突发错误的码来实现,或者通过交织"分散"错误的突发结构来实现。

14.8.1　交织

与符号持续时间相比,无线信道的变化是很慢的。典型地,一个移动台在一个衰落深陷区(空间范围约为$\lambda/4$)内会持续$10\sim100$ ms,因而有大量的比特被严重衰减(也因此更容易受噪声引起错误的影响)。一般的码通常无法纠正大量的错误。为了理解这个基本原理,考虑一个简单的速率为$1/3$的重复码[①]。一个编码比特错误判决的概率$P_{\mathrm{single}}\sim Q(\sqrt{\gamma})$,其中$\gamma$为瞬时信噪比。由多数准则可得最终判决错误的概率近似为$P_{\mathrm{single}}^2\sim Q^2(\sqrt{\gamma})$,其中利用了两个连续比特的信噪比相同的事实。在不同信道状态下求平均得到误比特率的近似表达式为

$$\mathrm{BER}\sim\int_0^\infty\mathrm{pdf}_\gamma(\gamma)Q^2(\sqrt{\gamma})\mathrm{d}\gamma \tag{14.67}$$

使用交织后,与一个源比特相关的 3 比特的存在较大的传输间隔,使得它们的信噪比都不同(见图 14.24)。因此,只有当其中两个独立传输处于相独立的衰落深陷区时才会出现错误,而这种情况是不太可能发生的(见图 14.25)。从数学上讲,这可以表示为

$$\mathrm{BER}\sim\int_0^\infty\int_0^\infty\mathrm{pdf}_{\gamma_1}(\gamma_1)Q(\sqrt{\gamma_1})\mathrm{pdf}_{\gamma_2}(\gamma_2)Q(\sqrt{\gamma_2})\mathrm{d}\gamma_1\mathrm{d}\gamma_2$$
$$=\left(\int_0^\infty\mathrm{pdf}_\gamma(\gamma)Q(\sqrt{\gamma})\mathrm{d}\gamma\right)^2 \tag{14.68}$$

要强调的是,交织只有与编码结合时才会减少平均误比特率。对于一个没有编码的系统,交织器虽然仍能分散突发错误(有时是必要的),但并不会减少平均误比特率。交织的另一个问题在于其增加了传输等待时间。在话音通信中,需要保持等待时间低于 50 ms,在这种情况下,可能会出现最大等待时间小于衰落深陷持续时间的情况,这会大大降低交织器的有效性。

在这些基本考虑之后,现在来看交织器的结构。一般有两种基本结构:分组交织和卷积交织。在分组交织中,一次交织大小为$N_{\mathrm{interleav}}D_{\mathrm{interleav}}$的数据分组。交织结构是一个矩阵:比特按行顺序读入,按列顺序读出(见图 14.26)。原来相邻的比特现在相距$D_{\mathrm{interleav}}$,由交织引起的等

[①]　每个比特传送 3 次。接收端首先进行硬判决,然后进行多数判决。如果它确定有 2 或者 3 次译码的比特为 +1,就断定源数据比特为 +1。

待时间为 $N_{\text{interleav}}D_{\text{interleav}}T_{\text{B}}$。因为必须等到矩阵填满之后才能将比特读出,所以等待时间比比特分开的间隔大得多。

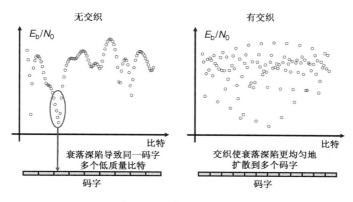

图 14.24 交织器的效果

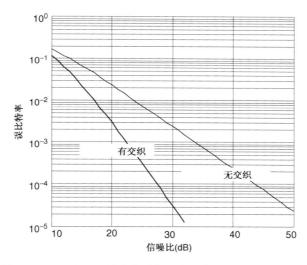

图 14.25 一个 1/3 码率的重复码有无交织的误比特率,采用多数准则硬判决,信道为平坦瑞利衰落信道

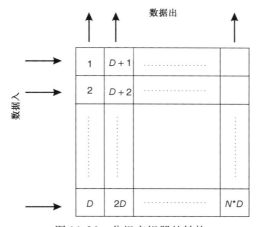

图 14.26 分组交织器的结构

对于卷积交织,数据以连续流进行交织,与卷积编码类似。与分组交织相比,减少了等待时间(相同的比特间隔)。一般分组交织与分组编码一起使用,卷积交织与卷积编码结合使用。

14.8.2 分组码

现在将上面提到的原则应用于分组码。因为有了交织,码字中的每个比特(符号)有独立的衰落。这样,即使有些比特由于在衰落深陷区而有较差的信噪比,码内的冗余也能够恢复出信息。如果没有交织,码的有效性就会下降很多。

作为例子,考虑一个硬译码的分组码:令 $K = 12$,$N = 23$,最小距离 $d_{\min} = 7$,编码增益为 2 dB。由于是慢衰落,如果没有交织,所有 23 比特经过的就是相同的信道,即每个码字的增益都是 2 dB。未编码系统要达到 10^{-3} 的误比特率需要 26 dB 的信噪比。有编码时,信噪比减小到 24 dB,但是仍然很差。也就是说,即使有编码器,误比特率减小只与 γ^{-1} 成正比,只不过比例常数变了。

使用交织会明显地改变这种情况。只有当码字中至少有 4 个位置出现错误时才会发生误码(注意,可以纠正 $\left[\dfrac{d_{\min}-1}{2}\right] = 3$ 个错误),误比特率近似与下式成正比[Wilson 1996]:

$$\sum_{i=4}^{23} K_i \left(\frac{1}{2+2\overline{\gamma}_{\mathrm{B}}}\right)^i \left(1 - \frac{1}{2+2\overline{\gamma}_{\mathrm{B}}}\right)^{23-i} \approx \frac{1}{\overline{\gamma}_{\mathrm{B}}^4} \tag{14.69}$$

其中,K_i 为常数。更一般地,可发现一个汉明距离为 $d_{\min}$ 的采用"硬"译码的分组码的分集增益可以达到 $\left[\dfrac{d_{\min}-1}{2}\right] + 1$。

当交织与软译码一起使用时,其分集阶数几乎是 $d_{\min}$ 的两倍。转换成数学术语描述,需要求最小化的量度记为

$$\min_{\mathbf{s}} \sum_i |r_i - \alpha_i s_i|^2 \tag{14.70}$$

则成对差错概率为[Benedetto and Biglieri 1999]

$$P(\mathbf{s} \to \mathbf{s}_{\mathrm{E}}) = \prod_{i \in A} \frac{1}{1 + |s_i - s_{\mathrm{E},i}|^2/(4N_0)} \tag{14.71}$$

其中,A 为使 $s_i \neq s_{\mathrm{E},i}$ 的下标的集合。对于线性码,差错概率变为

$$P \leq \sum_{w \in W} \left(\frac{1}{1 + R_{\mathrm{c}}\gamma}\right)^w \tag{14.72}$$

其中,R_{c} 为码率,W 是码的非零汉明权重的集合。显然可以看出,最小距离决定分集阶数(误比特率-信噪比曲线的斜率)。

14.8.3 卷积码

卷积码的性能度量和设计规则与分组码非常相似。事实上,上面给出的关于软译码分组码的数学描述可以直接应用到卷积码。这样,码的欧氏距离就不再是个重要的量度,而是应努力寻找最小汉明距离。如果码序列在很多位置都不同,则所有可区别的比特同时处于一个衰落深陷区的概率很小。换句话说,希望彼此可能混淆(即开始和结束于网格中的同一状态)的两个序列尽量长。这种序列的最小长度常称为码的"有效长度"。

基于这些简单的考虑，可以得出一些在平坦衰落信道中的码设计规则：

- 在误比特率的方程中没有最小欧氏距离，所以加性高斯白噪声信道和衰落信道中的设计准则是完全不同的。由于瑞利衰落信道和加性高斯白噪声信道都只是实际中非常重要的莱斯信道的极端情况，所以找到同时适合这两种信道的码极具重要意义。
- 衰落信道中最重要的参数是有效长度，出现在误比特率的指数部分。

14.8.4 级联码

衰落信道中最重要的一类码是卷积码和 RS 码的级联。在 1995 年之前，当需要很高的编码增益时，这种码确实是最受欢迎的。即使在今天，在因高数据速率或复杂度限制而不能用 Turbo 码和低密度奇偶校验码时，这种方法仍然是受欢迎的。

在 14.2.7 节中讨论过，RS 码擅长纠正突发的比特错误，实际上比纠正分布式错误的能力强得多，这使它看起来很适合衰落信道。但是，在特定的相关时间和比特速率下，无线信道的衰落长度（单位为比特）比 RS 码能纠正的长度大得多。所以，RS 码以如下方式应用：数据首先进行卷积编码，得到的数据流进行交织，以分散任何可能的错误突发（长交织器要比为长错误突发而设计的编码更容易构建）。卷积码不会遇到一长串严重受扰的数据（如没有交织的情况），卷积码的译码会导致错误突发，因为这是卷积码的一个基本性质。这些错误突发通过外编码，即专门适合解决这些突发的 RS 码来纠正。

14.8.5 衰落信道下的网格编码调制

对于网格编码调制，同样的设计准则也可用于卷积码。图 14.27 表明码的有效性在不同信道中可以非常不同。我们给出了 Ungerboeck[1982] 设计的用于加性高斯白噪声信道的一种码和 Jamali and LeNgoc[1991] 中设计的用于衰落信道的一种码，很显然两种码在"自然"环境下有更好的性能。

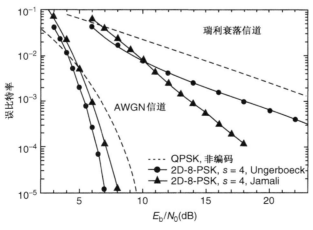

图 14.27 衰落信道中的误比特率：非编码正交相移键控和 8-PSK 网格编码调制。引自 Mayr[1996]© B. Mayr

网格编码调制对于抵抗 12.3 节讨论的延迟色散所引起的错误也很有帮助。Chen and Chuang[1998] 表明这些错误本质上是由码字之间的欧氏距离决定的，该量度的最小化给出了可以对抗这类错误的码（见图 14.28）。平坦衰落信道下的码的搜索相对比较成熟，但是频率选择性信道下的码的设计是最近才发展起来的。

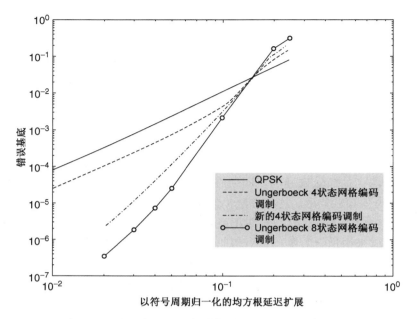

图 14.28   在频率选择性衰落信道中,网格编码调制的错
误平层。引自 Chen and Chuang[1998] © IEEE

14.9   衰落信道的信息论性能限

讨论了衰落信道中实际码的性能之后,现在分析衰落信道的信息论性能限。下文主要考虑频率平坦衰落信道,它可以用时变的信噪比 γ 描述。仅在本节最后讨论了频率选择性信道。

14.9.1   各态历经容量与中断容量

首先重申加性高斯白噪声信道的两个关键事实:(复)信道的归一化容量表示为

$$C(\gamma) = \log_2 \left[1 + \gamma \right] \qquad \text{bits/s/Hz} \tag{14.73}$$

而且这个容量是在假设编码具有无限长度码字的条件下推导出的。

因为码字长度无限,并遍历各种不同的衰落状态,于是衰落信道的各态历经(香农)容量为信道的所有状况下容量的期望值。该量假设一个无限长的码涵盖所有的信道实现。

然而,在实际情况下经常面对的是,数据用一个接近香农极限但持续时间远小于信道相干时间的码进行编码。具有合理块长度(如 10 000 比特)的低密度奇偶校验码接近香农极限(见14.7节)。对于 10 Mbps 的数据速率,这样一个块可以在 1 ms 内传输完。这远远短于无线信道(见第 5 章)的典型相干时间 10 ms。这样,每种信道状态都对应一个容量值。这个容量(有时称为瞬时容量)是一个具有一定累积分布函数的随机变量。今后将观察这个分布函数,或者可以说,这个容量可以保证在所有信道状态中占有 $x\%$。后一个量又称为中断容量。

因为信道是时变的,令发射功率随时间变化也是有意义的。它能否被应用及应用到何种程度,取决于发送端的信道状态信息量(CSIT),即发送端知道关于接收端信噪比的信息。

14.9.2　仅接收端已知信道状态信息的容量

如果发送端不知道信道状态信息, 那么发送端无法根据信道状态调整发射功率, 所以它只能发射固定功率。那么香农容量 (每单位带宽) 是加性高斯白噪声信道容量基于信噪比分布的平均。

$$E\{C(\gamma)\} = \int_0^\infty \log_2\left[1+\gamma\right] \mathrm{pdf}_\gamma(\gamma)\mathrm{d}\gamma \text{ bps/Hz} \tag{14.74}$$

由 Jensen 不等式可立即得到 $E\{C(\gamma)\} < C(E\{\gamma\})$; 也就是说, 衰落信道中的香农容量小于具有同样平均信噪比的加性高斯白噪声信道下的容量。

现在来看中断容量或者容量累积分布函数的计算。映射 $\gamma \to \log(1+\gamma)$ 建立了两个随机变量之间的转换, 于是可以运用雅可比行列式进行变量之间的转换, 从而推导出 C 的概率密度函数:

$$\mathrm{pdf}_C(C) = \mathrm{pdf}_\gamma(2^C-1)\ln(2)2^C \tag{14.75}$$

例如, 在瑞利衰落信道中

$$\mathrm{pdf}_C(C) = \frac{1}{\overline{\gamma}}\exp\left[-\frac{2^C-1}{\overline{\gamma}}\right]\ln(2)2^C \tag{14.76}$$

可得到累积分布函数

$$\mathrm{cdf}_C(C) = 1 - \exp\left[-\frac{2^C-1}{\overline{\gamma}}\right] \tag{14.77}$$

在可接受的中断给定的情况下, 可由 $\mathrm{cdf}_\gamma(\gamma)$ 计算相对应的 γ, 将该值引入容量公式, 从而得到中断容量。

通过这个例子可以看到, 在有些信道星座上容量为零。因此, 想保证一个零中断传输是不可能的。

14.9.3　CSIT 和 CSIR 的容量——注水法

当发送端已知信道状态时, 它可以调节功率 (服从一个长时功率约束) 来使信道容量最大化。因此, 可得到各态历经容量

$$C = \max_{P(\gamma)} \int_0^\infty \log_2\left[1+\gamma\frac{P(\gamma)}{\overline{P}}\right]\mathrm{pdf}_\gamma(\gamma)\mathrm{d}\gamma \tag{14.78}$$

有如下约束条件:

$$\int_0^\infty P(\gamma)\mathrm{pdf}_\gamma(\gamma)\mathrm{d}\gamma \leqslant \overline{P} \tag{14.79}$$

这个最优化问题可以由下式解决:

$$\frac{P(\gamma)}{\overline{P}} = \begin{cases} \frac{1}{\gamma_0} - \frac{1}{\gamma}, & \gamma > \gamma_0 \\ 0, & \text{其他} \end{cases} \tag{14.80}$$

其中, 将式 (14.79) 的限制条件代入式 (14.80) 来确定 γ_0。这种功率分配策略称为"注水法", 将在 19.8 节加以详述。本质上它意味着, 如果信道状况非常差 (信噪比低于阈值 γ_0), 则发射端不发送信息。如果信噪比高于阈值, 则信噪比越好, 发射端发射功率越大。

当考虑中断容量时, 可能试图通过让发射功率补偿接收端损耗的方法来提高中断容量, 即 $P(\gamma)/\overline{P} = K_{\mathrm{inv}}/\gamma$, 其中 K_{inv} 是由式 (14.79) 决定的一个比例常量, 结果为 $K_{\mathrm{inv}} = 1/E\{1/\gamma\}$。

这种方法导致瞬时容量 $C_{inv} = \log_2(1 + K_{inv})$ 与 γ 无关, 也就不会产生中断, 即容量永远不会低于 C_{inv}; 因此 C_{inv} 又称为"零中断容量"。注意, 在瑞利衰落中, $E\{1/\gamma\} \to \infty$, 所以 $C_{inv} \to 0$。

当允许中断占所有情况的 $x\%$ 时, 最好的策略是在 $x\%$ 的最坏信道情况下根本不发送, 而在剩下的信道情况下控制发射功率, 从而使信噪比保持为一个常量。

最后也是非常重要的一点, 在分集接收的情况下, 当 γ 表示分集合并器(见13.4节)输出的信噪比时, 上述公式仍然成立。

14.10 附录

请访问 www.wiley.com/go/molisch。

深入阅读

在很多优秀教材中都可以看到信道编码方面的具体内容, 如 Lin and Costello[2004], MacKay[2002], McEliece[2004], Moon[2005], Sweeney[2002]和 Wilson[1996]。Steele and Hanzo[1999]的第4章给出了分组编码的具体描述, 包括 RS 码的译码算法。Sklar and Harris[2004]给出了直观的介绍, 更详细的内容在 Lin and Costello[2004]中。Johannesson and Zigangirov[1999]具体介绍了卷积码。网格编码调制码最早是在20世纪80年代由 Ungerboeck[1982]发明的, Biglieri et al.[1991]给出了极好的教程说明。比特交织编码调制在教程手册 Fabregas et al.[2008]中进行了描述。Turbo 码的详细内容可以在 Schlegel and Perez[2003]中找到, 也可以在优秀的教材 Sklar[1997]中找到。低密度奇偶校验码最早是在 Gallagher[1961]中提出的, 由 MacKay and Neal[1997]重新发现, 并在 MacKay[2002]中以一种非常容易理解的方式进行了描述。非规则低密度奇偶校验码的重要改进由 Richardson et al.[2001]提出。Richardson and Urbanke[2008]对低密度奇偶校验码进行了详细描述。Bahl 等人在20世纪70年代[Bahl et al. 1974], Hagenauer 在20世纪80年代, 通过软输入软输出译码的研究, 建立了很重要的理论基础。信息论的基础知识的描述可在 Cover and Thomas[2006]和 Yeung[2006]中见到。

第 15 章　语 音 编 码

Gernot Kubin

格拉茨技术大学信号处理与语音通信实验室

奥地利格拉茨市

15.1　引言

15.1.1　语音电话作为对话多媒体业务

　　1904 年，当 O. Nuβbaumer 在格拉茨大学物理实验室第一次成功传输语音与音乐时，没有人能预见到无线多媒体通信这一历史性成就在 100 年后获得的巨大发展。现在已经出现了许多新的媒体类型，如文本、图像和视频，而且现代的业务范围从基本的单向媒体下载、浏览、消息传送、应用软件共享、广播及实时流媒体，发展到双向的交互式实时文本会话(聊天)、语音和视频电话等。尽管如此，语音电话依然是所有通信业务的支柱，并且继续作为任何移动通信终端都不可或缺的一部分。基于上述原因，下文将集中讨论语音信号的信源编码方法，即为了传输(或者存储)而对其进行有效的数字表示。

　　数字语音编码的成功起始于在公共交换电话网络(PSTN)中引入编码速率为 64 kbps 的脉冲编码调制语音进行数字交换，并继续结合一系列先进的压缩标准，从 20 世纪 80 年代早期的 32 kbps 到 16 kbps，一直到 90 年代末期的 8 kbps，全部集中于长途电路倍增技术而同时又要保持传统有线电话的高质量水平(收费话音品质)。对无线电话来讲，在一开始的 20 世纪 80 年代中期，数字编码对比特率和复杂度的要求非常苛刻，在语音质量上的一些折中看上去还可以接受，因为当时的用户或者从未有过使用移动电话的经历，或者期望值受到了相对低质量的模拟移动无线电系统的影响。然而这种状况变化很快，20 世纪 90 年代初提出的第一批标准在 5 年内就被彻底推翻，新的标准由于采用新的编码算法，语音质量显著提高，并且比特率保持在 12 kbps，而由此带来的复杂度的增加却由于微电子器件和算法实现的相对进步而减轻了。

15.1.2　信源编码基础

　　信源编码的基础是 1959 年由香农[Shannon 1959]奠定的，他不仅提出了非理想信道下的信道编码理论，而且提出了信号压缩的率失真理论。后一理论基于如下两个部分：

- 随机信源模型允许在信源信息中表示其冗余特性；
- 失真测度用来表示用户信源信息的相关度。

　　在渐近无限的延迟和复杂度，以及某些简单的信源模型和失真测度条件下，可以证明存在一个达到给定失真水平所必需的比特率下界；反之亦然，对于给定的比特率，存在一个可以达到的容许失真度下界。在电话系统中，复杂度的影响越来越小，而延迟则成为决定通话质量的实质性问题,因为当延迟超过 100 ms 时,就会严重影响交互通话的质量。因此,从率失真理论得到的主要启示可认为是存在一种基本参数之间的三方面折中:速率、失真和延迟。传统的电话网是基于电路交换模式运行的,其传输延迟实质上是由电磁波传播的时间决定的,因此只有在处理卫星链路时,延迟才会明显。然而,分组交换网络越来越多地应用于电话中,如 IP 电话(VoIP),其延迟会在路由队列中积累。在这些系统中,延迟成为最基本的参数,它将决定着可达到的速率-失真之间的折中。

失真较小并且尚在可接受范围内的信源编码称为有损编码,而有限几个零失真的情况称为无损编码。大多数情况下,只有幅度离散的信号考虑对其脉冲编码调制语音转换编码时,有限速率才能达到无损编码,即对已采用传统脉冲编码调制编码的数字化语音信号进行数字压缩。然而,对于采用电路交换的无线语音电话来说,这样的无损编码器有两个缺点:首先,它浪费了宝贵的无线频带资源(使用了比能够达到典型用户期望的质量多得多的比特);其次,它常常导致变速率的比特流,比如使用哈夫曼编码器时,而这一点不能与电路交换传输提供的固定速率有效地匹配。

然而,变速率编码是与分组交换网及某些电路交换网的信源信道联合编码的某些应用高度相关的话题(见 15.4.5 节)。香农定理证明,在理想条件下,信源编码与信道编码过程可以完全分离,两个编码步骤可以独立设计和优化。这在具有有限延迟或者时变条件的实际限制下不成立,此时只有信源和信道编码器联合设计才能达到最优。在这种情况下,由网络提供的固定速率可以方便地分为一个可变的信源编码速率和一个可变的信道编码速率。

15.1.3 语音编码器设计

信源编码理论表明了设计语音编码系统时如何利用信源冗余模型和自定义的相关性模型。感知相关性将在后面章节中讨论,此处根据信源模型给出了语音编码器设计的一般分类。

1. 波形编码器。波形编码器设计一个自适应动态系统时不直接使用信源模型,它将原始的语音波形映射到一个经处理的波形,该波形可以在给定数字信道上以更少的比特传输。译码器实质上是编码器的逆过程,用来还原原始波形的一个可靠估计。所有的波形编码器都有一个共性,即通过增加比特率可以渐进逼近原始脉冲编码调制波形的无损变换编码。对于这些系统,将误差信号定义为原始信号与解码信号的差是合理的(尽管还没有引入失真的感知相关性的直接测度)。

2. 基于模型的编码器,又称为声码器。声码器取决于明确的信源模型,用一个小的参数集来表示语音信号。编码器需要对这些参数进行估计、量化,然后在数字信道中传输。解码器利用接收到的参数控制一个实时实现的信源模型,以产生解码的语音信号。增加比特率将导致语音质量在非零失真处饱和,该非零失真的水平受信源模型的系统误差的限制。直到最近,基于模型的编码器的性能才达到使这些误差不至于产生明显的感知影响的水平,进而可以在具有轻微质量下降限制的极低速率(2.4 kbps 及以下)的应用中采用。此外,根据解码器中的信号产生过程,解码波形与原始波形不同步,因此波形误差的定义在描述基于模型的编码器失真时是无用的。

3. 混合编码器。混合编码器目的在于前两种设计的优化组合。它首先采用一个基于模型的方法提取语音信号参数,但仍然直接在波形层面上计算模型误差。这种模型误差或残留波形由波形编码器传输,而模型参数以边信息的形式量化和传输。这两种信息流在解码器中结合在一起,用来重构波形的可靠近似,这样混合编码器就具备了波形编码器渐近无损编码的特性。它们的优势在于明确的语音模型参数化,允许在设计时利用比纯波形编码器中的单一可逆动态系统更先进的模型。

基于模型观点的语音编码设计认为,一个语音编码系统的描述应该从解码器开始,该解码器潜在包含一个语音模型的实现。编码器作为信号分析系统用来提取相关模型参数和残留波形。因此,编码器比解码器复杂度更大,更难理解和实现。在这种意义上,语音编码标准可能仅指定解码器及传输数据流的格式,而将最佳匹配的编码器设计留给工业界去竞争。

进一步的设计问题

语音编码器对信源模型的依赖性很自然地导致其性能依赖于此模型与被编码信号的匹配程度。任何信号只要它不是由靠近麦克风的唯一讲话者产生的纯净信号,都可能经受附加的失真,这就要求额外的性能测试,而且可能需调整设计方案。这些额外问题的例子适用于音乐编码器(例如,如果停下来等待特定的一方时),严重的声学背景噪声下的编码器(例如在车内说话,可能开着车窗时),存在其他人喋喋不休的谈话时的编码器(例如在咖啡店里),回声编码器(例如在免提模式下讲话),等等。

进一步的系统设计还包括窄带语音与宽带语音的选择。窄带语音在传统的有线电话中使用(例如,模拟带宽为 300 Hz ~ 3.4 kHz,采样频率为 8 kHz),宽带话音质量近似于调频广播(例如,模拟带宽为 50 Hz ~ 7 kHz,采样频率为 16 kHz),它比普通常规电话业务(POTS)有显著的语音质量提高。其次,即使采用非常复杂的信道编码,信道误码的稳健性,如单个比特错误、突发错误、整个帧或包的丢失之类的问题,同样是信源编码的设计问题(将在 15.4.5 节中讨论)。最后,在从说话人到听话人的网络路径中,可能有多个声码器级联步骤,每一步都需要从一种编码标准转换到另一种编码标准,每一次都潜在造成了话音质量的进一步损伤。

15.2　语音

音乐的声音可以由大量信号产生装置来产生,比如管弦乐队的乐器。而语音的产生装置,即使在声学层面或感知层面,都相当独特,而这构成了语音模型的物理基础。

15.2.1　语音的产生

简而言之,语音通信由以自然语言为代码,以人类的声音为其载体的信息交换组成。语音是由复杂的振荡器,即声带,受肺部的气流压力激励而产生的。从无线工程的角度看,这个振荡器产生的是准周期信号,即离散多音(DMT)信号。对男声而言,其基音频率 f_0 在 100 ~ 150 Hz 之间,女声则为 190 ~ 250 Hz,童声是 350 ~ 500 Hz。其频谱从低频到高频缓慢衰减,跨越达几千 Hz 的频率范围。从相对带宽看,可以把它看成超宽带信号[①],这就是这些信号在很多不同的自然环境中都能很稳健且功率效率高(比如歌剧演员不用扩音器)的原因之一。

声音信号沿声道进行传播,通过喉咙、口腔、鼻腔等,这些发声器官可以认为是一个声学波导管,用其共振频率修整信号的频谱包络,这些共振频率称为共振峰频率。最后,信号从一

---

① 如果考虑光和声音的相位速度相差约 10^6 的比例因子,那么这种类比将更加显著,1 kHz 的声波和 1 GHz 的电磁波波长大致相同。

个较大的空间中(人的头部)的相对窄小的出口(嘴或者鼻孔)辐射出来,引起高通辐射特性,使得远场语音信号呈现典型的 20 dB 每十倍频程的频谱提升。

声音的产生

除了振荡的声音信号(发声),其他的声源也能成为信号载体,比如在声道较窄条件下产生的紊乱噪声(比如摩擦音,"lesson"中的[s])或者由于声道完全闭合,然后突然放开气流产生的冲击压力产生的声音(比如爆破音,"attempt"中的[t])。如果在声音产生的过程中声带不振动,这样的语音就称为清音,否则为浊音。在后一情况中,准周期信号和具有噪声特性的信号可以共存(在"浊擦音"中,像"puzzle"中的[z]),这样的声音经常称为混合激励语音[①]。

除了以上提到的 3 种发声方法(发声、摩擦音、爆破音),还有经常被忽略的第 4 种发声方式:无声。例如,比较单词"mets"和"mess"。它们的主要区别在于:在"mets"中元音[ɛ]和[s]之间[t]的闭合期有一个无声的阶段,而在"mess"中无此阶段。否则,这两个发音就相同了。因此[t]的信息是在无声期间传达的。

发音

声音产生机制为语音提供了载体,发音机制以语言代码对其进行调制。这种代码是有次序和层次的,即一系列的语音(用语言符号的话讲就是音素)组成音节,一系列的音节组成单词,再由单词组成短语,进而构成了语言。然而,发音的过程不是按纯粹的顺序方式组织的。对于每一个语音,发声器官波导的形状不是由一个稳定状态姿势转化到另一个稳定状态姿势。并且,发音的姿态(唇、舌、软颚、喉咙的运动)是相互重叠和交错的(常常跨越整个音节),它大多是异步的和连续变化的,从而使调制方式是连续而非离散键控的。这种联合发声的现象在自动语音识别与合成系统中是一个核心问题,即把连续变化的声音变为离散的符号串(反之亦然)。

15.2.2　语言声学

信源滤波器模型

对于语音声学的科学研究可以追溯到 1791 年,W. von Kempelen,时任玛利亚·特丽萨皇后宫廷里的高官[②],出版了他对作为人类语音产生的物理模型的第一个机械说话装置的描述。现代语音声学的基础是 20 世纪 50 年代由 G. Fant[Fant 1970]奠定的,基于此产生了语音信号的信源滤波器模型(见图 15.1)。

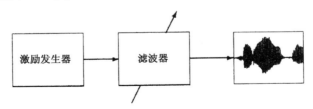

图 15.1　语音的信源滤波器模型。激励信号发生器提供信源驱动,激励一个随时间慢
　　　　变化的滤波器,滤波器根据共振峰频率修整频率包络,以产生语音波形

---

① 注意,根据定义,混合激励语音显然是浊音的子集。
② 玛利亚·特丽萨皇后是 18 世纪初叶奥地利的公主和匈牙利的皇后。

　　尽管这个模型仍然源于对自然语音产生过程的理解，但它还是严重偏离了它的物理基础。特别地，所有的自然声源(它可以位于沿着声道的许多位置，并且常受到该处气流的控制)都被合成了一个单一的信源，并由它独立地激励滤波器。而且，这种模型只有一个输出，而自然发音系统可能在声道的口腔和鼻腔之间转换，甚至还会合并使用。因此，这个模型的真正价值不在于准确描绘人类的生理结构，而在于其在语音声学建模方面的灵活性。特别是，这种结构很好地表达了语音信号的典型性质，这在时间和频谱分析中已被证明。

语谱图

　　图 15.2 给出一个典型的语音时频分析的例子。

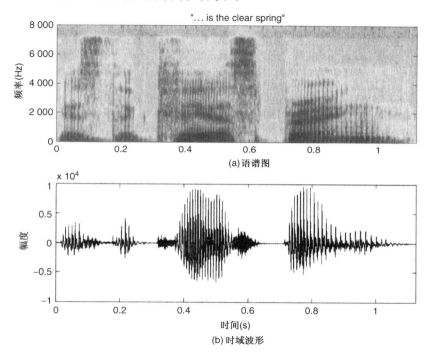

图 15.2　一段男声语音"is the clear spring"的语谱图，其模拟带宽在 7 kHz 内，采
样频率 f_s = 16 kHz，横轴为时间，纵轴为频率，深色区域表示高能量密度

　　图 15.2(b)是短语"is the clear spring"的时域波形，讲话者为一名男性，限制在 7 kHz 的模拟带宽内，采样频率为 16 kHz。这幅图清晰地显示了 4 种激励信源机制的变换。可以注意到，浊音的"准周期"信源可以解释为 3 个基本"周期"的间隔，而基本"周期"在对应于"the"的第二个浊音段的情况中则表现出高度的不规则性。并且，语音包络有很强的起伏，通常在 20 ~ 30 dB 之间。

　　图 15.2(a)是同一信号的语谱图，它表示信号能量的时间-频率分布，其中深一些的区域对应高能量密度。这种表示形式可以通过滤波器组或者短时傅里叶分析得到。它阐明了信号的整体性质(像 7 kHz 的防混叠低通滤波器)，通过观察可以看到在 3.4 kHz 以上还有很多语音能量(尤其是摩擦音和爆破音)，这说明传统电话的频带过窄导致自然话音质量严重下降①。由此得到如下局部性质：

---

① 普通常规电话业务带宽限制对可懂度的影响，可以从用英语打电话时需要采用"alpha/bravo/charlie…"的方式拼写字母来交流一个未知的专有名称得到佐证(有些类似中国人打电话时用"洞"，"么"，"捌"分别表示 0，1，7——译者注)。

1. 类噪声信号分量表现出宽带不规则的能量分布；
2. 类脉冲信号分量表现为宽带毛刺；
3. 准周期分量表现为有间隔(男声在 10 ms 左右)的狭窄纵向条纹，对应时域上的脉冲序列；
4. 共振峰频率表现为由于声道共振引起的能量浓度的缓慢漂移，而这显然与前后内容密切相关，就像这句话中三个[i]的音都不同。

前 3 条性质与信源或者信源滤波器的激励信号有关。第 4 条性质与滤波器和它的共振频率或极点相关。这些极点的时域慢变化模拟了共振峰频率的时域变化。

15.2.3   语音感知

人类语音的最终接收者是人类的听觉系统，它是一个不同寻常的接收机，包括两个宽带的、能适合空时滤波的定向天线(外耳)，根据单独的、单声道头部相关传输函数 HRTF(方位和频率的函数)滤波，通过耳间的延迟估计，产生听觉的立体声效果。其次，有一个高度自适应的机械的阻抗匹配网络(中耳)，其动态范围超过 100 dB，还有一个具有 3000 多条信道的、锁相的、基于阈值的接收机(内耳耳蜗的毛细胞)，其自身噪声很低(刚刚超过人类能听到自己的血液循环引起噪声的水平)，它将信号转换成一个高度并行的、低速率的同步表达形式，这种形式特别适合低功耗、非精确电路的(人类神经系统)分布式处理。

听觉语音模型

心理声学方面的听觉模型，即感知的行为模型在音频编码器中(像普遍应用的 MP3 标准)很流行，因为它使我们可以从信息的不相关部分中分离出相关部分。例如，某些信号分量可能被其他信号掩蔽以至于使它完全不被听到。自然地，一个高质量的音频编码器，对信源的性质和其内在的冗余不能做先验假定，它要求通过控制有损编码的失真，以便失真被相关信号分量掩蔽。

在语音编码中，情况则恰恰相反：我们具有大量的关于信源的先验知识，而且可以基于信源模型和它的冗余进行编码器设计，与音频编码器相比，感知的质量要求在某种程度上有所放宽，即大多数语音编码器中的一些没有被掩蔽的，可听到的失真是可接受的(注意，人们早就习惯了忍受 3.4 kHz 的频带限制带来的失真，这在听音乐时是行不通的)。因此，感知模型在语音编码器设计中的作用更小，虽然最初由 Schroeder et al. [1979] 提出的简单感知加权滤波器被大多数语音编码标准接纳用来进行感知上有益的量的噪声成形。关于对语音和音频进行透明编码的可逆听觉模型的最新研究成果可以参考 Feldbauer et al. [2005] 的综述。

感知质量测量

检测语音编码器的好坏要靠测听。直到现在，测量语音编码器质量的最好方法仍是由一定数量的测听人员(20 多人或者更多)做可控的听力测试。相关实验过程已经在国际电信联盟建议 P.800 中进行了标准化，它包括绝对分类打分和相对分类打分测试。平均意见得分值(MOS)就是属于第一类的一个重要例子，它要求测听人员对听到的语音质量进行打分，分值从 1 到 5，其中 1 分为劣，5 分为优。传统的窄带语音在采用 64 kbps 对数脉冲编码调制进行编码时，其 MOS 得分在 4 分附近。经过恰当设计的试验设置，可以做到高的可重复性和分辨能力。通过国际电信联盟的调制噪声参考单元(MNRU),可以产生人为控制的失真来建立测试条件,以校准这种测试方法。

除了单向测听实验,在语音传输存在延迟(包括信源编码延迟)的情况下,双向的会话测试也很重要。这种测试导致了语音质量评价的全面规划工具的建立,这就是被 ITU-T 建议 G.107 标准化的 E 模型,它涵盖了从单向编码、传输损失到会话延时的影响,或者从移动服务接入获得的主观用户优势等各种效应。

作为一种可以省去烦琐的测听和(或)会话测试的手段,客观语音质量评价已经变得越来越重要。这种测量技术往往基于感知模型来评估编码失真的影响,而编码失真可以通过比较原始信号与解码信号得到。此类方法也称为插入法,因为它要求在设备(网络)中传输一种特定的测试语音信号,以便在接收端能够使用原始信号的未编码形式。一个标准化的例子为语音质量感知评价(PESQ)(可与 ITU-T 建议 P.862 进行比较)。

非插入式或者单端语音质量评价仍在研究中,无须原始语音信号就能评价语音质量,正如打电话时无须直接接入电话的另一端,就能判断一个电话连接的质量很差。第一个标准化尝试(从 2004 年 5 月始)是单边语音质量测量(Single Sided Speech Quality Measure)3SQM(ITU-T 建议 P.563)。

15.3 语音信号的随机模型

15.3.1 短时平稳模型

与语音信号的产生和感知相关的所有物理知识中,语音编码只关心实际的声学波形,并且由于它是一个携带信息的信号,因此需要一个随机模型的框架。首先,需要确定怎样利用物理信号生成机制的时变特性,这需要采用非平稳的随机过程模型[①]。根据声波传播信道的时变性,这个非平稳过程有如下两个"外部"的源。

- 发音器官的运动,它把声道的边界条件以每秒 10 ~ 20 个音的速率成型。由于发音器官冲激响应的典型延迟扩展少于 50 ms,对于这种非平稳性来讲,采用短时平稳表示是足够的。

- 声带的运动,它以基础频率 100 ~ 500 Hz 振动,使声道最低端(即声带)的边界条件以准周期的速率变化。这种情况下,通过与延迟扩展比较可知这种变化太快,不适合采用短时平稳模型,多普勒频移引起的调制效应变得很重要,只有循环平稳表示能处理这种影响(可与 15.3.5 节比较)。

许多经典的语音模型都忽略了循环平稳性,所以我们先讨论短时平稳模型。对于这类模型,随机特性是随时间缓慢变化的,因此采用子采样估计,即只需对每一帧信号重新估计一次模型参数,而在大多数系统中,一帧为 20 ms(在采样频率为 8 kHz 时对应 $N = 160$ 个采样点)。对于有些应用,比如在解码端采用参数模型产生信号,参数需要更新得更快(如每 5 ms 的一个子帧),这可以通过对已有基于帧的估计进行插值得到。

---

① 另一种观点是引入超模式来控制时变语音生成模型参数的变化。一个平衡的超模式能够反映随机挑选言语的平衡过程,以便总的双重语音信号模型是平衡的。

Wold 分解定理

在一帧中,信号可以看成平稳随机过程的样本函数。这样就可以应用 Wold 分解定理 [Papoulis 1985],该定理保证任何平稳随机过程都可以分解为两部分之和:常规分量 $x_n^{(r)}$ 和奇异分量 $x_n^{(s)}$,前者可以理解为经过滤波的噪声,在线性系统中很难预测;后者是一系列正弦信号的组合,在线性系统中可以很好地预测:

$$x_n = x_n^{(r)} + x_n^{(s)} \tag{15.1}$$

注意,这些正弦信号不必谐波相关,可以具有随机的相位和幅度。接下来的三节将证明这个结果(已经在 1938 年的随机过程理论中建立起来)是当今一系列语音模型的理论基础,这些模型仅仅在实现的细节上略有不同。这些模型是:线性预测声码器、正弦模型和谐波+噪声模型(HNM)。

15.3.2　线性预测声码器(LPC)

Wold 分解定理的第一种实现方式强调它与线性预测(LP)理论的关系,线性预测理论最早由 Itakura and Saito [1968]提出。该模型的结构是将正则分量表示成白噪声,通过一个线性滤波器推导出来的。这个滤波器是因果稳定的,而且有一个因果稳定的逆,即最小相位滤波器。同样的滤波器也用来产生浊音中的奇异分量,它包含许多谐波相关的正弦波,这些正弦波可以模型化为周期性脉冲序列,通过线性滤波器。这样就能灵活调整所有谐波的频谱包络,但不保留原始相位信息。因为现在相位是由最小相位滤波器的相位响应决定的,它与对数幅度响应(通过希尔伯特变换)严格对应。进一步讲,两种激励类型(白噪声和脉冲序列)只有一个滤波器,该模型将叠加简化为时域的硬切换,这就要求白噪声和准周期信号在时域严格分隔(比较图 15.3 的解码器模块)。这种简化使得系统模型与混合激励信号的情况不相符。

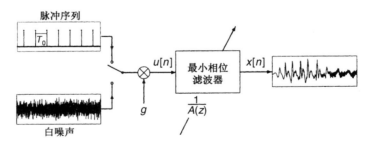

图 15.3　解码器中采用的线性预测声码器信号发生器

线性预测分析

对于每一帧,线性预测编码器要估计模型参数,并进行量化和编码以便进行传输。这里仅讨论线性预测滤波器的参数估计问题,基音周期 $T_0 = 1/f_0$ 的估计在下文讨论(见 15.4.3 节)。第一步,把最小相位滤波器限制为一个全极点滤波器,即滤波器传输函数的所有零点都集中在 z 平面的原点,而只有极点反映频率响应。这是基于如下两点考虑的。

- 声道主要由其谐振频率来刻画,对波峰的感知要比对波谷的感知敏感得多。
- 对于一个最小相位滤波器,所有的零极点都在单位圆内。这样,当一个零点 z_0 处于 $|z_0| < 1$ 的位置时,可以由几何级数的极点来代替,这些极点在 $|z| = 1$ 处收敛:

$$(1 - z_0 z^{-1}) = \frac{1}{1 + z_0 z^{-1} + z_0^2 z^{-2} + \cdots} \tag{15.2}$$

将信号模型转化为 z 变换域表示：

$$X(z) = \frac{U(z)}{A(z)} \tag{15.3}$$

其中，$X(z)$ 表示语音信号，$U(z)$ 为激励信号，滤波器传输函数为 $1/A(z)$。其时域表示为

$$x_n = - \sum_{i=1}^{m} a_i x_{n-i} + u_n \tag{15.4}$$

其中，对采样频率为 8 kHz 的语音信号，滤波器或者预测器的阶数选为 $m = 10$，a_i 是预测器系数，通常 a_0 归一化为 1[①]。

对于给定的语音信号帧，通过估计模型参数 $\hat{a}_i$，使模型失配达到最小。它的误差通过预测误差信号 e_n 表示：

$$e_n = x_n - \hat{x}_n = x_n - \left(- \sum_{i=1}^{m} \hat{a}_i x_{n-i} \right) = \sum_{i=1}^{m} (\hat{a}_i - a_i) x_{n-i} + u_n \tag{15.5}$$

当且仅当 $\hat{a}_i = a_i (i = 1, \cdots, m)$ 时，对于非相关激励 u_n，预测误差功率达到最小。此时，预测误差信号 e_n 与激励信号 u_n 一致。注意，采用预测框架只是为了模型拟合，而不是预测或者外插未来的信号。为了将这些估计器应用于短时平稳语音数据，对每一帧更新 N 个样本的情况，必须选择一个 $L \geqslant N$ 的窗，其中大于号意味着窗要有一些交叠或者超前。典型地，应用一个特殊的窗函数 w_n 是为了减轻由加窗机制带来的数据非连续性。如果非对称窗的峰值靠近最新的样本，则会在估计精确度和延迟之间获得一个较好的折中。窗函数可以采用两种不同的方式应用于数据，产生了如下两种线性预测分析方法。

1. 自相关法。该方法定义基于如下加窗语音信号：

$$\hat{x}_n = \begin{cases} w_n \cdot x_n, & n = 0, 1, \cdots, L - 1 \\ 0, & \text{窗外的 } n \end{cases} \tag{15.6}$$

的预测误差功率估计为

$$\sum_{n=-\infty}^{\infty} e_n^2 = \sum_{n=-\infty}^{+\infty} \left(\tilde{x}_n + \sum_{i=1}^{m} \hat{a}_i \tilde{x}_{n-i} \right)^2 \tag{15.7}$$

这里数据加窗导致了这种方法需要无限求和的局限性。

2. 协方差法。该方法不对语音直接加窗，而是通过对误差信号加窗，进而定义预测误差功率估计为

$$\sum_{n=m}^{L-1} (w_n \cdot e_n)^2 = \sum_{n=m}^{L-1} w_n \left(x_n + \sum_{i=1}^{m} \hat{a}_i x_{n-i} \right)^2 \tag{15.8}$$

这里必须小心地选择求和限，避免用到窗以外的信号样本。

在这两种方法中，最小化二次代价函数得到一个未知参数 $\hat{a}_i$ 的线性方程系统。在自相关法中，系统矩阵变成严格意义上 Toeplitz 结构的相关矩阵，它可以由 Levinson-Durbin 递推算法

---

① 增益 g 可以包含在激励信号的幅度中。

高效求解。这种算法将估计器的运算次数由 $O(m^3)$ 降到 $O(m^2)$，并保证多项式 $\hat{A}(z)$ 的根在单位圆内。自协方差法中，没有这种结构可以利用，需要有更高的复杂度和保证 $\hat{A}(z)$ 的稳定性的附加条件。自协方差法的优点是系数估计值的精确度大大提高了，因为它没有了自相关法中的直接加窗处理，避免了一些系统误差。最后，为了提高线性预测分析的数学性能，通常加入一些(预)处理过程，包括输入语音信号的高通预滤波(以滤除多余的低频分量)，在相关函数估计中应用带宽扩展，在滞后为零处的自相关的修正，这对应着加上一个微弱的白色基底噪声(在数据的 -40 dB 处)。

15.3.3　正弦模型

　　Wold 分解定理的第二种实现方式强调由 MacAuley and Quatieri[1986]提出的采用正弦波进行频谱建模的思想。在这个模型中，两部分信号分量由同一系列正弦波的和组成。如果将正弦波的相对相位频繁地随机化，至少做到每帧一次，类噪声的规则分量就能由这样的和式(根据谱表示理论)近似表示。这种方法的优点是：奇异分量中的原始相位信息能够保留下来(当然，如果可用比特率允许对它进行编码)，而且它的奇异分量与常规分量的组合上更加灵活。通常，在高频段，即使浊音也包含有类噪声分量，这样就可以用一个低次谐波的固定相位模型和一个高次谐波的随机相位模型来表示。这种频域的硬切换假设了类噪声分量和准周期信号分量的频率是隔离的。这样就能进行混合激励语音信号的建模，激励信号之间的转换被预先限定在帧的边界(而线性预测声码器在原理上允许清浊转换有更高的时间分辨率)。

　　正弦模型的进一步发展是多带激励(MBE)编码器，它允许不同频段话音分开处理，因此能更精确地描述混合激励现象。这也建立了与不依赖特定信源模型的、在通常的音频编码中应用最广泛的子带编码或变换编码原理的联系。

15.3.4　谐波 + 噪声模型

　　Wold 分解定理的第三种实现方法力争在时域和频域都不采用硬切换的情况下，达到奇异分量和常规分量叠加的完全实现。这样，谐波 + 噪声模型的解码器结构可能是最简单的，只需要遵循式(15.1)即可，然而它的编码器难度最大，因为要同时估计叠加的连续谱(常规分量)和离散谱(奇异分量，假设是谐波相关的)。现在，该模型仅限于在语音和音频合成中应用，而在语音编码中，人们已经意识到谐波 + 噪声模型频谱所达到的复杂度需要更详尽的时域变化分析作为补充，而这是传统的短时平稳模型所望尘莫及的。

15.3.5　循环平稳模型

　　语音的短时平稳模型忽略了由声带振动引起的快速时变。对于浊音来讲，这种准周期性振荡，不仅作为发声器官的主要激励而且是所有信号统计的循环调制。具有周期统计特性的随机过程称为循环平稳过程。对于我们的应用，基音周期和相关联的振荡模式会随时间缓慢变化，因此需要引出短时循环平稳过程来研究这一特性。对于一个给定的语音帧，它的波形可以分解为一个循环均值信号(对应于 Wold 分解中的奇异分量)和一个具有零均值的类噪声过程，该过程具有周期时变性的自相关函数。更重要的是，类噪声分量的方差是时间的周期函数，表示浊音的类噪声分量的周期包络调制。这种效果在具有较低的基音周期的男声中可以清楚地听到，并且它也是循环平稳模型相对于谐波＋噪声模型的主要改进。这种模型最早作为原型波形内插（PWI）编码器由 Kleijn and Granzow[1991]引入，当时循环均值解释为"慢变化的波形"，周期时变类噪声分量称为"快变化的波形"。更多最近的研究进展是结合滤波器组进行的，通过在时域预弯折信号，信道可以适应 f_0 的多倍的情况。循环平稳信号建模的关键是提取可靠的"基音标记"。提取标记就能直接进行后续基音周期的时域同步。正如所有语音特性随时间变化一样，同步问题是一个主要的挑战，并且引出了以自激振荡非线性动态系统来描述语音信号的特点，这种方法的好处是能够解释语音信号特定的非加性不规则性，比如抖动或者倍周期现象。

15.4 量化和编码

一旦选定了信号模型和参数估计算法，编码器的任务就是将参数量化，在混合编码中，还要量化模型残余波形的采样点值[①]。为了提高信源编码效率，很多模数转换器都已经发展出多种优于简单均匀量化方案的技术。

15.4.1 标量量化

标量量化泛指对一个随机变量的量化，它可以是一个波形样本或单个模型参数。如果需要量化的变量超过一个，则独立处理每一个变量。作为一个一般化的例子，假如随机变量 X 的连续值 x 满足 $t_i \leq x < t_{i+1}$，则 x 量化为区间 $[t_i, t_{i+1}]$，其索引 $i = Q(x)$ 用（二进制）码字传输。接收端把接收到的码字解码为量化器索引，使用该索引查找一个存储高分辨率重构值的表，得到 $x^{(q)} = Q^{-1}(i)$。后者的操作有时称为"逆量化"，尽管量化器由于静态非线性是一个多对一映射，没有反函数。标量量化器的典型性能指标为量化信噪比（SQNR），其值基于量化误差 $q = x^{(q)} - x$ 的均方值：

$$\text{SQNR}_{[\text{dB}]} = 10 \log_{10} \frac{E(x^2)}{E(q^2)} = 10 \log_{10} \frac{E(x^2)}{E((x^{(q)} - x)^2)} \tag{15.9}$$

其中，符号 E 表示数学期望算子，即对变量 X 求加权平均，权值为概率值。该定义包含两种失真，一种是溢出失真，即输入值超过量化器的边界的情况，另一种为与单个量化步长相关的颗粒失真。在大多数设计中，采用合适的量化比例可以避免溢出失真，因此颗粒失真将是确定质量效果的关键因素。当处理波形量化时，将误差功率用输入功率归一化，这样可以使该量度和人类的感知更相关一些。

在均匀量化中，所有的区间有着相同的宽度，即 $t_{i+1} - t_i = q =$ 常量。最著名的非均匀量化定律是脉冲编码调制语音信号的 8 比特对数量化，它有两个版本，一个是美国和日本采用的 μ 律，另一个是欧洲采用的 A 律。对数量化有一个显著的特点，即当可以避免溢出且信号未靠

---

① 注意，这是前向自适应语音编码的情况。对于极低延迟后向自适应编码而言，为了避免参数和边信息一起传输，则只利用已经解码的语音样本来估计模型参数。这要求在传输端同时实现编码器和解码器，并假定工作在低信道误码率的状态。从解码数据中估计出来的参数仅仅隐含某些相对于在前向自适应方案中当前帧中得到的参数的延迟。然而，由于短时平衡假设，这种延迟造成的模型性能损失是可接受的，这种损失由抑制边信息带来的比特率降低近似得到了补偿。

近 0 时(此时，对数函数可用线性函数近似，对应于 12 比特的均匀量化器)，其量化信噪比几乎独立于[①]信号功率 $E(x^2)$。这样，对数量化器可以处理语音信号包络的大幅度时域变化，包括语音信号自身固有的变化(高度不同的语音的短时平稳序列，温和的和大声的语音)和外在的变化(与麦克风之间的距离变化)。

自适应量化使量化器的动态范围比对数量化更大，可以使输入功率波动达 40 dB 或者更高，但看不出对量化信噪比性能有明显影响。自适应量化器实现时采用一种自适应增益控制机制，针对最常用的一个变量，通过逐个样本反馈自适应的方式进行。

如果随机变量 X 的幅度服从非均匀分布，那么对于给定数量的量化区间 I，均匀量化器达不到最小的量化信噪比性能。最优量化器阈值的集合 $t_i (i = 1, 2, \cdots, I)$ 和重构值 $x^{(q)}(i)$ $(i = 1, 2, \cdots, I)$ 可以采用迭代的 Lloyd-Max 算法得到，该算法交替使用下面的两个隐含条件，对于固定输入功率而言，这两个条件使均方量化误差最小。

1. 最佳量化区间的端点为相邻重构值的中值：

$$t_i = \frac{x^{(q)}(i) - x^{(q)}(i-1)}{2} \tag{15.10}$$

2. 最佳重构值为量化区间的质心，该值为通过输入幅度概率密度 $f_X(x)$ 计算得到的条件数学期望值：

$$x^{(q)}(i) = E(x|t_i \leqslant x < t_{i+1}) = \int_{t_i}^{t_{i+1}} f_X(x) x \, \mathrm{d}x \tag{15.11}$$

实际上，概率分布往往是未知的，质心的计算是通过估计实际试验中采集的大量数据样本集合的类条件均值获得的。

15.4.2　矢量量化

矢量量化(VQ)将 d 个随机变量标量 X_k 组成一个 d 维的随机矢量 X。在 d 维空间中，标量量化区间变成了多维的凸胞腔 $V_i (i = 1, \cdots, I)$。如果一个输入矢量 $x \in V_i$，那么 $Q(x) = i$，值 i 就映射成一个二进制码字用来传输。Shannon[1949]表明，采用矢量量化并渐进地增加维数 d，就能达到信源编码的率失真限，就像信道编码中，当同时考虑很大的信号样本分组时，可以得到最好的编码性能。与标量量化相比，矢量量化有 3 个共知的优点。为了进行这种对比，下面研究达到特定的量化失真时每维需要的比特数 $\log_2(I)/d$。

1. 存储优势。即对统计相关性的处理。一般地，一个随机矢量表现出各个分量之间的统计相关性，可能超出线性相关。所以，即使采用线性变换，如离散余弦变换或主分量分析，对随机矢量的分量解相关，由于包含在剩余(非线性)相关中的冗余，所有分量的联合量化仍然更有效。

2. 空间填充优势。在标量量化中，量化区间的形状没有那么多选择，在多维情况下，胞腔可以变换形状以达到最佳空间填充度。例如，根据密集球装问题(dense sphere-packing)准则。这允许对一个给定容积的空间覆盖，在满足相同最大失真(通过指定胞腔的线性维的大小)的情况下采用较少的胞腔，即更少的码字比特数 $\log_2(I)$。对于大

---

① 实际上，对于对数量化，量化信噪比基本独立于输入的幅度概率分布，这使它对未知的或剧烈变化的信号特性表现出稳健性。

维数 d 的情况，这种优势可以达到每维 0.25 比特。对于在 4 kbps 或以下的低比特语音编码（即每个样本小于 0.5 比特），这是一个非常有意义的贡献。

3. 形状优势。这和标量变量的最佳非均匀量化得到的增益相似，量化器胞腔的形状（和大小）与随机矢量的概率分布相匹配。这种优势仅和预先指定胞腔数目 I 的限定分辨率的量化器有关。对于限定熵的量化器（这里仅关心所有码字的平均熵，既不限定胞腔或码字的数目，也不限定码字的长度），就没有形状优势，这一点可以通过码字本身的无损熵编码得到。

最佳矢量量化器的设计方法与标量非均匀量化器的设计相似。Lloyd-Max 算法推广到多维，称为 Linde-Buzo-Gray 或者 LBG 算法。

次最佳矢量量化

矢量量化维数 d 越大，矢量量化性能就越好。然而，如果设计一个矢量量化器，给定每维的比特数，则矢量量化的复杂度将随维数 d 呈指数增长，因为胞腔数 I 随 d 呈指数增长。由于多维的胞腔可能形状很复杂，一般用它们的重构矢量 $\hat{x}_q(i)$ 来定义并通过选择使量化失真 $D(x_q(i), x)$ $(i = 1, 2, \cdots, I)$ 最小的索引号 $i = Q(x)$ 进行量化。一种经典的失真测度是平方失真或者欧氏距离 $\| x_q(i) - x \|^2$。这样就需要保存一个表格或者码书，该码书包含 I 个 d 维的矢量，需要搜索整个码书以获得最小失真，这需要 I 次失真测度的计算。在欧氏距离情况下，每次的计算代价与 d 成正比。因此，即使对每一维，存储代价和操作次数也直接正比于 I，所以存在所谓的"维数灾难"问题（复杂度与维数呈指数增长）。

为了解决这个问题，发展出很多矢量量化器设计和实现的简化策略。出乎意料的是，这些在次最佳码书集合中搜索一个好矢量的次最佳算法，其性能仍好于低维数的最优矢量量化系统。在早期基于矢量量化的波形编码中，当维数为 10 时，采用在 $I = 2^{10} = 1024$ 个条目中全搜索，编码器可达每维 1 比特，新的次优系统在维数 $d = 40$ 时，采用贪心算法在 $I = 2^{35} = 34.4 \times 10^9$ 个条目中搜索可达每维 0.875 比特，而且性能更佳[①]。这种简化的次最佳设计的例子如下：

- 增益形状量化，码书矢量为一个标量增益和一个单元矢量的乘积（模为 1）；
- 多阶矢量量化，第一个码书提供粗略估计，后续 $K-1$ 个码书依次细化量化；
- 分裂矢量量化，高维矢量分成 K 段 d/K 维的矢量，每段独立量化。

在后两种情况下，复杂度约减少到 d/K 维矢量量化的复杂度。对于这种比较而言，非指数因子的关系不大。

下面讨论代数码书，这是最成功的简化方案之一，已经被几个国际标准采纳。在代数码书中，码书幅度限制在一个三元表 $\{-1, 0, +1\}$ 中，而且只允许少量的非零幅度（例如，在 40 维矢量中允许 10 个）。这种设计受到早期的"多脉冲激励"和"规则脉冲激励"技术的启发，在"多脉冲激励"和"规则脉冲激励"技术中，源滤波器模型的源激励被裁剪成少数非零幅度。因为，在求取内积的计算中包含欧氏距离计算，代数结构将每次计算从 40 个乘加运算减少到只有 10 个加运算。而且，非零脉冲的选取在贪心策略之后进行，无须尝试所有可能的组合。最后，采用几个子采样的脉冲序列或者多相的交织梳进行高效编码（交织单脉冲排列，ISPP）。

---

① 注意，与先前的 10 维码书相比，40 维码书的全搜索将带来复杂度的增加，每维增加的复杂度相当于乘以一个 $2^{23} = 8.4 \times 10^6$ 的因子。

注意，这种码书采用系统结构建立，可以较均匀地覆盖整个矢量空间，因此无须训练或者优化码字矢量。

线谱对

当应用矢量量化器来量化语音模型的参数(非波形样本)时，需要特别考虑参数量化误差引起的失真。一种常用的应用是同时量化 $m = 10$ 维的线性预测系数 a_i，这样会引起如下问题。

1. 量化参数矢量必须对应一个最小相位滤波器，该滤波器允许稳定的滤波及逆滤波操作。

2. 量化误差最好对应引入的谱失真，即原始谱包络和由量化参数描述的谱包络之间的均方误差，二者均用 dB 表示。经验表明，为了达到透明编码质量，对大多数参数矢量而言，这个失真值必须小于 1 dB。

3. 在短时平稳模型中，从一帧到下一帧的转换必须经由两个参数矢量采用简单的内插机制，使它们能一直保证平稳性，并且避免内插的谱包络出现意外的谱偏移。

所有这些问题最好在矢量量化之前，即进行预测器系数到线谱频率非线性映射时解决，这种线谱频率明显成对出现，因此也称为线谱对(LSP)。通过引入两个系数分别为偶对称和奇对称的 $m + 1$ 阶多项式 $F_1(z)$ 和 $F_2(z)$，可以导出线谱对系数:

$$F_1(z) = A(z) + z^{-1} \cdot z^{-m} A(z^{-1}) \tag{15.12}$$

$$F_2(z) = A(z) - z^{-1} \cdot z^{-m} A(z^{-1}) \tag{15.13}$$

其中，$z^{-m}A(z^{-1}) = \sum_{i=1}^{m} a_{m-i} z^{-i}$ 为时间反转预测器多项式。由于 $A(z) = (F_1(z) + F_2(z))/2$，这第一步是可逆的。然而，对最小相位滤波器 $A(z)$，镜像多项式 $F_1(z)$ 和 $F_2(z)$ 的根不在单位圆内，而是正好在单位圆上，因此它们的位置可以由一个实值频率完全确定。而且，两个多项式的根位置集合遵循一个联合排序关系:随着频率的增加，这两个根集合在单位圆上严格交替出现。这些性质大大简化了多项式根的搜索并指明了相邻线谱频率对的组合(各来自一个镜像多项式)。并且，这种排序关系有助于估计线谱对在时间上的插值。最后，这种矢量由 10 个实数组成，它的矢量量化经常采用分裂矢量量化来实现。分裂矢量量化包含按频率增加而排序的三部分，而这三部分对矢量的贡献相对独立并将次最优量化效应降到最低。

15.4.3 预编码中的噪声成形

混合语音编码不完全取决于源信号模型，另外还要观察和传输建模误差或残留波形。如果用预测信号模型，残留波形就是预测误差 $e_n = x_n - \hat{x}_n$。如果量化预测残差 e_n 用来传输，则得到 $e_n^{(q)} = e_n + q_n$，据此解码器可以重构 $x_n^{(d)} = \hat{x}_n + e_n^{(q)}$。译码器从延迟的重构信号样本 $x_{n-i}^{(d)}$ 计算预测值 $\hat{x}_n$:

$$\hat{x}_n = -\sum_{i=1}^{m} a_i x_{n-i}^{(d)} \tag{15.14}$$

则导致一个递归的或者闭环重构滤波器:

$$x_n^{(d)} = -\sum_{i=1}^{m} a_i x_{n-i}^{(d)} + e_n^{(q)} \tag{15.15}$$

$$A(z)X^{(d)}(z) = E^{(q)}(z) = E(z) + Q(z) \tag{15.16}$$

然而，在编码器端计算预测信号样本 $\hat{x}_n$ 时，可以采用如下两种不同的方法。

1. 开环预测，利用延迟的原始信号样本，这些样本只有在传输端能够得到：

$$\hat{x}_n = -\sum_{i=1}^{m} a_i x_{n-i} \tag{15.17}$$

$$\hat{x}_n = -\sum_{i=1}^{m} a_i x_{n-i} \tag{15.18}$$

从上式及式(15.16)，可得到解码器输出：

$$X^{(d)}(z) = X(z) + \frac{Q(z)}{A(z)} \tag{15.19}$$

2. 闭环预测，在计算编码器中预测值时，利用与解码器[见式(15.14)]一样的重构样本，得到

$$e_n = x_n - \hat{x}_n = x_n + \sum_{i=1}^{m} a_i x_{n-i}^{(d)} \tag{15.20}$$

因此，解码器输出为

$$x_n^{(d)} = -\sum_{i=1}^{m} a_i x_{n-i}^{(d)} + e_n^{(q)} \tag{15.21}$$

$$= -\sum_{i=1}^{m} a_i x_{n-i}^{(d)} + x_n + \sum_{i=1}^{m} a_i x_{n-i}^{(d)} + q_n \tag{15.22}$$

$$X^{(d)}(z) = X(z) + Q(z) \tag{15.23}$$

在这种设置中，编码器预测器完全采用了解码器的闭环结构，故得名。

量化噪声 $Q(z)$ 用白色频谱建模。根据式(15.19)，开环预测导致总体失真 $X^{(d)}(z) - X(z)$，其频谱形状与语音模型的频谱 $1/A(z)$ 相似，这将降低该噪声的可闻度，因为人类听觉存在掩蔽效应特性。然而，把噪声用 $1/A(z)$ 滤波也会得到一个总体增益，该增益使总的噪声功率和不采用预测直接进行语音波形量化所观察到的功率完全相同。根据式(15.23)，闭环预测保持白噪声频谱且噪声不会放大。然而，由于量化噪声频谱形状与语音频谱不同，后者在频谱的谷底处可能听得到。上述两种极端情况的一种折中可以参见采用感知噪声成形滤波器的方法 [Schroeder et al. 1979]。至此，量化噪声可看成量化器输出和输入之间的差 $q_n = e_n^{(q)} - e_n$，该噪声经过滤波反馈到量化器的输出 $E(z) \rightarrow E(z) + (W(z) - 1)Q(z)$（其中零延迟增益为 $w_0 = 1$）。因此，开环预测系统的解码器输出等于 $X^{(d)}(z) = X(z) + \frac{W(z)}{A(z)} Q(z)$。如果选择加权滤波器 $W(z) = A(z/\gamma)$，其中 $0 < \gamma \leq 1$，就可以控制解码器失真的频谱形状在白色谱（$\gamma = 1$）和语音模型频谱（$\gamma = 0$）之间的任意位置。注意，这种感知加权滤波器的频谱扩展可以简单地通过设置 $w_i = a_i \gamma^i$ 得到。

长时预测

到现在为止讨论的短时预测器(STP)仅仅针对相邻信号样本之间的统计依赖（短时相关），这和频谱包络的非平坦性（即语音的共振峰结构）相关。浊音的谐波结构可以导致另一种对应于语音信号长时相关的精细结构。这些相关性在准周期信号波形的重复结构中可以看到。最简单的长时预测器(LTP) $B(z)$ 从位于过去一个周期 T_0 前的样本预测当前样本 x_n：

$$\hat{x}_n = b \cdot x_{n-T_0} \tag{15.24}$$

由于短时预测器和长时预测器均为稳定的线性系统,可按任意顺序级联,但经常是先执行短时预测,后执行长时预测更好一些。对于长时预测器,一般优先选择闭环预测。最佳参数 b 和 T_0 可以通过分析从最短的基音周期(高音女声)到最长的周期(低音男声)范围的信号自相关得到。即使在某些情况下得不到真正的基音周期(比如,周期倍增),长时预测器仍然可以通过提取与自相关函数最大值相关的冗余来提高编码器的性能。

只要真正的基音频率 T_0 不是采样间隔的 T_S 的整数倍("分数基音"),长时预测器周期模型就会遇到一个特殊问题。作为一种典型处理,采用 3~6 倍的因子进行插值可以提高有效采样分辨率。另一种处理方法是提高长时预测滤波器 $B(z)$ 的阶数,这样可以同时解决信号插值和预测的问题。

15.4.4　合成分析

合成分析过程是在多脉冲激励线性预测编码中引入的[Atal and Remde 1982],稍后在文献 Atal and Schroeder[1984] 和 Schroeder and Atal[1985] 中将其与矢量量化结合在一起,形成码激励线性预测(CELP)。本质上,带有感知加权的开环预测/闭环预测准则的重新表示中,采用线性合成步骤代替编码器的线性预测分析步骤即体现了合成分析的原理。这样,潜在的信号模型的基本结构变得更直接和明显,当与矢量量化结合时有利于计算。注意,这种合成分析形式仍然严格等价于前面提到的噪声成形预测编码。

合成分析法首先从一个允许值的集合(码书)中选取一个量化的残留信号样本 $e_n^{(q)}$ 来产生或者合成一个(或多个)信号样本。为了达到这个目的,码书中的所有样本都要通过线性预测合成滤波器 $1/A(z)$ 来产生一个所有候选编码信号 $x_n^{(d)}$ 的集合。编码失真可以通过差值 $x_n^{(d)} - x_n$ 计算。从上面可知,这种失真很明显与量化误差 q_n 通过滤波器 $W(z)/A(z)$ 成正比,编码失真通过逆加权滤波器 $A(z)/W(z)$ 滤波,就可以得到量化噪声 $q_n = e_n^{(q)} - e_n$。如果令该变量的平方幅度取最小值,就可以在码书的所有可能候选残差 $e_n^{(q)}$ 中有效进行最邻近判决,以寻找最接近 e_n 的条目。

这种合成分析解释的能力在于它本身能够对任意残留波形条目进行描述,只要这些条目能够列出来。这特别适合残留波形进行矢量量化的情况。作为一种典型情况,不是采用一个维数 $d=40$ 的单一样本,而是把样本组成子帧。现在感知加权合成误差的平方幅度估计是通过将 d 个样本的平方相加计算的。在矢量量化应用中,建议采用如下两个重新组织的步骤来降低计算复杂度且不牺牲性能。

1. 正如一次处理 d 个样本的块或者子帧,当所有滤波器从一个子帧转移到下一个子帧时,它们必须记忆其状态。这意味着滤波器对一个子帧的输出将是一个零输入响应(衰变滤波器状态)和零状态响应(当前输入驱动的分量)之和。只有后者分量提供从矢量量化码书中选择最佳码字的信息。因此,应从语音信号 x_n 中首先减去零输入响应,这样码书码矢量选取只基于零状态响应。

2. 对于每个码矢量的零状态响应,必须使该矢量通过线性预测合成滤波器 $1/A(z)$ 和(逆)加权滤波器 $A(z)/W(z)$。这种滤波器级联可以简化为总的传输函数 $1/W(z)$,从而得到图 15.4 所示的原理框图。

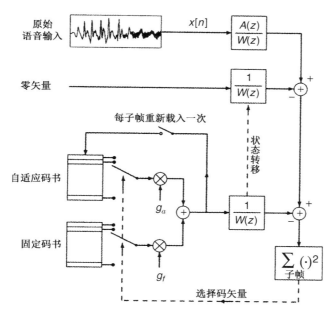

图 15.4　语音的码激励线性预测编码，将零输入和带有自适应与固定码书
激励的零状态响应分开处理的框图。加权滤波器为 $W(z) = A(z/\gamma)$

自适应码书

合成分析规则还可以扩展到试图采用从延迟约一个基音周期 T_0 的(规整)样本预测来解释当前子帧的长时预测器。由于基音周期可以在一定范围内变化，一种有效的处理是在缓冲区内存储残留信号自身在该范围内取得的子帧长度的矢量。该缓冲区称为自适应码书。这样，一个残留子帧可以表示为两个矢量的加权和，一个选自自适应码书，一个选自固定码书。在大多数系统中，这两种选取是顺序进行的，以使首先选出的自适应码书中的条目能够刻画信号的周期性，随后选出的固定码书条目能够表示残差部分的剩余的"随机性"(见图 15.4)。这种方法本质上与采用长时预测器等同，对于高音调的语音存在较小的差别，因为基音周期比子帧长度要短。与长时预测器相同的还包括，需要采用信号插值来提高自适应码书的时间分辨率才能保证高质量，这种插值运算至少要在长时相关的峰值附近进行。

15.4.5　信源信道联合编码

不等差错保护

一旦一个完整语音帧的所有信源参数都计算出来了，这些参数的码字需要组装起来进行传输，并且要加入冗余比特进行信道编码。信道编码通常假定码字序列独立同分布(iid)，并且所有码字对接收机同等重要。对混合编码而言，后者显然不成立，因为有些码字表示模型参数，如基音频率、增益或线谱对(LSP)，有些码字则表示采用固定矢量量化码书的码字表示后的残存波形。重要参数的信道误码(T_0 可能是最重要的一个)将导致译码信号严重的波形误差，例如重建信号可能听起来比原信号低得多或者高得多。意义不太重要的码字上的信道误差可能几乎觉察不到，因为一个参数正确的语音模型能够产生出相当好的语音，即使残留波形的细节是错误的。总之，"所有信源比特是相等的，但有些比其他担负更重要的任务。"这导致码字可以根据重要程度或者对信道敏感程度不同进行分类,每一类采用不同级别的信道保护,从最复杂的卷积码到根本不采用差错保护。

自适应多速率编码

信道和信源的统计特性都是时变的。因此,优化编码策略不得不根据时变信道状态和信源状态进行自适应调整。对电路交换通信而言,信道需要总的速率是固定的,因此自适应机制的任务是在信源编码速率和信道差错保护之间确定一个最佳折中,以使总的速率保持不变,即自适应多速率(AMR)编码。因为信源统计特性要比信道状态信息更新快得多(基本上每帧都不同,比如每 20 ms),当前的系统大多仅仅根据信道状态信息选择最佳的信源/信道速率划分。依靠这种信息,信源编码器对每一帧首先产生不同的信源比特,信道编码器利用剩余的比特进行恰当的不等差错保护,方法如上一段所述。

信源编码优化

按照信源信道联合编码方法,可采用如下两种方法对信源编码进行优化。

- 编码器优化。例如优化矢量量化的索引分配,使用代表矢量量化索引的码字中的比特误差产生最小平均感知影响,这和标量索引分配中的格雷编码策略非常相似。多描述编码是一种试图解决所有码字等相关性的更进一步的编码器技术。
- 解码器优化。接收到码字的残留冗余用来协助信道译码器增加整个解码过程的可靠性。

15.5 从语音传输到声音的远程呈现

语音传输或者电话技术的终极目标一直是在一个地理上分离的地点再现说话人的声音。从这个意义上讲,电话仅仅是远程呈现的一种特殊形式,而远程呈现是要虚拟呈现一个或者多个远程人物,最好从一定程度上再现远程的环境来增强本地的现实逼真度。下文的简要讨论首先从语音传输的简单附加功能开始,逐渐发展到最先进的三维虚拟音频业务。

15.5.1 语音激活检测

在两个人之间对称的谈话中,每个人约有 50% 的时间是不讲话的。人们早就注意到这个事实,并且在同一个传输信道中进行电话对话复用时利用了这个特性,这种技术称为数字语音插空(DSI)。对无线通信而言,多址接入到同一个共享无线频谱时需要降低用户之间的干扰。这可以通过仅在讲话人正在说话时才在空中接口传输语音帧来实现,而讲话状态由话音激活检测器(VAD)检测。对一个不活跃的说话人,非连续传输(DTX)将导致:

1. 更低的移动终端的功耗(节约了基带处理和无线电传输功率),从而延长了电池寿命;
2. 更小的空中接口多用户干扰,从而提高了移动接入网络性能;
3. 在采用包交换的情况下更低的网络负载,从而提高了骨干网的容量。

在一个典型的实现中,语音传输在 7 个非活动帧后被切断,然后发送一个静寂描述(SID)帧,每 20 ms 只有 35 比特,作为声音背景噪声的模型,以便在接收端再生舒适噪音生成(CNG)。这种噪声模型至少每 24 帧更新一次,可看成听觉场景的虚拟现实呈现的第一步,从而通过使对方隐含地知道这是开车时的通话等保持了通信双方的一致性。

这种非连续传输方法有时看成信源控制的速率自适应,它工作在非常高的信源描述层(即仅是信源开和信源关),比如不能根据语音内容(如浊音对清音)来快速改变信源速率。这和前面描述的自适应多速率编码(结合话音激活检测器,信源速率为零或者当前允许的最大信源速率,还要根据信道状态变化)也不相同。

15.5.2 接收端增强

如果由于空中接口的严重衰落导致整个语音帧丢失,那么这种错误不可能通过信道编码来纠正,因为信道编码只是针对个别的或者突发错误。这种情况下,需要错误隐藏技术,利用接收到的邻近的帧通过插值得到丢失的帧。对第一个丢失的帧而言,这种方法通常工作得很好,但如果有多个连续丢失的帧采用这种方法就可能产生发音不自然的语音。对后面的这种情况,后续的替代帧将逐渐衰减,而达到信号幅度慢慢减弱的效果(通常需要 6 帧 = 120 ms)。

一种更进一步的接收端信号增强为自适应后滤波,根据频谱包络构建成形滤波器和长时预测滤波器,以使由于有失真编码引入的噪声不易被收听者听见。自适应播放缓冲区或者抖动缓冲区有益于抵消包交换网络中的丢失帧。如果一个终端设备具有宽带语音输入/输出功能(模拟带宽为 50 Hz ~ 7 kHz),从窄带网络接收到的语音就可能通过一种称为带宽扩展的合成机制,人工创建 3.4 kHz 以上和 300 Hz 以下的频带而进行增强。

15.5.3 回声和噪声

说话人的声学环境可能不仅包括有利于表现声学场景的有用环境信息,还会包含烦人的噪声,或者由于多个说话人采用免提电话造成事实上共用一个空间而产生的回响和声音反射。在这种情况下,不仅需要控制噪声以让人感到舒适,而且语音编码系统(如果非常强地依赖一个语音信号模型)将无法恰当地处理噪声和回声。回声和噪声联合控制的解决方案通常能够达到降低这两种损伤的最佳折中。未经控制的回声可能会对整个通信系统的稳定性产生严重的影响。严格的性能要求已经由 ITU-T 制定为标准,如建议采用 G.167 和 G.168。

15.5.4 远程呈现的业务增强

语音使能业务

在远程呈现的框架下,用户将能够接入比传统电话范围宽得多的业务。对于超小尺寸的移动终端,如果机器有语音对话功能,将会大大方便业务的接入。其范围包括简单的通过语音进行人名拨号(可能需要一个话音密语来激活),通过文本语音合成(TTS)系统来阅读电子邮件,或者通过分布式语音识别(DSR)在移动终端提取语音识别用的特征矢量,并进行精度足以进行模式识别的编码(但没必要能够在中心服务器端再生语音信号),然后作为数据在无线链路上传输。这样就能传输基于超过电话中用的高质量信号的识别特征,并且采用特定的信源信道编码机制达到最有利于远端语音识别服务器的目的(而不仅仅面向收听的人)。

分布式语音识别采用数据信道携带语音信息,而蜂窝文本电话(CTT)的应用允许在语音信道携带文本数据,以便提供增强通信手段。这样,有听觉或发音障碍的人就能利用工作在数字语音信道上的调制解调器,采用聊天方式交换交互文本(不仅仅是短信息)。

个性化

对于个性化服务,说话人认证是必须的,而这有别于移动台或者基础设施本身的认证。说话人的身份可以通过语音辨识或确认技术确定，而且，如果需要，语音编码前就可以在语音信号中添加一个个性化的水印。

对于说话人隐私，传统的公用电话亭可能会被虚拟讲话区所替代。在该区域外，活动语音抵消(使用可穿着扬声器阵列)将使旁边的人几乎听不到电话交谈的声音。

三维音频

虚拟讲话区已经涉及语音电话学的高级音频处理的概念。自从采用了麦克风和扬声器阵列及虚拟增强音频技术之后，高级音频处理获得极大的推动，它允许三维声场的空间呈现(例如，立体混响)潜在地转换成双声道耳机收听。如果将个性化的头部相关传输函数(HRTF)和头部实时跟踪相结合，就能在真实环境的背景中放置虚拟的声源，创造出浸入式的远程呈现，从而把远程虚拟的参加者和本地参加者融合在一起，成功地召开远程会议，这当然是期望的最佳效果。

从根本上讲，这需要进行重大的转变，从现在的语音编码标准转换到允许高质量和包含元数据信息的多通路音频。在这个方向上的第一步已经通过自适应多速率宽带语音编码器标准化实现，这是第一个几乎同时被有线通信(ITU)、无线通信(欧洲电信标准协会/第三代合作伙伴计划 ETSI/3GPP)和网络电话(互联网工程任务组 IETF)接受的语音编码标准。

深入阅读

语音编码的经典教材为 Jayant and Noll[1984] 和 Kleijn and Paliwal[1995]。Vary et al.[1998] 是一本德文版优秀教材，其改进的英文版于 2006 年出版。最近，Kondoz[2004] 的第二版已经出版。另一本语音信号处理精彩综述著作为 Rabiner[1994]。Berger[1971]，Gray[1989] 和 Kleijn[2005] 论述了信源编码理论，可能是研究语音编码的最匹配的材料。对于一般的语音信号处理，我们推荐经典的 Rabiner and Schafer[1978] 和更近的教材 Deller et al.[2000]，O'Shaughnessy[2000] 和 Quatieri[2002]。对于非线性语音模型的扩展，参见 Chollet et al.[2005] 和 Kubin[1995]。Gersho and Gray[1992] 对矢量量化进行了广泛的讨论。Hanzo et al.[2001] 主要论述无线语音传输的信源信道联合编码。通信中的声学信号处理的更宽泛的讨论可以参阅 Gay and Benesty[2000]，Haensler and Schmidt[2004] 和 Vaseghi[2000]。带宽扩展是 Larsen and Aarts[2004] 的主要论题。口语处理的极好的参考书是 Huang et al.[2001] 和 Jurafsky and Martin[2000]。Gibson et al.[1998] 处理了一般多媒体数据的压缩。

第16章 均 衡 器

16.1 引言

16.1.1 时域和频域均衡

无线信道会产生延迟色散，也就是从发射机到接收机，各多径分量会有不同的传输时间（见第6章和第7章）。延迟色散会导致码间干扰，这将严重影响数字信号的传输。在第12章已经看到，即使延迟扩展小于码元持续时间，误比特率性能也将明显地降低。正如第二代和第三代蜂窝系统中经常出现的，延迟扩展与码元持续时间相当，或大于码元持续时间，若不采取对抗措施，则误比特率将高得令人无法接受。虽然编码和分集技术可以减小由码间干扰带来的误码，但并不能完全消除（见第13章和第14章）。另一方面，延迟色散也可起到正面作用。由于不同多径分量的衰落是统计独立的，所以分解后的各多径分量就可以作为分集支路。接收机若能分离和利用分解后的多径分量，则延迟色散就提供了延迟分集的可能性。由于传输函数是信道冲激响应关于傅里叶变换对$\tau \rightarrow f$的傅里叶变换，所以延迟分集也被视为频率分集（见第13章）。

均衡器是工作于两种方式的接收机结构，它们能减小或消除码间干扰，同时又利用信道固有的延迟分集。均衡器的工作原理既可以在时域描述，也可以在频域描述。

在频域，要记住延迟色散与频率选择性相对应。换句话说，就是码间干扰的产生是由于传输函数在所考虑的系统带宽内不为常数，因此均衡的目的就是校正由信道引入的失真，也就是使信道和均衡器的传输函数的乘积为常数[1]。这可以用数学形式表示：令信源信号为$s(t)$；它被送入一个信道冲激响应为$h(t)$的无线信道（准静态），接收后再通过一个冲激响应为$e(t)$的均衡器。进一步假设发送信号采用脉冲幅度调制（见第11章），则有

$$s(t) = \sum_i c_i g(t - iT) \tag{16.1}$$

其中，c_i为复发送符号。要求

$$H(\omega)G(\omega)E(\omega) = 常量 \tag{16.2}$$

其中，$E(\omega)$，$H(\omega)$和$G(\omega)$分别为$e(t)$，$h(t)$和$g(t)$的傅里叶变换。

在时域的等效公式要求接收信号在采样时刻无码间干扰。定义$\eta(t)$为信道冲激响应$h(t)$和基带脉冲$g(t)$的卷积：

$$\eta(t) = h(t) * g(t) \tag{16.3}$$

因而要求

$$[\eta(t) * e(t)]_{t=iT_s} = \begin{cases} 1, & i = 0 \\ 0, & 其他 \end{cases} \tag{16.4}$$

如果信道特性已知，并且不随时间变化，就可以构造一个滤波器（用硬件），使之完成传输函数所要求的均衡。然而在无线通信中，信道是未知的和时变的。前者可以通过发送训练序列，即一个已知的比特序列来解决。根据接收信号$r(t)$和基带脉冲$g(t)$的形状信息，接收机可

---

① 实际上，这是均衡器的一种特殊形式，即所谓的"迫零"线性均衡器，将在下面详细讨论。

以估计信道的冲激响应 $h(t)$。时变问题可以通过在"足够短"的时间间隔内重复发送训练序列来解决,因此在一定时间间隔内,均衡器能够随着信道状态的变化自行调整,这就是通常所说的"自适应均衡"。

这些年已研究出很多种不同的均衡器。其中最简单的是线性均衡器,它通常是一个带有抽头的延迟线滤波器,其系数与信道状态相适应(见 16.2 节)。判决反馈滤波器从接收信号中计算出(并减去)过去符号引起的码间干扰(见 16.3 节)。延迟色散信道中的最佳检测方法是最大似然序列估计(见 16.4 节)。无须训练序列的盲均衡,虽然已被许多研究人员进行了深入研究,但在实际系统中并不常用。

16.1.2　信道和均衡器的模型

在下面的章节中,为了描述不同的均衡器结构,需要建立信道和均衡器的离散时间模型。现在给出一个这样的模型,并且给出一个对于最佳接收机来说非常重要的噪声白化滤波器的概念。

接收机的第一级是用来抑制噪声功率的滤波器。该滤波器应确保所有信息都包含在 $t_s + iT_s$ 时刻的采样值里。这可以通过一个与 $\eta(t)$ 相匹配的滤波器来实现,$\eta(t)$ 是信道冲激响应和基带脉冲的卷积。因此,匹配滤波器输出端的样值序列可表示为

$$\psi_i = c_i\zeta_0 + \sum_{n \neq i} c_n\zeta_{i-n} + \hat{n}_i \tag{16.5}$$

其中,ζ_i 是 $\eta(t)$ 的自相关函数的采样值,$\hat{n}_i$ 是一个自相关函数为 $N_0\zeta_i$ 的复高斯随机变量序列,也就是匹配滤波器的输出噪声。

自相关函数的采样值 ζ_i 的 z 变换可以分解为

$$\Xi(z) = F(z)F^*(z^{-1}) \tag{16.6}$$

这个分解不是唯一的。但是,选择所有根均在单位圆内的 $F^*(z^{-1})$ 是很有利的。在这种情况下,$1/F^*(z^{-1})$ 是一个稳定且可实现的滤波器。

现在,如果把匹配滤波器和 $1/F^*(z-1)$ 级联,这个级联输出端的噪声就又变成白的,并且自相关函数为 $N_0\delta_k$,因此它也称为噪声白化滤波器。基带脉冲、无线信道、匹配滤波器和噪声白化滤波器级联的冲激响应的采样值则称为离散时间信道。它的冲激响应记为 f_k,z 变换记为 $F(z)$。注意,该信道的冲激响应是因果的,因此输出信号可以写为

$$u_i = \sum_{n=0}^{L_c} f_n c_{i-n} + n_i \tag{16.7}$$

其中,L_c 是离散时间信道冲激响应的长度。因此噪声白化滤波器也经常称为前置均衡器。

这一章将使用到以下概念:

c_i	第 i 个复发送符号
$\eta(t)$	基带脉冲和信道冲激响应的卷积
e_i	均衡器的第 i 个系数
ζ_i	$\eta(t)$ 的自相关函数的第 i 个采样值
$\hat{n}_i$	自相关函数为 $N_0\zeta_i$ 的复高斯随机变量序列的第 i 个采样值
n_i	非相关复高斯随机变量序列的第 i 个采样值
f_i	时间离散信道冲激响应的第 i 个采样值
u_i	时间离散信道输出信号的第 i 个采样值
$\hat{c}_i$	发送符号 c_i 的估计值
ε_i	发送符号的估计值与真实值 $c_i - \hat{c}_i$ 的偏差

16.1.3 信道估计

对于带有均衡器的数据检测，一个常用的方法是将 **f** 和 **c** 的估计分离。第一步，用训练序列(也就是已知的 **c**)来估计 **f**。在随后未知的有效数据传输期间，假设估计的冲激响应就是真实值，然后求解以上关于 **c** 的方程。

这一节讨论通过训练序列来估计信道冲激响应的问题。信道估计和第 8 章介绍的"信道探测"技术有很大的相似性。通过发送周期为 N_{per} 的伪随机序列，就可以得到一个简单的信道估计。伪随机序列的自相关函数近似于一个狄拉克函数。更确切地讲，序列 $\{b_i\}$ 的周期延拓与其自身的时间翻转序列的卷积[①]，就是间隔为 N_{per} 个符号的狄拉克脉冲之和：

$$\{b_{-i}\}*_{per}\{b_i\} \approx \sum_{n=-\infty}^{\infty} \delta_{i-nN_{per}} \tag{16.8}$$

其中，$*_{per}$ 表示循环卷积。如果这个序列通过冲激响应为 **f** 的信道，那么这个相关器的输出为

$$\{\hat{f_i}\} = (\{b_{-i}\}*_{per}\{b_i\}) * \{f_i\} \tag{16.9}$$

此时，如果信道冲激响应的持续时间比 N_{per} 短，就仅仅是 **f** 的一个周期重复(见图 16.1)。

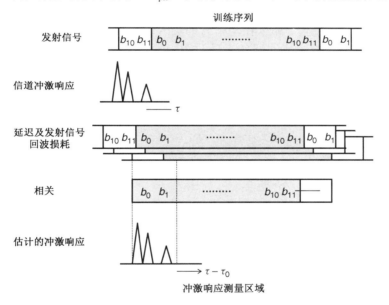

图 16.1　采用相关处理的信道估计器原理

实际上，我们并不发送伪随机序列的周期延拓序列，而仅是一个简单的实现。为了避免有效比特(未知)对相关器输出可能造成的影响，在该序列前后必须发送已知的缓冲比特。

采用训练序列的信道估计技术有以下几个缺点。

1. 频谱效率下降。因为训练序列不传输任何有用信息。例如，全球移动通信系统在每帧 148 比特中使用 26 比特作为训练序列(见第 21 章)。

2. 对噪声敏感。为了保证合理的频谱效率，训练序列必须很短。然而，这意味着训练序

---

① 严格地讲，需要取时间翻转序列的复共扼，但是因为发送序列通常是实的(+1/−1)，所以比特和复符号可看成等效的。

列对噪声敏感(较长的训练序列可以对噪声进行平均),并且对探测序列的非理想性也敏感(因为伪随机序列的通断比随序列长度的增加会增大)。若通过迭代算法实现信道估计,则仅能采用快速收敛的迭代算法,但这种算法会导致高的剩余差错率。

3. 过时估计。如果在训练序列发送之后信道发生了改变,则接收机检测不出这种变化。使用一个过时的信道估计会导致判决错误。

虽然存在这些问题,但在每一个实际的系统中均使用这种基于训练序列的信道估计。原因是其他信道估计方法(如盲技术,见16.7节)需要很大的运算量,并且性能会受到其他大量数值因素的影响。

16.2　线性均衡器

线性均衡器是一种试图模拟信道传输函数反函数的简单线性滤波器,其作用是尽量使信道和均衡器的传输函数的乘积满足一定的准则。这个准则可以是使信道-滤波器级联的传输函数完全平坦,或者是使滤波器输出端的均方误差最小。

线性均衡器的基本结构如图16.2所示。根据16.1.2节的系统模型,发送序列$\{c_i\}$经过一个存在色散和噪声的信道传输,那么在均衡器的输入端可得到序列$\{u_i\}$。现在需要确定具有$2K+1$个抽头的有限冲激响应滤波器的系数(横向滤波器,见图16.3)。该滤波器应将序列$\{u_i\}$转换成序列$\{\hat{c}_i\}$:

$$\hat{c}_i = \sum_{n=-K}^{K} e_n u_{i-n} \qquad (16.10)$$

它应该尽可能地接近序列$\{c_i\}$。定义误差ε_i为

$$\varepsilon_i = c_i - \hat{c}_i \qquad (16.11)$$

我们的目的是找到一个滤波器,使得

$$\varepsilon_i = 0, \qquad N_0 = 0 \qquad (16.12)$$

这样可以得到迫零(ZF)均衡器,或者

$$E\{|\varepsilon_i|^2\} \to \min, \quad 对于 N_0 取有限值 \qquad (16.13)$$

这样可以得到最小均方误差(MMSE)均衡器。

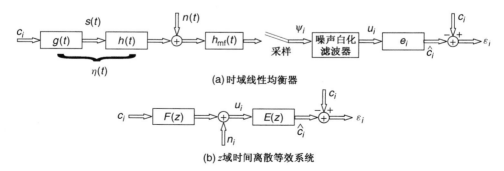

(a)时域线性均衡器

(b)z域时间离散等效系统

图16.2　线性均衡器基本结构

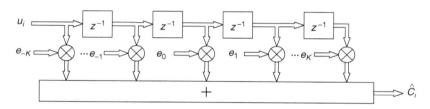

图 16.3   线性横向滤波器结构。注意 z^{-1} 表示延迟一个采样间隔

16.2.1   迫零均衡器

从频域上看,迫零均衡器通过选择均衡器的传输函数为 $E(z) = 1/F(z)$,使得信道和均衡器组合的传输函数完全平坦(常数)。从时域上看,它使最大码间干扰取最小值(峰值畸变准则)。附录 16.A(www.wiley.com/go/molisch)证明了这两个准则是相同的。

迫零均衡器对于消除码间干扰来说是最佳的。然而,信道也引入噪声,噪声将被均衡器放大。在信道传输函数取值很小的频率处,均衡器具有很强的放大作用,因而也将相应频率的噪声进行了放大。结果,在检测器输入端的噪声功率比无均衡器时更大(见图 16.4)。

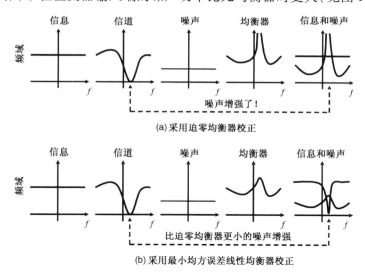

(a) 采用迫零均衡器校正

(b) 采用最小均方误差线性均衡器校正

图 16.4   噪声增强的图示

自相关函数的采样值 ζ_i 的傅里叶变换 $\Xi(e^{j\omega T_S})$ 与 $\eta(t)$ 的傅里叶变换 $\hat{\Xi}(e^{j\omega T})$ 的关系为

$$\Xi(e^{j\omega T_S}) = \frac{1}{T_S} \sum_{n=-\infty}^{\infty} \left| \hat{\Xi}\left(\omega + \frac{2\pi n}{T_S}\right) \right|^2, \quad |\omega| \leqslant \frac{\pi}{T_S} \tag{16.14}$$

检测器中的噪声功率为

$$\sigma_{\text{n-LE-ZF}}^2 = N_0 \frac{T_S}{2\pi} \int_{-\pi/T_S}^{\pi/T_S} \frac{1}{\Xi(e^{j\omega T_S})} d\omega \tag{16.15}$$

只有当频谱密度没有奇点 Ξ(或只是可积的)时,它才是有限的。

16.2.2   最小均方误差准则

均衡器的最终目标不是使码间干扰最小,而是使误比特率最小。噪声增强使得迫零均衡器达不到这个目的。一个更好的准则就是使发送信号和均衡器的输出信号之间的均方误差达到最小。

因此我们寻找一个滤波器使得下式最小:

$$\text{MSE} = E\left\{|\varepsilon_i|^2\right\} = E\left\{\varepsilon_i \varepsilon_i^*\right\} \tag{16.16}$$

如附录16.B(www.wiley.com/go/molisch)所示,它可以由系数为 $\mathbf{e}_{\text{opt}}$ 的滤波器来实现:

$$\mathbf{e}_{\text{opt}} = \mathbf{R}^{-1}\mathbf{p} \tag{16.17}$$

其中, $\mathbf{R} = E\{\mathbf{u}_i^* \mathbf{u}_i^{\mathrm{T}}\}$ 是接收信号的相关矩阵, $\mathbf{p} = E\{\mathbf{u}_i^* c_i\}$ 为接收信号和发送信号的互相关。考虑频域、噪声白化滤波器和均衡器 $E(z)$ 的级联的传输函数为

$$\tilde{E}(z) = \frac{1}{\Xi(z) + \frac{N_0}{\sigma_s^2}} \tag{16.18}$$

上式就是维纳滤波器的传输函数。因此,均方误差为

$$\sigma_{\text{n-LE-MSE}}^2 = N_0 \frac{T_\text{S}}{2\pi} \int_{-\pi/T_\text{S}}^{\pi/T_\text{S}} \frac{1}{\Xi(\mathrm{e}^{\mathrm{j}\omega T_\text{S}}) + \frac{N_0}{\sigma_s^2}} \, \mathrm{d}\omega \tag{16.19}$$

与式(16.15)比较表明:最小均方误差均衡器的噪声功率小于迫零均衡器的噪声功率(见图16.4)。

例16.1 均衡器的系数和线性均衡器的噪声增强。考虑信道冲激响应为 $h(\tau) = 0.4\delta(\tau) - 0.7\delta(\tau - T_\text{S}) + 0.6\delta(\tau - 2T_\text{S})$ 的信道, $N_0 = 0.3$,并且 $g(t) = g_\text{R}(t, T_\text{S})$。计算迫零均衡器和最小均方误差均衡器输出端的噪声方差。

解:

首先注意 $\eta(t) = h(t) * g(t) = 0.4\,g(t) - 0.7\,g(t - T_\text{S}) + 0.6\,g(t - 2T_\text{S})$。对于给定的矩形脉冲有 $\sigma_s^2 = 1$。 $\eta(t)$ 自相关函数的 z 变换可表示为

$$\Xi(z) = 0.24z^2 - 0.7z + 1.01 - 0.7z^{-1} + 0.24z^{-2} = F(z)F^*(z^{-1})$$

然后选择 $F(z) = 0.4 - 0.7z^{-1} + 0.6z^{-2}$。因此, $F^*(z^{-1}) = 0.4 - 0.7z^1 + 0.6z^2$ 的根为 $0.58 \pm 0.57\mathrm{j}$,它们均在单位圆之内。

因此,迫零均衡器的传输函数为

$$E_1(z) = \frac{1}{F(z)} = \frac{1}{0.4 - 0.7z^{-1} + 0.6z^{-2}} \tag{16.20}$$

根据式(16.15),噪声方差为

$$
\begin{aligned}
\sigma_{\text{n-LE-ZF}}^2 &= N_0 \frac{T_\text{S}}{2\pi} \int_{-\pi/T_\text{s}}^{\pi/T_\text{s}} \frac{1}{0.24\mathrm{e}^{\mathrm{j}2\omega T_\text{s}} - 0.7\mathrm{e}^{\mathrm{j}\omega T_\text{s}} + 1.01 - 0.7\mathrm{e}^{-\mathrm{j}\omega T_\text{s}} + 0.24\mathrm{e}^{-\mathrm{j}2\omega T_\text{s}}} \, \mathrm{d}\omega \\
&= N_0 \frac{1}{2\pi} \int_{-\pi}^{\pi} \frac{1}{0.24\mathrm{e}^{\mathrm{j}2\omega} + 0.24\mathrm{e}^{-\mathrm{j}2\omega} - 0.7\mathrm{e}^{\mathrm{j}\omega} - 0.7\mathrm{e}^{-\mathrm{j}\omega} + 1.01} \, \mathrm{d}\omega \\
&= N_0 \frac{1}{2\pi} \int_{-\pi}^{\pi} \frac{1}{0.48\cos 2\omega - 1.4\cos\omega + 1.01} \, \mathrm{d}\omega \\
&\approx 2.94
\end{aligned}
\tag{16.21}
$$

因此,有效信噪比为 $1/\sigma_{\text{n-LE-ZF}}^2 = 0.34$。

最小均方误差均衡器表示为

$$E_2(z) = \frac{F^*(1/z)}{F(z)F^*(1/z) + N_0} = \frac{0.4 - 0.7z + 0.6z^2}{0.24z^2 - 0.7z + 1.31 - 0.7z^{-1} + 0.24z^{-2}} \quad (16.22)$$

式(16.19)给出了其噪声方差。注意，与迫零均衡器的唯一不同是积分项中的分母增加了一个 N_0/σ_s^2：

$$\sigma_{\text{n-LE-MSE}}^2 = N_0 \frac{1}{2\pi} \int_{-\pi}^{\pi} \frac{1}{0.48\cos 2\omega - 1.4\cos\omega + 1.31} \, d\omega \quad (16.23)$$

$$\approx 0.46$$

正如所期望的，最小均方误差均衡器的噪声方差小于迫零均衡器的噪声方差。有效信噪比[Proakis 2005]为

$$\gamma_\infty = \frac{1 - \sigma_{\text{n-LE-MSE}}^2}{\sigma_{\text{n-LE-MSE}}^2} = 1.17 \quad (16.24)$$

与无码间干扰(因此无须均衡器)$1/N_0 = 3.33$ 的情况相比，可得出：最小均方误差均衡器和迫零均衡器分别使有效信噪比(在均衡器输出端的信噪比)下降了 4.5 dB 和 10 dB。

16.2.3 均方误差均衡器的自适应算法

为了确定均衡器的最佳权重，可以直接解方程(16.17)。然而，这需要 $(2K+1)^3$ 阶的复操作。为了简化计算复杂度，通常采用迭代算法。迭代算法的性能用以下标准衡量。

* 收敛速度。接近最后的结果需要多少步迭代? 通常假设在迭代期间信道保持不变，然而如果一个算法收敛太慢，那么由于在算法收敛以前信道已改变，所以它将不可能达到一个稳定状态。
* 失调。迭代算法的收敛值和精确的均方误差解之间偏差的大小。
* 每一步迭代的计算量。

下面讨论两种广泛采用的算法：最小均方算法和递归最小二乘算法。

最小均方算法

最小均方(LMS)算法，也称为随机梯度算法，由以下几步构成。

1. 用 $\mathbf{e}_0$ 对权值进行初始化。
2. 利用这个值，计算均方误差梯度的一个近似值。真实的梯度值不可能得到，因为它是一个期望值。相反地，我们使用 $\mathbf{R}$ 和 $\mathbf{p}$ 的估计值(它们的瞬时实现)：

$$\hat{\mathbf{R}}_n = \mathbf{u}_n^* \mathbf{u}_n^T \quad (16.25)$$

$$\hat{\mathbf{p}}_n = \mathbf{u}_n^* c_n \quad (16.26)$$

其中，下标 n 表示迭代次数。梯度被估计为

$$\hat{\nabla}_n = -2\hat{\mathbf{p}}_n + 2\hat{\mathbf{R}}_n \mathbf{e}_n \quad (16.27)$$

3. 接下来，通过在负梯度方向调整权值的方式来更新权值矢量的估计：

$$\mathbf{e}_{n+1} = \mathbf{e}_n - \mu \hat{\nabla}_n \quad (16.28)$$

其中，μ 是一个用户自定义参数，它决定了收敛速度和剩余误差。

4. 如果满足了中止条件，例如权值矢量的相对变化低于一个预先设定的阈值，那么这个算法就已经收敛。否则，返回第二步。

如果满足:

$$0 < \mu < \frac{2}{\lambda_{\max}} \qquad (16.29)$$

则可以证明最小均方算法收敛,其中$\lambda_{\max}$是相关矩阵 **R** 的最大特征值。问题是我们不知道该特征值(计算它比求相关矩阵的逆需要更大的计算量)。因此,必须猜测μ的数值。如果μ太大,收敛速度就会比较快,但是算法有时会发散。如果选择的μ太小,那么收敛的概率将很大,但是非常慢。一般来说,收敛速度取决于相关矩阵的条件数(例如最大特征值和最小特征值的比):条件数越大,最小均方算法的收敛速度就越慢。

递归最小二乘算法

在很多情况下,最小均方算法收敛非常慢。此外,该算法仅当接收信号的统计特性满足一定的条件时才有效。另一方面,一般的最小二乘准则并不需要这样的假设。它仅分析产生的N个误差ε_i,并选择权值,使均方误差之和最小。这种一般的最小二乘问题也可以由递归算法来完成,称为递归最小二乘(RLS)算法。详细内容见附录 16. C(www.wiley.com/go/molisch)。

算法比较

确定均衡器的系数有两类算法:直接实现法(维纳滤波器,最小二乘准则)和迭代法(最小均方算法,递归最小二乘算法)。

对于维纳滤波器,必须首先确定相关矩阵;这是数值计算的主要部分,特别是当权值数很小时。实际矩阵的逆运算需要$(2K+1)^3$步操作。还可以直接使用数据矩阵,并且求它的逆(最小二乘算法)。数据矩阵的构造使其需要的数值计算比相关矩阵少;另一方面,求逆的运算量大得多,并且取决于所用的比特数。

比较迭代算法可以发现,最小均方算法通常收敛太慢。递归最小二乘算法收敛比较快,但是剩余误差却较大。图 16.5 给出了在增强型数字无绳电话(DECT)(www.wiley.com/go/molisch)中的均方误差的典型实例。可以看到,递归最小二乘算法在 10 比特之后就收敛,而最小均方算法需要将近 300 比特。考虑到信道的时变性和频谱效率,快速收敛比一个极小的剩余误差率更重要。

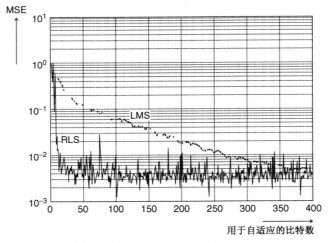

图 16.5 判决反馈均衡器的均方误差与迭代次数的函数关系(见下文)。对于最小均方,$\mu = 0.03$;对于迭代最小均方,$\lambda = 0.99$,$\delta = 10^{-9}$

另一方面,最小均方算法需要的(复)运算少得多(见图 16.6)。图中的一个重要结论是:当权值数比较少时,算法的复杂度不会有明显的不同。对于 5~8 个权值的情况,这个差别小于 50%(最小均方除外,因为它由于收敛速度太慢而不适合)。对于均衡而言,收敛、稳定和容易实现是其选择的主要标准。

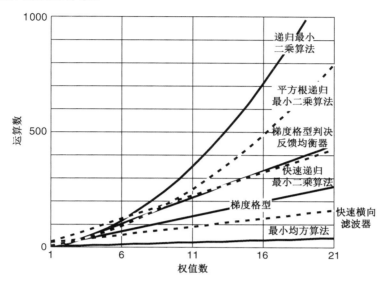

图 16.6　采用不同算法的判决反馈均衡器每一步迭代的运算数(详见下文)

16.2.4　其他线性结构

到目前为止,我们已经研究了横向有限冲激响应滤波器。然而,线性滤波器也可以由其他结构来实现,一种可以利用的结构是递归滤波器(无限冲激响应滤波器,IIR)。这些滤波器的优点是实现均衡所需的抽头较少,其主要缺点是传输函数不仅会有零点,而且会有极点,因此将不稳定。基于这个原因,无限冲激响应滤波器在实际中很少被采用。

另一种可能的结构是格形滤波器。其均衡算法的方程与横向滤波器的不同(详细内容见 Proakis[2005])。

16.3　判决反馈均衡器

判决反馈均衡器(DFE)有一个简单的根本前提:一旦正确地检测出一个比特,就可以利用该信息,并结合信道冲激响应的信息来计算由该比特引起的码间干扰。换句话说,确定该比特将给接收信号的后续采样值带来什么样的影响。然后,每个比特引起的码间干扰可以从这些后面的样值中减去。

判决反馈均衡器的方框图如图 16.7 所示。判决反馈均衡器由一个传输函数为 $E(z)$ 的前向滤波器和一个传输函数为 $D(z)$ 的反馈滤波器组成,其中前向滤波器是一个一般的线性均衡器。一旦接收机确定了接收符号,就可以计算出它对所有未来样值的影响(后向码间干扰),并且(通过反馈)从接收信号中减去。关键的一点是,码间干扰是基于硬判决之后的信号计算出来的,这样就从反馈信号中消除了加性噪声。因此,判决反馈均衡器的差错概率比线性均衡器要小。

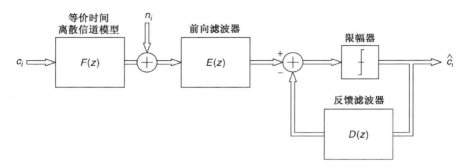

图 16.7　判决反馈均衡器的结构

判决反馈可能存在的一个问题是错误传播。如果接收机有一个比特判决不正确,那么计算出来的后向码间干扰也是错误的,因此到达判决装置的后面信号样值中的码间干扰甚至会比未均衡时还要严重。这导致错误判决和后向码间干扰错误相减的恶性循环。

当误比特率比较低时,错误传播通常不起作用。但是,应注意小的差错率通常通过编码来获得。因此,必须先对这些比特进行译码,再将它们重新编码(这样信号就成为接收信号的无噪版本),并将这个新的信号用于判决反馈均衡器的反馈中[1]。下面,仅考虑无错误传播的未编码系统。

16.3.1　最小均方误差判决反馈均衡器

通过在噪声增强和剩余码间干扰之间寻求平衡,最小均方误差判决反馈均衡器的目标仍然是使均方误差最小化。判决反馈均衡器中的噪声增强不同于线性均衡器,因为前向滤波器的系数不同;而后向码间干扰不会影响噪声增强,现在的目标是使噪声和(平均)前向码间干扰之和最小化。显然,两者的性能也不同。

前向滤波器的系数可以由下式计算:

$$\sum_{n=-K_{\mathrm{ff}}}^{0} e_n \left(\sum_{m=0}^{-l} f_m^* f_{m+l-n} + N_0 \delta_{nl} \right) = -f_{-l}^*, \qquad l, n = -K_{\mathrm{ff}}, \cdots, 0 \tag{16.30}$$

其中,K_{ff} 是前馈滤波器的抽头数。那么反馈滤波器的系数为

$$d_n = -\sum_{m=-K_{\mathrm{ff}}}^{0} e_m f_{n-m}, \qquad n = 1, \cdots, K_{\mathrm{fb}} \tag{16.31}$$

其中,K_{fb} 是反馈滤波器的抽头数目。

假设一些理想情况,如反馈滤波器必须至少与后向码间干扰一样长,它必须有足够多的抽头来满足式(16.30),它不存在错误传播,那么均衡器输出端的均方误差为

$$\sigma_{\mathrm{n}}^2(\mathrm{DFE} - \mathrm{MMSE}) = N_0 \exp\left(\frac{T_{\mathrm{S}}}{2\pi} \int_{-\pi/T_{\mathrm{S}}}^{\pi/T_{\mathrm{S}}} \ln\left[\frac{1}{\Xi(\mathrm{e}^{\mathrm{j}\omega T}) + N_0} \right] \mathrm{d}\omega \right) \tag{16.32}$$

---

① 因为译码器自身存在延迟,所以这个任务极具挑战性。可能的解决方案是将均衡、译码及软信息的交换联合设计(见第 14 章)。

16.3.2 迫零判决反馈均衡器

迫零判决反馈均衡器在概念上甚至更简单。正如 16.1.2 节所提到的，噪声白化滤波器消除了所有的前向码间干扰，这样得到的有效信道是纯因果的。后向码间干扰被反馈支路减去。检测器的有效噪声功率为

$$\sigma_n^2(\text{DFE} - \text{ZF}) = N_0 \exp\left(\frac{T_S}{2\pi} \int_{-\pi/T_s}^{\pi/T_s} \ln\left[\frac{1}{\Xi(\text{e}^{\text{j}\omega T})}\right] \text{d}\omega\right) \tag{16.33}$$

该式表明噪声功率比未均衡时大，但是比线性迫零均衡器小。

例 16.2 使用例 16.1 的信道，计算最小均方误差判决反馈均衡器和迫零判决反馈均衡器的噪声增强。

解：

根据例 16.1，有 $\Xi(\text{e}^{\text{j}\omega T}) = 0.48\cos 2\omega T_s - 1.4\cos \omega T_s + 1.01$。把它代入式（16.32）可得

$$\sigma_n^2(\text{DFE} - \text{MMSE}) = N_0 \exp\left(\frac{T_S}{2\pi} \int_{-\pi/T_s}^{\pi/T_s} \ln\left[\frac{1}{\Xi(\text{e}^{\text{j}\omega T}) + N_0}\right] \text{d}\omega\right) \tag{16.34}$$

$$= N_0 \exp\left(\frac{1}{2\pi} \int_{-\pi}^{\pi} \ln\left[\frac{1}{0.48\cos 2\omega - 1.4\cos \omega + 1.31}\right] \text{d}\omega\right) \tag{16.35}$$

$$\approx 0.33 \tag{16.36}$$

所以输出信噪比为 2。因此，与加性高斯白噪声情况相比，信噪比恶化了 2 dB。对于迫零判决反馈均衡器，输出端的噪声方差是 0.83，因此信噪比下降了 4.4 dB。

16.4 最大似然序列估计：维特比检测器

上面研究的均衡器结构会影响发送符号的判决。对于最大似然序列估计，从另一个角度出发，试图确定最有可能发送的符号序列。这种情况与卷积码译码非常相似。事实上，通过一个延迟色散信道的传输可以看成一个码率为 $R_c = 1/1$ 的卷积编码。最大似然序列估计器是性能最好的均衡器。

时间离散信道的输出信号可以写成

$$u_i = \sum_{n=0}^{L_c} f_n c_{i-n} + n_i \tag{16.37}$$

其中，n 是方差为 σ_n^2 的高斯白噪声。对于一个长为 N 的接收序列，接收信号矢量 $\mathbf{u}$ 的联合概率密度函数（取决于数据矢量 $\mathbf{c}$ 和冲激响应矢量 $\mathbf{f}$）为[①]

$$\text{pdf}(\mathbf{u}|\mathbf{c};\mathbf{f}) = \frac{1}{(2\pi\sigma_n^2)^{N/2}} \exp\left(-\frac{1}{2\sigma_n^2} \sum_{i=1}^{N} \left|u_i - \sum_{n=0}^{L_c} f_n c_{i-n}\right|^2\right) \tag{16.38}$$

$\mathbf{c}$ 的最大似然序列估计（对于一个给定的 $\mathbf{f}$）是确定使联合概率密度函数 $\text{pdf}(\mathbf{u}|\mathbf{c};\mathbf{f})$ 最大化的

---

① 在这里及后面的内容中，均假设所有的符号是等概率发送，因此最大似然序列估计与最大后验估计是一样的。

矢量值。因为仅在指数项上有变量,所以只需使下式最小化:

$$\sum_{i=1}^{N}\left|u_i-\sum_{n=0}^{L_c}f_n c_{i-n}\right|^2 \qquad (16.39)$$

与卷积码译码类似,确定最佳发送序列有许多不同的算法。接收机首先产生有效发送序列与信道冲激响应卷积后可能形成的所有序列,然后试图找到与接收信号有最小距离(最佳度量)的序列。最直接(但是计算量仍然非常大)的方法就是穷搜索。实际上,可以用维特比算法代替穷搜索算法。

如上所述,只有当最大似然序列估计器输入端的加性噪声是白噪声时,最大似然序列估计器才是最佳的。因此,在检测器中使用的样值必须是噪声白化滤波器的输出。该滤波器必须适应于当前的信道状态,并且每个信道实现都需要进行频谱分解。鉴于这些困难,总的输入滤波器(匹配滤波器和噪声白化滤波器)常常被一个带宽近似为符号周期倒数的矩形滤波器代替。但要注意在这种情况下,如果每个符号仅一个采样值,就不再能提供充分的统计特性。

例 16.3 维特比均衡。

解:

这个例子给出了一个符号流的维特比检测工作原理,符号流经过的信道的离散时间冲激响应如下:

$$\mathbf{f}=\begin{pmatrix}1\\-0.5\\0.3\end{pmatrix} \qquad (16.40)$$

信道可以看成权重分别为 1, -0.5, 0.3 的抽头延迟线;如图 16.8 的上半部分所示,左侧给出了抽头延迟线模型,右侧给出了类似于第 14 章讨论的卷积码的单元模型。为了便于解释,选择一个具有实冲激响应的信道,调制方式为二进制相移键控。图 16.8 的下半部分显示了网格图中可能的转移。由于 $L_c=2$,必须考虑网格中的 4 种状态,在等效的移位寄存器单元中,可能的状态数等于调制字符 $M=2$ 的大小。进一步假设已知网格图的初始状态,即 $-1-1$(例如,因为已知比特在译码开始之前已经发送)。在图 16.9 的底部,显示了网格图的演变过程。靠近转移图附近的数字为所考虑序列。

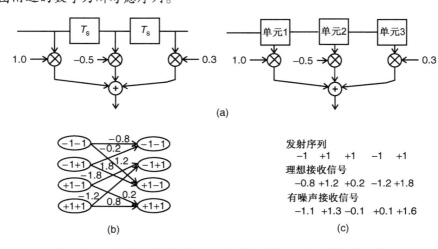

图 16.8 (a)抽头延迟线信道;(b)转移概率;(c)发送和接收信号

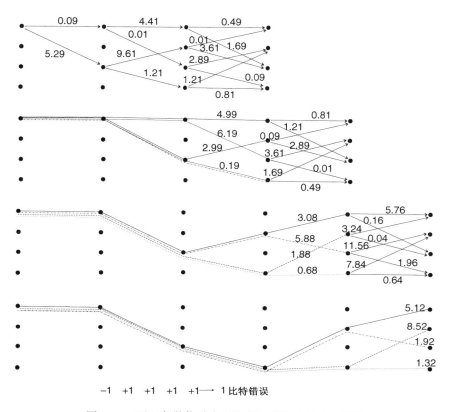

图 16.9 延迟色散信道中发送序列检测的维特比算法

16.5 均衡器结构的比较

图 16.10 给出了均衡器结构的分类。为一个实际系统选择均衡器时，必须考虑如下准则。

- 误比特率最小化。在这里，最大似然序列估计器优于其他所有结构的均衡器。判决反馈均衡器虽然次于最大似然序列估计器，但优于线性均衡器。各种结构之间定量的差别取决于信道冲激响应。
- 信道能否处理信道传输函数中的零点。迫零均衡器存在此问题，因为它们取信道传输函数的倒数，因此在均衡器传输函数中存在极点。最小均方误差和最大似然序列估计均衡器都不存在这个问题。
- 计算量。线性均衡器和判决反馈均衡器的计算量没有明显的差别。根据自适应算法的不同，运算量随均衡器的长度（权值数）呈线性、二次方、三次方增加。对于最大似然序列估计器，计算量随信道冲激响应的长度呈指数增长。对于短的信道冲激响应（例如，在 GSM 系统中，信道冲激响应的长度最多持续 4 个符号周期），最大似然序列估计器的计算复杂度和其他均衡器结构可比拟。
- 对信道错误估计的敏感性。由于差错传播效应，判决反馈均衡器对信道估计错误的敏感性大于线性均衡器。另外，迫零均衡器也比最大似然序列估计均衡器敏感。
- 功耗和成本。可以根据计算量得出。

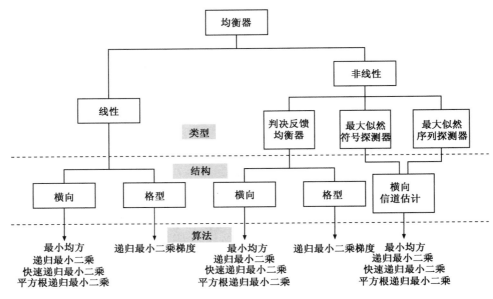

图 16.10　均衡器结构的分类

16.6　分数间隔均衡器

在很多情况下，接收机以符号频率($1/T_s$)对信号进行采样和处理。如果采样速率低于奈奎斯特速率，并且匹配滤波器仅仅与发送脉冲(不是接收的失真了的脉冲)相匹配，它就是次最佳的。通过升余弦滤波器(滚降系数为 α)滤波后的信号，频谱扩展到$(1+\alpha)/2T_s$，因此奈奎斯特速率为$(1+\alpha)/T_s$。分数间隔均衡器是基于采样速率不低于奈奎斯特速率的均衡器。均衡器的抽头间隔为 $T_s a/b$，其中 $a<b$，并且 a 和 b 为整数。

分数间隔均衡器也可以解释为用一步实现均衡和匹配滤波。它们对于采样时刻的误差也不敏感。其缺点是所需的抽头数大于符号间隔均衡器，因此计算量更大。

16.7　盲均衡

16.7.1　简介

"标准"的均衡器的工作分两个阶段：训练阶段和检测阶段。在训练阶段，通过信道发送一个已知的比特序列，并且在接收机中将失真信号和(本地产生的)未失真信号进行比较，这样就能提供用于均衡的信道冲激响应信息(见 16.1.3 节对 pros 和 cons 的讨论)。相反，盲均衡利用发送信号的已知统计特性来估计信道和数据。通过使均衡器输出的某些统计特性与发送信号的已知统计特性相匹配，来调整均衡器的系数。

盲均衡的优点包括：

- 整个时间段都用来确定信道的冲激响应，而不采用短的训练序列。
- 因为不用浪费时间来发送训练序列，所以频谱效率提高了。

以下的信号特性可用于盲均衡。

- 恒包络。对于很多信号(频移键控、最小频移键控和高斯最小频移键控),包络(振幅)都是恒定的。
- 统计特性。例如循环平稳性。
- 字符有限。在信号星座图中只有某些离散值是有效点。
- 频谱相关。信号的频谱和它们自身移位后的信号频谱相关。
- 这些特性的联合。

比较成熟的盲算法包括:(i)恒模算法;(ii)盲最大似然序列估计;(iii)基于高阶统计特性的算法。下面将讨论这些算法。

16.7.2 恒模算法

恒模算法(CMA)是盲均衡中最早的算法。其最简单的形式采用最小均方自适应算法。16.2 节介绍了数据辅助的最小均方算法,它是基于期望信号(在接收机中已知)和均衡器输出的误差最小化的算法。在盲最小均方算法中,必须首先由均衡器的输出来产生期望信号。把均衡器的输出通过一个非线性函数就可以得到期望信号。那么,误差信号就是这个非线性函数的输出和均衡器的输出之间的差值。传统均衡器和恒模算法均衡器之间的不同如图 16.11 所示。

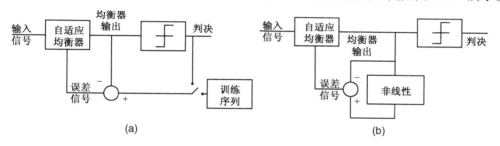

图 16.11　(a)传统均衡器结构;(b)基于常模算法的均衡器结构

这个非线性函数可能是无记忆的,也可能是 m 阶记忆的。各种类型的算法(通常用其发明者的名字来命名)通过不同的非线性来区分。最著名的是 Sato 算法(1975 年)和 Godard 算法(1980 年)。

用于盲自适应的最小均方算法与传统的最小均方算法有相同的缺点:收敛速率太慢(增大步长 μ 可加快收敛速度,但是收敛之后的误差会变差)。该算法也可能收敛于一个局部最小值。这些问题可以通过解析恒模算法[van der Veen and Paulraj 1996]来解决。这是一个在无噪情况下提供精确解的非迭代算法,并且它对噪声也具有稳健性。

16.7.3 盲最大似然估计

对于传统的最大似然序列估计,训练序列用来确定信道的冲激响应 **f**。然后在实际数据传输中使用这个估计,仅需采用最大似然估计解出 **c**。对于盲估计,**c** 和 **f** 必须同时进行估计。这可以由如下任意一种方法实现。

1. 通过对所有可能的数据序列求平均得到的 pdf(**u**|**f**; **c**),估计出信道的冲激响应。该方法有两个缺点:它需要一段相当长的计算时间来进行平均,并且它是次最佳的。
2. 可以对所有可能的数据序列确定 **f** 的最大似然估计,然后选择具有最好总测度的 **f**, **c**

对。该方法比平均方法的计算量更大,但也更精确。此外,Proakis[2005]已经提出了减少计算量的方法。

16.7.4 使用二阶或高阶统计特性的算法

一般来说,二阶统计特性(自相关函数)不能提供信道冲激响应的相位信息,除非当接收信号的自相关函数具有周期性时。因此,循环平稳特性是盲估计方法使用二阶统计特性的基础。与第 6 章中的讨论类似,应区分严循环平稳和宽循环平稳。如果随机过程以采样周期 T_{per} 的整数倍平移时,其所有的统计特性都保持不变,则称之为严平稳。对于宽平稳,只需要均值和自相关函数满足以下条件则可:

$$E\{x(t + iT_{\text{per}})\} = E\{x(t)\} \tag{16.41}$$

$$E\{x^*(t_1 + iT_{\text{per}})x(t_2 + iT_{\text{per}})\} = E\{x^*(t_1)x(t_2)\} \tag{16.42}$$

如果信号被过采样,得到的样值序列就一定是循环平稳的。实际的信道估计是基于接收信号的不同的相关矩阵,具体可参考 Tong et al. [1994,1995]。使用高阶统计特性不要求信号必须是循环平稳的,然而它的精确度通常低得多。

16.7.5 评价

从发展历史上来说,盲均衡在 20 世纪 70 代年首先提出用于多端计算机网络(一个中心站与多个端口相连),在 80 年代和 90 年代,关于这个主题开展了大量的理论研究工作,并提出了一些具有挑战性的数学问题。然而直到现在,在实际系统中,真正的盲均衡还没能取代基于训练序列的均衡。主要原因似乎是两者在计算量和可靠性上有着巨大的差别。实际上,盲均衡需要一段很长的时间去收敛,因此在快速时变的无线信道中的性能并不好。最近几年提出了另一种方法,它首先利用训练序列来得到信道的初始估计,然后使用盲(判决辅助的)均衡来更新这些估计值[Loncar et al. 2002]。

16.8 附录

请访问 www.wiley.com/go/molisch。

深入阅读

Lucky et al. [1968]对自适应均衡器首次进行了全面的介绍,至今仍值得一读。本章关于线性均衡器和判决反馈均衡器内容的介绍引自 Proakis[2005],该书还有许多更令人关注的详细介绍。Haykin[1991]描述了自适应滤波器,采用了另一种方法来解释均衡器。Belfiore and Park[1977]也介绍了判决反馈均衡器。分数间隔均衡器在 Gitlin and Weinstein[1981]和 Unger-boeck[1976]中均进行了分析。维特比均衡器是维特比算法[Viterbi 1976]的一种应用。Gorokhov[1998]讨论了信道估计误差带来的影响。Vitetta et al. [2000]详细介绍了各种均衡器的结构,包括信道状态信息(理想的、估计的或平均的)的影响。Sayed and Kailath[2001]研究了谱分解技术。盲均衡的算法太多,在此不一一列出。作为例子,我们仅列出 Giannakis and Halford[1997],Liu et al. [1996],Sato[1975]和 van der Veen and Paulraj[1996]等文献。Wymeersch[2007]描述了迭代均衡器。

第四部分
多址和高级收发信机方案

本书第三部分描述了单个发射机如何与单个接收机进行通信。然而，就大多数无线系统而言，多部设备应当能够在同一地理区域内同时进行通信，因此系统必须提供多址（multiple access）手段。就大多数第一代和第二代的蜂窝系统、无绳电话及无线局域网而言，不同设备或者在不同频率上，或者在不同时间上进行通信。第 17 章将讨论基于这一原理（称为"频分多址"、"时分多址"和"分组无线电"）的多址方案。另一种不同的多址类型是基于信号扩展原理的，将用户信号扩展到很宽的带宽上，并确保对每个用户信号的扩展都是独一无二的。这种多址方式允许多个用户同时发送信号，而接收机可以从这种扩展中确定出"空中（on-air）"信号里哪一部分来自哪个用户。这种扩展频谱（spread spectrum）方式将在第 18 章描述，采用码分多址形式的第三代蜂窝系统就是这种方式的应用实例。第 18 章还将描述 Rake 接收机，一种使码分多址系统能够有效对抗信道延迟色散影响的设备，以及在多址环境中，如何利用多用户检测来较大幅度地提升系统性能。

随着无线系统的数据速率变得越来越高，对实际应用而言，均衡器和 Rake 接收机都会变得过于复杂。正交频分复用是解决这一问题的一种方式。在这种方式中，数据流被分解成大量的子数据流，每个子数据流被调制在一个不同的载波上；因此，通常又将正交频分复用称为一种多载波调制（multicarrier modulation）方法。第 19 章描述了正交频分复用原理，以及将码分多址和正交频分复用结合起来的某些变化形式。

在将时域、频域和码域用于信号传输之后，"空域就成了有待开发的最后领域"。多天线单元支持利用空域来提高数据速率，也可以支持更多的同时使用系统的用户，或者使传输质量得到改善。利用多部天线的形式之一就是天线分集，已在第 13 章专门讨论过；天线分集主要用于对抗深衰落在传输质量方面造成的负面影响。第 20 章描述了智能天线理论，智能天线能够提高一个传输系统中可获得服务的用户数目。此外，这一章还将讨论多输入多输出（MIMO）系统，这种系统在发射机和接收机处均具有多部天线，从而可以利用它们并行地传送若干个数据流。这样，在无须增加额外频谱的情况下，就可以提高数据速率。

大多数情况下，指定部分的频谱将被分配给特定业务或运营商，而不是被用到所有的场合中。第21章描述的认知无线电，旨在通过使无线电设备能够监测频谱占用情况，并通过对（当地）未使用的部分频谱的占用来消除这些频谱使用的低效率状况。

第22章描述"用户协作"，这种方式下不同的设备并非彼此竞争（因而就会产生干扰），而恰恰相反，它们彼此相助来将消息转发至信宿。这种协作的最简单形式就是中继（relay），其唯一目的就是转发消息。在更大规模的网络中，各个中继节点可以相互协作。而且，在许多网络中，节点可能根据需要将其属性在信源、中继节点和信宿之间进行变更。

随着视频成为无线通信系统中越来越重要的应用，这些应用的信源编码特性将会影响到系统性能。第23章将给出视频编码技术的概述。

第17章 多址和蜂窝原理

17.1 引言

一个无线通信系统使用分配给其特定业务的指定频段。频谱是一种稀缺资源且已分配的频段不易被扩展。鉴于此，无线系统必须为在指定频段内允许尽可能多的用户同时通信做出一些规定。

使多个用户同时进行通信的问题可以被划分为两个部分：

1. 只有一个基站的情况下，怎样与多个移动台同时通信？
2. 在多个基站的情况下，如何将频谱资源分配给它们，以使可能用户的总数最大化？另外，这些基站在给定地理区域内如何布置？

对于第一个问题，有多种不同的方式可以实现允许多个用户同时与一个基站通话的目的，我们称之为多址（MA）方式。本章将讨论以下 3 种方式：

- 频分多址，将不同的频率分配给不同的用户。
- 时分多址，将不同的时隙分配给不同的用户。
- 分组无线电，可以被看成时分多址的一种形式，它自适应地将时隙分配给用户。

频分多址和时分多址在 17.2 节和 17.3 节讨论。实际上，这两节内容相当简要，这似乎贬低了时分多址和频分多址的重要性。然而，这两种多址方式在概念上很容易理解，并且与它们的具体实施有关的许多概念已在第 11 章、第 12 章和第 16 章讨论过。分组无线电作为时分多址的一种变形，是无线数据通信的重要形式，将在 17.4 节讨论。除了以上提到的方案，码分多址为每个用户分配不同的码字，近些年来得到了持续增长的普及。第 18 章将讨论这一方案及其他扩频方式。最后，空分多址是多天线系统的一种多址方式，它可以和其他所有多址方式结合使用，将在 20.1 节讨论。双工（duplexing）的概念，即在收发信机处将发送与接收分离开，将在 17.5 节进行分析。

所有这些多址方式的目标都是使频谱效率最大化，即最大化每单位带宽里可支持的用户数。如上所述，还有一个不同的（尽管也是相互关联的）问题：如何设计系统以使每单位带宽和单位面积可支持的用户数最大化？完成这一目标显然需要多个基站并涉及对其进行频谱资源的分配。这就需要在不同基站处重复使用相同频谱，从而引出蜂窝原理。蜂窝原理将在17.6节讨论。

17.2 频分多址

17.2.1 频率划分实现多址

频分多址（FDMA）是最老的概念，最简单的多址方式。系统给每个用户分配一个频率（子）带（见图 17.1），即可用频谱的一部分（通常是连贯的），常简称为频带。频带的分配常常在呼叫建立期间完成,且在整个通话期间持续占用。频分多址常与频域双工(Frequency Domain Duplexing, FDD)(见17.5节)结合在一起,所以两个有着固定的双工间隔的频带被分配给每个用户,其中一个用于下行链路(基站到移动台)通信,另一个用于上行链路(移动台到基站)通信。

纯频分多址的概念非常简单,并且在实现上具有一些优势:

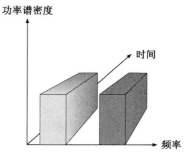

图 17.1　频分多址原理

- 发射机和接收机几乎不涉及数字信号处理。然而,这一点实际上不再重要,因为数字信号处理的成本在持续性地降低。
- (时间)同步简单。一旦在呼叫建立时建立起同步,当发送持续进行时,容易借助简单的跟踪算法保持同步。

然而,纯频分多址也有明显的缺陷,特别是用于语音通信时。如下这些问题的出现缘于对频谱有效性的考虑和对多径效应的敏感度。

- 频率同步及稳定比较困难。对于语音通信,每个频带很窄(典型地为 5～30 kHz),因而要求本地振荡器非常准确和稳定;载频的抖动将导致邻道干扰。高的频谱效率也要求使用边缘非常陡峭的滤波器来提取期望的信号。准确的振荡器和陡峭的滤波器的成本都很高,因而不符合需求。如果不采用它们,就需要使用保护频带来缓解对滤波器的过高要求,然而这样就降低了系统的频谱效率。
- 对衰落的敏感性。因为每个用户被分配了一个不同于其他用户的频带,并且这些频带比其他多址方式(与时分多址和码分多址相比)的频带都窄,即 5～30 kHz。对于如此窄的频带,在实际的所有传播环境中,衰落都是平坦的。这样就有了无须均衡的优点;而缺点就是无法进行频率分集,读者应该记得,频率分集主要由频率间隔超过信道的相关带宽的多个信号分量提供(见第13章和第16章)。
- 对随机频率调制的敏感性。由于带宽较窄,系统对随机频率调制较敏感:由随机频率调制引起的误比特率(BER)与$(\nu_{max} T_S)^2$成正比(见第12章)。因此,它与带宽的平方成反比。从积极的方面来说,适当的信号处理方案不仅能减轻这些影响,甚至还能利用它获得时间分集。注意,这里的情况与宽带系统是对偶的,在那里延迟色散可能是一个缺点,但是均衡器可以通过利用频率分集将它们变成一种优势。
- 互调。基站要发送多个语音信道,且每个信道在整个通话时间内都是持续使用的。典型地,一个基站使用 20～100 个频道。如果这些信号由同一个功率放大器来放大,就可能会生成三阶互调成分,这些成分位于不期望的频率范围,即在发送频带以内。因而,需要为每个语音信道准备一个独立的放大器,或者为复合信号提供高度线性的放大器。每种解决方案都将使基站成本更高。

鉴于这些原因,频分多址大多用在以下场合。

- 模拟通信系统。频分多址是对模拟系统而言唯一行得通的多址方式。
- 频分多址与其他多址方式结合。分配给某项业务(或者某个网络运营商)的频谱被划分成较宽的频带，每个频带服务于一组用户。组内用户的多址借助于另一种多址方式，如时分多址或码分多址。绝大多数现今的无线系统就是这样使用频分多址的（见第 24 章至第 28 章）。

- 高数据速率系统。频分多址的缺点主要与每个用户只需要小的带宽（如 20 kHz）有关。对于无线局域网，情况就不同了。在那种应用场合下，单个用户需要的带宽接近 20 MHz，而且仅有少量频道可供使用。

17.2.2　中继增益

现在来计算频分多址系统的一个基站可以覆盖多少个用户。这一看似简单的问题已成为通信理论的一个单独的分支（常称之为排队论），有几本教材专门讨论它，比如 Gross and Harris［1998］。在这一节将以非常简单的方式描述如何计算为给定数目的用户提供"质量满意"的服务所需的通信信道数。为此目的，假设系统为无须任何信令信道的纯频分多址系统，还假设系统是纯粹为语音通信设计的。为了后面论述的需要，将提供的业务量定义为呼叫到达率和平均呼叫保持时间（持续时间）的乘积；通常，提供业务量以"爱尔兰（Erlang）"为单位，尽管实际上这是一个无量纲的量（呼叫到达率的单位是 1/s；呼叫保持时间的单位是 s）。

在规划蜂窝网络时，有如下两种极端的情形。

1. 最坏状况的设计。假定所有用户想要同时呼叫。如果网络运营商希望每个小区为 700 个用户提供服务，它就必须提供 700 个语音信道。当然，实际上没必要建设这样的网络，正如设计一个可以同时治疗一个城市里所有居民的医院，都没有必要。
2. 最好状况的设计。一个典型的用户每天使用电话的时间只有 20 分钟；如果每个小区有 700 个潜在用户，则实际用到的呼叫持续时间为 14 000 分钟。对应每个小区有 10 条语音信道的系统，可以提供 $24 \times 60 \times 10 = 14\,400$ 分钟的通话时间，因而足以向所需数目的用户提供服务。然而，这一计算假定了所有用户的呼叫是相继的，即旧的呼叫一完成就有新的用户呼叫呼入，而且呼叫均匀分布在 24 小时期间。

显然，两种极端的情形都不现实。在很大程度上，网络设计的技术实质就是预测用户的呼叫行为，并推导出确保得到可接受的业务等级的实际的基础设施条件（即可使用的语音信道数）。

以下几个因素会影响这一规划过程。

1. 呼叫数和持续时间因时而异。因此，可以定义忙时（常常在 10 点钟和 16 点钟左右），即有最多的呼叫发生的一个小时。忙时期间的业务量决定了所需的网络容量。
2. 用户的空间分布是时变的。商业区（城市中心）常常在白天有许多呼叫，市郊和娱乐区则在晚间有更多的业务。
3. 通话习惯在许多年间也在发生着改变。20 世纪 80 年代后期，来自蜂窝电话的呼叫常常限定在几分钟以内，现在以小时计长的呼叫已经非常普遍。
4. 用户习惯的变化也与新业务（如数据链接）的提供及新的价格结构（如晚间时段的免费呼叫）相关联。通话时间打包销售的策略使用户购买后必须按月用完，从而也就导致了比以往采用按分钟计费的价格策略时更长的通话时间。

基于用户习惯的统计经验，现在可以设计出以一定概率允许每小区内给定数量的用户进行呼叫的系统。即使出现了统计上的意外情况，即更多的用户想要同时呼叫，其中一些呼叫将被阻塞掉。设阻塞概率为 $\mathrm{Pr}_{\mathrm{block}}$，注意，承载业务量是提供业务量与 $(1 - \mathrm{Pr}_{\mathrm{block}})$ 相乘的结果。

为计算简化系统的阻塞概率，可进行如下假定：(i) 呼叫发起时刻统计独立；(ii) 呼叫持续时间是一个服从指数分布的随机变量；(iii) 如果一个用户被拒绝了，则他的下一次呼叫尝试与前一次呼叫尝试统计独立(即当成一个新用户)[①]。这样的系统称为 Erlang B 系统；其呼叫阻塞概率可以表示为

$$\mathrm{Pr}_{\mathrm{block}} = \frac{T_{\mathrm{tr}}^{N_{\mathrm{C}}}/N_{\mathrm{C}}!}{\sum_{k=0}^{N_{\mathrm{C}}} T_{\mathrm{tr}}^{k}/k!} \tag{17.1}$$

其中，N_{C} 是每小区的语音信道数，T_{tr} 是提供的平均业务量。图 17.2 以曲线图表明了这一关系。可以看出，当 N_{C} 较小时，需要的信道数和提供业务量的比值非常高，尤其是需要低的阻塞概率时。例如，对于期望的阻塞概率为 1% 的情况，当 $N_{\mathrm{C}} = 2$ 时，可能提供的业务量与可用信道数的比值小于 0.1。如果 N_{C} 很大，则比值仅略小于 1，且几乎独立于期望的阻塞概率。再次假定期望的阻塞概率为 1%，当 $N_{\mathrm{C}} = 50$ 时，可能的提供业务量与可用信道数的比值约为 0.9。

另一个模型称为 Erlang C，该模型假定任何不能马上分配信道的用户将进入一个等待循环，只要一有信道就分配给他。用户被延迟的概率为

$$\mathrm{Pr}_{\mathrm{wait}} = \frac{T_{\mathrm{tr}}^{N_{\mathrm{C}}}}{T_{\mathrm{tr}}^{N_{\mathrm{C}}} + N_{\mathrm{C}}!\left(1 - \frac{T_{\mathrm{tr}}}{N_{\mathrm{C}}}\right) \sum_{k=0}^{N_{\mathrm{C}}-1} T_{\mathrm{tr}}^{k}/k!} \tag{17.2}$$

且平均等待时间为

$$t_{\mathrm{wait}} = \mathrm{Pr}_{\mathrm{wait}} \frac{T_{\mathrm{call}}}{N_{\mathrm{C}} - T_{\mathrm{tr}}} \tag{17.3}$$

此处，T_{call} 是平均呼叫持续时间。

例 17.1 Erlang C 系统，用户在 50% 的时间处于活跃状态，平均呼叫持续时间为 5 分钟。希望所有呼叫中不超过 5% 的呼叫会进入等待循环。用户数 n_{user} 分别为 1、8、30 时所需的信道数是多少？每种情况下的平均等待时间是多少？

解：

因为 $T_{\mathrm{tr}} = 0.5 \cdot n_{\mathrm{user}}$，它是平均提供的业务量，我们需要找到满足下式的 N_{C}：

$$0.05 \geqslant \frac{(0.5 \cdot n_{\mathrm{user}})^{N_{\mathrm{C}}}}{(0.5 \cdot n_{\mathrm{user}})^{N_{\mathrm{C}}} + N_{\mathrm{C}}!\left(1 - \frac{0.5 \cdot n_{\mathrm{user}}}{N_{\mathrm{C}}}\right) \sum_{k=0}^{N_{\mathrm{C}}-1} \frac{(0.5 \cdot n_{\mathrm{user}})^{k}}{k!}} \tag{17.4}$$

该式需要用数值方法来求解，其结果在表 17.1 中给出。

由于 $T_{\mathrm{call}} = 5$ 分钟，平均等待时间为

$$t_{\mathrm{wait}} = \mathrm{Pr}_{\mathrm{wait}} \frac{5}{N_{\mathrm{C}} - 0.5 \cdot n_{\mathrm{user}}} \tag{17.5}$$

满足以上不等式的所需信道数和相应求得的平均等待时间如表 17.1 所示

---

① 这显然与实际不符。一般情况下，一个被阻塞的用户立即就会重新尝试呼叫。在短时间间隔内被多次阻塞后，她(或他)常常放弃呼叫，然后在相当长的等待时间之后才会发起下一次呼叫。

表 17.1　所考虑的 Erlang C 系统的参数

n_{user}	1	8	30
N_C	3	9	23
Pr_{wait}	0.0152	0.0238	0.0380
t_{wait}	0.0304	0.0238	0.0238

一个呼叫可被暂时搁置而不是被阻塞的概率是服务质量的重要组成部分。回忆一下，服务质量等于 100% 减去被阻塞呼叫的百分比，再减去丢失呼叫（即中途掉话的呼叫）的百分比的十倍（见 1.3.7 节）。在频分多址系统中，只要每个用户停留在他（或她）的基站覆盖范围以内，大的系统负荷将导致只有被阻塞的呼叫，而没有丢失的呼叫（注意，本节忽略因过高的误比特率所导致的呼叫阻塞和掉话）。然而，当正处于通话状态的用户试图进入另一个其基站（的信道）已被完全占用的小区时，掉话是可能发生的。如同 17.6 节将会提到的，全载系统也会增加对相邻小区的干扰，从而使得其中的链路对信号强度的波动更敏感，以至于掉话数目可能会因为不足的信噪比和信干比而有所增加。

总之，我们发现，可以提供给定服务质量的用户数随可用语音信道数增加而增加的速度，比线性增长更快。实际增长量与线性增长量之间的差值称为中继增益。因此，从纯技术的角度看，更希望有一个大的语音信道池来服务于所有用户。这种情况其实是可能实现的，比如整个蜂窝系统只有一个运营商，他拥有分配给蜂窝业务的全部频谱。之所以未能采用这一方法的原因不在于技术而在于价格和垄断[①]。

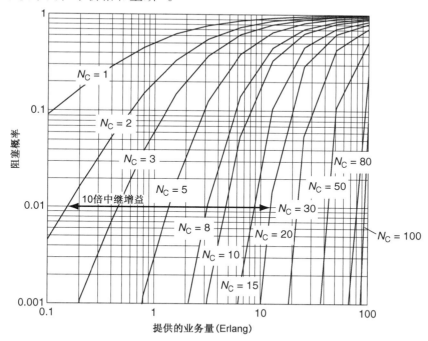

图 17.2　Erlang B 系统的阻塞概率。N_C 是可用的语音信道数。例如，当阻塞概率为 0.01 时，
　　　　信道数从 $N_C = 2$ 变为 $N_C = 20$，允许的业务量将从 0.15 Erlang 增长约为 12 Erlang；
　　　　由于可获得的语音信道数仅增长为原来的 10 倍，故中继增益将增大为原来的 8 倍

---

① 回想美国在蜂窝电话发展初期采用的方法：将全部可用频谱正好分配给两家服务提供商，以便在避免垄断和技术的有利原则之间达成妥协。

例 17.2 Erlang B 系统，可用信道数为 30 个。要求阻塞概率低于 2%。分别计算一个运营商或三个运营商时可以提供的业务量是多少？

　　解：

1. 将所需的阻塞概率 $P_{block} = 0.02$ 和信道数 $N_C = 30$ 代入式(17.1)，得到

$$0.02 = \frac{T_{tr}^{30}/30!}{\sum_{k=0}^{30} T_{tr}^{k}/k!} \tag{17.6}$$

　　求解该式得到 T_{tr}：

$$T_{tr} = 21.9 \tag{17.7}$$

2. 三个运营商共享 30 个语音信道时，每个得到 $N_C = 10$ 语音信道，类似地可以得到每个运营商的平均业务量 T_{tr}：

$$T_{tr} = 5.1 \tag{17.8}$$

　　因此，总的平均业务量可以将三个运营商的平均业务量加起来得到：

$$T_{tr,tot} = 3 \times 5.1 = 15.3 \tag{17.9}$$

17.3 时分多址

　　对于时分多址，不同用户未必用不同频率发送，更确切地是在不同时间发送(见图 17.3)。时间单位被分割为固定间隔的 N 个时隙，每个用户被分配了其中一个时隙。在所分配的时隙期间，用户可以以高的数据速率发送(当可以占用整个系统带宽时)；随后，在后来的 $N-1$ 个时隙，该用户不再发送，而由其他用户占用这些时隙发送。然后，这样的处理将周期性地重复。初看起来，这种多址方式与频分多址具有同样的性能：用户仅在 $1/N$ 的可用时间期间发送，但却占用了 N 倍的带宽。然而，有如下一些重要的实际差别。

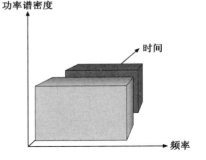

图 17.3 时分多址原理

- 用户占用更宽的带宽。这将允许在系统所分配的带宽内利用频率分集；而且，对随机频率调制的敏感度也降低了。相应地，在多数应用环境下，需要均衡器来对抗码间干扰，这将增加数字信号处理的投入。

- 需要留出保护时间间隔。一个发射机要在很短的时间里将输出功率从 0 提升到"满功率"(典型地，在 100 mW 到 100 W 之间)。此外，必须留出足够的保护时间来补偿信号在移动台与基站之间传输的时间。因为可能出现以下情况：某移动台远离基站，而使用下一个时隙的另一个移动台距基站却非常近，以至于后者的传输时间可以忽略。这两个用户的信号在基站处不能重叠，所以第二个移动台在第一个移动台的信号向基站传播期间就不应该发送[①]。然而，需要指出的是，这里并不需要频率保护段，因为每个用户都完全填满了所分配的频带。

- 当发送不连续时，每个时隙可能都需要新的同步和信道估计。时隙间隔的优化是具有

---

① 通过"时间提前"处理，需要的保护时间可以缩减(如第 24 章所述)。

挑战性的任务。如果时隙间隔过短，则会有很大百分比的时间被用于同步和信道估计（GSM 中，17% 的时隙时间用于此目的）；如果时隙间隔过长，传输延迟也将过长（尤其对语音通信用户会带来问题），而且在一个时隙期间信道也会有所变化。这样，均衡器必须在一个时隙发送期间能够跟踪信道变化，从而增加了实现的难度［但必须这样做，如在目前已不再使用的暂定标准(IS)136 蜂窝标准中］。如果指派给一个用户的两个时隙之间的时间大于相干时间，信道在这两个时隙之间已经发生了变化，就需要进行新的信道估计。

- 对于干扰受限系统，时分多址有一个重要的好处：在不发送期间，移动台可以"监听"其他时隙的发送[①]。这一点在移动台准备从一个基站切换到另一个基站时会非常有用，此时移动台必须找出可能提供更好服务质量并且有可用通信信道的相邻基站。

时分多址被世界范围的蜂窝标准 GSM（见第 24 章）和无绳标准 DECT（数字增强型无绳通信，参见 www.wiley.com/go/molisch）所采用，并且以一种修改后的形式为第四代蜂窝标准 3GPP-LTE（见第 27 章）和 WiMAX（见第 28 章）所采用。时分多址通常与频分多址结合起来，例如在全球移动通信系统中（见图 17.4）。相比之下，纯频分多址主要用于模拟蜂窝和无绳系统。

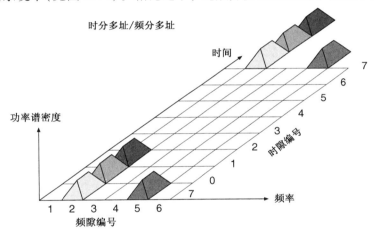

图 17.4   全球移动通信系统将时分多址和频分多址结合的示意图

17.4   分组无线电

分组无线电接入方案将数据分解为分组（packet），且每个分组独立地通过媒介传输。换句话说，每个分组就像一个新的用户，要去争夺它"自认"的资源。当每个用户的数据业务是突发的时（如网页浏览、文件下载及类似的数据应用），这种方案使传输媒介得到了更有效的利用。

与时分多址和频分多址相比，分组无线电表现出两个主要的不同点。

1. 如上所述，每个分组必须争夺自认的资源。最常见的资源分配方法有 ALOHA 系统、载波侦听多址和分组预约（查询）。这些方法将在 17.4.1 节至 17.4.4 节中描述，其中考虑的情况为：多个用户试图向一个基站发送分组。

---

① 在混合的时分多址/频分多址系统中，接收机也可以"监听"其他频率上的发送。

2. 每个分组可以采用不同的路径(即通过不同的中继站)被传送到接收端。这一点在蜂窝系统中不太重要,因为在该系统中只可能与最近的基站相连接[①];但却在无线自组织网络和传感器网络中非常重要,因为其中每个无线设备同时又可作为发自另一个无线设备的信息的中继站。合适的路由因此就成为传感器网络的非常重要的方面。这一内容将在第22章给以简述。

17.4.1 ALOHA

第一个分组无线电系统是夏威夷大学的 ALOHA 系统,该系统用于将夏威夷群岛上不同地点的计算机终端连接到火奴鲁鲁(Honululu)的中央计算机。下面考虑多个移动台试图向一个指定基站发送分组的情况,所论及的原理也适用于无线自组织网络和传感器网络。

在 ALOHA 系统中,每个用户在数据源形成分组以后就将其发送到基站。一个发射机根本不考虑其他用户是否已经在发送。于是,当几个用户想要同时发送信息时就会出现碰撞。若两个发射机同时发送分组,则至少有其中之一将遭受大量干扰而不可用,因此必须重传分组。这样的碰撞降低了系统的有效数据率。所以,在业务负荷较大时,ALOHA 系统将变得效率低下,并且碰撞概率也会因此变得很大。

如果分组发送的起始时刻由发射机完全随机地选择,这种系统就称为纯 ALOHA 或者非时隙 ALOHA 系统。下面来确定非时隙 ALOHA 系统的可能吞吐量。为此先确定可能的碰撞时间,即该时间里可能与其他用户分组发生碰撞。假定所有分组有相同的长度 T_p。图 17.5 所示为来自发射机 TX2 的分组 A 可能与自己发送之前(或之后)由发射机 TX1 发送的分组发生碰撞的情形。在此假定哪怕是一个短的碰撞也会导致强干扰,以至于分组必须重新发送。为了完全避免碰撞,TX1 发送的分组必须在分组 A 发送之前的至少 T_p 秒开始发送,或者必须在分组 A 发送完之后开始发送(即必须在分组 A 开始发送后 T_p 秒才开始发送)。因此,易碰撞的总时间为 $2T_p$[②]。

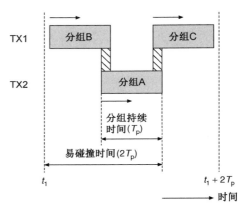

图 17.5　非时隙 ALOHA 系统的碰撞敏感(或易发生碰撞)时间。引自 Rappaport[1996] © IEEE

为便于数学推导,现在假定所有的发送时刻完全随机,且不同发射机之间彼此独立。所有发射机的平均发送率记为每秒λ_p个分组,供给速率 $R = \lambda_p T_p$ 是归一化的信道使用率,数值必须介于 0 到 1 之间。在这些假定下,在持续时间 t 里将有 n 个分组被发送的概率由泊松分布给定[Papoulis 1991]:

$$\Pr(n, t) = \frac{(\lambda_p t)^n \exp(-\lambda_p t)}{n!} \tag{17.10}$$

因而,t 时间里,没有产生分组的概率为

---

① 分组由一个基站向另一基站(或固定线路接收端)的传送,既可以是借助逻辑连接的基于分组的方式,也可以是基于电路的。

② 下面还假定 T_p 包含保护周期,用来体现小区中分组的不同的实际传播延迟。

$$\Pr(0, t) = \exp(-\lambda_p t) \tag{17.11}$$

有效的吞吐量是信道以有意义的方式使用(即分组被提供后又被成功发送)的时间占总时间的百分比。如果在某任意分组的"碰撞敏感"时间内没有竞争性的分组产生,就将实现一次成功的发送。如上所见,可能的碰撞敏感时间是分组长度的两倍,所以无碰撞概率为 $\exp(-2\lambda_p T_p)$。因此,有效信道吞吐量就是供给速率乘以分组发送成功概率,即

$$\lambda_p T_p \exp(-2\lambda_p T_p) \tag{17.12}$$

容易获知最大有效吞吐量为 $1/(2e)$,其中 e 为欧拉常数。

在时隙 ALOHA 系统中,基站规定了一定的时隙结构,每个发射机有一个同步时钟,以确保分组的起始发送时刻与时隙的开始时刻一致。因此,部分碰撞不再可能发生:或者两个分组完全碰撞,或者根本不会碰撞。显而易见,这种系统的碰撞敏感时间为 T_p,所以有效吞吐量为

$$\lambda_p T_p \exp(-\lambda_p T_p) \tag{17.13}$$

相应地,最大可完成吞吐量为 $1/e$,即二倍于非时隙 ALOHA 系统。

17.4.2　载波侦听多址

基本原理

一个发射机可以判断(侦听)信道当前是否被另一个用户(载波)所占用。这方面的信息可用来提高分组交换系统的效率:如果某用户正在发送,那么其他用户的发送将不被允许。这种方式称为载波侦听多址(CSMA)。它比 ALOHA 更高效,因为它不会打搅已处于发送状态的其他用户。

载波侦听多址系统最重要的参数是检测延迟和传播延迟。检测延迟是发射端检测信道目前是否被占用所需的时间的相对度量。该参数基本上取决于系统硬件,但也与期望的虚警概率及信噪比有关。传播延迟是一个数据分组从移动台传送到基站所需的时长。假设在时刻 t_1,发射机 TX1 检测出信道空闲,并开始发送一个分组,在时刻 t_2 另一个发射机 TX2 检测信道。如果 $t_2 - t_1$ 小于数据分组 A 从 TX1 传送到 TX2 所需的时长,则 TX2 检测到的信道状况是空闲的,随即它会发送数据分组 B。在这种情况下,就会发生碰撞。以上描述说明检测延迟和传播延迟应该比分组持续时间小得多。

载波侦听多址的实现

有多种不同的方法来实现载波侦听多址。最流行的方法如下[Rappaport 1996]。

- 非持续载波侦听多址。发送端检测信道。若信道正忙,则发射机等待一个随机时间以后再次准备发送。
- p 持续载波侦听多址。此方法用于时隙信道。当发送端检测到信道可用后,它将以概率 p 在随后的时隙里发送分组,否则将在一个时隙后进行发送。
- 1 持续载波侦听多址。发送端持续地检测信道,直到认为信道空闲为止;然后会立即发送分组。显然,这是 p 持续载波侦听多址发送在 $p = 1$ 时的特例。
- 带碰撞检测的载波侦听多址(CSMA/CD)。此方法中,节点检测是否有两个发射机同时开始发送。若存在这一情况,将立即停止发送。在无线分组通信时这种方法并不适用。
- 数据侦听多址(DSMA)。此方法中,下行链路包含一条控制信道,此信道以周期性间隔发送"忙/闲"信号来指示信道状态。如果用户发现信道空闲,则可以立即发送数据分

组。要注意的是,对于端到端的网络,控制信道的实现比具有中央节点(基站)的场合困难得多。

17.4.3　分组预约多址

在分组预约多址(PRMA)中,每个移动台可以为传送数据分组发出请求。由一种控制机制(可以是集中式或分布式的)来回应请求,以告知移动台何时被允许发送分组。这样就消除了数据分组碰撞的危险,但携带发送请求的信号可能发生碰撞。而且,此系统牺牲了一些发送容量用于预约请求的传送。为保证适当的效率,预约请求必须比实际的数据分组短得多。此方法又称为分离信道预约多址(SRMA)。

此方法的一种变形是用户可以持续使用传输媒介,直到将一个数据块发完为止。其他的一些方法则区分优先级(随时间改变),以避免单个用户长时间独占传输媒介的情况出现。

另一个重要的方法是轮询。此方法中,基站逐个查问(轮询)各移动台是否想要发送数据分组。最短的轮询周期出现在没有移动台要发送信息的时候,这是最低效的情况,既因为轮询牺牲了容量,又没有有效数据被发送。

17.4.4　各方式之间的比较

图 17.6 显示了不同分组交换方式的效率。横坐标为信道的利用率,纵坐标是平均分组延迟。可以看出 ALOHA 方式仅适用于对信道使用的有效程度要求不高的情形。时隙 ALOHA 系统的最大可获得容量只有 36%。载波侦听多址和轮询可得到更好的结果。

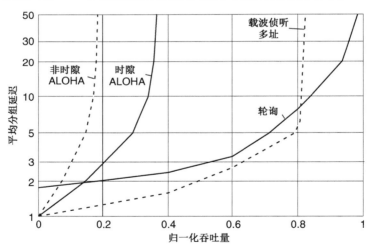

图 17.6　不同分组交换方式的信道利用率(归一化吞吐量)和
平均分组延迟。引自 Oehrvik [1994] © Ericsson AB

将分组无线电与时分多址和频分多址进行比较时,会发现后两种方案对于传送话音非常有用,因为话音一般要求低的延迟。编码后的语音数据应该在话音被说出之后的 100 ms 以内到达接收端。采用频分多址和适当时隙间隔的时分多址很容易做到这一点。此外,由于信道(频率或时隙)是专门保留的,每个发射机在线路上不发生明显的阻塞或延迟的情况下就能可靠地将数据发送到接收端。另一方面,时分多址和频分多址浪费了资源,尤其是在传送数据时。即使单个用户没有任何数据要发送,也总是要为这一用户保留一个信道(时隙)。

17.4.5 分组无线电的路由问题

现在描述分组无线电系统中对数据分组的路由(见图 17.7),此原理对有线和无线系统均适用。一个分组交换系统在发送端和接收端之间建立逻辑连接,但与电路交换系统相比,这里没必要保有固定的物理连接。唯一重要的就是用某种方式把分组由发送端传送到接收端,实际选择的路由(物理连接)则是可以随时间而变的。为达到这一目的,消息被分解为小块(分组),每个分组可以通过不同的路由到达接收端,这取决于当前可获得的传输路径。因而,分组也就可以通过不同的网络节点选择路由,每个节点决定了分组怎样传递。如果目前没有传输路径,则分组将被缓存,直至出现可用路径为止。缓存会导致相当大的传输延迟,并会使数据到达顺序不同于其发送顺序。鉴于此,通过许多节点传递(数据)的分组无线电不易被用于语音传送。然而,基于网际协议的语音(VoIP)电话的出现表明基于分组的语音电话是可实现的。

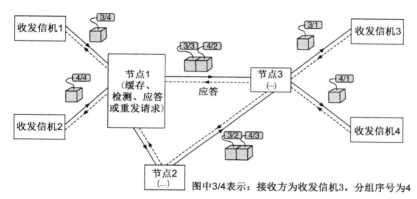

图 17.7 分组无线电系统原理。引自 Oehrvik[1994] © Ericsson AB

数据分组包含承载数据和路由信息(见图 17.8)。路由信息清楚地表明了消息的发出方和目的方,并且关于缓存和分组采用的路径的额外信息也会包括在内。

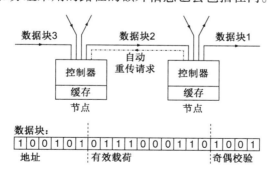

图 17.8 数据块结构及缓冲机制原理。引自 Oehrvik[1994] © Ericsson AB

一般来说,路由方式被分成以下两类。

● 源驱动路由。在这种情况下,分组的报头中包括完整的路由信息,相关的节点只需按照该信息的指示向前传送分组。缺点在于,报头可能会很长,尤其对于有效载荷很少的分组,因此就导致了频谱效率的明显下降。

● 表驱动路由。按照这种方法,每个节点保存了一张向前传送分组时的可用节点列表(由分组的来源节点和目的地址决定)。这一方法有较高的频谱效率,缺点在于列表可能很庞大,尤其是在位于网络中部的那些节点处。

相关的主题是"路由发现",即确定分组应采用自发送端到接收端的哪一条路由。路由发现的典型实现方式是通过在整个网络广播特殊的分组,然后记录不同节点之间的链路质量。为保证获得最优的性能,当节点之间的信道发生明显变化时,路由也必须进行相应的变化。

如果想要得到非常低的分组错误率,那么每个节点都将作为一个中继站点,既可以在缓存里保存分组,又可以在收到分组传送的前方节点回应的成功传送信息之后即删除分组(见图17.8)。

22.4 节将更详细地讨论无线自组织网络中的路由。

17.5　双工

在蜂窝系统中,双工用于分离上行链路(移动台到基站)和下行链路(基站到移动台)。我们将其区分为时域双工(Time Domain Duplexing, TDD)和频域双工(Frequency Domain Duplexing, FDD)。在时域双工中,上行链路的数据发送时间段不同于下行链路的发送时间段,如图17.9(b)所示。在频域双工中,上行链路和下行链路在不同的频带中发送,如图17.9(a)所示。

图 17.9　频域双工和时域双工

时域双工常与时分多址一同使用。在这种情形下,可用时间被分为 $2N$ 个时隙,而不是 N 个时隙,这样 N 个用户中的每一个都将被分配一个用于上行链路的时隙及另一个用于下行链路的时隙。时域双工和分组无线电方案相结合也可以很好地发挥作用。另一方面,时域双工用于频分多址系统会抵消频分多址固有的很多优点(如连续的发和收,使同步得以简化),却保留了其缺点。

频域双工可以与任何多址方式结合使用。大多数情况下,频域双工有固定的双工距离(即,上行链路频带与下行链路频带之间的频率差是固定的)。

对于时域双工和频域双工,关于上行链路和下行链路是否一致的问题是人们所感兴趣的。对于时域双工系统,就是要求双工的时间间隔比相干时间小得多;而对于频域双工系统,就是要求频域双工距离比相关带宽小得多(更多细节在20.1.6节给出)。考虑实际系统参数,前一个条件可以很好地得到满足,尤其是在准静态(基站和移动台都不移动)的环境下运行的无线局域网。后一个针对频域双工的条件实际上根本无法满足。然而,当上、下行链路的信道相一致时将带来相当大的好处:在第19章将会看到保证这一点可以简化自适应调制的实现,在第20章会看到它会有利于不同的智能天线系统的实现。

另一方面,时域双工系统在发送和接收之间将经历一个无效时间(dead time)。假定用户在离基站距离为 d 的地方(因而传播延迟为 d/c_0)发送,在时刻 T 停止发送,则数据将在时刻 $T + d/c_0$ 完整到达基站。仅在此时基站才能切换到发送模式来发送它自己的数据块。因为数据又将传输回移动台,它们将在 $T + 2d/c_0$ 时刻开始到达移动台处。因此,移动台已经历了一个长

为 $2d/c_0$ 的无效时间。当小区尺寸较大时,这将对系统造成相当可观的效率损失。

频域双工和时域双工的结合发生在半双工系统情形中。在半双工系统中,单个移动台处的发送和接收在时间和频率上都将加以区分。虽然在采用频域双工时同时发送是能够做到的,但需要高质量的双工滤波器。如果还能确保发送在不同的时间进行,也就不必使用那么好的双工滤波器了。半双工的一个例子就是全球移动通信系统,在该系统中,发射机和接收机工作所采用的频带是不同的,而且收发彼此之间存在 2 个时隙的偏移(见第 24 章)。

17.6 蜂窝网络原理

17.6.1 重用距离

现在讨论一个无线系统如何覆盖一个大的区域,并能向该区域内尽可能多的用户提供服务。第一个移动无线系统实际上是服务于少量用户的噪声受限系统。因此,将每个基站设置于山巅或高塔上是有好处的,这样就能为大区域提供无线覆盖。下一个基站离得如此之远,以至于干扰弱到不构成影响。然而,这种办法严重限制了可同时通信的用户数。本节将要描述的蜂窝原理为上述问题的解决提供了答案。本节将使用在每个小区中用频分多址作为多址方案的例子,同样的论述也适用于时分多址。码分多址系统将在第 18 章进行讨论。

在蜂窝系统中,覆盖区域被分成许多小的区域,称为小区(cell)。在每个小区中,有一个基站为该小区的区域提供覆盖,且仅覆盖该小区区域。这样,每个频道就可用于多个小区。自然会提出的问题是:是否可将每个频道都用到每个小区中? 一般地,答案是"不可以"。设想用户 A 处在当前向其提供服务的小区边界处的情形,这样从"有用"基站及其一个相邻基站到用户的距离是相等的。如果相邻基站采用相同频道(目的是与自己小区中的用户 B 通信),那么用户 A 处的信干比(SIR)为 $C/I = 0$ dB。这肯定不足以支持可靠通信,尤其因为 0 dB 还是中值信干比,衰落会使得 50% 的时间里情况更差。

这一问题的解决方案是不在每个小区中重用每个频道,而仅在相互之间有一定的最小距离的小区中这样做。两个可使用相同频道的小区之间的归一化距离称为重用距离,D/R。重用距离可以从链路预算(见 3.2 节)计算得到。还可以定义由完全使用不同频率的若干个相互邻接的小区形成的区群(cluster);因此,在一个区群里就可以不存在同频干扰。一个区群中包含的小区数称为区群大小。整个覆盖区域被划分为许多这样的区群。

区群大小也决定了蜂窝系统的容量[①]。一个获得 35 个频道牌照的运营商,采用区群大小 7 时,可在每个小区中同时支持 5 个用户。因而,容量的最大化就要求区群大小的最小化。区群大小为 1(即,在每个小区中使用每个频率)是终极目标;然而,如上所述,在频分多址系统中,由于需要考虑链路容限,这是不可能做到的。模拟频分多址系统的信干比典型值为 18 dB,这就导致了其区群大小为 21 的结果(下文将详述)。数字系统(如全球移动通信系统)需要 10 dB 以下的值,从而将区群大小减小为 7 或更小的数。这就使容量能有一个惊人的提升,从而成为 20 世纪 90 年代初蜂窝系统从模拟向数字迁移的一个最重要的原因。

17.6.2 小区形状

小区通常会呈现什么形状? 先考虑路径损耗与方向无关而仅取决于与基站之间的距离的

---

① 本章提到的容量指的是可同时支持的用户或通信设备的数目,而不是信息论意义上的容量。

理想情况。最自然的选择就是盘状(圆形),因为它提供了小区边界上处处相同的接收功率。然而,盘状小区不能既无缝隙又无重叠地填满一个面。另一方面,正六边形形状近似于圆形,并且可以像在蜂房图案中一样填满一个面。因而,正六边形常常作为"基本"的小区形状,尤其是在理论研究中。

然而,必须强调,正六边形结构仅在以下情形下才成为可能。

- 需要的业务密度独立于位置。当人口密度变化时,此条件显然会被违背。
- 地形是完全平的,并且没有高大的建筑物,这样路径损耗才会仅受到与基站之间距离的影响。这一条件在欧洲是无法满足的,而且在世界其他地方也仅有少数地方可以满足,如美国中东部、西伯利亚冻原、沙漠。图 17.10 显示了地形和从位于典型的丘陵地形的基站获得的功率情况。按上述简单化的考量,等功率线应该是围绕基站的同心圆。实际的结果决非如此,功率在一些方向上甚至并不必然是距离的单调函数。因此,实际的小区规划需要计算机仿真或者对接收功率的测量。第 7 章描述的建模技术因而成为现实小区规划的至关重要的基础。

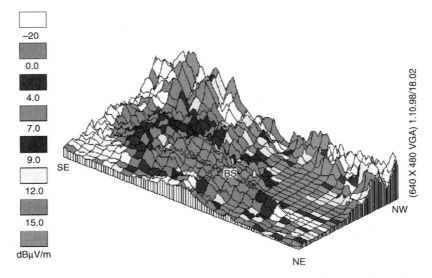

图 17.10   典型的丘陵地形接收功率状况示例(奥地利维也纳西部)(引自 Buehler[1994]© H. Buehler)

17.6.3   六边形小区的小区规划

对于六边形情形,关于链路容限和重用距离之间的关系可以得出一些有趣的结论。考虑中心位于坐标系原点的六边形小区,沿 y 轴方向前进 i 个小区,然后逆时针旋转 $60°$ 在新的方向上再前进 k 个六边形(见图 17.11)。这样,所到达的小区中心与原点之间的距离如下:

$$D = \sqrt{3}\sqrt{(iR + \cos(60°)kR)^2 + (\sin(60°)kR)^2} \tag{17.14}$$

注意,两个相邻小区的中心之间的距离为 $\sqrt{3}R$,R 是六边形中心到其最远的顶点的距离。还应注意到,i 和 k 只能取整数值。

频率规划的任务就是寻找那些使得由式(17.14)确定的距离大于所需重用距离的 i 和 k 值。当然,有无限多种这样的数值对(大的 i 和 k 值肯定是满足条件的)。我们想要寻找的是可使区群大小最小化的数值对,因为这样可以在满足最小重用距离时,使频谱效率最大化。

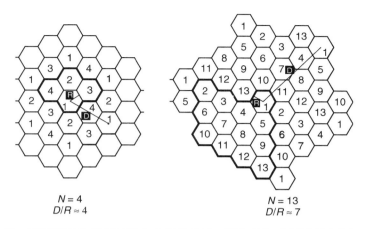

图 17.11　重用距离 D/R 和区群大小 N 的关系。引自 Oehrvik[1994]© Ericsson AB

由于六边形的布局，区群大小 N 和参数 i 和 k 之间的关系为

$$N = i^2 + ik + k^2, \quad i, k = 0, 1, 2, \cdots \tag{17.15}$$

该公式也表明了并非所有整数都能成为可能的区群大小值。区群大小的可能取值有 $N = 1$，3，4，7，9，12，13，16，19，21，$\cdots$。由式(17.14)式(17.15)，重用距离 D/R 和区群大小之间的关系为

$$D/R = \sqrt{3N} \tag{17.16}$$

图 17.12 也表明了这种关系。表 17.2 给出了一些典型的区群大小和重用距离。

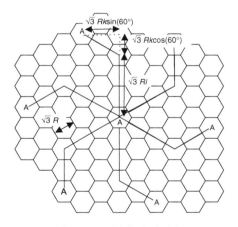

图 17.12　最小重用距离

表 17.2　全向天线下的典型区群大小和重用距离

N	D/R	
1		码分多址系统
3	3	
4	3.46	
7	4.58	时分多址系统
9	5.2	
12		
13	6.24	
16	6.93	
19	7.55	
21	7.94	模拟系统(NMT，AMPS)

NMT 代表北欧移动电话；AMPS 代表先进移动电话系统

因此，小区规划的步骤如下：先由最低传输质量的指标，用链路预算(见第 3 章)确定选定基站和干扰基站之间的最小距离；然后，由式(17.16)可以得到区群大小，注意，该区群大小应该是由式(17.15)定义的一组值中最小的整数值；再采用前述方法(即在一个方向上行进 i 个小区，转 $60°$，再行进 k 个小区)确定最近的同频小区，每个小区使用的频率随之得到确定。

例17.3　干扰受限系统的小区规划。

解：
小区规划的原理和典型数值可以通过一个具体的例子得到最好的理解。为简化分析和探

讨纯频分多址的实际系统,考虑模拟先进移动电话系统的有关系统数据。每个频道为 30 kHz 宽,信干比为 18 dB 就可以达到满意的语音质量。衰落容限(阴影加瑞利衰落)为 15 dB。这意味着在小区边界处,信号功率的中值应该比干扰功率强 33 dB(或 2×10^3 倍)。选定基站与六边形最远顶点之间的距离为 R,干扰基站与这一顶点之间的距离近似为 $D - R$。进而假定功率按照 d^{-4} 衰减,可得

$$\frac{D - R}{R} = (2 \times 10^3)^{1/4} = 6.7 \tag{17.17}$$

因此,重用距离应该为 $D/R = 7.7$。按照式(17.16),重用距离等于 $(3N)^{0.5}$,所以区群大小为 19.8。满足式(17.15)且 $N \geqslant 19.8$ 的最小整数值 $N = 21$。现在假定某运营商获得了 5 MHz 频谱执照,这样共有 5000/30 = 167 个可用频道,每个小区仅可使用 $167/21 \approx 8$ 个频道。

17.6.4　增加容量的方法

系统容量是蜂窝网络最重要的指标。于是,增加容量的方法就成了基本的研究领域。下面将给出一个简明的概括,当然这一概括常常会涉及本书的其他章节。

1. 增加可用频谱数量。这是一种"蛮力"方法。此方法代价高昂,因为频谱是稀缺资源,并且其使用权常常由政府以极高的价格拍卖掉。而且,分配给无线系统频谱总量的变化却非常缓慢,所分配频谱的改变必须获得国际电信联盟的许可,而这种会议常常十年或更长时间才召开一次。

2. 更高效的调制制式和编码。采用需要更少的传输带宽(高阶调制)或兼具更强的抗干扰能力的调制制式。前者将允许增加每个用户的数据速率(或者当每个用户数据率为常数时,可以增加小区内的用户数)。然而,高阶调制的可能优势将由于以下原因而受到限制:它们对噪声和干扰更敏感(见第 12 章),因此可能不得不增加重用距离。抗干扰调制方式的采用将允许重用距离的减小。另一种获得更好的抗干扰性能的方法是,引入像 Turbo 码和低密度奇偶校验码(LDPC)这样的接近于香农容量限的码(见第 14 章),因而也可以增加系统容量。

3. 更好的信源编码。取决于需要的语音质量,目前的语音编码速率在 32 kbps 和 4 kbps 之间。更好的语音属性模型将允许数据速率降低而同时不带来语音质量的下降(见第 15 章)。数据文件和音乐/视频的压缩也将允许为更多用户提供服务。

4. 非连续传输(DTX)。非连续传输的采用,基于这一事实:电话交谈期间每个通话者的实际讲话时间仅为其全部通信持续时间的 50%。因此,一个时分多址系统可以建立多于可用时隙数的通话连接。在通话期间,某一时间段正在讲话的用户可以与相同时间段不讲话的用户(系统将在此时不再分配无线资源给他)复用可用的时隙。

5. 多用户检测。多用户检测将大大降低干扰的影响。因而,在码分多址系统中,也就允许每小区支持更多的用户;或者,在频分多址系统中,可以采用更小的重用距离(详见第 18 章)。

6. 自适应调制和编码。发送端利用传输信道的信息,选择"刚好"适用于当前链路状况的调制制式和编码速率。这一方法更好地使用了可用功率,并且作为多种效果之一,降低了干扰(详见第 19 章)。

7. 减小小区半径。这是一种效果明显却又非常昂贵的增大容量的方法，因为额外的每个小区都需要建立新的基站。对于频分多址系统，也将意味着重新制定一个很大区域的频率规划①。而且，对于移动的用户，更小的小区也需要更多的切换，这样做不仅复杂，而且会降低频谱效率(由于在切换期间有大量信令信息必须被传送)。

8. 使用扇区。六边形(或相似形状)的小区可划分为多个(典型地为 3 个)扇区。每个扇区有一个扇区天线来实现覆盖。因此，小区(指扇区)数目成为以前的 3 倍，与基站天线数目相同。然而，基站站址数不变，因为 3 个天线位于同一位置(见图 17.13)。

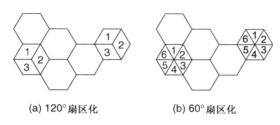

(a) 120°扇区化　　　(b) 60°扇区化

图 17.13　扇区原理

9. 采用重叠结构。重叠结构组合了不同尺寸、不同业务密度的小区，所以有些位置会有几个小区同时向其提供服务。伞状小区对大的区域提供基本覆盖，在其覆盖区域内多个微小区被布置在高业务密度的区域。在微小区的覆盖区域中，大多数用户由微小区的基站向其提供服务，而快速移动的用户将由伞状小区提供服务，以便减少小区之间的切换次数。2010 年前后，引入了意在安装于公寓和办公室的所谓飞蜂窝(femtocell)。这些飞蜂窝的基站利用飞蜂窝所在的用户房屋中的互联网连接(电缆、数字用户线)来接入蜂窝网络。这种飞蜂窝的主要目的是给安装它的公寓/办公室提供好的覆盖/高的数据速率。主要的难点就在于如何将飞蜂窝集成到整个网络中；由于可以预期在不远的将来会出现大量这类蜂窝小区，看上去自组织网络(Self Organizing Network, SON)是进行这种集成的最佳方式。

10. 多天线。可由以下不同的情形来增进容量。

(a) 分集(见第 13 章)提高了接收信号的质量，可用来提高容量，如采用高阶调制制式或减小重用距离。

(b) 多输入多输出系统(见 20.2 节)增加了每个链路的容量。

(c) 空分多址(见 20.1 节)允许同一小区里获得服务的几个用户采用相同的频率。

11. 部分承载。这种系统采用小的重用距离，但每个小区仅使用一小部分的可用时隙。这将导致它能够获得与"传统的"方案(大的重用距离和每个小区的"完全承载")近似相等的平均容量。然而，部分承载具有较高的灵活性，因为当另一些小区吞吐量较低时，某些小区可以有更高的吞吐量。

12. 部分频率重用。在这一方案中，可获得的频谱被分成 $N+1$ 个频带。一个频带被用于所有的小区中心(cell centre)，而采用传统的频率重用方式(区群大小为 N)，将其他频带都用在小区边沿(cell edge)。"小区边沿"必须足够大，以保证从一个小区中心到

<hr>

① 对于六边形小区的情形，可以得到进行准确的小区分裂的同时又不必对频率配置进行大规模的重新规划的算法[Lee 1986]。

另一个小区中心的干扰足够微弱。还需要指出，所有频带不必具有相同的带宽。根据小区中心的不同尺寸，小区中心采用的频带可能宽于小区边沿处采用的频带。

17.7　附录

请访问 www.wiley.com/go/molisch。

深入阅读

频分多址和时分多址系统是"经典"的多址方案，如今它们大多在特定系统(特别是 GSM，见第 24 章)的语境中被分析；Falconer et al. [1995] 中也有非常好的总结。Xu et al. [2000] 中给出了存在干扰时的性能分析；Rubin[1979]中分析了时分多址和频分多址系统中的消息延迟。Sari et al. [2000]讨论了由时分多址/频分多址向码分多址迁移的问题。排队问题在 Gross and Harris[1998]这本优秀教材中讨论。关于业务分布的讨论可以在诸如 Ashtiani et al. [2003] 的文献中找到。

ALOHA 系统在 Abramson[1970]中首先被提出，其无线应用的分析由 Namislo[1984]给出。载波侦听多址的经典描述由 Kleinrock and Tobagi[1975] 及 Tobagi[1980]给出。分组预约多址在 Goodman et al. [1989]中进行了描述。

蜂窝原理和蜂窝无线电的基本概念在 Lee[1995]中有详尽的描述。这一描述试图涵盖模拟和数字系统，尽管现在多少有些过时了，但所阐述的原理仍然有效；Alouini and Goldsmith [1999]论及更高级的方面，包括衰落效应。Chan[1992]讨论了扇区化的影响。Frullone et al. [1996]给出了高级小区规划技术的全面评述；Woerner et al. [1994]描述了关于蜂窝系统和网络规划仿真的问题。Katzela and Naghshineh[2000]中(以 2000 年的研究状态)描述了意在减轻干扰的频率规划与调度。尤其是与第四代系统有关的更新一代的技术，在 Boudreau et al. [2009]和 Necker[2008]中进行了综述。在诸如 Chandrasekhar et al. [2008]和 2009 年 9 月号的 *IEEE Communications Magazine* 的几篇文章中，对飞蜂窝进行了描述。

第 18 章　扩展频谱系统

扩展频谱(常简称为扩频)技术将信息扩展到非常宽的带宽上,确切地说,是比数据速率大得多的带宽。本章将讨论通过扩展频谱来提供多址的不同方式。首先从概念上最简单的方式,即跳频开始,然后对应用最广泛的扩展频谱方式,即直接序列码分多址(DS-CDMA)展开讨论。最后,将详细描述跳时脉冲无线电,这是一种相对较新的方案,因其在超宽带系统中的应用而成为近年来人们研究兴趣的焦点。

前面的章节已强调了频谱效率的重要性,即希望在单位可用带宽上传输尽可能多的信息。所以,在商业无线系统中,将信息扩展至较宽的带宽,看起来是个有些奇怪的想法。毕竟,术语"扩展频谱"来源于军事领域,在这一领域里人们的兴趣所在集中于通信的保密性、抗截获性及抗敌方发射机干扰作用的能力,而这些问题在商业蜂窝系统运营商所关注的问题中并不是最重要的[①]。因此,扩频方式在无线通信中已取得如此重要的位置好像有些不可思议。

当我们意识到不同的用户可用不同的方式被扩展到同一频谱时,这个看起来似非而是的困惑迎刃而解。扩频方式下允许多个用户采用同一频带同时发送,接收机可以通过仅对具有特定扩展规律的信号的查找来确定在总的接收成分中哪一部分来自某一特定用户。因此,每单位带宽的容量在采用扩频技术的情况下未必会有所下降,相反,通过充分发挥扩频技术的特定优势,用户容量甚至会有所增加。

18.1　跳频多址

18.1.1　跳频原理

跳频(FH)的基本思想是改变一个窄带传输系统的载波频率,使得在某一频带上的传输仅仅持续较短的时间。载波频率跳变的总的带宽范围和窄带传输带宽的比值是其扩频因子。

跳频源于军事通信,是由女演员海蒂·拉玛(Hadi Lamar)在第二次世界大战期间发明的。其灵感来源于以下问题:无线发射机的发射可能被敌方用来对发射机进行三角定位,同时窄带发送也可能被敌方的大功率(窄带)发射机干扰。通过频繁地改变发射载频,信号在每个"脆弱的"(即容易被发现和干扰的)频带上仅持续较短的时间。跳频图案(频率跳变的规律)必须为本方接收机所知,而又是敌方所无法预测的,使得敌方无法"跟踪"跳变。除了可以抑制窄带干扰,跳频也有助于减轻深度衰落的影响。这样一来,有时系统在一个"好"的频率上发送,即发射机和接收机之间的衰减较小且干扰较弱;有时又会工作在一个"坏"频率上,即经历衰落引起的陷落甚或还有较强的干扰。

跳频有两种基本类型:慢跳频和快跳频。快跳频在一个符号传送期间多次改变载频;换句话说,单个符号的发送被扩展到较大的带宽上,从而使衰落或干扰的影响能在每个符号上分别得到缓解。根据基本傅里叶变换关系,传输一个符号的每一部分将需要比窄带系统更宽的带

---

① 虽然安全性(抗截获性)的确重要,但也可通过加密手段来保证这一点,而未必需要采用扩频技术。

宽。此外，要整合属于同一符号的不同成分就必须采用比符号速率更快的处理手段。快跳频在民用无线系统中未能得到广泛应用，主要已被码分多址所替代。

慢跳频在一个频率上传送一个或多个符号。此方式常与时分多址结合使用，即每个时隙在一个给定载频上发送，下一个时隙则改变至一个不同频率。在这一情况下，同步所需的额外开销较小，因为接收机在下一时隙无论如何必须同步。为了发挥出跳频的有效性，交织和编码用于将来自同一源比特的信息分布到几个时隙上。假定采用简单的重复编码，则每比特在不同时隙上(也就是在不同载频上)被重复发送两次。即使第一个时隙的发送经历了深度衰落，第二个时隙发送使用的频率极有可能经历较小的信道衰减；这样一来，信息就可能得到有效恢复。例如，慢跳频在全球移动通信系统中(GSM)有所应用(见第 24 章)。

一般来说，跳频导致接收信号特征的"白化"。这种作用具有隐含的信道衰减平均化效果。而且，在每一个载频上，出现一个不同的干扰，以至于跳频也带来了对所有干扰的平均化。对于许多类型的接收机来说，这是有益的，因为这样降低了出现"灾难性"状况的概率，同时降低了所需的链路容限。然而，在 18.4 节和 20.1 节将会看到，有些接收机构造实际上可以利用干扰本身的特定(已知)结构来消除它。例如，智能天线就可以利用干扰信号的空间结构来形成天线的方向图，以使干扰来源方向上出现零陷。跳频会使这些技术很难应用。

18.1.2　跳频多址(FHMA)

前一节从抑制干扰和引入频率分集的角度讨论了跳频。得到以上好处所付出的代价是传输时不得不采用更宽的带宽，这看上去有些浪费。下面将会说明跳频可以作为一种多址方式来应用，并能获得类似时分多址和频分多址的频谱效率。为此，将跳频系统区分为同步的和异步的两种情况。

首先考虑同步的情况，例如，在蜂窝系统的下行链路，基站总是可以保证同时向所有移动台发射。图 18.1 显示了使用 3 个可用频带(载频)的例子。显然，在一个时间段内，基站可以同时向 3 个用户发送，但为了便于讲解，假定只有两个用户(用户 A 和用户 B)正在使用系统。在第一个时间段(跳频周期)里，基站用频带 2 向移动台 A 发送。同时，频带 3 空闲，因此基站向移动台 B 发送时可以使用此频带。在下一个时间段里，基站则采用频带 1 向移动台 A 发送，而用频带 2 向移动台 B 发送。在第三个时间段里，用频带 3 为移动台 A 服务，对移动台 B 则使用频带 1。在随后的时间段内，重复整个跳频序列。所有移动台的信号都采用同一跳频序列①，这样可以确保跳变时相互之间不会发生任何碰撞。因此，同步的跳频多址显然具有与频分多址相同的容量，同时还增加了频率分集的好处。为了将同样的概念用于上行链路，所有的移动台必须采用某种方式来发送各自的信号，这种方式可以保证信号同步到达基站，因而就能在上行链路复现图 18.1 所示的情况。要达到这一效果，需要每部移动台到基站的空中传输时间信息，此信息使每个移动台确切地知道自己的发送该始于何时(定时提前，见第 24 章)。

当用户之间不同步时，情况将有所不同，这种情况发生在定时提前量无法预测(当虑及小区之间的干扰时)②的简单网络中，或者发生在无线自组织网络中。对于异步的情况，所有用户采用相同的跳频序列是不明智的。由于同步的缺失，不同用户信号之间的延迟可能为任意

---

① 每个移动台使用的是同一序列的一个不同的时移版本。——译者注

② 对于某一基站而言，通过适当的设计可以保证各个用户的上行链路信号同步到达，但对于另一基站而言，这些信号却未必能同步到达。

值，包括零延迟的情况。如果所有用户使用同一跳频序列，则零延迟将导致"灾难性的碰撞"，即不同用户之间时时刻刻都相互干扰。为了避免出现这类问题，每个用户将采用不同的跳频序列（见图18.2）。这些跳频序列按照每个跳变循环（即跳频序列重复出现的时间间隔，本例中的跳变循环是跳频周期的 3 倍）里恰好有相当于一个时间段（跳频周期）的时间按被干扰的要求来进行设计，而其余的时间则不会发生碰撞①。显然，这种系统的性能要比同步系统（或频分多址系统）差。提供低碰撞概率保证的跳频序列设计是十分富有技巧性的工作，仍然是目前的研究热点。

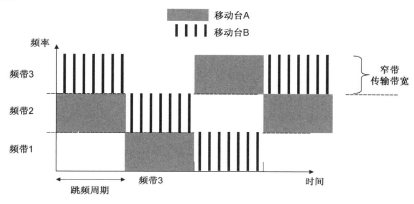

图 18.1　同步用户的跳频多址原理

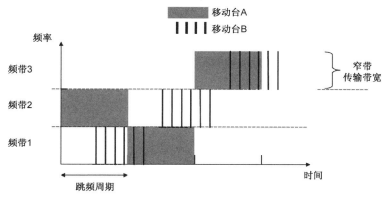

图 18.2　异步用户的跳频多址原理

18.2　码分多址

　　码分多址（CDMA）的起源，特别是直接序列扩频（DS-SS）的发展也可以追溯到军事通信的研究。在18.2.1节将讨论基本的扩频操作。然后，18.2.2 节和18.2.3 节描述码分多址系统如何采用直接序列扩频实现多址的原理和数学表示。18.2.4 节分析码分多址在频率选择性信道中的表现。18.2.5 节和18.2.6 节讨论同步和码分多址扩频码的选择。在蜂窝网络中应用的更多细节在18.3 节叙述。

---

　　①　此处，不发生碰撞的意思是"用户 B 不会引发碰撞"，其他用户仍然可能造成干扰。

18.2.1 直接序列扩频的基本原理

  直接序列扩频通过将发送信号与具有很宽带宽的第二个信号相乘来实现对信号频谱的扩展。这个合成信号的带宽与宽带扩频信号(即上述第二个信号)的带宽近似相等。新信号的带宽与原始信号带宽的比值也称为扩频因子。由于扩频信号的带宽很宽,而发射功率却保持不变,因而发送信号的功率谱密度非常低,取决于扩频因子和基站与移动台之间距离的具体取值,甚至有可能低于噪声功率谱密度。这一点对于军事应用很重要,因为非法接收机因此就无法确定是否有信号正在被传送。另一方面,合法接收机则可以实现扩频操作的逆操作,也就可以恢复出窄带信号(其功率谱密度远大于噪声功率)。

  图 18.3 显示了直接序列扩频发射机和接收机的框图。信息序列(可能已进行过编码)与一个用扩频序列调制正弦载波信号后生成的宽带信号相乘。也可以等效地将这一过程理解为:在调制之前先把每个持续时间为 T_S 的信息符号与一个扩频序列 $p(t)$ 相乘[1]。此后都假定扩频序列长为 M_C 个码片,这里每个码片的持续时间为 $T_C = T_S/M_C$。由于带宽是码片持续时间的倒数,于是合成信号的带宽就也是 $W = 1/T_C = M_C/T_S$,即带宽宽至窄带调制信号带宽的 M_C 倍。由于假定扩频操作不改变总的发射功率,也就意味着功率谱密度将减小为原来的 $1/M_C$。

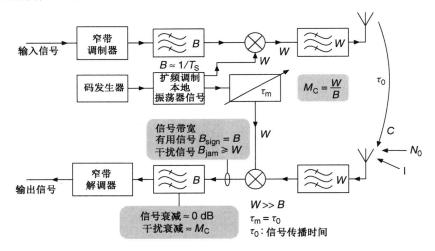

图 18.3　直接序列扩频发射机和接收机的框图

  在接收机处就应该进行扩频操作的逆操作。这可以通过将接收信号与扩频序列进行相关运算来完成。这一过程可以逆转发送端对带宽的扩展,因此在相关运算之后,所需的信号又恢复了 $1/T_S$ 的带宽。除了所需的信号,接收信号里还含有噪声、其他的宽带干扰及可能存在的窄带干扰。应该注意到解扩(despreading)操作不会对噪声和宽带干扰的有效带宽带来明显的影响,而同时窄带干扰实际上却被扩展到带宽 W 上了。作为解扩操作的一部分,相关后的信号将通过一个带宽为 $B = 1/T_S$ 的低通滤波器。这将使所需的信号在通过滤波器之后基本保持不变,而噪声、宽带干扰和窄带干扰的功率降低为滤波前的 $1/M_C$。在符号解调器处,直接序列扩频也就具有了和窄带系统一样的信噪比。对于窄带系统,解调器处的噪声功率为 N_0/T_S。对于直接序列扩频系统,接收机输入端的噪声功率为 $N_0/T_C = N_0 M_C/T_S$,会被窄带滤波减弱

---

  ① 此理解基于窄带信号和宽带信号采用相同的调制方式。

（减小为 $1/M_\mathrm{C}$），因此检测器的输入端的噪声功率也为 N_0/T_s。对宽带干扰而言，也会产生相似的效果。

下面来讨论直接序列扩频系统的扩频序列。为了通过相关运算完全地逆转扩频操作，我们希望扩频序列的自相关函数呈现出狄拉克 δ 函数的特性。在这种情况下，原始信息序列与扩频器和解扩器的级联系统相卷积后的输出就是原始序列本身。因此，我们希望 $p(t)$ 在时刻 iT_C 的自相关函数值 $\mathrm{ACF}(i)$ 为

$$\mathrm{ACF}(i) = \begin{cases} M_\mathrm{C}, & i = 0 \\ 0, & \text{其他} \end{cases} \tag{18.1}$$

实际上，这些理想化特性只能近似达到。一类具有这种近似特性的码序列是称为最大长度序列（m 序列）的一种伪噪声序列。该伪噪声序列具有如下的自相关函数：

$$\mathrm{ACF}(i) = \begin{cases} M_\mathrm{C}, & i = 0 \\ -1, & \text{其他} \end{cases} \tag{18.2}$$

如图 18.4 所示。

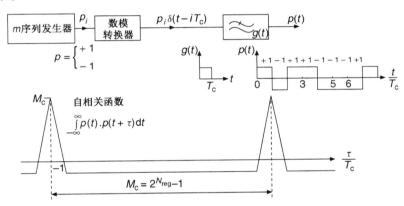

图 18.4 m 序列的自相关函数。引自 Oehrvik[1994]© Ericsson AB

18.2.2 多址

直接序列扩频操作本身，即与宽带信号相乘，可视为隐蔽通信的一种调制方式，并因此具有重要的军事应用价值。人们采用基于直接序列扩频的码分多址，利用扩频来获得多址能力。每个用户被分配以不同的扩频码，该扩频码决定了与信息符号相乘的宽带信号。因而，许多用户可以同时在同一个宽频带上发送（见图 18.5）。

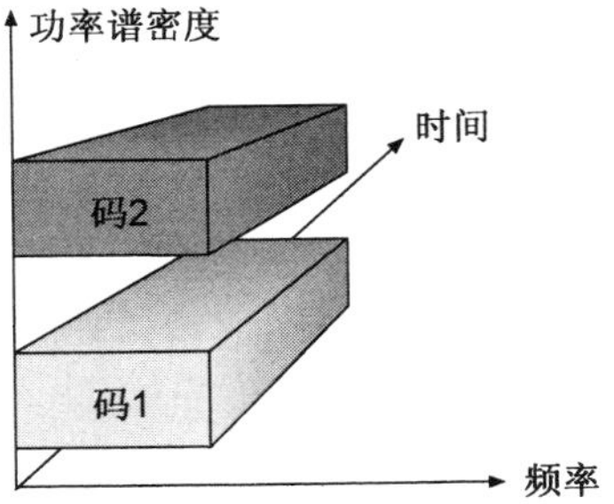

在接收机处，可以通过将收到的信号与拟接收用户的扩频信号进行相关来获得所需的信号。因此，其他用户信号就成了宽带干扰；通过解扩器之后，到达检测器输入端的干扰功率数值等于干扰用户的扩频序列和拟接收用户扩频序列的互相关函数（CCF）值。因此，最理想的情况下，我们希望不同用户扩频序列的互相关满足下式：

图 18.5 码分多址原理

$$\mathrm{CCF}_{j,k}(t) = 0, \qquad j \neq k \tag{18.3}$$

上式应该对所有的用户 j 和 k 都满足。换句话说，需要码序列相互正交。就至多 M_C 个扩频序

列而言，是可以做到相互之间完全正交的；这是因为如下事实：M_C 个正交序列可以构建一个 M_C 维空间，任何持续期为 M_C 个码片的其他序列都可以表示为它们的线性组合。

如果扩频序列相互不正交，接收机就只能做到有限的干扰抑制，即干扰抑制因子为自相关函数与互相关函数之比。如果不同的扩频序列是移位 m 序列，则抑制因子为 M_C。

基于以上描述，可以得出如下一些重要结论。

- 扩频序列的挑选是保证码分多址系统质量的根本因素。序列必须具有良好的自相关函数(类似于狄拉克 δ 函数)和小的互相关值。m 序列是一个可能的选择；采用长度为 N_{reg} 的移位寄存器就可能产生出 $2^{N_{reg}} - 1$ 个[①]序列，这些序列具有式(18.2)给出的自相关函数，且自相关函数与互相关函数之比等于 M_C。其他序列还包括 Gold 和 Kasami 序列，将在 18.2.6 节讨论。
- 码分多址需要精确的功率控制。如果自相关函数与互相关函数之比为有限数值，接收机就不能很好地抑制干扰。当接收到的干扰功率比来自所期望的发射机的功率大得多时，就超出了解扩接收机的干扰抑制能力。因此，每个移动台都必须按照如下原则来调整自身的发射功率：使到达基站的所有信号的功率大致相等。经验表明，要完全发挥出码分多址系统的理论容量，功率控制必须精确到约 ±1 dB 以内。

18.2.3 数学表示

下面把以上的定性描述转变为数学体系[Viterbi 1995]。为此，假定采用二进制相移键控调制方式，并假定发射机和接收机之间可以达成完全同步(更多细节下面会讨论到)，然后就可以在接收机处得到如下 4 个信号分量。

- 所需的(用户)信号。以 $c_{i,k}$ 表示第 k 个用户的第 i 个信息符号，$r_{i,k}$ 表示相应的接收信号。假定码间干扰、码片间干扰(随后定义)及噪声都是零均值过程，则接收信号的期望值将正比于发送符号：

$$E\{r_{i,k}|c_{i,k}\} = \sqrt{(E_C)_k}\, c_{i,k} \int_{-\infty}^{\infty} |H_R(f)|^2 \, df \qquad (18.4)$$

其中，$(E_C)_k$ 是第 k 个用户的码片能量，而 $H_R(f)$ 是归一化为 $\int_{-\infty}^{\infty} |H_R(f)|^2 df = 1$ 的接收滤波器的传输函数。

- 码片间干扰。接收滤波器具有有限持续时间的冲激响应，所以一个码片与这一冲激响应相卷积后，卷积结果的持续时间将比一个码片长。因此，接收滤波器以后的信号就表现出码片间干扰(稍后将会看到信道的延迟色散也会导致码片间干扰)。如果扩频序列都是零均值的，则码片间干扰会使接收信号的方差增大，所增加的数值为

$$(E_C)_k \sum_{i \neq 0} \left[\int_{-\infty}^{\infty} \cos(2\pi i f T_C) |H_R(f)|^2 \, df \right]^2 \qquad (18.5)$$

- 噪声使接收信号方差增加了 $N_0/2$。

---

① 依照线性反馈移位寄存器序列理论，此处的序列数应该有误，因为移位寄存器阶数一定时的最大长度序列个数应该没有那么多！但原作者此处的意思为，某一 m 序列的任何一个移位序列都能与原始序列保持好的互相关特性，因此它们都用来作为扩频序列也是可行的。这样可用序列数就是 $2^{N_{reg}} - 1$。——译者注

- 同道干扰(CCI)。当施加干扰的用户们的发送码片独立于所需用户的数据符号和码片时,假定同道干扰不改变接收信号的均值。同道干扰使得方差增加了:

$$\sum_{j \neq k} \frac{(E_C)_j}{2T_C} \int_{-\infty}^{\infty} |H_R(f)|^4 \, df \qquad (18.6)$$

现在,如果假定码片间干扰和同道干扰都是近似高斯的,计算差错概率的问题就化简为在高斯噪声中检测信号的标准问题:

$$\text{BER} = Q\left(\sqrt{\frac{(E_C)_k M_C}{\text{总的方差}}}\right) \qquad (18.7)$$

在衰落信道中,所需信号的能量是不断变化的。对于上行链路,功率控制确保这些变化得到相应的补偿。

18.2.4　码分多址情况下的多径传播效应

以上关于码分多址系统的相当简化的描述都假定信道是平坦衰落信道。在所有实际环境下,这一假定都是不成立的。码分多址系统的基本属性就是把信号扩展到很宽的带宽上,因此可以预期的是,信道的传递函数在这个带宽上将呈现出某些变化。

频率选择性(延迟色散)对于一个码分多址系统所产生的效应可以通过探究扩频器、信道、解扩器的级联系统的冲激响应来理解。如果信道是随时间缓慢变化的,那么这个等效的冲激响应可以写成如下形式[1]:

$$h_{\text{eff}}(t_i, \tau) = \tilde{p}(\tau) * h(t_i, \tau) \qquad (18.8)$$

其中,等效系统冲激响应是发送和接收扩频序列的卷积:

$$\tilde{p}(\tau) = p_{\text{TX}}(\tau) * p_{\text{RX}}(\tau) = \text{ACF}(\tau) \qquad (18.9)$$

以下假定扩频序列是满足式(18.1)的理想序列,解扩器输出就会呈现出多个峰值,更确切地说,接收机可分辨的每个多径分量(间隔至少为 T_C)对应于一个峰值。每个峰值都含有与发送信号有关的信息。因此,所有峰值在检测过程中都应该被用到,因为仅使用最大相关峰值就意味着丢弃了到达信号中的许多有用信息。一种可以利用多个相关峰值的接收机称为 Rake 接收机[2],它搜集[耙集(Rake up)]来自不同多径分量的能量。如图 18.6 所示,一个 Rake 接收机包含一组相关器。每个相关器获取不同时间段上的接收数据(不同时间段之间具有延迟 τ),也就是搜集彼此延迟为 τ 的不同多径分量的能量。之后,对各相关器获取的数据进行加权与合并。

此外,还可以将 Rake 接收机解释成抽头延迟线,各级延迟器的输出经加权后再合并起来。各级延迟器的延迟时间和抽头处的权值都是可调的,并与信道相匹配。注意,抽头之间通常至少间隔一个码片的持续时间,但抽头之间不必是均匀间隔的。接收滤波器和 Rake 接收机合起来构成了一个与接收信号匹配的滤波器。接收滤波器与发送信号匹配,而 Rake 接收机与信道匹配。

不管怎样解释,接收机都会将来自不同 Rake 分支(Rake fingers)的已加权信号以相干的方式叠加起来。因为这些信号对应于不同的多径分量,所以它们的衰落是(近似)统计独立的。

---

① 注意,这一表达式与相关信道探测器(见第 8 章)的表达式完全相同。相关信道探测器和码分多址系统具有相同的结构,只不过目标不同:信道探测器试图由接收信号和已知的发送数据来确定信道的冲激响应,而码分多址接收机则试图由接收信号和估计出的信道冲激响应来确定发送数据。

② Rake 的英文含义为耙子。——译者注

换句话说,它们提供了延迟分集(频率分集)。因此,Rake 接收机就是一种分集接收机,而且所有用于分集性能分析的数学方法同样适用于 Rake 接收机。至于 Rake 接收系统的性能,可以直接参照 13.4 节和 13.5 节的有关公式。

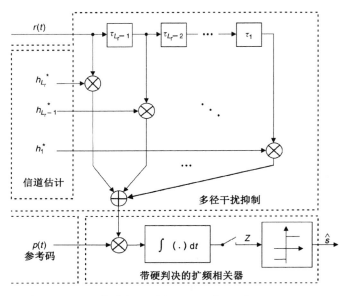

图 18.6　Rake 接收机。引自 Molisch〔2000〕© Prentice Hall

例 18.1　Rake 接收机的性能:计算以下两种情况的二进制相移键控的误比特率:(i)窄带系统;(ii)码分多址系统:使用 6 分支的 Rake 接收机,可以分辨所有的多径,接收机前端信噪比为 15 dB,信道模型为 ITU Pedestrian-A[①]。

解:

ITU Pedestrian-A 信道的抽头延迟线模型为

$$|h(n)|_{dB} = \begin{bmatrix} 0 & -9.7 & -19.2 & -22.8 \end{bmatrix} \tag{18.10}$$

$$|h(n)| = \begin{bmatrix} 1 & 0.3273 & 0.1096 & 0.0724 \end{bmatrix} \tag{18.11}$$

平坦衰落信道的平均信道增益为

$$\Sigma|h(n)|^2 = 1 + 0.33^2 + 0.11^2 + 0.07^2 = 1.1 \tag{18.12}$$

从而发送信噪比应该为

$$\bar{\gamma}_{TX} = \frac{10^{1.5}}{1.1} = 28.75 \tag{18.13}$$

以保证 15 dB 的接收机前端信噪比。

由第 12 章可知,平坦衰落信道下的误比特率为

$$\overline{BER} = E[P_{BER}(\gamma_{Flat})] = \int_0^{\pi/2} \frac{1}{\pi} M_{\gamma_{Flat}}\left(-\frac{1}{\sin^2\theta}\right) d\theta \tag{18.14}$$

进而

$$\overline{BER} = \int_0^{\pi/2} \frac{1}{\pi} \frac{\sin^2\theta}{\sin^2\theta + \bar{\gamma}_{TX}\Sigma|h(n)|^2} d\theta = 7.724 \times 10^{-3} \tag{18.15}$$

---

① pedestrian 意为步行者。——译者注

当将信号合并起来(正如 Rake 接收机中所做的)时有

$$\gamma_{\text{Rake}} = \gamma_1 + \cdots + \gamma_6 \tag{18.16}$$

由于只有 4 个多径分量携带有能量, 所以实际上只使用了 4 个 Rake 分支。如果 $\gamma_1, \cdots, \gamma_4$ 是相互独立的, 则联合概率密度函数 $f_{\gamma_1 \cdots \gamma_4}(\gamma_1, \cdots, \gamma_4) = f_{\gamma_1}(\gamma_1), \cdots, f_{\gamma_4}(\gamma_4)$ [也可以参照式(13.39)]:

$$
\begin{aligned}
\overline{\text{BER}} &= \int \mathrm{d}\gamma_1 \, \text{pdf}_{\gamma_1}(\gamma_1) \int \mathrm{d}\gamma_2 \, \text{pdf}_{\gamma_2}(\gamma_2) \cdots \int \mathrm{d}\gamma_4 \, \text{pdf}_{\gamma_4}(\gamma_4) \int_0^{\pi/2} \mathrm{d}\theta f_1(\theta) \prod_{k=1}^{N_r} \exp(-\gamma_k f_2(\theta)) \\
&= \int_0^{\pi/2} \frac{1}{\pi} \prod_{k=1}^{4} \int_{\gamma_k} f_{\gamma_k}(\gamma_k) \mathrm{e}^{\left(-\frac{\gamma_k}{\sin^2\theta}\right)} \mathrm{d}\gamma_k \, \mathrm{d}\theta \\
&= \int_0^{\pi/2} \frac{1}{\pi} \prod_{k=1}^{4} M_{\gamma_k}\left(-\frac{1}{\sin^2\theta}\right) \mathrm{d}\theta
\end{aligned}
\tag{18.17}
$$

因此,

$$\overline{\text{BER}} = \int_0^{\pi/2} \frac{1}{\pi} \prod_{k=1}^{4} \left[\frac{\sin^2(\theta)}{\sin^2(\theta) + \bar{\gamma}_k} \right] \mathrm{d}\theta \tag{18.18}$$

对于同样大小的发送信噪比 $\bar{\gamma}_{\text{TX}}$, 可得

$$
\begin{aligned}
\overline{\text{BER}} &= \int_0^{\pi/2} \frac{1}{\pi} \frac{\sin^2\theta}{\sin^2\theta + \bar{\gamma}_{\text{TX}}} \frac{\sin^2\theta}{\sin^2\theta + 0.33^2 \bar{\gamma}_{\text{TX}}} \frac{\sin^2\theta}{\sin^2\theta + 0.1^2 \bar{\gamma}_{\text{TX}}} \frac{\sin^2\theta}{\sin^2\theta + 0.07^2 \bar{\gamma}_{\text{TX}}} \mathrm{d}\theta \\
&= 9.9 \times 10^{-4}
\end{aligned}
\tag{18.19}
$$

采用延迟分集解释之后, 要做的另一件事就是为各 Rake 分支输出的合并确定分支权重。最优权值是最大比值合并方式所对应的权值, 即每个 Rake 分支所对应的多径分量幅度的复共轭值。然而, 只有在可以为每个可分解多径分量分配一个 Rake 分支时, 才可能取得最优权重(在文献中已广泛使用术语"全 Rake"(all Rake)来命名这种接收机)。这种情况下需要多达 $L_r = \tau_{\max}/T_C$ 阶, $\tau_{\max}$ 是信道最大附加延迟(见第 6 章)。尤其对于室外环境, 这个阶数很容易超过 20。然而, 实际 Rake 合并器的可实现阶数受到功耗、设计复杂度和信道估计的限制。一个仅处理能够使用的 L_r 个可分辨多径分量的某个子集的 Rake 接收机可以达到降低复杂度的目的, 同时仍然可以提供优于单径接收机的性能。选择式 Rake(SRake)接收机选择 L_b 个最佳路径(L_r 个能够使用的可分辨多径分量的一个子集), 然后采用最大比值合并方式来合并被选出的子集中的各个多径分量。这种合并方式是"选择/最大比值混合式合并"(如第 13 章讨论到的)。然而应当注意, 不同分集支路的平均功率是不同的。要注意 SRake 仍需所有多径分量的瞬时取值信息, 以便进行恰当的选择。部分 Rake(PRake)是另一种可能的形式, 它使用前 L_f 个多径分量。尽管所提供的性能差一些, 但它只需要估计 L_f 个多径分量。

Rake 接收机的另一个具有普遍性的重要问题是径间干扰(interpath interference)。在抽头延迟线中, 相对于经调节所得的某 Rake 分支的延迟值, 还具有额外的时间延迟(设延迟量为 τ_i)的那些多径分量, 在经过该分支的相关处理之后, 它们的影响将受到抑制, 抑制因子为 $\text{ACF}(0)/\text{ACF}(\tau_i)$, 只有在扩频序列具有理想自相关函数特性时, 该抑制因子才为无穷大。因此, 采用非理想扩频序列的 Rake 接收机将会发生径间干扰。

最后要指出, 为使 Rake 接收机达到最优, 还应当不存在码间干扰(ISI)。也就是说, 尽管

信道最大附加延迟可以比 T_C 大,但它必须远小于 T_s。如果存在码间干扰,则在接收机中除了 Rake 接收机还必须具备均衡器(工作于 Rake 输出之后,即均衡器的信号采样间隔为 T_s)。一种针对 Rake 接收机和符号间隔均衡器的这一合并形式的替代方案就是基于码片的均衡器,这种均衡器直接工作于以码片速率采样的解扩器的输出端。这种方式是最优的,但非常复杂。正如在第 16 章所指出的,随着采样频率和信道延迟扩展乘积的增大,均衡器的运算量迅速增加。

18.2.5 同步

同步是码分多址系统的一个最重要的实际问题。从数学角度讲,同步就是从由可能的数值组成的无穷大集合(即连续时间)中确定最佳采样时刻的估计问题。将同步问题分成如下两个局部问题会更有利于同步的实现。

- 捕获(Acquisition)。这是第一步,用来确定最佳采样时刻位于哪个(持续时间为 T_C 或 $T_C/2$ 的)时间间隔。这是一个假设-检验(hypothesis-testing)问题:将检验有限数目的假设,其中每个假设都假定了采样时刻位于某特定间隔内的一种情况。对于众多假设的检验可以并行地进行,也可以串行地进行。
- 跟踪(Tracking)。一旦时间间隔被确定了,可以采用一个控制循环来将采样时刻精确调整至其准确数值。

就捕获阶段而言,可以采用一种特殊的同步序列,该序列要比数据传输期间所使用的扩频序列短。这就减少了必须被检验的假设数目,因而也就减少了同步所必须花费的时间。此外,还将同步序列设计成具有非常好的自相关特性的序列。就跟踪部分而言,可以直接利用用于数据传输的普通扩频序列。

对系统设计的许多方面来说,确定来自不同用户的信号是否彼此同步也是很重要的。

- 小区内同步。一个基站发出的多个信号总是同步的,因为基站在发送它们时具有控制权。对于上行链路,多个信号同步抵达基站通常是无法实现的。因为这需要所有移动台安排它们的定时提前量(timing advance),即当它们开始发送一个码序列时,用这种方式来使所有信号同时到达基站。定时提前量应该精确到一个码片持续时间以内。对于大多数应用来说,这显得过于复杂了,尤其是因为移动台的运动会导致所需定时提前量的变化。
- 基站之间的同步。基站之间彼此可以同步。这通常借助全球定位系统(GPS)提供的定时信号来实现,所以每个基站都需要一部 GPS 接收机,还应当存在与几个 GPS 卫星之间的自由视距。虽然前一条件往往并不成为问题,后一条件在微蜂窝(microcell)和皮蜂窝(picocell)中却不易得到满足。IS-95 系统(见第 25 章)采用了这种同步方式。

18.2.6 码族

选择标准

扩频码的选择对于码分多址系统性能有着至关重要的影响。前面作为例子使用的 m 序列至今仍然是众多扩频码中的一员,但的确并非唯一的可能选择。一般地,扩频码的质量由以下性质决定。

- 自相关。理想情况下，ACF(0) 应该等于每符号的码片数目 M_C，而在其他所有场合下的自相关函数都等于 0。就 m 序列而言，$ACF(0) = M_C$，而对于 $n \neq 0$，$ACF(n) = -1$。好的自相关函数特性对于同步也是有用的。此外，如上面所讨论到的，自相关性质会影响 Rake 接收机中的码片间干扰：相关器的输出是各延迟分量的自相关函数之和，自相关函数中的假相关峰看上去像是额外的多径分量①。

- 互相关。理想情况下，所有的用户码应该彼此正交，这样就可以将来自其他用户的干扰完全抑制掉。下文将讨论一个正交码族（Walsh-Hadamard 码）。对于非同步系统，必须在不同用户之间存在任意延迟的情况下都能够满足正交性。注意，带宽扩展和用户区分可以采用不同的码来完成；这时将用到的码区分为扩频码和扰码。

- 码的数目。一个码分多址系统应该支持尽可能多的用户同时通信。这就意味着要有大量的可用码。正交码的数目受到 M_C 的限制。如果需要更多的码，就必须接受更糟的互相关特性。在相邻小区所使用的码也应有所不同的现实要求下，情形会变得更加复杂：不同的用户终究只能以不同的码来区分。这样一来，如果小区 A 有 M_C 个用户使用了所有的正交码，相邻小区 B 中使用的码就无法做到与小区 A 中使用的码保持正交关系；因此，小区之间的干扰是无法完全抑制掉的。然而，我们可以按照如下原则来选择在小区 B 中使用的码：这些码对原始小区（如小区 A）中用户所形成的干扰应具有类噪声的特点；这种选取方式就要求以码规划来替代频率规划。另一个可行方案是产生大量的具有次优互相关函数的码（下文将会讨论到），然后将它们分配到任何需要使用的地方。在这种情形下，无须进行码规划，但系统容量会更低。

伪噪声序列

m 序列、Gold 序列和 Kasami 序列是码分多址系统上行链路最常用的扩频序列。m 序列的自相关性质优异；一个 m 序列的移位版本仍然是具有近乎理想的互相关性质的有效码字。可通过对几个 m 序列进行适当合并来生成 Gold 序列；Gold 序列的自相关函数可以呈现出 3 种可能数值，其自相关函数和互相关函数的非峰值函数值都可以被上界所限定。

一个更具普遍性的序列族是 Kasami 序列。下面会区分 S（小）型、L（大）型和 VL（非常大）型 Kasami 序列。这些大写字母说明了码族中码数的多少。S-Kasami 序列具有最佳的互相关函数，但只存在数量相当少的这种序列。VL-Kasami 序列互相关函数最差，但这种序列的数目几乎是无限的。表 18.1 给出了各种序列的性质。

表 18.1　码分多址所使用码字的性质

序列	码数	最大互相关函数(dB)	注解
m 序列	$2^{N_{reg}} - 1$		良好自相关函数
Gold	$2^{N_{reg}} + 1$	$\approx -3N_{reg}/2 + 1.5$	
S-Kasami	$2^{N_{reg}/2}$	$\approx -3N_{reg}/2$	在所有 Kasami 序列中具有最佳互相关函数
L-Kasami	$2^{N_{reg}/2}(2^{N_{reg}} + 1)$	$\approx -3N_{reg}/2 + 3$	
VL-Kasami	$2^{N_{reg}/2}(2^{N_{reg}} + 1)^2$	$\approx -3N_{reg}/2 + 6$	近乎无限的数目

N_{reg} 是用于生成序列的移位寄存器的阶数。

---

① 对接收机而言自相关函数是已知的，因此能够从剩余信号中将属于第一个检测到的多径分量的假相关峰去除，从而能够消除它们可能产生的影响（这实质上就是干扰抵消技术，18.4 节会讨论到它）。

Walsh-Hadamard 码

在下行链路中,由于通过同一部基站发射机来发射所有的信号,所以能使属于不同用户的信号完全同步。为此,一个所有码字彼此完全正交的码族可以用 Walsh-Hadamard 矩阵给出。由 n 阶 Hadamard 阵可以定义 $n+1$ 阶阵 $\mathbf{H}_{had}^{(n+1)}$:

$$\mathbf{H}_{had}^{(n+1)} = \begin{pmatrix} \mathbf{H}_{had}^{(n)} & \mathbf{H}_{had}^{(n)} \\ \mathbf{H}_{had}^{(n)} & \overline{\mathbf{H}}_{had}^{(n)} \end{pmatrix} \tag{18.20}$$

其中, $\overline{\mathbf{H}}$ 是 $\mathbf{H}$ 的模 2 取补。这一递推公式的初始矩阵是

$$\mathbf{H}_{had}^{(1)} = \begin{pmatrix} 1 & 1 \\ 1 & -1 \end{pmatrix} \tag{18.21}$$

这个矩阵的各列代表了长度为 2 的所有可能 Walsh-Hadamard 码字。各列相互正交是显而易见的。由递推公式可得

$$\mathbf{H}_{had}^{(2)} = \begin{pmatrix} 1 & 1 & 1 & 1 \\ 1 & -1 & 1 & -1 \\ 1 & 1 & -1 & -1 \\ 1 & -1 & -1 & 1 \end{pmatrix} \tag{18.22}$$

这个矩阵的各列是周期(duration)为 4 的所有可能码字;并且容易看出它们彼此都是正交的。进一步迭代可以得到另外的码字,每次所得序列的长度是前一矩阵所对应序列长度的两倍。

如果信号在加性高斯白噪声信道中传输,则正交码可以保证在接收机处实现完美的多用户抑制。延迟色散破坏了码字之间的正交性。于是,接收机或者可以承受延迟色散带来的附加干扰(用正交性因子来描述干扰程度),或者可以在进行相关运算(用以实现用户分离)之前先让接收信号通过一个码片间隔均衡器,以消除延迟色散的影响。

例 18.2　频率选择性信道中的正交可变扩频因子(OVSF)码的正交性表现为:码字$[1 \ \ 1 \ \ 1 \ \ 1]$和$[1 \ -1 \ \ 1 \ -1]$经信道冲激响应为$(0.8, -0.6)$的信道发送。假定发送的是$[1 \ \ 1 \ \ 1 \ \ 1]$,计算到达接收机的信号与可能的发送信号之间的相关系数。

　　解:

　　假定基站与两个移动台通信,所发送的扩频码是 $t_1(n) = [1 \ \ 1 \ \ 1 \ \ 1]$ 和 $t_2(n) = [1 \ -1 \ \ 1 \ -1]$ 。$t_1(n)$ 和 $t_2(n)$ 彼此正交,有

$$t_1(n) \cdot t_2(n)^{\mathrm{T}} = 0 \tag{18.23}$$

然而,延迟色散信道(多径信道)$h(n) = [0.8 \ -0.6]$ 将影响两个码字之间的正交性。接收信号等于冲激响应和发送信号的线性卷积(假定信道是线性时不变的),有

$$r(n) = t(n) * h(n) = \sum_{k=-\infty}^{\infty} t(k)h(n-k) \tag{18.24}$$

当发送 $t_1(n)$ 时,接收信号 $r_1(n)$ 计算如下:

$$r_1(0) = 1 \times 0.8 = 0.8 \tag{18.25}$$

$$r_1(1) = 1 \times (-0.6) + 1 \times 0.8 = 0.2 \tag{18.26}$$

$$r_1(2) = 1 \times (-0.6) + 1 \times 0.8 = 0.2 \tag{18.27}$$

$$r_1(3) = 1 \times (-0.6) + 1 \times 0.8 = 0.2 \tag{18.28}$$

$$r_1(4) = 1 \times (-0.6) = -0.6 \tag{18.29}$$

因此,将上面得到的接收信号 $r_1(n)$ 与 $t_1(n)$ 和 $t_2(n)$ 做相关,可以得到相关系数如下:

$$\rho_{r_1t_1} = \sum_{n=0}^{3} r_1(n)t_1(n) \qquad (18.30)$$

$$= \begin{bmatrix} 0.8 & 0.2 & 0.2 & 0.2 \end{bmatrix} \begin{bmatrix} 1 & 1 & 1 & 1 \end{bmatrix}^{\mathrm{T}} = 1.4 \qquad (18.31)$$

$$\rho_{r_1t_2} = \sum_{n=0}^{3} r_1(n)t_2(n) \qquad (18.32)$$

$$= \begin{bmatrix} 0.8 & 0.2 & 0.2 & 0.2 \end{bmatrix} \begin{bmatrix} 1 & -1 & 1 & -1 \end{bmatrix}^{\mathrm{T}} = 0.6 \neq 0 \qquad (18.33)$$

类似地,发送 $t_2(n)$ 时,接收到的信号 $r_2(n) = \begin{bmatrix} 0.8 & -1.4 & 1.4 & -1.4 & 0.6 \end{bmatrix}$。相关系数为

$$\rho_{r_2t_1} = \sum_{n=0}^{3} r_2(n)t_1(n) = 0.6 \neq 0 \qquad (18.34)$$

$$\rho_{r_2t_2} = \sum_{n=0}^{3} r_2(n)t_2(n) = 5 \qquad (18.35)$$

两个接收信号之间的相关结果为

$$\rho_{r_1r_2} = \sum_{n=0}^{3} r_1(n)r_2(n) \neq 0 \qquad (18.36)$$

如果不同的用户要求不同的数据速率,就会引出另一个问题:需要采用不同长度的码字来进行扩频。正交可变扩频因子码是满足这些条件的一类码,由 Walsh-Hadamard 码导出。

先来定义周期不同的码字之间的正交性。码片间隔对于所有码来说是相同的,这由可用系统带宽确定,而与要发送的数据速率无关。考虑两个码片长(码周期为 2)的码 $A(1, 1)$ 和四个码片长(码周期为 4)的码 $B(1, -1, -1, 1)$ 之间的正交性。如果码 B 作为相关器输入,为了满足正交性,相关器 A 的输出就必须为 0,即码 A 和码 B 的第一部分的相关结果必须为 0。这里的确如此:$1 \times 1 + 1 \times (-1) = 0$。同时正交性还要求,码 A 和码 B 的第二部分的相关结果也必须为 0。这一点同样满足:$1 \times (-1) + 1 \times 1 = 0$。这时称码 A 和码 B 相互正交。

现在将不同 Walsh-Hadamard 矩阵的所有码字写到一个"码树"(见图 18.7)中。树中同一个级别(共同点是码周期相同)上的所有码彼此正交。如果码 A 和码 B 周期不同,则仅当它们位于树的不同分支时才会彼此正交。当一个码(码 A)是另一个码(码 B)的"母码"时,也就是码 A 位于从码树"树根"到码 B 的路径上时,它们将不会彼此正交。这种不正交关系的例子是图 18.7 中的码 $p_{2,2}$

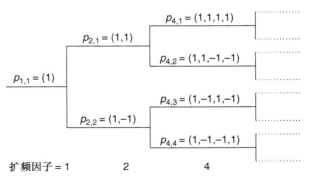

图 18.7 正交可变扩频因子码的码树

和码 $p_{4,4}$,而与之相反,码 $p_{2,2}$ 和码 $p_{4,1}$ 则是相互正交的。

18.3　蜂窝码分多址系统

18.3.1　码分多址原理回顾

　　分析一个系统的多址能力时,实质上是在提出这样一个问题:"是什么原因妨碍了同时向无穷多用户提供服务?"。在时分多址/频分多址系统中,问题的答案就是可用时隙/频率的有限数目。用户可以相互不发生干扰地占用那些时隙。而一旦所有可能的时隙都已经分配给了用户,就不再有空闲的可用资源了,系统也就不可能接受更多的用户。

　　在码分多址系统中,多址机制存在着微妙的差别。下面先分析上行链路,在上行链路中系统使用不完美但却拥有很大数量的扩频码。不同用户以不同的扩频码来区分;可是,由于用户分离不够完美,小区中的每个用户对其他所有用户都将产生干扰。因此,随着用户数目的增加,每个用户所遭受的干扰也会增加。结果,传输质量逐渐下降(适度地降低),直到用户发现传输质量已经糟糕到不足以打出电话(或继续通话)为止。因此,码分多址系统在用户数目上所设定的是一个软的限制,而不是像时分多址系统那样的硬限制。从而,一个系统的用户数目从根本上取决于接收机所需的信干噪比(SINR)。同时也就意味着接收机处任何的 SINR 提升或接收机所需 SINR 阈值的下降,都能直接转变成更高的容量。

　　大多数干扰来自目标用户所在的同一小区内部,因此以小区内干扰(intracell interference)来命名。总的小区内干扰是许多独立作用之和,因此其表现近似类同于高斯噪声,小区内干扰所产生的影响类似于热噪声。通常用噪声提升(noise rise)来描述干扰的这一作用,即"有效"噪声功率(噪声和干扰功率之和)相对于单独的噪声有所增加:$(N_0 + I_0)/N_0$。图 18.8 给出了噪声提升与系统负荷的函数关系曲线,系统负荷定义为在用的用户数与最大可能用户数 M_C 的比值。从图中可看出,当系统负荷接近 100% 时噪声提升也变得非常强。因此,通常在噪声提升为 6 dB 时将小区判定为"满员状态"。然而,如同上面所指出的,对在用用户的数目没有硬性限制。

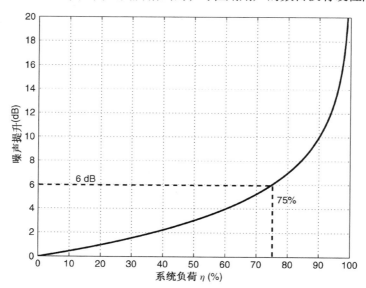

图 18.8　在码分多址系统中,噪声提升与系统负荷的函数关系

有些干扰来自相邻小区,因而称之为小区间干扰(intercell interference)。码分多址系统的一个主要特性就是它采用了完全的频率重用(universal frequency reuse),即重用距离为1[1]。换句话说,所有小区使用相同的频段,不同小区中的用户仅用不同的码来区分。正如18.2.6节所讨论的,干扰的程度主要由不同小区所采用的互不相同的码来决定。

码分多址系统的许多好处都与干扰有着近乎噪声的表现这一事实有关,尤其是在上行链路。这种类噪声的出现是由于以下几个原因:

- 每个小区的用户数目(也就是干扰数目)很大。
- 功率控制保证了到达基站的所有信号具有大致相等的强度(见本节后面的内容)。
- 相邻小区所引起的干扰也来自大量用户。用于相邻小区的扩频码的设计原则是,某小区中的所有信号与所有相邻小区中的每一个信号都具有近似相等的互相关值。注意,这就意味着不能在每个小区中简单地重用同一码集(codeset);否则相邻小区中就会有个别用户造成比别的用户更多的干扰(由于个别用户采用了与目标小区中的目标用户完全一样的码)。

由于上述效应,总干扰功率显得几乎没有任何起伏。同时,功率控制保证了来自目标用户的信号强度总是恒定不变的。因此,SINR也是恒定不变的,而且在链路预算中无须考虑衰落容限。然而,要注意的是,就获得最高数据吞吐量而言,使干扰尽可能地表现出高斯型的特点并不总是最佳的策略。多用户检测(见18.4节)主动利用了干扰中的结构,并可以在只有少量强干扰源时取得最佳的用户检测效果。

在下行链路,扩频码都是彼此正交的,所以(至少在理论上)不同用户可以被完全分离。然而,对于下行链路的情况,小区中的用户数目会受到Walsh-Hadamard码数目的制约。这种情形就变得与时分多址系统有些相似了:如果M_c个可用的Walsh-Hadamard码用完了,另外的用户就不可能再得到服务。此外,还有相邻小区的Walsh-Hadamard码所引起的干扰。通过将Walsh-Hadamard码与扰码相乘可以使小区之间的干扰得到改善。与同一扰码相乘的Walsh-Hadamard码之间仍然保持了正交关系,与不同扰码相乘的码也不会引发灾难性的干扰。因此,不同小区采用不同的扰码(见第26章)。

在下行链路中,小区间干扰并非来自大量独立的干扰源。所有干扰都来自所考虑的目标移动台周围的基站,即少量(至多6个)基站构成了主要的干扰源。所有这些基站为各自的小区服务,向自己小区中的大量用户发送信号。这并不能改变如下现实:从被干扰移动台的角度看,某干扰信号仍出自某个单独地理位置的干扰源[2],而每个干扰源与被干扰移动台之间具有一条单独的传播信道。因此,在下行链路的链路预算中就应该考虑衰落余量(fading margin)。

18.3.2　功率控制

如之前所指出的,功率控制至关重要,对于确保目标用户具有时不变的信号强度是这样的,对于保证来自其他用户的干扰呈现出类噪声特性也是这样的。为了进一步的研讨,必须区分上行链路和下行链路的功率控制。

---

[1]　此处括号中的原文为also known as reuse distance one,意思是完全频率重用的情况也可以被称为reuse distance one。在本书中,原作者对于重用距离的定义(见17.6.3节)是:重用距离 = D/R,其中R为小区半径,D为实际发生频率重用的两个最接近小区之间的距离。照此定义,完全频率重用就是 D = R的情况,所以重用距离为1。但应该指出的是,其他的资料文献中也常将D直接定义为重用距离。——译者注

[2]　即上述各个基站,它们与被干扰台之间的地理位置关系有所不同。

- 上行链路功率控制。就上行链路而言，功率控制对于码分多址系统的正常运作是至关重要的。功率控制以闭环控制方式实现：移动台先采用特定的发射功率，然后基站会告知移动台其先前的发射功率是偏高还是偏低了，移动台则据此调整其发射功率大小。控制环路的带宽要有所选择，以利于补偿小尺度衰落，即必须接近于多普勒频率。由于信道的时变性和信道估计中引入的噪声，到达基站的功率会存在一个剩余方差，这一方差的典型值约为1.5~2.5 dB，而待补偿的动态范围达到 60 dB 或更多。与具有理想功率控制的情况相比，这一方差的存在将导致码分多址系统容量的下降，容量损失至多可达 20%。

  注意，在频域双工（FDD）系统中，无法用开环控制（移动台基于自己的信道估计来调整其发射功率）来补偿小尺度衰落：移动台在接收来自基站的信号时所面对的信道不同于它的发送信道（见 17.5 节）。然而，可以把开环和闭环结合起来使用。开环用于补偿信道中的大尺度变化（路径损耗和阴影），这种变化在上、下行链路的频率上是大致相同的。闭环则用于补偿小尺度变化。

- 下行链路功率控制。就下行链路而言，功率控制并非码分多址系统运行所必需的，因为来自基站的所有信号都以相同的功率到达同一移动台（信道同等对待所有的信号）。然而，为了保持较低的总发射功率，使用功率控制依然可以带来好处。将一个小区中所有用户的发射功率都降低相同的数量值，可以使有用信号功率和小区内干扰（即针对小区中其他用户所发送的那些信号对目标用户形成的干扰）的比值保持不变。然而，这的确降低了对其他小区所形成的总干扰功率。另一方面，由于信噪比绝对不能低于某一阈值，所以不能任意地降低信号功率。因此，下行链路功率控制的目标就是在保持误比特率或信干噪比值高于给定阈值的同时使总发射功率最小化。下行链路的功率控制的准确性不必像上行链路那么高，许多情况下，开环控制就足够了。

值得注意的是，相邻小区内部的用户功率控制并不能使小区间干扰的干扰功率保持恒定。某个相邻小区内的用户由该小区自己的基站进行功率控制，换句话说，用户依照到达目标基站的信号功率保持恒定的原则进行功率的调整。然而，用户将"面对"到达非目标基站的完全不同的信道，目标基站既不了解也不关心该信道随时间波动的具体情形。因此，小区间干扰是时变的。

只有当所有用户采用同样的数据速率时，来自他们的干扰功率才是相等的。高数据速率用户将"贡献"出更多的干扰功率，因此成为主要的干扰源。当通过向同一用户分配多个扩频码的方式来提高用户速率时，可以使上述结论得到最直观的理解。很显然，在这种方式下，被分配了多个扩频码的用户所"贡献"出的干扰功率将随着数据速率的升高而线性增加。虽然这种情况在只有语音用户的第二代蜂窝系统中不会发生，但却与宣称可提供高数据速率业务的第三代蜂窝系统必定有关。

还应指出的是，功率控制并非码分多址系统的专用属性；频分多址或时分多址系统也可以通过功率控制来降低小区间干扰，从而提高系统容量。主要差别在于功率控制对于码分多址系统是必不可少的，而对于时分多址或频分多址系统则是可选的。

软切换

当所有小区采用相同的频率时，一个移动台可以同时与两个基站保持联络。如果一个移动台靠近某个小区边界了，它就会从两个或者更多的基站接收信号（见图 18.9），同时也向所有这些基站发送信号。来自不同基站的信号具有不同的延迟，但可以用 Rake 接收机来补偿其影响，从而来自不同小区的信号可以彼此相干地叠加起来[1]。这与基于频分多址的系统所采用的硬切换形成鲜明的对比，在那里一个移动台在某一时刻只能与一个基站保持联络，因为这一时刻它只能在一个频率上通信。

现在考虑如下情况：一个移动台起初在小区 A 中，并已与基站 A 进入通信状态，但也已与基站 B 建立了无线链路。刚开始时，移动台从基站 A 处收到最强的信号。当它开始向小区 B 移动时，来自基站 A 的信号逐渐变弱，而来自基站 B 的信号逐渐变强，直到系统决定断开到基站 A 的链路为止。软切换在移动台靠近两个小区边界时能够显著改善系统性能，这是因为它提供了可以克服大尺度衰落和小尺度衰落的分集（宏分集）。不利的一面，软切换

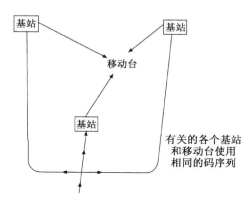

图 18.9 软切换原理。引自 Oehrvik[1994] © Ericsson AB

降低了下行链路的可用容量：软切换过程中，移动台需要同时占用两个小区的资源（Walsh-Hadamard 码），而用户却只进行了一次通话及付费。此外，软切换增加了基站之间所需的信令流量。

18.3.3 提升容量的方法

- 语音传输的静默期（Quiet period）。就语音传输而言，码分多址自然而然地利用了如下事实：一个人在整个通话期间并不是连续不停地讲话，而是只在约 50% 的时间里讲话，剩下的时间里他（/她）在接听另一方的讲话。此外，人讲话时，在单词之间甚至音节之间都是有停顿的，所以"讲话时间"与"一次通话的总时间"的比值约为 0.4。在静默期期间，不必发送信号或者只需传送数据速率非常低的信号[2]。在一个码分多址系统中，不进行信息发送就可以使总发射功率有所降低，因而系统中的干扰也会有所减弱。而前面已经看到，干扰功率的降低将支持更多的用户进行呼叫。小区中的所有用户同时处于通话状态无疑是可能发生的最差情况，然而从统计学角度讲，这种情况几乎不可能发生，尤其是在用户数很大时。因此，为提高系统容量，码分多址系统可以非常有效地利用交谈过程中的停顿[可以与时分多址系统中的非连续发送（DTX）进行比较]。
- 灵活多变的数据速率。在频分多址（或时分多址）系统中，用户或者占用一个频率（/时隙），或者占用整数倍数目的频率（/时隙）。在码分多址系统中，可以通过扩频序列的适当选择来实现任意数据速率的传输。这一点对工作于固定数据速率的语音通信并不重要。然而，就数据传输而言，灵活的数据速率为更好地利用可用频谱创造了条件。

---

① 注意，不同的小区也可能采用不同的码。这并不成为问题，而仅仅意味着（对下行链路而言）各 Rake 接收机分支上的不同相关器必须采用不同的扩频序列。

② 实际上，大多数系统在此期间发送舒适的噪声（comfort noise），即某种背景噪声。如果在用户通话（即对方处于静默期）期间听不到任何声音，讲话的人就会感到不适（以为通信连接已经中断了）。

- 软容量(soft capacity)。码分多址系统的容量可能因小区而异。如果一个给定小区增加了更多的用户，就会增加对其他小区的干扰，因此可能出现一些小区容量较高而另一些小区容量较低的状况；此外，这种状况可能会随着业务量的变化而动态改变。这一概念称为呼吸小区(breathing cell)。
- 纠错编码。引入纠错编码的缺点在于传输的数据速率会有所提高，从而降低了频谱效率。另一方面，码分多址系统有意识地提高了传送数据的数量①，从而为引入差错编码而又不降低频谱效率提供了可能。换句话说，不同的用户以不同的差错控制码(通过扩频来实现编码)来区分。然而，值得注意的是，通用移动通信系统(UMTS，见第26章)之类的商用系统中不采用这一方式，而是分别进行差错控制和扩频。

18.3.4 与其他多址方式的结合

码分多址与时分多址和频分多址相比有许多优点，特别是在灵活性方面，然而它也存在一些缺点，例如复杂性。因此，为了获得"两全其美"的效果，将码分多址与其他多址方式结合起来的做法就是显而易见的了。最普及的解决方案就是码分多址与频分多址的结合，整个可用带宽被划分为多个子频带，在每个子频带上采用码分多址作为多址方式。很明显，这种系统的频率分集程度要比在整个可用带宽上进行频率扩展的情形低一些。有利的一面是发射机和接收机的处理速度可随码片速率的降低而有所下降。例如，IS-95(1.25 MHz 宽的带宽)和占用5 MHz 宽的子频带的通用移动通信系统(UMTS)都采用这一方式。

另一种结合方式是码分多址和时分多址相结合。可以像在时分多址系统中那样给每个用户分配一个时隙，而不同小区中的用户以不同的扩频码(而不是不同的频率)来区分。另一可能的实现形式是合并几个时隙，并用它们来构建一个窄带码分多址系统。在给现有的时分多址系统中添加了一个码分多址组件以后(如 UMTS 的时域双工模式)，这种系统可以取得最佳的工作效果。

18.4 多用户检测

18.4.1 简介

多用户检测的基本思路

多用户检测基于干扰检测的思想，并利用检测所得的信息来减轻干扰对欲接收信号的负面影响。直到 1986 年，人们所形成的成见仍然是来自其他用户的干扰不可减轻，而且充其量干扰的表现能够类似于加性高斯白噪声就不错了。人们认为，在强干扰存在的情况下，正确的检测和解调是做不到的，就如同在强噪声环境下无法正确地检测信号一样。Poor 和 Verdu 及其他人所开展的工作在 Verdu[1998]中进行了总结，表明利用多用户干扰的结构来战胜干扰的负面影响实际上可以做到。如果采用这种策略，干扰就不会比高斯噪声更有害。人们在 20 世纪 90 年代对多用户检测进行了深入研究，在随后的 10 年里，采用这一方式的第一批实用系统得以进入市场。

---

① 这里作者应该是指由直接序列扩频方式所决定的扩频后码片速率相对于信源数据速率的显著提高。——译者注

概念上最简单的多用户检测形式是串行干扰抵消,即逐个干扰抵消(SIC)。考虑一个这样的系统:该系统中存在一个(单个的)比欲接收信号更强的干扰信号。接收机首先检测和解调这一最强的信号。这一信号具有很好的信干噪比,因此就有希望将它无差错地检测出来。然后从总的接收信号中去除(抵消掉)其影响。这样,接收机就可以从"清理过的"信号中检测出希望接收的信号。由于这个"清理过的"信号中只含有所希望接收的信号和噪声,信干噪比会比较好,检测也就可以正确地完成。这个例子说明,采用多用户检测以后,在信干比低于 0 dB 的条件下实现有效检测是可能的。

其他的多用户结构包括最大似然序列估计检测器,这种方法试图同时实现对所有用户信号的最优检测。这些接收机呈现出非常好的性能,但由于运算强度随着被检测用户数的增加而呈指数增长,所以其复杂性也常常令人望而却步。最大似然序列估计的性能也可以用采用 Turbo 原理的接收机来逼近(见 14.5 节)。

一般将多用户检测器分为两类:线性的和非线性的。前一类包括解相关接收机和最小均方误差接收机;后一类包括最大似然序列估计、干扰抵消、判决反馈接收机和 Turbo 接收机。

若干假设

针对这里将要进行的基本描述,为简化起见,先给出如下几个假设。

- 接收机具备了从干扰机到接收机的信道的完整信息。这显然是最好的状况。考虑串行干扰抵消接收机的情况:只有当接收机拥有了干扰信号的完整信道信息时,它才能从总的信号中将其完全去除。干扰越强,任何信道估计误差在去除过程中的影响就越大。

- 所有用户都采用码分多址的多址方案。然而,要强调的是,对于其他多址方式(如时分多址),同样可以进行多用户检测,比如在时分多址网络中,可以用多用户检测来减小重用距离。后面也将看到,多用户检测和空分复用系统(见 20.2 节)的检测之间有着很强的相似性。

- 所有用户都是同步的。

- 这里只探讨接收机处的多用户检测。一个相关的主题是设计可以缓和不同接收机处干扰的发送方案。信息论的一个令人惊奇的结论是:如果发射机确知了信道和干扰,有干扰信道的容量就与无干扰信道的容量完全相等。通过适当的编码策略可以达到这一容量,这种策略称为"在脏纸上书写"(writing on dirty paper)编码[Peel 2003]。可以利用这种编码来提升蜂窝系统的下行链路容量。

18.4.2　线性多用户检测

图 18.10 绘制了一个线性多用户系统的框图。该系统首先对来自不同用户的信号进行估计,实现估计的方式是用不同用户的扩频序列进行解扩处理[1]。注意,这里需要许多并行的解扩器,其中每个解扩器都采用一个不同的扩频序列来实现解扩操作。之后,将这些解扩器的输出线性合并。这一合并步骤可以看成用矩阵滤波器来进行滤波,并可通过这种处理来消除干扰。这一方式与用于消除码间干扰的线性均衡有很强的相似性。因此,第 16 章讨论过的迫零和维纳滤波等概念,在这里也会遇到。

---

[1]　这一步骤可能要对来自多个 Rake 分支的信号进行合并,还要对来自天线阵列的多个单元的信号进行合并。

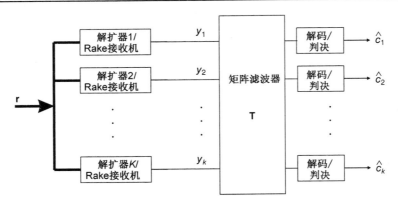

图 18.10 线性多用户检测器

解相关接收机

解相关接收机是最简单的多用户检测方法,等价于迫零均衡器。我们将接收滤波器(解扩以后)的输出写成

$$\mathbf{y} = \mathbf{R}\mathbf{c} + \mathbf{n} \tag{18.37}$$

其中,相关矩阵 $\mathbf{R}$ 包括了可能存在的天线分集和(/或)延迟分集支路;$\mathbf{n}$ 是噪声矢量。对符号的估计可以通过用矩阵滤波器 $\mathbf{T} = \mathbf{R}^{-1}$ 滤波来简捷地获得:

$$\hat{\mathbf{c}} = \mathbf{R}^{-1}\mathbf{y} = \mathbf{c} + \mathbf{R}^{-1}\mathbf{n} \tag{18.38}$$

这一方法的优点在于其简单性,并且无须知晓接收信号的幅度,要确定的只是相关矩阵 $\mathbf{R}$。缺点在于噪声增强作用(也可以与迫零均衡器相类比)。相关矩阵调适的程度越差,噪声增强效果就越明显。

最小均方误差接收机

正如最小均方误差均衡器,最小均方误差多用户检测器在干扰抑制和噪声增强之间求取平衡。总扰动量的度量值是均方误差 $E\{|c - \hat{c}|^2\}$。因此,矩阵滤波器为

$$\mathbf{T} = [\mathbf{R} + \sigma_n^2 \mathbf{I}]^{-1} \tag{18.39}$$

最小均方误差无法做到完全消除干扰,但由于相对更小的噪声增强作用,所引起的信号失真与解相关接收机相比还是要小一些。

18.4.3 非线性多用户检测器

线性多用户检测器忽略了发送信号的结构要素,允许发送信号的估计值取任何连续数值,因此就忽略了如下事实:发送信号仅可能包含有限发送符号集中的成员。非线性检测器则同时利用到了这一信息。

多用户最大似然序列估计

多用户最大似然序列估计器的结构与传统的最大似然序列估计器(常使用维特比检测器进行解码)相同。如果存在 K 个用户,则这些用户可能发送符号的组合数为 M^K 个。因此,网格图中的可能状态数也将随着用户数的增加而呈指数增长。由于这个原因,多用户最大似然序列估计器并未实用化。然而,它却给出了关于多用户检测性能限的至关重要的见解(更多细节参见 Verdu[1998])。

逐个干扰抵消

　　逐个干扰抵消(即串行干扰抵消)依照信号强度顺序检测用户。在检测下一个信号之前,将已检测出的每个用户的信号从总信号中减掉(见图18.11)。因此,逐个干扰抵消是判决反馈接收机的特例。这种接收机按如下方式工作:接收到所有信号之和,并用每个用户的不同扩频码进行解扩。然后,最强的信号被检测出来并进行判决,从而得到不受噪声或干扰影响的原始比特流。随后,这个比特流被再次扩展,并从总信号中减去。"清理过"的信号再次通过解扩器,这一新信号中最强的用户信号被检测出来,再次扩展然后被减掉。重复这一过程直至最后一个用户被检测出来。值得注意的是,误差传播会严重影响逐个干扰抵消的性能:如果接收机误判了一个比特,则存在错误成分的信号将从总信号中减去,这样等待进一步处理的剩余信号将遭受更多而非更少的干扰。

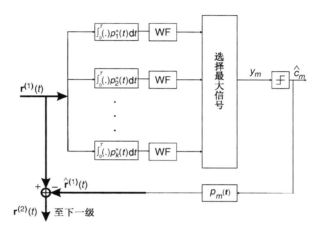

图 18.11　逐个干扰抵消接收机中的一级。来自 K 个用户的总接收信号 $\mathbf{r}$ 与第 k 个用户的扩频序列做相关;最大的信号被挑选出来,而其影响(即再次扩频信号)将从接收信号中减掉。WF代表白化滤波器。图中没有显示信道延迟色散的影响

　　干扰去除存在两种可能方式:"硬"去除和"软"去除。就硬去除而言,干扰被完全减掉;而软去除只减掉信号的一个按比例缩减版本。这样做无法完全消除干扰信号,却使误差传播问题的严重程度有所缓解。另一种抑制误差传播的方法是保证所得到的比特数据不仅是经过解调处理的,而且还经过了译码处理(即经历了纠错译码),然后在去除之前再次进行纠错编码、调制和扩频。因为译码后的差错概率比之前大大降低了,这样就显著减少了误差的传播。不利的一面是译码过程增加了判决过程的延迟。

并行干扰抵消

　　如果不采用串行(逐个用户)方式去除干扰,那么也可以同时抵消掉所有用户。为达此目的,第一个步骤就是基于总的接收信号对所有用户进行(硬或软)判决。随后又将这些信号再次扩频,并从总信号中减去来自所有干扰用户的成分。注意,对每个用户而言,有着不同的干扰用户群:对于用户1,干扰用户群是用户2, $\cdots$,用户 K ;对于用户2,干扰用户群是用户1和用户3, $\cdots$,用户 K ;以此类推。接着,干扰抵消器中的下一级将采用这些"清理过"的信号作为判决的基础,并再次进行扩频和去除。重复这一过程直至前后两次迭代所得的判决结果不再变化,或者直至达到一定的迭代次数为止(见图18.12)。

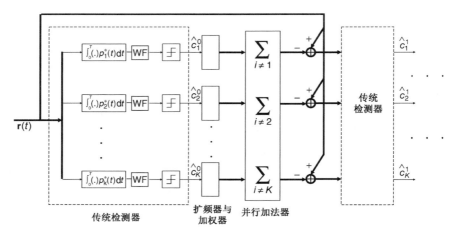

图 18.12　并行干扰抵消

误差传播对于并行干扰去除来说同样是一个重要问题。如果所有判决都正确无误,就只需要干扰抵消器中的第一级了。可是,第一级中每个信号的信噪比都比较差,所以只有最强的那个信号才具有较高的获得正确判决的概率。而且,错误的判决将引起更严重的信号失真,因此后续各级的表现会比第一级更差。

缓解这些问题的一项措施是将信号按照功率等级归类,用于干扰抵消的只是那些能被可靠检测出来的信号。按照它们的信干噪比,众多到达信号被分成若干类。对于 m 类中的某个判决,采用从 1 类到 m 类的反馈(即采用那些更可靠的判决结果),而不用 $m+1$ 类和 $m+2$ 类等。

此外,还可以采用部分抵消的方式。在干扰抵消器的每一级,信号都将通过一个映射关系为 $x \rightarrow \tanh(\lambda x)$ 的映射器(以替代硬判决设备),映射曲线的陡度(即 λ)将逐级递增。因此,只有最后一级进行了实际的硬判决。Turbo 多用户检测器针对不同比特来反馈对数似然比,从而进一步改善了这一原理。这种检测方式大大降低了误差传播的概率,可能发生误判的那些比特往往有着相当大的不确定性(噪声的强度不见得会大到足以让人确信发生了误判)。Turbo 检测器通过为每比特数据指定一个小的对数似然比来有效地利用这种不确定性。事实上,可以指出,Turbo 多用户检测器在性能上能够逼近于多用户最大似然序列估计检测器。

18.5　跳时脉冲无线电

当人们希望扩频带宽 W 能够达到近 500 MHz 或者更宽时,就开始对通过发送若干窄脉冲(用户所需的信息包含在其位置或幅度中)来实现扩频的方式产生了兴趣。通常把这种方式称为"脉冲无线电"(impluse radio),利用简易的发射机和接收机就可以实现这种通信方式。大多数情况下,它被用在所谓的"超宽带"通信系统中[diBenedetto et al. 2005]。读者也可以参考 21.8 节。

18.5.1　简易脉冲无线电

首先从最简单可行的脉冲无线电开始讨论。发射机每次发出的单个脉冲都代表着一个比特[①]。暂且假定调制方式是正交脉冲位置调制(见第 11 章)。脉冲或者于时刻 t 开始发送,或者于时刻 $t+T_d$ 开始发送,这里 T_d 大于脉冲持续时间 T_C。在加性高斯白噪声信道下,检测过程

---

　① 原文为 symbol, 即符号, 译者认为表达为比特更容易使读者理解, 且与下文中用词是一致的。——译者注

极其简单：只需用一个能量检测器来进行能量检测，以确定在两个可能的时间间隔

$$[t + \tau_{\mathrm{run}}, t + \tau_{\mathrm{run}} + T_{\mathrm{C}}] \tag{18.40}$$

或

$$[t + \tau_{\mathrm{run}} + T_{\mathrm{d}}, t + \tau_{\mathrm{run}} + T_{\mathrm{C}} + T_{\mathrm{d}}] \tag{18.41}$$

内，哪一个能得到更多的能量。此处，τ_{run} 是发射机和接收机之间的电波传播时间，通过同步过程来确定它。

　　显然，这种脉冲化的传输可以实现扩频，这是因为发送信号带宽由脉间隔的倒数 $1/T_{\mathrm{C}}$ 给定。而"解扩"则是以非常简单的方式来完成的：只要在由式(18.40)和式(18.41)给定的间隔中，对到达信号进行记录和处理，就能判定哪一个比特被发送了。接收机的输入信噪比表示为 E_{B}/N_0：如果接收机是能量检测器，则它所检测到的峰值信号功率等于 $\bar{P}T_{\mathrm{S}}/T_{\mathrm{C}}$，而输出的噪声功率等于 N_0/T_{S}，结果输出信噪比为 $(\bar{P}T_{\mathrm{S}}/N_0)(T_{\mathrm{S}}/T_{\mathrm{C}}) = (E_{\mathrm{B}}/N_0)(T_{\mathrm{S}}/T_{\mathrm{C}})$。这表明(宽带)噪声抑制因子为 $T_{\mathrm{S}}/T_{\mathrm{C}}$。

　　但是，这种简易方案存在如下两个重大缺陷。

1. 发送信号的峰平比(峰值因子)很高，造成发送和接收电路设计方面的种种问题。
2. 这种方案对不同类型的干扰都显得不够强健。特别地，在有多址干扰的情况下，此方案存在着诸多问题。换句话说，假定目标发射机发出了一个 0，0 所对应的脉冲发出时刻为 t，该脉冲到达接收机的时刻为 $t + \tau_{\mathrm{run, desired}}$，其中 $\tau_{\mathrm{run, desired}}$ 是目标发射机与接收机之间的信号传播时间；而另一个用户也发出了一个 0，对应的脉冲于 $t + \tau_{\mathrm{run, interference}}$ 时刻到达同一接收机，其中 $\tau_{\mathrm{run, interference}}$ 是干扰用户的发射机与接收机之间的信号传播时间。那么将会发生什么呢？可能这一干扰脉冲正好在如下时刻到达接收机：如果目标发送用户发出一个 1，那么这一时刻本该是相应的代表 1 的脉冲(脉冲发出时刻为 $t + T_{\mathrm{d}}$)在接收机处出现的时刻。更确切地说，这一情况发生在 $t + \tau_{\mathrm{run, interference}} = t + \tau_{\mathrm{run, desired}} + T_{\mathrm{d}}$ 的时候。因为很难以非常精准的方式对不同用户信号的传播时间施加影响，上述情况总是会以一定的概率发生的。我们用"灾难性碰撞"的术语来命名它，因为接收机无法对接收到的符号进行恰当的判决，并且差错概率将会非常高；也可以用它与跳频系统(见 18.1 节)中的灾难性碰撞类比。

　　为解决这些问题，我们应该就每个符号发出多个脉冲。首先能想到的就是发送一个规则脉冲序列，脉冲之间的间隔为 T_{f}。这就解决了峰平比的问题。然而，很容易就能看出它并没有降低灾难性碰撞的概率：如果脉冲序列中的第一个脉冲与一个干扰脉冲序列中的脉冲发生了碰撞，则后续脉冲也会碰撞。此问题的一种解决方案利用了跳时脉冲无线电的概念，下文会加以描述。

18.5.2　跳时脉冲无线电

　　跳时脉冲无线电(TH-IR)的基本思想是采用间隔不规则的脉冲序列来代表单个符号。更确切地说，将可用的符号时间划分成一定数目的持续时间为 T_{f} 的"帧"，并在每个帧的时间范围内发送一个脉冲(见图 18.13)[①]。这样，其核心思想就是在帧的范围内改变脉冲出现的位

---

① 注意，在脉冲无线电文献里所采用的名词"帧"(frame)可能会引起混淆。在脉冲无线电中，一个数据符号包含几帧。对于时分多址或分组预约多址(PRMA)，一个数据块通常也称为一"帧"；当用于这种场合时，一帧包含几个符号。

置。例如，在第一帧中，在该帧的第三个片段(chip)发送脉冲；在第二帧中，在该帧的第八个片段发送脉冲，等等。各个脉冲在帧里出现的位置由称为"跳时序列"的伪随机序列来决定。发送信号的数学表达式为

$$s(t) = \frac{\sqrt{E_S}}{\sqrt{N_f}} \sum_i \sum_{j=1}^{N_f} g(t - jT_f - c_j T_C - b_i T_d - iT_S) = \frac{\sqrt{E_S}}{\sqrt{N_f}} \sum_i p(t - b_i T_d - iT_S) \qquad (18.42)$$

其中，$g(t)$ 是持续期为 T_C 的单位能量发送脉冲，N_f 是用来代表一个信息符号(时长为 T_S)的帧数(因此也是脉冲数)，而 b 是所发送的信息符号。跳时序列向信号的第 j 个脉冲提供了 $c_j T_C$ 秒的额外的时移，其中 c_j 是伪随机序列的元素，取 0 至 $N_C - 1$ 之间的整数值(见图 18.13)。接收机中，进行匹配滤波[与整个发送波形 $p(t)$ 相匹配]以后，在时刻 $t = T_S + \tau_{run}$ 和 $t = T_S + \tau_{run} + T_d$ 对匹配滤波器的输出进行采样。通过对这两个时刻的采样值进行比较来判定已发送的是哪个符号。如论述码分多址接收时提到过的，匹配滤波器操作也可以解释成与发送序列做相关。

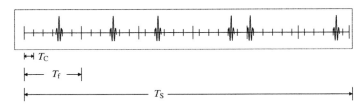

$$T_C$$

$$\longleftarrow T_f \longrightarrow$$

$$\longleftarrow T_S \longrightarrow$$

图 18.13　跳时脉冲无线电中，一个符号的发送波形 $p(t)$，图中显示了符号间隔(T_S)、帧间隔(T_f)和帧内片段间隔(T_C)

在这种脉冲无线电(TH-IR)中，可以得到与"简易"脉冲无线电一样的噪声抑制能力，即 T_S/T_C；但此时这一增益源于两方面，其中一部分源于仅在较短的时间段观测噪声，即这部分增益与简易脉冲无线电中所得的增益属于同一类型，它的值现在是 T_f/T_C，因此比简易脉冲无线电中的值更小。另一种类型的增益来自不同帧中脉冲的合并，不同帧中的信号成分相干地累加起来，而噪声成分则不相干地叠加在一起。这两部分增益合起来就得到了总增益 T_S/T_C。

如此一来，相比于规则脉冲串，这种方式的好处何在呢？不同用户可以使用不同的跳时序列。如后面将要指出的，这些序列可以按如下方式来构造：不同用户的脉冲碰撞只发生在少数几帧上(假定发生碰撞的帧数为 $N_{collide}$)，而在其他帧上都不发生碰撞。当接收机用希望接收的用户的跳时序列与接收信号做相关时，只有在那些会真正发生碰撞的帧上才出现干扰。这就获得了抑制因子为 $N_f/N_{collide}$ 的干扰抑制能力。

前文曾经指出，所希望接收的用户和施加干扰的用户之间可能是不同步的，从而彼此之间可能有任意的时移。所以，应以如下准则来构造跳时序列：不管不同序列之间的相对平移是多少，脉冲之间的碰撞数不应超过一个阈值 λ(通常选 $\lambda = 1$)[1]。这样，系统设计者就不必担心传播时间的影响或用户之间的同步状况；对多址干扰(MAI)的良好抑制总能得到保证。设计这种序列是比较困难的，尤其是在想得到具有很少碰撞的大量序列时；通常，获得这些序列的最佳办法就是穷尽型计算机搜索。

---

[1]　有趣的是，好跳时序列的构造问题与跳频扩频系统中好跳频序列的构造问题具有很强的相似性(见18.1 节)。

例 18.3　某跳时脉冲无线电系统的帧数 $N_f = 6$，其中采用的一个跳时序列为 $[1, 2, 4, 6, 3, 5]$。找出在任意平移情况下至多只与上述序列发生一次碰撞的另一跳时序列。

解：

经过一番全面有序的搜索，我们找到了满足上述要求的序列：$[1, 3, 5, 2, 6, 4]$；从图 18.14 可以看出它满足题设的要求。

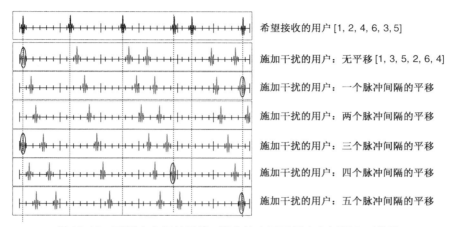

图 18.14　两用户之间的干扰，图中给出了两用户之间所有可能的
（整数）平移情况。周围带圈的脉冲表示有碰撞发生①

对于脉冲无线电，还可以给出一种非常有用的不同解释：可以将它视为一种直接序列码分多址系统（正如 18.2 节看到的那种），只不过其扩频序列中有大量的 0，而只有少量的 1。可以拿它与几乎具有相等数目的 +1 和 −1 的传统直接序列码分多址系统进行比较。这一解释的引人之处在于，人们在传统直接序列码分多址系统方面已经进行过比脉冲无线电多得多的研究，通过将跳时脉冲无线电解释为一种直接序列码分多址系统，许多直接序列码分多址方面的结论就能直接应用于脉冲无线电。

最后要指出，跳时脉冲无线电不仅可以与脉冲位置调制结合起来使用，还可以与脉冲幅度调制结合起来。另外，可以将一个符号内的发送脉冲极性随机化，从而可将发送信号表示为

$$s(t) = \frac{\sqrt{E_S}}{\sqrt{N_f}} \sum_i b_i \sum_{j=-\infty}^{\infty} d_j g(t - jT_f - c_j T_C - iT_S) \tag{18.43}$$

其中，每个脉冲与一个伪随机变量 d_j 相乘，d_j 等概率地取 +1 或 −1。这种极性随机化对发送信号的频谱成形有好处。就这种系统而言，与直接序列码分多址之间的相似性将会更引人注目：现在扩频序列是三值序列，具有（几乎）相等数目的 +1 和 −1，而在其间有大量的 0。于是，干扰的抑制能力不仅源于较少数目的脉冲碰撞，而且还可以归因于来自不同帧（但取相同的符号）的干扰成分可能相互抵消。

18.5.3　延迟色散信道下的脉冲无线电

至此已讨论了加性高斯白噪声信道下的脉冲无线电。已知这种情形下可以以非常简单的

---

①　原文为 chip，涉及码分多址时通常译为"码片"；涉及脉冲无线电时，译为码片似乎不太合适，故前面将其译为"帧内片段"或者"片段"，实际上也就是在一个帧里，脉冲可能出现的一小段时间，一个帧包含 N_C 个 chip，所以又译为"脉冲间隔"。——译者注

形式构造发射机和接收机。然而，跳时脉冲无线电的使用环境永远也不会是加性高斯白噪声信道。这种系统的出发点是采用非常宽的带宽（通常是 500 MHz 或更宽），这也就意味着在这样宽的带宽上信道必将有所变化。于是，构造可以在延迟色散信道下很好地发挥作用的接收机就显得非常必要了。

首先来考虑到达信号的相干接收。这种情况下需要一个 Rake 接收机，正如 18.2.4 节所讨论到的那种。本质上，Rake 接收机包括多个相关器或者分支。在每一分支中，到达信号与跳时序列的一个延迟版本一起完成相关运算，其中具体的延迟值等于想要"分离出来"的那个多径分量的延迟。然后，各 Rake 分支的输出被加权（依照最大比值合并或最优合并原理）后再相加。由于脉冲无线电系统通常占用非常宽的带宽，它们总是采用分支数少于可用多径分量数目的结构（SRake 和 PRake，见 18.2.4 节）。为获得满意的性能，即使是在室内传播环境中，Rake 接收机可能也需要 20 个或更多个 Rake 分支。因此，差分相干（发送参考）或非相干方案就成了吸引人的替代方案。

要理解发送参考（Transmitted Reference，TR）方案的原理，应当记住，延迟色散信道中，理想匹配滤波器的匹配对象是跳时序列与信道冲激响应的卷积结果。就相干接收而言，首先让一个滤波器与跳时序列相匹配，后面再跟一个 Rake 接收机，该接收机与信道的冲激响应相匹配。所谓的发送参考方案是以不同的方式来产生这一复合匹配滤波器。一个发送参考发射机每帧发出两个脉冲：一个未调制的（参考）脉冲和一个固定间隔 T_{pd} 之后发送的已调制（数据）脉冲。当通过无线信道发送时，参考脉冲序列将与信道冲激响应做卷积，因此这一信号（卷积结果）就成了系统冲激响应（发送基本波形与信道冲激响应的卷积）的一个有噪版本。为实现接收信号的数据载荷部分的匹配滤波，接收机只要将接收信号与收到的参考信号相乘就行了。

现在来看发送信号中的一个符号的数学表达式：

$$p(t) = \sqrt{\frac{1}{2}} \sum_{j=0}^{N_f} d_j [g(t - jT_f - c_j T_C) + b \cdot g(t - jT_f - c_j T_C - T_{pd})] \qquad (18.44)$$

仔细观察上式就会发现，与收到的参考信号之间的相关运算可以通过以下处理来实现：只要将总接收信号与其自身的延迟（延迟时间为 T_{pd}）版本相乘并积分，就可以得到相关结果。更确切地说，接收机处的第一步是用接收滤波器 $h_R(t)$ 进行滤波，这一滤波器应该宽到不至于引入任何信号失真，而只是尽可能地抑制噪声 $\hat{r}(t)$。滤波后的接收信号与自己的延迟版本相乘，并在有限间隔 T_{int} 上积分，积分间隔应该长到足以搜集尽量多的多径能量，而又短到不至于搜集太多的噪声能量。

发送参考方案的优点就在于极其简单（尽管在接收机中实现延迟并非易事）。不利的一面是，它的性能要比相干方案差，原因有两个：（i）在其不承载信息的意义上，参考脉冲浪费了能量（这导致 3 dB 的损失）；（ii）与信号的数据承载部分一样，信号的参考部分也会受到噪声影响。接收机中的这两个信号相乘会产生噪声与噪声的交叉项，从而劣化了信噪比。由于脉冲无线电是扩展频谱系统，接收信号的信噪比是负值，于是噪声与噪声的交叉项可能变得很大。

最后要指出，非相干检测也可以成为一种具吸引力的替代方案。仅服务于单个用户时尤其如此。可是，非相干接收机在处理多址干扰方面存在诸多问题。由于多径传播，能量被扩散到几个相连的帧内片段上。因此，能量检测将会遇到更多的干扰（见图 18.15）。

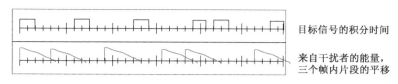

目标信号的积分时间

来自干扰者的能量，
三个帧内片段的平移

图 18.15　延迟色散干扰信号(下面一行)对目标信号的干扰，目标信
号的积分时间(每帧的两个帧内片段时间)在上面一行画出

深入阅读

扩展频谱通信的一般性概述可以在经典著作 Dixon[1994]和 Simon et al. [1994]中找到，它们很好地涵盖了跳频和直接序列系统。更专门地针对蜂窝系统特别是码分多址系统的著作是 Glisic and Vucetic[1997]，Goiser[1998]，Li and Miller[1998]，Viterbi[1995]和 Ziemer et al. [1995]；概述性论文 Kohno et al. [1995]给出了更简短的描述。Scholtz[1982]给出了扩展频谱的历史概述(尽管更多是从一种军事应用视角来展开，这是因为文章发表的时期还没有考虑蜂窝的应用)。Milstein[1988]讨论了不同扩频技术的干扰抑制能力。

Maric and Titlebaum[1992]中设计了跳频码。对码分多址系统容量的估计最早是在被广泛引用的论文 Gilhousen et al. [1991]中发表的。多径对码分多址系统的影响，即 Rake 接收机的应用在 Goiser et al. [2000]和 Swarts et al. [1998]中有所评论，特别是 Win and Chrisikos[2000]中论及了有限数目 Rake 分支的影响。其他关于 Rake 接收的重要论文包括 Holtzman and Jalloul[1994]和 Bottomley et al. [2000]等。就同步而言，论文 Polydoros and Weber[1984]仍然值得一读。Dinan and Jabbari[1998]中评论了扩频码。针对雷达和通信中序列设计的权威性阐述由 Golomb and Gong[2005]给出。虽然高斯近似被广泛用于小区之间干扰的分析，但当存在阴影时，这种近似可能会造成背离实际情况的相当大的偏差，Singh et al. [2010]中给出了一个更为精确的模型。Molisch[2004]中描述了一个完整的跳时脉冲无线电系统。

就多用户检测而言，Verdu[1998]著作是必读的。概述文章 Duel-Hallen et al. [1995]，Moshavi[1996] and Poor[2001]都给出了不少有价值的观点。盲多用户检测这样的高级概念在 Wang and Poor[2003]和 Honig[2009]中有深入描述；Poor[2004]探讨了多用户检测和解码的相互作用。

跳时脉冲无线电在 20 世纪 90 年代由 Win 和 Scholtz 进行了开拓性的研究。基本原理的描述可以参考 Win and Scholtz[1998]，而更多细节则可以在 Win and Scholtz[2000]中找到。超宽带系统设计的不同侧面的概述可以在著作 Shen et al. [2006]，Ghavami et al. [2006]，Reed[2005]，diBenedetto et al. [2005]和 Roy et al. [2004]中找到；概述性文章 Witrisal et al. [2009]中讨论了发送参考接收机和其他简化接收机结构。

第 19 章　正交频分复用

19.1　引言

正交频分复用(OFDM)是特别适合在延迟色散环境下进行高数据速率传输的一种调制方案。该方案将一个高速数据流转换成若干个低速数据流,并采用一组并行的易于均衡的窄带信道进行传输。

首先来分析在其高速率数据传输中,传统的调制方法会产生的问题。当所需的数据速率提高时,为了获得该数据速率,符号周期 T_s 必须非常小,此时系统带宽变得非常大[①]。无线信道自然产生延迟色散,其数值取决于环境,而不是传输系统。因此,如果符号周期很小,那么冲激响应(和均衡器所需的长度)就符号周期而言,会变得比较长。这样一个长均衡器的计算量非常大(见第 16 章),并且会增加系统的不稳定概率。例如,GSM 系统(见第 24 章)所设计的数据速率达 200 kbps,所用带宽为 200 kHz,而 IEEE 802.11 系统(见第 29 章)的数据速率达 55 Mbps,所用带宽为 20 MHz。在一个最大接入延迟为 1 μs 的信道中,前者需要一个 2 抽头的均衡器,而后者则需要 20 个抽头。正交频分复用则从另一个角度,与单载波系统相比增加了各个载波上的符号周期,使每个子载波具有更简单的均衡器。

正交频分复用技术可以追溯到 40 多年前,这项技术在 20 世纪 60 年代中期被申请为专利[Chang,1966]。几年后,引入了一种非常重要的改进循环前缀,它有助于消除剩余延迟色散。Cimini[1985]首先提出将正交频分复用技术应用于无线通信。但是直到 20 世纪 90 年代初期,数字信号处理硬件的发展才使正交频分复用技术成为无线系统中可选用的实现方案。此外,非常适于采用正交频分复用的高数据速率的应用近几年才出现。现在,正交频分复用技术已被应用于数字音频广播(DAB)、数字视频广播(DVB)和无线局域网(IEEE 802.11a 和 IEEE 802.11g)。它也将用于第四代蜂窝系统,包括第三代合作伙伴计划长期演进(3GPP)和WiMAX。

19.2　正交频分复用的原理

正交频分复用将高速数据流分为 N 个并行的数据流,这些数据流调制到 N 个不同的载波(下文称为子载波或单音)上,然后发射出去。每个子载波的符号周期增大为原来的 N 倍。为了能让接收机分离不同子载波携带的信号,子载波必须是正交的。如同 17.1 节所介绍的及图 19.1所示,传统的频分多址通过在载波之间设置较大的(频率)间隔来达到信号分离的目的,但是这样做会浪费宝贵的频谱资源。子载波间隔可以设得更窄。例如,令子载波的频率 $f_n = nW/N$,其中 n 为整数,W 为总的可用带宽;最简单的情况为 $W = N/T_s$。进一步假设每个子载波上采用矩形基带脉冲的脉冲幅度调制。由关系式

---

① 可通过多址接入模式复合,如时分多址接入,它具有较高峰值速率的原因是将数据压缩成脉冲串(见第 17 章)。

$$\int_{iT_S}^{(i+1)T_S} \exp(\mathrm{j}2\pi f_k t)\exp(-\mathrm{j}2\pi f_n t)\,\mathrm{d}t = \delta_{nk} \tag{19.1}$$

可以很容易地发现子之载波间是相互正交的。

图 19.1 给出了正交频分复用的原理。因为时域为矩形脉冲，所以每个已调载波在频域具有 $\sin(x)/x$ 形状。不同的已调载波谱相互重叠，但是每个载频都处在所有其他载波的零点处。因此只要接收机进行合适的解调（乘以 $\exp(-\mathrm{j}2\pi f_n t)$，并在符号周期内积分），那么任何两个子载波的数据流都不会发生串扰。

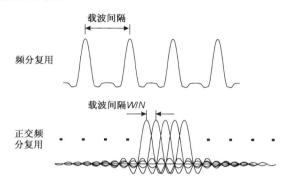

图 19.1　正交频分复用的原理：N 个载波，带宽为 W

19.3　收发信机实现

正交频分复用可以用两种方式来描述：一种为"模拟"形式，如图 19.2(a) 所示。正如 19.2 节所讨论的，先把原始的数据流分为 N 个并行的数据流，每个数据流具有相对较低的数据速率。同时使用多个本地振荡器，每个振荡器的振荡频率为 $f_n = nW/N$，其中 $n = 0, 1, \cdots, N-1$。然后每个并行的数据流调制到其中一个载波上。图 19.2(a) 使其原理易于理解，但是这种方式不适于实际实现，因为多个本地振荡器的硬件成本太高。

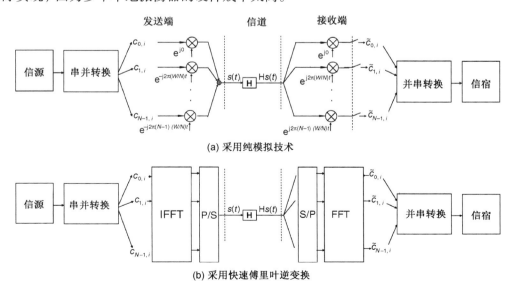

图 19.2　正交频分复用的收发信机结构

另一种可选用的实现方案是数字的,它将传输数据分成 N 个符号长的数据块,对这个数据块进行快速傅里叶逆变换(IFFT),然后再传输,如图 19.2(b)所示。这种方法用集成电路实现起来容易得多。下面将证明这两种方法是等价的。

首先考虑模拟形式。令第 n 个载波在第 i 个时刻的复发送符号为 $c_{n,i}$,则发送信号为

$$s(t) = \sum_{i=-\infty}^{\infty} s_i(t) = \sum_{i=-\infty}^{\infty} \sum_{n=0}^{N-1} c_{n,i} g_n(t - iT_S) \tag{19.2}$$

其中,基带脉冲 $g_n(t)$ 为归一化的频移矩形脉冲:

$$g_n(t) = \begin{cases} \frac{1}{\sqrt{T_S}} \exp\left(j 2\pi n \frac{t}{T_S}\right), & 0 < t < T_S \\ 0, & \text{其他} \end{cases} \tag{19.3}$$

不失一般性,现在仅考虑 $i = 0$ 时信号的情况,在 $t_k = kT_S/N$ 时刻对其采样:

$$s_k = s(t_k) = \frac{1}{\sqrt{T_S}} \sum_{n=0}^{N-1} c_{n,0} \exp\left(j 2\pi n \frac{k}{N}\right) \tag{19.4}$$

可以发现,上式恰好为发送符号的离散傅里叶逆变换。因此,发射机可以通过对发送符号块进行一次离散傅里叶逆转换来实现(块的大小必须与子载波数相同)。几乎在所有的实际情况中,样本数 N 都选为 2 的幂次,而离散傅里叶逆变换用快速傅里叶逆变换来实现。下文中只讨论快速傅里叶逆变换和快速傅里叶变换。

注意,快速傅里叶逆变换的输入由 N 个样本值组成(不同子载波的符号),因此其输出也有 N 个数值,这 N 个数值必须按采样的时间顺序逐个发射出去,这就是在快速傅里叶逆变换后直接进行 P/S(并串)转换的原因。在接收机中,可以进行相反过程的处理:对我们接收信号进行采样,将 N 个采样数据组成一个矢量,也就是一次 S/P(串并)转换,然后对这一矢量进行快速傅里叶变换。变换的结果就是原始数据 c_n 的估计值 $\tilde{c}_n$。

正交频分复用的模拟实现需要多个本地振荡器,而为了保持不同子载波之间的正交性,每个振荡器的相位噪声和漂移必须很小,所以这通常并不是一种实用的解决方案。正交频分复用的成功应用基于上面描述的数字实现,这使得收发信机更简单和廉价,尤其是在数字实现中,存在高效的快速傅里叶变换运算结构(所谓的"蝶形结构"),并且进行快速傅里叶逆变换操作的运算量(每比特)仅随 $\log(N)$ 增加。

正交频分复用还可以在时频空间内进行说明。每个下标 i 对应于一个(时域)脉冲;每个下标 n 对应于一个载波频率。全体函数集分布于时频空间的一个网格内。

19.4 频率选择性信道

前一节解释了正交频分复用发射机和接收机在加性高斯白噪声信道中的工作原理。现在对这种方案不做任何改动,就可让它工作在频率选择性信道中。从直觉上,预计延迟色散对正交频分复用的性能仅会产生微小的影响:把系统转化为由一些窄带信道组成的并行系统,因此每个载波上的符号周期比延迟扩展大得多。但是,正如第 12 章所介绍的,即使 $S_\tau/T_S < 1$,延迟色散也会导致相当大的误差。此外,下面将要详细讨论到,延迟色散还会使子载波之间的正交性丧失,从而引起载波间干扰(ICI)。幸运的是,这些负面的影响都可以用一种特殊的保护间隔来消除,这种保护间隔称为循环前缀(CP)。这一节将说明如何构造循环前缀,循环前缀如何起作用,以及在频率选择信道中能获得怎样的性能。

19.4.1　循环前缀

首先为传输定义一个新的基函数：

$$g_n(t) = \exp\left[\mathrm{j}2\pi n \frac{W}{N} t\right], \qquad -T_{\mathrm{cp}} < t < \hat{T}_{\mathrm{S}} \tag{19.5}$$

其中，W/N 仍然为载波的频率间隔，且 $\hat{T}_{\mathrm{S}} = N/W$。符号周期 T_{S} 在这里为 $T_{\mathrm{S}} = \hat{T}_{\mathrm{S}} + T_{\mathrm{cp}}$。这个基函数的定义意味着当 $0 < t < \hat{T}_{\mathrm{S}}$ 时，发送"常规"的正交频分复用符号（见图 19.3）。将 $g_n(t) = g_n(t + N/W)$ 代入式(19.5)很容易看出。因此，当 $-T_{\mathrm{cp}} < t < 0$ 时，发送符号最后部分的一份副本。从线性角度来看，它按照总发射信号 $s(t)$ 在时间 $-T_{\mathrm{cp}} < t < 0$ 内的信号为在时间 $\hat{T}_{\mathrm{S}} - T_{\mathrm{cp}} < t < \hat{T}_{\mathrm{S}}$ 内 $s(t)$ 信号的副本。信号的这个预置部分称为"循环前缀"。

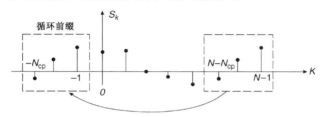

图 19.3　循环前缀原理。$N_{\mathrm{cp}} = NT_{\mathrm{cp}}/(N/W)$ 是循环前缀中的采样数

现在我们知道了什么是循环前缀，再分析一下为什么它对延迟色散信道是有好处的。当任何数据流通过一个延迟色散信道传输时，接收信号等于发送信号与信道的冲激响应的线性卷积。循环前缀将线性卷积转化为循环卷积。当 $-T_{\mathrm{cp}} < t < -T_{\mathrm{cp}} + \tau_{\max}$（其中 $\tau_{\max}$ 为信道的最大附加延迟）时，当前符号和它前一符号后面部分的拖尾混叠，使接收信号受到"实的"符号间干扰[1]。通过丢弃这段时间内接收到的信号，这种"规则"的符号间干扰就能被消除。在剩下的符号周期内，还存在着循环符号间干扰，特别是当前（而不是前一个）符号的后一部分干扰了当前符号的前一部分。下面将说明如何用一种极其简单的数学运算来消除这种循环卷积的影响。

在下面的数学推导中，假定冲激响应的持续时间严格等于循环前缀的长度；此外为了简化算式，假设（不失一般性）$i = 0$。在接收机中，有一组滤波器与不带循环前缀的基函数相匹配：

$$\bar{g}_n(t) = \begin{cases} g_n^*(\hat{T}_{\mathrm{S}} - t), & 0 < t < \hat{T}_{\mathrm{S}} \\ 0, & \text{其他} \end{cases} \tag{19.6}$$

这一操作从检测过程中去除了接收信号的第一部分（T_{cp} 时间段）；正如前面所讨论的，符号剩余部分的匹配滤波可以通过快速傅里叶变换操作实现。因此匹配滤波器输出端的信号为发送信号与信道和接收滤波器冲击响应的卷积：

$$r_{n,0} = \int_0^{\hat{T}_{\mathrm{S}}} \left[\int_0^{T_{\mathrm{cp}}} h(t, \tau) \left(\sum_{k=0}^{N-1} c_{k,0} g_k(t - \tau) \right) \mathrm{d}\tau \right] g_n^*(t) \, \mathrm{d}t + n_n \tag{19.7}$$

其中，n_n 为匹配滤波器输出端的噪声。注意，g_k 可以从 $-T_{\mathrm{cp}}$ 到 $\hat{T}_{\mathrm{S}}$ 取值，这一取值范围为表达式(19.5)的定义区间。如果信道在 T_{S} 期间可以认为是不变的，那么 $h(t, \tau) = h(\tau)$，于是可得

$$r_{n,0} = \sum_{k=0}^{N-1} c_{k,0} \int_0^{\hat{T}_{\mathrm{S}}} \left[\int_0^{T_{\mathrm{cp}}} h(\tau)(g_k(t - \tau)) \, \mathrm{d}\tau \right] g_n^*(t) \, \mathrm{d}t + n_n \tag{19.8}$$

---

[1]　在下面的内容中，假设 $\tau_{\max} \leqslant T_{\mathrm{cp}}$。

内积分可以写为

$$\exp\left[j2\pi tk\frac{W}{N}\right]\int_0^{T_{cp}} h(\tau)\exp\left(-j2\pi\tau k\frac{W}{N}\right)d\tau = g_k(t)H\left(k\frac{W}{N}\right) \qquad (19.9)$$

其中，$H\left(k\dfrac{W}{N}\right)$ 是频率 kW/N 处的信道的传输函数。另外，基函数 $g_n(t)$ 在 $0 < t < \hat{T}_S$ 期间是正交的：

$$\int_0^{\hat{T}_S} g_k(t)g_n^*(t)\,dt = \delta_{kn}(t) \qquad (19.10)$$

接收信号采样值 r 可写为

$$r_{n,0} = H\left(n\frac{W}{N}\right)c_{n,0} + n_n \qquad (19.11)$$

因此，正交频分复用系统可以由一组并行的非色散平坦衰落信道组成，每个信道的复衰减为 $H\left(n\dfrac{W}{N}\right)$。系统的均衡因此变得极其简单：只需要除以子载波频率处的传输函数，且各个子载波是独立的。换句话说，循环前缀恢复了子载波的正交性。

要注意两点警示：（i）在推导中假设在正交频分复用信号持续期间，信道是静态的。如果不能满足这个假设条件，各个子载波信号就仍有可能发生干扰（见 19.7 节）；（ii）接收信号的丢弃部分不但会降低频带利用率，而且会降低信噪比。对于通常的工作参数（循环前缀约为符号周期的 10%），这种损失是可接受的。

带有循环前缀和单抽头均衡器的正交频分复用系统的结构如图 19.4 所示。原始数据流进行串并转换。每个数据块由 N 个数据符号组成，对其进行快速傅里叶逆变换，接下来最后的 NT_{cp}/T_S 个采样点被复制后前置。这样得到的信号调制到(单)载波上再发射出去。在信道传输过程中，信号产生畸变，并引入噪声。在接收机中，信号被划分为数据块。对于每个数据块，去掉循环前缀，剩余部分再进行快速傅里叶变换。在每个载波上，得到的采样点(可以认为是频域采样点)采用单抽头均衡器进行"均衡"，即除以复信道衰减系数。

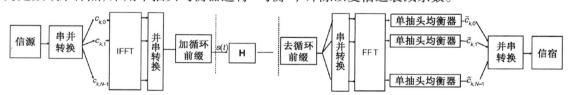

图 19.4　带有循环前缀和单抽头均衡器的正交频分复用系统的结构

19.4.2　频率选择性信道中的性能

循环前缀将频率选择性信道转化为一组并行的平坦衰落信道。从它消除了困扰时分多址和码分多址系统的符号间干扰这一点来讲，它是有利的。不利的一面是未编码正交频分复用系统根本显示不出任何频率分集。如果子载波处于深衰落点，那么该子载波上的差错概率将会非常高，并且即使在高信噪比的条件下仍然决定了整个系统的误比特率。

例 19.1　未编码正交频分复用的误比特率。

　　解：

图 19.5 给出了一个具体频率选择性信道的传输函数和二进制相移键控正交频分复用系统

在其中传输的误比特率。很明显，在深衰落点的误比特率最大。注意结果是用对数坐标表示的，虽然一些"好的"子载波上的误比特率会低到 10^{-4}，但一些处于深衰落点的子载波上的误比特率却会高达 0.5。这对平均差错率也会产生明显的影响，因为坏的子载波上的误比特率决定了总的误比特率。图 19.6 给出了频率选择性信道的平均误比特率的仿真（在许多信道实现上）。可以看出，随着信噪比的增加，误比特率只是随着信噪比增大呈线性减小；进一步的观察显示结果与图 12.6 中的情况一致。

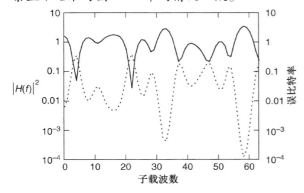

图 19.5　传输函数的归一化幅度的平方（实线）和误比特率（虚线）。信道抽头系数为 $[0, 0.89, 1.35, 2.41, 3.1]$，幅度为 $[1, -0.4, 0.3, 0.43, 0.2]$。接收机的平均信噪比为 3 dB，调制方式为二进制相移键控，子载波频率 $f_k = 0.05k, k = 0, \cdots, 63$

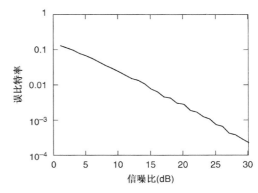

图 19.6　抽头系数为 $[0, 0.89, 1.35, 2.41, 3.1]$，平均功率为 $[1, 0.16, 0.09, 0.185, 0.04]$ 的信道误比特率。每个抽头相互独立，服从瑞利衰落。调制方式为二进制相移键控，子载波频率 $f_k = 0.05k, k = 0, \cdots, 63$

更一般地，可以看出，未编码的正交频分复用具有相同的平均误比特率，而与信道的不同频率选择性无关。也可以这么理解：频率选择性在不同的子载波上给出了不同的信道实现；时变性在不同时间上给出了不同的信道实现。因而双选择性信道在不同时间和不同频率具有不同的实现形式。但是，只要衰落具有相同的分布（如瑞利分布），且子载波数足够大[①]，那么如何产生不同的信道实现，对于平均误比特率的计算没有任何影响。

从这些例子可以看出，主要问题在于低信噪比的载波决定了系统的性能。下面的方法都可以解决这个问题。

- 对不同的子载波进行编码。这种编码用一个子载波上的大信噪比来补偿另一个子载波上的深衰落点。这种方法在 19.4.3 节中详细介绍。
- 将信号扩展到所有子载波上。在这种方法中，每一个符号都被扩展到所有的载波上，因此，信噪比为信号所在的所有子载波上的均值。该方法的详细介绍见 19.10 节和 19.11 节。
- 自适应调制。如果发射机知道每个子载波上的信噪比，那么它可以自适应地选择其调制符号集和编码率。因此，在低信噪比的载波上，发射机可以选择纠错能力更强的编码方式和更小的调制符号集。而且，每个子载波上的分配功率也可以不同。这种方法将在 19.8 节详细介绍。

---

① 注意，在时不变的频率选择性信道中，独立的信道实现的个数取决于系统带宽和信道相关带宽的比值。如果该数值比较小，也许就没有一个足够大的总体来获得好的平均。

19.4.3　编码正交频分复用

正如编码可以非常有效地提高单载波系统在衰落信道中的性能,将其用于正交频分复用系统同样有效,但因为是在不同时间及不同频率发送数据,所以就产生了在正交频分复用系统中如何应用数据编码的问题。

为了对不同子载波上的编码有直观的认识,再次想象重复编码的简单情形:每一个发送符号在 K 个不同的子载波上重复。只要在不同子载波上的衰落相互独立,就可以实现 K 重分集。在最简单的情况下,接收机首先对每个子载波上的符号进行一个硬判决,然后对这 K 个与发送比特有关的接收符号进行大数判决。当然,实际的系统并不使用重复编码,但原理是相同的。

现在可以讨论正交频分复用系统编码的全部理论。不过,将时域和频域进行类比,问题会变得更简单。回忆 14.8 节的主要内容:必须采用足够的交织,以使编码比特的衰落相互独立。换句话说,只需要独立的信道状态来传输编码比特,这将自动产生一个高的分集阶数。信道状态无论是从信道的瞬时变化产生,还是作为频率选择性信道中子载波的不同传输函数,都没有关系。因此,没有必要为正交频分复用定义新的码字,但问题是如何设计合适的映射器和交织器,以在时频空间中分配不同的编码比特。这种映射取决于信道的时间选择性和频率选择性。如果信道具有高度频率选择性,那么也许仅在所用的频率上编码就足够了,而不用在时间轴上进行任何编码或交织。这样做有两个好处:一方面,这个方案同样适用于静态信道,静态信道在无线局域网和其他高速率数据传输中很常见;另一方面,在时域中不进行交织,会使传输和译码过程的延迟更短。

图 19.7 给出了一个实例的性能曲线。可以看出,对于加性高斯白噪声信道,1/3 和 3/4 码率的编码系统均呈现良好的性能,仅有约 1 dB 的差别。然而在衰落信道中,性能却有显著的差异。1/3 码率编码有很好的分集,因此误比特率随着信噪比的增大而迅速下降,而 3/4 码率的编码系统仅有非常低的频率分集,因此性能很差。

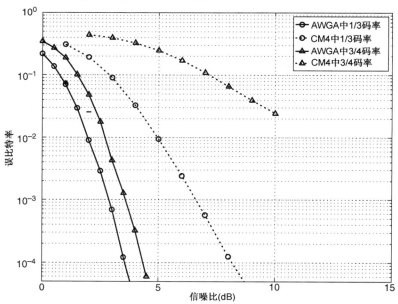

图 19.7　1/3 码率和 3/4 码率的编码正交频分复用系统的误比特率与信噪比的函数关系。信道为加性高斯白噪声信道或 IEEE 802.15.3 a 的 4 号信道模型。正交频分复用系统服从 WiMedia 标准的规定。引自 Ramachandran et al.［2004］© IEEE

19.5　信道估计

和任何其他相干无线系统一样,正交频分复用系统的正常工作都需要估计信道的传输函数或者信道的冲激响应(两者等价)。由于正交频分复用系统是在一组并行的窄带子载波上工作,我们自然要在频域对信道进行估计。更精确地说,要获得 N 个子载波的复信道增益。把信道衰减记为 $h_{n,i}$,其中 n 为表示子信道的下标,i 为表示时间的下标。假设知道信道衰减的统计特性和正交频分复用信号的结构,就能推导出性能良好的信道估计器。

接下来将讨论 3 种估计算法:(i)导频符号法,此算法主要适用于信道的初始估计;(ii)分散导频法,该算法可以跟踪信道随时间的变化;(iii)基于特征值分解的算法,此算法用来减小前两种算法的复杂度。

19.5.1　基于导频符号的方法

在正交频分复用中,最直接的信道估计就是指定的导频符号仅包含已知数据的情况。换句话说,每个子载波所携带的数据已知。该方法适用于在突发传输的起始阶段来获取信道的初始信息。将 i 时刻第 n 个子载波上的已知数据记为 $c_{n,i}$,可以得到信道的最小二乘(LS)估计:

$$h_{n,i}^{\text{LS}} = r_{n,i}/c_{n,i}$$

其中,$r_{n,i}$ 为第 n 个子信道的接收值。

通过考虑不同频率之间信道衰减的相关性,可以改进信道估计。将最小二乘估计值放入一个矢量 $\mathbf{h}_i^{\text{LS}} = (h_{1,i}^{\text{LS}} \quad h_{2,i}^{\text{LS}} \quad \cdots \quad h_{n,i}^{\text{LS}})^{\text{T}}$ 中,线性最小均方误差估计的相应矢量变为

$$\mathbf{h}_i^{\text{LMMSE}} = \mathbf{R}_{hh^{\text{LS}}} \mathbf{R}_{h^{\text{LS}}h^{\text{LS}}}^{-1} \mathbf{h}_i^{\text{LS}} \tag{19.12}$$

其中,$\mathbf{R}_{hh^{\text{LS}}}$ 为信道增益与信道增益的最小二乘估计之间的互协方差矩阵,$\mathbf{R}_{h^{\text{LS}}h^{\text{LS}}}$ 为最小二乘估计的自协方差矩阵。假定每个子载波上有方差为 σ_n^2 的加性高斯白噪声,$\mathbf{R}_{hh^{\text{LS}}} = \mathbf{R}_{hh}$,并且 $\mathbf{R}_{h^{\text{LS}}h^{\text{LS}}} = (\mathbf{R}_{hh} + \sigma^2 \mathbf{I})$。将信道衰减写成矢量的形式:$\mathbf{h}_i = (h_{1,i} \quad h_{2,i} \quad \cdots \quad h_{n,i})^{\text{T}}$,可以确定如下关系式:

$$\mathbf{R}_{hh} = E\{\mathbf{h}_i \mathbf{h}_i^{\dagger}\} = E\{\mathbf{h}_i^* \mathbf{h}_i^{\text{T}}\}^* \tag{19.13}$$

如果信道是广义平稳信道,那么上式与时间 i 无关。

这种估计方法给出了良好的估计值,但是当子载波数很大时,计算复杂度相当大:需要 N^2 次乘法运算,即估计每个信道增益需要 N^2 次乘法(假定所有的相关矩阵及其逆矩阵都已经预先计算出来了)。即使只在每次突发传输的起始阶段采用这种基于导频符号的估计,复杂度也是很高的。鉴于此,可采用其他一些次最佳方案,例如为了利用相邻子信道的互相关性,采用有限长度(远小于 N)的平滑有限冲激响应(FIR)滤波器对信道衰减的最小二乘估计值进行处理。

19.5.2　基于离散导频的方法

得到信道的初始估计之后,还需要跟踪信道随时间的变化。在这种情况下,应该做两件事情:(i)减少正交频分复用符号中的已知比特数(这样可以提高频谱效率);(ii)利用信道的时间相关性,即信道特性只随时间缓慢变化。跟踪信道的一种引人注目的方法是将导频符号分散在正交频分复用时频栅格上,如图 19.8 所示,其中导频间隔 N_f 个子载波和 N_t 个正交频分复用符号[①]。

---

① 在图示中采用的是矩形导频图案,但是也可采用其他导频图案。

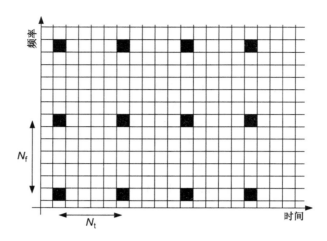

图 19.8　正交频分复用时频栅格上的离散导频。这里采用矩形图案，导频
距离在频率上为 N_f 个子载波，在时间上为 N_t 个正交频分复用符号

当使用离散导频进行信道估计时，可以先在导频处进行信道的最小二乘估计，即 $h_{n,i}^{\mathrm{LS}} = r_{n,i}/c_{n,i}$，$r_{n,i}$ 为接收信号的值，$c_{n,i}$ 为导频处 (n, i) 的已知导频信号数据。从导频位置的初始估计出发，主要是想利用插值来得到信道其他所有位置的估计。把导频看成一个二维空间的采样，可以利用标准采样定理，对所要求的导频图样密度加以限制[Nilsson et al. 1997]：

$$N_f < \frac{N}{N_{\mathrm{cp}}}$$

$$N_t < \frac{1}{2(1 + N_{\mathrm{cp}}/N)\nu_{\max}}$$

由于不仅需要减小导频带来的噪声影响，还要降低估计算法的复杂度，所以有人认为一种比较好的折中方案是在每个传输方向上放置比采样定理所要求的多一倍的导频[Nilsson et al. 1997]。

从理论上讲，导频位置之间的信道插值可以利用与全导频符号估计理论相同的插值方法。当使用一个包括 K 个导频位置 (n_j, i_j) $(j = 1, \cdots, K)$ 的集合来估计某个确定的信道衰减 $h_{n,j}$ 时，可将最小二乘估计的结果写成导频矢量 $\mathbf{p} = (h_{n_1, j_1}^{\mathrm{LS}} \quad h_{n_2, j_2}^{\mathrm{LS}} \quad \cdots \quad h_{n_k, j_k}^{\mathrm{LS}})^{\mathrm{T}}$，并计算线性最小均方误差估计值：

$$h_{n,i}^{\mathrm{LMMSE}} = \mathbf{r}_{hp}\mathbf{R}_{pp}^{-1}\mathbf{p}$$

其中，$\mathbf{r}_{hp}$ 为相关(行)矢量 $E\{h_{n,i}\mathbf{p}^\dagger\}$，$\mathbf{R}_{pp}$ 为 $E\{\mathbf{p}\mathbf{p}^\dagger\}$。这种估计器的复杂度随着估计中采用导频数目的增加而增加，每个衰减的估计需要 K 次乘法，这里仍假设所有相关矩阵及其逆矩阵已经预先计算好了。

在上面介绍的二维滤波法中，在频率上和时间上同时使用导频，另一种可选方案是使用分离滤波器。这意味着要使用两个一维滤波器，一个用在时域，另一个用在频域。因此在给定的估计器复杂度下，将会有更多的导频影响每个信道衰减的估计。在从通常的二维滤波器向基于两个一维滤波器的分离滤波器过度的优化过程中，其带来的性能提升超过了损失。

19.5.3　基于特征值分解的算法

正交频分复用的结构为高效的信道估计器结构提供了可能性。我们知道，在任何设计合理的系统中，信道冲激响应的长度要比正交频分复用符号的长度短。这一事实可以用于减小估计问题的维数。从本质上讲，在采用式(19.12)中的线性最小均方误差估计器时，希望利用信道的统计特性使矩阵乘法运算的效率更高。这可以用估计理论中的最优降阶理论完成。根据估计理论，特征值分解(EVD) $\mathbf{R}_{hh} = \mathbf{U}\mathbf{\Lambda}\mathbf{U}^{\dagger}$ 会使式(19.12)的计算效率更高。空间的维数近似为 $N_{cp} + 1$，即比循环前缀的采样点数多 1。因此可以期望，在 $\mathbf{\Lambda}$ 的前 $N_{cp} + 1$ 个对角元素之后，幅值应该会快速下降。利用奇异值重写式(19.12)，可得

$$\mathbf{h}_i^{\text{LMMSE}} = \mathbf{U}\mathbf{\Delta}\mathbf{U}^{\dagger}\mathbf{h}_i^{\text{LS}}$$

其中，$\mathbf{\Delta}$ 为一个对角矩阵，其对角数值为 $\delta_i = \lambda_i / (\lambda_i + 1/\gamma)$。由于 λ_i 的作用，在前 $N_{cp} + 1$ 个对角元素之后，δ_i 会快速变小。通过将除前 p 个以外的所有 λ_i 设为 0，即当 $i > p$ 时，令 $\delta_i = 0$，可以得到信道增益的最佳 p 阶估计器。估计器的计算复杂度为 $2Np$ 次乘法运算，即每个衰减系数的估计需 $2p$ 次乘法运算。可将其与原估计器式(19.12)中的每个衰减估计需 N 次乘法运算相比较。该估计器的原理如图 19.9 所示。

当自相关矩阵 $\mathbf{R}_{hh}$ 为一个循环矩阵时，所得到的最佳 $\mathbf{U}^{\dagger}$ 变换和 $\mathbf{U}$ 变换分别为离散傅里叶逆变换和离散傅里叶变换，并且只有 N_{cp} 个非零奇异值。基本的估计器结构与图 19.10 所示的结构一致，同时正交频分复用接收机中已有的快速傅里叶变换处理器也可以用于信道估计。

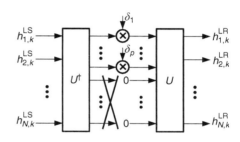

图 19.9　最佳 p 阶信道估计器，可以看成一个 $\mathbf{U}^{\dagger}$ 变换之后接 p 级乘法和第二个 $\mathbf{U}$ 变换

在许多情况下，当信道自相关矩阵不是循环矩阵时，基于离散傅里叶变换的估计器的运算效率可能会超过降阶次最佳估计器的运算效率。在进行二维估计时，这种估计器的通用结构也被用于两个一维估计器之一(见上文)。其中的好处在于可以在两个变换之间完成时域的平滑，这使得需要并行使用的滤波器数量更小。相比于最优估计器的 N 个滤波器(每个子载波一个)，p 阶估计器只需要 p 个滤波器(见图 19.11)。

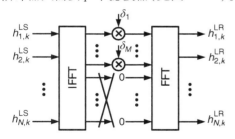

图 19.10　具有循环自相关函数，并用快速傅里叶变换实现的信道低阶估计器

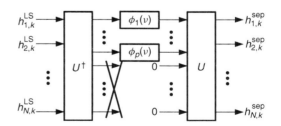

图 19.11　时域平滑在传输域完成的二维(可分离的)信道估计。这样可以将所需的并行滤波器的数量从 N 个减少到 p 个

19.6　峰平比

19.6.1　峰平比问题的起因

正交频分复用的主要问题之一就是发射信号的峰值幅度比平均幅度大得多。这个峰平比(PAR)问题由不同子载波上的 N 个正弦信号的叠加引起。平均来说，发射功率与 N 成正比。

但有时子载波上的信号累积相加,使得信号幅度正比于 N,于是功率正比于 N^2。因此可以预见(最坏情况)功率峰平比随子载波数呈线性增加。

也可以从一个稍微不同的角度来分析这个问题:不同的子载波对总信号的贡献可以视为随机变量(它们具有准随机相位,既决定于其调制的符号值,又决定于采样时间)。如果子载波的数目很大,则可以由中心极限定理推得:同相分量的幅度服从标准偏差为 $\sigma = 1/\sqrt{2}$ 的高斯分布(对于正交分量是类似的),因此平均功率为 1。由于同相和正交分量都服从高斯分布,所以绝对幅度服从瑞利分布(详细推导见第 5 章)。如果已知幅度分布,则很容易计算瞬时幅度超过某一给定阈值的概率,对功率也是如此。例如,峰值功率超过平均功率 6 dB 的概率为 $\exp(-10^{6/10}) = 0.019$。注意,正交频分复用信号的幅度分布可以近似看成瑞利分布:实际的正交频分复用信号是幅度受限的(每个子载波上的信号幅度 N^*),而瑞利分布可以选择很大的任意数值。

下面有 3 种处理峰平比问题的主要方法。

1. 给发射机配置一个功率放大器,这个放大器可以将信号线性地放大到发送信号的可能峰值。这种方案通常是不切实际的,因为这需要昂贵的高功耗 A 类放大器。子载波数 N 越大,问题越难解决。

2. 使用非线性放大器,并接受放大器特性带来的信号畸变的事实。这种非线性畸变不仅会破坏各个子载波之间的正交性,而且还会增加带外辐射(频谱再生和三阶互调的产物相似,使泄漏到正常频带外的功率增加)。前一种影响会增大所需信号的误比特率(见图 19.12),而后一种影响会给其他用户带来干扰,并因此降低正交频分复用系统的蜂窝容量(见图 19.13)。这意味着为了得到恒定的邻道干扰,可以在功率放大器性能与频谱效率之间进行权衡(需要注意的是,增大载波间隔会降低频谱效率)。

3. 使用峰平比减小技术。下一节将介绍这些技术。

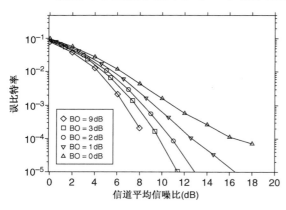
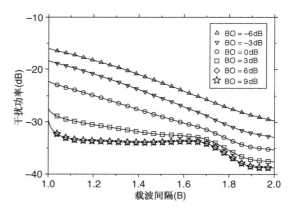

图 19.12　在发射机放大器的不同回退的电平下,误比特率与信道平均信噪比的函数关系。引自 Hanzo et al. [2003] © John Wiley & Sons, Ltd

图 19.13　在发射机放大器的不同回退的电平下,对相邻频带(正交频分复用用户)的干扰功率与载波间隔的函数关系。引自 Hanzo et al. [2003] © John Wiley & Sons, Ltd

19.6.2　降低峰平比的方法

现有的文献提出了大量的减小峰平比的方法,其中几种有前途的方法如下所示。

1. 编码降低信噪比。通常情况下,每个正交频分复用符号能够表示 2^N 个码字(假设为二进制相移键控调制)。在这些码字中，只取峰平比低于给定阈值的 2^K 个码字的一个子集。发射机和接收机都知道 K 个比特组合与长为 N 的码字之间的映射，选择具有可接受峰平比的长为 K 的比特组合来表示发送数据。因此传输方案如下：(i) 将到达比特流分列放置在长为 K 的数据块中；(ii) 选择长为 N 的对应码字；(iii) 通过正交频分复用调制器发送这个码字。这种编码方法能够保证一定的峰平比值，并且还具有一定的编码增益，可是这种增益小于专门用来纠错的编码增益。

2. 相位调整。这个方案首先定义一组发射机和接收机都已知的相位校正矢量 ϕ_l, $l = 1$, $\cdots$, L；每个矢量具有 N 个元素 $\{\phi_n\}_l$。发射机用这些相位矢量乘以待发送的正交频分复用符号 c_n，得到

$$\{\hat{c}_n\}_l = c_n \exp[j(\phi_n)_l] \tag{19.14}$$

然后选择

$$\hat{l} = \arg\min_l(PAR(\{\hat{c}_n\}_l)) \tag{19.15}$$

它提供最小的峰平比。接下来将矢量 $\{\hat{c}_n\}_{\hat{l}}$ 与序号一起发射出去。然后接收机解除相位校正 $\hat{l}$，并对正交频分复用符号进行解调。这种方法的好处是开销很小(至少使 L 处于合理的限度内)；缺点在于它不能确保峰平比低于某个确定的值。

3. 乘性函数修正。另一种方法就是只要峰值非常高，就用时变函数乘以正交频分复用信号。采用这种方法的最简单的例子是前一节提到过的限幅。若信号电平达到 $s_k > A_0$，则给信号乘以一个因子 A_0/s_k。换句话说，传输信号变为

$$\hat{s}(t) = s(t)\left[1 - \sum_k \max\left(0, \frac{|s_k| - A_0}{|s_k|}\right)\right] \tag{19.16}$$

合理性稍差一些的方法是给信号乘以一个高斯函数，其中心位于电平超过阈值的时刻：

$$\hat{s}(t) = s(t)\left[1 - \sum_n \max\left(0, \frac{|s_k| - A_0}{|s_k|}\right)\exp\left(-\frac{t^2}{2\sigma_t^2}\right)\right] \tag{19.17}$$

在时域乘以方差为 σ_t^2 的高斯函数，意味着在频域与方差为 $\sigma_f^2 = 1/(2\pi\sigma_t^2)$ 的高斯函数卷积。因此带外干扰的大小受所选 σ_t^2 大小的影响。不利的一面在于这个方案引起的载波间干扰(因此误比特率)很大。

4. 加性函数修正。按类似的思想，可以选择一个加性修正函数替代乘性修正函数。修正函数要足够平滑，以免引入大的带外干扰。此外，修正函数起到加性伪噪声的作用，因此会增大系统的误比特率。

比较以上减小峰平比的不同方法，可以发现没有一个"最好"的方法。虽然编码方法可以保证最大的峰平比值，但是需要相当大的系统开销，并因此降低了吞吐量。相位调整方法开销较小(由相位调整矢量的数目决定)，但是其性能得不到保障。这两种方法都不会增加载波间干扰与带外辐射。乘性函数修正方法可以保证性能达到某一点(减去以此点为中心的高斯函数，这个点可能会导致其他点的幅度变大)。它在很好地控制住带外辐射的同时会引入相当大的载波间干扰。

19.7　载波间干扰

在延迟色散(频率选择)环境中，循环前缀提供了一种保持载波信号正交性的好方法。换句话说，由于信道具有频率选择性，因此信号不会发生载波间干扰。然而无线传播信道同时也

具有时变性,并因此具有时间选择性(多普勒效应引起的频率色散见第 5 章)。对于正交频分复用系统,时间选择性会产生两种重要的影响:(i)导致随机频率调制(见第 5 章),这会引起误码,尤其是在处于深衰落点的子载波上;(ii)导致载波间干扰。一个子载波的多普勒频移会在很多相邻子载波中产生载波间干扰(见图 19.14)。时间选择性的影响主要取决于最大多普勒频移和正交频分复用符号周期的乘积。子载波间隔与符号周期呈反比,因此如果符号周期很大,那么即使很小的多普勒频移也会造成相当大的载波间干扰。

如果循环前缀的长度小于信道的最大附加延迟,那么延迟色散将会成为载波间干扰的另一个来源。这种情况由多种原因引起。例如,有的系统为了提高频带利用率,可能会有意地缩短或省略循环前缀。另一些系统可能最初是针对某种环境设计(具有确定的附加延迟范围)的,之后却被用在具有更大附加延迟的其他环境中。最后,对于很多系统来说,循环前缀的长度既要能够消除载波间干扰,又要兼顾频带利用率,换句话说,循环前缀不是用来处理最差信道情况的。

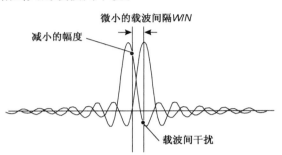

图 19.14　频率偏移引起的载波间干扰

接下来将从数学角度描述由多普勒频移或循环前缀长度不足而导致载波间干扰的接收信号。这里用下式代替式(19.11)来表示数据符号 c_n 与快速傅里叶变换之后的接收采样点之间的关系:

$$r_k = \sum_{n=0}^{N-1} c_n H_{k,n} + n_k \tag{19.18}$$

这里

$$H_{k,n} = \frac{1}{N} \sum_{q=0}^{N-1} \sum_{l=0}^{L-1} h[q,l] \exp\left[j\frac{2\pi}{N}(qn - nl - qk) \right] \mathcal{H}[q - l + N_{cp}] \tag{19.19}$$

式中,$h(n,l)$ 为时变信道冲激响应 $h(t,\tau)$ 的采样形式,$\mathcal{H}[\ ]$ 表示 Heaviside 函数,L 为以采样点为单位的最大附加延迟 $L = \tau_{max} N/T_S$。还应注意,对于时不变和足够长的信道保护间隔,式(19.19)可以简化为式(19.11)。

由于载波间干扰是制约正交频分复用系统的一个因素,因此提出了大量消除载波间干扰的方法。这些方法可以分为如下几类。

- 正交频分复用符号长度和载波间隔的最佳选择。在这种方法中,改变正交频分复用信号的长度来使载波间干扰最小。从上文可知,短的符号周期对减小多普勒频移引起的载波间干扰是有好处的。另一方面,频谱利用率方面的考虑要求长度最小:循环前缀长度(由信道最大附加延迟决定)不得小于符号周期的大约 10%。式(19.20)给出了选择 T_S 的一个有用的准则。令 $R(k,l) = P_h(lT_c, kT_c)$ 为采样的延迟互功率谱密度(见第 6 章),另外定义函数:

$$w(q,r) = \frac{1}{N} \begin{cases} N - |r|, & 0 \leqslant q \leqslant N_{cp}, & 0 \leqslant |r| \leqslant N \\ N - q + N_{cp} - |r|, & N_{cp} \leqslant q \leqslant N + N_{cp}, & 0 \leqslant |r| \leqslant N - q + N_{cp} \\ N + q - |r|, & -N \leqslant q \leqslant 0, & 0 \leqslant |r| \leqslant N + q \\ 0, & 其他 \end{cases} \tag{19.20}$$

那么所需信号功率可近似为[Steendam and Moeneclaey 1999]

$$P_{\text{sig}} = \frac{1}{N} \sum_l \sum_k w(k,l) R(k,l) \tag{19.21}$$

载波间干扰与符号间干扰功率为

$$P_{\text{ICI}} = \sum_k w(k,0) R(k,0) - P_{\text{sig}} \tag{19.22}$$

$$P_{\text{ISI}} = \sum_l [1 - w(k,0)] R(k,0) \tag{19.23}$$

信干噪比为

$$\text{SINR} = \frac{\frac{E_S}{N_0} P_{\text{sig}} \frac{N}{N_{\text{cp}}+N}}{\frac{E_S}{N_0} P_{\text{sig}} \frac{N}{N_{\text{cp}}+N} \frac{P_{\text{ISI}}+P_{\text{ICI}}}{P_{\text{sig}}} + 1} \tag{19.24}$$

以上的几个公式给出了一种简单的途径来平衡由多普勒效应产生的载波间干扰、由剩余延迟色散产生的载波间干扰及由循环前缀带来的信噪比损失。

- 正交频分复用基信号的最佳选择。与此相关的方法通过改变正交频分复用基脉冲形状来使载波间干扰最小化。众所周知，时域的矩形脉冲信号在时域具有陡峭的边沿，但是在频域却具有 $\sin(x)/x$ 的形式，因此衰减缓慢。对于一个理想的系统而言，每个子载波都处于其余所有子载波的频谱零点处，而 $\sin(x)/x$ 在其零点附近的斜率很大。因此，即使很小的多普勒频移也会引起很大的载波间干扰。通过选择频谱衰减更快、更平滑的基脉冲，可以减小多普勒效应产生的载波间干扰。但另一方面，频域衰减更快是由时域衰减变慢换来的，这会增加延迟扩展引起的误码。高斯型基函数已证明是一种很好的折中。

- 自干扰消除技术。在这种方法中，信息不是仅被调制到单一的子载波上，而是被调制到一组子载波上。这种技术对于消除载波间干扰十分有效，但会导致系统频带利用率的下降。

- 频域均衡器。如果信道特性及其变化已知，那么它对接收信号的影响就能被消除，正如式（19.18）所描述的。虽然单抽头均衡器无法再完成这一任务，但是还有许多其他的合适技术。例如，可以简单地取 $\mathbf{H}$ 的逆矩阵，或者运用最小均方误差准则。由于信道是连续变化的，必须为每组正交频分复用数据块重新计算逆矩阵，所以这些取逆运算的计算量相当大。但还存在一些降低了运算量的方法。另一种均衡的方法就是将不同的子载波理解为不同的用户，然后利用多用户检测技术（如 18.4 节所描述的）检测子载波。图 19.15 举例画出了不同均衡技术的效果，其中算子的摄动法（OPT）表示线性反演技术，并行干扰抵消（PIC）和逐个干扰抵消（SIC）表示多用户检测。

除了时间选择性和延迟色散，还有另一个因素会破坏载波间的正交性：本地振荡器的误差。这些误差可由以下原因产生。

- 同步误差。由 19.4 节的讨论可知，同步对于保持载波间的正交性十分重要。同步过程中的任何误差都会反应为接收机本振相对于最佳频率的偏移，进而产生载波间干扰。

- 发射机和接收机的相位噪声。由振荡器误差引起的相位噪声导致本振信号相对于正常情况下的严格正弦波形的偏移。相位噪声的分布通常是高斯分布，其特征由功率谱密度进一步表征。从本质上讲，窄带谱意味着相位变化非常缓慢，这使得用各种接收机算法对其进行补偿比较简单。相位噪声的影响会将子载波上信号的频谱扩展到相邻子载波上，从而导致载波间干扰。

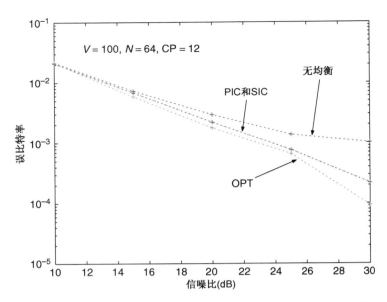

图 19.15　有 64 个子载波,循环前缀长度为 12 个采样点,类 802.11a 的正交频分复用系统的误比特
　　　　率与信噪比的函数关系。性能分析模型为 802.11n 信道模型中的 F 模型,速度为 100 m/s

例 19.2　设一个系统带宽为 5 MHz,128 个子载波,循环前缀长度为 40 个采样点。其所处信
道特征为负指数功率延迟分布(PDP), $\tau_{\text{rms}} = 1$ μs, $\nu_{\text{rms}} = 500$ Hz, E_s/N_0 为 10 dB。接收机的信
干噪比(SINR)为多少? 当循环前缀缩短到 12 个采样点时结果会怎样?

解:

第一步,需要求出采样的延迟互功率谱密度。对于 5 MHz 的带宽,采样间隔为 200 ns。因
此,均方根延迟扩展为 5 个采样点,采样的功率延迟分布为 $\exp(-k/5)$。多普勒谱假设为高斯
型。进一步假设多普勒谱与延迟无关,可得

$$R(k, l) = \exp(-k/5) \cdot \exp\left(-\frac{l^2}{2 \times 10\,000^2}\right) \tag{19.25}$$

将此采样的延迟互功率谱密度代入式(19.20)至式(19.24),可以得到干扰功率的精确
解。结果为

$$\frac{P_{\text{ICI}}}{P_{\text{sig}}} = 2.46 \times 10^{-5} \tag{19.26}$$

$$\frac{P_{\text{ISI}}}{P_{\text{sig}}} = 1.18 \times 10^{-5} \tag{19.27}$$

这表明符号间干扰和载波间干扰得到了合理的平衡,最终导致低的干扰功率。

此外,循环前缀将有效信噪比减小到原来的 $128/(128 + 40) = 0.762$ 倍。因此总的信干噪
比变为

$$\frac{7.62}{7.62(2.46 + 1.18) \times 10^{-5} + 1} = 7.6 \tag{19.28}$$

这个式子表明使信干噪比减小的主要因素为循环前缀。当我们将循环前缀从 40 个采样点缩短
到 12 个采样点时,符号间干扰和载波间干扰的总和增加到

$$\frac{P_{\text{ICI}} + P_{\text{ISI}}}{P_{\text{sig}}} = 6.2 \times 10^{-3} \tag{19.29}$$

另一方面，信噪比变为 $10 \times 128/(128+12)=9.14$。因此有效信噪比变为

$$\frac{9.14}{9.14 \times 6.2 \times 10^{-3}+1}=8.65 \tag{19.30}$$

这表明长循环前缀并不总是提高信干噪比的最佳方法。更重要的措施是正确地平衡符号间干扰、载波间干扰和循环前缀长度。

19.8　自适应调制和容量

自适应调制根据信道状态信息改变编码方案和（或者）调制方法，选择自适应调制是因为这种方法总能"推动"信道传输的极限。在正交频分复用系统中，不同的子载波可以选择不同的调制和/或编码方式，并且调制编码方式可以随时间而改变。因而，我们不仅要接受信道（并因此导致信噪比）变化大的事实，而且还利用这个特点。在信噪比较高的子载波上，数据传输速率要高于信噪比低的子载波。换句话说，自适应调制是根据具体的子载波的信道质量来选择调制方式和编码率的。

下面对正交频分复用的自适应调制、编码正交频分复用及多载波码分多址进行比较。后两种系统都试图将数据符号"扩展"到多个子载波上，这样每个符号都有近似相同的平均信噪比。可以证明至少在理论上采用自适应调制的系统比调制和编码方式固定不变的系统表现出更好的性能。

19.8.1　信道质量估计

自适应调制要求发射机知道信道状态信息。这个要求看似微小，但实际实现起来却相当困难。它要求信道是互易的。例如，基站在接收模式下得知信道状态，当它接下来发射信号时，假设信道仍处于相同的状态。这个条件只有在缓慢时变的时域双工系统中才能满足。另一条途径是可以用从接收机到发射机的反馈来给发送方通知信道状态（见 17.5 节和 20.1.6 节）。还有一点值得注意，发射机必须知道其即将发送数据时的信道状态信息。换句话说，它必须能够预知这一点。因此，信道预测对许多自适应调制系统都是一个重要的部分。

19.8.2　参数自适应

一旦信道状态已知，发射机还必须为每个子载波选择合适的发射参数，即码率和调制映射表。另外，还必须确定应该为每个信道分配多少功率。下面假定信道是频率选择信道，但是非时变，这样会使讨论更简单，并且该原理很容易推广到双选择性信道。

首先考虑每个信道需要分配多少功率。为了找到答案，下面用更抽象的方式重新描述这个问题："给定一组并行的具有不同衰减特性的子信道，怎样分配传输功率才能使信道容量最大呢？"香农在 20 世纪 40 年代给出了后一个问题的答案，就是所谓的"注水"算法。第 n 个子信道应分配的功率 P_n 为

$$P_n = \max\left(0, \varepsilon - \frac{\sigma_{\mathrm{n}}^2}{|\alpha_n|^2}\right) \tag{19.31}$$

其中，α_n 为第 n 个子信道的增益（衰减的倒数），σ_{n}^2 为噪声方差。阈值 ε 由受限总发射功率 P 决定：

$$P = \sum_{n=1}^{N} P_n \tag{19.32}$$

注水算法可以用图 19.16 进行更直观的解释。想象一些相连的容器,每个容器的底部有一个水泥块,其高度与我们所考虑子信道信噪比的倒数成正比。然后将水倒入容器;注入水的总量与可获得的总发射功率成正比。因为各个容器是相互连通的,所以所有容器的液面高度可以保证是相同的。每个子信道分配的功率就是对应于该子信道的容器中的水量。显然,具有最高信噪比的子信道 1 里的水最多。也会发生这样的情况,某些信噪比很低的子信道(如信道 5)没有分到任何功率(容器的底已经超出了水面)。从本质上讲,注

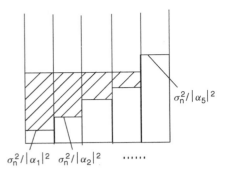

图 19.16　注水算法原理

水算法保证了能量不会浪费在低信噪比的信道上,对于正交频分复用而言,就是不让能量浪费在处于深衰落的子载波上。

利用注水算法,功率被优先分配给那些具有高信噪比的子信道("给富"原则)。从理论容量的角度来看,这是最佳方法,但它需要发射机能够真正利用好子载波上的大容量。

在每个子信道(子载波)内,应该使发送信号速率尽量接近信道容量[1]。这意味着发射机应该根据测得的信噪比调整数据速率(注意,注水算法增大了子载波之间信噪比的差别)。因此,编码率及调制字母表的星座尺寸都需要调整。对于高信噪比,星座尺寸及与之相关的峰平比必定很大。在当前的实际系统中,64-QAM 调制似乎具有最大的星座尺寸。每个子信道的容量不超过 $\log_2(N_a)$,其中 N_a 为调制符号的进制数。因此,给一个数据流分配超过调制实际可利用的能量是很浪费的。如果调制进制数很小,那么应该优先使用"给贫"原则,即把不能被好的子信道利用的能量分配给差的子信道。

例 19.3　**注水算法**:假定具有 3 个子载波的正交频分复用系统,$\sigma_n^2 = 1$,$\alpha_n^2 = 1, 0.4, 0.1$,总功率 $\sum P_n = 15$。计算分配到不同子载波的功率,分配的依据为(1)注水算法,(2)等功率分配,(3)预畸变(信道衰落的倒数),并计算其对应的容量。

解:

由式(19.31)可得 $\varepsilon = 9.25$ 为正确的解。这种情况下不同子信道的功率为

$$P_1 = 8.25 \tag{19.33}$$

$$P_2 = 6.75 \tag{19.34}$$

$$P_3 = 0 \tag{19.35}$$

这就是说,衰减最大的信道没有分配功率。可以计算出总容量为

$$C_{\text{waterfill}} = \sum_{n=1}^{N} \log_2(1 + \alpha_n^2 P_n / \sigma_n^2) = 5.1 \quad \text{bps/Hz} \tag{19.36}$$

对于等功率分配情况,有

$$P_1 = P_2 = P_3 = 5 \tag{19.37}$$

于是容量为

---

[1]　在下面的内容中假设采用接近容量实现的编码。如果不是这种情况,则通常尽量选择能保证某一确定的误比特率的数据速率。

$$C_{\text{equal-power}} = 4.8 \ \text{bps/Hz} \tag{19.38}$$

对于预畸变情况,分配功率为

$$P_1 = 1.1 \tag{19.39}$$

$$P_2 = 2.8 \tag{19.40}$$

$$P_3 = 11.1 \tag{19.41}$$

从而得到容量为

$$C_{\text{predistort}} = 3.2 \ \text{bps/Hz} \tag{19.42}$$

在本例中,等功率分配得到的信道容量几乎与(最优的)注水算法相同,而预畸变法却造成了重大的容量损失。

19.8.3　选定参数信号发射

大多数信息理论研究假设调制集为连续的,并可以实现任意的传输速率。实际上,发射机可用的调制符号集有限且离散(BPSK, QPSK, 16-QAM 和 64-QAM)。可能的码率集合也是有限的,通常一个"母"码字通过不同量的删余增信得到不同的码字,因此可以得到的数据率形成了一个离散集。

发射机确定好在每个子载波上使用的传输模式,即信号星座和编码方式后,还必须将这些信息通知给接收机。有 3 种可能的方式来完成这项任务。

- 显式传输。发射机可以用一种预先定义的稳健形式,发送其准备使用的传输方式的序号。始终用相同的模式来传输这一信息,同时在传输过程中应对信息加以保护,以防出错。

- 隐式传输。当发射机可以通过反馈从接收机获得其信道状态信息时,可以采用隐式传输。在这种情况下,接收机确切知道发射机能够收到怎样的状态信息,并因此知道选择传输模式的决定建立在怎样的基础上。所以接收机仅需知道发射机选择其传输模式的判定规则。如果接收机反馈的是发射机需要采用的传输模式,那么情况会变得更简单。这种方法的缺点是信道状态反馈(从接收机到发射机)中的错误不仅导致传输模式选择错误(这种错误很糟糕,但是通常并不致命),也会导致采用错误码字检测与解码,这会产生极高的差错率。

- 盲检测。根据接收信号,接收机能试图确定信号星座图。要完成这项任务,可以利用接收信号不同的统计特性,其中包括峰平比、自相关函数及信号的更高阶统计特性。

19.9　正交频分多址接入

正交频分复用这种调制方式为单个用户提供了高数据传输速率,通常不用来作为多址方式。但多址即允许几个用户同时通信,是如何实现的?下面列出了几种不同的可能性,大部分直接与第 17 章提到的多址技术结合。

- 时分多址。每个用户占用整个系统带宽,且不同的用户占用不同的时间。一个用户至少在一个符号周期内传输,但一个用户也可能在系统切换到另一个用户前发送/接收多个符号。

- 无线电分组交换网络。在该模式下,每个用户发送完整的包,其中每个包的调制方式为正交频分复用。用户接入信道是通过 17.4 节讨论的接入包技术来控制的,如 ALOHA 和载波侦听多址接入(CSMA)。该方法用于 IEEE 802.11a/g/n(见第 29 章)。

可供选择的一种方式是正交频分多址接入(OFDMA),它给不同的用户分配不同的子载波。本质上有如下 3 种方法给不同的用户分配子载波(见图 19.17)。

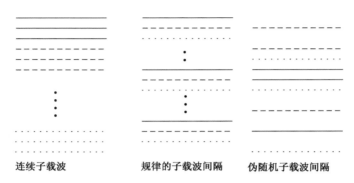

连续子载波 　　规律的子载波间隔　　伪随机子载波间隔

图 19.17　不同的用户的子载波分配(分别用实线、虚线和点线表示)

1. 给一个用户分配相邻的子载波,$N^{(k)}$ 即一组个子载波 f_n,其中 $n = n_{\text{low}, k}, n_{\text{low}, k} + 1, \cdots, n_{\text{low}, k} + N^{(k)} - 1$ 且 $n_{\text{low}, k+1} = n_{\text{low}, k} + N^{(k)}$。该方法的优点是简化了信道估计:由于相邻的子载波具有相关性(它们在频率上很近,且分配给相同的链路)。此外,可能执行'智能调度':给每个用户分配其具有最好信道质量的一组频率。不同用户的信道衰落是独立的;这样 $h^{(k)}(f_{\tilde{n}})$ 如果很小(即第 k 个用户的信道在频率处处于深衰落 $\tilde{n}$),那么对于 $j \neq k$,$h^{(j)}(f_{\tilde{n}})$ 不一定也很小。换句话说,我们获得了选择分集增益而不使频谱效率降低,即每个子载波都分配给了某个用户。由于该分集方式要求多用户存在才起作用,故将其称为"多用户分集"(与 20.1.9 节比较)。但是,注意基站要首先知道每个用户的传播信道(整个带宽的);且随着信道改变,给用户分配的信道也要改变。该方法已经在一些系统中使用,如 3GPP-LTE(见第 27 章)和 WiMAX(可选,见第 28 章)。

2. 给用户分配有规律间隔的子载波,即一组频率 f_n,其中 $n = n_{\text{low}, k}, n_{\text{low}, k} + Q, \cdots, n_{\text{low}, k} + Q(N^{(k)} - 1)$ 且 $n_{\text{low}, k+1} = n_{\text{low}, k} + 1$。该分配方式的优点是高度的频率分集,实际上其本质与"标准"正交频分复用相同,它将每个单独的子载波分配给一个用户,只要最大 $Q(f_{n+1} - f_n)$ 为一个相关带宽。与有规律的正交频分复用相比,分配给不同用户的数据速率间隔尺寸可以达到很好,也就是 N/Q。同时峰平功率比问题也降低了。最后,该方案无须为了调度基站而已知所有信道状况,本质上每个用户总是分配给相同的子载波。缺点(与相邻子载波分配比较)就是没有多用户分集增益。每个分配的子载波都有一定概率处于深衰落中;一个用户仅能通过适当的编码来利用频率分集,与 19.4 节描述的情况类似。

3. 分配给用户的子载波具有随机的子载波间隔,因此子载波的指示 n 是随机序列 $b(i)$ 的一部分,即 $n = b(i)$,其中 $i = i_{\text{low}, k}, i_{\text{low}, k} + 1, \cdots, i_{\text{low}, k} + N^{(k)} - 1$,且 $i_{\text{low}, k+1} = i_{\text{low}, k} + N(k)$。这种分配方法像有规律间隔的子载波分配一样有利有弊:(i)给用户分配的子载波可以保持固定;(ii)无须为了分配方案而已知所有信道状况;(iii)全频率分集;(iv)没有多用户分集。该方案的主要优点在于相邻小区干扰的特性,如果相邻小区使用不同的随机序列，那么相邻小区干扰将随机化：不同子载波上的干扰来自相邻小区的不同用户。该方法用于 WiMAX 中（见第 28 章）。

通常正交频分复用与时分多址结合，这样用户就分配到时频平面的不同部分。必须注意的是，让用户已知将在哪些子载波上（哪些时间上）发送信号将会产生很大的成本。

19.10 多载波码分多址

多载波码分多址（MC-CDMA）将每个数据符号上的信息扩展到正交频分复用符号的所有子载波上。初看起来，将码分多址与多载波方案结合起来非常荒谬，因为码分多址将信号扩展到非常大的带宽上，而多载波方案在很窄的信道上发送信号。但是在下文中将会看到，这两种方法实际上可以非常有效地结合起来。前面已经反复提到过，未编码正交频分复用性能很差，因为其性能由处于深衰落点的子载波的高差错率决定。编码可以改善这种情况，但是许多情况下，低编码率即高冗余的代价过大。因此需要找到一种替代的方法来利用信道的频率分集。通过将调制符号扩展到多个子载波上，多载波码分多址降低了对单个特定的子载波衰落的敏感性。

多载波码分多址的基本思想是在所有可用的子载波上同时传输一个数据符号。换句话说，把编码符号 c 映射到矢量 $c\mathbf{p}$，这里 $\mathbf{p}$ 是一个预定义矢量。这可以理解为一种重复编码（一个符号在每个子载波上重复，但所乘的已知常数 p_n 不同），或一种扩频处理，这里每个符号用一个码序列表示（但这个序列是在频域，而不是在时域）。无论采取何种理解方式，可以得到扩频因子为 N。

频带扩展导致频谱效率降低。但是可以通过同时传输 N 个不同的符号，即 N 个不同码矢量的方法解决这一问题。第一个符号 c_1 乘以码矢量 $\mathbf{p}_1$，第二个符号 c_2 乘以码矢量 $\mathbf{p}_2$，依次类推，这些扩展的符号加起来并传输。如果所选的所有码矢量 $\mathbf{p}_n$ 正交，接收机就能恢复不同的传输符号。

为了用更紧凑的数学形式表达，我们将所有码矢量放到一个"扩频矩阵" $\mathbf{P}$ 中：

$$\mathbf{P} = [\mathbf{p}_1 \ \mathbf{p}_2 \ \cdots \ \mathbf{p}_N] \tag{19.43}$$

后面将会看到，如果 $\mathbf{P}$ 为酉矩阵就会非常有利。符号扩展即完成一次矩阵乘法：

$$\tilde{\mathbf{c}} = \mathbf{P}\mathbf{c} \tag{19.44}$$

现在这个处理过的信号就是正交频分复用已调信号，即经过了一次快速傅里叶逆变换，并前置了循环前缀。这个信号被发送到无线信道上。

在接收机中，首先对信号进行与"常规"正交频分复用相同的处理：去除循环前缀，做快速傅里叶变换。因此，再次将符号转换到频域。此时接收符号为

$$\tilde{\mathbf{r}} = \mathbf{H}\tilde{\mathbf{c}} + \mathbf{n} \tag{19.45}$$

其中 $\mathbf{H}$ 为对角元素为 $H\left(n\dfrac{W}{N}\right)$ 的对角矩阵。下一个步骤是进行"单抽头均衡"。现在假设使用的是迫零均衡（下面就会理解这一步在多载波码分多址中比在常规的正交频分复用中更重要的原因）。接着利用扩频矩阵的归一化特性，仅用接收信号乘以扩频矩阵的共轭转置变换，就可以完成解扩：

$$\mathbf{P}^{\dagger}\mathbf{H}^{-1}\tilde{\mathbf{r}} = \mathbf{P}^{\dagger}\mathbf{H}^{-1}\mathbf{H}\mathbf{P}\mathbf{c} + \mathbf{P}^{\dagger}\mathbf{H}^{-1}\mathbf{n} \tag{19.46}$$

$$= \mathbf{c} + \tilde{\mathbf{n}} \tag{19.47}$$

这样就恢复了发送符号。图 19.18 总结了这种收发信机的结构。

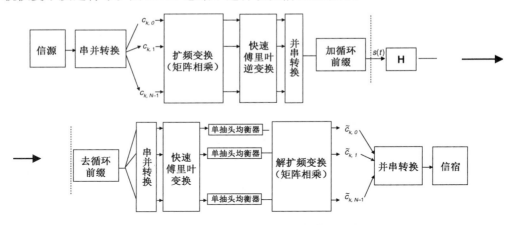

图 19.18 多载波码分多址收发信机框图

注意,因为 ñ 中包含了由迫零均衡带来的噪声增强,所以噪声不再是白噪声。如果接收机使用最小均方误差均衡代替迫零均衡,噪声增强的情况就不会那么糟糕。然而,最小均方误差均衡不能像迫零均衡一样恢复不同码字的正交性。对信号均衡和解扩之后,可得

$$\mathbf{P}^\dagger \frac{\mathbf{H}^*}{|\mathbf{H}|^2 + \sigma_n^2} \tilde{\mathbf{r}} = \mathbf{P}^\dagger \frac{\mathbf{H}^*\mathbf{H}}{|\mathbf{H}|^2 + \sigma_n^2} \mathbf{P}\mathbf{c} + \mathbf{P}^\dagger \frac{\mathbf{H}^*}{|\mathbf{H}|^2 + \sigma_n^2} \mathbf{n} \tag{19.48}$$

矩阵 $\mathbf{P}^\dagger \mathbf{H}^* \mathbf{H} / (|\mathbf{H}|^2 + \sigma_n^2) \mathbf{P}$ 不是对角矩阵。这意味着一个码字对另一个码字存在残留串扰。

对多载波码分多址系统应该采用怎样的扩频矩阵呢?一种显而易见的选择是 18.2 节讨论的 Walsh-Hadamard 矩阵。这些矩阵为酉矩阵,同时结构极其简单。所有的系数都是 ±1;另外,高维数的 Walsh-Hadamard 矩阵可以通过对低维数矩阵递归得到。这使得 Walsh-Hadamard 变换可以用蝶形结构实现,这和快速傅里叶变换运算的实现类似。

扩频对峰平比问题会产生什么样的影响呢?在大多数情况下,它没有太大影响。其原因可以从中心极限定理得到:因为扩频矩阵的输出(不同子载波上 I 和 Q 分量的幅度)是众多变量的和,所以近似服从高斯分布。接下来快速傅里叶逆变换仅仅是这些高斯变量的加权与求和。但是高斯变量的加权和仍然是高斯变量。因此多载波码分多址传输信号的幅度分布与常规正交频分复用的幅度分布相同。

19.11 采用频域均衡的单载波调制

当选择酉转换矩阵 $\mathbf{P}$ 作为快速傅里叶变换矩阵时,会出现多载波码分多址的一种特殊情况。在这种情况下,与扩频矩阵相乘,以及在正交频分复用实现中所固有的快速傅里叶逆变换都可以省略。换句话说,信道中传输的发送序列,即原始数据序列只在每个数据块起始处加入一些数据符号作为循环前缀。

这看上去就像在描述第三部分中讨论过的单载波系统。但是,这里最大的区别在于循环前缀及信号在接收机中的处理(见图 19.19)。去除循环前缀之后,信号通过快速傅里叶变换到频域。由于循环前缀的作用,这里不再有符号间干扰或载波间干扰的残余影响。接下来,接

收机在每个子载波上进行均衡（可以用迫零均衡或最小均方误差均衡），最后用快速傅里叶逆变换将信号变回到时域（这是对多载波码分多址解扩的步骤）。因此接收机是在频域进行均衡。因为快速傅里叶变换或快速傅里叶逆变换可以高效实现，所以均衡的计算开销（每比特）只会以 $\log_2(N)$ 的速度上升。这和第 16 章讨论的均衡技术相比有相当大的优势。这种均衡的缺点在于频域均衡是线性均衡方案，因此不能提供最佳性能。同时循环前缀带来的额外开销也必须考虑在内。

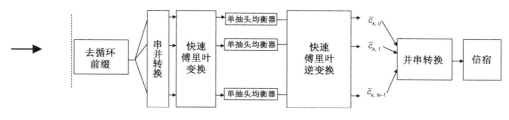

图 19.19　单载波频域均衡接收机框图

深入阅读

有多本书介绍了多载波方案，包括正交频分复用和多载波码分多址，如 Hanzo et al.［2003］和 Li and Stuber［2006］。Bahai et al.［2004］对不同标准系统的应用也进行了介绍。Wang and Giannakis［2000］，Jajszczyk and Wagrowski［2005］和 Hwang et al.［2009］对该主题进行了回顾。

正交频分复用由 Chang［1966］发明，循环前缀是由 Weinstein and Ebert［1971］提出的。根据不同准则（例如对时频扩散的灵敏度）扩展到时频平面，Kozek and Molisch［1998］提出了一组非矩形基函数的优化。关于循环前缀及其与补零方法对比的讨论详见 Muquet et al.［2002］。Kim et al.［1999］举例分析了编码正交频分复用系统在多径信道中的性能。Cai and Giannakis［2003］和 Choi et al.［2001］讨论了载波间干扰；如许多其他文献（例如 Schniter［2004］提出了一种方案，并对其他文献进行了综述）一样，后者还讨论了载波间干扰减小技术。

同步和信道估计是非常重要的主题。Schmidl and Cox［1997］，Speth et al.［1999］和 van de Beek et al.［1999］举例介绍了一些时间和频率同步方案。信道估计技术在 Edfors et al.［1998］和 Li et al.［1998］中进行了讨论。van de Beek et al.［1995］介绍了近似离散傅里叶变换估计器，后来 Edfors et al.［2000］进行了详细分析。Li et al.［1998］介绍了特征值转换之后的滤波，然后 Li et al.［1999］将其推广到发射分集的情况。峰平比技术的各种方法在 May and Rohling［2000］和 Jiang and Wu［2008］中进行了综述。Rohling［2005］描述了多址技术。

对于自适应调制，Wong et al.［1999］，特别是 Keller and Hanzo［2000］综述性文献进行了很好的说明。Yang and Hanzo［2003］回顾了多载波码分多址。Falconer et al.［2003］和 Benvenuto et al.［2010］讨论了单载波均衡方案，这一方案与分集技术结合的分析详见 Clark［1998］。Akino et al.［2009］给出了带有循环前缀的正交频分复用和单载波方案的统一分析。

第 20 章　多天线系统

自从 20 世纪 90 年代以来,多天线系统已引起巨大的关注。随着频谱资源变得越来越宝贵,研究人员一直在探索能提高无线系统的容量但不增加所占频谱的方法。多天线系统就提供了这样一种可能性。

在讨论多天线系统时,应该区分智能天线系统(仅在链路一端采用多天线的系统)和多输入多输出(MIMO)系统(在链路两端都采用多天线的系统)。这两种系统都将在本章进行讨论。

20.1　智能天线

20.1.1　什么是智能天线

我们从它的一般定义出发:(接收端)智能天线是"由多个天线元组成的天线,且来自不同天线元的信号通过一种自适应(智能)算法来合并";而对于发射端,天线元上的信号通过算法进行构造[1]。

智能并非在于天线,而在于信号处理。在最简单的情况下,天线信号的合并是采用权值矢量 w 进行线性合并。根据确定 w 的不同方法即可从本质上区分智能天线系统。很容易看出,多天线系统和分集系统之间有密切的关系。事实上,采用天线分集的接收机就是智能天线。因此本章要再次利用第 13 章中的许多结果,详细介绍系统概念和智能天线对多址接入的影响。

被定义为不同天线输出信号的合并器,智能天线强调的是利用从不同的空间位置得到的信号,或者也可以说智能天线利用了信道的方向性。第 8 章和第 13 章介绍过,具有多天线的接收机能区分具有不同到达方向角的多径分量。因此,解释智能天线的一种方法是将其看成一个空间 Rake[2] 接收机,它能区分具有不同到达方向角的多径分量,并分别进行处理。这使得接收机能对不同的多径分量进行相干合并,因此可减小衰落,同时还能抑制来自其他干扰的多径分量。

智能天线的另一种解释是能自适应形成一种天线阵列方向图,这种方向图能增强(通过相干合并)所需的多径分量,例如通过将具有强增益的波束指向期望的多径分量方向。此外,天线阵列也可以在它们的图案上形成凹口。后者对于抑制共道干扰很重要。如果仅有很少的干扰,那么抑制干扰的能力对改善信干比(SIR)比对期望信号的增强具有更大贡献。

20.1.2　目的

智能天线可用于以下多种不同的目的。

1. 增大覆盖范围。假设在接收机使用智能天线,如果发射机的空间(角度)位置已知,则

---

[1]　大多数实际情况中,智能天线都用于基站,除非另外说明,本章讨论的都是这种情况。

[2]　使码分多址系统能克服信道延迟扩展的一种设备(见 18.2 节)。

接收机能形成朝向发射机的天线阵列方向图(波束成形),这样可获得较大的接收功率。例如,由八个天线元组成的天线阵列与单一天线相比,可将信噪比提高9 dB。在噪声受限的蜂窝系统中,信噪比的提高可增大单个基站的覆盖面积。反之,若覆盖范围保持不变,则可减小发射功率。

2. 增大容量。智能天线能提高信干比。例如,通过使用最佳的合并(见第13章);可使系统的用户数增加。这实际上是智能天线最重要的一个优点,后面将更详细地讨论它。

3. 改善链路质量。通过增大信号功率和/或减小干扰功率,也可以提高每一个链路上的传输质量。

4. 减小延迟色散。通过抑制延迟大的多径分量,可以减小延迟色散。这一特点对于数据速率非常高的系统特别有用。

5. 提高用户位置的估计性能。到达方向角的信息,特别是关于(准)视距分量的,可提高定位性能。这对于基于位置的各种服务,以及在紧急情况下确定用户的方位都很有用。

我们不可能同时最大限度地获得所有这些优点。例如,可以采用智能天线来减小干扰,以提高单个链路的质量,或者使系统能容纳更多的用户,或者使两方面都稍微得到改善。进行系统设计时,设计者必须决定哪个方面是最重要的。

20.1.3　增大容量

正如上面提到的,增大容量是智能天线最重要的一个用途。根据系统所采用的多址方式是频分多址、时分多址还是码分多址,有不同的途径来获得这种容量增益(见图20.1)。

1. 用于干扰抑制的空间滤波(SFIR)。这种方法用于时分多址/频分多址系统,以减小复用距离。传统的时分多址/频分多址系统中,因为来自相邻小区的干扰太强了(见17.6节),所以相邻小区不能使用相同的频率。在这种情况下,更合适的一种方法是由若干个小区组成区群,区群内每个小区采用不同的频率,但是相邻的区群可以采用同一组频率。区群的大小可用来衡量蜂窝网的频谱效率:对类似于全球移动通信系统的系统来说,区群内的小区数通常是3或7。智能天线可减小干扰,因此可以减小同频小区的距离,换句话说,就是可以减小区群的大小。很明显这样可以提高蜂窝系统的频谱效率,当频率能用于更多的小区时,单位面积上的用户数将成比例增加。仿真结果表明,8副天线可使容量增长3倍[Kuchar et al. 1997],但是采用同一模型的实际测试[Dam et al. 1999]表明,其增益略低一些,近似等于2。

2. 空分多址(SDMA)。这种方法也可用于提高时分多址/频分多址系统的容量。在这种方法中,区群大小(频率复用)保持不变,但可以增加给定小区内的用户数。因为基站可以通过不同用户的空间位置来区分他们,所以多个用户可工作于同一频率和同一时间。要理解这种机制,可想象这样一种情况:在基站有多副不同方向的喇叭天线,每副天线能机械地指向一个不同的用户,并且相互独立。在实际系统中,用天线阵列的不同波束来实现这些方向性天线(记住,一个天线阵列可同时形成多个波束)。空分多址的容量增益高于用于干扰抑制的空间滤波,但是在系统中需要进行的改动,特别是在基站和基站控制软件上的改动是相当大的。

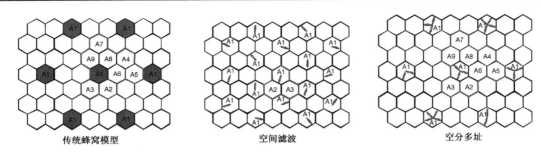

图 20.1　用于干扰抑制的空间滤波和空分多址的原理

3. 增大码分多址系统容量。智能天线还可用于增大码分多址系统的容量。其获得容量增益的方法与时分多址/频分多址系统有所不同，时分多址/频分多址系统中的方法是基于增强期望信号的(而不是抑制少量的干扰)。下面推导一个容量增强的近似数学模型，在码分多址系统中，所有的移动台采用同一载频，仅通过它们所采用的扩频码加以区分。由于对采用其他扩频码的用户的抑制是不完美的，所以当来自其他所有 K 个用户的剩余干扰达到所允许的信干比时，小区就认为已经满载(更多内容和假设条件的讨论见第 18 章):

$$SIR_{threshold} = \frac{P_{desired}}{\sum P_{interfere}} \tag{20.1}$$

其中，对于理想的功率控制，$\sum P_{interfere} = K \cdot P_{interfere}$。对于典型的(语音)码分多址系统，每个小区的用户数近似为 30 个。这样就可能存在大量的干扰，而每个用户只占其中一小部分，所以系统不可能完全抑制干扰(记住，能够被抑制的干扰的最大数目小于天线元的数目)。确切地说，智能天线的目的是增大接收信号功率。包含 N_r 个天线元的天线可将接收期望信号的功率提高 N_r 倍，所以近似为

$$P_{desired} = M_c \cdot N_r \cdot P_{interfere} \tag{20.2}$$

其中，M_c 是扩频增益。在这种情况下，小区中所允许的用户数变为

$$K = \frac{M_c \cdot N_r}{SIR_{threshold}} \tag{20.3}$$

因此，小区中的用户数随着天线元的数目呈线性增长。但在实际上，不会出现如此巨大的容量增长，一般采用 8 元阵列天线可使容量加倍。这与时分多址系统可获得的增益是相当的。注意，这样的结果基于大量的简化假设，尤其是关于信道模型的简化。进一步假设码分多址系统中有大量的用户，且它们都以类似的方式产生干扰。这样的假设适合于所有二代码分多址系统，例如 IS-95(见第 25 章)，它们主要用于语音用户。

4. 增大第三代码分多址系统的容量。在第三代网络中，高速数据传输是一种很重要的应用。由于使用高速数据传输的用户的扩频因子较小，所以它会产生相当大的干扰，因此通过在它的方向上形成一个零点来抑制这种干扰是非常合适的。换句话说，高速用户产生的情况和结果比传统的码分多址方案更接近于用于干扰抑制的空间滤波方案。

例 20.1　假设有一个码分多址系统，语音用户的扩频因子为 128，数据用户的扩频因子为 4，信干比阈值为 9 dB。有一个数据用户。如果不采用智能天线，则能容纳多少语音用户? 如果采用二元智能天线，则能容纳多少用户?

解:

信干比阈值(在线性刻度下)为 8。如果不采用智能天线,那么系统容量(语音用户数)可由下式得到:

$$K = \frac{128}{8} = 16 \qquad (20.4)$$

因为数据用户的扩频因子是语音用户的 1/32,所以每个数据用户产生的干扰(大约)是语音用户产生的干扰的 32 倍。数据用户需要 $K_{\text{data}} = 32$ 的容量,因此能容纳的语音用户数是 $16 - 32 < 0$。

现在考虑有智能天线的情况。当智能天线只用于提高期望信号的功率时,小区容量(语音用户数)为

$$K = \frac{128 \times 2}{8} = 32 \qquad (20.5)$$

所以能服务的语音用户数为 $32 - 32 = 0$。

但是,如果智能天线被用于抑制数据用户,那么系统就能获得较高的容量:第 13 章曾介绍过,用 2 副天线可完全抑制一个干扰,同时对期望的信号保持分集阶数为 1。因此,在这个例子中,可以在抑制数据用户的同时保持语音用户的天线元数 $N_r = 1$。所以,语音用户的容量变成

$$\frac{128}{8} = 16 \qquad (20.6)$$

20.1.4 接收机结构

这一节将介绍能分离和处理多径分量的接收机结构。由于我们强调的是在基站采用智能天线,这就意味着考虑的是上行链路的情况(下行链路见 20.1.6 节)。下面将分别讨论波束转换天线、自适应空间处理、空时处理和空时检测。

波束转换天线

波束转换天线是能形成一组方向图的天线阵列。也就是说,波束指向某些离散方向。然后通过开关选择一种可能的波束[①]进行下变频和进一步处理;其选择的波束能提供最大信噪比或最大信干噪比(SINR)。这种方案可大大简化接收机的设计。

有许多不同的方法用于波束转换。例如,天线可包括多个定位于不同方向的方向元,而开关从中进行选择。另一个更常用的是带有空间傅里叶变换的线性阵列。空间傅里叶变换的输出是许多彼此相互正交的波束,且指向不同的方向。空间傅里叶变换可通过所谓的 Butler 矩阵来实现。其结构实质上就是大家所熟知的用于快速傅里叶变换的软件实现的蝶形结构。每一级的元件都是可在射频上实现的简单相移器。

波束转换方案的主要优点是简单。所有的处理(空间快速傅里叶变换和选择)都在射频进行,因而只需要把单个信号下变频到基带,并进行处理。由于下变频电路是当今无线系统中成本最高的,所以这是一个非常显著的优点。该方案的不足在于它的灵活性有限。它的主要波束只能指向某个固定的方向,因此在移动台的实际方向,增益也许无法达到最大值。更为重要的是,零点不能被指向任意方向,故实现零干扰是不可能的。基于上述原因,波束转换天线更适合用于以增强信号为主的码分多址系统,而对于抑制干扰为主的空分多址和用于干扰抑制的空间滤波则不太合适。

---

① 更确切地说,它选择与一个可能波束相关的信号。

例20.2 一个波束转换天线,采用带有 Butler 矩阵的均匀线性阵列,天线元(空间相隔λ/2)数为 $N_r = 2, 4, 8$,计算最大增益和到达方向角与波束方向失配时的最大相对损耗。

解:

首先写出有 N_r 个天线元的快速傅里叶变换矩阵:

$$W_{\text{FFT},k,n} = w_n(k) = \exp\left(-j\frac{2\pi}{N_r}\right)^{kn} \tag{20.7}$$

一个均匀线性阵列的阵列因子在式(9.16)中给出:

$$M_k(\phi) = \sum_{n=0}^{N_r-1} w_n(k) \exp[-j\cos(\phi)2\pi d_a n/\lambda] \tag{20.8}$$

代入 $d_a = \lambda/2$,上式变成

$$M_k(\phi) = \sum_{n=0}^{N_r-1} \exp\left[-j2\pi n\left(\frac{\cos(\phi)}{2} + \frac{k}{N_r}\right)\right] \tag{20.9}$$

阵列因子的幅度为[与式(9.17)比较]

$$|M_k(\phi)| = \left|\frac{\sin\left[\frac{N_r}{2}\left(\pi\cos\phi - 2\pi\frac{k}{N_r}\right)\right]}{\sin\left[\frac{1}{2}\left(\pi\cos\phi - 2\pi\frac{k}{N_r}\right)\right]}\right| \tag{20.10}$$

快速傅里叶变换输出端的第 k 个和 $k+1$ 个图样的交叉点在

$$\left|\frac{\sin\left[\frac{N_r}{2}\left(\pi\cos\phi - 2\pi\frac{k}{N_r}\right)\right]}{\sin\left[\frac{1}{2}\left(\pi\cos\phi - 2\pi\frac{k}{N_r}\right)\right]}\right| = \left|\frac{\sin\left[\frac{N_r}{2}\left(\pi\cos\phi - 2\pi\frac{k+1}{N_r}\right)\right]}{\sin\left[\frac{1}{2}\left(\pi\cos\phi - 2\pi\frac{k+1}{N_r}\right)\right]}\right| \tag{20.11}$$

图20.2 给出了 N_r 取不同数值时的阵列因子。可以看出,在所有情况下,交叉点阵列因子的数值都近似为 0.7。在不同天线元数目的情况下,最大增益和到达方向角与波束方向失配时的最大相对损耗的确切数值见表20.1。

表20.1 最大增益和到达方向角与波束方向失配时的最大相对损耗

N_r	最大增益(dB)	由于到达方向角失配引起的最大相对损耗(dB)
2	3.01	1.51
4	6.02	1.84
8	9.03	1.93

自适应空间处理

自适应空间处理是对信号进行线性合并(见图20.3),并且天线加权和相加是在基带完成的。因此,对于加权没有任何限制,并且还可以根据当前信道状态进行调整。换句话说,接收天线可以将阵列方向图的增益最大方向和增益为零的方向指向(近似)任意方向。这种方案的坏处是 N_r 个天线元,总共需要 N_r 个完整的下变频链路,这个成本相当高,同时也要消耗更多的功率。

如果权重是基于训练序列进行调整的,并且随着信道的实现而变化,那么自适应空间处理就与分集合并一致。采用这种方案就能抑制 $K = N_r - 1$ 个干扰,或产生很高的信噪比增益(因子高达 N_r 倍)(详见13.4.3节)。

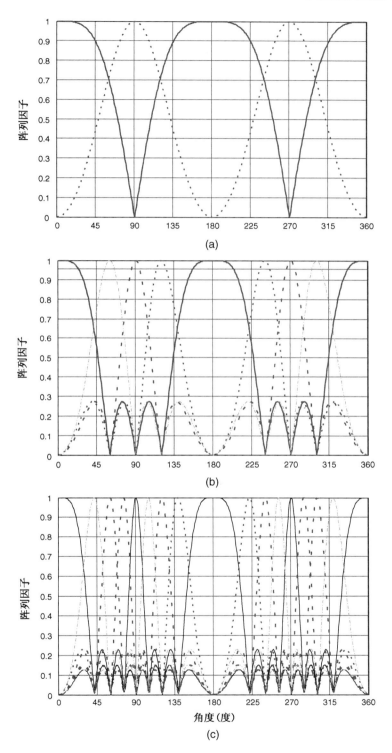

(a)

(b)

角度(度)

(c)

图 20.2 具有(a)2 个, (b)4 个和(c)8 个天线元的波束转换天线的归一化阵列因子

　　天线权重也可以基于角度谱,即角延迟功率谱(ADPS,见6.7节)来选择,但不是随着来自不同方向的多径分量的瞬时幅度进行调整。在这种情况下,干扰抑制能力通常比较小。这部分将在20.1.5节详细讨论。

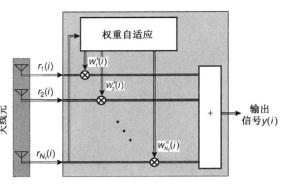

图20.3　天线信号的线性合并

自适应空时处理

　　在前一节介绍的自适应空间处理中,首先进行空间处理,然后输出一个单一的信号用于进一步时域处理。换句话说,Rake 接收或均衡只是对空间处理器输出的这个单一的信号进行处理。只有当所有天线元信号的时域特性(延迟色散)完全相同的时候,或者在空间特性与延迟无关的情况下,这种方案才能获得良好的性能。尽管这种条件在某些情况下(见第7章与该假设相应的信道模型)会出现,但是它当然不可能总是有效的。如果延迟和角度特性不能被乘性分解,那么先进行时域处理后进行空间处理的方法就不是最佳的。

　　为了充分利用不同多径分量的有用信息,系统必须采用自适应空时处理。最佳线性接收机是二维 Rake 接收机,也就是对所有可分解(在空时域)的多径分量进行加权和合并的线性合并器。图20.4 给出了一个这样的空时处理器。如果 Rake 接收机(或均衡器)有 L 个抽头,那么总的处理器就有 $N_{\mathrm{r}}L$ 个权重。该处理器的输出送至译码器。

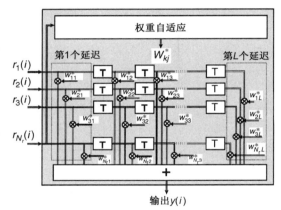

图20.4　空时处理器

空时检测

　　对于最佳接收,空时处理和译码/检测要结合起来使用。接收信号的特殊性质,包括有限个符号的特性,在检测中都需要考虑到。最佳检测器是一个广义最大似然序列估计接收机。然而,由于其结构太复杂,而且性能增益与线性处理相比,并不值得额外付出那么大的代价,所以在实际中不一定采用它。

20.1.5　天线权重调整算法

　　天线权重调整算法大致可分为空间参考算法和时间参考算法[1]。这两种算法的区别非常细微,但很重要。下面首先讨论它们的共同点:两种算法都基于对来自不同天线元的信号进行线性加权和合并。它们都能有效地形成一个波束图,任何线性合并方案的权重都对应一个波束图,即使它有时看上去有些奇怪,有许多最大值和最小值。两种算法的主要区别在于采用哪种信息来选择线性权重。空间参考算法根据到达信号的空间结构(到达方向角)和阵列结构的信息来选择权重。时间参考算法借助于训练序列来使合并器输出的信干噪比达到最佳。

---

[1]　在文献中,分集和波束成形算法一般是有区别的。然而,由于分集(有效信噪比分布的斜率)和波束成形(平均信噪比的变化),与别的多天线系统一样,都取决于天线排列和信道星座图,所以这个区别是有疑问的。

空间参考算法

在空间参考情况下，天线试图在所需用户的主要到达方向角形成具有最大值的波束图，而在来自其他干扰的多径分量的方向上形成零点。因此空间参考算法就按照下述步骤进行（见图 20.5）。

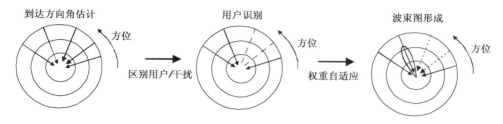

图 20.5   采用空间参考算法的智能天线

1. 确定多径分量的主要到达方向角 ϕ_n。正如下面将要看到的，采用这种到达方向角的主要优点是它们在时间和频率上只有很小的变化。可直接观察到天线元的信号数量，然后需要从这些信号中提取到达方向角。这可以采用与信道探测（见第 8 章）相同的方法来实现：空间快速傅里叶变换（不推荐）或高分辨率算法，如最小方差法（MVM）、利用旋转不变技术估计信号参数（ESPRIT）和空间交替广义期望最大化（SAGE）等，都可以采用。它与信道探测数据的估计有一些重要的实际差异：接收数据的信噪比可能明显低于用于信道检测的信噪比，从而使到达方向角的确定更困难。另一方面，在相对很短的时间内，要传输大量的数据。这就使系统可以采用平均算法或跟踪算法来观察到达方向角变化［Kuchar et al. 2002］。要注意的是，某些到达方向角估计算法（如 ESPRIT）并不需要训练序列，因为它们是基于接收信号的相关矩阵，因而根据未知用户的数据估计出其到达方向角。而其他算法，如 SAGE，只有在极大地提高算法复杂度的前提下，才能避开训练序列①。

2. 到达方向角与特殊用户的联系。与信道探测相比，对于到达信号而言，在信道探测中只有一个可能的信源，而在通信中的多径分量可能来自不同的用户，包括所需用户和干扰用户。因而必须分离所需用户和干扰用户。为了解决这个分辨问题，每个用户就要有一个训练序列，或者每个用户具备其他的一些独有的特性。

3. 形成波束图来获得最大的信干噪比：这个波束图可用于实际的数据接收。

应注意，许多到达方向角估计算法都需要一个有效的特定信道模型（例如接收信号可以写成有限个平面波的和）。如果信道模型不正确，那么算法和接下来形成的波束的性能都会恶化。

时间参考算法

时间参考算法是基于训练信号的，并把它作为一个"时间参考"，我们要尽量使智能天线的输出与之相匹配，所以取了这样一个名字。天线权重 **w** 按照使合并器的输出与（已知）训练序列的误差达到最小来进行调整。误差标准可以采用信干比、最小均方误差、训练序列的误比特率或其他合适的标准。这些标准及各自的优缺点已经在第 13 章进行了讨论（再次强调，

---

① 但是，当 SAGE 与训练序列结合使用时，性能通常优于 ESPRIT。

第 13 章中讨论过,在接收机中采用带有分集合并的智能天线是"标准"的分集)。线性权重能产生有效的方向图,但并不需要一种直观的解释。这里也没有假设离散到达方向角的存在。

时间参考算法的主要难度在于:确定天线权重之前,接收机必须与接收信号同步。之所以要求这样,是因为在调整权重之前,训练序列的采样时刻必须已知。但是,接收信号的信干噪比(未经空间滤波)可能很糟糕,使得与所需训练序列同步非常困难。

总之,时间参考算法按照下述步骤进行(见图 20.6)。

1. 在训练阶段,智能天线在所有天线元上接收信号,并按照与已知信号误差最小的原则来调整权重。
2. 在用户数据传输阶段,天线权重保持不变,并在合并和译码/解调之前,对接收信号进行加权处理。

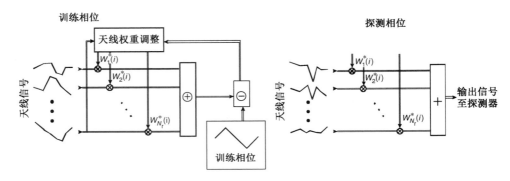

图 20.6 时间参考算法的原理

现在更详细地讨论第一步。假设已经获得信道系数,要确定最优的天线权重。重述13.4.3 节的主要观点,这些最优天线权重使信干噪比最大。加权的功率信道和干扰相关矩阵定义为

$$\widetilde{\mathbf{R}}^{(k)} = P_k \mathbf{h}^{(k)} (\mathbf{h}^{(k)})^\dagger, \quad \widetilde{\mathbf{R}}_{\text{ni},k} = \sigma_n^2 \mathbf{I} + \sum_{l \neq k} P_l \mathbf{h}^{(l)} (\mathbf{h}^{(l)})^\dagger \tag{20.12}$$

其中,P_k 是第 k 个用户的功率。通过使信干噪比最大化来获得对于第 k 个用户的最优天线权重 $\mathbf{w}^{(k)}$,即

$$\mathbf{w}_{\text{opt}}^{(k)} = \arg \max_{|\mathbf{w}|^2=1} \text{SINR}_k = \arg \max_{|\mathbf{w}|^2=1} \frac{\mathbf{w}^\dagger \widetilde{\mathbf{R}}^{(k)} \mathbf{w}}{\mathbf{w}^\dagger \widetilde{\mathbf{R}}_{\text{ni}}^{(k)} \mathbf{w}} \tag{20.13}$$

这是在解决一个广义特征值的问题。一个较简单的接收机,称为"解相关接收机",它通过设置来得到 $\sigma_n = 0$。这个接收机完全抑制了干扰,但是大大地增强了噪声(类似于第 16 章中的迫零均衡和最小均方误差均衡的比较)。

在上面的推导中,假设对于一个特定用户的干扰是固定的。如果可以改变不同用户的发射功率,这要求从基站到移动台可以反馈命令(用来指导移动台关于功率的使用)和移动台具有功率控制的能力,则在平均吞吐量上可以获得更好的结果;而大部分二代和三代蜂窝的移动台都具有功率控制的能力。找到移动台最佳发射功率和最优接收天线权重是非常复杂的,因为调整一个移动台的功率会影响所有用户的信干噪比。因此并没有闭式的解;然而,可以通过下面两步迭代达到收敛。

1. 固定移动台的发射功率并通过式(20.13)获得不同用户接收的基站天线权重。

2. 然后,保持天线权重 $\mathbf{w}^{(k)}$ 不变并计算最优功率分配 P_k。这种计算本身并不具有闭式解,但结果可以通过各种数值优化方法来获得,这些优化方法取决于优化的目标。例如,如果想得到最优的总吞吐量,接收机就可以利用下式迭代收敛(其中 n 是迭代计数器)[Chrisanthopoulou and Tsoukatos 2007]:

$$P_k^{(n+1)} = \min\left[P_{\max}, P_k^{(n)} + \alpha \left(\frac{1}{P_k^{(n)}} - \sum_{l \neq k} \frac{(\mathbf{w}^{(l)})^{\dagger} \widetilde{\mathbf{R}}^{(k)} \mathbf{w}^{(l)}}{\sigma_n^2 + \sum_{m \neq l} (\mathbf{w}^{(l)})^{\dagger} \widetilde{\mathbf{R}}^{(m)} \mathbf{w}^{(l)}} \right) \right] \tag{20.14}$$

其中,$P_{\max}$ 是移动台可传输的最大功率,α 是决定收敛速率的一个参数;如果 $P_k^{(n+1)} < 0$,则将其设置为 0。

当接收机不受限于天线信号的线性合并系统时,可以获得进一步的性能改进。尤其是最小均方误差接收机可以与逐个干扰抵消合并(见 18.4.3 节):基站首先对某一个用户译码,然后从总接收信号中减去该信号的贡献。当对下一个用户的信号进行译码时,系统可以获得更好的信干噪比。这种译码方案是理论上最优的,但是它对误差传播很敏感(与所有的干扰抵消方案类似)。值得注意的是,由此确定的接收机与 20.2.8 节讨论的 H-BLAST 的接收机很相似。

盲算法

时间参考算法依赖于训练序列的存在,而空间参考算法取决于到达信号的某种空间结构。但是,另一组算法称为盲算法,无须进行以上任一种假设,而是利用了传输信号的统计特性。

首先写出接收信号的表示式:

$$\mathbf{r}_i = \mathbf{h}_d s_i \tag{20.15}$$

其中,$\mathbf{r}_i$ 是由对应第 i 个比特的发送信号 s_i 产生的接收信号矢量,$\mathbf{h}_d$ 是所需的信道矢量。为了方便,去除了噪声的影响。一种更通用的表示方法还包括了可能的码间干扰,将对应于多个比特的信号写成矩阵:

$$\mathbf{Y} = \mathbf{H}_{\text{stack}} \mathbf{X} \tag{20.16}$$

其中,矩阵 $\mathbf{H}_{\text{stack}}$ 与不同天线元的信道冲激响应有关。信道描述与时间参考算法一样,都没有关于空间结构的假设,所以信道只需用冲激响应(或传输函数)来表示。但是,盲算法不是从训练序列来得到 $\mathbf{H}_{\text{stack}}$ 的数值,而是尽可能根据式(20.16)来确定矩阵 $\mathbf{Y}$ 的因子分解,使得信号矩阵 $\mathbf{X}$ 满足某些特性,也就是发射信号的已知特性。

例 20.3 考虑具有一副发射天线和三副接收天线的系统。每个天线元的冲激响应持续两个符号周期,用 $h_{i,l}$ 表示,$l = 0$,$i = 1, 2, 3$。对于一个长 5 个符号的发射信号 $x(n)$,$n = 1, \cdots, 5$,假设在发射信号持续期间,冲激响应保持不变,写出 $\mathbf{Y} = \mathbf{H}_{\text{stack}} \mathbf{X}$ 的具体形式。

解:

第 i 个天线元的第 n 个接收符号用 $y_i(n)$ 表示,很容易看出

$$y_i(n) = \sum_{l=0}^{L-1} h_{i,l} x(n-l) \tag{20.17}$$

其中,$h_{i,l}$ 是第 i 个天线元在第 l 个信道延迟支路对信号的信道冲激响应,L 是信道冲激响应的持续时间,而 N 是发射符号的个数。然后定义矩阵 $\mathbf{X}$[Laurila 2000] 为

$$\mathbf{X} = \begin{bmatrix} x(1) & x(2) & \cdots & x(N) \\ x(0) & x(1) & \cdots & x(N-1) \\ \vdots & \vdots & \vdots & \vdots \\ x(-L+2) & x(-L+3) & \cdots & x(N-L+1) \end{bmatrix} \tag{20.18}$$

在这个例子里变成

$$\mathbf{X} = \begin{bmatrix} x(1) & x(2) & x(3) & x(4) & x(5) \\ x(0) & x(1) & x(2) & x(3) & x(4) \end{bmatrix} \tag{20.19}$$

信道矩阵写成块形式:

$$\mathbf{H}_{\text{stack}} = \begin{bmatrix} h_{1,0} & h_{1,1} & \cdots & h_{1,L-1} \\ h_{2,0} & h_{2,1} & \cdots & h_{2,L-1} \\ \vdots & \vdots & \vdots & \vdots \\ h_{N_r,0} & h_{N_r,1} & \cdots & h_{N_r,L-1} \end{bmatrix} \tag{20.20}$$

在这个例子里为

$$\mathbf{H}_{\text{stack}} = \begin{bmatrix} h_{1,0} & h_{1,1} \\ h_{2,0} & h_{2,1} \\ h_{3,0} & h_{3,1} \end{bmatrix} \tag{20.21}$$

将式(20.19)和式(20.21)代入式(20.16),可得

$$\mathbf{Y} = \begin{bmatrix} y_1(1) & y_1(2) & y_1(3) & y_1(4) & y_1(5) \\ y_2(1) & y_2(2) & y_2(3) & y_2(4) & y_2(5) \\ y_3(1) & y_3(2) & y_3(3) & y_3(4) & y_3(5) \end{bmatrix} \tag{20.22}$$

$$= \begin{bmatrix} h_{1,0}x(1)+h_{1,1}x(0) & \cdots & h_{1,0}x(5)+h_{1,1}x(4) \\ h_{2,0}x(1)+h_{2,1}x(0) & \cdots & h_{2,0}x(5)+h_{2,1}x(4) \\ h_{3,0}x(1)+h_{3,1}x(0) & \cdots & h_{3,0}x(5)+h_{3,1}x(4) \end{bmatrix} \tag{20.23}$$

很容易看出该式与式(20.17)一致。

　　根据所采用信号性质的不同,对于确定的 $\mathbf{X}$ 可采用不同的算法。如果在时域和/或空域进行了过采样,则可以利用采样信号的循环平稳性。还有利用更高阶统计特性的一组算法。也可以利用有限符号的特性,例如对于二进制相移键控信号,$\mathbf{X}$ 的元素为 ±1。

　　盲算法有如下许多优点。

- 无须对信道进行假设。即使信道中不存在离散的到达方向角或可分离的多径分量,算法照常起作用。
- 盲算法无须校准天线阵列,也无须假设阵列的特殊结构。
- 检测过程可一步完成,直接产生所需的用户数据。
- 盲算法无须采用训练序列,因此提高了系统的频谱效率。

但是,这些优点的获得需付出以下代价。

- 大多数盲算法在确定 $\mathbf{Y}$ 的统计特性时,都假设信道的冲激响应保持不变。为了很好地估计这些统计特性,必须收集较长时间的采样值,这可能就会破坏非时变冲激响应的假设。采样点数决定统计基础,为了得到好的统计特性,需要足够多的采样点,而有效采样点需要在相同信道状态下获得,必须在二者之间进行权衡。
- 信道估计的初始化至关重要,因此有人提出了所谓的半盲算法。它在传输的初始阶段

用一个很短的训练序列。在不明显影响系统的频谱效率的前提下，较短的序列有助于避免盲算法中可能存在的收敛问题。

这些缺点实际上与盲均衡（见第 16 章）是一样的，极大地限制了这种方法的广泛使用。

20.1.6 上行链路与下行链路

到目前为止考虑的都是在接收机中采用智能天线；蜂窝网中考虑的是在基站采用智能天线，这也就意味着我们一直在研究上行链路。下一个问题就是智能天线系统如何在下行链路中工作。这个问题的答案完全取决于所研究的系统是采用时域双工（TDD），还是频域双工（FDD）。

时域双工

处于静态环境的时域双工系统（即发射机和接收机都不运动）的信道冲激响应对上行链路和下行链路是一样的。说得更准确一些：从移动台天线到第 m 个基站天线的传输函数 $(\mathbf{h}_d)_m$，与从第 m 个基站天线到移动台天线的传输函数相同。因此，如果已经确定上行链路的天线权重能使不同天线元的信号很好地合成，那么同样的天线权重用于下行链路时，也能确保来自不同基站天线元的信号在移动台很好地合并。此外，如果在上行链路中所选的基站权重能抑制来自其他移动台的干扰，那么在下行链路传输时，基站对其他移动台也只会引起很小的干扰，或不产生干扰。

但是，上行链路和下行链路的干扰并非完全互易：移动台所看到的是来自其他基站的干扰，而不是来自其他移动台的干扰（见图 20.7）。可是在上行链路中确定天线权重 $\mathbf{w}$ 时，并没有考虑这一点，所需的基站甚至"看"不到其他这些基站。因此，在下行链路的干扰抑制不如上行链路的干扰抑制那样有效[①]。

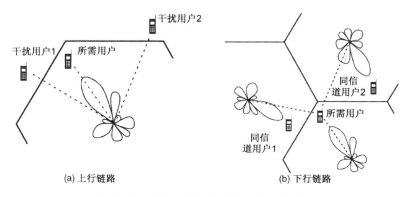

图 20.7 基站采用智能天线时的干扰情况

到目前为止，所讨论的都认为信道是互易的。但是由于天线权重是在基带确定的，所以还必须要求射频元件和变频过程，也就是从天线连接器到基带的每一部分都是互易的。这并非不证自明，而且事实上对于许多收发信机都不满足这样一种情况。这个问题可以被消除，或至少可通过下述校准过程来改善：在建立通话的过程中，基站采用移动台反馈信息和互易原理两种方式估计信道的冲激响应。根据这两种测量方法的不同，就可以确定射频电路的影响。

---

① 例外情况是：如果移动台能够通知周围所有基站关于它所受到的干扰的详细情况，那么基站就能够相互合作，以尽可能减小对所有用户的干扰。这种方案已被提出来了，但是相当复杂。

最后必须考虑的是，在上行链路和下行链路传输(双工时间)中，信道无须完全静止。如果双工时间过长(与信道的相干时间可以相比拟)，那么信道的冲激响应就会由于小尺度衰落而发生变化。上行链路和下行链路信道之间的这种去相关的影响在下一节讨论。

频域双工

在频域双工系统中，上行链路和下行链路工作在不同的频率上，蜂窝系统中的频率间隔(双工频差)通常在 100 MHz 数量级。这比信道的相干带宽(典型值在 1 MHz 左右)大得多，因此信道冲激响应的小尺度衰落在上行链路和下行链路中是完全不相关的。换句话说，小尺度衰落是由具有不同相位的多径分量的叠加所引起的。除其他因素以外，相对相移还与载频有关。对于足够大的双工频差，上行链路和下行链路的相移明显不同，这使得多径分量以不同方式叠加。

因此可以看出，上行链路和下行链路的小尺度衰落及信道的瞬时冲激响应是不同的(在时域双工系统中，当双工时间比信道的相干时间大得多的时候，也会出现类似情况)。上行链路和下行链路中保持不变的是平均信道状态，即相关矩阵(对小尺度衰落取平均)、到达方向角、延迟，以及多径分量的平均功率。

对频域双工的下行链路仍可以提高性能。天线权重现在是基于平均信道状态进行调整的。例如，选择波束图，使它指向平均强度最大的多径分量的到达方向。而这个多径分量有可能并不是目前瞬时值最大的，选择另一个不同的波束图可能效果更好。但是由于无法掌握信道的瞬时特性，所以平均最佳是根据已知信息所能采取的最好方法。

这些考虑也显示了空间参考算法的用处。因为这些算法能获取平均信道状态信息，所以它们很容易用于频域双工系统。

反馈

到目前为止都是基于互易性(信道冲激响应或到达方向角)来提供信道的信息。还有一种方案是采用反馈。考虑一个频域双工系统，基站从第一个天线元发射一个训练序列，然后从第二个天线元发射，依次类推。这样移动台就可以分别得到所有的冲激响应 $(\mathbf{h}_d)_m$，然后通过一个独立的反馈信道将这些信息反馈到基站。在这种情况下，基站就确切地知道如何调整权重，使得来自不同天线元的信号在移动台天线以合适的方式进行叠加。

这种方法非常有效，但是有两个缺点。首先，要确保两次反馈的间隔小于信道的相干时间；其次，反馈信道降低了系统的频谱效率。那个信道传输的不是用户数据，所以系统设计者必须仔细考虑，信道状态信息应以什么样的频率和精度进行反馈。自然，反馈信息越精确，智能天线的性能就越好，但由于资源浪费所造成的性能损失也高得惊人。20.2.11 节中有更细节的讨论。

20.1.7　下行链路中的天线权重自适应算法

下行链路最优传输策略的确定比上行链路复杂得多，这是由于改变一个用户的发送策略(例如天线权重)会影响对其他用户的信干噪比[①]。

---

① 利用上行链路和下行链路之间的对偶性可以导出很好的传输方案。例如，可以证明总的发射功率不变能够在每个用户处得到相同的信干噪比(虽然与每个用户相关的上下行功率不同)。但是，对于下行链路天线权重，文献中的大多数算法没有明确地使用这种对偶性。

下面仅考虑线性(波束成形)传输方案。基站总发射功率(对所有用户发射信号功率的总和)限制为 $\sum^k P_k \leqslant P_{\max}$。这是合理的，因为总功率受限于功率放大器的特性和所允许的小区间的干扰。假设基站已知完整的信道状态信息，即 $\mathbf{h}^{(k)}$ 已知所有用户的 k。在下面的数学处理中，构造总信道矩阵是很有用的，$\mathbf{H} = \left[(\mathbf{h}^{(1)})^{\mathrm{T}}, (\mathbf{h}^{(2)})^{\mathrm{T}}, \cdots, (\mathbf{h}^{(K)})^{\mathrm{T}} \right]^{\mathrm{T}}$。$\tilde{\mathbf{s}}$ 定义为基站天线阵列所要发送的信号矢量，它在波束成形(线性预编码)情况下的信号为

$$\tilde{\mathbf{s}} = \mathbf{T}\mathbf{s} \tag{20.24}$$

首先确定多少用户可以同时与基站通信。在上行链路中，用户数是受基站天线元数目 N_{BS} 限制的。根据"最优合并"原则，每增加一个天线元可以抑制一个干扰信号，因此一组基站天线权重可以同时提取 1 个期望用户和抑制 $N_{\mathrm{BS}} - 1$ 个干扰用户。更深入的见解是下行链路中可容纳的用户数与上行是相同的，即一个具有 N_{BS} 个天线的基站可以同时向 N_{BS} 个不同的移动台发送信号。直观上，根据互易性得到：如果通过自适应获得权重，在上行基站形成一个天线方向图，使干扰为零，那么当基站发送信号时，它发送的信号对该用户不会产生任何干扰[①]。

让我们通过数学方法将这些见解公式化。如果第 k 个移动台没有对其他用户造成干扰，第 k 个移动台的发送信号就一定处于其他用户信道矢量的零空间内。那么第 k 个移动台的预编码矢量是 $\mathbf{H}$ 的伪逆的第 k 列，因此发送信号为

$$\tilde{\mathbf{s}} = \mathbf{H}^{\dagger} (\mathbf{H}\mathbf{H}^{\dagger})^{-1} \Xi \mathbf{s} \tag{20.25}$$

其中，Ξ 是一个对角矩阵，它包含不同用户的功率分配。因而，波束成形可以与功率分配方案合并，这样可以使总吞吐量最高(对于给定的天线方向图形状)，或最优化"总均方误差"，或保证每个用户的最低服务质量(信干噪比)。

显然，零干扰仅在用户数不超过 N_t 时可以达到，因而以后都假设 $k \leqslant N_t$。迫零的主要缺点是当信道矩阵为病态的情况下，某一维的发射功率将会很大，且由于总发射功率受限，这意味着发射功率将无效地使用。换句话说，如果两个用户非常近(也就是它们的信道矢量几乎相同，但地理位置不一定很接近)，就很难给一个用户发送信号的同时而不向另一个用户发送。这种情况可类比接收机"噪声增强"的效果。

系统的性能可以通过称为"调整"的方法来改善，它在噪声增强与用户干扰之间进行折中。发送信号变为

$$\tilde{\mathbf{s}} = \mathbf{H}^{\dagger} (\mathbf{H}\mathbf{H}^{\dagger} + \zeta\mathbf{I})^{-1} \Xi \mathbf{s} \tag{20.26}$$

其中，ζ 称为"调整参数"。显然这是接收机的最小均方误差(最优合并)对偶表示。

对于 $N_t = K$ 的情况，Stojnic et al. [2006]给出了使总吞吐量最高的联合波束成形/功率分配策略。值得注意的是，如果想使总速率最大，公平就不是所要遵循的准则。换句话说，一些移动台将具有很高的数据速率，而其他移动台将没有任何一点服务。可选择的波束成形/功率分配准则是设法保证每个用户的最低速率。此外，本节后面讨论的随机波束成形可以提供更好的公平性。

还有很多相似而细节不同的优化问题，例如功率控制问题，其目的是使总共发射功率最小，同时要保证对每个用户所需的最低信干噪比(和某一速率)。此类资源分配问题可以通过"凸优化"技术来解决[Boyd and Vandenberghe 2004]。

---

① 　但是，注意最优功率分配对于上行链路和下行链路是不同的，因为噪声和干扰水平不一定互易。

20.1.8 网络方面

要想通过智能天线真正提高容量,仅仅插入一个附加电路通常是不够的,也就是说,要用多天线电路代替单天线射频前端和基带解调器。网络还必须提供额外的功能。考虑一个采用空分多址的时分多址/频分多址系统。它可以让两个不同的用户工作在相同的时隙/频率,而通过到达方向角来分离他们。但是,当这两个用户距离太近时,这种分离就不可能再实现。这种情况下,网络要将其中一个用户与一个远离该区域并工作在不同时隙/频率上的用户进行交换。换句话说,网络要具备小区内的切换能力。因此基站的控制软件要为空分多址的使用进行特别设计。

另一个主要的问题是呼叫建立过程。在这个过程中,不同用户的位置和到达方向角还不知道,呼叫建立信息要在所有可能的方向同时传输。与实际的数据传输网络规划相比,链路预算等问题在这个阶段中是不同的。

20.1.9 多用户分集和随机波束成形

在本书中,假设基站和移动台是在事先确定的时间发射,而不考虑信道状态。但是,最近的研究已经证明,根据信道状态来确定传输时间可明显提高蜂窝系统的性能,多天线的使用能进一步增强这个观点。下面将详细解释这个问题。

时序安排和多用户分集

首先考虑在系统中的下行链路里,并且在系统中基站和移动台都只有单天线,多个移动台与一个基站进行通信。所有的链路都会经历平坦瑞利衰落,并假设当时所有用户的平均功率相同。进一步假设一个普通的时分多址系统,每个用户都分配一个固定的时隙,并在该时隙进行通信。那么第 k 个用户的信噪比低于某个特定的 γ 的概率可用指数分布给出:

$$\Pr(r_k \leqslant \gamma) = 1 - \exp\left(-\frac{\gamma}{\bar{\gamma}}\right) \tag{20.27}$$

这个概率与 k 无关,也与用户总数 K 无关。这种方案也称为轮询,是在发射机(基站)对信道特性一无所知的情况下所能采取的最好方法。显然,它对于用户是公平的,因为每个用户有同样的时间用于通信。

但是,如果基站了解所有用户下行链路的信道状态信息,那么可以做得更好。在任意一个给定的时刻,总是某些用户的链路质量比较好,而其他用户的链路质量则比较差。基站的最佳策略就是总是与具有最好链路,也就是最高的瞬时路径增益的用户进行通信,这样就可以获得最高的瞬时信噪比 γ。当信道变化时,不同的用户 k 变成"瞬时最佳"。这个被激活的用户(即瞬时最佳用户)的累积分布函数与选择式分集[见式(13.10)]相同。这样多用户就像分集支路在工作,但是无须任何附加的天线来实现这种分集。这个方案因此也称为多用户分集,它优化系统容量使其达到了最大。

在蜂窝系统中,靠近基站的用户的信噪比要比远离基站的用户的信噪比高得多。这种情况下,选择具有最高信噪比用户的危险在于,距离基站最近的移动台使用信道最频繁,而远离基站的移动台几乎总不会达到"瞬时最佳",所以被选用的概率低得多。因此小区边缘用户的数据速率远远低于基站附近用户的数据速率。这个问题可通过按比例公平地安排时序来加以解决。基站不与信噪比绝对值最大的用户通信,而是与瞬时信噪比和平均信噪比比值 $\gamma/\bar{\gamma}$ 最大的用户通信。在这种情况下,如果不同用户的归一化衰落统计特性相同,例如所有用户都是瑞利衰落,那么每个用户将分配相同的时间。

时序分配的一个关键要求是基站要了解下行链路信道的瞬时特性。正如 20.1.6 节所介绍的,在频域双工系统中要求移动台将它们的瞬时信噪比反馈给基站。反馈的速率取决于信道的相干时间,此外还涉及系统设计的权衡。如果反馈进行得太少,基站就会选择一个次最佳的用户。如果反馈进行得太频繁,反馈的开销就会太高。值得强调的是,虽然最终只有一个用户被选中进行通信,但所有的移动台都要反馈它们的信噪比[①]。

上面的所有讨论都用于下行链路,但也可用于上行链路。在后一种情况下,基站确定上行链路信道的质量,然后广播通知允许哪个移动台发射。

延迟时间考虑和随机波束成形

多用户分集的另一个关键问题是固有延迟。如果基站总是公平地按比例安排时序,那么它与所选用户的通信时间近似等于信道的相干时间。如果用户的移动性比较低,那么这个相干时间可能相当大。要记住,每个用户必须等到它的 $\gamma/\bar{\gamma}$ 达到瞬时最大才能通信;这段等待时间(延迟)大致为 KT_{coh}。在拥有大量用户和较长相干时间的系统中,这个延迟时间就难以接受。

解决这个问题的一个比较有创造性的方法是在基站采用多天线,称为随机波束成形,[Viswanath et al. 2002]。基站的不同天线元上发送的信号与时变的复系数相乘。这可以用如下两种(等效)途径来解释。

1. 每个发射加权系数的矢量可以与一种波束图相关。无论形成什么波束,都可以提高某个移动台信道的状况。那么安排时序(如上所述)就应该确保选择信道状况提高的移动台进行通信。每当系数改变时波束图就会发生变化,从而能够提高不同移动台的性能。
2. 多天线(带有加权系数)的合并及物理信道可看成一个"等效"信道。通过改变天线元的系数来加强信道的时变特性,这样可减小相干时间 T_{coh}。有效信道呈现出瑞利衰落,其相干时间大致小于物理信道的相干时间和天线权重的变化时间。

发射分集和波束成形(如本节开始所介绍的)的主要区别如下。

- 对于传统的发射分集,基站需要了解来自所有移动台的传输函数的幅度和相位,然后为来自不同天线元的信号选择权重,以使不同的发射信号在目标移动台以最佳方式进行合并。只有当基站与所选移动台之间的传输函数发生变化,或基站决定与另一个移动台进行通信时,系数才改变。
- 对于随机波束成形,基站选择系数完全是随机的,并根据系统参数(与延迟有关)来调整,但与信道无关。

加权系数保持不变的时间应在产生的延迟和用于反馈信道质量的系统开销之间进行折中。

对系统设计的影响

多用户分集主要用于数据通信。对于语音传输,虽然随机波束成形能稍微缓解这个问题,但严格的延迟要求(总延迟小于 100 ms)使其不能采用"常规"的多用户分集,尤其是对静止不

---

① 有一些窍门可用于缓解这个问题。例如,当一个移动台发现其信噪比低于某个特定的阈值时,就不必反馈信息,因为此时它被选中的概率是很低的。另外,阈值的选择涉及工程上的权衡:如果阈值太低,就不会明显节省开销;如果阈值太高,当没有移动台提供反馈的时候,基站就不能选择最好的用户。

动或缓慢移动的用户(徒步速度)。另一方面,这个方案对于可接受较大延迟的数据通信是非常适合的。

从科学的角度看,多用户分集在物理层设计中所引起的巨大变化也很值得关注。第10章至第20章讨论的许多收发信机的结构和信号处理方法,都是针对某个特定的链路,目标是减小信噪比的变化来抗衰落。但是,在多用户分集中利用了信噪比的变化,并尽可能增大它的变化。

20.2　多输入多输出系统

20.2.1　引言

多输入多输出(MIMO)系统是在链路的两端都采用多元天线(MEA)的系统,该系统首先在 Winters[1987]中提出,并在 20 世纪 90 年代通过 Foschini and Gans[1998]和 Telatar[1999]的理论研究引起了巨大的关注。从那时起,对于这些系统的研究剧增,并且已经出现了基于 MIMO 的实际系统。

MIMO 系统的多元天线有 4 个不同的用途:(i)波束成形;(ii)分集;(iii)干扰抑制;(iv)空分复用(几个数据流并行传输)。前三个概念与智能天线相同。在链路的两端都采用多个天线,会产生一些引人注意的新技术潜力,但是不会改变这种方案的基本作用。另一方面,空分复用是一个新概念,因而引起了最大关注。它通过同时传输多个数据流,可直接增大容量。下面将会指出,单一链路(信息理论的)容量会随着天线元数量的增加而线性增大。

在 MIMO 的早期研究中,主要重点在于信息理论的极限,这一节也将主要介绍这些概念。2000 年以后,研究的重点转移到在实际系统中如何实现 MIMO 的理论增益。在 MIMO 系统实际实现中的进展,也极大地推动了国际标准化组织对它们的采纳。MIMO 用于第四代蜂窝系统(见第 27 章和第 28 章),也用于高吞吐量的无线本地局域网(IEEE 802.11n,见第 29 章)。

20.2.2　空分复用如何发挥作用

为了传输多个并行的数据流,空分复用在发射机采用多元天线(见图 20.8)。原始的高速数据流被分解成几个并行的数据流,并且每个数据流都通过一个发射天线元发送。信道将这些数据流"混合"起来,因此每个接收天线元收到的都是它们的合成信号。如果信道工作良好,接收到的信号就是线性无关的合并结果。此时,接收机采用合适的信号处理就能分离数据流。一个基本的条件是接收天线元的数目至少应与发送数据流的数目相同。很明显,这种方案可使数据流的速率显著增大,速率增加的因子为 $\min(N_t, N_r)$。

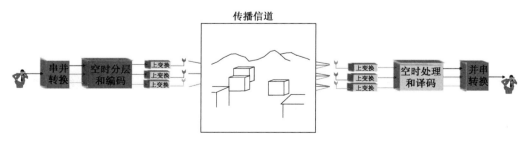

图 20.8　空分复用原理

当发射机了解信道特性时,也可以采用另一种更直观的方法(见图20.9)。采用 N_t 个发射天线,可以形成 N_t 个不同的波束。所有的波束指向不同的相互作用体(IO),并通过它们传输不同的数据流。在接收机中,采用 N_r 个天线元形成 N_r 个波束,也指向不同的相互作用体。如果所有的波束都保持相互正交,数据流之间就没有干扰;换句话说,就是建立了多个并行的信道。相互作用体(与指向它们的波束相结合)所起的作用与在多个导线上传输多个数据流的导线相同。

图 20.9　不同数据流经过不同的相互作用体的传输

通过以上描述能立即得到一些重要的概念:可能的数据流数目受限于 $\min(N_t, N_r, N_s)$,其中 N_s 是(重要的)相互作用体的个数。上面已经看到,数据流的数目不能大于发射天线元的数目,并且需要足够数量(至少与数据流一样多)的接收天线元来形成接收波束,这样才能分离数据流。但有一点也很重要,那就是相互作用体的数目存在一个上限。如果两个数据流发射到同一个相互作用体,接收机就不可能通过形成不同的波束来分离它们。

上述的直观图有些简化。更为确切的数学分析将在随后的章节中介绍。

20.2.3　系统模型

在进一步详细介绍之前,首先建立用于容量计算的一般系统模型。图20.10给出了一个框图。在发送端,数据流进入编码器,其输出送到 N_t 个发射天线。来自天线的信号再经由无线传播信道发送,如果不另外说明,该信道就假设为准静态的平坦衰落信道。准静态意味着信道的相干时间足够长,可以使"大量"的比特在这段时间内传输。

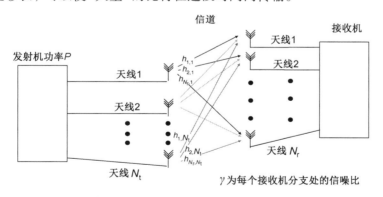

图 20.10　多输入多输出系统框图

信道的 $N_r \times N_t$ 矩阵表示如下:

$$\mathbf{H} = \begin{pmatrix} h_{11} & h_{12} & \cdots & h_{1N_t} \\ h_{21} & h_{22} & \cdots & h_{2N_t} \\ \vdots & \vdots & \cdots & \vdots \\ h_{N_r1} & h_{N_r2} & \cdots & h_{N_rN_t} \end{pmatrix} \tag{20.28}$$

其中, h_{ij} 是从第 j 个发射天线到第 i 个接收天线的衰减因子(传输函数)。

接收信号矢量

$$\mathbf{r} = \mathbf{Hs} + \mathbf{n} = \mathbf{x} + \mathbf{n} \tag{20.29}$$

包括由 N_r 个天线元接收的信号，其中 $\mathbf{s}$ 是发射信号矢量，$\mathbf{n}$ 是噪声矢量。

20.2.4 信道状态信息

MIMO 传输算法可根据所需的信道状态信息量进行分类。可以分成以下几种情况。

1. 在发射机有全部信道状态信息（CSIT）和在接收机有全部信道状态信息（CSIR）。在这种理想的情况下，发射机和接收机都完全了解信道特性。这显然会得到可能的最大容量。但是，在发射机获得全部信道状态信息是很难的（正如 20.1.6 节所讨论的）。

2. 平均 CSIT 和全部 CSIR。此时接收机掌握信道状态的所有瞬时信息，而发射机只知道平均信道状态信息，即信道冲激响应 $\mathbf{H}$ 的相关矩阵或角功率谱。在 20.1.6 节讨论过，这很容易实现，且无须互易性或快速反馈；但是需要校正（以消除发射和接收链的不互易）或慢反馈。

3. 无 CSIT 和全部 CSIR。这种情况最容易实现，无须反馈或校正。发射机根本不使用任何信道状态信息，而接收机要根据训练序列或盲估计来了解信道的瞬时状态。

4. 有噪的信道状态信息。当假设接收机有全部信道状态信息时，这就意味着接收机完全掌握了信道的状态。然而接收到的任何训练序列都要受到量化噪声和加性噪声的影响，因此假设为一个"失配的接收机"更符合实际。此时接收机基于观察信道的 $\mathbf{H}_{obs}$ 来处理信号，而实际上信号通过的信道为 $\mathbf{H}_{true}$：

$$\mathbf{H}_{true} = \mathbf{H}_{obs} + \mathbf{\Delta} \tag{20.30}$$

有些文章已经考虑采用噪声方差的 ad hoc 修正（用 $\sigma_n^2 + \sigma_e^2$ 代替 σ_n^2，其中 σ_e^2 是 $\mathbf{\Delta}$ 的方差）。

5. 无 CSIT 和无 CSIR。值得注意的是，即使发射机和接收机都没有信道状态信息，信道容量也很高。例如采用差分调制的一般形式，对于高信噪比，容量不再随着 $m = \min(N_t, N_r)$ 线性增长，而是随着 $\tilde{m}(1 - \tilde{m}/T_{coh})$ 增长，其中 $\tilde{m} = \min(N_t, N_r \lfloor T_{coh}/2 \rfloor)$，$T_{coh}$ 是以符号周期为单位的信道相干时间。

20.2.5 非衰落信道的容量

理解 MIMO 系统的第一个关键步骤是推导 MIMO 系统中无衰落信道的容量公式，也称为"Foschini 公式"[Foschini and Gans 1998]。首先从一般的（单天线）加性高斯白噪声信道容量开始。由香农公式可知，这样一个信息论的信道容量（各态历经）为（见第 14 章）：

$$C_{\text{shannon}} = \log_2 \left(1 + \gamma \cdot |H|^2\right) \tag{20.31}$$

其中，γ 是接收机处的信噪比，H 是从发射机到接收机的归一化传输函数（因为现在讨论的是平坦衰落信道，所以传输函数就只是一个数值）。该式需要重点强调的一点是容量只随信噪比呈对数增长，所以提高发射功率并不是增大容量的高效方法。

现在考虑信道用矩阵形式(20.28)表示的 MIMO 情况。信道的奇异值分解[1]为

$$\mathbf{H} = \mathbf{W\Sigma U}^\dagger \tag{20.32}$$

其中，$\boldsymbol{\Sigma}$ 是包含奇异值的对角矩阵，而 $\mathbf{W}$ 和 $\mathbf{U}^\dagger$ 分别是由左侧和右侧的奇异矢量组成的酉矩阵，那么接收信号为

$$\mathbf{r} = \mathbf{Hs} + \mathbf{n} \tag{20.33}$$

$$= \mathbf{W\Sigma U}^\dagger \mathbf{s} + \mathbf{n} \tag{20.34}$$

然后用矩阵 $\mathbf{U}$ 与发射数据矢量相乘，用 $\mathbf{W}^\dagger$ 与接收信号矢量相乘，对角化的信道为

$$\mathbf{W}^\dagger\mathbf{r} = \mathbf{W}^\dagger\mathbf{W\Sigma U}^\dagger \widetilde{\mathbf{s}} + \mathbf{W}^\dagger\mathbf{n}$$

$$\widetilde{\mathbf{r}} = \mathbf{\Sigma}\widetilde{\mathbf{s}} + \widetilde{\mathbf{n}} \tag{20.35}$$

注意，因为 $\mathbf{U}$ 和 $\mathbf{W}$ 是酉矩阵，所以 $\widetilde{\mathbf{n}}$ 与 $\mathbf{n}$ 的统计特性相同，即为独立同分布(iid)的高斯白噪声。式(20.35)系统的容量与式(20.29)系统的容量相同。而式(20.35)的容量计算更直接。矩阵 $\boldsymbol{\Sigma}$ 是有 R_H 个非零值 σ_k 的对角矩阵，其中 R_H 是 $\mathbf{H}$ 的秩(这也定义为非零奇异值的个数)，σ_k 是 $\mathbf{H}$ 的第 k 个奇异值。因此就有了 R_H 个并行的信道(信道的特征模式)，显然并行信道的容量可以相加。

因此，信道 $\mathbf{H}$ 的容量就等于各子信道特征模式的容量之和：

$$C = \sum_{k=1}^{R_\mathrm{H}} \log_2 \left[1 + \frac{P_k}{\sigma_\mathrm{n}^2} \sigma_k^2 \right] \tag{20.36}$$

其中，σ_n^2 是噪声的方差，P_k 是分给第 k 个特征模式的功率；并假设 $\sum P_k = P$ 与天线元数目无关。容量表示式可以证明等效为

$$C = \log_2 \left[\det \left(\mathbf{I}_{N_r} + \frac{\overline{\gamma}}{N_t} \mathbf{H R}_{ss} \mathbf{H}^\dagger \right) \right] \tag{20.37}$$

其中，$\mathbf{I}_{N_r}$ 是 $N_r \times N_r$ 单位矩阵，$\overline{\gamma}$ 是每个接收机支路的平均信噪比，$\mathbf{R}_{ss}$ 是发射数据的相关矩阵(如果在不同天线元的数据是不相关的，那么它就是一个能反映各个天线功率分布的对角矩阵)[2]。不同特征模式(或天线)的功率分布取决于发射机的信道状态信息量；我们还假设此时接收机有全部信道状态信息。上式证实了我们的直观印象，即容量随 $\min(N_t, N_r, N_s)$ 线性增长，而非零奇异值 R_H 的个数的上限为 $\min(N_t, N_r, N_s)$。

发射机无信道状态信息而接收机有全部信道状态信息

当接收机完全掌握信道特性，而发射机无法获得信道状态信息时，最好是给所有的发射机天线分配相同的发射功率 $P_k = P/N_t$，并且采用不相关的数据流。这样容量就变成

$$C = \log_2 \left[\det \left(\mathbf{I}_{N_r} + \frac{\overline{\gamma}}{N_t} \mathbf{H H}^\dagger \right) \right] \tag{20.38}$$

值得注意的是，对于足够大的 N_s，MIMO 系统的容量随 $\min(N_t, N_r)$ 线性增长，而与发射机是否了解信道特性无关。

现在来看一些特殊情况。为了讨论方便，假设 $N_t = N_r = N$。

---

[1]　奇异值分解类似于特征值分解，但前者也可用于矩形矩阵(行数多于列数，反之亦然)。它把任意矩阵都分解成三个矩阵的乘积：与行空间有关的酉矩阵，反映不同特征值大小的对角矩阵和反映列空间的酉矩阵。

[2]　注意，$\mathbf{H}$ 和 $\mathbf{R}$ 必须归一化，以确保 $\overline{\gamma}$ 是平均信噪比。

1. 所有的传输函数都相同，即 $h_{1,1} = h_{1,2} = h_{N,N}$。当所有的天线元都紧密地靠在一起，并且所有的电波来自类似的方向时，会出现这种情况。此时信道矩阵的秩是 1。那么容量为

$$C_{\text{MIMO}} = \log_2(1 + N\overline{\gamma}) \tag{20.39}$$

可以看到，由于接收机的波束成形增益，此时的信噪比是单天线时的 N 倍，但是容量只随天线元数目 N 呈对数增长。

2. 所有的传输函数都不同，因此信道矩阵是满秩的，并且有 N 个幅度相等的特征值。当各天线元相距比较远，并且以一种特殊方式排列时，会出现这种情况。此时，容量为

$$C_{\text{MIMO}} = N \log_2(1 + \overline{\gamma}) \tag{20.40}$$

因此容量随天线元数目 N 呈线性增长。

3. 并行传输信道，如并行电缆。此时容量也随着天线元数目 N 呈线性增长，但是每个信道的信噪比随着 N 减小，所以总容量为

$$C_{\text{MIMO}} = N \log_2\left(1 + \frac{\overline{\gamma}}{N}\right) \tag{20.41}$$

图 20.11 给出了在不同的信噪比下，容量随 N 的变化曲线。

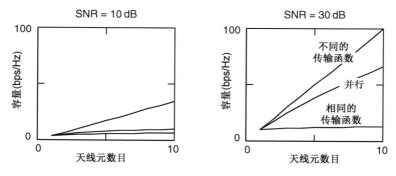

图 20.11　MIMO 系统在加性高斯白噪声信道中的容量

发射机和接收机都有全部信道状态信息

接下来考虑接收机和发射机都完全了解信道的情况。此时给不同的发射天线(或特征值)不是平均分配功率，而是按照信道状态来分配功率更为有利。换句话说，面临的问题是给不同信噪比的并行信道如何最佳地进行功率分配。这与 19.7.2 节讨论的问题一样，所以答案也相同：注水。这是同样的数学理论用于不同的通信问题的另一个很好的例子：用"MIMO 系统的特征模"来取代"正交频分复用系统中的子信道"或"子载波"，这样就可以把 19.7.2 节的全部讨论用于发射机有信道状态信息的 MIMO 系统。

20.2.6　平坦衰落信道的容量

一般概念

前一节对于一种给定的信道实现，即信道矩阵 **H**，讨论了其信道容量。但是在无线信道中要面临信道衰落，因此信道矩阵式(20.28)中的各项都是随机变量。如果信道是瑞利衰落，而且在不同天线元的衰落是相互独立的，那么 h_{ij} 就是独立同分布的均值为零且方差为 1 的循环

对称复高斯随机变量，也就是实部和虚部的方差都为 1/2。除非另外说明，这就是现在要考虑的情况。因此每个 h_{ij} 携带的功率是具有两个自由度的卡方分布。这可能是最简单的信道模型，它需要存在"大量的多径"，即强度近似相等的多个多径分量（见第 5 章），且天线元之间的距离足够大。由于衰落是独立的，所以信道矩阵很可能是满秩的，并且特征值之间彼此很相似，因此容量会随天线元数目呈线性增长。由此可以看出，大量多径的存在虽然通常被看成一个缺点，但是对 MIMO 系统来说却是一个主要的优点。

由于信道矩阵中的各项是随机变量，所以还要重新考虑容量理论值的概念。事实上 MIMO 系统有两种不同的容量定义。

- 遍历性（香农）容量。在了解信道的所有实现的情况下，这是容量的期望值。这个数值假定系统采用一个可以遍布所有不同的信道实现的无限长码字。
- 中断容量。这是在特定的一部分时间内，如 90% 或 95%，所能实现的最小传输速率。假设采用接近香农极限的编码，其持续时间比信道的相干时间短得多。因此每一种信道实现可以与一个（香农）容量值相对应。因此容量是一个具有相关累积分布函数的随机变量。见 14.9.1 节的讨论。

发射机无信道状态信息而接收机有全部信道状态信息

现在，在衰落信道中无信道状态信息的情况下，所能获得的容量是多少？图 20.12 给出了一些令人关注的系统在信噪比为 21 dB 时的结果。(1, 1)曲线给出了单输入单输出（SISO）系统的情况。可以发现中值容量在 6 bps/Hz 的数量级，但是 5% 的中断容量相当低（在 3 bps/Hz 的数量级）。当采用(1, 8)系统，即有 1 副发射天线和 8 副接收天线的系统时，均值容量没有显著增长，为 6 ~ 10 bps/Hz。但是中断容量明显增大，为 3 ~ 9 bps/Hz。原因是它像分集系统一样具有较好的抗衰落性能。但是当采用(8, 8)系统，即有 8 副发射天线和 8 副接收天线的系统时，两个容量都会显著增大，均值容量在 46 bps/Hz 的数量级，5% 的中断容量高于 40 bps/Hz。

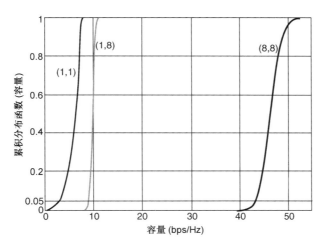

图 20.12　(1, 1), (1, 8), (8, 8)系统容量的累积分布函数。(8, 8)
是最佳方案。引自 Foschini and Gans [1998] © Kluwer

遍历性容量的确切表示式在 Telatar［1999］中为

$$E\{C\} = \int_0^\infty \log_2 \left[1 + \frac{\overline{\gamma}}{N_t}\lambda\right] \sum_{k=0}^{m-1} \frac{k!}{(k+n-m)!} \left[L_k^{n-m}(\lambda)\right]^2 \lambda^{n-m} \exp(-\lambda)\,\mathrm{d}\lambda \qquad (20.42)$$

其中, $m = \min(N_t, N_r)$, $n = \max(N_t, N_r)$, $L_k^{n-m}(\lambda)$ 是相关的 Laguerre 多项式。容量累积分布函数的确切解析表示式相当复杂, 所以广泛采用下面两种近似表示式。

- 容量可用高斯分布很好地近似, 这样只有均值也就是上面提到的遍历性容量和方差需要进行计算。
- 从物理上考虑, 当 $N_t \geqslant N_r$ 时, 容量分布的上界和下界可从 Foschini and Gans［1998］中得到:

$$\sum_{k=N_t-N_r+1}^{N_t} \log_2\left[1 + \frac{\overline{\gamma}}{N_t}\chi_{2k}^2\right] < C < \sum_{k=1}^{N_t} \log_2\left[1 + \frac{\overline{\gamma}}{N_t}\chi_{2N_r}^2\right] \qquad (20.43)$$

其中, χ_{k2}^2 是有 $2k$ 个自由度的卡方分布的随机变量[①]。这两个边界有很明确的物理解释。下界对应于 BLAST 系统所能实现的容量; 该系统及其工作原理将在下面介绍。上界对应于每个发射天线都有一个独立接收天线阵的理想情况; 它在接收信号时不存在其他发射流的干扰。由图 20.13 可以看出, 尤其当天线元数目较大时, 下界要相当严格, 而上界可以变得宽松。

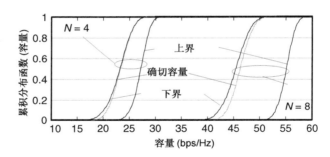

图 20.13　多输入多输出系统在独立同分布信道、信噪比为 21 dB 且 $N_r = N_t = N$ 等于 4 和
8 时的确切容量、上界和下界。引自 Motisch and Tufvesson［2005］© Hindawi

发射机和接收机都有全部信道状态信息

当发射天线数和接收天线数相等时, 注水算法所得到的容量增益(与等功率分布相比)是很小的。在大信噪比极限时尤其如此。当可以得到大量的水时, 容器中"水泥块"的高度对容器注水后的总量影响很小。当 $N_t > N_r$ 时, 注水的效果更显著(见图 20.14)。可以通过下述方法理解这个问题: 如果发射机没有信道信息, 那么发射天线的数目超过接收天线的数目就几乎没有意义, 数据流的个数受限于接收天线的数目。当然, 可以从多个发射天线发射同样的数据流, 但是这不会增大接收机数据流的信噪比; 发射机没有信道信息时, 接收机的数据流就会非相干地增加。

另一方面, 如果发射机有全部信道信息, 它可以进行波束成形, 就能更好地对准接收阵列。这样, 增加发射机天线数就可以提高信噪比, 并增大(按对数规律)容量。因此较大的发射机阵列可增大容量, 但也增加了信道估计的需求。

---

① 式(20.43)有一点滥用符号, 容量累积分布函数是由等式两边给出的随机变量的累积分布函数来确定边界的。

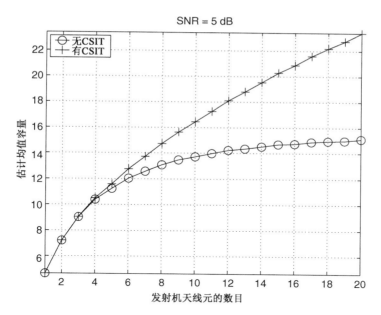

图 20.14 当 $N_r = 8$，信噪比为 5 dB 时，在发射机有和没有信道状态信息时的容量。引自 Molisch and Tufvesson[2005]© Hindawi

20.2.7 信道的影响

到目前为止讨论的都是平坦衰落并具有独立同分布零均值的复高斯传输系数的信道容量。实际的信道更加复杂，而且与理想假设的偏离会对容量产生巨大的影响。下面将介绍一些比较重要的结果。

信道相关

不同天线元信号的相关性会极大地降低 MIMO 系统的容量。这可以通过下面的方式看出：容量取决于信道矩阵奇异值的分布。对于给定的信噪比，当信道的传输矩阵是满秩的，并且 H 的奇异值都同样大时，可获得最大容量。如果信道矩阵 **H** 的系数是独立同分布的瑞利变量，那么这个条件就近似满足(虽然排列好的特征值仍有不同的数值)。但是，如果信道系数的衰落是相关的，那么奇异值扩展(即奇异值的最大值和最小值之间的差值)就会变得很大。这样式(20.36)中的一些"并行信道"将具有极低的信噪比，从而导致系统容量的减小。

相关性受信道角度谱的影响，也受天线元的排列和间距的影响(见第 13 章)。对于间隔距离为半个波长的天线，均匀的角功率谱会使入射信号几乎互不相关。信道中较小的角度扩展会增大相关性。由于正在研究的是 MIMO 系统，所以既要考虑发送端的相关性，也要考虑接收端的相关性。一个常用的模型(所谓的克罗内克模型)假定发送端的相关性与接收端的相关性无关(见 7.4.7 节)[1]。那么信道矩阵的实现可写成

$$\mathbf{H}_{\text{kron}} = \frac{1}{E\{\text{tr}(\mathbf{H}\mathbf{H}^{\dagger})\}} \mathbf{R}_{\text{RX}}^{1/2} \mathbf{G}_G \mathbf{R}_{\text{TX}}^{1/2} \tag{20.44}$$

其中，$\mathbf{G}_G$ 是由方差为 1 并具有独立同分布的复高斯量组成的矩阵。

---

[1] 关于这个假设的讨论及更通用的模型见 Weichselberger et al. [2006]。

对相关信道中的容量的分析计算要复杂得多。但按照式(20.44)产生信道矩阵，再将其代入式(20.38)或式(20.37)，就很容易得到仿真结果。

图20.15画出了一个4×4多输入多输出系统在收发两端都采用均匀线性阵列时，其遍历性容量随链路一端角度扩展的变化情况[1]。可以看到，一个小的角度扩展就会使容量显著减小。

频率选择性信道

前面几节都假设信道是频率平坦信道。幸运的是，概括成频率选择性信道是很好理解的。香农指出，采用类似正交频分复用的方案，将信道转换成多个并行的平坦衰落信道，对频率选择性信道是最佳的。这样单位带宽内的容量可直接用式(20.37)概括：

$$C = \frac{1}{B} \int_B \log_2 \left[\det \left(\mathbf{I}_{N_r} + \frac{\overline{\gamma}}{N_t} \mathbf{H}(f) \mathbf{R}_{ss}(f) \mathbf{H}(f)^\dagger \right) \right] \mathrm{d}f \tag{20.45}$$

其中，B 是所考虑系统的带宽。

式(20.45)也表明，频率选择性能够提供增加容量累积分布函数斜率的额外分集。如果其中一个频率子信道容量很低，那么另一个子信道就有机会获得高容量。图20.16给出了一个在微蜂窝环境中测量容量累积分布函数的例子。可以看出，当带宽增大时，容量的累积分布函数就变得更加陡峭。

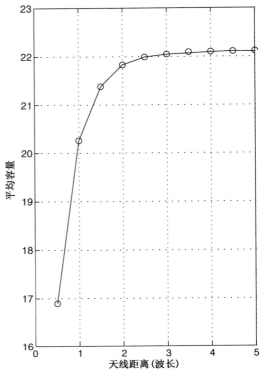

图20.15　当基站具有10°的均方根角度扩展时，一个4×4多输入多输出系统的平均容量随基站天线距离的变化曲线。引自Molisch and Tufvesson[2005]© Hindawi

视距与非视距

在某些情况下，收发之间有视距传输，就会产生不同的衰落统计特性。正如第5章介绍的，单输入单输出链路的衰落特性变为莱斯分布，而不是瑞利分布。对于多输入多输出系统，信道矩阵可写成

$$\mathbf{H} = \sqrt{\frac{K_{\mathrm{LOS}}}{K_{\mathrm{LOS}} + 1}} \hat{\mathbf{H}}_{\mathrm{LOS}} + \sqrt{\frac{1}{K_{\mathrm{LOS}} + 1}} \hat{\mathbf{H}}_{\mathrm{res}} \tag{20.46}$$

其中，K_{LOS} 是视距功率与其余分量功率的比值，$\hat{\mathbf{H}}_{\mathrm{LOS}}$ 是一个完全确定的矩阵，$\hat{\mathbf{H}}_{\mathrm{res}}$ 有(非相关或相关)零均值高斯项[2]。如果收发之间的距离比较大，比如大于瑞利距离(见第4章)，则会使矩阵 $\hat{\mathbf{H}}_{\mathrm{LOS}}$ 的秩为1(一个电波只能与信道矩阵的一个奇异值对应!)。这就意味着矩阵式(20.46)的奇异值扩展远远大于非视距矩阵。所以当假设信噪比相同时，视距信道的容量低

---

[1]　注意，这个图基于天线元之间没有相互耦合的理想假设。研究表明，相互耦合对容量的影响是引入方向图分集，还会改变不同天线元接收的平均功率。

[2]　$\hat{\mathbf{H}}_{\mathrm{LOS}}$ 和 $\hat{\mathbf{H}}_{\mathrm{res}}$ 都归一化为 $E\{|\hat{\mathbf{H}}|_{\mathrm{F}}^2\} = N_t N_r$，其中 $|\hat{\mathbf{H}}|_{\mathrm{F}}$ 为 $\hat{\mathbf{H}}$ 的 Frobenius 模。

于非视距信道。但应该指出，在视距情况下的信噪比通常高于非视距情况。对于功率受限的实际信道，尽管奇异值之间存在不均衡，但视距情况一般可获得最大的容量。

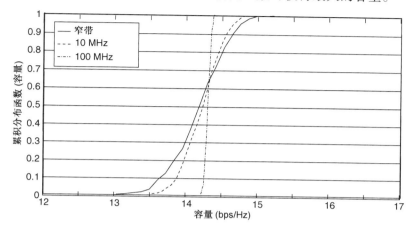

图 20.16 对于不同系统带宽(4×4 多输入多输出系统)，在所测量的
微蜂窝信道中的容量。引自 Molisch et al.［2002］© IEEE

值得说明的一点是，当视距分量是平面波时，较强的视距分量会产生较大的特征值扩展。如果天线元间隔适当，球面波就会使传输函数矩阵为满秩的。电波的曲率在小于瑞利距离时较明显，典型情况也就是几米。

例 20.4 具有视距的信道容量。发射和接收阵列是天线元间距为 λ 的均匀线性阵列，且 $N_t = N_r = 8$。阵列垂直于视距连接，非视距分量的到达方向角在 0 到 2π 之间均匀分布。当发射机无信道状态信息，信噪比为 20 dB，$K_{\mathrm{LOS}} = 0$ 和 20 dB 时，估算平均容量。

解：

首先要确定信道矩阵。发射和接收阵列都是线性阵列，且方向垂直于视距，所以当发射和接收阵列彼此相距足够远时，$\hat{\mathbf{H}}_{\mathrm{LOS}}$ 为全 1 矩阵。此外，因为角度谱均匀分布，且各天线元彼此间距超过 λ/2，故 $\hat{\mathbf{H}}_{\mathrm{res}}$ 每一项是具有单位能量，独立同分布的复高斯量。根据式(20.38)，容量为

$$C = \log_2\left[\det\left(\mathbf{I}_{N_r} + \frac{\overline{\gamma}}{N_t}\mathbf{H}\mathbf{H}^\dagger\right)\right] \tag{20.47}$$

$$= \log_2\left[\det\left(\mathbf{I}_{N_r} + \frac{\overline{\gamma}}{N_t}\left[\frac{K_{\mathrm{LOS}}}{K_{\mathrm{LOS}}+1}\hat{\mathbf{H}}_{\mathrm{LOS}}\hat{\mathbf{H}}_{\mathrm{LOS}}^\dagger\right.\right.\right.$$
$$\left.\left.\left. + \frac{\sqrt{K_{\mathrm{LOS}}}}{K_{\mathrm{LOS}}+1}\left(\hat{\mathbf{H}}_{\mathrm{res}}\hat{\mathbf{H}}_{\mathrm{LOS}}^\dagger + \hat{\mathbf{H}}_{\mathrm{LOS}}\hat{\mathbf{H}}_{\mathrm{res}}^\dagger\right) + \frac{1}{K_{\mathrm{LOS}}+1}\hat{\mathbf{H}}_{\mathrm{res}}\hat{\mathbf{H}}_{\mathrm{res}}^\dagger\right]\right)\right] \tag{20.48}$$

利用 Jensen 不等式，容量的期望值可近似为

$$E\{C\} \approx \log_2\left[\det\left(\mathbf{I}_{N_r} + \frac{\overline{\gamma}}{N_t}\left[\frac{K_{\mathrm{LOS}}}{K_{\mathrm{LOS}}+1}E\{\hat{\mathbf{H}}_{\mathrm{LOS}}\hat{\mathbf{H}}_{\mathrm{LOS}}^\dagger\}\right.\right.\right. \tag{20.49}$$

$$\left.\left.\left. + \frac{\sqrt{K_{\mathrm{LOS}}}}{K_{\mathrm{LOS}}+1}E\{\hat{\mathbf{H}}_{\mathrm{res}}\hat{\mathbf{H}}_{\mathrm{LOS}}^\dagger + \hat{\mathbf{H}}_{\mathrm{LOS}}\hat{\mathbf{H}}_{\mathrm{res}}^\dagger\} + \frac{1}{K_{\mathrm{LOS}}+1}E\{\hat{\mathbf{H}}_{\mathrm{res}}\hat{\mathbf{H}}_{\mathrm{res}}^\dagger\}\right]\right)\right] \tag{20.50}$$

$$= \log_2\left[\det\left(\mathbf{I}_{N_r} + \frac{\overline{\gamma}}{N_t}\left[\frac{K_{\mathrm{LOS}}N_t}{K_{\mathrm{LOS}}+1}\mathbf{1} + \frac{1}{K_{\mathrm{LOS}}+1}E\{\hat{\mathbf{H}}_{\mathrm{res}}\hat{\mathbf{H}}_{\mathrm{res}}^\dagger\}\right]\right)\right] \tag{20.51}$$

$$= \log_2\left[\det\left(\left[1 + \frac{\overline{\gamma}}{K_{\mathrm{LOS}}+1}\right]\mathbf{I}_{N_r} + \left[\overline{\gamma}\frac{K_{\mathrm{LOS}}}{K_{\mathrm{LOS}}+1}\mathbf{1}\right]\right)\right] \tag{20.52}$$

其中 **1** 为每一项都是 1 的 $N_r \times N_r$ 矩阵；它只有一个非零的特征值，其幅度为 N_r。式(20.52)可进一步近似为

$$E\{C\} \approx N_r \log_2\left[1 + \frac{\overline{\gamma}}{K_{\mathrm{LOS}}+1}\right] + \log_2\left[1 + \frac{\overline{\gamma}K_{\mathrm{LOS}}N_r}{K_{\mathrm{LOS}}+1}\right] \tag{20.53}$$

利用式(20.53)，可以发现当 K_{LOS} 分别为 0 dB 和 20 dB 时，容量相应地为 54 bps/Hz 和 17 bps/Hz。注意，上面只是一个相当粗略的近似，但它给出一个正确的趋势。蒙特卡罗仿真的结果分别为 40 bps/Hz 和 15 bps/Hz[①]。

有限的相互作用体

在 20.2.1 节的直观印象中，已经看到需要一定数量的相互作用体用于数据流传输的中继。把这一点与前一节的数学形式相联系，可注意到需要一定数量的相互作用体是为了确保矩阵 **H** 中的信道系数相互独立。虽然相互作用体数量通常很大，但实际上有用的相互作用体数量也许是有限的。毕竟太弱而不能提供足够的信噪比(及容量)的相互作用体是不能用于传输数据流的。

图 20.17 给出了一些随天线元数目变化的容量测量结果曲线。测量是在微蜂窝环境中进行，那里的相互作用体数量相当小。可以发现，特别是对视距情况，当 N 超过 4 时，容量并不随天线元数目 N 呈线性增长。这清楚地表明相互作用体的数量限制了可获得的容量。

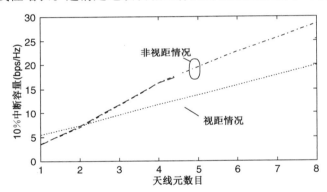

图 20.17　发射机和接收机之间存在视距和非视距情况时，10% 中断容量随天线元数目的变化曲线。引自 Molisch et al. [2002] © IEEE

锁眼信道

即使在天线元的信号是互不相关的，也存在一些容量很低的特殊情况。这些情况通常称为锁眼或针孔。锁眼情况的一个实例就是收发两端都处于有大量散射的环境中；收发之间只有包含一个自由度的单一传播路径。当发射机和接收机都被相互作用体包围，并且这两组相互作用体被一长段空间(绿地)隔开时，会出现这种情况。当相互作用体区域被单一模式波导或一个衍射边缘连接时，也会出现这种情况。在所有这些情况中，总的传输函数与下式成比例：

$$\mathbf{H} = \mathbf{R}_{\mathrm{RX}}^{1/2}\mathbf{G}_{\mathrm{G},1}\mathbf{R}_{\mathrm{RX-TX}}^{1/2}\mathbf{G}_{\mathrm{G},2}\mathbf{R}_{\mathrm{TX}}^{1/2} \tag{20.54}$$

其中，$\mathbf{G}_{\mathrm{G},1}$ 和 $\mathbf{G}_{\mathrm{G},2}$ 都是独立同分布的复高斯矩阵，$\mathbf{R}_{\mathrm{RX-TX}}$ 表示收发环境之间信道矩阵的相关性；在锁眼信道中，这是一个低秩矩阵。从这个描述也可看出各项的统计特性不再是高斯分布

---

① 记住，从式(20.52)到式(20.53)涉及的近似不在这里进一步详述。这样的结果与[Ayadi et al. 2002]的结果有些相似。

的，这解释了为什么它同时具有很低的相关性和很小的容量。但是应该注意，锁眼信道在实际中很少出现。Almers et al.［2003］在一个受控的环境中测量到这种情况，但在"正常"环境中是很少见的。

20.2.8 分层空时结构

前面讨论的仅仅是 MIMO 系统的信息理论限。重要的问题是如何在实际中获得这些容量。一种可能的方法是：对将要从不同的天线元发射的数据流联合编码，并与最大似然检测相结合。当这种技术与（几乎）达到容量的编码相结合时，就可以接近 MIMO 系统的容量。对于少量的天线元和低阶调制符号（二进制相移键控或正交相移键控），这种方案实际上很有效。但是，对于大多数情况，联合最大似然序列估计的复杂度过高。因此就提出了所谓的分层空时结构，它允许将解调过程分解成几个独立的复杂度较低的块。这些结构也被广泛称为 BLAST（贝尔实验室分层空时）结构。

水平 BLAST

水平 BLAST 可能是最简单的分层空时结构[1]。发射机首先将数据流分离成 N_t 个并行数据流，每个数据流单独进行编码，编码后的数据流再从不同的发射天线发射出去。信道将不同的数据流混合起来；接收机通过天线再将其分离。换句话说，接收机按下述步骤进行处理（见图 20.18）。

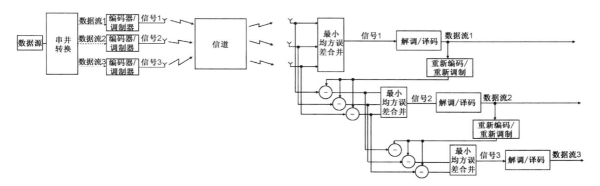

图 20.18　水平 BLAST 收发信机的框图

- 它将第一个数据流看成有用的数据流，而将其他数据流看成干扰。然后采用最佳合并来抑制干扰数据流（见第 13 章）。接收机有 $N_r \geq N_t$ 个天线元可利用。如果 $N_r = N_t$，它就能抑制所有 $N_t - 1$ 个干扰数据流，并以分集阶数 1 接收所需的数据流。如果接收机有较多的天线，就能以更好的质量接收第一个数据流。但在任何一种情况下，来自其他数据流的干扰都能被消除。
- 现在对所需的数据流进行解调和译码。其输出用于第一个数据流比特的硬判决。注意，由于将不同数据流分别译码，所以只需了解第一个数据流的信息来完成译码过程。
- 这些已被译码的比特现在重新编码，重新调制。用信道传输函数与符号流相乘，即可得到数据流 1 对不同天线元的总的接收信号的贡献。

---

[1]　这个方案最初称为 V-BLAST（垂直 BLAST），但后来被 Foschini et al.［2003］改名了。

- 将这些贡献从不同天线元的接收信号中减去。
- 现在考虑这个"干净"的信号,并试图检测第二个数据流。再次利用 N_r 个接收信号,但只有 $N_t - 2$ 个干扰。再次采用最佳合并,就能以分集阶数 2 接收所需的数据流。
- 下一步又是译码,重新编码,重新调制所需的数据流(现在是对数据流 2),从上一步得到的不同接收天线元的总的信号中减去相关的信号。这会将接收信号进一步清除干净。
- 这个过程重复进行,直到最后一个数据流被译码。

这个方案实际上与多用户检测(见 18.4 节)很相似。如果不同的发射流来自不同的用户,H-BLAST 就变成标准的逐个干扰抵消。还应注意编码方案无须在不同天线元(或用户)之间"合作"。与逐个干扰抵消类似,H-BLAST 也面临误差传播的问题,特别是当第一个译码后的数据流质量很差时。换句话说,如果数据流 1 译码不正确,就会从天线元剩下的信号中减去"错误"的信号。这样就不是将接收信号"清除干净",而是会引入甚至更多的干扰。接下来就会增大第二个数据流译码错误的概率,依次类推。为了缓解这个问题,必须采用数据流排序:接收机应该对信干噪比最高的数据流首先译码,然后对次最佳的数据流译码,等等。

对角线 BLAST

H-BLAST 的主要问题是不能提供分集。第一个数据流分集阶数为 1,决定了高信噪比的性能。采用所谓的 D-BLAST 可获得更好的性能。在这个方案中,数据流可通过不同的发射天线轮流发送,这样每个数据流都能看到所有可能的天线元。换句话说,每个单独的发射数据流被分成许多个子块。数据流的第一个子块从天线 1 发射,下一个子块从天线 2 发射,依次类推(与图 20.19 相比)。

译码可以一个数据流接一个数据流地进行;每个译码块再从其他天线元的信号中减掉,这样就可以提高剩余信号的质量。它与 H-BLAST 的区别在于,每个数据流都会在某些时候处于其他数据流已被减掉的"好的"形式,这时信干噪比很高,但是某些时候它又遭受所有的干扰,处于坏的形式。这样每个数据流都会经历全部分集。更精确地,数据流交替地经过分集阶数为 1 的信道(其信噪比的概率密度函数为具有 2 个自由度的卡方分布 χ_2^2),分集阶数为 2 的信道(有 4 个自由度的卡方分布 χ_4^2),依次类推。因此,专门研究 $N_t = N_r$ 的情况下的总容量:

$$C_{\text{D-BLAST}} = \sum_{k=1}^{N_t} \log_2 \left[1 + \frac{\bar{\gamma}}{N_t} \chi_{2k}^2 \right] < C \tag{20.55}$$

实际上实现了式(20.43)中的容量下限[Ariyavisitakul 2000]。

图 20.19　水平 BLAST 和分集 BLAST 给不同天线比特流的分配

发射机的信道状态信息结构

当发射机可获得全部信道状态信息时,收发信机方案就简单得多,至少在概念上简单得多。把发射和接收信向矢量与信道矩阵右侧和左侧的奇异矢量相乘,信道的对角化就完成了。

所以不同的数据流不会相互干扰；可以得到许多并行信道，每个信道都独立编码和译码。难点反而在于发射机在实际中如何得到和利用信道状态信息（如 20.1.6 节所讨论的）。

20.2.9　分集

多个天线也可用于单纯的分集。还必须区分发射机有信道状态信息和无信道状态信息的系统。前者除了能够获得分集增益，还能够获得波束成形增益，而后者仅限于获得较好的抗衰落性能。

具有信道状态信息的发射机分集

在分集场合，发射机拥有信道状态信息，也从概念上使收发信机结构简单，正如空间分集。发射矢量由单一数据符号加权后的样本组成，$\mathbf{s} = \mathbf{u}c$。再考虑信道矩阵，式（20.34）的奇异值分解。那么，可以发现接收信号为

$$\mathbf{r} = \mathbf{W}\mathbf{\Sigma}\mathbf{U}^{\dagger}\mathbf{u}c + \mathbf{n} \tag{20.56}$$

接收机对不同天线元的信号进行线性合并（相加），因此合并器的输出为 $\tilde{c} = \mathbf{w}\mathbf{r}$。选择 $\mathbf{w} = (\mathbf{W})_1$，$\mathbf{u} = (\mathbf{U})_1$，则接收机的信噪比达到最大值，其中 $(\mathbf{W})_1$ 是对应于最大奇异值（对 $\mathbf{U}$ 类似）的左侧的奇异值矢量。换句话说，可以根据信道的奇异值分解来选择发射和接收权重。这种方法得到的信噪比为

$$\gamma = \frac{P}{\sigma_{\mathrm{n}}^2}\tilde{\sigma}_{\max}^2 \tag{20.57}$$

其中，$\tilde{\sigma}_{\max}$ 为矩阵 $\mathbf{H}$ 的最大奇异值。当只有一副发射天线时，这种方案就简化成最大比值合并；当只有一副接收天线时，它就变成最大比值传输。图 20.20 给出了这种方法得到的信噪比的累积分布函数。可以看出，最大特征值的斜率与特征值之和的斜率接近。在一个 4×4 的系统中，分集阶数为 16，信噪比分布几乎是一个阶跃函数。换句话说，所需的衰落余量很小。还可以发现平均信噪比提高了，但是小于 $N_{\mathrm{r}}N_{\mathrm{t}} = 16（12\ \mathrm{dB}）$（见 20.2.10 节）。

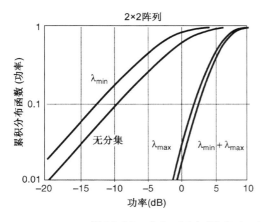 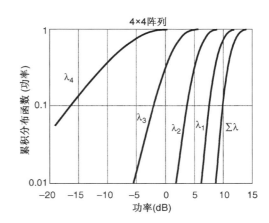

图 20.20　在 2×2（左侧）和 4×4（右侧）多输入多输出分集中，当所有天线元具有独立同分布瑞利衰落时，信噪比的累积分布函数

例 20.5　考虑一个 2×2 MIMO 系统，每个天线元的平均信噪比为 10 dB。求信噪比小于 7 dB 的概率是多大？

解：

如 Andersen[2000] 所示，在 2×2 系统中，矩阵 $\mathbf{HH}^\dagger$ 的最大特征值的概率密度函数为

$$\text{pdf}_{\lambda_{\max}}(\lambda) = \exp(-\lambda)[\lambda^2 - 2\lambda + 2] - 2\exp(-2\lambda) \tag{20.58}$$

其累积分布函数为

$$\text{cdf}_{\lambda_{\max}}(x) = 1 - \exp(-x)(x^2 + 2) + \exp(-2x) \tag{20.59}$$

其中，λ 表示归一化信噪比。现在要确定最大特征值低于 $\mathbf{HH}^\dagger$ 平均值 3 dB 的概率，即

$$\text{cdf}_{\lambda_{\max}}(0.5) = 3 \times 10^{-3} \tag{20.60}$$

当然，也可以描述分集系统的容量。该容量完全根据信噪比的统计特性得出：

$$C = \log_2\left[1 + \frac{P}{\sigma_n^2}\max_k(\tilde{\sigma}_k^2)\right] \tag{20.61}$$

无信道状态信息的发射机分集空时编码

如果发射机不了解信道，就从不同的发射天线发射不同版本的数据流。第 13 章已经介绍了一些实现这一方案的方法，如延迟分集。另一种引起巨大关注的方案是空时编码。在这种方案中，由于每个发射天线发射同一信号的不同编码(完全冗余)形式而引入冗余。编码方法有许多种。下面，首先介绍 Alamouti 码，空时分组码中最常用的一种形式。接着介绍空时格码的基本原理。这里考虑的码，其工作都与接收天线数无关，因此可看成发射分集的一种形式(见第 13 章)。

正交空时分组码

空时分组码(STBC)的思想是发射数据的方式要保证高分集，同时允许采用简单的译码过程。最常用的空时分组码是 Alamouti 码[Alamouti 1998]。其思想简单而有独创性。考虑一个平坦衰落信道，从发射机天线 1 到接收机的复信道增益为 h_1，从发射机天线 2 到接收机的增益为 h_2。现在，在时刻 1 从两个发射机天线发射两个符号 c_1 和 c_2：

$$\mathbf{s}_1 = \frac{1}{\sqrt{2}}\begin{pmatrix} c_1 \\ c_2 \end{pmatrix} \tag{20.62}$$

在时刻 2，发射矢量：

$$\mathbf{s}_2 = \frac{1}{\sqrt{2}}\begin{pmatrix} -c_2^* \\ c_1^* \end{pmatrix} \tag{20.63}$$

由于现在采用的是两副天线，系数 $1/\sqrt{2}$ 是为了保持能量恒定的需要。那么接收信号可以写成

$$\mathbf{r} = \begin{pmatrix} r_1 \\ r_2^* \end{pmatrix} = \frac{1}{\sqrt{2}}\begin{pmatrix} h_1 & h_2 \\ h_2^* & -h_1^* \end{pmatrix}\begin{pmatrix} c_1 \\ c_2 \end{pmatrix} + \mathbf{n} = \mathbf{Hc} + \mathbf{n} \tag{20.64}$$

这样已经创造了一个"虚拟的"MIMO 系统。注意，这个"虚拟的"信道矩阵 $\mathbf{H}$ 的列是正交的，这是很重要的。因此 $\mathbf{H}^\dagger\mathbf{H}$ 就变成一个比例单位矩阵 $\alpha\mathbf{I}$。为了译码，首先将 $\mathbf{H}^\dagger$ 与接收信号矢量相乘，可得

$$\tilde{\mathbf{r}} = \mathbf{H}^\dagger\mathbf{r} = \mathbf{H}^\dagger\mathbf{Hc} + \mathbf{H}^\dagger\mathbf{n} = \alpha\mathbf{c} + \tilde{\mathbf{n}} \tag{20.65}$$

因为 $\mathbf{H}$ 的列是正交的，所以 $\tilde{\mathbf{n}}$ 的分量仍然是不相关的均值为零且方差为 $\alpha\sigma_n^2$ 的高斯变量。因此数据 c_1 和 c_2 的译码就变成去耦，这极大地减小了接收机的计算量。

至于性能，信道的"有效"信道功率增益可表示为

$$\alpha = \frac{|h_1|^2 + |h_2|^2}{2} \qquad (20.66)$$

因此分集阶数为 2。当 h_1 和 h_2 都同时处于深衰落点时，才会使系统的有效衰落变得很大。还可以看到，由于发射机没有信道状态信息，所以这个方案只能增加分集增益，而不能增加波束成形增益。

为了将 Alamouti 码推广到大于两个发射天线，已经做了许多尝试，但遗憾的是，超过两个天线的正交空时分组的码率低于 1。换句话说，我们甚至无法实现单天线系统所能达到的速率 [Tarokh et al. 1999]。

空时网格码 空时分组码提供全分集阶数，但没有编码增益。然而编码增益可通过空时网格码（STTC）获得。给定 N_t 个发射天线，空时网格码将信源的每个符号映射成从不同天线元发送的 N_t 个发射符号的矢量。译码需采用矢量维特比译码器。差错率也就是将一个长度为 L_c 的码字 $\mathbf{C} = (\mathbf{c}_1, \mathbf{c}_2, \cdots, \mathbf{c}_L)$ 与另一个码字 $\tilde{\mathbf{C}}$ 搞错的上界，为

$$P(\mathbf{C} \to \tilde{\mathbf{C}}) \leqslant \left(\prod_{i=1}^{R_e} \lambda_i \right)^{-N_r} \left(\frac{E_S}{4N_0} \right)^{-R_e N_r} \qquad (20.67)$$

其中，R_e 和 λ_i 分别是误差矩阵

$$\sum_{i=1}^{L_c} (\mathbf{c}_i - \tilde{\mathbf{c}}_i)(\mathbf{c}_i - \tilde{\mathbf{c}}_i)^{\dagger} \qquad (20.68)$$

的秩和特征值。

$$\left(\prod_{i=1}^{R_e} \lambda_i \right)^{-N_r} \qquad (20.69)$$

代表编码增益，而

$$\left(\frac{E_S}{4N_0} \right)^{-R_e N_r} \qquad (20.70)$$

表示分集增益。为了获得全分集，误差矩阵的秩应尽可能高（秩准则）；为了获得高的编码增益，误差矩阵的行列式应取最大值（行列式准则）。秩准则和行列式准则是设计空时网格码的两个重要的方针。

空时网格码的主要缺陷是它们的复杂度。矢量维特比接收机的要求已证明是其应用于实际系统的主要障碍。

20.2.10 分集、波束成形增益和空分复用的权衡

MIMO 系统可用于实现空分复用、分集和波束成形。但是，不可能在所有方面同时达到这些目标。首先，波束成形和分集增益之间存在折中，这个折中也取决于工作的环境。先考虑视距情况，此时显然可获得的波束成形增益为 $N_t N_r$：在发射端（增益为 N_t）和接收端（增益为 N_r）形成波束，并使它们相互指向对方，因此增益是两者的乘积。另一方面，因为视距环境下没有衰落，所以显然没有分集增益。换句话说，信噪比分布曲线的斜率没有变化。

在存在严重散射的环境中，信噪比分布曲线的斜率会由于多天线元的采用而剧烈变化。如果发射机已知信道特性，则可以选择天线权重，使接收信号不可能出现深衰落点；此外，即使发生衰落，也不可能所有信号都同时出现深衰落。换句话说，很容易确保至少有一个接收信号是高质量的。如第 13 章所讨论的，对于高信噪比，分集的重数是误比特率随信噪比变化曲

线的斜率:

$$d_{\text{div}} = - \lim_{\bar{\gamma} \to \infty} \frac{\log[\text{BER}(\bar{\gamma})]}{\log(\bar{\gamma})} \tag{20.71}$$

在低信噪比时,它也与信噪比分布的斜率有关,因而可用来测量所有信号都同时处于严重衰落的可能性。在具有严重散射的环境中,最大分集阶数可证明为 $N_t N_r$。另一方面,还可得出在这样一个存在严重散射的环境中,最大波束成形增益的上限为 $(\sqrt{N_t} + \sqrt{N_r})^2$。其原因是不可能形成一种发射波束图,使多径分量在所有接收天线元上同时正向交叠。注意,这是获得全分集阶数和波束成形增益的主要权衡。

在空分复用和分集之间也有一个基本的权衡。Zheng and Tse[2003]给出在分集阶数和速率 r 之间的最佳权衡曲线,是连接下面这些点的分段直线:

$$d_{\text{div}}(r) = (N_t - r)(N_t - r), \quad r = 0, \cdots, \min(N_t, N_r) \tag{20.72}$$

这意味着最大分集阶数 $N_t N_r$ 和最大速率 $\min(N_t, N_r)$ 不能同时获得。

20.2.11　MIMO 反馈

正如前文所讨论的,MIMO 系统的性能可以通过发射机信道状态信息来改进。这种信道信息可以根据时域双工系统的互易性原理来获得,但是在频域双工系统中要求大量的反馈信息(和系统开销),见 20.1.6 节。反馈信道状态信息的一种原始方法需要量化传输函数矩阵的元素,将会导致反馈信息中有大量的比特。

问题是信道系数的量化必须具有高分辨率,因为信道矩阵的特征结构对系数的改变是非常敏感的。换句话说,如果信道矩阵元素改变一点(由于量化),那么从这个受影响的矩阵得到的特征矢量与原始矩阵的特征矢量可能差别很大。由于最优波束成形矢量通常与矩阵的特征矢量有关,这样波束成形矢量(得到的信噪比)将对量化很敏感。

例 20.6　考虑一个典型的蜂窝 MIMO 系统。设基站具有 8 个天线,且每个移动台有 2 个天线元。系统带宽为 5 MHz,中心频率为 2 GHz,且信道的相关带宽为 250 kHz。相干时间为 5 ms,与典型车辆速度相一致。小区内有 30 个用户,对于反馈的总数据速率是多少?

解:

假设实部和虚部分别量化为 6 比特,且编码速率为 2/3 用于保护反馈信息。每秒的总反馈比特数为

$$2 \times 6 \times \frac{1}{2/3} K N_t N_r \frac{B}{B_{\text{coh}}} \frac{1}{T_{\text{coh}}} \tag{20.73}$$

$$= 2 \times 6 \times \frac{1}{2/3} \times 30 \times 8 \times 2 \times \frac{5000}{250} \times \frac{1}{0.005} \tag{20.74}$$

$$= 34.6 \times 10^6 \tag{20.75}$$

这样,总反馈载荷为几十 Mbps,显然是不可接受的。注意,我们已经假设所有移动台的信道状态信息都要反馈,根据前面提到的维数限制,即使在一个给定的时间点,数据流数限制为 8,所有移动台的信道状态信息反馈也可能需要通过调度的作用来实现,下面将要讨论关于调度的内容。但是,即使考虑用户数为 4,总反馈数据速率也会是 4.6 Mbps,差不多是一个 5 MHz 系统的典型小区容量。这个例子清晰地给出了减小反馈数据量的技术是极其重要的。

如果发射机采用线性预编码(波束成形),一种有效减少反馈数据的方法就是采用有限的

反馈码本。在这个方法中，接收机不反馈其信道的传输函数矩阵，而是反馈它想让发射机使用的预编码矩阵的索引。码本的尺寸（即预编码器可能设置的数目）通常很小（8 或 16 个，只需要 3 或 4 比特来索引到该预编码矩阵条目），这样可以大量节约资源。$12N_tN_r$ 在每个相干时间和相关带宽内无须反馈比特数据（上例中需要 192 比特），接收机仅需要反馈 3 或 4 比特，节约了几乎两个数量级。

如果空间数据流的数目小于天线元数，那么采用码本的优点是进一步增强的。信道系数是一个矩阵的元素，该矩阵的大小正比于 N_tN_r。另一方面，反馈的码本索引数是 L，即基站要知道每个空间数据流使用哪个码字（预编码器设置）。

但是，好的性能仅在码本条目设计好的情况下才能达到。码本设计的基本原理是利用固有的矢量空间潜在的几何特性。注意，信道相关矩阵结构（取决于天线阵列和传播信道）影响矢量空间的特性。

接下来考虑仅反馈单个用户，且假设平坦衰落信道。到频率选择性信道的推广将在本节结尾给出。

单数据流传输反馈

首先讨论情景，基站向具有多天线的移动台发送一个单数据流。假设码本 $\mathcal{C}$（一组量化的归一预编码矢量 $\mathbf{t}$）的大小为 Q，因此一个码本条目反馈占用了 $\log_2 Q$ 比特。对于一个给定的 $\mathbf{t}^{(q)}$，移动台处可以获得的信噪比为

$$\mathrm{SNR}_q = \gamma \|\mathbf{H}\mathbf{t}^{(q)}\|_2^2 \tag{20.76}$$

其中，γ 表示在具有单位增益的单输入单输出加性高斯白噪声信道中获得的信噪比，$\mathbf{H}$ 表示传输函数矩阵 N_rN_t。接收机测量该传输函数矩阵，且定义最好的可能预编码矢量为

$$\widetilde{\mathbf{t}} = \arg\max_{\mathbf{t}^{(q)} \in \mathcal{C}} \mathrm{SNR}_q \tag{20.77}$$

其中，$\widetilde{\mathbf{t}}$ 取决于 $\mathbf{H}$，虽然没有明确写出这种依赖性。对于一个给定的（测量的）$\mathbf{H}$，移动台可以确定期望的 $\widetilde{\mathbf{t}}$，即通过对整个码本的穷搜索。

但是在码本使用前，首先要定义它的条目（显然发射机和接收机提前要知道码本）。所期望的码本要使在接收机处的平均信噪比损失最小。

$$\zeta = E_{\mathbf{H}}\left\{\gamma\|\mathbf{H}\mathbf{t}^{(\mathrm{opt})}\|_2^2 - \gamma\|\mathbf{H}\widetilde{\mathbf{t}}\|_2^2\right\} \tag{20.78}$$

可以证明损失的上界为

$$\zeta \leqslant \widehat{\zeta} \leqslant E_{\mathbf{H}}\left\{\gamma\|\mathbf{H}\|_2^2\right\} E_{\mathbf{H}}\left\{1 - \max_{\mathbf{t}^{(q)} \in \mathcal{C}} |\mathbf{v}^*\mathbf{t}^{(q)}|^2\right\} \tag{20.79}$$

其中，$\mathbf{v}$ 表示 $\mathbf{H}$ 中的右奇异矢量，与最大奇异值相对应。此外，$\hat{\zeta}$ 的上限为

$$\widehat{\zeta} \leqslant E_{\mathbf{H}}\left\{\gamma\|\mathbf{H}\|_2^2\right\}\left(\left(\frac{\delta}{2}\right)^2\left(\frac{\delta}{2}\right)^{2(N_t-1)}Q + \left[1 - \left(\frac{\delta}{2}\right)^{2(N_t-1)}Q\right]\right) \tag{20.80}$$

其中，

$$\delta = \min_{p \neq q}\sqrt{1 - |[\mathbf{t}^{(q)}]^\dagger \mathbf{t}^{(p)}|^2} \tag{20.81}$$

即 $\mathbf{t}^{(p)}$ 和 $\mathbf{t}^{(q)}$ 子空间距离的最小值。找到最优码本意味着使子空间最小距离最大化，这个问题与所谓的格拉斯曼（Grassmannian）空间装箱原理有关。对于 $N_t = 2$ 和 $Q = 4$，码本的例子如表 20.2 所示。

表 20.2 对于 $N_t = 2$，$Q = 4$ 的有限反馈的码本条目[Love et al. 2003]

q	$t_1^{(q)}$	$t_2^{(q)}$
1	$-0.1612 - 0.7348j$	$-0.5135 - 0.4128j$
2	$-0.0787 - 0.3192j$	$-0.2506 + 0.9106j$
3	$-0.2399 + 0.5985j$	$-0.7641 - 0.0212j$
4	-0.9541	0.2996

注意，码本设计不是唯一的，与一个恒定相位的数相乘(对所有的条目)也不会改变信噪比(在接收机中可以消除乘以的因子)。

上面的码本推导是基于信道为独立同分布的复高斯衰落信道。现在考虑发射机和接收机的信道是相关的情况，考虑 7.4.7 节的克罗内克模型，

$$\mathbf{H} = \mathbf{R}_{RX}^{1/2} \mathbf{G}_G \mathbf{R}_{TX}^{1/2} \tag{20.82}$$

其中，$\mathbf{G}_G$ 是一个矩阵，每个元素服从独立同分布的复高斯过程。需要凭借直觉的是，发送相关应当对码本有很大的影响，因为相关矩阵和发送的角度具有一定的关系。显然，在没有传播能量的方向上进行非常细的量化没有什么意义。这个观点可以通过下面的预编码器设计方法来进行定量表示：码本矢量 $\hat{\mathbf{t}}^{(q)}$ 是不相关情况下的码本矢量，用相关矩阵调节为

$$\hat{\mathbf{t}}^{(q)} = \frac{\mathbf{R}_{TX}^{\dagger/2} \mathbf{t}^{(q)}}{\|\mathbf{R}_{TX}^{\dagger/2} \mathbf{t}^{(q)}\|_2} \tag{20.83}$$

但是，注意该过程要求发射机和接收机已知发射机的相关矩阵。

一个更简单的码本只包括离散傅里叶变换矩阵的系数。在这种情况下，码本的条目仅指向不同的方向。如果信号的角度扩展很小，那么这种码本明显表现得很好，这种情况常出现在宏小区基站处。

空时分组码和空间复用的反馈

当发射机利用正交空时分组编码时，预编码码本的设计变得更复杂。在这种情况下，预编码矢量 $\mathbf{t}$ 要被大小为 $N_t \times \tilde{L}$ 的预编码矩阵 $\mathbf{T}$ 所代替，其中 $\tilde{L}$ 为空时码的维数(即 Alamouti 码为 2)。优化的目的仍是使接收机处的总信噪比最大化(注意仅存在单个数据流，即空时编码后的)

$$SNR_q = \gamma \|\mathbf{H}\mathbf{T}^{(q)}\|_2^2 \tag{20.84}$$

由于量化导致信噪比损失的界表示为

$$\zeta = E_{\mathbf{H}} \left\{ \gamma \|\mathbf{H}\mathbf{T}^{(opt)}\|_2^2 - \gamma \|\mathbf{H}\tilde{\mathbf{T}}\|_2^2 \right\} \leqslant E_{\mathbf{H}} \left\{ \gamma \lambda_1^2(\mathbf{H}) \right\} \left\{ \tilde{L} + \left(\frac{\delta}{2\sqrt{\tilde{L}}} \right)^{2N_t \tilde{L} + \mathcal{O}(N_t)} Q \left[\left(\frac{\delta}{2} \right)^2 - \tilde{L} \right] \right\} \tag{20.85}$$

其中，最小的子空间距离定义为最小的弦距离

$$\delta = \min_{p \neq q} \frac{1}{\sqrt{2}} \|\mathbf{T}^{(p)}(\mathbf{T}^{(p)})^{\dagger} - \mathbf{T}^{(q)}(\mathbf{T}^{(q)})^{\dagger}\|_F \tag{20.86}$$

码本的条目不是唯一的，显然与一个酉矩阵相乘不会改变 $\mathbf{T}$ 的特性。这与单数据流的情况类似，乘以一个恒定相位的数不改变最佳性。

有人可能会问，在反馈可以使用的设置下，为什么要考虑空时块编码，特别是 Alamouti 码？毕竟 Alamouti 码比最大比值传输(与基于反馈的波束成形近似)要差。但是，有一些情况下，信道状态信息变得不确定(由于噪声)或很快过时。在这种情况下，利用空时编码带来的额外的分集来补充基于部分信道状态信息的波束成形是有益的。如果平均信道状态信息是可

用的,那么在传输前预编码器应适当地对传输信号"着色"(即与相关矩阵信息匹配)。

当在传输中使用空时复用时,找到最优预编码码本变得更困难,对于不同的接收机的类型,有不同的优化准则。

最后,注意发射机的天线选择可以看成带有简单预编码器设置的预编码($\mathbf{T}$ 的条目为 1 或 0)。因此,预编码器设置的反馈也很简单。

频率选择性信道反馈

考虑一个正交频分复用系统工作在频率选择性信道中。穷举尝试法将会对每个子载波分别独立地反馈一个码本条目。但是,由于相邻子载波的信道是相关的,这将会很浪费。这样,凭直觉的改进是将子载波分组,仅反馈每个组的索引(如中心处子载波组的索引)。更复杂的方法是使用内插(每组乘以一个不同相位的因子,该相位因子也要被反馈)。

20.3　多用户 MIMO

现在将注意力转向在一个小区中,当基站与多个用户同时通信时,MIMO 系统如何工作这个问题。如下面所看到的,该情况要求采用一些新的模式,使用多天线提供的自由度。事实上,将要讨论的很多问题与空分多址(见 20.1.5 节和 20.1.7 节)的关系比与 20.2 节讨论的单用户 MIMO 的关系更紧密。

图 20.21 概述了下面所考虑的系统模型。一个单基站具有 N_{BS} 个天线,与 K 个各具有 $N_{\mathrm{MS}}^{(k)}$ 个天线的移动台通信。假设 $N_{\mathrm{BS}} > N_{\mathrm{MS}}^{(k)}$,但 $N_{\mathrm{BS}} < \sum_k N_{\mathrm{MS}}^{(k)}$。这在蜂窝网络中很常见,也是最令人关注的多用户 MIMO 场景。一个典型的第四代小区 $N_{\mathrm{BS}} = 8$,$N_{\mathrm{MS}}^{(k)} = 2$,且 $K = 20$。没有要求所有移动台是同时活跃的;而基站可以根据它们的信道状态调度与具体用户通信。但是,对不同的用户必须满足某种公平性准则和延迟准则。

简单地把多用户 MIMO 系统想象成一个单用户系统,该单用户系统接收机的天线分布在不同的位置。该观点在很多方面是很有用的,但必须持保留态度,因为这尤其对于下行链路的情况可能导致一些错误结论。单用户 MIMO 和多用户 MIMO 的关键不同点如下。

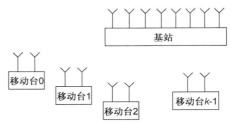

图 20.21　多用户 MIMO 系统模型

- 跨层设计(调度)是关键,可以大幅降低由于信道状态的特殊性导致总容量下降的概率。如果移动台数多于基站的天线数(一个蜂窝小区的典型情况),采用一个正确的调度算法就能大幅降低两个用户信道线性相关的概率(该线性相关性可能导致空分复用对这两个用户无效)。

- 发射机的信道状态信息对下行多用户 MIMO 系统的性能影响巨大。人们可能感到疑惑为什么该信息对下行多用户 MIMO 的性能如此重要,毕竟在单用户情况下有无该信息对系统容量的影响可以忽略。如果不同的移动台可以在信号接收中进行合作,那么有没有发射机的信道状态信息确实没区别;由于假定 $N_{\mathrm{BS}} < \sum_k N_{\mathrm{MS}}^{(k)}$,接收机可以译出所有基站发出的数据流。但是,实际中移动台不能合作,且每个移动台能译出最多 $N_{\mathrm{MS}}^{(k)}$ 个数据流。这样在没有发射机的信道状态信息时,可能发生下面的情况:(i)基站仅发送

$\min\limits_{k} N_{\mathrm{MS}}^{(k)}$ 个数据流,严重限制了下行容量;(ii)基站发送 N_{BS} 个数据流,但是由于移动台不能译出很多数据流,每个移动台处的信干噪比会非常差,因而容量就很低。但是,如果基站知道发射机的信道状态信息,就能将不同方向的不同移动台的不希望的数据流"置零",这样发送更多数据流仍能保证每个移动台处具有较好的信干噪比。

20.3.1　性能限制

第一步,我们想探讨多用户 MIMO 的基本极限,即可以支持多少用户,工作在什么速率。我们将不讨论信息理论的详细概念,而主要讨论从单用户 MIMO 和智能天线中得到的一些直观的结果。

上行链路

首先考虑上行链路。K 个移动台,每个移动台具有 $N_{\mathrm{MS}}^{(k)}$ 个天线,且基站具有 N_{BS} 个天线。每个移动台能够发送多个数据流,或能够从多个天线上发送一个数据流。很明显这种安排与具有 $\sum\limits_{k} N_{\mathrm{MS}}^{(k)}$ 个发射天线和 N_{BS} 个接收天线的单用户 MIMO 很类似。仅有的不同点,是不同移动台在发送它们的消息时不能合作,但是这几乎不影响容量。考虑极端的情况,每个移动台仅有一个天线,那么系统与 H-BLAST 系统相同;只要允许不同天线的传输速率不同,则 H-BLAST 系统可以达到容量。这样上行链路系统的容量随着基站天线数 N_{BS} 增加而增加(记住假设 $N_{\mathrm{BS}} < \sum\limits_{k} N_{\mathrm{MS}}^{(k)}$)。在基站处的接收机可以是将逐个干扰抵消和最小均方误差接收组合的 H-BLAST 接收机。

对于不同用户的最优功率分配,是根据"迭代注水"原理进行的分配[Yu et al. 2004],可利用下面的算法迭代至收敛:

- 对于 $k = 1$ 至 K,
  ○ 对于一个给定用户 k,计算噪声和其他用户干扰的协方差矩阵;
  ○ 根据 20.2.5 节描述的注水准则获得最佳信号相关矩阵。

下行链路

下面来讨论下行链路。在第 k 个移动台处的接收信号 $\mathbf{r}^{(k)}$ 为

$$\mathbf{r}^{(k)} = \mathbf{H}^{(k)}\tilde{\mathbf{s}} + \mathbf{n} \tag{20.87}$$

其中,$\tilde{\mathbf{s}}$ 是发送给用户的信号;对于所有不同的用户,$\tilde{\mathbf{s}} = \sum\limits_{k} \tilde{\mathbf{s}}^{(k)}$,它包括一个数据的叠加。对于不同的用户,$\tilde{\mathbf{s}}^{(k)}$ 是线性或非线性编码后的信号流。接收机即移动台,不能合作来进行数据流译码。这对于实际的实现比无法进行合作编码有更重大的影响。对干扰抑制而言,译码器能访问所有数据流是关键。因此,避免干扰仅有一种方法,即通过发射机预编码来消除接收机处的干扰(需要发射机的信道状态信息)。

20 世纪 80 年代已得到一个不寻常的的结果:如果发射机已知干扰,那么期望信号可以通过预编码使接收机"看"不到任何干扰。该方法也称为"在污纸上书写",能实现或接近这种干扰抑制的编码称为"污纸编码"或"科斯塔斯编码"。这个名字由其原理得名。如果一个人知道纸上污垢的位置,就能在不会掩盖字迹的位置书写[Peel 2003]。关于进行污纸编码的近似有很多方法,如通过 TH(Tomlinson-Harashima)预编码。

当进行多数据流编码时,按照怎样的顺序来进行数据流编码是很重要的。第 k 个移动台的编码器处理把来自其他移动台 $1, \cdots, k-1$ 的数据流的干扰当成已知量(可以完全被抑制),而把用户 $k+1, \cdots, K$ 的干扰当成噪声。因此,首先编码的数据流具有低的信干噪比,而后面

编码的数据流具有高的信干噪比。这种情况在上行链路也是一样(有一个逐个干扰消除的接收机),其中第一个解码的数据流具有低的信干噪比,而后来解码的数据流(从"干净"信号中获得的)具有高的信干噪比。

20.3.2 调度

如果用户的数据流数目大于 N_{BS},那么基站要确定在给定时间内哪些用户是它想要服务的。服务的准则可能是总吞吐量最高(不考虑公平性),或可能想要保证每个用户工作在数据速率最小状态。选择用户的不同方法(可能在某些时隙内将用户分组)导致总容量和服务质量的不同。原则上最优的准则需要对所有的调度分配进行穷举搜索,如果用户数很大,则这种方法是不可行的。因此,一般进行"贪婪"搜索,其中第一个被选择的用户能获得最高总容量。下一个用户从剩余的用户中选择,选择能够使容量增加最大的用户。仿真结果表明,这种贪婪算法给出的性能非常接近最优调度。

20.3.3 上行链路线性预编码

多用户 MIMO 处理中最简单的实现是基于发射机和接收机的线性处理。接收机(基站)已知所有可用的信号,可以对干扰抑制进行最优(线性)处理。最佳的发送和接收权重相互依赖(在移动台处改变发射机权重,改变基站处所有用户的有用功率和干扰),因此最优权重的迭代求解是必要的。求解的详细过程取决于优化准则;下面考虑使总均方误差最小的准则。

均方误差可以写成

$$
\mathrm{MSE} = \mathrm{tr}\bigg\{ \sum_{k=1}^{K} \bigg\{ \sum_{j=1}^{K} (\mathbf{T}^{(j)})^{\dagger} (\mathbf{H}^{(j)})^{\dagger} \mathbf{W}^{(k)} (\mathbf{W}^{(k)})^{\dagger} \mathbf{H}^{(j)} \mathbf{T}^{(j)} - (\mathbf{T}^{(k)})^{\dagger} (\mathbf{H}^{(k)})^{\dagger} \mathbf{W}^{(k)}
$$
$$
- (\mathbf{W}^{(k)})^{\dagger} \mathbf{H}^{(k)} \mathbf{T}^{(k)} + \mathbf{I} + \sigma_{\mathrm{n}}^{2} (\mathbf{W}^{(k)})^{\dagger} \mathbf{W}^{(k)} \bigg\} \bigg\} \tag{20.88}
$$

其中,$(\mathbf{W}^{(k)})^{\dagger}$ 是第 k 个用户的接收矩阵。那么目标就是在功率受限时使均方误差最小化

$$
\mathrm{tr}\left\{ (\mathbf{T}^{(k)})^{\dagger} \mathbf{T}^{(k)} \right\} \leqslant P_{k}^{\max} \tag{20.89}
$$

发射机的权值是所有用户的接收权值的函数,而最优接收机权值取决于所有用户的发送权值。因此,接收机权值和发送权值可以通过如下步骤迭代计算。

1. 更新所有用户($k = 1, \cdots, K$)

$$
(\mathbf{W}^{(k)})^{\dagger} = (\mathbf{T}^{(k)})^{\dagger} (\mathbf{H}^{(k)})^{\dagger} \left[\sigma_{\mathrm{n}}^{2} \mathbf{I} + \sum_{j=1}^{K} \mathbf{H}^{(j)} \mathbf{T}^{(j)} (\mathbf{T}^{(j)})^{\dagger} (\mathbf{H}^{(j)})^{\dagger} \right]^{-1} \tag{20.90}
$$

2. 更新所有用户($k = 1, \cdots, K$)

$$
\mathbf{X}^{(k)}(\mu_{k}') = \left[\mu_{k}' \mathbf{I} + \sum_{j=1}^{K} (\mathbf{H}^{(k)})^{\dagger} \mathbf{W}^{(j)} (\mathbf{W}^{(j)})^{\dagger} \mathbf{H}^{(k)} \right]^{-1} (\mathbf{H}^{(k)})^{\dagger} \mathbf{W}^{(k)} \tag{20.91}
$$

$$
\mu_{k} = \max \left[\arg_{\mu_{k}'} \left(\mathrm{tr}\left\{ \mathbf{X}^{(k)}(\mu_{k}') \left(\mathbf{X}^{(k)}(\mu_{k}') \right)^{\dagger} \right\} = P_{k}^{\max} \right), 0 \right] \tag{20.92}
$$

$$
\mathbf{T}^{(k)} = \left[\mu_{k} \mathbf{I} + \sum_{j=1}^{K} (\mathbf{H}^{(k)})^{\dagger} \mathbf{W}^{(j)} (\mathbf{W}^{(j)})^{\dagger} \mathbf{H}^{(k)} \right]^{-1} (\mathbf{H}^{(k)})^{\dagger} \mathbf{W}^{(k)} \tag{20.93}
$$

典型地,10 到 20 次迭代足够收敛。

20.3.4 下行链路线性预编码

对于下行链路,线性预编码是最容易实现的方法。关于发射机处的波束成形(线性预编码),对于第 k 个用户的总发射信号是源信号,乘以一个波束成形矩阵 $\mathbf{T}^{(k)}$ 为

$$\tilde{\mathbf{s}}^{(k)} = \mathbf{T}^{(k)}\mathbf{s}^{(k)} \tag{20.94}$$

其中,$\mathbf{T}^{(k)}$ 是第 k 个用户的预编码矩阵(波束成形器)。第 k 个用户的信号的相关矩阵为 $\mathbf{R}_{\tilde{s}\tilde{s}}^{(k)} = E\{\tilde{\mathbf{s}}^{(k)}\tilde{\mathbf{s}}^{(k)\dagger}\}$,对第 k 个用户的功率分配为 $P_k = \mathrm{tr}\{\mathbf{R}_{\tilde{s}\tilde{s}}^{(k)}\} = \mathrm{Tr}\{\mathbf{T}^{(k)}\mathbf{T}^{(k)\dagger}\}$,由于假设调制符号具有归一化能量 $\mathbf{R}_{ss}^{(k)} = \mathbf{I}$。通常基站的总发射功率限制为 $\sum_k P_k \leqslant P_{\max}$。

块对角化

考虑每个移动台具有多个天线($N_r^{(k)} \geqslant 1$)且基站给每个用户发送 $N_r^{(k)}$ 个数据流的情况。一种简单的解决方案可以通过利用维度限制 $\sum_k N_r^{(k)} = N_t$ 来完成。该限制与将多个移动台表示为一个"分布式阵列"情况类似,维数限制保证了数据流数不超过可以解调信号的接收机数。用 20.1 节的语言来表达就是:每个天线都被看成一个独立的(单天线)用户,基站的预处理保证了到达天线的数据流能更好地分离。这减轻了移动台的设计复杂度,移动台无须做任何额外的处理。

但是,$\sum_k N_r^{(k)} = N_t$ 的限制实际上是很严格的。根据该限制,在移动台处增加接收天线就减小了在给定时间点传输的用户数;这显然是个不合理的限制,因为增加额外的天线可以提高接收质量。然而,这个限制是限制向移动台传输的数据流数,向不同移动台发送的数据流仍要在基站处利用适当的波束成形来保持分离。

利用块对角化技术[Spencer et al. 2004b]可以保持不同移动台的数据流相互分离。定义每个用户的干扰信道矩阵 $\tilde{\mathbf{H}}^{(k)}$ 为

$$\tilde{\mathbf{H}}^{(k)} = [(\mathbf{H}^{(1)})^T, \cdots (\mathbf{H}^{(k-1)})^T (\mathbf{H}^{(k+1)})^T, \cdots (\mathbf{H}^{(K)})^T]^T \tag{20.95}$$

位于 $\tilde{\mathbf{H}}^{(k)}$ 的零空间的任何预编码矩阵 $\mathbf{T}^k$ 给出了一个解决方案,即发送给其他移动台的数据流不影响第 k 个移动台。因此,现在出现一个新的维度限制。令 J_k 表示 $\tilde{\mathbf{H}}^{(k)}$ 的秩。那么要完成对角化,需要满足下式:

$$N_t > \max_k (J_1, J_2, \cdots, J_K) \tag{20.96}$$

如果传播信道都是满秩的,这就意味着发射天线数必须不小于数据流数。定义 $\tilde{\mathbf{H}}^{(k)}$ 的奇异值分解为

$$\tilde{\mathbf{H}}^{(k)} = \tilde{\mathbf{U}}^{(k)}\tilde{\mathbf{\Sigma}}^{(k)}[\tilde{\mathbf{V}}_{\mathrm{fc}}^{(k)} \quad \tilde{\mathbf{V}}_{\mathrm{lc}}^{(k)}]^\dagger \tag{20.97}$$

其中,$\tilde{\mathbf{V}}_{\mathrm{fc}}^{(k)}$ 包含了前面的 J_k 个右奇异矢量,$\tilde{\mathbf{V}}_{\mathrm{lc}}^{(k)}$ 包含了后面的 $N_t - J_k$ 个右奇异矢量;这样 $\tilde{\mathbf{V}}_{\mathrm{lc}}^{(k)}$ 形成了 $\tilde{\mathbf{H}}^{(k)}$ 的零空间的一个标准正交基。定义一个新的"总体有效的信道矩阵"

$$\hat{\mathbf{H}} = \begin{bmatrix} \mathbf{H}^{(1)}\tilde{\mathbf{V}}_{\mathrm{lc}}^{(1)} & \mathbf{0} & \mathbf{0} \\ \mathbf{0} & .. & \mathbf{0} \\ \mathbf{0} & \mathbf{0} & \mathbf{H}^{(K)}\tilde{\mathbf{V}}_{\mathrm{lc}}^{(K)} \end{bmatrix} \tag{20.98}$$

下面求解该总体有效矩阵的奇异值分解;由于 $\hat{\mathbf{H}}$ 为块对角结构,可以通过一种有效的方式(一块一块地)来完成。对于第 k 块,

$$\hat{\mathbf{H}}^{(k)} = \hat{\mathbf{U}}^{(k)}\begin{bmatrix} \hat{\mathbf{\Sigma}}^{(k)} & \mathbf{0} \\ \mathbf{0} & \mathbf{0} \end{bmatrix}[\hat{\mathbf{V}}_{\mathrm{fc}}^{(k)} \quad \hat{\mathbf{V}}_{\mathrm{lc}}^{(k)}]^\dagger \tag{20.99}$$

那么总波束成形/功率分配矩阵为

$$\mathbf{T} = \begin{bmatrix} \widetilde{\mathbf{V}}_{\text{lc}}^{(1)} \widehat{\mathbf{V}}_{\text{fc}}^{(1)} & \widetilde{\mathbf{V}}_{\text{lc}}^{(2)} \widehat{\mathbf{V}}_{\text{fc}}^{(2)} & \cdots\cdots & \widetilde{\mathbf{V}}_{\text{lc}}^{(K)} \widehat{\mathbf{V}}_{\text{fc}}^{(K)} \end{bmatrix} \Lambda^{1/2} \qquad (20.100)$$

其中，Λ 是对角矩阵，它表示对每个元素进行注水功率分配：

$$\begin{bmatrix} \widehat{\Sigma}^{(1)} & & & \mathbf{0} \\ & \widehat{\Sigma}^{(2)} & & \\ & & \cdots & \\ \mathbf{0} & & & \widehat{\Sigma}^{(K)} \end{bmatrix} \qquad (20.101)$$

协同波束成形

注意，如果接收机有一个线性滤波器，那么 $\mathbf{H}^{(j)}$ 应当被滤波器和信道矩阵的串联来代替。因此，$\widetilde{\mathbf{H}}^{(k)}$ 的秩受接收机中所有滤波器的影响。令第 k 个移动台的信号乘以一个矩阵 $\mathbf{W}^{(k)\dagger}$。那么总接收信号变为

$$\mathbf{r}^{(k)} = \mathbf{W}^{(k)\dagger} \mathbf{H}^{(k)} \mathbf{T}^{(k)} \mathbf{s}^{(k)} + \mathbf{W}^{(k)\dagger} \mathbf{H}^{(k)} \sum_{l \neq k} \mathbf{T}^{(l)} \mathbf{s}^{(l)} + \mathbf{W}^{(k)\dagger} \mathbf{n} \qquad (20.102)$$

上式等号右边第二项表示干扰。本质上，接收机处理意味着对每个用户产生一个"等效"信道 $\mathbf{W}^{(k)\dagger} \widetilde{\mathbf{H}}^{(k)}$。改变这个等效信道间接地需要改变发送波束成形矩阵。这样，权值 $\mathbf{T}$ 和 $\mathbf{W}$ 的计算不得不以迭代的方式完成：开始于一组 $\mathbf{W}^{(k)\dagger}$（例如，对第 k 个移动台的最大比值合并的权值），根据上面描述的一种策略计算最优发送权值。用新 $\mathbf{T}$ 来计算移动台处的信号统计信息，根据某种准则（如最小均方误差）重新计算最优的线性权值。这些接收机的新权值构造了一组新的等效信道，作为 $\mathbf{T}$ 再重新计算的基础，继续进行迭代等处理。当权值（或性能）的变化较小时，终止迭代。

图 20.22 给出了采用各种不同预编码方法时，系统容量与用户数之间的关系。可以看到，对于一个单纯的信道求逆情况，容量先随用户数的增加而增加，但是当 K 接近基站处的天线元数时容量开始下降。这是由于病态信道矩阵的出现概率增加。当接收机有更多天线时，信道求逆和规则化的信道求逆之间的差异变得很小（见图 20.23）。

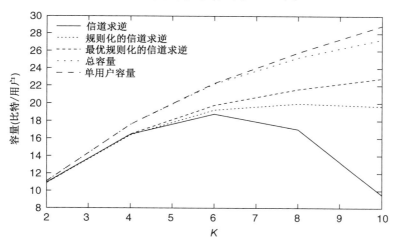

图 20.22　采用各种不同预编码方法的情况下，当移动台只有一个天线时，多用户 MIMO 系统容量随用户数 K 的变化，$N_t = 10$，$\gamma = 10$ dB。引自 Tsoulos[2006] © CRC Press

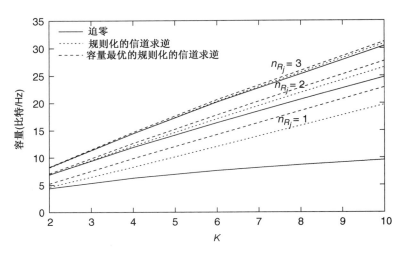

图 20.23　采用各种不同预编码方法的情况下，当移动台有多个天线时，多用户 MIMO 系统容量随用户数K的变化。$N_t = 10$，$\gamma = 10$ dB。引自Tsoulos[2006]© CRC Press

联合维纳滤波

块对角化可以看成迫零的一般化形式。类似地，信道规则化(目的是使接收机处的均方误差最小)可以推广到联合维纳滤波。通常，度量均方误差定义为

$$\mathrm{MSE}_k = \mathbb{E}\left[\|\mathbf{r}_k - \mathbf{z}_k\|^2\right] \tag{20.103}$$

其中，期望是对所有随机数据矢量 $\{\mathbf{s}_k\}_{k=1}^K$ 和噪声 $\{\mathbf{n}_k\}_{k=1}^K$ 求均值。那么最优问题是

$$\left\{\mathbf{T}_k^{\mathrm{opt}}\right\}_{k=1}^K = \arg \min_{\{\mathbf{T}_k\}_{k=1}^K} \sum_k \mathrm{MSE}_k \qquad k = 1, \cdots, K$$

$$满足 \;\; \mathrm{Tr}\left\{\sum_k \mathbf{T}_k^\dagger \mathbf{T}_k\right\} \leqslant P_{\max} \tag{20.104}$$

为了解决该最优问题，对下面的矩阵进行特征值分解

$$\mathbf{H}_k^\dagger \left[\sigma_n^2 \mathbf{I} + \sum_{j \neq k} \mathbf{H}_i \mathbf{T}_j \mathbf{T}_j^\dagger \mathbf{H}_j^\dagger\right] \mathbf{H}_k = [\mathbf{V}_k \quad \overline{\mathbf{V}}_k] \begin{bmatrix} \Lambda_k & \\ & \overline{\Lambda}_k \end{bmatrix} [\mathbf{V}_k \quad \overline{\mathbf{V}}_k]^\dagger \tag{20.105}$$

其中，$\mathbf{V}_k$ 是维数为 $\mathbf{H}_k$ 的方阵，那么最优预编码矩阵为

$$\mathbf{T}_k = \mathbf{V}_k \begin{bmatrix} 0 & 0 & .. & 0 & \xi_{1,k} & 0 & 0 \\ .. & .. & .. & .. & 0 & .. & 0 \\ 0 & .. & .. & 0 & 0 & 0 & \xi_{L,k} \end{bmatrix} \tag{20.106}$$

其中，L 是空间数据流数且

$$\xi_{i,k} = \max\left[\frac{1}{\mu^{1/2}[\Lambda_k]_{i,i}^{1/2}} - \frac{1}{[\Lambda_k]_{i,i}}, 0\right] \tag{20.107}$$

选择 μ 以满足总功率的限制。

对于一个给定的发送预编码器，最优的接收机滤波器矩阵是维纳滤波器

$$\mathbf{W}_k = \left[\mathbf{H}_k \mathbf{T}_k \mathbf{T}_k^\dagger \mathbf{H}_k^\dagger + \left[\sigma_n^2 \mathbf{I} + \sum_{j \neq k} \mathbf{H}_i \mathbf{T}_j \mathbf{T}_j^\dagger \mathbf{H}_j^\dagger\right]\right]^{-1} \mathbf{H}_k \mathbf{T}_k \tag{20.108}$$

联合泄漏抑制

在联合泄漏抑制中，设计预编码矩阵是为了使第 k 个移动台的接收期望信号的功率和总的噪声与第 k 个用户对其他用户的总干扰功率（泄漏的）之和的比值（这不同于第 k 个移动台处的信干噪比）最大化。该准则的关键动机是它允许比接收机处的信干噪比更简单的优化（通常在闭环模式）。但是，最大化信漏噪比（SLNR）的系统的性能略差于最大化信干噪比系统的性能。第 k 个用户的 SLNR 为

$$\mathrm{SLNR}_k = \frac{E\{\mathbf{s}_k \mathbf{T}_k^\dagger \mathbf{H}_k^\dagger \mathbf{H}_k \mathbf{T}_k \mathbf{s}_k\}}{N_\mathrm{r}\sigma_\mathrm{n}^2 + E\{\sum_{i \neq k}\sum_{j \neq k}\mathbf{s}_k \mathbf{T}_k^\dagger \mathbf{H}_i^\dagger \mathbf{H}_j \mathbf{T}_k \mathbf{s}_k\}} \tag{20.109}$$

它可以简化为

$$\mathrm{SLNR}_k = \frac{\mathrm{Tr}\{\mathbf{T}_k^\dagger \mathbf{H}_k^\dagger \mathbf{H}_k \mathbf{T}_k\}}{\mathrm{Tr}\{\mathbf{T}_k^\dagger \left[N_\mathrm{r}\sigma_\mathrm{n}^2\mathbf{I} + \widetilde{\mathbf{H}}_k^\dagger \widetilde{\mathbf{H}}_k\right]\mathbf{T}_k\}} \tag{20.110}$$

这样，基站需要找到 $\mathbf{T}_k$ 在发射功率限制 $\mathrm{Tr}\{\mathbf{T}_k^\dagger \mathbf{T}_k\} = P_{\max}$ 的条件下，使 SLNR_k 最大的预编码矩阵 R_k。注意，这里假设不存在功率控制，因此每个用户的功率固定为某个值，这样就减低了不同用户的优化程度。下面定义一个辅助矩阵 $\mathbf{A}$ 满足

$$\mathbf{A}_k^\dagger \mathbf{H}_k^\dagger \mathbf{H}_k \mathbf{A}_k = \Lambda_k$$
$$\mathbf{A}_k^\dagger \left[N_\mathrm{r}\sigma_\mathrm{n}^2\mathbf{I} + \widetilde{\mathbf{H}}_k^\dagger \widetilde{\mathbf{H}}_k\right]\mathbf{A}_k = \mathbf{I} \tag{20.111}$$

其中，Λ_k 是具有非负元素（任意）的对角矩阵，按降序排列。那么预编码矩阵 $\mathbf{T}$ 是 $\mathbf{A}$ 的前 L_k 列。

对于每个用户仅有一个数据流的特殊情况，$L_k = 1$，波束成形矩阵变成一个矢量，且可以以一种简单的方式获得：对下面的矩阵进行特征值分解：

$$\left[N_\mathrm{r}\sigma_\mathrm{n}^2\mathbf{I} + \widetilde{\mathbf{H}}_k^\dagger \widetilde{\mathbf{H}}_k\right]^{-1}\mathbf{H}_k^\dagger \mathbf{H}_k \tag{20.112}$$

最优预编码矢量是矩阵中最大特征值对应的特征矢量。

迭代注水

如果想要使所有用户的总速率最大化，最优问题就是

$$\left\{\mathbf{T}_k^{\mathrm{opt}}\right\}_{k=1}^K = \arg\max_{\{\mathbf{T}_k\}_{k=1}^K} \sum_{k=1}^K R_k,$$

$$满足\ \mathrm{Tr}\left\{\sum_{k=1}^K \mathbf{T}_k^\dagger \mathbf{T}_k\right\} \leqslant P_{\max}, \qquad k = 1, \cdots, K \tag{20.113}$$

第 k 个移动台的用带宽归一化的信息速率为

$$R_k = \log\left|\mathbf{I}_{N_R} + \left[\sigma_\mathrm{n}^2\mathbf{I} + \sum_{j \neq k}\mathbf{H}_i \mathbf{T}_j \mathbf{T}_j^\dagger \mathbf{H}_j^\dagger\right]^{-1}\mathbf{H}_k \mathbf{T}_k \mathbf{T}_k^\dagger \mathbf{H}_k^\dagger\right| \tag{20.114}$$

对于该问题没有闭式的解，但可以通过迭代解决方案进行处理。

20.3.5　闭环系统和量化反馈

正如 20.2.11 节所讨论的，有限反馈的码本提供了一种在发送波束成形时减少反馈开销的好方法。但是，对于多用户 MIMO，该技术将会非常复杂。首先，发送预编码矢量的量化必

须比单用户的情况更精细。其原因可以通过以下方式来解释①：单用户的情况下，基站形成一个波束方向图，该方向图的最大增益指向了目标移动台。由于量化的影响，导致与最优波束图有微弱的偏差，但并不会导致重大的信噪比损失。多用户的情况下，为了在每个移动台处获得好的信干噪比，需要确保来自其他用户的信号干扰很低；换句话说，每个发送波束图需要其他用户位于波束零点。从 20.1 节可知零点对天线权重波动比"主波束"更敏感。因而，在多用户情况下量化必须更精细。

另一个因素是，由于预编码器的最优设置取决于所有用户的信道，因此移动台无法很容易地计算出使其性能最优化的预编码矩阵的设置。解决该问题的一种可行的方法是投影技术。基站首先在 $Q = K$ 个不同的波束矢量上发送一些训练序列。那么第 k 个移动台形成的测量量为

$$\gamma_k = \max_q \frac{|\mathbf{h}^{(k)}(\mathbf{g}^{(q)})^{\mathrm{T}}|^2}{\sigma_n^2 + \sum_{p \neq q} |\mathbf{h}^{(k)}(\mathbf{g}^{(p)})^{\mathrm{T}}|^2} \qquad (20.115)$$

在没有功率控制的条件下，如果基站对于某个移动台采用最优的波束发送，而对其他的所有移动台在不同的波束上发送，该移动台就很容易获得最大信干噪比。然后第 k 个移动台仅反馈实现该信干噪比的索引 q。当然，当两个移动台要求相同的波束时会出现问题。该问题可以这样解决：通过要求每个移动台发送最优和次最优的波束索引，基站利用"退却解决方案"使某个移动台获得可接受的(虽然不是最优的)信干噪比。

根据 20.1.9 节描述的"随机波束成形"的思路，改变波束到投影的方向是有益的。换句话说，$\mathbf{g}^{(q)}$ 可以随机产生。然后，对每个移动台"找"一个信道，使信干噪比最大的概率分布得更均匀，这样增加它们的吞吐量。

如果基站已知长期信道状态信息(相关矩阵)，则可以调整矢量 $\mathbf{g}^{(q)}$ 来降低波束不与其他任何用户对准的概率。在用户很少的情况下，这是尤其重要的，因为用户在空间中通常不是均匀分布的。

20.3.6　基站协作

在蜂窝系统中，多用户的存在会产生多用户干扰，影响系统容量，降低单用户可能的数据速率。Catreux et al.［2001］通过考察具有最小均方误差检测的时分多址蜂窝系统，首先对这个问题进行了研究。在这些假设下，可以证明 MIMO 系统的蜂窝容量很难大于仅在基站具有多天线系统的容量(正如 20.1 节的讨论)。这些令人吃惊的结果的原因是，在仅有基站处具有多天线的蜂窝系统中，这些天线可以用于抑制相邻小区的干扰，从而减小了复用的距离。对于 $N_r = N_t$ 的一个 MIMO 蜂窝系统，由基站多天线获得的自由度都用于分离来自一个用户的多流数据，而没有用于干扰用户的抑制。这样，既不能使用空分多址，也不能使用干扰抑制的空间滤波来增加小区容量(注意，这些技术可以很容易地使容量增大 2 倍或 3 倍)。

但是，看起来可能通过组合 MIMO 和其他技术来抑制多址干扰。例如，多用户干扰可以通过基站协作来消除。对于上行链路，合作的基站可以看成一个链路终端带有 $N_r N_{\mathrm{BS}}$ 个天线的巨大的 MIMO 系统，其中 N_{BS} 表示合作的基站数。这种系统的容量可以通过在式(20.36)中插入广义信道矩阵来近似。

对于下行链路，如果基站协作且每个基站拥有所有移动台的信道状态信息，干扰基站的影

---

① 也比较了 20.1 节描述智能天线的波束成形。

响就可以通过适当的预处理达到最小化。这些方法在数学上与应用于多用户 MIMO 的方法类似。与多基站系统的基本区别就是到达非期望移动台的干扰基本上是异步的。假设在协作的基站之间时间是完全同步的，时间超前机制可以保证从多个基站发送给一个移动台的期望信号同时到达该移动台。但是，非期望的信号将不再同时到达。这导致了干扰统计特性的变化，且需要修改计算预编码系数的方法。与多用户 MIMO 相比，另外一个关键的不同是有多个功率限制，对于每个基站都有一个功率限制，从而使预编码器的设计更加复杂。

基站协作在文献中也称为"网络 MIMO"或"协作的多点"（CoMP）。由于基站协作可以极大地提升性能，尤其是在小区边缘，人们期望基站协作在第四代蜂窝系统中得到应用。

深入阅读

Godara[1997]，Rappaport[1998]和 Tsoulos[2001]对智能天线进行了综述。智能天线系统的基础的空时处理专题，以及前面章节许多已经介绍过的一些专题（分集见第 13 章，Rake 接收机见第 18 章），在 Paulraj and Papadias[1997]中进行了综述。用于码分多址系统的智能天线在 Liberti and Rappaport[1999]中进行了论述。

对于 MIMO 系统，特别是空间多路复用方面，在 Paulraj et al.[2003]和 Tse and Visvanath[2005]中进行了很好的介绍。最近的一些书籍涵盖了 MIMO 的大部分相关论题，从基础到空时编码和接收机设计，特别值得一提的是 Oestges and Clerckx[2007]和 Biglieri et al.[2007]这两本著作，以及多人合著的 Tsoulos[2006]与 Boelcskei et al.[2008]，另外还有 Heath[2011]。评论文章 Gesbert et al.[2003]和 Diggavi et al.[2004]是对于该问题介绍的"必读"文章。对于理解 MIMO 系统中容量的基本概念、容量分布和边界的推导，论文 Foschini and Gans[1998]和 Telatar[1999]很值得一读。Andersen[2000]也在容量和分集方面给出了一些重要的直观见解。对于发射机已知信道状态信息的情况，Raleigh and Cioffi[1998]是最早的文章，读起来很有意义。在接收机无信道状态信息的情况下，MIMO 通信的发送方案是由 Marzetta and Hochwald[1999]首先提出的。Goldsmith et al.[2003]讨论了在有关信道状态信息的不同假设下，容量的理论值。信道相关性对容量的影响在 shiu et al.[2000]和 Chuah et al.[2002]中进行了分析。在频率选择性信道中，MIMO 通常与正交频分复用相结合，详见 Stueber et al.[2004]和 Jiang and Hanzo[2007]。Lozano et al.[2008]分析了 MIMO 容量的几个常见的难题。

Foschini et al.[2003]致力于研究不同的分层空时结构。Molisch and Win[2004]讨论了带有天线选择的 MIMO 系统。Diggavi et al.[2004]对空时编码进行了深入介绍，而 Tarokh et al.[1998，1999]分别对 STTC 和 STBC 给出了更多的数学分析。Jafarkhani[2005]和 Larsson and Stoica[2008]的大部分内容都是讨论空时编码的。具有开创性的文章 Love et al.[2003]讨论了 MIMO 的受限反馈的问题。Love et al.[2008]对 MIMO 的受限反馈进行了深入评述。多用户下行链路的概述可以在 Spencer et al.[2004a，2006]和 Gesbert et al.[2007]中找到。Sayed 与同事们引入了基于泄漏的预编码，详见 Sadek et al.[2007]。Yu et al.[2002]在 ADSL 环境下首先建议采用迭代注水；基于最小均方误差的多用户下行链路中的迭代注水在 Kobayashi and Caire[2006]中也进行了讨论，Zhang and Lu[2006]和 Shi et al.[2007]及其中的参考文献也都在这个方面进行了研究。基站协作的早期（虽然没公开）建议是由 Molisch[2001]给出的。Zhang and Dai[2004]回顾评述了大量的基站协作算法。

第 21 章　认知无线电

21.1　问题描述

由于频谱是一种有限的资源,因此对可用频谱的有效利用是无线系统设计的一个关键需求。由于电磁波传播特性(见第二部分),对于无线通信的目的来说,感兴趣的频率范围主要在 10 MHz 到 6 GHz 之间。虽然这听起来像是很多的频谱,但必须考虑到它是应用于各种无线业务的。此外,较低的频率范围(低于 1 GHz)最适合于大面积的无线业务,它提供了较小的绝对带宽。

对于频谱使用的管理方法,到现在一直是将一个频带分配给一个特定的服务,甚至是一个特定的运营商;而且,大多数用户使用相同的传输技术(物理层)。这种方案方便详细的网络规划和良好的服务质量,但它是对资源的一种浪费。另一种方法是认知无线电,做法是用户去适应环境,包括现有频谱的使用。为了进一步的讨论,有必要区分如下两种不同的认知无线电的定义。

- 完全的认知无线电(也称为"Mitola 无线电",为了表彰第一个提出它的人)。在这种定义中要调整所有的传输参数以适应环境,包括调制方式、多址接入方式、编码,以及中心频率、带宽和传输时间等。从科学的角度来看,虽然完全的认知无线电是很有吸引力的,但对于目前来说应用于实际时却太复杂了。
- 频谱感知认知无线电。在这种定义中根据环境仅调整传输频率、带宽和时间。这种认知无线电通常又称为动态频谱接入(Dynamic Spectrum Access,DSA)。

提出动态频谱接入的一个重要动机是基于这样一个事实,由于当前的固定分配方案,频谱并不总是被最大程度地利用。例如,当前在一个蜂窝系统的一个小区中没有活动的用户,那么在这个特定区域中的频谱就没有被使用。类似地,大多数被分配给电视传输的频谱也是没有被使用的。一般来说,这种空白频谱的问题相当普遍。例如,在美国有个调查估计在大部分区域仅仅有 15% 的频谱被使用。图 21.1(a)显示了在室外环境下最大、最小及平均的频谱使用情况,它展示出了干扰功率的巨大变化。图 21.1(b)显示了在室内环境下,频谱的使用更小,甚至在平均情况下也是如此,而这主要是因为热噪声的存在。

动态频谱接入模型可分为以下几类[Zhao and Sadler 2007]。

- 动态专用模型。使用这种模型,一个频带仍保留给特定的服务独自使用,但不同的供应商可以共享该频谱。正如 17.2.2 节所讨论的,由于中继增益的原因,共同使用一个单一的大频带(被一个单独的蜂窝运营商使用或被多个运营商联合使用)将比 N 个单独的运营商使用 N 个较小频带的频谱利用率高,可以通过交易(买/卖或者拍卖的方法)来实现频谱的共享。另一种可能是设置一个调整器,根据给定地点的使用统计情况,在专用但时变的基础上,将频谱分配给特定的用户或服务。例如,一个手机供应商也许有权在早晨使用 50 MHz 的频谱,而在中午仅仅使用 20 MHz[①]。

---

① 注意,该方法有点类似于 17.6.4 节描述的部分频率重用。在部分频率重用中,分配给一个服务和供应商的频谱是不变的,但分配给特定小区的频谱则依据业务量条件变化。

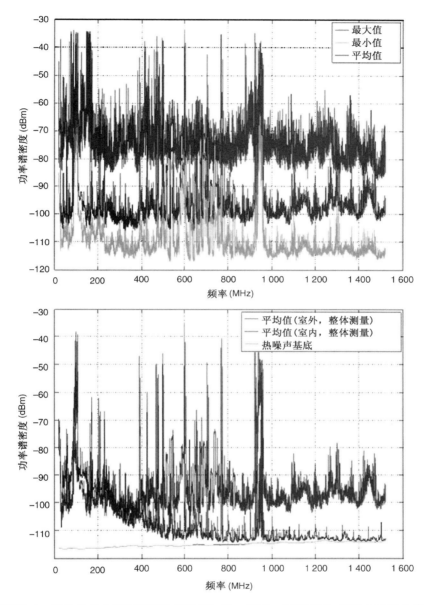

图 21.1   接收机的分辨率带宽为 200 kHz 时，在 20～1520 MHz 频带内的最大值、
最小值和平均接收功率谱密度。室外位置：德国 Aachen 的 10 层建筑的
顶部。室内位置：Aachen 的办公楼内部。引自 Wellens et al.［2007］© IEEE

- 开放共享模型。在这个模型中，所有用户可以平等地接入频谱，但要受限于发送信号的
  特性约束。这种方法如今已用于工业、科学和医疗（ISM）频段。无线保真（WiFi）设备
  在这个频段的大量出现显示了这种方法的利与弊。自从它首次被提出之后，自由接入
  和易于定型认证促成了 WiFi 的普及。然而，由于 WiFi 设备的巨大数量，使得其他设备
  （特别是医药和工业服务）以合理的服务质量运行于该频段变得几乎不太可能了。
- 分级接入模型。这种模型给不同的用户分配不同的优先权。为主用户提供的服务能使
  其感受到服务质量与专用该频谱是一样的。次级用户允许发送，但前提是不影响（或影

响不显著)主用户的性能和服务质量。次级用户自适应地决定他们能否使用被默认分配给主用户的部分频谱。也就是说,认知无线电利用分配给主用户的频谱,但也只是暂时可用。因此,它不得不首先感知当前的信道使用,然后再在不干扰当前主用户(频谱管理)的情况下确定一个传输策略。

也许有人会问,为什么主用户会同意允许次级用户使用"他们的"频谱呢? 以下是一些可能的原因。

- 收益。频谱拥有者也许可以向次级用户收取费用。文献中已经提出了拍卖系统,次级用户可以购买(实时地)短时间内使用特定部分频谱的权利。这对于某些应用是很有前途的,但由于监测和计费的费用可能会高于拍卖频谱获得的收益,因此这种方法并不合乎实际。
- 监管的要求。频率监管部门可以把某一频谱范围授权给认知设备使用,只要不会干扰主用户。这种方法适合于主用户从不付费的频谱部分,特别是电视。在美国和许多其他国家,电视台不去购买他们使用的频谱而是免费使用,这是因为他们被视为是在执行公共服务。这使得频谱监管部门易于要求电视台和其他服务在"公共利益"的条件下共存。
- 应急服务。认知无线电的另一种形式发生在紧急情况下,这时通常被视为"主用户"的服务就不得不放弃占有的频谱而供紧急服务使用。

分级认知无线电的关键原则是次级用户不干扰主用户。实现这种不干扰有三种基本方法:交织(interweaving)、填充(overlay)、下垫(underlay)。在交织方法中[①],无线电系统首先确定在某个时刻频谱没有被使用的那些部分,然后在这些频谱发送;因此,这种无线电是一种频谱感知无线电。在填充式方法中,认知无线电系统检测主用户实际发送的信号,并调整它自己的信号,从而达到即使在同一频带内传输也不会干扰主用户接收机。在下垫式方法中,次无线电系统实际上并不去适应当前的环境,但它总是保持自身的发射功率谱密度足够低,以至于对主用户的干扰可忽略。这些概念将在下文进行更详细的讨论。

21.2　认知收发信机结构

接下来考虑认知收发信机的基本机构。图 21.2 把通常的收发信机结构(比较第 10 章)分成了 3 部分:射频、模数转换和基带处理。取决于认知无线电的特定类型,这些组成部分中的一个或多个被做成自适应的。在频谱感知认知无线电中,只有射频前端和传统的接收机是不同的。图 21.3 是一个典型的射频接收机的前端,接收机的部分组成已在图 10.3 中给出。它的组成部分包括天线、低噪声放大器、本地振荡器和自动增益控制,都必须有足够宽的带宽,从而能够工作在所有认知无线电可能要工作的频率。前端还必须能够通过一个可调节的本地振荡器(例如压控振荡器)来选择认知无线电要使用的信道。

由于信道选择仅仅发生在下变频(混频)之后,因此认知无线电的一个主要挑战在于强带外信号导致射频饱和的可能性。射频部件,如低噪声放大器可由一个特定时刻不在接收机想

---

① 本书中"交织"的概念在很多文献中实际上是用"填充"(overlay)来表示的。

要解调的频带内的信号推向饱和，但该信号仍在认知无线电的整体接受频带内。减少这种强干扰的一种可能方法是在低噪声放大器之前加入一个可调的射频陷波器。然而，这种滤波器的硬件花费很高，并且其可调性是相当有限的。

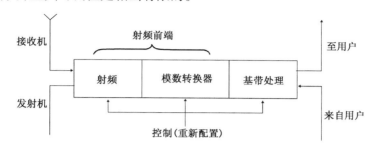

图 21.2　认知收发信机的基本结构。引自 Akyildiz et al.［2006］© Elsevier

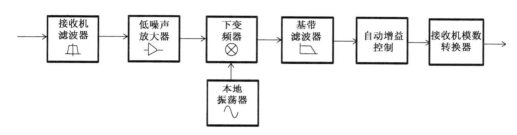

图 21.3　射频接收机前端

对于完全认知无线电来说，基带处理也应该是自适应的。这可以通过将基带处理视为软件，从而很容易在数字信号处理器上实现。因此，完全认知无线电也被很多支持者称为软件无线电。

21.3　交织原理

在交织系统中，次级用户尝试去辨识空白频谱，并且在主用户不活动的时刻/地点/频率上进行发送（见图 21.4）。这种方法可看成在时频平面进行"填孔"。很明显，这种策略包括如下 3 个步骤。

1. 频谱感知。认知无线电辨识时频平面的哪一个部分没有被主用户使用。这种感知是在有噪声的情况下进行的，因此它并不是完全可靠的。此外，确定检测到信号的辐射强度也是很重要的。21.4 节将更详细地讨论频谱感知。

2. 频谱管理。次级系统决定什么时候在频谱的哪一个部分进行发送。但这种决定是困难的，这是因为：（i）次级系统只知道频谱占用的成因性知识，即仅仅知道频谱的哪些部分在过去和现在是空闲的，但必须对主系统在将来，即次级系统将实际要发送的那个时刻是怎么工作的，做出假设（未必是正确的）；（ii）感知信息即次级系统以其为基础而做出决定的信息并不是完全正确的。频谱管理将在 21.5 节讨论。

3. 频谱共享。关于如何划分次级系统使用的空闲频谱的决定。必须指出频谱共享和频谱管理是密切相关的，频谱可能可以为特定的某个次级发射机所用，但对另一个却不可用。

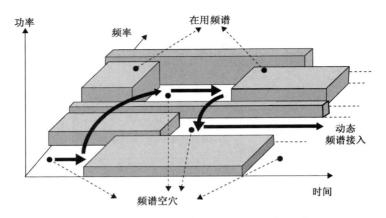

图 21.4　频谱空穴的概念。引自 Akyildiz et al. ［2006］© Elsevier

21.4　频谱感知

正如前文提到的,认知无线电的一个重要需求就是频谱感知,即检测其他用户的存在。这对于分级认知无线电特别重要,因为次级用户必须保证不干扰主用户。此外,频谱感知为频谱共享提供了重要信息。在一个特定接收机处的干扰通常用干扰温度来描述,它指的是用干扰的功率谱密度除以玻尔兹曼常数 k_B。

21.4.1　分级系统中的频谱感知

分级认知无线电系统频谱感知中的一个关键问题是,任何设备只能感知发送的辐射,因为一个完全无源的接收机对任何感知器来说都是不可见的。这是一个还没有被完全解决的重要困局,尽管已经提出了如下很多可能的方案。

1. 假定任何主设备同时扮演着发射机和接收机的角色。那么主设备的出现(或许连同其位置)就可以从这个设备的发射辐射中推断出来。注意,次级系统需要知道主设备的双工方式的知识。例如,一个频域双工的主系统在一个特定的频带内发送,那么次级系统就应该知道这个主系统将在哪个频带内进行接收。

2. 观察主接收机的杂散辐射。例如,电视接收机的本地振荡器和天线不是理想地分离,那么它们的辐射就能被次级系统观察到。这种方法的缺点是观察到信号的电平不能被很容易地映射到接收机的位置,这实际上是惩罚好的接收机设计(即没有显著杂散辐射的设计)。

3. 假设主接收机是在主传输能在一个足够解调的电平上被监听到的所有可能位置上。这种方法是极其保守的,需要被保护的接收机假定在主系统的覆盖区域内任何位置。

4. 让次级设备在任意频带内开始发送,并且监测主系统的辐射是否变化。例如,主码分多址发射机增加发射功率就意味着次级设备干扰了主接收机,因为主系统增加发射功率是为了保证信干噪比恒定。但是这种方法有两个主要缺点:(i)它至少在最开始干扰了主用户;(ii)很难把由于次级系统的干扰而引起的主发射机特性的变化和由于外界环境影响而引起的变化区分开来;(iii)它在发射机特性不随干扰改变的系统中无效(只是降低传输质量)。

5. 有一个公共控制信道传播有关频谱使用的信息。这种方法可以实现频谱的高效利用，但有一个缺点就是现有设备需要修改，使其可以在这个信道上进行信令传送。

6. 有一个主接收机的地理位置的数据库可以提供给次级系统使用。

像大多数文献一样，下文将忽略感知接收机的问题，只是假定检测主发射机就足够了。

21.4.2 探测器的类型

根据传感器拥有的关于发送波形的先验知识的多少，通常有 3 种类型的探测器用来进行感知。能量探测用于当传感器不知道信号结构的信息时；匹配滤波器有较好的性能，但仅能用于发送信号的波形为已知的情况；循环平稳性的检测是一个折中的方案，它无须关于波形的知识，并且提供比能量检测稍好的性能。必须指出的是，完全认知无线电要求匹配滤波器检测。

能量检测

如果传感器对在其感兴趣的频带内的其他用户发送的波形信息一无所知，那么它只能测量出现在该频带内的能量。如果没有用户出现，传感器就只测量热噪声的能量，否则会测量信号加噪声的能量。确定一个信号是否存在是一个经典的检测问题，可以用假设检验进行公式化描述。为了简单起见，只考虑一个单独的窄带信道，其中接收信号为

$$r_n = n_n \qquad \mathcal{H}_0 : \text{仅接收到噪声时} \tag{21.1}$$

$$r_n = h s_n + n_n : \qquad \mathcal{H}_1 : \text{接收到信号加噪声} \tag{21.2}$$

其中，r_n 和 s_n 为在时刻 n 时的接收和发送信号，且有 $E\{|s_n|^2\} = 1$。此外，h 为信道增益（假设是时间独立的），n_n 是观察到的噪声。$\mathcal{H}_0$ 和 $\mathcal{H}_1$ 是两个假设，传感器需要在它们之间做出决定。接收信号的样本可以在一段时间样例 N 上做平均，因此决策变量采用下式：

$$y = \sum_{n=1}^{N} |r_n|^2 \tag{21.3}$$

如果样本的数量很大，就是高斯随机变量，它的期望值和方差分别为[①]

$$E\{y\} = \begin{cases} N\sigma_n^2 & \mathcal{H}_0 \\ N\left[|h|^2 + \sigma_n^2\right] & \mathcal{H}_1 \end{cases} \tag{21.4}$$

$$\sigma_y^2 = \begin{cases} 2N\sigma_n^4 & \mathcal{H}_0 \\ 2N\sigma_n^2\left[2|h|^2 + \sigma_n^2\right] & \mathcal{H}_1 \end{cases} \tag{21.5}$$

判决准则是

$$y \underset{\mathcal{H}_0}{\overset{\mathcal{H}_1}{\gtrless}} \theta \tag{21.6}$$

其中，θ 是阈值。由于噪声是随机的，因此设定一个阈值，使其能够完全检测出存在的信号是不太可能的。有时会出现虚警情况，也就是说，尽管只有噪声，但决策变量超过了阈值，因此传感器就认为有信号存在。这样一个事件发生的概率为

$$P_f(\theta) = \Pr(Y > \theta | \mathcal{H}_0) = Q\left(\frac{\theta - N\sigma_n^2}{\sigma_n^2 \sqrt{2N}}\right) \tag{21.7}$$

---

① 注意，由于是能量的求和，因此其永远都不会取负值。

其中，$Q(x)$ 是在式(12.59)中定义的 Q 函数。类似地，会有漏检的情况，此时即使有信号存在但决策变量仍保持在阈值以下。这种情况发生的概率为

$$P_{\mathrm{md}}(\theta) = \mathrm{Pr}(Y < \theta | \mathcal{H}_1) = 1 - Q\left(\frac{\theta - N\left[|h|^2 + \sigma_\mathrm{n}^2\right]}{\sigma_\mathrm{n}\sqrt{2N\left[2|h|^2 + \sigma_\mathrm{n}^2\right]}}\right) \tag{21.8}$$

　　通过调整阈值，可以在虚警概率和漏检概率之间进行折中。在分级认知系统中，漏检概率通常会由频率监管部门规定，因为频谱传感器的漏检就意味着在所考虑的频带内即使有主用户活动，次级用户也会进行发送。

　　另一个有趣的问题是，在做出一个决定前，应该获得多少个感知值 N。如果数量太少，决策变量的方差就会很大，因而必须接受大的 P_f(或 P_{md})值。但是，如果数量太大，决策过程就会花费太多的时间，减少了频谱的使用，增加了主系统开始发送的机会，即使在最开始信道是空闲的。这个问题可以通过"最优停止理论"来进行处理。

匹配滤波器

　　如果传感器知道发送波形，频谱感知的性能就能大幅提升。在这种情况下，匹配滤波器是提高检测过程信噪比的最好方法，类似于在第12章中得出的结论。对于频谱感知的认知无线电来说，匹配滤波器的输出用来作为检测在所考虑的频带内是否有信号能量存在的检验统计量。完全的认知无线电可能要解调/检测主用户发送的符号。

　　在有些情况下，传感器可能会只想检测/解码导频或信标，因为它们通常会比实际有效载荷数据有更好的信噪比，并且可能包含能够被次级系统利用的频谱使用信息(例如，数据分组的持续时间)。

循环平稳性

　　已调制的信号通常具有循环平稳统计特性，即某些统计特性是周期的(见16.7.4节)。可以利用这个事实来提高能量探测器的性能。换句话说，输入信号在被发送给能量探测器之前和它自身求相关。

小波检测

　　如果待检测信号的功率谱密度在一个频带内是光滑的，但在边缘有陡峭的衰减，利用小波变换就能发现该功率谱密度的边缘。这种方法的缺点是计算成本高，并且对于扩频信号来说效果不好[Latief and Zhang 2007]。

21.4.3　多节点检测

　　很多情况下，次级系统是由多个节点组成的，这些节点具有互相帮助以实现更好的感知决策的可能性。在最简单的情形下，每一个次级节点监听并做出独立的决定，这个决定是关于该节点能否感知到某个将被占用的信道的。然后这些节点交换这个二进制信息，并得到是否有可用频谱的联合(融合)决策。为了最好地保护主系统，如果至少有一个节点感知到了占用，次级系统就应该能确定此频带是被占用的。很明显，整体的虚警概率增加，变成了[Latief and Zhang 2007]

$$P_{\mathrm{f, network}} = 1 - \prod_{k=1}^{K}\left[1 - P_{\mathrm{f},k}\right] \tag{21.9}$$

同时漏检的概率将会减少为

$$P_{\text{md, network}} = \prod_{k=1}^{K} P_{\text{md},k} \tag{21.10}$$

如果各个节点不仅仅是交换二值的(是/否)频谱占用信息，而是进行观测到的平均样本 y [见式(21.3)]的线性组合，就可以得到一个更复杂的联合决策。为来自第 k 个节点的信号引入线性权值 w_k，便形成了一个总的决策变量：

$$z = \sum w_k y_k = \mathbf{w}^{\mathsf{T}} \mathbf{y} \tag{21.11}$$

因为决策变量是高斯变量的加权和(参见前文为什么 y 是高斯变量的讨论)，因此它自身也是高斯的，并且它的均值和方差为

$$E\{z\} = \begin{cases} N\sigma_{\text{n}}^2 \mathbf{w}^{\mathsf{T}} \mathbf{1} & \mathcal{H}_0 \\ N\mathbf{w}^{\mathsf{T}} \left[\mathbf{g} + \sigma_{\text{n}}^2 \mathbf{1} \right] & \mathcal{H}_1 \end{cases} \tag{21.12}$$

$$\sigma_z^2 = \begin{cases} 2N\sigma_{\text{n}}^4 \mathbf{w}^{\mathsf{T}} \mathbf{w} & \mathcal{H}_0 \\ 2N\sigma_{\text{n}}^2 \mathbf{w}^{\mathsf{T}} \left[2\text{diag}(\mathbf{g}) + \sigma_{\text{n}}^2 \mathbf{I} \right] \mathbf{w} & \mathcal{H}_1 \end{cases} \tag{21.13}$$

其中，$\mathbf{g} = \left[|h_1|^2, |h_2|^2, \cdots, |h_k|^2 \right]^{\mathsf{T}}$，并且 $\text{diag}(\mathbf{g})$ 是一个元素为 $|h_k|^2$ 的对角矩阵。那么，虚警概率和漏检概率就变成了

$$P_{\text{f}}(\theta, \mathbf{w}) = Q\left(\frac{\theta - N\sigma_{\text{n}}^2 \mathbf{w}^{\mathsf{T}} \mathbf{1}}{\sigma_{\text{n}}^2 \sqrt{2N\mathbf{w}^{\mathsf{T}} \mathbf{w}}} \right) \tag{21.14}$$

$$P_{\text{md}}(\theta, \mathbf{w}) = 1 - Q\left(\frac{\theta - N\mathbf{w}^{\mathsf{T}} \left[\mathbf{g} + \sigma_{\text{n}}^2 \mathbf{1} \right]}{\sigma_{\text{n}} \sqrt{2N\sigma_{\text{n}}^2 \mathbf{w}^{\mathsf{T}} \left[2\text{diag}(\mathbf{g}) + \sigma_{\text{n}}^2 \mathbf{I} \right] \mathbf{w}}} \right) \tag{21.15}$$

现在就要确定检测的最佳权值和阈值。不同情况下的"最佳"是由系统的目标决定的。我们可能会希望，例如使次级系统 $(1 - P_{\text{f}}(\theta, \mathbf{w}))$ 的吞吐量最高，同时要满足对主系统 $P_{\text{md}}(\theta, \mathbf{w})$ 的干扰概率保持在确定的阈值之下这样一个约束条件。然后可以用标准的最优化方法来找到最优参数 θ 和 $\mathbf{w}$。

很明显，交换来自每个感知节点的完整决策变量信息比只交换一个二值决策信息的成本高。另一方面，必须注意到通过无线信道仅仅发送单个比特几乎是不可能的。每个发送的分组都需要报头、同步序列等信息。与这些必要的成本相比，是传输 1 比特还是 8 比特的信息就没有什么区别了。因此交换来自各个节点的完整决策变量可能并不会比仅交换一个二值决策变量费太多事。

21.4.4　认知导频

主(和其他次级)用户的感知将会因为引入认知导频信道(Cognitive Pilot Channel, CPC) [Zhang et al. 2008]而大大简化。使用认知导频信道的步骤包括以下 3 个阶段。

- 无线网络/终端在初始化时首先监听认知导频信道。
- 无线网络/终端得到该信息并选择最适合的一个来建立自己的通信。
- 认知导频信道被广播到广域中，如个人局域网。

但是，认知导频信道必须在广泛的标准化设备之间达成一致，而这便构成了一个艰巨的物流/标准化问题。

21.5　频谱管理

21.5.1　频谱机会跟踪

认知系统必须确定要使用的频带和带宽,以及将要在这个频带内传输多长时间。但是,频谱感知只给出了给定的时间点上的频谱占用信息。因此,保留频谱使用的历史记录并有一个详细的流量统计模型,对认知系统来说是非常重要的。在理想情况下,为了得到最好可能统计量,次级系统需要在所有可能频率上和时间上观测环境,但是能量和硬件的限制使其不太可能。

一个单且易处理的解析模型为马尔可夫模型,它假设每个子信道处于两种状态(占用或未占用)中的一种,并且按一定的转移概率从一个状态转移到另一个状态(由观察得到)。更详细的模型可能包括了频谱占用随全天时间段的变化,或者将分组或语音呼叫的典型持续时间考虑在内。

如果认知无线电意识到它当前工作的频带需要被释放(由于传播条件恶化或频带需要被其他用户使用),则或者转移到另一频带,或者停止传输(如果没有其他频带可用)。在前一种情形下,进行频谱切换时应尽可能保证对链路性能的影响尽可能小。

在分级系统中,当主用户重新出现并希望使用频谱时,次级系统应当停止传输。在进行另一次感知之前,次级系统在某个频带内传输的持续时间是一个重要的系统参数,它取决于主信道以前的测量统计量。

21.6　频谱共享

21.6.1　引言

现在的一个关键问题是如何将检测到的频谱资源分配给一个次级系统的不同用户。有很多种方法可用,取决于用户之间的配合程度。一种极端的情况是采用中央控制的方案,其中主控站分配频谱资源给不同的用户,以重大开销为代价提供了最好的系统性能。另一方面,不同用户之间的非协作竞争无须任何消息交换,但效率低。

分析频谱共享的一个关键数学工具就是博弈论。一局博弈包含若干局中人,每个局中人的策略,以及收益(效用函数);每个用户在收益最大化的方式下调整自己的策略。值得注意的是,最佳策略取决于配合的程度,也就是每个用户知道其他用户的多少(信息),以及是否有一个中央机构可以执行特定的游戏规则。

在许多情况下,游戏的理想结果是达到帕累托最优(Pareto optimum,又称为社会最优)。在这种情况下,根据定义,对至少一名参与者而言没有其他结果有更好的收益,同时不降低其他参与者的收益。

21.6.2　非合作博弈

非合作博弈定义为"一种其中的参与者不可能达成除那些在博弈中已特别制定规则以外的协议的博弈"[Han et al. 2007]。因此,任何合作都必须是自我实施的,没有外界组织可以执行特殊的协议。在这种博弈中最重要的量是纳什均衡（Nash equilibrium），它被定义为一个工作点，在这个点上没有用户有单方面改变自己当前策略的动机。

非合作博弈会导致纳什均衡非常低效。一个典型的例子就是一个重负荷的 ALOHA 系统（见第 17 章）。如果每个用户以很高的速率发送数据包，就会产生大量的冲突，从而系统将会变得拥挤。但是，一个用户如果试图以对"公众负责"的态度发送较少的数据包，就会实现更低的吞吐量，只要其他用户仍保持其高信道接入速率。既然每个用户都面临着相同的困境（与著名的"囚徒困境"相似），没有人会降低其信道接入速率，那么拥塞将会持续。然后用户就会进入纳什均衡，但是效率比较低。

21.6.3　部分合作博弈

在合作博弈中，用户的好的行为会通过各种途径实现，例如可以通过中央机构或者通过被其他队员"惩罚"。接下来将概述一些最普遍的方法［Han et al. 2007］。

基于裁判的方案

如果裁判强制执行某些类型的行为并缓解冲突及减轻破坏正常竞争行为的高干扰情况，非合作博弈的低效率就可以被减轻。裁判介入的程度取决于他拥有信息的多少，以及要发送给用户的控制信息的多少。在极端情形下，裁判"微观管理"所有用户的资源配置，基于裁判的方案与下文描述的集中式方案是等价的。图 21.5 给出了一个低成本的裁判算法。

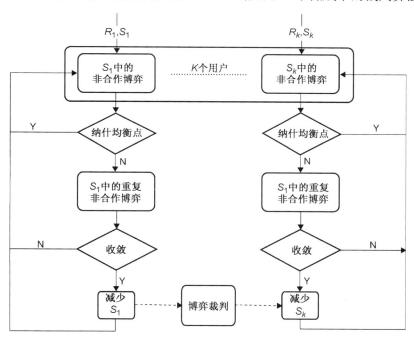

图 21.5　有裁判的非合作博弈流程图

重复博弈中的奖与罚

纳什均衡通常假设为"静态博弈"，即参与人只行动一次。重复博弈可以获得更好的结果，期间参与人有从以往学习的可能性，即参考之前博弈的结果来进行决策。因此，一个用户如果将受到其他用户的严重惩罚，就不会牺牲自己长远的利益。总收益是随时间的加权平均：

$$V = \sum_{t=1}^{T} \beta^{t-1} u_t \tag{21.16}$$

其中，β 是"贴现因子"，u_t 是在时刻 t 的收益；T 是博弈进行的总时间。可以证明当贴现因子接近 1 时，任何单独的合理(能达到的)的收益都可以通过均衡实现。

一种惩罚方案的实现是"触发惩罚策略"，按以下方式进行。

- 所有参与人以合作模式开始。
- 在博弈第一阶段 $t=1$ 结束时，博弈的结果(如所有用户的总收益)公布于众。合作越多，总收益越高；另一方面，如果其中一个用户很自私，那么整个系统的行为将变得很糟糕。
- 因而，如果总收益低于一个阈值，用户就会切换到非合作模式，并在时间 T 内使用纳什均衡策略作为自己的策略。如果总收益高于阈值，用户就会继续保持合作策略。

如果用户是移动的，就出现了问题。在这种情况下，一个非社会性的用户在特定区域表现糟糕，就能得到高收益，然后为了逃避惩罚，只需移动到一个不同的区域就行了。

频谱拍卖

认知无线电系统中的频谱拍卖在原理上与现实生活中的拍卖是类似的。参与人(用户)为一个可用的频谱出某个价格进行竞买；显然，出价更高的用户将得到更多的资源分配。必须注意，"价格"并不需要是实际的钱，它可能取决于用户的信道质量。例如，有人提出根据信干噪比或接收功率对每个用户进行收费。

谈判方案

另一个分配算法——谈判，是从经济学理论中得到的灵感。在这种方法中，不同用户关于谁得到哪些频谱资源的分配进行相互(但不和中央机构)谈判。在一对一的谈判中，两个邻近的用户可以交换信道。由于不同用户的信道质量没有必要相同，信道交换可能会对两个用户都有益。当包含更多的用户后，可以让一个购买者和多个卖家进行谈判。

21.6.4　集中式方案

在概念上最简单的情形就是中央机构拥有不同用户要求的带宽以及可用带宽的所有信息，并以能优化(次级)系统的频谱效率的方式进行资源分配，假定次级用户遵守中央机构的规定。这种方案开销很高，这包括所有发给中央机构的需求信息及信道控制信息。

在数学上，频谱分配可以作为一个(受限的)优化问题

$$\min_{\mathbf{x} \in \Omega} f(\mathbf{x})$$
$$g_i(\mathbf{x}) \leqslant 0, \qquad i = 1, \cdots, I \tag{21.17}$$
$$h_j(\mathbf{x}) = 0, \qquad j = 1, \cdots, J$$

其中，$\mathbf{x}$ 是为了使 $f(\ )$ 优化的一个参数矢量，位于空间 Ω。$g_i(\mathbf{x})$ 和 $h_j(\mathbf{x})$ 分别为参数矢量的不等式约束和等式约束。根据应用和优化目标的不同，这些量可以表示不同内容。给出一个例子，$\mathbf{x}$ 可以是一个包含不同用户功率和带宽分配的矢量；不等式约束限制不同用户的功率，也可能限制分配给不同用户的带宽。解决约束优化问题有不同的数学方法。例如，f，g 和 h 都

是矢量 $\mathbf{x}$ 的线性函数，该优化问题就是一个很容易用标准的数学工具包解决的线性规划问题。类似地，如果 $f(\mathbf{x})$ 是一个凸函数，该问题就可以用数值优化法解决，这种方法可以很快地收敛至全局最优。如果优化函数是非凸的，这种情况就有些困难了，在这种情形下，数值方法通常可以收敛至局部最优解。如果容许的参数空间 Ω 是离散的，这个优化问题就不能在多项式时间内解决（本质上，参数空间内所有可能的点都要被试探到）。

现在转向一个具体的例子 [Acharya and Yates 2007]。有多个次级系统（基站）的情况下，其中第 i 个系统向第 j 个用户提供的带宽为 b_{ij}。然后一个用户用这个带宽向第 i 个基站发送其数据。基站和用户之间信道的信道增益是 $|h_{ij}|^2$。假定通信是以香农容量发生的，因此链路的数据速率为

$$R_{ij} = b_{ij} \log_2 \left[1 + \frac{|h_{ij}|^2 P_{ij}}{b_{ij}} \right] \tag{21.18}$$

其中，P_{ij} 是每个链路上的功率。目标是使总吞吐量最高，该优化问题可以写为

$$\max_{b_{ij}, P_{ij}, X_i} \sum_j \sum_i R_{ij} \tag{21.19}$$

$$\sum_j b_{ij} \leqslant B_i \tag{21.20}$$

$$\sum_i P_{ij} \leqslant P_j \tag{21.21}$$

$$\sum_i B_i \leqslant B_{\text{tot}} \tag{21.22}$$

$$b_{ij} \geqslant 0, P_{ij} \geqslant 0, B_i \geqslant 0 \tag{21.23}$$

其中式（21.19）表示要优化系统的总吞吐量。式（21.20）表明分配给一个次级系统内的不同用户的总带宽被限制在由中央机构分配给该次级系统的总带宽 B_i 之内。式（21.22）把分配给次级系统的总带宽限制在总的可用带宽之内。式（21.21）把每个用户 j 可以使用的功率和限制在某个值 P_j 之内。最后，所有分配的带宽和功率都必须是正的。以上描述问题的解可以通过标准的拉格朗日优化法得到。

21.7　填充式

认知无线电中一个非常特别的方法就是填充原则。这里并不是努力避免主用户和次级用户在同一时间和频率上发送，反而要利用它。通过使用合作的适当类型，次级用户可以帮助主用户，并可以同时发送自己的信息。

从一个非常简单的认知系统开始：一个主发射机/接收机对，以及一个次级发射机/接收机对试图通过加性高斯白噪声信道进行通信。此外，假定次级发射机知道主用户的所有信息。很显然，后面的这个假设几乎在任何无线设置中都是不现实的，但可以视为以下两种情况的合理近似。

1. 主用户使用一种特殊类型的码（"无比率编码"，rateless code），一旦接收机收集到足够的互信息，就使接收机可以对消息译码。换句话说，接收机无须等到发射机发完数据包才进行解码，而是主发射机和次级发射机之间的信道越好，次级发射机就能越快地

解码。因此，如果次级发射机离主发射机很近，那么它几乎可以得到主消息(primary message)的即时信息。

2. 主用户使用自动重传请求协议，即多次重传相同的信息，直到接收机最终收到它(由于主接收机的信干噪比很低，因此需要重复尝试)。次级发射机在第一次尝试(假设它到主发射机也有很好的信道)时就能得到主消息，然后重传时就拥有主消息的非因果信息。

此时，次级发射机可以采用如下两种可能的策略。

1. 自私的方法。次级发射机使用它的全部功率来发送次级消息，并利用它所知道的主消息的情况来确保对主接收机没有有效的干扰。这种在发射端进行干扰消除的方法可以通过"污纸编码"(dirty paper coding)[Peel 2003]来实现。值得注意的是，在这样的系统中仍然有次级发射机对主接收机的干扰，它违背了分级无线电的基本原理。

2. 无私的方法。次级发射机使用它的部分功率来帮助发送主消息给主接收机，余下的功率用来发送次级消息给次级接收机。依据用来发送主消息的功率部分，次级系统事实上可以增加主消息的速率。当次级系统可以确保主速率保持不变(与没有次级系统时相比)[Devroye et al. 2007]时，则是一个特别有趣的情形。在这种情况下，主系统完全忽视了有次级系统存在这个事实，并且其在加性高斯白噪声信道下的容量是[Devroye et al. 2007, Jovicic and Viswanath 2009]：

$$R_1 = \log_2 \left[1 + \frac{P_1}{N_0} \right] \tag{21.24}$$

同时，次级系统仍可传输它的一些数据，并能按以下速率完成：

$$R_2 = \log_2 \left[1 + (1 - \alpha') \frac{P_2}{N_0} \right] \tag{21.25}$$

其中，

$$\alpha' = \left[\frac{\sqrt{P_1} \left(\sqrt{1 + |h_{21}|^2 \frac{P_2}{N_0} (1 + \frac{P_1}{N_0})} - 1 \right)}{|h_{21}| \sqrt{P_2} (1 + \frac{P_1}{N_0})} \right]^2 \tag{21.26}$$

其中，假定 $|h_{11}| = |h_{22}| = 1$，$|h_{21}| < 1$。换句话说，只要从次级发射机到主接收机的串扰信道比主信道弱，那么次级系统就有可能在不减少主系统速率的情况下"自由"发送自己的信息。

填充式系统从理论上讲是很具有吸引力的，但至少在本书落笔时为止，它们似乎离实际实现还有相当一段距离：(i)次级系统如何获得主系统的非因果知识这一问题，至少还有部分未解答(虽然在认知系统的因果消息知识方面已经取得进展)；(ii)更重要的是，次级发射机要得到所有相关信道(包含从主发射机到主接收机的信道)的完整信道状态信息；如果没有明确的来自主系统的合作，这些信息就很难得到。

21.8 下垫式分级接入：超宽带系统通信

在下垫式系统中，次级用户的发射功率谱密度有严格的限制，这对主接收机产生的影响是接收端可"看见"噪声基底有一"较小的"增长。如此低的功率谱密度可以通过保持低发射功率

（只有当次级用户短距离通信时低发射功率才可行）和/或将信号扩展到一个大的带宽上来实现。只有落在主用户接收带宽范围内的次级信号部分才算是干扰，在无线电根据环境改变发射参数的意义上讲，下垫式无线电实际上不是"认知的"，但是由于被用来作为次级无线电，在认知范畴中仍经常被提及。

超宽带信号的频率管理和发射功率约束

下垫式原理在超宽带系统通信中得以实现，这种系统中的信号有极大的带宽。如此大的带宽使很大的扩频因子成为可能：换句话说，信号带宽和符号速率之比可以非常大。对一个吞吐量为 5 k 符号/秒的典型传感器网络应用来说，在 500 MHz 和 5 GHz 的传输带宽上可以分别得到 $10^5 \sim 10^6$ 的扩频因子。扩展到如此大的带宽意味着辐射的功率谱密度，即每单位带宽上的功率，可以非常低，同时又能够在次级接收端保持好的信噪比。主接收机（窄带）只能在其自身系统带宽内看到次级信号功率，即所有次级发射功率的很小一部分（见图 21.6）。这表明对主（窄带）系统的干扰很小。

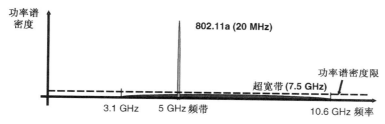

图 21.6　超宽带系统和一个窄带局域网（IEEE 802.11a）之间的干扰

频率监管部门已将超宽带信号定义为最小绝对带宽为 500 MHz 的信号[①]。规定功率谱密度限制在 −41.3 dBm/MHz EIRP（等效各向同性辐射功率，见第 4 章）。这个功率谱密度很低，并不会显著干扰距离超宽带发送端约 10 m 的主接收机。以载波频率为 6 GHz 的信号为例，该信号在 10 m 距离处有 68 dB 的自由空间衰减，导致接收功率谱密度约为 − 109 dBm/MHz，该数据与白噪声的功率谱密度相当。因此，即使灵敏度达到能感知热噪声限的主接收机也几乎感知不到它对性能的影响。在接收机噪声因子不理想，并受同信道干扰如相邻小区影响的情况下，即使超宽带发射机在某种程度上更接近主接收机，接收端的接收也不会受到影响。值得注意的是，只有在某特定频率范围内才允许以 − 41 dBm/MHz 的功率发送，而其他频段（如全球定位系统频段和大部分移动蜂窝频段）被更强地保护。

在美国，联邦通信委员会（FCC）允许在 3.1 ~ 10.6 GHz 频段的发射。如图 21.7（a）所示，对室内和室外通信系统的限制有所不同。对室外系统，超宽带设备要求无须固定的基础设施就可工作。在欧洲，欧盟委员会（EC）的无线电频谱委员会（RSC）强制执行一个称为频谱屏蔽（Spectral Mask）的限制，如图 21.7（b）所示。对于没有额外干扰抑制技术（类似于交织系统中的那些方法）的设备来说，在 6 ~ 8.5 GHz 频段以 −41.3 dBm/MHz EIRP 的发射功率发射是允许的。直到 2010 年末，该限制同样适用于阴影频率范围 4.2 ~ 4.8 GHz。具备干扰抑制技术或者低占空比的超宽带系统允许在 3.4 ~ 4.8 GHz 频段以 −41.3 dBm/MHz EIRP 的发射功率发射。在日本，如果超宽带发送端采用干扰抑制技术，在 3.4 ~ 4.87 GHz 频段的发射就是可接受

---

① 如果信号有 20% 的相对带宽，那么这种信号也被定义为超宽带信号。但是，为了后续讨论，我们假定有大的绝对带宽。

的, 如图 21.7(c)所示。然而, 在 4.2 ~ 4.8 GHz 频段的发射直到 2008 年 12 月底才要求必须具备干扰抑制技术。在 7.25 ~ 10.25 GHz 频段的操作也无须特殊技术。

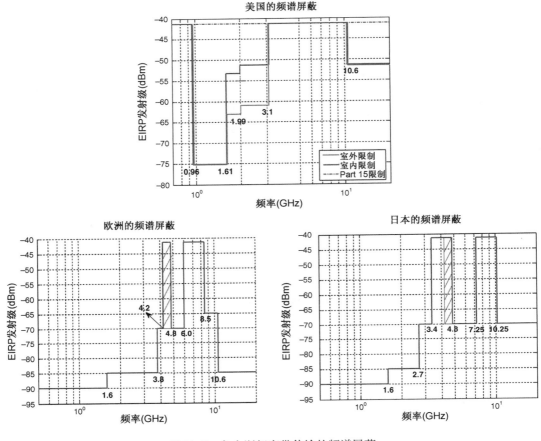

图 21.7　各大洲超宽带传输的频谱屏蔽

　　超宽带系统的高扩频因子不仅对主用户的干扰抑制有所帮助, 而且使超宽带接收端可以抑制窄带(主用户)的干扰, 抑制倍数近似等于扩频因子。这些原理通过扩频系统的理论很容易理解(见第 18 章)。超宽带与众不同的特点是使用扩频因子时可以取到极致。必须注意的是, 扩频因子同时是传输带宽和数据速率的函数。因此, 高数据速率(大于 100 Mbps)的超宽带系统表现出一个相当小的扩频因子, 因而可以用于短距离通信中。

超宽带信号产生方法

　　有很多不同方法可以将信号扩展到大的带宽上。

1. 跳频(FH)。跳频在不同的时间使用不同的载波频率。在慢跳频中, 在一个给定频率上发射一个或多个符号; 在快跳频中, 每个符号传输期间载波频率变化多次(见 18.1 节)。最终信号的带宽取决于振荡器的频率范围, 而不是待传输原始信号的带宽。跳频发射机的实现非常简单: 在传统窄带调制器之后级联一个混频器, 经频率捷变振荡器输出。跳频接收机可以用相似的方法构建; 只要信道的延迟扩展比跳变时间短, 简单的接收机就很高效(否则, 当接收端已跳变到一个不同频率时, 多径能量仍到达这一副载波)。

所以，约 1 MHz 或以下的跳变速率是可取的。然而，如此慢的跳频会给主接收机带来明显的干扰，因为在一段特定时间内，受害的接收机能"看见"超宽带信号的所有功率。因为这个原因，超宽带跳频被一些频率监管机构明确禁止。

2. 正交频分复用。在正交频分复用中，将信息数据流调制到多个并行子载波上（与跳频不同，跳频中按顺序使用不同的载波，见第 19 章）。因为这个原因，正交频分复用技术本身不具备频谱扩展，但可以通过低码率编码，比如通过使用与码分多址类似的扩频码或通过低码率的卷积码来实现频谱扩展。最终信号的带宽取决于所使用码的码率和原始信号（源信号）的数据速率。在现在的实现中，一般通过快速傅里叶变换产生子载波（见 19.3 节）。然而这意味着，发送端信号的产生及接收端信号的采样和处理必须以与所使用带宽相等的速率来实现，即至少 500 MHz。

3. 直接序列扩频（DS-SS）。即码多分址，将发送信号的每一比特与扩频序列相乘。总的信号带宽由原始信号带宽和扩频因子的乘积决定。在接收端，通过使接收信号和扩频序列相关来解扩（见 18.2 节）。其实现的关键挑战在于接收端采样和处理（解扩）信号的速率。

4. 跳时脉冲无线电（TH-IR）。跳时脉冲无线电用具有伪随机延迟的脉冲序列来表示每个数据符号。脉冲的持续时间在本质上决定了发送频谱的带宽（见 18.5 节）。其实现的关键挑战在于构建一个复杂度低同时仍能保持足够好性能的相干接收机。

总之，跳频和跳时脉冲无线电之间存在一个强的对偶关系。跳频在频域连续跳变，而跳时脉冲无线电在时域跳变。类似地，正交频分复用和直接序列扩频也是对偶的，因为它们分别在频域和时域采用低速率编码。

超宽带传输的更多优点

除了对主用户的干扰较小，超宽带信号也具备其他一些优点。

1. 超宽带接收机可以抑制窄带干扰，抑制倍数约等于扩频因子。

2. 大的绝对带宽会导致很强的抗衰落能力。首先，大的绝对带宽使大量的（独立衰落）多径分量可分辨，从而产生高阶的频率分集，即充分分离的各频率的衰落是独立的。也可以给出对跳时脉冲无线电和码分多址系统特别有用的另一种解释。具有大的绝对带宽的接收机具有好的延迟分辨率，因而可以分辨很多多径分量。可分辨的独立衰落的多径分量的数量可达到 τ_{max}/B，其中 τ_{max} 是信道的最大附加延迟，B 是系统带宽。通过分别处理不同的多径分量，接收端可以保证把所有分量以优化的方式相加，使深度衰落的出现概率更小。作为一种附加效应，6.6 节已看到，在超宽带系统中，构成一个可分辨的多径分量的实际多径分量数量是相当少的；由于这种原因，每个可分辨多径分量的衰落统计不再服从复高斯分布，表现出深衰落的概率更低。

3. 大的绝对带宽也会带来高精度的测距和地理定位。大部分测距系统试图确定发送端到接收端的辐射传输时间。根据基本的傅里叶理论，测距的精确度需要增大测距信号的带宽[1]。因此，即使没有复杂的高分辨算法来确定第一条路径的到达时间，超宽带系统仍可以获得厘米级精确的测距。

4. 大的扩频因子和低功率谱密度也增加了防窃听的强度。

---

[1] 原文为"根据基本的傅里叶理论，测距的精确度会增大测距信号的带宽。"，疑有误。——译者注

超宽带动态频谱接入

　　尽管超宽带下垫式系统只产生很小的干扰,但它对邻近目标接收机的剩余干扰仍会很强。因此,经常有必要把超宽带和侦测与回避方案联合使用。这种策略增强了其共存性、兼容性、干扰避免能力,以及遵守监管规定的潜力,特别是在欧洲和日本的频谱监管法规中要求在一些频率范围内超宽带发射机强制使用侦测与回避(DAA)方案。超宽带节点的良好的测距(及地理定位)能力可以帮助确定节点和潜在的目标节点是否靠近,特别是当这种目标节点的位置信息被保存在一个数据库中,超宽带节点可以从数据库中获取这些信息时。

深入阅读

　　认知无线电领域的变化依然非常大,几乎每月都有新的研究和书籍出现。在写作本书时,如下论著值得特别推荐:专辑 Hossain and Barghava[2008] 和 Xiao and Hu[2008] 给出了认知无线电各方面的全面综述,包括频谱感知、频谱分配和管理、基于正交频分复用的认知系统的实现,以及基于超宽带的认知系统、协议和媒体接入控制设计。这些主题的简洁描述也可以在 Akyildiz et al. [2006], Haykin [2005] 和 Zhao and Sadler[2007] 中找到。Quan et al. [2008] 也讨论了频谱感知,Zhao et al. [2007] 讨论了频谱机会跟踪。Han et al. [2007] 和 Ji and Liu [2007] 讨论了认知无线电系统中博弈论的应用。Jovocic and Visvanath[2007] 和 Devroye and Tarokh [2007] 描述了填充式系统。超宽带通信及其诸多应用在 diBenedetto et al. [2006] 中进行了讨论;超宽带系统的侦测与回避方案在 Zhang et al. [2008] 中进行了讨论。

第22章　中继、多跳和协作通信

22.1　引言与起缘

22.1.1　中继原理

传统的无线通信是基于点对点通信的，即数据通信中所涉及的只有两个节点。例如，这两个节点可以是蜂窝环境中的基站和移动台，也可以是无线局域网中的接入点和便携式电脑，或者是对等（peer-to-peer）通信中的两个移动台。周围环境中的其他无线发射机和接收机会争用相同的（频谱）资源，从而造成干扰。

相比较而言，本章讨论的情况是某些节点自觉地帮助其他节点获取从消息源到指定信宿（destination）的信息。这种帮助可以采用以下两种方式之一来实现：

- 专用中继（relay），即中继方并不作为信源或信宿，其唯一的用途就是为其他节点的信息交换提供便利；
- 充当中继的对等节点。这些对等节点（如移动手机或传感器节点）可以根据当前情况转换自己的角色，有时帮助转发信息，有时充当信源或者信宿。

中继节点的引入为系统设计创造了更多的自由度，从而可以帮助改善性能，但也使设计过程更复杂化了。如今，网络结构越来越朝向获取更高效率和更好覆盖发展，本章将讨论协作通信如何能成为这一发展趋势的合理的最终结果。首先考虑图 22.1（a）所示的三节点网络，为简化起见，假定每条链路上只存在自由空间衰减（而不存在衰落）。假定的情形是：节点 A 的发射功率不足以将一个数据分组直接发送给节点 C。但是，节点 A 可以首先将数据分组发送给中间节点 B，节点 B 再将该数据分组重新发送（如，通过对分组进行完全的解调和译码，然后再次进行编码并重新发送），而这次重新发送则可以被节点 C 接收到。

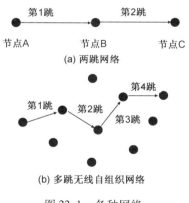

图 22.1　各种网络

收到。这种简单的两跳方法将网络的覆盖范围延伸了一倍。将这种方法推广到更大的网络，通过多跳传递（即发送消息到第一个中继节点，再从那里将消息传递到第二个中继节点，以此类推，直至消息最后到达信宿），网络的覆盖范围可以获得更显著的提高。当拥有图 22.1（b）所示的大型网络时，关键问题在于哪些节点应该用来转发信息（22.4 节将会详细讨论这一主题）。

无线传播信道的一个关键特性就是广播效应：当一个节点发送信号时，附近的任何一个节点都能收到该信号，在多节点网络中这一特性可以得到有效利用①。虽然上述多跳策略并未利用广播效应，但是更高级的协作通信方法将会用到它。考虑图 22.2(a)，该图只是对图 22.1(a) 略加修改。当节点 A 发送信号时，信号不仅到达了节点 B，也会(以更弱的程度)到达节点 C。这个弱信号可能弱到不足以被节点 C 正常译码，但可以用它对后续从节点 B 到节点 C 的传输中收到的信号进行增强。广播效应在更大的网络中具有更显著的影响，例如图 22.2(b)所描绘的情形：如果第一个节点发送，则信号将以基本相同的强度到达节点 B 和 D。因此，信号到达网络中这两个节点并不比到达单个节点多出任何"开销"(即并不需要更大的发射功率)。于是，节点 B 和 D 可以协作起来向节点 C 传递信息，并且，正如随后要证明的，这种协作传输与单个节点传输相比更有效。同样的原理也适用于图 22.2(c)所描绘的更大规模的网络。

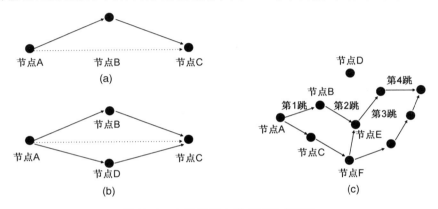

图 22.2　中继网络中的广播效应图示

后续各节中，将给出对图 22.2 中各种场景更详细的描述。以三节点中继网络作为开始，这种网络是最基本的协作系统。相比而言，22.3 节考虑的是多路并行中继。22.4 节和 22.5 节讨论更大规模的网络。在这两节中，消息的传输将不再仅限于两"跳"(先由信源传输到(一个或多个)中继节点，然后再经第二次传输由(一个或多个)中继节点到达信宿)，而是由一个中继节点(或一组中继节点)到另一个中继节点的多"跳"传输。对于这种情形，传输将经由一系列中继节点来完成，路由问题便凸显出来，也就是说，哪些节点将用于中继，并以怎样的顺序完成中继。最后，22.6 节讨论蜂窝网络和无线自组织网络中的中继应用。

22.2　中继基础

22.2.1　基本协议

考虑图 22.3 所示的三节点网络，图中示意了基本中继信道。一个信源与一个中继和一个信宿相连接，节点之间的信道分别用 h_{sr}，h_{sd} 和 h_{rd} 来表示。中继能以不同的方式帮助转发信息。

在放大转发(AF)中，中继以某个确定的因子对接收信号进行放大，然后重新发送它。在译码转发(DF)中，中继对分组进行译码，然后再重新编码并再次将分组发送出去。在压缩转

---

① 广播效应的另一面是，某个节点的消息发送将对其他想要接收另一不同消息的节点形成干扰。无论广播效应的积极一面是否被利用，这种负面效应总是存在的。

发(CF)中，中继会生成从信源获取信号的量化(压缩)版
本，并转发至信宿；信宿将对这一压缩信号和直接发自信
源的信号进行合并。在后续讨论中，假定所有中继节点
都以半双工模式运行，即不能同时在同一频带上发送和
接收。这一假定是合理的，因为无线信号的发送和接收

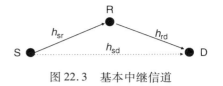

图 22.3 基本中继信道

电平差距非常大，以至于如果同时进行收发，发送信号就会"阻塞"接收机，导致无法正常检测
接收信号①。

这些中继处理方法可以与不同的发送协议结合起来，后者规定了何时、哪些信息分组该由
哪些节点进行发送。以下按性能递增(同时复杂度也将递增)的顺序列出这些中继方案。

- 多跳 xF②(MxF)。在第一个时隙中，信源发送，只有中继进行侦听。在第二个时隙中，
  只有中继节点进行发送，信宿进行侦听。
- 裂合(Split-Combine)xF(SCxF)。在第一个时隙中，信源发送，只有中继进行侦听(如同
  在 MxF 中)。在第二个时隙中，信源和中继节点都进行发送，信宿进行侦听。
- 分集 xF(DxF)。在第一个时隙中，信源发送，中继节点和信宿都进行侦听。在第二个时
  隙中，只有中继节点进行发送，信宿进行侦听。因此，信宿将获得原始信号的两个
  版本。
- 非正交分集 xF(NDxF)。这一方案中，中继节点在第二个时隙中发送进行过不同编码的
  信息。例如，信源以 1/3 的编码速率对信息进行卷积编码，然后通过忽略第一、第三、
  第五等比特对其进行删余(puncture)，使编码速率变为 2/3。中继节点恢复出原始信息，
  然后用同样的 1/3 卷积码对其进行编码，不同的是通过忽略第二、第四、第六等比特来
  完成删余。信宿接收机将收到分别来自信源和中继节点的同一信息的不同编码版本。
- 码间干扰 xF(IxF)。只有在中继节点具有全双工能力(与之前的假定相反)时，本方案才
  能正常工作。在第 i 个时隙，信源发送一个信息分组给中继节点，然后在第 $i+1$ 个时
  隙，中继节点将这个分组转发给信宿，同时信源会将下一个信息分组发送给中继节点。
  信宿持续进行侦听，而且在每个时隙都会收到一个叠加信号，它由直接发自信源的"当
  前"信息分组和发自中继节点的"前一"信息分组叠加而成。

	第一阶段				第二阶段	
	信源	中断节点	信宿	信源	中断节点	信宿
MxF	发射机	接收机	–	–	发射机	接收机
SCxF	发射机	接收机	–	发射机	发射机	接收机
DxF	发射机	接收机	接收机	–	发射机	接收机
NDxF	发射机	接收机	接收机	发射机	发射机	接收机
IxF	发射机	接收机 + 发射机	接收机	发射机	发射机 + 接收机	接收机

---

① 某些特殊情况下，中继节点(转发器)可以同时发送和接收：当发射机和接收机使用中继节点上的不同天线，并且这
  些天线指向不同的方向。这样的天线配置可以实现在中继节点上的足够隔离，与复杂的干扰抵消技术结合起来，就
  可以使同时收发成为可能。
② xF 代表 AF、DF 或 CF 之一。

上述各协议并非唯一选择,许多变化的版本已经被提出。它们或者着眼于减少半双工运行带来的损失,或者(/并且)试图采用更简化的编码和译码。

基本协议的进一步细分可以根据以下准则进行。

- 固定和自适应发射功率。指信源和中继节点以固定功率发射,还是以自适应于信道状态的功率进行发射。如果是自适应的,那么功率的自适应形式如下所示。
  - 基于节点的自适应。某些节点被分配了更多的功率,而另一些则分配了相对少的功率。
  - 基于时间的自适应。根据信道状态的时变情况,同一节点有时以更大的功率发射,有时又以相对小的功率发射。
  - 基于频率的自适应。在宽带系统中,比如采用正交频分复用(见第 19 章)的系统,同一节点在某些频率上能以更大的功率发射,而在另一些频率上以相对小的功率发射。
  - 上述自适应方式的任意组合形式。

  总的(或平均的)发射功率通常会被施加约束。总功率可以基于节点、时间和(/或)频率来衡量。例如,限制所有节点的总发射功率(并且任意时刻都要满足这一约束条件)就是对整个网络的瞬时功率加以限制。这种限制很重要,因为瞬时功率是对其他网络造成干扰的一种度量。基于节点和时间(以及频率,如果采用了频率自适应方式)的总功率对通信能量使用效率形成了约束。基于时间(和频率)的总功率仅仅是特定节点能量消耗的一个度量,它决定了电池的使用时间。

- 固定和自适应的时间、频谱资源分配。最常见的半双工协议假定网络花费一半时间将分组由信源发送到中继节点,另一半时间再将它从中继节点转发到信宿。但是,这并不是对有效时间的最高效利用。如果中继节点的功率是固定的,则传输将以接近于中继-信宿链路信道容量的速率进行。如果中继节点的功率可以改变(如上所述),则功率和时间(或者带宽)将同时得到优化。

22.2.2   译码转发

所有中继方案中最重要的是译码转发。中继节点接收一个分组并对它进行译码,因此就在重新编码和再次发送分组之前消除了噪声的影响。下面将分析几种具体实现方案的系统传输容量。

最容易分析的方案是多跳译码转发(MDF)。如果假定发射功率固定,并且系统平均分配两个发射阶段的有效时间,则单位带宽的总数据速率为

$$R = \frac{1}{2} \min \left[\log \left(1 + \frac{P_s |h_{sr}|^2}{P_n} \right), \log \left(1 + \frac{P_r |h_{rd}|^2}{P_n} \right) \right] \qquad (22.1)$$

其中,P_s 和 P_r 是信源和中继节点使用的功率,而 P_n 是噪声功率。换句话说,具有最小信噪比的链路成为"瓶颈"并决定了系统总容量;因子 1/2 是由半双工约束条件得到的。取最小值运算(min)中的两项内容是信源-中继链路和中继-信宿链路的信道容量。为使一次传输取得成功,一个数据分组必须通过这两条链路,因此具有更小容量的链路成为瓶颈并决定了可达到的传输速率。

给定功率约束条件与信道参数值 h_{sr} 和 h_{rd} 时,P_s 和 P_r 的值可以是固定的,也可以是经过优化的。进行优化的情况下,功率调整的方式应当是使信源-中继链路容量与中继-信宿链路容量相等,即

$$P_s = P_0 \frac{|h_{rd}|^2}{|h_{sr}|^2 + |h_{rd}|^2}, \quad P_r = P_0 \frac{|h_{sr}|^2}{|h_{sr}|^2 + |h_{rd}|^2} \tag{22.2}$$

通过将数据传输的可用时隙划分为不等的两部分，并优化这两部分的持续时间[Stankovic et al. 2006]，可以实现对此方案的进一步优化（也就是后面要讨论的一种情形）。

在分集译码转发（DDF）中[①]，信宿在两个阶段期间都进行侦听，因而能将来自信源的接收信号（第一阶段）和来自中继节点的接收信号（第二阶段）累加起来。但是，必须区分如下两种重要情形。

1. 中继节点采用相同编码进行发送。这种情况下，中继节点使用与信源一样的编码器。因此，信宿可以在译码前就把两个接收信号相加，使信噪比获得改善。假定进一步的约束条件是，经过信源和中继节点的协作传输，消息最终被信宿正确接收才算传输成功。这样，最大可实现速率为

$$R_{DDF} = \frac{1}{2} \min \left[\log \left(1 + \frac{P_s |h_{sr}|^2}{P_n} \right), \log \left(1 + \frac{P_r |h_{rd}|^2}{P_n} + \frac{P_s |h_{sd}|^2}{P_n} \right) \right] \tag{22.3}$$

   并且，此时最优的功率分配为

$$P_s = P_0 \frac{|h_{rd}|^2}{|h_{sr}|^2 + |h_{rd}|^2 - |h_{sd}|^2}$$
$$P_r = P_0 \frac{|h_{sr}|^2 - |h_{sd}|^2}{|h_{sr}|^2 + |h_{rd}|^2 - |h_{sd}|^2} \tag{22.4}$$

   一种更智能化的协议是仅在中继节点实际可能对传输有帮助时才利用它，否则就使其保持空闲状态。这种协议称为自适应分集译码转发。通过"递增式中继"（如果信宿在第一个传输阶段后已能对分组进行有效译码，中继节点就不再发送），可以获得更好的性能。

2. 中继节点采用递增冗余度的编码进行发送。这种情况下，中继节点对分组进行译码，然后以一种不同的编码器对其重新编码。直观来讲，信宿接收机可把两个传输阶段的互信息累加起来。换句话说，信宿接收机收到一个低码率的码，该码中的一些信息比特和奇偶校验位在第一阶段到达接收机，另一些则在第二阶段到达。这种协议的容量为

$$R_{DDF,IR} = \frac{1}{2} \min \left[\log \left(1 + \frac{P_s |h_{sr}|^2}{P_n} \right), \log \left(1 + \frac{P_r |h_{rd}|^2}{P_n} \right) + \log \left(1 + \frac{P_s |h_{sd}|^2}{P_n} \right) \right] \tag{22.5}$$

以后，当提到分集译码转发时，所指的都是式（22.3）描述的"常规"分集译码转发。

使用中断容量（见 14.9 节）概念，给出如下定义：如果实际传输速率掉到期望的阈值 R_{th} 以下，则称整个系统处于中断。对于非自适应分集译码转发来说，发生这种中断的概率为

$$\Pr(R_{DDF} < R_{th}) = \Pr \left[|h_{sr}|^2 < (2^{2R_{th}} - 1) \frac{P_n}{P_s} \right]$$
$$+ \Pr \left[|h_{sr}|^2 > (2^{2R_{th}} - 1) \frac{P_n}{P_s} \right] \Pr \left[|h_{sd}|^2 P_s + |h_{rd}|^2 P_r < (2^{2R_{th}} - 1) P_n \right] \tag{22.6}$$

---

① 按照我们的表示法，DDF 即"分集译码转发"（Diversity Decode and Forward）。然而，有时文献中用首字母缩略词 DDF 来代表"动态译码转发"（dynamic decode and forward），这是另一个不同的协议。

上式右边第一项对应于信源-中继连接相当弱的情况(因为按照协议,无论如何,在第二阶段中继节点都要进行发送,这就会导致一次中断),而第二项对应于如下情况:当信源-中继连接足够强,而中继-信宿和信源-信宿连接弱到不足以维持充足的信息流到达信宿。由于系统中的不同链路是相互独立的,总的中断概率由这些概率相加得到。如果所有链路都经历瑞利衰落,则在高信噪比限制条件下,由于只能提供 1 阶分集阶数[①],所以第一项是决定性的;如果信源-信宿或中继-信宿链路可以提供足够的链路质量,则第二项可以忽略。总的分集阶数为 1 是由于协议确定无疑地要求信源-中继链路具有足够的强度。另一方面,就自适应分集译码转发而言,可以实现分集阶数为 2:因为它可以获得两条独立路径(信源-信宿或信源-中继-信宿),并且如果两路径之一可提供足够质量,传输就能成功。

22.2.3　放大转发

放大转发的基本原理是中继节点收到(有噪)接收信号 y_r,并以增益值 β 对其进行放大,对 y_r 不进行其他处理(诸如译码、解调等)。假定在中继节点处的放大转发处理造成半个时隙的延迟[②]。因此,在第一阶段,信宿收到的信号由来自信源的(衰减)信号与噪声简单地相加而成,因为码间干扰放大转发(IAF)而出现的附加项并未虑及。在第二阶段,信号是来自信源的直接信号和来自中继节点的信号之和,后者是中继节点对本时隙前一阶段信源信号进行放大后再发出的,即

$$
\begin{aligned}
y_d^{(2)} &= h_{sd}x_s^{(2)} + h_{rd}x_r^{(2)} + n_d^{(2)} \\
&= h_{sd}x_s^{(2)} + \beta h_{sr}h_{rd}x_s^{(1)} + \beta h_{rd}n_r^{(1)} + n_d^{(2)}
\end{aligned}
\tag{22.7}
$$

其中,x_s 和 x_r 是分别来自信源和中继节点的发送信号,上标$^{(1)}$和$^{(2)}$分别代表传输的第一阶段和第二阶段,而 n_r 和 n_d 分别是中继节点和信宿处的噪声。$x_s^{(2)}$ 可以为零,这取决于前述协议类型。

放大因子受限于功率约束条件。对于瞬时功率约束的情况,要求:

$$
|\beta|^2 \leqslant \frac{P_r}{P_n + P_s|h_{sr}|^2}
\tag{22.8}
$$

在施加瞬时功率约束的情况下,约束条件必须对诸衰落实现取平均。

尽管这一方案看上去很简单,但正如之前讨论分类时指明的,仍存在着许多种可能的协议实现形式。首先来分析 $P_r = P_s = P$ 条件下多跳放大转发(MAF)的性能。在第一阶段,到达信宿接收机的信号只不过是信源信号与信道参数 h_{sd} 的乘积,并且噪声方差为 P_n。在第二阶段,到达信宿的信号是信源信号与 $\beta h_{sr}h_{rd}$ 的乘积,并且噪声具有如下方差:

$$
P_n' = (|\beta|^2|h_{rd}|^2 + 1)P_n
\tag{22.9}
$$

所以,可以直接给出信噪比 $\gamma = P|\beta h_{sr}h_{rd}|^2/P_n'$。然而,需要注意的是,在多跳放大转发中最优的功率分配由下式给定:

$$
\frac{P_s}{P_r} = \sqrt{\frac{|h_{rd}|^2 P_0 + P_n}{|h_{sr}|^2 P_0 + P_n}}
\tag{22.10}
$$

在分集放大转发(DAF)中,我们希望将两个阶段的信号合并起来以获得最大信噪比,即

---

① 分集阶数为 1 就是无分集。——译者注

② 在就纯模拟转发器的实际情况下,延迟实际上小得多。

想要实现最大比值合并。因此，第一阶段收到的信号应乘以如下系数：

$$\sqrt{\frac{P_s}{P_n}} h_{sd}^* \tag{22.11}$$

即，进行相位调整并乘以这一阶段接收信噪比的平方根。类似地，第二阶段的接收信号应乘以如下系数：

$$\sqrt{\frac{P_s \beta^2}{P_n'}} (h_{sr} h_{rd})^* \tag{22.12}$$

假定 $P_s = P_r = P$，两个阶段对应的信噪比为

$$\gamma_1 = \frac{P |h_{sd}|^2}{P_n} \tag{22.13}$$

和

$$\gamma_2 = \frac{(\frac{P}{P_n})^2 |h_{sr} h_{rd}|^2}{\frac{P}{P_n} |h_{sr}|^2 + \frac{P}{P_n} |h_{rd}|^2 + 1} \tag{22.14}$$

依照最大比值合并的一贯结论，总的信噪比为 $\gamma = \gamma_1 + \gamma_2$。所得到的容量等于 $\frac{1}{2} \log_2 (1 + \gamma)$，此处因子 1/2 是由中继节点的半双工约束条件得到的。还要指出，这一方案具有 2 阶分集阶数，因为信号可以通过两条独立路径到达信宿：直接到达或借助中继节点到达。然而，应当注意到，对于具有有限实际信噪比的覆盖范围扩展中继（而不可能具有进行分集阶数计算时所设定的无穷大信噪比），直接路径并不真的有用。如果通过直接路径就能获得好的接收效果，从一开始就无须中继节点。

22.2.4　压缩转发

在中继节点不对消息进行译码而只是转发它所收到的内容（包括噪声）这一点上，压缩转发（CF）与放大转发是相似的。与放大转发相比，压缩转发的主要的不同之处在于，所转发的信号是中继节点处接收信号的量化压缩版本。量化和压缩处理可以看成一个信源编码问题，即接收信号作为（模拟）信源，而其信息将被编码为一个失真尽可能小的数字信号。但另一方面，信号发送速率将受到限制（这取决于中继-信宿信道）。在信宿处，这一信号用来与从信源直接收到的信号一起重构原始信号。

对于某些特殊信道配置，压缩转发已显示出可以提供比译码转发和放大转发更高的容量。但是，它比另两种转发格式复杂得多，因此本书不再进一步讨论。更多细节可参阅章末"深入阅读"一节中的参考文献。

22.3　多节点并行中继

许多情况下，在转发信息时存在一个以上的（并行）中继节点。此时，不同中继节点之间的协作可以大大增强中继方案的性能，尤其是在衰落信道中。实质上，多个中继节点所提供的分集支路有助于更好地对抗衰落和干扰。同时，中继节点之间的协作也是交换信道状态信息和控制信息所必需的。因此，存在多种不同的中继方案，以不同的方式在成本和系统性能之间进行折中。

并且，对于多个中继节点的安排，也存在着各种不同的传输方案，如放大转发、译码转发

和压缩转发,还要考虑前面讨论过的各种不同协议。然而,为了使讨论更加集中,这里仅限于讨论具有半双工中继节点的译码转发(在大多数情况下,仅限于讨论多跳译码转发)。这一节将只讨论两跳网络,因为这种情况下的中继问题可以看成物理层的问题。此外,更多跳的网络需要考虑路由问题,将会在下文论及。

图22.4示意了本节所考虑的基本设置情况。传输分两个阶段进行。第一阶段,信源广播信息。这一阶段利用了广播效应,尽管只有一个节点(即信源)发射,信号却能到达几个中继节点(到达不同节点的信号强度可能不同)。第二阶段,一个或者多个中继节点向信宿转发信息。可以看出,第二阶段与智能天线系统非常相像,尤其是在传输从一个多天线发射机到一个单天线信宿这一点上,主要的不同之处在于天线分布在空间中一个相对更大的区域上。这种与多天线系统的相似性将有助于后面的讨论。

图22.4　具有并行中继节点的两阶段传输

就第一阶段而言,总是假定第 k 个中继节点确知由信源到它的信道,即可以得到接收机信道状态信息(CSIR)。只有在信源可以根据信道状态调节其发射功率或者调整其发射时间时,发射机信道状态信息(CSIT)才是有用的。就第二阶段而言,仍然假定可以得到接收机信道状态信息,即信宿确知第 k 个中继节点到它的信道。此外,这一阶段还基于对CSIT(即在各中继节点处可以得到的信道状态信息)的确知程度来区分不同的情形。根据CSIT的不同类型,可以采用不同的传输方案。

- 全部CSIT已知。中继节点确知到达信宿的信道幅度和相位。这种情况下,可以采用"虚拟波束成形",这种方法与多天线系统中的最大比值传输类似。在中继节点处的总功率开销给定的情况下,这一方法可以保证在(信宿)接收机处获得最大信噪比。22.3.2节将讨论这种情况。
- 幅度CSIT已知。这时中继节点确知到达信宿的信道幅度(强度),但不知道相位。这种情况下,当具有总功率约束时,最佳策略就是选择可以提供最佳传输质量的单个中继节点(见22.3.1节)。
- CSIT未知。这种情况下,各中继节点可以发送数据分组的空时编码版本,正如CSIT未知情况下,发送分集系统中各个天线的作用(见22.3.3节)。或者,各中继节点可以发送同一码字的冗余递增编码比特(见22.3.4节)。注意,对于有总功率约束的情形,空时码的信噪比要劣于中继选择:发送分集可以提供一个等效的信道,其信噪比是各单个中继-信宿信道信噪比的平均,而中继选择(见22.3.1节)时所选择的信道是各单个信道中具有最大信噪比的。
- 平均CSIT已知。这种情况下,发射机只知道平均的信道增益,而不知道其瞬时实现。这种情况值得研究是因为获取平均CSIT要比瞬时CSIT容易得多,尤其是在快变信道中。可以采用CSIT未知方案的改进版本。

22.3.1 中继选择

在中继选择中,只是从所有可用节点中拣选出"最佳"节点,然后就像 22.2 节所描述的那样用这个节点来完成中继。这种方法看似过于简单,其实难点在于:(i)如何定义"最佳中继";(ii)如何在一组给定的信道状态集中真正找到这个最佳中继节点。

首先来解决定义"最佳"中继准则的问题。我们需要分辨两种情况:如果信源具有固定的发射功率和数据速率(即分组的调制方式和编码都是固定的),在第一个传输阶段就无法对哪一个中继节点将正确接收分组施加影响;相反地,我们只是考虑一组可以收到分组的中继节点,并从中选出一个中继节点用于转发信息,它具有到达信宿的最强信道。

如果信源能够适应信道,在第一个传输阶段就能确保某个特定的中继节点(这就是事先选出的用于后续转发的中继节点)收到消息。为挑选出这个中继节点,需要平衡信源-中继和中继-信宿信道的强度。在多跳译码转发中,速率由式(22.1)给出,应当以避免瓶颈出现为目标,并拣选出提供最佳值的中继节点,该最佳值为

$$\eta_k = \min\left[|h_{s,k}|^2, |h_{k,d}|^2\right] \tag{22.15}$$

作为这一准则的"平滑"(smoothed-out)版本,另一准则为

$$\eta_k = \frac{2}{\frac{1}{|h_{s,k}|^2} + \frac{1}{|h_{k,d}|^2}} \tag{22.16}$$

常常会假定有一个中心控制节点知道所有的 $|h_{s,k}|^2$ 和 $|h_{k,d}|^2$。实际上,这需要相当大的信令开销,所以并不实用。因此,最好采用类似分组无线电系统中用于控制多址的算法(见第 17 章),步骤如下。

1. 信宿发送一个简短的广播信号,以便各中继节点确定其 $|h_{k,d}|^2$(假定信道是互易的,见20.1 节)。

2. 信源发送数据分组,紧随其后还要发送"清除发送"(CTS)消息。每个中继节点尝试着接收分组,并确定其 $|h_{s,k}|^2$,然后依照式(22.15)或式(22.16)的准则来确定 η_i。

3. 每个中继节点都启动一个定时器,定时器的初始值为 K_{timer}/η_k(K_{timer} 是一个适当选择的常量),并开始倒计时,同时对来自其他中继节点的可能的空中信号进行侦听。当定时器归零时,相应的中继节点将开始发送,除非另一中继节点已经开始发送(因而就占用了信道)。

显然,具有"最佳"信道(最大 η_k 值)的中继节点就是第一个(因而也是唯一的)进行发送的中继节点。在实际网络中,性能并非如此完美,因为在第一个节点的发送时刻和信号实际到达第二个节点的时刻之间,第二个中继节点可能已开始发送(见第 17 章),然而可以通过使用一个不同的 K_{timer} 重复第三步来解决这种冲突。

中继选择的表现相当不错,并可以提供与后面将要讨论的其他更复杂中继方案一样的分集阶数。这与天线选择(见第 13 章)相类似:天线选择可以提供同(最优的)最大比值合并一样的误比特率对信噪比曲线斜率(即分集阶数)。就 K 重中继而言,对于所有链路均为瑞利衰落的情况,计算得到的中断概率如下:

$$Pr[I < R_{th}] = \prod_{k=1}^{K}\left[1 - \exp\left[-\frac{2^{2R_{th}} - 1}{P/P_n}\left(\frac{1}{\overline{\gamma}_{s,k}^2} + \frac{1}{\overline{\gamma}_{k,d}^2}\right)\right]\right] \tag{22.17}$$

其中,$\overline{\gamma}_{s,k}^2$ 和 $\overline{\gamma}_{k,d}^2$ 是信源-中继和中继-信宿信道的平均信道增益。

22.3.2 分布式波束成形

分布式波束成形协议包括两个阶段：在第一阶段，信源广播信息，并且一个中继节点集 $\mathcal{D}$（集合大小为 $|\mathcal{D}|$）可以实现对分组的正确接收。就多跳译码转发协议而言，在第二阶段，一旦各个中继节点的发射机信道状态信息已知，则在每个被选中的中继节点 k 处，可以给出正比于下式的最优发射系数：

$$\frac{h_{k,d}^*}{(\sum_{k \in \mathcal{D}} |h_{k,d}|^2)^{1/2}} \tag{22.18}$$

$|\mathcal{D}|$ 个节点相互协作，即相干地发送数据到信宿。这类似于发送分集系统中的波束成形或最大比值传输。

在各个中继节点采用放大转发的情况下，中继节点 k 处所采用的最优增益值为

$$w_k = K^{AF} \frac{|h_{s,k}||h_{k,d}|}{1 + P_s|h_{s,k}|^2 + P_k|h_{k,d}|^2} \frac{h_{s,k}^*}{|h_{s,k}|} \frac{h_{k,d}^*}{|h_{k,d}|} \tag{22.19}$$

其中，常数 K^{AF} 的选定应保证总的功率约束 $\sum_k |w_k|^2 (1 + P_s|h_{sk}|^2) = P_r$ 得到满足。第 k 个中继节点的发射功率满足

$$P_k \propto \frac{|h_{s,k}|^2 |h_{k,d}|^2 [P_s|h_{s,k}|^2 + 1]}{[1 + P_s|h_{s,k}|^2 + P_k|h_{k,d}|^2]^2} \tag{22.20}$$

获知各个中继节点的发射机信道状态信息并非易事：各个中继节点不仅要确知到达信宿的信道，而且要知道各个信道增益之和，即式(22.18)中的分母，这些信道是指在数据转发中将被激活①的所有中继节点到达信宿的信道。可以通过各个中继节点连续发送训练序列(前导)，随后由信宿给出反馈来实现这一点。

类似地，如果信源可以调节其功率，情况就会更复杂，因为这样一来信源的功率将决定可能的激活中继节点集 $\mathcal{D}$。这会导致在中继过程中需要在两个阶段之间进行折中。如果信源在广播时只用了相当少的能量，$|\mathcal{D}|$ 就会相当小，而且在第二阶段中可获得的分集阶数也会很低。换句话说，存在着这样的风险：所有收到分组的中继节点都有一个到达信宿的差信道，因而就不得不消耗大量功率以使分组能够到达信宿。而另一方面，广播时消耗过多能量纯属浪费。要得到最佳功率分配的确切优化方案多少有些复杂，但根据经验应有 $|\mathcal{D}| = 3$。

以上讨论都假定不同的中继节点可以对它们的发送信号实现同相，这样一来各个信号在所期望的信宿处就能够相长式地叠加起来。具体实现时，由于各个中继节点并非位于同一位置，要做到这一点相当困难，然而又必须(除了实现频率和时间同步)实现这种相位同步。通常，网络中的一个节点将发挥主节点的作用，由它周期性地发送同步信号，并迫使所有其他节点根据这一同步信号来调整其频率和相位。对由节点之间的传播延迟引起相移的调整是必须逐链路(link-by-link)完成的。

解决相位调整问题的另一种方法是采用随机波束成形(与 20.1 节相比)。如果不采取任何特殊措施(即不进行特定的相位调整)，那么各个中继节点产生的波束将指向随机的方向，而通过改变各个节点的相对相位就可以改变各个波束的主方向。根据机会波束成形的工作机制，当信宿节点发现自己位于某波束的主瓣方向上时，将会发送一个反馈信号，请求相应的各个中继节点发送那些期望发至此(信宿)节点的负载数据。

---

① 指第二阶段将被用到的各中继节点。——译者注

22.3.3 正交信道传输

当发送端无法获得信道状态信息时，一种可能的解决方案就是让每个中继节点在一条正交信道上进行发送。显然，这样做可以消除不同中继信道之间的干扰，但它也导致了频谱效率的显著下降。特别是，考虑每个中继节点都有一条预留信道的分集译码转发方案，而不管预留信道能否对消息进行译码。这一方案的容量（或者更准确地说，采用高斯码书时的互信息）为

$$I = \frac{1}{K+1} \log \left[1 + \gamma_{s,d} + \sum_{k \in \mathcal{D}} \gamma_{k,d} \right] \tag{22.21}$$

其中，$\mathcal{D}$ 是一个中继节点集合，其中每个节点都可以对来自某个特定信源的消息进行译码。当所有链路均为瑞利衰落时，在特定译码节点集的条件下，高信噪比时的中断概率为

$$\Pr[I < R_{th} | \mathcal{D}] \sim \left[2^{(K+1)R_{th}} - 1 \right]^{|\mathcal{D}(s)|+1} \frac{1}{\gamma_{s,d}} \prod_{k \in \mathcal{D}} \frac{1}{\gamma_{k,d}} \frac{1}{[|\mathcal{D}|+1]!} \tag{22.22}$$

获得特定译码节点集的概率由下式给出：

$$\Pr[\mathcal{D}] \sim \left[2^{(K+1)R_{th}} - 1 \right]^{K-|\mathcal{D}(s)|} \prod_{k \notin \mathcal{D}} \frac{1}{\gamma_{s,k}} \tag{22.23}$$

总的中断概率就是非条件版本的式(22.22)，其表达式可以界定为

$$\left[\frac{2^{(K+1)R_{th}}-1}{\overline{\gamma}^{lb}} \right]^{K+1} \sum_{k \in \mathcal{D}} \frac{1}{[|\mathcal{D}|+1]!} \quad \Pr[I < R_{th}] \quad \left[\frac{2^{(K+1)R_{th}}-1}{\overline{\gamma}^{ub}} \right]^{K+1} \sum_{k \in \mathcal{D}} \frac{1}{[|\mathcal{D}|+1]!} \tag{22.24}$$

其中，

$$1/\overline{\gamma}^{lb}_k = \min\{1/\overline{\gamma}_{s,k}, 1/\overline{\gamma}_{k,d}\} \quad 1/\overline{\gamma}^{ub}_k = \max\{1/\overline{\gamma}_{s,k}, 1/\overline{\gamma}_{k,d}\} \quad \overline{\gamma}^{lb}_s = \overline{\gamma}^{ub}_s = \overline{\gamma}_{s,d} \tag{22.25}$$

而 $\overline{\gamma}^{lb}$ 是 $\overline{\gamma}^{lb}_k (k=1, \cdots, K+1)$ 的几何平均值，$\overline{\gamma}^{ub}$ 的含义是类似的。再次与多天线系统进行类比，正交信道传输可以比作天线环发射（antenna cycling），其中每次只用到一个天线单元（针对一个特定消息）。

现在转到如下情况：有多个中继节点，所有这些节点既可以作为信源，也可以作为中继节点，并且每个节点都能在不同的时间以不同的频率进行发送。具体考虑图 22.5 所描绘的情形。同样在这种情况下，每一个节点只会在可用时间的 $1/(K+1)$ 时间内为一个特定的信源发送信息。换句话说，与上述情况相比，频谱效率并未得到改善。

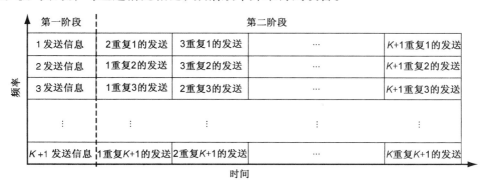

图 22.5 多个中继节点上的多信号复用。引自 Laneman and Wornell [2003] © IEEE

22.3.4　分布式空时码

另一种针对无发射机信道状态信息情况的方法是，让中继节点在传输时使用空时编码。考虑如下情形：第一阶段中，信源向众中继节点发送信息。第二阶段中，众中继节点实现对信宿的一次空时编码传输。换句话说，每个中继节点都作为一个"虚拟天线"，并且发送信号，其所发送的信号就像多输入多输出（MIMO）配置时从发射天线阵列中的一个天线元所发出的信号。例如，如果使用两个中继节点，所采用的空时码就可以是 Alamouti 码。这意味着两个中继节点在时刻 1 发出了两个符号 c_1 和 c_2：

$$\mathbf{s}_1 = \frac{1}{\sqrt{2}} \begin{pmatrix} c_1 \\ c_2 \end{pmatrix} \tag{22.26}$$

此处，$\mathbf{s}$ 是由中继节点发出的符号组成的矢量。在时刻 2，如下信号矢量被发送（可与 20.2 节相比较）：

$$\mathbf{s}_2 = \frac{1}{\sqrt{2}} \begin{pmatrix} -c_2^* \\ c_1^* \end{pmatrix} \tag{22.27}$$

当然，通信协议必须能对每个中继节点所对应的"天线"进行指定，这样数据序列 $(c_1 \quad -c_2^* \quad \cdots)$ 或 $(c_2 \quad c_1^* \quad \cdots)$ 该由谁发出也就随之而确定了。

由于 Alamouti 码是一个编码速率为 1 的码，这种传输方案的频谱效率要比正交信道中继方案的高，后者（在中继的第二阶段期间）速率仅为 1/2（对于两节点中继的情况）。当采用更多中继节点时，采用正交空时码中继的频谱效率会有所下降：对于 $K > 2$ 的情况，不存在编码速率为 1 的正交空时码。对于 $K = 3$ 或 $K = 4$ 的情况，可实现的速率降为 3/4。尽管如此，这一方案的频谱效率仍然比正交中继高，因为正交中继的速率将以 $1/K$ 的规律下降。

随即出现的一个实际问题是参与中继的节点数目是变化着的，这取决于有多少中继节点能够对来自信源的消息进行译码。好在这对分布式空时码的操作并不会带来明显的影响，如果一个中继节点收不到来自信源的消息，它就不会去发送（信宿接收机会把这看成那个特定的"天线"经历了一次深度衰落）。因此，信宿接收机处的译码操作将不会受到影响。

22.3.5　编码协作

在编码协作中，中继和纠错编码相结合，从而获得了增强型的分集。采用前向纠错码（见第 14 章）对来自信源的数据分组进行编码，再将码字的不同部分通过网络中的两条（或更多条）不同的路径发送出去。

为了给出更多细节，让我们考虑图 22.6 的示例。在节点 1 处，采用前向纠错码对一个信源数据分组（block）进行编码，并将编码后的码字分为两部分，它们分别具有 N_1 和 N_2 比特。能够单独从前 N_1 比特重构出信源数据这一点是很重要的。例如，前向纠错可以采用码率为 1/3 的卷积码，然后将其删余（puncture）生成一个码率为 2/3 的码，并在前 N_1 比特把它发送出去；删余后剩余的比特则在后 N_2 比特进行发送。对于节点 2 处的一个不同的信源数据分组，将进行类似的编码和划分。

于是，我们将一个信源数据分组的可用发送间隔分成两部分，在第一个时间子间隔期间，节点 1 广播其前 N_1 比特。信宿和节点 2 都可以收到这些比特。与此同时，节点 2 也会发送（在一个正交信道上，例如一个不同的频道）自己的前 N_1 比特。如果节点 1 能够成功地对节点

2 的信源数据进行译码(通过循环冗余校验进行成功与否的检验),则节点 1 会计算出与节点 2 信源数据相关的后 N_2 比特,并在第二个时间子间隔将它们发送出去。如果节点 1 不能成功译码,那么它将发送与自己的码字相关的后 N_2 比特。节点 2 以完全相似的方式工作。由于节点 1 和节点 2 之间不存在反馈,可能会出现图 22.7 所描绘的 4 种情况。总而言之,每个节点总要发送 $N_1 + N_2$ 比特;如果两节点之间的信道良好,则发送比特中的一部分将用来帮助伙伴节点(partner node);这正是后面要讨论的情况(另一种情况是每个节点只发送自身数据的 $N_1 + N_2$ 比特,这是一种两个用户到一个接收机的常规编码频分多址传输,见第 17 章)。

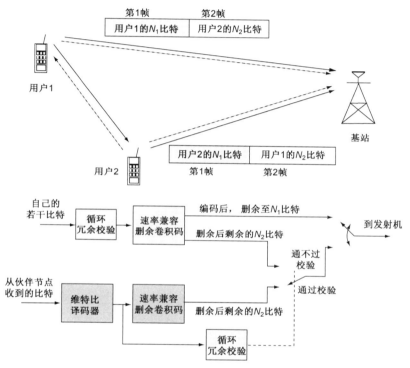

图 22.6　编码协作原理。实线和虚线分别代表与用户 1 和用户 2 产生的
数据负荷有关的比特流。引自 Nosratinia et al. [2004] © IEEE

由于从不同的位置对同一码字的不同部分进行了发送,这种传输具有 2 阶的分集阶数,如果节点 1 和节点 2 离得足够远,它们就能同时提供宏分集和微分集(见第 13 章)。中断概率的渐进表达式反映出了这一分集阶数。假定所有信道都是瑞利衰落,并且节点 1 到节点 2 的信道和节点 2 到节点 1 的信道相互独立(正如在频域双工中常见的情形),在高信噪比状况下,可通过下式近似地给出中断概率:

$$\Pr[I < R_{\text{th}}] = \frac{(2^{2R_{\text{th}}} - 1)^2}{\gamma_{\text{A,d}}\gamma_{\text{A,B}}} + \frac{R_{\text{th}}\ln(2)2^{2R_{\text{th}}+1} - 2^{2R_{\text{th}}} + 1}{\gamma_{\text{A,d}}\gamma_{\text{B,d}}} \tag{22.28}$$

对于用户之间信道互易的情况(也就是从节点 A 到节点 B 和从节点 B 到节点 A 采用同一频率发送,例如采用时分多址方式),中断概率为

$$\Pr[I < R_{\text{th}}] = \frac{(2^{R_{\text{th}}} - 1)(2^{2R_{\text{th}}} - 1)}{\gamma_{\text{A,d}}\gamma_{\text{A,B}}} + \frac{R_{\text{th}}\ln(2)2^{2R_{\text{th}}+1} - 2^{2R_{\text{th}}} + 1}{\gamma_{\text{A,d}}\gamma_{\text{B,d}}} \tag{22.29}$$

为某特定用户传输数据分组可以被视为增加冗余度的译码转发中继;这将比传统的译码

转发更有效率,正如之前在22.2节讨论过的,传统译码转发的中继节点只是重复发送了原始的(信源)发送比特。从图22.8中也可以看出这一点,图中比较了1/4码率的编码协作和放大转发及1/2码率译码转发(即所有方案具有相同的频谱效率)的误组率(block error rate)。

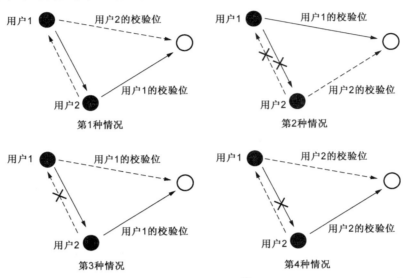

图 22.7　两用户协作编码中,可能出现的4种消息传递情况[1]。引自 Hunter and Nosratinia[2006]© IEEE

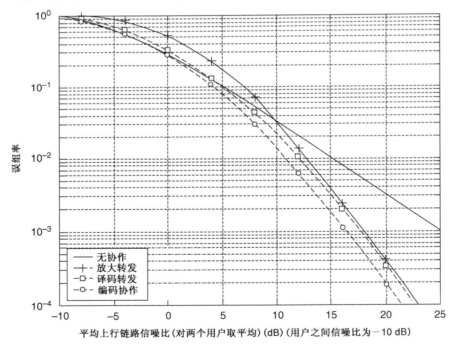

图 22.8　编码协作与放大转发、译码转发和直接传输的性能比较。引自 Nosratinia et al.[2004]© IEEE

---

① 图中,用户1(/2)的校验位指的是用户1(/2)删余后剩余的 N_2 比特。意思是说,在第2个发送子间隔,通过传送这后 N_2 比特来对前 N_1 删余比特进行校验。究竟是传送自己的后 N_2 比特还是传送伙伴的后 N_2 比特,这取决于协作节点之间的信道状况。——译者注

22.3.6　喷泉码

前面描述的虚拟 MIMO 技术存在一些缺点，包括为获得协作增益必须协调各方同时发送，以及协作的相对低效（接收机要将来自协作节点的能量累加起来）。另一种方案是采用无码率（rateless）码。不同于传统编码，无码率码不具有固定的编码速率（因而得名），并且不针对特定信噪比进行优化。反之，这类码在所有可能的信噪比下都能发挥良好的作用。无码率码的最常见形式称为喷泉码（Fountain Code），原本是为了对抗互联网上数据分组的删除而设计的（为了同样的目的，它也被用于 3G 蜂窝系统）。可是，喷泉码也可以被设计成基于逐个比特工作，从而在删除信道中能起到如下的作用：发送端由一个有限长度信源数据分组生成一个（无限长）比特流。接收节点观测这一比特流，并将未被信道删除的那些比特累加起来。只要接收到的总比特数多于原始信源字的比特数，接收端就可以从观测到的无序的码流子集中恢复出原始信息。逐比特喷泉码也可以在加性高斯白噪声信道和衰落信道中良好地发挥作用这一点已被证明。那时，如果接收到的互信息等于信源熵，就可以实现一个信源字的成功接收。

由于喷泉码是可以工作在任意信噪比水平下的"全能"码，因此同样的码型设计就可以用于从一个信源到多个接收机的广播发送，即使各接收机到信源的链路具有互不相同的衰减。同时，由于喷泉码允许网络中每个节点将来自多个发送节点（信源和在早前时间收到同一信息的其他中继节点）的互信息累加起来（而不仅仅是累加能量），它们也非常适用于中继网络。直观地，可以从下面的简单例子对能量累加和互信息累加之间的差异进行最简单易懂的解释。这个例子所采用的是删除信道上的二进制信号，删除概率为 p_e。如果接收机累加能量，则每个比特将以概率 p_e^2 被删除，因此每次传输平均接收到 $1 - p_e^2$ 比特。另一方面，如果接收机可以采用互信息累加，每次传输就会平均获得 $2(1 - p_e)$ 比特（超过了 $1 - p_e^2$ 比特）。

总之，采用喷泉码的协作通信与"常规"的协作通信有以下不同点。

1. 分组的传输时长是一个随机变量，这取决于信道状态。
2. 无须获知发送端的信干噪比就能保证实现"一发命中"（one-shot）成功传输。发送端持续发送直至收到来自接收端的 1 比特反馈为止，该反馈意味着消息已被成功译码。
3. 接收机可以累加多个中继节点的互信息（而不只是累加能量）。
4. 不同的并行中继节点可以在不同的时间段激活。这与分布式空时码之类的并行节点必须在同一时间段发送是有所不同的。

22.4　多跳网络中的路由和资源分配

现在转向关注更大的网络。在这样规模的网络中，单个中继或若干并行中继并不足以将信息从信源传递到信宿，而是必须顺序地使用多个中继节点才能达到这一目的。具体来讲，这一节考虑这样的多跳系统：采用多跳译码转发，借助于多个中继节点来进行数据分组的传送，该系统以"救火队列"（bucket brigade）方式运作，即分组从信源发送至第一个中继节点，在那里经过译码、再次编码后被发送到下一个中继节点，该节点也要对分组进行译码和再次编码，然后将其发送至下一个中继节点,依次类推,直至最终由最后一个中继节点发送至信宿。每一跳都以点对点方式运作,即不利用广播效应。

第一项任务是确定哪些节点应当作为中继节点(进行消息转发),以及采用怎样的转发顺序。换句话说,分组到达信宿应采用怎样的路由?与此相关的问题是关于资源(功率、带宽)将如何在这些节点上进行分配的问题。路由和资源分配相结合就是一个跨层设计问题,将涉及物理层,媒体接入控制层和网络层。然而,有关文献中涉及的许多研究课题都只讨论这一问题的某些侧面:讨论路由算法时一般都假定有一个给定的物理层,然后针对这一物理层来构造最佳路由。与之相反,另外一些论文则假定一个给定的路由,然后针对这一路由来尝试对物理层的优化。

后续推导都针对的是单播(unicast)情形,即每个分组有且只有一个信源和一个信宿。在很多情况下,可以将这些算法推广以适用于多播(multicast)或广播(broadcast),即存在多个信宿的情形,但为简单起见,下文将不讨论这些。

22.4.1 数学基础

首先从这样的网络着手进行讨论,该网络中两节点之间的每条链路本质上都可看成"二元的":链路或者可以支持无差错的分组传输(这种情况下节点之间存在着一条有效连接),或者做不到这一点。于是可以用图(Graph)来表示网络:每个节点对应于一个顶点,而每条(发挥作用的)链路对应于一条边。进一步假定链路都是互易的,即自节点 A 到节点 B 的传输函数与自节点 B 到节点 A 的传输函数相同,这样图就是无方向性的。每条边具有一个权重,对于固定发射功率并假定某链路或者被用到或者用不到的简单情形,所有发挥作用的链路(边)权重均为 1,所以可用"跳数"来度量传输成本[1]。在不同节点可以采用不同功率(以保证特定链路能发挥作用)的情况下,可以用在特定链路上发送一个分组所需的功率开销来表示边的权重。在上述两种情况下,路由问题都转化成了最短路径问题。更确切地说,问题就是寻找图中两个顶点之间具有最小"距离"(边的权重之和)的路径。在计算机科学的有关文献中,已讨论过这类最短路径问题,并已提出了若干种算法用于解决此类问题。Dijkstra 算法在所有边的权重都为正值(正如它们通常所取的值)的情况下给出了一个快速解决方案;对于需要考虑边的权重取负值的那些情况,应当采用 Bellman-Ford 算法。

Dijkstra 算法

Dijkstra 算法基于"贪婪松弛"(greedy relaxation)原理,可以找到从一个信源节点到网络中每一个节点的最短路径权重。该算法的实施步骤如下。

1. 将信源节点的距离指定为 $d_s = 0$,并指定所有其他节点的距离 $d_i = \infty$(注意,d 代表"自信源节点的距离",因此它是节点的一种属性,而不是边的属性)。进而,将所有节点标记为"未曾访问到的",并声明信源节点为"当前"节点。

2. 循环至所有节点均被访问过为止。

   (a) 考虑当前节点 c 的所有未访问的相邻节点 i,即那些与当前节点存在(直通)链路的

---

[1] 稍好一些的度量是传输期望值(ETX),它将某个链路上并非所有的数据分组传输都成功,失败的分组传输因而需要一次重传的事实考虑在内。

节点。对于每个相邻节点 i，计算 $\widehat{d_i} = d_c + w_{c,i}$，其中 $w_{c,i}$ 是节点 c 和 i 之间边的代价。如果 $\widehat{d_i} < d_i$，就用 $\widehat{d_i}$ 替换 d_i。节点将保存指向路由中可以取得最低代价的前一节点的指针。

（b）标记当前节点为已访问节点。

（c）拣选出具有最小距离的未访问节点作为当前节点。

这一算法相当高效。借助于这一特别的实现过程，运行时间正比于 $O(|V|^2 + |E|)$ 或 $O(|V|\log(|V|) + |E|)$，其中 $|V|$ 是顶点数，$|E|$ 是边数。

Bellman-Ford 算法

Bellman-Ford 是另一种用于寻找最短路径的算法。该算法的实施步骤如下。

1. 仍以指定源节点距离 $d_0 = 0$ 和所有其他节点距离 $d_i = \infty$ 作为开始。

2. 重复 $|V| - 1$ 次。

（a）对图中每条边都进行以下处理：将边的起始点称为 j，终止点称为 i；然后计算 $\widehat{d_i} = d_j + w_{j,i}$；如果 $\widehat{d_i} < d_i$，就用 $\widehat{d_i}$ 替换 d_i。节点将保存指向路由中可以取得最低代价的前一节点的指针。

3. 检验能否进一步减小距离值。如果可能，则表明图中包含"负循环"（negative cycle），并且权重将不能收敛。否则，算法已经完成。如果已知所有边的权重都为正，就可以忽略这一步骤。

例 22.1 图 22.9 给出了一个具有正的边权重值的网络。图的左半边显示了 Dijkstra 算法的不同阶段。右半边显示了 Bellman-Ford 算法的处理过程，这里每幅图对应于外循环的一次迭代过程；表格显示了作为内循环（逐个计算了图中所有的边）的权重更替情况。注意，就 Bellman-Ford 算法而言，在内循环中，边的次序无关紧要，即边的编号（如 1，2，3，…）是任意的。

22.4.2 路由协议的目标和分类

在有线分组网络（尤其是 Internet）的范畴里已对路由协议进行了深入的研究。在那个场合，主要的目标就是以可能的最短时间将信息发送到目的地。在无线自组织网络中，必须考虑一些额外的约束条件，因此可能要将以下目标结合起来：（i）转发信息所消耗的能量越少越好；（ii）网络的存活时间，即直到第一个节点电池能量耗尽为止的时长越大越好；（iii）协议应当是分布式的，即无须中央控制；（iv）协议应当能快速响应网络拓扑或链路状态的变化；（v）协议应当是带宽高效的，即可以在分配给网络的带宽上实现高吞吐量；（vi）端到端的传输时间（延迟）应当最小化。

将变化的拓扑和链路状态考虑在内的方式，可以是以下两种方式之一。（i）主动式（proactive）。在这种方式下，网络始终对从所有可能的信源到所有可能的信宿的最佳路由进行着跟踪记录。因此，分组的实际传输可以非常迅捷地进行，因为最佳路由可以立刻获取到。不利的一面是跟踪记录所有路由所需的开销相当可观。（ii）应激式（reactive）。在这种方式下，到达某信宿的某条路由仅在真正有分组要发送到那个特定信宿时才能确定，即路由是按需确定的。这种方式效率更高一些，但显然会导致更慢的分组传递。

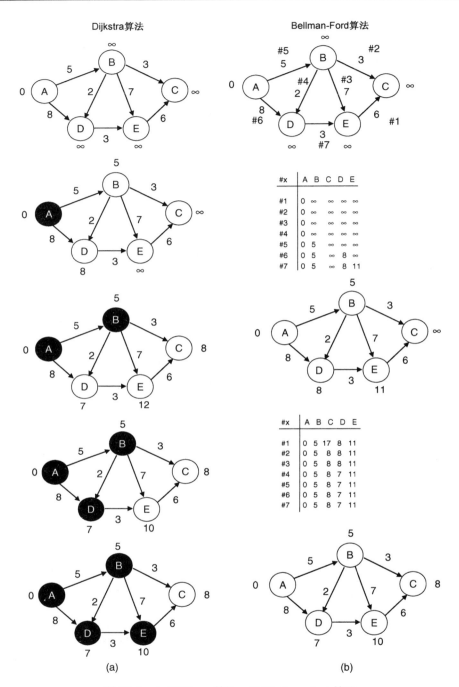

图 22.9　（a）Dijkstra 算法；（b）Bellman-ford 算法

22.4.3　源路由

在源路由中，每个信息生成节点都能确定（比如，通过一个查找表来确定）由它产生的分组通过网络时所需经过的节点序列。这一节点序列被附加在数据分组上，因此路由中的每个节点都能知道分组将要传输到的下一个节点是哪个节点。源路由的一个主要优点就是它是无循环的，即不存在某分组返回到它已经访问过的某个中间节点的危险。不存在循环这一点显然是可以得到保证的，因为由信源来决定通过网络时的路由，所以在路由建立期间就能确保不出现循环。这一点看似意义不大，但在后面的章节会了解到，其他的路由方式可能出现循环，而这种现象会增加电能的消耗，增大传输延迟，并可能导致网络的不稳定。

在主动式源路由方式中，每个节点周期性地向相邻节点进行链路状态公告。那些相邻节点会将刚收到的链路状态与其本地列表中已保存的链路状态进行比较，如果新链路状态"更新鲜"（fresher），即具有一个更高的顺序号，各个相邻节点就会更新它们的本地列表，并将这一链路状态更新信息转发给它们的相邻节点，以此类推。因此，刷新过的链路状态信息将传遍整个网络。显然，随着网络中节点数目的增加，要分发的信息数量也会急剧地增加。鉴于此，主动式源路由算法并不很适合于大型网络，尤其不适合于链路状态频繁改变的网络。

通过实行按需路由，动态源路由（DSR）可以大幅降低上述开销。这种路由技术包含两个步骤：先是初始的路由发现，然后通过路由维护来响应网络中的链路状态的改变。在路由发现期间，所谓的"路由请求分组"将传遍网络。路由请求包含期望信宿的标识符、唯一的分组标识符及此消息已经访问过的节点列表。当某节点收到一个路由请求分组时，它会查验自己是否就是期望的信宿，或者在自身的路由列表中查找是否保存了到达信宿的路径。如果并非上述情况，该节点就会把自己的地址添加到路由请求消息中已访问过的节点列表中，并再次广播路由请求。如果该节点就是信宿（或者具有到达信宿的路径），该节点就会回复一个"路由答复分组"，这一分组循着已标记过的路径返回信源，并最终将从信源到信宿所应采用的节点序列告知信源[1]。注意，这一路由请求-路由响应方法需要互易的链路（当这一条件满足时可以参考20.1 节的讨论）。路由请求分组可以记录链路质量，因而可将它用于借助"边的权重"来确定路由的方法，如同前面就 Dijkstra 算法所描述的。

在路由维护期间，该协议观测确定在已建立的路由中是否有链路"中断"了（应当包括特定链路吞吐量低于指定阈值的情况）。如果发生链路中断，协议就会采用另一条到达信宿的已保存路由，或者开启另一次全新的路由发现过程。

动态源路由的一个问题是所谓的答复大爆发（reply storm），当许多邻居节点都知道到达目标节点的路由，并试图同时发送信息时，就会发生这一情况。这将导致网络资源的浪费。通过让每个想要发送的节点等待适量的时间，就能防范路由答复大爆发的发生，这一适量时间应与节点可以提供的路由质量呈反比。换句话说，允许一个想要建议一条好路由的节点先于另一个建议一条更差的备选路由的节点发送信息。此外，如果另一个节点已经发送了一条更好的路由，各节点就能通过监听其他节点发送的路由回复来获知这一情况，并且不再发送自己的路由信息。

22.4.4　基于链路状态路由

在链路状态路由中，每个节点都会搜集整个网络中链路状态的信息。基于这些信息，一个节点就可以构建出通过网络到达其他所有节点的最高效的路由，例如采用 Dijkstra 算法确定这些路由。

链路状态路由需要对遍及整个网络的链路状态进行采集和分发。一个节点首先应当获取它自己的链路状态，比如通过其他节点发送的训练序列来获取。向其他节点进行链路状态信息的

---

[1]　路由中的中间节点也应当保存从它们到达信宿的路由，这将对后续的路由搜索起到加速作用。

分发则借助于称为链路状态公告(link-state advertisement)的短消息来完成。这些消息包含以下几部分信息：(i)公告生成节点的标识符；(ii)与公告节点相连接的各节点及相应链路的链路质量(边的权重)；(iii)指示信息"新鲜"程度的顺序号(节点每发出一次新的公告，顺序号就加1)。

无线网络实现链路状态路由的常用算法是优化链路状态路由协议(OLSR)。这是一个主动式协议，节点之间的消息会定期进行交换，以便在每个节点处生成路由表。经典的链路状态协议使链路状态信息传遍整个网络，优化链路状态路由协议则限制了这些信息的传播。这一事实使得它尤其适合于无线网络，因为在无线自组织网络中链路状态信息的数量可能是相当巨大的。为此优化链路状态路由协议采用了多点中继(MPR)的概念。特定节点的多点中继集合被定义为其一跳邻居节点集合的子集，该子集必须按如下方式进行选取：特定节点可以借助某个多点中继到达所有的两跳邻居节点。换句话说，我们无须借助所有可能路由到达每一个两跳邻居节点，只借助一条路由到达它就足够了。为了感知某个节点的周围环境，优化链路状态路由协议让这一节点定期地发送"Hello"消息。这些消息将被周围的节点接收到，但不对它们进行再次广播。由于一条"Hello"消息里包含某特定节点的所有已知链路和邻居的信息，每个节点都可以通过被动式地监听 Hello 消息找到自己的那些两跳邻居节点。

如上所述，每个节点将在其邻居节点中挑选出一个子集作为多点中继。各节点通过"拓扑控制"(Topology Control)消息定期地向其他多点中继广播其多点中继集合。其他的多点中继可以进一步转发消息。因此，网络中的任一节点都可以通过一系列多点中继被访问到。通过削减可以到达某个节点的途径，就能削减需要通过网络发送的链路状态信息总量。

22.4.5 距离矢量路由

在距离矢量路由中，每个节点都保存了一份所有信宿的列表，该列表只包含到达各个信宿的代价和消息传递的下一个节点。所以，信源节点只知道哪个节点将传递分组，该节点又知道下一个节点，以此类推。这一方式的好处在于比链路状态算法大幅降低了存储代价(在链路状态路由中，每个节点都要针对每个信宿存储用于传递消息的完整的节点序列)。由此可见，距离矢量算法更容易实现并且需要更少的存储空间。实际的路由确定基于 22.4.1 节已讨论过的 Bellman-Ford 算法。

可是，距离矢量路由也存在如下一些缺点。

1. 收敛速度慢。与 Dijkstra 算法相比，Bellman-Ford 算法需要对代价信息进行多轮计算。在拓扑结构迅速变化的网络中，这可能导致如下状况：在一条最优路由被建立起来之前，链路状态信息已经发生了变化。

2. "累加计数至无穷大"。在部分网络被分离出来的极端情况下，网络可能会形成环(loop)，所以信息会返回到一个它曾经经过的节点(这种情况在源路由中不可能出现)。问题的本质在于即使节点 B 告知节点 A：节点 B 拥有一条到达目的节点的路由，节点 A 仍然无从知道该路由是否包含节点 A 自己(这将形成一个环)。在"正常"的汇聚型环境中，由于含有环的路由有比"切断"该环的路由更高的总代价值，这一点并不成为问题。然而，对于某节点"不起作用"的情况(由于节点失效或者链路衰落)，就可能生成环。考虑一个线性网络，像 A-B-C-D-E-F 这样连接起来，并假定每一跳的边代价值均为 1。现在如果节点 A 不起作用了，那么由于节点 B 并未收到一个更新数值，在 Bellman-Ford 的更新过程中，它将得知到节点 A 的链路不起作用了。而同时，节点

　　B 会获得一个来自节点 C 的更新,这一更新通知节点 B:从节点 C 到节点 A 只有两跳(因为节点 C 还不知道所假定的中断)。因此,这种信息的误导将波及整个网络,直到各节点将其代价值累加至无穷大。

　　累加计数至无穷大问题的一个解决方案可以借助目的序列获得,这就形成了目的序列型距离矢量(DSDV)算法。就这种算法而言,节点不仅要保存到达信宿的代价值及路由上的下一个节点,还要保存一个顺序号。那么,每个节点都周期性地向其他信宿公告路由,信宿则增加顺序号数值,并将路由传播至网络中的其他节点。选定的路由将是网络中具有最大顺序号的那条路由。如果发生链路中断,顺序号就会增加,并且节点代价将增至无穷大。这一变化迅即会传播至其他节点。

　　ad hoc 按需距离矢量(Ad hoc On-demand Distance Vector, AODV)路由算法是目的序列型距离矢量的应激式版本。采用路由请求和路由回复来建立路由(类似于动态源路由):当信源需要发送一个分组到还不存在一条路由的某个信宿,它会广播路由请求。收到这一请求的各节点将更新它们的信源节点信息,并在其路由表中设定指向该信源节点的后向指针。如果某节点具有到达信宿的一条路由,它就会回复信源,否则将信息广播至后续的节点。

22.4.6　基于地理的路由

　　在许多情况下,网络中的节点知晓它们自己所在的地理位置。这可以借助全球定位系统(GPS)定位(如果节点具有内置的 GPS 接收机),或者借助其他定位机制(例如,基于场强分布图、飞行时间测距(time-of-flight ranging)等)来实现。可以基于这些地理信息来设计路由。值得注意的是,在存在衰落的情况下,两个形成链路的节点之间的地理距离与链路的信噪比并非单调的关系,在组网文献中有时会忽略这一事实。在仅由距离决定的路径增益(过度)简化模型中,每个发送节点被一个半径为 R 的"覆盖圆盘"所包围,因此圆盘中的每个节点都可以收到发送内容,而所有位于圆盘之外的节点都收不到。

　　地理路由方案基于向信宿"进发"的概念。"贪心"方案是最常见的地理路由方案,它拣选出覆盖圆盘内到达信宿距离最短的节点。此外,这类方案可以使连接发送节点到某特定接收节点的链路投射到发送节点到信宿连线上的投影最大化;这种方法称为"半径以内的终极推进"。图 22.10 给出了这两种算法如何发挥作用的例子;然而,必须强调的是,大多数情况下两种算法找到的是同一路径。

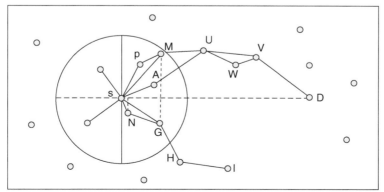

图 22.10　地理路由方案中选择节点的两种准则:贪心算法拣选出路径 SGHI(未能实现消息的成功传递);"半径以内的终极推进"算法挑选出路径SMUVD。引自 Stojmenovic[2002] © IEEE

当贪心算法未能成功将消息推进至信宿时，网络可以进入"恢复模式"。当消息到达所谓"凹陷"(concave)节点群(指不存在比它们自己更接近信宿的邻居节点的节点群)时，会发生这一情况。一种容易的解决办法是瞬间采用泛洪(flooding)方法，即凹陷节点群将消息扩散至其邻居节点，随后拒收任何其他消息副本(以避免邻居节点将消息回送至更接近信宿的凹陷节点)。这一步的泛洪操作之后，路由搜索将继续采用贪心模式。

22.4.7　分级路由

到目前为止都假定，就转发消息来说，所有的节点是对等的。可是，情况未必总是这样。在分级路由中，网络节点被细分为簇，也就是节点群。簇中某个节点称为簇首(clusterhead)；簇中所有其他节点只能与这一特殊节点进行通信。当一个消息要在簇之间传递时，只能借助于簇首之间的通信来完成。节点会加入它能以最低能耗与其簇首进行通信的簇。如果所有的节点都是电池供电的，那么簇首的角色在簇中节点之间随机地轮换；更确切地说，被挑选成为簇首的概率正比于节点的电池电能余量。如果存在某些节点与电力输送线相连(而不是电池)，从而使电能消耗不再成为重要的关注点，则这些节点将总是用来作为簇首。一种常用的分级算法(主要用于数据驱动路由，参见下文)是低能量自适应分簇分级(Low Energy Adaptive Clustering Hierarchy，LEACH)协议(见图 22.11)。

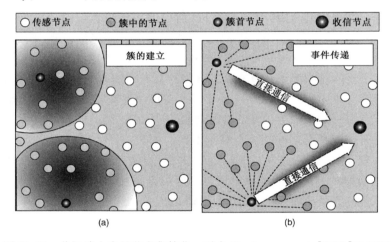

图 22.11　分级路由中的节点集簇化。引自 Martirosyan et al. [2008] © IEEE

22.4.8　节点移动性的影响

在大多数 ad hoc 网络中，节点在运作期间是完全静止不动的。然而，还存在着某些其中节点呈现出非常高的移动性的网络，例如在移动自组织网络中。这种移动性既有好处又有坏处。

- 主要的好处是数据分组可以通过移动节点来"搭便车"(hitchike)。设想某数据分组要由节点 A 发往节点 B，两个节点都是静止的，并且离得很远。于是，当高移动性的节点 C 路过节点 A 时，节点 A 会将分组发送给它。节点 C 保存了收到的消息，并在进入节点 B 周围区域时，将消息发送出去。因此，无须直接传输的高发射功率，也无须进行多次传输，就可以跨越节点 A 与节点 B 之间的长距离。可是，要引起注意的是分组传输的延迟相当显著。
- 高节点移动性的主要坏处是网络可能暂时无法连通，尤其是在信源和信宿之间只有为数不多的几条可能路由的稀疏网络中。如果有几个节点正在移动,那么对于信源和信宿之间的多跳连接而言,会很容易出现不再存在有效路径的状况。另一方面,还存在静态状况下根本无法连接的稀疏网络(即发射端和接收端之间在任何时刻都不存在路由);这时仍需通过前述"搭便车"的办法来利用节点的移动性,从而使分组能够传递至信宿。

"传染式的(epidemic)路由"是一种考虑了节点移动性的路由算法。每当两个节点进入彼此范围之内时,它们总会交换所有的非共有分组,从而最终使每个分组都能传播到网络中的每个节点上。这种方式相当浪费资源,尤其在需要传播的信息大多都是单播消息的情况下。更有效的算法是"散播等待(spray and wait)"法,这种方法将消息的 L 个副本发送出去,然后就进入等待状态,直至接收到一份副本的众节点中的某一个进入了能够与信宿进行直接传输的范围为止。

22.4.9　数据驱动路由

传感器网络的首要任务与 ad hoc 网络不同。ad hoc 网络是要将数据文件从一个节点传送到另一个节点,而传感器网络的目标却是使传感数据(通常是那些与传感器所处环境有关的数据)到达一个数据汇聚点(sink)。在此过程中,数据由哪个特定节点发出并不重要,重要的是有关当前环境的信息要能够正确无误地抵达汇聚点。举一个在工厂厂房内进行温度测量的实例。尽管我们知道厂房内处处温度相同,仍假定厂房内有 100 个温度传感器。于是重要的是怎样把某个温度测量值传递到中央监测站。来自所有温度传感器的数据都是相关的,因此确保每个单独的传感器都能够与监测站进行通信未免有些过于严苛了。所以,传感器网络中的路由方式是数据驱动(或者应用驱动)的,而不是连接驱动的。

最常见的数据驱动路由方式是直接扩散(directed diffusion)法(见图 22.12)。监测站通过发出一个"关注"(interest)消息来请求数据,该消息中包括其所需消息的类型特征、数据搜集的时间间隔和地理区域。这一消息将传遍整个网络;在传播期间,众节点还会搭建"返程坡道"(gradients),也就是朝向关注声明的来源节点的回复链路。注意,可以建立起多条可回溯到监测站的路径。在实际数据传输期间,可以强化特定的路径。在数据传输期间,每个节点都可以缓存和处理数据,也可以从不同的数据源聚集数据。

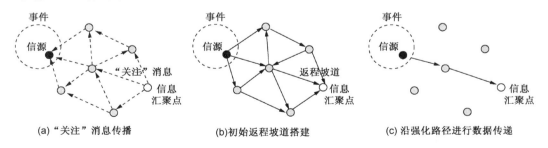

(a)"关注"消息传播　　(b)初始返程坡道搭建　　(c)沿强化路径进行数据传递

图 22.12　直接扩散法。引自 Intanagonwiwat et al.［2003］© IEEE

对协议的进一步改进可以引入"元数据(meta-data)协商",以从根本上确保节点只向簇首发送新的数据。数据的传送分三步进行:公告、请求和数据传输。在公告阶段,节点利用元数据公告新数据的出现;在请求阶段,如果数据有用,比如这些数据并不是从另一个已有类似/相关数据的节点收集过的,接收方就会发出数据请求,然后在数据传输阶段发送真正的数据。

22.4.10　功率分配策略

在之前的算法描述中都假定节点的发射功率是固定的。在无线自组织网络中这一假定通常是满足的，因为在这类网络中节点应当是尽可能简单的。然而，也存在节点可以自适应地调整其功率和(/或)发送速率的情况。在这种情况下，要尽可能多地对发射功率进行优化。可以区分出以下情形。

1. 路由固定，发送速率固定。这种情况下，对功率控制所能做的就只是降低发射功率。每个节点的发射功率应当尽可能多地得到降低，降低的底线就是接收节点处的信噪比应当高到足以保证正常译码。功率控制附带的好处就是降低了对网络其他部分的干扰（当有多个消息同时通过网络发送时，这显得尤为重要）。

2. 路由固定，发送速率可变。这种情况下，降低发射功率会增加所需的传输时间。如果使能量消耗最小化是优化过程的根本目标，则应当尽可能多地降低发射功率。如果必须在一个特定期限之内将消息传递到信宿，则可以针对一个给定的传递时间来进行功率分配的优化。

3. 路由和发送速率都可变。通过改变功率和(/或)速率，可以调适代表网络的图中的边权重。因此，针对特定的发射功率集合最优化了的路由，对另一个集合来说可能并非最优的。故而路由选择和功率分配应当在一个联合步骤里完成。事实上，有一个相当普遍并且更困难的问题，当需要对多个消息进行路由选择、发送速率控制及功率控制时就凸显出这一问题。这一普遍性的问题将在 22.4.11 节讨论。

22.4.11　多消息路由——随机网络优化

上述所有路由算法基本上都基于这样的假设：网络中的单个消息被传送到一个或多个信宿。当有多个消息被传送时，由于每次发送都会对其他正在工作着的链路造成干扰，状况变得要复杂得多。所以，在只有单个消息要借助其发送时可以提供高容量的某条链路，当有多条消息试图通过同一链路传送时，却可能变成了瓶颈。换句话说，针对不同消息单独传送的情况所找到的最佳路由（例如，采用 Dijkstra 算法），当有多个消息同时在网络中传送时，未必是最佳的（甚至都不是好的）。

于是，下一步自然就是确定一种联合的路由和功率分配方案，以从根本上确保多个消息沿着某个路由传送时彼此之间不至于造成明显的干扰。通过使路由之间保持"足够的"隔离（这里，就多大程度的隔离是足够的这一点来说，发射功率有着决定性影响），可以大大提高吞吐量。可是，这一算法还没有考虑到网络设计的另一个关键性环节，即调度问题。不同的消息可以通过同一节点传送，只要保证这些传送是在不同的时间段发生的。这与十字路口的道路交通类似：调度算法就好比交通灯，当十字交叉路口的一条岔路上有车通过时，它指示另一条岔路上的交通进入停止状态，因此就避免了碰撞的发生。所以，对于多个消息的情况而言，寻找路由、调度和功率/速率控制这些普遍性问题就不仅是非常复杂，而且在实际情况中也是非常重要的问题。人们已设计出很多不同的算法来解决这些问题。作为一个例子，下面将描述一种随机优化方法，称为队列长度压算法。

队列长度压算法是一种随机网络优化算法，它虽然简单，在特定假设下却是最优的。我们以网络状态和网络控制动作（网络控制动作决定了以多大的功率发送何种类型的多少数据）来描述网络。作为一个控制问题来阐述,可以让我们利用那些控制论中现成的技术,比如李雅普诺夫函数。这一方法的要点如下:每个节点都有一个存储到达数据的缓冲区,并且节点总是试图发送数据来清空缓冲区。此外,算法根据以下因素来计算链路的权重:(i)在一条链路的发送节点和接收节点之间,等候队列长度的差异;(ii)这一链路可以实现的数据速率。

考虑如下网络配置:某网络包含由 L 条链路连接起来的 N 个节点。消息的发送以分时隙的方式进行,t 是时隙标号。a 和 b 两个节点之间的链路以其传输速率 $\mu_{ab}(t)$ 来表征;所有的速率被归结为传输矩阵 $\boldsymbol{\mu}(t) = \mathrm{C}(I(t), S(t))$,此处 C 是传输速率函数,由网络拓扑状态 $S(t)$(描述了网络影响不到的所有效应,如衰落)和链路控制动作 $I(t)$(包括了网络可以影响的所有动作,如功率控制等)所确定。传输速率函数的最重要的例子是容量达到传输(capacity-achieving transmission),此时在第 l 条链路上有

$$C_l(\mathbf{P}(t), S(t)) = \log_2\left[1 + \frac{P_l(t)\alpha_{ll}(S(t))}{P_n + \sum_{k \neq l} P_k(t)\alpha_{kl}(S(t))}\right] \quad (22.30)$$

其中,$\alpha_{kl}(S(t)) = |h_{kl}|^2$ 是当网络拓扑处于状态 $S(t)$ 时,信号从链路 k 的目标(intended)发射机发送到链路 l 的目标接收机的功率增益(即功率衰减的倒数),而 $P_l(t)$ 是沿第 l 条链路传输所采用的功率。

每个时隙期间会有适量的数据 R_q^{out} 由某节点发送出去,同时会有来自外部源(例如,想要发送数据的传感器或计算机)的数据到达;该节点将通过来自其他源的无线链路接收这些数据;一个时隙期间到达的数据总量是 R_q^{in}[①]。每个节点都有一个无穷大的数据缓冲区,在到达的消息被通过无线链路发出之前,缓冲区用来存储它们。缓冲区中的数据量,也称为队列长度(queue backlog),记为 $Q_q(t)$,q 是所考虑队列的序号;所有的队列长度均被写入矢量 $\mathbf{Q}(t)$。一个时隙期间,某特定节点处某个队列长度的变化如下:

$$Q_q(t+1) \leq \max\left[Q_q(t) - R_q^{\mathrm{out}}(I(t), S(t)), 0\right] + R_q^{\mathrm{in}}(I(t), S(t)) \quad (22.31)$$

此处,$\max[.,0]$ 运算符用来保证队列长度不会变为负数。可以定义一般"代价函数"$\bar{\xi}$,其定义为某个瞬时代价函数(如网络所消耗的总功率)的时间平均值。还可以定义另一组附加约束条件 $\bar{x}_i$,例如每个节点所消耗的(时间平均)功率值。这样,我们的目的就是解决以下的最优化问题:

在满足条件:对于所有的 i,$\bar{x}_i \leq x_{\mathrm{av}}$,并保证网络稳定性   (22.33)

的前提下,

使 $\bar{\xi}$ 最小化   (22.32)

其中,x_{av} 可以代表最大允许平均功率。

这里,网络的稳定性意味着队列的长度要保持为有界状态,即平均来看,并没有更多的不足以"被铲除"的数据流入队列。值得注意的是,这一点对于最终将数据传递到最后的目的地非常重要,因为这是使数据从网络中"消失"的唯一方式。只要数据通过一个多跳网络一路传送,它们就是某些队列的一部分,因而也就会不利于实现网络的稳定性。还需要指出,一种

---

① 可以将半双工约束包括在内。例如,通过假设每个节点都有两个正交信道,在其中一个信道可以接收数据,而在另一个信道只能进行发送。

可能的最优化目标就是简单地实现网络的稳定性，而不附加任何其他约束条件(形式上，不附加条件这一点通过设定 $\overline{\xi} = 1$ 来实现)。

解决上述问题的第一步就是将附加约束条件 $\overline{x_i} \leqslant x_{av}$ 转化为"虚拟队列"(这些都不是真实的数据队列，而只是更新形式的等式)：

$$Z_i(t+1) = \max[Z_i(t) - x_{av}, 0] + x_i(I(t), S(t)) \tag{22.34}$$

于是，最优化问题就变成了在同时保持各实际队列 $Q(t)$ 和各虚拟队列 $Z(t)$ 稳定的情况下，使 $\overline{\xi}$ 最小化的问题。将两种队列合并表示为矢量 $\Theta(t)$，定义李雅普诺夫漂移量(Laypunov drift)如下：

$$\Delta_Z(\Theta(t)) = E\{L_Z((\Theta(t+1)) - L_Z((\Theta(t))|\Theta(t)\}$$
$$\Delta_Q(\Theta(t)) = E\{L_Q((\Theta(t+1)) - L_Q((\Theta(t))|\Theta(t)\} \tag{22.35}$$
$$\Delta(\Theta(t)) = \Delta_Z(\Theta(t)) + \Delta_Q(\Theta(t))$$

此处，

$$L_Z(\Theta(t)) = \frac{1}{2}\sum_i[Z_i(t)]^2, \quad L_Q(\Theta(t)) = \frac{1}{2}\sum_q[Q_q(t)]^2 \tag{22.36}$$

李雅普诺夫漂移量的上界由以下公式给出：

$$\overline{\Delta}_Z(\Theta(t)) = B_Z - \sum_i Z_i(t)E\{x_{av} - x_i(I(t), S(t))|\Theta(t)\} \tag{22.37}$$

$$\overline{\Delta}_Q(\Theta(t)) = B_Q - \sum_q Q_q(t)E\{R_q^{out}(I(t), S(t)) - R_q^{in}(I(t), S(t))|\Theta(t)\} \tag{22.38}$$

其中，B_Z 和 B_Q 是有限常量。

"广义最大权重策略"，即针对队列长度压算法的最优控制策略的确立过程，其中每一步都期望使下式最小化：

$$\overline{\Delta}_Z(\Theta(t)) + \overline{\Delta}_Q(\Theta(t)) + VE\{\xi(I(t), S(t))|\Theta(t)\} \tag{22.39}$$

其中，V 是一个控制参数。这个式子可以被写成将下式最小化：

$$V\widehat{\xi}(I(t), S(t)) + \sum_i Z_i(t)\widehat{x}_i(I(t), S(t)) - \sum_q Q_q(t)[\widehat{R}_q^{out}(I(t), S(t)) - \widehat{R}_q^{in}(I(t), S(t))] \tag{22.40}$$

其中，$\widehat{\xi}(I(t), S(t)) = E\{\xi(I(t), S(t))|I(t), S(t)\}$，而公式中其他"帽子"函数的定义是相似的。假定 $I(t)$ 和 $S(t)$ 这些函数是已知的。对于给定时隙，尽管并不需要知道 S 的概率密度函数，但网络状态 $S(t)$ 和队列长度 $Q(t)$ 及 $Z(t)$ 都是已知的。

"网络稳定性"只是保证了(在时间平均意义上)队列长度不会增长到无穷大。然而，这里并未对特定数据分组的传输延迟做出保证，甚至数据分组的平均传输延迟可能相当大。控制参数 V 在平均延迟和式(22.40)的解与理论最小代价函数的接近程度之间提供了一种折中。

在这种相当一般性的描述之后，让我们转向更简单的特殊情况：希望将平均网络功率最小化(在每个节点消耗的功率上不附加额外约束条件)。那么，就不存在"虚拟"队列。因此，对每一节点就可以有如下定义：Ω_n 是以节点 n 作为发射端的链路集合，进而设定每个节点处都可能存在多个队列，并且每个队列对应于一条特定的消息。这样一来，我们的目的就是通过选择功率矢量 $\mathbf{P}(t)$，使以下表达式最大化：

$$\sum_n\left[\sum_{l\in\Omega_n}C_l(\mathbf{P}(t), S(t))W_l^*(t) - V\sum_{l\in\Omega_n}P_l\right] \tag{22.41}$$

其中，P_l 是 $P_l(t)$ 的时间平均，而权重 W_l^* 表示为

$$W_l^*(t) = \max[Q_l^t - Q_l^r, 0] \tag{22.42}$$

Q_l^t 和 Q_l^r 分别是链路 l 的发送节点和接收节点处的分组数据流（以数据分组的信宿节点区分）的队列长度，这个分组数据流在这一特定链路 l 上具有最大的队列长度差额。

在只关心网络稳定性这一更简单的情况下，队列长度压算法服务的分组数据流是其两个链路端点处的"队列长度差"与相应链路上传输速率的乘积最大的那个[①]。

还值得指出的是，队列长度压算法提供了一种自建路由，数据分组最终将抵达它们所期望的汇聚点，因为这是"离开网络"（get "out of the network"）的唯一方式。然而，并不保证各分组选取的路由是沿着某条最短路径的；尤其在轻度负荷的网络中，数据分组反而可能采用了非常繁绕的路由。如果只是试图保证网络的稳定（而不考虑能量消耗的最小化），则情况更是如此。这一问题可以通过在代价函数中为更短的路由引入一个"偏移量"（bias）来加以缓解。图 22.13 显示了不进行功率最小化时，平均队列长度作为各节点处数据分组产生速率函数的曲线。可以看出，在相对低得多的分组产生速率下，最短路径算法变得不稳定（分组队列长度变为无穷大）。在低分组产生速率的情况下，增强型队列长度压算法（包含一个偏移项的一种算法）比常规队列长度压算法表现得好得多。

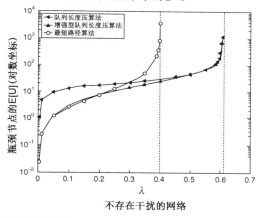

不存在干扰的网络

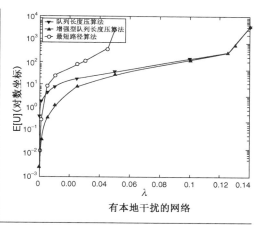

有本地干扰的网络

100个节点的传感器网络
最短路径与队列长度压路由的对比

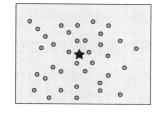

图 22.13　无线自组织网络中不同路由算法的性能：队列长度压算法、增强型队列长度压算法和最短路径算法。引自 Georgiadis et al. [2006] © NOW publishing

22.4.12　比例法则

随着网络中想要彼此通信的节点增加，消息之间的干扰会变得越来越糟糕。信息论研究

[①] 对于一跳问题有 $Q_l^r = 0$，于是算法简化为将每条链路上的发送速率加权和最大化，再减去一个功率代价值。

的一个相当活跃的领域就是研究比例法则，即研究网络的总吞吐量作为节点数的函数时，它们之间的函数依赖关系。像这样的比例法则并不能体现可以完成的绝对吞吐量，而只能回答诸如当节点数加倍时吞吐量可能增加多少这样的问题。

对于无线自组织网络而言，比例法则非常大程度上依赖于所设定的基本协议。采用"守望区域"(guard zones)思想的一个简单模型如下。如果在以节点 B 为圆心，半径为 $d(1+\Delta)$ 的圆盘内不存在其他处于工作状态的接收机，那么从节点 A 到节点 B(二者之间的距离为 d)的一次传输将获得成功。对于多跳传输，每一跳将只覆盖一个很短的距离，守望区域可能会更小(以允许更多节点同时工作)。另一方面，需要若干跳来传送一个消息，因而产生的干扰在网络中会持续存在更长的时间。如果进一步假定所有节点在产生需要传送到各信宿节点的业务量上都是相同的，则覆盖某面积 A 的网络的总传输容量约为 $\sqrt{AN}$，这也意味着每个节点的容量以 $1/\sqrt{N}$ 递减，因而随着 N 变大会逐渐趋于零。需要指出的是，传输容量的定义假定了节点位置能够被最优化。

在某个单位区域上，当各节点位置随机(均匀、独立同分布)时，会出现另一个有趣的情况。这时，"可实现的吞吐量"就是每个节点处的一组数据生成速率，这组生成速率要保证所生成的消息可以通过网络发送并抵达它们的目的节点，而又不至于使缓冲区陷入完全拥塞状况。每个源所允许的数据生成速率约为 $1/\sqrt{N\log(N)}$。

22.5 协作网络中的路由和资源分配

当协作通信被用于转发消息时，哪怕是单个消息，其路由问题也会变得相当复杂。在多跳路由中，需要确定的所有事情就是转发消息的节点顺序和每个节点(可能)消耗的发射功率。就某个节点应当何时传输及传输多久的问题，可以简要回答为：应当在从路由中前一个节点收到消息并完成译码后开始发送，并应当在后续节点完成消息译码之后停止发送。采用协作通信时，某个中继节点的发送起止时间(几乎)[1]是有待优化的任意数值。

与多跳情形相比，最优方案只能通过试遍所有可能路由才能找到。为此，已经提出了许多启发式算法，它们通常可以接近于理想性能。此外，必须指出的是，"协作路由"领域还远未臻于完善。特别是针对多个消息同时通过网络传输的情况，相当缺乏解决方案。

22.5.1 分离边路由和任意路径路由

如果协作的目的在于提高稳健性，则可以得到协作路由的一种简单形式。这将有利于通过贯通网络的若干并行路由来传送消息；这些路由应当尽可能少地共用链路和节点，以保证某条特定链路的失效不至于造成前往信宿的所有路由全都被阻断。分离边最短路径路由(Edge-disjoint shortest-path routing)方案提供了辨别相互不共享任何链路的路由的方法。一种相适宜的算法是通过对 Bellman-Ford 算法进行少许修改得到的。然而，应当指出，这一方法并未对广播效应进行充分利用。

任意路径路由利用广播效应来实现分集：每个节点向一个称为转发集的邻居节点群广播数据分组。只要转发集中至少有一个节点收到了消息，路由上的下一步骤就可以持续进行。

---

① 当然，一个节点也只能在需要通过它中继的消息被译码以后再开始发送。

这样，各成功接收节点之一将作为路由上的下一个中继节点。然而，应当指出，转发集中只有一个节点被允许再次发送。换句话说，利用广播效应来获取选择分集。因此，即使"标称的"最短路径上的某条特定链路中断了，数据分组仍然能够到达信宿，而不必去寻找新的路由。所以，任意路径路由(见图 22.14)对于链路质量频繁发生变化的情况非常有用。

图 22.14　一组任意路径路由(浅色)和分组采用的一条可能的传输
轨迹(深色)。引自 Dubois-Ferriere[2006]© EPFL瑞士

与一条特定的路由不同，任意路径路由方案产生了一组可能的路由，基于从不同节点的传输结果，一个分组可以选择通过网络的不同路由。较正式地表述，一组任意路径路由就是所有可能轨迹的综合，一个分组沿着其中一条轨迹可以从信源穿行网络到达信宿。寻找最佳的任意路径路由要进行一个折中考虑：增大候选集可以带来更好的稳健性，并因此可以在保持消息传递的同等中断概率的前提下，有助于削减所需的链路容限及降低发射功率。另一方面，更大的转发集合会增加分组实际传送的路由与真正的最短路由(如果具备所有网络状态的准确、完全实时的信息，就能采用这一路由)相去甚远的危险性。当数据速率也被允许变化时，会造成额外的复杂性，因为改变数据速率一般会使能够正确接收来自某特定之前节点分组的节点集发生变化。可是，我们总可以在多项式时间内通过 Bellman-Ford 算法的不同变形来找到最佳任意路径路由(并确定相应的速率)。

22.5.2　带有能量累积的路由

利用分集的另一种方式是在中继节点处进行能量累积。当一个节点所存储的某分组的接收信号过于微弱以至于无法正常译码，而将它与随后到达的同一分组的另一个信号合并起来时，就发生了能量累积。在各节点处采用能量累积代替简单的多跳传输时，最优路由将会发生改变。以下给出一个简单的例子。

例 22.2　考虑具有 3 个节点的线状网络，在该网络中由节点 A 到节点 C 直接传输的路径增益为 0.1，而节点 A 到节点 B 传输的路径增益为 0.19，并且节点 B 到节点 C 的路径增益也是 0.19。

　　解：
　　假定能够实现信号有效译码的接收信号能量阈值为 1 J。那么，在经典多跳情景下，最优路由就是节点 A 的发送能量等于 10 J 时的直接传输；采取 A→B→C 路由的多跳传输则需要 $2(1/0.19) = 10.53$ J。然而，如果信宿节点能够实现能量累积，则路由 A→B→C 变为更可取的：信源节点 A 传输用去 $1/0.19 = 5.26$ J(为了使节点 B 能够译码)。在信源节点传输期间，节点 C 通过对分组进行"顺便监听"(over-hearing)就能够收到 $0.1 \times 5.26 = 0.53$ J 能量。因此，在第二次传输期间，它只需要再收到 0.47 J 能量，如果节点 B 以 $0.47/0.19 = 2.47$ J 发送，就可以获得这部分能量。所以，总的发送能量是 7.73 J，要低于直接传输所需的 10 J。

　　寻找最优路由的问题包含对以下内容的寻找:(ⅰ)哪些节点应该参与传输;(ⅱ)参与传输时的顺序如何,以及采用多大的功率。遗憾的是,前一个问题是一个 NP 困难问题,也就是说,只有试遍所有可能的节点组合并拣选出最佳的一种组合,才可能完全解决这一问题①。有许多启发式算法被用来寻找最佳路由。这些算法中有的从最佳多跳路由(由 Dijkstra 或 Bellman-Ford 算法所确定的)出发,然后通过添加节点来降低总的能量消耗。另一类算法则自信源节点开始随机搭建路由。这种方式下,当在传输路径上添加一个中继节点时,必须使能量消耗减少,这是所有其他节点所要求的;这种方式下能耗的降低取决于新节点发送时其余节点能够顺便监听到的能量的多少。两种情况下,随着节点密度的增加,由能量累积(和相应的路由变化)带来的能量节省程度也将提高:各节点离得越近,一个节点可以顺便监听到的能量就越多(见图 22.15)。

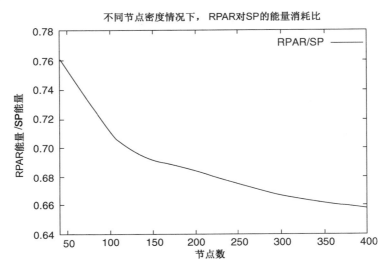

图 22.15　网络密度增加时,施行能量累积的路由方案与最短路径算法相比所取得的能量节省。图中 RPAR(Relay PAth Routing)即中继路径路由,SP(Shortest Path)即最短路径。引自 Chen et al. [2005] © IEEE

　　当多个节点同时并行发送时,为了获得更高的接收功率,会发生一种略有差异的能量累积情形:

1. 并行节点采用正交传输(见 22.3.3 节)或分布式空时码(见 22.3.4 节)传输。
2. 并行节点采用分布式波束成形(见 22.3 节)。

　　在这种情形下,寻找最优路由也是一个 NP 困难问题。寻找路由的一种启发式方法是将并行动作的各节点归并为一个超级节点,然后试着寻找各超级节点的最佳路由。

22.5.3　喷泉码

　　当采用喷泉码时,中继节点可以通过"顺便监听"对供其他中继节点使用的信号加以更有

---

① 对于协作广播的情况,第一个问题是容易解决的(因为所有的节点都参与了传输),但是对节点参与传输正确顺序的确定是一个 NP 困难问题。

效的利用。如 22.3.6 节所讨论过的, 喷泉码并不累积能量, 而是累积互信息。但是, 具有互信息累积的路由方式在以下两个重要属性上与具有能量累积的方式没有什么分别: (i) 寻找最佳路由是一个 NP 困难问题; (ii) 就启发式算法而言, 将这一问题分解为两个子问题是有所助益的: 物理路由或者分组传播的节点顺序的确定, 以及节点之间的资源(时间、功率)分配。在每个节点都具有固定发射功率的假定之下, 最优资源(时间)配置方案的确定可以通过对特定路由顺序进行线性规划(LP)来实现。然后可以通过一个简单的算法来修订基于线性规划结果的路由顺序。即使是在规模非常大的网络中, 通过两个子问题(资源分配与路由排序)之间的迭代, 也可以产生一种用于寻找优良路由的非常有效的方法。

可以按以下方式建立线性规划: 到第 k 个时间间隔结束时(这一时刻的定义是, 第 k 个节点对收到的发送分组进行译码的时刻), 路由中, 来自第 k 个节点之前的 $k-1$ 个节点的总信息流量必须超过 B 比特的分组负荷。形式上有

$$\sum_{i=0}^{k-1}\sum_{n=0}^{k} A_{i,n} C_{i,k} \geqslant B \tag{22.43}$$

其中, $A_{i,n}$ 代表在第 n 个时间间隔内分配给发射机 i 的资源(时间或带宽)[1], 而 $C_{i,k}$ 代表从节点 i 到节点 k 的数据速率(是信道质量的函数)。这些约束条件与"将总消耗能量最小化"的目标(或者其他的目标)结合起来, 就形成了一个可以通过标准软件包来解决的线性规划。线性规划的结果随后被用于更新路由: 如果第 $k+1$ 个时间间隔的起始时间变得与第 k 个时间间隔的起始时间没有什么差别, 就交换路由中第 k 个节点和第 $k+1$ 个节点的次序; 如果一个中继节点与信宿在译码次序上交换了位置, 那它将被弃之不用(只有在信宿已经对消息进行了译码之后才能再度激活)。

22.5.4　其他协作路由问题

不同的优化准则

在这一节的之前部分, 总是使用"总能量消耗"作为对路由进行优化的准则。然而, 实际中也可以采用其他准则。这里只给出几个例子。

- 网络存活时间最大化。网络存活时间通常被定义为一个时间段, 在该时间段内, 所有节点都具有足以支持正常工作的充足能量。网络中心的各节点尤其易于陷入能量耗光的危险境地, 因为它们具有充任中继节点的最大可能性。
- 消息延迟。虽然利用更多的跳数穿行网络可以降低能量消耗, 但这样做也将增大传输延迟, 尤其是在网络中通信速率固定的情况下[2]。
- 网络吞吐量。当传送多个消息时, 造成的干扰会降低网络的总吞吐量。干扰的数量取决于路由和特定的协作方案。

包含利己节点时的路由

到目前为止已经讨论过以降低总能耗为目标的路由方式。无论对于集中式路由算法还是

---

[1]　注意, 一个时间间隔的持续时间并不固定, 是可变的, 并且它实际上是线性规划的输出之一。它只是代表了一个时间段, 在该时间段期间传输参数都是常数。

[2]　采用自适应调制和编码, 就可以在一条短链路上采用更高的通信速率, 故而当采用许多短链路(代替一条长链路)时, 一条消息抵达信宿的总耗时实际上有可能得到缩短。

分布式路由算法,都假定各节点均遵从某个算法,该算法使群体利益而不是节点的个体利益获得最大化。这一假定对于工业或军事/安全领域的无线自组织网络是适用的,因为这些应用领域中的所有节点都在单一的运作者掌控之下。然而,比如在由个人用户的便携电脑组成的无线自组织网络中,情况就有所不同了。每个用户都会提出"转发他人消息对我有什么好处?"这样的问题,或者换种问法,"为什么我要消耗自己的电池来替别人转发消息?"。因此,必须以适当的方式激励用户(通常的激励方式是,让他们的消息也能够通过别人来转发)。因此,在设计使每个用户利益最大化的恰当准则的同时阻止"破坏规则"的行为,是网络设计的一个感兴趣的问题。

从上面的描述容易看出,博弈论可以用于解决此类问题。一类博弈论方法采用了"虚拟支付和信用":无论何时某节点曾充任过他人的消息的中继节点,它就因此获得了一份"虚拟信用";然后在有需要时就能用"虚拟信用"向转发它自己消息的其他节点进行支付。第二类博弈论算法通过看门狗(集中式的)或借助"基于信誉"的算法来进行友好行为的"强制化":某节点不转发他人消息将获得较差的信誉度,这将给它自己要求其他节点转发消息的能力带来负面影响。两种情况下,都将通过其他节点给予的适当惩罚来防范不合群行为。

集簇和划分

与单个节点可以抵达的距离相比,一个节点簇可以利用协作通信(借助协作波束成形)连通更远的距离。因而就使网络具有了更好的连通性,也就是说,与非协作(多跳)网络相比,在允许进行协作波束成形的网络中,节点被孤立(不能通过任何路由抵达)的概率要小得多。这方面的一个例子如图 22.16 所示。

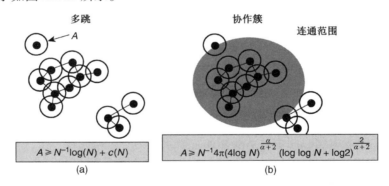

$$A \geq N^{-1}\log(N) + c(N) \qquad (a)$$

$$A \geq N^{-1}4\pi(4\log N)^{\frac{\alpha}{\alpha+2}} (\log\log N + \log 2)^{\frac{2}{\alpha+2}} \qquad (b)$$

图 22.16　通过应用协作簇改进连通性:位于中心的簇进行协作波束成形增大了可能的连通范围。A 代表达成具有高概率的连通性所需的无线覆盖范围;α 是路径损耗指数。引自 Scaglione et al. [2006] © IEEE

另一种迟早要用到节点簇的情形是严格限制了跳数(如,限制为两跳)但仍存在许多节点的网络。在这种情况下,需要寻找合适的协作节点;换句话说,需要寻找并确认哪些节点应该"结成对子"来转发消息。挑选这种节点对的问题可视为所谓的"图上的匹配问题"的一种特殊情形,在计算机科学与运筹学领域已存在针对这方面的大量文献。这方面的特例包括:(i)最小权重匹配;(ii)贪心匹配;(iii)随机匹配[Scaglione et al. 2006]。

22.5.5　比例法则

随着节点密度增加,节点之间的协作会导致网络吞吐量缩放比例(scaling)的变化。22.4.11 节里已看到，对于多跳传输而言，随着节点密度的增加，每个节点的吞吐量会趋于零。就协作通信而言，每个节点可实现的吞吐量至少为常数；换句话说，总的网络吞吐量线性递增。更精确些，已有结果表明网络吞吐量不可能以比 $N\log(N)$ 更快的速度递增；并且已存在一种众所周知的可达成的网络吞吐量约为 N 的构造性方案。

这种良性比率(well-scaling)方案是分级协作的，因为其基本建构模块包含着一个基于集簇化的三阶段协作方案。

1. 在第一阶段，信源节点向周围节点发送信息。更确切地说，将包含节点的区域划分为小区，而信源节点是将信息发送给位于小区中的节点。要指出的是，通过蜂窝原理的应用，并设定一个恰当的重用距离，从信源节点到其周围节点的传输是可以在许多小区上同时发生的。信源则将信息分成 M 个子块，并将其中这样一个子块发送给簇中的某个特定节点(这里不利用广播效应)[①]。

2. 在第二阶段，由节点簇来进行到信宿节点所在小区(簇)的多输入多输出传输。每个节点对第一阶段收到的信息子块进行独立的编码，因而就提供了(分布式的)空间复用。接收簇中的节点对收到的信号进行量化。

3. 在第三阶段，接收簇中的节点在簇内发送这一量化信息；通过对空间复用信号进行适当的译码，一个节点就能恢复出原始信息。

如果要覆盖的距离比三阶段方案单次应用(在给定功率约束条件下)所能达成的距离更长，就能以递推的方式来应用这个三阶段协作方案。递推过程始于一个小的区域，然后被应用到依次相连的更大区域上，直到可以将整个网络区域全部包括在内(见图 22.17)。

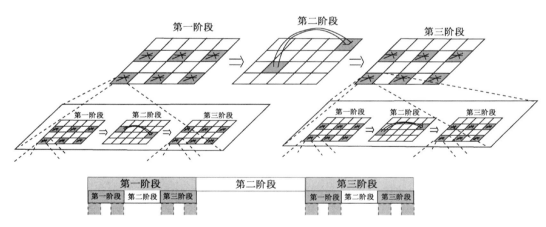

图 22.17　分级协作原理。引自 Ozgur et al. [2007] © IEEE

22.6　各种应用

中继和多跳既可以应用于基于基础设施的(蜂窝)应用场合，促进基站与移动台之间的通信，也可以成为无线自组织网络的必备部分。

[①] 当信源节点和信宿节点在相邻的小区上时，会出现某些特殊情形；详见 Ozgur et al. [2007]。

22.6.1　专用中继

专用中继站（RS）大多用于蜂窝网络领域。中继站的引入将在以下一个或多个方面带来好处。

- 增大覆盖区域。由于中继改善了信噪比，那些远离基站的移动台也能够收到可译码信号。这将有助于拓展小区的有效半径，或者有助于消除"覆盖空洞"（即能够向那些由于拓扑特征而无法被基站覆盖的小区内的区域提供有效覆盖。专用中继站通常布置在与基站之间具有良好连接的位置，比如屋顶。这使得中继站能够接收到具有良好质量的信号，然后将其转发（在放大和/或借助译码再编码对其进行"清理"之后）至目的节点；经过这两种处理后，信号抵达移动台时，信噪比均可获得改善。
- 改善室内覆盖。类似地，中继可能有助于改善室内覆盖。虽然通常情况下市区/大都市的街道都有着非常好的无线覆盖，但同一条街道的室内覆盖却常常是效果不均或者根本覆盖不到的，这是因为在信号穿透建筑物时会遭受额外的路径损耗。因此，中继点（它们通常布置在建筑物四周）常常是实现办公室或居民楼完全覆盖所必需的。在一种同类应用中，中继点可用于改善与火车、公交汽车和其他交通工具内部的无线连接。单个中继点可以与基站相连接，这里要用复杂的信号处理来补偿所遭遇的高多普勒频移（比如，在高速列车上）。另一方面，由中继点到列车上的各移动台的连接将是相当简单的。
- 增强可靠性。通过改善信噪比，中继将有助于改善可靠性。而且，中继可以引入分集（见 22.2 节），因而也增强了可靠性。
- 提高吞吐量。如果基站-中继站和中继站-移动台的链路均具有良好的信噪比，就可以实现更高的吞吐量，比如通过采用更高阶的调制符号和更高的编码速率。然而，正如 22.2 节所讨论过的，应当考虑到绝大多数中继点都会因为半双工约束条件而损失速率。双工损失和每链路数据速率增益之间的折中决定了一个中继点能否有助于提高蜂窝系统的容量和吞吐率。增加吞吐率的一种不同方式是使用中继点将流量从过载基站引导改向到相对不拥塞的基站。设想一个某小区暂时过载的场景（比如，过载发生是因为大批用户由于某特殊事件而齐聚到该小区中），来自该小区中某些移动台的呼叫就能通过中继点连接到暂时未得到充分利用的相邻小区的基站。

许多专用中继的实际实现问题都与媒体接入控制层协议及被传输的控制信息有关。在透明中继的下行链路，中继站接收来自基站的信号并直接转发它（转发内容还包括完全一样的控制信息）；上行链路的工作方式与之类似。必须注意，再次发送要符合相应控制信息中所包含的定时和频率信息。在非透明中继中，中继站添加它自己的控制信息，所以对移动台而言它貌似一个特殊的基站。

尽管从原理上在基于基础设施的系统中通过多跳（大于两跳）穿行网络是可能的，但实际上这种情况并不多。两跳中继（即只采用单个中继点）是普遍得多的情形。当然，一个实体中继点是可以服务于多个移动台的。

22.6.2　无线自组织网络中的中继和用户协作

无线自组织网络是一种不使用固定基础设施（基站等）的分布式无线网络。相应地，每个节点都可以行使信源、中继节点和信宿的功能，这取决于特定数据分组的需求如何。换句话说，"所有节点生来平等"。22.4 节和 22.5 节对路由和资源分配的详细讨论正是针对无线自组织网络的需要进行的(如上文所指出的，蜂窝网络中的中继站通常采用两跳中继，因此不会出现路由问题，而最优资源分配可依照 22.2 节中的公式来完成)。多个节点的使用将增强可靠性(不存在单点故障问题)并降低了成本。

无线自组织网络还构成了传感器网络的基础。一般来说，传感器网络是具有感应物理数据(不仅包括温度、压力，而且还有图像)能力的节点所形成的网络，并且这些节点都要与一个数据汇聚点进行通信；通常这一数据汇聚点是一个人机接口，或者是一个自动控制/监测系统。由于绝大多数传感节点不能一跳就到达数据汇聚点，数据分组就不得不通过网络中的其他节点来中继，如同在无线自组织网络中那样。然而，也存在一些重大的差别。

- 虽然信源节点各不相同，但数据汇聚点(通常)是同一个节点。
- 从不同传感节点所获得的信息是相关的。比如，一间房屋中的温度传感节点将会记录到非常接近的温度。鉴于此，在数据转发活动期间，可以完成数据聚合(data aggregation)和数据压缩。

22.7　网络编码

网络编码的基本原理是网络中的节点对收到的信息进行合并，并转发这些合并后的信息；然后信宿从所收到的不同合并信息中恢复出原始消息。因此，可以将网络编码看成协作行为的集中体现，不仅要在节点之间分享资源(功率、空中传输时间)，而且要相互分享消息。

网络编码主要针对多播情形特别有用，即存在多个信源发送消息，而所有节点都想要获取这些消息的情况。这种情况下，网络编码信息论的核心成果告诉我们，如果一个不进行网络编码的网络能向每个单独的接收端提供某特定的速率支持，在选用一种适当的网络编码以后，该网络就能同时支持所有的接收端达到这一速率。

22.7.1　双向中继

网络编码的最简单示例就是双向中继。考虑图 22.18 所描绘的情形。有 a 和 b 两个消息，节点 A 和节点 B 之间通过中继节点 R 来实现消息的交换。传统的中继方式会采用诸如时分多址来分隔消息，因而要实现交换就需要 4 个分组间隔(时隙)：(i) 时隙 1 中，节点 A 向中继节点发送消息 a；(ii) 时隙 2 中，节点 B 向中继节点发送消息 b；(iii) 时隙 3 中，中继节点向节点 B 发送消息 a(尽管严格地讲，这一传输是广播式的。在无线场景中，中继节点不得不向多个节点发送消息)；(iv) 时隙 4 中，中继节点向节点 A 发送消息 b[①]。

一种效率更高的方法如下：时隙 1 和时隙 2 同上，即节点 A 和节点 B 分别发送各自的消息到中继节点。可是，在第 3 个时隙，中继节点广播两个消息之和，$s = a + b$。由于节点 A 已经知道消息 a，它就能很容易地通过运算 $b = s - a$ 从和信号中确定出消息 b。类似地，节点 B 也能从和信号 s 中确定出消息 a。采用这一方法，可以改善传输的频谱效率：这样只需 3 个时隙而不是 4 个就可以实现两个消息的中继。需要指出的是，和信号 s 实际上是两个消息按符号求和的结果，而不是两个消息的级联，因此和信号有着与单个消息(如消息 a)一样的长度。

---

① 当然，时隙 2 和时隙 3，或者时隙 3 和时隙 4 是可以交换次序的。

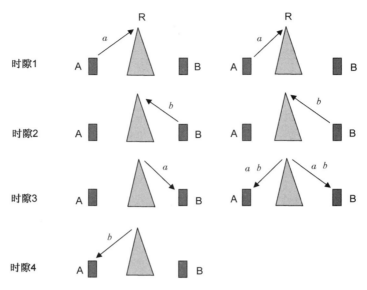

图 22.18　双向中继：传统方法(左边)和网络编码(右边)

　　在上述(过于简单的)例子中，隐含假定了中继节点将对两个消息的复调制符号求和。这种方法会导致和信号具有更高的功率值，因而并非我们所希望的。一种更好的方法是中继节点解调出消息 a 和 b，然后完成信息比特的模 2 和(XOR)。通常，网络编码都采用这一方法。其他的方法包括采用新的调制星座图，收到的复调制符号合并后被映射到其上。

22.7.2　网络编码基础

　　更复杂网络中的网络编码在思路上与上述双向中继相似。本质上，每个节点都产生出各输入信号的一个线性合并(即，与双向中继中对信号取和相类似)，然后转发合并信号给其他节点。实际上，线性合并是在有限域上完成的(即采用模加运算)，与上述例子中把加运算解释为 XOR(即在 2 元 Galois 域中求和)相类似。为了重构出发送给它的信号，信宿节点必须接收足够数量的线性独立的分组合并信号。

　　网络编码的另一个经典示例如图 22.19 所示。两个消息，a
和 b，将被发送到两个接收节点；假定所有链路都不存在干扰(即
不存在广播优势)。一般情况下，中间的链路会形成一个瓶颈：
这一链路处在由信源节点 A 所发出的消息 a 传输至右边信宿的
唯一路径上，而且类似地，这一链路也处在由信源节点 B 所发出
的消息 b 传输至左边信宿的唯一路径上。因此，人们可能会认为
这一链路针对每个消息只能支持到其他链路速率的一半，从而就
限制了总的数据速率。可是，在网络编码中，在这一链路上只传
送信号 $a \oplus b$，这需要与其他所有链路相同的速率。那么，左边的
信宿节点可以从它与节点 A 的直通链路获取消息 a，而从 $a \oplus b$
和 a 还原出消息 b。类似地，右边的信宿也可以还原出消息 b
和 a。

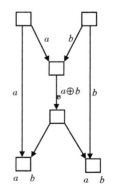

图 22.19　采用网络编码时蝶
形网络中的多播

在给出这些简单的示例之后，进行更详尽的数学描述。考虑 N 个数据分组 $\mathbf{Z}^{(n)}$ ($n = 1, \cdots,$ N)的集合，它们由一个或多个信源产生。一个节点由多个接收分组产生出如下新消息：

$$\mathbf{X} = \sum_n g_n \mathbf{Z}^{(n)} \tag{22.44}$$

应当记得，求和是在符号对符号的基础上完成的，所以对于消息的第 k 个符号而言，$X_k = \sum g_n Z_k^{(n)}$。系数 g_n 取决于分组到达当前节点曾经经过的路径，并被归纳进本地编码矢量 $\mathbf{g}$ 中。

为了译码得到原始消息，需要 $M(\geqslant N)$ 个独立的线性分组组合 $\mathbf{X}^{(m)}$ 以及（全局）编码矢量的信息。由这些已知内容，可以通过诸如高斯消去法这样的方法获得原始的 $\mathbf{Z}^{(n)}$。如果所有的组合 $\mathbf{X}^{(m)}$ 并不都线性独立，就需要获取分组组合的更多观察结果。$\mathbf{X}^{(m)}$ 是否独立由（全局）编码矩阵 $\mathbf{G}$ 决定。幸运的是，可以指出，如果随机选取编码矢量，则在大型的传输区域上，$\mathbf{X}$ 将以很高的概率保持线性独立。因此，网络中无须对编码矢量进行规划，并且可以以分布式的方式进行编码矢量的选取。

通常，被转发的数据分组包含信息矢量 $\mathbf{X}$ 和编码矢量。另一种做法是，设计编码矢量集合并使整个网络获知这一集合。前一种做法的优点在于无须将全局信息发布到整个网络上，并且即使网络结构随时间变化也不成问题。还需指出，编码过程既可以针对原始分组 $\mathbf{Z}^{(n)}$ 进行，也可以针对已编码的分组 $\mathbf{X}$ 进行。

网络编码为分组的网络传输提供了相当大的稳健性。只要信宿节点正确接收了足够数量线性独立的分组组合，它们就可以完成译码，而不管有哪些分组在传输中被丢失或者不可修复地损坏了。

22.7.3 网络编码应用于无线网络

尽管网络编码呈现出理论上的优势，但它并不能直接用于实际的无线网络。首先，理论上的最大利益是在多播场景下获得的（应该记得，上述主要理论曾指出，网络编码的最优性是针对所有节点都想要获取全部信息的情况获得的）。可是，现今绝大多数无线业务都是单播的（单个源对单个接收端），网络编码对于这种情况未必是最优的。其次，目前绝大多数网络编码理论不仅忽略了噪声，也忽略了干扰。换句话说，在一个无线自组织网络中，当同时只存在一个与期望接收节点相邻的节点可以向其发送时，零干扰假设才近似地成立；其他相邻节点必须保持静默（否则，接收节点处的信干比对正常的分组接收来说会显得过于差）。但是这种方式降低了网络的频谱效率，同时也需要用于传输时间调整的额外开销。

对后一问题的一种巧妙的解决方案是最近提出的计算转发（CAF）。计算转发不像前述的让节点分别接收两个分组并在硬件中进行线性合并，而是利用了无线信道可以实现空中信号的线性合并这一固有特性，也就是说，当两个信源节点同时发送时，接收信号就自然是两个信号的加权和，权重是它们相应的复信道增益。将这一事实与合适的网格码结合起来，就可以设计出一种更有效的系统。

22.7.4 干扰对准

另一种出现于 2008 年的革命性的理念是干扰对准。采用了这种方法以后，无论用户数为多少，都能够向每个（单播）用户提供其在无干扰环境下所能达到的容量的一半。换句话说，网络的总容量随着用户数的增加线性递增，而采用传统多址方法时，容量保持为常数（即，向 N 个用户中的每一个提供 $1/N$ 的速率）。已提出许多不同的方法来实现这种干扰对准。其中最简单、最直接明了的就是利用无线传播信道的时变性：将 N 个发射机和 N 个接收机之间的信道以一个 $N \times N$ 矩阵来表征（转移函数矩阵，与 MIMO 系统相似）：

$$\begin{pmatrix} h_{11} & h_{12} & h_{13} & . & . & h_{1N} \\ h_{21} & h_{22} & h_{23} & . & . & h_{2N} \\ . & . & . & & & . \\ h_{N1} & h_{N2} & & & & h_{NN} \end{pmatrix} \tag{22.45}$$

信号在信道具有某一特定实现时发送出去，并在信道处于这一实现的互补状态时再次发送该信号，信道的互补状态为

$$\begin{pmatrix} h_{11} & -h_{12} & -h_{13} & . & . & -h_{1N} \\ -h_{21} & h_{22} & -h_{23} & . & . & -h_{2N} \\ . & . & . & & & . \\ -h_{N1} & -h_{N2} & & & & h_{NN} \end{pmatrix} \tag{22.46}$$

然后接收机只须将两次传输的信号相加，以得到等效于通过对角（即无干扰的）信道传输的信号，对角信道如下：

$$\begin{pmatrix} h_{11} & 0 & 0 & . & . & 0 \\ 0 & h_{22} & 0 & . & . & 0 \\ . & . & . & & & . \\ 0 & 0 & & & & h_{NN} \end{pmatrix} \tag{22.47}$$

因而，每个用户的信号都是无干扰的（能够以仅含噪声信道下的容量来传输）。可是，由于需要信号的重复发送，容量要减去一半。

如上所述，可以以非常小的硬件代价来实现这一概念。然而，这种方法会导致信号传输出现大的延迟，因为发射机必须等待信道进入其互补状态。信道变化越慢，延迟时间就越长。还存在其他干扰对消的形式，它们以更高的复杂度为代价，缩短了传输延迟。

深入阅读

这一章涵盖了各种各样的主题，在本书落笔时，其中绝大多数主题还处在非常大的变动中，并且它们大多属于无线通信最热门的研究主题之列。因此以下罗列的文献不仅未尽完整而且有可能很快就会显得过时。

中继和协作通信的一般性概述可以在专著 Liu et al. ［2009］和综述性论文 Hong et al. ［2007］及 Stankovic et al. ［2006］中找到。

直放站（Repeater）是中继的原始形式，已经用了近 100 年了。但理论上充分的研究始于介绍中继信道的著作 van der Meulen［1971］，Cover and El Gamal［1979］更详尽地探讨中继信道信息论限。Kramer et al. ［2005］，Laneman and Wornell［2003］和 Laneman et al. ［2004］介绍了许多中继协议并分析了它们的性能。对所有这些结论的总结可以在专著 Kramer et al. ［2007］中找到。SCxF 和 NDxF 有着形式更复杂的容量公式；Nabar et al. ［2004］讨论了这些公式（在其中分别被称为协议 III 和协议 I）。Annavajjala et al. ［2007］针对不同中继方法推导了仅已知平均CSIT 前提下多中继两跳情形的最优功率分配问题。

Bletsas et al. ［2006，2007］分析了带有多路并行中继、中继选择的中继问题。Mudumbai et al. ［2009］讨论了分布式波束成形的实用化问题，还包括关键性的同步论题。Madan et al. ［2009］分析了波束成形中的训练开销的影响。Laneman and Wornell［2003］详细分析了正交信

道传输和分布式空时码。Sendonaris et al.［2003］，Hunter et al.［2006］和 Nosratinia et al.
［2004］介绍了用户协作的不同形式。Molisch et al.［2007］讨论了用于中继的喷泉码。

　　在多跳网络路由方面有着丰富的文献。一般与计算机网络有关的许多基础性内容在计算
机科学教材和运筹学文献（例如，Peterson and Davie［2003］）中都有所阐述，而无线路由的众多
细节问题分散在各种研究论文中。Boukerche et al.［2009］给出了对不同协议的分类法。John-
son et al.［2001］讨论了源路由。Perkins and Royer［1999］介绍了 AODV 路由。Stojmenovic
［2002］讨论了基于地理的路由。散播等待（spray and wait）算法是在 Spyropoulos et al.［2005］
中提出的，而在 Intenagonwiwat et al.［2003］中提出了直接扩散法（directed diffusion）。基于队
列长度压算法的联合路由和资源分配在 Georgiadis et al.［2006］中以教程的形式进行了描述，
而具备平均功率优化的队列长度压算法则在 Neely［2006］中进行了讨论。队列长度压算法的
一种实用化的实现在 Moeller et al.［2010］中有所描述。还有大量针对这一问题的基于凸优化
的论文，如 Cruz and Santhanam［2003］和 Chiang［2005］。

　　Lott and Teneketzis［2006］提出了任意路径路由的 Bellman-Ford 方法。Laufer et al.［2009］
描述了任意路径路由，而 Neely and Urgaonkar［2009］讨论了任意路径路由下的队列长度压算
法。Khandani et al.［2003］和 Chen et al.［2005］讨论了单播情况下协作网络的路由问题。
Maric and Yates［2004］分析了多播情况下具有能量累积的协作路由问题。Draper et al.［2008］
推导了具有信息累积的网络路由问题。Han and Poor［2009］描述了具有利己节点的网络路
由问题。

　　在 Gupta and Kumar［2000］这篇具有里程碑意义的论文中推导了（非协作）多跳网络的比例
法则。Ozgur et al.［2007］提出了达成更高吞吐量的构造性方法。就网络编码而言，入门性文
献 Fragouli et al.［2005］给出了相当出色的介绍。Nazer and Gastpar［2008］提出了计算转发。干
扰对消则由 Cadambe and Jafer［2008］提出；本书描述的最简单的可实现形式来自 Nazer et al.
［2009］。

第23章 视频编码

Anthony Vetro

美国马萨诸塞州剑桥市三菱电子研究实验室

23.1 引言

　　数字视频正在被越来越多地通过无线网络传播。大部分的视频资源来自广播业务,目前世界上很多国家都在提供广播业务。其中包括从用于家庭娱乐的高清晰视频到用于蜂窝电话和智能手机设备的移动视频等广泛的服务。视频也在家庭和办公场所通过无线网络传播,例如从电视接收机到平板显示器,从文件服务器到笔记本终端。这些不同的使用情景一般是由特殊的无线基础设施和相关的通信技术来支持的,每种技术提供相应的服务质量。服务和网络提供商的一个重要任务就是使其提供的服务和网络的能力相匹配。当涉及视频时,必须考虑整体系统设计,包括数字视频信号的特性、压缩方案以及对传输错误的稳健性。

　　对比于其他的数字信号,比如语音,数字视频需要更大的带宽。例如,典型的高清晰视频信号原始数据率在600～800 Mbps 之间,取决于其空间分辨率和帧率。为了通过现有网络以实用的方式传输视频,数字视频信号的压缩是很必要的。本节介绍典型的数字视频表示和基本的信号压缩结构。视频压缩的主要组成部分的细节将在随后各节阐述。我们接着给出了视频编码主要标准的总结。本章的最后以稳健的视频传输和视频流结束。

23.1.1 数字视频表示和格式

　　视频是表示某一场景中随着时间变化物体发射和反射光强度的多维信号,数字视频信号的样本通常是通过成像系统录制,比如相机。采集系统通常在特定的色彩空间记录二维样值,对应着离散时间点的特定波长集合。每个时间点的采样点数称为空间分辨率,采样的速率称为帧率。

　　已经公认几乎所有的颜色可以由恰当选择的三种基色来生成。RGB 基色,包含红色、绿色和蓝色,大概是在采集和显示中使用最广泛的集合。然而,在视频编码和传输系统中使用的一个坐标系统是基于亮度(Y)和色度参数(Cb 和 Cr)的。一个原因为历史因素:在先前的模拟系统中,亮度信号向后兼容于黑白电视信号。这种色彩空间的另一个优势是在传输时可以丢弃一些色度值信息,原因在于人类视觉系统对这些色彩参数没有对亮度敏感。在 RGB 和 YCbCr 空间有着定义良好的线性关系。

　　由 ITU-R 议案 BT.601[ITU 1998]指定的色彩采样格式在图 23.1 中给出说明。这些格式被所有的国际视频编码标准所采用。在 4:4:4 色彩采样格式中,亮度和色度值有着相同的分辨率。在 4:2:2 和 4:2:0 格式中,色度值相对于亮度值分辨率要少。4:4:4 和 4:2:2 格式主要应用在摄影棚和制片厂等保持色彩保真度很重要的环境中。当传送给消费者时,现有的系统使用 4:2:0 采样格式。随着显示技术和传送能力的提高,高色彩保真度的视频,比如 4:4:4 色彩采样格式的,有望传送给消费者。

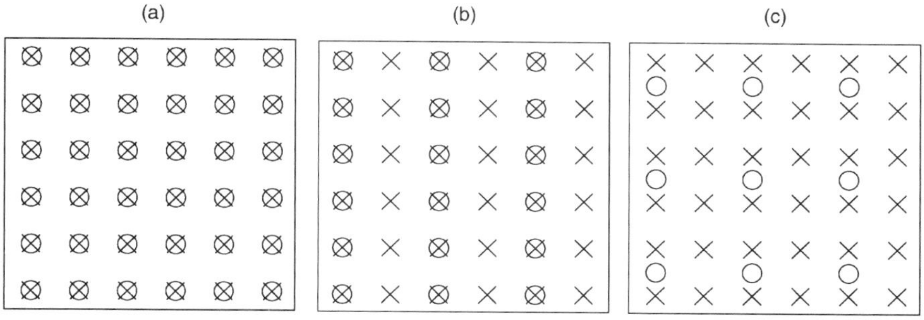

(a)　　　　　　　　　(b)　　　　　　　　　(c)

图 23.1　○表示亮度值、×表示色度值的色彩采样结构。(a) 4:4:4 色彩采样，色度样本和亮度样本有相同的分辨率；(b) 4:2:2 色彩采样，水平方向色度样本分辨率是亮度样本分辨率的一半；(c) 4:2:0 色彩采样，水平和垂直方向色度样本分辨率都是亮度分辨率的一半

23.1.2　视频编码结构

视频信号在空间和时间维度上都有很大的冗余，视频压缩方案是运用那些冗余，确定一个紧凑的二进制表示。最有流行和有效的视频压缩方案被称为基于块的混合视频编码器，它采用变换编码和时域预测的组合来编码视频信号。由于这个方案到目前为止已经被所有的国际视频编码标准所采纳，因此，本章仅集中于这个方案。这种基于块的混合视频编码器的通用结构如图 23.2 所示。

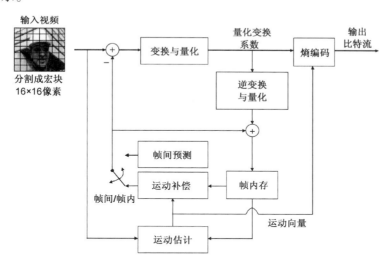

图 23.2　基于块的混合视频编码器的通用结构

有几种类型的图片帧通常在视频编码文献中被提及。帧内编码帧，又称为 I 帧，是指在没有参考视频中其他帧的前提下进行编码的帧。I-帧内的像素仍然可以通过邻近的像素来预测以利用空间冗余。由于它们的独立性，它们被周期性地插入比特流中，以使随机接入变得容易，因为译码可以从这些帧开始。另一种类型的图片帧被称为 P 帧，P 帧使用单向帧间预测。由于相邻帧中的像素与当前帧是相关的，因此帧间预测是一种用于减少编码信号能量的很有效的途径。双向预测，或者从两个参考帧来预测当前帧，是另一种有效的帧间预测方法。使用双向预测的帧被称为 B 帧。一个视频预测结构的例子如图 23.3 所示，其中 P 帧从上一个 I 帧或 P 帧预测，B 帧由相邻的 I 帧或 P 帧预测。

视频编码过程的第一步是将每一帧图像分割成固定尺寸的像素块，或者称为宏块(MB)，宏块最常用的尺寸是 16×16。然后，在每一个块基础上进行预测。对于 I 帧，使用帧内预测，即使用相邻像素预测当前块中的像素。对于 P 帧或者 B 帧，进行运动补偿帧间预测，预测的结果是要变换和量化的剩余信号。然后，量化变换系数进行熵编码得到最终视频比特流。由于运动补偿预测是基于先前编码的帧，这些帧

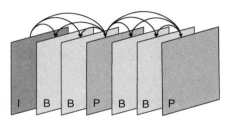

图 23.3　视频预测结构示例

在解码时也必须是可用的，重建这些参考帧的逆操作也要执行。这些参考帧要被存储在帧存储区中。

本章节的剩余部分将详细描述视频编码的主要部分，讨论了被不同视频编码标准支持的编码工具的特定集合。到适应可扩展和多视点视频编码的延伸也进行了简要描述。最后，给出了差错复原视频传输和视频流的简单综述。

23.2　变换和量化

上一节介绍了基本的视频编码结构，接下来将进一步地讨论变换和量化模块。我们将重点放在以块为基础的变换，特别是离散余弦变换(DCT)，以及标量量化，因为这些方法在现代图像和视频编解码方面都被证明特别有效。

23.2.1　离散余弦变换

图像和视频编解码中变换的使用是从两个方面试图修改输入信号，第一是压缩信号的能量，第二是使信号不相关。能量压缩特性一般会导致一个变换系数集合，其中只有很少的系数具有大的值，其他的系数都变小或为零，很显然，这样利于压缩。去相关特性是有利的，因为每一个系数都能以最佳方式独立地量化，例如，使均方误差最小或者根据感知灵敏度。

图像或者视频块的变换将信号表示为基函数的线性组合，对应某一特定基函数的系数表示这个函数在整体信号中的权重或者贡献。

令 $x_n(n=0,1,\cdots,N-1)$ 为长度为 N 的输入块，且假设 x 是相关系数为 ρ 的一阶马尔可夫过程，这个随机过程的协方差矩阵由下式给出：

$$R_x(i,j) = \rho^{|i-j|} \tag{23.1}$$

输入信号可由矩阵 $\mathbf{A}$ 变换得到一个变换域的输出信号，$y = \mathbf{A}x$，协方差矩阵由式(23.2)给出

$$R_y = \mathbf{A}R_x\mathbf{A}^{\mathrm{T}} \tag{23.2}$$

这种变换的增益，作为相对于脉冲编码调制的典型量度，定义为

$$G_{\mathrm{T}} = \frac{\frac{1}{N}\sum_{i=0}^{N-1}\sigma_{y_i}^2}{\left(\prod_{i=0}^{N-1}\sigma_{y_i}^2\right)^{1/N}} \tag{23.3}$$

这种量度是变换系数方差的算术平均与这些方差的几何平均之比，本质上测量了该变换相对于脉冲编码调制在均方误差的减小。

使变换编码增益最大的变换是 Karhunen Loève 变换(KLT)，它的基函数是输入信号的协

方差矩阵的特征矢量 R_x。变换的信号不仅实现了最佳能量集中，而且变换系数完全去相关，R_y 即协方差矩阵是对角矩阵。尽管 KLT 有这些着极好的特性，但它存在着显著的不足，从而无法在实践中应用于图像和视频编码。最重要的是，它依赖于信号的统计特性，只能用于计算具有已知协方差矩阵的静态源。而且，它不是可分离变换，所以当应用于二维图像块的时候会带来额外的复杂度。

幸运的是，对于自然图像和视频，离散余弦变换已经表明有着和 KLT 很相近的性能，它的基函数定义如下[Rao and Yip 1990]：

$$a_{i,j} = \alpha_i \cos \frac{(2j+1)\pi i}{2N} \tag{23.4}$$

其中，$i, j = 0, 1, \cdots, N-1, \alpha_0 = \sqrt{1/N}$，$i \neq 0$ 时 $\alpha_i = \sqrt{2/N}$。离散余弦变换的一个二维基函数的图解在图 23.4 中给出。离散余弦变换实现了与 KLT 相近的变换增益，而且不依赖信号统计特性。

8 点离散余弦变换已经成为包括 H.261、联合图像专家小组（JPEG）、运动图像专家组-1（MPEG-1）和 MPEG-2 的很多图像和视频编码标准中指定的变换。现在存在各种离散余弦变换的因子分解和定点实现方法[Arai et al. 1998，Reznik et al. 2007]，较新的 MPEG-4/H.264 高级视频编码（AVC）标准使用的是 4 点变换和 8 点变换，它基本上是离散余弦变换的带尺度整数逼近[Malvar et al. 2003]。

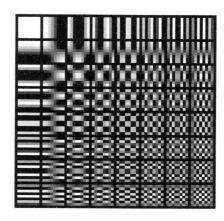

图 23.4　8×8 离散余弦变换的二维基函数

23.2.2　标量量化

与变换过程不同，它们一般是可逆的，而且不会带来丢失，而量化本质上是一个有损过程，而且会给重建的信号带来失真。标量量化的基础已经在语音编码那一章介绍过了，这里为了完整性会给出简短的回顾，并介绍和视频编码相关的量化细节。

在大部分的视频编码方案中，量化被应用于变换系数。变换系数的动态范围随着输入视频的位深度和变换的长度变化[①]。假定变换系数位于范围 $[t_{min}, t_{max}]$，动态范围为 B，对于一个输入值 x，依据量化函数 $Q(\cdot)$，量化过程将为 x 赋予一个量化索引 $i = Q(x)$。一个量化函数示例如图 23.5 中所示，其定义为量化索引标号，即重建值和每个区间的边界。

考虑一个均匀量化器，在可能的值范围内有 L 个量化索引，且相邻边界值的距离相同，令每个区间的距离表示为 $\Delta = B/L$。采用固定长度的二进制表示，每一个量化索引需要 $R = \lceil \log_2 L \rceil$ 比特。对于一个均匀分布源，可以证明量化误差的方差等于 $\sigma_q^2 = \Delta^2/12 = \sigma_x^2 2^{-2R}$，量化器的信噪比可以计算为

$$\text{SNR} = 10 \log_{10} \frac{\sigma_x^2}{\sigma_q^2} = 20 \log_{10} 2R = 6.02R \tag{23.5}$$

---

① 对 8 比特的图像样本和 8 点离散余弦变换，变换系数的动态范围为 11 比特，系数值范围为 $[-1024, 1023]$。当变换的输入为预测信号，其范围可能为 $[-255, 255]$ 时，变换系数的动态范围将增加到 12 比特。

上式表明在编码理论的一个经典结果，即对于均匀源，均匀量化器每增加 1 比特，会给信噪比带来6.02 dB 的增益。

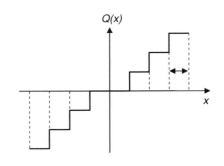

在最先进的视频编解码器中使用的量化方案基本上是均匀量化器并带有小的调整。一种这样的调整是增加了"死区"(dead zone)，它扩大了量化索引对应于零级重建的区间，这种调整会将会使更多的变换系数强制为零。第二，经常用一个权重矩阵来说明人类视觉系统对高频率不如对低频率敏感这一事实。用这种方法，对高频应用更快的量

图 23.5　均匀量化步长为 Δ 的标量量化器图示

化步长。大部分标准允许用于图像编码的量化矩阵作为信号比特流的一部分。最后，在量化区间内可以利用量化偏置来改变重建值的位置，即不同于区间的中心。当量化源符合拉普拉斯分布时，而这是视频编码中变换系数的典型的情况，重建偏置已表明具有优势。

23.3　预测

预测可能是减少视频信号中冗余的最有效的途径。本节简单介绍了两种常用的方法。帧内预测是指根据同一帧图像内的数据对数据的预测，帧间预测，或者运动补偿预测是指利用相邻帧图像的数据进行时域预测。

23.3.1　帧内预测

帧内编码图像对对随机接入是很重要的，它要求它们独立于其他图像解码，即没有时间依赖。为了使这些图像的编码更有效，帧内预测技术通常使用当前图像内的相邻数据以减少信号能量，从而减少用于表示信号那部分的比特数量。存在变换域预测方案和空域预测方案。一些常用的基于块的帧内预测方案如图 23.6 所示。

对于正常的图像和视频，在给定图像内，块内像素的平均值高度相关。因此，利用这种相关的一种直观且有效的方法在变换域中。当一种基于块的变换，如 23.2.1 节讨论的离散余弦变换，应用于图像中的一个块时，将计算出 DC(零频)或者块的平均分量。如图 23.6 所示，DC 成分可以通过前一块的相同行来预测。这种预测导致一组残留 DC 成分，服从零附近的类似拉普拉斯分布。如果没有预测，则 DC 成分的分布更接近于均匀分布。DC 预测有降低熵的作用，从而减少表示信号成分的比特数。

相比于总是从前面的块预测，我们还

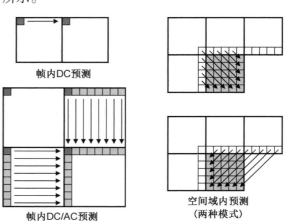

图 23.6　不同类型的基于块的基础帧内预测方案

可以自适应地选择左边块的或者上边块的 DC 值作为参考，这时就需要一种适应性地选择方向的方法。比如，DC 预测方向选择可以基于需要编码的块周围的水平和垂直 DC 梯度的比较。

对于很多自然图像，相邻变换块的低频分量也是相关的。如图 23.6 所示，变换块中表示低频 AC(非零频)系数的第一行和第一列，也能由相邻块预测。当与自适应 DC 预测相结合时，即从左边块或者上边块预测，AC 系数的预测通常使用同一方向。这样一来，AC 预测就只应用于任意块的行或者列。

帧内预测的另一种常用的方法是在空间域应用预测。基于源的相关性可以导出最佳线性预测器，但实际中常用一种固定集合的预测器。最新的视频编码标准使用方向性预测器，以块为基础，可以适应性地选择多种预测方向。空间域内预测的两种模式示例见图 23.6。在这些例子中，根据选定的方向，附近块中的相邻像素用来预测当前块中的像素。还有很多派生的和不同的方法来构建这样的预测器。当面对这些选择时，需要一个决定最佳模式的方法，而且选定的模式必须作为比特流信号的一部分。这种开销常常就是限制我们设计太多不同预测模式的因素。

23.3.2　帧间预测

前面小节讨论了在视频的同一帧中预测数据的方法。然而，视频在时间方向帧之间有着很强的相关性。相比于帧内预测，预测器在变换域和空间域都表现出很有效，大部分的帧间预测技术倾向集中于空间域方法。

时域或帧间预测器最简单的类型是使用前面的帧中同位置块的数据来预测当前帧中的数据。对于静态场景或是场景中的一部分，这种方法非常有效。在实际中，这种方法是如此有效且广泛使用，以至于使用特殊信号来表示当前帧中要编码的块可以简单地复制参考帧中的同位置的数据。相应的编码模式称为跳跃模式(skip mode)。

很多自然视频场景都包含运动，包括源于摄像机摇摄和拉远拉近的全局运动，还有源于场景内物体移动的局部移动。在这些条件下，运动补偿时域预测就成为从相邻帧预测视频当前帧的有效途径。运动补偿预测的基本概念就是确定一帧中像素的位移，由当前帧的像素的集合相对于邻近帧的像素的集合而求得。注意，可能有多个参考帧用于当前帧的预测。

确定像素强度从一个时刻到另一时刻变化的方式已经在视频编码界成为一个重要研究领域。我们可以想象试图估计每个像素的运动，但是由于可能在相邻帧中有很多像素和当前像素强度匹配，尤其是考虑有恒定强度的场景区域，所以这是一个不明确的问题。避开这个问题有两种常用方法：(i) 使用规整技术在运动区域强制光滑约束；(ii) 假设在一个非常小的区域的邻近像素有着相同的运动。第一种方法的弊端是可能会有显著的开销，用于标记每个像素的运动。由于大部分视频编码标准都是以块为基础的特性，所以第二种方法成为压缩更普及和实用的选择。特别是对于一帧的任意块，都假定采用平移运动模型，确定一个运动矢量表示二维位移。

运动矢量通过一个块匹配过程来确定，如图 23.7 所示。当前帧中每一个块，有一个与之关联的搜索区域，通过搜索区域可以找到当前块与参考帧搜索区域中候选块的最佳匹配。通常在当前块和参考块之间没有完美的匹配，所以代表预测后差异的剩余信号也必须编码以便重构视频。另外，动态矢量必须被编码，且成为比特流的一部分，以便在解码端可以基于先前解码的帧，也就是参考帧，进行预测。

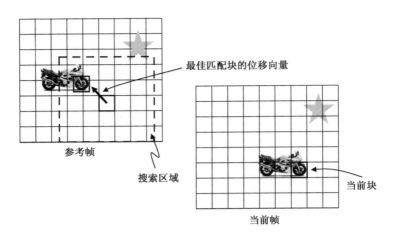

图 23.7　帧间预测基于块的匹配图示

23.4　熵编码

给定源的熵是可实现的数据压缩率的极限。如果源数据的所有符号都有相等的概率,那么每个符号的固定长度二进制表示将使速率达到下限。然而,在视频编码和其他应用中,符号通常都是非均匀分布的。因此,可以通过给较短码字分配高概率符号、给较长码字分配低概率符号来实现较低的比特率。这是熵编码的基本原则,又称为可变长度编码(VLC)。

VLC 有两个重要性质:(i)码字要唯一可解;(ii)码字要即时可解。第一个性质要求码字只能代表一组可能的源符号。第二个性质意味着没有码字是其他码字的前缀,满足该性质的码字称为前缀码。

在视频编码中,需要编码的符号包括量化变换系数和重建视频信号需要的任何边信息,即运动矢量和块编码模式等。需要指出的是,相比于会给信号引入失真的量化,熵编码是无损过程。哈夫曼编码和算术编码是两种广泛应用于视频编码的流行的熵编码方案。下面几节将描述每种方案的基本原则。

23.4.1　哈夫曼编码

哈夫曼发表了一种为给定分布符号构造前缀码的算法[Huffman 1952]。考虑一个有限符号源 $\chi = x_1, x_2, \cdots, x_N$ 且概率为 $p(x_i)$。最佳二进制码字应该分配较长的码字给低概率符号,较短码字给那些出现更频繁的符号[①]。其步骤略述如下。

1. 将每个符号作为一棵树的叶子节点,赋予概率 $p(x_i)$。将符号按发生概率递减的顺序排列。

2. 当存在超过一个节点时,执行下列操作。
   (a)选出概率最小的两个节点,并任意分配 1 和 0 给这两个节点;
   (b)合并这两个节点并创建一个新的节点,新节点概率为这两个节点概率之和。

3. 最后得到的节点是根节点,每个符号的码字可以由根节点追踪到叶节点得到。

---

① 原文为:"最佳二进制码字应该分配较长的码字给高概率符号,较短码字给那些出现更频繁的符号",有误。——译者注

一个构造哈夫曼码字的例子如图 23.8 所示。该例阐明了将 0 和 1 相继赋予最低概率的叶节点然后合并，直到得到根节点，表明最终得到的码字中没有任何码字是其他码字的前缀。本例示出的码字的平均长度是 2.4 比特。

哈夫曼编码的最佳性以及其他性质的证明和构造哈夫曼码字的例子可以参见 Cover and Thomas[2006]。可以证明哈夫曼码字的平均长度 L_{avg} 满足以下条件：

$$H(X) \leqslant L_{avg} < H(X) + 1 \qquad (23.6)$$

其中 $H(X)$ 是源的熵。

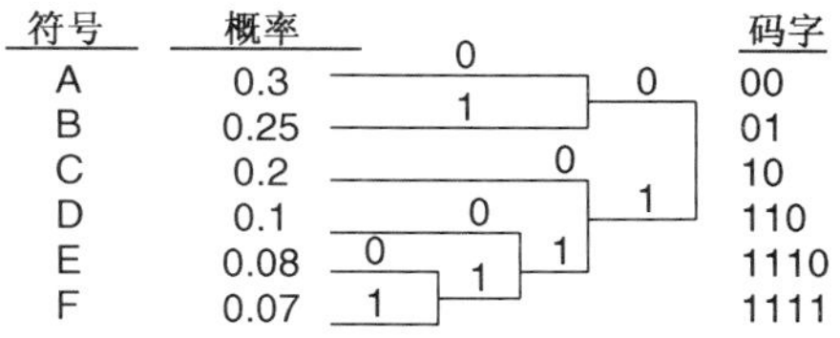

哈夫曼编码的一个公认的缺陷就是在编码单独符号时，每个符号最少需要 1 比特。克服这个缺点的一

符号	概率		码字
A	0.3		00
B	0.25		01
C	0.2		10
D	0.1		110
E	0.08		1110
F	0.07		1111

图 23.8　基于符号概率的哈夫曼编码示例

种方法是考虑符号块的编码，即矢量。这样，每个矢量将被分配一个概率，这个概率是块中每个符号的联合概率。构造码字的步骤和上面列出的步骤相同，只是符号代表矢量。另一种更有效的编码符号集的方法是根据上下文调整符号。一个简单的例子就是根据前一个样本来调整，不过在实际视频编译码中，考虑了更复杂的上下文。

23.4.2　算术编码

前文指出了由于每个符号必须被编码为最少 1 比特，所以相比于最优表示，哈夫曼编码可能会有编码损失。在一种极限情况下，考虑一个两个符号的集合，一个概率接近于 1，另一个概率接近于 0，由于基本不存在不确定性，所以该信源的熵非常小，接近于 0。然而，哈夫曼编码每个符号仍然需要 1 比特，这表明还有进一步改进的空间。虽然符号分组可以被用来提升编码效率，但是编码的复杂性随着分组长度以指数增长。

相比于用一个比特序列来表示符号或是符号分组，算术编码用 0 到 1 区间的子区间来表示符号序列，其中每个子区间的长度正比于每个符号的概率。以一个初始分割开始，第一个子区间基于要编码的第一个符号来选择。该子区间基于要编码的新符号被递归地分割。一个子区间由上下边界表示，在每个阶段用这些边界的二进制表示来编码该符号序列。详细地讲，当上下边界最高有效位相同时，该比特将被写入输出里。这样一来，较高概率的符号将与较大的区间关联起来，需要较少的比特来表示。

一个算术编码过程的例子如图 23.9 所示。源数据包含三个符号，A，B 和 C，它们的概率分别为：$p(A) = 1/2$，$p(B) = 1/3$，$p(C) = 1/6$。为了开始编码过程，首先根据这些概率来分割初始区间 $[0, 1]$。假定将要编码的符号序列为"ABAC"。由于第一个符号是 A，与这个符号关联的子区间 $[0, 1/2]$ 带到下一阶段并根据这些符号概率再次分割。下一个要编码的符号是 B，所以第二阶段的子区间为 $[1/4, 5/12]$。对序列中的每个符号都进行这样的过程，最终可以得到代表整个序列的子区间和它的二进制表示。

乍一看，算术编码好像需要极高的精确度去编码一个长的序列，然而实际上，在比特输出时，通过对上下边界的再归一化，维持一个基于整数运算的定点精度就可以了。

相对于哈夫曼编码，算术编码的一个优势是它的增量性，即新增的符号可以基于先前符号序列的码字继续编码。由于长序列可以在不用维持大码书的前提下进行有效编码，所以这个性质可以使算术编码在实际中逼近熵率。另一个优点是它能很容易地适应信源数据统计特性的变化，仅仅需要编码器和解码器能够同步地更新概率表。在实际的视频编码方案中，基于上下文的算术编码也用来提升编码效率。这种情况下，对每种上下文情形，维持一组概率表。由于较高的编码效率以及对信号统计的较强适应性，在计算能力较强的平台，算术编码一般比哈夫曼编码更受青睐。

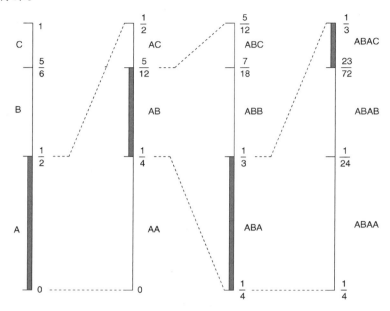

图 23.9   根据每个符号的概率对信源序列"ABAC"进行算术编码的示例

23.5   视频编码标准

自 20 世纪 90 年代初，提出了大量的视频编码标准以满足工业需求。这些标准主要由 3 个主要的国际标准化组织提出：国际标准化组织/国际电工委员会(ISO/IEC)的动态图像专家组(MPEG)，国际电信联盟远程通信标准化组织(ITU-T)的视频编码专家组(VCEG)以及 ITU 的电信标准部。

由 ISO/IEC 提出的视频编码标准包括 MPEG-1，MPEG-2 和 MPEG-4，由 ITU-T 提出的标准属于建议 H.26x 系列，包括 H.261，H.262，H.263 和 H.264。应该指出的是建议 H.262 与 MPEG-2 相同，该标准是由两大组织联合提出的。最近的 AVC 标准称为 H.264 和 MPEG-4 Part 10，也是由包括来自两大标准组织的专家的联合视频组(Joint Video Team，JVT)提出的。这些标准已经有很多成功的应用，比如数字电视广播，光盘存储包括 CD、DVD 和蓝光光盘(Blu-ray Disc)、数字电话、视频流和移动视频。接下来简短回顾一下各个标准使用的主要编码工具。

H.261 的第一个版本完成于 1990 年，后经修正在 1993 年发表[ITU 1993]，主要用于码率在 64~320 kbps 的通过综合业务数字网(ISDN)线路的低延迟视频会议。它是第一个定义基本视频编码结构的标准，如图 23.2 所示。这个标准使用 16×16 MB，8×8 DCT，采用均匀量化，支持整数像素精度的单向前向运动补偿预测。一种称为"游程-等级"(run-level)编码的可变长度编码(VLC)方案被用于编码量化变换系数。采用"游程-等级"编码，二维变换系数首先被扫描成一维的，然后应用哈夫曼编码来编码符号，符号包括一对数字来表示零的游程(run)后接下一个非零系数的等级(level)。块中最后一个非零系数采用一个特殊符号来表示。H.261 还定义了一个可选环路滤波器,在运动补偿预测中用一个低通滤波器减少高压缩率时的预测错误和块效应。

MPEG-1 标准在 1991 年完成[MPEG 1]。MPEG-1 的目标应用为比特率在 1 ~ 2 Mbps 之间的 CD-ROM 数字存储媒体。MPEG-1 使用了半像素精度的运动补偿、B 帧和双向预测。MPEG-1 中的 DC 系数是通过左邻帧预测的。

MPEG-2 在 1994 年完成,后来在 2000 年进行了修订[MPEG 2]。这个标准是和 ITU-T 联合提出的,又称为 H.262。MPEG-2 是 MPEG-1 的拓展,允许更强的输入格式灵活性和更高的数据率,这包括支持标准清晰度和高清晰度分辨率。目标比特率在 4 ~ 30 Mbps 范围内。这个标准广泛应用于电视广播和 DVD。MPEG-2 添加了能支持隔行扫描材料高效编码的编码工具,它还定义了可扩展的不同模式,这在下一节中将简要描述。

H.263 的第一个版本在 1996 年完成[ITU 1996],它基于 H.261 框架。它定义了更加计算密集且高效率的算法来提升在电信应用中的编码性能。新的技术特点包括先进的预测,它能支持重叠块的运动补偿和可选的采用每宏块(MB)四个运动矢量,运动矢量预测以用更少的比特来编码运动矢量,已经将块符号的结尾综合进行游程-等级(run-level)编码的改进的熵编码。H.263 也支持算术编码代替哈夫曼编码。

H.263 的第二个版本称为 H.263 + ,在 1998 年获得批准。加入一些新的可选功能以提升编码效率。最显著的是先进的帧内预测,其中采用了利用相邻块的空间预测,一个环内去块滤波器(in-loop deblocking filter)应用于作为参考使用的重建图像的 8 × 8 块的块边界。另外,通过灵活的再同步标记插入、参考图像选择、数据分割、可逆的可变长度编码和头重复(header repetition)等多种工具实现了容错性的显著改善。

MPEG-4 Part 2 的第一个版本是在 2000 年完成的,较近的版本在 2004 年[MPEG 4]。它是第一个基于对象的视频编码标准,其设计重点用于高度互动的多媒体应用。MPEG-4 Part 2 的特定配置文件,目的用于低码率视频,已经应用于一些移动和互联网流媒体应用。新的技术特点还有用于块内的自适应 DC/AC 预测和四分之一像素运动补偿。它也增加了对容错的支持,基本上与 H.263 有着相似的编码性能。

H.264 是目前在视频编码中最先进的,这个标准是由 MPEG 和 ITU-T 联合提出的,也被称为 MPEG-4 Part 10[ITU 2009]。这个标准的另一个名字是先进视频编码(AVC)。H.264 比 MPEG-2 和 H.263 的编码性能有显著提升。这个标准通过定向自适应空间预测来改进帧内预测,它定义了 4 × 4 和 8 × 8 整数变换,可以自适应地选择,还有强大的运动补偿预测能力包括支持多种块分割方案、多个参考图像以及上下文自适应二进制算术编码方案。H.264 能够以大约一半的比特率实现与前面的标准(比如 MPEG)的同样的质量。它被广泛配置到电视广播、蓝光光盘和移动应用中。对于视频压缩目前最先进水平的更深入的细节,感兴趣的读者可参考综述性文章 Wiegand et al.[2003]。

23.6 分层视频编码

23.6.1 可伸缩视频编码

传统的可伸缩维数包括质量的可伸缩性、时域的可伸缩性和空间的可伸缩性。可伸缩性表示的关键目标是将视频源信号编码一次,然后根据特定的输出和接收机的能力进行多次解码。这种功能在任何动态和异构的通信环境中都是非常期望的,特别移动视频传输。相比于单一非分层视频编码,可伸缩视频编码通常会带来一些损失。一种挑战是最小化这种损失,另一种是将复杂性保持在最低。

MPEG-2 标准中首次引入可伸缩视频编码,MPEG-4 Part 2 中再次采用。由于相对于非分层视频,这些可伸缩视频编码效率损失相对较高,因此,这些可伸缩扩展不是非常成功,而且为了支持这些模式其复杂度显著提高。H.264/AVC 标准中的可伸缩视频编码扩展克服了这些弊端,所以我们将集中于可伸缩视频编码的基本方面,重点放在 H.264 标准中引入的特征。H.264/AVC 标准的可伸缩扩展的更详细的综述可以参见 Schwarz et al. [2007]。

时域可伸缩性在目前具有分层预测结构的标准背景下是很容易实现的。在以前的标准中比如 MPEG-2,B 帧不作为参考帧使用,而位于 I 帧和 P 帧之间的简单层次的最底层,所以它们可以很容易被丢弃,而不影响其他帧的解码。在 H.264/AVC 中,预测依赖的更灵活,因而可以支持更深的层次,进而支持更多的时域层。一个分层预测结构的例子如图 23.10 所示。有趣的是,已经发现只要每级的量化器选择适当,这种分层预测结构实际上提升了编码效率,在较低的时域层用精细的量化器,在最高层用较粗的量化器。

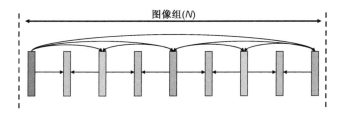

图 23.10 支持时域可伸缩性的分层预测结构

为了支持空间可扩展性,我们执行每个空间尺度的多层次编码,其中每个空间尺度都支持常规的运动补偿预测和层间预测。在多尺度框架中有很多方法可以执行层间预测。一个简单的方法是在较低层上采样参考数据,然后用上采样的数据来预测。另一个方法是通过较低参考层来推断块级数据,比如运动矢量。最后,较低参考层的残差可以用来预测在更高的空间层导出的残差。层间预测的三种形式在 H.264 标准中都支持。这个标准的另一个重大创新是克服一直困扰着先前标准的复杂度问题,它限制层间预测以便实现单循环解码,而不是每个尺度进行解码循环。最后,由于较低层图像不是在每个时间点都需要,所以结合空间/时域的可伸缩性是可能的。图 23.11 给出了一个示意图。

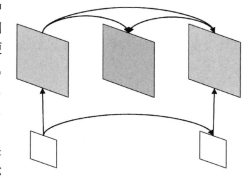

图 23.11 包括层间预测和运动补偿预测的空间-时域联合可伸缩性

质量可伸缩性的主要目的是通过增加质量层来完善视频的信噪比。这种形式的可伸缩性也常被称为信噪比可伸缩性。为了实现粗粒度的可伸缩性,可采用类似于空间可伸缩性的多尺度结构,但不进行上采样操作。这样一来,为达到每层期望的质量水平,每层将使用不同的量化器。基层将进行粗量化编码,较高层将采用更精细水平的量化。还可以通过编码变换系数的片段在每层实现更精细水平的质量控制。这使每层可实现连续的精细的质量。

23.6.2 多视角视频编码(MVC)

多视角视频用于支持三维视频应用。多视角视频的一个特殊情况是立体视频,立体视频有两个视角,左视角和右视角分别对应于双眼。对于大部分的立体显示,我们需要使用眼镜来观看三维场景。自由立体显示能够同时呈现三维场景的多个视角,而且无须使用眼镜。三维服务在家庭娱乐系统和移动环境中变得越来越流行。

执行高效压缩依赖于有好的预测器。时域相邻的图像的相关性通常是很强的,包括空间邻近的图像也提供了一些优势。比如,当存在物体快速移动,或者物体出现在一个视角,而在同一时刻的相邻视角已经存在时,空间邻近的图像就是场景未覆盖区域的一个很有用的预测器。跨视角预测应用到所有和高效多视角视频编码相关的工作中,目的在于利用空间和时域的冗余。预测是自适应的,因此,以块为基础,选择时间和跨视角参考中最好的预测器。值得指出的是,存在一个基层能够独立地解码,并可能作为三维场景的二维表示来使用。

业已表明相比于每个视角的独立编码,跨视角预测来编码多视角视频能够得到显著好的结果。特别是,有报道指出相比于视角的独立编码,使用 H. 264/AVC 的多视角扩展能够得到超过 2 dB 的提升。而且,测试表明它能以大约一半的比特率来实现相同的质量。

23.7 差错控制

前面的各节着重于讲述高效压缩视频的技术并讨论相关的标准。这些压缩标准高度依赖于预测编码和可变长度编码技术,但这些在通过易出错信道传输视频流时不一定是有利因素。预测使比特流之间产生依赖,所以某一段的错误会传播到其他段。可变长度编码中的错误也会导致同步问题,最终使解码失败。

这一节包含三个基本层次的差错控制用来克服传输错误:在传输层能够保护视频的机制,视频层的容错功能,以及在重建视频中掩盖错误的技术。考虑源于物理信道特点的随机比特错误,以及通常能影响较大部分比特流的包丢失。该主题更全面的解决方案可以参考 Wang and Zhu[1998]。

23.7.1 传输层机制

用于检错和纠错的一个众所周知的方法是前向纠错(FEC),该方法可以直接应用于压缩比特,以防范比特错误或者恢复跨数据包擦除。当前向纠错应用于压缩的比特时,前向纠错码字通常能够在包含几百比特的一帧内纠正单比特错误。当应用在跨数据包时,典型的方法是将 RS 编码和块交织相结合,其中,RS 编码首先应用于数据块,之后,这些数据块交织到成多个包。这样,一个包的丢失基本上被分散到多个数据块中,可以恢复出来。由于前向纠错增加了数据传输速率,进而降低了编码视频的可用码率,所以在整体设计中必须考虑数据源速率与信道编码码率之间的平衡。

不等差错保护是在传输层提高视频传输稳健性的另一种有效途径。首先必须指出不是视频流的所有比特都同等重要。例如,某些头部(header)信息和其他边信息对于最终图像质量比其他块数据关键得多。还有,在 23.6 节讲述的分层编码方案中,基层比增强层关键得多,因为如果没有基层,增强层也就毫无作用了。因此,在使用纠错时,视频比特流的重要部分应该以较高保护级别来编码。对于允许数据优先级的网络，也可以相应地分配较高优先级，以便使包括拥塞控制、重传和功率控制等方面可以基于数据的优先级进行优化。

23.7.2　视频容错编码

尽管对任何视频编解码器的设计而言，编码效率是最重要的方面，压缩视频在噪声信道中的传输也必须是必须考虑的。在当今的视频编码标准中，有很多容错工具可以使用。最相关的一些工具的简要概述在下面给出。

局部化

局部化的基本原则是去除视频段之间空间和时间的依赖性来减少错误传播。这种技术本质上是打破预测编码循环，这样如果出现一个错误，那么它不太可能影响到视频的其他部分。显然，高度的局部化将导致压缩效率的降低，在编码的视频中局部化错误的方法有两个：空间局部化和时域局部化；这些方法的说明如图 23.12 所示。

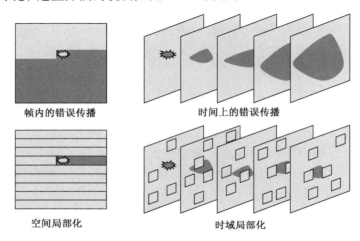

帧内的错误传播　　　　　　时间上的错误传播

空间局部化　　　　　　　　时域局部化

图 23.12　在一帧内和时间上最小化错误传播的空间和时域局部化图示。空间局部
化通过再同步标记的方式实现，时域局部化通过块内编码的方式实现

空间局部化考虑大部分视频编码方案大量应用可变长度编码来达到较高编码性能的现状。这样一来，即使是 1 比特丢失或者受损，由于解码器和比特流之间同步的丢失，整个比特流可能会变得不可解码。为了在传输错误被检测出后恢复同步，再同步标记被定期加入比特流一帧中特殊宏块的边界，这样标记后面紧跟的就是对重新开始解码过程十分必要的基本首部信息。当发生错误时，位于在错误前的同步点和将要重建同步的第一个点之间的数据通常被丢弃。对于已经丢弃的图像的那一部分数据，隐匿技术可以被用来恢复像素数据，例如，基于已经被成功解码的相邻块。对于对减少错误传播很有效的再同步标记，所有的预测都必须限定在标记比特的之内。对预测的限制导致了压缩效率的降低。另外，插入的再同步标记和首部信息都是冗余信息，会降低编码效率。很多标准通过片段(slice)结构支持空间局部化，该结构本质上是一组可独立解码的码字。

再同步标记插入适合于差错的空间局部化，帧内编码的宏块插入通过减少编码视频序列的时间依赖来进行差错的时域局部化。尽管这不是用于容错的专门工具，但是该技术却被广泛采纳，而且被认为非常有效。高百分比的块内编码会降低编码效率，但也降低了错误传播对后续编码帧的影响。极端情况下，每帧的所有块都进行块内编码，这样将不会有差错的时域传播，但是会出现显著的比特率增加。内编码的块的选择可以是循环的，这样是根据预定模式选择内编码块；这些块也可以是随机的，可以随机地或者根据内容特征自适应选择。

时域局部化的另一种形式是参考图像的选择，这在 H. 263 和 MPEG-4 标准中引入以提升容错能力。假定一个基于反馈的系统，编码器从解码器得到图片损坏区域的相关信息，比如，在片段级别的损坏信息，然后通过选择非损坏参考帧进行预测或者对当前数据进行帧内编码来改变操作。基于类似的思想，H. 264/AVC 中支持多参考图像也可以用来实现时域局部化。

数据分割

数据分割的目标是根据相对重要性对编码数据分组以允许不等差错保护或者传输优先级，如前面小节所讨论。数据分割技术已经发展到根据编码比特对解码的重要性来将它们分别组合到一起，这样不同的分组可以更有效地保护和处理。例如，当比特流在单信道系统中传输时，较重要的划分比不重要的划分可以用较强的信道编码来实现较好的保护。或者是，在多信道系统，较重要的划分可以分配到更可靠的信道传输。

在 MPEG-2 中，数据分割将比特流分成两个部分：高优先级划分和低优先级划分。高优先级划分包括图像类、量化尺度和运动矢量范围，如果没有这些数据，那么比特流的其余部分将是不可解码的，它还可能包括一些宏块首部域和离散余弦变换系数。低优先级划分包括剩下的所有信息。在 MPEG-4 中，数据分割是通过将运动和宏块首部信息与纹理信息分离来实现的。这种方法需要在运动和纹理信息之间实现第二个再同步，这将可能进一步有助于差错局部化。例如，如果纹理信息丢失了，那么运动信息依然可用来隐匿这些错误。

冗余编码

使用冗余编码，视频信号段或者比特流的句法元素用增加的冗余来编码以于实现稳健的解码。冗余可以显式地增加，比如用冗余片段(Redundant Slices)工具，或者隐式地在编码方案里使用可反置变长编码(RVLC)和多描述编码(MDC)。

开发 RVLC 的目的是为了在接收端进行数据恢复。使用这个工具，可变长度编码设计成使它们既可以前向读取又可以反向读取。这使得比特流可以从下一个再同步标记反向解码直到差错点。满足这种需求的 3 比特码字包括 111，101 和 010。很明显，由于附加的构建 RVLC 表的约束，这种方法相比于使用普通的可变长度编码降低了编码效率，这也是我们将 RVLC 分类为冗余编码技术的主要原因。它也可以和其他工具共享这一好处，以执行稳健的解码。然而，由于设计这种工具是用来从比特错误中恢复数据，所以它不适合数据包擦除信道。RVLC 已经被 H. 263 和 MPEG-4 Part 2 两个标准所采纳。

多比特编码使用多个比特流编码一个源，这样只要任意一个比特流被正确收到就能实现基础品质的重建，如果能正确收到更多比特流，就能实现更高品质重建。使用多比特编码，冗余就可以通过描述之间的相关量来控制。一般来讲，多比特编码视频流适合通过多独立信道传输，其中单信道和多信道的失败概率很相似。一些多比特编码的有限形式可以通过 H. 264/AVC 实现。

冗余片段是 H. 264/AVC 标准采用的一种新工具，它允许同一数据源采用不同的编码参数进行不同的表示。例如，主要的片段可以用精细的量化编码，冗余片段可以用较粗糙的量化编码。如果收到主要片段，那么冗余片段将被丢弃，但如果主要片段丢失了，那么冗余片段将被用来提供较低质量的重建。相比于多比特编码，这两种片段加起来无法提供更好的重建。

23.7.3　解码端错误掩盖

在任何视频传输系统中，接收比特流中都不可避免地存在错误。如果这些错误没有被传输层机制纠正，或者没有在视频比特流解码时被抑制，可能会对重建的视频产生严重的损坏。如果这些错误被适当地局部化，就可能掩盖视频信号中传输差错带来的影响。在大多数情况下都假定检测出差错位置并丢弃错误数据。

或许研究得最广泛的差错掩盖方法就是从相邻数据恢复纹理信息。通过利用视频信号中固有的空间和时域冗余，从相邻数据中恢复丢失的块或者更大的图像片段通常是可能的。一个直截了当的方法是复制相邻图像的同位数据来恢复图像的丢失数据(例如根据上一幅解码的图像)。这种方法通常应用在运动数据也丢失的情况下并能为视频的静止部分提供合理的结果，但是当场景中存在显著的运动时无法提供令人满意的质量。当运动矢量数据可用时，可以根据用于预测当前图像的参考图像更好地恢复丢失的纹理信息。

另一种恢复纹理信息的手段是利用同一幅图像的有效数据。空间插值方法基于相邻块的像素值，恢复受损块丢失的纹理信息。还有更复杂的方法，通过施加光滑约束和利用任何正确接收的离散余弦变换系数来优化恢复。

由于运动矢量数据也能被视为自然场景的光滑区域，同样存在试图恢复受损块运动信息的方法，这样就可以应用前面讨论的时域恢复方案。例如，受损块的运动矢量可以基于相邻块运动矢量的均值或者中值来估计，或者从上面行的宏块中复制相应宏块的运动矢量。

23.8　视频流

视频流指的是视频实时传输到接收设备。视频本身可以是现场直播或是存储在服务器上。无论哪种情况，视频通过无线或有线网络的传输都将经历很多特殊的挑战来保证实现最好的服务质量(QoS)。在通过无线网络传输和接收视频时当然面临很多特殊的挑战，包括多径传播、干扰、能源、功率管理和用户移动性。无线通信系统的这些特性的深入讨论参考第2章。

一般来讲，服务质量要求通常指的带宽、延迟和误码率要求。根据信道特点，这些参数可能是时变的。当给定速率限制时，要保证特定分辨率视频以高质量表示，带宽是基本的。由于视频必须连续地播出，所以对传输和解码过程也有严格的时间限制。正如前一节所讨论的，差错损失对最终重建视频的质量也有着显著的影响。

由于给定信道的带宽和丢失特性通常是波动的，压缩视频流的速率应该理想地基于这些波动来改变。有很多技术可以根据比特流特性、系统等级限制和应用要求来调节视频流的速率。例如，给定一个不分层的 MPEG-2 视频流，我们可以通过编码变换使源速率与信道带宽相匹配。这可以通过变换系数再量化来实现，它需要比特流的部分解码，或者只是简单地丢弃帧。如果视频使用可伸缩格式编码，就可以通过 23.6 节中描述的更简单的操作实现速率调整。在组播网络中，基于接收端的策略也可以用来调整要本地处理的流数据。

同步是视频流的另一个重要方面。在大多数应用中，视频伴随着与之关联的音频流，在一些情况下，还有其他与该视频对应的图形和文本作为单独的比特流传输。维持不同比特流之间的时间关系是非常关键的，如果丢失了，它们就要在下一个点及时地执行再同步。例如，在广播应用中，即使是视频和音频流的小偏差也会导致所谓的唇型同步问题，对观众来讲也是不可接受的。

有一组很庞大的支持视频流的网络协议。有关传输和会话控制协议的简要讨论如下。

- 传输控制协议（TCP）是基于互联网协议（IP）数据传输的主要协议，负责处理复用、差错控制和流量控制等功能。尽管 TCP 可以用于视频流，但是有几方面因素阻碍它提供可靠的、高质量的视频流。其中之一，TCP 对包丢失采用重传机制，所以终端到终端的延迟将相对大。还有，TCP 不能较好地处理数据速率的变化。这些问题可以通过缓冲数据解决。最佳缓冲器大小可以基于目标延迟、播放流畅度和数据丢失情况来决定。一般来讲，较小的缓冲量意味着较小的延迟。另一方面，较大的缓冲量能够提供更加流畅的播出，因为它可以容忍比特率和传输时间的较大变化。

- 用户数据报协议（UDP）已经成为视频流的首选网络协议。相比于 TCP，UDP 允许丢弃受损或是丢失的包。尽管这个特点使得延迟减小，但是它不能确保包的传送；因此，存在包丢失，将需要在 23.7.3 节中描述的差错掩盖技术来恢复这些损失。

- 实时传输协议（RTP）是用于传输实时数据的协议，包括音频和视频。RTP 包括两部分，数据部分和被称为 RTCP 的控制部分。RTP 的数据部分支持连续媒体的传输，比如视频和音频。它提供定时重建、丢失检测、安全和内容识别等功能。控制部分提供源识别和对网关的支持，像音频和视频桥，还有组播到单播转换器。它提供从接收端到组播组的服务质量反馈，支持不同媒体流的同步，但是它不提供服务质量保证。RTP/RTCP 通常建立在 UDP 之上。

- 实时流协议（RTSP）是对媒体流的会话控制协议。它对文本和图形有着与超文本传输协议（HTTP）相似的功能。这个协议设计为用于发起会话和管理视频流的传输。它的主要功能之一是选择传送信道和机制，它还通过对所谓花样播放（trick-play）操作的支持，比如暂停、快进和倒放，实现对视频流回放的控制。

以上的协议用于各种不同的移动传输标准中，包括第三代伙伴计划（3GPP）、日本的 1-seg、欧洲的数字视频广播-手持设备（DVB-H）和北美的高级电视系统委员会 – 移动/手持设备（ATSC-M/H）。一些重要的移动视频应用标准的综述包括多媒体短信服务（即彩信，MMS）、流媒体、视频电话、组播和广播可参见 Wang et al.［2007］。

深入阅读

关于图像和视频处理的更深入的信息可以参见经典教材 Jain［1989］，Gonzalez and Woods［2008］和 Tekalp［1995］。对于更多的视频压缩原理、对应算法和视频压缩标准的全面概述，推荐教材为 Wang et al［2002］和 Shi and Sun［2000］。Sun and Reibman［2001］是有关网络和压缩视频传输的极好的论文集。

第五部分 标准的无线系统

无线系统之所以成功的一个主要原因就在于许多已被广泛接受的标准的出现，蜂窝通信尤其如此。这些标准确保了在整个世界范围内可以采用相同类型的设备，对于一个国家范围内的不同无线网络运营者同样如此。无论这些运营者是全国性的蜂窝运营商，还是某个个人，比如他(/她)在其居所内安装了无线局域网的接入点，以使友人用便携式电脑就可以接入网络。本书的这一部分将要描述关于蜂窝系统、无绳电话和无线局域网的最重要的标准。

研究无线标准时要注意两件事情。第一件事是，对于除标准专家以外的任何人而言，标准文档本身是枯燥乏味、难以理解的。它们并不是以任何科学工作者都会采用的形式写就的，因为标准并不注重逻辑推演、可理解性等等方面，而是法规性文件，仅仅着眼于无歧义地描述为确保服从标准，应该做什么。选择特定调制方式、编码策略等等的理由只有那些在标准制定会议上旁听讨论的人才能知道，而且很可能是出于政治原因而非技术原因。第二件事是，数量巨大的首字母缩略词，就这一点而言，即使标准文档的漫不经心的阅读者也会注意到，这也是这类文档几乎难以读懂的另一个原因。每个标准都采用不同缩略词的事实又使得这一状况有所加剧。鉴于此，这一部分的每一章末尾都会附上一个缩略词列表。

全球移动通信系统(GSM)，即最普及的第二代(2G)蜂窝标准，是最成功的无线标准，在全世界拥有超过 30 亿用户。虽然今后关于这个主题的研究会少之又少，但对于绝大多数无线工程师而言，GSM 的普及性决定了他们至少应对其工作原理有基本了解。正因为如此，第 24 章会介绍 GSM，其中包括物理层部分和网络运作的某些方面。作为一个可与 GSM 匹敌的第二代系统，第 95 号暂定标准 IS-95 常常在报纸上被不恰当地称为码分多址(CDMA)[①]，在美国和韩国获得了相当大的普及，将在第 25 章描述。20 世纪 90 年代后期，第三代(3G)蜂窝系统，即通用移动通信系统(UMTS)，又称为宽带码分多址(WCDMA)；第三代伙伴计划−频域双工(3GPP-FDD)模式或简称为 3GPP)实现了标准化，并从 21 世纪初就已开始建造网络。在本书

---

① 当然，IS-95 是基于码分多址的，但并非每个基于码分多址的无线系统都是一个 IS-95 系统。

落笔时，该系统已拥有了大约 2.5 亿用户。第 26 章将描述其物理层方面与媒体接入控制（MAC）层以及组网考虑，因为这些层面紧密缠绕在一起。2008 年前后，宽带无线互联网接入的需求激增，第四代蜂窝系统，即 3GPP 长期演进（LTE）（见第 27 章）和 WiMAX（见第 28 章）应运而生。尽管这些系统还未能获得广泛推广应用，但可以预计在不远的将来它们会获得相当大的普及并最终替代 2G 和 3G 系统。本部分的最后，即第 29 章将描述 IEEE 802.11（也称为无线高保真，WiFi）标准，该标准定义了计算机之间及计算机和接入点之间进行无线通信的设施。

本部分只描述无线标准中已设计出的最重要的标准。还存在着为数众多的其他标准。一方面，蜂窝、无绳和无线局域网应用都存在着许多其他标准；另一方面，就许多此处没有提及的无线业务而言，也有着许多标准。举例如下。

- 就第二代（2G）蜂窝系统来说，有 IS-136 时分多址[Coursey 1999]和 PDC（太平洋数字蜂窝）两个标准，而且有数量相当可观的用户在使用它们。然而，它们都没有达到 GSM 的普及程度，这主要是因为它们仅在特定的国家（IS-136 用在美国，PDC 用在日本）应用，并且这些国家在 21 世纪初就开始逐步淘汰它们了。
- 就第三代（3G）蜂窝系统而言，3GPP 标准预设了 5 种不同的"模式"。实际上，每种模式都是一种事实上不同的标准。在第 25 章和第 26 章只描述那些最重要的模式。
- 就无绳系统而言，个人手持电话系统（PHS）标准在日本得到了广泛应用，而个人接入通信系统（PACS）标准用在美国[Yu et al. 1997, Noerpel et al. 1996]；另外，工作在 2.45 GHz 范围的码分多址无绳电话目前在美国有所应用。获得最广泛应用的无绳标准是数字增强型无绳通信（DECT）标准；在配套网站 www.wiley.com/go/molisch 上可以找到对这一系统的简介。
- 就无线局域网而言，曾经存在 IEEE 802.11 和欧洲的高性能局域网（HIPERLAN）标准[Khun-Jush et al. 2002, Doufexi et al. 2002]之间的激烈竞争。然而，随着 802.11 正成为明显的赢家，这场竞争已经有了定论。
- 就固定无线接入和移动宽带而言，理论上，IEEE 802.20 标准（移动宽带无线接入）是 LTE 和 WiMAX 的竞争对手。可是，看上去它并未获得广泛的应用。
- 就个域网而言，它们允许的无线通信范围可达 10 m 左右，已经开发成功的有 IEEE 802.15 标准[Callaway et al. 2002]。IEEE 802.15.1 标准，又称为蓝牙（Bluetooth），目前用于头戴式送受话器和蜂窝手机之间的无线连接，以及其他类似的应用[Chatschik 2001]。就更高数据传输率的应用而言，多频段正交频分复用联盟（MBOA）标准支持 100～500 Mbps 的数据传输速率，从而被用来作为无线 USB 和 WiMedia 这两个更高层标准的物理层基础，无线 USB 和 WiMedia 分别用于向计算机部件和家庭娱乐系统提供无线连接。可是，适用芯片的开发中遇到的问题和拖延大大削弱了其市场机会。
- 就传感器网络而言，IEEE 802.15.4 标准和相应的网络协议 ZigBee 正开始获得广泛的应用。另一种基于超宽带信号的物理层标准 IEEE 802.15.4a 已于 2007 年获得批准，但还未得到广泛应用。
- 就集群系统而言，在为数众多的具有专利权的系统[Dunlop et al. 1999]之外，陆地集群无线电（TETRA）标准在欧洲得到了广泛的应用。

第 24 章　全球移动通信系统

24.1　历史回顾

全球移动通信系统(GSM)是迄今为止最为成功的全球性移动通信系统。它的开发始于1982年。欧洲电信标准协会(ETSI)的前身欧洲邮政和电信行政会议(CEPT)成立了移动特别行动小组(Groupe Speciale Mobile[①]),该小组得到了对有关泛欧数字移动通信系统的诸多建议进行改进的授权。试图完成的两个目标是:

- 第一,用于无线通信的更好、更有效的技术解决方案——在那个时候,数字系统在用户容量、易用性和可能的附加业务数目等方面都要优于当时还十分流行的模拟系统已经是显而易见的了。
- 第二,实现全欧洲统一的标准,以支持跨越国界的漫游。这在以前是不可能 做到的,因为各国使用的是互不兼容的模拟系统。

之后的若干年里,几家公司为这种系统提出了一些建议。这些建议几乎涵盖了不同技术领域的所有可能技术措施。提出的多址方式包括时分多址、频分多址和码分多址。提议采用的调制技术有高斯最小频移键控(GMSK)、四进制频移键控(4-FSK)、正交幅度调制(QAM)和自适应差分脉冲调制(ADPM)。传输速率为 20 kbps ~ 8 Mbps不等。所有提出的系统都进行了现场测试和信道模拟器测试(1986 年在巴黎)。除了技术因素,市场和政治因素也影响了决策的进程。由于在移动台处需要天线分集,FDMA 就不在最终的考虑之列。尽管这种分集的技术可行性已经为日本的数字系统所证明,增大的天线尺寸仍然不能使其成为一个理想的选择。码分多址最终也被排除在外,因为在那时采用码分多址方式所必需的信号处理看上去成本过高且不够可靠。因此,只有时分多址系统在这一抉择过程中得以保留。可是,最终的(时分多址)系统并非来自某个公司的建议,而反过来形成了一个折中的系统。究其原因是垄断因素而非技术因素:选择某一个公司的建议作为标准,将会给这家公司带来相当大的竞争优势。这一折中系统的具体细节由(如今已成为常设机构的)一个委员会在之后的两年里开发完成,并在 1992 年以后作为欧洲进行系统实施的基础。

在 20 世纪 90 年代早期,人们意识到 GSM 应当拥有一些没有包括在最初标准之中的功能特性。所以,包括这些功能的所谓第二阶段(phase-2)标准直至 1995 年才开发完成。而包括分组无线电[通用分组无线业务即 GPRS,参见附录 24.C(www.wiley.com/go/molisch)]和增强型数据速率 GSM 演进(EDGE)的更高效调制方案在内的进一步的功能提升是其后才逐渐引入的。基于这些扩充,GSM 通常称为 2.5 代系统,这是因为其功能比那些第二代系统强大,而又未能具备第三代系统的所有功能[可与通用移动通信系统,即 UMTS(见第 26 章)进行比较]。

GSM 的成功出乎了所有人的意料。虽然最初它是作为欧洲系统来开发的,但在欧洲推广

[①]　此处为法文。——译者注

应用的同时,整个世界范围内就已经开始了对 GSM 的广泛应用。澳大利亚是第一个签订基础协议(谅解备忘录,即 MoU)的非欧洲国家。从那时起,GSM 逐渐成为全球性的移动通信标准[①],在 2009 年用户数目已接近 35 亿。当然,也有个别的例外:日本和韩国就从未采用过 GSM。在美国,GSM 与基于 CDMA 的暂定标准-95(IS-95)系统相竞争。在大多数国家,提供频谱牌照的条件是网络运营商必须采用 GSM,相比之下,在美国,牌照的出售并不要求欲购买的那些公司采用某个指定的系统。2009 年,有两个主要的运营商提供基于 GSM 的业务,而另外两个则采用与之竞争的技术(见第 25 章)。

GSM 有三种版本,每一种都使用不同的载波频率。最初的 GSM 系统使用 900 MHz 附近的载频。稍后增加了 GSM 1800,也就是所谓的 1800 MHz 频段的数字蜂窝系统(DCS 1800),用以支持不断增加的用户数目。它使用的载波频率在 1800 MHz 附近,总的可用带宽大概是 900 MHz 附近可用带宽的三倍,并且降低了移动台的最大发射功率。除此之外,GSM 1800 和最初的 GSM 完全相同的。因此,信号处理、交换技术等方面无须任何改变也能加以利用。更高的载波频率意味着更小的路径增益,同时发射功率的降低会造成小区尺寸的明显缩小。这一实际效果同更宽的可用带宽一起使网络容量可以得到相当大的扩充。第三种系统称为 GSM 1900 或 PCS-1900(个人通信系统),工作在 1900 MHz 载频上,并主要用于美国。

GSM 是一个开放性标准。这意味着只规定接口,而不限制具体的实现形式。作为一个例子,下面考虑 GSM 采用的调制方式,即 GMSK。GSM 标准规定了带外发射的上限、相位抖动、互调产物等等内容。如何达到所需的线性度(如,通过采用前馈线性化、通过使用 A 类放大器——由于其效率低下而不大可能被采用,或是通过采用任何其他方法)则取决于设备制造商。因此,这一开放的标准确保了来自不同制造商的所有产品可以相互兼容,尽管在质量和价格上它们可能仍然差别不小。对业务提供商而言,兼容性尤为重要。当采用专有的系统时,业务提供商只能在网络初建阶段一次性地选定设备供应商。对于 GSM(以及其他开放性标准),业务提供商可以先从某家制造商那里购入基站,而之后为实现网络扩容又可以从另一家价格更合理的制造商那里购进基站。业务提供商也可以从一家公司购买一些部件,而从另一家公司购买其他部件。

24.2   系统概述

一个 GSM 系统基本上由三部分组成,即基站子系统(BSS)、网络和交换子系统(NSS),以及运行支持子系统(OSS)。

24.2.1   基站子系统

GSM 基站子系统由基站收发信机(BTS)和基站控制器(BSC)组成(见图 24.1)。基站收发信机在其覆盖的小区上建立并保持到移动台的连接。移动台和基站收发信机之间的接口是空中接口,GSM 文献中称其为 Um 接口。基站收发信机的最小配置包括基站天线和相应的射频硬件,以及用于实现多址的软件。通常是几个基站收发信机(很少见的情况下只有一个基站收发信机)与一个基站控制器相连接;这些基站收发信机可能与基站控制器处在同一个位置,也

---

①   因此将 GSM 由"移动特别小组(Groupe Speciale Mobile)"重新诠释为"全球移动通信系统"(Global System for Mobile communications)。

可能通过陆上线路、定向微波无线链路或其他类似方式与基站控制器连接起来。基站控制器具有控制功能。其中，它尤其担负着在同一个基站控制器上连接着的两个基站收发信机之间进行切换（HandOver，HO）的职责。基站收发信机和基站控制器之间的接口称为 Abis 接口。与其他接口相比，在标准中未对这一接口进行明确的规定[①]。基站收发信机和基站控制器之间功能的分布随制造商不同可能存在着差异。大多数情况下，一个基站控制器与若干个基站收发信机相连接。因此，通过将尽可能多的功能迁移至基站控制器，就可能达到提高系统实施效率的目的。然而，这就意味着基站收发信机和基站控制器之间链路上信令流量的增加，这又是人们所不愿接受的（应该记得，这些链路通常是租用的陆上有线链路）。一般而言，基站子系统可以实现一整套的众多功能。它负责信道分配、链路质量保持和切换、功率控制、编码以及加密。

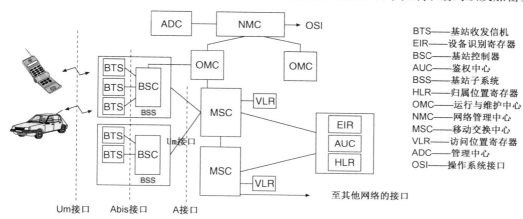

图 24.1　GSM 系统框图

24.2.2　网络和交换子系统

　　网络和交换子系统的主要组成部分是移动交换中心（MSC），它控制着不同基站控制器之间的通信（见图 24.1）。移动交换中心的功能之一是移动性管理，它包括了支持用户实现真正的移动性所必需的全部功能。只需举出一个例子，当移动台离开一个基站控制器的覆盖区域而移动到另一个基站控制器的覆盖区域时，移动交换中心的一项功能就是对所发生的切换进行管理。移动交换中心的其他功能包括所谓的寻呼和位置更新。与其他网络，特别是陆上有线公共交换电话网络之间的所有交互，也是由移动交换中心来完成的。

　　网络和交换子系统中还包括一些数据库。归属位置寄存器（HLR）中保存了与一个移动交换中心相关联的移动用户的所有号码信息，以及这些用户中每一位的位置信息。如果有一个呼入的呼叫发生，移动网络就可以在归属位置寄存器上查找被叫用户的位置，并将呼叫传递到这个位置[②]。由此可以推断出，一个移动的移动台必须时常向它的归属位置寄存器发送其位置更新信息。一个移动交换中心的访问位置寄存器（VLR）中保存了与来自其他归属位置寄存器的移动用户有关的所有信息，这些用户当前位于这个移动交换中心的管辖区域内，并被允许在

---

① 因此，一组基站收发信机总是要与同一制造商的一个基站控制器配合使用。

② 实际上，这一呼叫仅被传递到基站控制器，被叫用户位于该基站控制器的覆盖区域内。再由基站控制器负责选定一个基站收发信机并将呼叫路由至该基站收发信机。

这个移动交换中心的网络中漫游。此外,访问位置寄存器将向外来移动台(visiting MS)分配一个临时号码,以支持作为"东道主"(host)的移动交换中心建立到外来移动台的连接。

鉴权中心(AUC)验证每一个请求建立连接的移动台的身份。设备识别寄存器(EIR)保存有关被盗的或者不正常使用的移动设备的集中信息。

24.2.3 运行支持子系统

运行支持子系统负责网络的组织和运行维护,具体而言,主要功能如下。

1. 计费。某特定用户的一次具体的呼叫要花费多少钱?同时还存在着大量的不同业务类型和功能选项,每个用户都可以在运营商指定的消费方案中作出自己的个性化选择。虽然从市场角度看,业务类型和价格档次方面丰富多样的选择至关重要,但对这种个性化特色的管理支持相当复杂。24.10节将讨论一些这方面的例子。
2. 维护。GSM网络中,每个组件必须始终保有其全部功能。故障既可能出现在系统的硬件部分,也可能出现在系统的软件部分。排除硬件故障的开销会更大些,因为这就需要技术人员驱车前往故障发生的位置。相比之下,如今可以从一个中心位置对软件进行集中管理。例如,新版本的交换软件可以从一个中心位置安装到整个基站子系统中,然后于某个特定时间在整个网络范围内启动之。通常,修订和维护软件在很大程度上决定了GSM控制软件的总体复杂度。
3. 移动台管理。尽管所有的移动台都必须经过定型许可,还是会碰到某些"害群之马"设备工作于网络中,造成全系统干扰。这些设备必须被识别出来,并禁止其进行进一步活动。
4. 数据搜集。运行支持子系统负责搜集关于业务量和链路质量的数据。

24.3 空中接口

GSM采用的是频分多址/时分多址混合的多址方式,该方式进一步与频域双工(FDD)的双工方式结合起来(见第17章)。让我们详细解释一下这些首字母缩略词。

频域双工

第一个GSM版本中,可用频率范围为890~915 MHz和935~960 MHz。较低频段用于上行链路(从移动台连接到基站)。较高频段用来下行链路。对于任何给定连接,上、下行链路之间的频率间隔为45 MHz。因此,相对便宜的双工过滤器就足以实现上、下行链路之间的充分隔离。

对于GSM 1800,频率范围为1710~1785 MHz用于上行链路,而1805~1880 MHz用于下行链路。在北美,1850~1910 MHz用于上行链路,而1930~1990 MHz用于下行链路。当其他频段变得可用时会有所追加,也可参照第27章。

频分多址

上行链路和下行链路两个可用频段均被细分为200 kHz的频带。每个25 MHz的频段两边的100 kHz不被采用[①],因为它们是保护频带,以限制干扰用于其他系统的相邻频谱。采用所谓的绝对射频信道号(ARFCN)对其余的124个200 kHz子频带进行连续编号。

---

① 这种做法适用于GSM900系统,类似地也适用于其他系统。

时分多址

由于采用极高带宽效率的调制技术（高斯最小频移键控，即 GMSK，见下文），每个 200 kHz 子频带支持的数据速率为 271 kbps。每个子频带被 8 个用户共享。时间轴被划分成时隙，这些时隙被每 8 个可能用户周期性地占用（见图 24.2）。每个时隙为 576.92 μs 长，相当于 156.25 比特。8 个时隙一组称为一帧；它的持续时间为 4.615 ms。每帧之内，时隙从 0 到 7 进行编号。每个用户周期性地使用某一子频带上的每个帧中的特定时隙。时隙编号和频带的组合称作物理信道。在一个这种物理信道上传输的数据类型取决于逻辑信道（见 24.4 节）。

现在逐一来描述空中接口的重要特点。

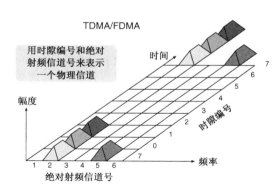

图 24.2　TDMA/FDMA 系统。改编自 HP[1994] © Hewlett Packard

上、下行链路的时隙分配

一个用户使用上行链路和下行链路中具有相同编号（索引号）的时隙。然而，相对于下行链路的时隙编号，对上行链路时隙的编号要向后平移三个时隙。这样就简化了发射机/接收机的设计，因为接收和发送不会同时发生（见图 24.3）。

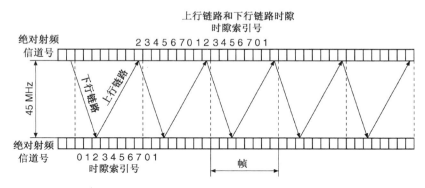

图 24.3　上、下行链路时隙的对齐关系。改编自 HP[1994] © Hewlett Packard

调制技术

GSM 采用高斯最小频移键控作为其调制方式。高斯最小频移键控（GMSK）是最小频移键控（MSK）的一种变形，与最小频移键控的差别在于基带数据序列要通过一个具有高斯冲激响应（时间带宽积 $B_G T = 0.3$）的滤波器（见第 11 章）。

这种滤波的带限程度相当高。滤波器的频谱因此相当窄，但却会引入比较严重的码间干扰。另一方面，由无线信道延迟色散所引起的码间干扰通常要更为严重。因而，必须要采用某种均衡措施。作为比较，图 24.4 给出了这种高斯最小频移键控和纯最小频移键控相位网格的典型图例。标准并未规定检测方式。差分检测、相干检测或限幅-鉴频器检测都可以被采用。

功率攀升

　　要是发射机刚好在每一时隙开始时就启动数据发送,则必须能够在非常短的时间(比码元时间短得多)内切入其发送信号。类似地,在一个时隙结束时,发射机必须突然地停止发送,以避免对下一个时隙产生干扰。上述要求的硬件实现相当困难,而且(即便可以实现)时域的陡峭过渡将会导致发射频谱的展宽。因此,GSM 定义了一个时间段,信号在这个时间段内平缓地完成接通和断开过程,即功率攀升(见图 24.5)。尽管如此,对硬件仍然存在诸多要求。就发射机以最大信号功率发射时的情况,信号功率必须在 28 μs 以内从 2×10^{-7} W 攀升至 2 W。另一方面,在实际的数据发送期间,要求信号功率与标称值之间至多只有 25%(即 1 dB)的偏差。

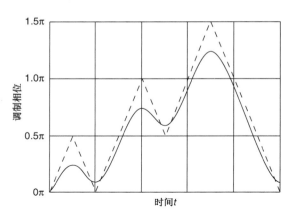

图 24.4　比特序列为 1011011000 时,$B_G T = 0.3$ 的高斯最小频移键控(实线)和纯最小频移键控(虚线)的相位图示

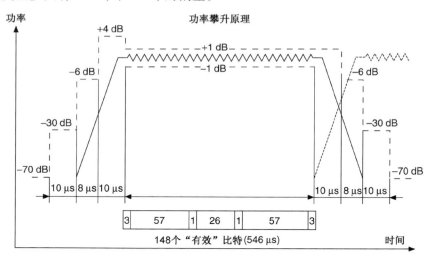

图 24.5　一个时隙期间的功率攀升。改编自 HP[1994]© Hewlett Packard

信号功率和功率控制

　　GSM 为发射功率提供功率控制。虽然功率控制通常是与码分多址系统联系在一起的,但是对于 GSM(及其他时分多址/频分多址系统)它也可以发挥出一些重要的好处。

1. 功率控制可以延长电池的可能使用时间。发射功率放大器是移动台功率消耗的主要环节。这样一来,不对电池充电的情况下,电池的可能使用时间严格地依赖于发射信号电平。所以,为保持链路另一端的良好接收信号质量而发射比必要的发射功率更多的功率是一种电能的浪费。

2. 以过高的功率电平发送会加大对相邻小区的干扰电平。基于蜂窝概念,对于其他小区中使用相同时/频隙的用户而言，每部发射机都是一个潜在的干扰机。然而，与码分多址系统相比，功率控制并非 GSM 系统运作的根本需求。

尽管 2 W(峰值功率)移动台最为常见，GSM 还是根据不同的最大发射功率规定了不同类型的移动台。功率控制可以使发射信号功率减小 30 dB 左右；按 2 dB 的步进值来进行功率调整。功率控制是自适应的：基站周期地将与接收信号电平有关的信息通知移动台，移动台则依据这一信息来增大或减小其发射功率。基站最大功率电平可以在 2 W 到超过 300 W 之间变化。类似地，基站也具有类似的功率控制环路，可以使输出功率降低 30 dB 左右。

带外发射和互调产物

GSM 对带外发射的限制并不像模拟系统那样的严格。基站和移动台处的最大允许带外信号功率大约都是 −30 dBm，对于无线通信而言这是个非常高的数值。可是，在 890 ~ 915 MHz 频段(上行链路频段)上，禁止基站发射功率超过 −93 dBm。因为基站必须接收来自众多移动台的信号，这些信号电平低至 −102 dBm，所以上述对基站带外发射功率的限制是完全必要的。此外，在基站处，发射天线靠近接收天线(甚或二者处于同一位置)，因此任何进入上述频段的带外发射都会引起严重的干扰[①]。对进入上述频段的互调产物也有着类似的限制[②]。

时隙结构

图 24.6 给出了包含在一个时隙中的 148 比特数据。然而，这些比特并不都是有效承载数据。有效承载数据在两个 57 比特块上发送。这两个数据块之间的部分称为中间段(midamble)。这是一个 26 比特的已知序列，用来为均衡提供训练，均衡的内容将在 24.7 节述及。此外，中间段也作为基站的标识符。两个包含有数据的比特块中的每一个和中间段之间都有一个额外的控制比特；这些控制比特的作用将在 24.4 节说明。最后，发送突发(transmission burst)以 3 个尾比特开始，又以 3 个尾比特结束。这些比特是已知的，并且在突发数据检测的开始和结束时，这些已知比特可以使最大似然序列估计终止于确定的状态上。这就降低了复杂度，同时也提高了译码性能(见第 14 章)。时隙以一个 8.25 比特的保护周期(guard period)结束。除了"常规"发送突发，还有其他类型的突发。移动台发送接入突发(access burst)，以建立与基站的初始联系。频率校正突发用于移动台的频率校正。同步突发支持移动台同步到基站的帧定时。24.4.2 节将对这些突发进行详细的说明。

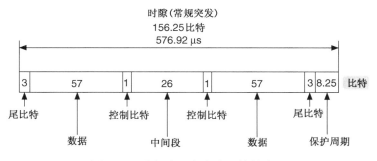

图 24.6 常规发送突发中比特的功用

---

① 在用于其他系统(如 UMTS)的频段上，也有严格的发射功率限制。
② 注意，只有基站处才可能出现互调产物，因为只有基站会在若干个频率上同时发射。

24.4　逻辑与物理信道

除了实际的有效承载数据,GSM 还需要发送大量的信令信息。通过几个逻辑信道来发送这些不同类型的数据。这一名称来源于如下事实:每种数据类型都是在作为物理信道组成部分的一些特定时隙上发送的。本节的第一部分讨论通过逻辑信道发送的数据类型,第二部分描述从逻辑信道到物理信道的映射。

24.4.1　逻辑信道

业务信道(TCH)

有效承载数据通过业务信道发送。有效承载数据可能由编码话音数据或"纯"数据组成。就数据率而言,存在一定的灵活性:全速率业务信道(TCH/F)和半速率业务信道(TCH/H)。两个半速率信道被映射到同一时隙,但位于交替的帧中。

全速率业务信道

- 全速率话音信道:话音编码器的输出数据速率为 13 kbps。信道编码使有效传输速率提升至 22.8 kbps。
- 全速率数据信道:有效承载数据的数据速率为 9.6 kbps、4.8 kbps 或 2.4 kbps,在进行前向纠错编码以后,以 22.8 kbps 的有效数据速率传输。

半速率业务信道

- 半速率话音信道:数据速率低至 6.5 kbps 的话音编码是可以做到的。信道编码使数据传输速率提升至 11.4 kbps。
- 半速率数据信道:有效承载数据的数据速率为 4.8 kbps 或 2.4 kbps,可以进行前向纠错编码,使有效传输速率达到 11.4 kbps。

广播信道(BCH)

广播信道只出现在下行链路,被移动台作为信标信号使用。广播信道向移动台提供创建任何类型的连接所必需的初始信息。移动台利用来自这些信道的信号建立时间和频率上的同步。此外,这些信道还包括了有关数据,如小区识别信息。因为基站之间彼此是不同步的,所以为获得可能发生的切换的有关信息,移动台不仅要在一次连接建立之前跟踪这些信道,还必须保持对这些信道的持续性跟踪。

频率校正信道(FCCH)

基站的载频往往十分精准并且不随时间变化,因为这些载频是基于铷钟的。然而,出于对尺寸和价格考量,不大可能在移动台中实现如此理想的频率发生器。因此,基站通过频率校正信道向移动台提供一个频率参考(一个与标称载频之间存在固定偏移量的未调制载波)。移动台将自身载频调谐至这一参考频率,这样就可以确保移动台和基站采用的是同一载频。

同步信道(SCH)

为适当地发射和接收突发,移动台不仅必须知道基站所采用的载频,还要知道基站在选定载频上的帧定时。这后一点是通过同步信道来实现的,同步信道将帧号和基站识别码(BSIC)

通知到移动台。对基站识别码的解码保证了移动台只与许可其接入的 GSM 小区相连接，而不会试图和同一频段的其他系统所发射的信号建立起同步。

广播控制信道（BCCH）

基站通过广播控制信道来发送小区专用信息，其中包括位置区标识（LAI）[①]、移动台的最大允许信号功率、实际可用的业务信道、相邻基站的广播控制信道载频（移动台通过持续性地观测这些载频上的信号来为切换做准备）等等。

公共控制信道（CCCH）

在基站可以建立起到一个特定移动台的连接之前，它必须发送一些信令信息到区域内的所有移动台，尽管只有一个移动台是这些信息的目标接收机。由于在初始信道确立阶段并不存在基站和某个移动台之间的专用信道，公共控制信道的设置是十分必要的。公共控制信道用于向所有移动台传送信息。

寻呼信道（PCH）

当一个到特定移动台的连接请求（如，来自有线电话用户）到达基站时，位置区内的各个基站会给它们范围内的所有移动台发送一个信号。这个信号包含了目标移动台的永久性国际移动用户标识（IMSI），或其临时移动用户标识（TMSI）。正如下面将要讨论的，这个目标移动台通过请求（经由随机接入信道发出请求）一个业务信道来继续建立连接的进程。寻呼信道也可用于广播本地消息，如面向一个小区内所有用户的道路交通信息或商业广告。显然，寻呼信道只出现在下行链路。

随机接入信道（RACH）

一个移动用户请求一个连接的可能原因有两个。或者是用户想要发起一个连接，或者是系统通过寻呼信道告知移动台目前存在一个针对它的连接请求。随机接入信道只出现在上行链路。

接入许可信道（AGCH）

当一个连接请求通过随机接入信道到达时，基站首先要做的就是针对这一连接建立一个专用控制信道。这个信道称为独立专用控制信道（SDCCH），将在下面讨论。基站通过接入许可信道将这个专用控制信道分配给移动台，因而接入许可信道只出现在下行链路。

专用控制信道（DCCH）

与业务信道类似，专用控制信道也是双向的，即可以出现在上行链路和下行链路中。它们用来传输连接期间所必需的信令信息。正如其名称所示，专用控制信道为某个特定连接所专用（dedicated）。

独立专用控制信道（SDCCH）

收到连接请求以后，独立专用控制信道负责进一步建立这一连接，并确保移动台和基站在鉴权过程中保持连接。在这一过程结束后，最终通过独立专用控制信道把业务信道分配给上述连接。

慢速辅助控制信道（SACCH）

通过慢速辅助控制信道来传输与无线链路特性有关的信息。这些信息无须非常频繁地传

---

① 位置区（LA）由一组小区组成，移动台在位置区范围内任意移动时无须在其归属位置寄存器中更新位置信息。

输,因此称这种信道是慢速的。移动台将所接收到的基站信号的强度和质量反馈给基站,这些基站包括正在为其提供服务的基站和一些相邻基站。基站发送与功率控制和移动台到基站的信号传播时间有关的数据。后一种数据是定时提前(timing advance)所必需的,稍候将对定时提前进行说明。

快速辅助控制信道(FACCH)

快速辅助控制信道用于必须在短的时间周期内完成的切换,因此这种信道必须能够以高于慢速辅助控制信道的速率传输。所传输的信息与独立专用控制信道的发送内容类似。

慢速辅助控制信道与业务信道或者独立专用控制信道相关联;快速辅助控制信道与业务信道相关联。

24.4.2 逻辑信道与物理信道之间的映射

上面所述的逻辑信道的信号必须通过物理信道传输,通过时隙号和绝对射频信道号(ARFCN)的具体组合来代表这些物理信道。为更好地理解这种映射,首先必须认识到,这里不仅将时间维度划分成了周期性重复的帧(每帧 8 个时隙),而且这些帧和时隙是时间栅格中的最小单位。事实上,多个帧在不同级别上被合并起来,以组成更大的帧(见图 24.7)。

之前已提到,每个时隙的持续时间为 577 μs,8 个时隙结合成一帧。帧的持续时间为 4.61 ms,这是 GSM 系统的基本时间单位。总共 26 个这样的帧结合成一个复帧(multiframe),持续时间为 120 ms。此外,一个超帧(superframe)包含 51 个这样的复帧,长度为 6.12 s。最后,2048 个这样的超帧结合成一个超高帧(hyperframe),持续时间为 3 小时 28 分钟。为了确保空中接口的私密性,超高帧的采用主要是出于加密的某些需要。因此,对有效承载数据进行了加密处理,而加密算法的周期恰好是一个超高帧的长度。

理解了多帧结构,就可以来讨论哪些时隙包含着哪些逻辑信道。由于物理信道的可用数据速率为 2×57 bits/4.615 ms = 24.7 kbps,而全速率业务信道只需要 22.8 kbps 的数据速率,所以并非所有时隙都必须用来作为业务信道。这样,剩余的 1.9 kbps 可用于其他的逻辑信道。

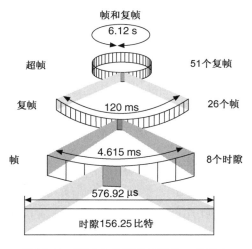

帧和复帧
6.12 s
超帧   51个复帧
复帧   120 ms   26个帧
帧   4.615 ms   8个时隙
        576.92 μs
时隙156.25 比特

图 24.7　GSM 业务信道帧结构。改编自 HP[1994] © Hewlett Packard

慢速辅助控制信道

如上面所讨论到的,26 个帧结合成一个复帧。在这 26 个帧中,只有 24 个帧专门用于业务信道。慢速辅助控制信道使用第 13 帧(有时还用到第 26 帧)。第 26 帧只有在两个半速率连接共享同一个物理信道的情况下才被用到,否则第 26 帧的时隙闲置不用,该帧称为一个空闲帧。慢速辅助控制信道的传输速率是 950 bps。通过慢速辅助控制信道传输的数据与业务信道数据的处理过程不同。4 个连续的慢速辅助控制信道突发的数据比特被一同处理。为此,4 个复帧可结合成一个长为 480 ms 的高阶帧(并未对这种帧进行命名)。这样的 4 个慢速辅助控制信道突发共含有与慢速辅助控制信道数据有关的 456 比特,用以传输 184 个实际数据比特。这些数据比特这样得到:(i)首先用(224,184)分组码进行编码;(ii)追加 4 个尾比特;

（iii）采用常规的码率为 1/2 的卷积编码器对前面得到的所有数据比特进行编码，从而得到了全部的 $2 \times 228 = 456$ 比特。

快速辅助控制信道

快速辅助控制信道不必是持续可用的。而只是在特定情境下需要它，比如必须进行切换时。因此，GSM 没有为快速辅助控制信道专门留出时隙。而是在需要的情况下，将某个连接正在使用的与业务信道有关的常规突发部分地作为快速辅助控制信道使用。上面提到的控制比特（借用比特），即位于一个突发的中间段和有效承载数据块之间的比特，就是用来指示快速辅助控制信道在该突发中出现与否的，即用来表明快速辅助控制信道是否向业务信道"借用"一些数据比特。一个快速辅助控制信道的 184 比特的编码方式与慢速辅助控制信道完全相同。为了通过常规业务信道时隙传输编码后得到的 456 比特，要用到 8 个连续的帧：前 4 个突发的偶数有效承载比特和后 4 个突发的奇数有效承载比特被来自快速辅助控制信道的数据比特所替代。

公共逻辑信道

快速辅助控制信道和慢速辅助控制信道使用相关连接的物理信道。由于物理信道可以支持比一个业务信道连接所需的数据速率略高一点的数据速率，所以这种使用是能够得到支持的。因此，在属于同一物理信道的时隙上传输信令是可能的。然而，其他逻辑信令信道或者是用来建立连接的，或者甚至用在不存在业务信道连接的情况下，因此它们与业务信道连接是无关的。基于这样的原因，GSM 规定所有这些信道都使用所谓"广播控制信道载频"上的每帧中的第一个突发。这种分配策略确保了在每一个小区中有一个物理信道是被永久占用的。当然，这会造成容量的损失，在只使用一个载频的小区上尤其如此。可是，GSM 提供一种避免容量损失的选项：如果小区容量达到饱和，就不能再建立新的连接。这样一来就不必为建立新连接有关的信令保留时隙，广播控制信道载频上的第一个时隙也能用于常规业务信道[①]。另外，帧可以以不同方式结合成为更高阶的帧。51 个帧一起可以结合成一个持续时间为 235 ms 的复帧。公共控制信道是单向的，其中随机接入信道是唯一的上行链路信道，而别的几种公共信道都存在于下行链路。

随机接入信道

随机接入信道只用于上行链路。在每个复帧期间，由 8 个数据比特编码生成的 36 比特，通过随机接入信道来传输。这 36 比特作为一个接入突发传输。接入突发的结构必然不同于常规发送突发。当移动台请求一个连接时，它还不知道从移动台到基站的信号传播时间。传播时间的可能范围是 0 到 100 μs，这里的最大时间值由 30 km 的最大小区范围确定。因此，需要更大一些的保护时间，以确保随机接入信道的随机突发不与相邻时隙的其他突发发生碰撞。连接建立起来之后，基站会将传播时间通知到移动台，因而移动台可以通过运用定时提前来减小保护时间的大小，稍后将会讨论定时提前。一个完整随机接入突发具有以下的结构：它以 8 个尾比特开始，后面跟着 41 个同步比特。然后来传输 36 比特的编码数据和 3 个附加的尾比特。累计总数为 88 比特，并在结尾处留出 100 μs 的保护时间，这段时间相当于 68.25 比特。由于随机接入信道是上行链路中唯一的非关联控制信道，所以随机接入突发可以使用每帧中编号为 0 的时隙。

---

① 不过，绝大多数业务提供商并不贯彻这一选项。

下行链路公共信道

其他的公共信道,如频率校正信道、同步信道、广播控制信道、寻呼信道和接入许可信道,只能在下行链路出现,并且在复帧中以固定顺序出现。图 24.8 说明了这一顺序结构。记住,只有每帧的 0 时隙承载着一个公共控制信道。在这种复帧的 51 个帧中,最后一个帧总是空闲的。剩余的 50 个帧被分成 10 帧的块。每个这样的块都以一个包含频率校正信道的帧开始。然后,同步信道在下一个帧传输。第一个帧块包含 4 个广播控制信道帧(出现在 3~6 号帧),随后是包含寻呼信道或接入许可信道的 4 个帧(出现在 7~10 号帧)。其他分别含有 10 个帧的四个帧块也以频率校正信道和同步信道帧开始,并且后面的内容由承载寻呼信道或者接入许可信道的帧构成。频率校正信道和同步信道都采用具有特定结构的突发(将在下一节讨论这些结构)。由于相邻小区的移动台会连续地评估广播控制信道载频上的这些帧中第一个时隙的信号强度,所以基站总是要在这些时隙期间发送若干信息,即便是在不存在连接请求的时候。

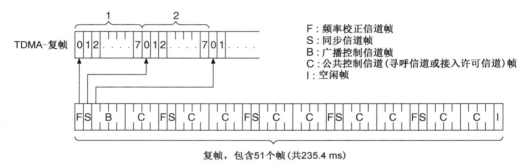

图 24.8 广播信道(频率校正信道、同步信道和广播控制信道)和公
共控制信道到0号时隙的映射(可与[CME 20,1994]对比)

独立专用控制信道(SDCCH)

独立专用控制信道可能单独占用一个物理信道,或者如果公共信道未能占用广播控制信道上的所有可用时隙,它就能在广播控制信道上的第一个时隙期间传输。后一种情况下,这一物理信道会被 4 个或 8 个独立专用控制信道共享。

24.5 同步

到目前为止,我们都假定基站和移动台在时间和频率上是同步的。然而,标准只要求基站具有高质量的时间和频率参考。对移动台来说,要求其自身具备这种参考就显得过于昂贵了。因此,移动台使自身的频率和时间参考同步于那些基站。通过以下 3 个步骤完成同步。首先,移动台将自身载频调整到基站使用的载频。接着,通过使用同步序列,移动台使自身的定时与基站同步。最后,相对于基站的定时,还要对移动台的定时进行额外平移,以补偿基站和移动台之间的信号传播延迟(定时提前)。

24.5.1 频率同步

正如前面所指出的,基站用非常精准的铷钟或 GPS 信号作为频率参考。由于空间和成本所限,移动台所采用的振荡器都是准确度低得多的石英晶体振荡器。好在这并不成其为问题,因为基站可以周期性地发送其自身的高精度参考频率,而移动台可以基于这一接收到的频率参考来调整其本地振荡器。通过频率校正信道来完成参考频率的传输。正如上节所讨论过的,频率校正信道在广播控制信道载频上差不多每隔 10 个帧在 0 号时隙期间被传输一次。一个频率校正信道突发由开始处的 3 个尾比特、中间的 142 个全零比特以及结尾处的 3 个尾比特组成。后面还要添加一个常规保护周期(长度相当于 8.25 比特)。应当注意,所传输的频率参考并不是载频本身,而是调制了一连串零的载频。这就得到了一个正弦信号,它的频率是相对于最小频移键控的调制频率有所偏移的载波频率。由于偏移量是完全确定的,所以这一偏移并不改变同步过程的基本原理。

24.5.2　时间同步

通过同步信道将时间同步信息从基站传输到移动台。同步信道突发包含与当前的超高帧、超帧和复帧的编号有关的信息。这些信息并不很多,但必须要非常可靠地传输。这就是之所以要在同步信道上采用相对复杂的编码方案的原因。移动台利用传输给它的复帧等参考编号来设置其内部的计数器。这一内部计数器不仅是关于时隙和帧栅格的时间参考,而且也充当着精度为四分之一比特的时隙内部的时间参考。移动台通过解调所收到的同步信道突发来进行这一时间参考的初步校正。然后,移动台以这个内部参考为基准来发送随机接入信道突发。基于对随机接入信道的接收,基站就可以估计出信号在基站和移动台之间往返的时间,进而将这一信息用于定时提前(在下一节描述)。

24.5.3　定时提前

GSM 支持的小区范围可达 30 km,以至于基站和移动台之间的传播延迟可能达到 100 μs。因此,可能会发生下面的情况:假定用户 A 位于距离基站 30 km 处,并在每帧的时隙 TS 3 发送突发。用户 B 位于接近基站的位置,并采用时隙 TS 4 接入。用户 A 的传播延迟约为 100 μs,而用户 B 的传播延迟可以忽略不计。这样,如果不对传播延迟进行补偿,来自用户 A 的突发尾部与来自用户 B 的突发头部就会在基站部分地重叠起来(图 24.9 表明了这种情况)。

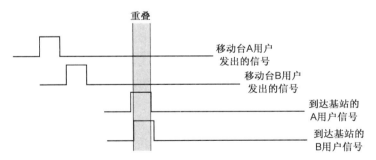

图 24.9　假定不对传播延迟进行补偿,可能出现的突发重叠情况

为克服这个问题,基站就要在建立连接的初始阶段估计从移动台到基站的传播延迟。估计结果被传输到移动台后,移动台就会提前(相对于常规定时结构)发送自己的突发,以确保突发在专用时隙内到达基站。由于接入突发是在移动台获知传播延迟以前发送的,于是,它们之所以必须要有一个比常规传输突发更长的保护周期的原因就变得很清楚了:保护周期必须大到足以适应最恶劣情况下的传播延迟,即一个移动台位于最大尺寸小区的边界上。

在农村地区存在一些非常大的小区,在这样的小区上传播延迟可能会超出规定的最大时间提前量。这类情况下,每隔两个时隙才使用一个的做法就显得很必要了,因为不然的话来自不同用户的时隙仍将可能在基站处发生碰撞。这意味着容量的损失。不过，由于这种情况只会出现在具有大的小区范围和低用户密度的农村地区，所以业务提供商的实际损失应该不大。

24.5.4 突发结构小结

最后，图 24.10 给出了对应各种不同突发的 GSM 时隙结构，并说明了各种突发所包含比特的功能。

常规

3个起始比特	58个数据比特(加密的)	26个训练比特	58个数据比特(加密的)	3个停止比特	8.25比特的保护周期

频率校正信道突发

3个起始比特	142个“0”	3个停止比特	8.25比特的保护周期

同步信道突发

3个起始比特	39个数据比特(加密的)	64个训练比特	39个数据比特(加密的)	3个停止比特	8.25比特的保护周期

随机接入信道突发

8个起始比特	41个同步比特	36个数据比特(加密的)	3个停止比特	68.25比特的扩展保护周期

伪突发

3个起始比特	58个混合比特	26个训练比特	58个混合比特	3个停止比特	8.25比特的保护周期

图 24.10 对应各种不同突发的 GSM 时隙结构。引自 Rappaport[1996]© IEEE

24.6 编码

为了通过 GSM 物理信道传输语音，必须将“语音信号”转换成数字信号。这个过程应当在保证一定语音质量的同时，尽可能地降低所得数据速率(见第 15 章)。对于 GSM，人们曾考虑过多种不同形式的语音编码，最终，具有长期预测的规则脉冲激励(RPE-LTP)方案被选中(见第 15 章)。通过这种方式获得的数字语音必须借助前向纠错加以保护，以维持在典型蜂窝信道(不进行差错控制编码时的误码率约为 10^{-3} 到 10^{-1})上传输时的可懂度。GSM 中分组码和卷积码的使用都是为了这一目的。

因此，GSM 的话音传输是语音通信中存在以下悖论的典型示例。先是在语音编码的过程中从源数据流中去除冗余信息，然后在传输之前冗余又以纠错编码的形式被添加了进来。采取上述步骤的原因在于，在通过无线信道上传输时，语音信号的原始冗余在确保语音可懂度方面实在是起不到什么作用。这一节里，我们先来描述语音编码，随后再来介绍信道编码；这些内容可分别看成第 15 章和第 14 章所阐明的有关原理的重要应用。

24.6.1 语音编码

如同大多数话音编码器(也称为声码器)一样，GSM 声码器并未采用像霍夫曼编码那样的经典信源编码过程。相反却采用了一种有损压缩方法，有损压缩意味着不可能完美地重构出原始信号，但经历过一系列压缩和解压缩步骤以后得到的信号与原始信号足够相似，从而能够支持令人满意的话音通信。语音编码器随着 GSM 标准的演进而有所发展。最初发布的 GSM 标准中采用 RPE-LTP 编码方法。这种方法背后的思想是，将人声看成周期性激励下的时变滤波器组输出。描述滤波器组和激励过程的参数都将被发送出去。由于语音信号的采样值是彼此相关的，任何一个采样值都可以通过对从前的采样值进行线性合并，以便近似地加以预测。很明显，相关性体现了语音信号的冗余度。然而，信号的相关特性是随时间变化的，因此滤波器组必须也是时变的。

稍后将介绍一种增强型的语音编码器，这种编码器在不增加所需数据吞吐量的前提下就能使语音质量得到提升。关于 GSM 语音编码的更为详尽的描述见附录 24.B（www.wiley.com/go/molisch），而语音编码的一般原理在第 15 章描述。

声码器产生的数据被划分成了不同的类别，它们对比特差错的敏感度不同。这就是说，就重构信号的听觉质量而言，这些比特具有不同的重要等级。1a 类中的比特至关重要，因为这些比特中的一个错误都将造成语音信号的严重失真。因此通过卷积码和额外的分组编码来保护它们。1b 类的比特重要性略低，仅采用卷积码来保护，而那些跟 2 类有关的比特则无须进一步的信道编码就能发送出去。

另一种降低数据速率的方法是话音激活检测（VAD）。这种方法检测那些用户不讲话的时间段，并在这些时间段期间停止发送，这就是非连续传输（DTX）。非连续传输延长了移动台的电池使用时间，同时还减小对其他用户的同道干扰。

24.6.2　信道编码

让我们先来概括一下编码步骤。图 24.11 显示了 GSM 话音数据信道的编码。每 20 ms 已编码的话音信号中有 50 个非常重要的比特（1a 类）。分组编码会在这 50 比特之后添加 3 个奇偶校验比特。这种编码不能纠错，而只支持对这 50 比特中比特差错的检测。后面再加上 132 个 1b 类比特。添加用于确定维特比译码器最终状态的 4 个尾比特之后，对前面得到的所有比特进行码率为 1/2 的卷积码编码。这样就得到了 378 比特，将它们与 78 个 2 类比特一起发送。因此，每 20 ms 的话音信号必须发送 456 比特。下面将讨论不同的编码器数据块的细节。

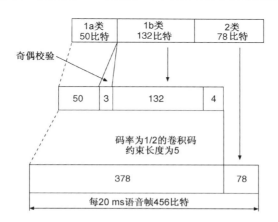

图 24.11　GSM 话音数据信道的编码。引自 Rappaport［1996］© IEEE

分组编码

话音数据的分组编码

如上面讨论过的,只有 la 类话音数据比特才使用 (53, 50) 分组码进行编码。这是一个效果非常"弱"的分组码。只要求它能够检测比特差错,而且它还不能可靠地检测出 50 个 1a 类比特中多于 3 个的比特差错。然而,这已经足够了,因为一旦在 1a 类比特中检测到错误,这一数据块将被完全丢弃;然后,接收机通过"虚构"出一个数据块来平滑最终得到的信号。图 24.12 给出了用于话音分组编码器的线性移位寄存器结构。由于是一种系统码,所以 50 个数据比特通过编码器后不发生变化。然而,其中每一位都会影响移位寄存器的状态。移位寄存器的最终状态确定了追加在 50 个 1a 类比特之后的 3 个奇偶校验比特。随后对 1a 类和 1b 类及奇偶校验比特进行重新排序和交织。最后,添加 4 个卷积译码器所需的全零尾比特(见下文)。

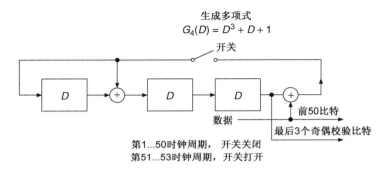

图 24.12　话音分组编码器的线性移位寄存器结构,C1a(53, 50) 系统循环分
组编码器。引自 Steele and Hanzo[1999]© John Wiley & Sons, Ltd.

信令数据的分组编码

正如 24.4.1 节所指出的,相对于话音数据,信令信息必须具有抗比特差错的更可靠的保护。虽然在话音有关的数据中一个比特错误可能会导致 20 ms 的难以理解的音频信号,但信令比特中一个比特的错误却可能产生更严重的影响,例如切换到一个错误的小区并因此造成连接中断。因此,要求信令数据的编码具有更高的冗余度。对于大多数控制信道,20 ms 内只有 184 个信号比特(而不是语音信号的 260 比特)被发送。这就可以支持效果更好的纠错。用 (224, 184) 的法尔(Fire)码对信令比特进行编码。法尔码由如下生成多项式定义:

$$G(D) = D^{40} + D^{26} + D^{23} + D^{17} + D^3 + 1 \qquad (24.1)$$

法尔码是在纠正突发错误方面具有突出能力的分组码。突发错误被定义一连串的比特差错,这意味着出现两个或更多个连续的比特差错;例如,当维特比译码失败时(见第 14 章)就会出现这种错误突发。一共 4 个尾比特被追加到法尔码编码所得的 224 比特后面。这一结果被送入码率为 1/2 的卷积编码器,该编码器与用于 1 类话音信号的编码器完全一样。对于某些特定的逻辑信令信道,如随机接入信道和同步信道,采用了不同的生成多项式。感兴趣的读者可以参考 Steele and Hanzo[1999] 和 GSM 标准。

卷积编码

1 类话音数据比特和所有信令信息都用码率为 1/2 的卷积编码器进行编码(见 14.3 节)。

数据被送入 5 比特的移位寄存器。对于每一个新的输入比特，根据以下生成多项式：

$$\left.\begin{array}{l} G1(D) = 1 + D + D^3 + D^4 \\ G2(D) = 1 + D^3 + D^4 \end{array}\right\} \tag{24.2}$$

计算得到两个输出码比特，然后将其发送出去。4 个最后的尾比特被追加在输入序列后面，是为了保证在每个编码数据块结束时编码器都终止于全零状态。

交织

　　由于衰落信道的固有属性，在某些传输数据块中比特差错可能以突发形式出现——例如，如果那些数据块在深衰落期间传输。交织技术在接收端以如下方式重排比特顺序：使信道引起的突发错误（如人所愿地）得到均匀分布（见 14.7.1 节）。显然，交织器打散的差错比特数越多，越有助于对差错的纠正。可是，语音信号的延迟时间却给交织深度（interleaver depth）设定了一个上限：为了获得可接受的语音质量，信号延迟应当小于 100 ms。

　　GSM 以如下方式交织两个数据块（今后称为"a"块与"b"块）：首先，每个数据块被分成 8 个子块。具体而言，每个比特获得一个编号 $i \in \{0, \cdots, 455\}$，然后将它们按照 $k = i \bmod 8$ 的规则挑选出来归入编号为 $k \in \{0, \cdots, 7\}$ 的子块中。在一个传输突发（114 比特）中，"a"块的每个子块占去一半数目的比特。另外一半与之前或之后的"b"块的子块有关。图 24.13 表示了这种对角交织。

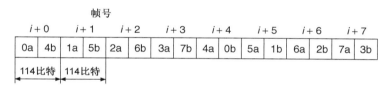

图 24.13　业务信道/慢速辅助控制信道/快速辅助控制信道
　　　　　数据的对角交织。引自 Rappaport［1996］© IEEE

24.6.3　加密

　　模拟移动通信的一个最严重的缺陷就在于信号可以被轻易地截获。任何一个拥有频率扫描仪的人都可以窃听合法用户的电话交谈。这就会形成了某种威胁——比如，对于商讨机密材料的商业人士。此外，被窃听的对话甚至会引发广为人知的政治丑闻。

　　在数字系统中，可以用"标准"方式来解决这一问题：一旦模拟音频信号被表示成了数字比特流，就容易应用加密手段来防止窃听，这些手段是很早以前针对军事应用开发出来的。就GSM 而言，要窃听一个对话就得实施居中攻击（man-in-the-middle attack），这一攻击的实施涉及要实现一个基站收发信机（目标移动台通常都会接入到该基站收发信机）和将已截获的信号进一步转发出去（以防止受害者注意到这一攻击），这是一种过于麻烦且所费不赀的攻击方式。因此，依法实施的窃听通常要得到网络提供商的配合，就可以在基站收发信机之后而不是在空中来实现对话的窃听。

　　发送信号的加密一方面是通过对数据比特简单地进行异或（XOR）操作来实现的，另一方面，也通过伪噪声序列来实现。这一伪噪声序列基于反馈线性移位寄存器，其周期为 3.5 小时。这样，即使知道了序列也无法进行窃听，因为窃听者必须要知道现在使用的是序列的哪一部分。数据加密的算法(A5 算法)和鉴权算法(A3 和 A8 算法)最初只向(GSM)MoU 组织①成员透露。然而, 近些年来它们为逆向工程所破解, 并已借此实现了成功的攻击。尽管如此, 所有这些攻击都需要大量的人力和物力。所以, GSM 空中接口仍然能向用户提供较高级别的保密性。

24.6.4　跳频

慢跳频在 GSM 中是一种可选功能, 每个传输突发载频跳变一次(见 18.1 节)。这将有助于减轻小尺度衰落的影响: 只要所用载频之间的间隔大于信道的相关带宽(见第 6 章), 则每帧都将在具有独立的衰落影响的信道上传输②。由于属于同一有效承载(话音数据)的分组被交织到 8 个突发中去, 所有这些突发都在坏信道上传输的概率可以忽略不计。这就使得在接收机处有效重构分组的可能性变得更大。对于(窄带)干扰, 也有着类似的效应。两种情况(衰落和干扰)下, 跳频都可以使噪声和干扰得到有效的白化。

GSM 信道的相关带宽可以从几百千赫变化到几兆赫(见第 7 章)。典型地, 在一个运营商只拥有几兆赫频谱, 而每个小区只能使用一个频率子集的条件下(见第 17 章), 用于跳频的频道之间就可能是相关的。即使在这种情况下跳频还是可以带来某些好处: 特别是跳频可以使来自其他小区的同道干扰白化。

为使接收机的跳频图案与发射机的跳频图案一致起来, 链路两端都必须知晓载频的使用顺序。决定这一图案的控制序列可以在至多 64 个不同载频上指定跳变频率, 但它也可以将系统指定为"退化"状况(即不进行跳频), 这样同一频率会被一遍又一遍地反复使用。

基站是这样来确定实际的跳频序列的: 从预先定义的一组 PN 序列中选出一个, 然后将这一序列与小区可用频率对应起来。此外, 基站会在呼叫建立阶段将跳频序列及序列的相位, 即序列何时开始告知移动台, 详见 Steele and Hanzo[1999]。最后, 应当注意, 与广播信道和公共控制信道有关的物理信道不进行跳频, 因为它们应该被移动台轻易地"找到"。

24.7　均衡器

由于 GSM 的符号持续时间比典型的信道延迟扩展要短, 所以会发生符号间干扰, 这就有必要进行均衡了(见第 16 章)。然而, 由于 GSM 是一个开放的标准, 它既没有就均衡器的结构, 也没有就所采用的算法做出规定。信号结构仅提供了必要的"钩子(hook)"(即实现方法), 比如用于估计信道冲激响应的训练序列。这种训练序列的最为重要的特性如下:

- 训练序列长为 26 比特;
- 它在一个突发的中间传输, 因此称为中间段(midamble), 因为它的前面有 57 个数据比特, 后接另外 57 个数据比特;
- 就中间段定义了 8 个不同的伪噪声序列, 在不同的小区可能使用不同的中间段, 这样就有助于在那些小区之间进行区分。

8 个伪噪声序列这样来设计: 它们的自相关函数在零偏移情况下具有幅度为 26 的峰值, 对于正、负偏移情况, 峰值两边至少有 5 个相关零点。因此, 只要信道冲激响应长度小于 5 个

<hr />

① GSM MoU 组织是一个主要由运营商组成的民间组织。MoU, 即 Memorandum of Understanding, 谅解备忘录。——译者注
② 这一点在移动台不移动时显得尤为重要: 如果不跳频, 则移动台将持续"观测"同一信道; 这样, 如果信道发生衰落沉陷, 误码率就会非常高。

符号持续时间，就可以通过将收到序列的中间段与本地序列作互相关来简单地估计出信道冲激响应。因此，这一互相关代表了信道冲激响应的成比例形式。对于一个突发内的所有符号，这一信息用于克服符号间干扰的影响[①]。

GSM 将中间段用于训练是因为它想要支持最高达到 250 km/h 的移动台速率。以这一速率运动时，在一个突发传输期间（约 500 μs），移动台大约经过了一个波长的 1/8。信道的冲激响应在这样一段距离上会发生一些改变。如果训练序列在突发开始处作为前导（preamble）发送，则所得到的信道估计在这一突发结尾处将不再具有足够的精确度。由于训练在突发中部传输，因此所得到的信道估计在突发的开头和结尾仍然足够精确。

如前面所指出的，GSM 标准并未规定任何一种特定的均衡器设计方案。事实上，均衡器是来自不同制造商的产品在价格和质量上可能存在差别的原因之一。然而，大多数已实现的均衡器都是维特比均衡器。所设定的信道约束长度，与网格的状态数目有关，反映出维特比均衡器在复杂度和性能之间的折中。约束长度等于信道的记忆力，即以符号持续时间为单位的信道冲激响应长度。第 7 章已提到，COST 207 信道模型的冲激响应长度通常可以达到 15 μs，这相当于 4 个符号持续时间[②]。还应指出，维特比均衡可以与卷积译码很好地结合起来。

再次强调，接收机处具有适当均衡器的延迟色散衰落信道可以得到比平坦衰落信道更低的平均误比特率。由于一个符号的不同版本在不同的时刻到达接收机，它们通过不同的路径传播，所以其幅度经历了相互独立的衰落。换句话说，延迟色散引入了延迟分集（见第 13 章）。

表 24.1 总结了 GSM 的关键参数。

表 24.1　GSM 的关键参数

参　　数	数　　值
频率范围	
GSM 900	880 ~ 915 MHz（上行链路）
	925 ~ 960 MHz（下行链路）
GSM 1800	1710 ~ 1785 MHz（上行链路）
	1805 ~ 1880 MHz（下行链路）
GSM 1900	1850 ~ 1910 MHz（上行链路-美国）
	1930 ~ 1990 MHz（下行链路-美国）
多址	FDMA/TDMA/FDD
物理信道的选择	固定信道分配/小区内切换/跳频
载波间距	0.2 MHz
调制方式	GMSK（$B_G T = 0.3$）
每个双工语音连接的有效频率用量	50 kHz/信道
空中接口总比特率	271 kbps
符号持续时间	3.7 μs
每载波信道数	8 个全速率时隙（单个用户数据率 13 kbps）
帧持续时间	4.6 ms
移动台处的最大射频发射功率	2 W

---

① 注意，同步信道和随机接入信道使用更长的训练序列。为简化实现，所有 3 种不同的突发的均衡通常采用相同的算法。

② 注意，维特比均衡器的约束长度会由于其他效应而变得更长些，例如高斯最小频移键控引起的符号间干扰。因此，约束长度的实用值在 4 ~ 6 之间。

参　　　数	数　　　值
话音编码	13 kbps RPE-LTP
分集	有交织的信道编码
	信道均衡
	天线分集(可选)
	跳频(可选)
最大小区范围	35 km
功率控制	动态范围为 30 dB

24.8　电路交换数据传输

最初起草 GSM 标准时，话音通信被视作主要的应用。一些数据传输应用，如短消息业务和 9.6 kbps 数据率的点对点数据传输信道，也已经被囊括其中，但人们却并不认为这些应用足够重要，以至于值得引入更多的额外复杂度。因此，正如话音传输，数据传输也是以电路交换模式来进行处理的。

一般来说，GSM 的电路交换数据传输模式有严重的缺陷。一个主要问题就是小于 10 kbps 的低数据速率[①]。此外，建立一个连接需要较长的时间，以及保持连接所需要的相对较高的成本，使得它对像因特网浏览这样的应用场合而言根本没有什么吸引力。GSM 所提供的面向连接的低数据速率业务和新的 Web 应用(这种应用的特征是，数据的传输以突发方式进行，两次突发访问之间有较长的闲置期，每次突发访问需要较高的数据容量)之间的不匹配程度相当严重。只有短消息文本传送得到了成功应用。由于这些原因，稍后就引入了分组交换(也称为无连接)传输(见 17.4 节)。

24.9　建立连接和切换

本节用 24.4 节描述过的逻辑信道来讨论连接的初建和切换步骤。此外，还要研究在这些过程中需要交换的消息类型。首先定义实现这些功能所必需的 GSM 系统的不同要素。

24.9.1　识别号码

通过识别号码的使用可以实现移动台(或用户)在网络中的定位[②]。一个有效的 GSM 移动台具有多个识别号码。

移动台 ISDN 号码(MS ISDN)

MS ISDN 是用户在公共电话网中独一无二的电话号码。MS ISDN 由国家代码(CC)、用来定义用户的正式 GSM 提供商的国内目标代码(NDC)和用户号码组成。MS ISDN 不应长于 15 位数字。

---

① 高速电路交换数据(HSCSD)也是基于电路交换传输的，但可以提供更高的数据速率。
② 注意，在这里我们区分用户和他(/她)所使用的硬件设备。

国际移动用户识别号码(IMSI)

IMSI 是另一个对用户而言独一无二的识别号码。与在 GSM 网络和普通公共电话网中都用作用户电话号码的 MS ISDN 相比，IMSI 只用于 GSM 网络的用户识别。后面我们将要解释的用户识别模块(SIM)、归属位置寄存器和访问位置寄存器都要使用这一号码。它也由三部分组成：移动国家代码(MCC，3 位数字)、移动网络代码(MNC，2 位数字)和移动用户识别号码(MSIN，至多 10 位数字)。

移动台漫游号码(MSRN)

如果一个移动台不在其归属位置寄存器所管辖的区域内，移动台漫游号码就作为与该移动台有关的临时识别号码来使用。这一号码则被用于将连接路由至移动台。这一号码也包括国家代码和移动网络代码，还包括 TMSI(临时移动用户号码，用户漫游进来时由 GSM 网络分配给用户使用)。

国际移动设备识别号码(IMEI)

国际移动设备识别号码是一种识别硬件(即，实际的移动设备)的手段。此处我们应该注意到，上面描述的三种识别号码要么永久要么临时地与用户联系在一起。而相比之下，国际移动设备识别号码则用来识别用户实际使用的移动台。它由 15 位数字组成，其中 6 位数字用于类型许可码(TAC)，由 GSM 核心组织规定；2 位数字用于最终装配码(FAC)，用来代表设备制造商；还有 6 位数字用于序列号(SN)，对于给定的类型许可码和最终装配码，用它来识别每一个唯一移动台。

24.9.2　移动用户识别

模拟无线网络中，用一个与之永久关联的号码来唯一地识别每部移动台。由这部移动台发起建立的所有连接的支出费用均由移动台的注册所有人来承担。GSM 在这方面更为灵活。通过其用户识别模块(SIM)来识别用户，用户识别模块是一个尺寸大约为一张邮票大小的插入式芯片卡。当这样的 SIM 卡被插入设备并激活时，GSM 移动台才能打出和接听电话[①]。移动台打出的所有电话的支出费用都由插入其中的 SIM 卡的所有者来承担。此外，移动台只接收那些到 SIM 卡所有者电话号码的呼叫。这样一来，用户就可以方便地更换移动台，甚或只是在短期内租用一台来使用也未尝不可。

由于对于计费规程而言 SIM 卡是至关重要的，所以它必须具有几项安全机制。如下信息都保存在 SIM 卡上。

- 永久性安全信息。当用户与运营商签订合同时，这类信息就被确定了。它包括 IMSI，鉴权密钥和访问权限。
- 临时性网络信息。这类信息包括 TMSI，位置区等等。
- 与用户配置文件有关的信息。例如，用户可以在 SIM 卡上保存他/她的个人电话簿，如果采用这种保存方式，电话簿就总是可用的，而与用户使用的移动台无关。

---

① 紧急呼叫可以在 SIM 卡未插入状态下实现。

　　SIM 卡可以被用户锁定。通过输入个人解锁密码(PUK)来解除锁定。如果错误密码输入达到十次，则 SIM 卡最终会失效且不能被重新激活。取出 SIM 卡，然后再将其插入同一部或者另一部移动台中，都不可能使之前的错误尝试次数归零。万一出现移动台被盗的情况，这个失效机制就是一个重要的安全属性。

　　个人识别号码(PIN)担当着与个人解锁密码类似的功能。用户可以启用 PIN 功能，这样每次移动台上电，SIM 卡都会要求输入一个 4 位数字的密码。与个人解锁密码相比，PIN 可被用户更换。如果一个错误的 PIN 被输入 3 次，则 SIM 卡被锁定，而且只能通过输入个人解锁密码来解锁。

24.9.3　建立连接的例子

　　下面，我们给出两个例子，用它们来说明连接建立时的执行步骤。各种用户识别号码和不同的逻辑信道(见 24.4 节)都在这个过程中扮演着十分重要的角色。

　　如果用户想要从他的移动台发起建立一个连接，就要在移动台和基站收发信机之间执行以下过程，以完成连接的初始化。

1. 移动台使用随机接入信道向基站请求的一个独立专用控制信道。
2. 基站通过接入许可信道来许可移动台使用一个独立专用控制信道。
3. 移动台使用独立专用控制信道发送一个连接到移动交换中心的请求。这包括以下的动作：移动台告知移动交换中心它想要呼叫的号码。执行鉴权算法；在这里，系统要对是否允许移动台继续所请求的呼叫进行评估(比如，移动台发起了一次国际呼叫)。此外，移动交换中心要将该移动台标记为忙状态。
4. 移动交换中心要求基站控制器向这一连接提供一个空闲的业务信道。并将这个业务信道的时隙号与载频号告知基站收发信机和移动台。
5. 移动交换中心建立到呼叫应当到达的网络(如公共电话交换网络)的连接。如果被叫用户空闲并做出了呼叫应答，则连接建立完毕。

一个来自其他网络的到达呼叫启动了如下过程。

1. 一个公共电话网用户呼叫一个移动用户，或更确切地说，呼叫一个移动台 ISDN 号码。网络辨认出被叫号码属于某特定网络提供商的一个 GSM 用户，因为移动台 ISDN 号码中的国内目标代码含有这一网络的信息。这样，公共电话交换网络就可以建立到这一 GSM 提供商的网关移动交换中心①的连接。
2. 网关移动交换中心在归属位置寄存器中查询目标用户信息和路由信息(用户的当前位置区)。
3. 归属位置寄存器将移动台 ISDN 号码转换成国际移动用户识别号码。如果呼叫转接已激活，如转接至一个语音邮箱，则要适当地调整这一过程②。
4. 如果移动台正处于漫游状态，归属位置寄存器就确定它目前所连接的移动交换中心，并向当前主管这一移动台的移动交换中心发送一个请求，请求传递移动台漫游号码。
5. 主管移动交换中心发送移动台漫游号码到归属位置寄存器。网关移动交换中心就可

---

① 网关移动交换中心是与普通(有线)电话网络有连接的移动交换中心。
② 这一信息(指呼叫转接状态)也可以在归属位置寄存器中找到。

以在归属位置寄存器中获得这一信息。

6. 由于移动台漫游号码包含主管移动交换中心的识别号码，网关移动交换中心就可以把呼叫前传至主管移动交换中心。附加信息，如主叫识别信息，也包括在所传递的信息中。

7. 主管移动交换中心可以确定移动台的位置区。位置区是一个受控于基站控制器的区域。移动交换中心将联络这个基站控制器并要求它寻呼移动台。

8. 基站控制器向覆盖位置区的所有基站收发信机发出寻呼请求。这些基站收发信机通过广播信道发出寻呼信息。

9. 被叫移动台确认寻呼信息并发出要求分配独立专用控制信道的请求。

10. 基站通过接入许可信道来许可移动台使用一个独立专用控制信道。

11. 遵照"移动台发起的呼叫"过程中的第 3 和第 4 两项所描述的相同步骤，通过独立专用控制信道来建立连接。如果移动用户对到达呼叫做出了应答，则连接建立完毕。

24.9.4 不同类型切换举例

切换被定义为正在通话的移动台更换与之保持通话链路的基站收发信机的过程；它是蜂窝通信中体现移动性的至关重要的环节。当另一个基站收发信机能够比当前基站收发信机提供更好的链路质量时，就要执行切换。为了确定另一个基站收发信机能否提供更好的链路质量，移动台要监测相邻基站收发信机的广播信道信号强度。由于广播信道不使用功率控制，所以移动台可以测量到从其他基站收发信机处可得到的最大信号功率。移动台将这些测量的结果发送给基站控制器。此外，当前正在使用的基站收发信机会测量上行链路的质量，并将这一信息也发送给基站控制器。基于所有这些信息，基站控制器决定是否以及何时启动一次切换。因为移动台对切换决策有所贡献，所以这一过程称为移动台辅助的切换（MAHO）。

现在考虑这一过程的细节。

- 从不同的基站收发信机接收到的信号强度都要在若干秒（确切数值由网络提供商选定）上取平均；这保证了不致因小尺度衰落而引发切换。否则，对于某个移动台能够同时接收到两个基站收发信机的信号，并且这两个信号的信号强度又很接近的情况，即使移动台仅仅移动一小段距离，在这两个基站收发信机之间也会发生频繁切换。

- 接收功率的测量范围为 – 103 ~ – 41 dBm，测量精度为 1 dB。测量下限反映了 GSM 接收端的灵敏度，即通信所需的最小信号功率。

- 此外，当所需的定时提前量超过了 235 μs 的规定限度时，将启动切换。若移动台距离那个需要更大的定时提前量的基站收发信机非常远，则移动台将切换至更近的基站收发信机。

- 更重要的是，当信号质量由于干扰而变低时，将启动切换。

- 基站要传输（通过广播控制信道）几个支持切换过程的参数。

下面描述 3 种不同类型的切换：最为简单的切换情况只涉及受同一基站控制器控制的不同基站收发信机。更复杂一点的情况是发生在连接到同一移动交换中心的两个不同基站控制器之间的切换。最复杂的切换情况涉及不同的移动交换中心。

情形1:属于同一基站控制器的基站收发信机之间的切换

这种情形的切换步骤在图 24.14 中给出。

1. 基站控制器命令新的基站收发信机准备启用一个新的物理信道。
2. 基站控制器使用移动台和旧的基站收发信机之间链路的快速辅助控制信道,向移动台传输新基站收发信机物理信道的载频和时隙信息。
3. 移动台更换至新的载频和时隙,并发送切换(HO)接入突发。这种突发类似于随机接入信道突发:由于还不知道必要的定时提前,而且必须先由新基站收发信机来测算定时提前量,所以它们要短于普通传输突发。
4. 在新基站收发信机检测到切换突发之后,它会通过新信道的快速辅助控制信道,将必要的定时提前和功率控制信息发送给移动台。
5. 移动台通知基站控制器已切换成功。
6. 基站控制器要求旧基站收发信机断开旧信道。

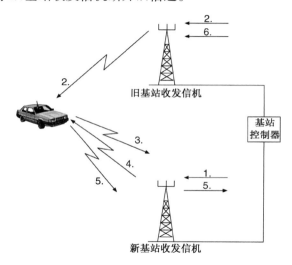

图 24.14 同一基站控制器下的两个基站收发信机之间的切换

情形2:由不同的基站控制器控制的两个基站收发信机(但都从属于同一移动交换中心)之间的切换

这种情形的切换步骤在图 24.15 中给出。

1. 旧的基站控制器通知移动交换中心有切换至某特定基站收发信机的必要。
2. 移动交换中心知道哪一个基站控制器控制着这一(新)基站收发信机,就会通知这个新的基站控制器,存在一个将要发生的切换。
3. 新基站控制器要求新基站收发信机准备启用一个物理信道。
4. 新基站控制器将新链路的载频和时隙通知移动台。这个信息要经过移动交换中心,旧基站控制器和旧基站收发信机,并最终通过旧基站收发信机的快速辅助控制信道发送到移动台。
5. 移动台更换至这一新的载频和时隙,并发送接入突发(可与情形1的第3项类比)。
6. 检测到切换突发之后,新基站收发信机通过快速辅助控制信道将与定时提前和功率控制有关的信息发送到移动台。

7. 移动台(经由新基站控制器和移动交换中心)通知旧基站控制器已切换成功。

8. 新基站控制器(经由移动交换中心)指示旧基站控制器放弃到移动台的连接。

9. 旧基站控制器指示旧基站收发信机释放旧物理信道。

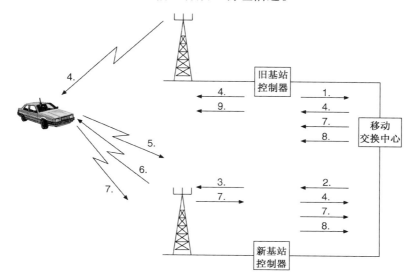

图 24.15　属于不同基站控制器(但属于同一移动交换中心)的两个小区之间的切换

情形 3：与不同的移动交换中心关联的两个基站收发信机之间的切换

这种情形的切换步骤在图 24.16 中给出。

1. 旧基站控制器通知它自己的移动交换中心(以下记为"MSC-A")有进行切换的必要。

2. MSC-A 辨别出所请求的切换涉及的基站收发信机与另一个移动交换中心相关联(以下记为"MSC-B")，并与 MSC-B 联络。

3. MSC-B 将这一过程与一个切换号码关联起来，以便它能够为连接重新设定路由。随后，MSC-B 通知新基站控制器存在一个将要发生的切换。

4. 新基站控制器要求新基站收发信机准备启用一个物理信道。

5. MSC-B 获得新物理信道的载频和时隙信息，并将这一信息传递给 MSC-A。此外，它还将连接的切换号码通知 MSC-A。

6. 建立 MSC-A 和 MSC-B 之间的连接。

7. MSC-A 将新物理信道的载频和时隙通知移动台。这一信息从 MSC-A 出发，经过旧基站控制器和旧基站收发信机，然后从基站收发信机通过快速辅助控制信道传输到移动台。

8. 如同情形 1 和情形 2，移动台在新物理信道上发送切换突发。

9. 在检测到切换突发之后，新基站收发信机将功率控制和定时提前信息通知到移动台。

10. 移动台通知 MSC-A 已切换成功；这一信息经由到新基站收发信机的新链路、新基站控制器和 MSC-B 传递。之后，MSC-A 将这一连接转交给 MSC-B。然而，MSC-A 仍然保持这一连接。因此，MSC-A 扮演所谓主持人(anchor)移动交换中心的角色。

11. 释放旧物理信道。

12. 连接结束之后，移动台的新位置区被确立。因而，MSC-B 的访问位置寄存器将移动台正处在它的管辖区域内的信息通知归属位置寄存器，而归属位置寄存器将更新有关移动台位置的条目。此外，归属位置寄存器请求 MSC-A 的访问位置寄存器删除所有与移动台有关的条目。

从这些例子可以看出切换过程取决于网络中交换中心所处的位置。

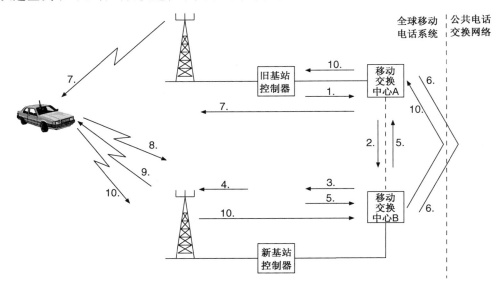

图 24.16　分属两个不同移动交换中心的两个小区之间的切换

24.10　业务和计费

24.10.1　现有业务

与模拟蜂窝网络相比，除了普通电话呼叫，GSM 还提供了多种业务。尽管对网络提供商而言，提供那些业务并不是件非常困难的事，但它们却成了用户由使用模拟系统转变为使用 GSM 或另一个数字移动电话系统的主要动机。因此，下面我们简要地讨论 GSM 提供的业务，它们被区分为：(ⅰ) 电信业务；(ⅱ) 承载业务；(ⅲ) 补充业务。电信业务提供通信双方之间的连接，尽管它们通过这一连接交换信息时可能要使用一些附加设备。承载业务允许用户接入另一系统。这样它们就提供了一个从移动台到另一网络的一个接入点(而非另一网络中的一个具体的终端设备)的连接。补充业务用来对电信业务和承载业务提供支持或管理。

电信业务

- 普通电话呼叫。这仍然是 GSM 最常见的应用。
- 双音多频(DTMF)。这是一种信令方式，用来支持用户使用移动台键盘控制一个连接在电话线上的设备。一个典型的例子就是对一个连接在普通电话线上的应答机的远程查验。
- 紧急呼叫。在 GSM 中，拨打紧急号码的呼叫具有优先权。如果一个小区已经饱和，一个紧急呼叫就会导致另一连接的中断。还应记住紧急呼叫可以从任何一个移动台拨出，甚至在不存在有效 SIM 卡的情况下一样可以实现呼叫。

- 传真。用于传输国际电报电话咨询委员会(CCITT)3 类传真的协议不兼容普通 GSM 连接。传统的传真协议是用于传送图片,图片被转换成可以通过模拟电话线的特殊数字形式。另一方面,GSM 提供具有话音编码功能的话音连接,或者提供用于传送数字化数据的数据传输信道。因此要通过 GSM 发送或接收一个传真,在 GSM 网络端和移动台处都要有适配器。终端适配器功能(TAF)提供了一个 GSM 设备和其他设备间的通用接口,并与一个专用传真适配器合并在一起。
- 短消息。一个短消息由至多 160 个字母及数字混合的字符组成。短消息既可以发自一个移动台,也可以被传送到一个移动台。如果它被发送到一个处于关机状态移动台,那么消息被 GSM 系统接收并存储在一个专用数据库(短消息业务中心)中。一旦移动台开机并且其位置已被获知,系统就会将短消息传递给移动台。这一业务已被证明获得了惊人的成功,因为人们每年要发送超过一万亿条短消息。
- 小区广播。小区广播将一个广播消息传送到一个基站收发信机范围内的所有移动台,广播消息由至多 93 个字母数字混合编制的字符组成。可用于传送本地(汽车)交通状况新闻之类的信息。
- 语音邮件。语音邮件业务允许用户将来电转接至 GSM 网络的服务中心,这个服务中心的作用就像一个应答机。在收听完被叫用户的语音留言之后,主叫方可以留下一个语音消息,被叫用户可以通过连接到这个服务中心来重放这一语音消息。通常,通过短消息来通知被叫用户存在新的语音留言。
- 传真邮件。这项业务允许用户将呼入的传真转接至 GSM 网络中的特定业务中心。用户通过使用 GSM 连接或者从公共电话交换网络来访问该中心,从而重新获得这些传真。

承载业务

- 到公共电话交换网络的连接:它支持用户连接至与模拟电话线相连的调制解调器之类的设备。
- 到 ISDN 的连接:所有数字信息均可通过数字网络传输。
- 到分组交换网络的连接:用户也可以访问分组交换网络。

附加业务

GSM 支持网络提供商向用户提供如下多种附加的补充业务。

- 呼叫转移。用户可以选择在何种条件下,针对其移动电话号码的呼叫将被转移到另一个号码:(i)无条件转移;(ii)移动台无法接通;(iii)用户正在打出或者接听另一个电话;(iv)在振铃达到指定次数以后,用户仍未接听电话。
- 阻断呼出电话。用户或提供商可以按后面几种方式来阻断呼出电话:(i)阻断所有呼出电话;(ii)阻断所有国际电话;(iii)阻断所有国际电话,但用户在国外拨打其所归属国家的电话除外。
- 阻断呼入电话。当用户必须为来电支付部分(或全额)费用时,会对这项功能有所关注。这个功能可以一直启用,也可以在使用者漫游出归属网络时启用。
- 付费通知。用户应该能够获得通话费用的估算清单。
- 呼叫保持。用户可以在保持一个连接的前提下,去打出或者接听另一个电话,然后再继续第一个连接。

- 呼叫等待。在一次通话中,用户可能被告知有另一个来电。他/她可以在保持另一个呼叫的前提下来接听这一来电,也可以拒绝它。除了紧急呼叫,这项功能可用于所有的电路交换连接。
- 电话会议。这项功能能够同时连接多个用户。只能用于普通话音通信。
- 来电显示(主叫号码识别)。显示来电的电话号码。
- 封闭群。GSM、ISDN 和其他网络中的一些用户可以被定义为一个特殊的用户群。例如,这个群的成员只被允许在群内打电话。

24.10.2　计费

在 GSM 中,对于多种不同用户方案的计费,不只是一个经济的问题,而且是一个关乎到设计运行支持系统(OSS)的技术问题。与普通公共电话系统不同,并非所有费用都要由呼叫发起方来支付。此外,必须对补充业务单独计费。为使大家对所涉及的计费复杂性有一个初步的认识,我们在此处讨论一个特殊的例子[①]。

例 24.1　GSM 系统计费。

解:

这个例子包括如下几个通信方:

- 用户 A 归属于澳大利亚,但目前暂时身处波兰。
- 用户 B 是一个英国用户,目前住在法国,使用租来的移动台,但 SIM 卡是他自己的英国卡。
- 用户 C 是意大利人。他在休假,并启用了"如果用户没有应答,则将呼叫转移至用户 B"的选项。
- 用户 D 是一项美国业务的注册用户,但是目前身处墨西哥。

现在通信按照如下步骤进行:

1. 用户 A 呼叫在意大利的用户 C。
2. 当用户 C 没有应答时,呼叫被转移至用户 B。
3. 用户 B 在法国,且目前正在用他的移动台进行通话。因此,用户 A 启用"自动呼叫忙状态移动台"的选项。这样,当另一个移动台[②]不再忙时,移动台会自动发起呼叫。
4. 用户 B 结束了他的谈话之后,用户 A 的移动台启动一个到用户 B 的移动台的连接。
5. 这一连接首先被路由至英国(即用户 B 的归属位置寄存器所处的位置)。
6. 从那里将连接延伸至用户 B 当前所处的法国。
7. 在进行电话交谈期间,用户 B 需要某些来自用户 D 的信息。因此,他启动"会议电话"功能 ,并呼叫用户 D。
8. 针对用户 D 的呼叫先被路由至美国,从那里再延伸到用户 D 暂时驻留的墨西哥。

---

① 注意:本例的讨论部分地基于欧洲的计费程序。与美国的计费程序存在着根本的不同。在美国,移动号码类似于有线电话号码。因此,呼叫方仅支付有线电话的常规费用,而移动用户则要支付有线到移动的费用,甚至在接听来电时也是如此。

② 此处指的是用户 B 的移动台。——译者注

于是，问题就出现了：哪项费用该由哪位用户来支付呢？

- 用户 A 必须支付从波兰到意大利的电话费用。他既要支付"国际电话"费用，又要支付漫游费（因为他目前不在其归属国家）。另外，他还必须为"自动呼叫忙状态移动台"业务付费。
- 用户 B 必须（为针对他的来电）支付从英国到法国的连接费用、（从法国到美国的）国际电话费用和（在一个不同的网络中发起呼叫的）漫游费。他还必须为"会议电话"功能付费。
- 用户 C 必须支付从意大利到英国的连接费用，以及为其所使用的"呼叫转移"功能付费。
- 在美国，用户 D 必须为一个"接听过的电话"（注意在美国，被叫方要为一个接听过的电话付费，同一个主叫电话的付费方式一样）支付费用，还要为从美国到墨西哥的漫游付费。

我们看到对于同一次电话交谈，根据他们的漫游情况，不同用户要支付不同的费用。用户不一定非得主动牵扯到需要付费的通话中去（如同上例中的用户 C）。这个例子大致体现出了运行支持子系统中计费软件的复杂性。

24.11　GSM 术语

AB	Access Burst	接入突发
AC	Administration Centre	管理中心
ACCH	Associated Control CHannel	辅助控制信道
ACM	Address Complete Message	地址完全消息
AGCH	Access Grant CHannel	接入许可信道
ARFCN	Absolute Radio Frequency Channel Number	绝对射频信道号
AUC	AUthentication Centre	鉴权中心
BCC	Base station Color Code	基站色码
BCCH	Broadcast Control CHannel	广播控制信道
BCH	Broadcast CHannel	广播信道
Bm	Traffic channel for full-rate voice coder	全速率声码器业务信道
BNHO	Barring all outgoing calls except those to Home PLMN	闭锁所有至非归属 PLMN（公共陆地移动网络）的呼出
BS	Base Station	基站
BSC	Base Station Controller	基站控制器
BSI	Base Station Interface	基站接口
BSIC	Base Station Identity Code	基站识别码
BSS	Base Station Subsystem	基站子系统
BSSAP	Base Station System Application Part	基站（子）系统应用部分
BTS	Base Transceiver Station	基站收发信机
CA	Cell Allocation	小区配置
CBCH	Cell Broadcast CHannel	小区广播信道
CC	Country Code	国家代码
CCBS	Completion of Calls to Busy Subscribers	对忙用户的呼叫完成
CCCH	Common Control CHannel	公共控制信道

CCPE	Control Channel Protocol Entity	控制信道协议实体
CI	Cell Identify	小区识别
CM	Connection Management	连接管理
CNIP	Connect Number Identification Presentation	连接号码识别提示
CUG	Closed User Group	封闭用户群
DB	Dummy Burst	空闲(/伪)突发
DCCH	Dedicated Control CHannel	专用控制信道
DRM	Discontinuous Reception Mechanisms	断续(/不连续)接收机制
DTAP	Direct Transfer Application Part	直接传送应用部分
DTE	Data Terminal Equipment	数据终端设备
DTMF	Dual Tone Multi Frequency (signalling)	双音多频(信令)
DRX	Discontinuous Reception	断续(/不连续)接收
DTX	Discontinuous Transmission Mechanisms	断续(/不连续)发送机制
EIR	Equipment Identify Register	设备识别寄存器
FB	Frequency correction Burst	频率校正突发
FACCH	Fast ACCH	快速辅助控制信道
FACCH/F	Full-rate FACCH	全速率快速辅助控制信道
FACCH/H	Half-rate FACCH	半速率快速辅助控制信道
FCCH	Frequency Correction CHannel	频率校正信道
FN	Frame Number	帧号
GMSC	Gateway Mobile Switching Centre	网关移动交换中心
GSM	Global System for Mobile communications	全球移动通信系统
HDLC	High-level Data Link Control	高级数据链路控制
HLR	Home Location Register	归属位置寄存器
HMSC	Home Mobile Switching Centre	归属移动交换中心
HSN	Hop Sequence Number	跳频序列号
IAM	Initial Address Message	初始地址消息
ICB	Incoming Calls Barred	呼入限制(/禁止)
ID	Identification	(身份)识别
IMEI	International Mobile station Equipment Identity	国际移动设备识别号码
IMSI	International Mobile Subscriber Identity	国际移动用户识别号码
ISDN	Integrated Services Digital Network	综合业务数字网
IWF	Inter Working Function	互通功能
Kc	Cipher Key	加/解密密钥
Ki	Key used to calculate SRES	用于计算 SRES 的密钥
Kl	Location Key	位置密钥
Ks	Session Key	会话密钥
LAC	Location Area Code	位置区代码
LAI	Location Area Identify	位置区识别
LAP-Dm	Link Access Protocol on Dm Channel	Dm 信道上的链路接入协议
LPC	Linear Prediction Coding (Voice Codec)	线性预测编码(语音编解码)
LR	Location Register	位置寄存器
MA	Mobile Allocation	移动信道分配
MACN	Mobile Allocation Channel Number	移动分配信道号
MAF	Mobile Additional Function	移动(信道)附加功能

MAIO	Mobile Allocation Index Offset	移动分配指针偏移
MAP	Mobile Application Part	移动应用部分
MCC	Mobile Country Code	移动国家代码
ME	Maintenace Entity	维护实体
MEF	Maintenace Entity Function	维护实体功能
MIC	Mobile Interface Controller	移动接口控制器
MNC	Mobile Network Code	移动网络代码
MS	Mobile Station	移动台
MSC	Mobile Switching Centre	移动交换中心
MSCU	Mobile Station Control Unit	移动台控制单元
MS ISDN	Mobile Station ISDN Number	移动台 ISDN 号码
MSL	Main Signaling Link	主信令链路
MSRN	Mobile Station Roaming Number	移动台漫游号码
MT	Mobile Terminal	移动终端
MTP	Message Transfer Part	消息传递部分
MUMS	Multi-User Mobile Station	多用户移动台
NB	Normal Burst	常规突发
NBIN	A parameter in the hopping sequence	跳频序列中的一个参量
NCELL	Neighbouring (adjacent) Cell	相邻(邻接)小区
NDC	National Destination Code	国家目的地代码
NF	Network Function	网络功能
NM	Network Management	网络管理
NMC	Network Management Centre	网络管理中心
NMSI	National Mobile Station Identification number	国家移动设备识别号码
NSAP	Network Service Access Point	网络业务接入点
NSS	Network and Switching Subsystem	网络和交换子系统
NT	Network Termination	网络终端
OACSU	Off Air Call Set Up	不占用空中通道的呼叫启动
O&M	Operations & Maintenance	运行与维护
OCB	Outgoing Calls Barred	呼出限制(/禁止)
OMC	Operations & Maintenance Centre	运行与维护中心
OS	Operating Systems	操作系统
PAD	Packet Assembly/Disassembly facility	分组装/拆设施
PCH	Paging CHannel	寻呼信道
PIN	Personal Identification Number	个人识别号码
PLMN	Public Land Mobile Network	公共陆地移动网络
PSPDN	Packet Switched Public Data Network	分组交换公共数据网络
PSTN	Public Switched Telephone Network	公共电话交换网络
PTO	Public Telecommunications Operators	公共电信运营商
RA	Random Mode Request information field	随机模式请求信息域
RAB	Random Access Burst	随机接入突发
RACH	Random Access CHannel	随机接入信道
RFC	Radio Frequency Channel	射频信道
RFN	Reduced TDMA Frame Number	缩减 TDMA 帧号
RLP	Radio Link Protocol	无线链路协议

RNTABLE	Table of 128 integers in the hopping sequence	跳频序列中的 128 个整数表
RPE	Regular Pulse Excitation (Voice Codec)	规则脉冲激励(话音编解码)
RXLEV	Received Signal Level	接收信号电平
RXQUAL	Received Signal Quality	接收信号质量
SABM	Set Asynchronous Balanced Mode	设置异步平衡模式
SACCH	Slow Associated Control CHannel	慢速辅助控制信道
SACCH/C4	Slow, SACCH/C4 Associated Control CHannel	慢速 SACCH/C4 辅助控制信道
SACCH/C8	Slow, SACCH/C8 Associated Control CHannel	慢速 SACCH/C8 辅助控制信道
SACCH/T	Slow, TCH Associated Control CHannel	慢速 TCH 辅助控制信道
SACCH/TF	Slow, TCH/F Associated Control CHannel	慢速 TCH/F 辅助控制信道
SACCH/TH	Slow, TCH/H Associated Control CHannel	慢速 TCH/H 辅助控制信道
SAP	Service Access Points	业务接入点
SAPI	Service Access Points Indicator	业务接入点指示
SB	Synchronization Burst	同步突发
SCCP	Signalling Connection Control Part	信令连接控制部分
SCH	Synchronisation CHannel	同步信道
SCN	Sub Channel Number	子信道号
SDCCH	Standalone Dedicated Control CHannel	独立专用控制信道
SDCCH/4	Standalone Dedicated Control CHannel/4	独立专用控制信道/4
SDCCH/8	Standalone Dedicated Control CHannel/8	独立专用控制信道/8

24.12　附录

请访问 www.wiley.com/go/molisch。

深入阅读

当然,这一章只是 GSM 技术的简要概述。更多的细节信息可以在 GSM 标准中找到。可是,应该注意到,这些标准包括了 5000 页的文档,并且是作为技术规范而非教科书来写就的,大多数工程师也只阅读了其中的少数章节。另一个有用的信息来源是专著 Mouly and Pautet [1992]。在 Steele and Hanzo[1999], Steele et al. [2001]和 Schiller[2003]中也可以找到详细描述 GSM 的一章内容。GPRS 在 Cai and Goodman[1997]和 Bates[2008]中有所讨论;GSM 网络方面的内容在 Eberspaecher et al. [2009]中有所论述。

第 25 章　IS-95 和 CDMA 2000

25.1　历史回顾

直接序列扩频通信的发展历史可以回溯至 20 世纪中叶(见第 18 章)。然而,很长时间以来人们认为其商业应用过于复杂。1991 年,美国公司 Qualcomm 提议的一个系统被电信工业协会(TIA-USA)采纳为 95 号暂行标准(IS-95)。这一系统就成为获得广泛普及的第一个商用码分多址(CDMA)系统。1992 年后的若干年里,美国的蜂窝运营商开始将模拟通信(高级移动电话系统(AMPS))转换为数字通信。虽然没能形成大一统的市场,IS-95 仍然被相当数量的运营商所采用,而且直到 2005 年,美国的四家主要运营商中的两家还在使用它。同时,IS-95 在韩国也取得了最主要的市场地位。

IS-95 原型系统还未能使 CDMA 系统的内在灵活性得到充分发挥;然而,后来的改进和修正版本使系统显得更加灵活,因此也就为数据通信创造了条件。在 20 世纪 90 年代后期,进一步增强数据通信能力的需求变得愈加明显。第三代的新系统必须能够支持高数据速率,从而使传输音频和视频流以及实现网络浏览等功能成为可能。这就需要更高的数据速率和具有伸缩性的系统(它能以精细的步进间隔便捷地支持多种数据速率)。CDMA 看上去非常适合于达成上述目的,因此为所有的主要制造商所选择。尽管如此,到目前为止也未能形成一个统一的 CDMA 标准。IS-95 的支持者(绝大多数来自美国)开发出了称为 CDMA 2000 的标准,它向后兼容 IS-95,并支持无缝迁移。采用全球移动通信系统(GSM)标准的第二代系统运营商一般都选择宽带码分多址(WCDMA)标准(将在第 26 章描述)作为其第三代系统标准。CDMA 2000 和 WCDMA 非常相像,但也有足够多的差别使得它们无法兼容。

这一章主要描述了 IS-95 标准的原型版本。本章附录(www.wiley.com/go/molisch)则总结了 CDMA 2000 标准中出现的变化。

25.2　系统概述

IS-95 是具有附加的频分多址(FDMA)组件的 CDMA 系统[①]。可用的频率范围被划分成若干个 1.25 MHz 的频道;在频域实现双工。在美国,1850～1910 MHz 频段用于上行链路,而 1930～1990 MHz 则用于下行链路[②]。在每一个频道上,通过用不同的码(码片序列)扩频来区分各个业务信道、控制信道和导频信道。IS-95 规定了两种可能的语音编码器速率:13.3 kbps 或 8.6 kbps。对于这两种情形,IS-95 均通过编码将数据速率提升到 28.8 kbps。然后,进行 64 倍扩频,所得码片速率为 1.2288 Mchip/s。理论上,每个小区可以支持 64 个语音用户。实际上,由于不完美的功率控制、扩频码的非正交关系等,这个数目会减少到 12～18。

---

① 作者在这里指的是,IS-95 是一个 CDMA/FDMA 系统。——译者注

② IS-95 用"反向链路(reverse link)"这个词来代表上行链路,用"前向链路(forward link)"这个词代表下行链路。为了保持本书用词的一致性,我们在此仍然采用上行和下行链路的说法。然而,值得注意的是 IS-95 标准的许多缩略词都使用了"F"(用于前向)和"R"(用于反向)来表示信道是在下行链路还是上行链路中使用的。

一个基站所产生的针对不同用户的下行链路信号是通过不同的 Walsh-Hadamard 序列(见18.2.6 节)来进行扩频的,因此信号彼此之间正交。这就决定了每个载波上的信道数目上限为 64。在上行链路中,通过并非严格正交的扩频码来区分不同用户。此外,来自其他小区的干扰降低了基站和移动台处的信号质量。

各个基站所采用的发射功率介于 8 ~ 50 W 之间,这取决于所需的覆盖范围。各移动台采用约 200 mW 的峰值功率;精确的功率控制确保了到达基站的所有信号具有同样的信号强度。通过不同的扩频码来区分业务信道和控制信道。所有基站都是同步的,采用来自 GPS(全球定位系统)的信号来获取精确的系统时间。这一同步使得移动台检测来自不同基站的信号,以及系统对小区间切换的管理都变得更加容易。

对网络和交换子系统的要求,以及对运行支持、维护和计费的要求都与 GSM 十分相似,在这里就不重复了。计费项目也与 GSM 完全一致。

25.3 空中接口

25.3.1 工作频段和双工方式

如同 25.2 节所指出的,IS-95 是具有附加的频分多址组件的码分多址系统;它采用频域双工来区分上行链路和下行链路。在美国,IS-95 工作在 1850 ~ 1990 MHz 频段。这一频段称为个人通信系统(PCS)频段,被划分成 50 kHz 宽的一个个单元,因此与信道号 n_{ch} 有关的中心频率为

$$f_c = (1850 + n_{ch} \cdot 0.05)\,\text{MHz}, \qquad 上行链路 \qquad (25.1)$$

$$f_c = (1930 + n_{ch} \cdot 0.05)\,\text{MHz}, \qquad 下行链路 \qquad (25.2)$$

其中, $n_{ch} = 1, \cdots, 1199$。IS-95 系统需要 1.25 MHz 带宽,即 25 个上述信道的宽度。

还有一个工作在 800 MHz 频段的版本(从历史上看,这才是最先用于 IS-95 的频段)。当其他频段变为可用频段时,就会增设一些频段(见 27.1 节)。

25.3.2 扩频和调制

IS-95 采用了纠错编码和不同类型的扩频码,以便将 8.6 kbps(用于速率集 1)或 13.3 kbps(用于速率集 2)的信源数据速率扩展到 1.2288 Mchip/s 的码片速率。编码通常采用标准卷积编码器(码率在 1/3 和 3/4 之间)来完成,而扩频则通过所谓"M 进制正交键控"并与扩频序列相乘(或与扩频序列直接相乘)的方式来实现。更多细节将在 25.4 节讨论。

25.3.3 功率控制

功率控制是码分多址蜂窝系统的关键问题之一,而且功率控制的准确性很大程度上决定了系统的容量(见第 18 章)。基于这一原因,IS-95 标准预先制定了相当复杂的功率控制步骤,试图通过功率控制来确保对大尺度和小尺度衰落(Small-Scale Fading, SSF)两方面的影响进行补偿。应该注意到,功率控制质量的衡量标准有两个:准确性和速度。准确性体现了接收功率相对于处在"稳态"(此时接收功率变化得很缓慢,或者根本不变)的理想电平的偏离程度。功率控制的速度决定了功率控制可以适应信道条件变化的快慢程度。

IS-95 规定了开环和闭环两种功率控制机制。就开环机制而言,移动台观测所收到的下行链路信号功率,由此得出有关目前路径损耗情况的结论,并依此调整其发射功率。这一机制仅

可补偿阴影和平均路径损耗带来的损失,而不能补偿小尺度衰落,因为在上行链路和下行链路频率上小尺度衰落是不同的(见 20.1.6 节)。特别是在一次呼叫开始时,开环功率控制是控制移动台功率的唯一可用方法。

闭环机制利用两个不同的反馈:内环和外环功率控制。在这两个功率控制环路中,均由基站来观测来自某移动台的信号,然后向该移动台发出命令来要求它对其功率进行恰当的调整。在内环中,基站观测信干噪比(SINR),并据此要求移动台调整其发射功率。这种控制每 1.25 ms 间隔进行一次,发往移动台的命令要求其以 1 dB 的调整量来增加或减少发射功率。在外环中,基站采用上行链路传输的帧质量统计结果来评估闭环性能。如果帧错误率过高,就采用闭环功率控制来要求移动台以更高的功率发送;具体做法是调整信干噪比指标。这种控制每 20 ms(帧周期)间隔进行一次。

下行链路也有功率控制。这一相当粗略的功率控制仅支持在比较有限的范围(标称功率值附近约 ±6 dB 的范围)内调整基站发射功率,而且调整速率较低(每帧一次)。这一调整也基于闭环方案,由移动台来测量接收信号质量,并要求基站调整其发射功率。移动台在功率测量报告消息(power measurement report message)中将误帧数和总帧数的比值发送到基站。值得注意的是,就系统机能而言,下行链路的功率控制不是必需的。不同的信号都通过相同的信道到达移动台,因此这些信号经历了相同程度的衰落。倒不如说,下行链路功率控制意在使基站的总发射功率最小化,因而也就使得对其他小区的干扰最小化了。

25.3.4　导频信号

每个基站都发出一个导频信号,移动台可以利用它来进行定时提取、信道估计及帮助完成切换过程。导频信号总是具有相同的形式(一个具有 32 768 个码片的伪噪声序列,时长为 26.7 ms)。不同基站的导频信号彼此偏移了 64 个码片,相当于 52.08 μs 的时间偏移。通常,这样长的偏移长度足以避免用户所需导频信号的长延迟反射信号与来自其他基站的导频信号发生混淆(尽管也存在例外情况,见第 7 章)。只需通过接收信号与导频伪噪声序列之间的相关运算,移动台就可以确定其周围所有基站的信号强度(25.7 节将就此进行更多的讨论)。

25.4　编码

在语音信号可以通过空中接口传输之前,必须先对其进行数字化和编码。IS-95 规定了不同语音编码器(声码器,见第 15 章)的使用方式。这些语音编码器具有不同的比特速率。由于扩频和调制不应受到这些不同速率的影响,这也就意味着针对它们的纠错编码必须是不同的:就下行链路而言,必须采用不同的纠错编码设计,以确保信道编码器的输出总是 19.2 kbps,而上行链路的信道编码器输出则总是 28.8 kbps。

25.4.1　语音编码器

IS-95 采用了若干个不同的语音编码器。原型系统规定采用的是 8.6 kbps 声码器,即 IS-96A 语音编码器。然而,实践证实它的语音质量不佳:甚至在没有传输错误的情况下,语音质量也难以令人满意,而且当传输的帧错误率变大时,语音质量会迅速下降。基于这一原因,不久之后就引入了 CDMA 发展集团(CDMA Development Group,CDG)-13 声码器。这种编码器(又称为 Qualcomm 码激励线性预测编码器,QCELP)实际上是一种可变速率的语音编码器,它能够根据语音信号中的语音活动(voice activity)和能量状况,针对每个 20 ms 语音帧在三种或是四种可用数据速率(13.3 kbps,6.2 kbps,1 kbps 和有时可提供的 2.7 kbps)中动态地选择一种来实现语音编码。这种编码器就确定了码激励线性预测(CELP)算法(见第 15 章)所需的共振峰、基音及码本参数。基音和码本参数通过一种"合成分析"的方法加以确定(见第 15 章),该方法在所有可能参数值上进行穷尽搜索。这种搜索运算强度大,特别是在 IS-95 应用的初期,它成为主要的复杂因素之一,对移动台尤其如此。就 13.3 kbps 模式而言,每个语音分组(代表 20 ms 语音)包括 32 比特线性预测声码器(Linear Predictive voCoder, LPC)信息、4 个基音子帧(每子帧 11 比特)和 4 × 4 个码本子帧(每子帧 12 比特)。增强型可变速率编码器(EVRC)基于非常相似的原理,但在话音用户讲话期间(每 20 ms 时间间隔内产生 170 比特编码数据)和传输间歇期都采用了数目更少的比特。而且,这种编码器还包含了自适应噪声抑制功能,从而可以提高整体语音质量。

所有声码器的一个重要特性就是可变的数据速率。人们一般在整个通话时间的约 50% 时间上处于静默状态(此时他们在听电话另一端的人讲话)。在静默期间,数据速率下降到约 1 kbps。如同第 18 章讨论过的,这使得总体容量有了明显的提升。

25.4.2 纠错编码

上行链路中针对 8.6 kbps 的纠错编码

8.6 kbps 和 13.3 kbps 的前向纠错是不同的。然而,就 IS-96A 声码器和 EVRC 声码器这两种都基于 8.6 kbps 输出的现有声码器而言,前向纠错方案是相同的。这些声码器同速率集 1(rate-set-1)相关联,因此其编码步骤如下。

1. 编码开始时的数据是来自声码器的 172 比特(对应于每个 20 ms 帧)。
2. 在这下一步骤中,将增加 12 个的帧质量指示(FQI)比特。这些比特作为奇偶校验比特,支持对已到达帧正确与否的确认。
3. 追加 8 个编码器尾比特,使比特数达到 192。
4. 然后,用约束长度为 9、码率为 1/3 的卷积编码器对这些比特进行编码。3 个生成器的矢量表达式为

$$\left.\begin{array}{l} G1(D) = 1 + D^2 + D^3 + D^5 + D^6 + D^7 + D^8 \\ G2(D) = 1 + D + D^3 + D^4 + D^7 + D^8 \\ G3(D) = 1 + D + D^2 + D^3 + D^4 + D^5 + D^8 \end{array}\right\} \tag{25.3}$$

这样就把比特速率提升到了 28.8 kbps。

上行链路中针对 13.3 kbps 的纠错编码

就 CDG-13 编码器而言,编码步骤基本相似,但用到的数量值不同:

1. 编码开始时的数据是来自声码器的 267 比特(对应于每个 20 ms 帧,其中包括一些未用比特)。
2. 添加一个帧删除比特。
3. 总共添加了 12 个帧质量指示(FQI)比特(这些比特也用于指示已到达帧是否正确)。
4. 追加 8 个尾比特用于协助维特比解码器进行解码,这样就使每 20 ms 帧的比特总数达到了 288 个。
5. 然后,用约束长度为 9、码率为 1/2 的卷积编码器对这些比特进行编码。两个生成器的矢量表达式为

$$
\left.\begin{aligned}
G1(D) &= 1 + D + D^2 + D^3 + D^5 + D^7 + D^8 \\
G2(D) &= 1 + D^2 + D^3 + D^4 + D^8
\end{aligned}\right\} \tag{25.4}
$$

下行链路中针对 8.6 kbps 的纠错编码

在下行链路中，纠错编码有点不同。这里采用与上行链路相同的 FQI 比特和尾比特添加过程，但之后却采用码率为 1/2 的卷积编码器使比特率达到 19.2 kbps。生成器的矢量表达式由式(25.4)给出。随后对 19.2 kbps 数据的进一步处理将在 25.3.4 节描述。

下行链路中针对 13.3 kbps 的纠错编码

这一模式采用与 13.3 kbps 上行链路编码过程相同的步骤。然而，经过这样的编码步骤得到的是 28.8 kbps 的速率，而一个下行链路业务信道中只能传送 19.2 kbps。因此为产生所需要的比特速率，将对来自卷积编码器的输出进行删余处理。我们也可以将这一过程理解为对声码器输出进行码率为 3/4 的卷积编码。删余操作删除了每 6 比特符号重复块中的第 3 和第 5 比特(见前文)。这样做就相当于发送时删除由 $G2(D)$ 生成的每 3 比特中的 2 比特，而来自 $G1(D)$ 的所有比特被完全发送了出去。

交织

对于速率集 2(rate-set-2)，卷积编码器的输出将通过一个长为 576 的块交织器(见 14.7.1 节)。更具体地说，交织器有与图 14.25 所示结构类似的矩阵结构，这里是 32 行 18 列的矩阵。数据被逐列写入，即先填充第一列，然后是第二列，依次类推，然后被正交(即逐行)地读出(同样可参照图 14.25)。

25.5 扩频和调制

25.5.1 长、短扩频码和 Walsh 码

IS-95 采用 3 种类型的扩频码：长扩频码、短扩频码和 Walsh 码。这些码在上、下行链路中起着不同的作用。本节只描述这些码本身，后面两节描述其如何分别用于上行链路和下行链路。

Walsh 码

Walsh 码是可以系统地构造出来的严格正交码。如同在 18.2.6 节中看到的，根据其 n 阶矩阵来定义 $n+1$ 阶 Walsh-Hadamard 矩阵如下：

$$
\mathbf{H}_{had}^{(n+1)} = \begin{pmatrix} \mathbf{H}_{had}^{(n)} & \mathbf{H}_{had}^{(n)} \\ \mathbf{H}_{had}^{(n)} & \overline{\mathbf{H}}_{had}^{(n)} \end{pmatrix} \tag{25.5}
$$

其中，$\overline{\mathbf{H}}$ 是 $\mathbf{H}$ 的模 2 互补矩阵。这一递推公式的初始矩阵是：

$$
\mathbf{H}_{had}^{(1)} = \begin{pmatrix} 1 & 1 \\ 1 & -1 \end{pmatrix} \tag{25.6}
$$

IS-95 中使用的 Walsh 码[1]对应于 $\mathbf{H}_{had}^{(6)}$ 的互补矩阵的各列。

短扩频码

IS-95 还采用了两种扩频码，它们是由长度为 15 的移位寄存器产生的伪随机序列，并因此

---

① 共 64 个。——译者注

具有 $2^{15}-1$ 的周期。为了使周期增加至 $2^{15}=32\,768$ 个码片,我们向上述序列中插入一个 0,之后整个序列就对应于 26.7 ms[1]。序列的生成多项式为:

$$G_i(x) = x^{15} + x^{13} + x^9 + x^8 + x^7 + x^5 + 1 \tag{25.7}$$

$$G_q(x) = x^{15} + x^{12} + x^{11} + x^{10} + x^6 + x^5 + x^4 + x^3 + 1 \tag{25.8}$$

后面将会看到,每个基站使用短扩频码的一个时移版本。码的扩频偏移指数(spreading offset index)表示了这种时移[2]。

长扩频码

第三类码称为"长扩频码",也基于伪随机序列。就长码而言,移位寄存器长度为 42,所以周期为 $2^{42}-1$,这与超过 40 天的时间相当。生成多项式为

$$\begin{aligned} G_1 = {} & x^{42} + x^{35} + x^{33} + x^{31} + x^{27} + x^{26} + x^{25} + x^{22} + x^{21} + x^{19} \\ & + x^{18} + x^{17} + x^{16} + x^{10} + x^7 + x^6 + x^5 + x^3 + x^2 + x^1 + 1 \end{aligned} \tag{25.9}$$

移位寄存器的输出又与长码掩码模 2 相加。对于不同的信道,长码掩码是不同的:就接入信道(见 25.4 节)来说,掩码由寻呼和接入信道号及基站识别码得到。就业务信道来说,掩码或者由电子序列号(ESN)导出(公共掩码),或者由加密算法得到(私有掩码)。

25.5.2 上行链路扩频与调制

IS-95 通过若干个步骤的组合来完成上行链路调制和扩频。这后两个环节的起始点是 28.8 kbps 的比特流,该数据流通过对声码器输出信号进行纠错编码来获得(见 25.4 节)。

- 第一步就是将数据序列映射为 Walsh 码码字。记住每个 Walsh 码为 64 码片长。发射机就按照 6 比特($x_0, \cdots, x_5$)一组提取数据,然后将一组数据映射为一个 Walsh 码符号 $\tilde{\boldsymbol{x}} = [\tilde{x}_0, \tilde{x}_1, \cdots, \tilde{x}_{63}]$,所依照的规则如下:

$$j_{\text{Walsh}} = x_0 + 2x_1 + 4x_2 + 8x_3 + 16x_4 + 32x_5 \tag{25.10}$$

$$\tilde{x}_i = 1 + (\mathbf{H}_{\text{had}}^{(6)})_{i, j_{\text{Walsh}}} \tag{25.11}$$

这样做实现了扩频因子为 64/6 的扩频。因此,Walsh 编码器输出的码片速率就是 307.2 kchip/s。这也可以看成 M 进制正交调制;也就是说,每个 6 比特组代表一个调制符号,该调制符号与其他所有许可使用的调制符号相正交。这一技术的主要好处在于允许非相干解调。

- 下一步骤就是把 Walsh 编码器的输出扩频到 1.2288 Mchip/s。这通过将 Walsh 编码器输出与长扩频码相乘来实现。注意,在上行链路中由长扩频码来提供信道化,以支持对不同业务信道和接入信道的区分。长扩频码输出还将进入数据突发随机化器,其作用将在后面描述。

- 最后一步,扩频数据流划分成同相和正交相位分量,每个分量分别乘以短扩频序列。这个相乘运算不改变码片速率。I 路和 Q 路的码片流随后被用于调制本地振荡器,所采用的调制方式为偏移正交幅度调制(OQAM)(如第 11 章讨论过的)。

---

[1] 实际上,准确的周期为 26.666 ms,即 75 个短伪噪声码周期准确地对应为 2 s。——译者注

[2] 在 1980 年 1 月 6 日 00 时 00 分 00 秒,序号 0 对应于连续 15 个 0 且后面紧跟一个 1 的序列。

图 25.1 给出了 IS-95 移动台发射机上行链路发送原理框图，图 25.2 给出了用到的数据速率和码片速率。

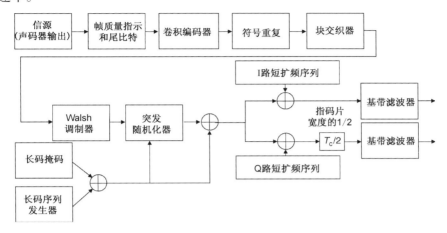

图 25.1　IS-95 移动台发射机上行链路发送原理框图

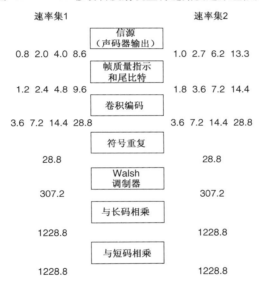

图 25.2　IS-95 移动台发射机上行链路的数据速率和码片速率

25.5.3　上行链路数据突发随机化和门控

到目前为止考虑的是信道编码器输出真正具有 28.8 kbps 数据速率的情况，即信源数据速率为 14.4 kbps 或 9.6 kbps 的情况。然而，根据不同的信源数据速率，卷积编码器也可能输出更低的速率（14.4 kbps，7.2 kbps 或 3.6 kbps）。这种情况下，编码后的符号将被重复（根据需要重复若干次），直至达到 28.8 kbps 的速率。正是这些被重复以后的数据进入到块交织器来完成进一步的处理。

然而，要是以满功率来传送所有这些重复数据将造成资源的浪费。就上行链路而言，通过在部分时间上关闭发射机来解决这一问题。例如，如果编码后数据速率为 14.4 kbps（信源数据速率为 7.2 kbps），则发射机只在一半时间上打开。结果平均发射功率仅为满功率情况的一半，并且对其他用户的干扰也只有一半那么多。

确定关闭发射机的时间实际上是十分复杂的。头一个问题就是发射功率的门控必须与交织器相协调。例如，对于 7.2 kbps 的数据速率模式，输出符号的每个 1.25 ms 组被重复一次①。因此，通过门控消除这些两符号组中的一个。

由长扩频码来确定这些两符号组中实际传送哪一个，确定算法如下。

- 考虑一个帧(以 20 ms 为周期)的倒数第二个 1.25 ms 符号组，这个帧是当前所考虑的帧之前紧邻的那个帧。

- 提取用于对这个符号组进行扩频的长扩频序列的最后 14 比特，将它们标记为 $[b_0, b_1, \cdots, b_{13}]$。

- 于是，在当前所考虑的帧中，符号组的门控发送取决于上述这些比特。包含在 20 ms 帧中的 16 个符号组里的某些符号组将被发送：
  ○ 对于 14.4(9.6) kbps 信源速率模式，总是发送所有符号组；
  ○ 对于 7.2(4.8) kbps 模式，如果 $b_i = 0$，$i = 0, \cdots, 7$，则发送一对符号组中的头一个，否则发送第二个符号组。
  ○ 对于 3.6(2.4) kbps 模式，如果 $b_{i+8} = 0$，则将在 $b_{2i} + 4i(i = 0, \cdots, 3)$ 期间发送；如果 $b_{i+8} = 1$，则将在 $2 + b_{2i+1} + 4i$ 期间发送。
  ○ 对于 1.8(1.2) kbps 模式，如果 $b_{2i+8} = 0$ 且 $b_{i+12} = 0$，则将在 $b_{4i} + 8i(i = 0, 1)$ 期间发送；如果 $b_{2i+8} = 1$ 且 $b_{i+12} = 0$，则将在 $2 + b_{4i+1} + 8i$ 期间发送；如果 $b_{2i+9} = 0$ 且 $b_{i+12} = 1$，则将在 $4 + b_{4i+2} + 8i$ 期间发送；如果 $b_{2i+9} = 1$ 且 $b_{i+12} = 1$，则将在 $6 + b_{4i+3} + 8i$ 期间发送。

因此，序列的门控是伪随机的，而且对每个用户都不相同(回忆一下，长扩频序列对每个用户是不同的)。从而，在存在低速率用户的系统中，对其他用户的干扰就被部分地"抹去"了，即用户不至于同时遭受其他所有用户的干扰。

25.5.4 下行链路扩频和调制

下行链路以非常不同的方式使用不同的扩频码。后续处理的起点是速率为 19.2 kbps 的已编码数据流，即比上行链路速率低 1/3。数据流随后按以下步骤进行扰码和扩频。

- 第一步，采用长扩频码对数据流进行扰码。定义的长扩频码具有 1.2288 Mchip/s 的码片速率。然而，就下行链路应用而言，我们并不打算用它来扩频，而只是将其用于扰码。因此，必须把码片速率降至 19.2 kbps。通过对序列中每 64 个码片只抽取 1 个的方式来实现。这个抽取后的长码序列与数据序列模 2 相加。

- 接着，采用 Walsh 序列进行数据的扩频。下行链路中用 Walsh 序列实现信道化和扩频。每个业务信道分配一个码片速率为 1.2288 Mchip/s 的 Walsh 序列。这种序列是周期性重复的(重复周期是 64 个码片)，将它与扰码后的数据序列相乘。我们也可以将这一过程理解为把每个数据比特要么映射为(用户专用的)Walsh 序列，要么映射为相应 Walsh 序列的模 2 互补形式。

- 最后，扩频器的输出在 I 路和 Q 路分别与短扩频序列相乘。注意，在下行链路中，调制方式为正交幅度调制(QAM)，而不是偏移正交幅度调制(OQAM)。

---

① 1.25 ms 符号组通常也称为一个功率控制组(Power Control Group，PCG)，因为快速功率控制可能每 1.25 ms 改变一次。

图 25.3 给出 IS-95 基站发射机(下行链路发送原理)框图，而图 25.4 给出了相应的数据速率和码片速率。

下行链路也有以低于 9.6 kbps 或 14.4 kbps 的数据速率发送的情况。这种情况下，也通过符号重复来确保最大数据速率，但每个传送符号的能量将按照重复倍数同比例减弱，以保证恒定的发送能量等级和实现所需的比特能量等级。下行链路中这种针对低数据速率的处理方式不同于上行链路中所采用的关闭发射机的方式。

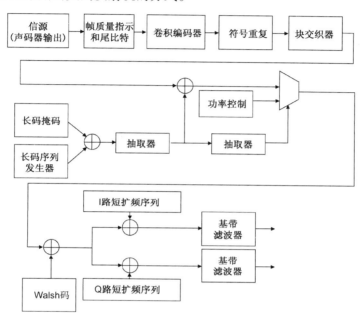

图 25.3　IS-95 基站发射机下行链路发送原理框图

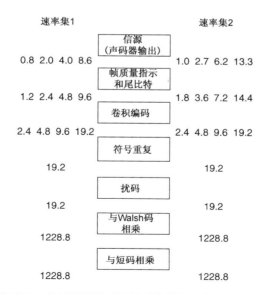

图 25.4　基站发射机下行链路的数据速率和码片速率

25.5.5　讨论

当我们面对上、下行链路不同的扩频方案时，会提出一个直接的问题："为什么要采用不同的方案呢？"乍看上去，对一个方向适合的扩频方案应该也适用于另一方向。可是，我们应该铭记蜂窝系统固有的不对称性。对于由基站发送至不同移动台的信号，基站以非常简便的方式就能实现这些信号的同时发送。毕竟，在发送这些信号时基站具有完全的控制权。然后，所有的信号同时到达指定移动台，并经历了信道引起的相同的衰减和失真①。因此，如果信号在发射机处被完全正交的码扩频，在接收机处它们就可以被完全分离(这里假设信道是无失真的)。正是基于这样的原因在下行链路中采用(完全正交的)Walsh 码进行扩频。由于在一个小区内应该能支持 64 个用户通信，扩频因子就是 64，并且纠错编码后的信源数据速率不该超过 19.2 kbps。短扩频码可以被用于区分不同基站。

另一方面，就上行链路而言，来自不同用户的信号不可能同时到达基站。所以，采用 Walsh 码来进行用户分离是不可能的。当它们相互之间具有任意时移时，Walsh 码字之间可能有较高的互相关值。与下行链路不同的是，上行链路通过使用任意时移情况下都具有低互相关值的伪随机序列来完成信道化。Walsh 码则被用作调制方案的一部分：由于采用 64 个码片的符号来代表 6 比特，从而具有了内在的冗余度，并因此获得了一定的纠错能力。

25.6　逻辑和物理信道

25.6.1　业务信道

业务信道是在其上传送每个用户话音数据的信道。我们在上面已经讨论过它们，在此仅重提一下某些关键数据：有两个可能的速率集，速率集 1 包括 9.6 kbps，4.8 kbps，2.4 kbps 和 1.2 kbps 这些信源数据速率，而速率集 2 包括 14.4 kbps，7.2 kbps，3.6 kbps 和 1.8 kbps 这些信源数据速率。这些信源数据，即声码器的输出数据可能被重复，而且之后还要进行卷积编码和交织②。

随后，数据被扩频和调制。上、下行链路的扩频和调制处理是不同的，在 25.5 节已详尽讨论过这些内容。

许多控制信息也在业务信道上发送。这些控制信息包括如下内容：

- 对于上行链路而言，包括功率测量报告、导频强度测量、切换完成、长码转换请求、长码转换响应、数据突发和请求模拟业务。
- 对于下行链路而言，包括相邻列表、导频测量请求、切换导引、长码转换请求、长码转换响应、数据突发和模拟切换导引。

---

① 注意，这里论及的是到达一个指定移动台的不同信号。当考虑两个不同移动台处的接收信号时，会发现这些信号具有不同的延迟和不同的失真。

② 关于数据的处理顺序，应该是先卷积编码，再符号重复，再进行块交织，但在各速率集最高速率情况下无须进行符号重复。——译者注

25.6.2　接入信道

接入信道是处于非通话状态的移动台用来传送信令的上行链路信道。接入信道消息包括安全消息(基站质询和认证质询响应)、寻呼响应、呼叫发起和注册。

接入信道采用 4.8 kbps 的(信源)数据速率，其扩频和调制与同样数据速率的上行链路业务信道非常相似。不同的是，它不进行门控，而是将所有重复后的符号通通发送出去。由于采用了长码进行扩频(信道化)，所以就可以存在相当大数量的接入信道。实际上，就每个寻呼信道(后述)而言，存在至多 32 个接入信道。在开始一次接入尝试以前，移动台随机地选择一个可用的接入信道。

移动台发起的呼叫由一个接入信道消息开始。移动台设定初始功率(基于它所观测到的导频功率)，并发送一个探测。如果在一个超时时间到来前收到对该探测的应答，则接入成功。如果收不到应答，则移动台等候一个随机的时间之后，就会以更大的功率发送探测。此过程将被重复到接入成功，或者发送探测的功率已达到最大允许值为止；后一种情况出现就可以认为接入已告失败。

25.6.3　导频信道

导频信道支持移动台从特定基站获取定时、得到自基站到移动台的传输函数以及估计目标区域上所有基站的信号强度。导频信道与下行链路业务信道相似，但也体现出某些重要的特征：

- 不进行功率控制。这是因为(i)导频信道被用于许多的移动台(因此到底该由哪个移动台来决定功率控制水平是不甚明了的)；(ii)导频信道被用于估计不同链路的衰减，这只有在发射功率对所有移动台都是确定和已知的情况下才可以做到。
- 导频信道传输 Walsh 码 0：这是一个全零码。
- 导频信道发射功率高于业务信道。由于其重要性，典型地，基站发送总功率的 20% 被分配给导频信道。

导频信道易于解调，因为它只是通过短扩频码扩频的全零序列。从不同基站发出的导频信号的唯一差别就在于彼此间存在一个时移。在一个移动台已捕获到导频后，它就可以更容易地完成同步信道(见下文)的解调，这是因为同步信道的定时锁定在导频上。

25.6.4　同步信道

同步信道传送那些与移动台同步到网络所必需的系统细节有关的信息。此类信息的例子包括网络标识符、伪噪声码偏移、长码状态、系统时间(来自 GPS)、本地时间与系统时间的差值及寻呼信道的工作速率。

同步信道的数据速率为 1.2 kbps。在码率为 1/2 的卷积编码和符号重复之后，以 4.8 kbps 速率发送。注意，这个信道不进行扰码(即不应用长码掩码)。同步信道的每个帧都与短 PN 序列开始点对齐。

25.6.5　寻呼信道

寻呼信道从基站到移动台传送系统和呼叫信息。每个小区内可以存在几个寻呼信道；每一个寻呼信道都是一个 9.6 kbps 的信道。寻呼信道上传送的信息可能包括：

- 用于指示到达呼叫的寻呼信息。
- 系统信息和指令:
  - 切换阈值;
  - 不成功接入尝试的最大次数;
  - 周边小区的伪噪声码偏移列表;
  - 信道分配消息。
- 对接入请求的应答。

25.6.6　功率控制子信道

功率控制子信道提供补偿小尺度衰落的信令。IS-95 将信号分为 1.25 ms 间隔的功率控制组(PCG)。基站估计每个用户的每个功率控制组的信噪比,然后在随后的两个功率控制组时间之内向移动台发射功率控制命令,而移动台在 500 μs 之内做出控制响应。这个命令代表移动台功率需提升或者降低 1 dB,因此只需要 1 比特就够了。这样,功率控制子信道的数据速率为 800 bps。

功率控制子信道通过简单替换某些业务数据符号而穿插在业务信道中。每个功率控制组包括 24 个调制符号[①];然而,一个功率控制组中只有最初的 16 个调制符号之一可供替换。确切的替换位置由长码掩码决定:前一功率控制组中长码掩码的 20~23 比特决定哪个符号被替换[②]。

25.6.7　将逻辑信道映射为物理信道

下行链路中,映射以相当直接的方式完成:不同信道被分配以不同的 Walsh 码,并用它来完成扩频。具体地,导频信道使用 Walsh 码 0,寻呼信道使用 Walsh 码 1 到 Walsh 码 7,同步信道使用 Walsh 码 32,而业务信道使用所有其他的 Walsh 码。

上行链路中,仅存在业务信道和接入信道。这些信道被分配以不同的长扩频码,因而在所有可能情况下也就被映射到不同的扩频信道。

25.7　越区切换

CDMA 的重要优点之一就是"软切换",这有助于移动台性能的改善,尤其在移动台位于小区边缘时(见 18.3.2 节)。本节将讨论为实现软切换 IS-95 是如何来确定可用基站的,以及切换实际是如何完成的。

每个基站作为导频信号发送同一伪噪声序列,各导频信号间只有 64 个码片的偏移(见 25.3.4 节)。这样就给定了总共 512 个可能的导频信号。通过观测这些导频信号,移动台总可以确知其周围环境中所有基站的信号强度。可是,这样做是非常复杂和缓慢的,以至于无法监测如此众多数量的基站。事实上,这些基站中的绝大多数的信号强度都低于噪声基底。因此,移动台仅观测一个给定时间窗口内的那些导频信号。

移动台把可用基站划分成组或集。激活集包含那些由移动交换中心(Mobile Switching

---

① 这里调制符号速率为 19.2 kSymbols/s,即对长扩频码抽取(一般称为分频)后的符号速率。——译者注
② 实际替换时,一个功率控制比特占 2 个调制符号的位置,两个符号中第一个的位置按上述方法确定。——译者注

Centre，MSC）分配给特定移动台使用的导频信号；该集合可以包括至多 6 个导频。候选集包含强到足以被解调但又不包含在激活集中的导频信号。相邻集包含"相邻"基站的列表，这些基站的信号还没有强到足以进入候选集的程度。相邻集的列表由基站每隔一定间隔向移动台发送一次。

　　按如下方式完成导频监测和基站向不同集合的分配：当移动台找到一个新的导频时（还不在候选集中），将会把它的强度与一个 T_ADD 参数进行比较。若导频强于这一阈值，移动台就会发送一个导频强度指示消息（PSMM）给基站；然后，基站可能会命令移动台将这一导频加入候选集。移动台还会监测候选集中的导频强度，而且如果它们变得强于一个阈值 T_COMP，则相应的导频将由候选集移入激活集。如果其强度低于特定阈值，则还有将导频从激活集或候选集剔除的机制。

　　当移动台处于软切换模式时，就能同时与激活集中的成员基站通信。下行链路中，移动台只需将来自不同基站的信号合并起来。上行链路中，激活集中的基站确定它们中哪一个取得最佳信号质量，则这个基站就是用于解调的基站。前一种（下行链路）情况可获得合并增益，而后一种（上行链路）情况获得选择增益。

25.8　附录

　　请访问 www.wiley.com/go/molisch。

深入阅读

　　可以在 Liberti and Rappaport［1999］中找到关于 IS-95 的扼要总结。CDMA 2000 的额外信息可以在 Garg［2000］，Vanghi et al.［2004］，Eternad［2004］这几本书中及论文 Tiedemann［2001］和 Willenegger［2000］中找到。1xEV-DO（EVolution-Data Optimized，演进数据优化）模式在 Sindhushayana and Black［2002］和 Parry［2002］中有所描述。在 Jelinek et al.［2004］中对 CDMA 2000 的声码器进行了描述。

第 26 章 WCDMA/UMTS

26.1 历史回顾

本章是第三代蜂窝电话的宽带码分多址（WCDMA）标准的简短概述。这一标准也是我们所熟悉的通用移动通信系统（UMTS）、第三代协作伙伴项目（3GPP）和国际移动电话（IMT-2000）等一系列标准的一部分。这一节将回顾这一标准的历史发展历程，并且探讨它与其他第三代标准的联系。

第二代移动蜂窝电话特别是全球移动通信系统（GSM）的成功，推动了后续系统的发展。国际电信联盟宣布了面向全球的第三代系统标准的目标，称为 IMT-2000，其特点为：

- 具有更高的频谱利用率；
- 具有更高的峰值数据速率，即最高到室内 2 Mbps，室外 384 kbps，从而要选择一个 5 MHz 的信道带宽取代 200 kHz 的带宽；
- 支持多媒体应用，意味着传输语音、任意数据、文本、图片、音频和视频等，这就要求传输速率的选择上应该有很大的灵活性；
- 对第二代系统向后兼容。

早在 20 世纪 90 年代，欧洲就已经开始了面向这个目标的研究，最初是由欧盟研究计划赞助进行的，后来变成欧洲电信标准组织（ETSI）的一个更正式的程序。基于上述要求，不同的组织提出了提案，包括从正交频分复用解决方案到宽带时分多址系统，再到物理层上的码分多址协议。在 1998 年 1 月最后的投票中，选中了两个方案：宽带 CDMA，即大家所熟悉的频域双工（FDD）模式（计划作为基本系统），以及联合检测-时/码分多址（JD-TCDMA），即所谓的时域双工（TDD）模式（用来支持高数据速率的应用）。频域双工和时域双工模式都包含在名称 WCDMA 中。频域双工模式是更重要的部分，将作为本章关注的中心。WCDMA 几乎成为无线接入技术的缩写，而 UMTS 则表示包含核心网（CN）在内的整个系统。

这两个系统后来都包含在欧洲提案 IMT-2000 家族中。日本的一个 WCDMA 提案由于和欧洲的提案很接近，也被并入其中。尽管如此，想对国际电信联盟的某一个 3G 系统达成一致是不可能的。除了这个日本/欧洲提案，（主要是美国支持的）CDMA 2000 提案（见第 25 章）也获得大力支持。而且，增强型数据速率 GSM 演进（EDGE）（见第 24 章）、数字增强型无绳通信（DECT）（见 www.wiley.com/go/molisch）和全球无线通信（UWC）136（过渡标准）也都得到推崇。为了避免陷入僵局，国际电信联盟决定宣布所有这些标准都是被认可的 IMT-2000 标准。当然，一种标准下存在 5 种模式比 5 种标准好不了多少，但这也是一种让所有参与者保全面子的解决办法。在 2000 年以后，中国的标准包含在后来的版本 TD-SCDMA 中，也获得了极大的关注，并逐渐成为第三代蜂窝系统发展的一个重要部分。该标准和 WiMAX（见第 28 章）后来被纳入 IMT-2000 家族中。

融合的日本/欧洲标准的进一步发展正由 3GPP 工业组织进行，其成员包括 ETSI，ARIB

（日本的标准组织，即工业和商业无线电协会）和其他几个成员。他们发布的最初规范就是大家所熟悉的"99 版本"。接下来推出的改进包含在后续版本中，特别是高速分组接入（HSPA）数据模式，首先在下行链路中实现，接着也在上行链路中实现。有很多公司为这一规范做出了贡献，这是有利的，但 3GPP 也面临着一些严重问题：规范的大小超出了合理的限制，使得它过于复杂而难以实现。高额的开发费用和市场化的一再拖延，几乎使这个系统流产，最后它终于在 2005 年左右开始启动。仅有的例外是日本，它的实现进程要比其他地方快得多。值得注意的是，日本没有实现全部的 UMTS 的规范，将简化的系统称为"FOMA"（UMTS 标准的日本版本）。在日本的发展也得益于第二代日本数字蜂窝系统（JDC）过早地达到了其容量极限，而作为替代的个人通信系统（PCS）（比较附录网站上的 DECT 材料）不能完全满足需求。

UMTS 的发展同时受到规则发展的制约。第一个 UMTS 相关的牌照于 1999 年在芬兰颁发，欧洲的其他国家紧随其后于 2000 年颁发。其中特别受公众关注的是英国和德国的牌照拍卖过程，每个牌照最终都以几十亿欧元的价格卖出。根据监管部门的规定，第一个 UMTS 网络应该在 2002 年投入运行。然而，由于技术原因和应该首先开发移动高数据速率应用市场的事实，真正的网络投入运营被迫推迟。直到 2003 年末，欧洲的主要移动厂商才开始为用户提供 UMTS 服务及合适的设备。但是，至 2009 年，这些问题已解决，UMTS 在全球变得非常成功。

这一章的其余部分主要描述 WCDMA/UMTS 的物理层。它的很多网络功能与 GSM 非常类似，对这些内容读者可参考第 24 章。

26.2　系统概述

26.2.1　物理层概述

首先总结 WCDMA 的物理层，即移动台和基站的之间通过空中接口的通信。UMTS 标准采用了一系列与平常不一样的缩写。例如，移动台被称为用户设备（UE），为了和本书其余部分的表示保持一致，这里仍然采用移动台。类似地，基站在 UMTS 标准里称为节点 B（Node-B）。

WCDMA 空中接口使用码分多址来区分不同的用户，以及用户和某些控制信道。我们必须区分扩频码和扰码，前者负责信号的带宽扩展，后者主要用于区分来自不同的移动台/基站的信号。此外，WCDMA 规定了一个时隙结构：时间划分成 10 ms 为单位的单元，每个单元再划分成 0.67 ms 为单元的时隙。依据在时隙内的位置的不同，一个符号可能有不同的意义。

WCDMA 采用一系列逻辑信道来传送数据和控制信息，这将会在 26.4 节讨论。之后，它们被映射到物理信道，即以扩频码、扰码和时隙位置来区分的信道。

26.2.2　网络结构

为了讨论移动网络提供商怎样引入 UMTS，必须区分移动台、无线接入网（RAN）和核心网（CN）。正如前面章节讨论过的，移动台和 UMTS 陆地无线接入网络（UTRAN）通过空中接口互相通信。UTRAN 由许多无线网络子系统（RNS）组成，每个无线网络子系统包含几个无线网络控制器（RNC），而每个无线网络控制器控制一个或者多个基站（节点 B）。

像 ISDN 和数据分组网一样，核心网使无线接入网互相连接并与其他网络相连。核心网可

以是基于升级的 GSM 的核心网，也可以是基于互联网协议(IP)实现的一种全新网络。关于
GSM 核心网的不同功能单元(移动交换中心、归属位置寄存器等)的详细内容可以在第 21 章找
到。分组数据的网络功能和通用分组无线业务(GPRS)相似，参见附录 21.C(www.wiley.com/
go/molisch)。

　　另外一种看待 UMTS 体系的方式是把它分成如下两个域。

1. 用户设备域，包括:
   ○ 用户服务识别模块(USIM)。
   ○ 移动设备，包含:
     – 终端设备(TE);
     – 终端适配器(TA);
     – 移动终端(MT)。
2. 基础域，包括:
   ○ 接入网域，包含:
     – UMTS 无线接入网(UTRAN)。
   ○ 核心网(CN)域，包含:
     – 互通单元(IWU);
     – 服务网络;
     – 传输网络;
     – 归属网络;
     – 应用网络。

　　两个网络实体之间的链路、通过该链路传输的信号及这些信号的功能一起称为接口。通
常，接口是标准化的。图 26.1 是 UMTS 的有关接口的示意图。

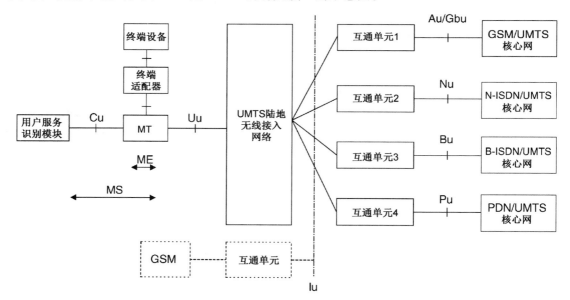

图 26.1　通用移动通信系统的接口

26.2.3 层次蜂窝结构

UMTS 的目标是达到全球可用性和世界范围的漫游。因此,UMTS 的覆盖范围可以按照等级划分为层。较高的层比较低的层覆盖的区域更大。最高的层通过卫星达到全球覆盖[①]。较低的层包括宏层、微层和微微层,它们共同组成了 UMTS 陆地无线接入网络。每一个层由许多小区组成。低的层由较小的小区组成。因此,宏层负责由宏小区完成全国性的覆盖。微蜂窝用于市区环境的额外覆盖,而微微蜂窝用于建筑物内或者机场、火车站等"热点"地区。这个概念早已众所周知,已被大家讨论了很长一段时间并部分实现。无论如何,UMTS 假定涵盖这个全球性概念的所有方面并首次展示出来。但实际上它相当难以实现。在第一阶段,只有大城市用几个小区覆盖,大面积的覆盖是通过双模设备达到的,这些双模设备可以与 WCDMA 或 EDGE/GPRS/GSM 网络通信。至 2009 年,这种首次展示的配置模式仍在美国使用,而日本和欧洲的大部分则由 WCDMA 覆盖所有地区。

26.2.4 数据速率和服务分类

每个层的最大数据速率和支持的最大用户速度是不同的。宏层支持用户速度达 500 km/h 时数据速率至少为 144 kbps。在微层中,最大速度 120 km/h 时可以达到数据速率 384 kbps。在微微层支持的最大用户速度为 10 km/h,最大数据速率则可以达到 2 Mbps。图 26.2 将数据速率和最大用户速度与其他蜂窝网络(GSM)或无线标准进行了对比。

最大误比特率和传输延迟划分为如下几个集合,供用户选择。

- 对话型 。这一类主要用于语音服务,类似于 GSM。这种服务的延迟应该在 100 ms 量级或以下,大的延迟对用户来讲就成为令人不愉快的中断。误比特率应该控制在 10^{-4} 量级或以下。
- 流式。音频和视频流视为 WCDMA 的一个重要应用。可以容忍较大的延迟(超过 100 ms),因为接收机通常缓存几秒的流数据。误比特率通常更小,因为音频(音乐)信号中的噪声通常比语音(电话)通话中的噪声更令人讨厌。

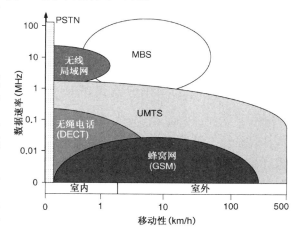

图 26.2 UMTS、GSM、DECT、无线局域网移动宽带系统(MBS)和地面网络 PSTN的数据速率与移动性关系图

- 交互式。这一类包括用户从远端设备请求数据的应用。最重要的一类是网页浏览,但同时数据库检索和交互计算机游戏也都属于这一类。对于这一类,也存在容忍延迟的上限,即选择一个网站和它确实显示在屏幕上的时间应该不超过几秒。误比特率应该比较低,一般低于 10^{-6}。

---

① 鉴于过去卫星蜂窝通信系统(如铱系统)的困难,对是否实际实现这一层尚存在疑问。

- 后台运行类型。这一类包括传输延迟不重要的服务，如电子邮件和短信息服务等。

26.3　空中接口

26.3.1　频带和双工

在世界范围内的大部分地区，UMTS 的频带范围为 1900～2025 MHz 和 2110～2200 MHz（见图 26.3）。在这些带宽中有一个用于移动卫星服务(MMS)的专用子带[1]。移动卫星服务的上行链路用的是 1980～2010 MHz 的频带，下行链路用的是 2170～2200 MHz 的频带。余下的频带分给陆地运营商的两种模式——UMTS-TDD 和 UMTS-FDD。UMTS-FDD 上行链路用的是 1920～1980 MHz 的频带，下行链路用的是 2110～2170 MHz 的频带。正如名字所示，时域双工模式不是通过不同的载波频率来区分上行链路和下行链路，而是通过在相同载波中的不同时隙来区分。因此，这种模式无须对称的频带，只是简单地使用所有剩下的带宽。

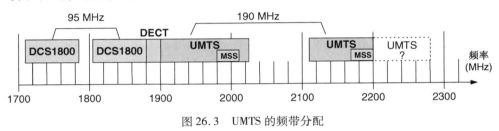

图 26.3　UMTS 的频带分配

美国的频带分配是个例外，将 3G 电话放在个人通信系统频带，即上行链路为 1850～1910 MHz，下行链路为 1930～1990 MHz。

26.3.2　时分双工和频分双工的模式

频分双工的运营模式主要针对宏蜂窝和微蜂窝，而时分双工的运营模式主要针对微微蜂窝。在时分双工模式中，比较难处理移动台和基站之间的比较大的传播延迟，因为传输和接收时隙可能交叠。因此，它只能用于微微蜂窝。然而，时分双工具备很容易支持上下行吞吐率非常不对称的情形的优势。这对于像网页浏览之类的应用非常重要，因为移动台接收的信息比发送信息大得多。对于媒体接入，时分双工模式用的是 JD-TCDMA，频分双工用的是 WCDMA。然而，本章将不深入考虑时域双工模式。

26.3.3　射频相关的方面

功率等级和接收灵敏度

　　移动台　根据发射机的功率，移动台可以分成 4 级：等级 1 至等级 4，分别对应的最大功率是 33 dBm，27 dBm，24 dBm 和 21 dBm。这里功率是在天线之前测量的，因此天线特性对于这些分级没有影响。移动台的接收机灵敏度必须非常高，当接收到的信号每 3.84 MHz 的信道功率为 −117 dBm 时，对 12.2 kbps 的数据速率仍能达到 10^{-3} 的误比特率。注意，该指标包含了前向纠错的作用。

---

　　[1]　有关 3G 和第 4 代(4G)系统频带的详细描述见第 27 章。

基站　对基站没有规定发射功率，但典型的发射功率值范围为 10 ~ 40 W。基站的接收机灵敏度也是非常高的，所以在接收到的信号的功率为 − 121 dBm 时，对 12.2 kbps 的数据速率仍能实现 10^{-3} 的误比特率。这很有挑战性，因为带宽 12.2 kHz 的噪声功率为 − 133 dBm。

该规范也规定了接收机应能够抗阻塞，即存在强干扰时能够工作。处理增益可以用来减少干扰的影响。然而，如果接收机的射频单元动态范围有限，干扰就可能将接收机推到饱和状态，从而导致信号的有用部分无法恢复。类似地，也规定了互调和其他射频效应 [Richardson 2005]。

频带

通常的载波间隔是 5 MHz，这是名义上的间隔。实际上，网络提供商可以选择载波的间隔为 200 kHz 的任意整数倍。因此，所谓的载波使用 UTRA 绝对射频信道号（UARFCN），指的是 200 kHz 的多少倍。移动台本地振荡器的频率偏移限制在 10^{-7}（千万分之一），约为 200 Hz。

从纯理论角度讲，分配的 5 MHz 频带以外的发射应为零。调制的基本脉冲是升余弦脉冲，滚降因子为 $\alpha = 0.22$。给定码片速率为 3.84 Mchip/s，信号带宽为 $(1 + \alpha)/T_{\mathrm{C}} = 4.7$ MHz[①]。然而，由于非理想滤波器的实现，实际中总出现该频带以外的发射。这些发射包括带外发射（定义为距离中心频率 2.5 ~ 12.5 MHz 的发射）和杂散发射，指距离中心频率更远的发射。

带外发射

对距离（中心频率）2.5 ~ 12.5 MHz 范围的带外发射有如下一系列限制。

- 频谱发射屏蔽。图 26.4 显示了一个基站的频谱屏蔽。对于给定的相对于中心频率的距离 Δf，分别存在一个最大的 30 kHz 和 1 MHz 带宽的功率限制。

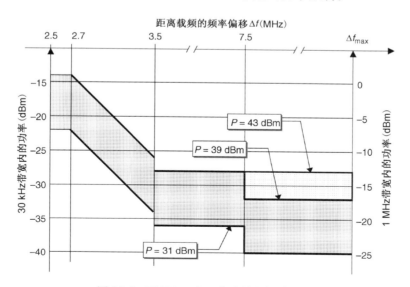

图 26.4　WCDMA 中一个基站的频谱屏蔽

---

① 信号带宽与名义上的载波距离不一致只能从历史的角度解释。最初规划的码片速率为 4.096 Mchip/s，$\alpha = 0.22$ 时信号带宽正好为 5 MHz。

- 邻道泄漏率(ACLR)。这是衡量多少功率从目标频带泄漏到相邻频带的量度。对于第一和第二的相邻信道(5 MHz 和 10 MHz 载波距离),这个比率应该分别好于 45 dB 和 50 dB。

杂散发射

杂散发射是指与使用信道相距很远的发射($\Delta f > 12.5$ MHz)。这些是由于谐波发射、互调产物等产生的。对于这种发射的限制有很大的弹性,例如对于 1 MHz 的带宽为 -30 dBm。然而,对于其他移动系统如 GSM、DECT、数字蜂窝系统(DCS 1800)或者 UMTS 陆地无线电接入(UTRA-TDD)使用的频率,这种杂散发射是很严重的。特别是,当一个 UMTS 的基站与 GSM 的基站共址时,可以适用的发射限制在 -98 dBm/100 kHz,这样才能保证 UMTS 的信号不干扰 GSM 的信号。

26.4   物理和逻辑信道

26.4.1   逻辑信道

类似于 GSM,在 UMTS 中必须区分不同的逻辑信道,这些逻辑信道要映射到物理信道。在 UMTS 中逻辑信道有时称为传输信道。有两种传输信道:公共传输信道和专用传输信道。

公共信道

公共信道和一个小区内的所有或者至少一组移动台有关。这样,所有这些移动台接收这些信道在下行链路中传送的信息,并可能在上行链路中访问这些信道。这里有几种不同的公共信道。

- 广播信道(BCH)。广播信道只出现在下行链路中。它传送特定小区和特定网络的信息。例如,基站利用该信道将空闲接入码和可用的接入信道的信息通知小区中的所有移动台。该信道必须以相当高的功率传送,以便所有移动台都能接收到。因此,此信道对于功率控制和智能天线都不适用。
- 寻呼信道(PCH)。这种信道也是只出现在下行链路中。它用来告诉移动台关于呼入电话的信息。由于到移动台的信道衰减及移动台的位置是未知的,所以寻呼信道也需要很大的发射功率且不能使用智能天线。根据移动台的当前小区是否已知,决定寻呼信息在一个小区传送还是在多个小区传送。
- 随机接入信道(RACH)。随机接入信道只应用于上行链路。移动台用它与基站建立连接。它可以使用开环功率控制,但不能使用智能天线,因为基站必须能够接收到小区内来自每个移动台关于随机接入信道的信号。因为它是一种随机接入信道,可能发生冲突。因此,随机接入信道的突发结构与其他信道不同,这将在后面详细介绍。
- 前向接入信道(FACH)。前向接入信道用来向特定移动终端发送控制信息。然而,由于前向接入信道也是一种公共信道,因而此信道信息能被多个移动台接收,所以必须明确标明目标移动台的地址(带内识别,在数据包开始时的 UE-ID)。与采用目标移动台隐含地址的专用控制信道不同,后者的移动台通过载波和扩频码来指定。前向接入信道也可以用来传输短的用户信息分组。它可以采用智能天线,因为信息是发送给一个地址确定的特定移动终端的。

- 公共分组信道(CPCH)。公共分组信道也是一个上行链路信道,可以解释为前向接入信道的配对信道。它可以传输控制信息和数据分组。如果前向接入信道和公共分组信道一起使用,就可以实现闭环功率控制。
- 下行共享信道(DSCH)。下行共享信道是一种与前向接入信道相似的下行信道。它主要用来给多个移动台发送控制数据,但也发送一些业务数据。这种信道中必须使用明确的地址信息,就像所有移动台使用相同的 CDMA 码一样。让多个移动台使用相同的码,是因为短的扩频码数量是有限的(见下一节)。在正常环境中,一个扩频码永远为一个移动台保留,即使业务是突发的。这样,小区会很快用完所有的码(注意,只有少数码字可用于高数据速率业务)。在下行共享信道中,一个短码用于几个移动终端,数据在时间上进行复接。下行共享信道支持快速功率控制、使用智能天线及基于逐帧的数据速率自适应。注意,在高速下行链路分组接入中,下行共享信道用的是不同的方法,即同时使用多个短码。

专用信道

专用信道同时用于上行链路和下行链路。它们用于传输高层信令和实际的用户数据。因为在使用专用信道时移动台的位置是已知的,所以智能天线、快速功率控制和基于逐帧的数据速率自适应都可以采用。

- 专用(传输)信道(DCH)。这是仅有的专用逻辑信道的类型。移动台地址是固定的,每一个移动台使用一个独特扩频码。

26.4.2　物理信道

WCDMA 在同一个逻辑信道中传输控制和用户数据(与 GSM 不同),即专用传输信道。然而,对于物理信道,我们要区别控制信息和用户信息的信道。两者组合的传输称为编码合成传输信道(CCTrCH)。注意,也有一些物理信道不与特定的逻辑信道相关联。

上行链路

在上行链路中,有专用控制和用户数据信道,它们是通过 I 路和 Q 路码复用来同时传输的(见 26.6 节)。

- 导频比特、传输功率控制(TPC)和反馈信息(FBI)是通过专用物理控制信道(DPCCH)传输的。而且,传输格式组合指示(TFCI)可以通过专用物理控制信道传输(见 26.5.2 节)。传输格式组合指示包含在专用物理数据信道中复用的数据传输信道的所有实时参数(见下文)。专用物理控制信道的扩频因子是常数,其值是 256。这样,在每个时隙传输 10 个控制信息比特。
- 实际中的用户数据是通过专用物理数据信道(DPDCH)传输的。4～256 之间的扩频因子都是可用的。专用物理数据信道和专用物理控制信道分别使用 I 路和 Q 路在同一时间、同一载波中传输。
- 随机接入信道不仅是逻辑信道,而且是物理信道(即物理随机接入信道,PRACH)。媒体接入采用的是时隙 ALOHA 方法(见第 17 章)。随机接入信道的突发结构与专用信道完全不同。数据分组也可以通过物理随机接入信道来传输。分组既可以通过纯物理随机接入信道模式,指在 26.6 节描述的突发结构,也可以通过上行链路公共分组信道

（UCPCH）来传输。上行链路公共分组信道是物理随机接入信道的扩展，它可以在下行链路中与专用物理控制信道结合，从而实现快速功率控制。

- 物理公共分组信道（PCPCH）与物理随机接入信道有相同的突发结构。信息是在前导字段之后传输的。最初几个接入的前导字段以逐渐增加发射功率的方式发送，直到基站接收到必需的信号强度。在基站确认接收之后，才发送下一个前导字段来检测是否与其他试图接入物理公共分组信道的移动台发生冲突。在用户数据发送之前，可以发送一个长度为0或8个时隙的功率控制前导字段，之后才发送实际数据。这种传送周期的长度是帧长（即 10 ms）的倍数。

下行链路

当然，专用数据和控制信道（专用物理数据信道和专用物理控制信道）也用于下行链路。然而，它们采用不同的方法复用，这将在 26.6 节中讨论。

下行链路是如下公共控制信道所特有的（见图 26.5）。

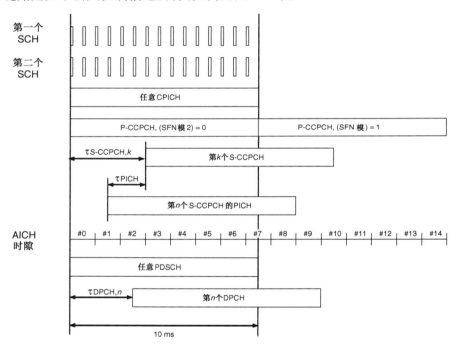

图 26.5　下行链路的帧和时隙结构

- 主公共控制物理信道（P-CCPCH）：突发通过公共控制物理信道的传输与专用物理控制信道的相似。然而，公共控制物理信道中没有功率控制，无须传送相应的比特。P-CCPCH 在每个帧中有空闲周期，这个空闲周期的长度是 256 个码片长度。P-CCPCH 承载的是广播信道，它的信息能被小区中的所有移动台解调是非常关键的。因此该信道用的是固定的高扩频因子，即 256。
- 次公共控制物理信道（S-CCPCH）。主、次公共控制物理信道的主要区别在于前者的数据速率和扩频因子是固定的，而后者的是可变的。S-CCPCH 承载的是前向接入信道和寻呼信道。

- 同步信道(SCH)。同步信道与任何逻辑信道无关。它的功能将在 26.7 节解释。同步信道是复用到 P-CCPCH 中的一个时隙,它发送 256 个码片长度的同步信息。在上面提到的 P-CCPCH 的空闲突发中,通过发送 256 个码片长度的同步信道进行同步。

- 公共导频信道(CPICH)。这个信道有一个固定的扩频因子 256。公共导频信道包括一个主和一个次公共导频信道。主公共导频信道为整个小区的公共信道提供相位和幅度参考。主公共导频信道在整个小区内传输,次公共导频信道可能只在选定的方向上传输。主和次公共导频信道中用的扩频码和扰码不同:主公共导频信道总是用主扰码和固定的信道化码,所以一个小区只有一个这样的码。

  公共导频信道对于建立连接特别重要,因为在这个阶段专用信道的导频是不可用的,而且导频信道在移动台处提供信号强度的指示,所以对切换过程是很重要的。一个基站所覆盖的小区规模可以通过改变导频信号的发射功率来改变。通过减少发射功率,基站提供最强信号的区域减小。这样就减少了一个基站的业务负载。

- 除了这些信道,下行链路特有的信道还包括:物理下行共享信道(PDSCH,承载的是下行共享信道)、请求指示信道(AICH,提供同步成功与否的反馈)和寻呼指示信道(PICH,支持寻呼信息)。

逻辑信道和物理信道的匹配

图 26.6 所示为物理信道和逻辑信道(也称为传输信道)的匹配示意图。关于帧和时隙定时的细节可以在标准中找到。

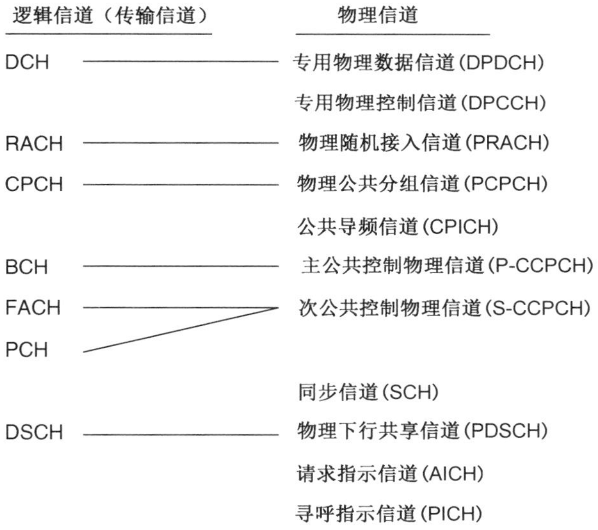

逻辑信道(传输信道)	物理信道
DCH	专用物理数据信道(DPDCH)
	专用物理控制信道(DPCCH)
RACH	物理随机接入信道(PRACH)
CPCH	物理公共分组信道(PCPCH)
	公共导频信道(CPICH)
BCH	主公共控制物理信道(P-CCPCH)
FACH	次公共控制物理信道(S-CCPCH)
PCH	
	同步信道(SCH)
DSCH	物理下行共享信道(PDSCH)
	请求指示信道(AICH)
	寻呼指示信道(PICH)

图 26.6　物理信道和逻辑信道的匹配示意图

26.5　语音编码、复用和信道编码

26.5.1　语音编码

在 UMTS 中用的语音编码器是自适应多速率(AMR)编码器,这也和 GSM 中采用的增强型语音编码器非常类似。自适应多速率编解码器是基于代数码本激励线性预测(ACELP)的(见

第15章)。WCDMA-AMR包含8种不同的编码模式,其中源速率范围为4.75~12.2 kbps,另外还有一种"背景噪声"模式①。

26.5.2　复用和交织

复用、编码和交织是一种非常复杂的处理过程,提供很高的灵活性。从上层来的数据流在通过空中接口的传输信道发送之前必须经过处理。传输信道以10 ms,20 ms,40 ms或80 ms为周期的分组进行处理。首先讨论上行链路的复用和编码。图26.7(a)的框图示出了上行链路的复用和编码的处理顺序。

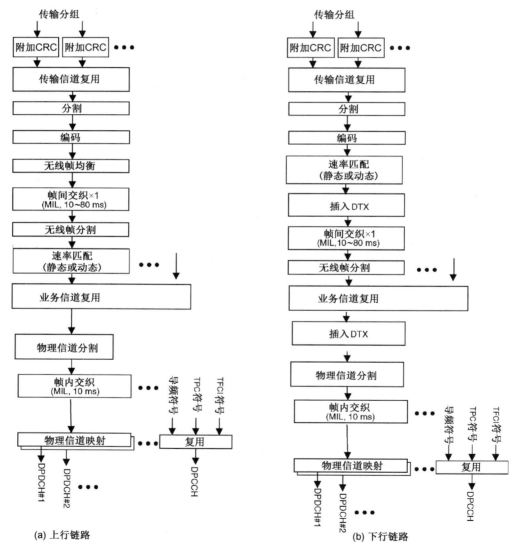

图26.7　复用和编码

- 当处理一个传输块时，第一步是附加一个循环冗余校验(CRC)字段。该字段可以为 8、12、16 或 24 比特的长度，用于错误检测。对于一次传输时间间隔内的每一个数据块，根据下面的编码多项式计算 CRC 字段并附在数据块的尾部：

$$G(D) = D^8 + D^7 + D^4 + D^3 + D + 1 \qquad \text{对于 8 比特的 CRC} \qquad (26.1)$$

$$G(D) = D^{12} + D^{11} + D^3 + D^2 + D + 1 \qquad \text{对于 12 比特的 CRC} \qquad (26.2)$$

$$G(D) = D^{16} + D^{12} + D^5 + 1 \qquad \text{对于 16 比特的 CRC} \qquad (26.3)$$

$$G(D) = D^{24} + D^{23} + D^6 + D^5 + D + 1 \qquad \text{对于 24 比特的 CRC} \qquad (26.4)$$

- 然后，数据块级联或者分割成适合信道编码大小的分组。这些组不能太小，否则会增加开销(尾部比特)的相对影响并使 Turbo 码的性能变差。另一方面，分组又不能太大，否则译码将变得太复杂。对于卷积编码，典型的分组大小为 500 比特，对于 Turbo 码约为 5000 比特。附加尾部比特用来帮助译码。如果采用卷积编码则用 8 个尾部比特，如果采用 Turbo 编码则用 4 个尾部比特。
- 用卷积码或 Turbo 码对分组进行编码，细节将在下一节详细讨论。
- 编码分组然后经过无线帧尺寸均衡。这可以确保每个无线帧的数据量相同。
- 假如分组跨度超过一个帧长的大小(即 10 ms)，就应用帧间交织，将这个分组的不同帧的比特进行交织。
- 然后，如果需要就将分组分割成 10 ms 的传输块，这一过程称为无线帧分割。
- 接下来进行编码分组的速率匹配，也就是通过删余或选择比特重复，使数据分组的数据适应目标速率。通常优先选择重复，除非某些特别高数据速率的情况。
- 如果发送多个传输信道，则传输分组或帧进行时间复用。每个分组都伴随着一个发送格式合并指示，这其中包含当前分组的速率信息，因此它非常重要。如果发送格式合并指示丢失了，则整个帧就都丢失了。
- 得到的数据流被送进第二交织器，它对无线传输帧内的比特进行交织，即帧内交织。如果使用多个物理数据信道，传输帧就会映射到这些信道。否则，使用一个专用物理信道。

下行链路的复用和编码操作略有不同，如图 26.7(b)所示，有些步骤的顺序不同。主要的区别是插入 DTX(非连续传输)比特，用来指示什么时候关闭传输。取决于采用固定还是可变的符号位置，DTX 指示比特在复用/编码链中的插入点也不同。

编码

信道编码有如下两种模式。

1. 卷积码，在公共信道中码率为 1/2，在专用信道中码率为 1/3。卷积码主要用于"常规的"应用，数据速率最高达 32 kbps。译码器的约束长度为 9。图 26.8 给出两种卷积编码器的结构。码率为 1/2 的编码器的编码多项式为

$$G1(D) = 1 + D^2 + D^3 + D^4 + D^8 \qquad (26.5)$$

$$G2(D) = 1 + D + D^2 + D^3 + D^5 + D^7 + D^8 \qquad (26.6)$$

码率为 1/3 的编码器的编码多项式为

$$G1(D) = 1 + D^2 + D^3 + D^5 + D^6 + D^7 + D^8 \qquad (26.7)$$

$$G2(D) = 1 + D + D^3 + D^4 + D^7 + D^8 \qquad (26.8)$$

$$G3(D) = 1 + D + D^2 + D^5 + D^8 \tag{26.9}$$

2. Turbo 码主要是用于高数据速率(大于 32 kbps)的应用。码率为 1/3。采用的是一个并行级联码(见第 14 章),使用两个递归系统卷积编码器(见图 26.9)。数据流首先直接送入第一个编码器,经过交织器后送入第二个编码器。两个编码器的码率都是 1/2。这样,输出是原始比特 X 或 X',冗余比特 Y 或 Y',冗余比特是递归移位寄存器的输出。然而,由于 X 等同于 X',仅传输 X、Y 和 Y'。这样,Turbo 码的码率为 1/3。

表 26.1 提供了用于不同逻辑信道的不同编码模式的总结。

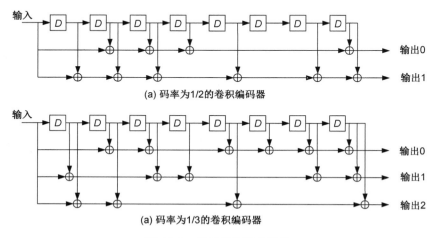

(a) 码率为 1/2 的卷积编码器

(a) 码率为 1/3 的卷积编码器

图 26.8　卷积编码器的结构

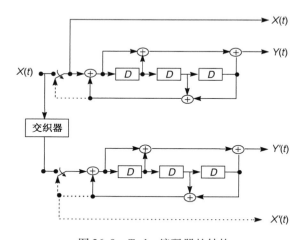

图 26.9　Turbo 编码器的结构

表 26.1　用于不同逻辑信道的不同编码模式

传输信道类型	编码方案	码　　率
广播信道	卷积码	1/2
寻呼信道		
随机接入信道		
公共分组信道、专用传输信道、下行共享信道和前向接入信道		1/3, 1/2
	Turbo 码	1/3

26.6　扩频和调制

26.6.1　帧结构、扩频码和沃尔氏-哈达曼(Walsh-Hadamard)码

WCDMA 依赖于 CDMA 进行多址接入。然而，传输定时仍基于类似于 GSM 的层次时隙结构：帧周期 $T_f = 10$ ms 并被分成 15 个时隙，每个时隙有 12 比特的系统帧号(SFN)。每个时隙的持续时间为 0.667 ms，相当于 2560 个码片时间。上行链路和下行链路的帧和时隙的结构配置是不同的。

WCDMA 使用两种类型的码进行扩展和多址接入：信道化码和扰码(可与 IS-95 对比，见第 25 章)。前者通过扩展占用带宽来扩展信号，与 CDMA 的基本原理一致。后者不进行带宽扩展，但帮助区分小区和/或用户。接下来讨论不同信道下的码和调制。

WCDMA 中的信道化码是正交可变扩展因子(OVSF)码(18.2.6 节讨论过，又见 22.5.1 节)。

对于扰码，存在一个长码和一个短码。两个都是复数码，是根据下式从实值码导出的：

$$C_{\text{Scrambler}}(k) = c_1(k) \cdot (1 + j \cdot (-1)^k \cdot c_2(2\lfloor k/2 \rfloor)) \tag{26.10}$$

其中，k 是码片索引，并且 c_1 和 c_2 是两个实值码。

对于短码，c_1 和 c_2 是长度为 256 的非常大的 Kasami 集合中的两个不同元素(见 18.2.5 节)。值得注意的是，短码的持续时间仅在扩频因子为 256 时等于符号的持续时间，否则 WCDMA 中的"短"码不是第 18 章意义下的短码。

长码是一个 Gold 码，是两个伪噪声序列的组合，其中每个序列的长度为 $2^{25} - 1$。I 和 Q 部分、式(26.10)中的 c_1 和 c_2，为同一 Gold 序列的变化形式，相互之间进行了移位。码被截短为长度 10 ms，即 1 帧。

26.6.2　上行链路

专用信道

图 26.10 为上行链路的扩频和调制框图。

- 在正常环境下，用户数据(DPDCH$_1$)和控制数据(DPCCH)在同相分量传输，控制信道在正交分量传输。首先，信道化码 c_d 和 c_c 分别应用到数据和控制信道。正如上面所提到的，这些码实际上增加了信道的带宽。然后，I 和 Q 支路作为复信号对待。这样处理控制和数据信道称为 I-Q 复用。

- 如果用户的数据速率非常高，则最多有 5 个附加数据信道可以在 I 支路和 Q 支路上并行传输。之后，这些信道通过应用不同的扩频码 $c_{d,k}$，$k \in [1, \cdots, 6]$ 来区分。这种情况的扩展因子为 4。因此，总的数据速率由下式给出：

$$\frac{4 \text{ Mchip/s}}{4 \text{ chips/b}} \times 6 \times \frac{1}{3} \tag{26.11}$$

4 chips/b 表示扩频。因子 6 是指最多 6 个传输信道，因子 1/3 与信道编码有关。因此，可达到的最大网络用户数据速率为 2 Mbps。

- 控制信道相对于数据信道的发射功率是由扩频因子的比率 β_c/β_d 决定的。接收噪声功率正比于(未扩频)带宽及数据速率。因此，扩频因子越小，发射功率必须越高，以确保接收端对用户数据和噪声数据的信噪比是相同的。控制数据的扩频因子总是 256。

- 然后，应用复的扰码 $S_{\text{long,n}}$ 和 $S_{\text{short,n}}$，并将信号送入复调制器。由于 I 和 Q 因子，复信号通常功率不平衡。为了处理这个问题，扩频码和扰码字经常设计得使两个相邻的码片的信号星座旋转 $90°$。
- 得到的信号用奈奎斯特基脉冲进行正交幅度调制。更确切地说，基脉冲为滚降因子为 $\alpha = 0.22$ 的升余弦脉冲。调制精度要好于 17%。精度的量度为真实信号和理想信号之差的功率与理想信号的功率之比，即误差矢量振幅(EVM)。

上行链路中采用 I-Q 复用是为了限制峰值因子。即使在没有用户数据发送的时候，例如，在无语音段，控制信道仍是连续活动的。因此，移动台的射频放大器无须持续地开和关，从而简化了硬件必须覆盖较小动态范围的要求。而且，幅度从时隙到时隙或突发到突发的变化可能引起音频处理设备的干扰，类似移动台话筒和助听设备的干扰，因为这些活动在音频范围之内。

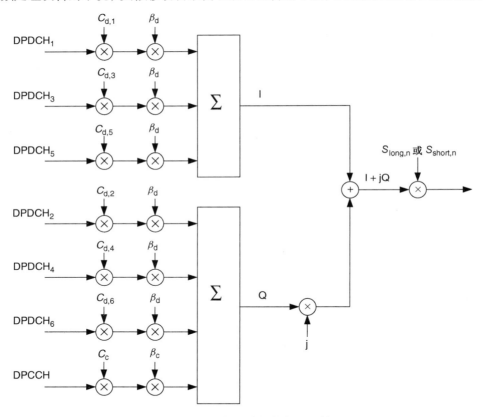

图 26.10　上行链路的扩频和调制

接下来更详细地讨论控制信道。它承载的是导频比特、发送发射功率控制比特、反馈信息比特和发送格式合并指示比特。由于扩频因子固定取 256，每个时隙传送 10 比特的控制信息(见图 26.11)。

随机接入信道

接下来把注意力转向随机接入信道的传输结构(见图 26.12)。随机接入信道发送的起始时间应该在 $t_0 + k \times 1.33$ ms，其中 t_0 指的是在广播信道上常规帧的开始时刻。在接入突发的开始，发送几个长度为 4096 码片的前导字段。第一个前导字段的功率是由"开环"功率控制确定的,即移动台测量广播信道的强度,据此判断小尺度平均路径增益的大小,该值(加上一个安全余量)决定发射功率。如果移动台没有接收到它对请求指示信道的接入请求的确认,就会再次发送增加功率的前导字段。在接收到了确认之后,发送实际的接入数据(长度为 10 ms 或 20 ms 的字段)。

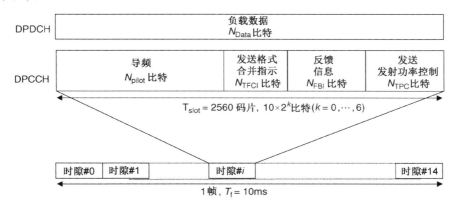

图 26.11　在上行链路中的帧和时隙结构

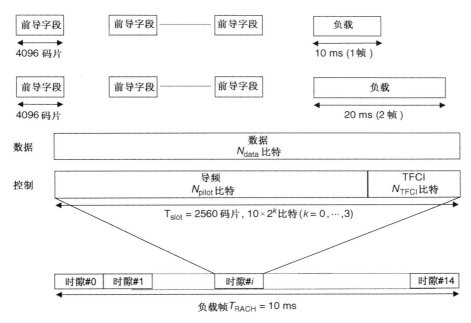

图 26.12　随机接入信道的传输结构

前导字段包含一个共有 16 个预定义的签名序列,该序列以扩频因子 256 进行传输。这个"数据"包含长度为 10 ms 的消息部分,和 DPCH 类似,划分成 15 个时隙。每个这种时隙有 8 个导频比特和 2 个发送格式合并指示比特,以扩频因子 256 传输,这就构成第一层的控制信息。而且,一个"数据"消息,通常包括第二层的控制信息,以 32 ~ 256 的扩频因子传输。第一层的控制信息和"数据"消息通过 I-Q 复用同时传输(见图 26.13)。这样,随机接入信道的消息部分的结构非常类似于一个专用物理信道的一帧。然而,这里既没有传送 TPC 字段,也没有传送反馈信息字段。

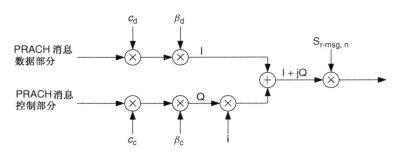

图 26.13　物理随机接入信道的调制

物理公共分组信道

物理公共分组信道的突发结构与物理随机接入信道中传输的突发结构非常类似。首先用逐渐增加的功率发送一个或几个前导字段,直到基站接收到的功率足够,并由基站发给移动台一个确认。之后,发送一个前导字段,其唯一目的是检测与其他分组的冲突。而且,可以发送发射功率控制信息。然后发送实际的数据。这个消息包括一个或者几个 10 ms 的帧,每个帧分为 15 个时隙。图 26.13 示出了物理随机接入信道的调制原理。

基站处理

基站必须以如下方式周期地处理接收到的信息[Holma and Toskala 2000]。

- 接收一个帧,解扩,并以该帧使用的最高数据速率决定的采样频率存储该帧。注意,一个帧内可能采用不同的数据速率和扩频因子。
- 对于每个时隙:(i) 用导频来估计信道冲激响应;(ii) 估计信干比;(iii) 发送给移动台功率控制信息;(iv)将来自移动台的功率控制信息解码,并据此改变发射功率。
- 对于每 2 个或 4 个时隙:对反馈信息比特译码[1]。
- 对于每 10 ms 帧:对发送格式合并指示信息译码,以获得专用物理数据信道的译码参数。
- 对于每个交织器周期,它为 10 ms, 20 ms, 40 ms 或 80 ms:对通过专用物理数据信道传送的用户数据译码。

扩频码

上行链路是用正交可变扩展因子码来扩频的。然而,它们不是用于信道化的(区分上行链路的用户)。因此,不同的用户可以使用相同的扩频码。事实上,分配扩频码给任意移动台的不同信道是预先定义的。专用物理控制信道总是用第一个码扩频,该码索引为 0,扩频因子是 256。一个专用物理数据信道用索引为 SF/4 的码字来扩频,SF 表示信道的扩频因子。在传送多个数据信道的情况下,如果使用索引为 1, 2 或 3 的扩频码,则扩频因子为 4;一个码字在 I 支路和 Q 支路两个信道中使用。业务信道的扩频因子可能从一帧到另一帧变化。对于物理随机接入信道和物理公共分组信道,有其他的码字选择标准。

扰码

正如前面提到的,来自不同用户的信号是通过不同的扰码来区分的。"短"码和"长"码

---

① 注意,2 个或 4 个反馈信息分组构成一个反馈信息命令,如天线权重的更新。

都可以采用(见第 18 章)。没有什么时候采用短码或长码的严格规则。然而,当基站有多用户检测能力时推荐用短码(见 18.4 节)。短码限定了多用户检测的计算复杂度,因为涉及的互相关矩阵更小。如果没有实现多用户检测,则应该用长码,因为它们比短码提供了更好的干扰白化性能。

基站在连接建立时,通过接入授权消息给移动台分配特定的扰码。

随机接入信道的码

随机接入信道的码和那些常规信道的码是不同的。这些码对于一个基站是特定的,并且相邻的两个基站不能采用相同或相似的码。前导字段首先传送,用于同步和识别(见下文)。前导字段设计得对频率同步中起始的不确定性非常稳健。而且,随机接入信道码仅用二进制码传输,从而简化了接收机的设计。

26.6.3 下行链路

在下行链路中,数据和控制信道的扩频与调制与上行链路中的不同。在下行链路中,数据和控制信道进行时分复用,得到的单个比特流进行正交相移键控调制。可以把信号比特流的正交相移键控调制解释为串并变换到 I 支路和 Q 支路的两个流。得到的 I 信号和 Q 信号用相同的信道化码分别扩频。然后对得到的复信号应用复扰码。最后,扰码后的复信号送到复调制器。

图 26.14 说明了 DPDCH 在下行链路中的帧和时隙结构。包含比特的第一个数据块发送后,发送发射功率控制比特,然后发送格式合并指示比特。之后,发送第二个数据块。时隙以导频比特结束。可以使用 4~512 之间的扩频因子。导频比特、发送格式合并指示比特和发送发射功率控制比特的目的和性质与上行链路的相同。

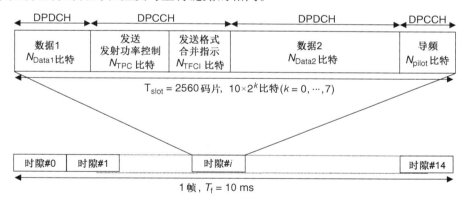

图 26.14 DPDCH 在下行链路中的帧和时隙结构

同一个用户的扩频因子在各帧中不会变化。它选择能适应该用户出现的最高数据速率的扩频因子;如果瞬时需要一个低的速率,则使用非连续传输,即在一段时间内不传输。移动台可以通过发送格式合并指示字段知道当前的数据速率。

非连续传输可以在下行链路中使用的原因(与上行链路不同)为:(i)传输放大器的开/关转换引起的可闻干扰在下行链路中不成问题,公共控制和同步信道,如广播信道或同步信道总是连续传输的;(ii)高的峰值因子总是不能避免的,因为几个码分多址信号的平行传输总是导致高的峰值因子。

移动台的处理

移动台接收机必须为下行链路执行与基站接收机的上行链路相似的操作。但是,有如下一些不同之处[Holma and Toskala 2000]:

- 下行共享信道的所有信道部分的扩频因子不随时间变化。
- 这里无须反馈信息字段。
- 除了专用物理信道的导频,还有一个公共导频信道(CPICH),提高了信道估计。
- 在下行链路中可以使用智能天线。

信道化码

下行链路中不同用户的信号本来是同步的,因为它们来自同一个发射机,即基站(见第25章)。因此,正交可变扩展因子码能很好地分开一个小区内的不同用户的信号。基站在建立连接期间告知移动台使用的码的信息。基站确保在小区中同一个码(或在正交可变扩展因子树上的一个"母码")只使用一次。如果需要则可以在连接时改变码字。

扰码

下行链路的长码与上行链路中的一样,下行链路中不使用短码。共有512个主扰码[1],划分为64组,每组为8个。主、次扰码和替代码字是明确地相互关联的。每个小区中恰好有一个主扰码字用于公共控制物理信道和公共导频信道。其他的下行链路信道可以使用同一个主码或一个相关的次码。然而,使用超过一个扰码只有在采取其他提高小区容量的手段时(如智能天线)才有意义。否则,一个扰码与扩频码协作已经达到最大的用户分离。

总结

表26.2提供了使用的不同的信道化码和扰码的总结。

表26.2 不同的信道化码和扰码的总结

	信道化码 (可变码片速率)		扰码 (固定码片速率)		
	上行链路	下行链路	上行链路		下行链路
分离	一个用户的信道 (I/Q, DPDCH)	信道(DPDCH) 和用户	用户		小区
	分配给连接	分配给连接和用户	被基站分配给用户		分配给小区
重用	在相同的小区内	在所有其他小区中	在其他小区中		在距离较远的小区中(编码规划)
选择	固定的(由系统帧给定)	可变的	可变的		固定的
码字长度	短	短	"短"	长	长
支持	变化的数据速率	不同的数据速率	多用户检测		小区搜索
各种码	正交可变扩展因子码 (实的)	正交可变扩展因子码 (实的)	复的、基于 VL Kasami	复的、基于 Gold 码的段	复的、基于 Gold 码的段
码长度	4~256	4~512	256	38 400	38 400
码字数目	可达256		大于 10^6	>>(译者注:代表非常大)	512(8192)

---

[1] 另外,对于压缩模式,还有 512×25 个次扰码,以及 8192 个左替代扰码和 8192 个右替代扰码。

高数据速率用户

在 UMTS 中，基本上有两种可能性支持高数据速率。

1. 用低的扩频因子传输。这是增加数据速率的最直接的方法。WCDMA 中允许的最低扩频因子是 4。注意，扩频因子为 1 即为纯的频分多址系统。低的扩频因子的缺点是符号间干扰将变得很严重。扩频因子为 4 时，符号持续时间可以降为 1 μs。这样，接收机不仅需要处理码片间干扰（由 Rake 接收机结构有效消除），还要处理严重的符号间干扰（需要用一个均衡器来消除，见第 16 章）。这些附加的实现复杂度可能会增加单元的成本，特别是移动台。

2. 数据流可以通过串并转换，然后用多个码字传输，而每个码字有足够高的扩频因子。这称为"多码传输"。这种方法中，符号间干扰不成问题，但却出现了两个其他问题：（i）多码信号的峰值因子高（这在下行链路中不成问题，因为要支持多用户）；（ii）效率降低，因为每个增加的传输的码都有额外的开销。

26.7　物理层过程

26.7.1　小区搜索和同步

搜索最强的基站信号并和这个基站同步，需要分几步完成。

第一步，移动台和它能够观察到的最强信号的时隙定时同步。这是通过搜索 256 个码片的主同步码完成的。每一个基站周期性地发送该序列，并且它在整个系统中是相同的。移动台只需把收到的信号与该同步序列求相关，以确定所有的可用基站。该相关器的输出指示了不同延迟的几个峰值，对应于不同基站的信号和这些信号变化的反射（多径分量）。通过选择最高的峰，移动台可以和最强信号的时隙同步。换句话说，移动台知道最强基站的一个时隙的开始。然而，它仍然不知道帧定时，例如不知道现在接收的是第 1 个时隙还是第 10 个时隙。

因此，帧同步必须在下一步进行。它通过观测次同步信道完成，并在同一步中确定基站使用的主扰码的码组。正如前面所讨论的，在下行链路中，公共控制物理信道和公共导频信道是用 512 个主扰码中的一个进行传输的。这 512 个主扰码分成 64 组。次同步信道用 15 个连续的时隙传输 15 个码的一个序列，每个码都是同一符号集中的一个符号。这样，就可以把码序列解释成一个有 15 个字母的词（码字）。这个码字周期性地重复。因此，移动台可以确定使用的组，并通过观测该码字达到帧同步。码字的选择要保证一个码字的循环移位决不能成为另一个码字。因此，移动台可以确定发送的是哪种码字（这指示了使用的码组），以及码字从哪里开始（这指示了帧定时）。

这里用一个简化的例子来说明这个过程。假设使用的符号表的大小是 5 并且可以传输长度为 4 的三个码字：（i）abcd；（ii）aedc；（iii）bcde。进一步假定已经接收到 edca。因为（i）里没有字母 e 并且（iii）里没有字母 a，所以接收的码字必然是（ii）的循环移位。一旦知道传输的是（ii），就很容易看出帧定时必须调整一个时隙。

在码组确定之后，移动台必须确定公共控制物理信道中使用该组的哪个码。因此，公共控制物理信道与该码组中所有可能的 8 个码进行符号相关。一旦完成该步骤,公共控制物理信道就可以被正确地解调了。

26.7.2　建立连接

移动台发起的一个连接需要下面几个步骤。

1. 移动台将它和最强的基站同步的过程如前文所述。
2. 移动台对广播信道进行译码,从而获得如下相关信息:(i)前导字段的扩频码和物理随机接入信道信息部分的扰码;(ii)可用码;(iii)可接入时隙;(iv)消息可能的扩频因子;(v)上行链路的干扰水平;(vi)公共控制物理信道的发射功率。
3. 移动台为前导字段选择一个扩频码,并为消息选择一个扰码。
4. 移动台确定消息的扩频因子。
5. 基于测量的公共控制物理信道的信号强度和基站的发射功率信息,移动台估计上行链路的衰减。基于衰减估计和关于上行链路干扰水平的信息,移动台估计前导字段的必需的发射功率。
6. 移动台随机地选择一个接入时隙和可用集合中的一个扩频序列。
7. 移动台发送前导字段。在请求成功的情况下,基站在请求指示信道中发送一个确认。
8. 如果移动台没有收到从基站发来的确认,就将重复地以递增的功率发送前导字段。
9. 一旦基站发出了前导字段的获得指示,移动台开始在下一个可用时隙发送接入消息。
10. 移动台等待一个来自网络的接入授权消息。如果它在预定时间内没有收到这个消息,就重复从第 5 步开始的步骤。

26.7.3　功率控制

功率控制是 CDMA 系统的一个基本部分,因为它对控制相互干扰是必需的(见第 18 章)。WCDMA 中的内环功率控制,特别适用于适应速度高达 500 km/h 的小尺度衰落。因此,UMTS 中的功率控制步骤必须相当快。在每一个时隙(即 0.667 ms)内,发射功率都要更新。还有一个外环功率控制,它连续地调整内环功率控制的目标信干比(见第 25 章关于 IS-95 的功率控制)。

上行链路

上行链路使用一个闭环步骤进行功率控制。基站估计接收信号的功率并通过发送 TPC 指令给移动台来控制它,这相应地改变了发射功率。发射功率控制比特用专用物理控制信道传送,并且包含增加或减少功率的指令。可能存在的步幅大小为 1 dB 或 2 dB 并且有 ±0.5 dB 或 1 dB 的不确定度。然而,发射功率不会减少到低于一定程度,比如 −44 dBm。给定 1 类单元的最大发射功率为 33 dBm,射频放大器必须覆盖的动态范围为 77 dB,这是一个非常严格的硬件要求。

对于软切换,情况是相当复杂的,因为移动台可以从不同的有关基站接收到不同的发射功率控制比特。UMTS 的标准详细说明了一种算法来决定从这些不同命令中获得组合功率控制的方法。组合指令是一个加权的单功率命令的函数,应用的权重正比于单个信号的可靠性。一些特别的规则应用在特殊的环境下。例如,对压缩模式和公共组合信道,实现了一个特殊过程,因为在传输和发射功率控制命令之间会产生较长的间隔。

在物理随机接入信道中不可能采用闭环功率控制，因为在移动台和基站之间还没有建立起一个专用信道。因此，必须采用开环功率控制。移动台测量公共控制物理信道在一段时间内的平均接收功率，以平均掉小尺度衰落效应。这是必需的，因为由于频分双工，上行链路的小尺度衰落和下行链路中的是不相关的。换句话说，从下行链路的瞬时接收功率来确定上行链路的瞬时接收功率水平是不可能的。平均接收功率仅能估计上行链路的必要的平均发射功率。然而，这至少是一个好的起始值。

下行链路

所有的下行链路的信号（发向一个移动台）都经过相同的衰减。而且，由于用正交可变扩展因子码进行信道化，下行链路的信号是正交的，所以扩频操作导致一个好的信干比[1]。因此，下行链路的功率控制的主要目标是维持一个好的信噪比[2]。在下行链路中使用的是闭环功率控制。每个移动台检测信号的强度和质量，并通过专用物理控制信道将发射功率控制命令发送给基站。在至少有一个移动台请求更大的发射功率时，基站增加所有信道的功率。因此，在小区边界的移动台实际上控制着基站的发射功率。

这里存在的一个问题是移动台在 Rake 接收机之后估计信噪比。与仅用几个 Rake 耙齿的便宜设备相比，有更多 Rake 耙齿的更复杂的设备所捕捉的信号能量更多。因此，便宜的设备比贵重的设备需要更大的来自基站的发射功率。这样，UMTS 网络通过在单元设计中保证独立于接收机设计质量的好的接收质量来消除差异。当然，这可能限制生产厂商开发和生产好的移动台的动机。

发送分集

下行链路可能用两个天线实现发送分集。闭环分集和开环分集是不同的，前者的发射机需要信道状态信息，而后者的发射机无须信道的任何信息。共指定了如下 3 种分集模式。

- 带有两个天线的正交空时分组编码，也就是 Alamouti 码（见 20.2 节）。
- 发送信号可能从一个天线切换到另一个天线。这种模式只用于同步信道。
- 闭环发送分集。通过对每个天线应用复权值，两个天线可以发送相同的流。两个天线来的信号上的导频比特为相互正交的序列。因此，接收机可以分别估计两个信道的信道冲激响应。天线权值的确定要保证在移动台处来自两个发射天线的信号应相长相加（见第 13 章）。计算的权值进行数字化，通过 DPCCH 的反馈信息字段发送给基站。这种分集模式对基站是可选的，但移动台必须能够支持。对更高级的多天线技术的支持在后来的版本中引入。

26.7.4　切换

频率内切换

两个基站在同一个载波频率下进行连接切换时执行软切换。移动台在切换的过程中同时与两个基站连接（见第 18 章）。这样，在这段时间内使用来自两个基站的信号，Rake 接收机处

---

① 但是，需要注意，正交性在频率选择性衰落信道中可能会破坏。

② 这种论点只考虑一个小区。考虑小区间干扰，一个小区的信干比可以随着增加所有信道的发射功率而降低。然而，这反过来降低了相邻小区的信干比。

理这些信号非常相似于有两个或多个靶齿的多径信号的两路。由于在 WCDMA 中,基站使用不同的扰码,移动台的 Rake 接收机必须能在每个靶齿中应用不同的码。

在软切换的准备过程中,移动台必须获得与另一基站的同步。这个同步过程和上面描述的相似,除了移动台有一个码组的优先级列表。这个列表包含相邻小区为了切换使用的码组,并且不断更新。

软切换中,小区的选择有不同的标准,如扩频后的信号强度或者宽带功率(接收信号强度指示,RSSI)。标准中没有指定特定的算法。然而,建议将小区划分为活动小区和提供好的信号强度的邻近候选小区。

一种所谓的"更软切换"是软切换的一种特殊情况,其中移动台在同一个基站下的两个扇区内转换。算法和处理过程与软切换中的相似,只是这里仅涉及一个基站。

频率间切换

这种切换发生在以下情形:

- 两个基站用的是不同的载波。
- 移动台在层次小区结构中的层间转换。
- 需要切换到其他的提供商或系统,如 GSM。
- 移动台从时域双工模式转换到频域双工模式,或者相反。

频率间切换是一种"硬"切换。在此期间,移动台在与新的基站建立连接之前,首先断开和旧的基站的连接。在旧的连接仍然活动时,有两种测量其他频率的信号强度的方式:(i)移动台可能有两个接收机,一个能够在其他频率测量,而第一个仍然在接收用户数据;(ii)传输在压缩模式下进行,以便在一个 10 ms 帧内正常传输的数据压缩成 5 ms。省下的时间可以用来对另一个频率测量。压缩是可以实现的,例如,通过删余数据流或者降低扩频因子。

26.7.5　过载控制

UMTS 陆地无线接入网络必须确保它不能接受过多的用户或者给用户提供过高的数据速率,因为那样系统将会过载。可以用几种方法来实现这一点[Holma and Toskala 2000]。

- 即便在移动台有请求时,也不增加下行链路的发射功率。这当然意味着降低下行链路中的信号质量。如果传输的是数据分组,则自动重传请求(ARQ)率会增加,这反过来会降低吞吐率。如果传输的是语音信号,则音频质量将会降低。
- 上行链路的目标信干噪比(SINR)可以降低。这降低了移动台的发射功率,同时也降低所有用户的传输质量。
- 数据分组信道的吞吐率可以降低。这将降低数据连接的速率,但维持语音服务的质量。
- UMTS 语音编码器的输出数据速率可以降低,因为 UMTS 用的是一个可变速率的编码器。这将降低音频质量,但对数据应用没有影响。
- 某些活动的连接可以转移到其他频率。
- 常规电话呼叫可以移交到 GSM 网络。
- 数据连接或者电话呼叫可以被中止。

26.8　WCDMA 术语①

3GPP	Third Generation Partnership Project	第 3 代伙伴计划
ACELP	Algebraic Code Excited Linear Prediction	代数码本激励线性预测
ACLR	Adjacent Channel Leakage Ratio	邻道泄漏(功率)比
AD	Access Domain	访问域
AICH	Acquisition Indication CHannel	请求指示信道
AMR	Adaptive Multi Rate	自适应多速率
AN	Access Network	接入网
ARQ	Automatic Repeat reQuest	自动重传请求
ATM	Asynchronous Transfer Mode	异步传输(/转移)模式
BCH	Broadcast CHannel	广播信道
CCPCH	Common Control Physical CHannel	公共控制物理信道
CCTrCH	Coded Composite Traffic CHannel	编码合成业务信道
CDMA	Code Division Multiple Access	码分多址
CN	Core Network	核心网
CND	Core Network Domain	核心网域
CPCH	Common Packet CHannel	公共分组信道
CPICH	Common PIlot CHannel	公共导频信道
CRC	Cyclic Redundancy Check	循环冗余校验
DCH	Dedicated (transport) CHannel	专用(传输)信道
DPCCH	Dedicated Physical Control CHannel	专用物理控制信道
DPDCH	Dedicated Physical Data CHannel	专用物理数据信道
DSCH	Downlink Shared Channel	下行共享信道
EVM	Error Vector Measurement	误差矢量度量
FACH	Forward Access CHannel	前向接入信道
FBI	Feed Back Information	反馈信息
IMT	International Mobile Telecommunications	国际移动通信
IP	Internet Protocol	互联网协议(/网际协议)
ISI	Inter Symbol Interference	符号间干扰(/码间干扰)
IWU	Inter Working Unit	互通单元
JD-TCDMA	Joint Detection-Time/Code Division Multiple Access	联合检测-时/码分多址
ME	Maintenance Entity；Mobile Equipment	维护实体；移动设备
MSS	Mobile Satellite Service	移动卫星业务
MT	Mobile Terminal；Mobile Termination	移动终端；移动终端
Node-B	Base station	基站
PCH	Paging CHannel	寻呼信道
P-CCPCH	Primary Common Control Physical CHannel	基本公共控制物理信道
PCPCH	Physical Common Packet CHannel	物理公共分组信道
PDSCH	Physical Downlink Shared CHannel	物理下行共享信道
PICH	Page Indication CHannel	寻呼指示信道
PRACH	Physical Random Access CHannel	物理随机接入信道

---

① 某些缩略词的中文译法不止一种，国内均有采用，故译者以"(/××××)"来表示第二种可能的译法。——译者注

QoS	Quality of Service	服务质量
RACH	Random Access CHannel	随机接入信道
RAN	Radio Access Network	无线接入网
RNC	Radio Network Controller	无线网络控制器
RNS	Radio Network Subsystem	无线网络子系统
SAP	Service Access Point	业务接入点
SAPI	Service Access Point Identifier；Service Access Points Indicator	业务接入点标识符；业务接入点指示
S-CCPCH	Secondary Common Control Physical CHannel	辅助公共控制物理信道
SCH	Synchronization CHannel	同步信道
SFN	System Frame Number	系统帧号
SMS	Short Message Service	短消息(/短信)业务
TA	Terminal Adapter	终端适配器
TE	Terminal Equipment；Transversal Electric	终端设备；横向电(场)
TFI	Transport Format Indicator	传输格式指示
TFCI	Transmit Format Combination Indicator	发送格式合并指示
TPC	Transmit Power Control	发射功率控制
UARFCN	UTRA Absolute Radio Frequency Channel Number	UTRA 绝对射频信道号
UE	User Equipment	用户设备
UED	User Equipment Domain	用户设备域
UE-ID	User Equipment in-band IDentification	用户设备带内标识
UMTS	Universal Mobile Telecommunications System	通用移动通信系统
UCPCH	Uplink Common Packet CHannel	上行链路公共分组信道
USIM	User Service Identity Module	用户业务识别模块
UTRA	UMTS Terrestrial Radio Access	UMTS 陆地无线接入
UTRAN	UMTS Terrestrial Radio Access Network	UMTS 陆地无线接入网络
WCDMA	Wideband Code Division Multiple Access	宽带码分多址

深入阅读

当然，UMTS 最权威的资料就是标准本身，其最近的版本可以在 www.3gpp.org 中找到。然而，这些材料是非常难读的。Holma and Toskala[2007] 和 Richardson [2005] 及大量其他专著中都有很好的总结。高速分组接入(HSPA)部分在 Dahlman et al. [2008]中进行了很好的描述。

第27章 3GPP长期演进

27.1 引言

27.1.1 历史

2004年,当宽带码分多址(WCDMA)系统开始大规模亮相时,第三代合作伙伴计划(3GPP)组织就开始了4G标准的制定工作。当时就预测(并在后续开发过程中证实),WCDMA系统所能提供的数据速率和频谱效率将无法满足未来的应用需求,因此需要研发新的通信系统。之后的开发工作迈出了非同寻常的一步,新标准对空中接口和核心网进行了彻底改变:空中接口采用正交频分复用和正交频分多址调制方式,并且(有限制地)支持多天线多输入多输出技术;而核心网则演进为纯粹的分组交换网络。这个新标准就是3GPP长期演进(Long-Term Evolution),简称为LTE。

LTE的研发最初与WCDMA系统的演进并行进行。大约在2007年和2008年,LTE开始成为3GPP会议的核心内容。空中接口的基本参数在会议中很快就达成了一致,但是具体的实施细节则需要经过大量的努力,才能在保持系统的合理简单化和自身一致性的基础上达到平衡。本书写作时,LTE规范的第8版(Release 8)已经完成,其在下行链路能提供的最高数据速率为300 Mbps,在未来的版本中,将会进一步利用MIMO技术来提高频谱利用率。第10版(Release 10),也就是众所周知的高级LTE(LTE-Advanced),支持的最大数据速率为1 Gbps,高级LTE将作为高级国际移动通信(IMT-Advanced)蜂窝系统标准的候选方案提交给国际电信联盟(见26.1节)。

LTE获得了绝大多数手机和通信设备制造商的大力支持。最值得一提的是,3GPP2联盟(提出过CDMA 2000系统,也就是3GPP提出的WCDMA系统的竞争对手)决定中止其自身的4G标准,而其成员则加入了LTE的推进工作中。因此,现有的WCDMA和CDMA 2000运营商最终都会把系统升级到LTE。虽然LTE标准仍有频域双工(FDD)和时域双工(Time Domain Duplexing, TDD, 对中国格外重要)两种模式之分,但是制定的标准已尽量使两者差异不大,仅仅只是双工方式的差别。

人们可能会问,为什么移动通信产业在3G系统还没有完全普及的情况下却要如此急于开展4G系统的标准制定工作。其原因来自多个方面:(i)对更高的数据速率和频谱利用率的需求,尤其是密集的城市环境;(ii)对某些运营商来说,存在从2G直接升级到4G的可能性;(iii)与WiMAX系统的竞争(见第28章);(iv)有可能以一个新系统的名义获得新的频段。

本章主要描述LTE Release 8。网站www.wiley.com/go/molisch将会更新对LTE-Advanced标准的描述。

27.1.2 目标

LTE的目标是在下行链路(DL)和上行链路(UL)分别达到100 Mbps和50 Mbps的峰值数

据速率,且下行链路和上行链路分别占用 20 MHz 的频带宽度。因此,下行链路和上行链路的频谱效率分别为 5 bps/Hz 和 2.5 bps/Hz。但是,由于应用范围较广,且需求较大,所以 LTE 定义了不同类型的移动台,以在复杂度和性能之间寻求平衡(见表 27.1)。

表 27.1 各类移动台的性能需求

类 别	1	2	3	4	5
下行峰值数据速率(Mbps)	10	50	100	150	300
最大下行调制方式	64-QAM	64-QAM	64-QAM	64-QAM	64-QAM
上行峰值数据速率(Mbps)	5	25	50	50	75
最大上行调制方式	64-QAM	64-QAM	64-QAM	64-QAM	64-QAM
下行 MIMO 的最大分层数目	1	2	2	2	4

对于延迟来说,目标应该区分以下两种情况。

1. 控制平面延迟。定义为移动设备从不同的非活跃状态转换到活跃状态所需的时间。根据移动台初始状态的不同,大约在 50 ~ 100 ms 之间。而且每个小区至少应该能够支持 400 个活跃的移动台。

2. 用户平面延迟。定义为发送一个小的 IP(Internet Protocol)分组传输到无线接入网(RAN)边缘节点所需的时间。如果一个网络中只有一个移动台(没有拥塞问题),则该延迟不应超过 5 ms。

为了应用于实际环境中,相对于 WCDMA 系统的性能需求,LTE 定义了其性能需求,但对比的基准不包括 WCDMA 的一些更先进的特性;尤其是没有空间复用(SM)。一般情况下,LTE 的用户吞吐量与 WCDMA 相比应提高 2 ~ 4 倍。低速时(0 ~ 15 km/h),系统性能达到最优,这是因为低速游牧时的数据业务是本系统最主要的应用场景。当速度达到 120 km/h 时,系统性能略微有些下降,而当速度达到 500 km/h 时,则只需维持基本的连接即可。LTE 未来的版本将包括对多媒体广播和多播业务(MBMS)的强力支持,这需要频谱利用率为 1 bps/Hz。虽然相对于标准(单播)系统的峰值数据速率来说,这个值并不算高,但是要记住,同时维持多个用户达到某一数据速率要难于维持单个用户达到某一数据速率,例如不能使用波束成形技术。

从 WCDMA/HSPA(高速分组接入)(包括传统的全球移动通信系统)到 LTE 的切换要尽量无缝完成,这就意味着在未来的许多年中,这两种系统将会并存,而且通常占用相同的频段。从一个系统切换到另一个系统将会非常频繁,尤其是在 LTE 刚开始应用时,因为只有一部分地区有 LTE 基站的覆盖。实时应用中的切换时间应小于 300 ms,非实时应用中的切换时间应小于 500 ms。

27.2 系统概述

27.2.1 频带和频谱灵活性

在世界无线电会议(World Radio Conference)的决议的基础上,国家频率管理机构(National Frequency Regulator)分配了多种不同的频段来用于 LTE 系统。原则上,这个频段可由 IMT-2000 和 IMT-Advanced 家族中的任何成员使用。LTE 最初使用的是 26.3 节介绍的频段,之后又分配了一些额外的频段,这些频段通过所谓的"数字红利"(digital dividend)技术获得。例如,当电视信号从模拟的变成数字的之后，所需的频带资源比原先占用的少得多，可以释放出一些空闲的频谱。表 27.2 和表 27.3 给出了 2009 年 LTE 的可用频带，但并不是所有的频带在各个国家都能够应用。在欧洲，频段 1 与 WCDMA 的现有频段相同，因此无须分配新的频率，直接从 WCDMA 向 LTE 升级即可，而从 GSM 向 LTE 的升级则是在频段 3 和频段 8（欧洲）进行；在美国，频段 2、4 和 10 用于个人通信系统（PCS），而频段 5 则被长期用于低频通信；在日本，频段 6 和频段 9 一直是传统的移动通信频段。最近，美国利用数字红利技术将 700 MHz 附近的部分频段拍卖掉作为商用（频段 12、13、14 和 17）；欧洲和亚洲则更为关注 2300 ~ 2700 MHz 的频段（频段 7、38 和 40），未来还有可能继续开发 3400 ~ 3600 MHz 的频段。注意，一些新的可用频段保留给了特定系统作为专用频段，但是其他频率则可以用于运营商认为合适的系统。

表 27.2　频域双工 LTE 方式的运营频段

运营频段	上行链路（MHz）	下行链路（MHz）	带宽（MHz）						
			1.4	3	5	10	15	20	
1	1920 ~ 1980	2110 ~ 2170			✓	✓	✓	✓	欧洲，亚洲
2	1850 ~ 1910	1930 ~ 1990	✓	✓	✓	✓	✓	✓	美洲
3	1710 ~ 1785	1805 ~ 1880	✓	✓	✓	✓	✓	✓	欧洲，亚洲
4	1710 ~ 1755	2110 ~ 2155	✓	✓	✓	✓	✓	✓	美洲
5	824 ~ 849	869 ~ 894	✓	✓	✓	✓			美洲
6	830 ~ 840	875 ~ 885			✓	✓			日本
7	2500 ~ 2570	2620 ~ 2690			✓	✓	✓	✓	欧洲，亚洲
8	880 ~ 915	925 ~ 960	✓	✓	✓	✓			欧洲，亚洲
9	1750 ~ 1785	1845 ~ 1880			✓	✓	✓	✓	日本
10	1710 ~ 1770	2110 ~ 2170			✓	✓	✓	✓	美洲
11	1428 ~ 1453	1476 ~ 1501			✓	✓	✓	✓	日本
12	698 ~ 716	728 ~ 746	✓	✓	✓				美洲
13	777 ~ 787	746 ~ 756	✓	✓	✓				美洲
14	788 ~ 798	758 ~ 768	✓	✓	✓				美洲
17	704 ~ 716	734 ~ 746	✓	✓	✓				美洲

表 27.3　时域双工 LTE 方式的运营频段

运营频段	频段（MHz）	带宽（MHz）						
		1.4	3	5	10	15	20	
33	1900 ~ 1920			✓	✓	✓	✓	欧洲，亚洲
34	2010 ~ 2025			✓	✓	✓		欧洲，亚洲
35	1850 ~ 1910	✓	✓	✓	✓			
36	1930 ~ 1990	✓	✓	✓	✓			
37	1910 ~ 1930			✓	✓	✓		
38	2570 ~ 2620			✓	✓			欧洲
39	1880 ~ 1920			✓	✓	✓		中国
40	2300 ~ 2400			✓	✓	✓		欧洲，亚洲

只要运营商拥有超过 5 MHz 的频谱，就能先给 LTE 分配 5 MHz 的频带块，以完成 2G 或者 3G 系统向 LTE 的“软升级”，同时利用剩余的频带来继续之前的遗留服务。由于使用 LTE 的用户会越来越多，最终就可以把这些剩余频带也全部分配给 LTE 系统。

LTE 也可以用多种不同的带宽实现，最常用的带宽为 5 MHz 和 10 MHz，但是更低的带宽

(如1.4 MHz和3 MHz)或者更高的带宽(15 MHz和20 MHz)也都可以应用。当提到峰值数据速率时,一般指的也是最大带宽(20 MHz)下的数据速率。由于使用正交频分复用调制方式,所以只需通过调整子载波的个数就可以调整带宽,无须调整系统中的其他参数。

27.2.2　网络结构

LTE的网络结构一般非常简单(相对于GSM和WCDMA的网络结构,实际上简化了)。系统中只有一种类型的接入点,即eNodeB(也就是基站)[①]。每个基站能够支持一个或多个小区,并提供以下功能:

- 空中接口通信和物理层功能;
- 无线资源分配/调度;
- 重传控制。

X2接口是不同基站之间的接口,通过这个接口,邻近小区之间的信息交换对于协调传输而言非常重要(例如,小区间的干扰消除)。每个基站也通过S1接口与核心网相连。

LTE采用了基于分组交换传输的新的核心网,称为系统架构演进(SAE)或增强分组核心网(EPC)。核心网包括:(i)移动管理实体(MME);(ii)服务网关(把网络连接到无线接入网);(iii)将网络连接到因特网的分组数据网络网关。另外,家庭用户服务器(Home Subscriber Server)定义为独立的实体。图27.1所示为LTE的网络结构和接口定义。

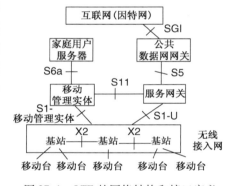

图27.1　LTE的网络结构和接口定义

核心网主要实现了以下功能:

- 移动性管理;
- 用户管理和监控;
- 服务质量维护,用户数据流控制策略;
- 与外部网络的连接。

27.2.3　协议结构

LTE的传输协议可以分为多个层。最顶层是分组数据汇聚协议层(PDCP),其功能与数据的完整性(类似加密)和IP头压缩有关。分组数据汇聚协议层把该层的数据分组,即业务数据单元(SDU),交给下一层无线链路控制层(RLC)。无线链路控制层将得到的业务数据单元划分和/或连接成数据分组,从而更适合在无线信道中传输,该数据分组就是协议数据单元(PDU)。由于传输数据速率的动态范围较大,所以协议数据单元的大小可以动态调整,但是无论如何,一个协议数据单元可以包含一个或多个业务数据单元的信息;相反,一个业务数据单元也可能被划分成多个部分,而各个部分被连接到不同协议数据单元中传输。无线链路控制层还可以确保所有协议数据单元以正确顺序到达接收机(如果没有到达则需要重传),并且传递给分组数据汇聚协议层。

---

①　注意,在WCDMA中,基站(NodeB)和无线网络控制器(RCN)是有区别的。

媒体接入控制层(MAC)处理协议数据单元的时序,并利用混合自动重传请求(HARQ)进行物理层的数据重传[①]。最后,物理层在进行编码和调制之后将数据通过空中接口发送出去。应当注意,物理层不仅仅与 MAC 层(第二层)有接口,同时也和第三层(见图 27.2)的无线资源控制层(RRC)有接口。本章以 MAC 层和物理层作为重点来介绍。

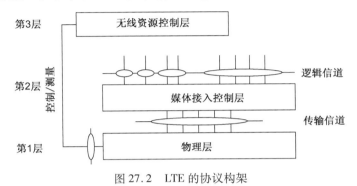

图 27.2　LTE 的协议构架

27.2.4　物理层和 MAC 层概述

尽管物理层的细节很复杂,但其主要特性可简要总结如下。

- 在下行链路,LTE 采用正交频分复用调制(见 19.1 节至 19.8 节);在上行链路,LTE 采用离散傅里叶变换预编码的正交频分复用调制。如果发射机(即移动台)使用了所有子载波,这就与带有循环前缀的单载波传输(见 19.11 节)完全相同。但是,在 LTE 中,一个移动台也可以只使用子载波集合中的一个子集,并只对这个子集进行离散傅里叶变换预编码。

- 上行和下行链路的多址接入形式都是正交频分多址和时分多址的结合,也就是说,将时/频平面的频谱资源以灵活的方式分配给不同用户。另外,不同的用户可以采用不同的数据速率。特殊用户的数据被安排在传输质量最好的频带传输,从而能够更好地利用多用户分集。

- 单频网络的多播/广播(MBSFN)。只要从不同基站发射信号的传输时间之差小于循环前缀长度,则不同基站传输的同一信息可以通过正交频分复用直接识别。

- LTE 提供小区间干扰协调的方法,即确保一个小区发射的信号不会对邻近小区的信号造成严重的影响。注意,本质上采用频分多址/时分多址作为多址方式的 LTE 系统对小区间干扰协调的依赖性要远大于 WCDMA,而 LTE 中的干扰协调要比简单的"频率复用"(见 17.6.1 节)方法更为复杂和精巧。

- 支持多天线,包括接收分集、各种发射分集和空分复用(见第 20 章)。

- 自适应调制和编码,以及先进的编码方案。

- 依据分配的频带,可以选择频域双工或时域双工方式。频域双工或时域双工模式非常类似(相对于 WCDMA 来说),只是一些信令细节和参数选择有所不同。为了使内容介绍比较紧凑,本章只介绍频域双工模式。LTE 也可采用半双工模式,就是说特定终端的发送和接收通过不同的时间和不同的频率区分开,这样就在不影响频谱效率的基础上简化了移动台的实现(见 17.5 节)。

---

① 对于 HARQ 和 RLC 重传之间的关系见 27.5.2 节。

下行链路物理层信号的产生包括以下几个步骤(见图27.3)。

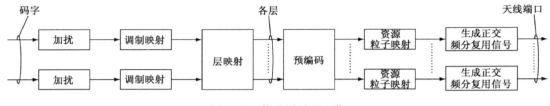

图 27.3　物理层过程一览

- 纠错编码(见27.3.6节);
- 编码后比特的加扰。所有传输信道上的比特通过乘以伪随机序列(伪噪声序列,如 Gold 序列)进行加扰。注意,与 WCDMA 不同的是,这里加扰的是比特,而不是复数值的符号。
- 利用加扰后比特的调制产生调制符号复数据。数据传输的调制方式包括 QPSK、16-QAM 和64-QAM,采用格雷码映射(即相邻的信号点只有1比特不同),如图27.4所示。调制方式的选择取决于传输信道的质量:如果信干比和信噪比较大,则可以采用高阶调制。
- 调制符号映射到传输层。LTE 预留了多个层(大致类似于20.2节中的"空间流"),用来进行多天线传输(见27.3.7节);
- 在天线端口传输每一层符号的预编码。这一步骤仍旧与多天线传输有关;
- 符号到资源粒子(RE)的映射。分配哪些符号在哪些时/频资源(即时间和子载波)上传输。如果有多个发射天线,则这个步骤在各个天线端口分别完成;
- 生成时域正交频分复用信号。仍旧在各个天线端口分别完成。

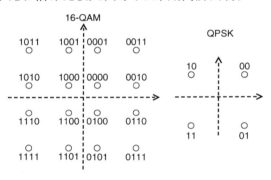

图 27.4　比特组合映射到符号

对于上行链路,这些步骤大致相同,除了以下方面:

- 分配给符号的时/频资源不同,一个移动台只能使用连续的子载波;
- 依据移动台的不同,选择不同的序列进行加扰;
- 信号在正交频分复用调制之前先进行离散傅里叶变换编码。

27.3　物理层

27.3.1　帧、时隙和符号

在 LTE 中,时间轴被分成了不同的单位,这在不同信道传输时有非常重要的作用。时间单位有以下等级之分(见图27.5)。

- LTE 传输的基本时间单元是无线帧,长度为 10 ms;
- 每个无线帧分为 10 个子帧(每个长 1 ms),子帧是多数 LTE 运行过程(如调度)的基本时间单位;

- 每个子帧包含两个时隙, 每个时隙的长度为 0.5 ms;
- 每个时隙包含 7 个(或 6 个)符号。

不同单元的长度通常以采样间隔为单位 $T_S = 1/30720$ ms 来表征。注意, 这个"采样间隔"是一个记账单位, 接收机并不必以对应速率实际采样。特别是当带宽小于 15 MHz 时, 可以采用较大的采样间隔(较低的采样频率)。

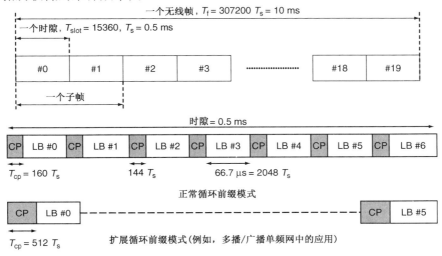

图 27.5　LTE 中的一个时隙的结构

接下来介绍符号的细节。因为调制方式是正交频分复用(下行链路是标准正交频分复用, 上行链路是离散傅里叶变换预编码的正交频分复用), 所以有多个子载波。标准正交频分复用的子载波间隔为 $\Delta f = 15$ kHz, 因此 67 μs 的一个正交频分复用符号的长度(不加循环前缀)为 $2048T_S$。一个正交频分复用符号长度中的一个子载波称为一个资源粒子。根据循环前缀的不同, 一个时隙中含有 6 个或 7 个正交频分复用符号。在标准正交频分复用中, 第一个正交频分复用符号中的循环前缀长度为 $160T_S$, 而接下来的符号中, 循环前缀长度为 $144T_S$; 一个长的循环前缀为 $512T_S$, 这时一个时隙中只有 6 个正交频分复用符号, 这种长的循环前缀应用在有较大延迟扩展的环境中或单频网中的多播/广播环境中。为了简化表达, 本节后续的描述中, 除非特别说明, 都假定采用"标准长度"的循环前缀。

时/频资源被分配给不同的用户, 这些资源是以资源块(RB)为单位进行分配的(见图 27.6)。更精确地说, 一个时隙中的资源块包含 12 个子载波(180 kHz)[1]。对于上行链路, 只有连续的资源块可以分配给一个移动台。而且, 资源块的数目应当可以分解为因子 2、3 和 5, 这可以确保离散傅里叶变换预编码能够有效利用快速傅里叶变换的基 2、基 3 和基 5 蝴蝶结构。

在时域双工模式中, 除了子帧 0 和 5 通常用于下行链路, 子帧 2 通常用于上行链路, 其他子帧都可以灵活地分配给上行和下行链路。从下行到上行链路的转换过程中, 一般都有保护时间间隔来避免"空中传输的"数据分组之间的碰撞(见 17.5 节)。因此, 子帧就包含 3 个截然不同的部分: 下行导频时隙(DwPTS)、上行导频时隙(UpPTS)及二者之间的保护间隔。注意, 在上行链路到下行链路的转换过程中无须保护间隔。

---

① 可以预见, 对子载波间隔减半为 7.5 kHz, 具有扩展循环前缀的情况, 一个时隙仅包含了 3 个 OFDM 符号, 一个资源块中包含 24 个子载波。

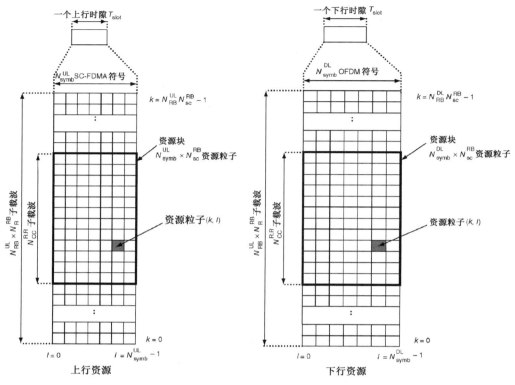

图 27.6　上行链路和下行链路的资源块。图中，SC-FDMA 表示单载波频分多址接入

27.3.2　调制

上行链路和下行链路采用不同的调制方式。下行链路采用的是"经典"正交频分复用，而上行链路则可以理解为单载波传输(见第 19 章)，但是 LTE 中描述为离散傅里叶变换预编码的正交频分复用更合适(见图 27.7)。

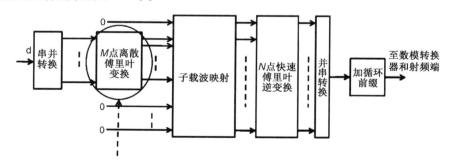

图 27.7　正交频分复用的离散傅里叶变换预编码框图

下行传输的实现很直接，采用的是子载波间隔为 15 kHz 的正交频分复用：将要发送给不同用户的数据复用在不同的资源块上；每个资源块可以采用不同的调制方式。之后正交频分复用符号通过快速傅里叶逆变换，加上事先确定好长度的循环前缀，再上变频到频带并发送出去(更复杂的多天线传输在 27.3.7 节中描述)。

对于上行链路，一个移动台可以利用多个连续的子载波传输信息。移动台将符号映射到离散傅里叶变换的输入端，而这个离散傅里叶变换的长度与该移动台占用的子载波数相同；离散傅里叶变换的输出再映射到子载波上，之后的处理与下行链路相同(快速傅里叶逆变换、加循环前缀、上变频到频带)。离散傅里叶变换与正交频分复用中的快速傅里叶逆变换结合在一起实现，就相当于产生了带有循环前缀的单载波信号，这可以通过频域均衡器有效均衡(见 19.11 节)。信号的带宽与传输用的子载波的数量有关，用子载波数乘以 15 kHz 的子载波间隔(与下行链路相同)就是传输带宽。

27.3.3　映射到物理资源(下行链路)

从调制器出来的复值符号(可能分配给特定的层和天线端口)必须映射到物理资源块(PRB)，也就是正交频分复用信号产生的基本单元。为了简化实现，映射过程由两个步骤实现：(i) 将符号(按顺序)映射到虚拟资源块(VRB)；(ii) 将虚拟资源块映射到物理资源块。

将符号映射到虚拟资源块的过程中，基站要分配某一个虚拟资源块给特定的移动台来传输数据，这个分配可以是连续的或者非连续的。接下来有 3 种分配类型：类型 0 和 1 支持非连续的分配，而类型 2 只支持连续的分配。

- 类型 0。将资源块分组(组的大小取决于带宽)，然后通过一个映射图(bitmap)来指定组中的元素给特定的移动台。如果有 8 个组，映射图为 10011000，就把第 1、4、5 组分配给该移动台。分配资源组(而不是资源块)的目的是减小映射表码字的规模。
- 类型 1。这里资源块被分组为交织的子集。然后将特定的子集分配给特定的移动台。在子集中，也有映射表指示实际使用的资源块。
- 类型 2。仅指示起始点及分配块的长度，因此其映射表比类型 0 和类型 1 短得多。

第二步，将虚拟资源块映射到物理资源块中。这个映射有两种可行的方式，取决于虚拟资源块的选择：集中式或者分布式。集中式虚拟资源块将其位置直接映射到物理资源块的对应位置，也就是说，到物理资源块的符号映射完全由上面描述的到虚拟资源块的符号映射决定；分布式虚拟资源块将虚拟域中连续的资源块映射到非连续物理资源块。更具体地讲，映射过程分为如下两个步骤(见图 27.8)。

1. 成对资源块交织。因为每个子帧(即调度间隔)包含两个时隙，所以调度包含成对资源块的分配。在成对资源块交织中，虚拟域中的成对资源块是相邻的，而在物理资源块域中则是分离的。
2. 资源块分布。一个成对虚拟资源块中的两个元素映射到两个不同的物理资源块上，这两个物理资源块在频域大约相隔半个系统带宽。

采用不同的资源分配类型，就能依据信道状态信息的多少和可容许开销来灵活调整分配方式。如果基站能够得到全部的信道状态信息，就能灵活地采用类型 0 分配的编码方式和集中式资源块，从而获得多用户分集增益。采用集中式连续分配资源块方式(类型 2)的系统开销比较小，这是因为对资源块分配的描述非常简单，但这种方式也许不是最优的，尤其是把许多资源块分配给特定的移动台，而对于该移动台来讲，分配到的有些资源可能会在信道质量很差的子载波上。

利用分布式虚拟资源块的主要原因是可以获得频率分集，这在无法依据信道状态进行调度的情况下非常有用(如快变信道)。当然，分布式的分配也可以通过类型 0 和类型 1 配合合适的映射表来得到。然而，虚拟资源块的使用给类型 2 的资源分配方式(较小开销)提供了频率分集，即可以分配连续的虚拟资源块。

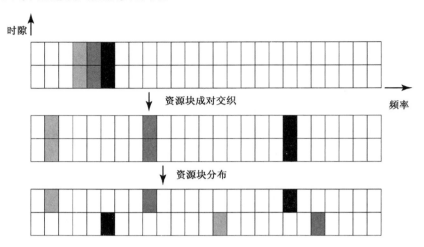

图 27.8　从虚拟资源块映射到物理资源块。引自 Dahlman et al.［2008］© Academic Press

27.3.4　映射到物理资源(上行链路)

因为上行中没有分布式资源块，所以上行链路中把符号映射到特定频率资源的过程非常简单。对于一个时隙来说，特定的用户只能占用连续的子载波。然而，从虚拟资源块到物理资源块的映射随着时隙的改变而改变，也就实现了跳频。分配方式有以下两种：(ⅰ)采用各小区特定的跳频图案；(ⅱ)明确指示跳频图案。

对于各小区特定的跳频图案，小区可用带宽的一部分被分成许多子带。在每一跳时，资源块要进行(循环)移位，这个移位量是根据子带带宽与该小区特定随机序列提供的某个整数的乘积来定的。另外，资源块可能被"镜像复制"(在一个子带中有效移位)，这要看是否设置了"镜像比特"。

也可以明确规定：相对于第一个时隙来说，第二个时隙中的资源块需要跳频多少个资源块带宽。该信息在调度许可中发送。

27.3.5　导频或参考信号

下行链路

参考信号(RS)又称为导频，可用来估计信道。在 19.5.2 节中已经大致描述过，离散的导频应当在限制系统总开销和频谱效率不良影响的同时，能够在时域和频域提供足够的采样点。

对于下行链路信道估计，通常利用小区范围内的导频就足够了，例如基站广播的单一导频。通过这个广播信号，任一移动台可以估计该基站到此移动台的信道。因为导频可以被所有移动台接收，所以导频必须覆盖整个小区的带宽。移动台可以利用信道估计：(ⅰ)进行相干解调；(ⅱ)将信道质量估计反馈给基站(注意，移动台可以获得其所在资源块之外的资源上的信道估计)。

在每一个资源块中，导频安排在以下位置传输：第 1 个 OFDM 符号，$1+i$ 子载波；第 1 个 OFDM 符号，$7+i$ 子载波；第 5 个 OFDM 符号，$4+i$ 子载波，第 5 个 OFDM 符号，$10+i$ 子载波，其中 $i = 0$，…，5 是该小区特定的频率移位参数，并且所有的加法都是模 12 的。虽然标准中没有规定，但是相邻小区之间的导频应当采用不同的频率移位来使其正交化，以便提高系统性能。当然，这里仍然存在来自邻近小区数据子载波的干扰，但是这些干扰可以通过对导频子载波取平均（在相干时间或相干带宽较大的的信道）或者加大导频信号发射功率来抑制。

在导频位置上传输的复值符号也是小区特定的。但是，导频符号序列独立于所分配的带宽，它是在假定带宽为 20 MHz 的基础上通过计算得到的。如果有些子载波由于可用带宽较小而不存在，则不必传输那些符号。这样，在小区搜索过程中可以更容易地进行小区鉴别（ID）。

如果基站有多个天线单元，需要估计的信道数量就比较大。不同天线的导频之间是正交的，即当只有一个天线单元时，携带导频的资源粒子是全空的（没有导频或者数据分配给其他天线单元）。当有两个天线单元时，基站采用 2 个不同的频移（偏移 3 个子载波）。当有四个天线单元时，天线单元 3 和 4 分别在与天线单元 1 和 2 相同的子载波上发射，但却是在第 2 个 OFDM 符号上（而不是第 1 个和第 5 个），这样可以降低导频密度。细节如图 27.9 所示。

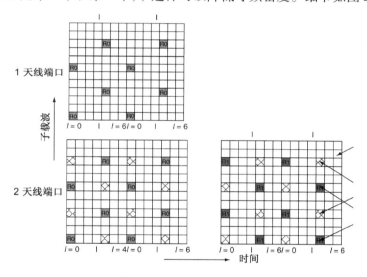

图 27.9　下行链路的导频

当基站采用非基于码本的波束成形时，移动台不能使用小区范围内的导频，因其不知道波束成形参数。这种情况下，导频必须经过与数据用户相同的波束成形，这样所有的移动台观察到的就是一个"有效的"信道（成形器和物理信道的结合），它可以通过导频进行信道估计，并且用于相干解调。很明显，这个"有效的"信道对于每一个移动台来说都是特定的。用户特定的导频位置（在时/频域）与小区范围内导频的位置正交，也就是说，在第 4 个 OFDM 符号（子载波 1、5、9）和第 7 个 OFDM 符号（子载波 3、7、11）上。

在单频网中的多播/广播情况下，小区范围内的导频也不能应用，而是定义了特殊的 MB-SFN 参考信号。映射方式如图 27.10 所示，可以看到其频域相隔的距离比前面讨论的导频更近。原因在于，单频网中的多播/广播信道一般比单播信道有更大的频率选择性：除了多径传播，单频网中的多播/广播信道的信号还受到不同基站发射的信号具有不同传输时间的影响。

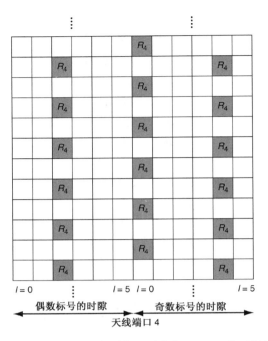

图 27.10　MB-SFN 的导频。引自[3GPP LTE]，2009

上行链路

　　上行链路中导频信号的要求与下行链路截然不同。首先，因为基站需要知道多个移动台到基站的信道状况，因此需要发射多个导频；第二，需要解调的数据总是在频域很好地集中在一起；第三，导频信号的存在不能影响传输信号的单载波性质。鉴于上述原因，上行链路中的导频结构与下行链路有很大区别(见图 27.11)。

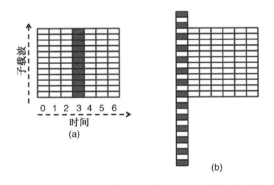

图 27.11　(a)上行解调导频的结构；(b)测量导频的结构

　　最主要的导频是解调导频(解调参考信号)，它可以用来精确地确定移动台数据传输时在特定资源块上所经历的信道传输函数。为了保持传输信号的单载波性质，导频并不和数据符号一起进行频率复用，而是把一个完整的 OFDM 符号(在特定移动台占用的带宽内)都用于传输导频。具体来说，一个时隙的 7 个 OFDM 符号中，第 4 个符号是专门为解调导频保留的。

　　导频的具体形式在频域(即已经过离散傅里叶变换预编码)定义，它是基于 Zadoff-Chu 序列的，定义如下：

$$X^{(u)}(k) = e^{j\pi uk(k+1)/M_{ZC}}, \qquad 0 \leqslant k \leqslant M_{ZC} \tag{27.1}$$

其中，M_{ZC} 是序列的长度，u 是序列的标号。Zadoff-Chu 序列有显著的特性，其在时域（对功率放大器很重要）和频域（因而在所有测量频率上的发射信噪比都相同）都有恒定的幅度；其自相关函数是 δ 函数。因此这个序列属于恒定幅度零自相关（CAZAC）类序列。序列的数量受限于与序列长度为互质整数的数量，如果 M_{ZC} 是一个质数，序列数量就等于 $M_{ZC} - 1$。

为了避免序列数量较少的限制，LTE 对 Zadoff-Chu 序列进行以下两个改进。

1. 循环扩展序列。因为 M_{ZC} 子载波的数量一般是 12（一个资源块中的子载波数）的整数倍，所以选择的值若等于用户子载波的数量，将会导致可用序列数量很少。因此 LTE 就选用比所需序列长度小的最大质数作为 M_{ZC}。例如，一个信号占用 4 个资源块（48 个子载波），M_{ZC} 就选择为 47，这样就有 46 个序列可用。虽然序列的长度不足以覆盖所有的子载波，但序列可以进行简单的循环扩展（即在最后一个元素之后，再开始第一个，然后是第二个，…）。注意，可用序列的最小数量是 30。如果资源块数量大于或等于 3，则上述规则提供最少 30 个序列；当资源块数量为 1 或者 2 时，标准就指定一个包含 30 个不同序列的集合以供使用。

2. 相位旋转。为了产生额外序列，每一个（循环移位后）Zadoff-Chu 序列都可以在频域乘以一个线性相位偏移，即

$$X'(k) = X(k)e^{j\alpha k} \tag{27.2}$$

其中，α 不同的偏移能够产生不同的序列（相当于时域的循环移位）。选择合适的相位偏移，可使得生成的序列之间完全正交：当相位偏移是 $2\pi/12$ 的整数倍时，在一个资源块上就能够获得正交性。正交性可能被以下两种现象破坏：（i）非常强的信道频率选择性，使得信道在整个资源块上的变化很剧烈；（ii）两个序列之间存在定时误差。因为在一个小区内的信号定时一般很好，因此基于同一个 Zadoff-Chu 序列但有不同相位偏移的导频可以用在一个小区内。

不同的序列会分配给不同的小区，这样每个小区都有 1 个循环扩展序列[①]，并且可以基于不同的相位偏移来生成更多的正交序列。序列根据小区 ID 分配给不同的小区（用在物理上行控制信道 PUCCH，见 27.4.10 节），或者用信号明确表示出来（用在物理上行共享信道 PUSCH，见 27.4.11 节）。标准也预留了组跳频，即每个小区的基础序列以一定规律变化的可能性。

物理上行共享信道中的解调导频最终以如下方式设计：在子帧的第一个时隙，导频是循环扩展的 Zadoff-Chu 序列，其偏移包括 3 项：（i）伪随机特定小区偏移；（ii）下行控制信息中传输的确定的用户特定偏移；（iii）高层传输的附加偏移。第二个时隙中的导频是第一个时隙的偏移版本。物理上行控制信道中采用了某些不同的规则，详见标准。

第二种类型的导频是测量导频（sounding pilot，测量参考信号），用来更有效地进行调度。基站用该导频来估计整个系统带宽上的频域信道响应，从而给用户分配最为合适的子载波。因此每个用户发送的测量导频通常占用整个系统带宽。这个大带宽可以通过以下途径实现：发送覆盖整个带宽的 DFT-OFDM 符号，或者发送跳频信号序列，虽然每个覆盖一小段带宽，但

---

① 和两个长为 72 或更长的序列。

是合在一起能够覆盖整个带宽。后者的实现方法很复杂，但是测量导频的功率谱密度却较高。各种带宽(4个资源块的倍数)都允许使用。

测量导频基于 Zadoff-Chu 序列，相移 $\alpha = 2\pi n_{SRS}/8$，其中 n_{SRS} 是一个可在 $0 \sim 7$ 之间任意取值的参数。然后把序列映射到一个频率梳，即每两个子载波放置一个。该导频信号经常在一个子帧的最后一个符号上传输，但并非每个子帧都传输：传输间隔也可以在 $2 \sim 160$ ms 之间选择，这样就可以适应信道相干时间的较大变动范围。为了避免测量导频和有效负荷(物理上行共享信道)传输的碰撞，基站需要确保小区内任一移动台发射测量信号时，物理上行共享信道没有任何数据传输。不同移动台测量导频之间的正交性可以通过下面两种方法来解决：(ⅰ)在不同的频率梳上传输；(ⅱ)以不同线性相位偏移来传输序列(类似于解调导频)。注意，用于基本调度的信道估计并不需要像解调导频那样精确。

27.3.6　编码

信息的编码要通过多个步骤实现(见图 27.12)。

循环冗余校验(CRC)

对于每个传输块，计算长度为 24 比特(有些环境也用 16 比特或者 8 比特)的循环冗余校验码。对于一个传输时间间隔，每个数据块都要利用码多项式来计算校验码，

$$G(D) = D^8 + D^7 + D^4 + D^3 + D + 1 \qquad \text{对于8比特的CRC} \qquad (27.3)$$

$$G(D) = D^{16} + D^{12} + D^5 + 1 \qquad \text{对于16比特的CRC} \qquad (27.4)$$

$$G(D) = D^{24} + D^{23} + D^6 + D^5 + D + 1 \qquad \text{对于24比特的CRC} \qquad (27.5)$$

$$G(D) = D^{24} + D^{23} + D^{18} + D^{17} + D^{14} + D^{11} + D^{10} + D^7 + \ldots$$
$$+ D^6 + D^5 + D^4 + D^3 + D + 1 \qquad \text{对于24比特的CRC (可替代方案)} \qquad (27.6)$$

并且附加在该块的最后。

如果传输块太大，数据就解析成码字块，其中每个块的最大长度为 6144 比特。如果有必要就加入填充比特，以保证每个码字块都是规定的长度(只有某些离散的码块长度值允许使用)，之后再针对每个码字块，计算另一个循环冗余校验码。

卷积码

卷积码在 LTE 中只用于控制信息编码，而不用于实际的负载数据。标准专门定义了长度为 7 的咬尾(tail-biting)卷积码，其码字多项式如下：

$$G1(D) = 1 + D^2 + D^3 + D^5 + D^6 \qquad (27.7)$$

$$G2(D) = 1 + D + D^2 + D^3 + D^6 \qquad (27.8)$$

$$G3(D) = 1 + D + D^2 + D^4 + D^6 \qquad (27.9)$$

卷积码可以用于如下信息：

- 广播信道；
- 下行控制信息；
- 上行控制信息。

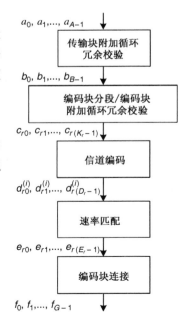

图 27.12　LTE 中的编码过程

Turbo 码

Turbo 码用于上行共享信道(UL-SCH)、下行共享信道(DL-SCH)、寻呼信道(PCH)和多播信道(MCH)(见 27.4 节)。与 WCDMA 不同，LTE 中不能用卷积码来对负载数据编码，只能采用 Turbo 码。这主要是因为 Turbo 码已经很成熟，使接收机能够充分优化，所以无须采用只是略微简单一些(但性能较差)的卷积码。Turbo 编码器的结构除交织器以外与 WCDMA 的相同。

Turbo 编码器使用了两个迭代对称卷积编码器(见图 27.13)。数据流直接进入第一个卷积编码器，然后通过交织器，再进入第二个编码器。两个编码器的码率都是 1/2。于是输出的是初始比特 X 或 X'，以及迭代移位寄存器的冗余比特 Y 或 Y'。但是，因为 X 和 X' 相同，所以只有 X，Y 和 Y' 被发送出去，从而 Turbo 编码器的码率为 1/3。

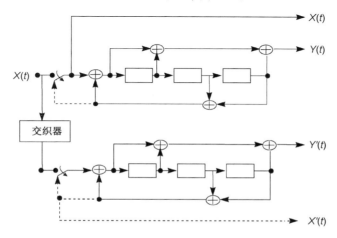

图 27.13　Turbo 编码器的结构

在 LTE 中，交织器是一个正交排列多项式(QPP)交织器，它把比特从位置

$$(f_1 i + f_2 i^2) \bmod K \tag{27.10}$$

移动到了位置 i。其中，K 是块的大小，f_1 和 f_2 是根据 K 查表得到的常数。

编码之后，进行速率匹配和码字块连接。

混合自动重传请求(HARQ)

LTE 对 DL-SCH 和 UL-SCH 采用不同形式的混合自动重传请求(对其他的信道类型没有用)。当接收机接收到传输块时，它要解码，并发送一个反馈比特(这个比特的定时暗示它与哪一个传输块有关)来说明是否需要重传。更多的细节将在 27.5.2 节中介绍。

27.3.7　多天线技术

LTE 充分应用了多天线技术。首先解释如下一些名词。

- 码字是译码器的输出。在 LTE 中，可以同时传输一个或两个码字，如果有发送分集，则码字数量只能是 1。
- 码字被映射到包含不同符号的层上。注意，码字可以映射到多个层上，层的最大数量是

4, 而码字的最大数量是 2。如果没有使用空时(ST)编码, 那么"层"就和 20.2 节中讨论的"空间流"有关。每一层包含相同数量的符号[①]。

* 这些层最后通过预编码映射到不同的天线端口。

发射分集

如果有两副发射天线, LTE 就会采用空频分组编码(SFBC), 即采用 Alamouti 方法对相邻子载波进行编码。这可以通过下式把码字符号映射到不同的层:

$$A = \begin{bmatrix} s_1 & -s_2^* \\ s_2 & s_1^* \end{bmatrix} \tag{27.11}$$

当有四副天线时, 码字映射到 4 层, 根据以下映射方法实现:

$$A = \begin{bmatrix} s_1 & -s_2^* & & \\ s_2 & s_1^* & & \\ & & s_3 & -s_4^* \\ & & s_4 & s_3^* \end{bmatrix} \tag{27.12}$$

例如, 频率 1 的传输矢量就是 $[s_1, 0, -s_2^*, 0]$。这个方案的码率为 1, 各个层可以直接映射到天线端口。

空分复用

闭环空分复用　在闭环空分复用中, 码字通过非常简单的过程映射到各层: 如果码字数量等于层的数量, 每一层就包含一个码字中的符号; 如果有一个码字和两个层, 码字中的符号就轮流分配给第 1 层和第 2 层; 如果有 2 个码字和 4 个层, 码字 1 中的符号就轮流分配给第 1 层和第 2 层, 而码字 2 中的符号轮流分配给第 3 层和第 4 层。

然后, 这些层乘以矩阵, 以便给天线端口提供信号。预编码矩阵 **W** 构成了一个码本(codebook)中的各个元素, 移动台将它希望基站采用的码本元素的序号反馈给基站。码本基于快速傅里叶变换, 当有两个天线端口时, 其元素如下:

码本索引	层数	
	1	2
0	$\frac{1}{\sqrt{2}}\begin{bmatrix} 1 \\ 1 \end{bmatrix}$	$\frac{1}{\sqrt{2}}\begin{bmatrix} 1 & 0 \\ 0 & 1 \end{bmatrix}$
1	$\frac{1}{\sqrt{2}}\begin{bmatrix} 1 \\ -1 \end{bmatrix}$	$\frac{1}{2}\begin{bmatrix} 1 & 1 \\ 1 & -1 \end{bmatrix}$
2	$\frac{1}{\sqrt{2}}\begin{bmatrix} 1 \\ j \end{bmatrix}$	$\frac{1}{2}\begin{bmatrix} 1 & 1 \\ j & -j \end{bmatrix}$
3	$\frac{1}{\sqrt{2}}\begin{bmatrix} 1 \\ -j \end{bmatrix}$	

除了基于码本的波束成形, 基站还可以采用其他准则进行波束成形。这种情况下, 移动台不知道预编码矢量, 而是需要估计"有效信道", 即利用与数据采用相同预编码的特定用户导频来估计预编码和传输信道的级联信道(详见 27.3.5 节)。

开环空分复用　当得不到波束成形所需的反馈信息时(例如因为信道变化太快), 可以使用开环空分复用。这些层首先乘以(独立于子载波)矩阵 **U**, 然后乘以(独立于子载波)对角矩

[①]　如果层数为 3, 码字数为 2, 则一个码字包含的符号是另外一个码字的两倍。

阵 $\mathbf{D}(i)$，最后再乘以矩阵 $\mathbf{W}$。当有两个天线端口和两个层时，

$$\mathbf{W} = \frac{1}{2}\begin{bmatrix} 1 & 1 \\ 1 & -1 \end{bmatrix}, \qquad \mathbf{U} = \frac{1}{\sqrt{2}}\begin{bmatrix} 1 & 1 \\ 1 & \exp(-j2\pi/2) \end{bmatrix}, \qquad \mathbf{D}(i) = \begin{bmatrix} 1 & 0 \\ 0 & \exp(-j2\pi/2) \end{bmatrix} \quad (27.13)$$

其中，$\mathbf{D}(i)$ 可以有效地对当前块进行大的循环移位。

27.4　逻辑和物理信道

27.4.1　数据映射到 (逻辑) 子信道

LTE 规定了逻辑信道（通过它们所携带的信息类型来定义），信息通过逻辑信道映射到传输信道，然后再映射到物理信道（按物理性质定义，即时间和子载波等）。逻辑信道与 WCDMA 中的类似，但是这里要重复讲一下，以确保章节的独立性。

- 业务信道
  - 专用业务信道（DTCH）：传输所有上行链路的用户数据，以及所有非多播/广播的下行链路数据。
  - 多播业务信道（MTCH）：传输下行链路的多播/广播用户数据。
- 控制信道
  - 广播控制信道（BCCH）：传输小区内所有广播给移动台的系统信息数据。注意它与多播业务信道的区别，后者虽然也是广播给移动台的，但携带的是用户数据。
  - 寻呼控制信道（PCCH）：在多个小区内寻呼移动台（即当移动台的当前位置归属不太明确时）。
  - 一般控制信道（CCCH）：为随机接入过程传输控制数据（在开始建立连接时）。
  - 专用控制信道（DCCH）：用来传输与特定移动台相关的控制信息（与给所有移动台广播相关系统信息的广播控制信道恰恰相反）。
  - 多播控制信道（MCCH）：携带与多播/广播服务相关的控制信息。

上述的这些逻辑信道将映射给下述传输信道。

- 广播信道（BCH）：携带部分广播控制信道的数据（剩余部分在下行共享信道中，下文将描述）。广播信道有固定的格式，任一移动台都可以从中轻易获取相关信息。
- 寻呼信道（PCH）：携带寻呼控制信道的信息。
- 多播信道（MCH）：用来支持多播/广播传输，有半静态的调度和传输格式。
- 下行共享信道（DL-SCH）和上行共享信道（UL-SCH）：传输用户数据及大部分控制信息（除了广播信道中的一部分）。

传输信道的数据排列在传输块中，一次传输间隔（通常是一个子帧）发送一个传输块，具体传输格式与每个传输块有关。

最终，这些传输信道映射到物理信道；另外，还有一些物理信道不用于任何传输信道，只是纯粹用于物理层功能。

- 下行链路
  - 物理广播信道（PBCH）：携带广播信道的信息。
  - 物理下行共享信道（PDSCH）：传输下行共享信道数据，即用户数据、部分下行控制数据及寻呼信道。

○ 物理多播信道(PMCH)：携带多播信道的信息，包含多播的有效载荷(payload)，以及一些多播的控制信息。

○ 物理下行控制信道(PDCCH)：携带控制信息，例如接收物理下行共享信道所需的调度信息。这个信道不能承载任何传输信道上的信息。

○ 物理控制格式指示信道(PCFICH)：传输物理下行控制信道相关的控制信息，这个信道也不承载任何传输信道上的信息。

○ 物理 HARQ 指示信道(PHICH)：传输反馈比特，用来表明传输块是否需要重传。这个信道也不包含任何传输信道。

○ 同步信号(SS)：详见 27.4.2 节。

● 上行链路

○ 物理上行共享信道(PUSCH)：与物理下行共享信道相对应。

○ 物理上行控制信道(PUCCH)：主要传输 3 种信息：(i)信道状态反馈；(ii)资源申请(基站进行调度，为上行链路分配所有的资源，当移动台需要传输数据时就要申请资源)；(iii)HARQ 反馈比特。

○ 物理随机接入信道(PRACH)：用于随机接入，即在移动台与基站进行有调度的连接之前，需要先和基站通信并接入。

图 27.14 总结了信道之间的映射。

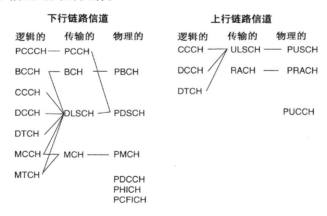

图 27.14 逻辑信道、传输信道和物理信道之间的映射

27.4.2 同步信号

同步信号(SS)包含小区的定时及小区的 ID。LTE 实际上提供了两个同步信号，主同步信号(PSS)和辅同步信号(SSS)。与其他系统相比，这些信号不称为"信道"，但是却与 WCDMA 中的同步信道具有相同的功能。要理解同步信号的功能，应记住 LTE 中定义了 504 个小区 ID，并分为 168 个 ID 组。

主同步信号在每帧的第 0 个和第 5 个子帧第一个时隙的最后一个符号上传，并且占用 72 个子载波。在那个时隙中传输的波形使用的是 3 个可用序列之一，其长度为 63，并在频带的上下边缘各补 5 个 0 进行扩展。这 3 个 Zadoff-Chu 序列中传输哪一个序列取决于一组中的小区 ID(但要注意，主同步信号不包含组 ID，组 ID 将在辅同步信号中传输)。移动台可以通过主同步信号获得高分辨率的定时(在一个符号内,因为信号只持续一个符号的时长,甚至在一个正交频分复用采样点内,通过对 Zadoff-Chu 序列进行相关运算)。然而,这里仍会存在 5 ms 倍数的定时模糊,这是由于主同步信号的周期性,因此无法得到帧定时。

辅同步信号在每个主同步信号之前的一个符号中传输。辅同步信号携带关于小区 ID 组的信息:信号也扩展到 72 个子载波。它是由两个长度为 31 的 m 序列(见 18.2.6 节)交织组合而成的,生成的长度为 62 的序列在频带边缘补零扩展,这与主同步信号类似。只有 168 个序列有效,并且代表小区 ID 组。与主同步信号相反,在一帧的第一个时隙中传输的信号与在第二个时隙中传输的信号不同:当它包含同样的 m 序列时,在第二个时隙中进行的交织与第一个时隙不同。这样,接收机就可以获得帧定时(即定时模糊是 10 ms 的倍数),并可以通过辅同步信号的一次观测获得小区 ID。

主同步信号和辅同步信号都采用 72 个子载波,是因为这是 LTE 系统所允许的最小带宽。当接收信号时,移动台并不知道当前小区的实际系统带宽,因此同步信号就在所有小区使用相同的带宽,也就是这个最小可用带宽。

一旦获得了小区 ID 和帧定时,移动台就可以接收到导频(记住下行导频取决于小区 ID),并借助导频来对广播信道进行接收和解码。

27.4.3　广播信道

广播信道包含控制信息块(MIB),也就是关于小区系统的如下关键信息。

- 小区的系统带宽;
- 物理 HARQ 指示信道设置:部分比特描述 PHICH 信道的特定设置(详见标准),必须知道这个设置才能获取控制信息;
- 系统帧数。

广播信道的控制信息块比特的基带处理和传输以如下步骤进行:

- 添加 16 比特的循环冗余校验码;
- 用 1/3 码率的咬尾卷积码进行编码;
- 加扰;
- 正交相移键控调制;
- 天线映射。如果只有一副天线就没必要映射了。如果基站有两副天线,就必须使用空频分组码。如果基站有四副天线,就必须将跳频和空频分组码结合使用(见 27.3.7 节)。完成之后,移动台就能够通过广播信道知道基站有多少副天线。
- 解复用。信号被映射到 4 个连续的帧上,特别是映射在每一帧的第一个子帧上。在每个这样的子帧中,信号在第二个时隙的前 4 个符号上传输,占用 72 个子载波(选用 72 个子载波的原因与主同步信号和辅同步信号一样)。这里需要重复编码来“填充”可用的资源,因为资源数远大于需要传输的比特数。

注意,广播信道的长度扩展为 40 ms,而从主同步信号和辅同步信号获取的定时有 10 ms 整数倍的模糊。因此,移动台必须尽量采用 4 个不同的定时偏移来解码广播信道,并利用循环冗余校验码确定哪一个是正确的。解码后的信息还能提供关于系统帧数的两个无关紧要的比特,也正是如此,这两个比特才没有包含在控制信息块中。

27.4.4　与下行共享信道有关的控制信道综述

与下行共享信道有关的物理信道总共有 3 种，即物理控制格式指示信道、物理下行控制信道和物理 HARQ 指示信道。这些信道包含的控制信息也称为 L1/L2 层信令，因为它们与物理层和 MAC 层都有关系。这些控制信令在位于每个子帧起始处的控制区域传输；控制区域占用信号的所有子载波(除了导频)，有可能在第 1 个、前 2 个或者前 3 个 OFDM 符号上(如果带宽很小则也有可能是前 4 个)；每个子帧上所占用的 OFDM 符号数可以不同。在子帧起始处传输控制信息的原因是，用户数据的解码需要这些信息；尤其是当一个移动台查看调度信息时发现接下来没有自己的相关数据，该移动台就会降低部分接收电路的功率。

控制信道向某一资源粒子的映射是以一个包含 4 个资源粒子的资源粒子组为单位来实现的。这是因为基站最多含有 4 个天线元来实现发射分集(注意空分复用不能用于控制信息)。

27.4.5　物理控制格式指示信道

物理控制格式指示信道的信息用来指示有多少个 OFDM 符号专门作为控制区域。因为控制区域最多由 3 个符号组成，所以这个信息需要 2 比特。控制区域的大小需动态选择是因为它在小区中的应用变化明显：有时资源被少数高数据速率的用户占用，这时控制区域的大小主要由资源分配信息决定，通常很短；而有时，有很多用户(例如大部分都是语音用户)，这时就需要很长的控制区域。

如果物理控制格式指示信道信息被错误译码，则子帧中所有剩余的部分都会发生错误。因此，这些信息需要很强的错误纠正方案，即码率为 1/16 的分组码。编码之后的比特再根据小区 ID 和子帧数来确定加扰序列进行加扰，从而降低干扰的影响。由于这些信息要用于子帧后续部分的说明，所以通常都在相同的位置，并且采用正交相移键控调制方式。为了增强频率分集，16 个正交相移键控符号映射到 4 个资源粒子组中，每组之间相隔可用带宽的 1/4，起始子载波的位置依赖于小区 ID。

27.4.6　物理 HARQ 指示信道

物理 HARQ 指示信道传输 HARQ 的反馈信息，以 8 个反馈比特为一组，并通过如下方法形成。首先，每个反馈比特重复 3 次(重复编码)，并且进行二进制相移键控调制。生成波形的复用方式是将同相-正交复用和长度为 4 的正交扩展序列的码复用相结合。然后，复用器加扰后的输出再映射到 3 个资源粒子组中。物理 HARQ 指示信道组数，IQ 支路及扩展序列都与第一个资源块(其中包含初始传输的待确认数据块)的序号有关。

27.4.7　物理下行控制信道

物理下行控制信道占用了控制区域的最大部分。对于每个用户来说，它都携带下行控制信息，也就是数据译码所需的信息。特别是，物理下行控制信道还携带着资源分配的信息，也就是在数据区域把哪些资源块分配给哪一个移动台(见 27.3.3 节)。对于每一个用户，物理下行控制信道还包含传输格式，即调制和编码方案、功率控制信息和空分复用的控制信息。

编码下行控制信息有 7 种不同的格式，反映了控制信息的多少与性能之间的折中，具体格式如下。

- 格式 1。基本下行控制信息格式，采用类型 0 或 1 的资源分配方式，在基站不能用于多天线场合。
- 格式 1A。类似于格式 1，但是更为紧凑，因为采用了类型 2 的资源分配方式。
- 格式 1B。与格式 1A 很像，当基站采用多个天线元预编码时使用。
- 格式 1C。非常紧凑的格式，固定为正交相移键控调制，只用于特殊的系统信息。
- 格式 1D。类似格式 1B，但是含有额外的功率偏差消息。
- 格式 2。采用类型 0 或 1 的资源分配方式，这个格式用于闭环空分复用系统。
- 格式 2A。类似于格式 2，只用在开环空分复用系统。

除了资源分配信息，这些格式也包含如下一些额外信息（见表 27.4）。

表 27.4　多种下行控制信息表示格式

域	1	1A	1B	1C	1D	2	2A
调制/编码	✓	✓	✓		✓	✓(2)	✓(2)
HARQ 过程数	✓	✓	✓		✓	✓	✓
新数据指示	✓	✓	✓		✓	✓(2)	✓(2)
冗余版本	✓	✓	✓		✓	✓(2)	✓(2)
物理上行控制信道的 TCP 命令	✓	✓	✓		✓	✓	✓
1A/0 差别指示	✓						
集中式/分布式虚拟资源块	✓	✓			✓		
虚拟资源块的间隔值				✓			
传输块大小索引				✓			
预编码的传输预编码矩阵指示(TPMI)			✓		✓	✓	
下行功率偏移					✓		
下行分配索引	✓	✓	✓		✓	✓	✓
传输块到码本交换标识							✓
开环预编码信息							✓

- 调制/编码。5 比特用来指示块中的调制方案和编码速率。在可能的 32 种组合中，实际有 29 种用来指示调制格式和码率的组合，剩余 3 种用来指示重传中的调制格式。
- HARQ 过程数。3 比特信息是与下行控制信息相关的 HARQ 过程的序号。正如 27.5.2 节所解释的，会有多个 HARQ 过程同时处于激活状态。
- 新数据指示。指示数据是否为重传过来的，如果是重传数据则需要与前面已经接收到的 HARQ 软信息相连。
- 冗余版本。指示 HARQ 传输中的冗余类型。
- 1A/0 差别指示。单一比特，指示采用的是格式 1 A，还是格式 0（用于上行调度准许）。
- 集中式/分布式虚拟资源块。用来标识采用的是集中式还是分布式虚拟资源块。
- 虚拟资源块的间隔值（Gap value）。两个虚拟资源块之间的间隔。
- 传输块大小序号。只用于 1C 格式，指示要发送的数据块的大小。注意，在其他格式中，传输块的个数可以通过分配的资源块数和码率推断出来。标准中用一个表来进行映射，因为通过闭合形式计算获得的额定速率（nominal rate）会有微小偏差。
- 预编码矩阵指示。包含闭环多天线系统的预编码码本的索引（见 27.3.7 节）。
- 下行分配索引。在时域双工模式中与 HARQ 操作相关，详见标准。
- 传输块到码本交换标识。指出这两个传输块（空分复用系统）如何映射到码本。

- 开环预编码信息。这个域指示多天线系统传输时采用的开环预编码类型,例如循环延迟分集的一些细节。

上行控制信息

与上行链路相关的控制信息也在物理下行控制信道中传输。前面提到过,所有传输参数的控制都取决于基站,而移动台只能够提出申请。因此物理下行控制信道携带上行调度准许,告知移动台何时以何种格式传输。正如下行链路,物理下行控制信道也会包含一些信息来指示传输采用哪些资源块、传输格式、功率控制和空分复用信息。这些信息在上行链路中以格式 0 传输,采用类型 2 资源分配格式①。最后,格式 3 用来传输对物理上行控制信道和物理上行共享信道的功率控制指令,即 2 比特的功率校正信息。

一旦所有控制信息都聚齐了,就可以通过以下步骤得到实际传输信号。

1. 计算循环冗余校验码。循环冗余校验码取决于移动台的识别号码,下行控制信息针对这个识别号码确定移动台。这样,每个移动台可以通过检验循环冗余校验码来确定信息是否属于自己,如果验证过循环冗余校验码,移动台就可以断定:(i)该下行控制信息是属于自己的;(ii)正确译码。
2. 循环冗余校验码保护下的下行控制信息再以 1/3 码率的咬尾卷积码(即能够保证网格图中初始位置和结束位置完全一致的卷积码)进行编码。
3. 速率匹配后,多个物理下行控制信道进行复用。
4. 产生的数据通过伪噪声序列(Gold 序列,见 18.2.6 节)加扰,并进行正交相移键控调制。之后正交相移键控符号以 4 个符号为一组进行分组。不同于物理控制格式指示信道,这些符号没有直接映射到资源粒子组,而是先进行交织,然后再进行特定小区的循环移位。这些步骤的目的是为了确保:(i)充分应用频率分集;(ii)避免相邻小区的相同信号的一致性碰撞。

27.4.8   物理随机接入信道

随机接入信道用于那些还没有分配到资源的移动台信号。即使移动台在使用物理随机接入信道时就知道了小区带宽,但是它仍然简化了操作,以便在所有系统都有相同的物理随机接入信道。因此,物理随机接入信道在 72 个子载波上传输(与同步信号类似)。在时域,基站通常为物理随机接入信道保留 1 ms 长的分组,在这段时长内没有上行数据调度,也就没有了发生碰撞的可能性。物理随机接入信道间隔的周期可以根据小区内可能的用户数或者随机接入的延迟需求等来设置。

最常用的设置是 1 ms 长的物理随机接入信道,包含:(i)0.1 ms 的循环前缀;(ii)0.8 ms 的长 Zadoff-Chu 序列;(iii)0.1 ms 的保护间隔。注意,需要长的保护间隔是因为物理随机接入信道使用时还没有建立必要的定时提前(见 24.5.3 节)。共有 64 种不同的序列可以应用在物理随机接入信道的"主要部分",这些序列通过相位偏移或不同的序号 μ 来区分(见 27.3.5 节)。使用不同相位偏移的优点是,能够使序列真正正交。但是相位偏移的下限是由小区内信号的传输

---

①   除了这种分配格式,对于 1A10 差别,格式 0 也包含指示,一个跳变的指示(指出是否采用跳频),调制/编码和冗余形式,新的数据指示,对于调度 PVSCH 的发射功率控制(TPC)命令,解调导频的循环时移,信道质量指示请求(即来自基站到移动台提供其信道传输质量信息的请求),和仅在时分双工模式下所利用上行链路的序号。

时间和延迟色散决定的。如果小区的半径小于 1.5 km，所有的 64 个序列就能通过一个基本序列的相位偏移产生，否则就必须使用有不同序号的序列。不同的移动台在随机时间里选择一个序列用于物理随机接入信道。鉴于序列数目较大，基本上不会（虽然并非不可能）发生两个移动台选用相同的序列，并且用在同一个时隙；但是如果发生了，随机接入过程就有后续步骤来处理碰撞问题（见 27.5.1 节）。

物理随机接入信道也支持功率递增，换句话说，如果第一次尝试连接基站没有成功，随机接入前导的发射功率就会增加，并再次发射。这个过程虽然并不像 WCDMA 中那么重要，但是与其类似：随机接入前导一般互相正交（由于采用了不同序列），并且与数据也是正交的（因为专门为物理随机接入信道设置了时/频资源）。

27.4.9 与物理上行共享信道相关的控制信号的一般性质

LTE 中，上行链路很少传输控制信息，因为基站几乎控制了所有的传输参数。只剩下一小部分需要在上行链路传输的控制信息，如下所述。

- 调度申请。表明移动台需要发送数据，实际的资源分配通过基站在下行控制信息中发送。
- 信道状态信息。对于基站很重要，用来确定合适的传输格式和调度。信道状态信息包含如下部分。
  - 秩指示（RI）。信道矩阵的秩，依次确定能有效传输的最大层数（见第 20 章），只与多天线系统有关。
  - 预编码矩阵指示（PMI）。码本元素的索引，可以被基站用来预编码（见 27.3.7 节）。由于信道的频率选择，所以不同的资源块需要不同的设置，以便进行优化。标准允许给每个资源块发送不同的设置，或者给一组资源块发送同样的设置；一种非常极端的情况是"宽带反馈"，此时整个带宽只有一种设置。很明显，传输设置的组越小，性能越好，但是开销也较大。预编码矩阵指示只与多天线系统有关。
  - 信道质量指示（CQI）。这个指示实际代表了应该使用的调制和编码方案。这是关于下行方向的信息，可帮助基站更好地完成任务。虽然基站可以选择忽略这些建议，并且采用不同的预编码设置，但是它必须明确告知移动台其最终的选择。
- HARQ 确认（ACK）。

虽然信息量很小，但是通信方式相当复杂。其部分原因在于信息需要在以下两种情况下传输：（ i ）某一移动台有数据正在发送，即它有有效的物理上行共享信道；（ ii ）没有物理上行共享信道。后一种情况下，信息将在一个独立的信道中传输，称为物理上行控制信道。

27.4.10 物理上行控制信道

因为物理上行控制信道中的比特数很少，所以通过"标准"的上行方式传输并仍保持好的频谱利用率就比较困难。来自多个用户的上行控制信息通过以下两种方法复用在相同的资源块中。

1. 不同移动台的信息用来调制正交序列。这些正交序列与上行导频有相同的形式，即循环扩展 Zadoff-Chu 序列的相移版本（见 27.3.5 节）。典型地，利用 6 个不同的相移，

$2\pi n/6$，$n = 0$，$\cdots$，5。每个序列乘以二进制相移键控或者正交相移键控信号，所以每个序列携带 1 或 2 比特信息。为了使小区间干扰随机化，序列的相移随着符号变化，所使用的相位的序号由伪噪声序列决定，而序列的初值取决于小区 ID 及具体的传输时隙。

2. 对时隙中的符号进行块状扩展来进一步增强复用能力。如果需要的扩展因子为 2 或 4，则通过分配不同的序列(见 18.2.5 节)给不同的用户来实现块扩展；如果扩展因子为 3，则采用离散傅里叶变换序列。块扩展只用于物理上行控制信道格式 1/1a/1b。为了使小区间干扰随机化，分配的扩展序列随时隙不同而变化(以伪随机方式)。

物理上行控制信道信号在系统上下边带的资源块中发射，所以不会干扰不同用户资源块的连续分配。随着时隙变化，物理上行控制信道在上下边带之间跳频，从而提供最大的频率分集(见图 27.15)。

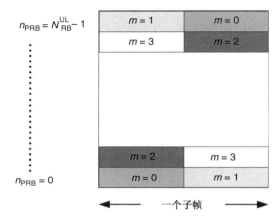

图 27.15   物理上行控制信道的资源分配

依据需要传输的信息总量的不同，物理上行控制信道使用不同的调制格式(及可能的附加扩展)。表 27.5 概述了定义的格式和相关的调制。

表 27.5   物理上行控制信道的调制方案

格式	调制方案	每个子帧的比特数
1	OOK(开关键控)	N/A
1a	BPSK	1
1b	QPSK	2
2	QPSK	20
2a	QPSK + BPSK	21
2b	QPSK + BPSK	22

27.4.11   物理上行共享信道

如果给定的移动台使用有效的物理上行共享信道，那么控制数据就与负载数据进行时分复用。复用的规则通过以下方式制定。

- HARQ 确认(ACK)必须稳健，因而要邻近某个导频传送。这样即便在快变信道中，信道估计也没有损耗。类似地，秩指示也要邻近导频发送。
- 速率匹配不依赖于 HARQ 信息是否发送，因此 HARQ 确认需要在数据流中打孔。

- 调制格式与负载数据相同，是为了确保信令的单载波性质。然而，码率可以与信道状态自适应，不同的码可以用在信息的不同部分：确认和秩指示使用重复编码和简单编码，而 CQI/PMI 使用块编码或者卷积码。

27.5　物理层过程

27.5.1　建立连接

搜索和同步

移动台需要做的第一件事是获得它所在小区信号的定时，这可以通过同步信号实现（见 27.4.2 节）。移动台只有通过上述过程才能获得小区关键信息（在广播信道中发送），并执行通信所需的其他功能（见 27.4.3 节）。

在获得了定时并接收了广播信道之后，额外的小区系统信息将在系统信息块（SIB）中通过下行共享信道传送，这和负载数据的接收类似。

依据需要传送的信息类型不同，这里定义了许多不同的系统信息块。

- SIB 1：包含接入到小区的信息，小区选择信息等。同时也包含系统指示（SI）窗的长度，用来接收其他系统信息块。
- SIB 2：包含对所有移动台有效的设置信息，比如常用信道设置、导频设置及定时器等。
- SIB 3 ~ SIB 8：包含关于系统之间、频率之间和同频之间切换所需的信息。
- SIB 9：包含飞蜂窝的指示。
- SIB 10 和 SIB 11：包含地震和海啸警示系统信息。

SIB 1 以一个固定的定时（80 ms）进行周期调度，其他系统信息块的调度周期可以通过网络控制器设置。移动台必须在一个时间窗口中搜索相关信息，时间窗口的宽度在 SIB 1 中指示。

随机接入

如果一个移动台要入网，就必须让基站知道其申请。很明显，此时并没有给该移动台分配资源，因此必须建立基于竞争的接入（也就是随机接入）：该移动台的申请可能与其他移动台的申请发生碰撞。LTE 对这个接入规定了特别的过程，以下述 4 个步骤进行。

1. 移动台发送一个随机接入前导（见 27.4.8 节），使得基站能够计算需要的定时提前。这是唯一使用物理层信令的步骤。之后的步骤与普通数据传输类似（除非没有采用 HARQ）。
2. 基站传送随机接入响应，包含：（i）表明响应有效的随机接入前导的序号（注意，这时基站还不知道移动台的 ID，只知道所用的随机接入前导类型）；（ii）移动台应使用的定时提前；（iii）移动台在后面用于传输信令的资源；（iv）临时 ID。注意，如果多个移动台使用相同的随机接入前导，则所有移动台的随机接入响应都有效，产生的碰撞问题在下面的步骤中解决。
3. 移动台传输无线资源控制（RRC）信令信息，包含它的 ID。信息的细节取决于基站已掌握的关于移动台的信息有多少，例如移动台是首次接入网络，还是在连接中断之后重新建立连接。

4. 基站发送竞争解决信息。如上描述，如果多个移动台尝试以相同的随机接入前导接入系统，就有可能发射碰撞。在竞争解决信息中，基站把移动台的 ID 精确地发送给它所分配到的资源。

寻呼

　　寻呼时，每个移动台分配到（在下行共享信道中）一个"寻呼间隔"，以及可能发送寻呼信息的某个子帧。这样，只有在每个寻呼间隔时，移动台需要从休眠状态醒来，并监听是否有相关数据发送过来。寻呼间隔可以设置，以便在节能和延迟之间进行权衡。

27.5.2　重传和可靠性

　　LTE 中的重传是为了确保传输质量，它包含如下两部分。

1. 混合自动重传请求（HARQ）。用来对整个物理层/MAC 层过程中第一次没有成功接收到的数据块进行重传，这样多次传输的数据可以结合在一起。重传触发的速度很快。
2. 无线链路控制（RLC）。这是一种高层重传协议，可以使那些在 HARQ 后仍旧传输失败的数据块再次传输。其执行机制有点慢，但是只要 HARQ 设置正常，就基本上不会触发无线链路控制。作为一种"回退"方法，这可以给某些应用（如文件传输）提供额外的保障。如果没有必要，就可以取消重传功能（例如，语音通话中当协议引入的延迟超过了语音通话可容忍的限度时，见第 15 章）。

　　HARQ 在上行和下行链路中的原则是一致的：（i）发射机发射传输块；（ii）接收机尝试译码，如果成功就发送 ACK，注意在空分复用的情况下，可以存在两个传输块，这样 ACK 就有 2 比特；（iii）如果前面的传输成功，发射机就发送一个新的分组（表明在"新数据"域），否则传输块就会重传（"新数据"域表明是重传，"冗余版本"域指示使用的重传类型）。

　　但是，上行和下行链路之间有一个关键的差异：下行的重传可能在任意资源块发生，而上行的重传是固定的。上行的重传一般在第一次传输尝试的 8 个子帧之后，且重传占用的资源块与第一次传输占用的资源块相同[1]。

　　因为与重传之间有 8 个子帧的延迟，所以有多达 8 个并行的 HARQ 过程有效，这样负载数据在每帧都可以传输。如图 27.16 所示。

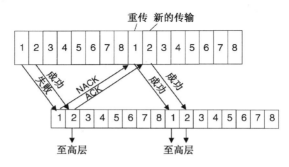

图 27.16　HARQ 调度决策

---

[1] 在不同资源块上的重传可以通过"新数据指示"和调度授予的灵巧组合来实现，参见 Dahlmann et al.［2008，19.101.2 节］。

27.5.3　调度

在 LTE 中，调度就是选择发给移动台的信息或来自移动台的信息应在什么时间、在哪些子载波上传输。此外，它还包括传输格式（即传输块大小、调制和编码方案）和多天线方案的选择。一般情况下，调度决策在每个子帧中刷新，这是因为它随着子帧的不同而不同。然而，在语音通话（和其他具有低数据速率但数据连续的应用）时，会采用半静态调度。实际上基站会在每个第 n 帧告知移动台分配给它的相同资源，之后无须发送额外的调度信息（直到下一次通知），从而降低开销。

所有的调度决策通过服务基站制定（尽管基站可以利用来自移动台及其他基站的信息来提供更好的服务质量），这在上下行链路中都是一样的。但是要注意，移动台有多个无线承载来进行上行链路传输，它可以自行决定在基站分配给它的资源中传输哪一个。

标准并没有定义调度是如何完成的。一般情况下，调度器要尽可能多地利用多用户增益（见 20.1.9 节），但是同时也要考虑对其他小区的干扰及每个移动台的延迟（由积压引入）。

27.5.4　功率控制

LTE 中的上行链路功率控制包括开环和闭环功率控制。开环机制为需求的发射功率设定了基准：移动台从已知发射功率的导频计算出下行路径损耗，从而得到上行所需的发射功率（包括过程中必要的余量）。功率控制信号在物理下行控制信道中发射，然后"精确调节"发射功率。1 比特的功率控制信号要求功率变化 ± 1 dB；2 比特的信号则从集合 $[-1,0,1,3]$ dB 中选择。而下行功率控制没有限定，基站可以随意调整功率（与标准不矛盾）。

虽然功率控制机制与 WCDMA 的有些类似，但是其重要性和动机差异很大。对于 WCDMA，功率控制对于数据传输的正常功能是必不可少的。而 LTE 中（就像 GSM），功率控制只用于提高电池的使用寿命，同时降低小区间干扰。

27.5.5　切换

LTE 中的切换是"硬切换"，也就是说移动台同一时间只能和一个基站通信，而不能与两个基站同时通信。再详细点说，从源基站到目标基站的切换通过下面 3 个阶段来进行。

1. 切换准备。
   （a）源基站设置移动台必须执行的测量，并报告测量结果。基站专门设置一些阈值，如果移动台的测量值（例如到相邻基站的信号质量）超过阈值，则要向基站发送报告。或者，基站也可以要求移动台周期性地报告。
   （b）移动台发送（周期或非周期的）测量结果。
   （c）基站基于测量结果做出切换判决（例如切换到具有更大路径增益的小区）。
   （d）源基站发送切换请求到目标基站，通常通过 X2 接口（基站之间的接口）。
   （e）目标基站进行准入控制，如果目标小区没有可用资源，那么连接可能会被中断。
   （f）如果目标基站准许切换，则发送"切换请求确认"给源基站。
2. 切换执行
   （a）源基站发送切换命令给移动台，同时开始转发下行数据分组（即源基站从网络接收到的要发送给该移动台的数据分组)到目标基站。目标基站收到的这些数据分组要等到其与移动台可以实际通信之后才能发送。

(b) 源基站告知目标基站哪些分组已经被移动台确认接收。

(c) 移动台通过随机接入信道与目标基站建立同步(当进行小区测量时,初始同步已经通过小区确认过程完成)。

(d) 目标基站给移动台发送上行资源分配和定时提前。

(e) 移动台发送"切换确认"消息给目标基站。此时,目标基站和移动台就可以互相通信了。

3. 切换完成

(a) 目标基站发送"路径交换"消息给移动管理实体(见 27.2.2 节),请求将要传输给移动台的数据今后都发送到目标基站。

(b) 移动管理实体将此消息发送到服务网关。

(c) 服务网关把移动台要接收的数据的路由切换到目标基站。

(d) 服务网关向移动管理实体确认交换。

(e) 移动管理实体向目标基站确认"路径交换"消息。

(f) 目标基站发送消息给源基站,告知其释放那些仍旧保留给移动台的资源。

(g) 源基站释放资源。

27.6　LTE 术语

BCCH	Broadcast Control CHannel	广播控制信道
BCH	Broadcast CHannel	广播信道
CCCH	Common Control CHannel	公共控制信道
CQI	Channel Quality Indicator	信道质量指示
DCCH	Dedicated Control CHannel	专用控制信道
DCI	DownLink Control Information	下行控制信息
DL-SCH	Downlink Shared CHannel	下行共享信道
DwPTS	Downlink Pilot Time Slot	下行导频时隙
DTCH	Dedicated Traffic CHannel	专用业务信道
HSPA	High Speed Packet Access	高速分组接入
LTE	Long-Term Evolution	长期演进
MBMS	Multimedia Broadcast and Multicast Services	多媒体广播和多播业务
MB-SFN	Multicast/Broadcast in a Single-Frequency Network	单频网中的多播/广播
MCCH	Multicast Control CHannel	多播控制信道
MCH	Multicast CHannel	多播信道
MIB	Master Information Block	控制信息块
MME	Mobility Management Entity	移动管理实体
MTCH	Multicast Traffic CHannel	多播业务信道
PBCH	Physical Broadcast CHannel	物理广播信道
PCCH	Paging Control CHannel	寻呼控制信道
PCH	Paging CHannel	寻呼信道
PDCP	Packet Data Convergence Protocol	分组数据汇聚协议

PCFICH	Physical Control Format Indicator CHannel	物理控制格式指示信道
PDCCH	Physical Downlink Control CHannel	物理下行控制信道
PDSCH	Physical Downlink Shared CHannel	物理下行共享信道
PDU	Protocol Data Unit	协议数据单元
PHICH	Physical HARQ Indicator CHannel	物理 HARQ 指示信道
PMCH	Physical Multicast CHannel	物理多播信道
PMI	Precoding Matrix Indicator	预编码矩阵指示
PRACH	Physical Random Access CHannel	物理随机接入信道
PRB	Physical Resource Block	物理资源块
PSS	Primary Synchronization Signal	主同步信号
PUCCH	Physical Uplink Control CHannel	物理上行控制信道
PUSCH	Physical Uplink Shared CHannel	物理上行共享信道
QPP	Quadrature Permutation Polynomial	正交排列多项式
RAN	Radio Access Network	无线接入网
RB	Resource Block	资源块
RE	Resource Element	资源粒子
RI	Rank Indicator	秩指示
RLC	Radio Link Control	无线链路控制
RRC	Radio Resource Control	无线资源控制
RS	Reference Signal	参考信号
SAE	System Architecture Evolution	系统架构演进
SDU	Service Data Units	业务数据单元
SI	System Indicator	系统指示
SIB	System Information Block	系统信息块
SS	Synchronization Signal	同步信号
SSS	Secondary Synchronization Signal	辅同步信号
TPMI	Transmitted Precoding Matrix Indicator	传输预编码矩阵指示
UL-SCH	UpLink Shared CHannel	上行共享信道
UpPTS	Uplink Pilot Time Slot	上行导频时隙
VRB	Virtual Resource Block	虚拟资源块

深入阅读

学习 LTE 标准的官方资源当然是标准文档,可以在 www.3gpp.org 查到。其中应该特别关注 36.2xx 系列。Dahlman et al. [2008]中的第二部分对标准做了精彩的简述,主要关注物理层和 MAC 层。它不仅描述了需要做什么,还说明了为什么要这么做。Holma and Toskala[2009]也对标准进行了概述(对标准的细节描述较少,但是在系统仿真方面较多)。另外,LTE 的中继技术在 Yang et al. [2009]中讨论,而飞蜂窝(femtocell)在 Golaup et al. [2009]中有介绍。

第 28 章　WiMAX/IEEE 802.16

28.1　引言

全球微波互联接入(WiMAX)是城域网(MAN)(例如,覆盖整个城市甚至整个国家的网络)的一种无线通信标准。起初人们打算利用毫米波段(11~60 GHz),把 WiMAX 作为固定无线接入(FWA)的标准,但是后来该标准越来越多地侧重于提供移动性,而其最新版本已经对第三代和第四代蜂窝系统构成竞争。从 2005 年以来,WiMAX 受到了媒体的广泛关注。

28.1.1　历史

如第 1 章所提到的,对于着重语音通信的 20 世纪 90 年代的无线技术来说,"最后一英里"接入似乎是一个有前景的应用。但是,美国和欧洲对手机市场管制的放松,消除了对于只是提供一种可供选择的语音传输方式的财政吸引力。宽带因特网接入看起来似乎更值得去应用,尤其是因为那时很少采用数字用户线和电缆调制解调器连接。因为有充足的带宽可用,所以很多工作在大于 10 GHz 频带的固定无线接入宽带系统在那时发展了起来。为了解决众多专用系统的市场划分存在的问题,1999 年 IEEE 为无线城域网成立了一个标准化组织 IEEE 802.16,它为频率范围为 10~66 GHz 的宽带固定无线接入制定标准。该标准是基于单载波调制的,2001 年得到批准,但是没有什么影响。

工作在大于 10 GHz 频带的一个根本问题就是要求发射机和接收机之间存在视距传输,因此不仅基站的天线,而且用户设备的天线都必须放在室外,通常要在屋顶的高度上。由于这个原因,IEEE 制定了工作在 2~11 GHz 的标准。在该范围内,视距不是必需的,但是能够有效地解决延迟扩展变得至关重要。基于这些考虑,提出了以正交频分复用为首的单载波调制替代方案。还有,在低频段上可以选择的带宽较小,因此频谱效率变成一个更重要的问题,结果多输入多输出(MIMO)技术成为标准中不可缺少的组成部分。新标准和大于 10 GHz 的标准相结合构成 IEEE 802.16-2004,也就是固定的 WiMAX 或 IEEE 802.16d。

在 21 世纪初期,笔记本电脑激增,并且它与 WiMAX 基站直接通信似乎成了主要的应用。因此,WiMAX 支持(有限的)移动性变成了必需的。IEEE 802.16e 团队制定了能够满足该需求的标准。除了支持移动性,还进一步增加和修改了多项内容。例如,它提供更灵活的正交频分多址(OFDMA)。该标准称为移动 WiMAX,2005 年获批准,2007 年成为国际电信联盟国际移动通信 2000(IMT-2000)标准族的一部分。IEEE 802.16m 团队正在研究进一步增强技术,它应该提供全移动性、高的数据速率和高的频谱效率,并且将提交给 IMT-Advanced 标准族。

IEEE 802.16 标准详细说明了物理层(PHY)和媒体接入控制层(MAC),但不能保证采用该标准的设备之间的互操作性。导致这个缺陷的原因是:(ⅰ)802.16 标准不包括网络层和系统架构;(ⅱ)802.16 标准没有充分地允许物理层和媒体接入控制层的全互操作性;(ⅲ)802.16

标准包含一些使人困惑的选择(例如,允许 5 个完全不同的调制/多址方法),因而生产可以覆盖所有选项的设备,其成本不可能低。由于这些原因,称为"WiMAX 论坛"的产业联盟制定了进一步的技术规范来保证互操作性。通过 WiMAX 模式的定义解决了多个选项的问题,该WiMAX 模式本质上是 802.16 选项的一个子集,且所有采用 WiMAX 标准的设备都必须能够满足该子集选项。WiMAX 技术规范也使互操作性成为可能,且设备授权给指定的"认证实验室"来完全服从这些技术规范。接下来,我们将采用有些模糊的术语"WiMAX"作为"实际的"WiMAX 技术规范和 IEEE 802.16 技术规范的代名词。

28.1.2　WiMAX 与现有的蜂窝系统

移动 WiMAX 实际上已经成为一个成熟的蜂窝标准,且它对第三代合作伙伴计划(3GPP)和 CDMA 2000 已经构成直接的竞争。在这场"战斗"中 WiMAX 具有一些重要的优点:

- WiMAX 标准最初目标在于数据通信;语音是后来添加的东西,可以通过互联网协议电话(VoIP)来实现。由于未来蜂窝系统的重点在于数据通信,所以这对 WiMAX 是非常有利的。
- WiMAX 的调制格式和多址接入格式,即 MIMO/OFDM/OFDMA,更适合高数据速率通信。
- 该标准比 3GPP 标准简单得多,仅 1400 页(3GPP 有 50000 页)。因此,该标准甚至可以被相对较小的公司理解并实现,这样就增加了可能供应商的数目,并降低了成本[①]。
- 系统框架基于互联网协议(IP),因此与骨干网络分离无须代价昂贵的发展和部署(但是注意,3GPP 网络是由 GSM 网络演进而来的,因此 GSM 经营者在向第三代系统演进时,更喜欢 GSM 类型的网络)。
- 计算机芯片生产商强烈支持该标准,他们将 WiMAX 接收机内置到大部分的笔记本电脑上。这就产生了 WiMAX 的自动客户群。

但是,WiMAX 还是一个未经证实的系统,也没有既定的客户群,并试图与以蜂窝产业作为坚强后盾,且拥有上亿客户的系统进行竞争。写本书时,在美国、日本和韩国,每个国家仅有一个主要的运营商承诺从事广泛的 WiMAX 部署。

3GPP-LTE(见第 27 章)和 802.16e 之间的竞争更难以预料。这些系统采用非常相似的技术,因此市场动态甚至会超过技术考虑。它们的扩展,即增强 LTE 和 IEEE 802.16m 也将进行面对面的较量。

28.2　系统概述

28.2.1　物理层概述

WiMAX 制定了多种完全不同的物理层。这里只探讨 OFDMA 标准,该标准用于 2 ~ 11 GHz 频带的移动通信中。

下面简述这种正交频分多址物理层。标准对频域双工(FDD)和时域双工(TDD)都有详细

---

①　这种方式的缺点是原始文本的许多段落存在不完备、模糊或相互矛盾等问题。修改后的文本(发布的 D2 版)在 2009 年出版,大幅度地减少了这些问题。

描述,虽然时域双工是迄今为止更常用的选择。在时域双工中,时间轴被分为 5 ms 的帧,该帧先下行(DL),然后上行(UL)。在每个上、下行子帧中都传送 OFDM 符号,不同的子载波和不同的 OFDM 符号分配给不同的用户。分配给用户的子载波可以分布在整个可用带宽上,以获得高频率分集和高干扰分集;也可以是相邻的,这样基于发射机的信道状态信息(CSI)的自适应调制和编码(AMC)更容易实现。子帧分为若干区,在每个区中分配给用户的子载波可以是不同的。在一帧的开头,发送一个 MAP 通知,描述哪些子载波预定给哪个用户。

各种类型的多天线技术都可以用在上行和下行传输中,空时分组码、空间复用和天线选择都能用来增加分集和数据速率。

28.2.2　频带

WiMAX 不指定任何具体工作频率,而是可以工作在 2～11 GHz 的任意载频上。频谱由国家频率监管机构来分配。下面的波段对于 WiMAX 而言是最重要的。

- 1.9/2.1 GHz 波段。2007 年 9 月,WiMAX 成为了 ITU 中 IMT-2000 标准族的一部分。因此,国家频率监管机构将很可能允许 WiMAX 在预留给第三代蜂窝系统的这一频段进行部署。在美国是 1.9 GHz 频段,在其他许多国家是 1.9～2.2 GHz 频段。
- 2.5 GHz 波段。2.5～2.7 GHz 之间的部分波段可用于美国、加拿大、日本、俄罗斯、中南美洲部分地区和印度。2.3～2.43 GHz 波段在韩国、澳大利亚和美国用于无线宽带(WiBro)系统,它是 WiMAX 的一种变形。
- 3.5 GHz 波段。3.3～3.8 GHz 之间的部分波段在欧洲大部分国家、澳大利亚、加拿大、南美洲、非洲已经分配给固定无线接入。总的可用带宽随国家而变化。
- 5 GHz 波段。未经许可的 WiMAX 系统可以部署在 5.25～5.85 GHz 波段,该波段在美国分配给免许可证国家信息基础设施(U-NII),在其他国家也有类似的专用分配。但是,未经允许的波段导致很高的干扰和低的可允许发射功率。本质上,WiMAX 系统将与无线保真(WiFi)在该频带进行面对面的竞争(见第 29 章)。

IMT-A 系统频率分配的进一步讨论可以参阅第 27 章。

28.2.3　媒体接入控制层概述

媒体接入控制层由 3 个主要部分组成:(1)MAC 汇聚子层(CS);(2)MAC 公共部分子层;(3)MAC 安全子层。

汇聚子层从高层接收到的数据分组称为业务数据单元(SDU)。这些业务数据单元根据网络层采用的标准可以有不同的格式。例如,它们可能是传输控制协议/网络协议(TCP/IP)分组(来自互联网贸易),或者是 ATM(异步传输模式)分组。汇聚子层的任务就是将这些数据分组重新格式化,使其成为与高层无关的数据单元,同时使无线传输更有效。例如,汇聚子层提供分组头压缩:业务数据单元的头中包含大量的冗余信息,如在每个 TCP/IP 分组中包含 IP 地址。头压缩是基于某些允许接收机对头进行重建的准则。汇聚子层输出 MAC 分组数据单元(PDU)。

MAC 公共部分子层为无线信息传输提供必要的支持功能。它包括如下功能:发送调制/编码的选择、信道状态信息反馈和带宽分配信号。它也提供分片和打包:当业务数据单元(来自高层的数据分组)的大小在一个无线分组中不容易传输时通常出现这样的情况。如果分组太大，MAC 就将它们分成较小的片，并加上一些信息，这些信息告诉接收机怎样将这些分片组合在一起。类似地，如果业务数据单元太小（导致它们的传输开销增加），它们就将被打包在一起进行无线传输。

　　WiMAX 把分配给特定用户，并具有一定的服务质量（QoS）需求（如延迟、时偏等）的 MAC 传输业务定义为业务流。它包含下列参数：业务流标识符（ID）、连接标识符（CID）、配置的 QoS 参数（推荐的 QoS 参数）、公认的 QoS 参数（实际分配给业务流的 QoS 参数）、有效 QoS 参数集（在给定时间内提供的 QoS 参数）和认证模块。

28.2.4　网络结构

　　网络结构和连接接口如图 28.1 所示。它不在 IEEE 802.16 的规定范围内，而是通过 WiMAX 论坛发展起来的。该结构的主要目的是将无线接入（接入服务网络，ASN）从网络接入（连通服务网络 CSN）中独立出来，其目标是两个网络可分属于不同的供应商。

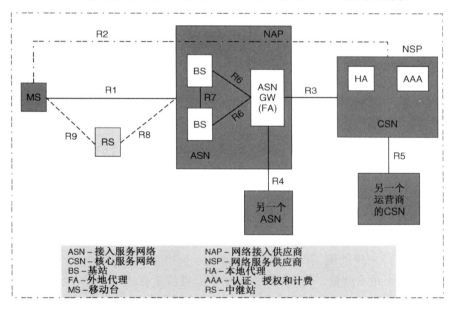

图 28.1　WiMAX 网络结构和连接接口

　　接入服务网络提供对应于 802.16 标准的物理层和 MAC 层的无线连接，也包括标准中没有定义的多项相关功能（例如调度和资源分配）。它发现哪些网络可用，并将用户连接到首选的（允许的）连接服务网络上。每个基站连接一个接入服务网络网关，该网关与 GSM 中的基站控制器功能上有些类似（见第 24 章）。WiMAX 在基站和网关之间定义了多项不同的功能性拆分。

　　在网络发现过程中，移动台可发现接入业务供应商（在 DL-MAP 中用独特的 24 比特"操作 ID"表征）和可用网络业务供应商（NSP）。网络业务供应商的选择和通信业务供应商（CSP）的功能与 WiMAX 的无线操作关系不大，所以在这里不做深入描述。该情况与 WiFi（见第 29 章）类似，接入点仅提供一个无线链路，该无线链路可以看成有线网络连接的"电缆替代品"；获得接入和对网络业务供应商进行支付与该操作是独立的。

28.3　调制与编码

28.3.1　调制

OFDM

WiMAX 中的调制方案是带有循环前缀的标准正交频分复用(详见第 19 章)。下面的参数决定了设置。

- 带宽 B。
- 可用子载波数 N_{used}。
- 过采样因子 n_{samp}、带宽和可用子载波数决定了子载波间隔:

$$\Delta f = \frac{n_{samp} B}{N_{FFT}} \tag{28.1}$$

其中,N_{FFT} 表示大于 N_{used} 的 2 的最小次幂[①]。采用过采样因子是为了易于扩展或压缩频谱,从而使其可以有效地适应一个给定的频谱,而无须改变像可用子载波数等其他参数。对于 1.25 MHz,1.5 MHz,2 MHz 或 2.75 MHz 的整数倍的所有带宽,$n_{samp} = 28/25$;对于 1.75 MHz 的整数倍和之前没提到的其他带宽,$n_{samp} = 8/7$。有用的符号间隔为 $1/\Delta f$。

- N_{cp} 表示循环前缀的长度,它可以为有用符号间隔的 1/4,1/8,1/16 或 1/32。

下面的快速傅里叶变换的长度为:2048,1024,512 和 128。长度为 256 的快速傅里叶变换被去掉,因为它被基于正交频分复用(不是正交频分多址)的 WiMAX 的另外一种物理层传输模式所采用。

子载波可以用于下面 3 种目的。

1. 数据子载波。用于传输信息。
2. 导频子载波。用户信道估计和跟踪。
3. 空子载波。不包含能量,在频域用作保护带。直流子载波也不分配任何能量,这样有助于避免放大器饱和;此外直流子载波上的信息在直流转换接收机中将会丢失。

可用的子载波数与空子载波数取决于子载波分配方案,将在 28.4 节中讨论。

调制格式

信道编码器的输出映射到调制星座上,该调制星座可以是 4-QAM、16-QAM 或 64-QAM(在上行链路 64-QAM 是可选的)的格雷映射。星座通过乘以一个因子 c(见图 28.2)来进行归一化,从而具有相同的能量。

第一步,用移位寄存器($1 + x^9 + x^{11}$,见图 28.3)产生随机数 w_k。这些数与所有的调制和导频子载波相乘。对于数据调制,第 k 个子载波(序号为 k 的子载波)在数据调制以前乘以

$$2\left(\frac{1}{2} - w_k\right) \tag{28.2}$$

[①] 此外,通过将分子写为 nB 可简化这个符号。严格地讲,应是 $8000 \times floor(n_{samp} B/8000)$。

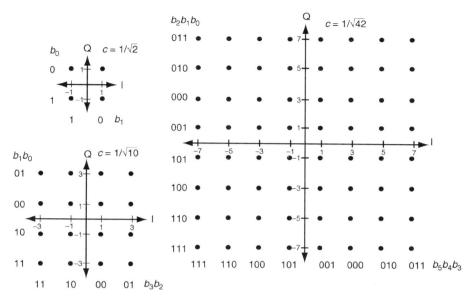

图 28.2　WiMAX 的调制星座图

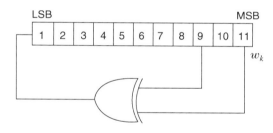

图 28.3　调制产生随机数的移位寄存器。引自[IEEE 802.16]© IEEE

调制和码率

WiMAX 允许码率和调制格式的多种不同组合。4-QAM 和 16-QAM 可以与 1/2 和 3/4 码率组合，而 64-QAM 可以与 1/2、2/3、3/4 和 5/6 码率组合。

28.3.2　编码

WiMAX 标准包括多种不同的前向纠错和自动重传请求方案。不同的纠错方案在性能与复杂度之间进行不同的折中。但是，只有最简单的方案，即标准卷积编码和标准自动重传请求是强制的，而其他编码格式都是可选的。我们不介绍分组 Turbo 码和低密度奇偶校验码，因为它们在 WiMAX 系统框架中不是必需的。

对于所有的前向纠错方案，源数据首先与移位寄存器（$1 + x^{14} + x^{15}$）的输出进行模 2 相加，使其随机化。然后经过所谓的"前向纠错分组"进行编码，该"前向纠错分组"由一些子信道组成（对于子信道的定义，见 28.3.1.2 节）。前向纠错分组是分段输出。

卷积码

WiMAX 中强制的前向纠错编码是码率为 1/2，约束长度为 7 的咬尾卷积码。码字多项式为

$$G1(D) = 1 + D + D^2 + D^3 + D^6 \tag{28.3}$$

$$G2(D) = 1 + D^2 + D^3 + D^5 + D^6 \tag{28.4}$$

更高的码率，尤其是 2/3 码率和 3/4 码率，是通过该编码打孔(即，删余增信)得到的。

为了保证不同的编码分组相互独立，编码器必须适当地初始化。咬尾卷积码(TBCC)使用编码分组的最后 6 比特对编码器进行初始化。采用这种方法最初和最后的状态是相同的，即在网格图表示中，只有那些初始和结束是在同一个状态的路径才是有效码字。这样解决了需要零来迫使网格图回到零状态的问题(见第 14 章)。

编码后，数据交织需要两步。第一步，确保相邻的比特不在相邻的子载波上传输，这样可以获得频率分集。第二步，相邻的比特交替地映射到星座图上比较重要或比较不重要的比特上。

Turbo 码

在 WiMAX 中达到更高性能的一种方法就是使用 Turbo 码(见 14.6 节)。WiMAX 中 Turbo 码的一个显著特点在于它们是双二进制码，即 Turbo 编码不是按比特完成，而是按 2 比特符号完成。这样生成的码具有更大的最小距离、更好的收敛性和对打孔的低敏感性，所以优于"标准的"Turbo 编码。其缺点就是译码器更复杂。

图 28.4 给出了 Turbo 编码器的结构。两比特符号 A/B 以两种方式用作循环卷积编码器的输入：直接输入和经过一个交织器后输入。交织器首先在一个符号内翻转比特(仅对每组第二个符号进行)，然后交织符号。每个卷积编码器都产生两个奇偶校验比特，一个用于输入符号的正常顺序，另一个用于交织器的输出。生成的符号再交织(注意，采用卷积码的"常规"WiMAX 交织器不用于 Turbo 编码)。

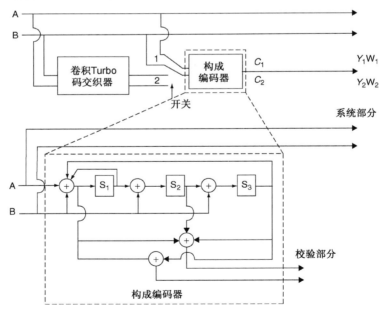

图 28.4　WiMAX 中双二进制 Turbo 编码器的结构

如上所述，标准中只将低密度奇偶校验码(见 14.7 节)作为可选模式。

HARQ

WiMAX 预设了混合自动重传请求(HARQ)的两种可选类型,即附录 14. A[1] 中描述的跟踪合并(chase 合并)和增量冗余(IR)。在跟踪合并(也称为 I 类 HARQ)中,前向纠错分组进行简单的重复,且接收机合并接收信号的软信息。在增量冗余传输(也称为 II 类 HARQ)中,发射机发送源数据多个不同的编码版本。这些不同的编码通过改变打孔图样来完成。利用子分组识别(SPID)在前向纠错分组的开始会指出采用哪种打孔图样。

28.4 逻辑和物理信道

WiMAX 是基于正交频分多址的,且在特定的 OFDM 符号中把数据分配到特定的子载波上。最重要也最困惑的一点是 WiMAX 怎样完成这样的映射,因为这里存在许多不同的选项,且每种都相当复杂。下面首先介绍基本的原则和术语,然后才进入不同分配的细节,虽然这样会导致在描述上有些重复。

28.4.1 帧和区域

时频平面的最大基本单元是一个长为 5 ms[2],且包含所有子载波的帧。每帧在时域上被分为上行和下行子帧(在时域双工模式中)。每个子帧分为多个排列区域,在每个排列区域内使用一种特殊的子载波排列(下面会解释怎样进行子载波排列)。图 28.5 为帧细分成子帧和排列区域的示意图。

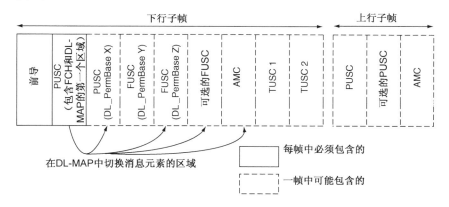

图 28.5 一个正交频分复用帧的区域结构

28.4.2 帧结构的细节

图 28.6 给出了帧结构的细节(只有强制区域)。从图中可以看出每个区域都包含用户数据。一定要清楚数据在时频域的连续排列描述的是逻辑子信道。换句话说,一个用户也许占用逻辑子信道 5 和 6;但是由于下面将要详细讨论的子载波置换,这些逻辑子信道可能映射到分布广泛的(在时频域)物理子载波上。

---

① 在两种情况下,任一个 HARQ 分组都具有一个 16 比特的循环冗余校验,因而很容易确定一个分组是否正确接收。
② 在 802.16-2004 中,在 2~20 ms 之间。

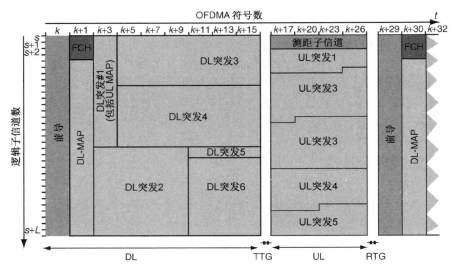

图 28.6 OFDMA 的帧结构。引自 [IEEE 802.16] © IEEE

除了发给其他用户的数据突发，一帧包括前导和控制信令，即 DL 和 UL-MAP，帧控制头（FCH）。这些控制信号也要进行子载波置换。帧控制头被着重保护：它发送时采用卷积码码率为 1/2 的正交相移键控调制，且重复 4 次；帧控制头信息在具有连续逻辑子信道编号的 4 个子信道上发送。帧控制头包括 DL 帧前缀（说明 DL-MAP 的状态和占用的子信道），以及其他关于 DL-MAP 的详细信息（MAP 的长度，重复码的使用等）。它总是在 DL 帧前导之后，在编号最低的子信道上发送。

在帧控制头之后，发送 DL-MAP 和 UP-MAP。它们指定哪些数据区域（OFDM 符号和子信道）分配给哪个用户用于上行和下行传输；注意 MAP 信息可以被压缩。

然后要区分子载波和子信道。子信道是数据的逻辑单元，这些数据被映射到一个物理子载波集合（不必是连续的）；子载波的准确值和排列定义为子载波置换。下面将讨论几种不同的子载波置换模式：部分使用子载波（PUSC）、全部使用子载波（FUSC）及自适应调制和编码（AMC）。一组连续的（在时域和/或频域）子信道定义为一个数据区域，且传输时总是采用相同的突发结构（调制格式、码率和编码方式）。每个子信道的数据子载波数如表 28.1 所示。

可能的最小数据分配单元称为一个时隙。时隙的大小以子信道（在频域）和 OFDM 符号（在频域）为单位来定义。时隙大小的数值取决于子信道置换和上行/下行链路；表 28.2 给出了定义的细节。每个用户分配一个或多个时隙用于数据通信。哪些时隙分配给哪个用户在 DL-MAP 和 UP-MAP 中给出。

表 28.1 子信道数

置换/FFT 大小	128	512	1024	2048
下行 PUSC	3	15	30	60
上行 PUSC	4	17	35	70
上行 PUSC（可选置换）	6	24	48	96
下行 PUSC（其他置换）	2	8	16	32
TUSC				
AMC	2	8	16	32

表 28.2 以子信道为单位的时隙大小

	上行链路	下行链路
PUSC（其他置换）	1×3	1×2
FUSC（其他置换）		1×1
TUSC1/TUSC2		1×3

28.4.3　数据到(逻辑)子信道的映射

MAC 层数据按以下面的方式映射到数据区域:

- 对于下行链路:
  - 将数据分段成适合一个时隙大小的块;
  - 时隙以下面的方式进行编号,在编号最低的 OFDM 符号中,编号最低的时隙占用编号最低的子信道;
  - 继续映射,这样 OFDMA 子信道标号会增加。当到达数据区域的边界时,在下一个可用符号中,继续从编号最低的 OFDMA 子信道开始映射。
- 对于上行链路,映射方式类似。但是,由于数据区域的定义不同,我们常常获得频域较窄而时域较宽的分配。这样有助于移动台在每个子载波上发送差不多的功率,同时保证总的发射功率在一定范围内。

28.4.4　前导和导频的原则

子载波分配(为什么有不同的模式)

子载波排列是通过数学的方法来定义数据符号(具有逻辑序号)怎样映射到子载波上。不同的置换适用于不同的环境。考虑下面几种区别:

1. 分布式/相邻数据分配。在 PUSC 和 FUSC 中,一个用户的子载波是分布式的;而对于带限的 AMC 是相邻的。如果不清楚每个子载波的信道质量,那么分布式分配较好;而如果知道频域信道的质量,那么相邻分配较好,因为这样可以利用多用户分集。
2. 重复使用类型。PUSC 和 AMC 允许部分重复使用,而 FUSC 允许全部重复使用。
3. 专用/广播导频分配。可以使用附属于分配/组/子信道的导频,或者是遍布整个带宽的导频。在 AMC 中导频可以看成子信道的一部分,在 PUSC 中作为子信道组的一部分,而在 FUSC 中它们占用整个带宽。因此 AMC 和 PUSC 有给用户的专用导频,且使用户能够在一组子载波上进行波束成形。

前导

下行前导在每帧的开始由基站发送,该前导可以用于信道估计、干扰估计等。它在一个 OFDM 符号内覆盖所有的子载波。这些子载波分为 3 个交错的组:第一组包括(物理)子载波 0,3,6,…;第二组包括子载波为 1,4,7,…;第 3 组包括子载波为 2,5,8,…;且存在保护子载波。前导以较大的功率发送。

导频符号位置

导频子载波与前导采用相同的调制方式。导频子载波的功率比数据子载波的功率高 2.5 dB。

对于 FUSC 和 DL-PUSC,首先分配导频子载波;剩下的是数据子载波,这些数据子载波分成多个子信道专用于数据传输,这样就产生一组公共导频[①]。对于上行 PUSC,使用的子载波组首先分成多个子信道,然后从每个子信道中分出一些导频子载波,因此每个子信道就包含它

---

① 对于下行 PUSC,在每一个所谓的"主组"中有一组公共导频,后文将进一步解释。

自己的导频子载波组。这样做的原因是,在上行公共导频没有意义(不同用户发出的信号即使是在很相近的频率上传输,但会经历不同的信道)。

28.4.5　PUSC

PUSC 是在每帧中必须采用的默认子载波分配方式。PUSC 的基本原则就是将所有子载波分组,这些子载波组可以用于不同的小区扇区。换句话说,仅一部分子载波用于每个扇区,因此而得名。值得注意的是这个概念降低了共道干扰,它类似于 FDMA 网络中的频率复用。将 PUSC 作为默认模式是因为它比其他方案更稳健。

下行 PUSC

对于下行链路,形成许多簇,每簇包括 14 个子载波。在这种簇内,导频的安排如图 28.7 所示。

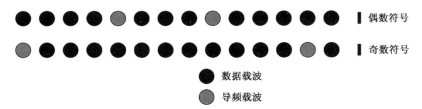

图 28.7　下行 PUSC 的导频结构

然后将这些簇分成 6 组;首先将这些簇重新编号(采用伪随机编号方案),然后将这些(重新编号的)簇的前 1/6 作为第一组,第二个 1/6 作为第二组,以此类推。接下来从同一组中选出两簇就得到一个子信道。PUSC 可以将所有的组,或仅仅其中的一个子集分配给一个发射机;换句话说,不同的组可以分配给蜂窝系统中不同的扇区。默认地,0、2 和 4 组分配给扇区 1、2 和 3。这类似于频率复用因子为 1/3 的 FDMA 系统(见 17.6.4 节)。但要注意,由于三组可以任意分配给扇区,因此 PUSC 具有更大的灵活性。

下面介绍子载波分配的细节(此描述严格遵循[IEEE 802.16])。

1. 将子载波分成若干簇(共 $N_{clusters}$ 个),每个簇包含 14 个相邻的子载波。$N_{clusters}$ 随着快速傅里叶变换的大小而变化。例如,1024 点的快速傅里叶变换产生 60 个簇:$60 \times 14 = 840$ 个可用子载波,加上左边的保护子载波(92 个),直流子载波(1 个)和右边的保护子载波(91 个),因此在快速傅里叶变换中共有 1024 个子载波。物理簇的编号简单地依次排序(最低频率的簇编号为 0,接下来为 1,2,…)。对于 128 点的快速傅里叶变换,仅有 6 个簇。

2. 用下面的公式将物理簇重编号形成逻辑簇:

$$逻辑簇号 = \begin{cases} \text{RenumberingSequence(PhysicalCluster)} & \text{第一个下行域,或} \\ & \text{UseAllSCindicator} = 0 \\ \text{RenumberingSequence(PhysicalCluster)} \\ + 13\text{DL\_PermBase}) \bmod N_{clusters} & \text{其他} \end{cases} \quad (28.5)$$

这个重新编号的序列是标准中指定的一个随机序列。DL_PermBase 是由基站设置的一个整数参数,并在 DL_MAP 域中传送给移动台。参数 UseAllSCindicator 在 STC_DL_Zone_IE 消息(实质上是一个控制信令比特)中传送给移动台。

3. 将逻辑簇分组。对于不同的快速傅里叶变换大小，分配是不同的。对于 128 点的快速傅里叶变换，有 3 个主组，0 组包括 0 ~ 1 簇，2 组包括 2 ~ 3 簇，4 组包括 4 ~ 5 簇；对于 512 点的快速傅里叶变换，分配与此类似。对于 1024 点的快速傅里叶变换，将簇分成 6 个主组，0 组包括 0 ~ 11 簇，1 组包括 12 ~ 19 簇，2 组包括 20 ~ 31 簇，3 组包括 32 ~ 39 簇，4 组包括 40 ~ 51 簇，5 组包括 52 ~ 59 簇；注意，0，2，4 组与 1，3，5 组具有不同数目的簇；对于 2048 点的快速傅里叶变换，分配与此类似。

以 128 点的快速傅里叶变换为例，第 1 步至第 3 步如图 28.8 和图 28.9 所示。

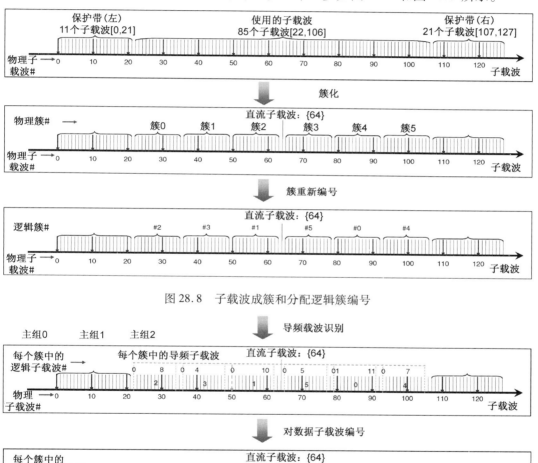

图 28.8　子载波成簇和分配逻辑簇编号

图 28.9　数据子载波编号[Tao 2007]

4. 对于每个 OFDMA 符号，在每个主组中将子载波分成独立的子信道。首先在每个簇中分出导频子载波，然后将剩余的作为符号中的数据子载波。参数随着快速傅里叶变换长度的变化而变化。在分配导频后，剩余子载波首先分配一个连续增加的序号（"逻辑子载波序号"，在 Eklund et al. [2006] 的注释中）。这些逻辑子载波分成逻辑子信道。尤其是为第 s 个子信道中的第 k 个子载波分配了下面的逻辑子载波序号：

$$\text{Subcarrier}(k, s) = N_{\text{subchannels}} \cdot n_k + \{p_s[n_k \mod N_{\text{subchannels}}] + \text{DL\_PermBase}\} \mod N_{\text{subchannels}}$$

$$(28.6)$$

其中,

○ Subcarrier(k, s)为第 s 个子信道中第 k 个子载波的物理子载波序号;

○ s 为子信道序号, $s \in \{0, \cdots, N_{\text{subchannels}} - 1\}$;

○ $n_k = (k + 13s) \mod N_{\text{subchannels}}$, 其中 k 表示一个子信道中的子载波序号, $k \in \{0, \cdots, N_{\text{subchannels}} - 1\}$;

○ $p_s[j]$ 为将一个基序列向左循环旋转 s 次后获得的序列;

○ IDcell 表示 0 ~ 31 之间的一个整数, 是小区标识, 用来识别特殊的基站段, 并由 MAC 层规定(与第一个区域中的 IDCell 相同)。

子载波分配的一个实例如图 28.10 所示。

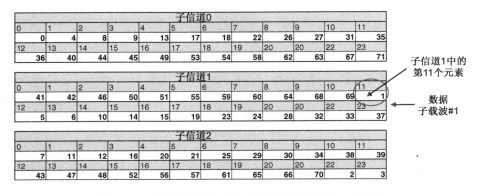

图 28.10 数据子载波分配成子信道的元素[Tao 2007]

以另一种方式来看待这个问题也是有帮助的: 如果给定一个逻辑子信道, 那么要通过哪些步骤才能得到相应的物理分配呢[Nyuami 2007]?

1. 将所有可用子载波划分成簇, 且将簇分成主组。这是根据前面的第 1 步至第 3 步来完成的(也见图 28.8 和图 28.9)。为了给出另一个具体的例子, 考虑快速傅里叶变换的长度为 1024 的"主组 3"。它包括(如上面第 3 步所提到的)32 ~ 39 逻辑簇。根据式(28.5)和重新编号的序列, 可以得到(因为 DL_PermBase = 5)相应的物理簇为 3, 6, 53, 20, 45, 57, 28, 19。它满足与一个特定主组相对应的所有物理子载波的定义。

2. 分配导频子载波。从上一步可以知道物理簇的序号, 从图 28.7 可以看出在每一组中物理簇是怎样分布的。这样就能很容易地确定对应于奇数符号的导频子载波的物理子载波序号(再次注意, 计数从第一个非保护子载波开始)为 42, 54, 84, 96, 742, 754, $\cdots$, 偶数符号与此类似。

3. 现在转向数据子载波。在一个逻辑子信道中共有 24 个数据子载波; 以 $N_{\text{subchannels}} = 4$ 为例, 因为有 8 个物理簇, 提供 96 个数据子载波(8 × 14 = 112 个子载波, 减去 16 个导频)。与子载波 $k = 0, \cdots, 23$ 相关的逻辑子载波(在一个主组中)的序号是根据式(28.6)计算出来的。考虑物理子载波和逻辑子载波之间的映射, 得出了将要使用的物理子载波的序号。

上行 PUSC

在上行传输中, 首先把时频平面分成片(tiles), 每个片由 4 个连续的子载波乘以 3 个

OFDM 符号组成。然后这些片以伪随机的方式分成组，一组中的 6 个片构成一个子信道。注意，片中包含导频子载波，且片是以伪随机的方式分成子信道的。这样，每个子信道承载必需的导频子载波。在标准 PUSC 模式中，每个片的角作为导频子载波(见图 28.11)。

图 28.11　上行 PUSC 每个片中的导频结构

子信道映射到物理子载波的过程按下面的步骤进行：

1. 根据下式将物理片映射到逻辑片

$$\text{Tiles}(s, n) = N_{\text{subchannels}} \cdot n + (\text{Pt}[(s + n) \mod N_{\text{subchannels}}] + \text{UL\_PermBase}) \mod N_{\text{subchannels}}$$

其中，$\text{Tiles}(s, n)$ 表示物理片序号，从较小的子载波增加到较大的子载波；n 表示子信道中的片序号 $0 \cdots 5$(每个子信道中总有 6 个片，与快速傅里叶变换的长度无关)；Pt 表示片置换，如标准中给出的表；s 表示子信道序号，$s \in \{0, \cdots, N_{\text{subchannels}} - 1\}$；UL_PermBase 是由基站分配的一个整数；$N_{\text{subchannels}}$ 表示子信道数，取决于快速傅里叶变换的长度。图 28.12 和图 28.13 给出了一个例子。

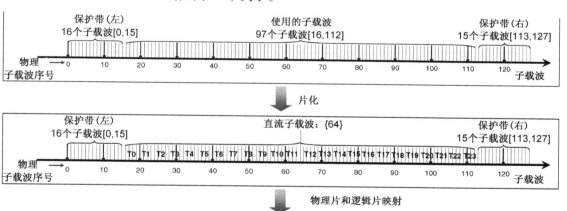

图 28.12　子载波划分成片[Tao 2007]

子信道0					
子信道中的逻辑片序号 0	1	2	3	4	5
原始物理片序号	2	4	11	13	18	20

子信道1					
子信道中的逻辑片序号 0	1	2	3	4	5
原始物理片序号	0	7	9	14	16	23

子信道1中的第1个逻辑片
第7个物理片

子信道2					
子信道中的逻辑片序号 0	1	2	3	4	5
原始物理片序号	3	5	10	12	19	21

子信道3					
子信道中的逻辑片序号 0	1	2	3	4	5
原始物理片序号	1	6	8	15	17	22

图 28.13　逻辑片到物理片的映射[Tao 2007]

2. 在一个时隙的片中,开始对可用的物理单元(三个可用 OFDM 符号中的非导频子载波)进行连续编号。从最早的 OFDM 符号的最低子载波开始。然后沿着频率轴增加序号,直到达到最高的子载波,接着又从下一个 OFDM 符号的最低子载波开始编号(见图 28.14)。

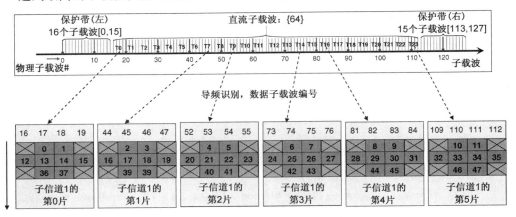

图 28.14 片中的子载波编号

3. 根据下式将数据映射到物理单元:

$$\text{Subcarrier}(n, s) = (n + 13 \cdot s) \bmod N_{\text{subcarriers}}$$

其中,$\text{Subcarrier}(n, s)$ 表示对应于数据子载波 n 和子信道 s 的置换子载波序号;n 是一个执行序号 $0 \cdots 47$,表示一个子信道内的数据星座点;s 是子信道数;$N_{\text{subchannels}}$ 是每个时隙内的子载波数。

图 28.15 和图 28.16 给出了一个例子。

子信道0																							
原始的数据子载波序号				0	1	2	3	4	5	6	7	8	9	10	11								
新的数据子载波序号				0	1	2	3	4	5	6	7	8	9	10	11								
原始的数据子载波序号	12	13	14	15	16	17	18	19	20	21	22	23	24	25	26	27	28	29	30	31	32	33	34	35
新的数据子载波序号	12	13	14	15	16	17	18	19	20	21	22	23	24	25	26	27	28	29	30	31	32	33	34	35
原始的数据子载波序号				36	37	38	39	40	41	42	43	44	45	46	47								
新的数据子载波序号				36	37	38	39	40	41	42	43	44	45	46	47								

子信道1																							
原始的数据子载波序号				0	1	2	3	4	5	6	7	8	9	10	11								
新的数据子载波序号				13	14	15	16	17	18	19	20	21	22	23	24								
原始的数据子载波序号	12	13	14	15	16	17	18	19	20	21	22	23	24	25	26	27	28	29	30	31	32	33	34	35
新的数据子载波序号	25	26	27	28	29	30	31	32	33	34	35	36	37	38	39	40	41	42	43	44	45	46	47	0
原始的数据子载波序号				36	37	38	39	40	41	42	43	44	45	46	47								
新的数据子载波序号				1	2	3	4	5	6	7	8	9	10	11	12								

子信道2																							
原始的数据子载波序号				0	1	2	3	4	5	6	7	8	9	10	11								
新的数据子载波序号				26	27	28	29	30	31	32	33	34	35	36	37								
原始的数据子载波序号	12	13	14	15	16	17	18	19	20	21	22	23	24	25	26	27	28	29	30	31	32	33	34	35
新的数据子载波序号	38	39	40	41	42	43	44	45	46	47	0	1	2	3	4	5	6	7	8	9	10	11	12	13
原始的数据子载波序号				36	37	38	39	40	41	42	43	44	45	46	47								
新的数据子载波序号				14	15	16	17	18	19	20	21	22	23	24	25								

子信道3																							
原始的数据子载波序号				0	1	2	3	4	5	6	7	8	9	10	11								
新的数据子载波序号				39	40	41	42	43	44	45	46	47	0	1	2								
原始的数据子载波序号	12	13	14	15	16	17	18	19	20	21	22	23	24	25	26	27	28	29	30	31	32	33	34	35
新的数据子载波序号	3	4	5	6	7	8	9	10	11	12	13	14	15	16	17	18	19	20	21	22	23	24	25	26
原始的数据子载波序号				36	37	38	39	40	41	42	43	44	45	46	47								
新的数据子载波序号				27	28	29	30	31	32	33	34	35	36	37	38								

图 28.15 数据子载波置换[Tao 2007]

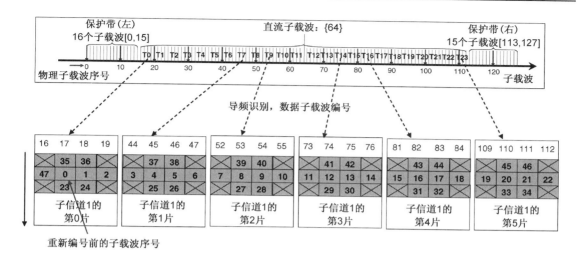

图 28.16　子载波的最终分配[Tao 2007]

UL-PUSC 采用了数据旋转法，在每个时隙内，子信道的编号改变了。

一种可供选择的 PUSC 模式使用不同的片大小(3 个子载波乘以 3 个 OFDM 符号)，且仅将中间的子载波/符号作为导频，这样具有更高的频谱效率，但是信道估计性能较差。

28.4.6　TUSC

TUSC 是一种下行置换，它与 UL-PUSC(记住 UL-PUSC 和 DL-PUSC 使用不同的子载波分配，这样就不能利用互易性)对称。TUSC 1 对应于 UL-PUSC，TUSC 2 对应于可选择的 UL-PUSC。

28.4.7　FUSC

FUSC 仅存在于下行传输，它只有一种分段，该分段包括所有的子载波组。每个子信道包括分布在整个可用系统带宽上的 48 个子载波。子信道至子载波的映射取决于小区 ID 和称为置换基的一个参数，基站可以设置该参数。此外映射随着每个 OFDM 符号而改变。

FUSC 提供了很高的分集度。(i) 在一个 OFDM 符号的传输中，由于数据映射到遍布整个带宽的子载波上，所以提供了频率分集与干扰分集。虽然它对在所有可能子载波上的传输无法提供相同的分集，但仍然产生很高的分集增益。此外，在一组稀疏子载波上的传输意味着每个用户更不易出现最差情况的相邻小区干扰(当然，总的干扰与 OFDM/TDMA 系统产生的相同，但是在最差情况的干扰更低，即当一个用户临近小区边缘时产生的干扰更低)。(ii) 由于映射随着符号而改变，所以提供了额外的干扰分集度。但是仿真结果表明，如果每个小区的负载超过 1/3，系统就开始损失吞吐量。这表明效率与 PUSC 相当。

现在来讨论一些细节。首先考虑导频的分配(见图 28.16)。共有两组恒定的导频和两组可变的导频；在 FUSC 中，所有的导频都使用(导频再细分成两组，与它们在空时编码模式下的使用有关)。属于不同组的子载波序号在标准的 8.4.6.1.2.2 节中给出。可变导频分配的公式如下：

$$\text{PilotsLocation} = \text{VariableSet\#}x + 6 \cdot (\text{FUSC\_SymbolNumber} \bmod 2) \tag{28.7}$$

在分配完导频后，数据映射到余下的物理子载波上，该过程与 PUSC 过程的第 4 步相似。换句话说,可用子载波(除了保护子载波,直流子载波和导频)连续编号构成"逻辑"子载波,且不同子载波承载的数据按式(28.6)分配序号。图 28.17 至图 28.19 给出了一个例子。

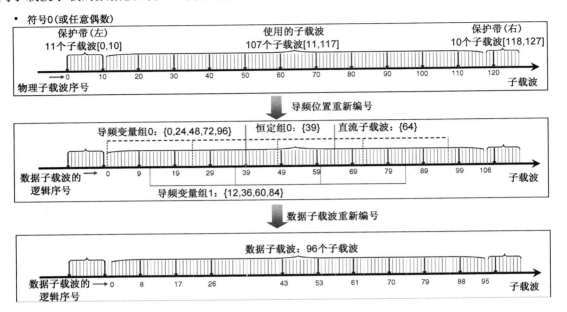

图 28.17　在 FUSC 中对于偶数符号的导频子载波插入[Tao 2007]

- For IDcell = 0, DL_PermBase = [1 0], symbolNumber = 0, k in {0, ..., $N_{subcarriers}-1$} (i.e. {0, ..., 47}):
  - Subcarrier(k, 0) =

{ 1	2	5	6	9	10	13	14
17	18	21	22	25	26	29	30
33	34	37	38	41	42	45	46
49	50	53	54	57	58	61	62
65	66	69	70	73	74	77	78
81	82	85	86	89	90	93	94}

  - Subcarrier(k, 1) =

{ 27	28	31	32	35	36	39	40
43	44	47	48	51	52	55	56
59	60	63	64	67	68	71	72
75	76	79	80	83	84	87	88
91	92	95	0	3	4	7	8
11	12	15	16	19	20	23	24}

图 28.18　在 FUSC 中子载波的重新编号

子信道0

0	1	2	3	4	5	6	7	8	9	10	11
1	2	5	6	9	10	13	14	17	18	21	22
12	13	14	15	16	17	18	19	20	20	22	23
25	26	29	30	33	34	37	38	41	42	45	46
24	25	26	27	28	29	30	31	32	33	34	35
49	50	53	54	57	58	61	62	65	66	69	70
36	37	38	39	40	41	42	43	44	45	46	47
73	74	77	78	81	82	85	86	89	90	93	94

子信道1

0	1	2	3	4	5	6	7	8	9	10	11
27	28	31	32	35	36	39	40	43	44	47	48
12	13	14	15	16	17	18	19	20	20	22	23
51	52	55	56	59	60	63	64	67	68	71	72
24	25	26	27	28	29	30	31	32	33	34	35
75	76	79	80	83	84	87	88	91	92	95	0
36	37	38	39	40	41	42	43	44	45	46	47
3	4	7	8	11	12	15	16	19	20	23	24

子信道1中的第35个元素

数据子载波0

图 28.19　逻辑信道的元素到子载波的映射

还有另一种模式称为"可选 FUSC",它采用不同的导频分配。这里,导频子载波间隔 8 个子载波,且在每个 OFDM 符号中,所有导频偏移 3 个子载波。这些导频以 8 个 OFDM 符号为周期"循环"穿过所有子载波。如果基站都同步,则将有一个"悲惨的"碰撞危险,即如果两个相邻小区的导频碰撞,那么它们将一直碰撞(与标准 FUSC 不同,在标准 FUSC 中,每个小区对于导频分配图样改变时间不同,因此一次干扰并不意味着下一次的干扰)。

28.4.8　AMC

在 AMC 排列中(也称为相邻子载波排列),9 个连续的物理子载波(在一个 OFDM 符号周期内)分成一组,称为一个仓(bin)。每个仓中间的子载波作为导频子载波。4 个仓(即在四个频率上的仓)组成一个物理带。一个 AMC 子信道由一个带中的 6 个相邻(在时间或频率上)的仓组成;即经过 6 个 OFDM 符号的 1 个仓,或对于 2 个 OFDM 符号的 3 个仓,或 2 个相邻的仓经过 3 个 OFDM 符号周期。

数据根据置换公式从一个子信道分配给子载波/OFDM 符号。子载波到子信道的映射不随时间改变(至少在一个数据区域内不改变)。每个仓中有一个导频子载波,也就是中间子载波。但是,如果 AMC 的使用与自适应天线有关,就会使用一个更复杂的导频图案(见图 28.20)。

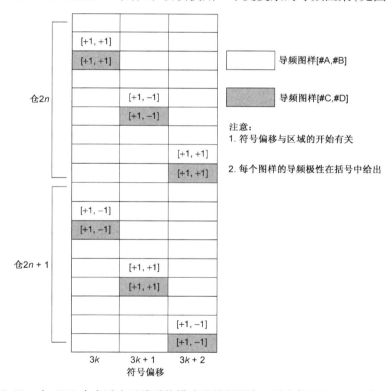

图 28.20　在 AMC 中自适应天线系统模式的导频图案。引自[IEEE 802.16]© IEEE

28.4.9　信道探测

为了实现闭环传输方案,标准设想移动台发送一个信道探测波形来获得发射机的信道状态信息(CSIT),这样基站可以在互易性的假设下确定基站到移动台的信道响应。这个探测信息对闭环的多天线传输系统也是有用的。

系统中有一个特殊的区域用于信道探测。在该区域中,移动台发送探测信号,该信号是格雷序列的一个子序列。该信号在部分可用带宽上传输。它可以使用在那个带宽上的所有可用子载波(此时不同用户利用格雷序列的不同相移来保证用户的可分离性),或者该信号不在每个子载波上传输,而是只在第 D 个子载波上传输。移动台也可能反馈在子载波上观测到的(平均)信干噪比(SINR);此外,每个子载波的干扰功率可以通过分配给每个导频子载波的发射功率来获得,导频子载波上的传输功率与在移动台观测到的干扰功率成反比。

此外,移动台也可以直接反馈明确的信道信息。它可以将上行导频和下行信道系数一起发送,或仅使用一个额外的符号来反馈接收的导频系数。

28.5　多天线技术

多天线技术是 WiMAX 标准中一个重要的部分。它使用空时编码(见 20.2.9 节)和空间复用(见 20.2.8 节)。

28.5.1　空时编码和空间复用

两副发射天线

对于两副发射天线的空时编码,采用传统的 Alamouti 空时编码。当与 PUSC 子载波分配同时使用时,下行的导频结构则会发生变化(见图 28.21)。如果采用 FUSC,符号内的导频就在天线之间被分开了。天线 0 对于偶数符号使用 VariableSet#0 和 ConstantSet#0,而在天线 1 上对于偶数符号使用 VariableSet#1 和 ConstantSet#1;对于奇数符号反之亦然。

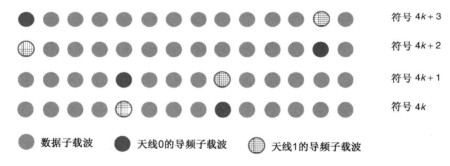

图 28.21　采用 Alamouti 码的 FUSC 的簇结构。引自[IEEE 802.16]© IEEE

以 AMC 子载波分配为例,导频和数据映射如图 28.22 所示。

Alamouti 码也可以用于上行。虽然与下行相比有一些不同,但导频也在两副发射天线中被分开。

对于两副天线的配置,还有一种可能的传输方案是简单的空间复用。符号 S_i 从第一副天线上发送,符号 S_{i+1} 从第二副天线上发送(垂直编码);或两个独立的数据流从这两副天线上发送(水平编码)(见图 28.23)。

四副发射天线

对于四副发射天线的情况,存在多种可能的传输方案。

天线0

s_0	$-s_{16}^*$	s_{32}	$-s_{48}^*$	s_{64}	$-s_{80}^*$
▒	▒	s_{33}	$-s_{49}^*$	s_{65}	$-s_{81}^*$
s_1	$-s_{17}^*$	s_{34}	$-s_{50}^*$	s_{66}	$-s_{82}^*$
s_2	$-s_{18}^*$	s_{35}	$-s_{51}^*$	s_{67}	$-s_{83}^*$
s_3	$-s_{19}^*$	s_{36}	$-s_{52}^*$	▒	▒
s_4	$-s_{20}^*$	s_{37}	$-s_{53}^*$	s_{68}	$-s_{84}^*$
s_5	$-s_{21}^*$	s_{38}	$-s_{54}^*$	s_{69}	$-s_{85}^*$
s_6	$-s_{22}^*$	▒	▒	s_{70}	$-s_{86}^*$
s_7	$-s_{23}^*$	s_{39}	$-s_{55}^*$	s_{71}	$-s_{87}^*$
s_8	$-s_{24}^*$	s_{40}	$-s_{56}^*$	s_{72}	$-s_{88}^*$
▒	▒	s_{41}	$-s_{57}^*$	s_{73}	$-s_{89}^*$
s_9	$-s_{25}^*$	s_{42}	$-s_{58}^*$	s_{74}	$-s_{90}^*$
s_{10}	$-s_{26}^*$	s_{43}	$-s_{59}^*$	s_{75}	$-s_{91}^*$
s_{11}	$-s_{27}^*$	s_{44}	$-s_{60}^*$	▒	▒
s_{12}	$-s_{28}^*$	s_{45}	$-s_{61}^*$	s_{76}	$-s_{92}^*$
s_{13}	$-s_{29}^*$	s_{46}	$-s_{62}^*$	s_{77}	$-s_{93}^*$
s_{14}	$-s_{30}^*$	▒	▒	s_{78}	$-s_{94}^*$
s_{15}	$-s_{31}^*$	s_{47}	$-s_{63}^*$	s_{79}	$-s_{95}^*$

s	数据子载波
▒	导频/空子载波

图 28.22　带 AMC 置换的 Alamouti 码的数据映射

纵向编码的天线0

s_0	s_{32}	s_{64}	s_{96}	s_{128}	s_{160}
PILOT	NULL	s_{66}	s_{98}	s_{130}	s_{162}
s_2	s_{34}	s_{68}	s_{100}	s_{132}	s_{164}
s_4	s_{36}	s_{70}	s_{102}	s_{134}	s_{166}
s_6	s_{38}	s_{72}	s_{104}	PILOT	NULL
s_8	s_{40}	s_{74}	s_{106}	s_{136}	s_{168}
s_{10}	s_{42}	s_{76}	s_{108}	s_{138}	s_{170}
s_{12}	s_{44}	PILOT	NULL	s_{140}	s_{172}
s_{14}	s_{46}	s_{78}	s_{110}	s_{142}	s_{174}
s_{16}	s_{48}	s_{80}	s_{112}	s_{144}	s_{176}
PILOT	NULL	s_{82}	s_{114}	s_{146}	s_{178}
s_{18}	s_{50}	s_{84}	s_{116}	s_{148}	s_{180}
s_{20}	s_{52}	s_{86}	s_{118}	s_{150}	s_{182}
s_{22}	s_{54}	s_{88}	s_{120}	PILOT	NULL
s_{24}	s_{56}	s_{90}	s_{122}	s_{152}	s_{184}
s_{26}	s_{58}	s_{92}	s_{124}	s_{154}	s_{186}
s_{28}	s_{60}	PILOT	NULL	s_{156}	s_{188}
s_{30}	s_{62}	s_{94}	s_{126}	s_{158}	s_{190}

横向编码的天线1

s_0^0	s_{16}^0	s_{32}^0	s_{48}^0	s_{64}^0	s_{80}^0
PILOT	NULL	s_{33}^0	s_{49}^0	s_{65}^0	s_{81}^0
s_1^0	s_{17}^0	s_{34}^0	s_{50}^0	s_{66}^0	s_{82}^0
s_2^0	s_{18}^0	s_{35}^0	s_{51}^0	s_{67}^0	s_{83}^0
s_3^0	s_{19}^0	s_{36}^0	s_{52}^0	PILOT	NULL
s_4^0	s_{20}^0	s_{37}^0	s_{53}^0	s_{68}^0	s_{84}^0
s_5^0	s_{21}^0	s_{38}^0	s_{54}^0	s_{69}^0	s_{85}^0
s_6^0	s_{22}^0	PILOT	NULL	s_{70}^0	s_{86}^0
s_7^0	s_{23}^0	s_{39}^0	s_{55}^0	s_{71}^0	s_{87}^0
s_8^0	s_{24}^0	s_{40}^0	s_{56}^0	s_{72}^0	s_{88}^0
PILOT	NULL	s_{41}^0	s_{57}^0	s_{73}^0	s_{89}^0
s_9^0	s_{25}^0	s_{42}^0	s_{58}^0	s_{74}^0	s_{90}^0
s_{10}^0	s_{26}^0	s_{43}^0	s_{59}^0	s_{75}^0	s_{91}^0
s_{11}^0	s_{27}^0	s_{44}^0	s_{60}^0	PILOT	NULL
s_{12}^0	s_{28}^0	s_{45}^0	s_{61}^0	s_{76}^0	s_{92}^0
s_{13}^0	s_{29}^0	s_{46}^0	s_{62}^0	s_{77}^0	s_{93}^0
s_{14}^0	s_{30}^0	PILOT	NULL	s_{78}^0	s_{94}^0
s_{15}^0	s_{31}^0	s_{47}^0	s_{63}^0	s_{79}^0	s_{95}^0

s	数据子载波	PILOT	导频子载波	NULL	预留给Art #1导频的空子载波

（s_x^0：第0个数据流，STC编码符号）

图 28.23　带分层传输的多发射天线的数据映射。引自［IEEE 802.16］© IEEE

- 波束成形和 Alamouti 码相结合。一个采用 Alamouti 码的信号从分别包含两副天线的两组中发送。在每组中，元素之间通过相移来获得在期望方向的波束成形增益。这里比率为 1。

- 带有天线分组的 Alamouti 码。基站从发射天线 1 和 2 发射一个 Alamouti 块(两个符号)，从天线 3 和 4 发射下一个 Alamouti 块(另一个天线元不发送任何信息)。从数学上来讲，空时码编码矩阵为

$$A = \begin{bmatrix} s_1 & -s_2^* & & \\ s_2 & s_1^* & & \\ & & s_2 & -s_4^* \\ & & s_4 & s_3^* \end{bmatrix} \tag{28.8}$$

该方案的比率也为 1。该矩阵可能存在不同的排列。

$$A_1 = \begin{bmatrix} s_1 & -s_2^* & & \\ s_2 & s_1^* & & \\ & & s_2 & -s_4^* \\ & & s_4 & s_3^* \end{bmatrix} \quad A_2 = \begin{bmatrix} s_1 & -s_2^* & & \\ & & s_3 & -s_4^* \\ s_2 & s_1^* & & \\ & & s_4 & s_3^* \end{bmatrix} \quad A_3 = \begin{bmatrix} s_1 & -s_2^* & & \\ & & s_3 & -s_4^* \\ & & s_4 & s_3^* \\ s_2 & s_1^* & & \end{bmatrix}$$

$$\tag{28.9}$$

确定矩阵 A_k 的下标 k 的映射可以根据下式以准随机分配方式给出：

$$k = \mathrm{mod}\,(\mathrm{floor}\,((\mathrm{logical\_data\_subcarrier\_number\_for\_first\_tone\_of\_code} - 1)/2), 3) + 1$$

$$\tag{28.10}$$

或者根据移动台的反馈来选择。

- 空间复用和 Alamouti 码相结合。第一个 Alamouti 块从天线 1 和 2 发送，同时第二个 Alamouti 块从天线 3 和 4 发送。下面的符号通过天线组 1-3 和 2-4 发送。

$$B = \begin{bmatrix} s_1 & -s_2^* & s_5 & -s_7^* \\ s_2 & s_1^* & s_6 & -s_8^* \\ s_3 & -s_4^* & s_7 & s_5^* \\ s_4 & s_3^* & s_8 & s_6^* \end{bmatrix} \tag{28.11}$$

这里比率为 2。该矩阵有 6 种可能的排列，且通过类似式(28.10)的公式或根据移动台的反馈来进行排列的选择。

- 纯空间复用。预编码矩阵为

$$C = \begin{bmatrix} s_1 \\ s_2 \\ s_3 \\ s_4 \end{bmatrix} \tag{28.12}$$

- 空间复用与天线选择。可以选择一副、两副或三副天线(和空间数据流)有效；提高有效天线上的功率，使总发射功率保持不变。

对于 3 个基站天线元素也定义了传输方案，但为了简洁不在这里进行讨论。

28.5.2 MIMO 预编码

如果发射机具有信道状态信息，正如 20.2 节所讨论的，则 MIMO 系统的总体性能将会改善。这种改善是通过矩阵 **T** 对发送信号进行加权而获得的 $\tilde{\mathbf{s}}$，因此实际发送的信号为

$$\tilde{\mathbf{s}} = \mathbf{Ts} \tag{28.13}$$

其中，矩阵 $\mathbf{T}$ 的维数是 $N_t \times N_{STC}$，$\mathbf{s}$ 是一个维数为 N_{STC} 且包含空时编码器输出的矢量。预编码矩阵 $\mathbf{T}$ 应当根据信道状态信息的格式来选择，信道状态信息是由互易性或反馈获得的。根据信道状态信息的天线选择（前一节中的圆点 4）和天线分组（即为空时编码矩阵 A_k 或 B_k 选择合适的下标 k），是 MIMO 预编码的一种形式；对于 $\mathbf{T}$ 仅使用排列矩阵的特殊形式。

对于更多复杂的预编码，WiMAX 标准定义了一个预编码矩阵的码本。可能的预编码矩阵集合被编了号，且接收机仅反馈期望矩阵的序号。这与全反馈相比降低了反馈的负荷。共有两组码本，一个有 8 条，另一个有 64 条。这样就可以在反馈开销与可能的性能增益之间进行权衡（见 20.2.11 节）。

发射机（通常是基站）也可以请求接收机反馈详细的信道系数，或确定它们通过信道探测的过程；在这些情况下，发射机可以任意选择预编码系数。

对于 PUSC 和 FUSC，所有的子载波采用相同的预编码矩阵。对于带限的 AMC，基站可以对所有波段请求一个公共的预编码矩阵，或者对最好的 N 个波段请求反馈，其中 N 是一个可编程的数目。

接收机可以反馈长期的或短期的编码矩阵序号。长期的矩阵基于平均信道状态信息，它对于快变的环境不敏感，但是一般比短期预测的性能略有提升。

28.5.3　MIMO 中的 SDMA 和软切换

在软切换中，可用的基站发射天线组成了一个天线池，该天线池的元素可以按上面描述的方式来使用。

28.6　链路控制

28.6.1　建立连接

扫描和同步

当移动台试图接入一个网络时，它首先要识别可能的工作频率，并与网络传输建立同步。这个过程首先通过在可能的工作频率上侦听下行前导来完成。移动台通常首先在最后活跃的频率上侦听，如果没有成功，那么再开始扫描其他可能的频率。

一旦移动台听到一个下行前导，它就能建立定时，频率同步，获得基站的 ID，并侦听控制信息，如 FCH、DL-MAP 和 UL-MAP。尤其是，它将知道对于初始测距过程所需的测距信道的参数[1]。

初始测距

初始测距信号在测距信道上发送，该信道包含 6 个或更多的相邻逻辑子信道，开始于最低的子信道，并使用上面描述的 UL-PUSC 结构。产生测距信号的移位寄存器的结构如图 28.24 所示。移动台根据基站广播的两个参数，以及移动台从基站接收的功率（在时域双工系统中可以利用信道的互易性，所以该方案性能良好）来确定所要使用的测距功率。

---

[1]　注意，测距与确定发射机和接收机之间的距离没有一点关系，而是指通过发信号接入网络。

就其本质而言,初始测距是基于竞争的多址接入,即可能会发生碰撞。不同的移动台使用不同的测距序列可以减少碰撞。但是测距不成功时仍会发生碰撞,此时可采用重传。在适当的退避延迟后进行重传,并增加发射功率;这都是为了增加重传成功的概率。

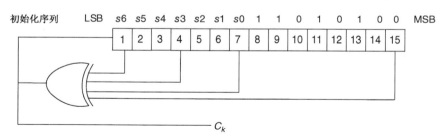

图 28.24　产生测距信号的移位寄存器的结构

参数分配和能力互换

基站从移动台接收到测距请求信息后,会发送一个测距响应信号,该信号包括分配给移动台的连接标识符(如果需要,稍后可以分配附加连接标识符)。测距响应也可能包括功率和定时的进一步微调。

接着,移动台发送一个自身能力的列表,如它所支持的调制/编码格式和它所支持的可用多天线方案等。

这些步骤完成后,移动台在网络上发送一个注册请求消息来进行网上注册;该消息包括一个码字用于基站识别该消息是否真实。然后移动台(或基站)启动一个业务流;为此,首先要检测是否允许该移动台接收此类业务流。

周期测距

已经与基站建立同步的移动台会周期地发送测距信号和带宽请求。周期测距信号使用与初始测距相同的移位寄存器的输出,但是信号持续 1 个或 3 个 OFDM 符号。周期测距的结果用于调整同步和功率。

28.6.2　调度和资源请求

调度算法在 WiMAX 中没有规定,由实施者来解决。所有关于资源分配的决定都由基站完成;移动台仅能请求某些资源[①]。移动台发出的资源请求可能是单独的命令,也可能附属于通用的 MAC 分组数据单元(PDU)。该请求通常称为"带宽请求"。

请求可以表示成合计请求或增量请求。对于一个增量请求,基站以一定的数量增加其当前接收到的请求资源值;对于合计请求,基站将其获得的值用通信总量来代替。

为了给移动台提供请求资源和/或附加连接标识符的机会,WiMAX 提出了轮询。该轮询采用单播传送,即每个移动台获得自己的时隙来进行请求(分配在下行子帧的 UL-MAP 中传输)。如果单播轮询代价太大,则也可以采用多播和广播轮询,这样几个移动台将分配相同的

---

① 严格地讲,这个请求不是来自移动台,而是来自连接标识符的,其对应一个覆盖移动台的特殊业务。一个移动台可以有几个连接标识符,例如并行的视频流和 VoIP。每一种业务对于资源有其自身的需求。但是,基站所准许的资源对于移动台而言是一体授予的(即包含所有移动台的业务)。移动台中的上行链路调度器则根据其需求给不同业务分配这些资源。

资源来发出请求。为了降低碰撞，仅实际要请求的移动台进行发送。此外，碰撞可以通过退避算法来解决（即如果请求没有到达基站，则移动台就假定它丢失了，并增加可能的退避窗，实际的传输时间就在这段时间内任意选择）。

28.6.3　服务质量

保证一定的服务质量对于许多因特网业务是很重要的，包括视频流和 VoIP 等。WiMAX 定义了如下调度服务。

- 尽力而为。这是最低水平的服务，它不提供服务质量保证。只要资源可用（所有其他业务得到满足之后），数据便可以传输。移动台只能采用基于竞争的轮询方式进行资源请求。
- 实时轮询。在这种方案中，基站为移动台提供单播轮询来请求资源。请求的机会要足够频繁，才能够满足移动台业务的潜在需求。该服务的典型应用就是流媒体服务，像动态图像专家组（MPEG）电影一样，其产生的分组大小可变。在这种服务的改进版本（扩展实时轮询）中，轮询机会也可以用于资源请求或上行数据传输。
- 非实时轮询服务。与实时轮询相似，但依赖于基于竞争的轮询，而不是单播轮询（也可能存在单播轮询机会，但只在很大间隔时采用；主要的资源请求是基于竞争的模式）。
- 未经请求的授权。在该服务中，基站给移动台分配资源而无须移动台发出请求，这样就可以消除轮询的所有开销。如果移动台周期性地产生固定大小的分组，那么这种服务方式才有意义（例如在 VoIP 中）。

28.6.4　功率控制

WiMAX 标准要求移动台报告最大可用功率和归一化发射功率。基站可以利用此信息来指定调制和编码方案，以及信道分配。数值以 0.5 dB 为量化步长，最大可用功率为 $-64 \sim +63.5$ dBm，当前使用功率为 $-84 \sim 43.5$ dBm。注意，标准中并没有提到所用功率控制算法的细节，仅给出了报告需求。

除了闭环功率控制，标准中也提到了开环功率控制。

值得注意的是，当移动台改变使用的子载波数时，它保持功率谱密度不变，而不是总功率不变。

28.6.5　切换和移动性支持

与任何移动蜂窝系统一样，小区间的切换是移动 WiMAX 的一个重要功能（对于固定的 WiMAX 系统，它不太重要，虽然移动的相互作用体导致信道改变时需要切换）。它要求首先识别移动台将要切换到的新的小区（在 WiMAX 中称为扫描），然后进行实际的切换，可以是硬切换（在给新基站发送用户数据之前先与旧基站断开连接）或软切换（同时与旧基站和新基站保持连接一段时间）。

扫描和连接

无论移动台还是基站（可能通过更高层）都可以请求切换，并启动扫描过程。在扫描间隙，移动台侦听其他相邻的小区，并测量接收到的场强和信干噪比。然后选择一个或多个扫描到的小区进行通信（即建立临时连接）。连接级别为 0 时，移动台以在网络连接中相同的方式启动测距,即在竞争期内发送一个测距信号。连接级别为 1 时,当前活跃基站与新连接的小区基站协调,这样移动台可获得无竞争的测距时隙。连接级别为 2 时也如此处理;另外新基站的测距响应经过骨干网反馈给旧基站,旧基站再将该信息整合并发送给移动台。

硬切换

扫描之后,移动台或基站都可以决定切换到不同的小区。移动台或基站先发送合适的信令信息。接下来移动台通过侦听帧前导与新基站建立同步,并译出 FCH、DL-MAP 和其他控制信息。然后移动台测量与新基站之间的距离(这一步也可以采用连接阶段类似的方法进行简化)。在与新基站成功建立连接后,与旧基站的连接终止。在网络优化的硬切换下,新基站的发现和切换交涉是与移动台的切换过程并行进行的,或者在移动台切换之前完成。

软切换

软切换,也称为宏分集切换(MDHO),有助于改善临近小区边缘连接的质量。它的原则与第 18 章讨论的 CDMA 相同。在软切换期间,移动台与几个基站同时保持连接,这几个基站称为"分集组"。其中一个基站享有成为锚基站的特权。一种实现方法是锚基站向移动台传达分集组中所有基站的资源分配;另外一种方法是移动台要分别侦听每个基站的 DL-MAP 和UL-MAP。

对于上行链路,每个基站分别对接收信号进行译码,并选择最好的一个(这又与 CDMA 系统类似,见第 25 章)。对于下行链路,移动台可以接收从多个具有多天线的基站发来的信号,并在基带进行合并(注意与 CDMA 信号相反,这里采用不同扩频码的信号可能没有区别)。或者所有基站信号可能完全相同和同步,这样就可以在射频域由移动台叠加一起。

28.6.6　节约功率

节约功率对 WiMAX 很重要,即使它在标准中仅作为可选项。大部分的操作都要求节约功率,如多点快速傅里叶变换是很消耗能量的,且 WiMAX 手机的电池寿命短是其投入商用的最大障碍。由于这个原因,睡眠模式和空闲模式是很重要的。

为了启动睡眠模式,一个活跃的移动台(即至少具有一个活跃的连接标识符的移动台)在一个时窗范围内与基站交涉,在这段时间内移动台不会接收或发送任何数据。窗的长度取决于节约功率的级别(一共有三级)。在该时窗内,基站将所有发给睡眠移动台的数据缓存或丢弃。在睡眠窗后,跟着一个侦听窗,在该窗内移动台重新建立同步。

空闲模式是通过避免非活跃移动台在小区之间切换的不必要的信号发送来节约电池功率。为了达到这个目的,将系统的基站分成若干个"寻呼组"。空闲模式下的移动台只有在它从一个寻呼组移动到另一个(而不是每一次从一个小区切换到另一个小区)时,需要通知网络[1]。寻呼组的改变通过"位置更新"过程来完成。这极大地降低了移动台的电池消耗,同时节约了频谱资源。

---

[1]　在寻呼组的规模上存在一个折中:如果寻呼组太大,那么当一个移动台有业务到来时(原来是空闲的),由于移动台需要在多个小区中进行寻呼,需要花费大量的系统级资源。如果寻呼组太小,则变换寻呼组所发送的开销将会大幅度增加。

28.7　WiMAX 术语

AAA	Authentication, Authorization, and Accounting	认证、授权和计费
AAS	Adaptive Antenna System	自适应天线系统
AMC	Adaptive Modulation and Coding	自适应调制和编码
ASN	Access Services Network	接入服务网络
ATM	Asynchronous Transfer Mode	异步传输模式
BS	Base Station	基站
CID	Connection IDentifier	连接标识符
CS	Convergence Sublayer	汇聚子层
CSN	Core Services Network	核心服务网络
FA	Foreign Agent	外地代理
FCH	Frame Control Header	帧控制头
FUSC	Full Use of SubCarriers	全部使用子载波
HA	Home Agent	本地代理
HO	HandOver	切换
IE	Information Element	信息元素
MAP	Maximum A Posteriori	最大后验(概率)
MDHO	Macro-Diversity HandOver	宏分集切换
MS	Mobile Station	移动台
NAP	Network Access Provider	网络接入供应商
NSP	Network Service Provider	网络服务供应商
PUSC	Partial Use of SubCarriers	部分使用子载波
RS	Relay Station	中继站
SDU	Service Data Unit	业务数据单元
SPID	SubPacket IDentity	子分组识别
TUSC	Tiled Use of SubCarriers	分片使用子载波
WiBro	Wireless Broadband	无线宽带
WiMAX	Wordwide Interoperability for Microwave Access	全球微波互联接入

深入阅读

　　WiMAX 的权威资源是(整理后的)IEEE 标准[IEEE 802.16-2009]，但是，如前面提到的，它不易读。本章通过一些标准参与者的书[Eklund et al. 2006]对标准进行了扩充。除了 IEEE 的文档，WiMAX 系统的概况[WiMAX 1.5]对于标准的实施者而言也是必读的。

　　最值得一读的标准介绍是教材 Andrews et al.[2007]，它巧妙地总结了标准，对潜在技术进行了深入的介绍。Nuaymi[2007]也对标准进行了精彩的总结，但要求读者对基本技术有较多的了解。2009 年 6 月的 *IEEE Communication Magazine* 对当前一些新的发展进行了评论。WiMAX 的多跳中继扩展版本称为 802.16j，在 Hart et al.[2009]中对此进行了介绍。

第 29 章　无线局域网

29.1　引言

29.1.1　历史

20 世纪 90 年代末，快速有线 Internet 连接在办公区和私人住宅区都得到了广泛应用。对于企业来说，快速的企业内联网和快速的 Internet 连接一样必不可少。此外，个人用户对拨号连接时下载精致网页或音乐等所需的过长的时间感到失望，因为这种连接方式的速度极限仅 56 kbps。因此，他们选择了电缆连接（提供几 Mbps 的连接速率）或数字用户线（DSL）（在美国提供的速率为 1 Mbps，在日本提供的速率超过 20 Mbps）作为他们电脑的连接方式。同时，笔记本电脑在办公场所也开始广泛应用。以上这些因素刺激了人们对无线数字连接的需求。这些连接要完成从笔记本电脑到最近的有线以太网端口的连接，而且要与有线连接的速度相匹配。

此后的几年里，出现了两个相互竞争的标准。ETSI（欧洲电信标准协会）提出了 HIPER-LAN（高性能局域网）标准，而 IEEE（电气电子工程师协会）提出了 802.11 标准组，其中"802"指 IEEE 提出的用于局域网和城域网的所有标准，后缀"11"指无线局域网。在随后的几年里，802.11 被广泛地接受，而 HIPERLAN 从本质上说已经消亡。

实际上，802.11 标准的说法是不准确的，因为它包含了许多不同的标准（见表 29.1），这些标准并不是都可以共同使用的。为了理解 802.11 这个术语，我们必须先概述一下该标准的发展历史。"最初的"802.11 标准期望提供 1 Mbps 和 2 Mbps 的数据速率；因为它工作在 2.45 GHz ISM（工业、科学和医用）频段，属于美国的频率管理频段——联邦通信委员会（FCC）要求使用扩频技术。因此，最初的 802.11 标准定义了两种模式：跳频和直接序列扩频；这两种模式是互不兼容的。

表 29.1　IEEE 802.11 标准及其主要特点

标准	范围
802.11（最初的）	定义了一种无线局域网标准，包括物理层和媒体接入控制层的功能
802.11a	定义了一种高速（高达 54 Mbps）的物理层补充方案，工作于 5 GHz
802.11b	定义了一种高速（高达 11 Mbps）的物理层扩展，工作于 2.4 GHz
802.11d	受其他的法规约束范围内的运营
802.11e	增强了最初的 802.11 的媒体接入控制层，使其支持服务质量（用于 802.11a/b/g）
802.11f	定义了接入点协议的一种推荐准则（用于 802.11a/b/g）
802.11g	定义了一种更高速（高达 54 Mbps）的物理层扩展，工作于 2.4 GHz 频段
802.11h	定义了媒体接入控制层功能，使 802.11a 的产品满足欧洲法规的要求
802.11i	增强了 802.11 的媒体接入控制层，以提供更强的安全性（用于 802.11/a/b/g）
802.11j	增强了现在的 802.11 的媒体接入控制层和 802.11a 的物理层，使其可以工作在日本的 4.9 GHz 和 5 GHz 频段
802.11n	增强了 802.11a 和 802.11 的物理层，可以在高达 600 Mbps 的数据速率下工作
802.11p	802.11a 标准修改版，适合于车辆间通信
802.11s	提供一种自动配置网状网络协议
802.11w	提供数据完整性和认证

　　很快,用户就需要更高的数据速率,因此形成了两个子标准:802.11a 和 802.11b。802.11a 采用了基于正交频分复用的方案,而 802.11b 则保留了直接序列扩频的方法。802.11b 首先受到了欢迎,它能在 20 MHz 信道带宽中提供 11 Mbps 的数据速率。虽然 802.11b 中采用的不再是真正的扩展频谱技术,但 FCC 还是批准了它的使用。该标准随后被 WiFi(无线高保真)工业组采用。WiFi 是为了确保所有经 WiFi 认证的产品之间真正兼容[①]而形成的。2000 年之后,WiFi 在市场上被广泛接受。但是 11 Mbps 的数据速率对某些应用来说依然不足以满足需求,尤其是实际情况下其真正的吞吐量才接近 3~5 Mbps。基于这个原因,802.11a 的研究工作引起了人们更大的兴趣。802.11a 定义了一种使用正交频分复用和高阶调制的物理层结构,它可提供高达 54 Mbps 的数据传输速率(该速率也是标称值,实际中真正的吞吐量大约只有其二分之一)。802.11a 还使用了不同的频段(高于 5 GHz),在该频段范围,不太拥挤;也就是说,只有比较少的干扰需要处理。802.11g 在 2.45 GHz ISM 频段使用相同的调制形式,并成为目前应用最广泛的标准。802.11h 和 802.11j 对 802.11a 标准进行了进一步修改,使它分别适用于欧洲和日本的政府法规。在 2009 年,802.11n 标准得到批准,该标准通过采用多输入多输出技术和尽可能使用更大的带宽,能提供更高的吞吐量。

　　此外,最初的媒体接入控制层也进行了修改。802.11e 标准为更好地确保某种服务质量等级而对媒体接入控制层进行了修改。另外,一些 802.11 标准组的新的子标准也被提出,所有这些子标准都对最初的标准进行了修正和增加。实际上,一个使用了 802.11e 媒体接入控制层的 802.11a 设备,会具有与最初的 802.11 标准不同的特点。

　　由于 802.11 标准数量众多,所以我们仅介绍最重要的。下面将概括性介绍 802.11a 和 802.11n 的物理层及 802.11 的媒体接入控制层。更多的细节可以参考官方的标准出版物(www.802wirelessworld.com)和以此为主题出版的大量图书。O'Hara and Petrick[2005]对早期一些版本的标准进行了很好的总结,关于 802.11n 的介绍可以在 Perahia and Stacey[2008]中找到。

29.1.2　应用

　　无线局域网的主要应用场景如下所示。

- 办公楼和个人家庭的无线网络,为建筑物内的任何地方提供无障碍的 Internet 接入。无线局域网的接入点(相当于蜂窝系统中的基站)需要遵循规范,但是也给供应商留有大量的灵活性。例如,接入点可以使用多天线,但不会引起不兼容。所关注的客户端(相当于蜂窝系统中的移动台),即进入大众市场的不同销售商的无线局域网卡应几乎没什么区别,这些卡一般情况下内置于笔记本电脑中。因此,研究的焦点是如何降低产品的成本(更小的芯片区域实现,低成本的半导体技术),而关于接入点的研究则涉及更广领域的问题。

- "热点",也就是允许公众接入 Internet 的无线接入点。这些"热点"通常建在咖啡店、旅馆和机场等。一些供应商还提供全国性的甚至全洲性的网络接入点,这样用户就可以在许多不同的位置接入网络中[②]。但是,需要强调的是,这些网络的覆盖比蜂窝网要小得多。所以,正在研究如何无缝地将无线局域网和蜂窝网或更大范围的网络集成。

---

① 注意,所有 802.11b 产品都完全兼容。
② 在多数情况下,对用户是采取每分钟收费,或收取固定费用可以 24 小时使用网络。全国性的网络通常可以选择包月或者是包年。

29.1.3　媒体接入控制层与物理层的关系

在详细介绍媒体接入控制(MAC)层和物理层之前,我们首先需要了解 802.11 中使用的一些概念。在媒体接入控制层和物理层,从高层接收到的数据有效载荷,在传输到空中之前,都会加上头和尾。例如,从逻辑链路层(LLC)接收到的每一个媒体接入控制层业务数据单元(MSDU)需要附加一个 30 字节的 MAC 头和一个 4 字节的帧检测序列(FCS)尾,形成媒体接入控制层协议数据单元(MPDU)。这个 MPDU 一旦交付给物理层,它就被称为物理层(PHY)业务数据单元(PSDU)。然后,物理层汇聚过程(PLCP)的前导码、头、合适的尾比特和填充(pad)比特被附加到 PSDU 上,最后生成物理层协议数据单元(PPDU)供传输。MSDU、MPDU、PSDU 和 PPDU 之间的关系如图 29.1 所示。

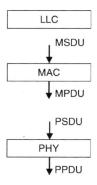

图 29.1　MAC 层业务数据单元、MAC 层协议数据单元、物理层业务数据单元和物理层协议数据单元之间的关系

通过上一段简短的介绍,读者可能已经看出来,与大多数标准一样,众多的英文缩写词汇是理解这一标准的主要障碍。因此,本书附带了英文缩略词表及含义。

29.2　802.11a/g——基于正交频分复用的局域网

在 1999 年,为了获得更高的数据速率,802.11 工作组(WG)推出了 802.11a 标准,该标准规定了基于正交频分复用的高速率数据通信的物理层,规定的工作频段在 5 GHz。因为在这个频段可以获得更大的带宽,干扰也较少。然而,其覆盖的范围不如 2.45 GHz 的频段。因而,同样的物理层,但工作在 2.45 GHz 频段,称为 802.11g 标准。该标准是现行无线局域网标准的主流版本。其主要特征如下(也可以见表 29.2)。

表 29.2　802.11a 物理层的重要参数

信息速率(Mbps)	6, 9, 12, 18, 24, 36, 48, 54
调制方式	BPSK, QPSK, 16-QAM, 64-QAM
FEC	$K=7$ 卷积码
码率	1/2, 2/3, 3/4
子载波数	52
OFDM 符号周期	4 μs
保护间隔	0.8 μs
占用带宽	16.6 MHz

- 802.11a 标准使用 5.15~5.825 GHz 频段(在美国),802.11g 标准使用 2.4~2.27 GHz 频段;
- 20 MHz 的信道间隔;
- 数据速率为 6 Mbps, 9 Mbps, 12 Mbps, 18 Mbps, 24 Mbps, 36 Mbps, 48 Mbps 和 54 Mbps,其中支持 6 Mbps, 12 Mbps 和 24 Mbps 是强制性的;

- OFDM 采用 64 个子载波，其中用户可以用 52 个子载波，采用二进制相移键控、正交相移键控、16-QAM 或 64-QAM 调制；
- 使用码率为 1/2，2/3 或 3/4 的卷积码，为前向纠错编码。

29.2.1　频段

在美国，5.15 ~ 5.25 GHz，5.25 ~ 5.35 GHz 和 5.725 ~ 5.825 GHz 频段用于 802.11a，该频段称为无授权的国家信息结构（U-NII）频带。这些信道数目是有限的，信道间隔为 5 MHz，根据下述公式确定其中心频率：

$$信道中心频率 = 5000 + 5 \times n_{ch} \quad （MHz） \tag{29.1}$$

其中，n_{ch} = 0，1，…，200。在 5.15 ~ 5.25 GHz，5.25 ~ 5.35 GHz 和 5.725 ~ 5.825 GHz 频段的发射功率分别限制为 40 mW，200 mW 和 800 mW。

显然，802.11a 中使用的每个 20 MHz 宽的信道占用了 U-NII 中的 4 个信道。表 29.3 给出了建议使用的信道。在日本，分配的载波频率稍微低一点。

表 29.3　美国 802.11a 的频率分配

频段（GHz）	允许的功率	信道数（n_{ch}）	信道中心频率（MHz）
U-NII 低频段 （5.15 ~ 5.25）	40 mW （2.5 mW/MHz）	36	5180
		40	5200
		44	5220
		48	5240
U-NII 中频段 （5.25 ~ 5.35）	200 mW （12.5 mW/MHz）	52	5260
		56	5280
		60	5300
		64	5320
U-NII 高频段 （5.725 ~ 5.825）	800 mW （50 mW/MHz）	149	5745
		153	5765
		157	5785
		161	5805

图 29.2 给出了美国的 802.11a 信道分配。

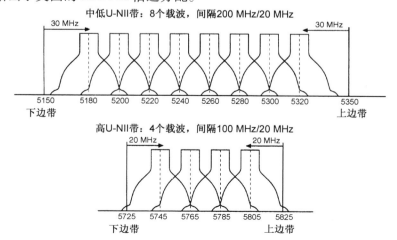

图 29.2　美国的 802.11a 信道分配。引自 [IEEE 802.11] ©IEEE

29.2.2　调制与编码

802.11a 采用正交频分复用调制方式,以保证高的数据速率。第 19 章介绍了正交频分复用的基本原理,所以这里只分析与 802.11a 相关的细节。图 29.3 给出了 802.11a 典型的收发信机框图。

在 802.11a 中,正交频分复用定义了 64 个子信道。习惯上使用 2 的幂作为正交频分复用的子载波数,这样可以最有效地通过快速傅里叶变换来实现。但是实际中,只使用了 64 个子载波中的 52 个(调制和传输),而其他 12 个子载波为空载波,不携带任何有用信息;有用子载波的下标从 −26 到 26,其中不包含 0。这 52 个子载波中,4 个子载波,即编号为 −21,−7,7,21 的子载波用于导频。导频应用一个伪随机序列进行二进制相移键控调制,以防止产生谱线。

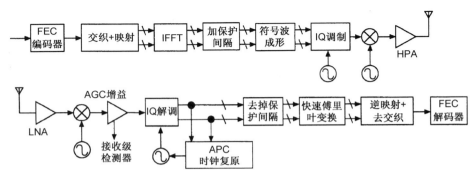

图 29.3　802.11a 收发信机框图。引自[IEEE 802.111]©IEEE

其他 48 个子载波传输 PSDU 数据。二进制相移键控、正交相移键控、16-QAM 和 64-QAM 都是允许采用的调制方式,可以根据信道的状态进行选择。然而要注意,802.11a 没有从各个子载波能采用不同的调制方式这一角度真正地实现自适应调制。而是系统采用平均"传输质量"准则来调整数据速率,以适应当前信道状态。速率自适应通过改变调制方式,或改变纠错编码率来实现,或两者兼而有之。

正交频分复用符号的持续时间为 4 μs,包括 0.8 μs 的循环前缀。这足以克服大多数室内传播信道—包括工厂大厅和其他富有挑战的传播环境的最大附加延迟。

对于 FEC,802.11a 采用码率为 1/2,2/3 或 3/4 的卷积编码,具体值由所需的数据速率决定。生成器矢量为 $G1 = 133$ 和 $G2 = 171$(用八进制表示),码率为 1/2 的卷积编码器如图 29.4 所示,更高的码率可以从这个"母码"通过删余增信得出。

所有编码后的数据比特送入一个块交织器进行交织,交织器的深度等于一个 OFDM 符号包含的比特数。交织器的工作分作两个步骤(排列)。第一次排列保证相邻的编码比特被映射到非相邻的子载波上;第二次排列保证邻近的比特被交替地映射到星座图中比较重要或不太重要的比特上,这样可以避免长时间出现低可信度的比特。

表 29.4 概述了不同的调制方式、码率和正交频分复用调制参数相结合时能够达到的数据速率。

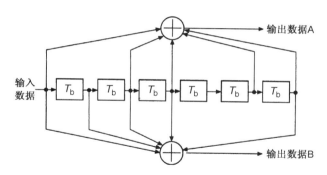

图 29.4 卷积编码器($K = 7$)

表 29.4 802.11a 中的数据速率

数据速率 （Mbps）	调制方式	码率	每个子载波上 的编码比特数	每个正交频分复用 符号上的编码比特数	每个正交频分复用 符号上的数据比特数
6	BPSK	1/2	1	48	24
9	BPSK	3/4	1	48	36
12	QPSK	1/2	2	96	48
18	QPSK	3/4	2	96	72
24	16-QAM	1/2	4	192	96
36	16-QAM	3/4	4	192	144
48	64-QAM	2/3	6	288	192
54	64-QAM	3/4	6	288	216

29.2.3 头部

为了进行传输，从媒体接入控制层接收到的编码 PSDU 数据（加入导频符号）附加上同步头和 PLCP 头，即构成 PPDU。在接收机中，PLCP 同步头和 PLCP 头用于辅助解调和数据的传输。PPDU 帧格式如图 29.5 所示。

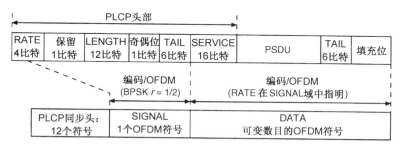

图 29.5 PPDU 帧格式

PLCP 头在 PPDU 的 SIGNAL（信号）域中传输。它由 RATE（速率）域、LENGTH（长度）域、TAIL（尾）域等构成，其中 RATE（4 比特）指示传输的数据速率；LENGTH（12 比特）指示 PSDU 中的字节数；校验位（1 比特）用于奇偶校验；保留（1 比特）供将来使用；TAIL（6 比特）表示卷积码尾部；SERVICE（16 比特）表示扰频器的初始值。

29.2.4 同步和信道估计

同步由 PLCP 同步头来完成。同步头包含 10 个短符号和 2 个长符号(见图 29.6)。

训练序列开始于持续时间为 0.8 μs 的 10 个短符号,其作用是使接收机检测到信号,调整自动增益控制(AGC),并进行粗略的频偏估计。这些短符号仅由 12 个子载波组成,这些子载波被下述序列的元素调制:

$$S_{-26,26} = \sqrt{(13/6)}\{0, 0, 1+j, 0, 0, 0, -1-j, 0, 0, 0, 1+j, 0, 0, 0, -1-j, 0, 0, 0,$$
$$-1-j, 0, 0, 0, 1+j, 0, 0, 0, 0, 0, 0, 0, -1-j, 0, 0, 0, -1-j, 0, 0, 0, 1 \quad (29.2)$$
$$+j, 0, 0, 0, 1+j, 0, 0, 0, 1+j, 0, 0, 0, 1+j, 0, 0\}$$

乘以因子 $\sqrt{(13/6)}$ 是为了对生成的正交频分复用符号的平均功率进行归一化,生成的正交频分复用符号使用了 52 个子载波中的 12 个子载波。

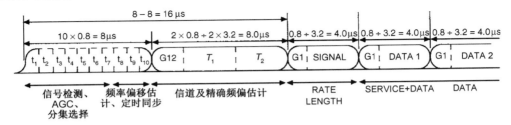

图 29.6 正交频分复用训练序列结构

这些符号后面跟了两个长训练符号,用于信道估计和精确的频偏估计,其前面加上了保护间隔。一个长的训练符号由 53 个子载波组成(直流分量为 0),并用下述序列中的元素进行调制:

$$L_{-26,26} = \{1, 1, -1, -1, 1, 1, -1, 1, -1, 1, 1, 1, 1, 1, 1, -1, -1, 1, 1, -1, 1, -1, 1, 1, 1, 1, 0, 1,$$
$$-1, -1, 1, 1, -1, 1, -1, 1, -1, -1, -1, -1, -1, 1, 1, -1, -1, 1, -1, 1, -1, 1, 1, 1, 1\}$$

$$(29.3)$$

PLCP 同步头之后为 SIGNAL 域和 DATA 域。训练序列的总长度为 16 μs。图 29.6 中的虚线边界表示由傅里叶逆变换的周期性引起的重复。

表 29.5 总结了 802.11a 的最重要的参数。

表 29.5 802.11a 的参数

参　　数	数　　值	参　　数	数　　值
数据子载波数	48	OFDM 符号持续时间	4.0 μs
导频子载波数	4	信号符号的保护间隔	0.8 μs
子载波间隔	0.3125 MHz	训练符号的保护间隔	1.6 μs
IFFT/FFT 周期	3.2 μs	短训练序列持续时间	8 μs
前导持续时间	16 μs	长训练序列持续时间	8 μs

29.3　IEEE 802.11n

29.3.1　概述

802.11n 提供高达 600 Mbps 的数据速率(标称的)。这些高的数据传输速率和可靠性的改善对于一些新的应用而言是必需的：（i）室内无线计算机网络要求不同计算机之间，以及（由于光纤到户的时代来临）在用户室内从计算机到有线因特网端口之间，应具有更高的数据传输速率；（ii）音频和视频的应用，例如，从笔记本电脑、硬盘录像机和 DVD 机到电视的视频传输；（iii）VoIP 的应用，虽然要求数据速率较低，但对传输可靠性要求高。

802.11n 标准组于 2002 年成立。在 2004 年 9 月，该标准组提出了许多不同的技术提案。这些提案可分为由两个主要工业联盟支持的两类：TGnSync 和 WWise。经过一年多的协商和争论，在 2006 年 1 月，802.11n 标准组批准了一个双方达成一致意见的草案。自那以后，草案经过一系列的修改和校正，802.11n 标准的最终版在 2009 年获得批准。但在此之前，一些公司已经出售了"准 n"标准的产品，这些产品遵从 802.11n 草案标准，并且仍能与 802.11n 的最终标准兼容。

802.11n 主要通过两种方法获得高数据速率：采用多天线技术（见第 20 章）和将带宽从 20 MHz 增加到 40 MHz。图 29.7 给出了 802.11n 的一般发射机结构。信源数据流首先进行加扰，然后将数据流分为两组平行的数据流（仅对数据速率大于 300 Mbps 的情形），以降低系统对编码或者解码处理速度的要求。系统可以采用许多不同的编码：二进制卷积码是默认的编码方式，而低密度奇偶校验码是实现高性能传输的一种可供选择的编码方式（更多细节见 14.7 节）。这样的编码后的比特被划分为许多组空间数据流（与 20.2 节相比），将通过发射天线将其并行地发送。然后，每一组空间数据流经过交织、映射到复调制符号，并组成 OFDM 符号。接下来，对空间数据流进行 Alamouti 编码，或者循环移位分集，或者两者同时兼有（详见 29.4.3 节）。然后，"空间映射"分配空间数据流到调制/上变频转换链上。在每一个链中，符号经过快速傅里叶逆变换、插入一个保护间隔，信号上变频到带通，这部分处理与 802.11a 相同。

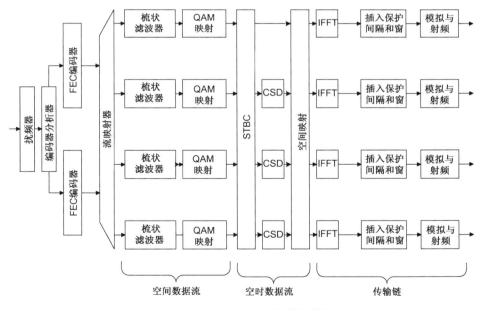

图 29.7　IEEE 802.11n 发射机结构

29.3.2　调制和编码

对于单个空间信息流，调制与编码方案都与 802.11a 很相似。调制方式有 BPSK、QPSK、

16-QAM 和 64-QAM。当采用卷积码时，与 802.11a 一样，其编码速率有 1/2、2/3 和 3/4；同时，为了在非常好的信道条件下获得更高的吞吐量，引入了一种额外的码率为 5/6 的编码方式。这使得数据速率在 6.5～65 Mbps 之间有 8 种调制与编码方案(MCS)。当采用多天线时，对所有的空间信息流，发射机可以采用相同的调制与编码方案(当发送端不知道信道状态信息时，这就很有意义)，也可采用不同的调制与编码方案。系统总共定义了 32 种等保护调制情况下(8 种基本 MCS 等同地应用于 1、2、3 或 4 个空间信息流)的 MCS 组合方案。对于非等保护的调制方式，尽管不是强制要求的，系统定义了 44 种 MCS 组合方案(在不同的空间信息流上采用不同的现有 MCS 组合)。

802.11n 也引入了短保护间隔的概念：系统自适应地决定采用正常的长度为 800 ns 的循环前缀，还是采用缩短为 400 ns 的循环前缀；当信道延迟足够小以至于短循环前缀都足以防止产生码间干扰时，短循环前缀将能够提升系统的频谱效率。

802.11n 标准也引入了 LDPC 编码方式(可与 14.7 节相比较)，这种编码以更高的译码复杂度为代价获得极低的差错率。奇偶校验矩阵可以划分为子方块(子矩阵)，这些子方块是单位阵的循环排列，或者是全零矩阵。基于同样的编码结构，系统定义了 12 种不同的编码。码字大小和子矩阵大小分别是 648(27)、1296(54) 和 1944(81)。

29.3.3　多天线技术

802.11n 标准中的关键是采用了多天线技术。该标准预见了许多不同的多天线技术，特别是：(i) 空间复用；(ii) 空时分组编码；(iii) 特征波束成形；(iv) 天线选择。这些天线技术的大部分基本原理在 20.2 节都有概括，这里仅讨论在 802.11n 中的具体实现。

空时编码

在 802.11n 系统中，空时分组编码的应用可以增加系统的稳健性。尤其是，使用 Alamouti 编码方式并能与空间复用相结合的情况。如果有两条传送链路，则一路空间数据流可以按照标准的 Alamouti 编码方式映射到这两条链路上(并将这些数据送至天线)；如果有三根发射天线和两路空间数据流，则一路数据流可按照标准的 Alamouti 编码方式映射到两条链路上，而另一路可直接映射到剩下的那条链路上；对于四条传送链路，可以传输三路数据流(其中一路是经过 Alamouti 编码的)或者两路数据流(每路都是经过 Alamouti 编码的)。在不同的数据流上可以使用不同的调制方案，因为 Alamouti 编码的数据流与未编码的数据流相比，更具有稳健性，且能支持更高阶的调制方案。

另一种获得发射分集的方法是使用循环移位分集(CSD)，这种方法与第 13 章介绍的延迟分集有些类似，即每个信号引进一个不同的延迟。与常见的延迟分集中信号采用线性延迟不同的是，在循环移位分集中正交频分复用符号采用循环移位。换句话说，这就意味着，第 k 路子载波上的信号移位 $\exp[-j2\pi k\Delta_F \tau_i]$，其中 k 表示子载波频率，Δ_F 是子载波间隔，τ_i 是应用到第 i 个信号的循环移位。对于第一、第二、第三和第四个空间信息流，循环移位分别为 0 ns，-400 ns，-200 ns 和 -600 ns。

空间复用和波束成形

将原始数据流分割为总共 N_{SS} 个空间数据流，N_{SS} 应该小于或等于用于上变频的射频链路的数目 N_{RF}。不管怎样，分配到射频链路上的一般是空间数据流的线性组合；这些组合通常用所谓的"空间映射"矩阵 $\mathbf{Q}$ 来描述，因此，对于每个时刻，空间数据流矢量 $\mathbf{x}$ 到射频链路信号 $\mathbf{y}$ 的映射为 $\mathbf{y} = \mathbf{Qx}$。标准中定义了下面的可能性：

- 直接映射。这个方法用于 $N_{SS} = N_{RF}$ 的情况。在这种最简单的情况中，$\mathbf{Q}$ 是单位阵或者是对角矩阵，且对角矩阵的元素执行循环移位分集，即 $Q_{i,i} = \exp[-j2\pi k\Delta_F \tau_i]$。循环移位分集主要用于避免在不同的空间信息流中出现相似的信号时，发射天线无意中实现的波束成形。
- $N_{SS} = N_{RF}$ 情况下的空间映射。在这种情况下，$\mathbf{Q}$ 是循环移位分集矩阵与一个列正交方阵的乘积。所用正交的方阵可以选择傅里叶矩阵或 Hadamard 矩阵等。
- $N_{SS} < N_{RF}$ 情况下的空间矩阵。在这种情况下，一些空间数据流被重复使用（以使数据流的总数等于 N_{RF}）。接着，对所有数据流进行功率调整（以使总的功率维持恒定），然后再以循环移位分集矩阵的方式将所有的数据流映射到发射射频链上。
- 波束成形控制矩阵。任何改善总体误比特率的矩阵都可以用作矩阵 $\mathbf{Q}$。现实地讲，矩阵是基于发射端的信道状态信息的（见 29.3.6 节）。尤其是，如果发射机知道瞬时的信道传输矩阵 $\mathbf{H}$，它就能在每个子载波上进行特征值分解，然后用右奇异矩阵进行预编码（见 20.2.5 节），并可根据注水原理给数据流分配一个功率权重。

天线选择

有些情况可用天线单元的数量大于射频链的数量，这可能是因为成本的原因，或者因为 802.11n 标准预见的射频链的最大数目是 4。在这些情况下，天线选择能够提升系统的性能。

通过电子开关将可用的射频链路连接到"瞬间最好"的天线单元。但是，为了决定最好的天线单元，必须要进行全信道（从每一个发射机到每一个接收机天线单元）探测。这需要在后面两个或者更多的数据分组中完成。例如，对于发射天线选择，第一个天线子集发射第一个数据分组，第二个天线子集发射下一个数据分组，依次类推。尝试完所有的子集后，接收机给发射机发送一个信息，告诉它使用哪个子集。接收天线选择工作原理类似。

29.3.4　20 MHz 或 40 MHz 信道

802.11n 允许使用 20 MHz 或者 40 MHz 的带宽（见图 29.8）。在前一种情况下，802.11n 使用了比 802.11a（52）更多的子载波（56）。而对于 40 MHz 的带宽，使用了 114 个子载波。在中部和直流子载波的位置增加子载波。在上信道（upper channel）中的信号和下信道（lower channel）中信号相比存在 +90° 的相位旋转。

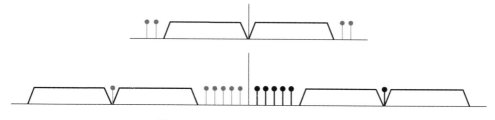

图 29.8　20 MHz 和 40 MHz 子载波

29.3.5　帧头和前导

802.11n 的另外一个重要的特点与 802.11a/g 的向后兼容。在具有 11a/g 或者 11n 接入点的网络中，11a/g 和 11n 混合的客户端可以工作。11n 标准的许多细节，特别是前导的设计，可以理解都是根据向后兼容性的要求完成的。

有三种类型的 PLCP 前导(即部分前导用作同步和信道估计，可与 29.2.4 节对比)，如图 29.9 所示。第一种类型是传统的前导，它与 802.11a 的前导完全相同。这主要是针对在某一给定时间只有传统(802.11a)设备时使用的前导类型。

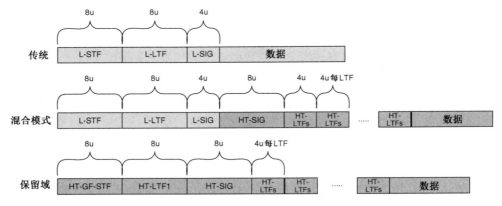

图 29.9　IEEE 802.11n 前导类型。图中，HT-GF-STF 代表高吞吐量-保留域-短训练域；L-SIG代表传统信号域；L-STF代表传统短训练域

在局域网中，802.11a 和 802.11n 都存在的情况下，一定要使用混合模式的前导。它开始的部分和传统的前导相同，后面是高吞吐量信号域(HT-SIG)，如图 29.10 所示，其中包含许多 MIMO 参数和带宽分配等信息，这些对于 11n 设备来说都是特有的。特别是它包含了以下信息：

- 调制和编码方案；
- 带宽指示(20 MHz 或者 40 MHz)；
- 滤波。指示是否推荐频域滤波作为信道估计的一部分；
- 非探测(也就是说，当前 PPDU 是否是探测 PPDU，见 29.3.6 节)；
- 聚合(数据分组中的数据部分是否参与，是数据聚合传输的一部分)；
- 空时分组码(STBC)(空时编码的指示)；
- FEC 编码(卷积码或者低密度奇偶校验码)；
- 短保护间隔(GI)，指所用的是长还是短的循环前缀；
- 扩展空间数据流的数目；
- 循环冗余校验(CRC)，用于 HT-SIG 的误码检测；
- 终止卷积码的尾比特。

为了确保在传输中的高稳健性，HT-SIG 进行码率为 1/2 的卷积码编码，然后进行二进制相移键控调制。

如果在局域网中仅存在 11n 设备，则使用保留域前导，省略所有"传统"的域，因此能提供一个更短、更有效的前导。

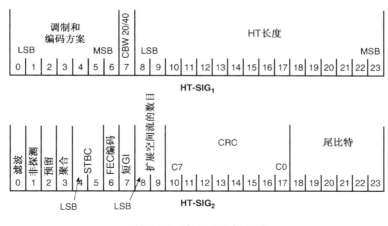

图 29.10　高吞吐量信号域

29.3.6　信道估计

用高吞吐量-长训练域(HT-LTF)估计发射机和接收机之间的 MIMO 信道。如果发射机为可用的空间数据流提供训练,则前导将使用 N_{ss} 个训练符号(除了 3 个空间数据流的情况,这时需要 4 个训练符号)。如果发射机提供的训练域比当前空间数据流数目所需的多,就能估计出更多的空间维数,将使诸如特征值分解的波束成形成为可能。在这种情况下,将这些 PPDU 称为探测 PPDU。因此,高吞吐量长训练域由一部分或两部分组成。第一部分包括 N_{ss} 个长训练域(LTF)(称为数据-高吞吐量-长训练域),它们对于 PPDU 的高吞吐量-数据部分的解调是必要的。可选的第二部分(它仅出现在探测 PPDU 中)包含 HT-LTF,它可用来探测额外的空间维数。图 29.11 给出了一个例子。

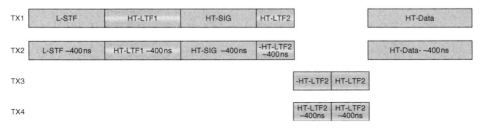

图 29.11　扩展 HT-LTF 的探测 PPDU 的例子

另外一种探测所有空间维数的方法是使用一个无有效载荷数据的 PPDU。这样一个空数据包的前导仅包含数据-高吞吐量长训练域,但是要选择(名义上的) N_{ss} 个空间数据流,确保能够探测到所有需要的空间维数。

HT-LTF 提供信道状态信息是信号接收所必需的,发射机也用该信息进行适当的预编码(也就是每个子载波产生一个适当的矩阵 $\mathbf{Q}$)。发射机可以通过显式反馈,也可以通过信道的互易原理获得信道状态信息。

- 在显式反馈的情况下,接收机确定有效的信道矩阵 $\mathbf{H}_{eff}$(它是矩阵 $\mathbf{Q}$ 和信道矩阵 $\mathbf{H}$ 的乘积)或者波束成形矩阵。信道矩阵系数的实部和虚部都被量化为 4,5,6 或 8 比特。这将导致需要反馈的信道矩阵相当大,因此预期需要采用压缩反馈。

- 在隐式反馈中,发射机采用信道互易性获得有关信道的信息。由于所有的传输在同一频率上,信道变化缓慢,所以上行链路和下行链路的信道矩阵几乎相同。但是,这仅在实际的传播信道中成立(从发射机天线连接器到接收机天线连接器)。然而上变频/下变频的射频链不一定是互易的。802.11n 标准因此预见了一个计算一组校准矩阵的过程,在 STA(STA 就是一个接入点或者客户端)的发送端用这个校准矩阵来纠正 STA 中发送和接收链间的幅度和相位的差异。校准矩阵的计算过程需要在非常大的时间间隔内进行,涉及显式和隐式信道系数的确定;以及能够用来建立校准矩阵的收发间信道差异的确定。

29.4　802.11 无线局域网中的分组传输

IEEE 802.11 定义了9种媒体接入控制层服务,其中包括分配、集成、连接、再连接、断开连接、鉴权、结束鉴权、隐私和 MSDU 传输。6 种服务用于支持站点(STA)(802.11 设备的一般描述,包括接入点和客户)之间的 MSDU 传输。3 种服务用于控制 802.11 无线局域网的接入和私密性。每一种服务都由一个或多个 MAC 帧格式支持。IEEE 802.11 媒体接入控制层使用3 种类型的消息:数据、管理和控制。一些服务由 MAC 管理消息支持,一些由 MAC 数据消息支持。所有的消息通过 IEEE 802.11 MAC 媒体接入方法接入无线媒体(WM)中,接入的方法包括基于竞争和无竞争的信道接入方法:分布式协调功能(DCF)和点式协调功能(PCF)。下面将介绍 802.11 媒体接入控制层的功能及其服务。

29.4.1　通用 MAC 结构

802.11 MAC 使用一种超帧结构,在该超帧中,竞争期(CP)[①]和无竞争期(CFP)交替出现,如图 29.12 所示。超帧被一个称为信标帧的周期性管理帧分开。在竞争期内,使用分布式协调功能信道接入方法,而在无竞争期内,使用点式协调功能信道接入方法。

图 29.12　802.11 MAC 的超帧结构。引用[IEEE 802.11]©IEEE

802.11 MAC 采用不同的帧间距,称为帧间间隔(IFS),以控制媒体接入。也就是说,给特定情况下的站点赋予或高或低的优先级。这些帧间间隔分别为(按照从短到长的顺序):

- 短帧间间隔(SIFS);
- 优先级帧间间隔(PIFS);
- 分布式帧间间隔(DIFS);
- 扩展帧间间隔(EIFS)。

这些间隔的实际值取决于物理层参数。

---

① 只在这一节用缩写 CP 表示竞争期(而不是循环前缀)。因为只是在讨论 MAC 层,所以不会引起混淆。

29.4.2 帧格式

在所有帧中，MAC 帧格式都由一系列按固定顺序排列的域组成，包括多种类型的控制信息和实际的帧主体。图 29.13 描述了一般的 MAC 帧格式。域的地址 2、地址 3、序列控制、地址 4 和帧体仅出现在某些帧类型中。

八位组:2	2	6	6	6	2	6	0~2312	4
帧控制	持续期/ID	地址1	地址2	地址3	序列控制	地址4	帧体	帧校验序列

图 29.13 MAC 帧格式(典型的 MPDU)

当下传给 MAC 的 MSDU 太大时，很难在一个数据块中把它传输出去。显然，块错误的概率，也就是块中的某比特出错，会增加该块的持续时间①。每一个块错误都有重传的必要性，而这显然是不希望的。所以，将 MSDU 分段以增加传输的可靠性。当 MSDU 的尺寸超过定义的分段阈值时，就需要进行分段操作。在这种情况下，MSDU 将被分成多段，每一段，即新的MSDU 的尺寸等于分段的阈值，并且除了最后一个分段，其他分段中的某个特定域("更多分段"域)被置为'1'。接收站点对每个分段进行独立确认。直到完整的 MSDU 被成功地传输，或收到一个分段的非确认之后，信道才被释放。对于后者，源站点将按照正常的规则重新竞争信道，重传未被确认的分段，以及后面的分段。

29.4.3 分组无线电多址

载波侦听多址

分布式协调功能采用第 17 章介绍的带碰撞躲避的载波侦听多址(CSMA/CA)，加上一个随机延迟机制。所有的站点必须要支持分布式协调功能。在分布式协调功能模式中，每一个站点在尝试传输之前，先侦听信道是否空闲。如果侦听到信道已经空闲了 DIFS 的时间，那么可以立即开始传输。如果信道被确定为忙，那么站点将延迟，直到当前传输结束。此后，站点将选择一个称为"补偿计时器"的随机数，其范围从 0 到 CW(竞争窗)。这个是站点可以再次尝试传输之前信道释放所需要的时间。每次传输被延迟，竞争窗的值就增加(直到一个极限值)。如果传输不成功，站点就认为发生了碰撞。在这种情况下，竞争窗的值会加倍，并且一个新的延迟程序重新开始。这个过程会一直持续，直到传输成功(或被丢弃)。图 29.14 和图 29.15 分别描述了基本的接入方法和定时补偿程序。

物理的和虚拟的载波侦听功能用来确定信道的状态。当其中任意一个功能指示信道忙时，信道就被认为是忙的，否则被认为是空闲的。物理层提供了物理的载波侦听机制。MAC 提供了虚拟的载波侦听机制。该机制涉及网络分配矢量(NAV)。网络分配矢量保存了对媒体中未来流量的预测，该预测是根据所传输的帧中的 DURATION(持续期)字段的信息得到的。

---

① 通常，由于较大的数据块可以采用像高效 LDPC(见第 14 章)之类性能较好的码，所以这个影响可以抵消。但是这与 802.11 中所用的码是不相关的。

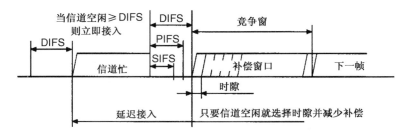

图 29.14　基本接入方法。引自［IEEE 802.11］©IEEE

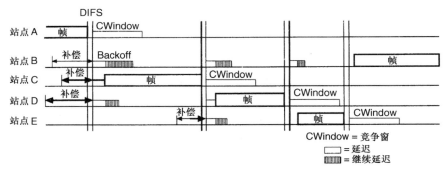

图 29.15　定时补偿程序。引自［IEEE 802.11］©IEEE

轮询

　　点式协调功能是 802.11 的可选媒体接入模式。它提供基于轮询的(见第 17 章)无竞争的帧传输。点式协调程序(PC)位于基站(接入点)。所有站点都必然遵从点式协调功能的媒体接入规则，并在每个无竞争期开始就设置它们的网络分配矢量。点式协调功能依靠点式协调程序完成轮询，并使轮询到的站点无须竞争信道就可以传输数据。当点式协调程序轮询到某站点时，该站点只传输一个 MPDU，且可以传输到任意目的地。如果传输的数据帧没有依次收到确认信号，则该站点并不重传这一帧，直到点式协调程序重新轮询到它，或者是它决定在竞争期内重传。图 29.16 给出了点式协调功能帧传输的一个例子。在每个无竞争期开始时，点式协调程序侦听信道，并确认信道在传输信标帧之前的一个 PIFS 内是空闲的。所有站点根据信标中广播的无竞争期持续时间调整自己的网络分配矢量。信标的一个 SIFS 时间后，点式协调程序可以发送一个无竞争轮询(CF-Poll)，或数据，或数据加无竞争轮询。每个被轮询到的站点将获得一个机会，给另一个站点传输数据，或在一个 SIFS 后给点式协调程序发送一个确认响应(也可能加上数据)。

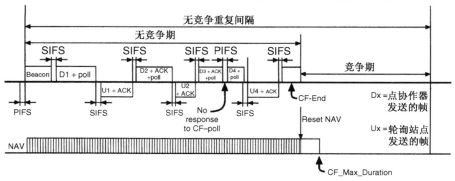

图 29.16　点式协调功能帧传输。引自［IEEE 802.11］©IEEE

如上所述，分布式协调功能和点式协调功能以一种同时操作[①]的方式共存。这两种接入方式交替工作，一个无竞争期后接一个竞争期。因为点式协调功能建立于分布式协调功能的顶部，所以分布式协调功能和点式协调功能在系统中共存时，两者之间并无冲突。所有的站点将必然遵从点式协调功能的媒体接入规则。在无竞争期内，站点将不做任何动作，直到它被轮询到。

29.5　无线局域网的其他选择和未来发展

正如引言提到的，有许多标准用 802.11 命名，但是大多数并没有广泛地流行。其中采用 1 Mbps 的直接序列扩频模式的最初的 802.11 就是一个典型的例子。此外，该标准的跳频模式也从没有流行过。后来，该标准还定义了一种模式用于计算机之间的红外通信；该模式也没有获得足够的流行。而 802.11b 标准在 21 世纪头十年的中期非常流行，与此同时，802.11g 标准替代了 802.11b 的地位。

在前面讨论的各种模式中，我们主要关注这样的无线局域网：有一个接入点，还有众多与该接入点进行联系的客户端。802.11 标准组也建立了点对点通信模式，但这种模式也未得到广泛应用。

我们也提到了由 ETSI 提出的 HIPERLAN 标准。特别要说明的是，尽管 HIPERLAN II 的媒体接入控制层是基于时分多址，而不是码分多址的，但它与 802.11a 的物理层非常相像。虽然已经发表了很多关于 HIPERLAN II 的研究报告，但是它仍未获得实际的应用，甚至于它早先的支持者也转而使用 802.11a。

802.11 已经开始制定比 802.11n 能提供更高吞吐量的标准。其中一个标准，载波频率大约在 60 GHz，可用的带宽非常大（接近 7 GHz）。由于高的载波频率，衰减大，在视距环境下该方案性能达到最优，或者至少发射机和接收机要在同一个房间内。另一种方案采用通常的微波体制，利用了比 802.11n 中的更先进的多天线技术，或有更多的天线单元，实现了更高的吞吐量。

29.6　WLAN 术语

AC	Access Category	接入类别
AIFS	Arbitration Inter Frame Spacing	仲裁帧间间隔
AP	Access Point	接入点
CAP	Controlled Access Period	受控访问期
CCK	Complementary Code Keying	补码键控
CFB	Contention Free Burst	无竞争突发
CFP	Contention Free Period	无竞争期
CF-Poll	Contention-Free Poll	无竞争轮询
CP	Contention Period	竞争期
CSMA/CA	Carrier Sense Multiple Access with Collision Access	带碰撞躲避的载波侦听多址
CW	Contention Window	竞争窗
DCF	Distributed Coordination Function	分布式协调功能

[①]　在同一个基本服务装置（BBS）内。

DIFS	Distributed Inter Frame Space	分布式帧间间隔
DLP	Direct Link Protocol	直接链路协议
EDCA	Enhanced Distributed Channel Access	增强分布式信道接入
EIFS	Extended Inter Frame Space	扩展帧间间隔
FCS	Frame Check Sequence	帧校验序列
HCCA HCF	(Hydrid Coordination Function) Controlled Channel Access	(混合协调功能的)受控信道接入
HC	Hybrid Coordinator	混合协调程序
HCF	Hybrid Coordination Function	混合协调功能
HIPERLAN	High PERformance Local Area Network	(欧洲)高性能局域网
IEEE	Institute of Electrical and Electronic Engineers	电气与电子工程师协会
IFS	Inter Frame Space	帧间间隔
ISM	Industrial, Scientific, and Medical	工业、科学和医疗(频段)
MBOA	Multi Band OFDM Alliance	多频带 OFDM 联盟
MPDU	MAC Protocol Data Unit	媒体接入控制协议数据单元
MSDU	MAC Service Data Unit	媒体接入控制业务数据单元
NAV	Network Allocation Vector	网络分配矢量
PAN	Personal Area Network	个域网
PC	Point Coordinator	点式协调程序
PCF	Point Coordination Function	点式协调功能
PIFS	Priority Inter Frame Space	优先级帧间间隔
PLCP	Physical Layer Convergence Procedure	物理层汇聚过程
PPDU	Physical Layer Protocol Data Unit	物理层协议数据单元
PSDU	Physical Layer Service Data Unit	物理层业务数据单元
QAP	QoS Access Point	服务质量接入点
QoS	Quality of Service	服务质量
QSTA	QoS STAtion	服务质量站点
SIFS	Short Infer Frame Space	短帧间间隔
STA	STAtion	站点
TC	Traffic Category	业务类别
TS	Traffic Stream	业务流
TXOP	Transmission OPportunity	传输机会
TSPEC	Traffic SPECifications	业务规范
U-NII	Unlicensed National Information Infrastructure	免许可证国家信息基础设施(频段)
UP	User Priority	用户优先级

深入阅读

有关 802.11 标准的官方标准文件可在线登录 www.802wirelessworld.com 查询。O'Hara 和 Petrick[2005]对先前 802.11 版本(802.11,11b,11a/g)进行了精彩总结,而 Perahia 和 Stacey [2008]介绍了最近的 802.11n 标准。Doufexi et al. [2002]从历史的角度对 IEEE 802 和 HIPER-LAN 进行了有趣的对比。Siriwongpairat and Liu[2007]给出了 WiMedia-MBOA(多频带 OFDM 联盟)的技术说明和规范。Cooklev [2004] 对无线局域网和无线个域网标准进行了对比。

第30章 习 题

贡献者：Peter Almers, Ove Edfors, Hao Feng, Fredrik Floren, Anders Johanson, Johan Karedal, Buon Kiong Lau, Christian Mehlführer, Andreas F. Molisch, Jan Plasberg, Barbara Resch, Jonas Samuelson, Junyang Shen, Andre Stranne, Fredrik Tufvesson, Anthony Vetro, Shurjeel Wyne

第1章 无线业务的应用和需求

1.1 说明以下各项中所提到事件之间的时间跨度：

(a) 从蜂窝原理提出到第一个大范围蜂窝网络的推广应用；

(b) GSM 系统从启动标准化进程到广泛的推广应用；

(c) IEEE 802.11b(WiFi)系统从制定出标准到广泛的推广应用。

1.2 下列系统中，不支持双向传输的(即不是双工或半双工系统)是哪些？

(i) 蜂窝电话；

(ii) 无绳电话；

(iii) 寻呼机；

(iv) 集群无线电；

(v) 电视播送系统。

1.3 假定能以 10 kbps 的速率对语音进行数字化，试比较 10 s 语音信息与 128 字符的寻呼信息在比特数上的差别。

1.4 以下各对系统之间存在概念上的差异吗？

(i) 无线 PABX(专用自动小交换机)和蜂窝系统；

(ii) 寻呼系统和无线局域网；

(iii) 封闭用户群的蜂窝系统和集群无线电。

1.5 要想以非常高的数据速率从移动台向相距很远的基站发送信息，主要存在哪些难点？

1.6 试列举影响无线业务市场占有率的主要因素。

第2章 无线通信的技术挑战

2.1 系统的载波频率对以下两种衰落有影响吗？

(i) 小尺度衰落；

(ii) 阴影衰落。

对于采用低载频和高载频的情形，当移动距离均为 x 时，哪种情形下，接收信号功率的变化更为显著？为什么？

2.2 考虑如下情形：从基站到移动台有一条直接传输路径，而其他的多径分量则由附近山体的反射形成。基站与移动台之间的距离是 10 km，基站与山体之间的距离和移动台与山体之间的距离相同，均为 14 km。直接路径分量和各个反射分量到达接收机的时间应该分布在 0.1 倍的符号间隔内，以避免严重的符号间干扰。满足要求的符号速率是多少？

2.3 为什么低载频较难应用于卫星电视？采用非常高的载频又会存在哪些问题？

2.4 试指出蜂窝电话工作的频率范围，这样的频率范围存在哪些优缺点？

2.5 试列举功率控制的两项好处。

第 3 章　噪声受限和干扰受限系统

3.1　假定一部接收机由如下部件依次组成:

(ⅰ) 天线连接器和馈线,衰减为 1.5 dB;

(ⅱ) 低噪声放大器,噪声因子为 4 dB,增益为 10 dB;

(ⅲ) 单位增益的混频器,噪声因子为 1 dB。

求接收机的噪声因子?

3.2　考虑如下系统:发射功率为 0.1 mW,发射天线和接收天线都具有单位增益,载波频率为 50 MHz,带宽为 100 kHz。系统运作于郊区环境。假定为自由空间传播,求距离为 100 m 处的接收信噪比。当载波频率为 500 MHz 及 5 GHz 时,信噪比将如何变化? 为什么5 GHz 系统会呈现出明显更低的信噪比(假设接收机噪声因子为 5 dB,且与频率无关)?

3.3　考虑全球移动通信系统的上行链路:移动台的发射功率为 100 mW,基站接收机的灵敏度为 − 105 dBm。基站与移动台之间的距离是 500 m。在距离 $d_{break} = 50$ m 以内,传播规律服从自由空间传播定律,而对于更远的距离,接收功率近似地按$(d/d_{break})^{-4.2}$规律下降。发射天线增益为 − 7 dB,接收天线增益为 9 dB。试计算有效的衰落余量。

3.4　具有如下系统技术指标的某无线局域网系统:$f_c = 5$ GHz,$B = 20$ MHz,$G_{TX} = 2$ dB,$G_{RX} = 2$ dB,衰落余量为 16 dB,路径损耗为 90 dB,$P_{TX} = 20$ dBm,发射机损耗为 3 dB,所需信噪比为 5 dB。

可接受的最大射频噪声因子等于多少?

3.5　假定某传播环境具有 $n = 4$ 的传播指数。中值和 10% 十分位之间,以及中值和 90% 十分位之间的衰落余量各为 10 dB。设某系统正常工作所需的信干比为 8 dB。要使位于小区边界的移动台在 90% 的时间里都能获得足够的信干比,提供服务的基站和干扰基站必须相距多远? 请按最不利的情况进行估计。

第 4 章　传播机制

4.1　天线增益通常是由相对于全向天线(在各个方向上的辐射/接收相同)的关系给定的。可以证明这样天线的有效面积为 $A_{iso} = \lambda^2/4\pi$。计算半径为 r 的圆形抛物线天线的增益 G_{par},其有效面积 $A_e = 0.55\ A$,A 为其展开的物理面积。

4.2　当从地球与地球同步卫星进行通信时,发送端与接收端之间的距离大约为 3500 km。假设自由空间损耗的 Friis 定律是适用的(忽略来自大气的各种效应),并且站点有增益分别为 60 dB(地球)和 20 dB(卫星)的抛物面天线,采用 11 GHz 的载波频率。

(a) 推导发射功率 P_{TX} 和接收功率 P_{RX} 之间的链路预算。

(b) 如果卫星接收机要求最小的接收功率为 − 120 dBm,那么在地球站天线要求的发射功率为多大?

4.3　要求设计一个工作于 1 GHz,有两个相距 90 m 的直径为 15 m 的抛物面天线的系统。

(a) Friis 定律能用来计算接收功率吗?

(b) 假设 Friis 定律有效,计算从发射天线输入到接收天线输出的链路预算。对比 P_{TX} 和 P_{RX} 并评价结果。

(c) 对与 4.1 题相同的圆形抛物线天线,确定瑞利距离和天线增益 G_{par} 的函数关系。

4.4　发送端距离58 m 高的砖墙($\varepsilon_r = 4$)有 20 m 远,而接收端位于墙的另一侧,离墙 60 m 远。砖墙厚为 10 cm 并且可认为无损耗。令两者天线均为 1.4 m 且中心频率为 900 MHz。

(a) 考虑 TE 波,确定经墙传输引起的在接收端的场强 $E_{through}$。

(b) 墙可以看成半无限薄屏,确定经墙绕射引起的在接收端的场强 E_{diff}。

(c) 确定两场强大小的比率。

4.5　若介质 1 为空气,介质 2 为介电常数为 ε_r 的无耗介质,说明一个电波从介质 1 传播到介质 2,对 TE 和 TM 的反射系数可写为

$$\left. \begin{array}{l} \rho_{TM} = \dfrac{\varepsilon_r \cos \Theta_e - \sqrt{\varepsilon_r - \sin^2 \Theta_e}}{\varepsilon_r \cos \Theta_e + \sqrt{\varepsilon_r - \sin^2 \Theta_e}} \\[4mm] \rho_{TE} = \dfrac{\cos \Theta_e - \sqrt{\varepsilon_r - \sin^2 \Theta_e}}{\cos \Theta_e + \sqrt{\varepsilon_r - \sin^2 \Theta_e}} \end{array} \right\} \tag{30.1}$$

4.6 电波自空气传播到一种介电常数为 ε_r 的无损耗物质。

    (a) 确定导致完全透射波，即 $|\rho_{TM}| = 0$ 的角度表达式。对 TE 波有对应的角度吗？

    (b) 假设 $\varepsilon_r = 4.44$，画出 TE 和 TM 反射系数幅度。确定 $|\rho_{TM}| = 0$ 的角度。

4.7 经理想的传导地面传播，总的接收场的幅度 E_{tot} 为

$$|E_{tot}(d)| = E(1m)\frac{1}{d}2\frac{h_{TX}h_{RX}}{d}\frac{2\pi}{\lambda} \tag{30.2}$$

    证明：如果发射功率为 P_{TX}，发送和接收天线增益分别为 G_{TX} 和 G_{RX}，那么接收功率 P_{RX} 为

$$P_{RX}(d) = P_{TX}G_{TX}G_{RX}\left(\frac{h_{TX}h_{RX}}{d^2}\right)^2 \tag{30.3}$$

4.8 假如有一个天线增益为 6 dB 的基站和一个天线增益为 2 dB 的移动台，高度分别为 10 m 和 1.5 m，工作于可认为是理想的传导地面环境。两天线的长度分别为 0.5 m 和 15 cm。基站发送的最大功率是 40 W，而移动台的功率为 0.1 W。两者的链路（双工）中心频率均为 900 MHz，尽管在实际中它们通过一个小的双工距离（频率差）分开。

    (a) 假如式 (4.24) 成立，计算接收天线输出处的可用接收功率（分别为基站天线和移动台天线），表示为距离 d 的函数。

    (b) 对所有有效的距离 d，即式 (4.24) 成立且满足天线的远场条件，画出接收功率的图。

4.9 以下系统用来对电磁波从基站到移动台的辐射进行估计。考虑基站与移动台之间的通信，二者距离为 d，频带为 900 MHz。地面认为是理想传导，天线高度为 $h_{BS} = 10$ m 和 $h_{MS} = 1.5$ m。天线增益分别为 $G_{BS} = 6$ dB 和 $G_{MS} = 2$ dB。在基站与移动台之间的直线上，距移动台 3 m 且高为 $h_{ref} = 1.5$ m 处，存在一个参考天线（RA），取来自二者的信号，可以用来测量辐射。参考天线的增益为 G_{ref}。假定式 (4.24) 不仅可用于描述基站与移动台之间的传输，而且可用于基站与参考天线之间的传输，虽然移动台与参考天线之间的传输因距离短而用 Friis 定律描述更好。

    (a) 假如基站对天线输出处的可用接收功率要求少 10 dB，该要求在天线输出处有效，确定如下表达式（为距离 d 和移动台的接收敏感度值 $P_{RX,MS}^{min}$ 的函数）：

        (i) 基站要求的发射功率 $P_{TX,BS}$。

        (ii) 移动台要求的发射功率 $P_{RX,BS}$。

        (iii) 来自基站的参照天线的接收功率 $P_{RX,ref}^{BS}$。

        (iv) 来自移动台的参照天线的接收功率 $P_{RX,ref}^{MS}$。

    (b) 利用 (a) 中的表达式确定按 dB 计算的 $P_{RX,ref}^{MS}$ 和 $P_{RX,ref}^{BS}$ 之差，其为 d 的函数。画出 d 为 50～5000 m 时的结果。

4.10 如图 30.1 所示，用高为 2 m 的天线从高楼的一侧到另一侧进行通信。将高楼转换为一系列半无限屏，利用 Bullington 方法计算由绕射引起的在接收天线处的场强，其中

    (a) $f = 900$ MHz；

    (b) $f = 1800$ MHz；

    (c) $f = 2.4$ GHz。

4.11 推导 TE 和 TM 波的反射和透射系统。提示：在交界面处对平行和垂直场使用连续性条件。

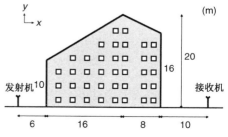

图 30.1 习题 4.10 的几何结构

第 5 章 无线信道的统计描述

5.1 一个以 25 m/s 的速度运行的移动接收机接收以下两个多径分量：

$$E_1(t) = 0.1\cos[2\pi \cdot 2 \cdot 10^9 t - 2\pi\nu_{max}\cos(\gamma_1)t + 0] \quad \text{V} \cdot \text{m}^{-1}$$
$$E_2(t) = 0.2\cos[2\pi \cdot 2 \cdot 10^9 t - 2\pi\nu_{max}\cos(\gamma_2)t + 0] \quad \text{V} \cdot \text{m}^{-1} \tag{30.4}$$

假定接收机的移动方向与第一个分量的传播方向相反，而正好在第二个分量的传播方向上。计算在时刻 $t=0$ s, 0.1 s 和 0.2 s 接收天线处每单位面积的功率。计算在此区间内每单位面积接收到的平均功率。

提示：每单位面积的功率由平均坡印廷矢量的幅度给出，$S_{avg} = \dfrac{1}{2} \cdot \dfrac{E^2}{Z}$，这种平均是在电场的一个周期内进行的。$E$ 为总的电场强度的振幅且对空气 $Z_0 = 377\ \Omega$。

5.2 证明含有较大的莱斯因子的莱斯分布，$K_r = \dfrac{A^2}{2\sigma^2}$，可以通过均值为 A 的高斯分布来近似。

5.3 设计一个符合以下规格的移动通信系统。在小区边缘(距基站最大距离)，瞬时接受幅度 r 在 90% 的时间内不能比规定值 r_{min} 低 10%。信号经历小尺度瑞利衰落和 $\sigma_F = 6$ dB 的大尺度对数正态衰落。找到系统工作所需的衰落余量。

5.4 无线电系统通常以这样的方式规定：接收端应能够处理接收信号上一定量的多普勒扩展，而在性能上没有太大损失。假定只有移动接收端移动，并且测量时的最大多普勒扩展取为最大多普勒偏移的两倍。进一步，假定正在设计一个移动通信系统，可以同时工作于 900 MHz 和 1800 MHz。

(a) 为了使终端在以 200 km/h 移动时系统能够通信，它能够处理的最大多普勒扩展为多大？

(b) 如果设计的系统使用 900 MHz 频带时能够工作于 200 km/h，那么使用 1800 MHz 频带能在最大速度为多少时通信(假定限定同样的多普勒扩展)？

5.5 假如在特定距离上，有确定性的 127 dB 传播损耗与大尺度衰落，该衰落为 $\sigma_F = 7$ dB 的对数正态分布。

(a) 如果系统设计成可处理的最大传播损耗为 135 dB，那么在此特定距离上的中断概率(由大尺度衰落引起)为多大？

(b) 以下的选项中哪些可以用来降低系统中断概率，并且为什么它们能/不能采用？

   (i) 增大发射功率；

   (ii) 降低确定的路径损耗；

   (iii) 更换天线；

   (iv) 降低 σ_F；

   (v) 建立一个更好的接收站。

5.6 假定一个瑞利衰落环境中，接收端的敏感度水平由信号幅度 r_{min} 给出，那么中断概率是 $P_{out} = \Pr\{r \le r_{min}\} = \mathrm{cdf}(r_{min})$。

(a) 考虑到信号幅度的平方 r^2 通过关系式 $C = K \cdot r^2$ 正比于瞬时接收功率 C，其中 K 为正的常数，试确定中断概率的表达式，以接收站的敏感度值 C_{min} 和平均接收功率来表达 $\overline{C}$。

(b) 衰落余量(对衰落的保护水平)表示为

$$M = \frac{\overline{C}}{C_{min}} \tag{30.5}$$

或(按 dB 计)

$$M_{dB} = \overline{C}_{dB} - C_{min\ dB} \tag{30.6}$$

确定需要的衰落余量的闭式表达式，其为中断概率 P_{out} 的函数。

5.7 对在瑞利衰落环境下 P_{out} 达 5% 的中断概率，假定可以使用近似式：

$$P_{out} = \Pr\{r \le r_{min}\} \approx \frac{r_{min}^2}{2\sigma^2} \tag{30.7}$$

其中，r_{min} 是接收站的敏感度水平。

（a）当采用上述近似式时，确定以 dB 计的接收机所需衰落余量的闭式表达式和中断概率 P_{out} 的函数关系。用 $\widetilde{M}_{dB}$ 表示得到的衰落余量的近似结果。

（b）当中断概率 $P_{out} \leqslant 5\%$ 时，确定估计值 $\widetilde{M}_{dB}$ 与 M_{dB} 确切值之间的最大误差。

5.8　在某些情况下，接收信号幅度 r 的"均值"不只可通过 $\overline{r^2}$ 值来表达，即不必以正比于平均接收功率的方式。在传播测量中发现的常用值是中值 r_{50}，即表示信号 50% 的时间低于该值，50% 的时间高于该值。现在假设有一个由瑞利分布描述的小尺度衰落。

（a）给定接收信号的中值 r_{50} 时，导出 $cdf(r)$ 的表达式。

（b）导出以 dB 计的所需衰落余量的表达式（对于某一 P_{out}），用与 $\overline{r^2}$（平均功率）和与 r_{50} 的关系来表示。称这些衰落余量为 $M_{mean|dB}(P_{out})$ 和 $M_{median|dB}(P_{out})$。

（c）比较 $M_{mean|dB}(P_{out})$ 和 $M_{median|dB}(P_{out})$ 的表达式并试着找出它们之间的简单关系。

5.9　对于瑞利衰落，推导以衰落余量 $M = \overline{r^2}/r_{min}^2$ [而不是参数 Ω_0 和 Ω_2，对比式（5.49）和式（5.50）]来表达电平通过率 $N_r(r_{min})$ 和平均衰落持续时间 $ADF(r_{min})$。

5.10　假定要设计基站与移动台之间的最大距离为 5 km 的无线系统，基站天线高为 20 m，移动台天线高为 1.5 m。选择的载波频率为 450 MHz 且环境为相当平坦与开阔的地区。对于这种特殊条件，可采用一种称为 Egli 模型的传播模型，除了理论模型预测的地平面的传播损耗，附加的传播损耗为

$$\Delta L_{|dB} = 10 \log \left(\frac{f_{|MHz}^2}{1600} \right) \tag{30.8}$$

该模型仅在距离小于无线地平线时有效：

$$d_h \approx 4100 \left(\sqrt{h_{BS|m}} + \sqrt{h_{MS|m}} \right)_{|m} \tag{30.9}$$

传播损耗的计算值是中值。窄带链路将受到 $\sigma_F = 5$ dB 的大尺度衰落和小尺度衰落的影响。另外，对于移动台（天线输出处），存在 $C_{min|dBm} = -122$ 的接收站的敏感度水平。基站与移动台均配有增益为 2.15 dB 的半波偶极天线。

（a）得出下行链路，即从基站到移动台的链路的链路预算。从输入功率 $P_{TX|dB}$ 到天线，然后通过预算在移动台天线输出处到达接收中值功率 $C_{median|dB}$。那么，在 $C_{median|dB}$ 和 $C_{min|dB}$ 之间存在一个衰落余量 $M_{|dB}$。

（b）如果瞬时接收功率低于 $C_{min|dB}$ 的时间不超过 5%，则认为系统是可工作的（有覆盖）。计算由于小尺度衰落所需的衰落余量。

（c）我们希望系统有 95% 的边缘覆盖，即在 95% 的最大距离 d_{max} 位置处系统可用。计算为满足该要求，由于大尺度衰落所要求的衰落余量。

（d）将（b）和（c）中得到的衰落余量相加得到一个总的衰落余量 $M_{|dB}$，插入链路预算中，计算所需的发射功率 $P_{TX|dB}$。注意，传播模型给出的是中值，如需要应进行必要的补偿。

注意：将（b）和（c）中的衰落余量相加给出的并非最小的可能衰落余量。事实上系统被计算得稍微偏大，但比将两者的衰落特征统计结合要简单得多（给出 Suzuki 分布）。

5.11　考虑一个简单的干扰受限系统，包括两个发射站发射机 A 和发射机 B，天线高度均为 30 m，相距 40 km。它们以相同的功率发射，$\lambda/2$ 使用相同的全向半波偶极天线并且采用相同的 900 MHz 频率。发射机 A 向位于发射机 B 方向上的距离为 d 的接收机 A 发送信号。来自发射机 B 的发射干扰接收机 A 的接收，接收机 A 需要一个平均的（小尺度平均）的载扰比 $(C/I)_{min} = 7$ dB。接收机 A 的输入信号（有用的和干扰的）均受到独立的 9 dB 的对数正态大尺度衰落。环境的传播指数为 $\eta = 3.6$，即接收功率以 $d^{-\eta}$ 下降。

（a）确定要使载扰比不小于 $(C/I)_{min}$ 的概率为 99% 所需的衰落余量。

（b）利用（a）中的衰落余量，确定发射机 A 和接收机 A 之间的最大距离 d_{max}。

(c) 通过研究这些公式，假设发射机 A 和发射机 B 之间相距 20 km，你能快速给出最大距离 d_{max}（定义如上）会怎样的答案吗？

第 6 章　宽带和方向性信道的特性

6.1　解释扩展函数和散射函数之间的不同之处。

6.2　举出包含于时频相关函数 $R_H(\Delta t, \Delta f)$ 中的信息有用的例子。

6.3　假如根据图 6.6 测得的冲激响应可近似认为是静态的。而且，将功率延迟分布近似为包含两个簇，每个在线性尺度上呈指数衰减含有线性幂指数衰减，即

$$P(\tau) = \begin{cases} a_1 e^{-b_1 \tau}, & 0 \leqslant \tau \leqslant 20\,\mu s \\ a_2 e^{(55.10^{-6} - \tau)\, b_2}, & 55\,\mu s \leqslant \tau \leqslant 65\,\mu s \\ 0, & 其他 \end{cases} \qquad (30.10)$$

首先，找到系数 a_i 和 b_i，然后计算时间积分功率、平均均值延迟和平均均方根延迟扩展，都在式(6.37)至式(6.39)中给出。如果相关带宽用

$$B_{coh} \approx \frac{1}{2\pi S_\tau} \qquad (30.11)$$

近似，其中 S_τ 是均方根延迟扩展，系统的带宽为 100 kHz，那么应将该信道归为平坦的还是频率选择性的？利用图 6.4 来论证你的答案。

6.4　如 6.5.5 节所述，全球移动通信系统有一个 4 个符号长度对应 16 μs 的均衡器，即在该窗口内到达的多径分量可以被接收端处理。利用习题 6.3 中的近似，对于图 6.6 中的测试数据，针对持续时间为 16 μs 且起始于 $t_0 = 0$ 时刻的窗计算干扰因子。首先对习题 6.3 中指定的整个功率延迟分布进行计算，然后忽略所有在 20 μs 后到达的分量再进行计算，比较二者的结果。

6.5　相干时间 T_c 给出信道多长时间可认为是恒量的测度，可以用多普勒扩展的倒数来近似。根据图 6.7 求得相干时间的估计值。

6.6　在无线通信系统中，必须将符号传输流分成分组，也称为帧。在每一帧中经常插入能被接收端识别的符号，即所谓的导频符号。通过这种方式，接收端估计信道的当前值，并且这样可以进行相关检测。所以，接收端在让每一帧通过帧的第一个符号时被告知信道增益，并假定接收端相信该值对于整个帧都有效。利用习题 6.5 的相干时间定义并假设为 Jacks 多普勒谱，估计使信道在整个帧中为恒定的假设仍有效的接收端的最大速度。令帧长为 4.6 ms。

6.7　在码分多址系统中，信号通过将传输符号乘以一系列短脉冲，亦称为码片，扩展到一个大的带宽上。这样，系统的带宽由码片的持续时间决定。如果码片的持续时间为 0.26 μs 并且最大超出延迟为 1.3 μs，那么多径分量落入多少个延迟片？如果最大超出延迟为 100 ns，那么该码分多址系统是宽带的还是窄带的？

第 7 章　信道模型

7.1　试给出对数正态分布的物理解释(是否现实?)。

7.2　假设在计算一个中等规模城市的传播损耗，其中基站天线高度为 $h_b = 40$ m。移动台高度为 $h_m = 2$ m。发射载频为 $f = 900$ MHz，且两者之间的距离为 $d = 2$ km。

(a) 运用自由空间衰减公式 L_{Oku} 并结合 Okumura 测量(见图 7.12 和图 7.13)计算各向同性天线之间的预测传播损耗。

(b) 运用 Hata 提供的 Okumura 测量的参数 L_{O-H}，即运用 Okumura-Hata 测量模型，计算各向同性天线之间的预测传播损耗。

(c) 比较计算结果。如果它们之间存在差异，你认为是由什么造成的，显著吗？

7.3　假设在一个中等规模城市环境下计算载频为 $f_0 = 1800$ MHz 时的传播损耗，城市中的建筑物等间隔，高

度为 $h_{\mathrm{Roof}} = 20$ m，建筑物之间的距离为 $b = 30$ m，街道宽度为 $w = 10$ m。我们感兴趣的传播损耗在一个高为 h_b 的基站与一个高为 $h_m = 1.8$ m 的移动台之间，两者距离为 $d = 800$ m。移动台位于街道上与入射波方向成夹角 $\varphi = 90°$。这种情况下 COST 231-Walfish-Ikegami 模型是合适的选择。

（a）检验所给的参数是否在该模型的有效范围内。

（b）在基站的天线比屋顶高 3 m，即 $h_b = 23$ m 时，计算传播损耗。

（c）在基站的天线比屋顶低 1 m，即 $h_b = 19$ m 时，计算传播损耗，并指出与（b）的不同。

7.4 在评价全球移动通信系统时，由于设计时考虑接收端经历不同的延迟，所以需要一个宽带模型。COST-207 模型是为全球移动通信系统的评估而设计的。

（a）运用文中的表 7.3 至表 7.6 画出抽头延迟线模型实现郊区（RA）、典型城区（TU）、差的城区（BU）和山区（HT）情况的功率延迟分布。用 dB 刻度表示功率，用同一尺度标注四幅图的延迟轴，以便能够比较 4 种功率延迟分布。

（b）用 $d_i = c\tau_i$ 将延迟转换成路径长度，其中 c 为光速，并在（b）中所绘的图中标记出这些路径长度。利用这些路径长度，试着解释 4 种情景（功率从这里产生）的功率分布。

7.5 对于 COST-207（为全球移动通信系统评估而创建），

（a）求出 COST-207 环境下的郊区和典型城区的均方根延迟扩展。

（b）郊区和典型城区信道的相干带宽是多少？

（c）两个不同的功率延迟分布函数能否有相同的均方根延迟扩展？

7.6 天线阵元之间的相关性取决于角功率谱、阵元响应和阵元间隔。一个天线阵包含两个相距为 d 的全向阵元，它处在方位角功率谱为 $f_\phi(\phi)$ 的信道中。

（a）推出相关性的表达式。

（b）[MATLAB] 假设接收信号中有 100 个在 $(0, 2\pi)$ 上均匀分布的多径分量，画出不同天线间隔的两阵元间相关系数。

第 8 章 信道探测

8.1 假设用一个简单的直接射频脉冲信道探测器产生一系列窄探测脉冲信号。各脉冲的持续时间 $t_{\mathrm{on}} = 50$ ns，脉冲重复周期为 20 μs。试确定：

（a）可以由该系统测量的最小延迟；

（b）可以确定性测量的最大延迟。

8.2 当无线传播信道可视为一个线性系统时，为什么能用 m 序列（伪噪声码序列）来进行信道探测？提示：详细描述白噪声的自相关和互相关特性，然后讨论它与伪噪声序列的相似之处。

8.3 最大长度序列（m 序列）由一个线性反馈移位寄存器（LFSR）产生，该寄存器的存储单元与模 2 加法器之间具有特定的许可连接。图 30.2 中给出的线性反馈移位寄存器具有 $m = 3$ 个存储单元，按图 30.2 所示的反馈连接就可以产生一个 m 序列。试确定以下内容：

（a）该序列的周期 M_c；

（b）完整的 m 序列 $\{C_m\}$，设存储单元初始化为 $a_{k-1} = 0$，$a_{k-2} = 0$，$a_{k-3} = 1$。

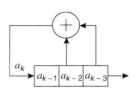

图 30.2　最大长度 LFSR 序列生成器

8.4 自相关度量的是一个序列与其自身的平移副本之间的相似程度。若将 ± 1 序列 $\{C_m'\}$ 定义为 $C_m' = 1 - 2C_m$，其中 $\{C_m\} \in (0, 1)$ 是一个 m 序列，则自相关函数 $R_{C_m'}(\tau)$ 定义为

$$R_{C_m'}(\tau) = \frac{1}{M_c} \sum_{m=1}^{M} C_m' C_{m+\tau}' = \begin{cases} 1, & \tau = 0, \pm M_c, \pm 2M_c, \cdots \\ -\frac{1}{M_c}, & \text{其他} \end{cases} \qquad (30.12)$$

该自相关函数还具有周期性。假定码波形 $p(t)$ 是序列 $\{C_m'\}$ 的等效方波形式，且脉冲持续时间为 T_c，就可以针对所有的 τ 值来确定自相关函数。

（a）在 $T_c = 1$，$M_c = 7$ 的情况下，画出自相关函数，$-8 \leqslant \tau \leqslant 8$。

（b）忽略系统噪声的影响，系统在多大的动态范围内可以检测到接收信号？

8.5 在一个 STDCC 系统中，可测量的最大多普勒频移由下式给定：

$$v_{\max} = \frac{1}{2 K_{\mathrm{scal}} M_c T_c} \tag{30.13}$$

设 $K_{\mathrm{scal}} = 5000$，$M_c = 31$，$T_c = 0.1\ \mu s$，且载频为 900 MHz，试确定以下参量：

（a）移动台的最大容许速率；

（b）可测量的最大延迟；

（c）如果将 m 序列的长度增加到 $M_c = 63$，那么上述参量会发生什么样的变化？

8.6 如图 30.3 所示，平面波从两个独立的发射源投射至一个均匀线性阵列上。该阵列由 4 个各向同性的天线单元组成，各单元之间的距离为 $\lambda/2$，λ 为载波波长。以下针对两种不同的情况给定了阵列输出的协方差矩阵，试确定每种情况下两束波的入射角度，假定采用传统的（即 Fourier-Bartlett）波束成形。

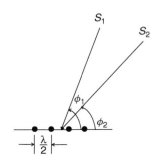

图 30.3 平面波 S_1 和 S_2 投射至一个 4 单元的均匀线性阵列。传播方向由垂直于波阵面的箭头来指示

（a）

$$\mathbf{R}_{rr} = \begin{bmatrix} 1.2703 & 0.3559 + 0.6675\mathrm{j} & 0.4215 - 0.1392\mathrm{j} & 0.9818 + 0.7086\mathrm{j} \\ 0.3559 - 0.6675\mathrm{j} & 1.3252 & 0.3489 + 0.6493\mathrm{j} & 0.4805 - 0.1864\mathrm{j} \\ 0.4215 + 0.1392\mathrm{j} & 0.3489 - 0.6493\mathrm{j} & 1.2475 & 0.3314 + 0.5787\mathrm{j} \\ 0.9818 - 0.7086\mathrm{j} & 0.4805 + 0.1864\mathrm{j} & 0.3314 - 0.5787\mathrm{j} & 1.2344 \end{bmatrix} \tag{30.14}$$

（b）

$$\mathbf{R}_{rr} = \begin{bmatrix} 0.9198 & 0.2125 + 0.7644\mathrm{j} & -0.5295 + 0.1202\mathrm{j} & 0.1355 - 0.5488\mathrm{j} \\ 0.2125 - 0.7644\mathrm{j} & 0.8957 & 0.1661 + 0.7244\mathrm{j} & -0.5104 + 0.0526\mathrm{j} \\ -0.5295 - 0.1202\mathrm{j} & 0.1661 - 0.7244\mathrm{j} & 0.8323 & 0.1444 + 0.6853\mathrm{j} \\ 0.1355 + 0.5488\mathrm{j} & -0.5104 - 0.0526\mathrm{j} & 0.1444 - 0.6853\mathrm{j} & 0.8283 \end{bmatrix} \tag{30.15}$$

8.7 采用附录 8.A（www.wiley.com/go/molisch）中描述的 ESPRIT 算法重新计算习题 8.6 所论及的估计问题。

8.8 假定在一个时间间隔 t_{meas} 内，可以测量到某频率平坦信道冲激响应的 M 个样本，在该时间间隔内假定信道是时不变的。另外，还假定这些样本中的测量噪声是独立同分布的，它们的均值为 0，方差为 σ^2。试证明通过对冲激响应的 M 个样本取平均可使信噪比增强至 M 倍。

第 9 章 天线

9.1 全球移动通信系统 900 MHz 基站的输出功率为 10 W；小区位于郊区环境中，当与基站之间的距离超过 300 m 时，路径衰减指数为 3.2。在其附近不存在用户的情况下，由移动台测得的小区覆盖半径为 37 km。当图 9.1 中的中值用户①将手机紧贴于头部时，计算小区覆盖半径将会减小为多少？

9.2 针对 2.4 GHz 的 WiFi 天线，在 PDA（个人数字助理）上绘制出可能的天线安置方式。假定这部天线为微带（贴片）天线，其有效介电常数 $\varepsilon_r = 2.5$。务必做到用户手部影响的最小化。

9.3 某螺旋天线，其螺旋间距 $d = 5$ mm，工作于 1.9 GHz。计算使极化形式成为圆极化的天线直径 D。

9.4 某天线方向图为

---

① median user，指的是其衰落状态由衰落中值给定的用户。——译者注

$$G(\phi, \theta) = \sin^n(\theta/\theta_0)\cos(\theta/\theta_0) \tag{30.16}$$

其中 $\theta_0 = \pi/1.5$。试回答并计算:

(a) 3 dB 波束宽度;

(b) 10 dB 波束宽度;

(c) 方向因子;

(d) 当 $\theta_0 = \pi/1.5$, $n = 5$ 时,再次计算(a)、(b)和(c)的值。

9.5 计算半波长缝隙天线的输入阻抗,假定电流呈均匀分布。提示:天线 A[①] 与其互补天线 B(天线 A 结构中有空气的部分,互补天线中的相应部分则由金属构成;天线 A 结构中有金属的部分,互补天线中的相应部分则由空气组成[②])的输入阻抗由下式联系起来:

$$Z_A Z_B = \frac{Z_0^2}{4} \tag{30.17}$$

其中,Z_0 为自由空间阻抗,$Z_0 = 377\ \Omega$。

9.6 设发射天线为垂直的 $\lambda/2$ 偶极子,接收天线为垂直的 $\lambda/20$ 偶极子。

(a) 发射机和接收机处的辐射电阻各等于多少?

(b) 设损耗电阻 $R_{ohmic} = 10\ \Omega$,则辐射效率是多少?

9.7 假设天线阵列有 N 个单元,所有单元具有相同的接收幅度,且相位偏移为

$$\Delta = -\frac{2\pi}{\lambda}d_a \tag{30.18}$$

(a) 轴向辐射增益是多少?

(b) 如果

$$\Delta = -\left[\frac{2\pi}{\lambda}d_a + \frac{\pi}{N}\right] \tag{30.19}$$

则轴向辐射增益是多少?

第 10 章 无线通信链路结构

10.1 一个定向耦合器的方向性为 20 dB,插入损耗为 1 dB,耦合损耗为 20 dB,所有端口(标称阻抗为 $Z_0 = 50\ \Omega$)的反射系数为 0.12,主支路的相移为 0,耦合支路的相移为 $\pi/2$,隔离支路的相移为 0,

(a) 计算该定向耦合器的 S 矩阵。

(b) 此定向耦合器是无源、互易和对称的吗?

10.2 将一个输入阻抗为 $Z = 70 - 85j\Omega$ 的天线与一个电感 L 串联进行变换,天线的工作频率为 250 MHz,

(a) 如果 $L = 85$ nH,那么变换后的阻抗为多少?

(b) 要使变换后的阻抗为实数,L 应如何取值?

10.3 增益分别为 G_1 和 G_2,噪声因子分别为 F_1 和 F_2 的两个放大器级联,试证明:为了使总的噪声因子最小,应把能使式(30.20)取较小值的放大器放在第一级:

$$M = \frac{F - 1}{1 - 1/G} \tag{30.20}$$

10.4 在自动增益控制器中,通常采用二极管测量接收功率,并假定输出(二极管的电流)与输入的平方(电压)呈正比,但其实际特性采用下面的指数函数表示更准确:

$$i_D \exp(U/U_t) - 1 \tag{30.21}$$

---

① 面上切割有窄缝隙的无限大金属面所构成的天线称为缝隙天线,半波长缝隙天线的缝隙长度为半个波长,缝隙宽度一般很小,即远小于波长。——译者注

② 半波长缝隙天线的互补天线就是半波长偶极子。——译者注

其中,电压 U_t 是常数,只有在低电压时,此函数关系可近似表示为二次函数形式。

(a) 证明：二极管电流中包括直流成分。

(b) 二极管产生的谱成分有哪些？如何消除这些谱线？

(c) 如果要求测量功率的误差(由于理想二次特性和指数特性之间的差异)保持在 5% 以下,那么二极管的最大电流是多少？

10.5　一个放大器的三次特性为

$$U_{\text{out}} = a_0 + a_1 U_{\text{in}} + a_2 U_{\text{in}}^2 + a_3 U_{\text{in}}^3 \tag{30.22}$$

在输入端加两个正弦信号(频率分别为 f_1 和 f_2),功率都为 -6 dBm。在输出端,测量到所需信号(f_1 和 f_2)的功率为 20 dBm,三阶互调产物(在 $2f_2 - f_1$ 和 $2f_1 - f_2$)的功率为 -10 dBm。交叉点是多少？换句话说,输入信号电平为多大时,可使互调产物和所需信号电平相同？

10.6　采用线性模数转换器对接收到的锯齿波进行量化,

(a) 如果要求量化噪声(量化后的接收信号与理想信号之差)分别在 10 dB, 20 dB 和 30 dB 以下,那么最少需要多少个量化电平？

(b) 当自动增益控制处于不良工作状态,使接收信号的峰值幅度仅为模数转换器能够量化的最大幅度的一半时,结果将如何变化？

第 11 章　调制

11.1　全球移动通信系统和增强型数字无绳电话都采用高斯最小频移键控,但用到的高斯滤波器不同,前者中 $B_G T = 0.3$,后者中 $B_G T = 0.5$。采用较大的时间带宽积的优点是什么？全球移动通信系统中为什么采用较小的时间带宽积？

11.2　推导正交二进制频移键控的最小频率间隔。

11.3　在 EDGE 标准(GSM 网中的高速数据传输)中采用了 $\frac{3}{8}\pi$-8-PSK,画出这种调制方式对应的信号空间图。包络平均值和最小值之间的比值是多少？为什么不能使用 $\frac{\pi}{4}$-8-PSK？

11.4　最小频移键控可以解释为具有特定脉冲波形的偏移正交幅度调制。用这种解释证明最小频移键控为恒包络调制。

11.5　对于下面两个函数 $(0 < t < T)$

$$f(t) = \begin{cases} 1, & 0 < t < T/2 \\ -2, & T/2 < t < T \end{cases} \tag{30.23}$$

和

$$g(t) = 1 - (t/T) \tag{30.24}$$

(a) 使用 Gram-Schmidt 正交化方法寻找一个扩展函数集。

(b) 找出信号空间图中 $f(t)$ 和 $g(t)$ 对应的点,并找出在 $0 < t < T$ 时取值为 1 的函数。

11.6　画出图 11.6 中比特序列对应的差分编码二进制相移键控的 $p_D(t)$ 曲线。

11.7　找出 64-QAM 的平均信号能量与信号空间图中各点距离之间的关系。

11.8　一个系统能够在 1 MHz 带宽内以尽可能高的数据速率传输,可以允许 -50 dBm 的带外辐射,传输功率通常为 20 W。采用带有 $\alpha = 0.35$ 的平方根升余弦滤波器的最小频移键控或者二进制相移键控是否更好？注意：本题仅考虑频谱效率,忽略了诸如信号峰平比等其他因素。

第 12 章　解调

12.1　在一个静态环境中,考虑两个很高的定向天线之间的点对点无线链路。天线增益为 30 dB,距离损耗为 150 dB,接收机的噪声因子为 7 dB。符号率为 20 M 符号/秒,且使用奈奎斯特采样。无线链路可视为无衰落的加性高斯白噪声信道。当最大误比特率为 10^{-5} 时，所需的发射功率是多少（忽略发送端和接收端的功率损耗）？

(a) 使用相干检测二进制相移键控、频移键控、差分检测二进制相移键控或非相干检测频移键控。

(b) 对于格雷编码相干检测正交相移键控，推导出精确的误比特率和误符号率表达式。正交相移键控信号可以看成两个反相信号的积分。

(c) 如果使用格雷编码正交相移键控，则所需的发射功率是多少？

(d) 在(c)中使用差分检测格雷编码正交相移键控时，提高误比特率的代价是什么？

12.2　利用全联合边界法确定高阶调制误比特率的上限。

(a) 使用全联合边界法计算格雷编码正交相移键控的误比特率的上界。

(b) 当用(a)中的方法所得的误比特率的上界与精确表达之间的差值小于 10^{-5} 时，E_b/N_0 的范围是多少？

12.3　如图 30.4 所示的 8-AMPM 调制，用 d_{min} 表示的平均符号能量（假设所有信号等概率出现）是多少？求误比特率的最相邻联合边界？

12.4　利用最相邻联合边界法近似计算高阶调制的误比特率。

(a) 用最相邻联合边界近似计算图 30.5 所示 8-PSK 的误比特率的上界。

(b) 用最相邻联合边界近似计算图 30.6 所示格雷编码 8-PSK 的误比特率的上界，当误比特率为 10^{-5} 时，格雷编码的近似增益是多大？

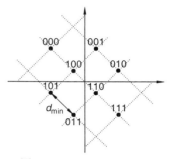

图 30.4　8-AMPM 星座图

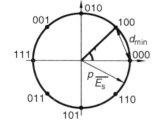

图 30.5　8-PSK 星座图

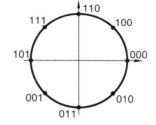

图 30.6　格雷编码 8-PSK

12.5　用 MATLAB 编程得到格雷编码正交相移键控及 8-PSK 的误比特率仿真结果，其中 E_b/N_0 的取值范围为 $[0, 15\ \text{dB}]$。在哪个区域内误比特率的最相邻联合边界（参考习题 12.3）较为紧凑？

12.6　计算格雷编码 16-QAM 的最相邻联合边界。假设误比特率不能超过 10^{-5}，为实现最大数据速率，在正交相移键控及 16-QAM 两种调制方案之间自适应转换，则 E_b/N_0 的取值范围是多少？

12.7　假设使用 M 进制正交信号。基于联合边界，当 $M \to \infty$ 时，要实现完全无差错传输，所需 E_b/N_0 的最小值是多少？

12.8　考虑习题 12.1 中提到的点对点无线链路。如果信道为平坦瑞利衰落，那么为保证误比特率最大为 10^{-5}，发射功率应增大多少？

(a) 使用相干检测二进制相移键控，频移键控、差分相移键控及非相干频移键控。

(b) 若为莱斯信道，$K_r = 10$，且采用差分相移键控，发射功率需增加多少？当 $K_r \to 0$ 时，结果如何？

12.9　考虑移动无线链路，载波频率 $f_c = 1200$ MHz，比特率为 3 kbps。要求最大误比特率是 10^{-4}，调制方式为差分检测的最小频移键控。最大发射功率是 10 dBm，天线增益 5 dB，接收机的噪声因子为 10 dB。

(a) 假设信道是平坦瑞利衰落，基站和移动台高度分别是 40 m 和 3 m。根据 Okumra-Hata 路径损耗模型，在郊区环境中小区半径可达到多少？

(b) 假设信道是频率色散瑞利衰落信道，可用典型的 Jakes 多普勒谱来表征。由频率色散引起的最小误比特率为 10^{-5} 时，移动终端的最大速度是多少？

12.10 考虑一个采用最小频移键控调制的移动无线系统,比特率为 100 kbps。该系统用来传输高达 1000 字节的 IP 包。包错误率不超过 10^{-3}(不使用自动重传请求方式)。

(a) 移动无线信道所允许的最大平均延迟扩展是多少?

(b) 对于移动通信系统,在室内、城区和农村环境中,平均延迟扩展的典型值分别是多少?

第 13 章 分集

13.1 为了说明分集的作用,考虑二进制相移键控和最大比值合并的平均误比特率,由式(13.35)近似给出。假设平均信噪比为 20 dB。

(a) 计算接收天线 $N_r = 1$ 的平均误比特率。

(b) 计算接收天线 $N_r = 3$ 的平均误比特率。

(c) 计算在单天线系统中,为了达到与三天线系统在 20 dB 信噪比时同样的误比特率所需的信噪比。

13.2 假设对于一个瑞利衰落环境下的接收机,可以额外增加一副或两副天线,经历非相关衰落。考虑两种分集方式:RSSI 选择式分集和最大比值合并分集。

(a) 假设重要的性能要求是瞬时不能在超过 1% 的时间里低于某个固定值 $\bar{E}_b/N_0$(中断率 1%)。分别使用 RSSI 选择式分集和最大比值合并分集,确定具有独立瑞利衰落的一副天线、两副天线和三副天线所需的衰落余量,以及两副天线和三副天线相应的"分集增益"。

(b) 假设重要的性能要求是平均误比特率为 10^{-3}(采用二进制相移键控)。分别使用 RSSI 选择式分集和最大比值合并分集,确定具有独立瑞利衰落一副天线、两副天线和三副天线所需的平均 $\bar{E}_b/N_0$,以及两副天线和三副天线相应的"分集增益"。

(c) 重新做(a)和(b),但是在(b)中取中断率为 10%,在(c)中取平均误比特率为 10^{-2} 进行计算。和前面得到的"分集增益"进行比较,并讨论其不同之处!

13.3 设接收机连有两副天线,其信噪比相互独立,且以相同的平均信噪比服从指数分布。使用 RSSI 选择式分集,且中断概率为 P_{out},求衰落余量。

(a) 推导使用单天线时的衰落余量关于 P_{out} 的表达式。

(b) 推导使用两副天线时的衰落余量关于 P_{out} 的表达式。

(c) 使用前面两个结果计算中断率为 1% 时的分集增益。

13.4 在宽带码分多址系统中,Rake 接收机可以利用信道的延迟色散引起的多径分集。在特定的假设下,Rake 接收机可以作为最大比值合并器,其支路相当于码分多址系统的延迟单元。假设具有矩形功率延迟分布,Rake 分支的数目等于可分辨的多径数目,并且假设每个多径分量为瑞利衰落。当采用二进制相移键控调制,且平均信噪比为 15 dB 时,要求瞬时误比特率超过 10^{-3} 的概率只有 1%,为了达到所要求的误比特率,信道应由多少个可分辨的多径分量组成?

13.5 为了降低复杂度,可以用混合选择/最大比值合并方案代替全信号最大比值合并。如果有 5 副天线,但只采用 3 个最强的信号,那么相对于全信号最大比值合并,平均信噪比的损耗是多少?

13.6 考虑发射机有两副天线,而接收机只有一副天线的情形。发射机按照如下方式发射两个符号(见图 30.7)。在第一个符号期间,第一副天线发射符号 s_1,第二副天线发射符号 s_2;在第二个符号期间,第一副天线发射符号 s_2^*,第二副天线发射符号 $-s_1^*$。第一副发射天线和接收天线之间的(复数值)损耗是 h_1,第二副发射天线和接收天线之间的损耗是 h_2,在两个符号期间假设损耗均为常数。在第一个和第二个符号期间,分别在接收机加上加性高斯白噪声 n_1 和 n_2(见 20.2 节)。

(a) 推导两个符号期间接收天线的输出。第一个符号期间的输出为 r_1,第二个符号期间的输出为 r_2。

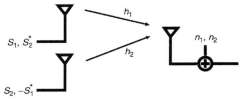

图 30.7 Alamouti 编码原理

（b）在接收端进行如下操作：

$$\left.\begin{array}{l} \hat{s}_1 = h_1^* r_1 - h_2 r_2^* \\ \hat{s}_2 = h_2^* r_1 + h_1 r_2^* \end{array}\right\} \tag{30.25}$$

从该操作可以得到什么？

13.7 考虑采用最大比值合并准则的 N_r 个支路分集系统。所有支路都存在瑞利衰落，并且各支路的衰落是相互独立的。在下列条件下，推导合并器输出端的信噪比的概率密度函数。

（a）所有支路的平均信噪比均为 $\bar{\gamma}$。

（b）第 i 个支路的平均信噪比为 $\bar{\gamma}_i$，假设 $\bar{\gamma}_i$ 不相同。

13.8 在码分多址系统中，每个符号通过与扩频序列相乘进行频带扩展。如果 s 为发射符号，$\xi(t)$ 为扩频序列，则接收到的基带信号可记为

$$r(t) = \sum_{m=1}^{M} \alpha_m \xi(t - \tau_m) s + n(t) \tag{30.26}$$

其中，M 为可分辨的多径数目，α_m 为第 m 个多径支路的复增益，τ_m 为第 m 个多径支路的延迟，$n(t)$ 为加性高斯白噪声过程。假设能够准确估计增益 $\{\alpha_m\}$ 和延迟 $\{\tau_m\}$，并且扩频序列有很好的自相关特性。每个多径支路有一个匹配滤波器，而且有一个设备对这些匹配滤波器的输出进行合并。推导合并器输出的信噪比表达式。

13.9 如 13.5.2 节所述，在有两副天线的开关分集系统中，只要某副天线上的信噪比超过一定的阈值，接收机就选择其作为输入信号。当信噪比低于阈值时，接收机则切换到另一天线支路，而不会考虑该天线上的信噪比。如果天线的衰落是独立同分布，那么接收机信噪比的累积分布函数可表示如下：

$$\mathrm{cdf}_\gamma(\gamma) = \begin{cases} \Pr(\gamma_1 \leqslant \gamma_t, \ \gamma_2 \leqslant \gamma), & \gamma < \gamma_t \\ \Pr(\gamma_t \leqslant \gamma_1 \leqslant \gamma \ \text{or} \ [\gamma_1 \leqslant \gamma_t \ \text{and} \ \gamma_2 \leqslant \gamma]), & \gamma \geqslant \gamma_t \end{cases} \tag{30.27}$$

其中，γ 为经过开关设备之后的信噪比（也就是接收机的信噪比），γ_1 为第一副天线的信噪比，γ_2 为第二副天线的信噪比，γ_t 为开关切换的阈值。

（a）对于瑞利衰落，并且两副天线有相同的平均信噪比，求 γ 的累积分布函数和概率密度函数。

（b）如果用平均信噪比作为性能度量，那么最佳切换阈值和对应的平均信噪比是多少？ 相对于单个天线，开关分集的增益是多少 dB？ 把该增益与最大比值合并和选择式分集的增益进行比较。

（c）如果用平均误比特率作为性能度量，那么对于二进制非相干频移键控，最佳切换阈值是多少？ 信噪比为 15 dB 时的平均误比特率是多少？ 把结果与单个天线的情形进行比较。对于二进制非相干频移键控，误比特率的计算公式如下：

$$\mathrm{BER} = \frac{1}{2} \exp\left(-\frac{\gamma}{2}\right) \tag{30.28}$$

13.10 在最大比值合并中，每个支路用该支路复衰落增益的复共轭进行加权。但是在实际中，接收机必须估计衰落增益，以便与接收信号相乘。假设该估计是基于导频符号插入的，则权值易受复高斯误差的影响。如果在有 N_r 个支路的分集系统中存在瑞利衰落，每个支路的平均信噪比用 Γ 表示，则输出信噪比的概率密度函数如下 [Tomiuk et al. 1999]：

$$\mathrm{pdf}_\gamma(\gamma) = \frac{(1-\rho^2)^{N_r-1} e^{-\gamma/\bar{\gamma}}}{\bar{\gamma}} \sum_{n=0}^{N_r-1} \binom{N_r-1}{n} \left[\frac{\rho^2 \gamma}{(1-\rho^2)\bar{\gamma}}\right]^n \frac{1}{n!} \tag{30.29}$$

其中，ρ^2 是一个支路的衰落增益与其估计值（即权值）之间归一化的相关系数。

（a）说明上述概率密度函数可以写成 N_r 个理想的最大比值（ideal-maximal-ratio）信噪比的概率密度函数的加权和。

（b）当衰落增益和权值完全不相关时，会出现什么情况？

（c）当衰落增益和权值完全相关时，会出现什么情况？

(d) 对于一个理想的有 N_r 个支路的最大比值合并信道，给定调制方案，平均差错率由 $P_e(\bar{\gamma}, N_r)$ 表示。利用(a)的结果，给出在权值不理想的情况下，N_r 个支路的最大比值合并的平均差错率的表达式。

(e) 对于许多方案，当平均信噪比很大时，理想最大比值合并的平均差错率可近似为

$$\tilde{P}_e(\bar{\gamma}, N_r) = \frac{C(N_r)}{\bar{\gamma}^{N_r}} \tag{30.30}$$

其中，$C(s)$ 是取决于调制方案的常量，利用(d)的结果，说明当平均信噪比变大且 $\rho < 1$ 时，在权值不理想的情况下，N_r 个支路的最大比值合并的平均差错率如何变化？

13.11 考虑有 N_r 个支路的分集系统。令第 k 个支路的信号为 $\tilde{s}_k = s_k e^{-j\phi_k}$，每个支路的噪声功率为 N_0，并且各支路之间的噪声是独立的。每个支路经相位调整至零相位，用系数 α_k 进行加权，然后进行合并。给出各支路信噪比及合并后信噪比的表达式，然后推导使合并后的信噪比取最大值的权值 α_k。在最佳权值下，根据各支路信噪比，给出合并后的信噪比表达式。

第 14 章　信道编码

14.1 考虑一个 $(7, 3)$ 线性循环分组码，其生成多项式 $G(x) = x^4 + x^3 + x^2 + 1$。

(a) 用 $G(x)$ 对信号 $U(x) = x^2 + 1$ 进行系统编码。

(b) 当接收到(可能被损坏)$R(x) = x^6 + x^5 + x^4 + x + 1$ 时，计算伴随式 $S(x)$。

(c) 进一步研究发现，$G(x)$ 可以分解成 $G(x) = (x+1)T(x)$，其中 $T(x) = x^3 + x + 1$ 是一个本原多项式。可以声明，这意味该码可以纠正所有单一错误和所有成对错误，这些错误彼此相邻。描述如何验证以上声明。

14.2 有一个二进制 $(7, 4)$ 系统线性循环码。其码字 $X(x) = x^4 + x^2 + x$ 对应消息 $U(x) = x$。能否仅利用此信息，计算出所有消息的码字？如果可以，则详细描述如何实现并说明所用到的编码的性质。

14.3 说明对生成多项式为 $G(x)$ 的一个 (N, K) 循环码，只存在一个阶数为 $N - K$ 的码字且该码字为生成多项式本身。

14.4 多项式 $x^{15} + 1$ 可以分解成不可约多项式：

$$x^{15} + 1 = (x^4 + x^3 + 1)(x^4 + x^3 + x^2 + x + 1)$$
$$\cdot (x^4 + x + 1)(x^2 + x + 1)(x + 1)$$

利用该信息，列举出所有能生成 $(15, 8)$ 二进制循环码的生成多项式。

14.5 假设有一个 $(7, 4)$ 线性码，对应于消息 $\mathbf{u} = [1000], [0100], [0010], [0001]$ 的码字如下：

消息					码字						
1	0	0	0	→	1	1	0	1	0	0	0
0	1	0	0	→	0	1	1	0	1	0	0
0	0	1	0	→	0	0	1	1	0	1	0
0	0	0	1	→	0	0	0	1	1	0	1

(a) 确定该码中的所有码字。

(b) 确定最小码距 $d_{\min}$，该种码能纠正多少错误 t？

(c) 以上的码字不是系统形式的。试计算出对应系统码的生成矩阵 $\mathbf{G}$。

(d) 确定奇偶校验矩阵 $\mathbf{H}$，以使 $\mathbf{H}\mathbf{G}^T = 0$。

(e) 这种码是否可循环？如果是就确定其生成多项式。

14.6 已知一个 $(8, 4)$ 线性系统分组码，其生成矩阵如下：

$$\mathbf{G} = \begin{bmatrix} 1 & 0 & 0 & 0 & 1 & 1 & 0 & 1 \\ 0 & 1 & 0 & 0 & 0 & 1 & 1 & 1 \\ 0 & 0 & 1 & 0 & 1 & 1 & 1 & 0 \\ 0 & 0 & 0 & 1 & 1 & 0 & 1 & 1 \end{bmatrix}$$

（a）确定对应于消息 $\mathbf{u} = [1011]$ 的码字及校验矩阵 $\mathbf{H}$，当接收到字 $\mathbf{y} = [010111111]$ 时，计算其伴随式。

（b）去掉 $\mathbf{G}$ 中的第 5 列，可以得到一个新的生成矩阵 $\mathbf{G}^*$，它能生成 $(7, 4)$ 码，这种新码除了有线性性质还具有循环性。通过 $\mathbf{G}^*$ 的检测，确定其生成多项式。可以通过观察循环码的性质得到吗？哪个性质？

14.7 证明下列不等式（Singleton 边界）对于一个 (N, K) 线性分组码来总是满足的：

$$d_{\min} \leqslant N - K + 1$$

14.8 证明：如果要用一个 (N, K) 二进制线性码使伴随式译码能纠正 t 个错误，则必须满足汉明边界：

$$2^{N-K} \geqslant \sum_{i=0}^{t} \binom{N}{i}$$

注意，满足汉明边界等号条件的码称为完备码（perfect code）。

14.9 证明汉明码是完美的 $t = 1$ 的纠错码。

14.10 考虑如图 14.3 所示的卷积编码器。

（a）如果运用双极码，则可以在网格里表示编码和调制，其中的 1 和 0 由 $+1$ 和 -1 代替。用这种新的表示方式画出对图 14.5(a)中网格图的新的描述。

（b）一个信号通过加性高斯白噪声信道并接收到如下（软）值：

$$-1.1; 0.9; \quad -0.1 \quad -0.2; -0.7; -0.6 \quad 1.1; -0.1; -1.4 \quad -0.9; -1.6; 0.2$$
$$-1.2; 1.0; 0.3 \quad 1.4; 0.6; -0.1 \quad -1.3; -0.3; 0.7$$

如果这些值在译码前以二进制数字形式检测到，就能得到二进制序列，如图 14.5(b)所示。然而这时将要用平方欧氏量度进行软维特比译码。执行与图 14.5(d)和图 14.5(f)的硬译码对应的软译码。在最后一步之后，剩下的幸存者是否与硬译码的情况相同？

14.11 衰落信道中的分组编码。第 14 章中（14.8.2 节讲述的是一个特殊情况下的表达式）指出，一个 t 纠错 (N, K) 分组码经过对瑞利衰落信道恰当的交织并采用硬译码后的误比特率正比于

$$\sum_{i=t+1}^{N} K_i \left(\frac{1}{2 + 2\overline{\gamma}_B} \right)^i \left(1 - \frac{1}{2 + 2\overline{\gamma}_B} \right)^{N-i}$$

其中，K_i 是常数，$\overline{\gamma}_B$ 是平均信噪比。第 14 章中同时指出，一般来说，一种最小距离为 $d_{\min}$ 的码达到分集阶数 $\left\lceil \dfrac{d_{\min} - 1}{2} \right\rceil + 1$。运用上述与误比特率成正比的表达式证明这个结论。

第 15 章 语音编码

15.1 解释无损耗语音编码器的最主要缺陷。

15.2 描述语音编码器的 3 种基本类型。

15.3 语音最重要的频谱特性是什么？

15.4 在这个习题中，我们研究元音的频谱。基于元音/iy/（270 Hz，2290 Hz 和 3010 Hz）和/aa/（730 Hz，1090 Hz 和 2240 Hz）的共振峰频率，

（a）画出频谱包络（声道滤波器的幅度转换函数），其中激励信号是相距 1/80 Hz 的 δ 脉冲序列。

（b）画出复平面的极点位置。

（c）指出每个元音的舌位。

（d）用 MATLAB 人工合成元音。

15.5 一个声门脉冲可以定义为

$$g(n) = \begin{cases} 1 + \cos(\pi \frac{n}{T}), & n = 0, \cdots, T - 1 \\ 0, & \text{其他} \end{cases}$$

（a）画出 $g(n)$。

（b）计算 $g(n)$ 的离散时间傅里叶变换。

15.6　这里研究一个流行的语音时间尺度修正方法：波形相似度叠接相加(WSOLA)法。在该方法中，从原始的语音波形中提取出长度为 N 的样本帧，然后这些帧重叠50%并相加在一起形成输出。这里研究 WSOLA 法的一种特殊情况。为了形式化，定义帧索引为 i，帧长为 N。如果提取无重叠的帧，分离点(帧中的第一个样本点的索引)则为 iN。分离出的帧重叠50%，并相加(见图30.8)。

（a）计算(画出)图30.9中输入信号的输出信号。令帧长 $N=8$ 并计算6个提取帧的输出。

（b）为了提高输出信号的质量，应执行波形相似度匹配。这会稍微改变那些提取帧的位置；这些提取帧仍然是50%重叠相加。第 i 帧名义上的分离点是 iN，实际分离点则为 $iN+k_i^*$，

$$k_i^* = \mathrm{argmax}_{k_i}\hat{R}(k_i), \qquad k_i \in [-\Delta, \Delta]$$

和

$$\hat{R}(k_i) = \sum_{n=0}^{N-1} x_{\mathrm{nc}}(n)x_{\mathrm{ex}}(n+k_i)$$

互相关。$x_{\mathrm{nc}}(n) = x(n+iN-N/2+k_{i-1}^*)$，$n=0,\cdots,N-1$ 是按自然数顺序递增的。换句话说，波形在上一个提取帧后继续。$x_{\mathrm{ex}}(n+k_i) = x(n+k_i+iN)$ 为提取帧。WSLOA 法尝试提取一个与自然延续有较好相关性的帧。

（c）对图30.9的输入信号，算出(画出)输出信号。使用 $\Delta=2$ 和 $N=8$。提示：第一个帧($i=0$)不变，$k_0^*=0$。

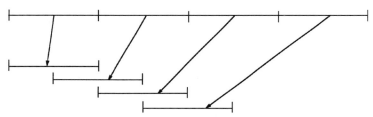

图 30.8　WSOLA 法的原理

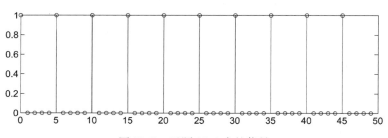

图 30.9　习题 15.6 中的信号

15.7　如果根据一个信号的短时傅里叶变化定义信号的短时谱为

$$S_m(\mathrm{e}^{\mathrm{j}\omega}) = |X_m(\mathrm{e}^{\mathrm{j}\omega})|^2$$

并且定义信号的短时自相关为

$$R_m(k) = \sum_{n=-\infty}^{\infty} x_m(n)x_m(n+k)$$

其中，$x_m = x(n)w(n-m)$，那么，证明对于

$$X_m(\mathrm{e}^{\mathrm{j}\omega}) = \sum_{n=-\infty}^{\infty} x(n)w(n-m)\mathrm{e}^{-\mathrm{j}\omega n}$$

$R_m(k)$ 和 $S_m(e^{j\omega})$ 是相关联的正常（长时）傅里叶变换对。换句话说，证明 $S_m(e^{j\omega})$ 是 $R_m(k)$ 的（长时）傅里叶变换，反之亦然。

15.8 为了阐明窗口位置的影响，考虑周期单位样本序列

$$x(n) = \sum_{l=-\infty}^{\infty} \delta(n - lP)$$

和长度为 P 的三角形分析窗口 $w(n)$。计算短时间段 $x_m(n) = x(n)w(n-m)$ 的离散时间傅里叶变换（DTFT）和离散傅里叶变换（DFT）。

15.9 一个 AR（自回归）序列 $\{x_n\}$ 由一个平稳白随机序列 u_n 通过一个二阶全极滤波器（纯递归滤波器）得到，差分方程为

$$x(n) + c_1 x(n-1) + c_2 x(n-2) = u(n)$$

（a）假如 $x(n)$ 有单位方差，$R_{xx}(0) = 1$，计算 $R_{xx}(1)$，$R_{xx}(2)$ 和 $R_{xx}(3)$。

（b）使用 Levinson-Durbin 算法［Haykin 1991］（http://ccrma.stanford.edu/~jos/lattice/Levinson_Durbin_algorithm.html）计算预测器系数 $a^{(p)}$，其中 $j = 1, \cdots, p$，并计算预计误差 $V^{(p)}$，$p = 3$。

15.10 依据下式，通过使用一个平稳白随机序列 u_n 生成一个 MA（移动平均）序列 $\{x_n\}$，

$$x(n) = u(n) + u(n-1)$$

其中，u_n 具有零均值和单位方差。

（a）确定自相关 $R_{xx}(0)$，$R_{xx}(1)$ 和 $R_{xx}(2)$。

（b）确定最优预测系数 $a_1^{(2)}$ 和 $a_2^{(2)}$，以及与二阶最小方差（Minimum-Error-Variance）预测系数（$p = 2$）相对应的误差测度 $\alpha_2^{(2)}$。

（c）在某个应用中，$x(n)$ 通过一阶预测器（$p = 1$）预测。确定这种情况下的预测器系数 $a_1^{(l)}$ 和 $\alpha^{(l)}$ 相应的误差测度。

15.11 考虑窄带语音表示（$f_s = 8000$ Hz），人类典型的发声方式是每千赫 1 个共振峰，因此产生了 4 个共振峰（或极点）要编码。根据这个知识，一般选择 8 阶的线性预滤波器，可以为所有的共振峰建模。除此之外，典型地采用 10 阶滤波器系数来描述该线性规划滤波器。试给出解释。

15.12 为了使线性预测分析适应准平稳语音源，随机线性预测的自相关可以用自相关函数的短时估计代替，计算在窗内起始于 m 的样本

$$R_m(k) = \sum_{n=-\infty}^{\infty} x_m(n)x_m(n+k)$$

其中，$x_m(n) = x(n)w(n-m)$。在这个问题中，研究当处理短的数据块时，该方法是不是最优的。

这里定义，正如随机情况下，预测器 $\hat{x}_m(n) = \sum_{k=1}^{p} a_k x_m(n-k)$，预测误差 $e_m(n) = x_m(n) - \hat{x}_m(n)$。用预测误差序列的能量来取代期望均方误差：

$$\epsilon = \sum_{n=-\infty}^{\infty} e_m(n)^2$$

并关于 $a_l, \cdots, a_p$ 最小化 ϵ。说明：最小化 ϵ 的系数为 $\mathbf{a} = \mathbf{R}^{-1}\mathbf{r}$，其中 $\mathbf{R}$ 是 Toeplitz 矩阵的第一列为 $(R_m(0), R_m(1), \cdots, R_m(p-1))$，且 $\check{r} = (R_m(1), R_m(2), \cdots, R_m(p))^{\mathrm{T}}$，即用上述特定的短时方案代替随机相关是可行的。

为了简单起见，可以设定 $m = 0$。

注意，我们知道帧 $x_m(n)$ 中的所有样本，预测也许是一个误导的名字。更合适的术语是最小二乘拟合。文献中使用的名字是"自相关法"。

15.13 考虑随机滑动平均信号

$$x(n) = u(n) + 0.5u(n-1)$$

其中，$u(n)$ 是独立同分布的，均值为零，方差为 $\sigma_U^2 = 0.77$。

(a) 计算 $R_x(k)$。

(b) 对 1 阶、2 阶和 3 阶预测器，计算预测器系数，例如采用 Levinson-Durbin 算法。

(c) 下面考虑线性预测器的设计。所能达到的最小预测误差方差是多少(允许任意高的预测阶数)？

15.14   将一个语音信号 $x(t)$ 送入一个量化器。假设输入信号样本有如下密度函数：

$$p_X(x) = \begin{cases} k e^{-|x|}, & -4 < x < 4 \\ 0, & \text{其他} \end{cases}$$

(a) 计算常量 k 的值。

(b) 计算 4 级的中层量化器的步长 Δ(中层量化器的输出为 $\lfloor x/Q \rfloor$，以便任何 0 到 Δ 之间的输入值表示为量化值 $\Delta/2$)。选择步长作为不会导致过载失真的最小可能值。

(c) 确定量化器误差的方差 σ_Q^2。$p_X(x)$ 在每个间隔为常量的假设是不允许的。

(d) 确定在量化器的输出处的信噪比。

15.15   一个语音信号幅度的长时统计通常假定为拉普拉斯分布的。拉普拉斯概率密度函数(均值为 0)由下式给出：

$$p_X(x) = \frac{1}{\sqrt{2\sigma_X^2}} \cdot e^{-\sqrt{\frac{2}{\sigma_X^2}}|x|}$$

方差 $\sigma_X^2 = 0.02$，过载电平 $x_{max} = 1$。量化前，拉普拉斯分布的随机变量 X 用一个压缩函数 $f(x)$ 压缩，得到压缩器输出处的变换的随机变量 C。μ 律压缩器为

$$\text{output}(x) = x_{max} \frac{\log\left[1 + \mu \frac{|x|}{x_{max}}\right]}{\log(1 + \mu)} \text{sin}(x) \qquad (30.31)$$

$\mu = 100$。计算压缩器输出端信号的概率密度函数 $p_C(c)$。找到一个关于 $p_C(c)$ 和 $p_X(x)$ 的概率 P 的表达式($c \leq C \leq c + dc$)。

15.16   考虑线性预测参数矢量的分裂矢量量化。我们希望为线谱频率的 10 维矢量编码。分成两部分，第一部分 6 维，第二部分 4 维。整个矢量用 24 比特来量化。应该怎样在这两部分之间分配比特，才能使计算复杂度最小化。

15.17   分析二级矢量量化的复杂度。假设第一级有 K 比特，第二级有 $24 - K$ 比特。测量编码过程中需要测试的码矢量的总数的计算复杂度。

(a) 概述关于 K 的函数的复杂度。用对数坐标表示复杂度！

(b) 什么样的 K 值使计算复杂度最小。

(c) 什么样的 K 值使期望失真最小。

第 16 章   均衡器

16.1   为了减小多径传播的影响，可以在接收机采用均衡器。线性迫零均衡器就是一个简单的均衡器。但噪声增强却是这种均衡器的一个缺点。试解释噪声增强机制并说出一种噪声增强不明显的均衡器。

16.2   列出盲均衡的主要优点和缺点，并说出 3 种盲均衡器的设计方法。

16.3   维纳-霍夫方程为 $\mathbf{R}\mathbf{e}_{opt} = \mathbf{p}$。假设噪声是均值为零且方差为 σ_n^2 的实白噪声 n_m，计算不同的接收信号下的相关矩阵 $\mathbf{R} = E\{\mathbf{u}^*\mathbf{u}^T\}$：

(a) $u_m = a\sin(\omega m) + n_m$；

(b) $u_m = bu_{m-1} + n_m$； $a, b \in R$， $b \neq \pm 1$。

16.4   考虑具有下述参数的特定信道：

$$\mathbf{R} = \begin{bmatrix} 1 & 0.576 & 0.213 \\ 0.576 & 1 & 0.322 \\ 0.213 & 0.322 & 1 \end{bmatrix}, \qquad \mathbf{p} = \begin{bmatrix} 0 & 0.278 & 0.345 \end{bmatrix}, \qquad \sigma_s^2 = 0.7$$

假设均衡器系数为实数,写出此信道的均方误差方程。

16.5 只要信道的传输函数在变换域是有限的,例如式(16.40),那么一个无限长的迫零均衡器可以完全消除符号间干扰。下面研究用有限长的均衡器减小符号间干扰的效果。

表 30.1　信道传输函数

n	f_n
-4	0
-3	0.1
-2	-0.02
-1	0.2
0	1
1	-0.1
2	0.05
3	0.01
4	0

（a）按照表 30.1 描述的信道的传输函数,设计一个 5 抽头的迫零均衡器。例如,迫使均衡器在 $i = -2$, -1, 1, 2 处的冲激响应为 0,在 $i = 0$ 处为 1。

提示:本题涉及一个 5×5 矩阵求逆。

（b）找出上述均衡器的输出,并对结果进行分析。

16.6 当在加性高斯白噪声信道中传输 2-ASK(二进制幅移键控)信号(-1 和 $+1$ 分别代表"0"和"1")时,符号间干扰等价于经过一个时间离散的信道 $F(z) = 1 + 0.5z^{-1}$(见图 30.10)。通过这个信道传输时,假设信道初始状态为 -1,下面的噪声序列是在发送 5 个连续比特后接收到的。之后继续传送数据,但是在这个阶段只能得到以下信息:

$$0.66 \quad 1.59 \quad -0.59 \quad 0.86 \quad -0.79$$

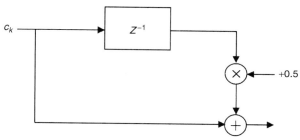

图 30.10　信道 $F(z) = 1 + 0.5z^{-1}$ 的框图

（a）如果采用迫零线性均衡器,则均衡滤波器将是什么形式的?

（b）该信道记忆特性如何?

（c）画出一阶格形结构,标出状态、输入信号和输出信号。

（d）画出此时的全格形结构,并应用维特比算法找出发送 5 比特序列时的最大似然序列估计。

16.7 一般情况下,均方误差方程是均衡器权重的二次函数,它通常是正的、凸的,形成一个超抛物线表面。对于一个两抽头的均衡器,均方误差方程是

$$Ae_1^2 + Be_1e_2 + Ce_2^2 + De_1 + Ee_2 + F$$

其中 A, B, C, D, $E \in \mathcal{R}$。

根据下面的数据,画出由均方误差方程形成的双曲线表面的轮廓图。

$$\mathbf{R} = \begin{bmatrix} 1 & 0.651 \\ 0.651 & 1 \end{bmatrix}$$

$$\mathbf{p} = \begin{bmatrix} 0.288 & 0.113 \end{bmatrix}^{\mathrm{T}}, \qquad \sigma_s^2 = 0.3$$

16.8 第 16 章中已经提到,参数 μ 的选择对最小均方算法的性能影响很大。假设知道 $\mathbf{R}$ 和 $\mathbf{p}$ 的准确信息,就可以单独研究收敛特性。

（a）根据习题 16.7 中的数据,画出初始值 $\mathbf{e} = \begin{bmatrix} 1 & 1 \end{bmatrix}^{\mathrm{T}}$ 时, $\mu = 0.1/\lambda_{\max}$, $0.5/\lambda_{\max}$, $2/\lambda_{\max}$ 时的最小均方算法的收敛图,并与下面的结果进行比较:

$$\mathbf{R} = \begin{bmatrix} 1 & 0.651 \\ 0.651 & 1 \end{bmatrix}$$

$$\mathbf{p} = \begin{bmatrix} 0.288 & 0.113 \end{bmatrix}^{\mathrm{T}}, \qquad \sigma_s^2 = 0.3$$

提示：在实数域，均方误差方程的梯度为 $\frac{\partial}{\partial \mathbf{e}_n}\text{MSE} = \nabla_n = -2\mathbf{p} + 2\mathbf{Re}_n$

（b）画出所有的 3 种情况下均衡器系数的收敛路径。

第 17 章　多址和蜂窝原理

17.1　一个模拟蜂窝系统有 250 个双工信道可供使用，即每个方向上都有 250 个信道。为获得可接受的传输质量，重用距离 D 和小区半径 R 之间的关系至少满足 $D/R = 7$。以半径 $R = 2$ km 的小区来设计蜂窝结构。在忙时，每个用户的话务量平均为 1 次通话持续 2 分钟。由网络的设定情况，可以将其建模为一个阻塞概率限制在 3% 的 Erlang-B 呼损系统。

（a）试计算：

    （i）　每个小区的最大用户数；

    （ii）以 Erlangs/km² 为单位的网络容量。假定小区面积为 $A_{\text{cell}} = \pi R^2$。

（b）将上述模拟系统改进为数字传输系统。这种情况下，信道间隔必须加倍，即只有 125 个双工信道可供使用。然而，数字传输对于干扰不敏感，并且可接受的传输质量在 $D/R = 4$ 的条件下就可以获得。通过这种改进，网络容量会受到怎样的影响（以 Erlangs/km² 作为容量单位）？

（c）为了增加（b）中的网络容量，可以将小区变得更小，采用半径仅为 $R = 1$ km 的小区。网络容量将增加多少（以 Erlangs/km² 为单位）？为覆盖相同的区域，需要另外架设多少基站？

17.2　某系统规定：对于系统中 120 名用户中的每一个，阻塞等级（blocking level）都必须小于 5%，而每个用户的活跃等级（activity level）为 10%。当一个用户被阻塞时，假定呼叫被立即清除，即系统为 Erlang-B 系统。假设以下两种情形：(i) 1 个运营商；(ii) 3 个运营商。对于这两种情形，各需要多少条信道？

17.3　某系统规定：对于系统中 120 名用户中的每一个，阻塞等级都必须小于 5%，而每个用户的活跃等级为 10%。当一个用户被阻塞时，假定其呼叫被排入一个无限长的队列中，即系统为 Erlang-C 系统。假设以下两种情形：(i) 1 个运营商；(ii) 3 个运营商。

（a）两种情形下各需要多少条信道（与前一题结果进行比较）？

（b）如果平均通话时间为 5 分钟，那么平均等待时间为多少？

17.4　时分多址需要留出时间保护间隔。

（a）一个移动通信系统的小区半径为 3000 m，而通过测量得知，小区中最长的冲激响应持续时间为 10 μs。为避免传输之间相互重叠，所需的最小时间保护间隔是多少？

（b）在 GSM 中，如何缩减时间保护间隔？

17.5　考虑一个六边形结构的蜂窝系统，其重用距离为 D（相距最近的同信道基站之间的距离），小区半径为 R，传播指数为 η。假设所有 6 个同信道基站传送相互独立的信号，其信号功率都与所研究小区的基站发射功率相同。

（a）试证明：下行链路载波干扰比满足以下约束条件：

$$\left(\frac{C}{I}\right) > \frac{1}{6}\left(\frac{R}{D-R}\right)^{-\eta} \tag{30.32}$$

（b）图 30.11 表明了上行链路的最差情况，其中从 MS 0 到 BS 0 的通信受到第一层同信道小区中其他同信道移动台的干扰。最不利的干扰情形是，当同信道移动台（MS 1 ～ MS 6）在与其相对应的基站（BS 1 ～ BS 6）进行通信时，都处在各自小区的边界上，并且都位于靠近 BS 0 的这一边。假定所有移动台发射功率相同，试计算 BS 0 处的载扰比，并将所得表达式与上述下行链路的结果进行比较。

17.6　某系统工作于一个信噪比为 10 dB 的环境中，假定成功解调所需的信干噪比为 7 dB。移动台处接收到的有用信号功率和干扰信号功率相等。然而干扰可以被抑制掉 10 dB，比如借助于扩频增益。试计算时隙 ALOHA 系统的最大有效吞吐量。

17.7 考虑时域双工蜂窝系统。假定小区半径为 1.5 km,而双工时间(系统在上行链路或下行链路驻留的时间)为 1 ms。信号穿行小区的空中传播时间会造成的频谱效率损失,何为最差的情况?

17.8 考虑图 30.11 所示的系统布局,并假定两个基站之间的距离是小区半径的 4 倍;平均路径损耗服从 d^{-4} 律。假设每条链路不仅经受路径损耗,还存在标准偏差 σ =6 dB 的阴影衰落。试推导平均干扰功率和干扰功率的累积分布函数。

17.9 考虑某蜂窝分组无线电系统,其中的各移动台持续地侦听信道;如果它们检测到信道为空闲的,就会在发送分组之前等候一段随机的时间(载波侦听多址)。假设这一随机等待时间 t_{wait} 的分布为 $\exp(-t_{wait}/\tau_{wait})$,由于信号在小区中的传播时间 t_{run} 是有限的,就可能发生碰撞。将传播时间近似为一个在 0 和 $\tau_{run}=1$ 之间均匀分布的随机变量。两个用户试图同时接入信道的碰撞概率是多少?

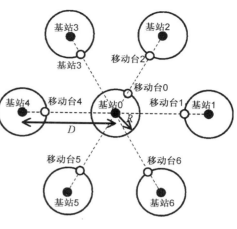

图 30.11　小区结构

第 18 章　扩展频谱系统

18.1 两个移动台与同一个基站通信。两个移动台发送的信息分别为

$$s_1 = \begin{bmatrix} 1 & -1 & 1 & 1 \end{bmatrix} \tag{30.33}$$

$$s_2 = \begin{bmatrix} -1 & 1 & -1 & 1 \end{bmatrix} \tag{30.34}$$

分别采用扩频序列 c_1 和 c_2 进行扩频。移动台和基站之间的无线信道分别用冲激响应 h_1 和 h_2 来描述。

(a) 假设 $h_1 = h_2 = [1]$,针对所采用的伪噪声序列 c_1 和 c_2 的长度为 4、16 和 128 的不同情况,画出解扩前后的接收信号。在已解扩序列中找出所发送的信息。

(b) 假设 $h_1 = h_2 = [1 \quad 0.5 \quad 0.1]$,针对所采用的伪噪声序列 c_1 和 c_2 的长度为 4、16 和 128 的不同情况,画出解扩前后的接收信号。在已解扩序列中找出所发送的信息。

(c) 假设 $h_1 = [1 \quad 0.5 \quad 0.1]$,$h_2 = [1 \quad 0 \quad 0.5]$,针对所采用的伪噪声序列 c_1 和 c_2 的长度为 4、16 和 128 的不同情况,画出解扩前后的接收信号。在已解扩序列中找出所发送的信息。

(d) 采用长度为 16 的 Hadamard 序列重做(a)、(b) 和(c)。

18.2 设拥有 4 个可能载频的跳频系统,其跳频序列为 $\{1, 2, 3, 4\}$。对于序列之间进行任意整数平移的各种情形,与该序列都只存在 1 个碰撞的跳频序列(长度为 4)有哪些?

18.3 假定某系统采用了跳频和简单编码(7,4 汉明码),该码的生成矩阵为

$$\mathbf{G} = \begin{bmatrix} 1 & 0 & 0 & 0 & 1 & 1 & 0 \\ 0 & 1 & 0 & 0 & 1 & 0 & 1 \\ 0 & 0 & 1 & 0 & 0 & 1 & 1 \\ 0 & 0 & 0 & 1 & 1 & 1 & 1 \end{bmatrix} \tag{30.35}$$

采用二进制相移键控调制,试计算存在跳频和不存在跳频情况下的误比特率。一个交织器将每个符号映射到交替变化的频率上(有 7 个可用频率)。相干时间大于符号持续时间。每个频率上都存在着彼此独立的瑞利衰落。假设接收机采用硬判决译码。使用 MATLAB 画出误比特率作为平均信噪比函数的曲线。

18.4 假定某前端匹配处理器(MFEP)具有如下的等效低通(ELP)冲激响应:

$$f_M(t) = \begin{cases} s^*(T_S - t), & 0 < t < T_S \\ 0, & \text{其他} \end{cases} \tag{30.36}$$

其中，$s(t)$ 表示等效低通发送信号，其能量为 $2E_s$，T_S 是符号持续时间。试证明：对于慢变化的 WS-SUS 信道，前端匹配处理器输出的相关函数为

$$R_y(t_1, t_2) = \begin{cases} \int_{-\infty}^{+\infty} P_h(0, \tau) \tilde{R}_s^*(t_1 - T_S - \tau) \tilde{R}_s(t_2 - T_S - \tau)\, d\tau, & |t_2 - t_1| < \frac{2}{B_s} \\ 0, & 其他 \end{cases} \tag{30.37}$$

其中，

$$\tilde{R}_s(t - T_S - \tau) \triangleq \int_0^{+\infty} s(t - \alpha - \tau) f_M(\alpha)\, d\alpha \tag{30.38}$$

求噪声的自相关。

18.5　假设某信道具有 3 个抽头，均为 Nakagami m 衰落，其平均功率分别为 0.6，0.3 和 0.1，且 m 因子分别为 5，2 和 1。

（a）当应用最大比值合并时，分集阶数(order)，即高信噪比状况下误比特率对信噪比曲线的斜率是多少？

（b）给出此信道下二进制相移键控的平均误比特率的闭合式。

（c）画出误比特率作为平均信噪比函数的曲线，并将它与纯瑞利衰落情况下的结果进行对比（假设其他参数都相等）。

18.6　某码分多址手机在小区边界处工作，因而正在进行软切换。它工作于富含多径的环境中，因而就面对着大量的可分解多径分量。阴影衰落的标准偏差为 $\sigma_F = 5$ dB，平均接收信噪比为 8 dB。假设保证手机正常工作所需的信噪比为 4 dB，则中断概率为多少？提示：为计算对数正态分布变量之和的分布，应将以 10 为底的对数（即以 dB 计）转换为自然对数，然后使所期望的近似分布的一、二阶矩与给定功率之和的一、二阶矩相匹配。

18.7　某码分多址系统，工作于 1800 MHz，小区尺寸为 1 km，圆形蜂窝，并且用户均匀分布在小区区域内。路径损耗模型如下：100 m 距离以内服从自由空间定律；超出 100 m 时 $n = 4$。此外，存在瑞利衰落；忽略阴影衰落的影响。进行功率控制以保证在期望的基站处，接收信号强度恒定不变，信号功率为 -90 dBm。用 MATLAB 仿真来自相邻基站中那些手机的平均接收功率。

18.8　某三用户码分多址系统，每个用户都采用一个伪噪声序列来实现扩频。该扩频序列由图 30.12 所示的移位寄存器生成，移位寄存器的初状态分别为 [100]、[110] 和 [101]。假定三部发射机所发出的序列分别为 [1　-1　1　1]、[-1　-1　-1　1] 和 [-1　1　1　-1　1]。从发射机到接收机的增益 $h_{1,j}$ 分别为 1，0.6 和 11.3，且不进行功率控制。考虑噪声序列的影响（生成方差为 0.3 的 21 个噪声样本）。计算解扩前后的接收信号。对这三个用户，哪些比特序列将被检测出来？当实施良好的功率控制时，结果将怎样变化？用 MATLAB 进行仿真。

18.9　MATLAB 练习：再次考虑习题 18.8 中的码分多址信号。编写 MATLAB 程序来分别实现迫零多用户检测和串行干扰抵消。在这两种情况下，被检测出的信号有哪些？

18.10　推导采用 2-PPM 和短扩频序列（即，扩频序列的持续时间等于符号间隔）的跳时脉冲无线电的功率谱密度。

18.11　考虑某码分多址系统的目标信干噪比为 6 dB。小区边界处的信噪比为 9 dB。扩频因子为 64；正交因子为 0.4。每个小区可以为多少用户提供服务（不考虑相邻小区干扰）？

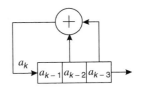

图 30.12　最大线性反馈移位寄存器序列发生器

18.12　考虑某码分多址系统码片速率为 4 Mchips/s 的下行链路。小区包含 4 个数据用户，其（编码后的）数据速率分别为 500 kbps，500 kbps，250 kbps 和 125 kbps。假设下行链路扩频码完全正交，系统可以向多少位语音用户（编码后数据速率为 15.6 kbps）提供服务？

18.13　软切换总是可以提供更好的链路可靠性，但未必能增加蜂窝系统的容量。以下哪种情况下软切换可能造成容量的下降：（i）上行链路；（ii）下行链路？

第 19 章 正交频分复用

19.1 考虑一个有 8 个子载波的正交频分复用系统，发送时域基带信号 $s[n] = \{1 \quad 4 \quad 3 \quad 2 \quad 1 \quad 3 \quad 1 \quad 2\}$，通过一个冲激响应为 $h[n] = \{2 \quad 0 \quad 2 \quad -1\}$ 的信道。

 （a）画出基带正交频分复用系统的框图。

 （b）所需的循环前缀的最小长度是多少？

 （c）画出下列式子的信号矢量：

  （i） $s[n]$；

  （ii） $s_C[n] = $ 带有循环前缀的 $s[n]$；

  （iii） $y_C[n] = $ 通过信道 $h[n]$ 之后；

  （iv） $y[n] = $ 去除循环前缀之后；

  （v） $Y[k] = $ 离散傅里叶变换之后；

  （vi） $\hat{S}[k] = Y[k]/H[k]$；

  （vii） $\hat{s}[n] = \hat{S}[k]$ 的离散傅里叶逆变换；

19.2 考虑一个平均输出功率归一化为 1 的正交频分复用系统。假设该系统的功率放大器具有放大截止特性，即仅在幅度电平 $-A_0$ 到 A_0 之间进行线性放大，其余情况下分别输出电平为 $-A_0$ 和 A_0。为了使截止概率小于（1）10%，（2）1%，（3）0.1%，A_0 必须比 1 大多少？

19.3 证明：在循环前缀不够和具有码间干扰的情况下，输出信号表达式为

$$\mathbf{Y}^{(i)} = \mathbf{Y}^{(i,i)} + \mathbf{Y}^{(i,i-1)} = \mathbf{H}^{(i,i)} \cdot \mathbf{X}^{(i)} + \mathbf{H}^{(i,i-1)} \cdot \mathbf{X}^{(i-1)} \tag{30.39}$$

其中，$\mathbf{Y}^{(i,i-1)}$ 是码间干扰项，$\mathbf{Y}^{(i,i)}$ 是受载波间干扰的期望数据。按照式（19.19）推导 $\mathbf{H}^{(i,i)}$ 并得到码间干扰矩阵 $\mathbf{H}^{(i,i-1)}$ 的方程。

19.4 考虑采用 Walsh-Hadamard 扩展的 8 点正交频分复用系统，工作于冲激响应为 $h = [0.5 + 0.2j, -0.6 + 0.1j, 0.2 - 0.25j]$ 和 $\sigma_n^2 = 0.1$ 的信道，假设系统已有 4 点循环前缀。

 （a）设数据矢量为 $[1 \quad 0 \quad 1 \quad 1 \quad 0 \quad 0 \quad 0 \quad 1]$，且采用二进制相移键控调制，画出：

  （i） 数据矢量；

  （ii） 经过 Walsh-Hadamard 变换后的信号；

  （iii） 发送信号（经过傅里叶变换和添加循环前缀后）；

  （iv） 接收信号（不考虑噪声）；

  （v） 经过傅里叶变换和迫零均衡后的接收信号；

  （vi） 经过 Walsh-Hadamard 变换后的接收信号；

 （b）迫零接收机的噪声增强是什么？

 （c）用 MATLAB 仿真得出采用迫零均衡器系统的误比特率。

19.5 考虑一个正交频分复用系统，采用 128 点快速傅里叶变换，每个正交频分复用符号的长度为 128 μs。该系统通过缓慢时变（即忽略多普勒频移）的频率选择性信道。信道的功率延迟分布 $P_h = \exp(-\tau/16 \ \mu s)$，且平均信噪比为 8 dB。要使接收端的信干噪比最大，计算循环前缀的长度。

19.6 设信道 $\sigma_n^1 = 1$，$\alpha_n^2 = 1, 0.1, 0.01$，总功率 $\sum P_n = 100$。根据注水原理计算该信道的容量。当发射端采用二进制相移键控调制时，信道容量又为多少（近似）？

19.7 设有一个正交频分复用系统，其子信道编码采用分组码，汉明距离 $d_H = 7$。

 （a）如果携带这些编码比特的所有子载波的衰落不相关，那么可得到的分集阶数为多少？

 （b）若信道的 rms 延迟扩展为 5 μs，具有指数功率延迟分布，那么子载波间隔需要多大才能使衰落不相关？相关系数小于 0.3 就近似认为不相关。

19.8 设有一个频分多址系统，每个载波采用升余弦滤波器（$\alpha = 0.35$），并采用二进制相移键控调制。

 （a）如果各载波信号完全正交，那么频谱效率是多少？

(b) 如果载波数非常多(即无须保护段),那么采用二进制相移键控调制的正交频分复用系统的频谱效率是多少?

19.9 设有一个正交频分复用系统,采用带有 0 dB 功率回退的非线性功率放大器,根据图 19.13 可知,将导致对相邻用户的干扰功率,通过采用速率为 5/6 的编码速率,对信干比的要求可降低到 25 dB。这种编码能提高可能的频谱效率吗?

19.10 设有一个信道,$\sigma_n^2 = 1$, $\alpha_n^2 = 1, 0.3, 0.1$,比较采用以下两种方式下可获得的信道容量:
(i) 注水定理;
(ii) 在注水阈值以上的子信道分配等量效能,在注水阈值以下的不分配功率;
在 $\sum P_n = 2, 10, 50$ 的情况下分别给出结果。

第 20 章　多天线系统

20.1 列举采用智能天线的系统与传统的单天线系统相比的 3 个优点。

20.2 考虑扩频因子 $M_C = 128$, $\text{SIR}_{\text{threshold}} = 6$ dB 的码分多址系统的上行链路,如果基站只有一副天线,那么系统能为多少用户提供服务?现在,如果基站有 $N_r = 2, 4$ 或 8 个天线元,那么根据 20.1.1 节的简化公式,系统能为多少用户提供服务?其中,天线阵是一间距为 $\lambda/2$ 的均匀线阵。如果所需用户的角功率谱为拉普拉斯分布,$\text{APS}(\phi) = (6/\pi) \exp(-|\phi - \phi_0|/(\pi/12))$, $\phi_0 = \pi/2$,那么用户数会减少多少?

20.3 MIMO 系统可以用于 3 个不同的目的,其中一种是创始性的,对 MIMO 的普及贡献最大。列出所有 3 种用途,并详细解释最普及的一种用途。

20.4 一个 3×3 MIMO 系统,信道采用下述实现,每个接收支路的平均信噪比从 0 到 30 dB,依次间隔 5 dB,计算发射机有信道信息和无信道信息时的容量,并对结果进行讨论。

$$\mathbf{H} = \begin{bmatrix} -0.0688 - j1.1472 & -0.9618 - j0.2878 & -0.4980 + j0.5124 \\ -0.5991 - j1.0372 & 0.5142 + j0.4967 & 0.6176 + j0.9287 \\ 0.2119 + j0.4111 & 1.1687 + j0.5871 & 0.9027 + j0.4813 \end{bmatrix}$$

20.5 20.2.1 节介绍的空分复用中,可能的数据流数受限于发射/接收天线的数目(N_t, N_r)和主要的散射分量的数目 N_S。采用合适的信道模型,证明对于一个 4×4 MIMO 系统,由 N_S 产生的极限值。四元阵列间距为 2λ。

20.6 已证明拉普拉斯函数

$$f(\theta) = \frac{1}{\sqrt{2}\sigma_S} e^{-\sqrt{2}|\theta|/\sigma_S}, \quad \theta \in (-\pi, \pi] \tag{30.40}$$

适用于基站的角功率谱。另一方面,由于移动台周围存在丰富的散射,所以对移动台通常假设角度是均匀分布的,即

$$f(\theta) = \frac{1}{2\pi}, \quad \theta \in (-\pi, \pi] \tag{30.41}$$

采用克罗内克模型,分析一个 4×4 MIMO 系统,对于不同的阵列间距(在基站),在 10% 信道损耗容量上的角度扩展结果(在基站)。假设信噪比为 20 dB,采用单位线性阵列,移动台阵列的间隔为 $\lambda/2$。

20.7 对于一个用于提高室内无线局域网吞吐量的 3×3 MIMO系统,考虑下行链路。在用户的移动台(一个 PDA)和墙上安装的基站都采用单位线性阵列(间隔 $\lambda/2$)。当用户从视距区域移动到非视距区域时(见图 30.13),计算为了补偿所期望的(或平均)信道容量损失,所需的附加发射功率(用百分比表示)。

在视距区域,用户在视距路径的接收功率为 6 mW,在所有其他路径的接收功率共 3 mW。在接收机的噪声

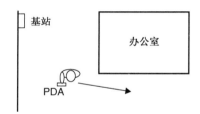

图 30.13　用户从视距区域到非视距区域

功率为常数 1 mW。这里假设当移动台从视距区域移动到非视距区域时，由单一路径构成的视距和非视距分量的统计特性保持不变。环境中的严重散射确保非视距路径服从瑞利分布。为了简化，忽略路径损耗，并假设发射功率相等。重复一个问题，就是要保持 5% 的损耗容量。讨论与期望容量的不同。

20.8　一个独立同分布的 MIMO 信道，$N_R = 4$，$N_T = [1, \cdots, 8]$，建立信道容量的累积分布函数。信道矩阵归一化为 $\| \mathbf{H} \|_F^2 = N_r N_t$。

　　（a）假设在发射机无法得到信道状态信息，计算与单输入输出系统相比，10%、50% 和 90% 的损耗容量增益分别是多少。

　　（b）分析当发射天线数目多于接收天线数目时的增益。

20.9　采用克罗内克模型，边缘相关矩阵为

$$\mathbf{R}_R = \mathbf{R}_T = \begin{bmatrix} 1 & r & r^2 \\ r & 1 & r \\ r^2 & r & 1 \end{bmatrix} \tag{30.42}$$

其中 $r = 0, 0.1, \cdots, 1$，画出 10% 中断容量随 r 的变化曲线。

20.10　证明：

$$\sum_{k=1}^{M} \log\left(1 + \frac{\bar{\gamma}}{N_t}\sigma_k^2\right) = \log \det\left(\mathbf{I}_{N_r} + \frac{\bar{\gamma}}{N_t}\mathbf{H}\mathbf{H}^\dagger\right) \tag{30.43}$$

其中，σ_k 为 $\mathbf{H}$ 的第 k 个奇异值，$\bar{\gamma}$ 为平均接收信噪比，N_t 为发射天线元数目，M 是 $\mathbf{H}$ 的非零奇异值个数。

20.11　推导一个带有迫零接收机的 MIMO 系统容量。首先给确定性（衰落）信道一个精确的描述。然后，利用高信噪比近似，并假设 $N_r = N_t$，估计平坦衰落信道下的容量分布。

20.12　一个带有逐个干扰抵消接收的 V-BLAST 系统的容量是多少？与带有迫零接收机（见前面一个例子）的容量相比，两者有什么不同，并给出一个直观的解释。

20.13　锁眼信道不能展示传输函数矩阵元素的瑞利幅度统计特性，推导理想锁眼信道的正确幅度统计特性。

第 21 章　认知无线电

21.1　列举 3 个原因说明为什么电视频段是认知无线电实现的理想频段。

21.2　说明采用下面两种认知无线电机制的原因：

　　（a）为什么认知无线电需要在接入之前感知频带？

　　（b）为什么认知无线电需要周期性地感知频带？

21.3　考虑一个主系统，其中的主用户工作在一个信噪比为 γ_p 的频段上，且频谱带宽为 W。主用户使用全部频段的概率为 p，主用户不使用任何频段的概率为 $1 - p$。只有当主用户不使用频段时，认知无线电用户才会接入这个频段。当只有认知无线电用户使用这个频段时，信噪比为 γ_s。背景噪声的功率密度是恒定的。

　　（a）假设认知无线电用户可以理想地感知到这个频段的占用状态，给出主系统和认知系统的香农容量之和。

　　（b）假设认知无线电用户以概率 $\alpha(\alpha < 1)$ 去检测主用户的存在，并且以概率 $b(b < 1)$ 检测主用户的离开。给出主系统和认知系统的香农容量。

21.4　推导出可实现给定检测概率 $P_d(P_d = 1 - P_{md})$ 和虚警概率 P_f 的最小样本数 N 的表达式。证明在低信噪比区域（$|h|^2/\sigma_n^2 \ll 1$），N 的复杂度为 $O(1/\mathrm{SNR}^2)$。

21.5　在习题 21.4 中，推导出在低信噪比区域，N 的复杂度为 $O(1/\mathrm{SNR}^2)$。对于匹配滤波接收机，在低信噪比的区域，N 的复杂度为 $O(1/\mathrm{SNR})$，这意味着匹配滤波器有更好的性能。然而，与匹配滤波器相比，对于检测认知无线电主用户的存在，能量检测一直是更实际的检测方案。陈述其原因。

21.6　考虑一个更一般的多节点检测方案，其中有 M 个次级用户。次级系统根据断言主用户存在的次级用户的数量进行最终决策，并让 Λ 表示这种类型的次级用户的数量。判定准则的公式如下：

$$\begin{cases} \Lambda > K, & \text{判定主用户存在} \\ \Lambda \leq K, & \text{判定主用户不存在} \end{cases}$$

其中 $K = 1, 2, \cdots, M-1$。假设每个次级用户有相同的虚警概率 P_f 和漏检概率 P_m。给出最终虚警概率（$P_{f,\text{network}}$）和漏检概率（$P_{m,\text{network}}$）的表达式。

21.7　能量检测是在频谱感知中常用的一种方法。在每个检测周期内，获得 $2N$ 个采样点。r_n 是接收到的采样值，$n = 1, 2, \cdots, 2N$。判决统计量为

$$y = \sum_{i=1}^{2N} |r_n|^2$$

y 的概率密度函数为

$$\begin{cases} f_Y(y|H_0) = \frac{1}{2^N \Gamma(N)} y^{N-1} \exp\left(-\frac{y}{2}\right), & H_0 \text{（主用户不存在）} \\ f_Y(y|H_1) = \frac{1}{2} \left(\frac{y}{2\gamma}\right)^{\frac{N-1}{2}} \exp\left(-\frac{2\gamma+y}{2}\right) I_{N-1}(\sqrt{2\gamma y}), & H_1 \text{（主用户存在）} \end{cases}$$

其中，γ 为信噪比，$\Gamma(\cdot)$ 是伽马函数，$I_v(\cdot)$ 是第一类的 v 阶修正贝塞尔函数，为

$$I_{N-1}(\sqrt{2\gamma\theta}) = \left(\frac{\gamma\theta}{2}\right)^{\frac{N-1}{2}} \sum_{k=0}^{\infty} \frac{\left(\frac{\gamma\theta}{2}\right)^k}{k! \Gamma(N+k)}$$

那么，虚警概率 P_f 和检测概率 P_d（$P_d = 1 - P_{md}$）可通过下式计算：

$$\begin{cases} P_f = P\{Y > \theta | H_0\} = \int_{\theta}^{\infty} f_Y(y|H_0)\mathrm{d}y = \frac{\Gamma\left(N, \frac{\theta}{2}\right)}{\Gamma(N)} \\ P_d = P\{Y > \theta | H_1\} = \int_{\theta}^{\infty} f_Y(y|H_1)\mathrm{d}y = Q_N(\sqrt{2\gamma}, \sqrt{\theta}) \end{cases}$$

其中，θ 是判决阈值。$\Gamma(\cdot, \cdot)$ 是不完全伽马函数，$Q_N(\cdot, \cdot)$ 为广义马库姆（Marcum）Q 函数。证明对于给定的 N 和 γ，P_d 是 P_f 的凹函数（如果 a 对 b 的二阶导数为负值，则 a 是 b 的凹函数）。

21.8　考虑式（21.17）中的优化问题的另一个简单例子。有 k 个发射机，发射功率分别为 $P_1, P_2, \cdots, P_k$。同样有 k 个接收机，并且设计第 i 个接收机 RX i 去接收第 i 个发射机 TX i 发送的信号（$i = 1, 2, \cdots, k$）。RX j 接收到的来自 TX i 的能量由式 $G_{ji}P_i$（$G_{ji} > 0$）给出，其中 G_{ji} 为从 TX i 到 RX j 的信道增益。那么，RX j 的信干噪比给出如下：

$$S_i = \frac{G_{ii}P_i}{\sigma_i^2 + \sum_{m \neq i} G_{im} P_m}$$

其中，σ_i^2 是 RX i 处的背景噪声功率。要求任何接收机处的信干噪比大于阈值 $S_{\min}$：

$$\frac{G_{ii}P_i}{\sigma_i^2 + \sum_{m \neq i} G_{im} P_m} \geq S_{\min}, \qquad i = 1, 2, \cdots, k$$

对发射机的功率也有限制：

$$P_i^{\min} \leq P_i \leq P_i^{\max}, \qquad i = 1, 2, \cdots, k$$

使总的发射功率最小化的问题表示如下：

$$\text{最小化} \quad P_1 + P_2 + \cdots + P_n$$

$$\text{约束条件为} \quad P_i^{\min} \leq P_i \leq P_i^{\max}, \qquad\qquad i = 1, 2, \cdots, k$$

$$\frac{G_{ii}P_i}{\sigma_i^2 + \sum_{m \neq i} G_{im} P_m} \geq S_{\min}, \qquad i = 1, 2, \cdots, k$$

把这个问题转化为一个线性规划问题，可以很容易地解决。注意，线性规划可以写成如下问题：

最小化 $\mathbf{c}^x$

约束条件为 $\mathbf{AX} \leqslant \mathbf{b}$

其中，$\mathbf{x}$ 是一个变量矢量(待定的)，$\mathbf{b}$ 是系数矢量(已知的)，$\mathbf{A}$ 是一个(已知的)系数矩阵。

第 22 章　中继、多跳和协作通信

22.1 考虑一个中继系统，信源、中继节点和信宿分别位于坐标 $(0, 0)$，$(0, 500)$ 和 $(0, 1000)$ 处。工作频率为 1 GHz 。假设信源和中继节点处的发射功率相等，均为 1 W；设所考虑的带宽为 10 MHz 。对于两个链路，假设路径增益由自由空间传播定律和叠加其上的 Nakagami 衰落($m = 2$)所确定，试针对多跳译码转发确定从信源到信宿传输速率的概率密度函数。类似地，对于分集译码转发推导信噪比的概率密度函数。

22.2 考虑某系统具有从信宿到信源和中继节点的 1 比特反馈，试分析反馈的影响。协议如下：

第一时隙中信宿和中继节点都收听信源发出的消息，其间信宿得到了信源-信宿链路的信道状态信息。第一个时隙之后，信宿会将信源-信宿链路的信道状态信息与中继 – 信宿链路的信道状态信息(信宿通过训练序列预先获得此信道状态信息)进行比较，并通过回送 1 比特反馈给信源和中继节点，来选择更好的那个链路用于第二个时隙。中继在放大转发模式下进行。

(a) 针对信源、中继节点和信宿均在一条直线上的情况，推导可实现数据速率的概率密度函数。

(b) 确定分集阶数。

(c) 确定平均数据速率和 10% 中断速率，并与无反馈的情况进行比较。

系统设定与习题 22.1 相同。

22.3 证明式(22.2)所示的具有重复编码的译码转发最优功率分配公式。

22.4 证明在分集译码转发协议下，未编码 M 进制相移键控的差错率上界如下式所示：

$$\mathrm{SER} \leqslant \frac{(M-1)P_{\mathrm{n}}^2}{M^2} \cdot \frac{MbP_{\mathrm{s}}\sigma_{\mathrm{sr}}^2 + (M-1)bP_{\mathrm{r}}\sigma_{\mathrm{rd}}^2 + (2M-1)P_{\mathrm{n}}}{\left(P_{\mathrm{n}} + bP_{\mathrm{s}}\sigma_{\mathrm{sd}}^2\right)\left(P_{\mathrm{n}} + bP_{\mathrm{s}}\sigma_{\mathrm{sr}}^2\right)\left(P_{\mathrm{n}} + bP_{\mathrm{r}}\sigma_{\mathrm{rd}}^2\right)}$$

其中，$b = \sin^2(\pi/M)$；σ_{sr}^2，σ_{rd}^2 和 σ_{sd}^2 分别是信道系数 h_{sr}，h_{rd} 和 h_{sd} 的方差。假定信道系数被建模为零均值的复高斯随机变量。提示：首先考虑单个链路情况下未编码 M 进制相移键控的符号差错率公式，如式(12.66)所示；然后分析分集译码转发模式下针对中继情况的错误现象，并得到符号差错率的闭式解；最后，对闭式解进行适当的近似和处理得到上界表达式。

22.5 考虑具有 1 个信源、3 个中继节点和 1 个信宿的某系统。在这一网络中采用了中继选择，并且所有信道都经受具有相同统计特征的瑞利衰落。

(a) 针对固定发射功率推导中断概率，并推导达成小于 1% 的中断概率所必需的功率大小。

(b) 假设信源和中继节点处的发射功率可变。功率分配方案如式(22.2)所示。试推导中断概率。

提示：$\int_0^\infty \exp\left[-\left(ax + \dfrac{b}{x}\right)\right]\mathrm{d}x = \dfrac{2\sqrt{b}\,\mathrm{Bessel}\,K(1, 2\sqrt{ab})}{\sqrt{a}}$，其中 Bessel $K(\cdot, \cdot)$ 是第二类修正贝塞尔函数）。此方案中，可保证小于 1% 的中断概率的总功率消耗等于多少？

22.6 考虑具有 1 个信源、2 个中继节点和 1 个信宿的某系统。当两个中继节点都成功接收了第一个时隙期间的消息后，采用 Alamouti 码。

(a) 假定信源和两个中继节点具有相同的发射功率 P，推导该系统的中断概率。

(b) 如果中继节点离信源比离信宿更近一些，那么会发生什么？

22.7 证明编码协作方案中的式(22.30)和式(22.31)。提示：考虑图 22.7 所描绘的 4 种情况，并分析每个用户相应的中断现象；假定属于高信噪比情况，即每条链路的平均信噪比都非常高，因而就能用等价的泰勒级数来表示指数项，从而简化推导；编码协作分集阶数为 2，所以泰勒级数中更高阶的 1/SNR 项就可以写成 $O\left(\dfrac{1}{\bar{\gamma}^3}\right)$，其中 $\bar{\gamma}$ 是很大的）。

22.8　MATLAB 练习：编写一个程序，用 Dijkstra 算法找到从第 1 个节点到第 13 个节点的最佳路由，网络拓扑如图 30.14 所示。

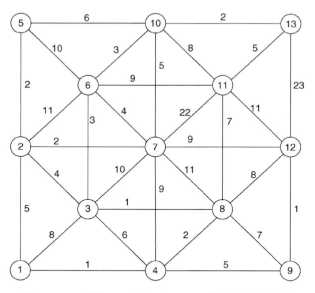

图 30.14　习题 22.8 中针对 Dijkstra 算法的问题设定

22.9　MATLAB 练习：如图 30.15 所示，3 个信源通过 3 个正交信道向 1 个信宿发送数据，正交信道的载波频率分别为 900 MHz、1000 MHz 和 1100 MHz；信道具有 10 MHz 的相同带宽；假定路径增益由自由空间定律所确定（不存在小尺度衰落），传输距离是 $d_1 = 3000$ m，$d_2 = 2000$ m 和 $d_3 = 5000$ m；分组到达信源满足泊松过程，平均到达率为 $\overline{\lambda}_1 = 8/9$ 比特/时隙，$\overline{\lambda}_2 = 10/9$ 比特/时隙，$\overline{\lambda}_3 = 5/9$ 比特/时隙，每个时隙为 0.1 μs；信宿节点的服务延迟可以假定为零。

（a）假定控制参数 V 为 10^5，并且对每个节点的功率配额不施加额外的约束条件。采用队列长度压算法，编写一个 MATLAB 程序，在保持网络稳定的同时，要在平均 10^4 个时隙上达成总功率最小化的情况下，求每个信源所分配的功率。

（b）画图说明时间平均的总功率随 V 值如何变化。

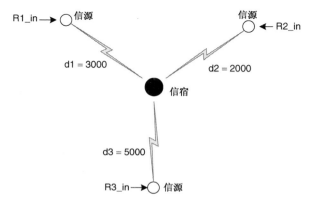

图 30.15　习题 22.9 中针对队列长度压算法的问题设定

第 23 章　视频编码

23.1　解释在视频编码中使用 YCbCr 色彩空间的理由。

23.2　考虑一个 1 次马尔可夫过程，$\rho = 0.95$，计算 4 点离散余弦变换和 8 点离散余弦变换的变换编码增益。

23.3　证明一个均匀分布源的量化误差的方差为 $\Delta^2/12$，Δ 为量化步长。提示：将量化误差建模为均匀分布的随机变量，范围为 $[-\Delta/2, \Delta/2]$。

23.4　考虑一个包含 5 个符号的集合 x_i，$i = 1, \cdots, 5$，概率分别为 $p(x_1) = 0.35$，$p(x_2) = 0.2$，$p(x_3) = 0.15$，$p(x_4) = 0.15$，$p(x_5) = 0.15$，构建霍夫曼编码并计算平均码长。

23.5　解释当压缩视频流发生比特错误或者包丢失时产生错误传播的原因。

23.6　考虑要进行不等差错保护的压缩视频，应该对 I 帧还是 P 帧实施更好的保护？并解释原因。

23.7　对于视频流，为什么 UDP 优于 TCP？

第 24 章　全球移动通信系统

24.1　某 GSM 运营商拥有 900 MHz 和 1800 MHz 两个频段的牌照。在网络初建阶段该运营商应如何使用它们？

24.2　以下设备组合中，哪个必须从同一设备提供商那里购买？(i) BTS-MS；(ii) BTS-BSC；(iii) BTS-MSC。

24.3　假设信号的到达方向均匀分布在移动台周围，对于 GSM 1800 系统，当移动台以 250 km/h 的速度移动时，突发的中部和末尾之间的信道相关系数有多大？突发的开头和末尾之间的信道相关系数有多大？

24.4　运作于典型城区环境的某 1900 MHz GSM 系统，如果两个频道之间的分离程度为以下情形：(i) 一个载波频率；(ii) 一个 5 MHz 的拍卖频段(block)；(iii) 一个双工频率间隔。求两频道的相关系数？

24.5　试说明快速随路控制信道和慢速随路控制信道之间的差别。何时采用它们？

24.6　说明话音和控制数据的分块前向纠错的差别，为何采用不同的纠错方案？

24.7　中间段(midamble)的共性是什么？为何要定义不同的中间段？

24.8　由于用户多次输入错误的 PIN 码而使手机被锁定。手机有无解锁的可能性？

24.9　考虑如下计费问题：用户 A 是瑞典人但临时在丹麦。用户 B 在芬兰。用户 C 在法国，但已将所有呼叫转移至在英格兰的用户 D。A 呼叫了 B，并呼叫 C 欲进行电话会议。由于 C 已将呼叫转移，这个呼叫就转至了 D，而用户 D 则加入了这一电话会议。哪项费用该由哪位用户来支付呢？

24.10　试比较：在加性高斯白噪声信道中，达到 10^{-2} 误码率的情况下，无编码高斯最小频移键控和 8-PSK 的所需的信噪比。注意，高斯最小频移键控用于 GSM 数据传输，而 EDGE 中采用了 8-PSK。

24.11　尽管目前在飞机上使用 GSM 手机是非法的，但对飞行期间与地面基站通信的可能性进行假想分析仍然是人们感兴趣的。

　　(a) 假定飞机飞行在一个小区半径为 30 km 的区域上，飞行高度为 10 km。进一步假设电波通过机身的穿透损耗为 5 dB，并且基站天线在飞机方向上的天线增益为 -10 dB。试确立相应的链路预算。

　　(b) 讨论是否需要(如果需要，那么需要多大的链路容限)衰落容限。

　　(c) 采用典型的飞机飞行速度，计算小区间的切换多久将发生一次。对于小区半径为 1 km 的区域切换频率将会发生怎样的变化？链路质量将会受到怎样的影响？

24.12　讨论使用和不使用跳频的情况下，静态信道(用户和相互作用体均静止)中 GSM 纠错编码的有效性。就系统设计而言，可以得出怎样的结论？

24.13　GSM 中，HSCSD、GPRS 和 EDGE 均着眼于提高数据传输速率。它们之间的主要差异在哪里？这些方案可以达成的峰值数据速率是多少？

24.14　归属位置寄存器中包含哪些信息？哪些原因将导致这些信息的更新？

第 25 章　IS-95 与 CDMA 2000

25.1　在 IS-95 中，速率集 1 和速率集 2 的上行链路和下行链路扩频因子分别是多少？

25.2　在 800 MHz 频段和 1900 MHz 频段，IS-95 功率控制所能承受的移动台最大速率是多少？

25.3　在 IS-95 中，在正使用导频的基站所发出的总功率中，导频发送所占的典型百分比是多少？如果这一百分比减半，那么小区尺寸可以增长的百分比是多少？对容量将带来怎样的影响？

25.4　IS-95 所采用的卷积码的码率有哪些？并指出它们的应用场合。

25.5　在 IS-95 中，如何区分物理信道？将这种区分方式与 GSM 进行比较。

25.6　在 IS-95 中，上行链路和下行链路分别是如何处理低数据速率传输的？试对其差别加以讨论。

25.7　在多载波模式的 CDMA 2000 中，上行链路和下行链路如何获得频率分集？这两种方式各自的优缺点是什么？

25.8　考虑在 IS-95 中进行功率控制。假定小区中有 20 个用户，每一个都进行存在 $a \pm 1$ dB 误差的功率控制。总干扰功率的方差等于多少？为保证 95% 的可通率，信干比容限要增加多少？

25.9　在 IS-95 中，如何区分来自不同小区的导音？

25.10　试描述 IS-95 上行链路和下行链路的扩频和调制方法。

第 26 章　WCDMA/UMTS

26.1　通用移动通信系统中定义了哪些服务分类？使用它们的目的是什么，它们如何影响可容许的误比特率和延迟？

26.2　两个运营商在两个相邻的 5 MHz 的频带内建立起系统。令一个移动台在运营商 A 的系统小区边界上，并工作在高于灵敏度水平 3 dB。为了保证仍能够正常工作，运营商 B 的基站所需的最小路径损耗为多少？假设所有天线都为全向辐射类型。

26.3　将 WCDMA/UMTS 中的导频信号传输方式与 IS-95 中的方法进行比较。

26.4　通用移动通信系统(UMTS)的上行链路的最大数据速率为多少？它是如何实现的？

26.5　反馈信号多长时间传输一次？假定只在水平方向有辐射入射，方位角功率谱均匀分布，为使信道状态观察和其使用之间的包络相关度大于 0.9，所容许的最大可行速度为多少？当辐射为各向同性(方向角和高度)时，结果将会如何变化？

26.6　解释数据信道和控制信道如何在 UMTS 的上行链路和下行链路中复用。为什么要采用不同的方法？

26.7　描述 UMTS 中信道化码和扰码的作用。正在采用的是哪种类型的码？

26.8　在车辆(快速移动)并带有软切换的环境中，建立 12.2 kbps 数据速率的上行链路的链路预算。假定如下的值计算结果：基站和移动台的天线增益分别为 18 dB 和 -3 dB，通过车辆的额外损耗为 8 dB。基站噪声因子为 5 dB，干扰余量为 3 dB，要求的 E_b/N_0 为 5 dB，基站的线缆损耗为 2 dB，阴影衰落余量为 7.2 dB，不要求快衰落余量。对于路径损耗，假设一个简单的断点模型，$d_{break} = 100$ m。对于 $d < d_{break}$，$n = 2$；对于 $d > d_{break}$，$n = 4$。能达到怎样的覆盖距离？

26.9　描述基站和移动台的数据处理步骤。

26.10　在 UMTS 中，怎样执行小区搜寻？

第 27 章　3GPP 长期演进

27.1　描述业务数据单元和协议数据单元的不同。这两者之间是如何映射的？

27.2　画出长期演进技术(LTE)的上/下行链路发射机的框图。

27.3　假设延迟要求为 1 ms，系统带宽为 10 MHz，单天线端口传输，常规循环前缀长度，采用 1/3 编码速率的 16-QAM 调制，在无须发送空比特的情形下，系统能达到的最小数据速率是多少？注意：本题的目的是利用数据必须在资源块上传输这一要求。

27.4　虚拟资源模块 1 和 2 映射在哪些子载波上可以作为：

(a)集中式资源块；

(b)分布式资源块。

假定对应于 25 个资源块的信道带宽为 5 MHz，传输中采用常规循环前缀长度。关于资源模块映射的详细定义可以参考 3GPP TS 36.211（另见 6.2.3 节）。

27.5   MATLAB 练习：编写一个 MATLAB 程序，采用线性最小均方误差和最小二乘估计法（见第 19 章），利用解调的资源符号估计信道系数。测试信道估计的精度，信道采用瑞利衰落的抽头延迟线模型，其中各抽头延迟分别为 0 ns，100 ns 和 300 ns，强度分别为 1，0.4 和 0.2。

27.6   假设一个系统的传输带宽为 10 MHz，相关带宽为 1 MHz（认为是块衰落），共有 10 个用户，每个用户需求的资源块大小为 1 MHz。计算"最佳分配冲突"的概率，即相同的子载波对于不同的用户都是最佳的。

27.7   MATLAB 练习：假设一个 LTE 系统的带宽为 20 MHz，载波频率为 2.1 GHz，相关带宽为 1 MHz（假设为块衰落，即整个带宽划分成带宽为 1 MHz 的资源块，各资源块上的衰落相对独立）。在用户以（i）30 km/h 和（ii）120 km/h 的速度行驶的条件下，通过仿真获得信噪比损失的概率密度函数曲线，并与理想测量值进行比较。也就是说，由于用户的信噪比已过时导致的频率次优分配，用户损失了多少信噪比？

27.8   MATLAB 练习：生成 1）没有相位旋转的 Zadoff-Chu 序列（循环扩展的）；2）带有相位旋转的 Zadoff-Chu 序列（循环扩展的）$\alpha = 2\pi/12$。对于这两个序列，在指数功率延迟分布的频率选择性信道的衰减时间常数分别为（i）100 ns，（ii）1 μs，（iii）10 μs 时，通过仿真模拟一个资源模块中正交性损失的概率密度函数曲线。

27.9   哪个物理下行链路信道没有等效传输或者逻辑信道？

27.10   在 LTE 中，调制和编码方案是怎样的？编码速率和调制方式可能的组合有哪些？提示：3GPP TS 36.213。

27.11   假定用户试图加入网络的概率服从泊松分布，在 1 ms 的分组随机接入信道中，用户的请求速率是多少才能使碰撞概率为 0.1？

27.12   描述切换过程的步骤。

27.13   当采用常规循环前缀长度和 10 MHz 的系统带宽时，不会导致符号间干扰的最大延迟色散是多少？

第 28 章   WiMAX/IEEE 802.16

28.1   对于带宽为 10 MHz 的系统，快速傅里叶变换的长度为 1024，计算下行链路 PUSC：

    （a）子载波间隔；

    （b）循环前缀的可能持续时间；

    （c）空子载波数；

    （d）每个正交频分复用符号中的导频符号数。

28.2   一个"区域"指的是什么？在上行和下行子帧中，哪些区域是强制要求的，哪些是可以选择的？

28.3   下行链路 PUSC 中每一簇有多少导频子载波？导致的频谱效率损失的原因是什么？

28.4   对于快速傅里叶变换长度为 1024，在 PUSC 中，逻辑子信道 17 映射到哪个物理子载波上？假定 DL_PermBase = 5 且正交频分复用符号数为奇数。基本置换序列的定义，重编号序列和 PUSC 符号结构的详细说明参考 WiMAX 标准 8.4.6.1.2.1 节。

28.5   对于快速傅里叶变换长度为 1024，在 FUSC 中，逻辑子信道 12 映射到哪个物理子载波上？假定 DL_PermBase = 5 且 FUSC_SymbolNumber = 0。FUSC 符号结构的详细说明参考 WiMAX 标准 8.4.6.1.2.2 节。

28.6   说明上行 PUSC 片中的导频分配情况。导频子载波的存在导致频谱效率的损失有多大？

28.7   快速傅里叶变换长度为 512 的上行 PUSC 中，子信道 2 映射到哪些物理子载波/正交频分复用符号上？假定 UL_PermBase = 5。对于片基本置换序列的定义参考 WiMAX 标准 8.4.6.2 节。

28.8   考虑一个没有编码的传输在平坦衰落信道中的 WiMAX 信号。调制方式为正交相移键控，平均信噪比为 10 dB。大小为 128 比特的数据包没有编码直接发送。场景 1：采用带有混合自动重传请求的单天线传输；场景 2：采用带有自动重传请求的 Alamouti 码传输。分析推导并比较这两种方案相应的频谱效率。

提示：$\int_0^\infty \frac{\gamma^{(L-1)}}{(L-1)!\overline{\gamma}^L} \exp\left(-\frac{\gamma}{\overline{\gamma}}\right) Q\left(\sqrt{2\gamma}\right) \mathrm{d}\gamma = \left[\frac{1}{2}(1-\mu)\right]^L \sum_{k=0}^{L-1} \binom{L-1+k}{k} \left[\frac{1}{2}(1+\mu)\right]^k$

其中，$\mu = \sqrt{\frac{\overline{\gamma}}{1+\overline{\gamma}}}$。

28.9 建立移动台与基站之间连接的主要步骤是什么？

第 29 章 无线局域网

29.1 在 802.11a 中，由下列因素带来的频谱效率的损失是多少？

(1) 并不是所有的子载波都承载数据；

(2) 循环前缀；

(3) 训练序列和信号域(假设传输 16 个正交频分复用符号)。

29.2 802.11，802.11b 和 802.11a 的最大数据速率是多少？

29.3 802.11a 获得最高吞吐量的机理是什么？

29.4 在典型的办公室环境下(延迟扩展为 50 ns)并且在大的开放空间下(延迟扩展为 250 ns)，估计 802.11a 系统能够达到的频率分集阶数。编码的影响是什么？

29.5 802.11n 标准预见到了保护间隔可以选择性地从 800 ns 降到 400 ns，这样做的优缺点有哪些？信道延迟扩展在什么情况下应该使用缩短的保护间隔？假定传输时没有编码，信道为指数功率衰减模型，且平均信噪比为 10 dB。

29.6 考虑窄带干扰对 802.11a 系统的影响。

(a) 使用高斯最小频移键控，$B_G T = 0.5$，蓝牙信号的有效带宽是多少？

(b) 假设蓝牙信号的功率谱密度与 802.11 信号相等，并且要求每个子信道的信干噪比为 20 dB，有多少个子信道被有效地阻塞了？

(c) 如果蓝牙信号比 802.11 信号强 20 dB，则有多少个子信道被阻塞？

29.7 考虑用 WiFi 覆盖整个城市的问题，假定在最大允许功率下传输，并且为了保持较低的重传次数，系统工作在信噪比为 5 dB 且传输速率为 11 Mbps 的条件下。

(a) 首先假定一个旨在覆盖户外场所的网络，工作在 2.45 GHz 范围内采用 Walfish-Ikegami 模型(见 www.wiley.com/go/molisch)，在美国为一个城市建立一条链路预算。采用以下 Walfish-Ikegami 模型参数：基站天线高度 $h_{\mathrm{BS}} = 12.5$ m，建筑物高度为 12 m，建筑物之间的距离为 50 m，街道宽度为 25 m，移动台天线高度为 1.5 m，对所有路径取向 30°，根据"城市中心"环境修正系数。假定传输环境是非视距环境。

(b) 假设穿透墙的损失为 10 dB，覆盖距离降低多少？

(c) 对于一个 10 km² 面积的城市，如果仅要求覆盖室外，则需要多少个接入点？如果室内外都要求覆盖，则需要多少个接入点？假设每个接入点的费用为 1000 美元，则建立整个网络总共需要多少费用？如果媒体接入控制层工作效率为 50%，在用户平均数据速率为 300 kbps 的条件下，试估算可以覆盖多少用户。

参 考 文 献

3GPP LTE Third-Generation Partnership Project, TS 36.201, 36.211, 36.212, on www.3gpp.org (2010).

Abdi et al. 2000 A. Abdi, K. Wills, H. A. Barger, M. S. Alouini, and M. Kaveh, "Comparison of the level crossing rate and average fade duration of Rayleigh, Rice and Nakagami fading models with mobile channel data", *Proceedings of VTC Fall 2000*, pp. 1850–1857 (2000).

Abramowitz and Stegun 1965 M. Abramowitz and I. A. Stegun, *Handbook of Mathematical Functions*, National Bureau of Standards, Washington (1965).

Abramson 1970 N. Abramson, "The ALOHA system – Another alternative for computer communications", *Proceedings of Fall 1970 AFIPS Computer Conference* (1970).

Acharya and Yates 2007 J. Acharya and R. D. Yates, "A framework for dynamic spectrum sharing between cognitive radios", *IEEE Int. Conf. Commun.*, 5166–5171 (2007).

Adachi and Ohno 1991 F. Adachi and K. Ohno, "BER performance of QDPSK with postdetection diversity reception in mobile radio channels", *IEEE Trans. Veh. Technol.*, 40, 237–249 (1991).

Adachi and Parsons 1989 F. Adachi and J. D. Parsons, "Error rate performance of digital FM mobile radio with postdetection diversity", *IEEE Trans. Commun.*, 37, 200–210 (1989).

Akino et al. 2009 T. Koike-Akino, A. F. Molisch, P. Orlik, Z. Tao, and T. Kuze, Unified analysis of linear block precoding for distributed antenna systems, *IEEE Globecom* (2009).

Akyildiz et al. 2006 I. F. Akyildiz, W. Y. Lee, M. C. Vuran, and S. Mohanty, "Next generation/dynamic spectrum access/cognitive radio wireless networks: A survey", *Comput. Netw.*, 50(13), 2127–2159 (2006).

Alamouti 1998 S. M. Alamouti, "A simple transmit diversity technique for wireless communications", *IEEE J. Sel. Area. Commun.*, 16, 1451–1458 (1998).

Almers et al. 2003 P. Almers, F. Tufvesson, and A. F. Molisch, "Measurement of keyhole effect in wireless multiple-input – multiple-output (MIMO) channels", *IEEE Commun. Lett.*, 7, 373–375 (2003).

Almers et al. 2007 P. Almers, E. Bonek, A. Burr, et al., "Survey of channel and radio propagation models for wireless MIMO systems", *Eurasip J. Wireless Commun. Networking*, Article ID 19070, 19 (2007).

Alouini and Goldsmith 1999 M. S. Alouini and A. J. Goldsmith, "Area spectral efficiency of cellular mobile radio systems", *IEEE Trans. Veh. Technol.*, 48, 1047–1066 (1999).

Andersen 1991 J. B. Andersen, "Propagation parameters and bit errors for a fading channel", *Proceedings of Commsphere '91*, paper 8.1 (1991).

Andersen 1997 J. B. Andersen, "UTD multiple-edge transition zone diffraction", *IEEE Trans. Antennas Propagat.*, 45, 1093–1097 (1997).

Andersen 2000 J. B. Andersen, "Antenna arrays in mobile communications: Gain, diversity, and channel capacity", *IEEE Antennas Propagat. Mag.*, 42, 12–16 (2000).

Andersen 2002 J. B. Andersen, *Power Distributions Revisited*, COST 273 TD(02)004 (2002).

Andersen and Hansen 1977 J. B. Andersen and F. Hansen, "Antennas for VHF/UHF personal radio: A theoretical and experimental study of characteristics and performance", *IEEE Trans. Veh. Technol.*, VT-26, 349–357 (1977).

Andersen et al. 1990 J. B. Andersen, S. L. Lauritzen, and C. Thommesen, "Distribution of phase derivatives in mobile communications", *Proc. IEE, Part H*, 137, 197–204 (1990).

Andersen et al. 1995 J. B. Andersen, T. S. Rappaport, and S. Yoshida, "Propagation measurements and models for wireless communications channels", *IEEE Commun. Mag.*, 33(1), 42–49 (1995).

Anderson 2003 H. R. Anderson, *Fixed Broadband Wireless System Design*, Wiley (2003).

Anderson 2005 J. B. Anderson, *Digital Transmission Engineering*, 2nd edition, Prentice-Hall (2005).

Anderson et al. 1986 J. B. Anderson, T. Aulin, and C. E. Sundberg, *Digital Phase Modulation*, Plenum (1986).

Andrews et al. 2001 M. R. Andrews, P. P. Mitra, and R. de Carvalho, "Tripling the capacity of wireless communications using electromagnetic polarization", *Nature*, 409, 316–318 (2001).

Andrews et al. 2007 J. G. Andrews, A. Ghosh, and R. Muhamed, *Fundamentals of WiMAX: Understanding Broadband Wireless Networking*, Prentice Hall (2007).

Annamalai et al. 2000 A. Annamalai, C. Tellambura, and V. K. Bhargava, "A general method for calculating error probabilities over fading channels", *Proceedings of the International Conference in Communication 2000*, pp. 36–40 (2000).

Annavajjala et al. 2007 R. Annavajjala, P. C. Cosman, and L. B. Milstein, "Statistical channel knowledge-based optimum power allocation for relaying protocols in the high SNR regime", *IEEE J. Sel. Area. Commun.*, 25, 292–305 (2007).

Arai et al. 1988 Y. Arai, T. Agui, and M. Nakajima, "A fast DCT-SQ scheme for images", *Trans. IEICE*, E71, 1095 (1988).

Ariyavisitakul 2000 S. L. Ariyavisitakul, "Turbo space-time processing to improve wireless channel capacity", *IEEE Trans. Commun.*, 48, 1347–1359 (2000).

Ashtiani et al. 2003 F. Ashtiani, J. A. Salehi, and M. R. Aref, "Mobility modeling and analytical solution for spatial traffic distribution in wireless multimedia networks", *IEEE J. Sel. Area. Commun.*, 21, 1699–1709 (2003).

Asplund et al. 2006 H. Asplund, A. A. Glazunov, A. F. Molisch, K. I. Pedersen, and M. Steinbauer, "The COST 259 directional channel model – II. Macrocells", *IEEE Trans. Wireless Commun.*, 5, 3434–3450 (2006).

Atal and Remde 1982 B. Atal and J. Remde, "A new model of LPC excitation for producing natural-sounding speech at low bit rates", *Proceedings of the IEEE International Conference on Acoustics, Speech, and Signal Processing, ICASSP'82'*, Paris, pp. 614–617 (1982).

Atal and Schroeder 1984 B. S. Atal and M. R. Schroeder, "Stochastic coding of speech signals at very low bit rates", *Proceedings of the IEEE International Conference in Communication ICC'84'*, Amsterdam (The Netherlands), pp. 1610–1613 (1984).

Ayadi et al. 2002 J. Ayadi, A. A. Hutter, and J. Farserotu, "On the multiple input multiple output capacity of Rician channels", *Proc. Int. Symp. Wireless Personal Multimedia Communications 2002*; 402–406 (2002).

Badsberg et al. 1995 M. Badsberg, J. Bach Andersen, and P. Mogensen, *Exploitation of the Terrain Profile in the Hata Model*, COST 231 TD(95)9 (1995).

Bahai et al. 2004 A. R. S. Bahai, B. R. Saltzberg, and M. Ergen, *Multi-Carrier Digital Communications: Theory and Applications of OFDM*, 2nd edition, Springer (2004).

Bahl et al. 1974 L. R. Bahl, J. Cock, F. Jelink, and J. Raviv, "Optimal decoding of linear codes for minimum symbol error rate", *IEEE Trans. Inform. Theory*, 20, 248–287 (1974).

Balanis 2005 C. A. Balanis, *Antenna Theory: Analysis and Design*, 3rd edition, Wiley (2005).

Barclay 2002 L. W. Barclay, *Propagation of Radiowaves*, 2nd edition, IET Press (2002).

Barry et al. 2003 J. R. Barry, D. G. Messerschmidt, and E. A. Lee, *Digital Communications*, 3rd edition, Kluwer (2003).

Bass and Fuks 1979 F. G. Bass and I. M. Fuks, *Wave Scattering from Statistically Rough Surfaces*, Pergamon (1979).

Bates 2008 R. J. B. Bates, *GPRS: General Packet Radio Service*, McGraw Hill (2008).

Beckman and Lindmark 2007 C. Beckman and B. Lindmark, "The evolution of base station antennas for mobile communications", *2007 International Conference on Electromagnetics in Advanced Applications*, pp. 85–92 (2007).

van de Beek et al. 1995 J.-J. van de Beek, O. Edfors, M. Sandell, S. K. Wilson, and P. O. Börjesson, "On channel estimation in OFDM systems", *Proceedings of the IEEE Vehicle Technology Conference*, Vol. 2, pp. 815–819, Chicago, IL, July (1995).

van de Beek et al. 1999 J.-J. van de Beek, P. O. Borjesson, M.-L. Boucheret, et al., "A time and frequency synchronization scheme for multiuser OFDM", *IEEE J. Sel. Area. Commun.*, 17, 1900–1914 (1999).

Belfiore and Park 1977 C. A. Belfiore and J. H. Park, "Decision feedback equalization", *Proc. IEEE*, 67, 1143–1156 (1977).

Bello 1963 P. A. Bello, "Characterization of randomly time-variant linear channels", *IEEE Trans. Commun.*, 11, 360–393 (1963).

Bello and Nelin 1963 P. Bello and B. D. Nelin, "The effect of frequency selective fading on the binary error probabilities of incoherent and differentially coherent matched filter receivers", *IEEE Trans. Commun.*, 11, 170–186 (1963).

Benedetto and Biglieri 1999 S. Benedetto and E. Biglieri, *Principles of Digital Transmission: With Wireless Applications*, Kluwer (1999).

diBenedetto et al. 2005 M. G. diBenedetto, T. Kaiser, A. F. Molisch, I. Oppermann, C. Politano, and D. Porcino, *UWB. Communication Systems–A Comprehensive Overview*, EURASIP Publishing (2005).

diBenedetto et al. 2006 M. G. diBenedetto, T. Kaiser, A. F. Molisch, I. Oppermann, C. Politano, and D. Porcino (eds), *UWB. Communication Systems – A Comprehensive Overview*, Hindawi Publishing (2006).

Benvenuto et al. 2010 N. Benvenuto, R. Dinis, D. Falconer, and S. Tomasin, "Single carrier modulation with nonlinear frequency domain equalization: An idea whose time has come – again", *Proc. IEEE*, 98, 69–96 (2010).

Berger 1971 T. Berger, *Rate Distortion Theory: A Mathematical Basis for Data Compression*, Prentice-Hall, Englewood Cliffs (1971).

Bergljung 1994 C. Bergljung, *Diffraction of Electromagnetic Waves by Dielectric Wedges*, Ph.D. thesis, Lund Institute of Technology, Lund, Sweden (1994).

Berrou et al. 1993 C. Berrou, A. Glavieux, and P. Thitimajshima, "Near Shannon limit error-correcting coding and decoding: Turbo-codes", *Proceedings of the IEEE International Conference on Communications, ICC '93* (1993).

Bertoni 2000 H. L. Bertoni, *Radio Propagation for Modern Wireless Systems*, Prentice-Hall (2000).

Bettstetter et al. 1999 C. Bettstetter, H. J. Voegel, and J. Eberspecher, "GSM phase 2+ general packet radio service GPRS: Architecture, protocols, and air interface", *IEEE Commun. Surveys, Third Quarter 1999*, 2(3) (1999).

Bi et al. 2001 Q. Bi, G. L. Zysman, and H. Menkes, "Wireless mobile communications at the start of the 21st century", *IEEE Commun. Mag.*, 39(1), 110–116 (2001).

Biglieri et al. 1991 E. Biglieri, *Introduction to Trellis-Coded Modulation with Applications*, MacMillan, New York (1991).

Biglieri et al. 2007 E. Biglieri, R. Calderbank, A. Constantinides, A. Goldsmith, A. Paulraj, and H. V. Poor, *MIMO Wireless Communications*, Cambridge University Press (2007).

Blanz and Jung 1998 J. J. Blanz and P. Jung, "A flexibly configurable spatial model for mobile radio channels", *IEEE Trans. Commun.*, 46, 367–371 (1998).

Blaunstein 1999 N. Blaunstein, *Radio Propagation in Cellular Networks*, Artech House (1999).

Bletsas et al. 2006 A. Bletsas, A. Khisti, D. P. Reed, and A. Lippman, "A simple cooperative diversity method based on network path selection", *IEEE J. Sel. Area. Commun.*, 24, 659–672 (2006).

Bletsas et al. 2007 A. Bletsas, H. Shin, and M. Z. Win "Cooperative communications with outage-optimal opportunistic relaying", *IEEE Trans. Wireless Commun.*, 6, 3450–3460 (2007).

Boelcskei et al. 2008 H. Boelcskei, D. Gesbert, C. B. Papadias, and A.-J. van der Veen (eds), *Space-Time Wireless Systems: From Array Processing to MIMO Communications*, Cambridge University Press (2008).

Bottomley et al. 2000 G. E. Bottomley, T. Ottosson, and Y. P. E. Wang, "A generalized RAKE receiver for interference suppression", *IEEE J. Sel. Area. Commun.*, 18, 1536–1545 (2000).

Boudreau et al. 2009 G. Boudreau, J. Panicker, N. Guo, R. Chang, N. Wang, and S. Vrzic, "Interference coordination and cancellation for 4G networks", *IEEE Comm. Mag.*, April, 74–81 (2009).

Boukerche et al. 2009 A. Boukerche, M. Z. Ahmad, D. Turgut, and B. Turgut, "A taxonomy of routing protocols for mobile ad-hoc networks", in A. Boukerche (ed.), *Algorithms and Protocols for Wireless and Mobile Ad-hoc Networks*, Wiley (2009).

Bowman 1987 J. J. Bowman (ed.), *Electromagnetic and Acoustic Scattering by Simple Shapes*, Hemisphere, New York (1987).

Boyd and Vandenberghe 2004 S. Boyd and L. Vandenberghe, *Convex Optimization*, Cambridge University Press (2004).

Braun and Dersch 1991 W. R. Braun and U. Dersch, "A physical mobile radio channel model", *IEEE Trans. Veh. Technol.*, 40, 472–482 (1991).

Brennan and Cullen 1998 C. Brennan and P. Cullen, "Tabulated interaction method for UHF terrain propagation problems", *IEEE Trans. Antennas Propagat.*, 46, 881, 1998.

Buehler 1994 H. Buehler, *Estimation of Radio Channel Time Dispersion for Mobile Radio Network Planning, Dissertation*, Technical University Vienna (1994).

Burr 2001 A. Burr, *Modulation and Coding for Wireless Communications*, Prentice Hall (2001).

Cadambe and Jafar 2008 V. R. Cadambe and S. A. Jafar, "Interference alignment and spatial degrees of freedom for the K user interference channel", *IEEE Int. Conf. Commun.*, 971–975 (2008).

Cai and Giannakis 2003 X. Cai and G. B. Giannakis, "Bounding performance and suppressing intercarrier interference in wireless mobile OFDM", *IEEE Trans. Commun.*, 51, 2047–2056 (2003).

Cai and Goodman 1997 J. Cai and D. J. Goodman, "General packet radio service in GSM", *IEEE Commun. Mag.*, 35(10), 122–131 (1997).

Calcev et al. 2007 G. Calcev, D. Chizhik, B. Goransson, et al., "A wideband spatial channel model for system-wide simulations", *IEEE Trans. Veh. Technol.*, 56, 389–403 (2007).

Callaway et al. 2002 E. Callaway, P. Gorday, L. Hester, et al., "Home networking with IEEE 802.15.4: A developing standard for low-rate wireless personal area networks", *IEEE Commun. Mag.*, 40(8), 70–77 (2002).

Cardieri and Rappaport 2001 P. Cardieri and T. Rappaport, "Statistical analysis of co-channel interference in wireless communications systems", *Wireless Commun. Mobile Comput.*, 1, 111–121 (2001).

Catreux et al. 2001 S. Catreux, P. F. Driessen, and L. J. Greenstein, "Attainable throughput of an interference-limited multiple-input multiple-output cellular system", *IEEE Trans. Commun.*, 48, 1307–1311 (2001).

Chan 1992 G. K. Chan, "Effects of sectorization on the spectrum efficiency of cellular radio systems", *IEEE Trans. Veh. Technol.*, 41, 217–225 (1992).

Chandrasekhar et al. 2008 V. Chandrasekhar, J. Andrews, and A. Gatherer, "Femtocell networks: A survey", *IEEE Commun. Mag.*, 46(9), 59–67 (2008).

Chang 1966 R. W. Chang, "Synthesis of band-limited orthogonal signals for multichannel data transmission", *Bell Sys. Techn. J.*, 45, 1775–1796 (1966).

Chatschik 2001 B. Chatschik, "An overview of the Bluetooth wireless technology", *IEEE Commun. Mag.*, 39(12), 86–94 (2001).

Chen and Chuang 1998 Y. Chen and J. C. I. Chuang, "The effects of time-delay spread on unequalized TCM in a portable radio environment", *IEEE Trans. Veh. Technol.*, 46, 375–380 (1998).

Chen and Luk 2009 C. N. Chen and K. M. Luk, *Antennas for Base Stations in Wireless Communications*, McGraw Hill (2009).

Chen et al. 2005 J. Chen, L. Jia, X. Liu, G. Noubir, and R. Sundaram, "Minimum energy accumulative routing in wireless networks", *IEEE INFOCOM*, 2005, 1875–1886 (2005).

Chennakeshu and Saulnier 1993 S. Chennakeshu and G. J. Saulnier, "Differential detection of Pi/4-shifted-DQPSK for digital cellular radio", *IEEE Trans. Veh. Technol.*, 42, 46–57 (1993).

Chiang 2005 M. Chiang, "Balancing transport and physical layers in wireless multihop networks: Jointly optimal congestion control and power control", *IEEE J. Sel. Area. Commun.*, 23, 104–116 (2005).

Choi et al. 2001 Y.-S. Choi, P. J. Voltz, and F. Cassara, "On channel estimation and detection for multicarrier signals in fast and frequency selective Rayleigh fading channel", *IEEE Trans. Commun.*, 49, 1375–1387 (2001).

Chollet et al. 2005 G. Chollet, A. Esposito, M. Faundez-Zanuy, and M. Marinaro, *Nonlinear Speech Modeling and Applications*, Vol. 3445, *Lecture Notes in Computer Science*, Springer-Verlag, Berlin, New York (2005).

Chrisanthopoulou and Tsoukatos 2007 M. P. Chrisanthopoulou and K. P. Tsoukatos, "Joint beamforming and power control for CDMA uplink throughput maximization", *18th IEEE International Symposium on Personal, Indoor and Mobile Radio Communication*, Athens (2007).

Chuah et al. 2002 C. N. Chuah, D. Tse, J. M. Kahn, and R. Valenzuela, "Capacity scaling in MIMO wireless systems under correlated fading", *IEEE Trans. Inform. Theory*, 48, 637–650 (2002).

Chuang 1987 J. Chuang, "The effects of time delay spread on portable radio communications channels with digital modulation", *IEEE J. Sel. Area. Commun.*, 5, 879–888 (1987).

Cimini 1985 L. J. Cimini, "Analysis and simulation of a digital mobile channel using orthogonal frequency division multiplexing", *IEEE Trans. Commun.*, 33, 665–675 (1985).

Clark 1998 M. V. Clark, "Adaptive frequency-domain equalization and diversity combining for broadband wireless communications", *IEEE J. Sel. Area. Commun.*, 16, 1385–1395 (1998).

Clarke 1968 R. Clarke, "A statistical theory of mobile radio reception", *Bell System Techn. J.*, 47, 957–1000 (1968).

CME 20 1994 Ericsson, *Course Handouts for Course CME 20 1994*, Vienna, Austria (1994).

Collin 1985 R. E. Collin, *Antennas and Radiowave Propagation*, McGraw Hill (1985).

Collin 1991 R. E. Collin, *Field Theory of Guided Waves*, IEEE Press, Piscataway (1991).

Cooklev 2004 T. Cooklev, *Wireless Communication Standards: A Study of IEEE 802.11, 802.15, and 802.16*, IEEE Press (2004).

COST 231 E. Damosso and L. Correira, *Digital Mobile Radio - The View of COST 231'*, European Union, Luxemburg (1999).

Coursey 1999 C. C. Coursey, *Understanding Digital PCS: The TDMA Standard*, Artech (1999).

Cover and El Gamal 1979 T. Cover and A. El Gamal, "Capacity theorems for the relay channel", *IEEE Trans. Inform. Theory*, 25, 572–584 (1979).

Cover and Thomas 2006 T. M. Cover and J. A. Thomas, *Elements of Information Theory*, 2nd edition, Wiley (2006).

Cox 1972 D. C. Cox, "Delay-doppler characteristics of multipath propagation at 910 MHz in a suburban mobile radio environment", *IEEE Trans. Antennas Propagat.*, 20, 625–635 (1972).

Cramer et al. 2002 R. J. Cramer, R. A. Scholtz, and M. Z. Win, "Evaluation of an ultra-wide-band propagation channel", *IEEE Trans. Antennas Propagat.*, 50, 541–550 (2002).

Crohn et al. 1993 I. Crohn, G. Schultes, R. Gahleitner, and E. Bonek, "Irreducible error performance of a digital portable communication system in a controlled time-dispersion indoor channel", *IEEE J. Sel. Area. Commun.*, 11, 1024–1033 (1993).

Cruz and Santhanam 2003 R. L. Cruz and A. V. Santhanam, "Optimal routing, link scheduling and power control in multihop wireless networks", *IEEE Infocom.*, 702–711 (2003).

Cullen et al. 1993 P. J. Cullen, P. C. Fannin, and A. Molina, "Wide-band measurement and analysis techniques for the mobile radio channel", *IEEE Trans. Veh. Technol.*, 42, 589–603 (1993).

Dahlman et al. 2008 E. Dahlman, S. Parkvall, J. Skold, and P. Beming, *3G Evolution: HSPA and LTE for Mobile Broadband*, Academic Press (2008).

Dam et al. 1999 H. Dam, M. Berg, R. Bormann, et al., "Functional test of adaptive antenna base stations for GSM", *3rd EPMCC European Personal Mobile Communications Conference*, Paris (1999).

Damosso and Correia 1999 E. Damosso and L. Correia (eds), *Digital Mobile Communications – The View of COST 231*, Commission of the European Union (1999).

Davey 1999 M. C. Davey, *Error Correction Using Low-Density Parity Check Codes*, Ph.D. thesis, Cambridge University (1999).

David and Benkner 1997 K. David and T. Benkner, *Digital Mobile Radio Systems*, Teubner (1996) [in German].

David and Nagaraja 2003 H. A. David and H. N. Nagaraja, *Order Statistics*, Wiley (2003).

Deller et al. 2000 J. R. Deller, Jr., J. H. Hansen, and J. G. Proakis, *Discrete-Time Processing of Speech Signals*, IEEE Press, New York (2000).

Devroye et al. 2007 N. Devroye, P. Mitran, M. Sharif, S. Ghassemzadeh, and V. Tarokh, "Information theoretic analysis of cognitive radio systems," in V. Bhargava and E. Hossain (eds), *Cognitive Wireless Communications*, Springer (2007).

Devroye and Tarokh 2007 N. Devroye and V. Tarokh, "Fundamental limits of cognitive radio networks", in F. H. P. Fitzek and M. Katz (eds), *Cognitive Wireless Networks: Concepts, Methodologies and Vision*, Springer (2007).

Deygout 1966 J. Deygout, "Multiple knife edge diffraction of microwaves", *IEEE Trans. Antennas Propagat.*, 14, 480–489 (1966).

Dietrich et al. 2001 C. B. Dietrich, K. Dietze, J. R. Nealy, and W. L. Stutzman, "Spatial, polarization, and pattern diversity for wireless handheld terminals", *IEEE Trans. Antennas Propagat.*, 49, 1271–1281 (2001).

Diggavi et al. 2004 S. N. Diggavi, N. Al-Dhahir, A. Stamoulis, and A. R. Calderbank, "Great expectations: The value of spatial diversity in wireless networks", *Proc. of IEEE*, 92, 219–270 (2004).

Dinan and Jabbari 1998 E. H. Dinan and B. Jabbari, "Spreading codes for direct sequence CDMA and wideband CDMA cellular networks", *IEEE Commun. Mag.*, 36(9), 48–54 (1998).

Divsalar and Simon 1990 D. Divsalar and M. K. Simon, "Multiple-symbol differential detection of MPSK", *IEEE Trans. Commun.*, 38, 300–308 (1990).

Dixon 1994 R. C. Dixon, *Spread Spectrum Systems with Commercial Applications*, Wiley (1994).

Doufexi et al. 2002 A. Doufexi, S. Armour, M. Butler, et al., "A comparison of the HIPERLAN/2 and IEEE 802.11a wireless LAN standards", *IEEE Commun. Mag.*, 40(5), 172–180 (2002).

Draper et al. 2008 S. C. Draper, L. Liu, A. F. Molisch, and J. S. Yedidia, "Routing in cooperative networks with mutual-information accumulation", *Proceedings of the International Conference in Communication* (2008).

Dubois-Ferriere 2006 H. Dubois-Ferriere, "Anypath Routing", Ph.D. thesis, Ecole Polytechnique Federale de Lausanne, Switzerland (2006).

Duel-Hallen et al. 1995 A. Duel-Hallen, J. Holtzman, and Z. Zvonar, "Multiuser detection for CDMA systems", *IEEE Pers. Commun. Mag.*, 2(2), 46–58 (1995).

Dunlop et al. 1999 J. Dunlop, D. Girma, and J. Irvine, *Digital Mobile Communications and the TETRA System*, Wiley (1999).

Durgin 2003 G. Durgin, *Space-Time Wireless Channels*, Cambridge University Press (2003).

Eberspaecher et al. 2009 J. Eberspaecher, H. J. Voegel, C. Bettstetter, and C. Hartmann, *GSM Architecture, Protocols, and Services*, 3rd edition, Wiley (2009).

Edfors et al. 1998 O. Edfors, M. Sandell, J. J. van de Beek, S. K. Wilson, and P. O. Borjesson, "OFDM channel estimation by singular value decomposition", *IEEE Trans. Commun.*, 46, 931–939 (1998).

Edfors et al. 2000 O. Edfors, M. Sandell, J. J. van de Beek, S. K. Wilson, and P. O. Borjesson, "Analysis of DFT-based channel estimators for OFDM", *Wireless Pers. Commun.*, 12, 55–70 (2000).

Eklund et al. 2006 C. Eklund, R. B. Marks, S. Ponnuswamy, K. L. Stanwood, and N. J. M. Van Waes, *Wireless-MAN: Inside the IEEE 802.16 Standard for Wireless Metropolitan Area Networks*, IEEE Press (2006).

Epstein and Peterson 1953 J. Epstein and D. W. Peterson, "An experimental study of wave propagation at 850 MC", *Proc. IEEE*, 41, 595–611 (1953).

Erätuuli and Bonek 1997 P. Erätuuli and E. Bonek, "Diversity arrangements for internal handset antennas", *8th IEEE International Symposium on Personal, Indoor and Mobile Radio Communications (PIMRC'97)*, Helsinki, Finland, pp. 589–593 (1997).

Erceg et al. 2004 V. Erceg et al., *TGn Channel Models*, IEEE document 802.11-03/940r4, on *www.802wirelessworld.com*, May (2004).

Ertel et al. 1998 R. B. Ertel, P. Cardieri, K. W. Sowerby, T. S. Rappaport, and J. H. Reed, "Overview of spatial channel models for antenna array communication systems", *IEEE Personal Communications*, 5(1), 10–22 (1998).

Eternad 2004 K. Eternad, *CDMA2000 Evolution: System Concepts and Design Principles*, Wiley (2004).

ETSI 1992 ETSI 300 175-1, *Radio Equipment and Systems (RES); Digital European Cordless Telecommunications (DECT) Common Interface Part 1: Overview, Part 2: Physical Layer ETSI*, Oktober (1992).

Fabregas et al. 2008 A. G. Fabregas, A. Martinez, and G. Caire, "Bit-interleaved coded modulation", *Found. Trends Commun. Inform. Theory*, 5, 1–2 (2008).

Failii 1989 E. Failli (ed.), *Digital Land Mobile Radio Communications – COST 207*, European Union, Brussels, Belgium (1989).

Falconer et al. 1995 D. D. Falconer, F. Adachi, and B. Gudmundson, "Time division multiple access methods for wireless personal communications", *IEEE Commun. Mag.*, 33(1), 50–57 (1995).

Falconer et al. 2003 D. Falconer, S. L. Ariyavisitakul, A. Benyamin-Seeyar, and B. Eidson, "Frequency domain equalization for single-carrier broadband wireless systems", *IEEE Commun. Mag.*, 40(4), 58–66 (2002).

Fant 1970 G. Fant, *Acoustic Theory of Speech Production*, Mouton, The Hague (1970).

Featherstone and Molkdar 2002 W. Featherstone and D. Molkdar, "Capacity benefits of GPRS coding schemes CS-3 and CS-4", *3G Mobile Communications Technologies*, 287–291 (2002).

Feldbauer et al. 2005 C. Feldbauer, G. Kubin, and W. B. Kleijn, "Anthropomorphic coding of speech and audio: A model inversion approach", *EURASIP J. Appl. Signal Process.*, 9, 1334–1349 (2005).

Felhauer et al. 1993 T. Felhauer, P. W. Baier, W. König, and W. Mohr, "Optimized wideband system for unbiased mobile radio channel sounding with periodic spread spectrum signals", *IEICE Trans. Commun.*, E76-B, 1016–1029 (1993).

Felsen and Marcuvitz 1973 L. B. Felsen and V. Marcuvitz, *Radiation and Scattering of Waves*, Prentice-Hall (1973).

Fleury 1990 B. Fleury, *Charakterisierung von Mobil- und Richtfunkkanälen mit Schwach Stationären Fluktuationen und Unkorrelierter Streuung (WSSUS)*, Dissertation, ETH Zuerich, Switzerland (1990).

Fleury 1996 B. H. Fleury, "An uncertainty relation for WSS processes and its application to WSSUS systems", *IEEE Trans. Commun.*, 44, 1632–1634 (1996).

Fleury 2000 B. H. Fleury, "First- and second-order characterization of direction dispersion and space selectivity in the radio channel", *IEEE Trans. Inform. Theory*, 46, 2027–2044 (2000).

Fleury et al. 1999 B. H. Fleury, M. Tschudin, R. Heddergott, D. Dahlhaus, and K. I. Pedersen, "Channel parameter estimation in mobile radio environments using the SAGE algorithm", *IEEE JSAC*, 17, 434–450 (1999).

Fontan and Espineira 2008 F. P, Fontan and P. M. Espineira, *Modelling the Wireless Propagation Channel: A Simulation Approach with MATLAB*, Wiley (2008).

Foschini and Gans 1998 G. J. Foschini and M. J. Gans, "On limits of wireless communications in a fading environment when using multiple antennas", *Wireless Personal Commun.*, 6, 311–335 (1998).

Foschini et al. 2003 G. J. Foschini, D. Chizhik, M. J. Gans, C. Papadias, and R. A. Valenzuela, "Analysis and performance of some basic space-time architectures", *IEEE J. Sel. Area. Commun.*, 21, 303–320 (2003).

Fragouli et al. 2005 C. Fragouli, J. Y. Le Boudec, and J. Widmer, *Network Coding: An Instant Primer*, EPFL *LCA-REPORT-2005-010 http://infoscience.epfl.ch/record/58339*.

Frullone et al. 1996 M. Frullone, G. Riva, P. Grazioso, and G. Falciasecca, "Advanced planning criteria for cellular systems", *IEEE Pers. Commun.*, 3(6), 10–15 (1996).

Fuhl 1994 J. Fuhl, Diploma thesis, Technical University Vienna, Austria (1994).

Fuhl et al. 1998 J. Fuhl, A. F. Molisch, and E. Bonek, "Unified channel model for mobile radio systems with smart antennas", *IEE Proc. Radar, Sonar Navigation*, 145, 32–41 (1998).

Fujimoto 2008 K. Fujimoto, *Mobile Antenna Systems Handbook*, 3rd edition, Artech (2008).

Fujimoto et al. 1987 K. Fujimoto, "A review of research on small antennas", *J. Inst. Electron. Inform. Commun. Eng.*, 70, 830–838 (1987).

Gahleitner 1993 R. Gahleitner, *Radio Wave Propagation in and into Urban Buildings*, Ph.D. thesis, Technical University, Vienna (1993).

Gallagher 1961 R. Gallagher, *Low Density Parity Check Codes*, Ph.D. thesis, Massachusetts Institute of Technology (1961).

Gallagher 2008 R. Gallagher, *Principles of Digital Communication*, Cambridge University Press (2008).

Garg 2000 V. K. Garg, *IS-95 CDMA & cdma2000: Cellular/PCS Systems Implementation*, Prentice-Hall (2000).

Gay and Benesty 2000 S. L. Gay and J. Benesty, *Acoustic Signal Processing for Telecommunication*, Kluwer Academic Publishers (2000).

Georgiadis et al. 2006 L. Georgiadis, M. Neely, and L. Tassiulas, "Resource allocation and cross layer control in wireless networks", *Found. Trends Networking*, 1, 1–144 (2006).

Gersho and Gray 1992 A. Gersho and R. M. Gray, *Vector Quantization and Signal Compression*, Kluwer Academic Publishers (1992).

Gesbert et al. 2002 D. Gesbert, H. Boelcskei, and A. Paulraj, "Outdoor MIMO wireless channels: Models and performance prediction", *IEEE Trans. Commun.*, 50(12), 1926–1935 (2002).

Gesbert et al. 2003 D. Gesbert, M. Shafi, D. S. Shiu, P. J. Smith, and A. Naguib, "From theory to practice: An overview of MIMO space-time coded wireless systems", *IEEE J. Sel. Area. Commun.*, 21, 281–302 (2003).

Gesbert et al. 2007 D. Gesbert, M. Kountouris, R. W. Heath, C. B. Chae, and T. Saelzer, "Shifting the MIMO paradigm", *IEEE Signal Process. Mag.*, 24(9), 36–46 (2007).

Ghavami et al. 2006 M. Ghavami, L. Michael, and R. Kohno, *Ultra Wideband Signals and Systems in Communication Engineering*, Wiley (2006).

Giannakis and Halford 1997 G. B. Giannakis and S. D. Halford, "Blind fractionally spaced equalization of noisy FIR channels: Direct and adaptive solutions", *IEEE Trans. Signal Process.*, 45, 2277–2292 (1997).

Gibson et al. 1998 J. D. Gibson, T. Berger, T. Lookabaugh, R. Baker, and D. Lindbergh, *Digital Compression for Multimedia: Principles & Standards*, Morgan Kaufman (1998).

Gilhousen et al. 1991 K. S. Gilhousen, I. M. Jacobs, R. Padovani, A. J. Viterbi, L. A. Weaver, and C. E. Wheatley, "On the capacity of a cellular CDMA system", *IEEE Trans. Veh. Technol.*, 40, 303–312 (1991).

Gitlin and Weinstein 1981 R. D. Gitlin and S. B. Weinstein, "Fractionally-spaced equalization: An improved digital transversal equalizer", *Bell System Tech. J.*, 60, 275–296 (1981).

Glassner 1989 A. S. Glassner, *An Introduction to Ray Tracing*, Morgan Kaufmann (1989).

Glisic and Vucetic 1997 S. Glisic and B. Vucetic, *Spread Spectrum CDMA Systems for Wireless Communications* Artech House, London (1997).

Godara 1997 L. C. Godara, "Applications of antenna arrays to mobile communications. I. Performance improvement, feasibility, and system considerations", *Proceedings of IEEE 85, 1031-1060 and Application of Antenna Arrays to Mobile Communications. II. Beam-forming and Direction-of-arrival Considerations, Proceedings of IEEE 85"*, pp. 1195–1245 (1997).

Godara 2001 L. C. Godara, *Handbook of Antennas in Wireless Communications*, CRC Press, Boca Raton (2001).

Godard 1980 D. N. Godard, "Self-recovering equalization and carrier tracking in two-dimensional data communication systems", *IEEE Trans. Commun.*, 28, 1867–1875 (1980).

Goiser 1998 A. Goiser, *Handbuch der Spread-Spectrum Technik*, Springer, Wien (1998).

Goiser et al. 2000 A. Goiser, M. Z. Win, G. Chrisikos, and S. Glisic, "Code division multiple access", part 5 of A. F. Molisch (ed.), *Wireless Wideband Digital Communications*, Prentice-Hall, USA (2000).

Golaup et al. 2009 A. Golaup, M. Mustapha, and L. B. Patanapongpibul, "Femtocell access control strategy in UMTS and LTE", *IEEE Commun. Mag.*, 47(9), 117–123 (2009).

Goldsmith et al. 2003 A. Goldsmith, S. A. Jafar, N. Jindal, and S. Vishwanath, "Capacity limits of MIMO channels", *IEEE J. Select. Area. Commun.*, 21, 684–702 (2003).

Golomb and Gong 2005 S. Golomb and G. Gong, *Signal Design for Good Correlation: For Wireless Communication, Cryptography, and Radar*, Cambridge University Press (2005).

Gonzalez 1984 G. Gonzalez, *Microwave Transistor Amplifiers: Analysis and Design*, Prentice Hall (1984).

Gonzalez and Woods 2008 R. C. Gonzalez and R. E. Woods, *Digital Image Processing*, 3rd edition, Prentice Hall (2008).

Goodman et al. 1989 D. J. Goodman, R. A. Valenzuela, K. T. Gayliard, and B. Ramamurthi, "Packet reservation multiple access for local wireless communications", *IEEE Trans. Commun.*, 37, 885–890 (1989).

Gorokhov 1998 A. Gorokhov, "On the performance of the Viterbi equalizer in the presence of channel estimation errors", *IEEE Signal Process. Lett.*, 5, 321–324 (1998).

Gray 1989 R. M. Gray, *Source Coding Theory*, Kluwer Academic Publishers (1989).

Greenstein et al. 1997 L. J. Greenstein, V. Erceg, Y. S. Yeh, and M. V. Clark, "A new path-gain/delay-spread propagation model for digital cellular channels", *IEEE Trans. Veh. Technol.*, 46, 477–485 (1997).

Gross and Harris 1998 D. Gross and C. M. Harris, *Fundamentals of Queuing Theory*, 3rd edition, Wiley (1998).

Gupta and Kumar 2000 P. Gupta and P. R. Kumar, "The capacity of wireless networks", *IEEE Trans. Inform. Theory*, 46, 388–404 (2000).

Haardt and Nossek 1995 M. Haardt and J. A. Nossek, "Unitary ESPRIT: How to obtain increased estimation accuracy with a reduced computational burden", *IEEE Trans. Signal Process.*, 43, 1232–1242 (1995).

Haensler and Schmidt 2004 E. Haensler and G. Schmidt (eds), *Acoustic Echo and Noise Control*, John Wiley & Sons (2004).

Hagenauer and Hoeher 1989 J. Hagenauer and P. Hoeher, "A Viterbi algorithm with soft-decision outputs and its applications", *IEEE Globecom*, 1680–1686 (1989).

Han et al. 2007 Z. Han, Z. Ji, and K. J. R. Liu, "Non-cooperative resource competition game by virtual referee in multi-cell OFDMA networks", *IEEE J. Sel. Area. Commun.*, 25, 1079–1090 (2007).

Han and Poor 2009 Z. Han and V. H. Poor, "Impact of cooperative transmission on network routing", in Y. Zhang, H. H. Chen, and M. Guizani (eds), *Cooperative Wireless Communications*, CRC Press (2009).

Hansen 1998 R. C. Hansen, *Phased Array Antennas*, Wiley (1998).

Hanzo et al. 2000 L. Hanzo, W. Webb, and T. Keller, *Single- and Multi-Carrier Quadrature Amplitude Modulation: Principles and Applications for Personal Communications, WLANs and Broadcasting*, Wiley (2000).

Hanzo et al. 2001 L. Hanzo, F. C. A. Somerville, and J. P. Woodard, *Voice Compression and Communications*, IEEE Press Wiley Interscience, New York (2001).

Hanzo et al. 2003 L. Hanzo, M. Muenster, B. J. Choi, and T. Keller, *OFDM and MC-CDMA for Broadband Multi-User Communications, WLANs and Broadcasting*, Wiley (2003).

Harrington 1993 R. F. Harrington, *Field Computation by Moment Method*, Wiley/IEEE Press (1993).

Harryson et al. 2010 F. Harryson, J. Medbo, A. F. Molisch, A. Johansson, and F. Tufvesson, "Efficient experimental evaluation of a MIMO handset with user influence", *IEEE Trans. Wireless Commun.*, 9, 853–863 (2010).

Hart et al. 2009 M. Hart, Z. J. Tao, and Y. Zhou, *IEEE 802.16j Multi-hop Relay*, Wiley (2009).

Hashemi 1979 H. Hashemi, "Simulation of the urban radio propagation channel", *IEEE Trans. Veh. Technol.*, 28, 213–225 (1979).

Hashemi 1993 H. Hashemi, "Impulse response modeling of indoor radio propagation channels", *IEEE J. Sel. Area. Commun.*, 11, 943 (1993).

Haslett 2008 C. Haslett, *Essentials of Radio Wave Propagation*, Cambridge University Press (2008).

Hata 1980 M. Hata, "Empirical formula for propagation loss in land mobile radio services", *IEEE Trans. Veh. Technol.*, 29, 317–325 (1980).

Haykin 1991 S. Haykin, *Adaptive Filter Theory*, Prentice Hall, Englewood Cliffs (1991).

Haykin 2005 S. Haykin, "Cognitive radio: Brain-empowered wireless communications", *IEEE J. Sel. Area. Commun.*, 23, 201–220 (2005).

Heath 2011 R. W. Heath, Jr., *Advanced MIMO Communications*, Cambridge University Press (2011).

Heavens 1965 O. S. Heavens, *Optical Properties of Thin Film Solids*, Dover, New York (1965).

Hewlett-Packard 1994 Hewlett-Packard, *Schulungsunterlagen GSM*, Hewlett-Packard, German (1994).

Hirade et al. 1979 K. Hirade, M. Ishizuka, F. Adachi, and K. Ohtani, "Error-rate performance of digital FM with differential detection in land mobile radio channels", *IEEE Trans. Veh. Technol.*, 28, 204–212 (1979).

Hirasawa and Haneishi 1991 K. Hirasawa and M. Haneishi (eds), *Analysis, Design, and Measurements of Small and Low-Profile Antennas*, Artech House (1991).

Hoeher 1992 P. Hoeher, "A statistical discrete-time model for the WSSUS multipath channel", *IEEE Trans. Veh. Technol.*, 41, 461–468 (1992).

Holma and Toskala 2007 H. Holma and A. Toskala (eds), *WCDMA for UMTS: Radio Access for Third Generation Mobile Communications*, 4th edition, Wiley (2007).

Holma and Toskola 2009 H. Holma and A. Toskola (eds), *LTE for UMTS – OFDMA and SC-FDMA Based Radio Access*, Wiley (2009).

Holtzman and Jalloul 1994 J. M. Holtzman and L. M. Jalloul, "Rayleigh fading effect reduction with wideband DS/CDMA signals", *IEEE Trans. Commun.*, 42, 1012–1016 (1994).

Hong et al. 2007 Y. W. Hong, W. J. Huang, F. H. Chiu, and C.-C. Jay Kuo, "Cooperative communications in resource-constrained wireless networks", *IEEE Signal Proc. Mag.*, 5, 47–57 (2007).

Honig 2009 M. L. Honig (ed.), *Advances in Multiuser Detection*, Wiley (2009).

Hoppe et al. 2003 R. Hoppe, P. Wertz, F. M. Landstorfer, and G. Woelfle, "Advanced ray optical wave propagation modelling for urban and indoor scenarios including wideband properties", *Eur. Trans. Telecommun.*, 14, 61–69 (2003).

Hossain and Barghava 2008 E. Hossain and V. K. Barghava (eds), *Cognitive Wireless Communication Networks*, Springer (2008).

Hottinen et al. 2003 A. Hottinen, O. Tirkkonen, and R. Wichman, *Multi-antenna Transceiver Techniques for 3G and Beyond*, Wiley (2003).

Huang et al. 2001 X. Huang, A. Acero, and H. W. Hon, *Spoken Language Processing*, Prentice-Hall (2001).

Huffman 1952 D. A. Huffman, "A method for the construction of minimum redundancy codes", *Proceedings of IRE 40*, pp. 1098–1101 (1952).

Hunter and Nosratinia 2006 T. Hunter and A. Nosratinia, "Diversity through Coded Cooperation", *IEEE Transactions on Wireless Communications*, 5(2), 1–7, February (2006).

Hunter et al. 2006 T. E. Hunter, S. Sanayei, and A. Nosratinia, "Outage analysis of coded cooperation", *IEEE Trans. Inform. Theory*, 52, 375–391 (2006).

Hwang et al. 2009 T. Hwang, C. Yang, G. Wu, S. Li, and Y. G. Li, "OFDM and its wireless applications: A survey", *IEEE Trans. Veh. Technol.*, 58, 1673–1694 (2009).

IEEE P802.11n IEEE P802.11n™/D7.0 Draft STANDARD for Information Technology – Telecommunications and information exchange between systems – Local and metropolitan area networks – Specific requirements

IEEE 802.11 Institute of Electrical and Electronics Engineers, *Standard 802.11*, particularly the following documents: IEEE std 802.11-1999, Part 11: Wireless LAN Medium Access Control (MAC) and Physical Layer (PHY) specifications" (1999); IEEE 802.11e draft/D9.0, Part 11:Wireless Medium Access Control (MAC) and physical layer (PHY) specifications: *Medium Access Control (MAC) Quality of Service (QoS) Enhancements*, (2004); IEEE std 802.11a-1999, Part 11: Wireless LAN Medium Access Control (MAC) and Physical Layer (PHY) specifications: *High-Speed Physical Layer in the 5GHZ Band* (1999); IEEE std 802.11b-1999, Part 11: Wireless LAN Medium Access Control (MAC) and Physical Layer (PHY) specifications: *Higher-Speed Physical Layer Extension in the 2.4GHz Band* (1999).

IEEE 802.16-2009 IEEE 802.16 standardization group, *IEEE Standard for Local and Metropolitan Area Networks – Part 16: Air Interface for Broadband Wireless Access Systems*, at *http://wirelessman.org/pubs/80216Rev2.html* (2009).

Ikegami et al. 1984 F. Ikegami, S. Yoshida, T. Takeuchi, and M. Umehira, "Propagation factors controlling mean field strength on urban streets", *IEEE Trans. Antennas Propagat.*, 32, 822–829 (1984).

Intanagonwiwat et al. 2003 C. Intanagonwiwat, R. Govindan, D. Estrin, J. Heidemann, and F. Silva, "Directed diffusion for wireless sensor networking", *IEEE/ACM Trans. Networking*, 11, 2–16 (2003).

Itakura and Saito 1968 F. Itakura and S. Saito "Analysis synthesis telephony based on the maximum likelihood principle", *Proceedings of the 6th International Congress on Acoustics*, Tokyo, Japan, pp. C17–C20 (1968).

ITU 1993 International Telecommunications Union, *Video Codec for Audiovisual Services at px64 Kbit/s*, Recommendation H.261 (1993).

ITU 1996 International Telecommunications Union, *Video Coding for Low Bit Rate Communication*, ITU-T Recommendation H.263 (1996).

ITU 1997 International Telecommunications Union, *Guidelines for Evaluation of Radio Transmission Technologies for IMT-2000*, Recommendation ITU-R M.1225 (1997).

ITU 1998 International Telecommunications Union, *Studio Encoding Parameters of Digital Television for Standard 4:3 and Wide-screen 16:9 Aspect Ratios*, ITU-R, Recommendation BT.601-5 (1998).

ITU 2008 International Telecommunications Union, *Guidelines for Evaluation of Radio Interface Technologies for IMT-Advanced*, Recommendation ITU-R M.2135 (2008).

ITU 2009 International Telecommunications Union, *Information Technology – Coding of Audio-visual Objects – Part 10: Advanced Video Coding (AVC)*, 5th edition, ITU-T Recommendation H.264 $backslash$mid$ ISO/IEC 14496-10:2009 (2009).

Jafarkhani 2005 H. Jafarkhani, *Space-Time Coding: Theory and Practice*, Cambridge University Press (2005).

Jain 1989 A. K. Jain, *Fundamentals of Digital Image Processing*, Prentice Hall (1989).

Jajszczyk and Wagrowski 2005 A. Jajszczyk and M. Wagrowski, "OFDM for wireless communication systems", *IEEE Commun. Mag.*, 43(9), 18–20 (2005).

Jakes 1974 W. C. Jakes, *Microwave Mobile Communications*, IEEE Press (reprint) (1974).

Jamali and Le-Ngoc 1991 S. Jamali and T. Le-Ngoc, "A new 4-state 8PSK TCM scheme for fast fading, shadowed mobile radio channels", *IEEE Trans. Veh. Technol.*, 40, 216–222 (1991).

Jayant and Noll 1984 N. S. Jayant and P. Noll, *Digital Coding of Waveforms – Principles and Applications to Speech and Video*, Prentice-Hall, Englewood Cliffs (1984).

Jelinek et al. 2004 M. Jelinek, R. Salami, S. Ahmadi, B. Bessetle, P. Gournay, and C. Laflamme, "On the architecture of the cdma2000/spl reg/variable-rate multimode wideband (VMR-WB) speech coding standard", *Proceedings of IEEE International Conference in Acoustics, Speech, and Signal Processing*, I-281-4 (2004).

Ji and Liu 2007 Z. Ji and K. J. R. Liu, "Dynamic spectrum sharing: A game theoretical overview", *IEEE Commun. Mag.*, 45(5), 88–95 (2007).

Jiang and Hanzo 2007 M. Jiang and L. Hanzo, "Multiuser MIMO-OFDM for next-generation wireless systems", *Proc. IEEE*, 95, 1430–1469 (2007).

Jiang and Wu 2008 T. Jiang and Y. Wu, "Peak-to-average power ratio reduction techniques for OFDM signals", *IEEE Trans. Broadcast.*, 54, 257–268 (2008).

Johannesson and Zigangirov 1999 R. Johannesson and K. S. Zigangirov, *Fundamentals of Convolutional Coding*, Wiley - IEEE Press (1999).

Johnson et al. 2001 D. B. Johnson, D. A. Maltz, and J. Broch. "DSR: The dynamic source routing protocol for multi-hop wireless ad hoc networks", in C. E. Perkins (ed.), *Ad Hoc Networking*, Chapter 5, pp. 139–172, Addison-Wesley (2001).

Jovocic and Visvanath 2009 A. Jovocic and P. Viswanath, *Cognitive Radio: An Information-Theoretic Perspective*, IEEE Trans. Information Theory 55, 3945–3958 (2009).

Jurafsky and Martin 2000 D. Jurafsky and J. H. Martin, *Speech and Language Processing*, Prentice-Hall, Upper Saddle River (2000).

Kattenbach 1997 R. Kattenbach, *Characterisierung zeitvarianter Indoor Mobilfunkkanäle mittels ihrer System- und Korrelationsfunktionen*, Dissertation an der Universitä t GhK Kassel, publiziert beim Shaker-Verlag, Aachen (1997).

Kattenbach 2002 R. Kattenbach, "Statistical modeling of small-scale fading in directional radio channels", *IEEE J. Sel. Area. Commun.*, 20, 584–592 (2002).

Katzela and Naghshineh 2000 I. Katzela and M. Naghshineh, "Channel assignment schemes for cellular mobile telecommunication systems: A comprehensive survey", *IEEE Commun. Surveys Tutorials*, 3(2), 10–31 (2000).

Keller 1962 J. B. Keller, "Geometrical theory of diffraction", *J. Opt. Soc. Am.*, 2, 116–130 (1962).

Keller and Hanzo 2000 T. Keller and L. Hanzo, "Adaptive multicarrier modulation: A convenient framework for time-frequency processing in wireless communications", *Proc. IEEE*, 88, 611–640 (2000).

Kermoal et al. 2002 J. P. Kermoal, L. Schumacher, K. I. Pedersen, P. E. Mogensen, and F. Frederiksen, "A stochastic MIMO radio channel model with experimental validation", *IEEE J. Sel. Area. Commun.*, 20, 1211(2002).

Khandani et al. 2003 A. Khandani, J. Abounadi, E. Modiano, and L. Zhang, "Cooperative routing in wireless networks", *Allerton Conference on Communications, Control and Computing*, October (2003).

Khun-Jush et al. 2002 J. Khun-Jush, P. Schramm, G. Malmgren, and J. Torsner, "HiperLAN2: Broadband wireless communications at 5 GHz", *IEEE Commun. Mag.*, 40(6), 130−136 (2002).

Kim et al. 1999 Y. H. Kim, I. Song, H. G. Kim, T. Chang, and H. M. Kim, "Performance analysis of a coded OFDM system in time-varying multipath Rayleigh fading channels", *IEEE Trans. Veh. Technol.*, 48, 1610−1615 (1999).

Kivekäs et al. 2004 O. Kivekäs, J. Ollikainen, T. Lehtiniemi, and P. Vainikainen, Member, "Bandwidth, SAR, and efficiency of internal mobile phone antennas", *IEEE Trans. Electromagn. Comp.*, 46, 71−76 (2004).

Kleijn 2005 W. B. Kleijn, *Information Theory and Source Coding*, Royal Institute of Technology (KTH), unpublished course notes (2005).

Kleijn and Granzow 1991 W. B. Kleijn and W. Granzow, "Methods for waveform interpolation in speech coding", *Digit. Signal Process.*, 1, 215−230 (1991).

Kleijn and Paliwal 1995 W. B. Kleijn and K. K. Paliwal, *Speech Coding and Synthesis*, Elsevier (1995).

Kleinrock and Tobagi 1975 L. Kleinrock and F. Tobagi, "Packet switching in radio channels: Part I−carrier sense multiple access modes and their throughput-delay characteristics", *IEEE Trans. Commun.*, 23, 1400−1416 (1975).

Klemenschits and Bonek 1994 T. Klemenschits and E. Bonek, "Radio coverage of road tunnels at 900 and 1800 MHz by discrete antennas", *Proceedings of PIMRC 1994*, pp. 411−415 (1994).

Kobayashi and Caire 2006 M. Kobayashi and G. Caire, "An iterative water-filling algorithm for maximum weighted sum-rate of Gaussian MIMO-BC", *IEEE J. Sel. Area. Commun.*, 24, 1640−1646 (2006).

Kohno et al. 1995 R. Kohno, R. Meidan, and L. B. Milstein, "Spread spectrum access methods for wireless communications", *IEEE Commun. Mag.*, 33(1), 58−67 (1995).

Kondoz 2004 A. M. Kondoz, *Digital Speech: Coding for Low Bit Rate Communication Systems*, 2nd edition, Wiley (2004).

Kouyoumjian and Pathak 1974 R. G. Kouyoumjian and P. H. Pathak, "A uniform geometrical theory of diffraction for an edge in a perfectly conducting surface", *Proc. IEEE*, 62, 1448−61 (1974).

Kozek 1997 W. Kozek, *Matched Weyl-Heisenberg Expansions of Nonstationary Environments*, Dissertation, Technical University Vienna, Austria (1997).

Kozek and Molisch 1998 W. Kozek and A. F. Molisch, "Nonorthogonal pulseshapes for multicarrier communications in doubly dispersive channels", *IEEE J. Sel. Area. Commun.*, 16, 1579−1589 (1998).

Kramer et al. 2005 G. Kramer, M. Gastpar, and P. Gupta, "Cooperative strategies and capacity theorems for relay networks", *IEEE Trans. Inform. Theory*, 51, 3037−3063 (2005).

Kramer et al. 2007 G. Kramer, I. Maric, and R. D. Yates, "Cooperative communications", *Found. Trends Networking*, 1(3−4), 1−167 (2007).

Kraus and Marhefka 2002 J. D. Kraus and R. J. Marhefka, *Antennas: For All Applications*, 3rd edition, McGrawHill (2002).

Kreuzgruber et al. 1993 P. Kreuzgruber, P. Unterberger, and R. Gahleitner, "A ray splitting model for indoor propagation associated with complex geometries", *Proceedings of 43rd IEEE Vehicular Technology Conference*, Secaucus, NJ, pp. 227−230 (1993).

Krim and Viberg 1996 H. Krim and M. Viberg, "Two decades of array signal processing - the parametric approach", *IEEE Signal Proc. Mag.*, 13(4), 67−94 (1996).

Kubin 1995 G. Kubin, "Nonlinear processing of speech", in W. B. Kleijn and K. K. Paliwal (eds), *Speech Coding and Synthesis*, pp. 557−610, Elsevier (1995).

Kuchar et al. 1997 A. Kuchar, J. Fuhl, and E. Bonek, "Spectral efficiency enhancement and power control of smart antenna system", *EPMCC 97*, Bonn, Germany, September 30−October 2 (1997).

Kuchar et al. 2002a A. Kuchar, J. P. Rossi, and E. Bonek, "Directional macro-cell channel characterization from urban measurements", *IEEE Trans. Antennas Propagat.*, 48, 137−146 (2002a).

Kuchar et al. 2002b A. Kuchar, M. Taferner, and M. Tangemann, "A real-time DOA-based smart antenna processor", *IEEE Trans. Veh. Technol.*, 51, 1279−1293 (2002b).

Kunz and Luebbers 1993 K. S. Kunz and R. J. Luebbers, *The Finite Difference Time Domain Method for Electromagnetics*, CRC Press (1993).

Laneman and Wornell 2003 J. N. Laneman and G. W. Wornell, "Distributed space-time-coded protocols for exploiting cooperative diversity in wireless networks", *IEEE Trans. Inform. Theory*, 49, 2415–2425 (2003).

Laneman et al. 2004 J. N. Laneman, D. N. C. Tse, and G. W. Wornell, "Cooperative diversity in wireless networks: Efficient protocols and outage behavior", *IEEE Trans. Inform. Theory*, 50, 3062–3080 (2004).

Larsen and Aarts 2004 E. R. Larsen and R. M. Aarts, *Audio Bandwidth Extension: Application of Psychoacoustics, Signal Processing and Loudspeaker Design*, Wiley (2004).

Larsson and Stoica 2008 E. G. Larsson and P. Stoica, *Space-Time Block Coding for Wireless Communications*, Cambridge University Press (2008).

Latief and Zhang 2007 K. B. Letaief and W. Zhang, "Cooperative spectrum sensing", in E. Hossein and V. K. Barghava (eds.), *Cognitive Wireless Communication Networks* Springer (2007).

Laufer et al. 2009 R. Laufer, H. Dubois-Ferriere, and L. Kleinrock, "Multirate anypath routing in wireless mesh networks", *IEEE INFOCOM*, 37–45 (2009).

Laurent 1986 P. A. Laurent, "Exact and approximate construction of digital phase modulations by superposition of amplitude modulated pulses", *IEEE Trans. Commun.*, 34, 150–160 (1986).

Laurila 2000 J. Laurila, *Semi-Blind Detection of Co-Channel Signals in Mobile Communications*, Dissertation TU Wien, Wien (2000).

Laurila et al. 1998 J. Laurila, A. F. Molisch, and E. Bonek, "Influence of the scatter distribution on power delay profiles and azimuthal power spectra of mobile radio channels", *Proc. ISSSTA'98*, 267–271 (1998).

Lawton and McGeehan 1994 M. C. Lawton and J. P. McGeehan, "The application of a deterministic ray launching algorithm for the prediction of radio channel characteristics in small-cell environments", *IEEE Trans. Veh. Technol.*, 43, 955–969 (1994).

Lee 1973 W. C. Y. Lee, "Effects on correlations between two mobile base-station antennas", *IEEE Trans. Commun.*, 21, 1214–1224 (1973).

Lee 1982 W. C. Y. Lee, *Mobile Communications Engineering*, McGraw Hill, New York (1982).

Lee 1986 W. C. Y. Lee, *Mobile Communications Design Fundamentals*, Sams, Indianapolis (1986).

Lee 1995 W. C. Y. Lee, *Mobile Cellular Telecommunications: Analog and Digital Systems*, McGraw Hill (1995).

Letaief and Zhang 2007 K. B. Letaief and W. Zhang, "Cooperative spectrum sensing", in E. Hossein and V. K. Barghava (eds), *Cognitive Wireless Communication Networks*, Springer (2007).

Li and Miller 1998 J. S. Lee and L. E. Miller, *CDMA Systems Engineering Handbook*, Artech House, London (1998).

Li and Stuber 2006 Y. G. Li and G. L. Stuber, *Orthogonal Frequency Division Multiplexing for Wireless Communications*, Springer (2006).

Li et al. 1997 J. Li, J. F. Wagen, and E. Lachat, "ITU model for multi-knife-edge diffraction", *Microwaves, Antennas Propagat., IEE Proc.*, 143, 539–541 (1997).

Li et al. 1998 Y. G. Li, L. C. Cimini, and N. R. Sollenberger, "Robust channel estimation for OFDM systems with rapid dispersive fading channels", *IEEE Trans. Commun.*, 46, 902–915 (1998).

Li et al. 1999 Y. G. Li, N. Seshadri, and S. Ariyavisitakul, "Channel estimation for OFDM systems with transmitter diversity in mobile wireless channels", *IEEE J. Sel. Area. Commun.*, 17(3), 461–471 (1999).

Liberti and Rappaport 1996 J. C. Liberti and T. S. Rappaport, "A geometrically based model for line of sight multipath radio channels", *Proceedings of IEEE Vehicular Technology Conference*, pp. 844–848 (1996).

Liberti and Rappaport 1999 J. C. Liberti and T. S. Rappaport, *Smart Antennas for Wireless Communications: IS-95 and Third Generation CDMA Applications*, Prentice-Hall (1999).

Liebenow and Kuhlmann 1993 U. Liebenow and P. Kuhlmann, "Determination of scattering surfaces in hilly terrain", *COST 231, TD (93) 119*, (1993).

Lin 2003 J. C. Lin, "Safety standards for human exposure to radio frequency radiation and their biological rationale", *IEEE Microwave Mag.*, 4(4), 22–26 (2003).

Lin and Costello 2004 S. Lin and D. J. Costello, *Error Control Coding*, 2nd edition, Prentice Hall (2004).

Liu et al. 1996 H. Liu, G. Xu, L. Tong, T. Kailath, "Recent developments in blind channel equalization: From cyclostationarity to subspaces", *Signal Process.*, 50, 83–99 (1996).

Liu et al. 2009 K. J. R. Liu, A. K. Sadek, W. Su, and A. Kwasinski, *Cooperative Communications and Networking*, Cambridge University Press (2009).

Lo 1999 T. K. Y. Lo, "Maximum ratio transmission", *IEEE Trans. Commun.*, 47, 1458–1461 (1999).

Loeliger 2004 H. A. Loeliger, "An introduction to factor graphs", *IEEE Signal Process. Mag.*, January, 28–41 (2004).

Loncar et al. 2002 M. Loncar, R. Müller, T. Abe, J. Wehinger, and C. Mecklenbräuker, "Iterative equalizer using soft-decoder feedback for MIMO systems in frequency-selective fading", *Proceedings of URSI General Assembly 2002* (2002).

Lott and Teneketzis 2006 C. Lott and D. Teneketzis, "Stochastic routing in ad-hoc networks", *IEEE Trans. Automat. Control*, 51, 52–70 (2006).

Love et al. 2003 D. J. Love, R. W. Heath, and S. Strohmer, "Grassmannian beamforming for multiple-input multiple-output wireless systems", *IEEE Trans. Inform. Theory*, 49, 2735–2747 (2003).

Love et al. 2008 D. J. Love, R. W. Heath, V. K. N. Lau, D. Gesbert, B. D. Rao, and M. Andrews, "An overview of limited feedback in wireless communication systems", *IEEE J. Sel. Area. Commun.*, 26, 1341–1365 (2008).

Lozano et al. 2008 A. Lozano, A. M. Tulino, and S. Verdu, "Multiantenna capacity myths and reality", in H. Boelcskei, D. Gesbert, C. B. Papadias, and A.-J. van der Veen (eds), *Space-Time Wireless Systems*, Cambridge University Press (2008).

Lucky et al. 1968 R. W. Lucky, J. Salz, and E. J. Weldon Jr., *Principles of Data Communication*, McGraw Hill (1968).

Lustman and Porrat 2010 Y. Lustmann and D. Porrat, Hebrew University, Jerusalem, private communication (2010).

MacAulay and Quatieri 1986 R. J. McAulay and T. F. Quatieri, "Speech analysis/synthesis based on a sinusoidal representation", *IEEE Trans. Acoustics, Speech, Signal Process.*, 34, 744–754 (1986).

MacKay 2002 D. J. C. MacKay, *Information Theory, Inference & Learning Algorithms*, Cambridge University Press (2002).

MacKay and Neal 1997 D. J. C. MacKay and R. M. Neal, "Near Shannon limit performance of low density parity check codes", *Electron. Lett.*, 33, 457–458 (1997).

Madan et al. 2009 R. Madan, N. B. Mehta, A. F. Molisch, and J. Zhang, "Energy-efficient decentralized control of cooperative wireless networks with fading", *IEEE Trans. Automat. Control*, 54, 512–527 (2009).

Mailloux 1994 R. J. Mailloux, *Phased Array Antenna Handbook*, Artech House (1994).

Malvar et al. 2003 H. Malvar, A. Hallapuro, M. Karczewicz, and L. Kerofsky, "Low-complexity transform and quantization in H.264/AVC", *IEEE Trans. Circ. Syst. Video Technol.*, 13, 598–603 (2003).

Manholm et al. 2003 L. Manholm, M. Johansson, and S. Petersson, Antennas with Electrical Beamtilt for WCDMA: Simulations and Implementation, *Swedish National Conference on Antennas* (2003).

Marcuse 1991 D. Marcuse, *Theory of Dielectric Optical Waveguides*, 2nd edition, Academic Press, Boston (1991).

Mardia et al. 1979 K. V. Mardia, J. T. Kent, and J. M. Bibby, *Multivariate Analysis*, Academic Press, London (1979).

Maric and Titlebaum 1992 S. V. Maric and E. L. Titlebaum, "A class of frequency hop codes with nearly ideal characteristics for use in multiple-access spread-spectrum communications and radar and sonar systems", *IEEE Trans. Commun.*, 40, 1442–1447 (1992).

Maric and Yates 2004 I. Maric and R. D. Yates, "Cooperative multihop broadcast for wireless networks", *IEEE J. Sel. Area. Commun.*, 22, 1080–1088 (2004).

Martirosyan et al. [2008] A. Martirosyan, A. Boukerche, and R. W. N. Pazzi, "A taxonomy of cluster-based routing protocols for wireless sensor networks", *The International Symposium on Parallel Architectures, Algorithms, and Networks* (2008).

Marzetta and Hochwald 1999 T. L. Marzetta and B. M. Hochwald, "Capacity of a mobile multiple-antenna communication link in Rayleigh at fading", *IEEE Trans. Inform. Theory*, 45, 139–157 (1999).

Matz 2003 G. Matz, "Characterization of non-WSSUS fading dispersive channels", *Proceedings of ICC '03*, pp. 2480–2484 (2003).

Matz and Hlawatsch 1998 G. Matz and F. Hlawatsch, "Time-frequency transfer function calculus (symbolic calculus) of linear time-varying systems (linear operators) based on a generalized underspread theory", *J. Math. Phys. (Special Issue on Wavelet and Time-Frequency Analysis)*, 39, 4041–4070 (1998).

Matz et al. 2002 G. Matz, A. F. Molisch, F. Hlawatsch, M. Steinbauer, and I. Gaspard, "On the systematic measurement errors of correlative mobile radio channel sounders", *IEEE Trans. Commun.*, 50, 808–821 (2002).

May and Rohling 2000 T. May and H. Rohling, "Orthogonal frequency division multiple access", part 4 of A. F. Molisch (ed.), *Wideband Wireless Digital Communications*, Prentice-Hall, U.S.A (2000).

Mayr 1996 B. Mayr, *Modulationsangepasste Codierung*, Lecture notes, TU Vienna (1996).

McEliece 2004 R. McEliece, *The Theory of Information and Coding*, Student edition, Cambridge University Press (2004).

McNamara et al. 1990 D. A. McNamara, C. W. I. Pistorius, and J. A. G. Malherbe, *Introduction to the Uniform Geometrical Theory of Diffraction*, Artech House, Boston, MA (1990).

Mehta et al. 2007 N. B. Mehta, J. Wu, A. F. Molisch, and J. Zhang, "Approximating a sum of random variables with a lognormal distribution", *IEEE Trans. Wireless Commun.*, 6, 2690–2699 (2007).

Mengali and D'Andrea 1997 U. Mengali and A. N. D'Andrea, *Synchronization Techniques for Digital Receivers*, Plenum (1997).

van der Meulen 1971 E. van der Meulen, "Three-terminal communication channels", *Adv. Appl. Prob.*, 3, 120–154 (1971).

Meurling and Jeans 1994 J. Meurling and R. Jeans, *The Mobile Phone Book*, ISBN 0-9524031-02 published by Communications Week International, London (1994).

Meyr and Ascheid 1990 H. Meyr and G. Ascheid, *Digital Communication Receivers, Phase-, Frequency-Locked Loops, and Amplitude Control*, Wiley (1990).

Meyr et al. 1997 H. Meyr, M. Moeneclaeye, and S. A. Fechtel, *Digital Communication Receivers, Vol. 2: Synchronization, Channel Estimation, and Signal Processing*, Wiley (1997).

Milstein 1988 L. B. Milstein, "Interference rejection techniques in spread spectrum communications", *Proc. IEEE*, 76, 657–671 (1988).

Moeller et al. 2010 S. Moeller, A. Sridharan, B. Krishnamachari, and O. Gnawali, "Routing without routes: the backpressure collection protocol", *9th ACM/IEEE Intl. Conf. Information Processing in Sensor Networks* (2010).

Molisch 2000 A. F. Molisch (ed.), *Wideband Wireless Digital Communications*, Prentice-Hall (2000).

Molisch 2001 A. F. Molisch, *A System Proposal for Wireless LANS with MIMO*, AT&T Research Labs Internal Report (2001).

Molisch 2002 A. F. Molisch, *Modeling of Directional Mobile Radio Channels*, Radio Science Bulletin, No. 302, September 2002, pp. 16–26 (2002).

Molisch 2004 A. F. Molisch, "A generic model for the MIMO wireless propagation channel", *IEEE Proc. Signal Proc.*, 52, 61–71 (2004).

Molisch 2005 A. F. Molisch, "Ultrawideband propagation channels – theory, measurement and models", *IEEE Trans. Veh. Technol., Invited*, 54, 1528–1545 (2005).

Molisch 2009 A. F. Molisch, "Ultrawideband propagation channels", *Proc. IEEE, Special Issue on UWB*, 97, 353–371 (2009).

Molisch and Hofstetter 2006 A. F. Molisch and H. Hofstetter, "The COST 273 MIMO channel model", in L. Correia (ed.), *Mobile Broadband Multimedia Networks*, Academic Press (2006).

Molisch and Steinbauer 1999 A. F. Molisch and M. Steinbauer, "Condensed parameters for characterizing wideband mobile radio channels", *Int. J. Wireless Inform. Net.*, 6, 133–154 (1999).

Molisch and Tufvesson 2004 A. F. Molisch and F. Tufvesson, "Multipath propagation models for broadband wireless systems", in M. Ibnkahla (ed.), *Digital Signal Processing for Wireless Communications Handbook*, Chapter 2, pp. 2.1–2.43, CRC Press (2004).

Molisch and Tufvesson 2005 A. F. Molisch and F. Tufvesson, "MIMO Channel capacity and measurements", in T. Kaiser (ed.), *Smart Antennas in Europe – State of the Art*", EURASIP Publishing (2005).

Molisch and Win 2004 A. F. Molisch and M. Z. Win, "MIMO systems with antenna selection", *IEEE Microwave Mag.*, March, 46–56 (2004).

Molisch et al. 1995 A. F. Molisch, J. Fuhl, and E. Bonek, "Pattern distortion of mobile radio base station antennas by antenna masts and roofs", *Proceedings of the 25th European Microwave Conference*, Bologna, pp. 71–76 (1995).

Molisch et al. 1996 A. F. Molisch, J. Fuhl, and P. Proksch, "Error floor of MSK modulation in a mobile-radio channel with two independently-fading paths", *IEEE Trans. Veh. Technol.*, 45, 303–309 (1996).

Molisch et al. 1998 A. F. Molisch, H. Novak, and E. Bonek, "The DECT radio link", *(invited) Telektronikk*, 94, 45–53 (1998).

Molisch et al. 2002 A. F. Molisch, M. Steinbauer, M. Toeltsch, E. Bonek, and R. Thoma, "Capacity of MIMO systems based on measured wireless channels", *IEEE JSAC*, 20, 561–569 (2002).

Molisch et al. 2003a A. F. Molisch, J. R. Foerster and M. Pendergrass, "Channel models for ultrawideband Personal Area Networks", *IEEE Personal Communications Magazine*, 10, 14–21 (2003a).

Molisch et al. 2003b A. F. Molisch, A. Kuchar, J. Laurila, K. Hugl, and R. Schmalenberger, "Geometry-based directional model for mobile radio channels–principles and implementation", *European Trans. Telecommun.*, 14, 351–359 (2003b).

Molisch et al. 2005 A. F. Molisch, Y. G. Li, Y. P. Nakache, et al., "A low-cost time-hopping impulse radio system for high data rate transmission,", *EURASIP J. Appl. Signal Process.*, special issue on UWB (invited), 3, 397–412 (2005).

Molisch et al. 2006a A. F. Molisch, D. Cassioli, C. C. Chong, et al., "A comprehensive model for ultrawideband propagation channels", *IEEE Trans. Antennas Propagat.*, 54, special issue on wireless propagation, 3151–3166 (2006a).

Molisch et al. 2006b A. F. Molisch, H. Asplund, R. Heddergott, M. Steinbauer, and T. Zwick, "The COST 259 directional channel model–I. Overview and methodology," *IEEE Trans. Wireless Comm.*, 5, 3421–3433 (2006b).

Molisch et al. 2007 A. F. Molisch, N. B. Mehta, J. Yedidia, and J. Zhang, "Cooperative relay networks with mutual-information accumulation", *IEEE Trans. Wireless Commun.*, 6, 4108–4119 (2007).

Molisch et al. 2007a A. F. Molisch, M. Toeltsch, and S. Vermani, "Iterative methods for cancellation of intercarrier interference in OFDM systems", *IEEE Trans. Veh. Technol.*, 56, 2158 DH 2167 (2007).

Molisch et al. 2009 A. F. Molisch, F. Tufvesson, J. Karedal, and C. Mecklenbrauker, "Propagation aspects of vehicle-to-vehicle communications", *IEEE Wireless Commun. Mag.*, 16(6), 12 DH 22 (2009).

Molnar et al. 1996 B. G. Molnar, I. Frigyes, Z. Bodnar, and Z. Herczku, "The WSSUS channel model: Comments and a generalisation", *Proceedings of Globecom 1996*, 158–162 (1996).

Moon 2005 T. K. Moon, *Error Correction Coding: Mathematical Methods and Algorithms*, Wiley (2005).

Moroney and Cullen 1995 D. Moroney and P. Cullen, "A fast integral equation approach to UHF coverage estimation", in E. delRe (ed.), *Mobile and Personal Communications*, Elsevier Press, Amsterdam, The Netherlands (1995).

Moshavi 1996 S. Moshavi, "Multi-user detection for DS-CDMA Communications," *IEEE Commun. Mag.*, October, 124–136 (1996).

Motley and Keenan 1988 A. J. Motley and J. P. Keenan, "Personal communication radio coverage in buildings at 900 MHz and 1700 MHz", *Electron. Lett.*, 24, 763–764 (1988).

Mouly and Pautet 1992 M. Mouly and M. B. Pautet, *The GSM System for Mobile Communications*, self-publishing (1992).

MPEG 1 ISO/IEC 11172-2:1993, *Information Technology – Coding of Moving Pictures and Associated Audio for Digital Storage Media at up to about 1.5 Mbit/s – Part 2: Video*. (1993).

MPEG 2 International Telecommunications Union, *Information Technology - Generic Coding of Moving Pictures and Associated Audio Information - Part 2: Video*, 2nd edition, ITU-T Recommendation H.262 and ISO/IEC 13818-2:2000 (2000).

MPEG 4 ISO/IEC 14496-2:2004, *Information Technology – Coding of Audio-Visual Objects – Part 2: Visual*, 3rd edition (2004).

Mudumbai et al. 2009 R. Mudumbai, D. R. Brown, U. Madhow, and H. V. Poor, "Distributed transmit beamforming: Challenges and recent progress", *IEEE Commun. Mag.*, 47, 102–110 (2009).

Muirhead 1982 R. J. Muirhead, *Aspects of Multivariate Statistical Theory*, Wiley (1982).

Muquet et al. 2002 B. Muquet, Z. Wang, G. B. Giannakis, M. de Courville, and P. Duhamel, "Cyclic prefixing or zero padding for wireless multicarrier transmissions", *IEEE Trans. Commun.*, 50, 2136–2148 (2002).

Murota and Hirade 1981 K. Murota and K. Hirade, "GMSK modulation for digital mobile radio telephony", *IEEE Trans. Commun.*, 29, 1044–1050 (1981).

Nabar et al. 2004 R. U. Nabar, H. Bolcskei, and F. W. Kneubuhler, "Fading relay channels: Performance limits and space-time signal design", *IEEE J. Sel. Area. Commun.*, 22, 1099–1109 (2004).

Nakagami 1960 M. Nakagami, "The M-distribution: A general of intensity distribution of rapid fading", in W. Hoffman (ed.), *Statistical Methods of Radio Wave Propagation*, Pergamon Press (1960).

Namislo 1984 N. Namislo, "Analysis of mobile radio slotted ALOHA networks", *IEEE J. Sel. Area. Commun.*, 2, 583–588 (1984).

Narayanan et al. 2004 R. M. Narayanan, K. Atanassov, V. Stoiljkovic, and G. R. Kadambi, "Polarization diversity measurements and analysis for antenna configurations at 1800 MHz", *IEEE Trans. Antennas Propagat.*, 52, 1795–1810 (2004).

Nazer and Gastpar 2008 B. Nazer and M. Gastpar, "Compute-and-forward: A novel strategy for cooperative networks", *42nd Asilomar Conference on Signals, Systems and Computers*, pp. 69–73 (2008).

Nazer et al. 2009 B. Nazer, S. A. Jafar, M. Gastpar, and S. Vishwanath, "Ergodic interference alignment", *IEEE Int. Symp. Inform. Theory*, November/December 1769–1773 (2009).

Necker 2008 M. C. Necker, "Interference coordination in cellular OFDMA networks", *IEEE Network*, Nov/Dec., 12–19 (2008).

Neely 2006 M. J. Neely, "Energy optimal control for time varying wireless networks", *IEEE Trans. Inform. Theory*, 52, 2915–2934 (2006).

Neely and Urgaonkar 2009 M. J. Neely and R. Urgaonkar, "Optimal backpressure routing in wireless networks with multi-receiver diversity", *Ad Hoc Networks (Elsevier)*, 7, 862–881 (2009).

Neubauer et al. 2001 Th. Neubauer, H. Jaeger, J. Fuhl, and E. Bonek, "Measurement of the background noise floor in the UMTS FDD uplink band", *European Personal Mobile Communications Conference* (2001).

Nilsson et al. 1997 R. Nilsson, O. Edfors, M. Sandell, and P. O. Börjesson, "An analysis of two-dimensional pilot-symbol assisted modulation for OFDM", *Proceedings IEEE International Conference on Personal Wireless Communications*, pp. 71–74, Bombay, India, December 1997.

Noerpel et al. 1996 A. R. Noerpel, Y. B. Lin, and H. Sherry, "PACS: Personal communications system: A tutorial", *IEEE Pers. Commun.*, June, 32–43 (1996).

Norklit and Andersen 1998 O. Norklit and J. B. Andersen, "Diffuse channel model and experimental results for array antennas in mobile environments," *IEEE Trans. Antennas Propagat.*, 46, 834 (1998).

Nosratinia et al. 2004 A. Nosratinia, A. T. E. Hunter, and A. Hedayat, "Cooperative communication in wireless networks", *IEEE Commun. Mag.*, 42(10), 74–80 (2004).

Nuaymi 2007 L. Nuaymi, *WiMAX: Technology for Broadband Wireless Access*, Wiley (2007).

O'Hara and Petrick 2005 B. O'Hara and A. Petrick, *The IEEE 802.11 Handbook: A Designer's Companion*, 2nd edition, IEEE Standards Publications (2005).

O'Shaughnessy 2000 D. O'Shaughnessy, *Speech Communication: Human and Machine*, 2nd edition, IEEE Press (2000).

Oehrvik 1994 S. O. Oehrvik, *Radio School*, Ericsson, Stockholm (1994).

Oestges and Clerckx 2007 C. Oestges and B. Clerckx, *MIMO Wireless Communications: From Real-World Propagation to Space-Time Code Design*, Academic Press (2007).

Ogawa et al. 2001 K. Ogawa, T. Matsuyoshi, and K. Monma, "An analysis of the performance of a handset diversity antenna influenced by head, hand, and shoulder effects at 900 MHz.II. Correlation characteristics", *IEEE Trans. Veh. Technol.*, 50, 845–853 (2001).

Ogawa and Matsuyoshi 2001 K. Ogawa and T. Matsuyoshi, "An analysis of the performance of a handset diversity antenna influenced by head, hand, and shoulder effects at 900 MHz.I. Effective gain characteristics", *IEEE Trans. Veh. Technol.*, 50, 830–844 (2001).

Ogilvie 1991 J. A. Ogilvie, *Theory of Wave Scattering from Random Rough Surfaces*, IOP Publishing (1991).

Okumura et al. 1968 Y. Okumura, E. Ohmori, T. Kawano, and K. Fukuda, "Field strength and its variability in VHF and UHF land mobile services", *Rev. Elec. Commun. Lab.*, 16, 825–873 (1968).

Oppenheim and Schafer 2009 A. V. Oppenheim and R. W. Schafer, *Discrete-Time Signal Processing*, 3rd edition, Prentice Hall, Englewood Cliffs (2009).

Ozgur et al. 2007 A. Ozgur, O. Leveque, and D. N. C. Tse, "Hierarchical cooperation achieves optimal capacity scaling in ad hoc networks", *IEEE Trans. Inform. Theory*, 53, 3549–3572 (2007).

Paetzold 2002 M. Paetzold, *Mobile Fading Channels: Modelling, Analysis, & Simulation*, Wiley (2002); 2nd edition to appear (2010).

Pajusco 1998 P. Pajusco, "Experimental characterization of D.O.A at the base station in rural and urban area", *Proceedings of the IEEE VTC'98*, pp. 993–998 (1998).

Papoulis 1985 A. Papoulis, "Predictable processes and Wold's decomposition: A review", *IEEE Trans. Acoustics, Speech, Signal Process. ASSP*, 33, 933 (1985).

Papoulis 1991 A. Papoulis, *Probability, Random Variables, and Stochastic Processes*, 3rd edition, McGraw-Hill, New York (1991).

Parry 2002 R. Parry, "CDMA 2000, 1xEV", *IEEE Potentials*, October/November, 10–13 (2002).

Parsons 1992 J. D. Parsons, *The Mobile Radio Channel*, Wiley, New York (1992).

Parsons et al. 1991 J. D. Parsons, D. A. Demery, and A. M. D. Turkmani, "Sounding techniques for wideband mobile radio channels: A review", *Proc. Inst. Elect.Eng. – I*, 138, 437–446 (1991).

Paulraj and Papadias 1997 A. J. Paulraj and C. B. Papadias, "Space-time processing for wireless transmissions,",

IEEE Pers. Commun., 14(5), 49–83 (1997).

Paulraj et al. 2003 A. Paulraj, D. Gore, and R. Nabar, *Multiple Antenna Systems*, Cambridge University Press (2003).

Pawula et al. 1982 R. F. Pawula, S. O. Rice, and J. H. Roberts, "Distribution of the phase angle between two vectors perturbed by Gaussian noise", *IEEE Trans. Commun.*, 30, 1828–1841 (1982).

Pedersen et al. 1997 K. Pedersen, P. E. Mogensen, and B. Fleury, "Power azimuth spectrum in outdoor environments", *IEEE Electronics Lett.*, 33, 1583–1584 (1997).

Pedersen et al. 1998 G. F. Pedersen, J. O. Nielsen, K. Olensen, and I. Z. Kovács, *Measured Variation in Performance of Handheld Antennas for a Large Number of Test Persons*, COST259 TD(98)025 (1998).

Peel 2003 C. B. Peel, "On dirty-paper coding", *IEEE Signal Process. Mag.*, 20(3), 112–113 (2003).

Perahia and Stacey 2008 E. Perahia and R. Stacey, *Next Generation Wireless LANs: Throughput, Robustness, and Reliability in 802.11n*, Cambridge University Press (2008).

Perkins 2001 C. E. Perkins, *Ad Hoc Networking*, Addison-Wesley (2001).

Perkins and Royer 1999 C. E. Perkins and E. M. Royer, "Ad hoc on-demand distance vector routing", *Proceedings of 2nd IEEE Workshop on Mobile Computing Systems and Applications*, New Orleans, LA, February 1999, pp. 90–100 (1999).

Peterson and Davie 2003 L. L. Peterson and B. S. Davie, *Computer Networks: A Systems Approach*, 3rd edition, Academic Press (2003).

Petrus et al. 2002 P. Petrus, J. H. Reed, and T. S. Rappaport, "Geometrical-based statistical macrocell channel model for mobile environments", *IEEE Trans. Commun.*, 50, 495 (2002).

van der Plassche 2003 R. van der Plassche, *Cmos Integrated Analog-To-Digital and Digital-To-Analog Converters*, 2nd edition, Kluwer (2003).

Plenge 1997 C. Plenge, "Leistungsbewertung öffentlicher DECT-Systeme", *Dissertation, RWTH Aachen* (1997) [in German].

Polydoros and Weber 1984 A. Polydoros and C. L. Weber, "A unified approach to serial search spread-spectrum code acquisition-part 1: General theory", *IEEE Trans. Commun.*, 32, 542–549; "Part II: Matched filter receiver", *IEEE Trans. Commun.*, 32, 550–560 (1984).

Poor 2001 H. V. Poor, "Turbo multiuser detection: A primer", *J. Commun. Networks*, 3, 196–201 (2001).

Poor 2004 H. V. Poor, "Iterative multiuser detection", *IEEE Signal Process. Mag.*, 21, 81–88 (2004).

Pozar 2000 D. M. Pozar, *Microwave and RF Design of Wireless Systems*, Wiley, New York (2000).

Proakis 1968 J. G. Proakis, "On the probability of error for multichannel reception of binary signals", *IEEE Trans. Commun.*, 16, 68–71 (1968).

Proakis 1991 J. G. Proakis, "Adaptive equalization for TDMA digital mobile radio", *IEEE Trans. Veh. Technol.*, 40, 333–341 (1991).

Proakis 2005 J. G. Proakis and M. Salehi, *Digital Communications*, 5th edition, McGraw Hill, New York (2005).

Qiu 2002 R. C. Qiu, "A study of the ultra-wideband wireless propagation channel and optimum UWB receiver design", *IEEE J. Sel. Area. Commun.*, 20, 1628–1637 (2002).

Qiu 2004 R. C. Qiu, "A generalized time domain multipath channel and its application in ultra-wideband (UWB) wireless optimal receiver design – Part II: Physics-based system analysis", *IEEE Trans. Wireless Commun.*, 3, 2312–2324 (2004).

Quan et al. 2008 Z. Quan, S. Ciu, A. H. Sayed, and H. V. Poor, "Wideband spectrum sensing in cognitive radio networks", *Proceedings of the IEEE International Conference on Communication* (2008).

Quatieri 2002 T. F. Quatieri, *Discrete-Time Speech Signal Processing*, Prentice-Hall, Upper Saddle River (2002).

Rabiner 1994 L. Rabiner, "Applications of voice processing to telecommunications", *Proc. IEEE*, 82, 199–228 (1994).

Rabiner and Schafer 1978 L. R. Rabiner and R. W. Schafer, *Digital Processing of Speech Signals*, Prentice-Hall, Englewood Cliffs (1978).

Raleigh and Cioffi 1998 G. Raleigh and J. M. Cioffi, "Spatial-temporal coding for wireless communications", *IEEE Trans. Commun.*, 46, 357–366 (1998).

Ramachandran et al. 2004 I. Ramachandran, Y. P. Nakache, P. Orlik, J. Zhang, and A. F. Molisch, "Symbol spreading for ultrawideband systems based on multiband OFDM", *Proceedings of the Personal, Indoor, Mobile Radio Symposium*, 1204–1209 (2004).

Ramo et al. 1967 S. Ramo, J. R. Whinnery, and T. van Duzer, *Fields and Waves in Communication Electronics*, Wiley, New York (1967).

Rao and Yip 1990 K. R. Rao and P. Yip, *Discrete Cosine Transform: Algorithms, Advantages, Applications*, Academic Press (1990).

Rappaport 1996 T. S. Rappaport, *Wireless Communications - Principles and Practice*, 2nd edition 2001, IEEE Press, Piscataway, NJ (1996).

Rappaport 1998 T. S. Rappaport (ed.), *Smart Antennas: Adaptive Arrays, Algorithms, & Wireless Position Location*, IEEE Press (1998).

Rasinger et al. 1990 J. Rasinger, A. L. Scholtz, and E. Bonek, "A new enhanced-bandwidth internal antenna for portable communication systems", *Proceedings of the 40th IEEE Vehicular Technology Conference*, Orlando, pp. 7–12 (1990).

Razavi 1997 B. Razavi, *RF Microelectronics*, Prentice-Hall (1997).

Reed 2005 J. H. Reed, *An Introduction to Ultra Wideband Communication Systems*, Prentice-Hall (2005).

Reznik et al. 2007 Y. A. Reznik, A. T. Hinds, C. Zhang, L. Yu, and Z. Ni, "Efficient fixed-point approximations of the 8x8 inverse discrete cosine transform", *Proceedings of the SPIE 6696*, pp. 1–17 (2007).

Rice 1947 S. O. Rice, "Statistical properties of a sine wave plus random noise", *Bell System Techn. J.*, 27, 109–157 (1947).

Rice 2008 M. D. Rice, *Digital Communications: A Discrete-Time Approach*, Prentice-Hall, 2008.

Richardson 2005 A. Richardson, *WCDMA Design Handbook*, Cambridge University Press (2005).

Richardson and Urbanke 2008 T. Richardson and R. Urbanke, *Modern Coding Theory*, Cambridge University Press (2008).

Richardson et al. 2001 T. J. Richardson, M. A. Shokrollahi, and R. L. Urbanke, "Design of capacity-approaching irregular low-density parity-check codes", *IEEE Trans. Inform. Theory*, 47, 619–637 (2001).

Richter 2006 A. Richter, "The contribution of distributed diffuse scattering in radio channels to channel capacity: Estimation and modelling", *Proceedings of Asilomar Conference on Signals, Systems, and Computers*, Pacific Grove, CA, USA, October (2006).

Rohling 2005 H. Rohling, "OFDM-A flexible and adaptive air interface for a 4G communication system", XI International Symposium of Radio Science URSI 2005, Poznan, April (2005).

Rokhlin 1990 V. Rokhlin, Rapid solution of integral equations of scattering theory in two dimensions, *J. Comp. Phys.*, 96, 414, 1990.

Roy et al. 1986 R. Roy, A. Paulraj, and T. Kailath, "ESPRIT - A subspace rotation approach to estimation of parameters of cisoids in noise", *IEEE Trans. Acoustics, Speech, Signal Process.*, 34, 1340–1342 (1986).

Roy et al. 2004 S. Roy, J. R. Foerster, V. S. Somayazulu, and D. G. Leeper, "Ultrawideband radio design: The promise of high-speed, short-range wireless connectivity", *Proc. IEEE*, 92, 295–311 (2004).

Roy and Fortier 2004 S. Roy and P. Fortier, "A closed-form analysis of fading envelope correlation across a wideband basestation array", *IEEE Trans. Wireless Commun.*, 3, 1502–1507 (2004).

Royer and Toh 1999 E. M. Royer and C. K. Toh, "A review of current routing protocols for ad hoc mobile wireless networks", *IEEE Pers. Commun.*, 6(2), 46–55 (1999).

Rubin 1979 I. Rubin, "Message delays in FDMA and TDMA communication channels", *IEEE Trans. Commun.*, 27, 769–777 (1979).

Sadek et al. 2007 M. Sadek, A. Tarighat, and A. H. Sayed, "A leakage-based precoding scheme for downlink multi-user MIMO channels", *IEEE Trans. Wireless Commun.*, 6, 1711–1721 (2007).

Saleh and Valenzuela 1987 A. Saleh and R. A. Valenzuela, "A statistical model for indoor multipath propagation", *IEEE J. Sel. Area. Commun.*, 5, 128 (1987).

Salmi et al. 2009 J. Salmi, A. Richter, and V. Koivunen, "Detection and tracking of MIMO propagation path parameters using state-space approach", *IEEE Trans. Signal Process.*, 57, 1538–1550 (2009).

de Santo and Brown 1986 J. A. de Santo and G. S. Brown, *Progress in Optics*, Vol. 23, edited by E. Wolf, North-Holland (1986).

Sari et al. 2000 H. Sari, F. Vanhaverbeke, and M. Moeneclaey, "Extending the capacity of multiple access channels", *IEEE Commun. Mag.*, 38(1), 74–82 (2000).

Sato 1975 Y. Sato, "A method of self recovering equalization for multilevel amplitude modulation", *IEEE Trans. Commun.*, 23, 679–682 (1975).

Sayeed 2002 A. M. Sayeed, "Deconstructing multiantenna fading channels", *IEEE Trans. Signal Process.*, 50, 2563 (2002).

Sayre 2001 C. W. Sayre, *Complete Wireless Design*, McGraw Hill (2001).

Scaglione et al. 2006 A. Scaglione, D. L. Goeckel, and N. J. Laneman, "Cooperative communications in mobile ad-hoc networks", *IEEE Signal Process. Mag.*, 2006, 18–29 (2006).

Schiller 2003 J. Schiller, *Mobile Communications*, 2nd edition, Addison-Wesley (2003).

Schlegel and Perez 2003 C. B. Schlegel and L. C. Perez, *Trellis and Turbo Coding*, Wiley (2003).

Schmidl and Cox 1997 T. M. Schmidl and D. C. Cox, "Robust frequency and timing synchronization for OFDM", *IEEE Trans. Commun.*, 45, 1613–1621 (1997).

Schmidt 1986 R. Schmidt, "Multiple emitter location and signal parameters estimation", *IEEE Trans. Antennas Propagat.*, 34, 276–280 (1986).

Schniter 2004 P. Schniter, "Low-complexity equalization of OFDM in doubly selective channels", *IEEE Trans. Signal Process.*, 52, 1002–1011 (2004).

Schroeder and Atal 1985 M. Schroeder and B. Atal, "Code-excited linear prediction (CELP): High-quality speech at very low bit rates", *Proceedings of the IEEE International Conference Acoustics, Speech, Signal Process., ICASSP'85'*, pp. 937–940 (1985).

Schroeder et al. 1979 M. R. Schroeder, B. S. Atal, and J. L. Hall, "Optimizing digital speech coders by exploiting masking properties of the human ear", *J. Acoust. Soc. Am.*, 66, 1647–1652 (1979).

Scholtz 1982 R. A. Scholtz, "The origins of spread spectrum communications", *IEEE Trans. Commun.*, 30, 822–854 (1982).

Schwarz et al. 2007 H. Schwarz, D. Marpe, and T. Wiegand, "Overview of the scalable video coding extension of the H.264/AVC standard", *IEEE Trans. Circ. Syst. Video Technol.*, 17, 1103–1120 (2007).

Sendonaris et al. 2003 A. Sendonaris, E. Erkip, and B. Aazhang, "User cooperation diversity–Part I: System description and user cooperation diversity–Part II: Implementation aspects and performance analysis", *IEEE Trans. Commun.*, 51, 1927–1948 (2003).

Shafi et al. 2006 M. Shafi, M. Zhang, A. L. Moustakas, et al. "Polarized MIMO channels in 3D: Models, measurements and mutual information", *IEEE J. Sel. Areas Commun.*, 24, 514–527 (2006).

Shannon 1948 C. E. Shannon, "A mathematical theory of communication", *Bell System Tech. J.*, 27, 379–423 and 623–656 (1948).

Shannon 1949 C. E. Shannon, "Communication in the presence of noise", *Proc. IRE*, 37, 10–21 (1949).

Shannon 1959 C. E. Shannon, "Coding theorems for a discrete source with a fidelity criterion", *IRE National Convention Record*, 4, 142–163 (1959).

Shen et al. 2006 S. Shen, M. Guizani, R. C. Qiu, and T. L. Ngog, *Ultra-Wideband Wireless Communications and Networks*, Wiley (2006).

Shi and Sun 2000 Y. Q. Shi and H. Sun, *Image and Video Compression for Multimedia Engineering: Fundamentals, Algorithms and Standards*, 2nd edition, CRC Press (2000).

Shi et al. 2007 S. Shi, M. Schubert, and H. Boche, "Downlink MMSE transceiver optimization for multiuser MIMO systems: Duality and sum-MSE minimization", *IEEE Trans. Signal Process.*, 55, 5436–5446 (2007).

Shiu et al. 2000 D. Shiu, G. J. Foschini, M. J. Gans, and J. M. Kahn, "Fading correlation and its effect on the capacity of multielement antenna systems", *IEEE Trans. Commun.*, 48, 502–513 (2000).

Simon et al. 1994 M. K. Simon, J. K. Omura, R. A. Scholtz, and B. K. Levitt, *Spread Spectrum Communications Handbook*, Revised edition, McGraw Hill (1994).

Simon and Alouini 2004 M. K. Simon and M. S. Alouini, *Digital Communications Over Fading Channels*, 2nd edition, Wiley (2004).

Sindhushayana and Black 2002 N. T. Sindhushayana and P. J. Black, "Forward link coding and modulation for CDMA2000 1XEV-DO (IS-856)", *Proceedings fo the IEEE PIMRC 2002*, p. 1839–1846, 2002.

Singh et al. 2010 S. Singh, N. B. Mehta, and A. F. Molisch, "Moment-matched lognormal modeling of uplink interference with power control and cell selection", *IEEE Trans. Wireless Commun.* 9, 932–938 (2010).

Siriwongpairat and Liu 2007 W. P. Siriwongpairat and K. J. R. Liu, *Ultra-Wideband Communications Systems: Multiband OFDM Approach*, Wiley (2007).

Sklar 1997 B. Sklar, "A primer on turbo code concepts", *IEEE Commun. Mag.*, 35, 94–102 (1997).

Sklar 2001 B. Sklar, *Digital Communications - Fundamentals and Applications*, 2nd edition, Prentice Hall (2001).

Sklar and Harris 2004 B. Sklar and F. J. Harris, "The ABCs of linear block codes", *IEEE Signal Process. Mag.*, 21(4), 14–35 (2004).

Spencer et al. 2004a Q. H. Spencer, C. B. Peel, A. L. Swindlehurst, and M. Haardt, "An introduction to the multi-user MIMO downlink", *IEEE Commun. Mag.*, 42(10), 60–67 (2004a).

Spencer et al. 2004b Q. H. Spencer, A. L. Swindlehurst and M. Haardt, "Zero-forcing methods for downlink spatial multiplexing in multiuser MIMO channels", *IEEE Trans. Signal Processing*, 52, 461–471 (2004b).

Spencer et al. 2006 Q. H. Spencer, J. W. Wallace, C. B. Peel, et al., "Performance of multi-user spatial multiplexing with measured channel data", in G. Tsoulos (ed.), *MIMO System Technology for Wireless Communications*, CRC Press (2006).

Speth et al. 1999 M. Speth, S. A. Fechtel, G. Fock, and H. Meyr, "Optimum receiver design for wireless broadband systems using OFDM. I", *IEEE Trans. Commun.*, 47, 1668–1677 (1999); "II A case study", *IEEE Trans. Commun.*, 49, 571–578 (2001).

Spyropoulos et al. 2005 T. Spyropoulos, K. Psounis, and C. S. Raghavendra, "Spray and wait: An efficient routing scheme for intermittently connected mobile networks", *Proceedings of the 2005 ACM SIGCOMM Workshop on Delay-tolerant Networking*, pp. 252–259 (2005).

Stankovic et al. 2006 V. Stankovic, A. Host-Madsen, and Z. Xiong, "Cooperative diversity for wireless ad hoc networks", *IEEE Signal Process. Mag.*, 23(5), 37–49 (2006).

Steele and Hanzo 1999 R. Steele and L. Hanzo, *Mobile Communications*, 2nd edition, Wiley (1999).

Steele et al. 2001 R. Steele, C. C. Lee, and P. Gould, *GSM, cdmaOne and 3G Systems*, John Wiley & Sons (2001).

Steendam and Moenclaey 1999 H. Steendam and M. Moeneclaey, "Analysis and optimization of the performance of OFDM on frequency-selective time-selective fading channels", *IEEE Trans. Commun.*, 47, 1811–1819 (1999).

Stein 1964 S. Stein, "Unified analysis of certain coherent and noncoherent binary communications systems", *IEEE Trans. Inform. Theory*, 11, 239–246 (1964).

Steinbauer and Molisch 2001 M. Steinbauer and A. F. Molisch (eds), "Spatial channel models", in L. Correia (ed.), *Wireless Flexible Personalized Communications*, Wiley (2001).

Stojmenovic 2002 I. Stojmenovic, "Position-based routing in ad-hoc networks", *IEEE Commun. Mag.*, July, 128–134 (2002).

Stojnic et al. 2006 M. Stojnic, H. Vikalo, and B. Hassibi, "Rate maximization in multi-antenna broadcast channels with linear preprocessing", *IEEE Trans. Wireless Commun.*, 5, 2338–2342 (2006).

Strang 1988 G. Strang, *Linear Algebra and its Application*, 3rd edition, Harcourt Brace Jovanovich, San Diego (1988).

Stueber 1996 G. Stueber, *Principles of Mobile Communication*, Kluwer (1996), second edition 2001.

Stueber et al. 2004 G. L. Stuber, J. R. Barry, S. W. McLaughlin, et al., "Broadband MIMO-OFDM wireless communications", *Proc. IEEE*, 92, 271–294 (2004).

Stutzman and Thiele 1997 W. L. Stutzman and G. A. Thiele, *Antenna Theory and Design*, 2nd edition, Wiley, New York (1997).

Sun and Reibman 2001 M. T. Sun and A. R. Reibman (eds), *Compressed Video Over Networks*, Marcel Dekker (2001).

Suzuki 1977 H. Suzuki, "A statistical model for urban radio propagation", *IEEE Trans. Commun.*, 25, 673–680 (1977).

Suzuki 1982 H. Suzuki, "Canonic receiver analysis for M-ary angle modulations in Rayleigh fading environment", *IEEE Trans. Veh. Technol.*, 31, 7–14 (1982).

Swarts et al. 1998 F. Swarts, P. van Rooyan, I. Oppermann, and M. P. Lötter, *CDMA Techniques for Third Generation Mobile Systems*, Kluwer (1998).

Sweeney 2002 P. Sweeney, *Error Control Coding: From Theory to Practice*, Wiley (2002).

Sayed and Kailath 2001 A. H. Sayed and T. Kailath, "A survey of spectral factorization methods", *J. Num. Linear Algebra Appl.*, 8, 467–496 (2001).

Taga 1990 T. Taga, "Analysis for mean effective gain of mobile antennas in land mobile radio environments", *IEEE Trans. Veh. Technol.*, 39, 117–131 (1990).

Taga 1993 T. Taga, "Characteristics of space-diversity branch using parallel dipole antennas in mobile radio communications", *Electron. Commun. Jpn.*, 76(Pt. 1), 55–65 (1993).

Tao 2007 J. Tao, "IEEE 802.16e OFDMA PHY", Mitsubishi Electric Research Labs, internal report (2007).

Tarokh et al. 1998 V. Tarokh, N. Seshadri, and A. R. Calderbank, "Space-time coding for high data rate wireless communication: Performance criterion and code construction", *IEEE Trans. Inform. Theory*, 44, 744–765 (1998).

Tarokh et al. 1999 V. Tarokh, H. Jafarkhani, and A. R. Calderbank, "Space–time block codes from orthogonal designs", *IEEE Trans. Inform. Theory*, 45, 1456–1467 (1999).

Tekalp 1995 A. Murat Tekalp, *Digital Video Processing*, Prentice Hall (1995).

Telatar 1999 I. E. Telatar, "Capacity of multi-antenna Gaussian channels", *European Trans. Telecomm.*, 10, 585–595 (1999).

Thjung and Chai 1999 T. T. Tjhung and C. C. Chai, "Fade statistics in Nakagami-lognormal channels", *IEEE Trans. Commun.*, 47, 1769–1772 (1999).

Thomae et al. 2000 R. S. Thomae, D. Hampicke, A. Richter, et al., Identification of time-variant directional mobile radio channels, *IEEE Trans. Instrum. Meas.*, 49, 357–364 (2000).

Thomae et al. 2005 R. S. Thomae, M. Landmann, A. Richter, U. Trautwein, "Multidimensional high-resolution channel sounding", in *Smart Antennas in Europe – State-of-the-Art*, EURASIP Book Series, p. 27, Hindawi Publishing Corporation (2005).

Tiedeman 2001 E. Tiedemann, "CDMA2000 1X: New capabilities for CDMA networks", *IEEE Veh. Technol. Soc. News*, 48(4), 4–12 (2001).

Tobagi 1980 F. Tobagi, "Multiaccess protocols in packet communication systems", *IEEE Trans. Commun.*, 28, 468–488 (1980).

Tomiuk et al. 1999 B. R. Tomiuk, N. C. Beaulieu, and A. A. Abu-Dayya, "General forms for maximal ratio diversitywith weighting errors", *IEEE Transactions on Communications*, 47(4), April, 488–492 (1999).

Tong et al. 1994 L. Tong, G. Xu, and T. Kailath, "Blind identification and equalization based on second-order statistics: A time domain approach", *IEEE Trans. Inform. Theory*, 40, 340–349 (1994).

Tong et al. 1995 L. Tong, G. Xu, B. Hassibi and T. Kailath, "Blind identification and equalization based on second-order statistics: A frequency domain approach", *IEEE Trans. Inform. Theory*, 41, 329–334 (1995).

Tse and Visvanath 2005 D. Tse and P. Visvanath, *Fundamentals of Wireless Communications*, Cambridge University Press (2005).

Tsoulos 2001 G. V. Tsoulos, *Adaptive Antennas for Wireless Communications*, IEEE Press (2001).

Tsoulos 2006 G. Tsoulos (ed.), *MIMO Antenna Technology for Wireless Communications*, CRC press (2006).

Turin et al. 1972 G. L. Turin, F. D. Clapp, T. L. Johnston, S. B. Fine, and D. Lavry, "A statistical model of urbran multipath propagation", *IEEE Trans. Veh. Technol.*, 21, 1–9 (1972).

Tuttlebee 1997 W. H. W. Tuttlebee (ed.), *Cordless Telecommunications Worldwide*, Springer, London (1997).

UMTS 1999 Third Generation Partnership Project, 3GPP TS 25.104, 25.211, 25.212, 25.213 (1999).

Ungerboeck 1976 G. Ungerboeck, "Fractional tap-spacing equalizer and consequences for clock recovery in data modems", *IEEE Trans. Commun.*, 24, 856–864 (1976).

Ungerboeck 1982 G. Ungerboeck, "Channel coding with multilevel/phase signals", *IEEE Trans. Inform. Theory*, 28, 55–67 (1982).

Valenti 1999 M. C. Valenti, *Iterative Detection and Decoding for Wireless Communications*, Ph.D. thesis, Virginia Tech University (1999).

Valenzuela 1993 R. A. Valenzuela, "A ray tracing approach to predicting indoor wireless transmission", *Proceedings of the VTC 1993*, pp. 214–218 (1993).

Vanderveen and Paulraj 1996 A. J. Vanderveen and A. Paulraj, "An analytical constant modulus algorithm", *IEEE Trans. Signal Process.*, 44, 1136–1155 (1996).

Vanderveen et al. 1997 M. C. Vanderveen, C. B. Papadias, and A. Paulraj, "Joint angle and delay estimation (JADE) for multipath signals arriving at an antenna array", *IEEE Commun. Lett.*, 1, 12–14 (1997).

Vanghi et al. 2004 V. Vanghi, A. Damnjanovic, and B. Vojcic, *The CDMA2000 System for Mobile Communications*, Prentice-Hall PTR (2004).

Varshney and Kumar 1991 P. Varshney and S. Kumar, "Performance of GMSK in a land mobile radio channel", *IEEE Trans. Veh. Technol.*, 40, 607–614 (1991).

Vary et al. 1998 P. Vary and U. Heute and W. Hess, *Digitale Sprachsignalverarbeitung (Digital Speech Signal Processing, in German)*, B.G. Teubner, Stuttgart (1998).

Vaseghi 2000 S. V. Vaseghi, *Advanced Digital Signal Processing and Noise Reduction*, 2nd edition, John Wiley & Sons (2000).

Vaughan and Andersen 2003 R. Vaughan and J. B. Andersen, *Channels, Propagation and Antennas for Mobile Communications*, IEE Press (2003).

Verdu 1998 S. Verdu, *Multiuser Detection*, Cambridge University Press, Cambridge (1998).

Viswanath et al. 2002 P. Viswanath, C. N. C. Tse, and R. Laroia, "Opportunistic beamforming using dumb antennas", *IEEE Trans. Inform. Theory*, 48, 1277–1294 (2002).

Viterbi 1967 A. Viterbi, "Error bounds for convolutional codes and an asymptotically optimum decoding algorithm", *IEEE Trans. Inform. Theory*, 13, 260–269 (1967).

Viterbi 1995 A. J. Viterbi, *CDMA – Principles of Spread Spectrum Communication*, Addison-Wesley Wireless Communications Series (1995).

Vitetta et al. 2000 G. Vitetta, B. Hart, A. Mammela, and D. Taylor, "Equalization techniques for single-carrier, unspread modulation", in A. F. Molisch (ed.), *Wideband Wireless Digital Communications*, Prentice-Hall (2000).

Waldschmidt et al. 2004 C. Waldschmidt, S. Schulteis, and W. Wiesbeck, "Complete RF system model for analysis of compact MIMO arrays", *IEEE Trans. Veh. Technol.*, 53, 579–586 (2004).

Walfish and Bertoni 1988 J. Walfish and H. L. Bertoni, "A theoretical model of UHF propagation in urban environments", *IEEE Trans. Antennas Propagat.*, 822–829 (1988).

Wallace and Jensen 2004 J. W. Wallace and M. A. Jensen, "Mutual coupling in MIMO wireless systems: A rigorous network theory analysis", *IEEE Trans. Wireless Commun.*, 3, 1317–1325 (2004).

Wang 2002 Y. Wang, J. Ostermann, and Y. Q. Zhang, *Video Processing and Communications*, Prentice Hall (2002).

Wang and Giannakis 2000 Z. Wang and G. B. Giannakis, "Wireless multicarrier communications", *IEEE Signal Process. Mag.*, 17(3), 29–48 (2000).

Wang and Poor 2003 X. Wang and H. V. Poor, *Wireless Communication Systems: Advanced Techniques for Signal Reception*, Prentice-Hall (2003).

Wang and Zhu 1998 Y. Wang and Q. F. Zhu, "Error control and concealment for video communication – A review", *Proc. IEEE*, 85, 974–997 (1998).

Wang et al. 2007 Y. K. Wang, I. Bouazizi, M. Hannuksela, and I. Curcio, "Mobile video applications and standards", Proceedings of the ACM Multimedia, Workshop on Mobile Video, Augsburg, Germany, September (2007).

de Weck 1992 J. P. de Weck, *Real-time Characterization of Wideband Mobile Radio Channels*, Dissertation an der TU Wien, Wien, Österreich (1992).

Weichselberger et al. 2006 W. Weichselberger, M. Herdin, H. Ö zcelik, and E. Bonek, "A stochastic MIMO channel model with joint correlation of both link ends", *IEEE Trans. Wireless Commun.*, 5, 90–100 (2006).

Weinstein and Ebert 1971 S. Weinstein and P. Ebert, "Data transmission by frequency-division multiplexing using the discrete Fourier transform", *IEEE Trans. Commun.*, 19, 628–634 (1971).

Weisstein 2004 E. W. Weisstein. *Lindeberg-Feller Central Limit Theorem*. From MathWorld–A Wolfram Web Resource, *http://mathworld.wolfram.com/Lindeberg-FellerCentralLimitTheorem.html* (2004).

Wellens et al. 2007 M. Wellens, J. Wu, and P. Mahonen, "Evaluation of spectrum occupancy in indoor and outdoor scenario in the context of cognitive radio", *2nd International Conference in Cognitive Radio Oriented Wireless Networks and Communications*, 420–427 (2007).

Wiegand et al. 2003 T. Wiegand, G. J. Sullivan, G. Bjontegaard, and A. Luthra, "Overview of the H.264/AVC video coding standard", *IEEE Trans. Circ. Syst. Video Technol.*, 13, 560–576 (2003).

Willenegger 2000 S. Willenegger, "CDMA2000 physical layer: An overview", *IEEE J. Commun. Netw.*, 2(1), 5–17 (2000).

Wilson 1996 S. G. Wilson, *Digital Modulation and Coding*, Prentice Hall, Upper Saddle River (1996).

Wimax 1.5 Wimax Forum, "Wimax Forum Network Architecture Release 1.5", at *http://www.wimaxforum.org/resources/documents/technical/release*.

Win and Chrisikos 2000 M. Z. Win and G. Chrisikos, "Impact of spreading bandwidth and selection diversity order on selective Rake reception," in A. F. Molisch (ed.), *Wideband Digital Communications*, pp. 424–454, Prentice Hall (2000).

Win and Scholtz 1998 M. Z. Win and R. A. Scholtz, "Impulse radio: How it works", *IEEE Commun. Lett.*, 2, 36–38 (1998).

Win and Scholtz 2000 M. Z. Win and R. A. Scholtz, "Ultra -wide bandwidth time-hopping spread-spectrum impulse radio for wireless multiple-access communications", *IEEE Trans. Commun.*, 48, 679–691 (2000).

Win and Winters 1999 M. Z. Win and J. H. Winters, "Analysis of hybrid selection/maximal-ratio combining of diversity branches with unequal SNR in Rayleigh fading", *Proceedings of the VTC'99*, Spring, pp. 215–220 (1999).

WINNER 2007 IST-WINNER D1.1.2 P. Kyösti, J. Meinilä, L. Hentilä, et al., *WINNER II Channel Models*, ver 1.1, September 2007. Available: *https://www.ist-winner.org/WINNER2-Deliverables/D1.1.2v1.1.pdf* (2007).

Winters 1984 J. H. Winters, "Optimum combining in digital mobile radio with cochannel interference", *IEEE JSAC*, 2, 528–539 (1984).

Winters 1987 J. H. Winters, "On the capacity of radio communications systems with diversity in Rayleigh fading environments", *IEEE J. Sel. Area. Commun.* (1987).

Winters 1994 J. H. Winters, "The diversity gain of transmit diversity in wireless systems with Rayleigh fading", *Proceedings of the IEEE International Conference in Communications*, pp. 1121–1125 (1994).

Witrisal et al. 2009 K. Witrisal, G. Leus, G. Janssen, et al., "Noncoherent ultra-wideband systems", *IEEE Signal*

Process. Mag., 26(4), 48–66 (2009).

Wittneben 1993 A. Wittneben, "A new bandwidth efficient transmit antenna modulation diversity scheme for linear digital modulation", *Proceedings of the IEEE International Conference on Communication*, pp. 1630–1634 (1993).

Woerner et al. 1994 B. D. Woerner, J. H. Reed, and T. S. Rappaport, "Simulation issues for future wireless modems", *IEEE Commun. Mag.*, 32(7), 42–53 (1994).

Wolf 1978 J. K. Wolf, "Efficient maximum-likelihood decoding of linear block codes using a trellis", *IEEE Trans. Inform. Theory*, 24, 76–80 (1978).

Wong et al. 1999 C. Y. Wong, R. S. Cheng, K. B. Letaief, and R. D. Murch, "Multiuser OFDM with adaptive subcarrier, bit, and power allocation", *IEEE J. Sel. Area. Commun.*, 17, 1747–1758 (1999).

Wozencraft and Jacobs 1965 J. M. Wozencraft and I. M. Jacobs, *Principles of Communication Engineering*, Wiley, New York (1965).

Wymeersch 2007 H. Wymeersch, *Iterative Receiver Design*, Cambridge University Press (2007).

Xiao and Hu 2008 Y. Xiao and F. Hu (eds), *Cognitive Radio Networks*, CRC Press (2008).

Xiong 2006 F. Xiong, *Digital Modulation Techniques*, 2nd edition, Artech (2006).

Xu et al. 2000 Z. Xu, A. N. Akansu, and S. Tekinay, "Cochannel interference computation and asymptotic performance analysis in TDMA/FDMA systems with interference adaptive dynamic channel allocation", *IEEE Trans. Veh. Technol.*, 49, 711–723 (2000).

Xu et al. 2002 H. Xu, D. Chizhik, H. Huang, and R. A. Valenzuela, "A wave-based wideband MIMO channel modeling technique", *Proc. 13th IEEE Int. Symp. Personal, Indoor Mobile Radio Commun.*, 4, 1626 (2002).

Yang and Hanzo 2003 L. L. Yang and L. Hanzo, "Multicarrier DS-CDMA: A multiple access scheme for ubiquitous broadband wireless communications", *IEEE Commun. Mag.*, 41(10), 116–124 (2003).

Yang et al. 2009 Y. Yang, H. Hu, J. Xu, and G. Mao, "Relay technologies for WiMax and LTE-advanced mobile systems", *IEEE Commun. Mag.*, 47(10), 100–105 (2009).

Yeung 2006 R. W. Yeung, *A First Course in Information Theory*, Springer (2006).

Ying and Anderson 2003 Z. Ying and J. Anderson, "Multi band, multi antenna system for advanced mobile phone", *Swedish National Conference on Antennas* (2003).

Yongacoglu et al. 1988 A. Yongacoglu, D. Makrakis, and K. Feher, "Differential detection of GMSK using decision feedback", *IEEE Trans. Commun.*, 36, 641–649 (1988).

Yu et al. 1997 C. C. Yu, D. Morton, C. Stumpf, R. G. White, J. E. Wilkes, and M. Ulema, "Low-tier wireless local loop radio systems – Part 1 and 2, *IEEE Commun. Mag.*, March, 84–98 (1997).

Yu et al. 2002 W. Yu, G. Ginis, and J. M. Cioffi, "Distributed multiuser power control for digital subscriber lines", *IEEE J. Sel. Areas Commun.*, 20, 1105–1115 (2002).

Yu and Ottersten 2002 K. Yu and B. Ottersten, "Models for MIMO propagation channels: A review", *Wireless Commun. Mobile Comput.*, 2, 653 (2002).

Yu et al. 2004 W. Yu, W. Rhee, S. Boyd, and J. M. Cioffi, "Iterative water-filling for Gaussian vector multiple-access channels", *IEEE Trans. Inform. Theory*, 50, 145–152 (2004).

Zhang and Dai 2004 H. Zhang and H. Dai, "Cochannel interference mitigation and cooperative processing in downlink multicell multiuser MIMO networks", *Eur. J. Wireless Commun. Networking*, 222–235, 2004.

Zhang and Lu 2006 D. Zhang and J. Lu, *Joint Transceiver Design Using Linear Processing for Downlink Multiuser MIMO Systems*, 2006 Asia-Pacific Conference on Communications (2006).

Zhang et al. 2008 H. Zhang, X. Zhou, and T. Chen, "Ultra-wideband cognitive radio for dynamic spectrum accessing networks", in Y. Xiao and F. Hu (eds), *Cognitive Radio Networks*, CRC Press (2008).

Zhao and Sadler 2007 Q. Zhao and B. M. Sadler, "A survey of dynamic spectrum access", *IEEE Signal Process. Mag.*, 24(3), 79–89 (2007).

Zhao et al. 2007 Q. Zhao, B. Krishnamachari, and K. Liu, "Low-complexity approaches to spectrum opportunity tracking", *2nd International Conference Cognitive Radio Oriented Wireless Networks and Communications*, pp. 27–35 (2007).

Zheng and Tse 2003 L. Zheng and D. L. C. Tse, "Diversity and multiplexing: A fundamental tradeoff in multiple-antenna channels", *IEEE Trans. Inform. Theory*, 49, 1073–1096 (2003).

Ziemer et al. 1995 R. E. Ziemer, R. L. Peterson and D. E. Borth, *Introduction to Spread Spectrum Communications*, Prentice-Hall (1995).

Zienkiewicz and Taylor 2000 O. C. Zienkiewicz and R. L. Taylor, *Finite Element Method: Volume 1- The Basis*, Butterworth Heinemann (2000).

符　号　表

　　本列表扼要总结了书中用到的变量。由于书中出现了数目众多的参量，同一符号在不同章节里用来表示不同的参量。因此，尽管这些（以相同符号表示的）变量也可能会出现在其他章节，当最初用到某个变量的章节号已经发生改变时，就有必要进行核对。那些仅在局部的小范围内使用并在其出现位置直接解释说明了的变量，这里不再列出。

小 写 符 号

符号	说明	章节	符号	说明	章节
a_p, a_m	辅助变量	4	f_{rep}	重复频率	8
a_1	多径分量的幅度	5, 6, 7, 8	f_{slip}	频率滑动值	8
$a(h_m)$	辅助函数	7	f_{inst}	瞬时频率	12
$\mathbf{a}(\phi)$	控制矢量	8	f_k	离散时间信道冲激响应	16
$a_{n,\,m}$	来自第 n 个方向并具有第 m 种延迟的分量幅度	13	f_n	正交频分复用的载波频率	19
			f_D	频移键控中的调制频率	11
b_m	第 m 个比特	11, 12, 13, 14, 16, 17	$\mathbf{g}$	网络编码矢量	22
			$g(\ )$	函数	
cdf	累积分布函数	5	$g(t)$	基脉冲	11, 12, 19
$c_{i,\,k}$	可分解多径分量的幅度；抽头延迟线的抽头权值	7	$g_R(t)$	矩形基脉冲	11
			$\tilde{g}(t)$	相位脉冲	11
c_0	光速	5, 13, 19	g_N	奈奎斯特升余弦脉冲	11
c_m	复发送符号	11, 12, 13, 16	g_{NR}	平方根奈奎斯特升余弦脉冲	11
			$h(t,\tau)$	信道冲激响应	2, 6, 7, 8, 12, 13, 18, 19, 20
d	基站与移动台间的距离	4			
d	信号空间图中的距离	12, 13	h_{TX}	发射天线高度	4
d_R	瑞利距离	4	h_{RX}	接收天线高度	4
d_{break}	基站到断点的距离	4	h_s	绕射屏高度	4
d_{layer}	层的厚度	4	h_b	基站天线高度	7
d_{direct}	直接路径长度	4	h_m	移动台高度	7
d_{refl}	反射路径长度	4	$h_{r,\,d}$	从中继节点到目的节点的复信道增益	22
d_p	到前一屏的距离	4			
d_n	到后一屏的距离	4	h_{roof}	屋顶高度	7
d_0	到参考点的距离	5	$h_{meas}(t_i,\tau)$	测得的冲激响应	8
d_a	天线单元之间的距离	8, 13	$h_{s,\,d}$	从源节点到目的节点的复信道增益	22
d_w	螺旋天线螺旋间距	8			
d_{km}	编号为 k 和 m 信号点间的欧氏距离	11	$h_{s,\,r}$	从源节点到中继节点的复信道增益	22
$d(\boldsymbol{x},\boldsymbol{y})$	码距	14	h_w	螺旋天线高度	9
d_H	汉明距离	14	$h(t,\tau,\phi)$	方向可分解冲激响应	7
d_{cov}	覆盖距离	3	h_{mod}	CPFSK 信号的调制指数	11
d_{div}	分集阶数	20	$\mathbf{h}_d$	所期望的冲激响应矢量	13, 20
e	自然对数的底		i	序号计数	
$e(t)$	均衡器的冲激响应	16	j	序号	4
e_n	误差信号	15	k, k_0	波数	4, 13
f	频率	5	k	序号计数	8, 11, 13, 19, 20, 22, 28
$f(\ )$	函数				
f_c	载波频率	5, 7, 8			

续表

符号	含义	章		符号	含义	章
k_{scale}	扫描延迟互相关器的比例因子	8		$s(t)$	探测信号	8
k_B	玻尔兹曼常数	3		$s_1(t)$	辅助信号	8
l	序号计数	8, 19, 20		$s_{LP,BP}(t)$	低通(带通)信号	11
m	Nakagami m 因子	5, 13		$\mathbf{s}_{LP,BP}$	低通(带通)信号矢量	11
m	计数器	11, 12, 13, 14, 16, 17		$\mathbf{s}_{synd}$	校验矢量	14
m	用于奇偶校验位的序号	14		$\mathbf{s}$	天线阵列中的信号矢量	8, 20, 27, 28
n	传播指数	4, 7		$\mathbf{s}$	发送信号矢量	14
n_1	介质折射指数	4		t	绝对时刻值	2, 11, 12, 13, 16, 17
$n(t)$	噪声信号	8, 12, 13, 14, 16, 18		$\mathbf{t}$	预编码矢量	20
$n_{LP}(t)$	低通型噪声	12		t_0	起始时刻	6
$n_{BP}(t)$	带通型噪声	12		t_s	采样时刻	12
n	序号计数	11		u	辅助变量	11
n_m	噪声采样值			u_m	均衡器输入处的样值序列	16
n_n	噪声采样值			$\mathbf{u}$	信息符号矢量	14
$\mathbf{n}$	噪声样本矢量	20		v	速度	5
$\tilde{n}_m$	有色噪声采样值			$\mathbf{v}$	奇异矢量	20
p	转移概率	14		w_l	天线权值	8, 13, 20
pdf	概率密度函数	5		x	x 坐标	4
$p(t)$	调制脉冲	8		x	普通变量	5
$p(t)$	脉冲序列	11		x	发送信号	22
q_m	信道+均衡器的冲激响应	16		$x(t)$	输入信号	6
$\mathbf{r}$	位置矢量	4		$\mathbf{x}$	码矢量	14
r	场强的绝对值	5		$\mathbf{x}$	发送信号序列	14
r	频谱效率	14		y	y 坐标	4
$r_{LP}(t)$	接收信号的低通表示	12		y	判决变量	21
$\mathbf{r}$	接收信号矢量	12		y	接收信号	22
$r(t)$	接收信号	14, 15, 16		$\mathbf{y}$	接收信号序列	14
s	子载波信道号	28		$y(t)$	输出信号	6
				z	z 坐标	

大 写 符 号

符号	含义	章		符号	含义	章
$\mathbf{A}$	控制矩阵	8		C	比例常数	
$\mathbf{A}$	天线映射矩阵	27		C	网格图中的状态	14
A_{RX}	接收天线面积	4		D	绕射系数	5
$A(d_{TX}, d_{RX})$	绕射幅度因子	4		D_W	螺旋天线直径	8
ADF	平均衰落间隔			D	二次型	12
A	主导分量幅度	7		D	最大失真	16
A	网格图中的状态	14		D	网格图中的状态	14
$B(\nu, f)$	多普勒变量传输函数	6		D	单位延迟	27
B_{coh}	相干带宽	6		D_{leav}	交织器间隔	14
B	带宽	11		D	天线方向性	
BER	误比特率	12		E	电场强度	4
B_n	噪声带宽	12		E_{diff}	绕射场场强	4
B_r	接收机带宽	12		E_{inc}	入射场场强	4
B	网格图中的状态	14		$E\{\}$	数学期望	4, 13, 14, 18
B_G	高斯滤波器带宽	11		E_1, E_2	多径分量场强	5
C	容量	14, 17, 20		E_0	归一化场强	13
$\mathbf{C}$	协方差矩阵			E_S	符号能量	11, 12, 13
C_{crest}	峰值因子	8				

续表

符号	含义	页		符号	含义	页
P_s	源节点发射功率	22		$S_D(\nu,\tau)$	多普勒谱	7
P_r	中继节点发射功率	22		$S_{LP},B_P(f)$	低通(带通)信号功率谱	11
Pr	概率			SER	符号差错率	12
Pr_{out}	中断概率			S_N	噪声功率谱密度	
PL	路径损耗	4，5		S_ϕ	角度扩展	6，7，13
P_s	信号功率	3，11		T_B	比特间隔	
$Q(x)$	Q 函数	12，13		T	传输因子	4
Q	品质因子	9		T_m	平均延迟	6
Q	码书大小	20		$T_m(t)$	瞬时平均延迟	6
Q	队列长度	22		T_{rep}	脉冲信号重复次数	8
Q	量化函数	23		TB	时间带宽积	8
$Q(t)$	正交分量	5		T_{slip}	滑动期	8
Q_T	干扰系数	6		$\mathbf{T}$	辅助矩阵	8
Q_M	Marcum Q 函数	12		$\mathbf{T}$	发送波束成形矩阵	20
$Q(z)$	信道和均衡器的等效传输函数	16		T	持续时间(广义)	11
R	圆半径	5		T_{per}	周期	11
R	小区尺寸(半径)	17		T_s	采样时间	
R	传输速率	14		T_S	符号持续时间(间隔)	11
R_{th}	传输速率阈值	22		T_p	分组持续时间	17
$\mathbf{R}_{TX}$	发送相关矩阵	6，7，20		T_{cp}	循环前缀持续时间	19
$\mathbf{R}_{RX}$	发送相关矩阵	6，7，20		T_C	码片持续时间	18
R_{xx}	x 的自相关函数	11		T_e	环境温度	3
$\mathbf{R}_{xx}$	x 的相关矩阵	8		T_d	脉冲位置调制中的脉冲延迟	11
R_{rad}	辐射电阻	8				
R_S	符号速率	11		T_{coh}	相干时间	6
R_B	比特率	11		T_g	群延迟	12
R_c	码率	14		$\mathbf{U}$	酉矩阵	8，20
R_e	误差矩阵的秩	17		W	相关频谱	4
R_h	冲激响应相关函数	6		W_Q	延迟窗	6
$\mathbf{R}_{ni}$	噪声和干扰相关矩阵	20		W	系统带宽	
$\tilde{R}_{yy}(t,t')$	接收信号的自协方差矩阵	7		$\mathbf{W}$	酉矩阵	19
SIR	信号干扰比	5		X	复高斯随机变量	12
$S(f)$	功率谱	5，6，12		$X(x)$	码多项式	14
$S(t)$	拓扑状态	22		Y	复高斯随机变量	12
$S(\nu,\tau)$	扩展函数	6		Z	复高斯随机变量	12
S_τ	延迟扩展	6		Z	虚拟队列长度	22

小写希腊字母

符号	含义	页		符号	含义	页
α	介质长度	4		γ_S	符号能量比单边噪声功率谱密度	12
α	复衰减	12				
α	滚降因子	11		γ_B	比特能量比单边噪声功率谱密度	12，13，16，17
α	控制矢量	8				
β	衰退时间常数	7		δ	复介电常数	4
β	中继节点处的放大倍数	22		$\delta(\tau)$	狄拉克函数	12，13，16，18
γ	信噪比					
$\bar{\gamma}$	平均信噪比			ϵ	介电常数	4
γ_{MRC}	最大比合并器的输出信噪比	13		ϵ_r	相对介电常数	4
γ_{EGC}	等增益合并器的输出信噪比	13		ϵ_{eff}	有效相对介电常数	4
γ	多普勒频移的生成角度	5		ε	一个码符号的误差矢量	14

续表

符号	说明	章	符号	说明	章
φ	街道方位	7	$\rho_{k,m}$	信号间的相关系数	11
φ	多径分量的相位	5	σ_c	传导率	4
$\tilde{\varphi}$	确定性相移	7	σ_h	高度的标准偏差	4
$\varphi_m(t)$	正交扩展函数	11	σ	标准偏差	5
ϕ	到达方向角	6, 7	σ_F	本地平均的标准偏差	5
$\eta(t)$	$g(t)$ 与 $h(t)$ 的卷积	16	σ_G	高斯脉冲的标准偏差	11
κ	辅助变量	13	σ_n	噪声标准差	
λ, λ_0	波长		σ_S^2	符号序列功率	11
λ_p	分组传输率	17	τ	延迟	4, 5
λ_i	第 i 个特征值		τ_{Gr}	群延迟	5, 12
μ	度量	12	τ_i	第 i 个多径分量的延迟	7
μ	LMS 步宽	16	τ_{max}	最大附加延迟	
$\mu(t)$	传输矩阵	22	$\chi_i(t)$	第 i 个脉冲的失真	13
ν	多普勒频移	6	ζ	$\eta(t)$ 的自相关函数	16
ν_{max}	最大多普勒频移	7	ξ	离散预编码的信噪比损失	20
ν_m	平均多普勒频移	5	$\tilde{\xi}_s(t)$	归一化多普勒谱的傅里叶变换	12
ν_F	菲涅尔参数	5	$\xi_s(\nu, \tau)$	散射函数	12
ω	角频率	4	$\xi_h(t, \tau)$	散射函数的傅里叶变换	12
ρ	位置矢量				

大写希腊字母

符号	说明	章	符号	说明	章
Δh_b	$= h_b - h_{roof}$	7	Θ_e	入射角	4
Δx_s	两个测量点之间的距离	8	Θ_r	反射角	4
$\Delta \tau_{min}$	最小可分辨 τ	8	Θ_t	发射角	4
Δf_{chip}	码片频差	8	Θ_n	第 n 比特的发射相位	
$\Delta \varphi$	路径的角度差	4	Θ_d	绕射角	
$\Delta \tau$	传播时间差	6	Φ_{TX}	发送楔形角度	4
$\Delta \nu$	多普勒频移	5	Φ_{RX}	接收楔形角度	4
Δ	两天线单元之间的相移	8	ϕ	水平方位角	7
Δ	Lyapunov(李雅普诺夫)漂移量	22	ϕ_0	归一化波达方向	7, 13
Δ_C	$\mathbf{C}$ 的行列式	13	ϕ_i	第 i 次波的波达方向	13
$\Delta \phi$	角度范围	13	ψ	辅助角	4, 13
Φ_H	信道传输函数的相位	5, 12	ψ	入射角，$90° - \Theta_e$	4
$\Phi_{CPFSK}(t)$	CPFSK 发送信号相位	11	$\bar{x}$	$= E\{x\}$，即 x 的均值	
Λ	特征值矩阵		$\dot{r}$	$= dr/dt$，即 r 的导数	
$\Phi_{TX}(t)$	发射信号相位		$\mathbf{U}^\dagger$	矩阵 $\mathbf{U}$ 的厄米特转置(即共轭转置)矩阵	
Ω	Nakagami 变量的均方值（功率）	5	$\mathbf{U}^T$	矩阵 $\mathbf{U}$ 的转置	
Ω	出发方向角		$\mathbf{x}^*$	复共轭	
Ω_n	多普勒谱的 n 阶矩	5, 13	Ξ	ζ_m 的傅里叶变换	
$\Theta(t)$	队列长度	22	$\mathcal{F}$	傅里叶变换	
			$\mathcal{X}$	发送符号	14

缩 略 词 表①

2G	Second Generation	第2代(系统)
3G	Third Generation	第3代(系统)
3GPP	Third Generation Partnership Project	第3代伙伴计划
3GPP2	Third Generation Partnership Project 2	第3代伙伴计划2
3SQM	Single Sided Speech Quality Measure	单边语音质量测量

A

A/D	Analog to Digital	模拟到数字
AB	Access Burst	接入突发
AC	Access Category	接入类别
AC	Administration Centre	管理中心
AC	Alternate Current	交流(电)
ACCH	Associated Control CHannel	辅助(/随路)控制信道
ACELP	Algebraic Code Excited Linear Prediction	代数码本激励线性预测
ACF	Auto Correlation Function	自相关函数
ACI	Adjacent Channel Interference	邻道干扰
ACK	ACKnowledgement	确认(应答)
ACLR	Adjacent Channel Leakage Ratio	邻道泄漏(功率)比
ACM	Address Complete Message	地址完全消息
AD	Access Domain	访问域
ADC	Analog to Digital Converter	模数转换器
ADDTS	ADD Traffic Stream	ADD业务流
ADF	Average Duration of Fades	平均衰落持续时间
ADPCM	Adaptive Differential Pulse Code Modulation	自适应差分脉冲编码调制
ADPM	Adaptive Differential Pulse Modulation	自适应差分脉冲调制
ADPS	Angular Delay Power Spectrum	角延迟功率谱
ADSL	Asymmetric Digital Subscriber Line	非对称数字用户线
AF	Amplify-and-Forward	放大转发
AGC	Automatic Gain Control	自动增益控制(器)
AGCH	Access Grant CHannel	接入许可信道
AICH	Acquisition Indication CHannel	请求指示信道
AIFS	Arbitration Inter Frame Spacing	仲裁帧间间隔

---

① 某些缩略词的中文译法不止一种,国内均有采用,故译者以"(/XXXX)"来表示第二种可能的译法。——译者注

ALOHA	random access packet radio system	随机接入分组无线电
AMPS	Advanced Mobile Phone System	高级移动电话系统
AMR	Adaptive Multi Rate	自适应多速率
AN	Access Network	接入网
ANSI	American National Standards Institute	美国国家标准学会
AODV	Ad hoc On-demand Distance Vector	ad hoc 按需距离矢量路由
AP	Access Point	接入点
APS	Angular Power Spectrum	角功率谱
ARFCN	Absolute Radio Frequency Channel Number	绝对射频信道号
ARIB	Association of Radio Industries and Businesses (Japan)	(日本)无线工业和商业协会
ARQ	Automatic Repeat reQuest	自动重传请求
ASIC	Application Specific Integrated Circuit	专用集成电路
ASK	Amplitude Shift Keying	幅移键控
ATDPICH	Auxiliary forward Transmit Diversity PIlot CHannel	辅助前向发送分集导频信道
ATIS	Alliance for Telecommunications Industry Solutions	电信工业解决方案联盟
ATM	Asynchronous Transfer Mode	异步传输(/转移)模式
ATSC-M/H	Advanced Television Systems Committee-Mobile/Handheld	高级电视系统委员会-移动/手持
AUC	AUthentication Centre	鉴权中心
AV	Audio and Video	音频和视频
AVC	Advanced Video Coding	高级视频编码
AWGN	Additive White Gaussian Noise	加性高斯白噪声

B

BAM	Binary Amplitude Modulation	二进制幅度调制
BAN	Body Area Network	体域网
BCC	Base station Color Code	基站色码
BCCH	Broadcast Control CHannel	广播控制信道
BCH	Bose-Chaudhuri-Hocquenghem (code)	BCH(码)
BCH	Broadcast CHannel	广播信道
BCJR	Initials of the authors of Bahl et al. [1974]	论文 Bahl et al. [1974]的各作者名字的首字母
BEC	Backward Error Correction	后向纠错
BER	Bit Error Rate	误比特率
BFI	Bad Frame Indicator	误帧指示
BFSK	Binary Frequency Shift Keying	二进制频移键控

BICM	Bit Interleaved Coded Modulation	比特交织编码调制
BLAST	Bell labs LAyered Space Time	贝尔实验室分层空时(码)
Bm	Traffic channel for full-rate voice coder	全速率声码器业务信道
BNHO	Barring all outgoing calls except those to Home PLMN	闭锁所有至非归属 PLMN(公共陆地移动网络)的呼出
BPF	BandPass Filter	带通滤波器
BPPM	Binary Pulse Position Modulation	二进制脉冲位置调制
BPSK	Binary Phase Shift Keying	二进制相移键控
BS	Base Station	基站
BSC	Base Station Controller	基站控制器
BSI	Base Station Interface	基站接口
BSIC	Base Station Identity Code	基站识别码
BSS	Base Station Subsystem	基站子系统
BSS	Basic Service Set	基本业务集
BSSAP	Base Station System Application Part	基站(子)系统应用部分
BTS	Base Transceiver Station	基站收发信机
BU	Bad Urban	差的市区(传播环境)
BW	BandWidth	带宽

C

CA	Cell Allocation	小区配置
CAF	Compute And Forward	计算转发
CAP	Controlled Access Period	受控访问期
CAZAC	Constant Amplitude Zero AutoCorrelation	恒包络零自相关(序列)
CB	Citizens' Band	公民波段
CBCH	Cell Broadcast CHannel	小区广播信道
CC	Country Code	国家代码
CCBS	Completion of Calls to Busy Subscribers	对忙用户的呼叫完成
CCCH	Common Control CHannel	公共控制信道
CCF	Cross Correlation Function	互相关函数
CCI	Co Channel Interference	同道干扰
CCITT	Commite' Consultatif International de Telegraphique et Telephonique	国际电报与电话咨询委员会
CCK	Complementary Code Keying	补码键控
CCPCH	Common Control Physical CHannel	公共控制物理信道
CCPE	Control Channel Protocol Entity	控制信道协议实体
CCSA	China Communications Standards Association	中国通信标准协会
CCTrCH	Coded Composite Traffic CHannel	编码合成业务信道
cdf	cumulative distribution function	累积分布函数

CDG	CDMA Development Group	CDMA 发展集团
CDMA	Code Division Multiple Access	码分多址
CELP	Code Excited Linear Prediction	码激励线性预测
CEPT	European Conference of Postal and Telecommunications administrations	欧洲邮政电信管理(/行政)会议
CF	Compress-and-Forward	压缩转发
CF-Poll	Contention-Free Poll	无竞争轮询
CFB	Contention Free Burst	无竞争空闲突发
CFP	Contention Free Period	无竞争期
CI	Cell Identify	小区识别
C/I	Carrier-to-Interference ratio	载波干扰比(/载干比/载扰比)
CM	Connection Management	连接管理
CMA	Constant Modulus Algorithm	恒模算法
CMOS	Complementary Metal Oxide Semiconductor	互补型金属氧化物半导体
CN	Core Network	核心网
CND	Core Network Domain	核心网域
CNG	Comfort Noise Generation	舒适噪声生成
CNIP	Connect Number Identification Presentation	连接号码识别提示
COST	European COoperation in the field of Scientific and Technical research	欧洲科技领域研究合作组织
CP	Contention Period	竞争期
CP	Cyclic Prefix	循环前缀
CPC	Cognitive Pilot Channels	认知导频信道
CPCH	Common Packet CHannel	公共分组信道
CPFSK	Continuous Phase Frequency Shift Keying	连续相位频移键控
CPICH	Common PIlot CHannel	公共导频信道
CRC	Cyclic Redundancy Check	循环冗余校验
CRC	Cyclic Redundancy Code	循环冗余码
CS-ACELP	Conjugate Structure-Algebraic Code Excited Linear Prediction	共轭结构-算术码激励线性预测
CSD	Cyclic Shift Diversity	循环移位分集
CSI	Channel State Information	信道状态信息
CSIR	Channel State Information at the Receiver	接收机(处的)信道状态信息
CSIT	Channel State Information at the Transmitter	发射机(处的)信道状态信息
CSMA	Carrier Sense Multiple Access	载波侦听多址
CSMA/CA	Carrier Sense Multiple Access with Collision Avoidance	带碰撞躲避的载波侦听多址
CTS	Clear To Send	发送清除
CTT	Cellular Text Telephone	蜂窝文本电话

CUG	Closed User Group	封闭用户群
CW	Contention Window	竞争窗

D

D-BLAST	Diagonal BLAST	对角 BLAST
DA	Detect and Avoid	检测和避免
DAB	Digital Audio Broadcasting	数字音频广播
DAC	Digital-to-Analog Converter	数模转换器
DAF	Diversity-Amplify-and-Forward	分集放大转发
DAM	Diagnostic Acceptability Measure	判断满意度
dB	Decibel	分贝
DB	Dummy Burst	空闲突发
DBPSK	Differential Binary Phase Shift Keying	差分二进制相移键控
DC	Direct Current	直流
DCCH	Dedicated Control CHannel	专用控制信道
DCF	Distributed Coordination Function	分布式协调功能
DCH	Dedicated (transport) CHannel	专用(传输)信道
DCM	Directional Channel Model	方向性信道模型
DCS1800	Digital Cellular System at the 1800-MHz band	1800 MHz 频段的数字蜂窝系统
DCT	Discrete Cosine Transform	离散余弦变换
DDF	Diversity-Decode-and-Forward	分集译码转发
DDIR	Double Directional Impulse Response	双向冲激响应
DDDPS	Double Directional Delay Power Spectrum	双向延迟功率谱
DECT	Digital Enhanced Cordless Telecommunications (ETSI)	增强型数字无绳电话(ETSI)
DF	Decode-and-Forward	译码转发
DFE	Decision Feedback Equalizer	判决反馈均衡器
DFT	Discrete Fourier Transform	离散傅里叶变换
DIFS	Distributed Inter Frame Space	分布式帧间间隔
DL	Downlink	下行链路
DLL	Data Link Layer	数据链路层
DLP	Direct Link Protocol	直接链路协议
DM	Delta Modulation	增量调制
DMC	Discrete Memoryless Channel	离散无记忆信道
DMT	Discrete Multi Tone	离散多音
DNS	Domain Name Server	域名服务器
DOA	Direction Of Arrival	到达方向(角)
DOD	Direction Of Departure	出发方向(角)

DPCCH	Dedicated Physical Control CHannel	专用物理控制信道
DPDCH	Dedicated Physical Data CHannel	专用物理数据信道
DPSK	Differential Phase Shift Keying	差分相移键控
DQPSK	Differential Quadrature Phase Shift Keying	差分正交相移键控
DRM	Discontinuous Reception Mechanisms	断续(/不连续)接收机制
DRT	Diagnostic Rhyme Test	判断韵字测试
DRX	Discontinuous Reception	断续(/不连续)接收
DS	Direct Sequence	直接序列
DS-CDMA	Direct Sequence-Code Division Multiple Access	直接序列 CDMA
DS-SS	Direct Sequence-Spread Spectrum	直接序列扩频
DSA	Dynamic Spectrum Access	动态频谱接入
DSCH	Downlink Shared Channel	下行共享信道
DSI	Digital Speech Interpolation	数字语音插空
DSL	Digital Subscriber Line	数字用户线
DSMA	Data Sense Multiple Access	数据侦听多址
DSP	Digital Signal Processor	数字信号处理器
DSR	Distributed Speech Recognition	分布式语音识别
DSR	Dynamic Source Routing	动态源路由
DTAP	Direct Transfer Application Part	直接传送应用部分
DTE	Data Terminal Equipment	数据终端设备
DTFT	Discrete-Time Fourier Transform	离散时间傅里叶变换
DTMF	Dual Tone Multi Frequency（signalling）	双音多频(信令)
DTX	Discontinuous Transmission Mechanisms	断续(/不连续)发送机制
DUT	Device Under Test	待测设备
DVB	Digital Video Broadcasting	数字视频广播
DVB-H	Digital Video Broadcasting-Handheld	数字视频广播-手持
DxF	Diversity xF	分集 x 转发

E

EC	European Commission	欧盟委员会
ECL	Emitter Coupled Logic	射极耦合逻辑
EDCA	Enhanced Distributed Channel Access	增强分布式信道接入
EDCSD	Enhanced Data rate Circuit Switched Data	增强数据速率电路交换数据(业务)
EDGE	Enhanced Data rates for GSM Evolution	增强数据速率 GSM 演进
EDPRS	Enhanced Data rate GPRS	增强数据速率 GPRS
EFR	Enhanced Full Rate	增强型全速率
EGC	Equal Gain Combining	等增益合并
EIA	Electronic Industries Alliance（U.S.A.）	电子工业协会(美国)
EIFS	Extended Inter Frame Space	扩展帧间间隔

EIR	Equipment Identify Register	设备识别寄存器
EIRP	Equivalent Isotropically Radiated Power	等效各向同性辐射功率
ELP	Equivalent Low Pass	等效低通
EMS	Enhanced Messaging Service	增强型短消息(/短信)业务
EN	European Norm	欧洲规范
ERLE	Echo Return Loss Enhancement	回波返回损耗增益
ESN	Electronic Serial Number	电子序列号
ESPRIT	Estimation of Signal Parameters by Rotational Invariance Techniques	利用旋转不变技术估计信号参数
ETS	European Telecommunication Standard	欧洲电信标准
ETSI	European Telecommunications Standards Institute	欧洲电信标准协会
ETX	Expected Number of Transmissions	传输期望值
EV-DO	Evolution-Data Optimized	演进数据优化
EVD	Eigen Value Decomposition	特征值分解
EVM	Error Vector Magnitude	误差矢量度量
EVRC	Enhanced Variable Rate Coder	增强型可变速率编码器

F

F-APICH	Forward dedicated Auxiliary PIlot CHannel	前向专用辅助导频信道
F-BCCH	Forward Broadcast Control CHannel	前向广播控制信道
F-CACH	Forward Common Assignment CHannel	前向公共分配信道
F-CCCH	Forward Common Control CHannel	前向公共控制信道
F-CPCCH	Forward Common Power Control CHannel	前向公共功率控制信道
F-DCCH	Forward Dedicated Control CHannel	前向专用控制信道
F-PDCCH	Forward Packet Data Control CHannel	前向分组数据控制信道
F-PDCH	Forward Packet Data CHannel	前向分组数据信道
F-QPCH	Forward Quick Paging CHannel	前向快速寻呼信道
F-SCH	Forward Supplemental CHannel	前向补充信道
F-SYNC	Forward SYNChronization channel	前向同步信道
F-TDPICH	Forward Transmit Diversity PIlot CHannel	前向发送分集导频信道
F0	Fundamental frequency	基频
FAC	Final Assembly Code	最终装配码
FACCH	Fast Associated Control CHannel	快速辅助(/随路)控制信道
FACCH/F	Full-rate FACCH	全速率快速辅助(/随路)控制信道
FACCH/H	Half-rate FACCH	半速率快速辅助(/随路)控制信道
FACH	Forward Access CHannel	前向接入信道
FB	Frequency correction Burst	频率校正突发
FBI	Feed Back Information	反馈信息

FCC	Federal Communications Commission	(美国)联邦通信委员会
FCCH	Frequency Correction CHannel	频率校正信道
FCH	Fundamental CHannel	基本信道
FCH	Frame Control Header	帧控制头
FCS	Frame Check Sequence	帧校验序列
FDD	Frequency Domain Duplexing	频域双工
FDMA	Frequency Division Multiple Access	频分多址
FDTD	Finite Difference Time Domain	时域有限差分法
FEC	Forward Error Correction	前向纠错
FEM	Finite Element Method	有限元法
FFT	Fast Fourier Transform	快速傅里叶变换
FH	Frequency Hopping	跳频
FHMA	Frequency Hopping Multiple Access	跳频多址
FIR	Finite Impulse Response	有限冲激响应
FM	Frequency Modulation	调频
FN	Frame Number	帧号
FOMA	Japanese version of the UMTS standard	UMTS 标准的日本版
FQI	Frame Quality Indicator	帧质量指示
FR	Full Rate	全速率
FS	Federal Standard	联邦标准
FSK	Frequency Shift Keying	频移键控
FT	Fourier Transform	傅里叶变换
FTF	Fast Transversal Filter	快速横向滤波器
FWA	Fixed Wireless Access	固定无线接入

G

GF	Galois Field	伽罗华域
GGSN	Gateway GPRS Support Node	网关 GPRS 支持节点
GMSC	Gateway Mobile Switching Centre	网关移动交换中心
GMSK	Gaussian Minimum Shift Keying	高斯最小频移键控
GPRS	General Packet Radio Service	通用分组无线业务
GPS	Global Positioning System	全球定位系统
GSC	Generalized Selection Combining	广义选择合并
GSCM	Geometry-based Stochastic Channel Model	几何随机信道模型
GSM	Global System for Mobile communications	全球移动通信系统
GSM PLMN	GSM Public Land Mobile Network	GSM 公共陆地移动网络
GSM 1800	Global System for Mobile communications at the 1800-MHz band	1800 MHz 频段的全球移动通信系统
GTP	GPRS Tunneling Protocol	GPRS 隧道协议

H

H-BLAST	Horizontal BLAST	水平 BLAST
H-S/MRC	Hybrid Selection/Maximum Ratio Combining	选择/最大比值混合式合并
HC	Hybrid Coordinator	混合协调程序
HCCA HCF	(Hybrid Coordination Function) Controlled Channel Access	(混合协调功能的)受控信道接入
HCF	Hybrid Coordination Function	混合协调功能
HDLC	High-level Data Link Control	高级数据链路控制
HF	High Frequency	高频(译者注：即短波)
HIPERLAN	HIgh PERformance Local Area Network	(欧洲)高性能局域网
HLR	Home Location Register	归属位置寄存器
HMSC	Home Mobile Switching Centre	归属移动交换中心
HNM	Harmonic + Noise Modeling	谐波＋噪声模型
hostid	host address	主机地址
HO	HandOver	切换
HPA	High Power Amplifier	高功率放大器
HR	Half Rate	半速率
HR/DS or HR/DSSS	High Rate Direct Sequence PHY	高速率直接序列物理层
HRTF	Head Related Transfer Function	头部相关传输函数
HSCSD	High Speed Circuit Switched Data	高速电路交换数据
HSDPA	High Speed Downlink Packet Access	高速下行链路分组接入
HSN	Hop Sequence Number	跳频序列号
HSPA	High-Speed Packet Access	高速分组接入
HT	High Throughput	高吞吐量
HT	Hilly Terrain	丘陵地区
HTTP	Hyper Text Transfer Protocol	超文本传输协议

I

IAF	Inter Symbol Interference Amplify-and-Forward	符号间(/码间)干扰放大转发
IAM	Initial Address Message	初始地址消息
ICB	Incoming Calls Barred	呼入限制(/禁止)
ICI	Inter Carrier Interference	载波间干扰
ID	Identification	(身份)识别
ID	Identifier	标识(/识别)符
IDFT	Inverse Discrete Fourier Transform	离散傅里叶逆变换
I_e	Equipment impairment factor	设备损伤系数

IE	Information Element	信息元素
IEC	International Electrotechnical Commission	国际电工技术委员会
IEEE	Institute of Electrical and Electronics Engineers	电气和电子工程师协会
IETF	Internet Engineering Task Force	互联网工程任务组
IF	Intermediate Frequency	中频
IFFT	Inverse Fast Fourier Transformation	快速傅里叶逆变换
IFS	Inter Frame Space	帧间间隔
iid	independent identically distributed	独立同分布
IIR	Infinite Impulse Response	无限冲激响应
ILBC	Internet Low Bit-rate Codec	互联网低比特率编码/解码
IMBE	Improved Multi Band Excitation	改进的多带激励(编码)
IMEI	International Mobile station Equipment Identity	国际移动设备识别号码
IMSI	International Mobile Subscriber Identity	国际移动用户识别号码
IMT	International Mobile Telecommunications	国际移动通信
IMT-2000	International Mobile Telecommunications 2000	国际移动通信2000(系统)
INMARSAT	INternational MARitime SATellite System	国际海事卫星系统
IO	Interacting Object	相互作用体
I/O	Input/Output	输入/输出
IP	Internet Protocol	互联网协议(/网际协议)
IPO	Initial Public Offering	首次公开发行股票
IQ	In-Phase-Quadrature Phase	同相正交
IR	Impulse Radio	脉冲无线电
IRIDIUM	Project	铱星计划
IRS	Intermediate Reference System	中间参考系统
IS-95	Interim Standard 95(the first CDMA system adopted by the American TIA)	第95号暂行标准(被美国TIA采纳的第一个CDMA系统)
ISDN	Integrated Services Digital Network	综合业务数字网
ISI	Inter Symbol Interference	符号间干扰(/码间干扰)
ISM	Industrial, Scientific, and Medical	工业、科学和医疗(频段)
ISO	International Standards Organization	国际标准化组织
ISPP	Interleaved Single Pulse Permutation	交织单脉冲排列
ITU	International Telecommunications Union	国际电信联盟
IWF	Inter Working Function	互通功能
IWU	Inter Working Unit	互通单元
IxF	Interference xF	干扰x转发

J

JD-TCDMA	Joint Detection-Time/Code Division Multiple Access	联合检测-时/码分多址
JDC	Japanese Digital Cellular	日本数字蜂窝系统
JPEG	Joint Photographic Expert Group	联合图像专家小组
JVT	Joint Video Team	联合视频工作组

K

Kc	Cipher Key	加/解密密钥(GSM)
Ki	Key used to calculate SRES	用于计算 SRES 的密钥(GSM)
Kl	Location Key	位置密钥
Ks	Session Key	会话密钥
KLT	Karhunen Loève Transform	Karhunen Loève 变换

L

LA	Location Area	位置区
LAC	Location Area Code	位置区代码
LAI	Location Area Identity	位置区识别
LAN	Local Area Network	局域网
LAP-Dm	Link Access Protocol on Dm Channel	Dm 信道上的链路接入协议
LAR	Logarithmic Area Ratio	对数截面比
LBG	Linde-Buzo-Gray algorithm	LBG 算法
LCR	Level Crossing Rate	电平通过率
LD-CELP	Low Delay-Code Excited Linear Prediction	低延迟-码激励线性预测
LDPC	Low Density Parity Check	低密度奇偶校验(码)
LEO	Low Earth Orbit	近地轨道(/低地球轨道)
LFSR	Linear Feedback Shift Register	线性反馈移位寄存器
LLC	Logical Link Control	逻辑链路控制
LLR	Log Likelihood Ratio	对数似然比
LMMSE	Linear Minimum Mean Square Error	线性最小均方误差
LMS	Least Mean Square	最小均方(值)
LNA	Low Noise Amplifier	低噪声放大器
LO	Local Oscillator	本地振荡器
LOS	Line Of Sight	视距
LP	Linear Prediction	线性预测
LP	Linear Predictor	线性预测器
LP	Linear Program	线性规划
LPC	Linear Predictive Coding	线性预测编码

LPC	Linear Predictive voCoder	线性预测声码器
LPF	LowPass Filter	低通滤波器
LR	Location Register	位置寄存器
LS	Least Squares	最小二乘(/平方)法
LSF	Line Spectral Frequency	线谱频率
LSP	Line Spectrum Pair	线谱对
LTE	Long-Term Evolution	长期演进
LTI	Linear Time Invariant	线性时不变
LTP	Long Term Prediction	长时预测
LTP	Long Term Predictor	长时预测器
LTV	Linear Time Variant	线性时变

M

M-QAM	M-ary Quadrature Amplitude Modulation	M 进制正交幅度调制
MA	Mobile Allocation	移动信道分配
MA	Multiple Access	多址
MAC	Medium Access Control	媒体(/介质/媒质)访问(/接入)控制
MACN	Mobile Allocation Channel Number	移动分配信道号
MAF	Mobile Additional Function	移动(信道)附加功能
MAF	Multi-hop Amplify-and-Forward	多跳放大转发
MAHO	Mobile Assisted Hand Over	移动台辅助切换
MAI	Multiple Access Interference	多址干扰
MAIO	Mobile Allocation Index Offset	移动分配指针偏移
MAN	Metropolitan Area Network	城域网
MAP	Maximum A Posteriori	最大后验(概率)
MAP	Mobile Application Part	移动应用部分
MB	Macroblock	宏块
MBE	Multi Band Excitation	多带激励
MBOA	Multi Band OFDM Alliance	多频带 OFDM 联盟
MC-CDMA	Multi Carrier Code Division Multiple Access	多载波码分多址
MCC	Mobile Country Code	移动国家代码
MCS	Modulation and Coding Scheme	调制与编码方案
MDC	Multiple Description Coding	多描述(视频)编码
MDF	Multi-hop Decode-and-Forward	多跳译码转发
MDHO	Macro-Diversity HandOver	宏分集切换
ME	Maintenance Entity	维护实体
ME	Mobile Equipment	移动设备
MEA	Multiple Element Antenna	多单元天线
MEF	Maintenance Entity Function	维护实体功能

MEG	Mean Effective Gain	平均有效增益
MELP	Mixed Excitation Linear Prediction	混合激励线性预测
MFEP	Matched Front End Processor	前端匹配处理器
MFSK	M-ary Frequency Shift Keying	多进制频移键控
MIC	Mobile Interface Controller	移动接口控制器
MIME	Multipurpose Internet Mail Extensions	多用途互联网邮件扩充(协议)
MIMO	Multiple Input Multiple Output System	多输入多输出系统
MIPS	Million Instructions Per Second	每秒百万条指令
ML	Maximum Likelihood	最大似然
MLSE	Maximum Likelihood Sequence Estimators (or Estimation)	最大似然序列估计器(或估计)
MMS	Multimedia Messaging Service	多媒体短消息(/短信)业务
MMSE	Minimum Mean Square Error	最小均方误差
MNC	Mobile Network Code	移动网络代码
MNRU	Modulated Noise Reference Unit	调制噪声参考单元
MOS	Mean Opinion Score	平均印象分值
MoU	Memorandum of Understanding	谅解备忘录
MP3	Motion Picture Experts Group-1 layer 3	活动图像专家组 1 第 3 层
MPC	Multi Path Component	多径分量
MPDU	MAC Protocol Data Unit	媒体接入控制协议数据单元
MPEG	Motion Picture Experts Group	活动图像专家组
MPR	Multi-Point Relay	多点中继
MPSK	M-ary Phase Shift Keying	M 进制相移键控
MRC	Maximum Ratio Combining	最大比值合并
MS	Mobile Station	移动台
MS ISDN	Mobile Station ISDN Number	移动台 ISDN 号码
MSC	Mobile Switching Centre	移动交换中心
MSCU	Mobile Station Control Unit	移动台控制单元
MSDU	MAC Service Data Unit	媒体接入控制业务数据单元
MSE	Mean Square Error	均方误差
MSIN	Mobile Subscriber Identification Number	移动用户识别号码
MSISDN	Mobile Station ISDN Number	移动台 ISDN 号码
MSK	Minimum Shift Keying	最小频移键控
MSL	Main Signaling Link	主信令链路
MSRN	Mobile Station Roaming Number	移动台漫游号码
MSS	Mobile Satellite Service	移动卫星业务
MT	Mobile Terminal	移动终端
MT	Mobile Termination	移动终端
MTP	Message Transfer Part	消息传递部分

MUMS	Multi User Mobile Station	多用户移动台
MUSIC	Multiple Signal Classification	多重信号分类(算法)
MUX	Multiplexing	多路复用
MVC	Multiview Video Coding	多视点视频编码
MVM	Minimum Variance Method	最小方差法
MxF	Multi-hop xF	多跳 x 转发

N

NAV	Network Allocation Vector	网络分配矢量
NB	Narrow Band	窄带
NB	Normal Burst	常规突发
NBIN	A parameter in the hopping sequence	跳频序列中的一个参量
NCELL	Neighboring (adjacent) Cell	相邻(邻接)小区
NDC	National Destination Code	国家目的地代码
NDxF	Nonorthogonal Diversity xF	非正交分集 x 转发
netid	network address	网络地址
NF	Network Function	网络功能
NLOS	Non Line Of Sight	非视距
NLP	Non Linear Processor	非线性处理器
NM	Network Management	网络管理
NMC	Network Management Centre	网络管理中心
NMSI	National Mobile Station Identification number	国家移动设备识别号码
NMT	Nordic Mobile Telephone	北欧移动电话(系统)
Node-B	Base station	基站
NRZ	Non Return to Zero	不归零(码)
NSAP	Network Service Access Point	网络业务接入点
NSS	Network and Switching Subsystem	网络和交换子系统
NT	Network Termination	网络终端
NTT	Nippon Telephone and Telegraph	日本电话电报公司

O

O&M	Operations & Maintenance	操作(/运行)与维护
OACSU	Off Air Call Set Up	不占用空中通道的呼叫启动
OCB	Outgoing Calls Barred	呼出限制(/禁止)
ODC	Ornithine DeCarboxylase	鸟氨酸脱羧酶
OEM	Original Equipment Manufacturer	原始设备制造商
OFDM	Orthogonal Frequency Division Multiplexing	正交频分复用
OFDMA	Orthogonal Frequency Division Multiple Access	正交频分多址
OLSR	Optimized Link State Routing	优化链路状态路由

OMC	Operations & Maintenance Centre	操作(/运行)与维护中心
OOK	On Off Keying	通断键控
OPT	Operator Perturbation Technique	算子扰动技术
OQAM	Offset Quadrature Amplitude Modulation	偏移正交幅度调制
OQPSK	Offset Quadrature Phase Shift Keying	偏移正交相移键控
OS	Operating Systems	操作系统
OSI	Operator System Interface	操作系统接口
OSS	Operation Support System	操作支持子系统
OTD	Orthogonal Transmit Diversity	正交发送分集
OVSF	Orthogonal Variable Spreading Factor	正交可变扩展因子

P

P/S	Parallel/Serial (conversion)	并串(转换)
PABX	Private Automatic Branch eXchange	专用自动小交换机
PACCH	Packet Associated Control CHannel	分组辅助(/随路)控制信道
PACS	Personal Access Communications System	个人接入通信系统
PAD	Packet Assembly/Disassembly facility	分组装/拆设施
PAGCH	Packet Access Grant CHannel	分组接入许可信道
PAM	Pulse Amplitude Modulation	脉冲幅度调制
PAN	Personal Area Network	个域网
PAPR	Peak-to-Average Power Ratio	峰平功率比
PAR	Peak-to-Average Ratio	峰平比
PARCOR	PARtial CORrelation	局部相关(系数)
PBCCH	Packet Broadcast Control CHannel	分组广播控制信道
PC	Point Coordinator	点式协调程序
PCCCH	Packet Common Control CHannel	分组公共控制信道
PCF	Point Coordination Function	点式协调功能
PCG	Power Control Group	功率控制组
PCH	Paging CHannel	寻呼信道
PCM	Pulse Code Modulated	脉冲编码调制
PCPCH	Physical Common Packet Channel	物理公共分组信道
PCS	Personal Communication System	个人通信系统
PDA	Personal Digital Assistant	个人数字助理
PDC	Personal Digital Cellular (Japanese system)	个人数字蜂窝(日本 2G 系统)
PDCH	Packet Data CHannel	分组数据信道
pdf	probability density function	概率密度函数
PDN	Public Data Network	公共数据网
PDP	Power Delay Profile	功率延迟分布
PDSCH	Physical Downlink Shared CHannel	物理下行共享信道

PDTCH	Packet Data Traffic CHannel	分组数据业务信道
PDU	Packet Data Unit	分组数据单元
PDU	Protocol Data Unit	协议数据单元
PESQ	Perceptual Evaluation of Speech Quality	语音质量感知评价
PHS	Personal Handyphone System	个人手持电话系统
PHY	PHYsical layer	物理层
PIC	Parallel Interference Cancellation	并行干扰抵消
PICH	Page Indication Channel	寻呼指示信道
PIFA	Planar Inverted F Antenna	平面倒 F 形天线
PIFS	Priority Inter Frame Space	优先级帧间间隔
PIN	Personal Identification Number	个人识别号码
PLCP	Physical Layer Convergence Procedure	物理层汇聚过程
PLL	Physical Link Layer	物理链路层
PLMN	Public Land Mobile Network	公共陆地移动网络
PN	Pseudo Noise	伪噪声
PNCH	Packet Notification CHannel	分组通知信道
POP	Peak to Off Peak ratio	峰值对次峰值比
POTS	Plain Old Telephone Service	普通常规电话业务
PPCH	Packet Paging CHannel	分组寻呼信道
PPDU	Physical Layer Protocol Data Unit	物理层协议数据单元
PPM	Pulse Position Modulation	脉冲位置调制
PRACH	Packet Random Access Channel	分组随机接入信道
PRACH	Physical Random Access CHannel	物理随机接入信道
PRake	Partial Rake	部分 Rake
PRMA	Packet Reservation Multiple Access	分组预约多址
PSD	Power Spectral Density	功率谱密度
PSDU	Physical Layer Service Data Unit	物理层业务数据单元
PSK	Phase Shift Keying	相移键控
PSMM	Pilot Strength Measurement Message	导频强度测量消息
PSPDN	Packet Switched Public Data Network	分组交换公共数据网络(/公共分组网)
PSQM	Perceptual Speech Quality Measurement	感知话音质量测量
PSTN	Public Switched Telephone Network	公共电话交换网络
PTCCH-D	Packet Timing advance Control CHannel-Downlink	分组定时提前控制信道-下行链路
PTCCH-U	Packet Timing advance Control CHannel-Uplink	分组定时提前控制信道-上行链路
PTM	Point To Multipoint	点对多点
PTM-M	Point To Multipoint Multicast	点对多点多播
PTM-SC	Point To Multipoint Service Centre	点对多点业务中心
PTO	Public Telecommunications Operators	公共电信运营商

PUSC	Partial Use of Subcarriers	部分使用子载波
PUK	Personal Unblocking Key	个人解锁码
PWI	Prototype Waveform Interpolation	原型波形内插
PWT	Personal Wireless Telephony	个人无线电话

Q

QAM	Quadrature Amplitude Modulation	正交幅度调制
QAP	QoS Access Point	服务质量接入点
QCELP	Qualcomm Code Excited Linear Prediction	Qualcomm 码激励线性预测
QFGV	Quadratic Form Gaussian Variable	二次型高斯变量
QOF	Quasi Orthogonal Function	准正交函数
QoS	Quality of Service	服务质量
QPSK	Quadrature-Phase Shift Keying	正交相移键控
QSTA	Quality-of-service STAtion	服务质量站点

R

R-ACH	Reverse Access CHannel	反向接入信道
R-ACKCH	Reverse ACKnowledgement CHannel	反向应答信道
R-CCCH	Reverse Common Control CHannel	反向公共控制信道
R-CQICH	Reverse Channel Quality Indicator CHannel	反向信道质量指示信道
R-DCCH	Reverse Dedicated Control CHannel	反向专用控制信道
R-EACH	Reverse Enhanced Access CHannel	反向增强接入信道
R-FCH	Reverse Fundamental CHannel	反向基本信道
R-PICH	Reverse PIlot CHannel	反向导频信道
R-SCH	Reverse Supplemental CHannel	反向补充信道
RMR	Random Mode Request information field	随机模式请求信息域
RA	Routing Area	路由区
RA	Rural Area	乡村地区
RA	Random Access	随机接入
RAB	Random Access Burst	随机接入突发
RACH	Random Access CHannel	随机接入信道
RAN	Radio Access Network	无线接入网
RC	Raised Cosine	升余弦
RCDLA	Radiation Coupled Dual L Antenna	辐射耦合双 L 形天线
RE	Radio Environment	无线环境
RF	Radio Frequency	射频
RFC	Radio Frequency Channel	射频信道
RFC	Request For Comments	请求注解[①]

---

① 互联网工程任务组的正式文档，包含了关于互联网的几乎所有重要的文字资料。——译者注

RFL	Radio Frequency subLayer	射频子层
RFN	Reduced TDMA Frame Number	缩减 TDMA 帧号
RLC	Radio Link Control	无线链路控制
RLP	Radio Link Protocol	无线链路协议
RLS	Recursive Least Squares	递归最小二乘(法)
RNC	Radio Network Controller	无线网络控制器
RNS	Radio Network Subsystem	无线网络子系统
RNTABLE	Table of 128 integers in the hopping sequence	跳频序列中的 128 个整数表
RPAR	Relay PAth Routing	中继路径路由
RPE	Regular Pulse Excitation (Voice Codec)	规则脉冲激励(话音编解码)
RPE-LTP	Regular Pulse Excited with Long Term Prediction	带长时预测的规则脉冲激励
RS	Reed-Solomon (code)	RS(码)
RS	Reference Signal	参考信号
RS	Relay Station	中继站
RSC	Recursive Systematic Convolutional	递归系统卷积(码)
RSC	Radio Spectrum Committee	无线电频谱委员会
RSSI	Received Signal Strength Indication	接收信号强度指示
RTSP	Real Time Streaming Protocol	实时流(传输)协议
RTP	Real-time Transport Protocol	实时传输协议
rv	random variable	随机变量
RVLC	Reversible Variable Length Code	可逆变长码
RX	Receiver	接收机
RXLEV	Received Signal Level	接收信号电平
RXQUAL	Received Signal Quality	接收信号质量

S

S-CCPCH	Secondary Common Control Physical CHannel	辅助公共控制物理信道
SABM	Set Asynchronous Balanced Mode	设置异步平衡模式
SACCH	Slow Associated Control CHannel	慢速辅助(/随路)控制信道
SAGE	Space Alternating Generalized Expectation-maximization	空间交替广义期望最大化(算法)
SAP	Service Access Point	业务接入点
SAPI	Service Access Point Identifier	业务接入点标识符
SAPI	Service Access Points Indicator	业务接入点指示
SAR	Specific Absorption Rate	特殊吸收比率
SB	Synchronization Burst	同步突发
SC-CDMA	single-carrier CDMA	单载波 CDMA
SC-FDMA	single-carrier FDMA	单载波 FDMA
SCCP	Signalling Connection Control Part	信令连接控制部分

SCH	Synchronization CHannel	同步信道
SCN	Sub Channel Number	子信道号
SCxF	Split-Combine xF	拆分-合并 x 转发
SDCCH	Standalone Dedicated Control CHannel	独立专用控制信道
SDCCH/4	Standalone Dedicated Control CHannel/4	独立专用控制信道/4
SDCCH/8	Standalone Dedicated Control CHannel/8	独立专用控制信道/8
SDMA	Space Division Multiple Access	空分多址
SEGSNR	SEGmental Signal-to-Noise Ratio	部分信噪比
SEP	Symbol Error Probability	符号差错概率(/误码率)
SER	Symbol Error Rate	符号差错率
SFBC	Space Frequency Blocking Coding	空频分组码
SFIR	Spatial Filtering for Interference Reduction	减小干扰的空间滤波
SFN	System Frame Number	系统帧号
SGSN	Serving GPRS Support Node	服务 GPRS 支持节点
SIC	Successive Interference Cancellation	逐个干扰抵消
SID	SIlence Descriptor	静寂描述
SIFS	Short Inter Frame Space	短帧间间隔
SIM	Subscriber Identity Module	用户识别模块
SINR	Signal-to-Interference-and-Noise Ratio	信号与干扰和噪声比(/信干噪比)
SIR	Signal-to-Interference Ratio	信号干扰比(信干比)
SISO	Soft Input Soft Output	软输入软输出
SISO	Single Input Single Output	单输入单输出
SLNR	Signal-to-Leakage and Noise Ratio	信号与泄漏和噪声比(/信漏噪比)
SM	Spatial Multiplexing	空间复用
SMS	Short Message Service	短消息(/短信)业务
SMTP	Short Message Transfer Protocol	短消息传输协议
SN	Serial Number	序列号
SNDCP	SubNetwork Dependent Convergence Protocol	子网相关汇聚协议
SNR	Signal-to-Noise Ratio	信噪比
SOLT	Short Open Load Through	短路、开路、负载、直通
SON	Self Organizing Network	自组织网络
SP	Shortest Path	最短路径
S/P	Serial/Parallel (conversion)	串并(转换)
SQNR	Signal-to-Quantization Noise Ratio	信号量化噪声比
SR	Spatial Reference	空间参考
SRake	Selective Rake	选择式 Rake
SRMA	Split-channel Reservation Multiple Access	分离信道预约多址
SSA	Small Scale Averaged	小尺度平均
SSF	Small-Scale Fading	小尺度衰落

ST	Space-Time	空时
STA	STAtion	站点
STBC	Space Time Block Code	空时分组码
STC	Sinusoidal Transform Coder	正弦变换编码器
STDCC	Swept Time Delay Cross Correlator	扫描延迟互相关器
STP	Short Term Prediction	短时预测
STP	Short Term Predictor	短时预测器
STS	Space Time Spreading	空时扩展
STTC	Space Time Trellis Code	空时网格码
SV	Saleh-Valenzuela model	SV 模型
SVD	Singular Value Decomposition	奇异值分解

T

TA	Terminal Adapter	终端适配器
TAC	Type Approval Code	类型许可码
TAF	Terminal Adapter Function	终端适配功能
TBF	Temporary Block Flow	临时块流（译者注：指移动台和基站之间临时建立的无线连接，含一个或多个分组数据业务信道）
TC	Traffic Category	业务类别
TC	Topology Control	拓扑控制
TCH	Traffic CHannel	业务信道
TCH/F	Full-rate Traffic CHannels	全速率业务信道
TCH/H	Half-rate Traffic CHannels	半速率业务信道
TCM	Trellis Coded Modulation	网格编码调制
TCP	Transmission Control Protocol	传输控制协议
TD-SCDMA	Time Division-Synchronous Code Division Multiple Access	时分-同步 CDMA
TDD	Time Domain Duplex	时域双工
TDMA	Time Division Multiple Access	时分多址
TR	Temporal Reference	发送参考
TE	Terminal Equipment	终端设备
TR	Transmitted Reference	时间参考
TE	Transversal Electric	横向电（场）
TETRA	TErrestrial Trunked RAdio	陆地集群无线电
TFCI	Transmit Format Combination Indicator	发送格式合并指示
TFI	Transport Format Indicator	传输格式指示
TH-IR	Time Hopping Impulse Radio	跳时脉冲无线电
TIA	Telecommunications Industry Association (U.S.)	电信工业协会（美国）

TM	Transversal Magnetic	横向磁(场)
TMSI	Temporary Mobile Subscriber Identity	临时移动用户识别号码
TPC	Transmit Power Control	发射功率控制
TR	Technical Report（ETSI）	技术报告（ETSI）
TR	Temporal Reference	时间参考
TR	Transmitted Reference	发送参考
TS	Technical Specification	技术规范
TS	Time Slot	时隙
TSPEC	Traffic SPECifications	业务规范
TTA	Telecommunications Technology Association of Korea	韩国电信技术协会
TTC	Telecommunications Technology Committee	电信技术委员会
TTS	Text To Speech synthesis	文本语音合成
TU	Typical Urban	典型市区
TX	Transmitter	发射机
TXOP	Transmission OPportunity	传输机会

U

U-NII	Unlicensed National Information Infrastructure	免许可证国家信息基础设施（频段）
UARFCN	UTRA Absolute Radio Frequency Channel Number	UTRA 绝对射频信道号
UCPCH	Uplink Common Packet CHannel	上行链路公共分组信道
UDP	User Datagram Protocol	用户数据报协议
UE	User Equipment	用户设备
UE-ID	User Equipment in-band IDentification	用户设备带内标识
UED	User Equipment Domain	用户设备域
UL	Uplink	上行链路
ULA	Uniform Linear Array	均匀线性阵列
UMTS	Universal Mobile Telecommunications System	通用移动通信系统
UP	User Priority	用户优先级
US	Uncorrelated Scatterer	非相关散射
USB	Universal Serial Bus	通用串行总线
USF	Uplink Status Flag	上行链路状态标志
USIM	User Service Identity Module	用户业务识别模块
UTRA	UMTS Terrestrial Radio Access	UMTS 陆地无线接入
UTRAN	UMTS Terrestrial Radio Access Network	UMTS 陆地无线接入网络
UWB	Ultra Wide Bandwidth system	超宽带系统
UWC	Universal Wireless Communications	通用无线通信

V

VAD	Voice Activity Detection; Voice Activity Detector	话音激活检测;话音激活检测器
VCDA	Virtual Cell Deployment Area	虚拟蜂窝展开区域
VCEG	Video Coding Expert Group	视频专家组
VCO	Voltage Controlled Oscillator	压控振荡器
VLC	Variable Length Coding	变长码
VLR	Visitor Location Register	访问位置寄存器
VoIP	Voice over Internet Protocol	基于网际协议的语音
VRB	Virtual Resource Block	虚拟资源块
VQ	Vector Quantization, Vector Quantizer	矢量量化;矢量量化器
VSELP	Vector Sum Excited Linear Prediction	受矢量和激励的线性预测

W

WAP	Wireless Application Protocol	无线应用协议
WB	Wide Band	宽带
WCDMA	Wideband Code Division Multiple Access	宽带码分多址
WF	Whitening Filter	白化滤波器
WG	Working Group	工作组
WH	Walsh-Hadamard	沃尔什-哈达玛
WI	Waveform Interpolation	波形内插
WiFi	Wireless Fidelity	无线保真度
WLAN	Wireless Local Area Network	无线局域网
WLL	Wireless Local Loop	无线本地环路
WM	Wireless Medium	无线媒体
WSS	Wide Sense Stationary	广义平稳
WSSUS	Wide Sense Stationary Uncorrelated Scatterer	广义平稳非相关散射(信道)

Z

ZF	Zero-Forcing	迫零